Creo 3.0 工程应用精解丛书

Creo 3.0 钣金设计实例精解

詹友刚　主编

机 械 工 业 出 版 社

本书是进一步学习 Creo 3.0 钣金设计的实例书籍，书中介绍了 19 个经典的钣金件的设计全过程，其中 1 个钣金综合实例采用目前最为流行的自顶向下（TOP_DOWN）方法进行设计，这些实例涉及多个行业和领域，选用的实例都是生产一线实际应用中的各种钣金产品，经典而实用。

本书在内容上，针对每一个实例先进行概述，说明该实例的特点，使读者对它有一个整体的认识，学习也更有针对性，接下来的操作步骤翔实、透彻，图文并茂，引领读者一步一步地完成设计，这种讲解方法能使读者更快、更深入地理解 Creo 钣金设计中的一些抽象的概念、重要的设计技巧和复杂的命令及功能，也能帮助读者尽快进入钣金产品设计实战状态；在写作方式上，本书紧贴 Creo 3.0 软件的实际操作界面，使初学者能够直观、准确地操作软件进行学习，从而尽快地上手，提高学习效率。

书中所选用的范例、实例或应用案例覆盖了不同行业，具有很强的实用性和广泛的适用性。本书附带 2 张多媒体 DVD 学习光盘，制作了 134 个钣金设计技巧和具有针对性的实例教学视频并进行了详细的语音讲解，时间长达 18.6 小时。光盘中还包含本书所有的范例文件以及练习素材文件（2 张 DVD 光盘教学文件容量共计 6.8GB）。另外，为方便 Creo（Pro/E）低版本用户和读者的学习，光盘中特提供了 Creo2.0、Pro/E5.0 版本的配套素材源文件。本书可作为广大工程技术人员和设计工程师学习 Creo 的钣金设计自学教程和参考书，也可作为大中专院校学生和各类培训学校学员的 CAD/CAM 课程上课及上机练习的教材。

图书在版编目（CIP）数据

Creo 3.0 钣金设计实例精解 / 詹友刚主编. —3 版. —北京：机械工业出版社，2014.8

（Creo 3.0 工程应用精解丛书）

ISBN 978-7-111-47563-7

Ⅰ. ①C… Ⅱ. ①詹… Ⅲ. ①钣金工—计算机辅助设计—图形软件 Ⅳ. ①TG382-39

中国版本图书馆 CIP 数据核字（2014）第 170015 号

机械工业出版社（北京市百万庄大街 22 号 邮政编码：100037）
策划编辑：丁 锋 责任编辑：丁 锋
责任校对：龙 宇 责任印制：乔 宇
北京铭成印刷有限公司印刷
2014 年 11 月第 3 版第 1 次印刷
184mm×260 mm · 23.25 印张 · 434 千字
0001—3000 册
标准书号：ISBN 978-7-111-47563-7
ISBN 978-7-89405-534-7（光盘）
定价：59.80 元（含多媒体 DVD 光盘 2 张）

凡购本书，如有缺页、倒页、脱页，由本社发行部调换

电话服务	网络服务
社服务中心：（010）88361066	教材网：http://www.cmpedu.com
销售一部：（010）68326294	机工官网：http://www.cmpbook.com
销售二部：（010）88379649	机工官博：http://weibo.com/cmp1952
读者购书热线：（010）88379203	封面无防伪标均为盗版

前　言

Creo 是由美国 PTC 公司最新推出的一套实用易学的机械三维 CAD/CAM/CAE 参数化软件系统，整合了 PTC 公司的三个软件，继承了 Pro/ENGINEER 的参数化技术、CoCreate 的直接建模技术和 ProductView 的三维可视化技术。Creo 内容涵盖了产品从概念设计、工业造型设计、三维模型设计、分析计算、动态模拟与仿真、工程图输出，到生产加工成产品的全过程，应用范围涉及航空航天、汽车、机械、数控（NC）加工以及电子等诸多领域。

要熟练掌握 Creo 各种钣金件的设计，只靠理论学习和少量的练习是远远不够的。编写本书的目的正是为了使读者通过书中的经典实例，迅速掌握各种钣金件的建模方法、技巧和构思精髓，使读者在短时间内成为一名 Creo 钣金设计的高手。

本书是进一步学习 Creo 3.0 钣金设计的实例图书，其特色如下：

- 实例丰富，与其他的同类书籍相比，包括更多的钣金实例和设计方法，尤其是书中的“电脑机箱的自顶向下设计”实例，方法独特，令人耳目一新，对读者的实际设计具有很好的指导和借鉴作用。
- 讲解详细，条理清晰，保证自学的读者能独立地学习和灵活运用书中的内容。
- 写法独特，采用 Creo 3.0 软件中真实的对话框、操控板和按钮等进行讲解，使初学者能够直观、准确地操作软件，从而大大提高学习效率。
- 附加值高，本书附带 2 张多媒体 DVD 学习光盘，制作了 134 个钣金设计技巧和具有针对性的实例教学视频并进行了详细的语音讲解，时间长达 18.6 小时，2 张 DVD 光盘教学文件容量共计 6.8GB，可以帮助读者轻松、高效地学习。

本书主编和主要参编人员来自北京兆迪科技有限公司，该公司专门从事 CAD/CAM/CAE 技术的研究、开发、咨询及产品设计与制造服务，并提供 Creo、Ansys、Adams 等软件的专业培训及技术咨询，在本书编写过程中得到了该公司的大力帮助，在此表示衷心的感谢。读者在学习本书的过程中如果遇到问题，可通过访问该公司的网站 http://www.zalldy.com 来获得帮助。

本书由詹友刚主编，参加编写的人员有王焕田、刘静、雷保珍、刘海起、魏俊岭、任慧华、詹路、冯元超、刘江波、周涛、段进敏、赵枫、邵为龙、侯俊飞、龙宇、施志杰、詹棋、高政、孙润、李倩倩、黄红霞、尹泉、李行、詹超、尹佩文、赵磊、王晓萍、陈淑童、周攀、吴伟、王海波、高策、冯华超、周思思、黄光辉、党辉、冯峰、詹聪、平迪、管璇、王平、李友荣。本书已经多次校对，如有疏漏之处，恳请广大读者予以指正。

电子邮箱：zhanygjames@163.com

编　者

本 书 导 读

为了能更好地学习本书的知识，请您仔细阅读下面的内容。

写作环境

本书使用的操作系统为 64 位的 Windows 7，系统主题采用 Windows 经典主题。本书采用的写作蓝本是 Creo 3.0 版。

光盘使用

为方便读者练习，特将本书所有素材文件、已完成的实例文件、配置文件和视频语音讲解文件等放入随书附带的光盘中，读者在学习过程中可以打开相应素材文件进行操作和练习。

本书附赠多媒体 DVD 光盘 2 张，建议读者在学习本书前，先将 2 张 DVD 光盘中的所有文件复制到计算机硬盘的 D 盘中，然后再将第二张光盘 creo3.10-video2 文件夹中的所有文件复制到第一张光盘的 video 文件夹中。在光盘的 creo3.10 目录下共有 4 个子目录：

（1）creo3.0_system_file 子目录：包含一些系统配置文件。

（2）work 子目录：包含本书讲解中所用到的文件。

（3）video 子目录：包含本书讲解中所有的视频文件（含语音讲解）。读者学习时，直接双击某个视频文件即可播放。

（4）before 子目录：为方便 Creo（Pro/E）低版本用户和读者的学习，光盘中特提供了 Creo2.0、Pro/E5.0 版本的配套素材源文件。

光盘中带有“ok”扩展名的文件或文件夹表示已完成的实例。

建议读者在学习本书前，先将随书光盘中的所有文件复制到计算机硬盘的 D 盘中。

本书约定

- 本书中有关鼠标操作的简略表述说明如下：
  - ☑ 单击：将鼠标指针移至某位置处，然后按一下鼠标的左键。
  - ☑ 双击：将鼠标指针移至某位置处，然后连续快速地按两次鼠标的左键。
  - ☑ 右击：将鼠标指针移至某位置处，然后按一下鼠标的右键。
  - ☑ 单击中键：将鼠标指针移至某位置处，然后按一下鼠标的中键。
  - ☑ 滚动中键：只是滚动鼠标的中键，而不能按中键。
  - ☑ 选择（选取）某对象：将鼠标指针移至某对象上，单击以选取该对象。
  - ☑ 拖动某对象：将鼠标指针移至某对象上，然后按下鼠标的左键不放，同时移动鼠标，将该对象移动到指定的位置后再松开鼠标的左键。

- 本书中的操作步骤分为 Task、Stage 和 Step 三个级别，说明如下：
  - ☑ 对于一般的软件操作，每个操作步骤以 Step 字符开始。
  - ☑ 每个 Step 操作步骤视其复杂程度，下面可含有多级子操作，例如 Step1 下可能包含（1）、（2）、（3）等子操作，（1）子操作下可能包含①、②、③等子操作，①子操作下可能包含 a）、b）、c）等子操作。
  - ☑ 如果操作较复杂，需要几个大的操作步骤才能完成，则每个大的操作冠以 Stage1、Stage2、Stage3 等，Stage 级别的操作下再分 Step1、Step2、Step3 等操作。
  - ☑ 对于多个任务的操作，则每个任务冠以 Task1、Task2、Task3 等，每个 Task 操作下则可包含 Stage 和 Step 级别的操作。
- 由于已经建议读者将随书光盘中的所有文件复制到计算机硬盘的 D 盘中，所以书中在要求设置工作目录或打开光盘文件时，所述的路径均以 D：开始。

软件设置

- 设置 Creo 系统配置文件 config.pro：将 D:\creo3.10\creo3.0_system_file\下的 config.pro 复制至 Creo 安装目录的\text 目录下。假设 Creo 3.0 的安装目录为 C:\Program Files\PTC\Creo 3.0，则应将上述文件复制到 C:\Program Files\PTC\Creo 3.0\Common Files\F000\text 目录下。退出 Creo，然后再重新启动 Creo，config.pro 文件中的设置将生效。
- 设置 Creo 界面配置文件 creo_parametric_customization.ui：选择“文件”下拉菜中的 文件 → 选项 命令，系统弹出“Creo Parametric 选项”对话框；在“Creo Parametric 选项”对话框中单击 自定义功能区 区域，单击 导入/导出(P) 按钮，在弹出的快捷菜单中选择 导入自定义文件 选项，系统弹出“打开”对话框。选中 D:\creo3.10\ creo3.0_system_file\文件夹中的 creo_parametric_customization.ui 文件，单击 打开 按钮，然后单击 导入所有自定义 按钮。

技术支持

本书主编和主要参编人员来自北京兆迪科技有限公司，该公司专门从事 CAD/CAM/CAE 技术的研究、开发、咨询及产品设计与制造服务，并提供 Creo、Ansys、Adams 等软件的专业培训及技术咨询，读者在学习本书的过程中如果遇到问题，可通过访问该公司的网站 http://www.zalldy.com 来获得技术支持。

咨询电话：010-82176248，010-82176249。

目　　录

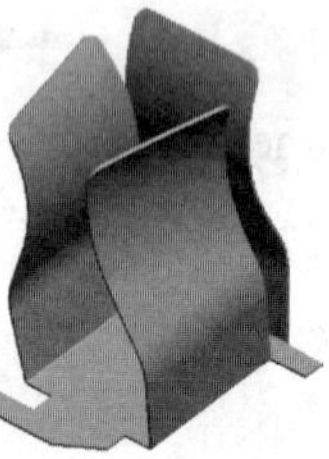

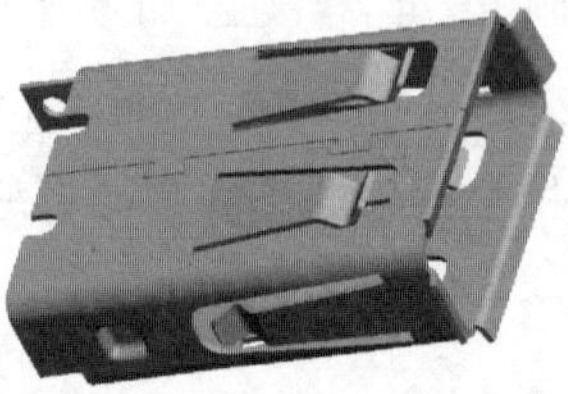

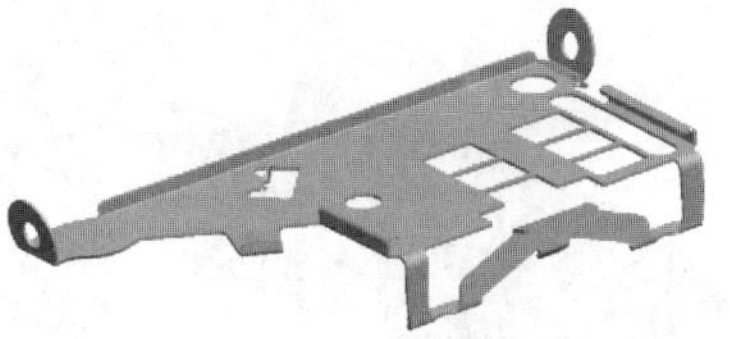

装配图

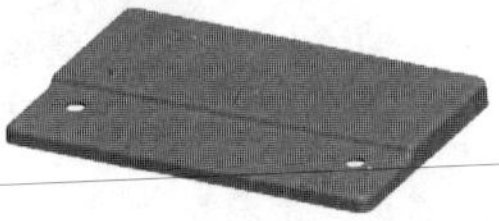

钣金件 1

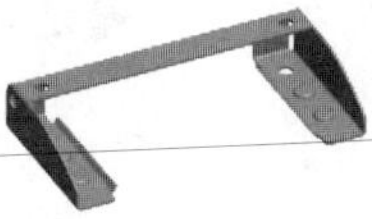

钣金件 2

钣金件 3

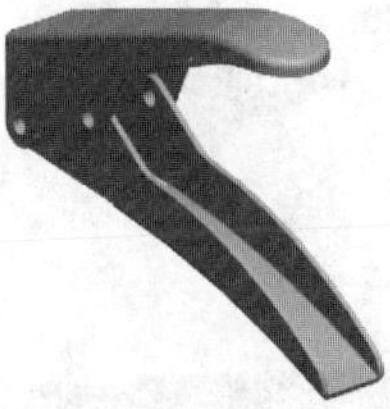

装配图

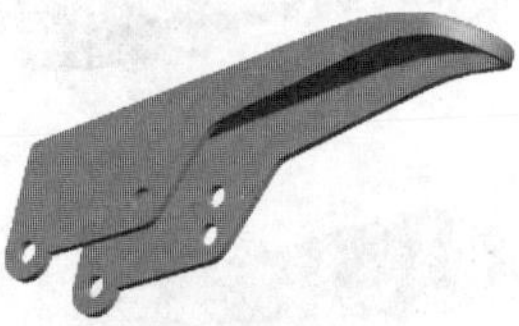

钣金件 1

钣金件 2

装配图

钣金件 1

钣金件 2

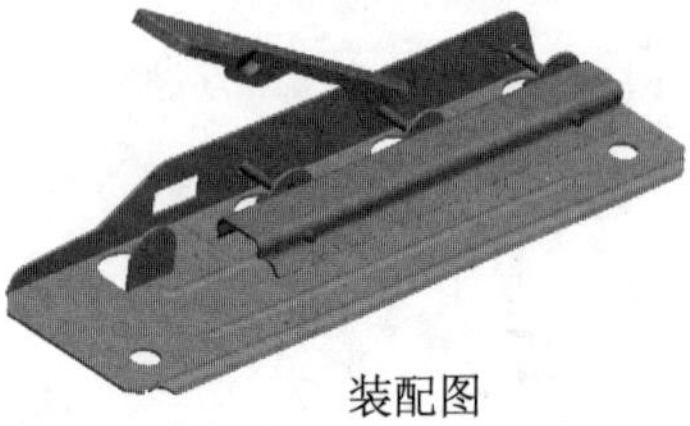

装配图

钣金件 1

钣金件 2

钣金件 3

装配图

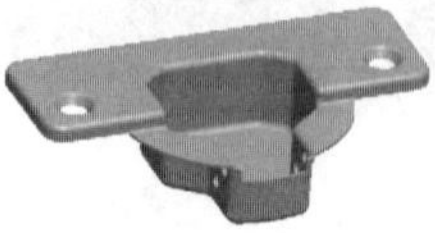

钣金件 1

钣金件 2

钣金件 3

钣金件 4

钣金件 5

装配图

钣金件 1

钣金件 2

钣金件 3

钣金件 4

钣金件 5

钣金件 6

钣金件 2

钣金件 3

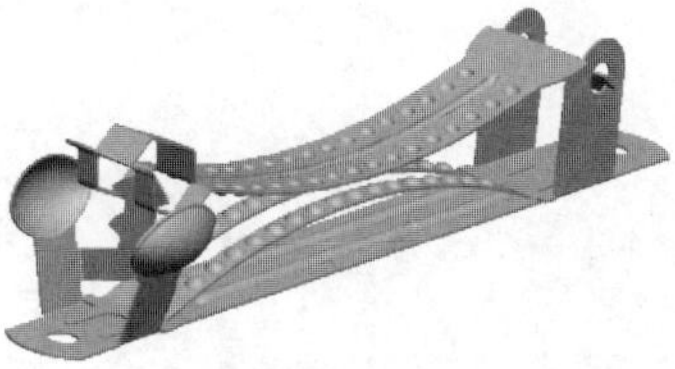

装配图

钣金件 1

机箱顶盖

机箱底盖

装配图

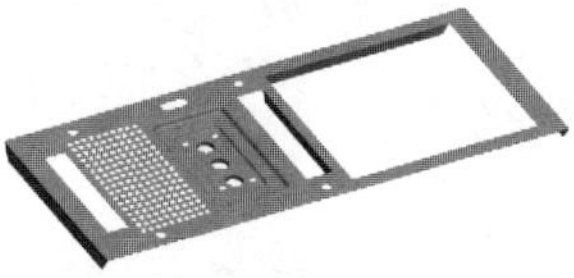

机箱前盖

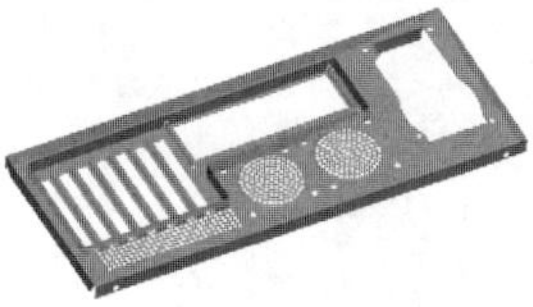

机箱后盖

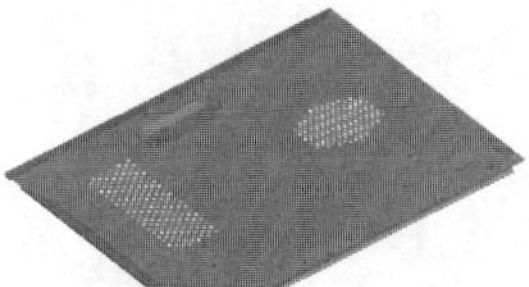

机箱左盖

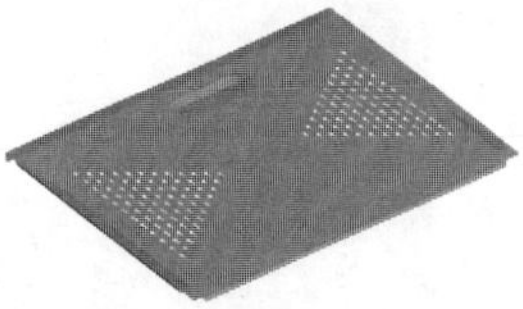

机箱右盖

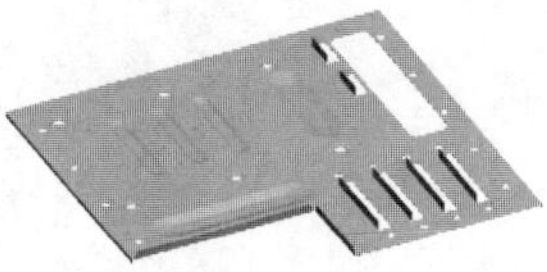

主板支撑架

实例1 水 杯 盖

实例概述：

本实例介绍的是一个水杯盖的创建过程。首先创建一个模具模型，用于稍后的成形特征的创建，然后创建“旋转”类型的钣金壁特征、法兰附加钣金壁特征、钣金壁切削特征及成形特征。这些钣金设计命令有一定代表性，尤其是成形特征的创建思想更值得借鉴。零件模型及模型树如图 1.1 所示。

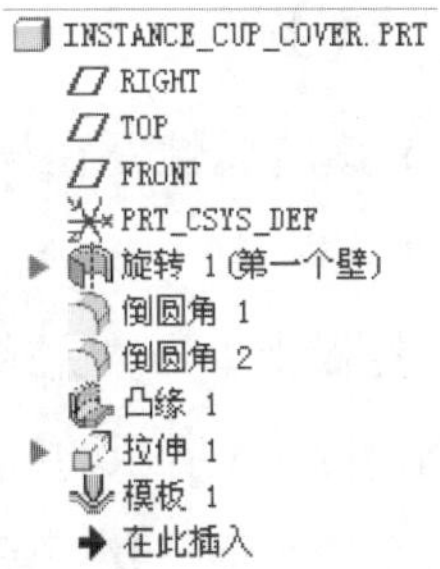

图 1.1 零件模型及模型树

Task1. 创建模具

本实例要创建的模型是图 1.1 所示的水杯盖，其钣金模型如图 1.2 所示。水杯盖模型顶部有一凹形，可以通过成形特征来构建此凹形，因此首先需要创建一个成形所需的模具，其操作步骤如下。

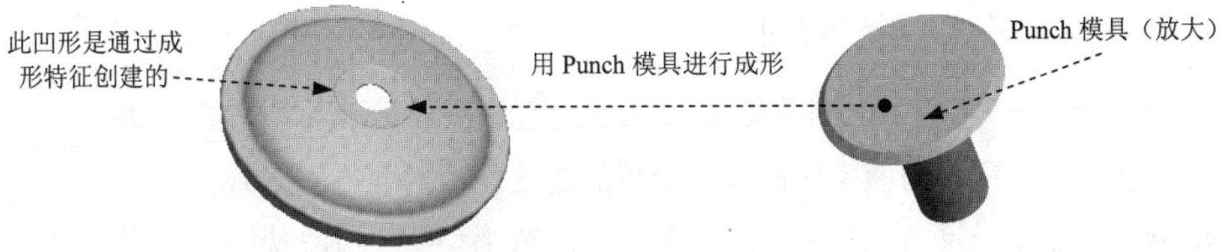

图 1.2 水杯盖

Step1. 新建模具模型，将其命名为 SM_PUNCH1，详细操作步骤如下：

（1）选择下拉菜单 文件 → 新建 命令。

（2）系统弹出“新建”对话框，在 类型 选项组中选中 ◉ 零件 单选项；在 子类型 区域选中 ◉ 实体 单选项；在 名称 文本框中输入文件名 SM_PUNCH1；取消选中 □ 使用默认模板 复选框；单击“新建”对话框中的 确定 按钮。

（3）在系统弹出的“新文件选项”对话框的 模板 选项组中选择 mmns_part_solid 模板，单击 确定 按钮，系统进入建模环境。

Step2. 创建图 1.3 所示的旋转特征 1。

（1）选择命令。单击 模型 功能选项卡 形状 ▼ 区域中的 旋转 按钮。

（2）绘制截面草图。在图形区右击，从系统弹出的快捷菜单中选择 定义内部草绘... 命令；选取 RIGHT 基准面为草绘平面，选取 TOP 基准面为参考平面，方向为 右；单击 草绘 按钮，绘制图 1.4 所示的旋转中心线和截面草图。

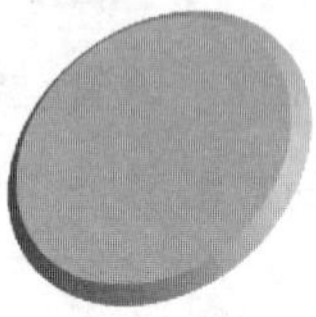

图 1.3　旋转特征 1

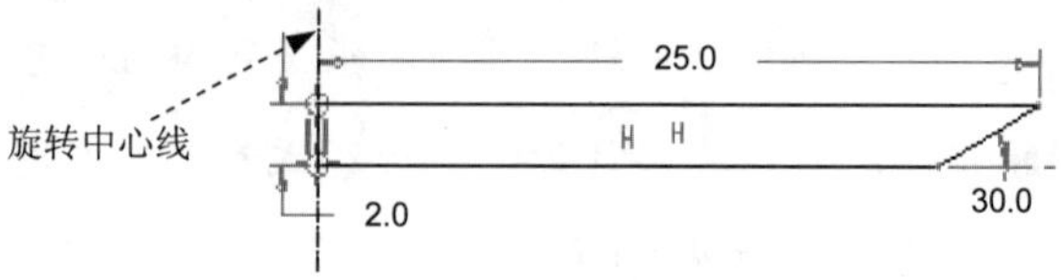

图 1.4　截面草图

（3） 定义旋转属性。在操控板中选择旋转类型为，在角度文本框中输入角度值 360.0，并按回车键。

（4）在操控板中单击“完成”按钮，完成旋转特征 1 的创建。

Step3. 创建图 1.5 所示的拉伸特征 1。在操控板中单击 拉伸 按钮。选取图 1.5 所示的模型表面作为草绘平面，接受默认的参考平面，方向为 上；绘制图 1.6 所示的截面草图，在操控板中定义拉伸类型为，输入深度值 35.0。单击按钮，完成拉伸特征 1 的创建。

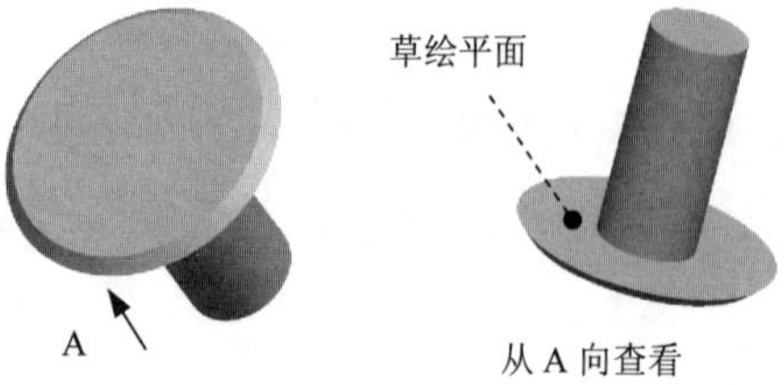

图 1.5　拉伸特征 1

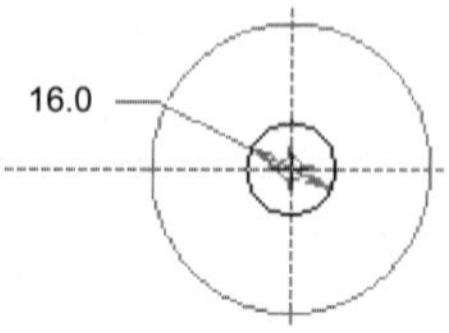

图 1.6　截面草图

Step4. 创建图 1.7 所示的倒角特征 1。单击 模型 功能选项卡 工程 ▼ 区域中的 倒角 ▼ 按钮，选取图 1.7a 所示的模型边链为要倒角的边线；输入倒角值 2.0。

Step5. 创建图 1.8 所示的倒圆角特征 1。单击 模型 功能选项卡 工程 ▼ 区域中的 倒圆角 ▼ 按钮，选取图 1.8 所示的边链为倒圆角的边线，输入圆角半径值 3.0。

Step6. 保存零件模型文件。将文件保存至 D:\creo3.10\work\ch01 目录下。

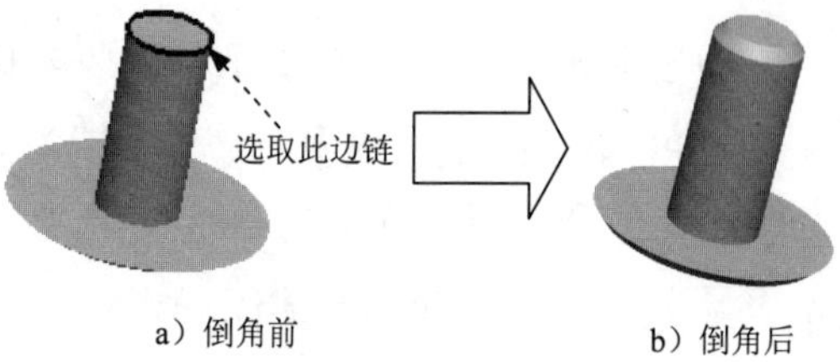

图 1.7　倒角特征 1

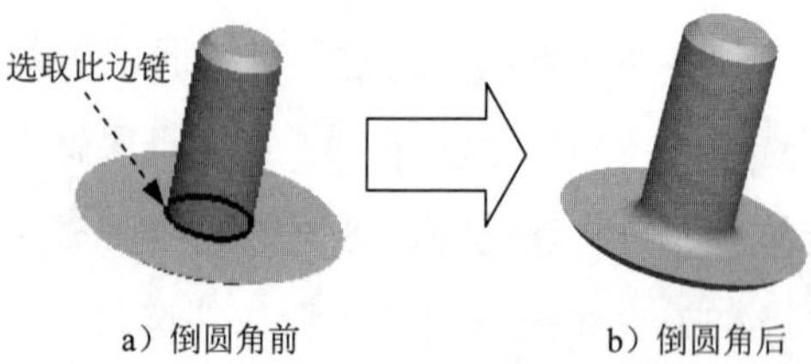

图 1.8　倒圆角特征 1

Task2. 创建主体零件模型

Step1. 新建一个钣金件模型，命名为 INSTANCE_CUP_COVER。

（1）选择下拉菜单 文件 → 新建(N) 命令。

（2）系统弹出“新建”对话框，在 类型 选项组中选中 ◉ 零件 单选项，在 子类型 选项组中选中 ◉ 钣金件 单选项，在 名称 文本框中输入文件名称 INSTANCE_CUP_COVER；取消选中 □ 使用默认模板 复选框，单击“新建”对话框中的 确定 按钮。

（3）在系统弹出的“新文件选项”对话框的 模板 选项组中选择 mmns_part_sheetmetal 模板，单击 确定 按钮，系统进入钣金环境。

Step2. 创建图 1.9 所示的旋转特征 1。

（1）选择 模型 功能选项卡 形状 ▾ 节点下的 旋转 命令，系统弹出“旋转”操控板。

（2）绘制截面草图。在图形区右击，从系统弹出的快捷菜单中选择 定义内部草绘... 命令；选取 FRONT 基准面为草绘平面，接受系统默认的参考平面和方向；单击 草绘 按钮，绘制图 1.10 所示的旋转中心线和截面草图。

（3）定义旋转参数。使用图 1.11 所示的加厚方向，然后在 后的文本框中输入厚度值 1.0，并按回车键。

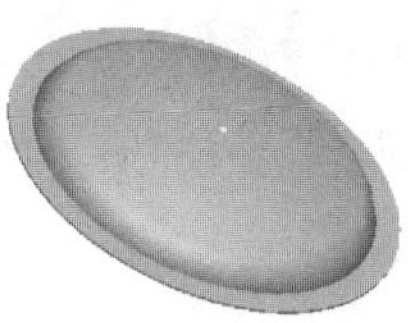

图 1.9 旋转特征 1

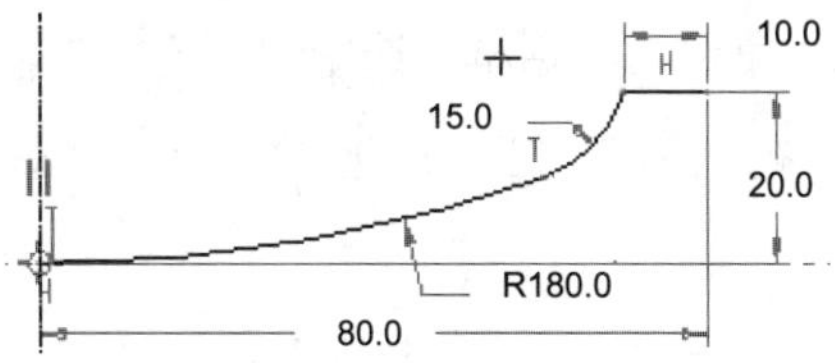

图 1.10 截面草图

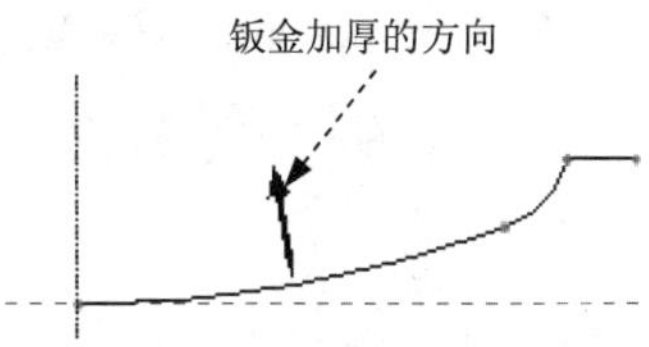

图 1.11 钣金加厚的方向

（4）在操控板中单击 ✓ 按钮，完成旋转特征 1 的创建。

Step3. 创建图 1.12b 所示的倒圆角特征 1。选择 模型 功能选项卡 工程 ▾ 节点下的 倒圆角 命令，选取图 1.12a 所示的边链为倒圆角的边线，输入圆角半径值 5.0。

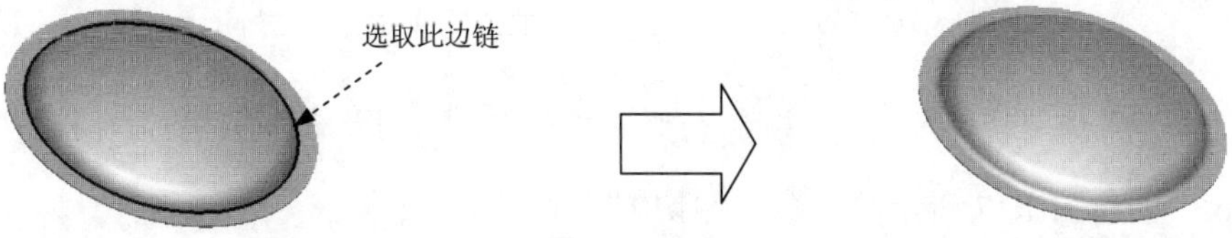

a）倒圆角前　　b）倒圆角后

图 1.12 倒圆角特征 1

Step4. 创建图 1.13b 所示的倒圆角特征 2。选取图 1.13 a 所示的边链为倒圆角的边线，输入圆角半径值 6.0。

Step5. 创建图 1.14 所示的附加钣金壁凸缘特征 1。

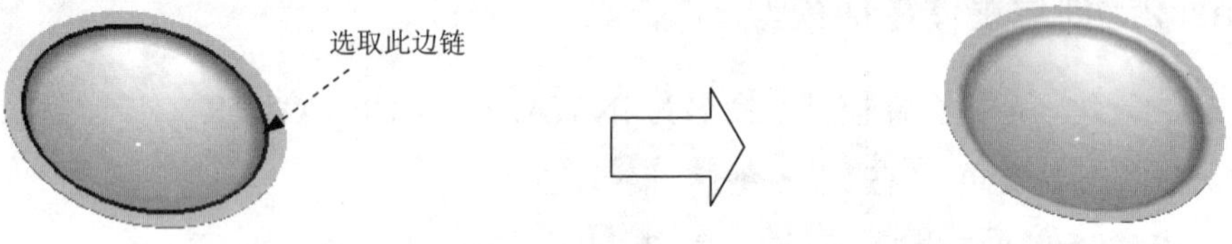

a）倒圆角前　　　　b）倒圆角后

图 1.13　倒圆角特征 2

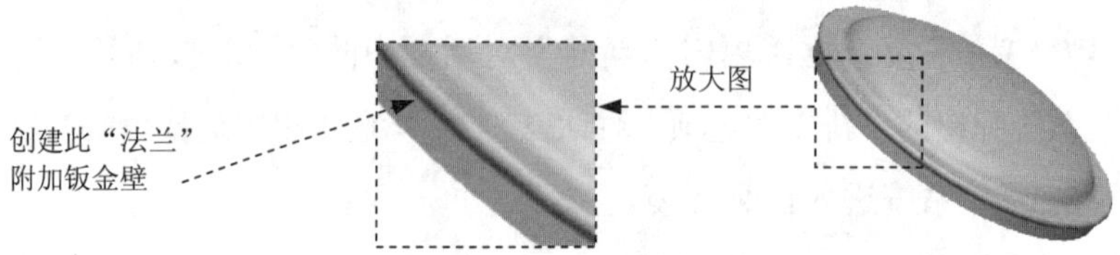

图 1.14　凸缘特征 1

（1）单击 模型 功能选项卡 形状 ▾ 区域中的“法兰”按钮，系统弹出“凸缘”操控板。

（2）选取附着边。按住 Shift 键，选取图 1.15 所示的模型边链为附着边。

（3）选取形状类型。在操控板中单击 I ▾，在系统弹出的下拉列表中选择 用户定义 选项。

（4）定义法兰附加钣金壁的轮廓。单击 形状 选项卡，在系统弹出的界面中单击 草绘... 按钮，系统弹出“草绘”对话框，选中 ◉ 薄壁端 单选项，单击 草绘 按钮（可单击对话框中的 反向 按钮切换视图箭头方向）；进入草绘环境后，绘制图 1.16 所示的截面草图。

（5）在操控板中单击 按钮，预览所创建的特征；确认无误后，单击 ✔ 按钮，完成凸缘特征的创建。

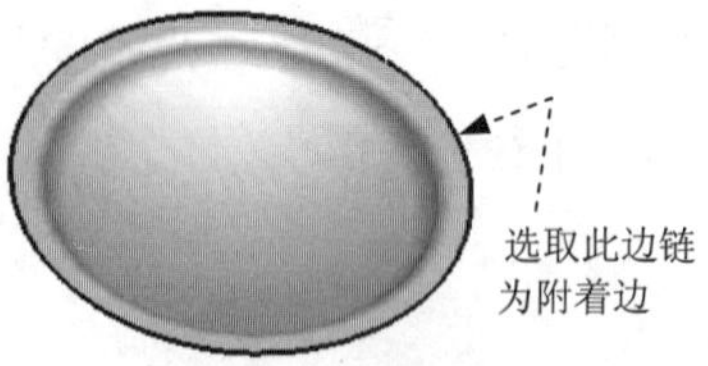

图 1.15　定义附着边

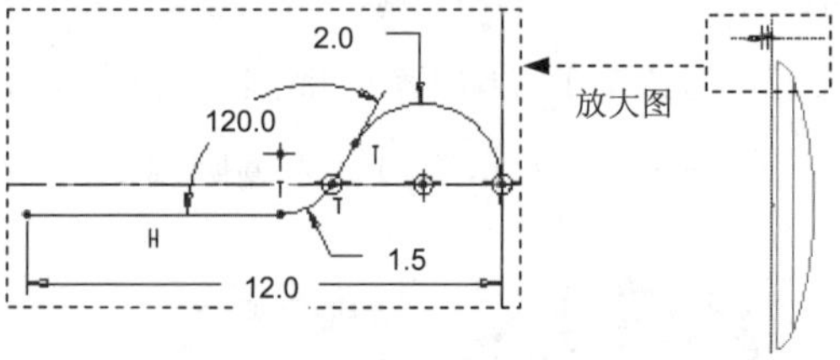

图 1.16　截面草图

Step6. 创建图 1.17 所示的钣金拉伸切削特征 1。

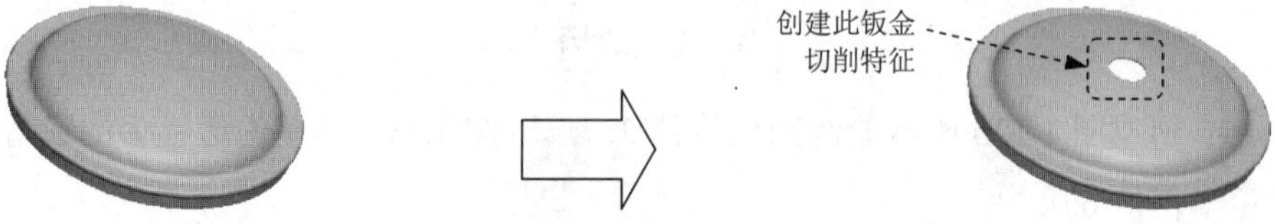

a）切削前　　　　b）切削后

图 1.17　拉伸切削特征 1

（1）选择命令。单击 模型 功能选项卡 形状 ▾ 区域中的 拉伸 按钮，此时系统弹出“拉伸”操控板。

（2）先确认“实体类型”按钮被激活，然后确认操控板中的“移除材料”按钮和“移除与曲面垂直的材料”按钮被激活。

（3）绘制截面草图。在图形区右击，从系统弹出的快捷菜单中选择 定义内部草绘... 命令；选取 TOP 基准平面为草绘平面，选取 RIGHT 基准平面为参考平面，单击 反向 按钮，使用图 1.18 所示的草绘方向；然后选取 RIGHT 基准平面为参考平面，方向为 上；单击 草绘 按钮，绘制图 1.19 所示的截面草图。

（4）定义拉伸属性。在操控板中定义拉伸类型为，选择材料移除的方向类型为，选择图 1.20 中的箭头指向为移除材料的方向。

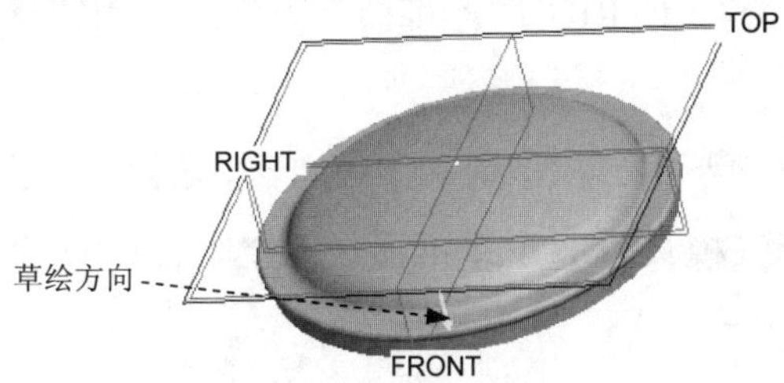

图 1.18 草绘平面

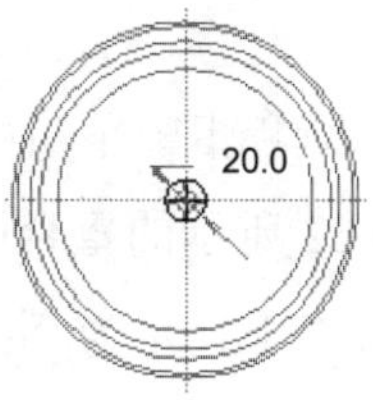

图 1.19 截面草图

图 1.20 移除材料的方向

（5）在操控板中单击“完成”按钮，完成拉伸切削特征 1 的创建。

Step7. 创建图 1.21 所示的凸模成形特征 1。

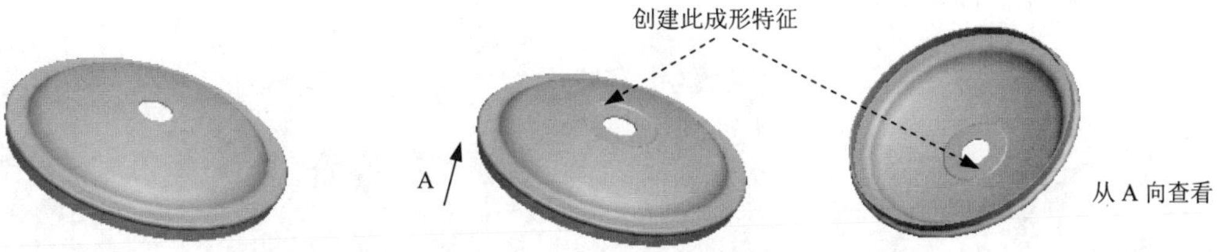

a）成形前 b）成形后

图 1.21 凸模成形特征 1

（1）选择命令。单击 模型 功能选项卡 工程 ▾ 区域下的 凸模 按钮。

（2）选择模具文件。在系统弹出的“凸模”操控板中单击按钮，系统弹出“打开”对话框，选择 D:\creo3.10\work\ch01 目录下的 sm_punch1.prt 作为成形模具，并将其打开。

（3）定义成形模具的放置。

① 定义匹配约束。单击操控板中的 放置 选项卡，在系统弹出的界面中的 约束类型 下拉列表中选择约束类型为 距离，然后分别选取图 1.22 所示的约束面（模具的 FRONT 基准面与钣金件的 TOP 基准面约束），并在 偏移 文本框中输入偏移距离值 2.0。

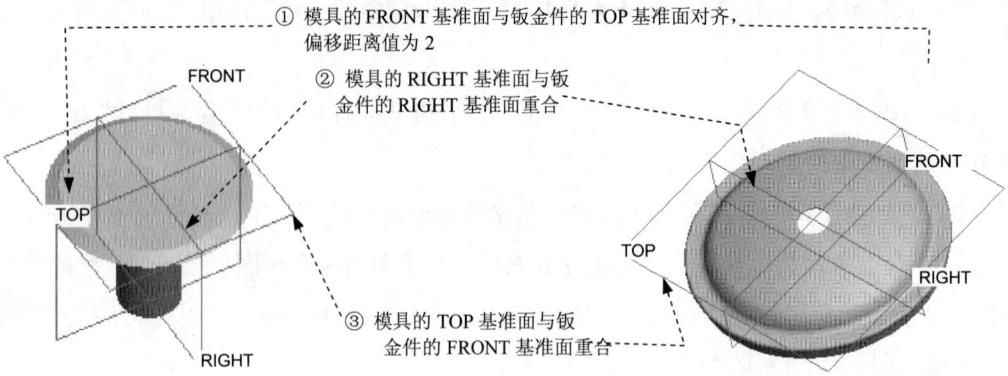

图 1.22　定义成形模具的放置

② 定义重合约束。在 放置 选项卡中单击 ➔新建约束，在 约束类型 下拉列表中选择约束类型为 重合，然后分别选取图 1.22 所示的重合面（模具的 RIGHT 基准面与钣金件的 RIGHT 基准面重合）。

③ 定义重合约束。在 放置 选项卡中单击 ➔新建约束，在 约束类型 下拉列表中选择约束类型为 重合，然后分别选取图 1.22 所示的重合面（模具的 TOP 基准面与钣金件的 FRONT 基准面重合）；此时在 放置 选项卡中显示为 完全约束。

说明：在添加位置约束时，若成形模具与钣金件外形尺寸相差较大，导致选择特征较困难时，可单击操控板中的按钮，系统会为成形模具提供一个单独的窗口来选取。

（4）在操控板中单击“完成”按钮，完成凸模成形特征 1 的创建。

Step8. 保存零件模型文件。

实例2 暖 气 罩

实例概述：

本实例介绍的是创建一个暖气罩的过程，主要运用了如下一些设计钣金的方法：将倒圆角后的实体零件转换成第一钣金壁、创建闭合的钣金侧壁，将钣金侧壁延伸后，再创建附加平整钣金壁、展开钣金壁、在展开的钣金壁上创建切削特征、折弯回去、创建成形特征等。其中将钣金展平、创建切削特征后再折弯回去的做法，以及 Die 模具的创建和模具成形特征的创建都有较高的技巧性。零件模型及模型树如图 2.1 所示。

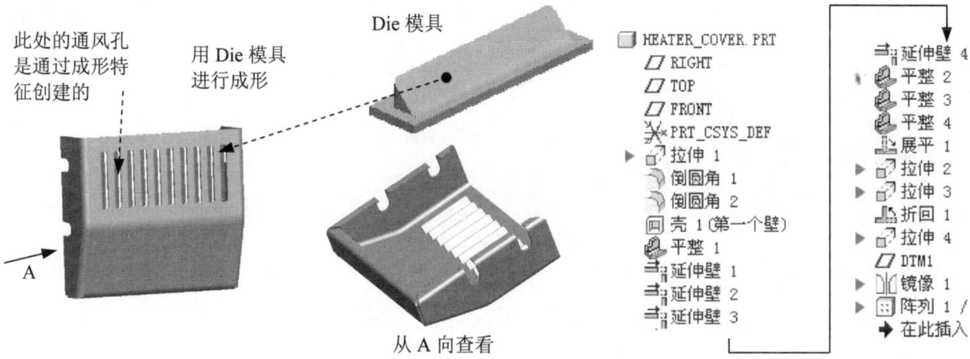

图 2.1　零件模型及模型树

Task1．创建模具

Die 模具用于创建模具成形特征，在该模具零件中，必须有一个基础平面作为边界面。本实例中首先创建图 2.2 所示的用于成形特征的模具。此模具所创建的成形特征可形成通风孔。

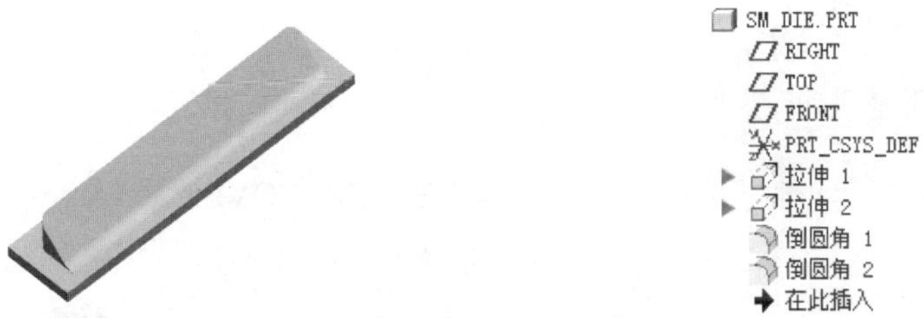

图 2.2　模具模型及模型树

Step1. 新建一个实体零件模型，命名为 SM_DIE。

Step2. 创建图 2.3 所示的拉伸特征 1。在操控板中单击 拉伸 按钮。选取 FRONT 基准平面为草绘平面，RIGHT 基准平面为参考平面，方向为 右；单击 草绘 按钮，绘制图 2.4

所示的截面草图；在操控板中定义拉伸类型为，输入深度值 1.0，单击✔按钮，完成拉伸特征 1 的创建。

图 2.3　拉伸特征 1

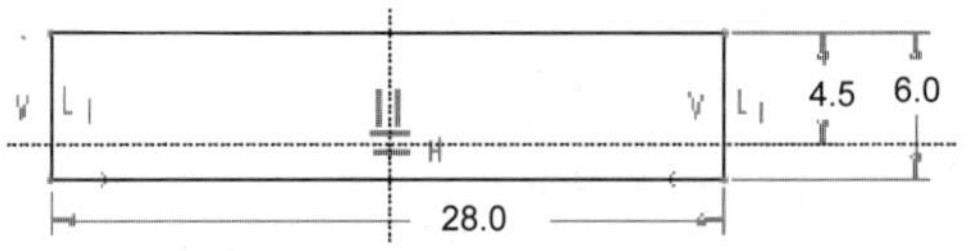

图 2.4　截面草图

Step3. 创建图 2.5 所示的拉伸特征 2。在操控板中单击 拉伸 按钮。选取 RIGHT 基准平面为草绘平面，TOP 基准平面为参考平面，方向为 右；单击 草绘 按钮，绘制图 2.6 所示的截面草图（在绘制截面草图时，选取图 2.6 所示的模型边线为草图参照）；在操控板中定义拉伸类型为，输入深度值 25.0，单击✔按钮，完成拉伸特征 2 的创建。

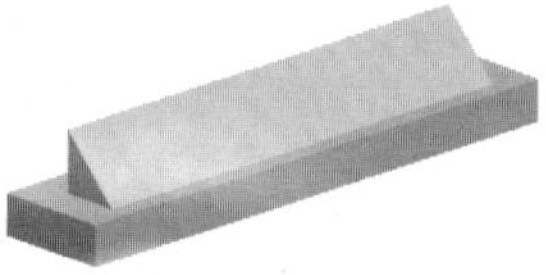

图 2.5　拉伸特征 2

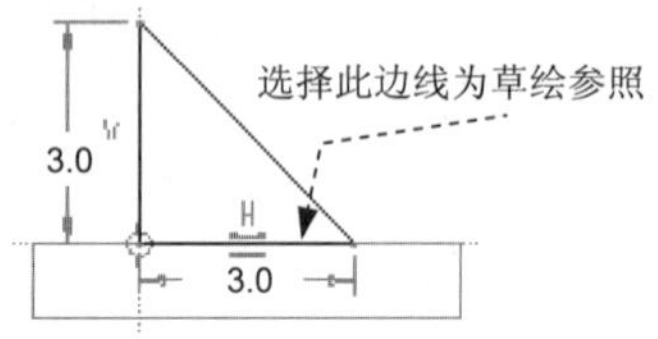

图 2.6　截面草图

Step4. 创建倒圆角特征 1。单击 模型 功能选项卡 工程 ▾ 区域中的 倒圆角 ▾ 按钮，选取图 2.7 所示的两条边线为倒圆角的边线，输入圆角半径值 0.8。

Step5. 创建倒圆角特征 2。选取图 2.8 所示的边线为倒圆角的边线，输入圆角半径值 1.5。

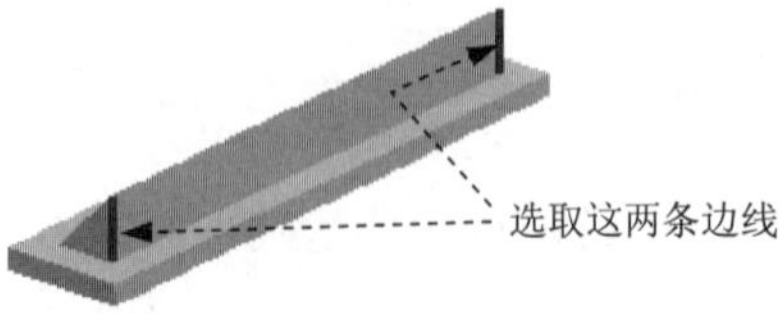

图 2.7　选取倒圆角边线

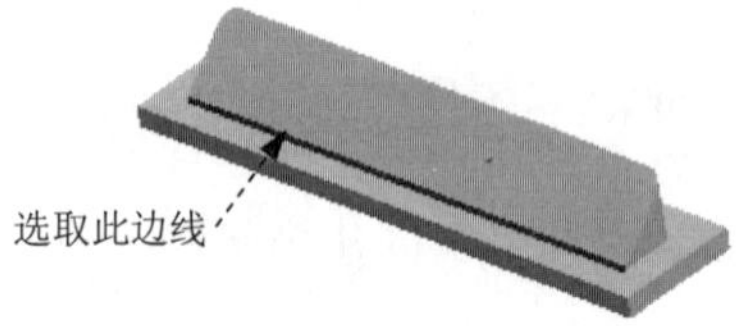

图 2.8　选取倒圆角边线

Step6. 保存零件模型文件。

Task2．创建主体零件模型

Step1. 新建一个实体零件模型，命名为 HEATER_COVER。

Step2. 创建图 2.9 所示的拉伸特征 1。在操控板中单击 拉伸 按钮。选取 FRONT 基准平面为草绘平面，RIGHT 基准平面为参考平面，方向为 右；单击 草绘 按钮，绘制图 2.10 所示的截面草图，在操控板中定义拉伸类型为，输入深度值 80.0，单击✔按钮，完成拉伸特征 1 的创建。

Step3. 创建倒圆角特征 1。选取图 2.11 所示的边线为倒圆角的边线，输入圆角半径值 15.0。

图 2.9　拉伸特征 1

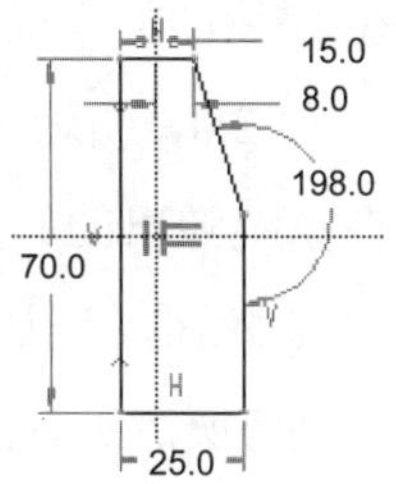

图 2.10　截面草图

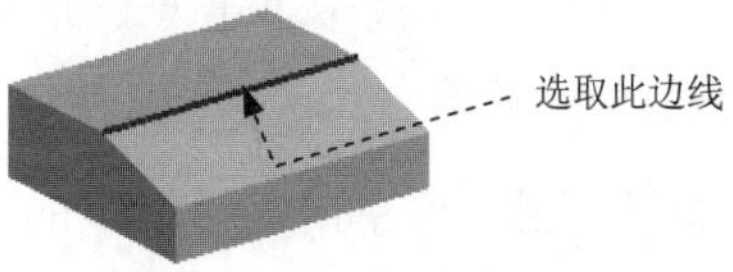

图 2.11　选取倒圆角的边线

Step4. 创建倒圆角特征 2。选取图 2.12 所示的两条边线为倒圆角的边线，输入圆角半径值 3.0。

Step5. 将实体零件转换成第一钣金壁，如图 2.13 所示。

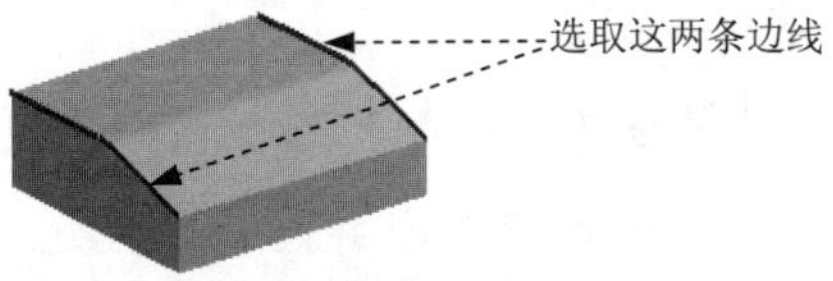

图 2.12　选取倒圆角的边线

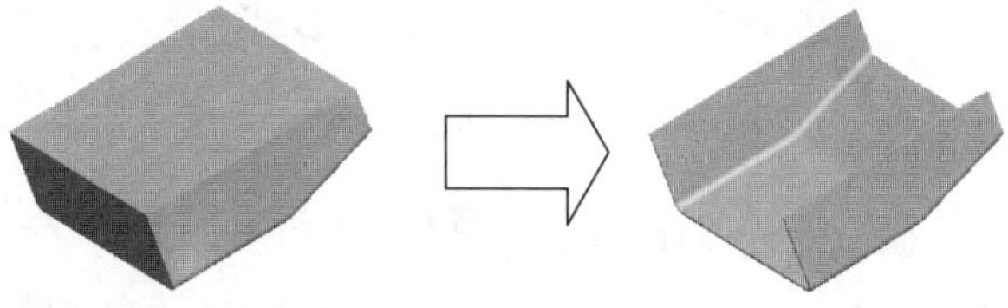

a）转换前（实体零件）　b）转换后（钣金件）

图 2.13　转换成第一钣金壁

（1）选择 模型 功能选项卡 操作 ▾ 节点下的 转换为钣金件 命令。

（2）在系统弹出的“第一壁”操控板中选择 命令。

（3）在系统 ➡选择要从零件移除的曲面. 的提示下，按住 Ctrl 键，选取图 2.14 所示的三个模型表面为壳体的移除面。

（4）输入钣金壁厚度值 1.0，并按回车键。

（5）单击 ✔ 按钮，完成转换钣金特征的创建。

Step6. 创建图 2.15 所示的附加钣金壁平整特征 1。

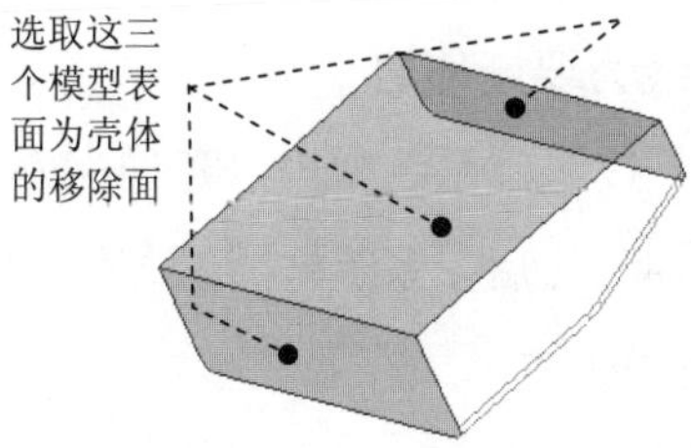

图 2.14　选取移除面

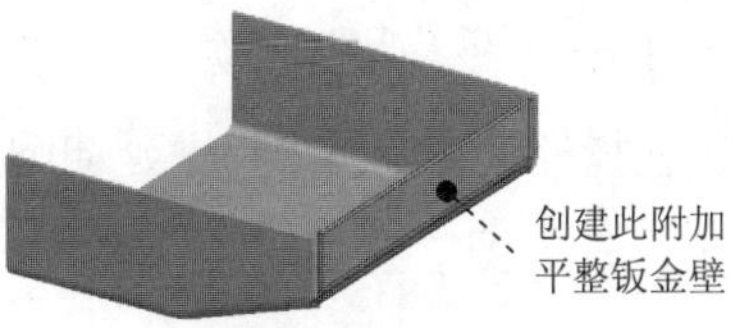

图 2.15　平整特征 1

（1）单击 模型 功能选项卡 形状 ▾ 区域中的“平整”按钮，系统弹出“平整”操控板。

（2）定义附着边。在系统 ➡选择一个边连到壁上. 的提示下，选取图 2.16 所示的模型边线为附着边。

（3）定义钣金壁的形状。

① 在操控板中选择用户定义选项，在后的文本框中输入角度值 72.0，确认按钮被按下，并在其后的文本框中输入折弯半径值 2.0，折弯半径所在侧为。

② 在操控板中单击形状选项卡，在系统弹出的界面中选中◉高度尺寸不包括厚度单选项，然后单击草绘...按钮，系统弹出“草绘”对话框，确认草绘的箭头方向如图 2.17 所示（若方向不一致，可单击对话框中的反向按钮切换箭头方向），再选取图 2.17 所示的模型表面为草绘参考平面，方向为左；单击草绘按钮，绘制图 2.18 所示的截面草图。

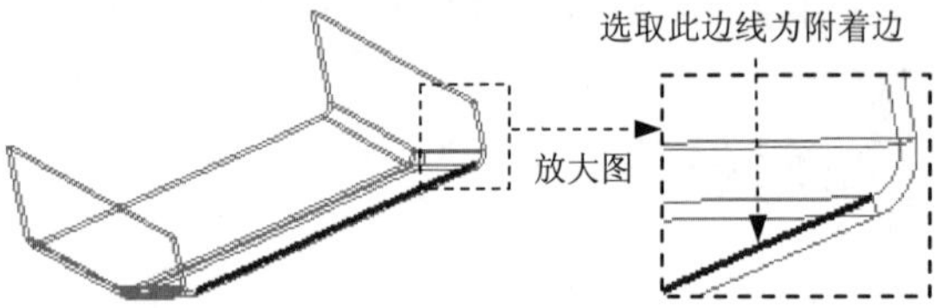

图 2.16　定义附着边

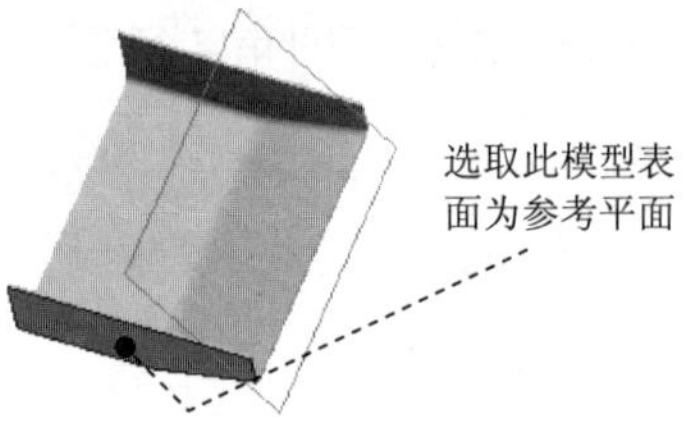

图 2.17　草绘平面

（4）设置偏移。单击偏移选项卡，选中☑相对连接边偏移壁复选框和◉添加到零件边单选项。

（5）定义止裂槽。在操控板中单击止裂槽选项卡，在系统弹出界面中取消选中☐单独定义每侧复选框，并在类型下拉列表框中选择扯裂选项。

（6）在操控板中单击✔按钮，完成平整特征 1 的创建。

Step7. 对侧壁的一端进行第一次延伸，如图 2.19 所示。

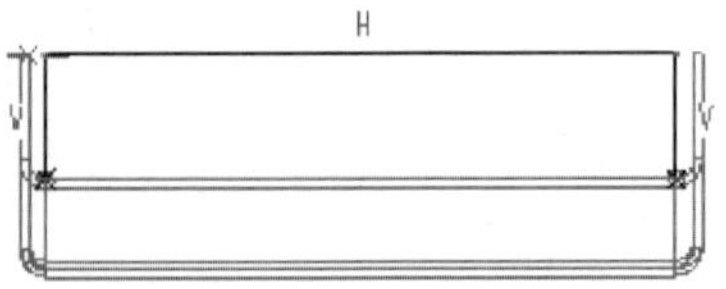

图 2.18　截面草图

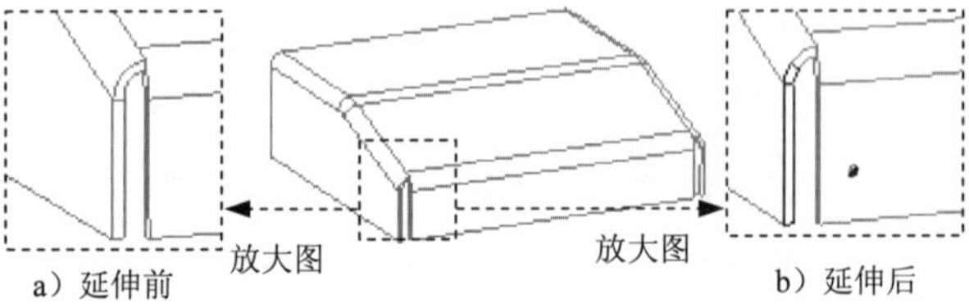

图 2.19　进行薄壁内边界线的延伸

（1）定义要延伸的边。选取图 2.20 所示的模型边线为要延伸边。

（2）单击模型功能选项卡编辑▾区域中的延伸按钮，系统弹出“延伸”操控板。

（3）在操控板中单击“将壁延伸倒参考平面”按钮，然后在系统➡选择一个平面作为延伸的参考。的提示下，选取图 2.20 所示的钣金内表面为延伸的终止面。

（4）单击操控板中的✔按钮，完成延伸壁 1 的创建。

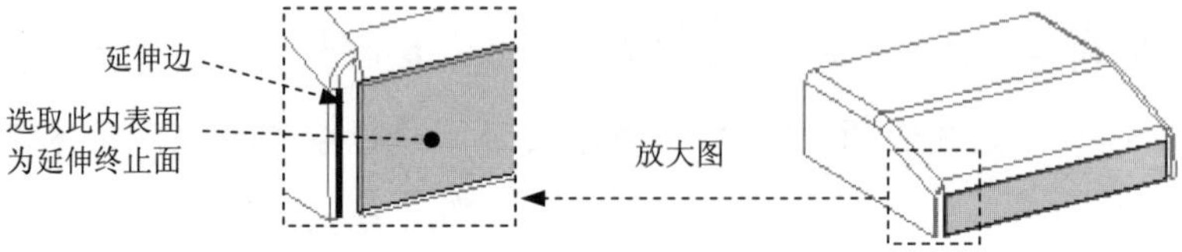

图 2.20　定义延伸边和延伸终止面

Step8. 创建图 2.21 所示的第二次延伸。选取图 2.22 所示的模型边线为延伸边；单击 模型 功能选项卡 编辑 ▾ 区域中的 延伸 按钮，在系统弹出的操控板中单击按钮，然后选取图 2.22 所示的钣金内表面为延伸的终止面。单击✓按钮，完成延伸壁 2 的创建。

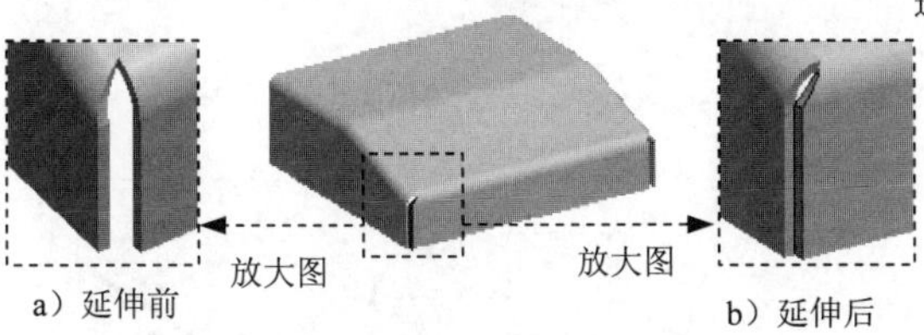

图 2.21　第二次延伸

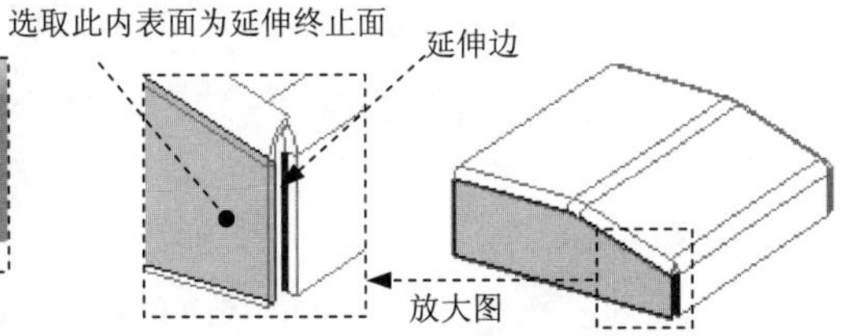

图 2.22　定义延伸边和延伸终止面

Step9. 用同样的方法对侧壁的另一端进行延伸，详细操作步骤见 Step7 和 Step8。

Step10. 创建图 2.23 所示的附加钣金壁平整特征 2。

（1）单击 模型 功能选项卡 形状 ▾ 区域中的“平整”按钮。

（2）选取附着边。在系统 ➡选择一个边连到壁上. 的提示下，选取图 2.24 所示的模型边线为附着边。

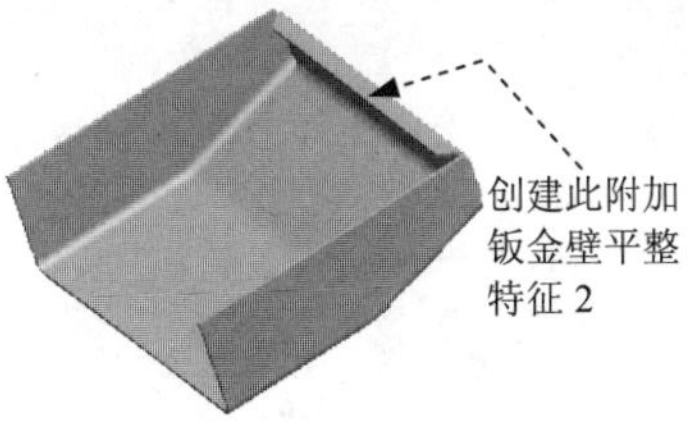

图 2.23　平整特征 2

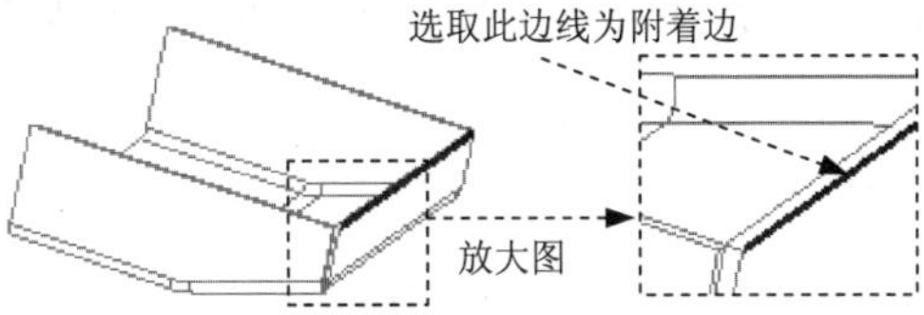

图 2.24　定义附着边

（3）定义钣金壁的形状。

① 在操控板中选择 用户定义 选项，在后的文本框中输入角度值 90.0。

② 在操控板中单击 形状 选项卡，在系统弹出的界面中单击 草绘... 按钮，系统弹出“草绘”对话框，确认图 2.25 所示的箭头方向为草绘方向（若方向不一致，可单击对话框中的 反向 按钮切换草绘方向），然后选取图 2.25 所示的模型表面为参考平面，方向为 下；单击 草绘 按钮，绘制图 2.26 所示的截面草图（图形不能封闭）。

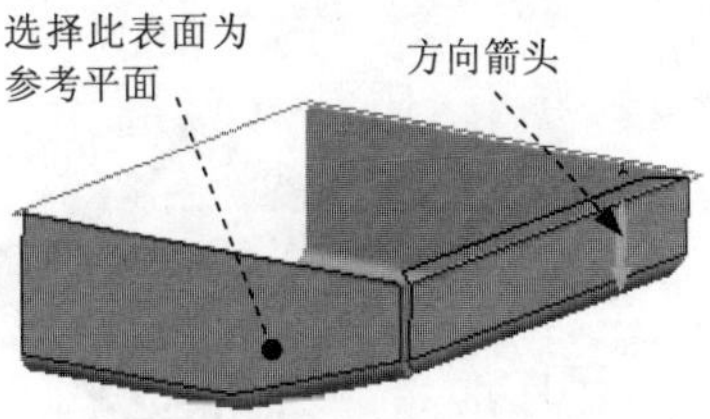

图 2.25　定义草绘方向

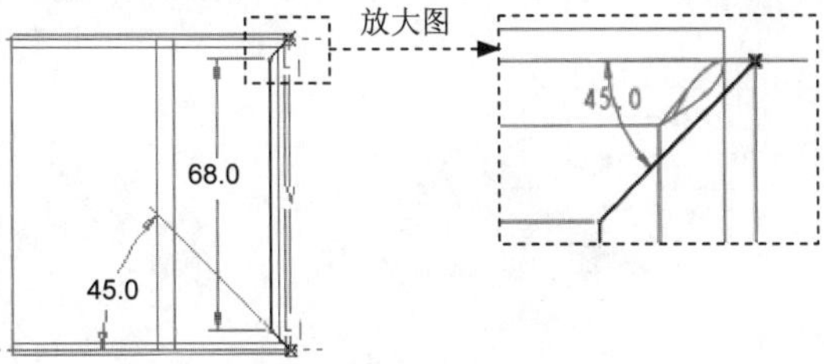

图 2.26　截面草图

（4）定义折弯半径。单击角度文本框后面的按钮；确认按钮被按下，并在其后的文本框中输入折弯半径值 1.0，折弯半径所在侧为 。

（5）在操控板中单击 按钮，完成平整特征 2 的创建。

Step11. 创建图 2.27 所示的右侧附加钣金壁平整特征 3。

（1）单击 模型 功能选项卡 形状▼ 区域中的“平整”按钮。

（2）选取附着边。在系统 选择一个边连到壁上. 的提示下，选取图 2.28 所示的模型边线为附着边。

图 2.27 平整特征 3

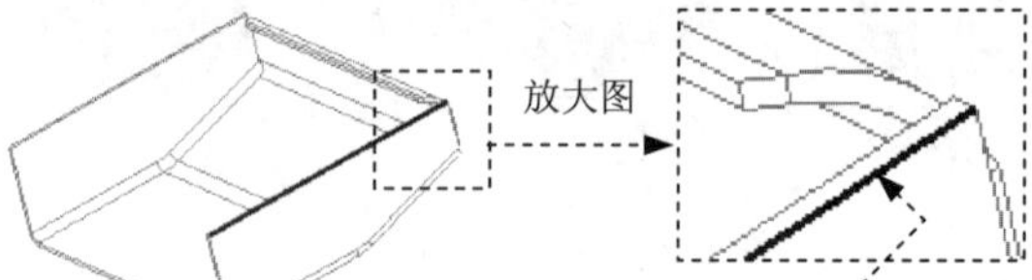

图 2.28 定义附着边

（3）定义钣金壁的形状。

① 在操控板中选择 用户定义 选项，在 后的文本框中输入角度值 90.0。

② 在操控板中单击 形状 选项卡，在系统弹出的界面中单击 草绘... 按钮，系统弹出“草绘”对话框，单击 反向 按钮，然后选取图 2.29 所示的模型表面为参考平面，方向为 右；单击 草绘 按钮，绘制图 2.30 所示的截面草图。

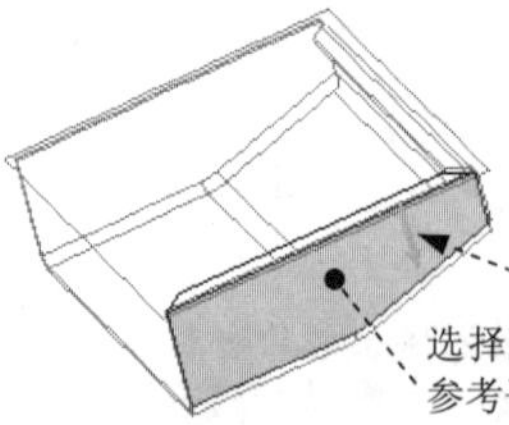

图 2.29 定义草绘参考

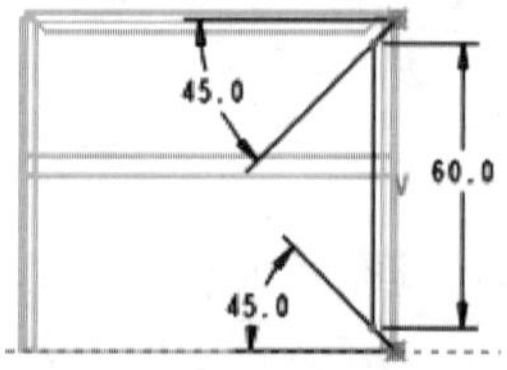

图 2.30 截面草图

（4）定义折弯半径。单击角度文本框后面的 按钮；确认 按钮被按下，并在其后的文本框中输入折弯半径值 0.5，折弯半径所在侧为 。

（5）在操控板中单击 按钮，完成平整特征 3 的创建。

Step12. 参照上一步的操作方法，创建图 2.31 所示的模型左侧的附加钣金壁平整特征 4。

Step13. 将图 2.32 所示的右侧附加平整钣金壁展平。

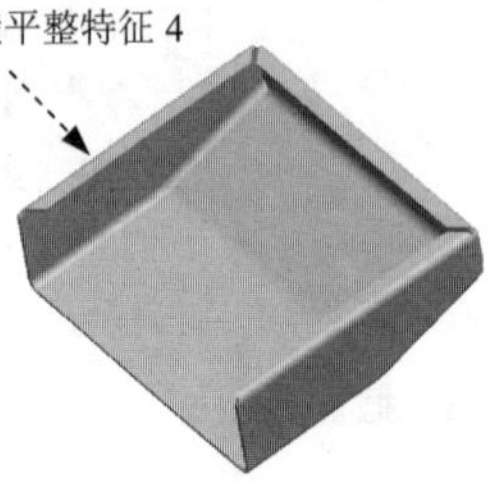

图 2.31 平整特征 4

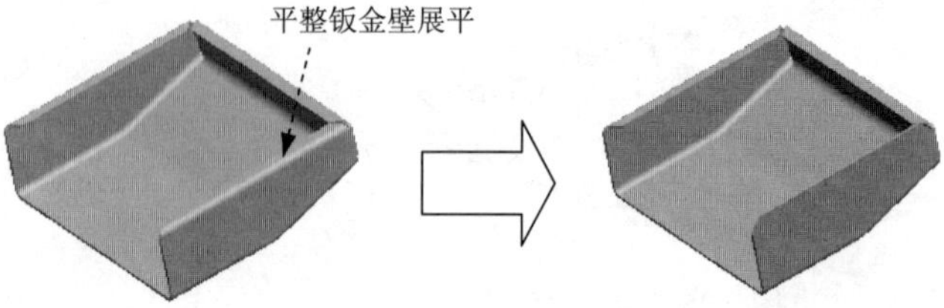

a）展平前

b）展平后

图 2.32 将右侧附加平整钣金壁展平

（1）选择命令。单击 模型 功能选项卡 折弯▼ 区域中的“展平”按钮。

（2）定义固定面。在“展平”操控板中单击按钮，在系统 ◆选择要在展平时保持固定的曲面或边。的提示下，选取图 2.33 所示的模型右侧表面为固定面。

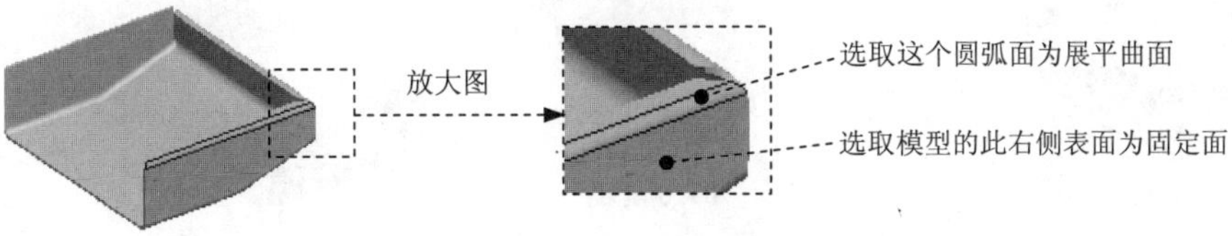

图 2.33 选取固定面和展平曲面

（3）定义钣金的展平选项。单击 参考 按钮，在系统弹出的“参考”界面中，将 折弯几何 文本框中的选项全部移除，然后选取图 2.33 所示的圆弧面为展平曲面。

（4）单击按钮，完成展平特征 1 的创建。

Step14. 创建图 2.34 所示的钣金拉伸切削特征 2。

（1）单击 模型 功能选项卡 形状▼ 区域中的 拉伸 按钮，确认按钮、按钮和按钮被按下。

（2）绘制截面草图。选取图 2.35 所示的模型表面 1 为草绘平面，选取模型表面 2 为参考平面，方向为 右；单击 草绘 按钮，绘制图 2.36 所示的截面草图。

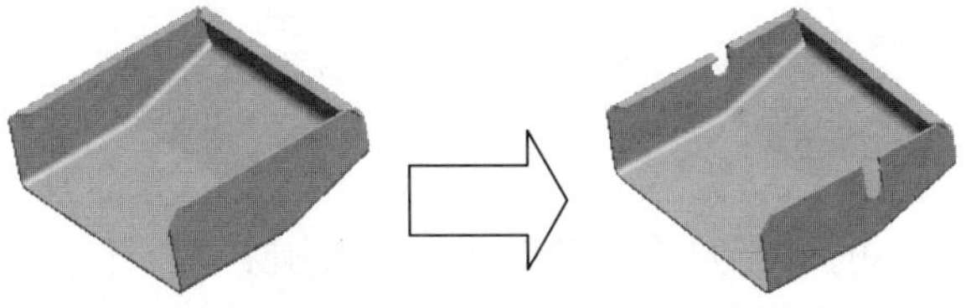

a）切削前 b）切削后

图 2.34 拉伸切削特征 2

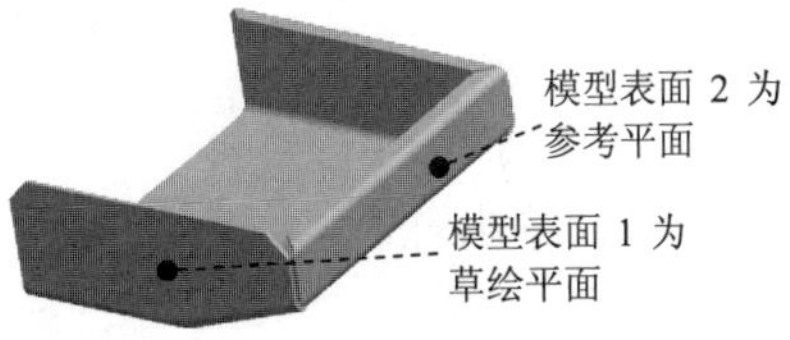

图 2.35 草绘平面

（3）定义拉伸属性。接受图 2.37 所示的箭头方向为移除材料的方向，在操控板中定义拉伸类型为，选择材料移除的方向类型为。

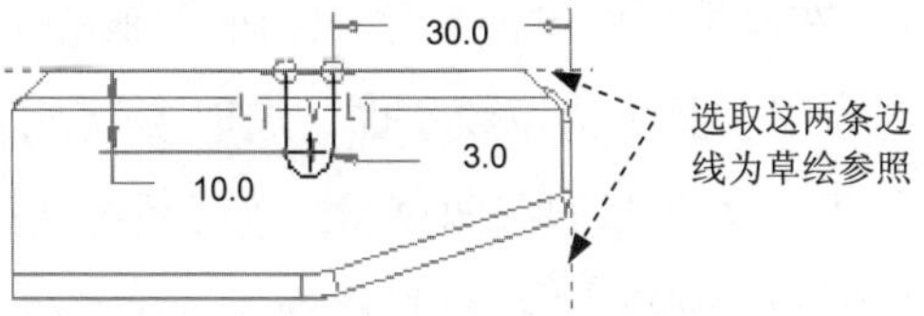

图 2.36 截面草图

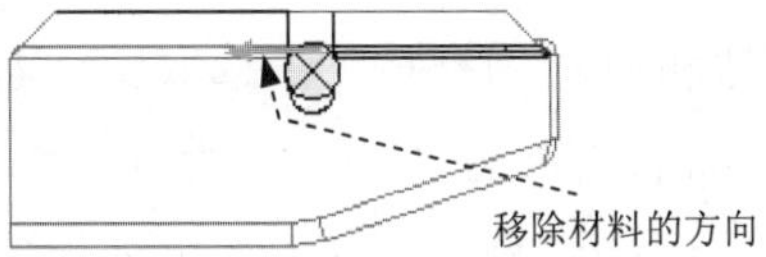

图 2.37 选取移除材料的方向

（4）在操控板中单击“完成”按钮，完成拉伸切削特征 2 的创建。

Step15. 创建图 2.38 所示的钣金拉伸切削特征 3。在操控板中单击 拉伸 按钮，确认按钮、按钮和按钮被按下；选取图 2.39 所示的模型表面 1 为草绘平面，选取模型表面 2 为参考平面，方向为 右；单击 草绘 按钮，绘制图 2.40 所示的截面草图；接受

图 2.41 所示的箭头方向为移除材料的方向，在操控板中定义拉伸类型为，选择材料移除的方向类型为。

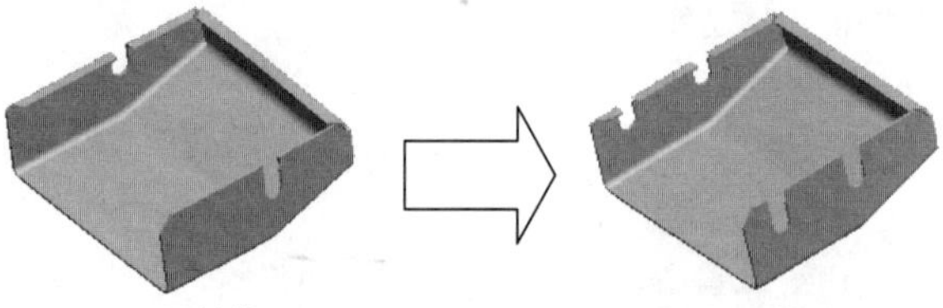

a）切削前　　b）切削后

图 2.38　拉伸切削特征 3

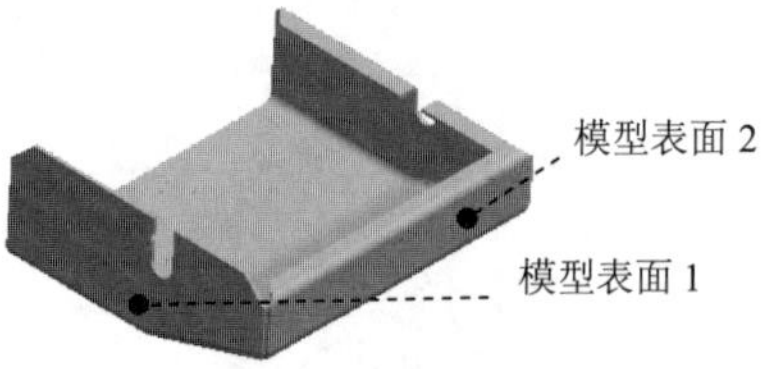

图 2.39　草绘平面

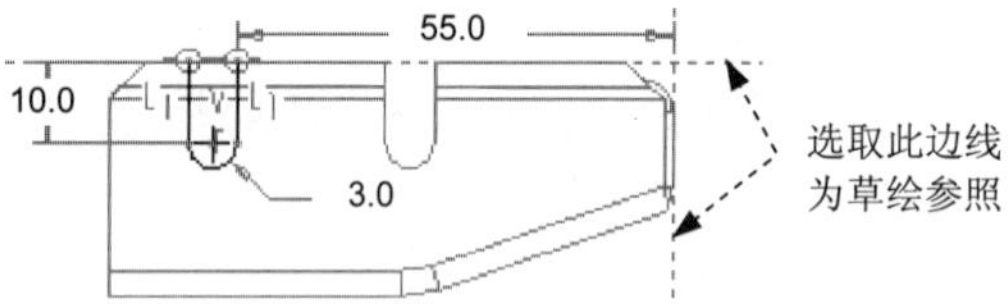

图 2.40　截面草图

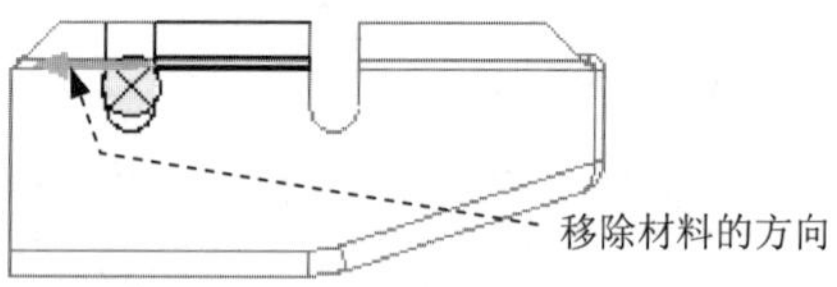

图 2.41　选取移除材料的方向

Step16. 将图 2.42 所示的右侧附加平整钣金壁再折弯回去。

a）折弯回去前　　b）折弯回去后

图 2.42　折回特征 1

（1）单击 模型 功能选项卡 折弯 ▼ 区域中的 折弯回去 按钮，此时系统弹出“折回”操控板。

（2）定义固定面（边）。在“折回”操控板中单击按钮，选取图 2.43 所示的模型右侧表面为固定面。

（3）单击按钮，完成折回特征 1 的创建。

Step17. 创建图 2.44 钣金拉伸切削特征 4。在操控板中单击 拉伸 按钮，确认按钮、按钮和按钮被按下；选取图 2.45 所示的模型表面 1 为草绘平面，选取模型表面 2 为参考平面，方向为 右；单击 草绘 按钮，绘制图 2.46 所示的截面草图；接受系统默认的箭头方向为移除材料的方向，在操控板中定义拉伸类型为，选择材料移除的方向类型为。

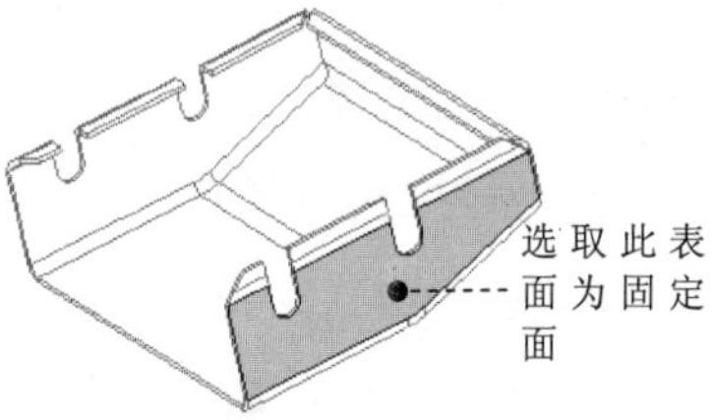

图 2.43　定义固定面

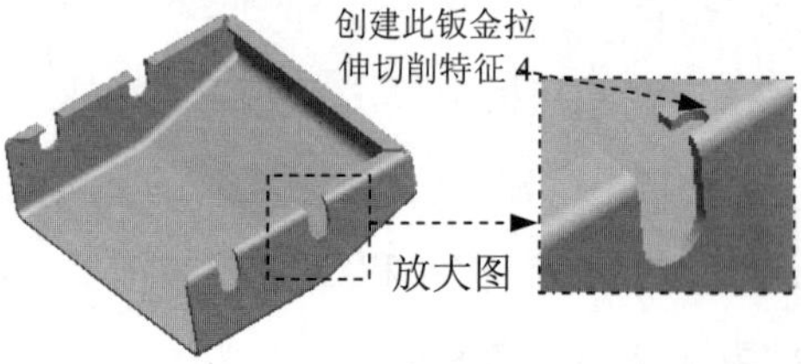

图 2.44　拉伸切削特征 4

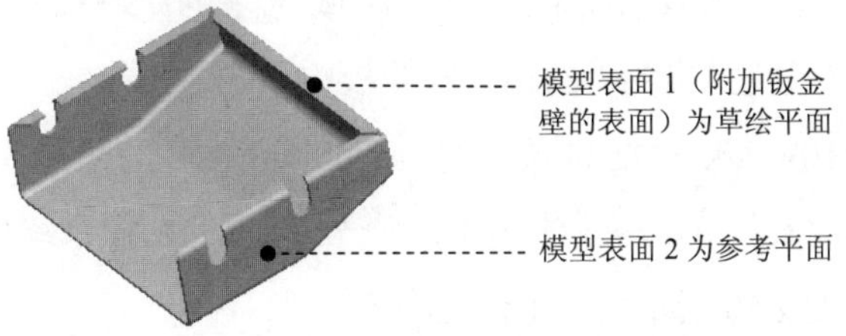

图 2.45 草绘平面

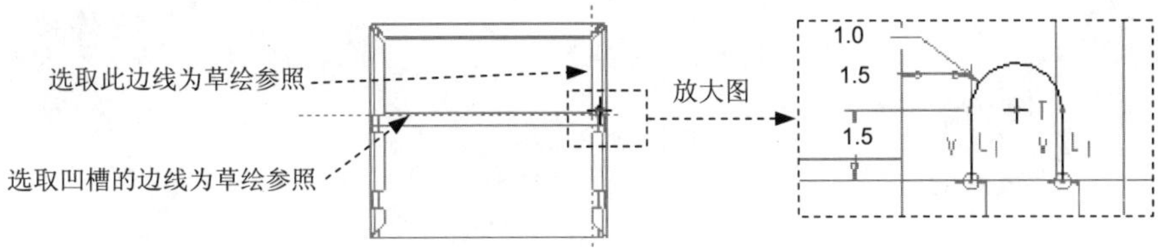

图 2.46 截面草图

Step18. 创建图 2.47 所示的基准平面 1。单击“平面”按钮，选取 FRONT 基准平面为偏距参考面，在对话框中输入偏移距离值 40，然后单击 确定 按钮，完成创建（在模型树中将此步创建的基准平面重命名为 DTM_CENTER）。

Step19. 创建图 2.48 所示的镜像特征 1。

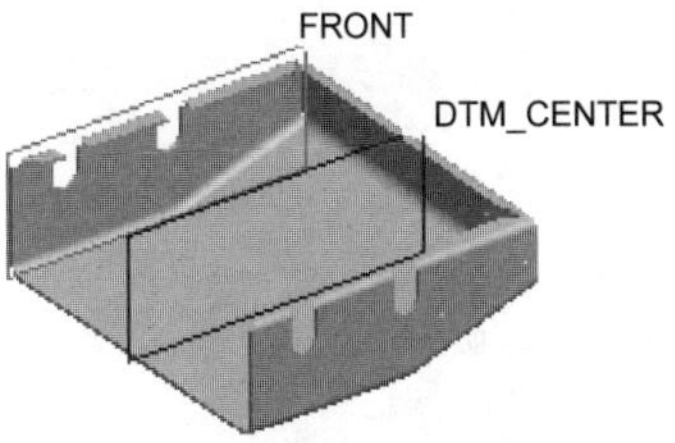

图 2.47 基准平面 DTM_CENTER

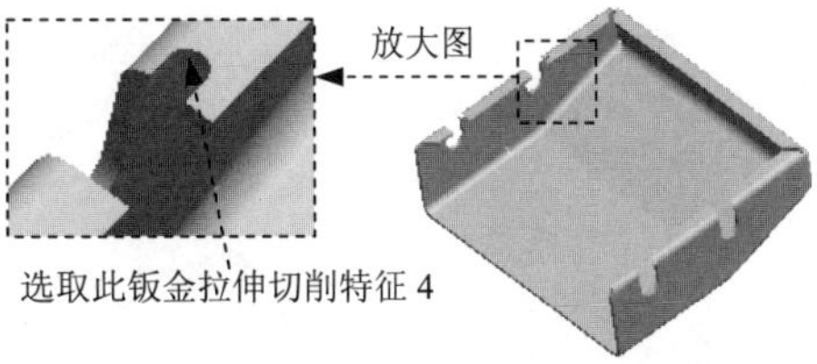

图 2.48 镜像特征 1

（1）选取镜像特征。在图形区选取 Step17 所创建的钣金拉伸切削特征 4 为镜像源。

（2）选择镜像命令。单击 模型 功能选项卡 编辑 ▾ 下的 镜像 命令。

（3）定义镜像平面。选取 Step18 所创建的基准平面为镜像平面。

（4）单击 ✔ 按钮，完成镜像特征 1 的创建。

Step20. 创建图 2.49 所示的凸模成形特征 1。

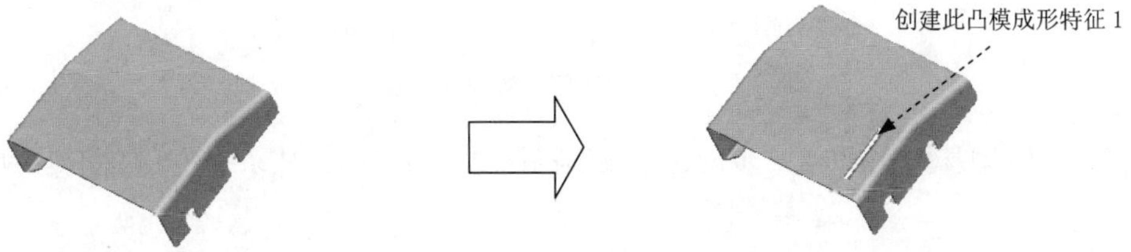

a）成形前 b）成形后

图 2.49 凸模成形特征 1

（1）选择命令。单击 模型 功能选项卡 工程 ▾ 区域 下的 凸模 按钮。

（2）选择模具文件。在系统弹出的“凸模”操控板中单击 按钮，系统弹出文件“打开”对话框，选择 D:\creo3.10\work\ch02 目录下的 sm_die.prt 文件为成形模具，并将其打开。

（3）定义成形模具的放置。单击操控板中的 放置 选项卡，在系统弹出的界面中选中 ☑ 约束已启用 复选框并添加图 2.50 所示的三组位置约束。

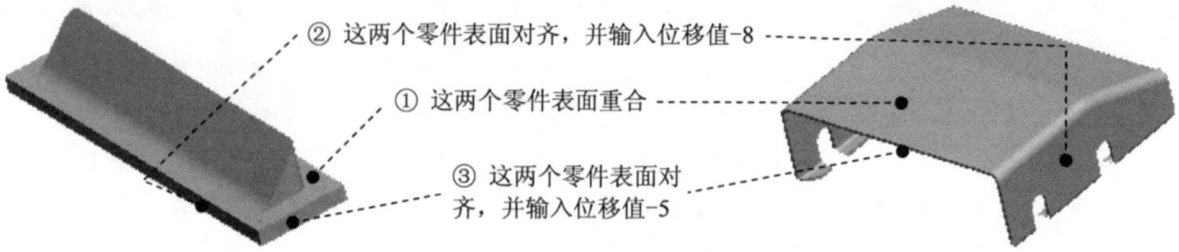

图 2.50　定义成形模具的放置

（4）定义排除面。单击 选项 选项卡，在系统弹出的界面中单击 排除冲孔模型曲面 下的空白区域，然后按住 Ctrl 键，选取图 2.51 所示的五个表面（一个背面、两个侧面和两个圆角）为排除面。

（5）在操控板中单击“完成”按钮 ✓，完成凸模成形特征 1 的创建。

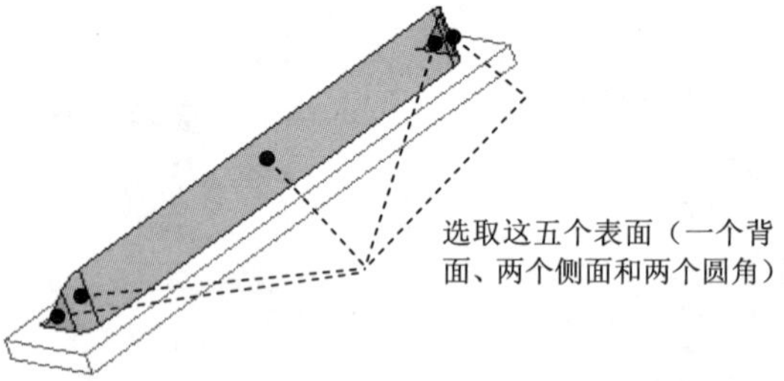

图 2.51 选取排除面

Step21. 创建图 2.52 所示的阵列特征 1。

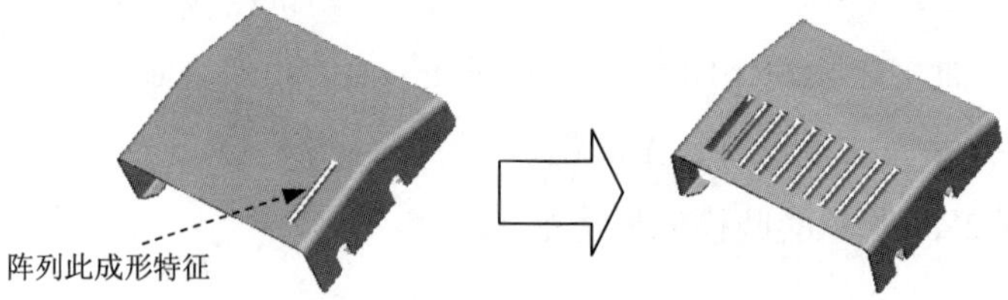

a）阵列前　　b）阵列后

图 2.52　阵列特征 1

（1）在模型树中选取上一步创建的成形特征 1，再右击，从系统弹出的快捷菜单中选择 阵列... 命令。

（2）选取阵列类型。在“阵列”操控板中选择以 方向 方式阵列。

（3）选取第一方向参照。选取 FRONT 基准平面为第一方向参照。

（4）定义第一方向成员数及成员间距。设定第一方向成员数为 8，阵列成员间距值为 8.0。

（5）在操控板中单击按钮，完成阵列特征 1 的创建。

Step22. 保存零件模型文件。

实例3 卷 尺 头

实例概述：

本实例首先创建一个分离的平整钣金壁，将此钣金壁的一侧折弯，再将另一侧拉伸切削后，镜像复制所有特征，创建法兰附加钣金壁特征和钣金壁切削特征。这些钣金设计命令有一定代表性，尤其是将钣金壁折弯一侧后再镜像复制所有特征的创建思想值得借鉴。该零件模型及模型树如图 3.1 所示。

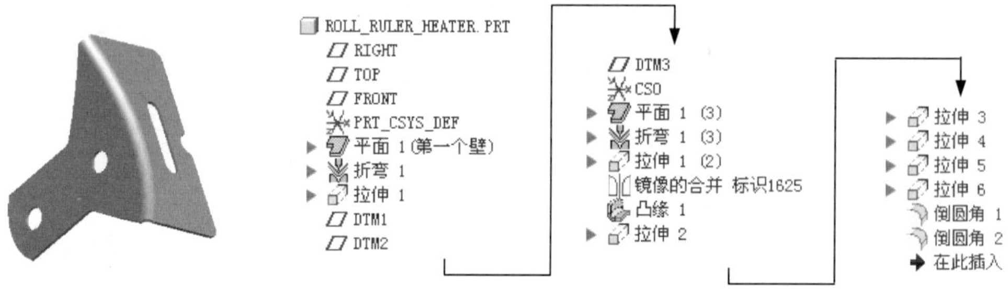

图 3.1 零件模型及模型树

Step1. 新建一个钣金件模型，命名为 ROLL_RULER_HEATER。

Step2. 创建图 3.2 所示的平面特征 1。

（1）单击 模型 功能选项卡 形状 ▾ 区域中的 平面 按钮。

（2）绘制截面草图。在图形区右击，从系统弹出的快捷菜单中选择 定义内部草绘... 命令；选取 FRONT 基准平面为草绘平面，RIGHT 基准平面为参考平面，方向为 右；单击 草绘 按钮，绘制图 3.3 所示的截面草图。

（3）在操控板的钣金壁厚文本框中输入钣金壁厚度值 0.3。

（4）在操控板中单击“完成”按钮 ✔，完成平面特征 1 的创建

Step3. 创建图 3.4 所示的折弯特征 1。

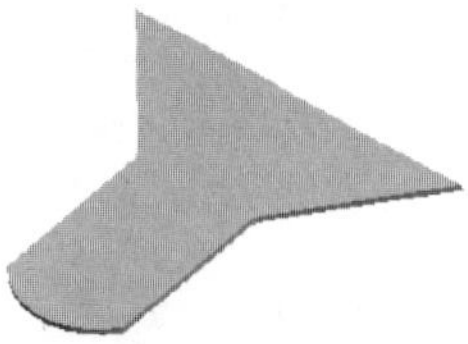

图 3.2 平面特征 1

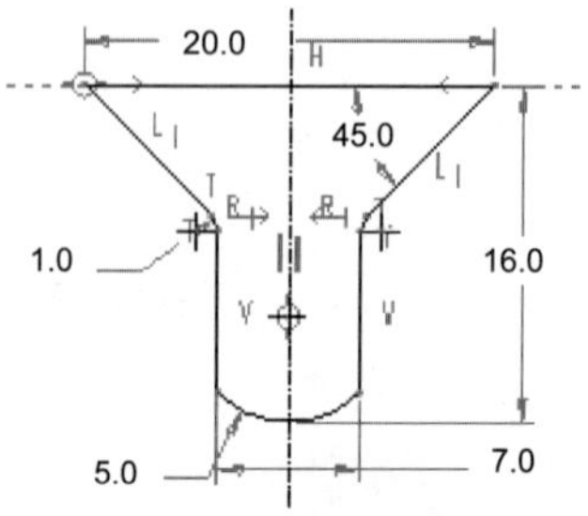

图 3.3 截面草图

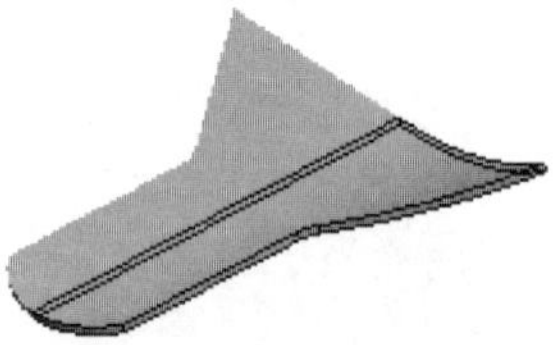

图 3.4 折弯特征 1

（1）单击 模型 功能选项卡 折弯 ▾ 区域 折弯 ▾ 下的 折弯 按钮，系统弹出“折弯”操

控板。

（2）选取折弯类型。在操控板中单击按钮和按钮（使其处于被按下的状态）。

（3）绘制折弯线。单击 折弯线 选项卡，选取图 3.5 所示的薄板表面为草绘平面；然后单击“折弯线”界面中的 草绘... 按钮，进入草绘环境，绘制图 3.6 所示的折弯线。

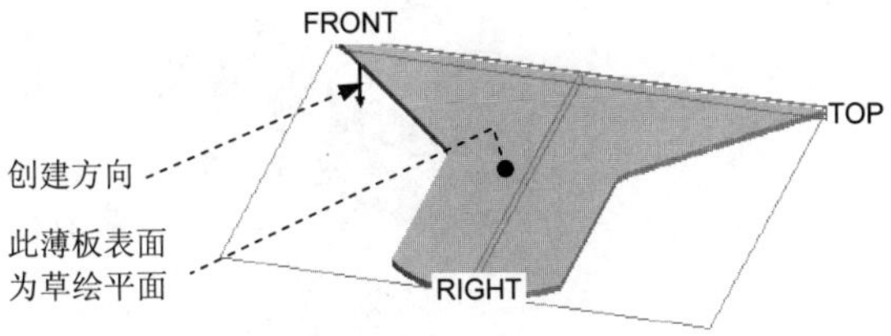

图 3.5 草绘平面

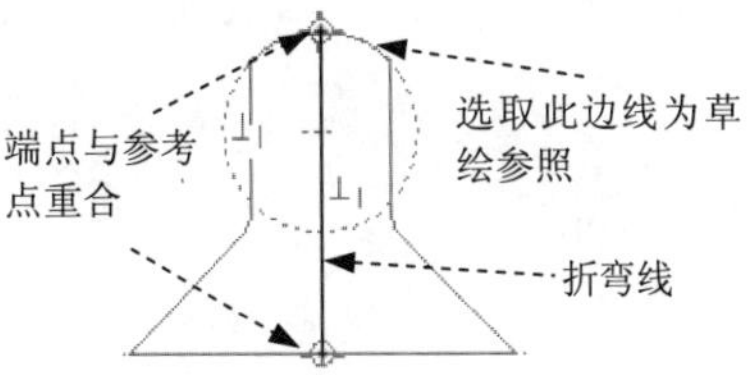

图 3.6 折弯线

（4）定义折弯属性。在后的文本框中输入折弯半径值 20.0，折弯半径所在侧为；确定固定侧方向与折弯方向如图 3.7 所示。

（5）单击操控板中按钮，完成折弯特征 1 的创建。

Step4. 创建图 3.8 所示的钣金拉伸切削特征 1。

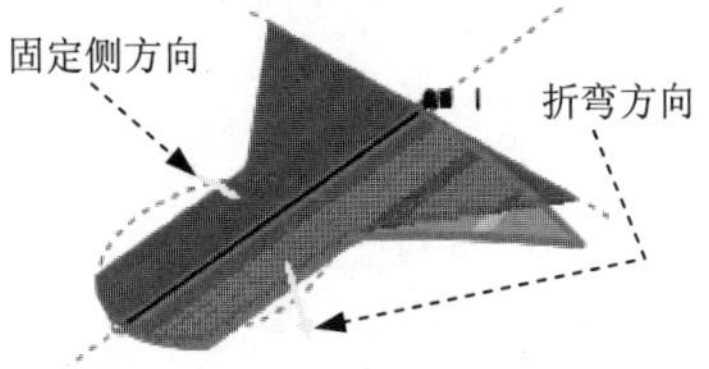

图 3.7 定义折弯侧和固定侧

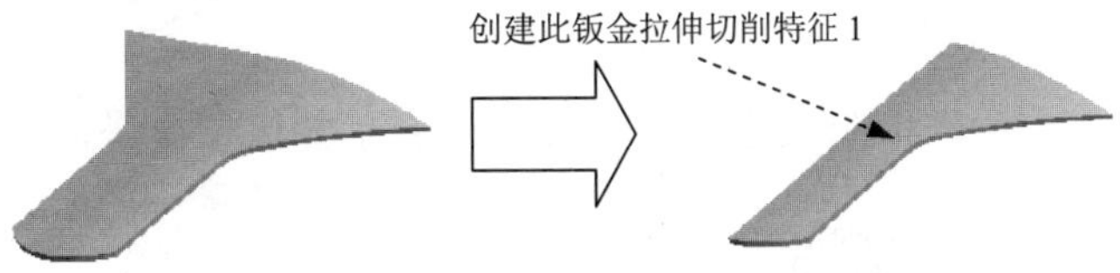

a）切削前　　b）切削后

图 3.8 拉伸切削特征 1

（1）单击 模型 功能选项卡 形状 区域中的 拉伸 按钮，确认按钮、按钮和按钮被按下。

（2）绘制截面草图。选取 FRONT 基准平面为草绘平面，RIGHT 基准平面为参考平面，方向为 右；单击 草绘 按钮，绘制图 3.9 所示的截面草图。

（3）定义拉伸属性。在操控板中单击后的按钮，使移除材料的方向如图 3.10 所示，定义拉伸类型为，选择材料移除的方向类型为。

（4）在操控板中单击“完成”按钮，完成拉伸切削特征 1 的创建。

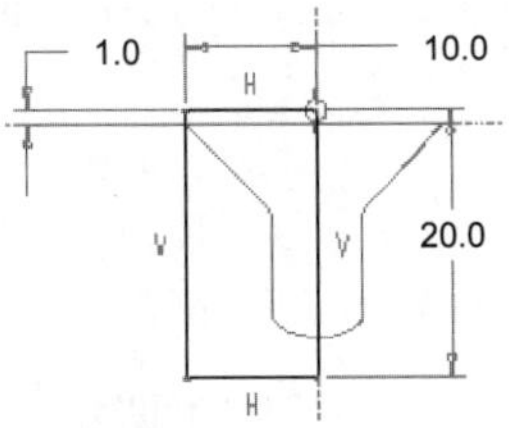

图 3.9 截面草图

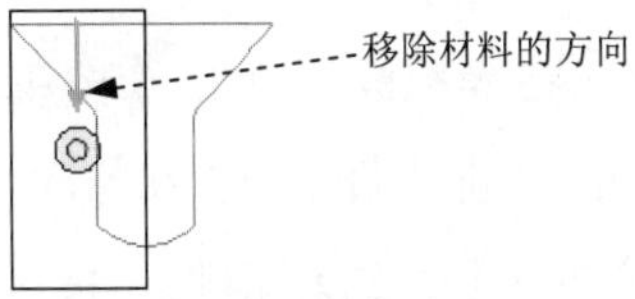

图 3.10 移除材料的方向

Step5. 创建图 3.11b 所示的镜像特征 1。单击 模型 功能选项卡 操作▾ 节点下的 特征操作 命令；在系统弹出的菜单管理器中选择 Copy（复制） ➡ Mirror（镜像） ➡ All Feat（所有特征） ➡ Dependent（从属） ➡ Done（完成） 命令。选择 Plane（平面） 命令，再选取图 3.11b 所示的 RIGHT 基准平面为镜像中心平面，选择 Done（完成） 命令。

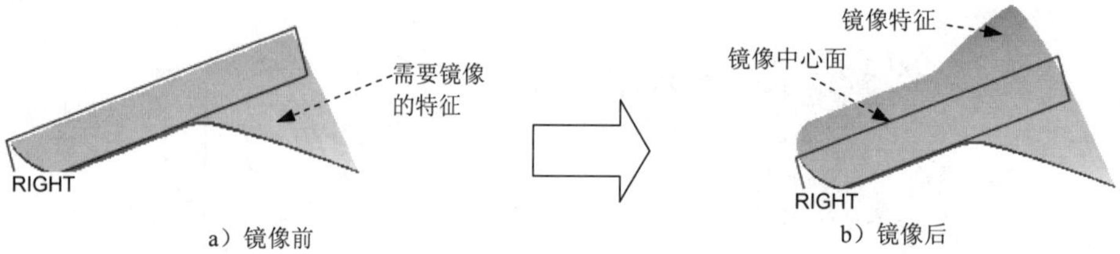

图 3.11　镜像钣金折弯特征

Step6. 将上一步镜像后创建的基准平面和基准坐标系隐藏。按住 Ctrl 键，选取模型树中的 DTM1、DTM2、DTM3 三个基准平面和 CSO 坐标系，然后右击，从系统弹出的快捷菜单中选择 隐藏 命令。

Step7. 创建图 3.12 所示的附加钣金壁凸缘特征 1。

（1）单击 模型 功能选项卡 形状▾ 区域中的“法兰”按钮，系统弹出“凸缘”操控板。

（2）选取附着边。选取图 3.13 所示的模型边线。

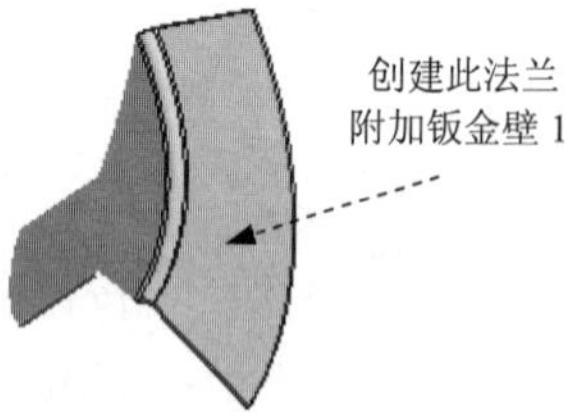

图 3.12　凸缘特征 1

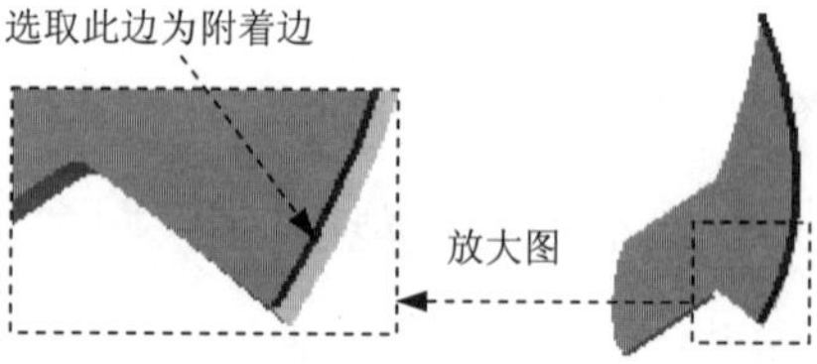

图 3.13　定义附着边

（3）选取平整壁的形状类型。在操控板中选择形状类型为 用户定义。

（4）定义“法兰”附加钣金壁的轮廓。单击 形状 选项卡，在系统弹出的界面中单击 草绘... 按钮，在“草绘”对话框中接受系统默认的草绘平面和参考，单击 草绘 按钮；绘制图 3.14 所示的截面草图。

（5）定义折弯半径。确认按钮被按下，然后在后面的文本框中输入折弯半径值 0.3，折弯半径所在侧为。

（6）在操控板中单击按钮，完成凸缘特征 1 的创建。

Step8. 创建图 3.15 所示的钣金拉伸切削特征 2。在操控板中单击 拉伸 按钮，确认按钮、按钮和按钮被按下；选取图 3.16 所示的模型表面为草绘平面，选取图 3.16 所示的 RIGHT 基准平面为参考平面，方向为 下；单击 草绘 按钮，绘制图 3.17 所示的截面草图，确认图 3.18 中的箭头指向为移除材料的方向；在操控板中定义拉伸类型为，选择材料移除的方向类型为。

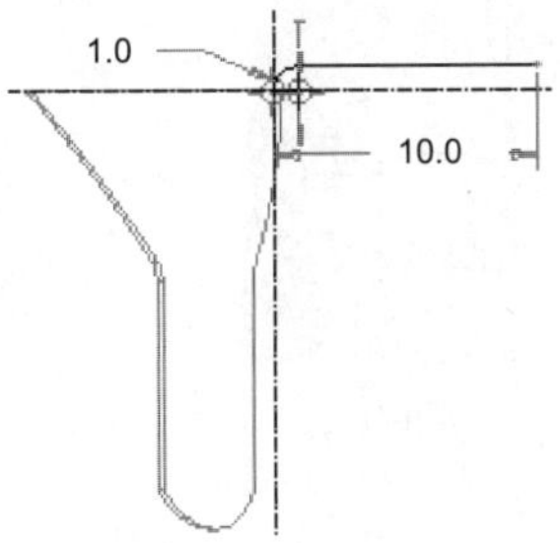

图 3.14　截面草图

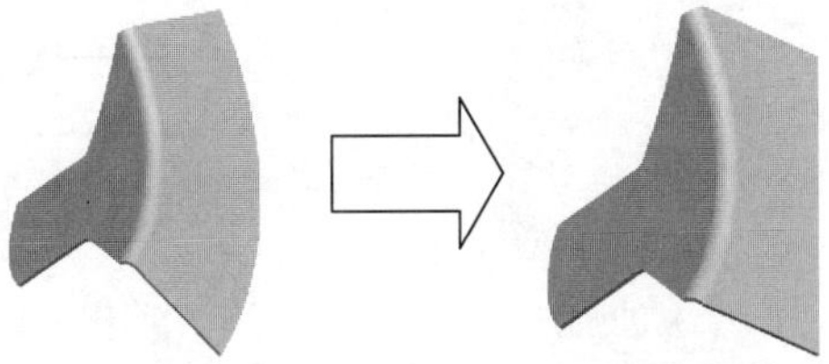

a）切削前　　b）切削后

图 3.15　拉伸切削特征 2

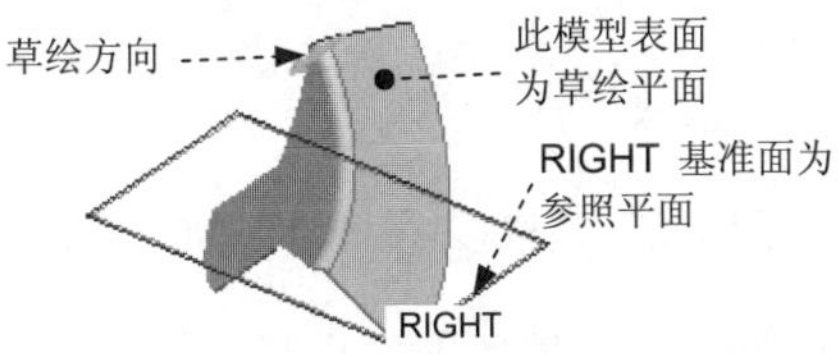

图 3.16　草绘平面

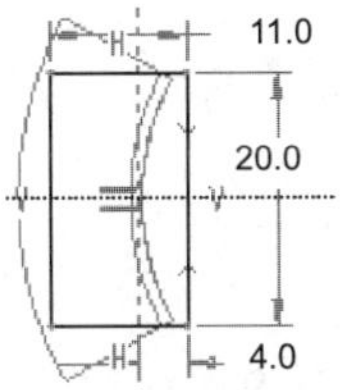

图 3.17　截面草图

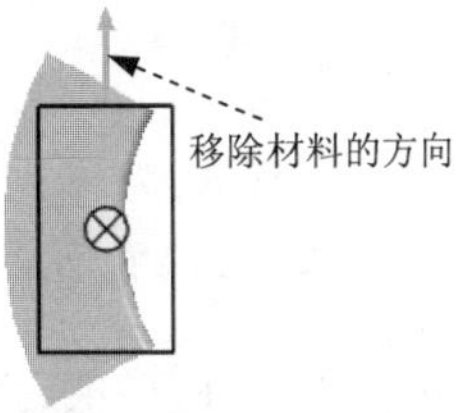

图 3.18　选取移除材料的方向

Step9. 用同样的方法创建图 3.19 所示的钣金拉伸切削特征 3，具体操作步骤见 Step8；其截面草图如图 3.20 所示。

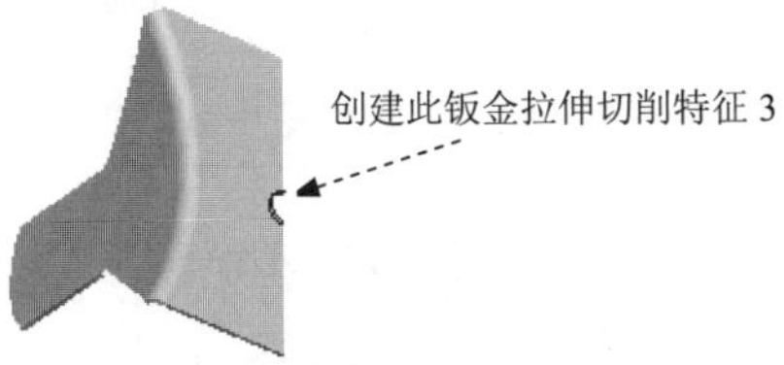

图 3.19　拉伸切削特征 3

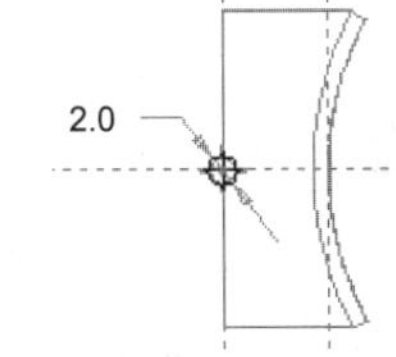

图 3.20　截面草图

Step10. 用同样的方法创建图 3.21 所示的钣金拉伸切削特征 4，具体操作步骤见 Step8；其截面草图如图 3.22 所示。

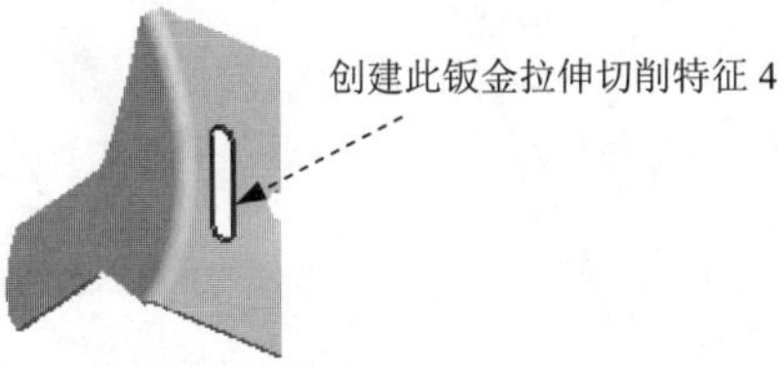

图 3.21　拉伸切削特征 4

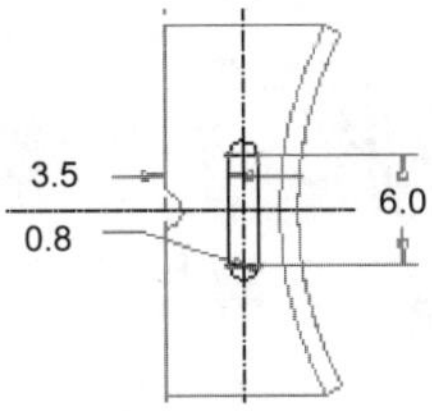

图 3.22　截面草图

Step11. 创建图 3.23 所示的钣金拉伸切削特征 5。在操控板中单击 拉伸 按钮，确认按钮、按钮和按钮被按下；选取 FRONT 基准平面为草绘平面， RIGHT 基准平面为参考平面，方向为 右；单击 草绘 按钮，绘制图 3.24 所示的截面草图，确认图 3.25

中的箭头指向为移除材料的方向；在操控板中定义拉伸类型为，选择材料移除的方向类型为。

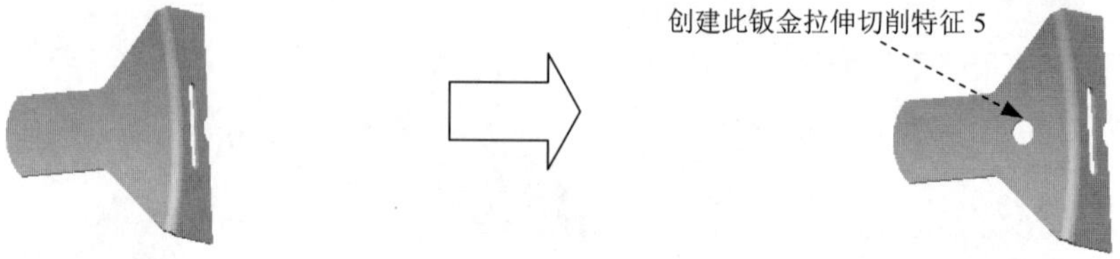

a）切削前　　b）切削后

图 3.23　拉伸切削特征 5

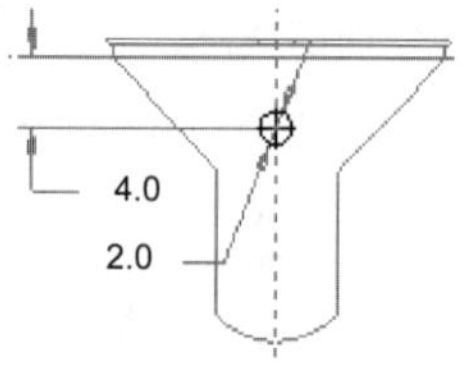

图 3.24　截面草图

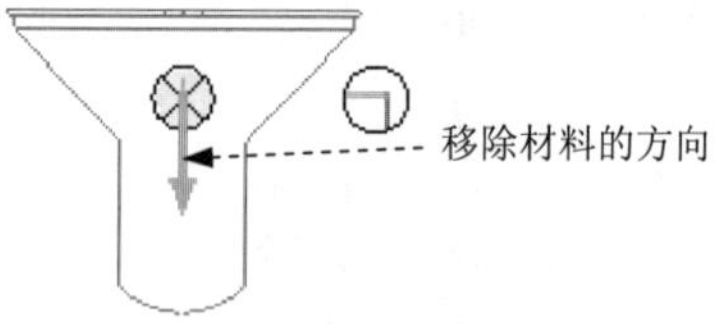

图 3.25　选取移除材料的方向

Step12. 用同样的方法创建图 3.26 所示的钣金拉伸切削特征 6，具体操作步骤见 Step11；其截面草图如图 3.27 所示。

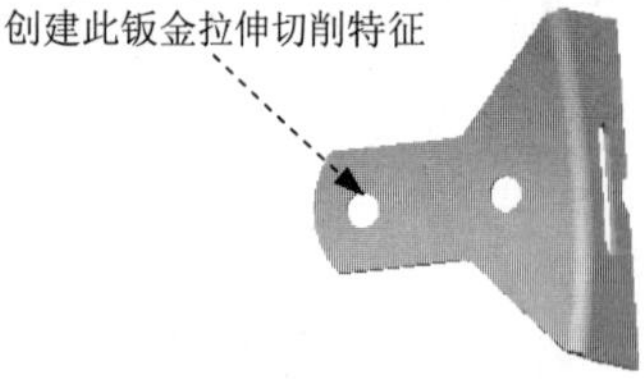

图 3.26　拉伸切削特征 6

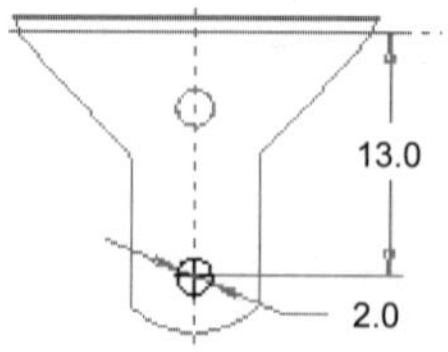

图 3.27　截面草图

Step13. 创建倒圆角特征 1。选取图 3.28 所示的边线为倒圆角的边线，圆角半径值为 1。

Step14. 创建倒圆角特征 2。选取图 3.29 所示的边线为倒圆角的边线，圆角半径值为 0.5。

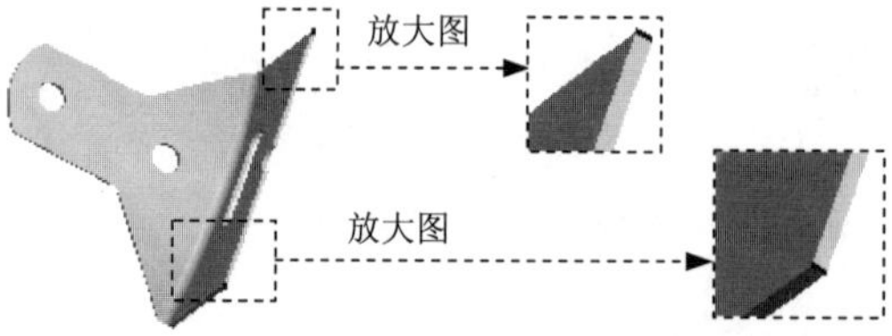

图 3.28　选取倒圆角的边线

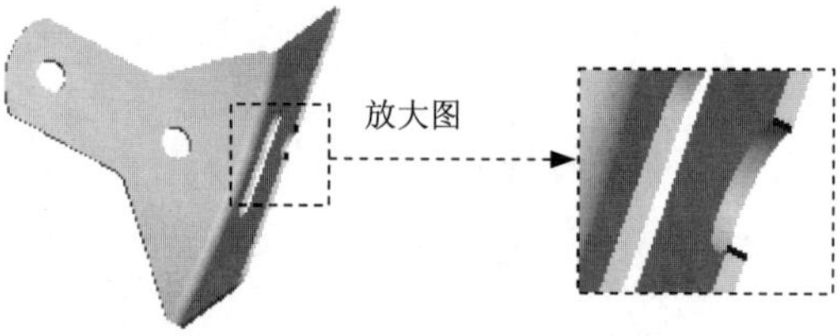

图 3.29　选取倒圆角的边线

Step15. 保存零件模型文件。

实例4 卷 尺 挂 钩

实例概述：

本实例首先创建了一个模具文件，用于稍后的冲压成形特征的创建，然后创建了平面钣金壁、钣金壁折弯、钣金壁切削特征和成形特征。这些钣金设计命令有一定代表性，尤其是冲压成形特征的创建思想更值得借鉴。该零件模型及模型树如图 4.1 所示。

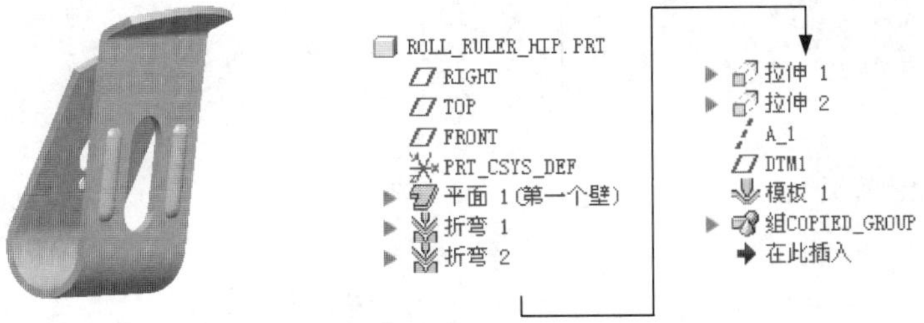

图 4.1　零件模型及模型树

Task1. 创建模具

本例所要做的是图 4.1 中的卷尺挂钩，卷尺挂钩的钣金模型如图 4.2 所示。该模型表面上有两个凸形，可以通过成形特征来构建这两个凸形，因此首先需要创建一个模具。其操作步骤如下。

Step1. 新建一个零件模型，命名为 SM_PUNCH。

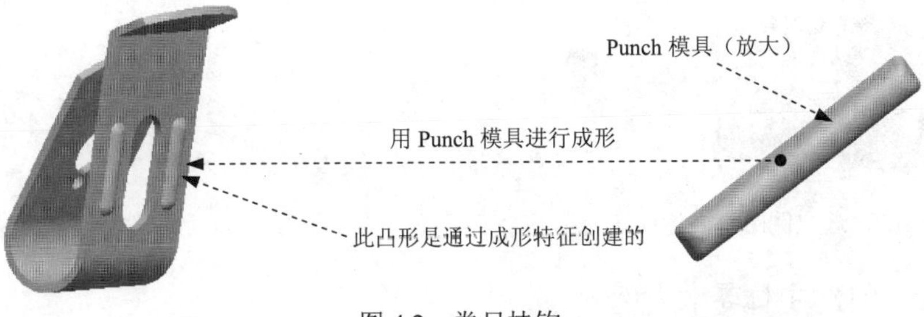

图 4.2　卷尺挂钩

Step2. 创建图 4.3 所示的拉伸特征 1。在操控板中单击 拉伸 按钮。选取 FRONT 基准平面为草绘平面，RIGHT 基准平面为参考平面，方向为 右；单击 草绘 按钮，绘制图 4.4 所示的截面草图；在操控板中定义拉伸类型为，输入深度值 10.0，单击按钮，完成拉伸特征 1 的创建。

Step3. 创建图 4.5 所示的拔模特征 1。

（1）选择命令。单击 模型 功能选项卡 工程 ▾ 区域中的 拔模 ▾ 按钮。

（2）定义拔模曲面。在操控板中单击 参考 选项卡，激活 拔模曲面 文本框，按住 Ctrl 键，在模型中选取图 4.6 所示的四个表面为要拔模的曲面。

（3）定义拔模枢轴平面。激活 拔模枢轴 文本框，选取图 4.6 所示的模型底面为拔模枢轴平面。

（4）定义拔模参数。采用系统默认的拔模方向，在拔模角度文本框中输入拔模角度值 20.0。

（5）在操控板中单击 ✓ 按钮，完成拔模特征 1 的创建。

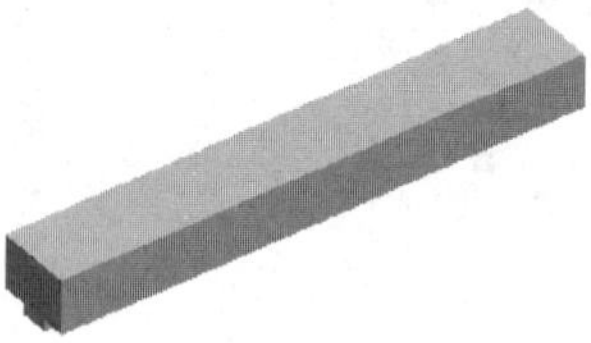
图 4.3　拉伸特征 1

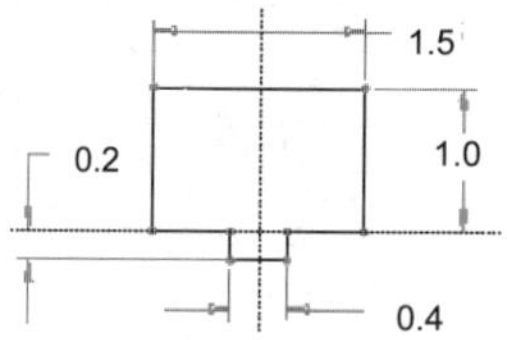

图 4.4　截面草图

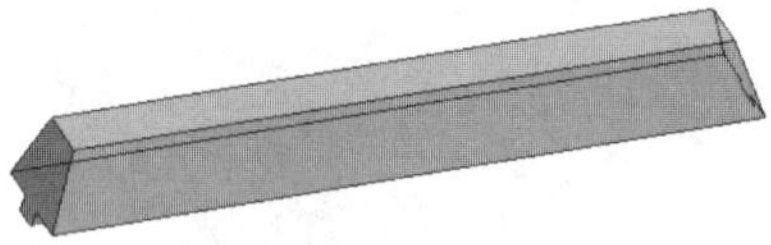
图 4.5　拔模特征 1

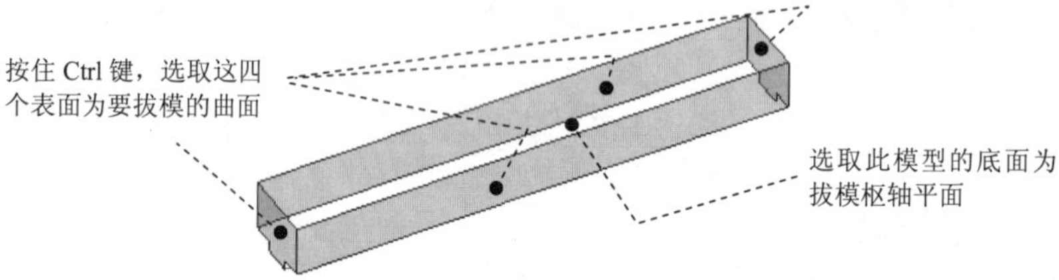

图 4.6　定义要拔模的曲面和拔模枢轴平面

Step4. 创建倒圆角特征 1。选取图 4.7 所示的四条边线为倒圆角的边线，圆角半径值为 0.4。

Step5. 创建倒圆角特征 2。选取图 4.8 所示的边链为倒圆角的边线，圆角半径值为 0.4。

Step6. 保存零件模型文件。

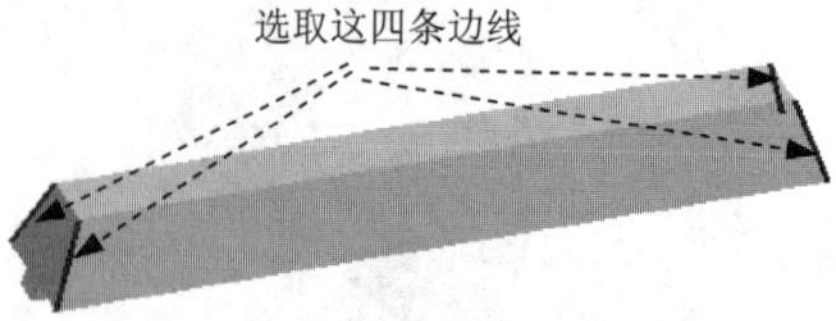

图 4.7　选取倒圆角的边线

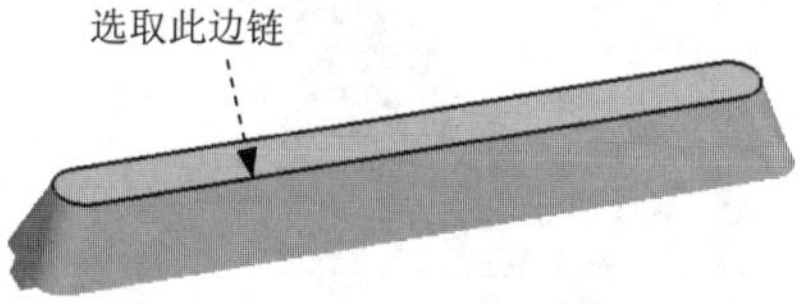

图 4.8　选取倒圆角的边链

Task2. 创建主体零件模型

Step1. 新建一个钣金件模型，命名为 ROLL_RULER_HIP。

Step2. 创建图 4.9 所示的平面特征 1。

（1）单击 模型 功能选项卡 形状 ▾ 区域中的 平面 按钮。

（2）绘制截面草图。在图形区右击，从系统弹出的快捷菜单中选择 定义内部草绘... 命令；选取 FRONT 基准面为草绘平面，选取 RIGHT 基准面为参考平面，方向为 右；单击 草绘 按钮，绘制图 4.10 所示的截面草图。

（3）在操控板的钣金壁厚文本框中输入钣金壁厚度值 1.0。

（4）在操控板中单击“完成”按钮，完成平面特征 1 的创建。

Step3. 创建图 4.11 所示的折弯特征 1。

图 4.9　平面特征 1

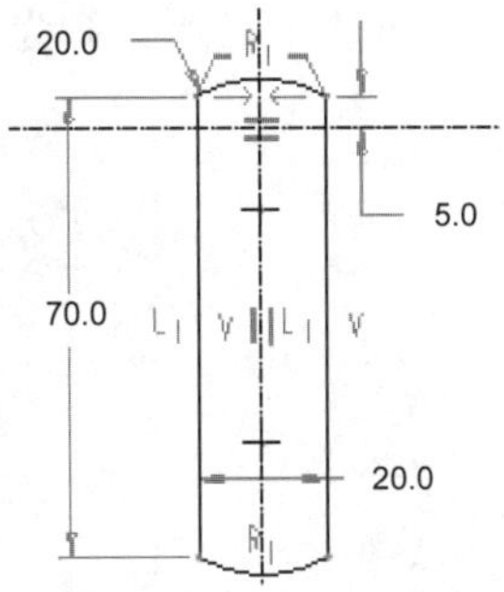

图 4.10　截面草图

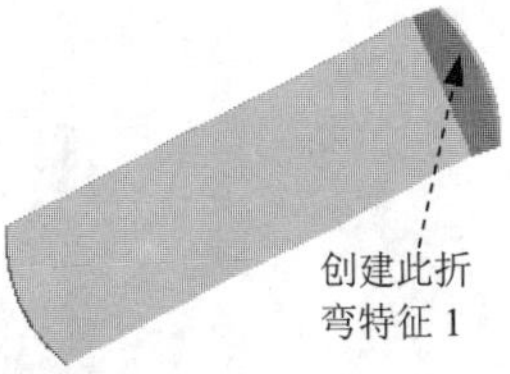

图 4.11　折弯特征 1

（1）单击 模型 功能选项卡 折弯▾ 区域 折弯▾ 下的 折弯 按钮，系统弹出“折弯”操控板。

（2）选取折弯类型。在操控板中单击（折弯线另一侧的材料）按钮和按钮（使其处于被按下的状态）。

（3）绘制折弯线。单击 折弯线 选项卡，选取图 4.12 所示的薄板表面为草绘平面，然后单击“折弯线”界面中的 草绘... 按钮，绘制图 4.13 所示的折弯线。

（4）定义折弯属性。单击 止裂槽 选项卡，在系统弹出界面中的 类型 下拉列表框中选择 无止裂槽 选项；在后文本框中输入折弯角度值 60.0，在后的文本框中输入折弯半径值 1.0，折弯半径所在侧为；固定侧方向与折弯方向如图 4.14 所示。

（5）单击操控板中按钮，完成折弯特征 1 的创建。

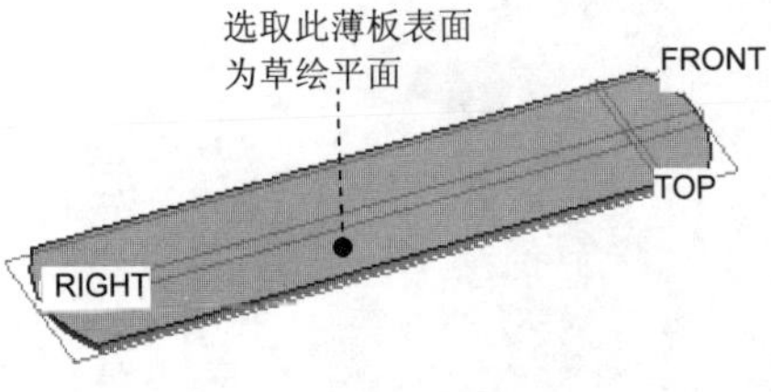

图 4.12　草绘平面

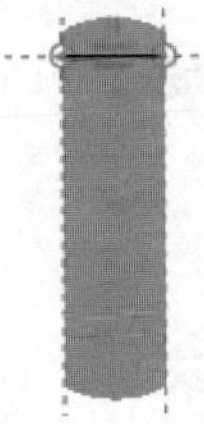

图 4.13　折弯线

图 4.14　定义折弯侧和固定侧

Step4. 创建图 4.15 所示的折弯特征 2。

（1）单击 模型 功能选项卡 折弯▾ 区域 折弯▾ 下的 折弯 按钮，系统弹出“折弯”操控板。

（2）选取折弯类型。在操控板中单击（将材料折弯到折弯线）按钮和按钮（使其处于被按下的状态）。

（3）绘制折弯线。单击 折弯线 选项卡，选取图 4.16 所示的薄板表面为草绘平面，然后单击“折弯线”界面中的 草绘... 按钮，绘制图 4.17 所示的折弯线。

（4）定义折弯属性。单击 止裂槽 选项卡，在系统弹出界面中的 类型 下拉列表框中选择 无止裂槽 选项，单击按钮更改固定侧，在后的文本框中输入折弯角度值 200.0，在后的文本框中输入折弯半径值 5.0，折弯半径所在侧为；固定侧方向与折弯方向如图 4.18 所示。

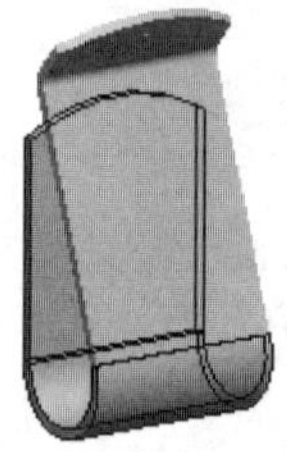

图 4.15　折弯特征 2

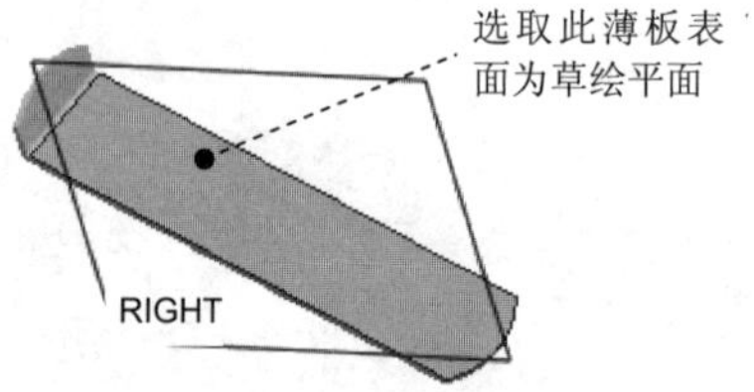

图 4.16　草绘平面

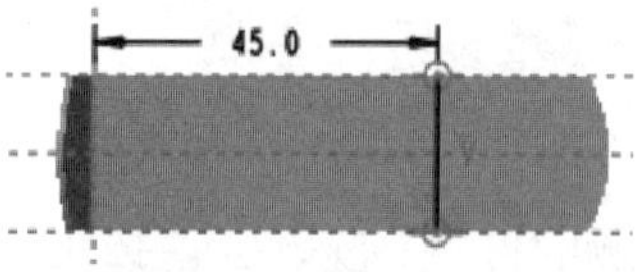

图 4.17　折弯线

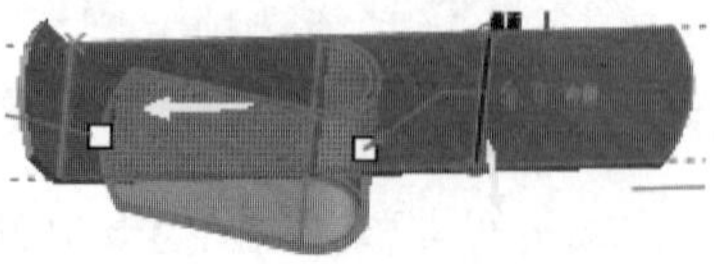

图 4.18　定义折弯侧和固定侧

（5）单击操控板中按钮，完成折弯特征 2 的创建。

Step5. 创建图 4.19 所示的钣金拉伸切削特征 1。在操控板中单击 拉伸 按钮，确认按钮、按钮和按钮被按下；选取图 4.20 所示的薄板表面为草绘平面，RIGHT 基准面为参考平面，方向为 左；单击 草绘 按钮，绘制图 4.21 所示的截面草图，确认图 4.22 中的箭头指向为移除材料的方向；在操控板中定义拉伸类型为，选择材料移除的方向类型为。

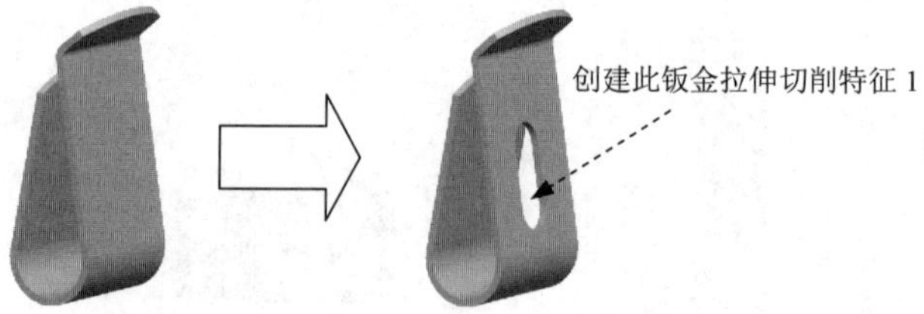

a）切削前　　b）切削后

图 4.19　拉伸切削特征 1

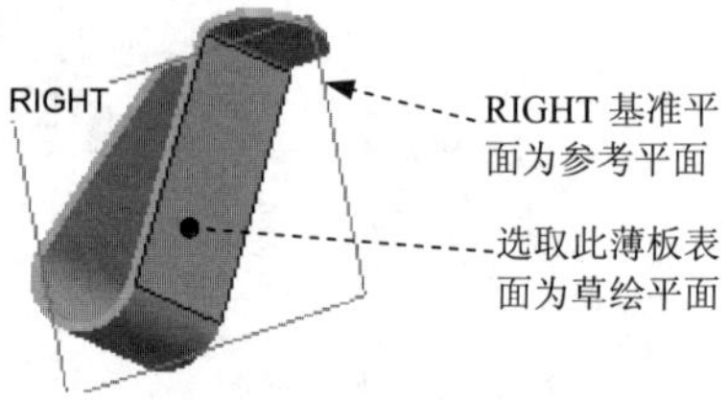

图 4.20　草绘平面

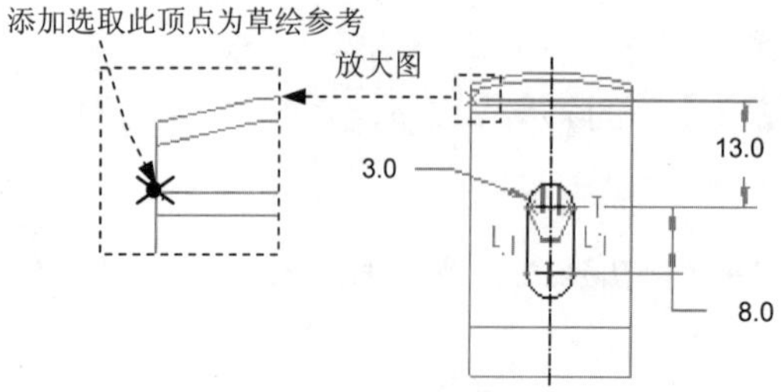

图 4.21　截面草图

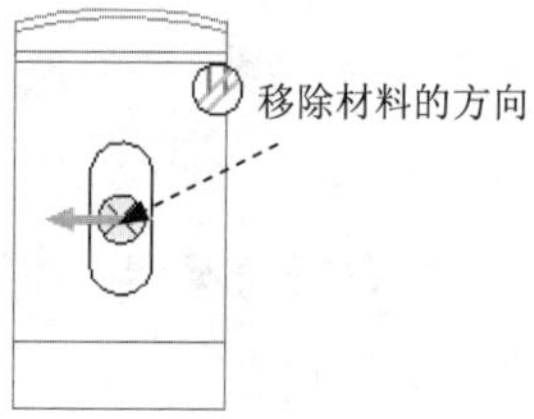

图 4.22　选取移除材料的方向

Step6. 创建图 4.23 所示的钣金拉伸切削特征 2。在操控板中单击[拉伸]按钮，确认按钮、按钮和按钮被按下；选取图 4.24 所示的薄板表面为草绘平面，RIGHT 基准面为参考平面，方向为[右]；单击[草绘]按钮，绘制图 4.25 所示的截面草图；确认图 4.26 中的箭头指向为移除材料的方向；在操控板中定义拉伸类型为，选择材料移除的方向类型为。

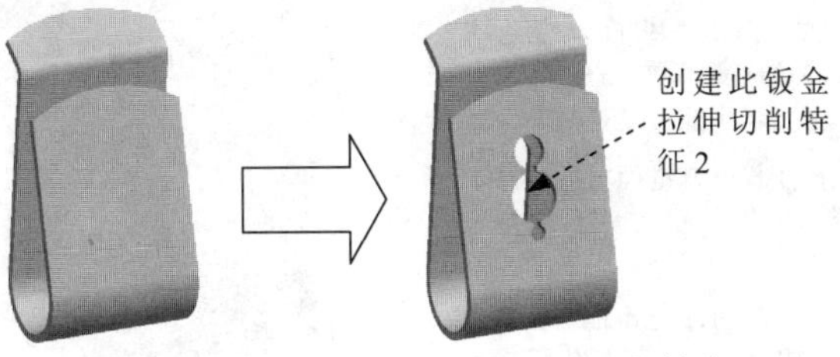

a）切削前　　b）切削后

图 4.23　拉伸切削特征 2

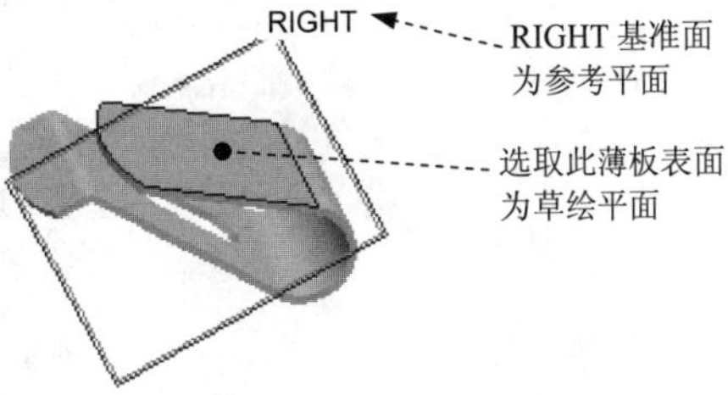

图 4.24　草绘平面

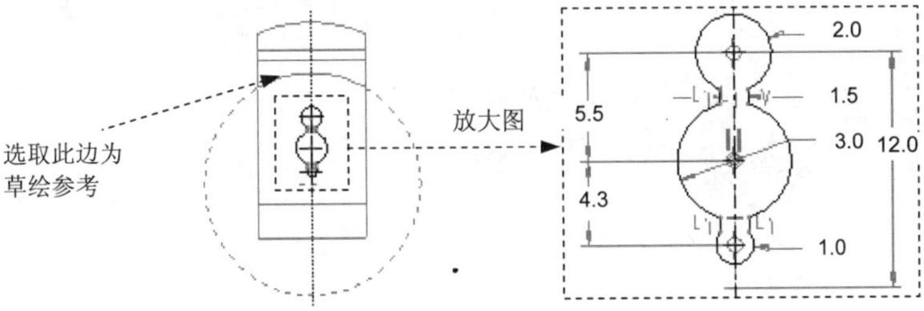

图 4.25　截面草图

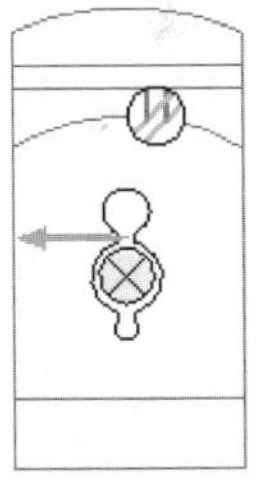

图 4.26　选取移除材料的方向

Step7. 创建图 4.27 所示的基准轴 A_1。单击[模型]功能选项卡[基准▾]区域中的[轴]按钮，按住 Ctrl 键，选取基准面 FRONT 及 TOP 为参考。

Step8. 创建图 4.28 所示的基准面 DTM1。单击“平面”按钮，按住 Ctrl 键，选取上一步创建的基准轴 A_1 和 FRONT 基准平面为参考，在“旋转”后的文本框中输入旋转角度值 30（使 DTM1 穿过基准轴 A_1 且与 FRONT 参考平面的夹角为 30°），然后单击[确定]按钮。

Step9. 以冲压方式创建图 4.29 的钣金成形特征 1。

（1）选择命令。单击[模型]功能选项卡[工程▾]区域下的[凸模]按钮。

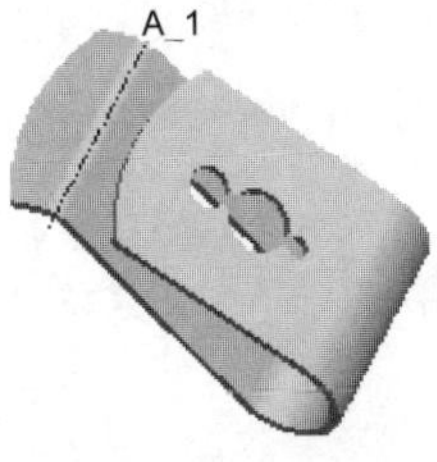

图 4.27　创建基准轴 A_1

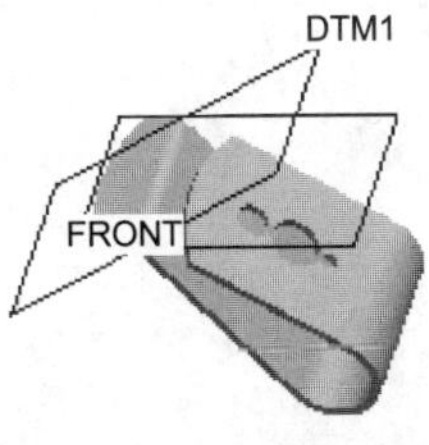

图 4.28　基准面 DTM1

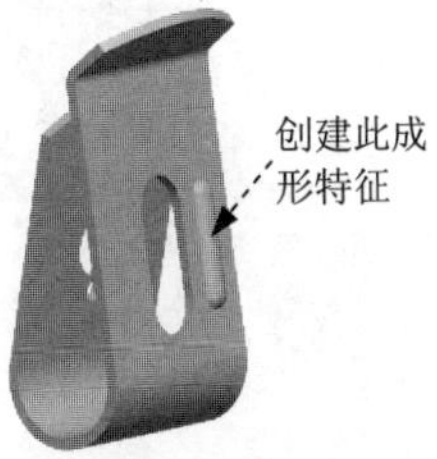

图 4.29　成形特征 1

（2）选择模具文件。在系统弹出的“凸模”操控板中单击按钮，系统弹出“打开”

对话框，选择 D:\creo3.10\work\ch04 目录下的 sm_punch.prt 文件，并将其打开。

（3）定义成形模具的放置。单击操控板中的 放置 选项卡，在系统弹出的界面中选中 ☑约束已启用 复选框，并添加图 4.30 所示的三组位置约束。

（4）定义冲孔方向。在操控板中单击 按钮，使冲孔方向如图 4.30 所示。

（5）在操控板中单击“完成”按钮，完成凸模成形特征 1 的创建。

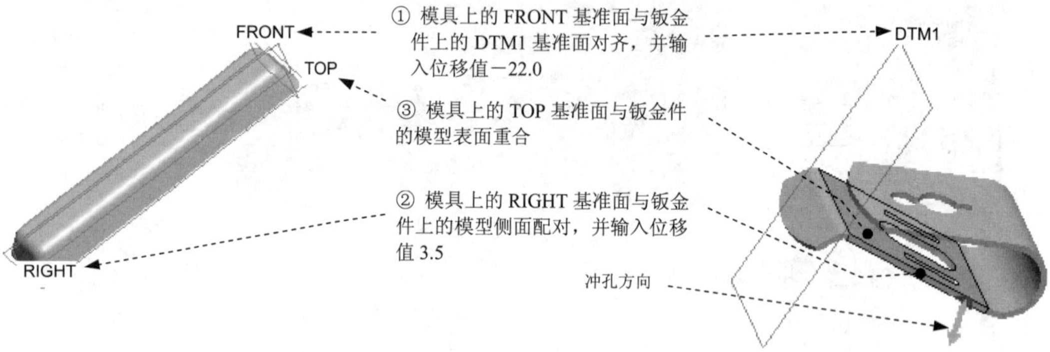

图 4.30　定义成形模具的放置

Step10. 创建图 4.31b 所示的镜像特征 1。

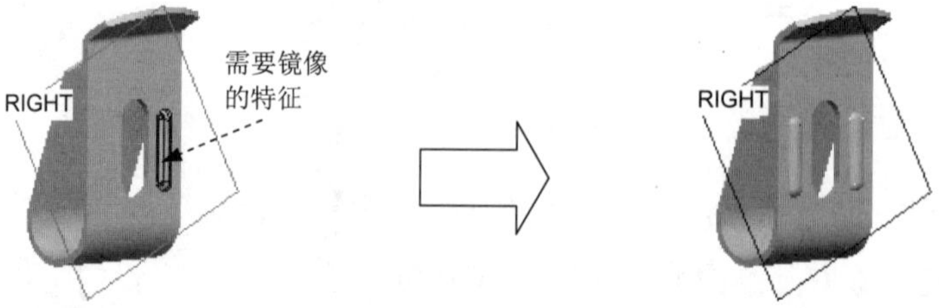

a）镜像前　　b）镜像后

图 4.31　镜像特征 1

（1）选取镜像特征。在图形区选取 Step9 所创建的成形特征为镜像源。

（2）选择镜像命令。单击 模型 功能选项卡 编辑 ▾ 下的 镜像 命令。

（3）定义镜像平面。选择 RIGHT 基准平面为镜像平面。

（4）单击 按钮，完成镜像特征 1 的创建。

Step11. 保存零件模型文件。

实例5 水嘴底座

实例概述：

本实例介绍的是一个水嘴底座的创建过程。实例中首先创建了一个完整的实体零件特征，然后将实体零件转换为钣金壁特征，再创建钣金壁切削特征。这种将实体零件创建完成后再转换为钣金件的设计思想具有一定代表性。该钣金件模型及模型树如图 5.1 所示。

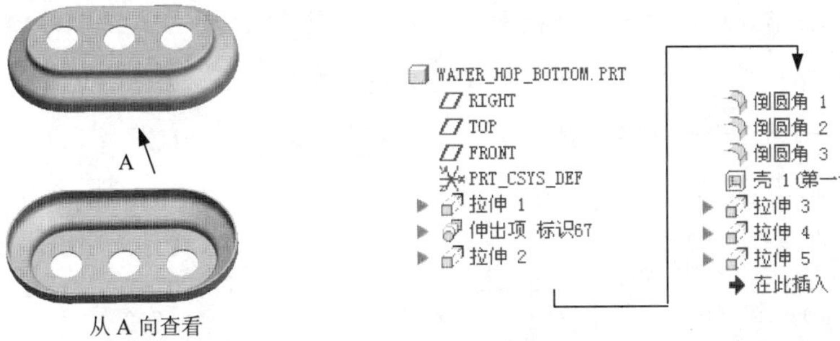

图 5.1 零件模型及模型树

Step1. 新建一个零件模型，命名为 WATER_HOP_BOTTOM。

Step2. 创建图 5.2 所示的拉伸特征 1。在操控板中单击 拉伸 按钮。选取 FRONT 基准平面为草绘平面，RIGHT 基准平面为参考平面，方向为 右；单击 草绘 按钮，绘制图 5.3 所示的截面草图；在操控板中定义拉伸类型为 ，输入深度值 10.0，单击 按钮，完成拉伸特征 1 的创建。

Step3. 创建图 5.4 所示的实体混合特征 1。

图 5.2 拉伸特征 1

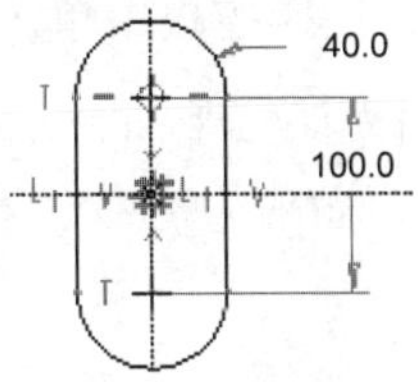

图 5.3 截面草图

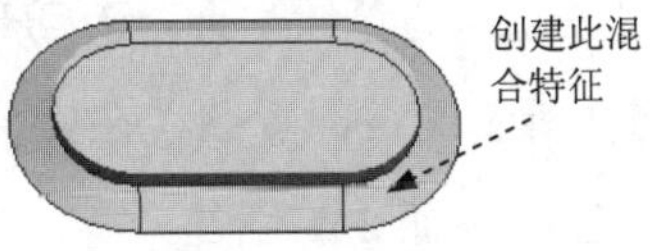

图 5.4 混合特征 1

（1）选择命令。在 模型 功能选项卡的 形状 ▾ 下拉菜单中选择 混合 命令。

（2）定义混合类型。在操控板中确认“混合为实体”按钮 和“与草绘截面混合”按钮 被按下。

（3）创建混合实体特征的第一个截面。单击“混合”选项卡中的 截面 按钮，在系统弹出的界面中选中 ◉ 草绘截面 单选项，单击 定义... 按钮；然后在绘图区选取 FRONT 基准平面为草绘平面，选取 RIGHT 基准平面为参考平面，方向为 右，单击 反向 按钮调整草绘视图方向；单击 草绘 按钮，绘制图 5.5 所示的第一个截面草图。

说明：进入草绘环境后，接受系统默认参照 RIGHT 和 TOP。以“投影”的方式来创建图 5.5 所示的第一个截面草图，方法如下：单击“投影”命令；在“类型”对话框中，选中 ◉ 环(L) 单选项，再单击图 5.5 所示的图形的边线。

（4） 创建混合实体特征的第二个截面。单击“混合”选项卡中的 截面 按钮，选中 ● 截面 2 选项，定义“草绘平面位置定义方式”类型为 ◉ 偏移尺寸，偏移自“截面 1”的偏移距离为 10，单击 草绘... 按钮；绘制图 5.6 所示的第二个截面草图，单击工具栏中的 ✔ 按钮，退出草绘环境。

说明：绘制图 5.6 所示的第二个截面。以偏距“使用边”的方式来创建图 5.6 所示的截面草图，方法如下：单击“偏移”命令按钮；在“类型”对话框中，选中 ◉ 链(H) 单选项，再单击图 5.6 所示的图形的某条边线。

注意：绘制混合特征的每一个截面时，系统会在第一个图元的绘制起点处显示一个方向箭头，表明各截面的起始点和方向。

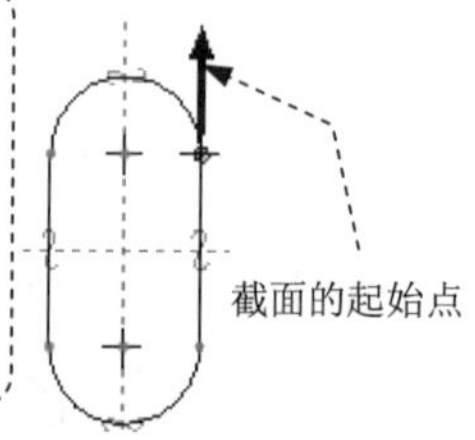

图 5.5　第一个截面草图

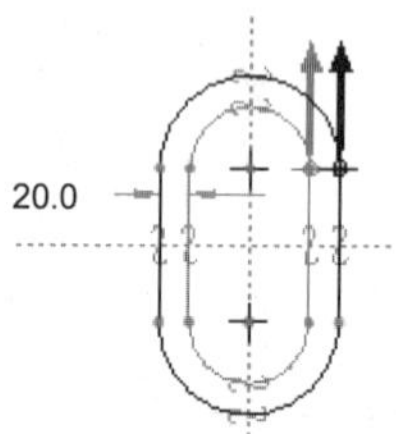

图 5.6　第二个截面草图

（5）在系统 于箭头方向输入偏移[退出] 的提示下，输入偏距值 20，并按回车键。

说明：注意偏距箭头的指向，若希望向另一侧偏移，需输入偏距值-20。

（6）关闭“类型”对话框，以结束“偏移”的选取。

（7）单击 ✔ 按钮，完成混合实体 1 的创建。

Step4. 创建图 5.7 所示的拉伸特征 2。在操控板中单击 拉伸 按钮。选取图 5.8 所示的模型底面作为草绘平面，RIGHT 基准平面为参考平面，方向为 右；单击 草绘 按钮，绘制图 5.9 所示的截面草图，在操控板中定义拉伸类型为，输入深度值 15.0。单击 ✔ 按钮，完成拉伸特征 2 的创建。

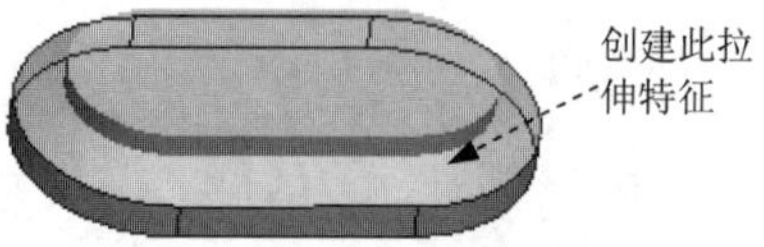

图 5.7　拉伸特征 2

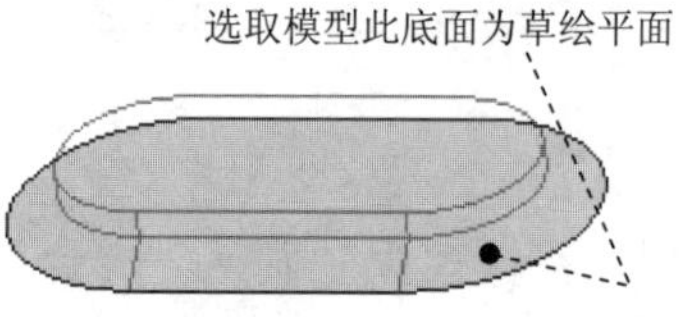

图 5.8　草绘平面

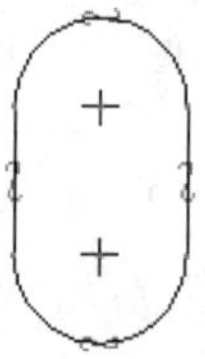
图 5.9　截面草图

Step5. 创建倒圆角特征 1。选取图 5.10 所示的边链为倒圆角的边线，圆角半径值为 3.0。

Step6. 创建倒圆角特征 2。选取图 5.11 所示的边链为倒圆角的边线，圆角半径值为 5.0。

Step7. 创建倒圆角特征 3。选取图 5.12 所示的边链为倒圆角的边线，圆角半径值为 8.0。

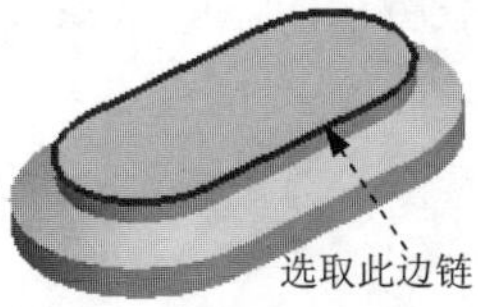

图 5.10 选取倒圆角边链

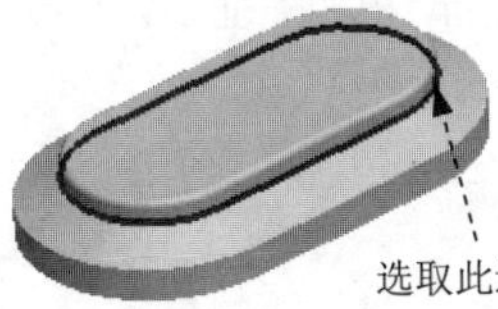

图 5.11 选取倒圆角边链

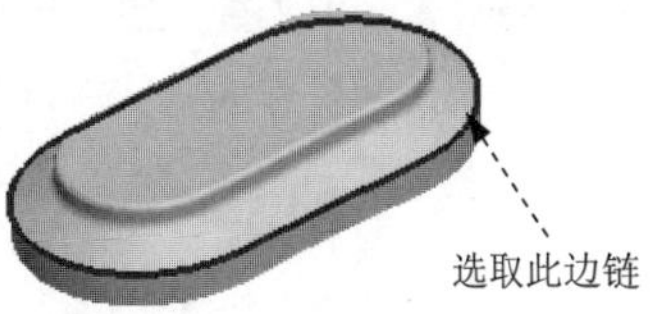

图 5.12 选取倒圆角边链

Step8. 将实体零件转换成第一钣金壁，如图 5.13 所示。

（1）选择 模型 功能选项卡 操作 ▾ 下的 转换为钣金件 命令。

（2）在系统弹出的“第一壁”操控板中选择 命令。

（3）在系统 ◆选择要从零件移除的曲面。的提示下，选取图 5.14 所示的模型底面为壳体的移除面。

（4）输入钣金壁厚度值 2.0，并按回车键。

（5）单击 ✔ 按钮，完成转换钣金特征的创建。

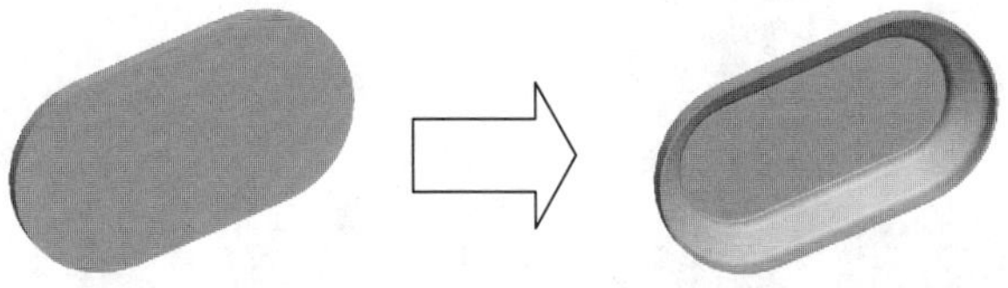

a）转换前（实体零件） b）转换后（钣金件）

图 5.13 转换成第一钣金壁

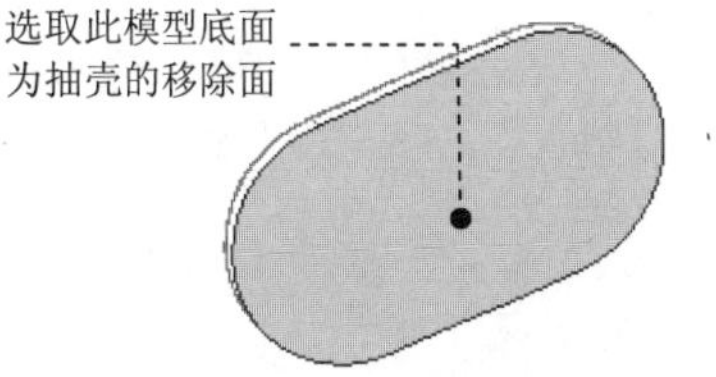

图 5.14 选取移除面

Step9. 创建图 5.15 所示的钣金拉伸切削特征 1。在操控板中单击 拉伸 按钮，确认 按钮、 按钮和 按钮被按下；选取图 5.16 所示的模型表面为草绘平面，RIGHT 基准平面为参考平面，方向为 右；单击 草绘 按钮，绘制图 5.17 所示的截面草图，接受系统默认的方向为移除材料的方向，在操控板中定义拉伸类型为 ，选择材料移除的方向类型为 。

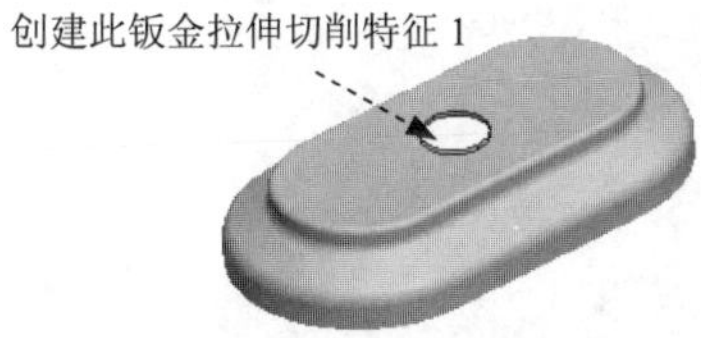

图 5.15 拉伸切削特征 1

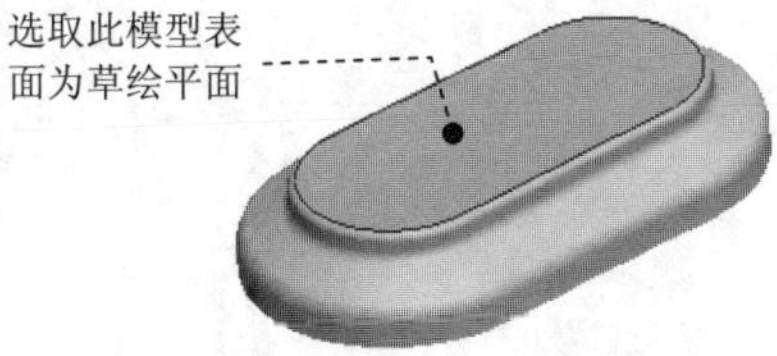

图 5.16 草绘平面

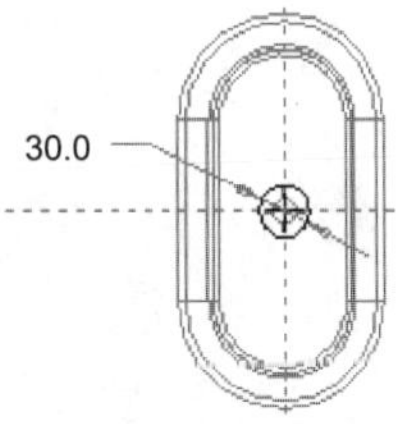

图 5.17 截面草图

Step10. 创建图 5.18 所示的钣金拉伸切削特征 2，绘制图 5.19 所示的截面草图，详细操作步骤见 Step9。

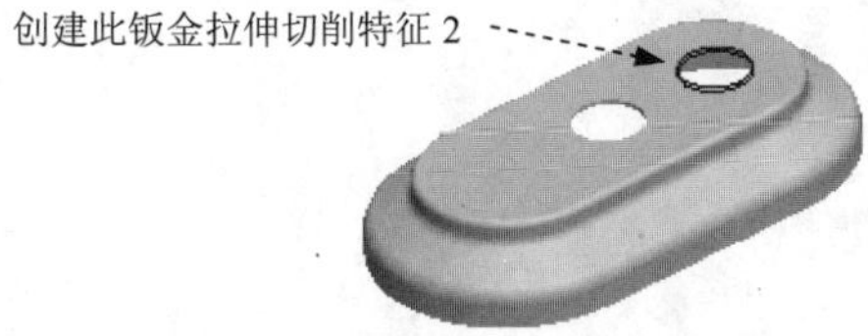

图 5.18 拉伸切削特征 2

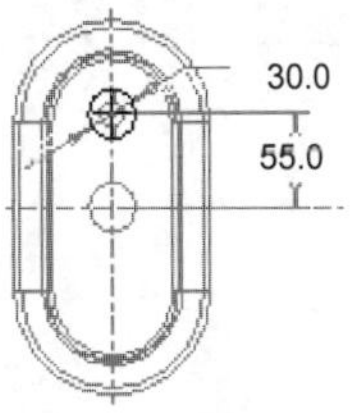

图 5.19 截面草图

Step11. 创建图 5.20 所示的钣金拉伸切削特征 3，绘制图 5.21 所示的截面草图，详细操作步骤见 Step9。

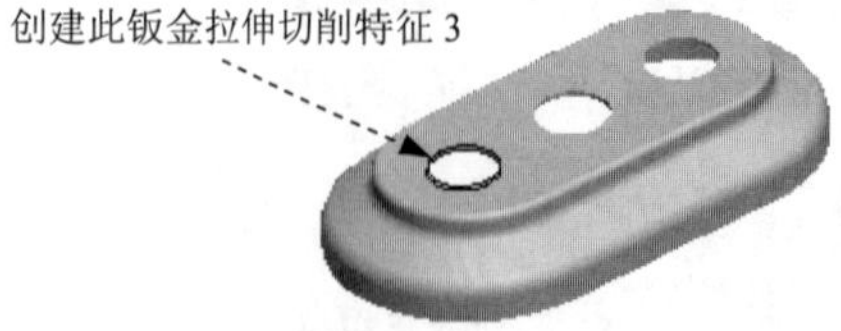

图 5.20 拉伸切削特征 3

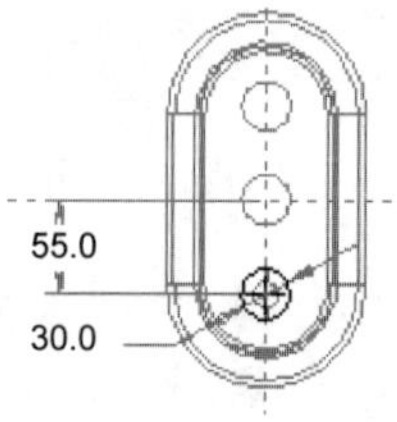

图 5.21 截面草图

Step12. 保存零件模型文件。

实例6 插 座 铜 芯

实例概述：

本实例介绍了插座铜芯的设计过程，首先创建出铜芯的大致形状，然后通过折弯命令将模型沿着不同的折弯线进行折弯，最后创建出倒圆角。本例中主要讲解的是折弯命令的使用，通过对本实例的学习，读者对折弯命令将会有很深的了解，模型的创建思想也值得借鉴学习。该零件模型及模型树如图 6.1 所示。

图 6.1 零件模型及模型树

Step1. 新建一个钣金件模型，命名为 SOCKET_CONTACT_SHEEET。

Step2. 创建图 6.2 所示的平面特征 1。

（1）单击 模型 功能选项卡 形状 ▾ 区域中的 平面 按钮。

（2）绘制截面草图。在图形区右击，从系统弹出的快捷菜单中选择 定义内部草绘... 命令；选取 TOP 基准平面为草绘平面，选取 RIGHT 基准平面为参考平面，方向为 右；单击 草绘 按钮，绘制图 6.3 所示的截面草图。

（3）在操控板的钣金壁厚文本框中输入钣金壁厚度值 0.2。

（4）在操控板中单击“完成”按钮✔，完成平面特征 1 的创建。

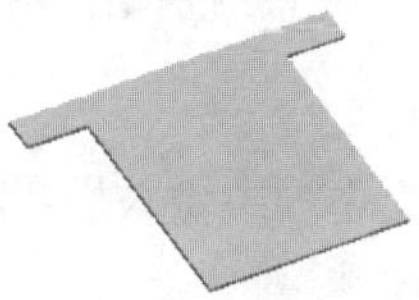

图 6.2 平面特征 1

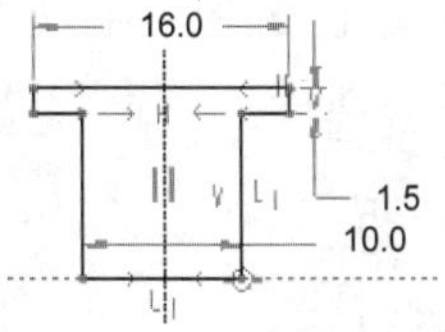

图 6.3 截面草图

Step3. 创建图 6.4 所示的附加钣金壁平整特征 1。

（1）单击 模型 功能选项卡 形状 ▾ 区域中的“平整”按钮。

（2）选取附着边。在系统 ➡选择一个边连到壁上. 的提示下，选取图 6.5 所示的模型边线（下边线）为附着边。

（3）定义钣金壁的形状。

① 在操控板中选择形状类型为用户定义，在后的下拉列表中选择平整选项。

② 在操控板中单击形状选项卡，在系统弹出的界面中单击草绘...按钮，接受系统默认的草绘参照，方向为上；单击草绘按钮，绘制图 6.6 所示的截面草图。

（4）在操控板中单击✔按钮，完成平整特征 1 的创建。

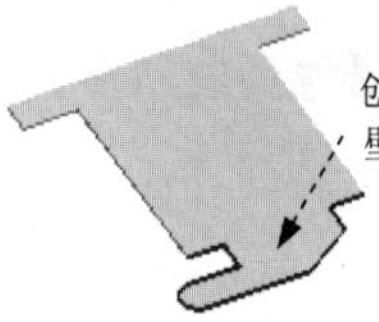

图 6.4　平整特征 1

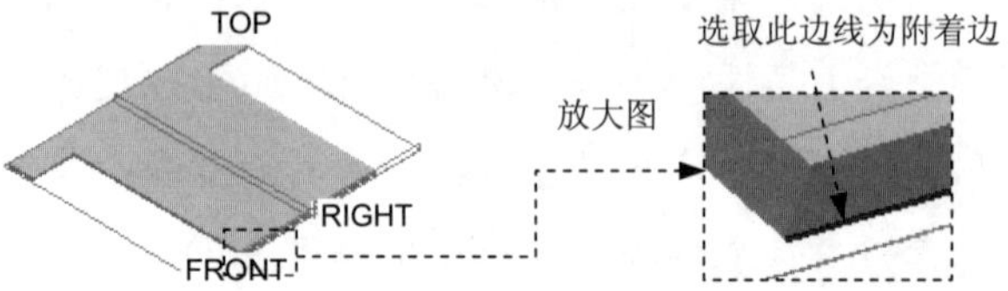

图 6.5　定义附着边

Step4. 创建图 6.7 所示的附加钣金壁平整特征 2。

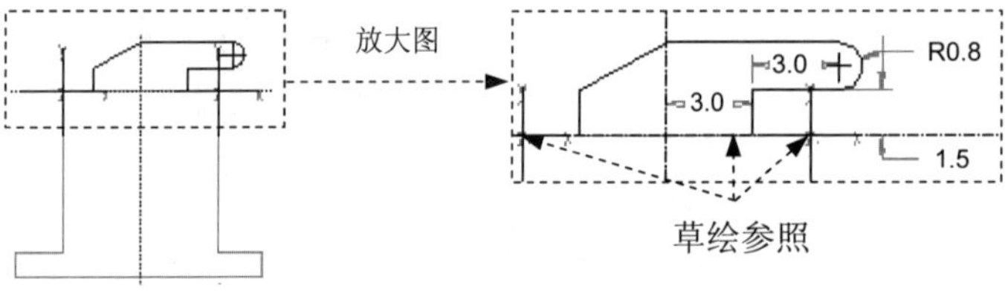

图 6.6　截面草图

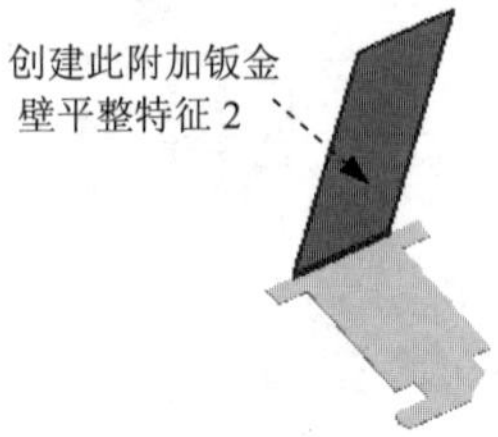

图 6.7　平整特征 2

（1）单击模型功能选项卡形状区域中的“平整”按钮。

（2）定义附着边。在系统选择一个边连到壁上.的提示下，选取图 6.8 所示的模型边线为附着边。

（3）定义钣金壁的形状。

① 在操控板中选择形状类型为矩形；在图标后面的文本框中输入角度值 80.0。

② 单击形状选项卡，在系统弹出的界面中依次设置草图内的尺寸值为-3、20、-3，如图 6.9 所示。

（4）定义止裂槽。在操控板中单击止裂槽选项卡，在系统弹出界面中取消选中☐ 单独定义每侧复选框，并在类型下拉列表框中选择扯裂选项。

（5）定义折弯半径。确认按钮被按下，然后在后面的文本框中输入折弯半径值 0.1，折弯半径所在侧为。

（6）在操控板中单击✔按钮，完成平整特征 2 的创建。

说明：在图 6.9 所示的“形状”选项卡中修改尺寸值的具体操作方法是：双击要修改的尺寸，在激活的文本框中输入要修改的数值，然后单击回车键确认；也可以单击草绘...按钮进入草绘环境中对尺寸值进行修改。

Step5. 创建图 6.10 所示的折弯特征 1。

（1）单击 模型 功能选项卡 折弯▾ 区域 折弯▾ 下的 折弯 按钮，系统弹出“折弯”操控板。

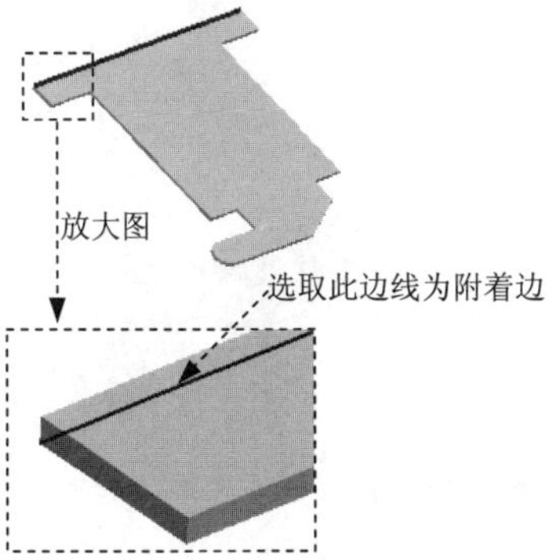

图 6.8　定义附着边

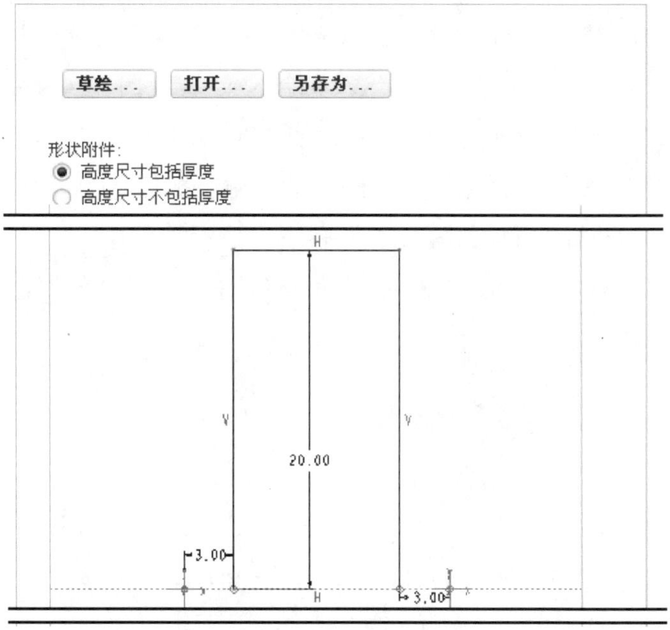

图 6.9　设置形状参数

（2）选取折弯类型。在操控板中单击按钮和按钮（使其处于被按下的状态）。

（3）绘制折弯线。单击 折弯线 选项卡，选取图 6.10 所示的钣金表平面为草绘平面，单击 草绘... 按钮，然后在系统弹出的“参考”对话框中选取图 6.11 所示的边线为参考线，再单击 关闭(C) 按钮，进入草绘环境，绘制图 6.11 所示的折弯线。

（4）定义折弯属性。单击 止裂槽 选项卡，在系统弹出界面中的 类型 下拉列表框中选择 无止裂槽 选项；单击按钮更改固定侧，在后的文本框中输入折弯角度值 30.0，并单击其后的按钮更改折弯方向，再在后的文本框中输入折弯半径值 5.0，折弯半径所在侧为；固定侧方向与折弯方向如图 6.12 所示。

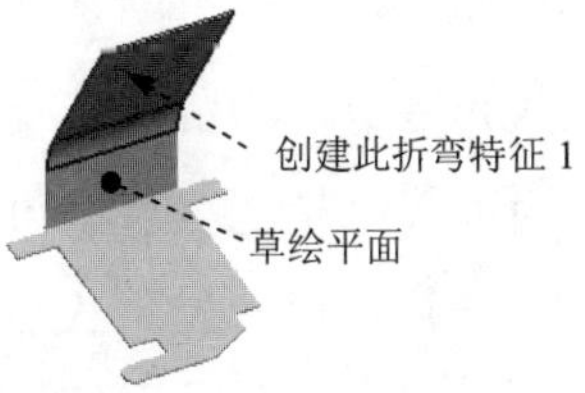

图 6.10　折弯特征 1

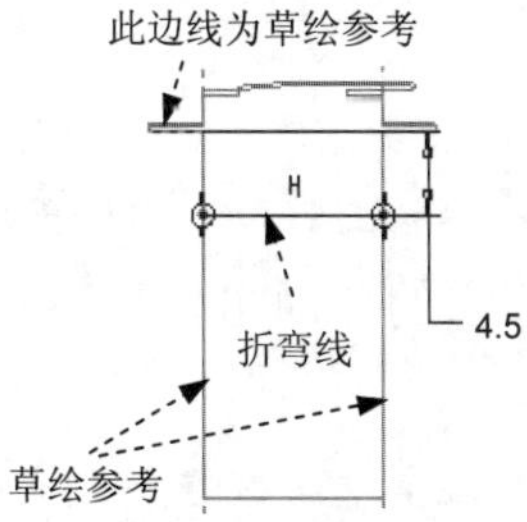

图 6.11　折弯线

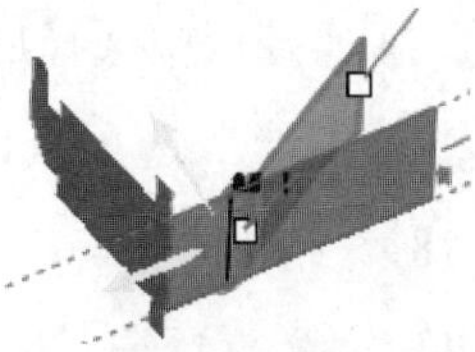

图 6.12　定义折弯侧和固定侧方向

（5）单击操控板中按钮，完成折弯特征 1 的创建。

Step6. 创建图 6.13 所示的折弯特征 2。

（1）单击 模型 功能选项卡 折弯▾ 区域 折弯▾ 下的 折弯 按钮。

（2）选取折弯类型。在操控板中单击按钮和按钮（使其处于被按下的状态）。

（3）绘制折弯线。单击 折弯线 选项卡，选取图 6.13 所示的模型表面为草绘平面，单击 草绘... 按钮，然后在系统弹出的“参考”对话框中选取图 6.14 所示的边线为参考线，再单击 关闭(C) 按钮，进入草绘环境，绘制图 6.14 所示的折弯线。

（4）定义折弯属性。单击 止裂槽 选项卡，在系统弹出界面中的 类型 下拉列表框中选择 无止裂槽 选项，在后的文本框中输入折弯半径值 10.0，折弯半径所在侧为；固定侧方向与折弯方向如图 6.15 所示。

（5）单击操控板中按钮，完成折弯特征 2 的创建。

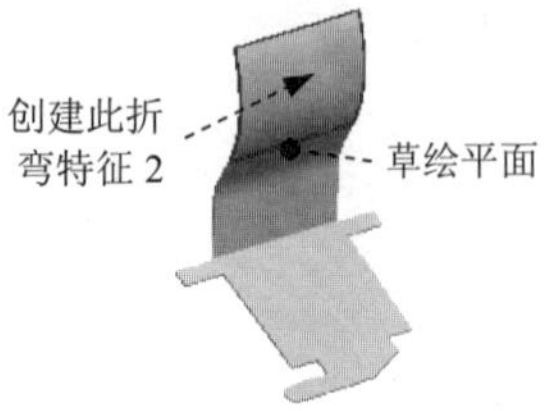

图 6.13　折弯特征 2

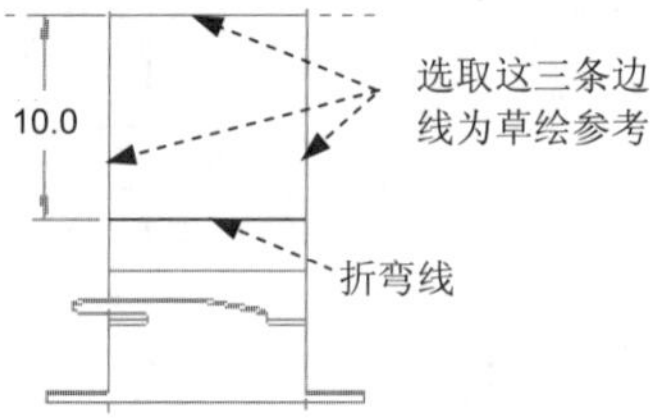

图 6.14　折弯线

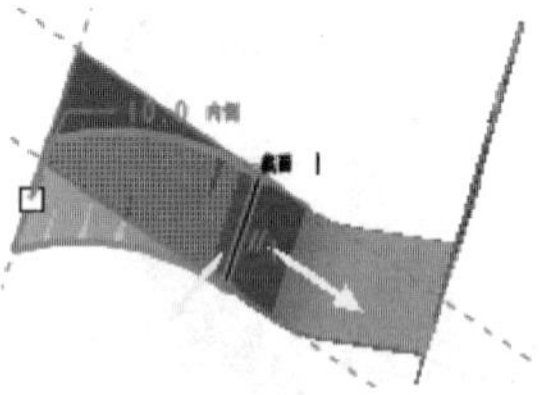

图 6.15　定义折弯侧和固定侧方向

Step7. 创建图 6.16 所示的附加钣金壁平整特征 3。

（1）单击 模型 功能选项卡 形状 ▾ 区域中的“平整”按钮。

（2）选取附着边。在系统 ➡选择一个边连到壁上. 的提示下，选取图 6.17 所示的模型边线为附着边。

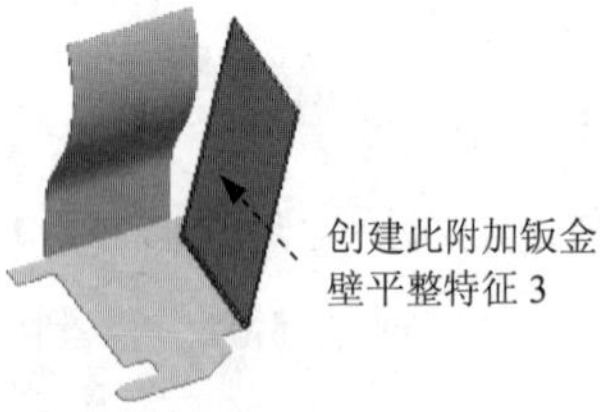

图 6.16　平整特征 3

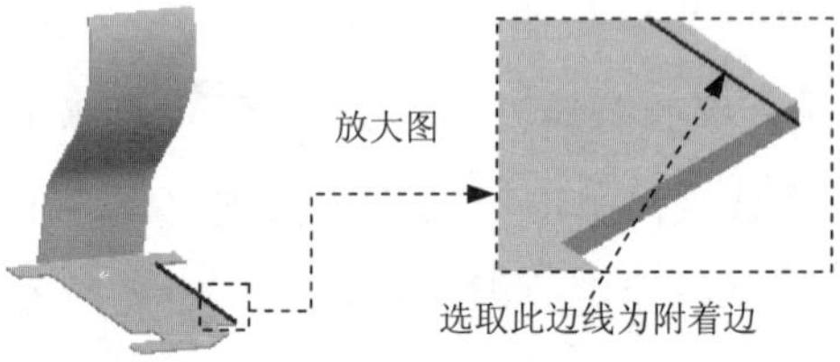

图 6.17　定义附着边

（3）定义钣金壁的形状。

① 在操控板中选择形状类型为 矩形，在后的文本框中输入角度值 85.0。

② 单击 形状 选项卡，在系统弹出的界面中依次设置草图内的尺寸值为 0、20.0、0（图 6.18）。

（4）定义折弯属性。在操控板中单击 止裂槽 选项卡，在系统弹出界面中取消选中 ☐ 单独定义每侧 复选框，并在 类型 下拉列表框中选择 扯裂 选项；单击按钮更改厚度方向，确认按钮被按下，并在其后的文本框中输入折弯半径值 0.1，折弯半径所在侧为。

（5）在操控板中单击按钮，完成平整特征 3 的创建。

Step8. 创建图 6.19 所示的折弯特征 3。

（1）单击 模型 功能选项卡 折弯 ▾ 区域 折弯 ▾ 下的 折弯 按钮。

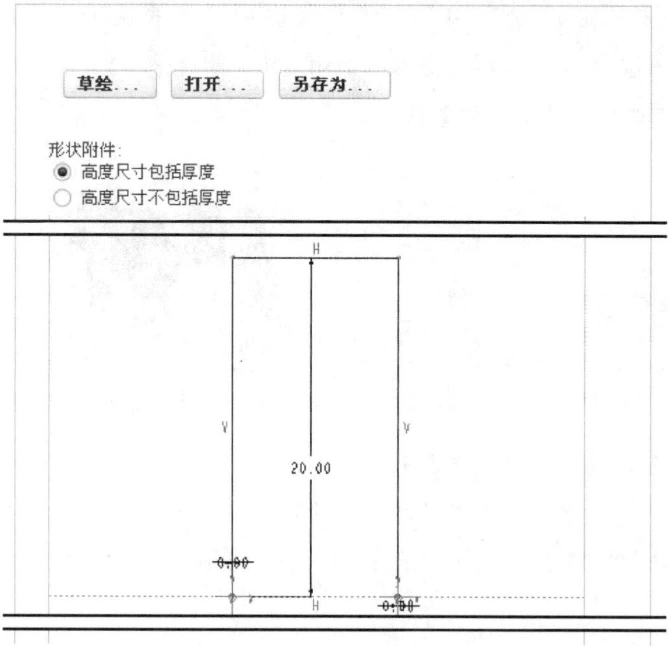

图 6.18 设置形状参数

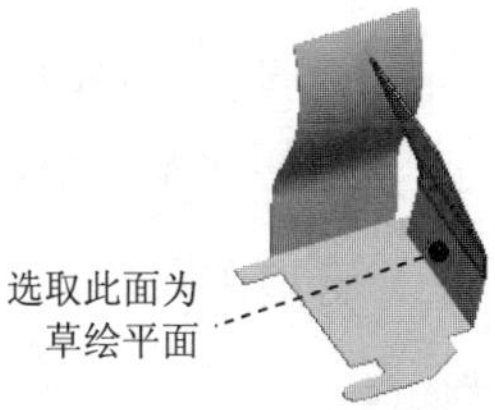

图 6.19 折弯特征 3

（2）选取折弯类型。在操控板中单击按钮和按钮（使其处于被按下的状态）。

（3）绘制折弯线。单击 折弯线 选项卡，选取图 6.19 所示的钣金面为草绘平面，单击 草绘... 按钮，然后在系统弹出的“参考”对话框中选取图 6.20 所示的边线为参考线，再单击 关闭(C) 按钮，进入草绘环境，绘制图 6.20 所示的折弯线。

（4）定义折弯属性。单击 止裂槽 选项卡，在系统弹出界面中的 类型 下拉列表框中选择 无止裂槽 选项；单击按钮更改固定侧，在后的文本框中输入折弯角度值 30.0，并单击其后的按钮更改折弯方向；再在后的文本框中输入折弯半径值 5.0，折弯半径所在侧为；固定侧方向与折弯方向如图 6.21 所示。

（5）单击操控板中按钮，完成折弯特征 3 的创建。

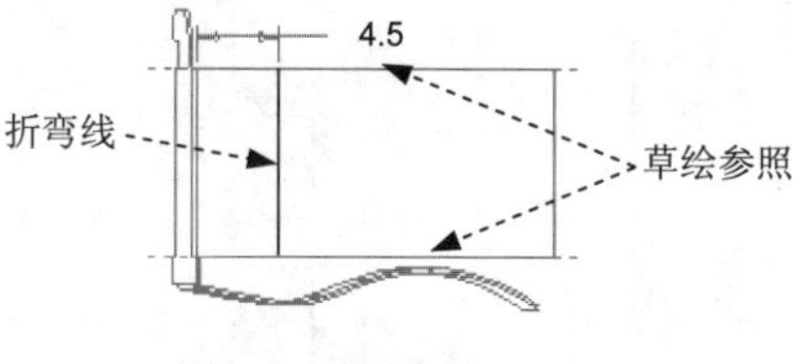

图 6.20 折弯线

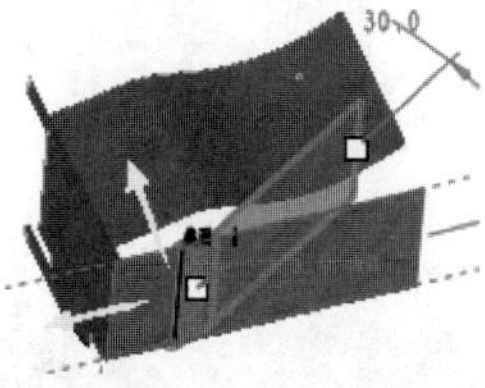

图 6.21 定义折弯侧和固定侧方向

Step9. 创建图 6.22 所示的折弯特征 4。单击 模型 功能选项卡 折弯 ▾ 区域 折弯 ▾ 下的 折弯 按钮，在操控板中单击按钮和按钮；然后单击 折弯线 选项卡，选取图 6.22 所示的模型表面为草绘平面，单击 草绘... 按钮，然后在系统弹出的“参考”对话框中选取

图 6.23 所示的边线为参考线，再单击 草绘... 按钮，进入草绘环境，绘制图 6.23 所示的折弯线，定义图 6.24 所示的折弯侧和固定侧方向；单击 止裂槽 选项卡，在系统弹出界面中的 类型 下拉列表框中选择 无止裂槽 选项；在 后的文本框中输入折弯半径值 10.0，折弯半径所在侧为 ；单击 按钮，完成折弯特征 4 的创建。

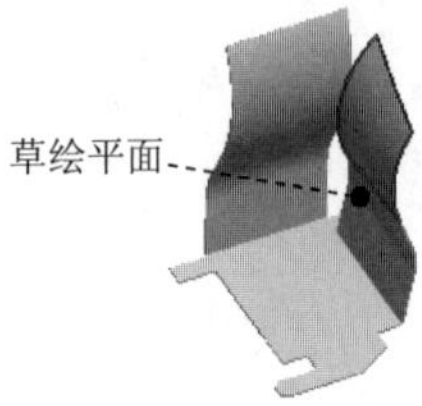

图 6.22　折弯特征 4

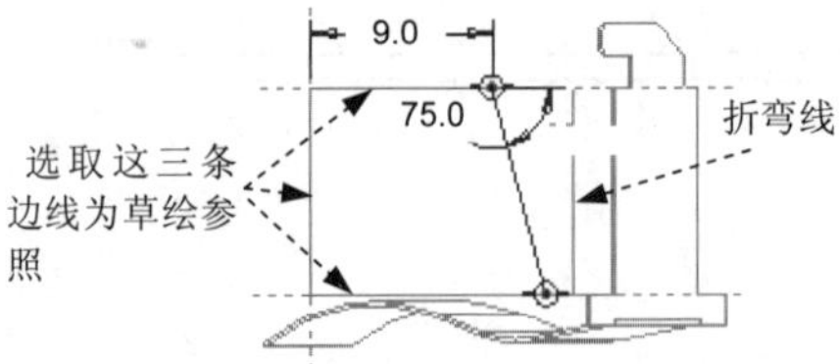

图 6.23　折弯线

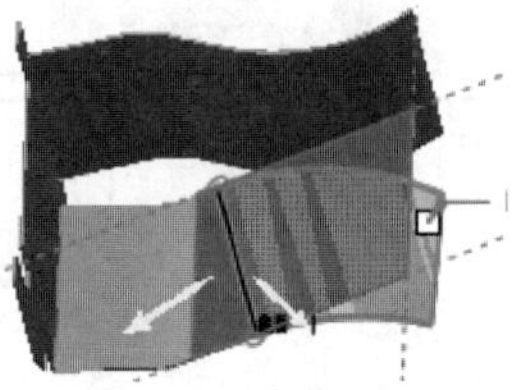

图 6.24　定义折弯侧和固定侧方向

Step10. 创建图 6.25 所示的附加钣金壁平整特征 4。

（1）单击 模型 功能选项卡 形状 ▾ 区域中的“平整”按钮。

（2）选取附着边。在系统 ➡选择一个边连到壁上. 的提示下，选取图 6.26 所示的模型边线为附着边。

（3）定义钣金壁的形状。

① 在操控板中选择形状类型为 矩形，在 后的文本框中输入角度值 85.0。

② 在操控板中单击 形状 选项卡，在系统弹出的界面中依次设置形状参数值为 0、20.0、0（图 6.27）。

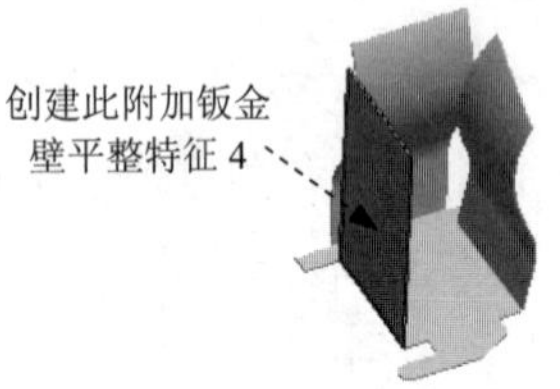

图 6.25　平整特征 4

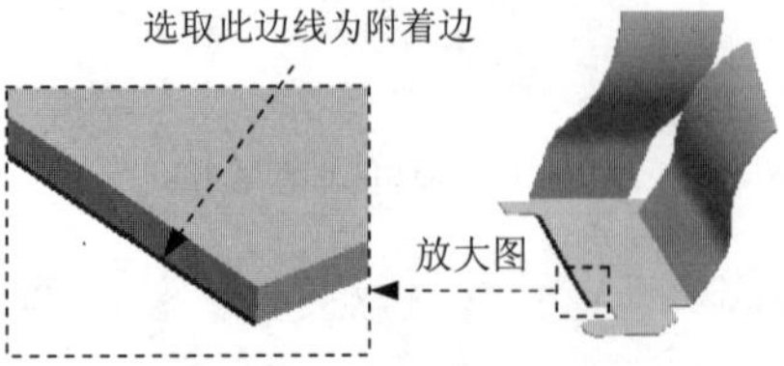

图 6.26　定义附着边

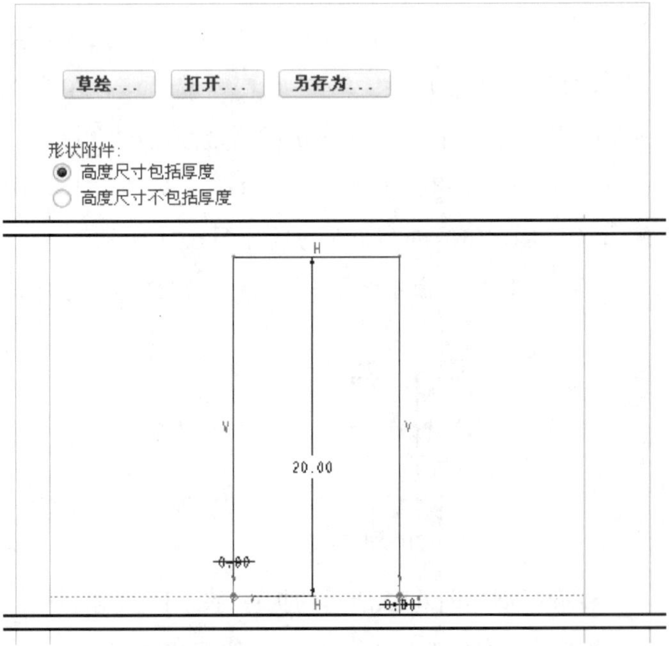

图 6.27　设置形状参数

（4）定义折弯属性。在操控板中单击 止裂槽 选项卡，在系统弹出的界面中取消选中

□ 单独定义每侧复选框，并在 类型 下拉列表框中选择扯裂选项；单击按钮改变厚度方向，确认按钮被按下，并在其后的文本框中输入折弯半径值 0.1，折弯半径所在侧为。

（5）在操控板中单击按钮，完成平整特征 4 的创建。

Step11. 创建图 6.28 所示的折弯特征 5。单击 模型 功能选项卡 折弯 ▾ 区域 折弯 ▾ 下的 折弯 按钮，在操控板中单击按钮和按钮；单击 折弯线 选项卡，选取图 6.29 中的边线为草绘参照，再单击 草绘... 按钮，在系统弹出的对话框中选取图 6.29 所示的草绘参考；绘制图 6.29 所示的折弯线，单击按钮更改固定侧（图 6.30）；在后的文本框中输入折弯角度值 30.0，在后的文本框中输入折弯半径值 5.0，折弯半径所在侧为；单击按钮，完成折弯特征 5 的创建（具体操作步骤参见 Step8）。

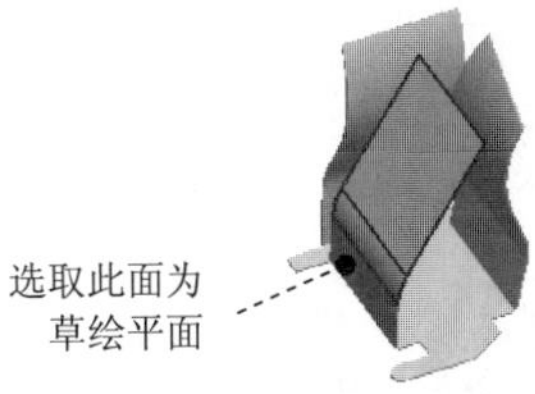

图 6.28 折弯特征 5

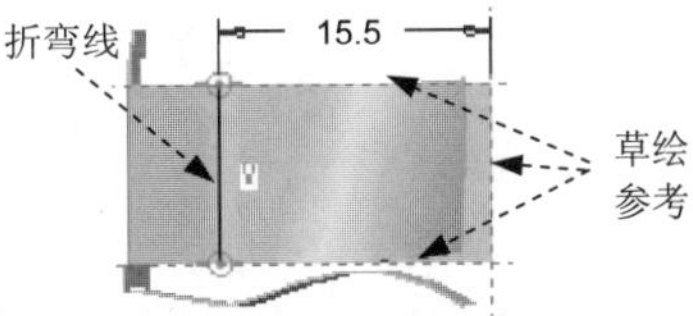

图 6.29 折弯线

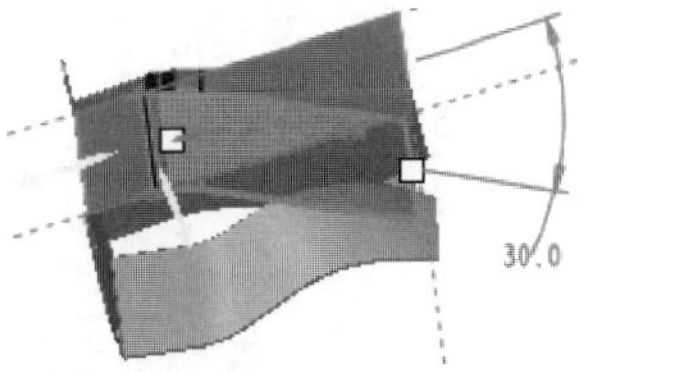

图 6.30 定义折弯侧和固定侧方向

Step12. 创建图 6.31 所示的折弯特征 6。选取图 6.31 所示的模型内侧表面为草绘平面，绘制图 6.32 所示的折弯线，定义折弯侧和固定侧，如图 6.33 所示；折弯半径值为 10.0（具体操作步骤参见 Step9）。

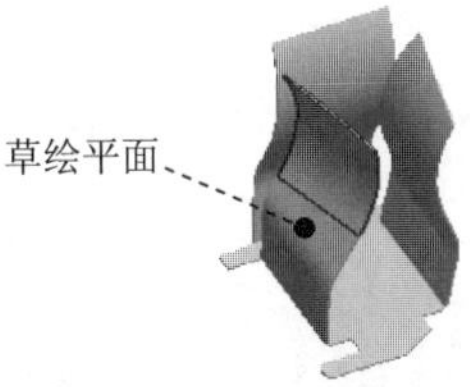

图 6.31 折弯特征 6

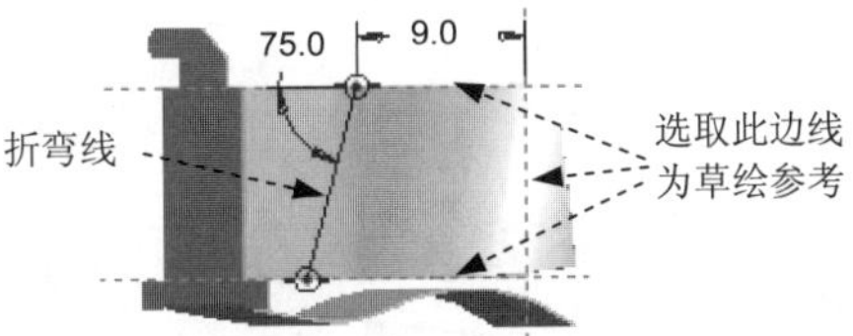

图 6.32 折弯线

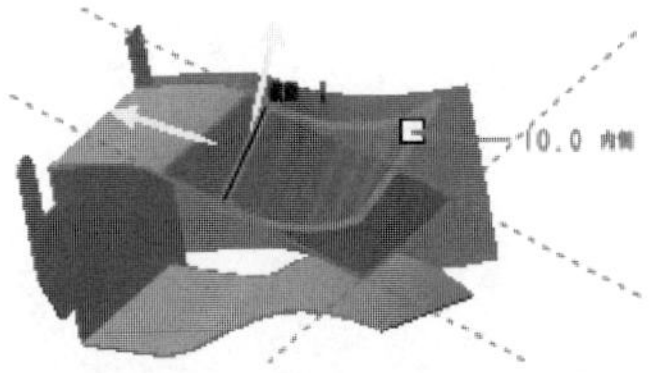

图 6.33 定义折弯侧和固定侧方向

Step13. 创建图 6.34b 所示的倒圆角特征 1。选择 模型 功能选项卡 工程 ▾ 节点下的 倒圆角 命令，选取图 6.34a 所示的两条边线为倒圆角的边线，输入圆角半径值 1.0，单击操控板中的按钮，完成倒圆角特征 1 的创建。

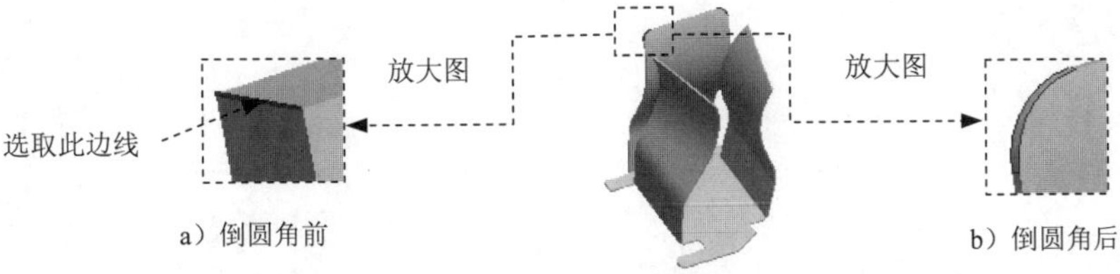

图 6.34 倒圆角特征 1

Step14. 创建图 6.35 所示的倒圆角特征 2。倒圆角半径值为 1.0。

Step15. 创建图 6.36 所示的倒圆角特征 3。倒圆角半径值为 1.0。

图 6.35 倒圆角特征 2

图 6.36 倒圆角特征 3

Step16. 保存零件模型文件。

实例 7 电脑 USB 接口

实例概述：

本实例介绍的是电脑 USB 接口的创建过程。在创建该模型时先创建一个模具模型，用于钣金成形特征的创建。创建钣金模型时依次创建拉伸类型的钣金壁特征、附加钣金壁平整特征、钣金壁切削特征和折弯特征等。这些钣金设计命令有一定代表性，尤其是折弯特征的创建思想更值得借鉴。该零件模型及模型树如图 7.1 所示。

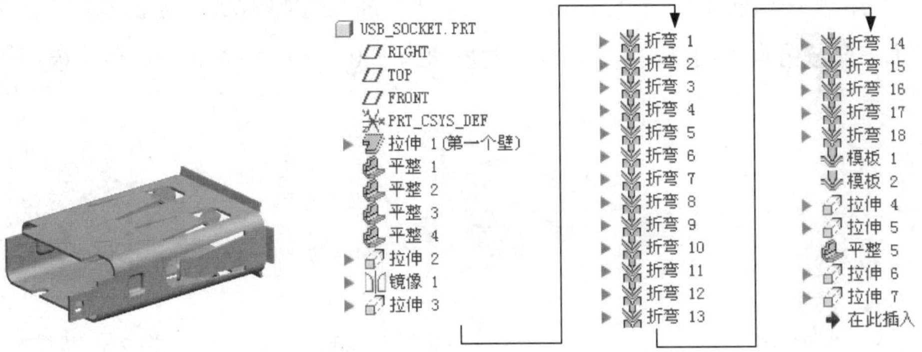

图 7.1 零件模型及模型树

Task1. 创建模具

Die 模具用于创建模具成形特征，在该模具零件中，主要运用一些基本命令，下面先介绍创建用于成形特征的模具的过程，完成后的模具模型及其模型树如图 7.2 所示。

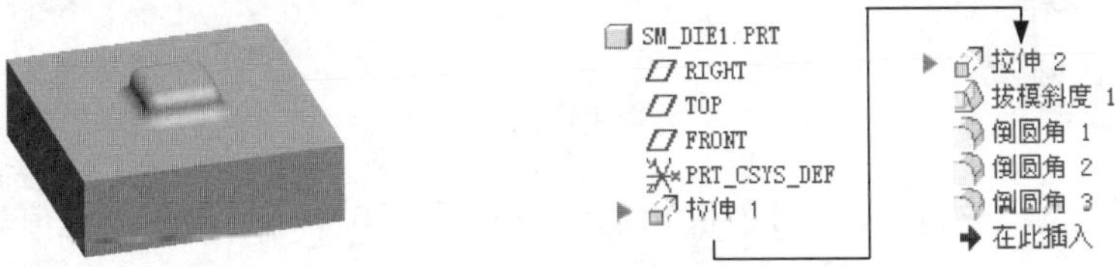

图 7.2 模具模型及模型树

Step1. 新建一个实体零件模型，命名为 SM_DIE1。

Step2. 创建图 7.3 所示的拉伸特征 1。在操控板中单击"拉伸"按钮。选取 TOP 基准平面作为草绘平面，RIGHT 基准平面为参考平面，方向为"右"；单击"草绘"按钮，绘制图 7.4 所示的截面草图，在操控板中定义拉伸类型为"盲孔"，输入深度值 3.0，单击"✓"按钮，完成拉伸特征 1 的创建。

Step3. 创建图 7.5 所示的拉伸特征 2。在操控板中单击"拉伸"按钮。选取图 7.5 所示的模型表面作为草绘平面，RIGHT 基准平面为参考平面，方向为 右；单击 草绘 按钮，绘制图 7.6 所示的截面草图，在操控板中定义拉伸类型为⊥，输入深度值 1.2，单击✔按钮，完成拉伸特征 1 的创建。

图 7.3 拉伸特征 1

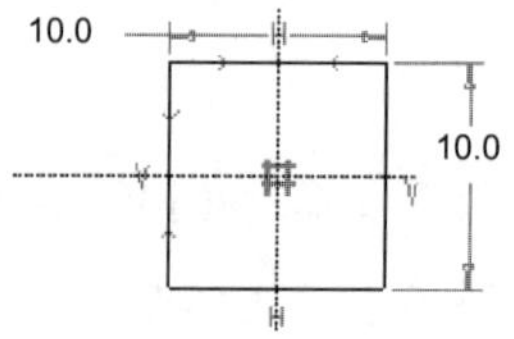

图 7.4 截面草图

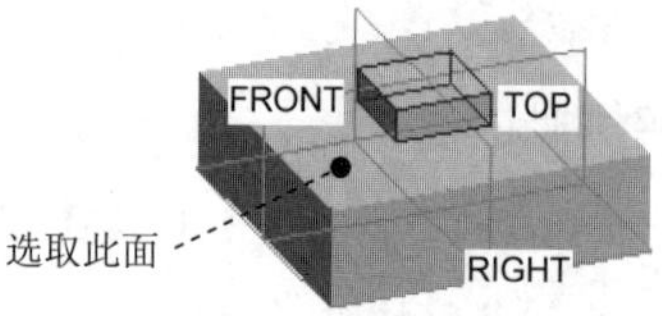

图 7.5 拉伸特征 2

Step4. 创建拔模特征 1。单击 模型 功能选项卡 工程 ▾ 区域中的 拔模 ▾ 按钮。按住 Ctrl 键，在模型中选取图 7.7 所示的四个表面为拔模面，选取图 7.7 所示的基准平面为拔模枢轴平面；拔模方向如图 7.8 所示，拔模角度值为-5.0。单击✔按钮，完成拔模特征 1 的创建。

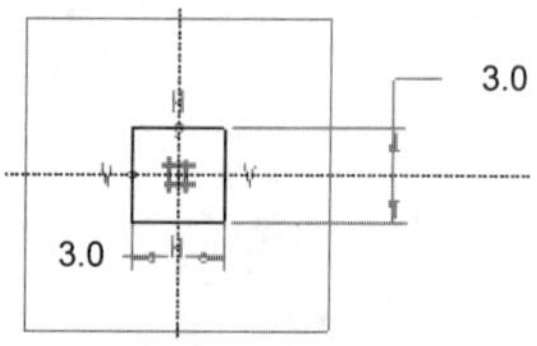

图 7.6 截面草图

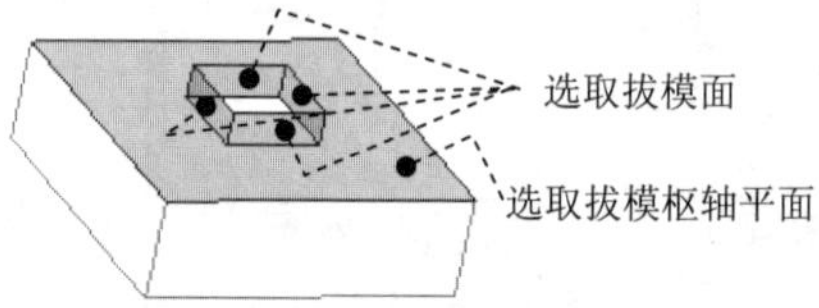

图 7.7 选取拔模面与拔模枢轴平面

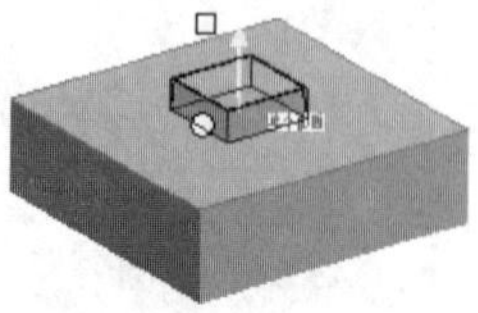
图 7.8 拔模方向

Step5. 创建图 7.9b 所示的倒圆角特征 1。单击 模型 功能选项卡 工程 ▾ 区域中的 倒圆角 ▾ 按钮，选取图 7.9a 所示的四条边线为倒圆角的边线，圆角半径值为 0.5。

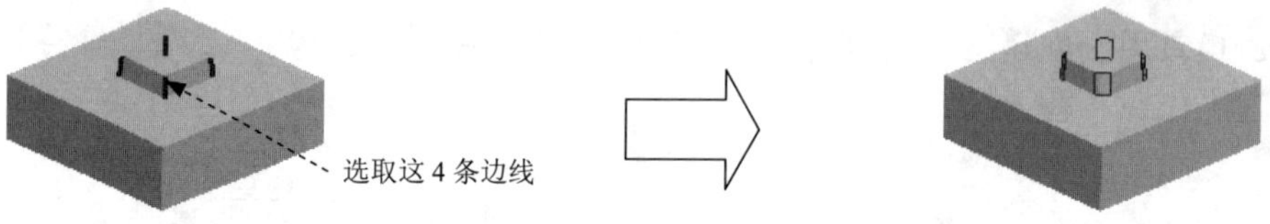

a）倒圆角前　　b）倒圆角后

图 7.9 倒圆角特征 1

Step6. 创建倒圆角特征 2，要倒圆角的边线如图 7.10 所示，圆角半径值为 0.5。

Step7. 创建倒圆角特征 3，要倒圆角的边线如图 7.11 所示，圆角半径值为 0.5。

Step8. 保存零件模型文件。

Task2. 创建主体零件模型

Step1. 新建一个钣金件模型，命名为 USB_SOCKET。

Step2. 创建图 7.12 所示的拉伸特征 1。在操控板中单击 拉伸 按钮。选取 FRONT 基准平面为草绘平面，RIGHT 基准平面为参考平面，方向为 右；单击 草绘 按钮，绘制图 7.13 所示的截面草图，在操控板中定义拉伸类型为⊥，输入深度值 35.0，在□后文本框中输入厚度值 0.5。单击✓按钮，完成拉伸特征 1 的创建。

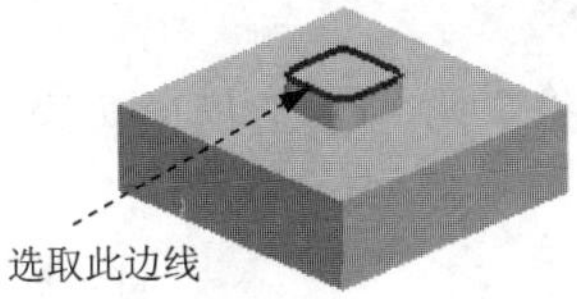

图 7.10　选取倒圆角 2 的边线

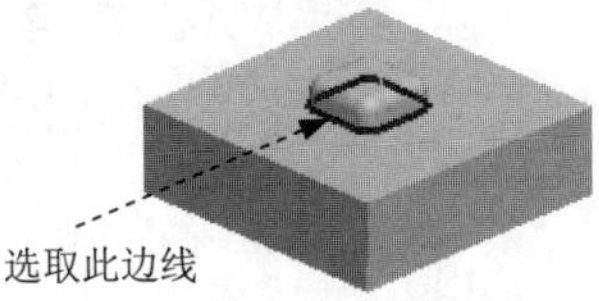

图 7.11　选取倒圆角 3 的边线

图 7.12　拉伸特征 1

Step3. 创建图 7.14 所示的附加钣金壁平整特征 1。

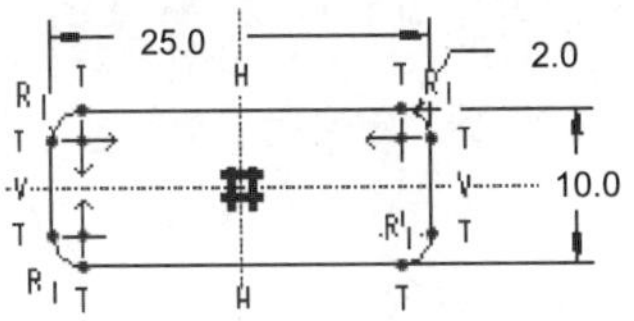

图 7.13　截面草图

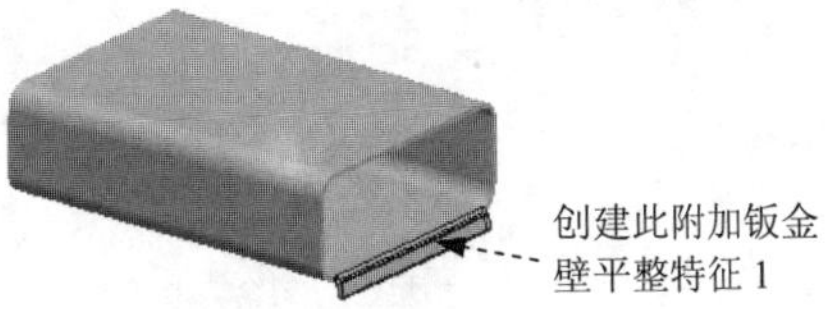

图 7.14　平整特征 1

（1）单击 模型 功能选项卡 形状▼ 区域中的“平整”按钮。

（2）选取附着边。在系统 ◆选择一个边连到壁上. 的提示下，选取图 7.15 所示的模型边线为附着边。

（3）定义钣金壁的形状。

① 在操控板中选择形状类型为 矩形；在 后的文本框中输入角度值 75.0，单击角度文本框后面的 按钮更改厚度方向；确认 按钮被按下，并在其后的文本框中输入折弯半径值 0.2，折弯半径所在侧为 。

② 单击 形状 按钮，在系统弹出的界面中输入数值 0、2.0、0，如图 7.16 所示。

（4）设置偏移。单击 偏移 按钮，选中 ☑ 相对连接边偏移壁 复选框和 ◉ 添加到零件边 单选项。

（5）定义止裂槽。在操控板中单击 止裂槽 按钮，在系统弹出的界面中取消选中 □ 单独定义每侧 复选框，并在 类型 下拉列表框中选择 扯裂 选项。

（6）在操控板中单击✓按钮，完成平整特征 1 的创建。

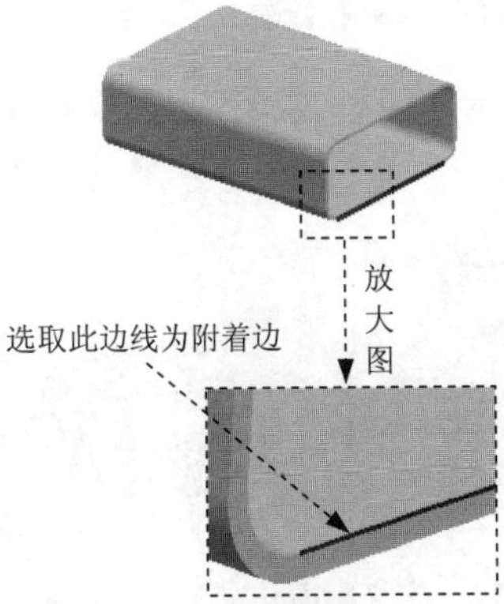

图 7.15　定义附着边

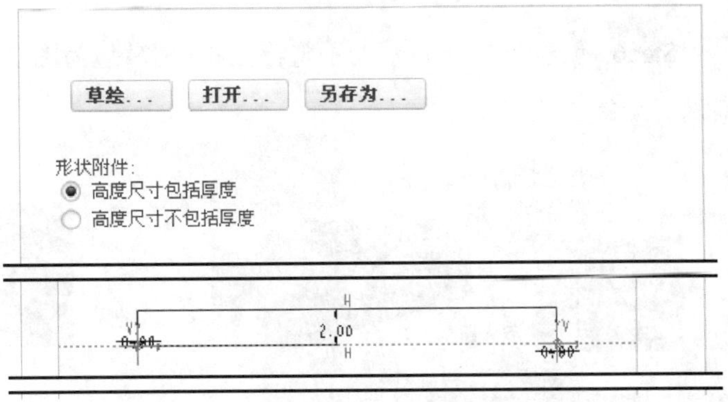

图 7.16　设置形状参数

Step4. 创建图 7.17 所示的附加钣金壁平整特征 2。

（1）单击 模型 功能选项卡 形状 ▾ 区域中的“平整”按钮。

（2）选取附着边。在系统 ➡选择一个边连到壁上. 的提示下，选取图 7.18 所示的模型边线为附着边。

图 7.17 平整特征 2

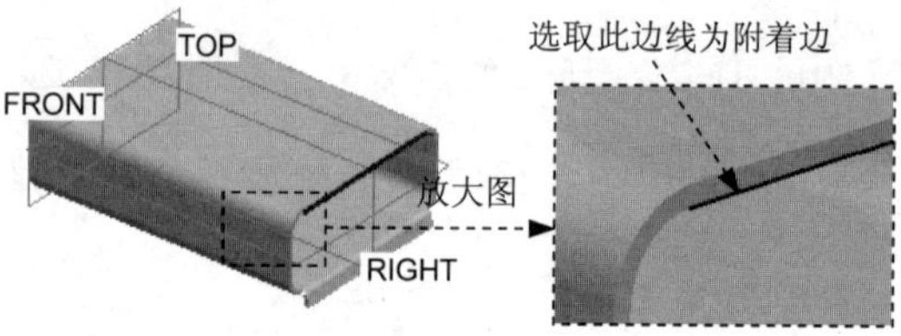

图 7.18 定义附着边

（3）定义钣金壁的形状。

① 在操控板中选择形状类型为 矩形；在后的文本框中输入角度值 75.0。

② 在操控板中单击 形状 按钮，在系统弹出的界面中将草图尺寸设置为 0、2.0、0。

（4）设置偏移。单击 偏移 按钮，选中 ☑ 相对连接边偏移壁 复选框和 ◉ 添加到零件边 单选项。

（5）定义止裂槽。在操控板中单击 止裂槽 按钮，在系统弹出的界面中取消选中 ☐ 单独定义每侧 复选框，并在 类型 下拉列表框中选择 扯裂 选项。

（6）定义折弯半径。单击角度文本框后面的按钮；确认按钮被按下，并在其后的文本框中输入折弯半径值 0.2，折弯半径所在侧为。

（7）在操控板中单击 ✔ 按钮，完成平整特征 2 的创建。

Step5. 创建图 7.19 所示的附加钣金壁平整特征 3。附着边为图 7.20 所示的模型边线；相关操作步骤及有关参数参见 Step3。

图 7.19 平整特征 3

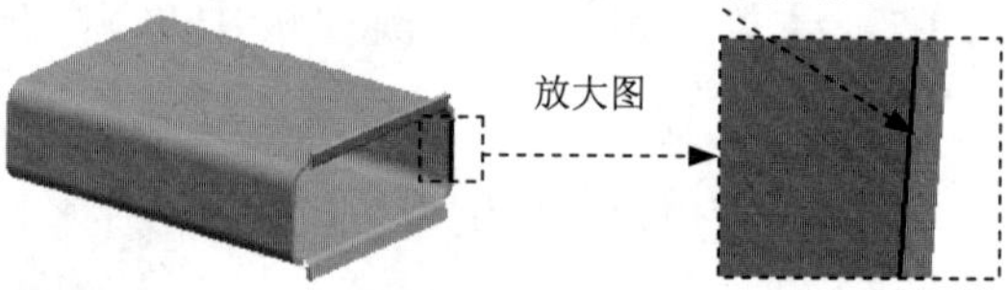

图 7.20 定义附着边

Step6. 创建图 7.21 所示的平整特征 4。附着边为图 7.22 所示的模型边线；相关操作步骤及有关参数同 Step3。

图 7.21 平整特征 4

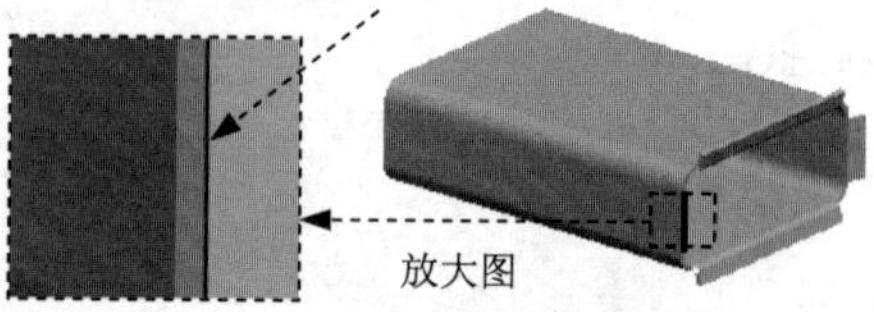

图 7.22 定义附着边

Step7. 创建图 7.23 所示的钣金拉伸切削特征 1。

（1）单击[模型]功能选项卡[形状 ▾]区域中的[拉伸]按钮，确认按钮、按钮和按钮被按下。

（2）绘制截面草图。选取图 7.23 所示的钣金表面为草绘平面；采用默认平面为参考平面，方向为[下]；单击[草绘]按钮，绘制图 7.24 所示的截面草图。

（3）定义拉伸属性。在操控板中定义拉伸类型为，单击按钮并在其后的文本框中输入数值 1.0，选择材料移除的方向类型为。

（4）在操控板中单击“完成”按钮，完成拉伸切削特征 1 的创建。

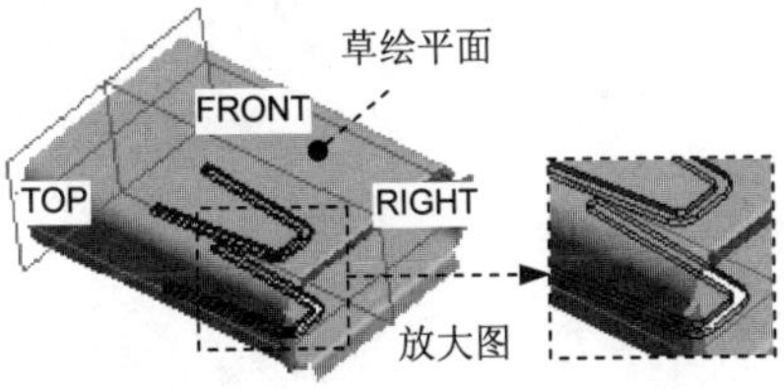

图 7.23　拉伸切削特征 1

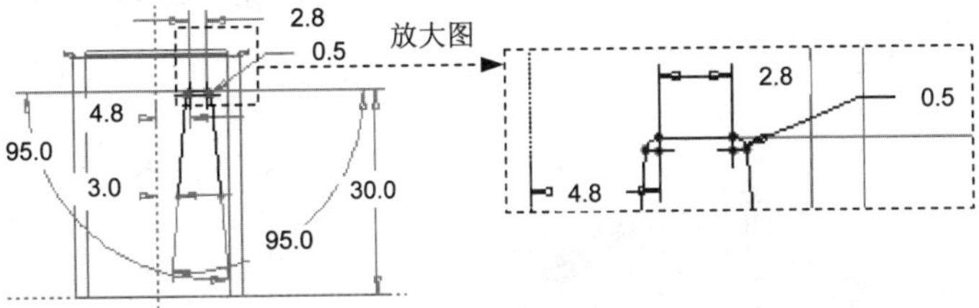

图 7.24　截面草图

Step8. 创建图 7.25 所示的镜像特征 1。

（1）选取镜像源。在图形区选取上一步所创建的拉伸切削特征 1 为镜像源。

（2）选择镜像命令。单击[模型]功能选项卡[编辑 ▾]下的[镜像]命令。

（3）定义镜像平面。选择 RIGHT 基准平面为镜像平面。

（4）单击按钮，完成镜像特征 1 的创建。

Step9. 创建图 7.26 所示的钣金拉伸切削特征 2。在操控板中单击[拉伸]按钮，确认按钮、按钮和按钮被按下；选取图 7.26 所示的钣金表面为草绘平面；采用系统默认的平面为参考平面，方向为[下]；单击[草绘]按钮，绘制图 7.27 所示的截面草图；在操控板中定义拉伸类型为，单击按钮并在其后的文本框中输入数值 1.0，选择材料移除的方向类型为，单击按钮，完成拉伸切削特征 2 的创建。

图 7.25　镜像特征 1

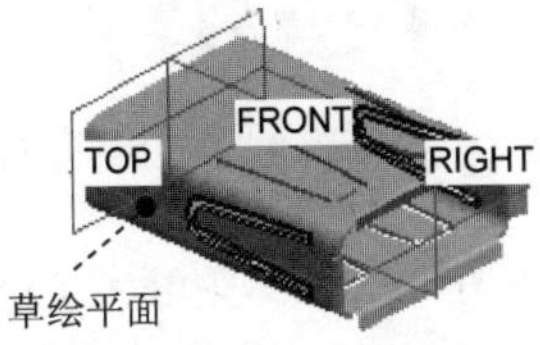

图 7.26　拉伸切削特征 2

Step10. 创建图 7.28 所示的折弯特征 1。

（1）单击[模型]功能选项卡[折弯 ▾]区域[折弯 ▾]下的[折弯]按钮。

（2）选取折弯类型。在操控板中单击按钮和按钮（使其处于被按下的状态）。

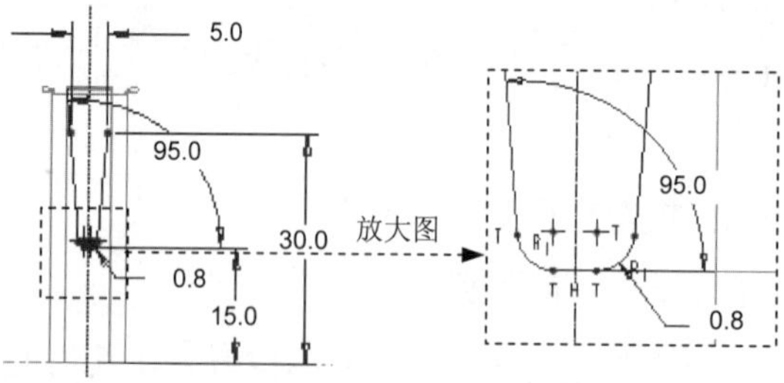

图 7.27 截面草图

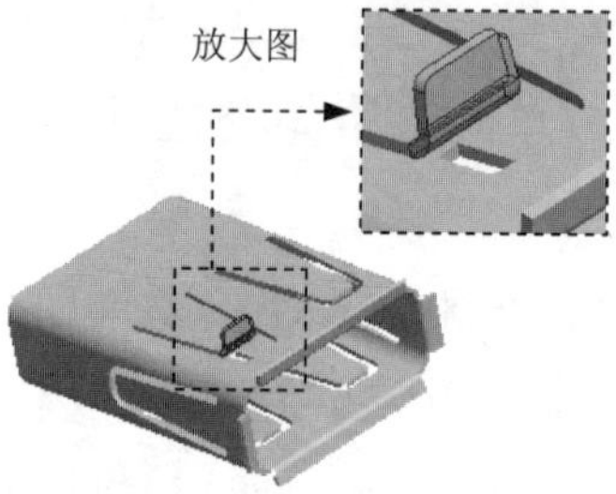

图 7.28 折弯特征 1

（3）绘制折弯线。单击 折弯线 选项卡，选取图 7.29 所示的模型表面为草绘平面，然后单击“折弯线”界面中的 草绘... 按钮，选取 FRONT 基准平面为参考平面；再单击 关闭(C) 按钮，进入草绘环境，绘制图 7.30 所示的折弯线。

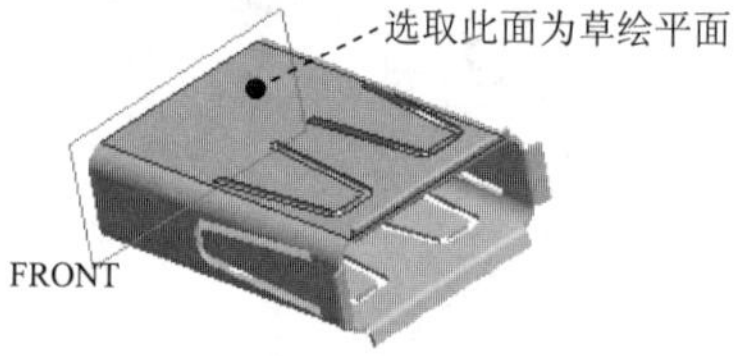

图 7.29 草绘平面

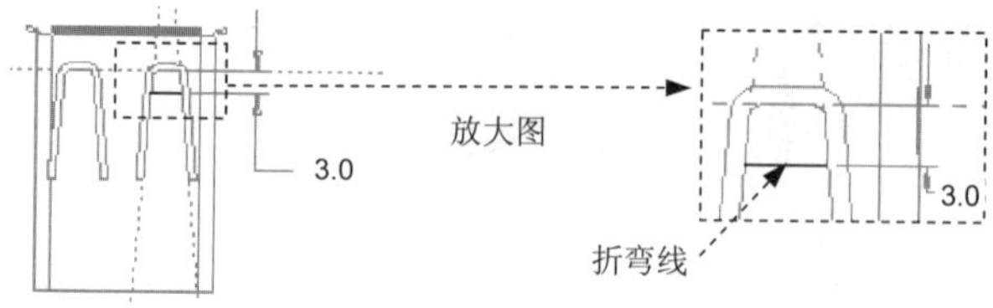

图 7.30 折弯线

（4）定义折弯属性。单击 止裂槽 选项卡，在系统弹出界面中的 类型 下拉列表框中选择 无止裂槽 选项，单击 按钮更改固定侧，在 后的文本框中输入折弯角度值 90.0，单击角度文本框后面的 按钮更改折弯方向，在 后的文本框中输入折弯半径值 0.5，折弯半径所在侧为 ；固定侧与折弯方向如图 7.31 所示。

（5）单击操控板中 按钮，完成折弯特征 1 的创建。

Step11. 创建图 7.32 所示的折弯特征 2。

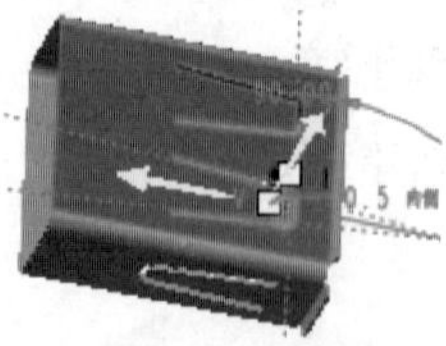

图 7.31 定义折弯侧和固定侧方向

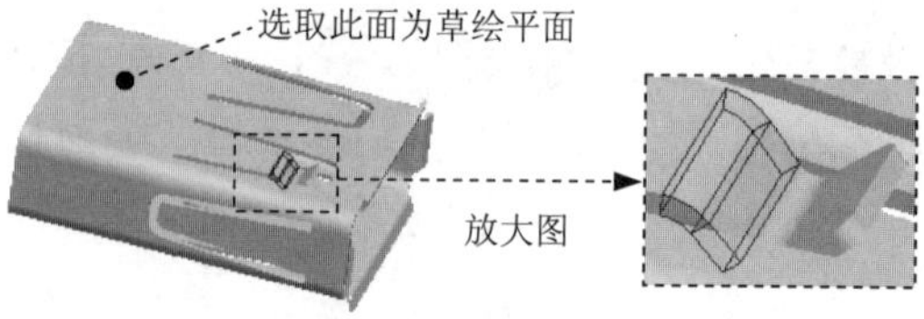

图 7.32 折弯特征 2

（1）单击 模型 功能选项卡 折弯 ▾ 区域 折弯 ▾ 下的 折弯 按钮。

（2）选取折弯类型。在操控板中单击 按钮和 按钮（使其处于被按下的状态）。

（3）绘制折弯线。单击 折弯线 选项卡，选取图 7.32 所示的模型表面为草绘平面，然后单击“折弯线”界面中的 草绘... 按钮，选取 FRONT 基准平面为参考平面，再单击 关闭(C) 按钮，绘制图 7.33 所示的折弯线。

（4）定义折弯属性。单击 止裂槽 选项卡，在系统弹出界面中的 类型 下拉列表框中选择无止裂槽选项，单击前的按钮更改固定侧，然后在后的文本框中输入折弯角度值45.0，在后的文本框中输入折弯半径值 1.0，折弯半径所在侧为；固定侧方向与折弯侧方向如图 7.34 所示。

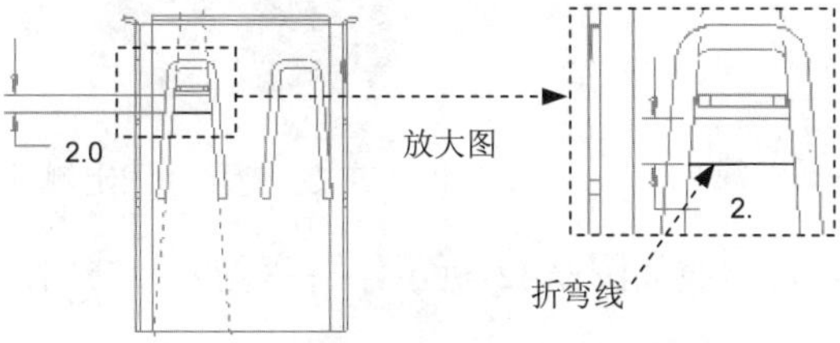

图 7.33 折弯线

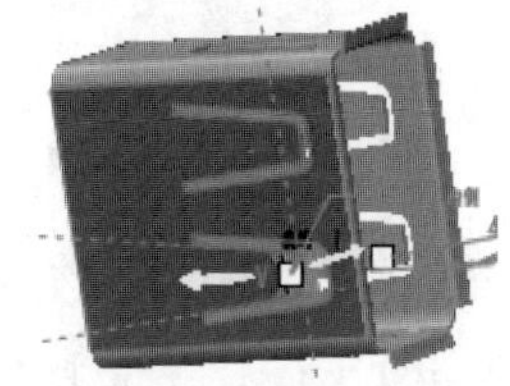
图 7.34 定义折弯侧和固定侧方向

（5）单击操控板中按钮，完成折弯特征 2 的创建。

Step12. 创建图 7.35 所示的折弯特征 3。

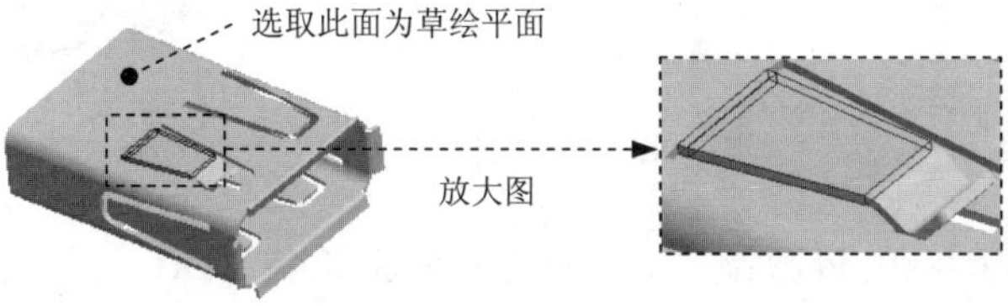

图 7.35 折弯特征 3

（1）单击模型功能选项卡折弯区域折弯下的折弯按钮。

（2）选取折弯类型。在操控板中单击按钮和按钮（使其处于被按下的状态）。

（3）绘制折弯线。单击折弯线选项卡，选取图 7.35 所示的模型表面为草绘平面，然后单击“折弯线”界面中的草绘...按钮，选取 FRONT 基准平面为参考平面，再单击关闭(C)按钮，绘制图 7.36 所示的折弯线。

（4）定义折弯属性。单击止裂槽选项卡，在系统弹出界面中的类型下拉列表框中选择无止裂槽选项，单击按钮更改固定侧，在后的文本框中输入折弯角度值 3.0，单击角度文本框后面的按钮更改折弯方向，在后的文本框中输入折弯半径值 10.0，折弯半径所在侧为；固定侧方向与折弯侧方向如图 7.37 所示。

（5）单击操控板中按钮，完成折弯特征 3 的创建。

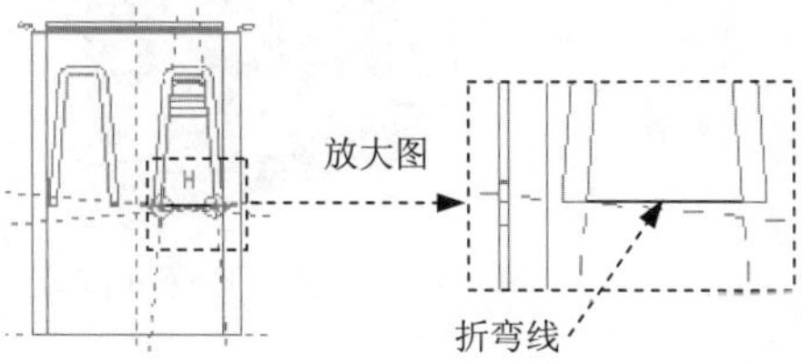

图 7.36 折弯线

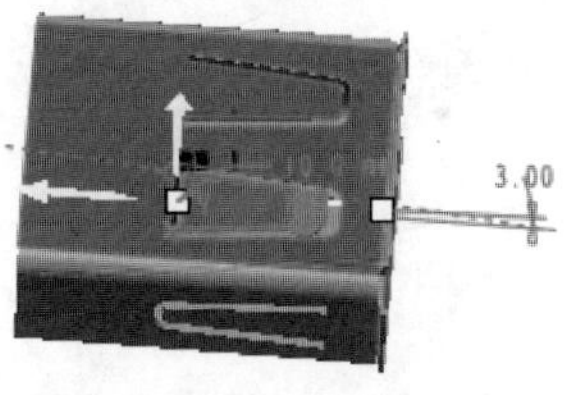

图 7.37 折弯侧和固定侧方向

Step13. 创建图 7.38 所示的折弯特征 4。折弯线如图 7.39 所示，折弯侧与固定侧如图

7.40 所示。具体操作步骤及有关参数参见 Step10。

图 7.38 折弯特征 4

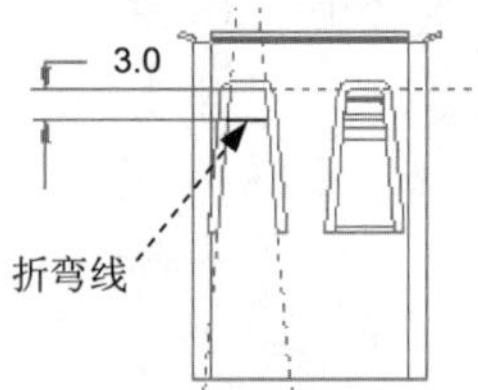

图 7.39 折弯线

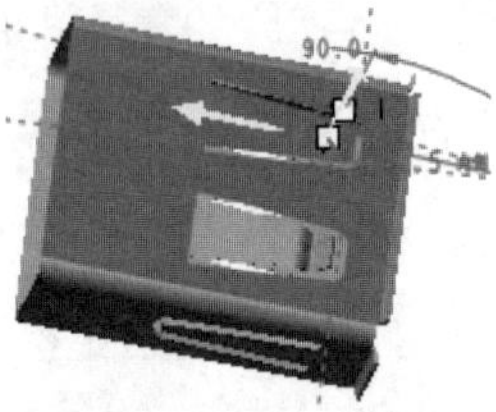

图 7.40 定义折弯侧和固定侧方向

Step14. 创建图 7.41 所示的折弯特征 5。折弯线如图 7.42 所示，折弯侧方向与固定侧方向如图 7.43 所示。具体操作步骤及有关参数参见 Step10。

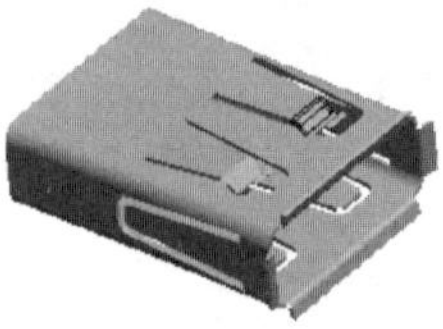

图 7.41 折弯特征 5

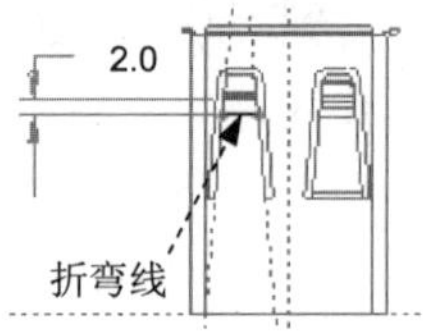

图 7.42 折弯线

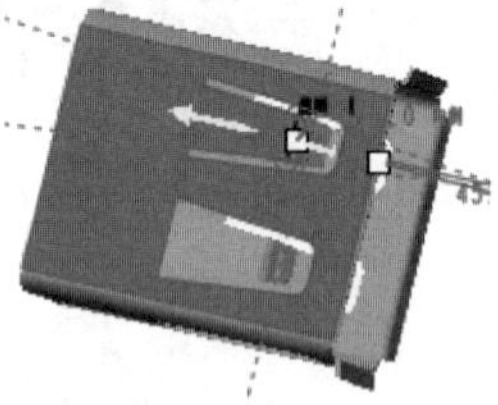

图 7.43 定义折弯侧和固定侧方向

Step15. 创建图 7.44 所示的折弯特征 6。折弯线如图 7.45 所示，折弯侧方向与固定侧方向如图 7.46 所示。具体操作步骤及有关参数参见 Step10（输入角度值为 3）。

图 7.44 折弯特征 6

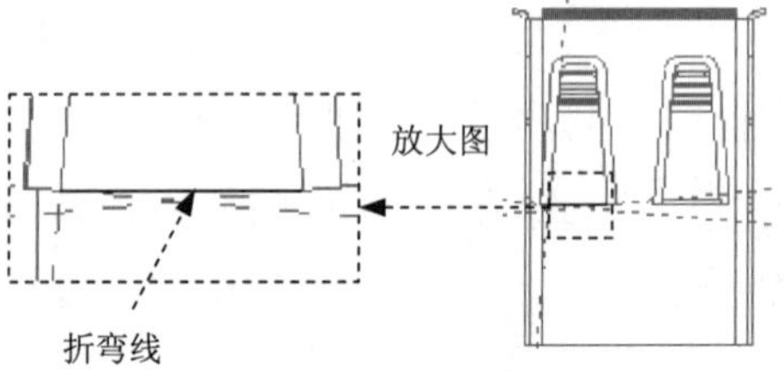

图 7.45 折弯线

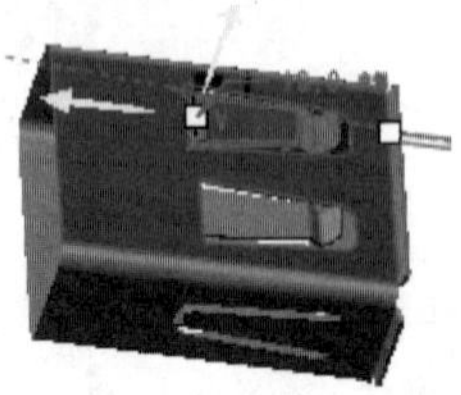

图 7.46 定义折弯侧和固定侧方向

Step16. 将钣金件翻转 180º 到图 7.47 所示的方位，创建图 7.47 所示的折弯特征 7。折弯线如图 7.48 所示，折弯侧方向与固定侧方向如图 7.49 所示。具体操作步骤及有关参数参见 Step10。

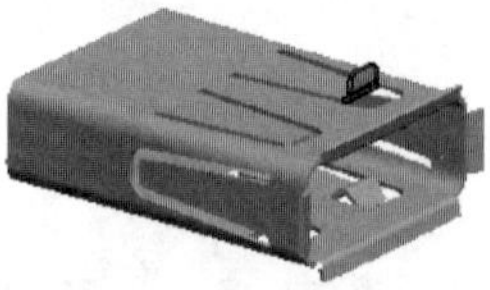

图 7.47 折弯特征 7

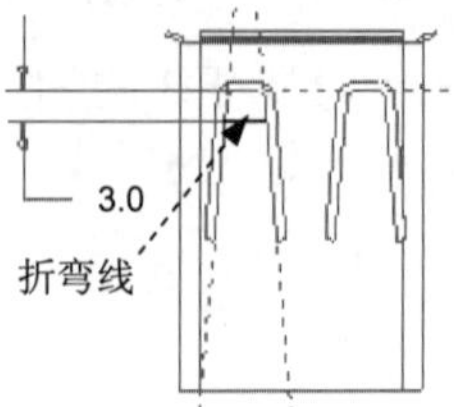

图 7.48 折弯线

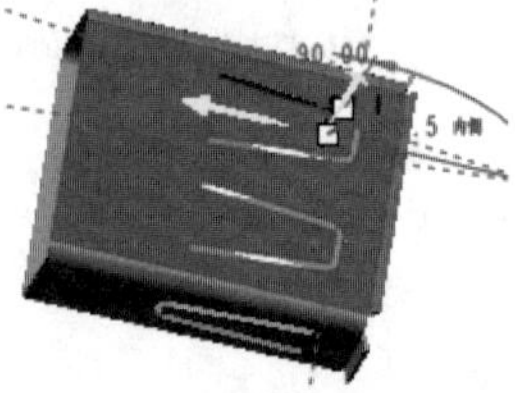

图 7.49 定义折弯侧和固定侧方向

Step17. 创建图 7.50 所示的折弯特征 8。折弯线如图 7.51 所示，折弯侧方向与固定侧方向如图 7.52 所示。具体操作步骤及有关参数参见 Step10。

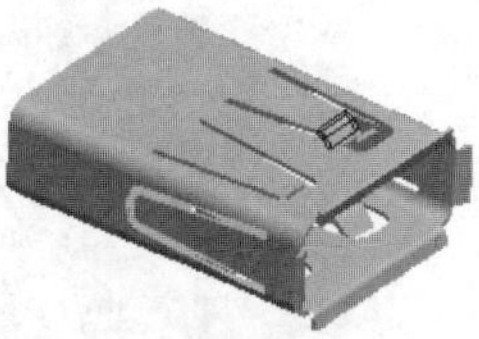

图 7.50 折弯特征 8

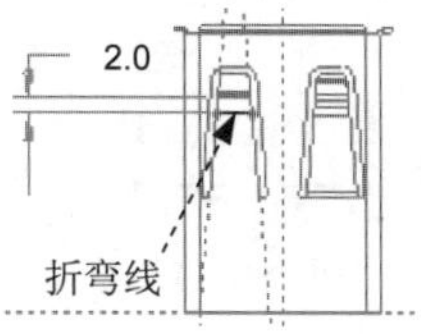

图 7.51 折弯线

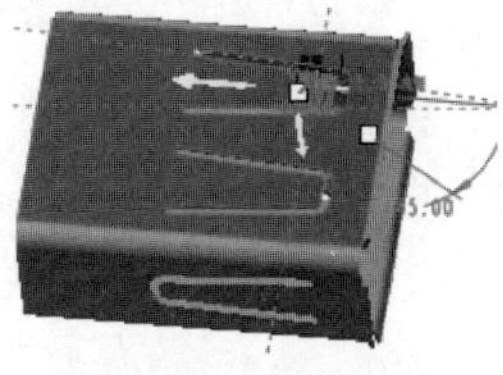

图 7.52 定义折弯侧和固定侧方向

Step18. 创建图 7.53 所示的折弯特征 9。折弯线如图 7.54 所示，折弯侧方向与固定侧方向如图 7.55 所示。具体操作步骤及有关参数参见 Step10（输入角度值为-3）。

图 7.53 折弯特征 9

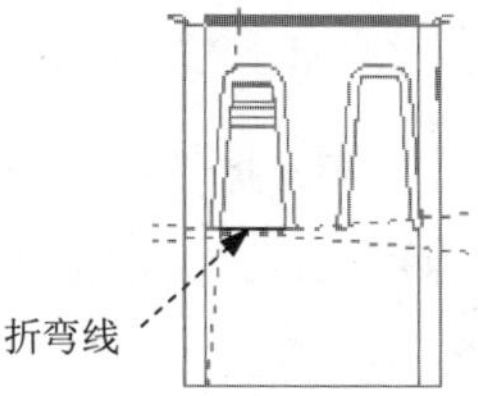

图 7.54 折弯线

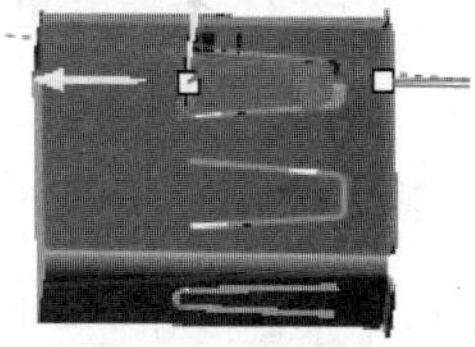

图 7.55 定义折弯侧和固定侧方向

Step19. 创建图 7.56 所示的折弯特征 10。折弯线如图 7.57 所示，折弯侧方向与固定侧方向如图 7.58 所示。具体操作步骤及有关参数参见 Step10。

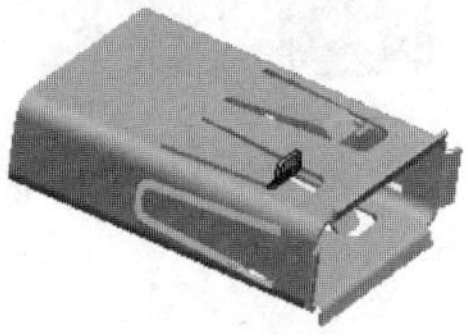

图 7.56 折弯特征 10

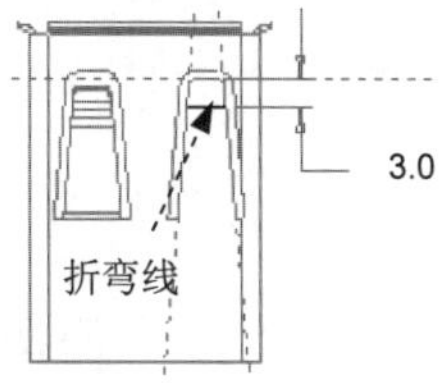

图 7.57 折弯线

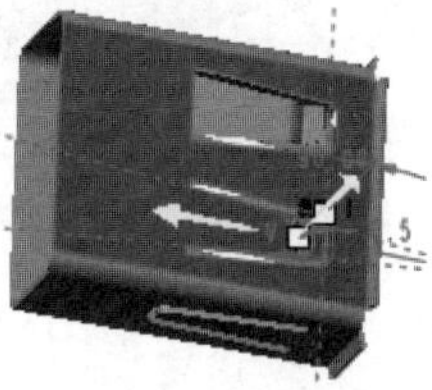

图 7.58 定义折弯侧方向和固定侧方向

Step20. 创建图 7.59 所示的折弯特征 11。折弯线如图 7.60 所示，折弯侧方向与固定侧方向如图 7.61 所示。具体操作步骤及有关参数参见 Step10。

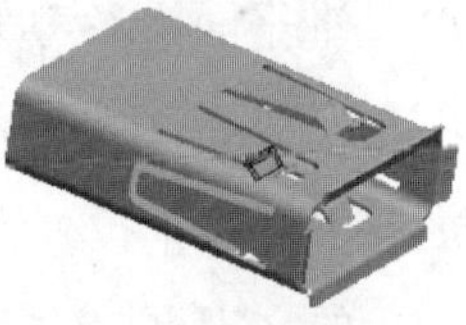

图 7.59 折弯特征 11

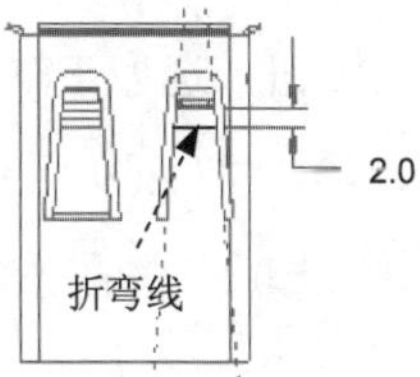

图 7.60 折弯线

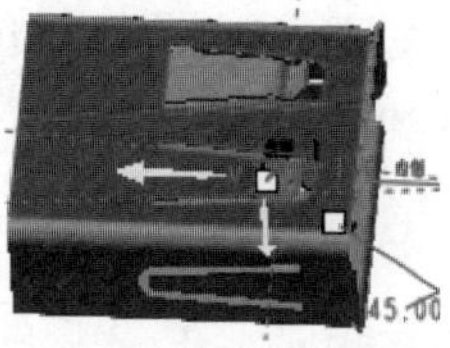

图 7.61 定义折弯侧和固定侧方向

Step21. 创建图 7.62 所示的折弯特征 12。折弯线如图 7.63 所示，折弯侧方向与固定侧方向如图 7.64 所示。具体操作步骤及有关参数参见 Step10（输入角度值为-3）。

Step22. 创建图 7.65 所示的折弯特征 13。

（1）单击 模型 功能选项卡 折弯 ▼ 区域 折弯 ▼ 下的 折弯 按钮。

（2）选取折弯类型。在操控板中单击按钮和按钮（使其处于被按下的状态）。

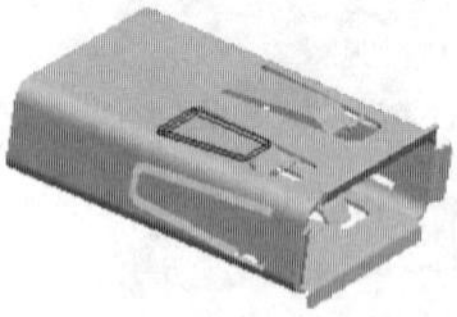

图 7.62　折弯特征 12

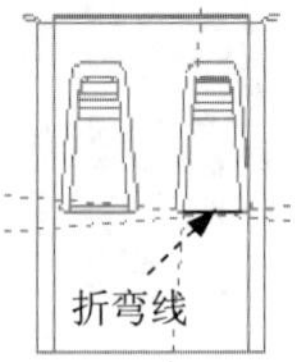

图 7.63　折弯线

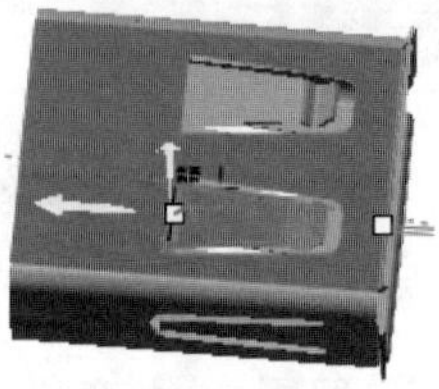

图 7.64　定义折弯侧和固定侧方向

（3）绘制折弯线。单击 折弯线 选项卡，选取图 7.65 所示的模型表面为草绘平面，然后单击“折弯线”界面中的 草绘... 按钮，选取 FRONT 和 TOP 基准平面为参考平面，再单击 关闭(C) 按钮，进入草绘环境，绘制图 7.66 所示的折弯线。

（4）定义折弯属性。单击 止裂槽 选项卡，在系统弹出界面中的 类型 下拉列表框中选择 无止裂槽 选项，在 后的文本框中输入折弯角度值 90.0，在 后的文本框中输入折弯半径值 0.5，单击角度文本框后面的 按钮更改折弯方向，折弯半径所在侧为 ；固定侧方向与折弯侧方向如图 7.67 所示。

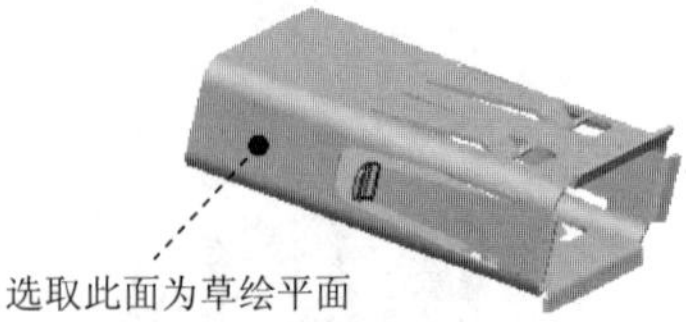

图 7.65　折弯特征 13

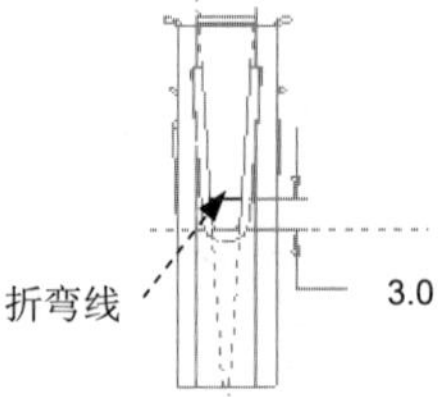

图 7.66　折弯线

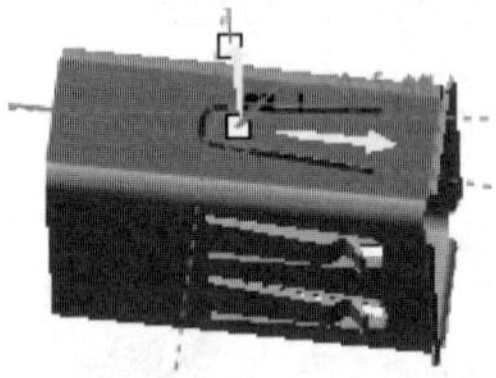

图 7.67　定义折弯侧和固定侧方向

（5）单击操控板中 按钮，完成折弯特征 13 的创建。

Step23. 创建图 7.68 所示的折弯特征 14。

（1）单击 模型 功能选项卡 折弯 ▾ 区域 折弯 ▾ 下的 折弯 按钮。

（2）选取折弯类型。在操控板中单击 按钮和 按钮（使其处于被按下的状态）。

（3）绘制折弯线。单击 折弯线 选项卡，选取图 7.68 所示的模型表面为草绘平面，然后单击“折弯线”界面中的 草绘... 按钮，选取 FRONT 和 TOP 基准平面为参考平面，再单击 关闭(C) 按钮，进入草绘环境，绘制图 7.69 所示的折弯线。

（4）定义折弯属性。单击 止裂槽 选项卡，在系统弹出界面中的 类型 下拉列表框中选择 无止裂槽 选项，在 后的文本框中输入折弯角度值 45.0，在 后的文本框中输入折弯半径值 1.0，折弯半径所在侧为 ；固定侧方向与折弯侧方向如图 7.70 所示。

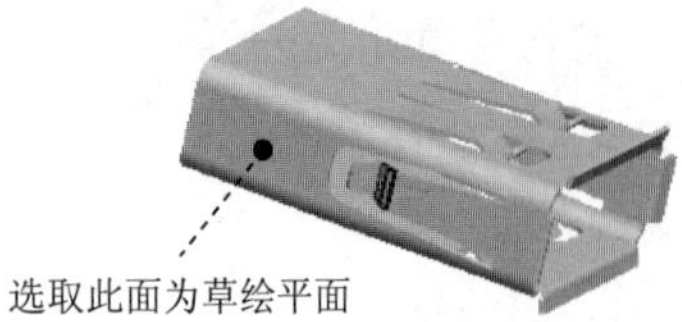

图 7.68　折弯特征 14

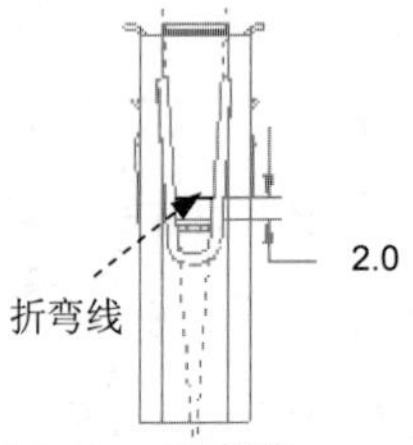

图 7.69　折弯线

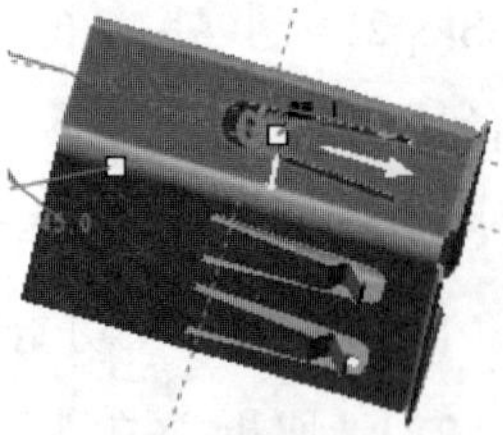

图 7.70　定义折弯侧和固定侧方向

（5）单击操控板中✔按钮，完成折弯特征 14 的创建。

Step24. 创建图 7.71 所示的折弯特征 15。

（1）单击 模型 功能选项卡 折弯 ▾ 区域 折弯 ▾ 下的 折弯 按钮。

（2）选取折弯类型。在操控板中单击按钮和按钮（使其处于被按下的状态）。

（3）绘制折弯线。单击 折弯线 选项卡，选取图 7.71 所示的模型表面为草绘平面，然后单击“折弯线”界面中的 草绘... 按钮，选取 FRONT 和 TOP 基准平面为参考平面，方向为 上；再单击 关闭(C) 按钮，进入草绘环境，绘制图 7.72 所示的折弯线。

（4）定义折弯属性。单击 止裂槽 选项卡，在系统弹出界面中的 类型 下拉列表框中选择 无止裂槽 选项，在后的文本框中输入折弯角度值 3.0，单击角度文本框后面的按钮更改折弯方向，在后的文本框中输入折弯半径值 10.0，折弯半径所在侧为；固定侧方向与折弯侧方向如图 7.73 所示。

（5）单击操控板中✔按钮，完成折弯特征 15 的创建。

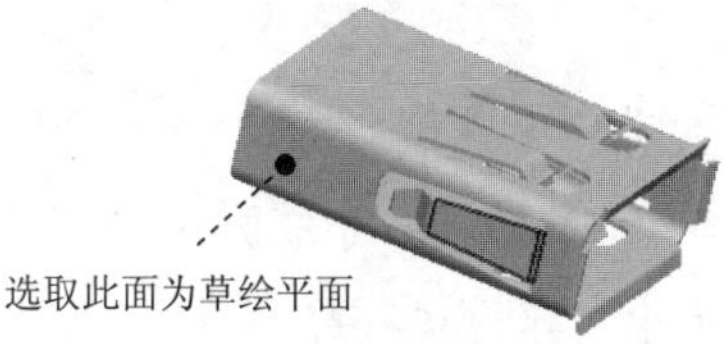

图 7.71 折弯特征 15

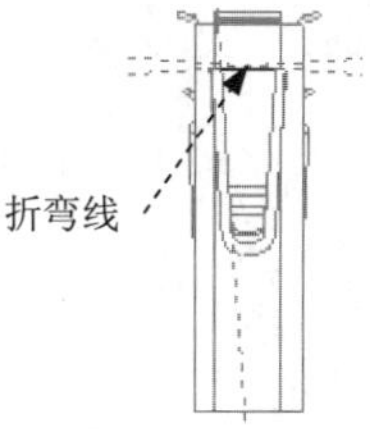

图 7.72 折弯线

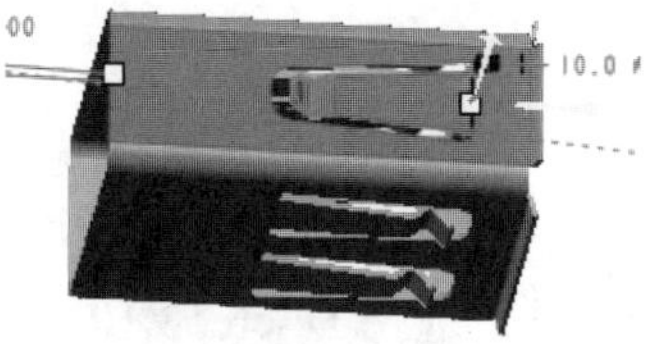

图 7.73 定义折弯侧和固定侧方向

Step25. 将钣金件翻转 180° 到图 7.74 所示的方位，创建图 7.74 所示的折弯特征 16。折弯线如图 7.75 所示，折弯侧与固定侧如图 7.76 所示。具体操作步骤及有关参数参见 Step22。

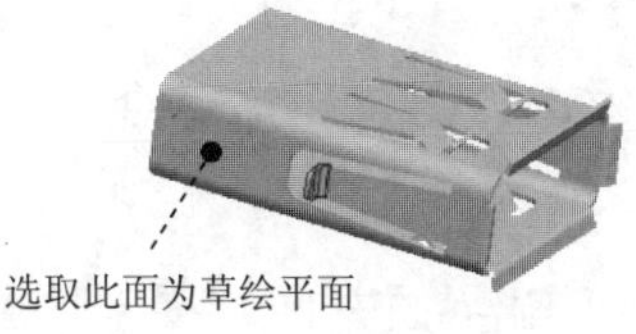

图 7.74 折弯特征 16

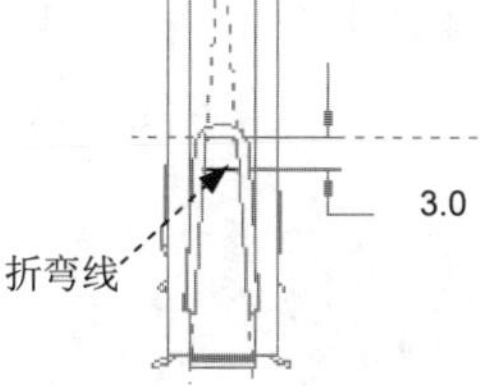

图 7.75 折弯线

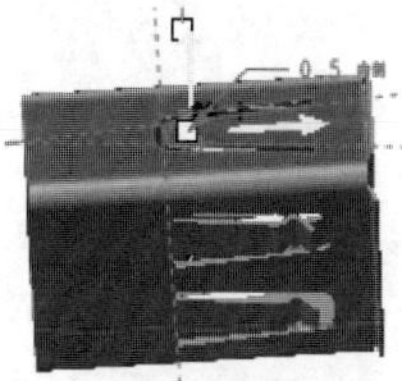

图 7.76 定义折弯侧和固定侧方向

Step26. 创建图 7.77 所示的折弯特征 17。折弯线如图 7.78 所示，折弯侧方向与固定侧方向如图 7.79 所示。具体操作步骤及有关参数参见 Step22。

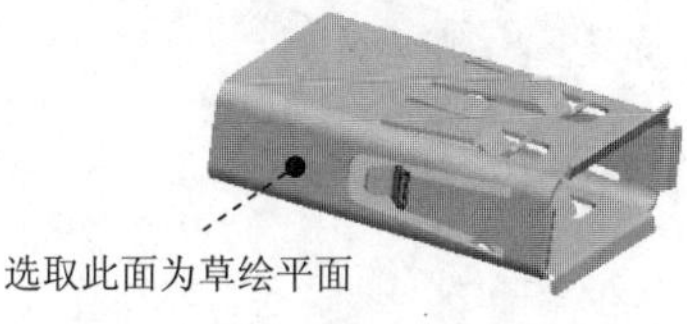

图 7.77 折弯特征 17

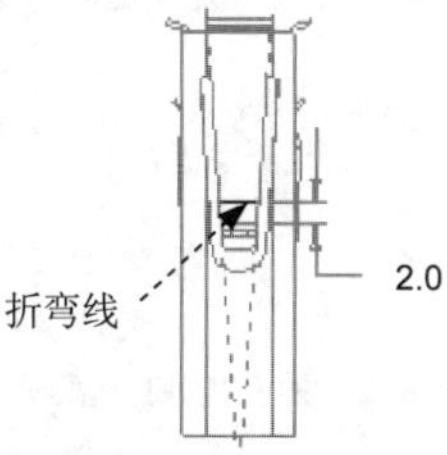

图 7.78 折弯线

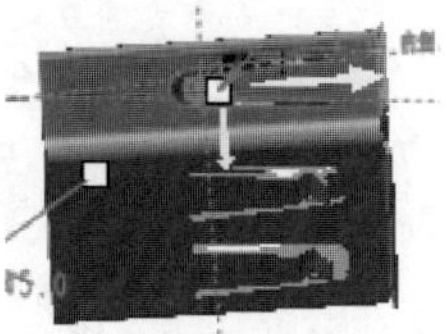

图 7.79 定义折弯侧和固定侧方向

Step27. 创建图 7.80 所示的折弯特征 18。折弯线如图 7.81 所示，折弯侧方向与固定侧方向如图 7.82 所示。具体操作步骤及有关参数参见 Step22。

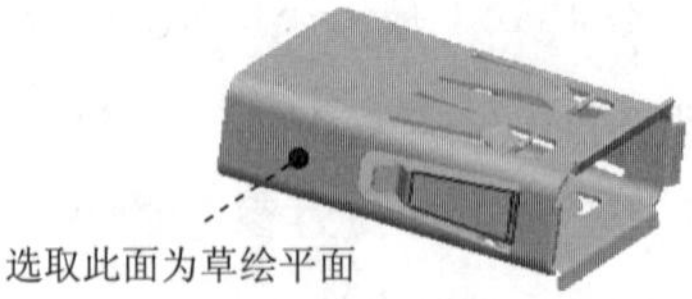

图 7.80　折弯特征 18

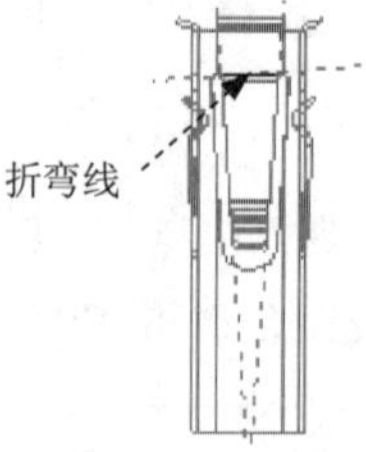

图 7.81　折弯线

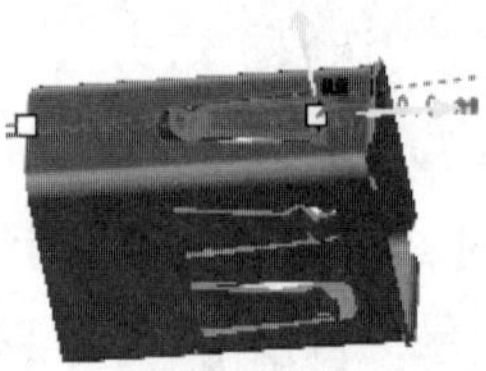

图 7.82　定义折弯侧和固定侧方向

Step28. 创建图 7.83 所示的凸模成形特征 1。

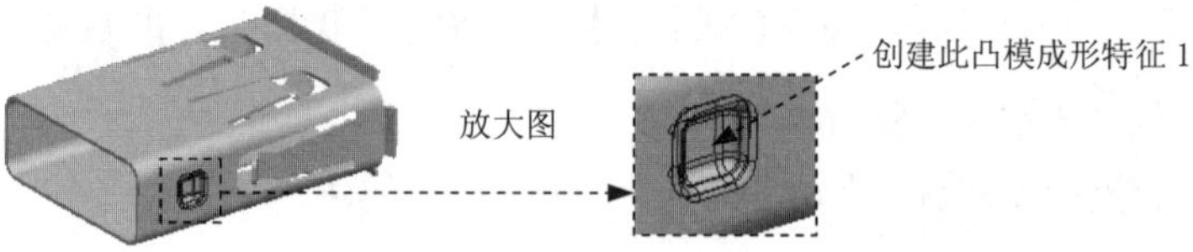

图 7.83　凸模成形特征 1

（1）选择命令。单击 模型 功能选项卡 工程 ▾ 区域 下的 凸模 按钮。

（2）选择模具文件。在系统弹出的“凸模”操控板中单击 按钮，系统弹出“打开”对话框，选择 D:\creo3.10\work\ch07 目录下的 sm_die1.prt 文件，并将其打开。

（3）定义成形模具的放置。

① 定义重合约束。单击操控板中的 放置 选项卡，在系统弹出界面中的 约束类型 下拉列表中选择约束类型为 重合，然后分别选取图 7.84 所示的重合面（图 7.84 所示的模具表面与钣金件的侧表面重合）。

② 定义重合约束。在 放置 选项卡中单击 ➔新建约束，在 约束类型 下拉列表中选择约束类型为 重合，然后分别选取图 7.84 所示的重合面（模具的 FRONT 基准平面与钣金件的 TOP 基准平面重合）。

③ 定义距离约束。单击操控板中的 放置 选项卡，在系统弹出界面中的 约束类型 下拉列表中选择约束类型为 距离，然后分别选取图 7.84 所示的约束面（图 7.84 所示的模具表面与钣金件的 FRONT 基准平面约束），并在 偏移 下的文本框中输入偏移距离值 13.0。

（4）在操控板中单击“完成”按钮 ✔，完成凸模成形特征 1 的创建。

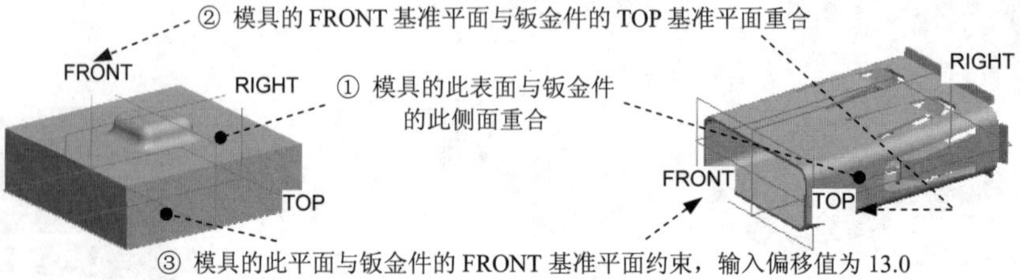

图 7.84　定义成形模具的放置

Step29. 将零件模型旋转 180°，在相对的一侧创建图 7.85 所示的凸模成形特征 2。

（1）选择命令。单击 模型 功能选项卡 工程 ▾ 区域 下的 凸模 按钮。

（2）选择模具文件。在系统弹出的“凸模”操控板中单击 按钮，系统弹出“打开”对话框，选择 D:\creo3.10\work\ch07 目录下的 sm_die1.prt 文件，并将其打开。

（3）定义成形模具的放置。

① 定义重合约束。单击操控板中的 放置 选项卡，在系统弹出界面中的 约束类型 下拉列表中选择约束类型为 重合，然后分别选取图 7.85 所示的重合面（图 7.85 所示的模具表面与钣金件的侧表面重合）。

② 定义重合约束。在 放置 选项卡中单击 ➜新建约束，在 约束类型 下拉列表中选择约束类型为 重合 ，然后分别选取图 7.85 所示的重合面（模具的 FRONT 基准平面与钣金件的 TOP 基准平面重合）。

③ 定义距离约束。在 放置 选项卡中单击 ➜新建约束，在 约束类型 下拉列表中选择约束类型为 距离，然后分别选取图 7.85 所示的约束面（图 7.85 所示的模具表面与钣金件的 FRONT 基准平面约束）并在 偏移 下的文本框中输入偏移距离值 13.0。

（4）在操控板中单击“完成”按钮，完成凸模成形特征 2 的创建。

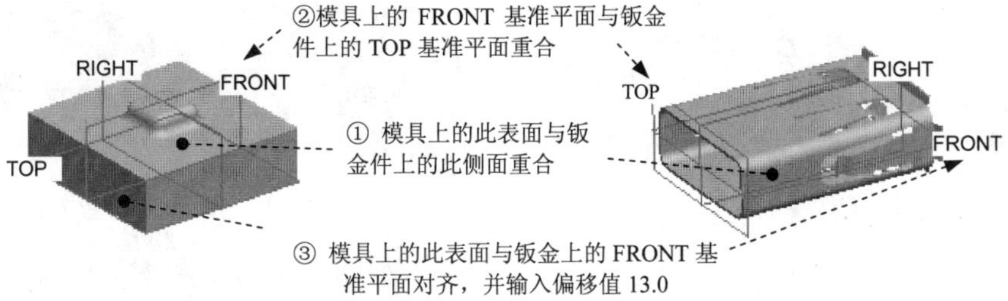

图 7.85　定义成形模具的放置

Step30. 创建图 7.86 所示的钣金拉伸切削特征 3。在操控板中单击 拉伸 按钮，确认 按钮、 按钮和 按钮被按下；选取图 7.86 所示的钣金表面为草绘平面；采用默认平面为参考平面，方向为 下；单击 草绘 按钮，选择 FRONT 基准平面为草绘参照，绘制图 7.87 所示的截面草图；在操控板中定义拉伸类型为 ，并在其后的文本框中输入数值 5.0；选择材料移除的方向类型为 。单击 按钮，完成拉伸切削特征 3 的创建。

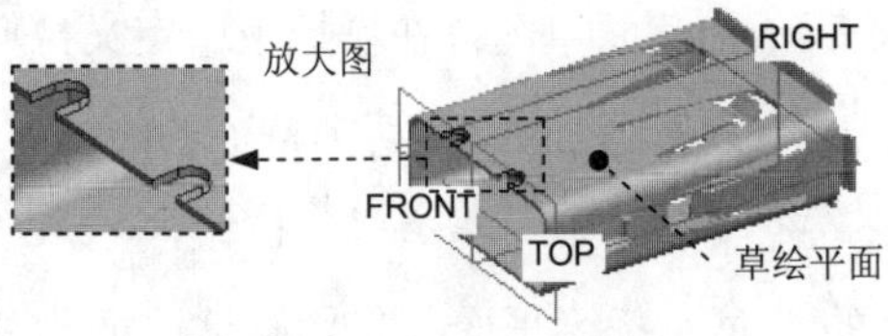

图 7.86　拉伸切削特征 3

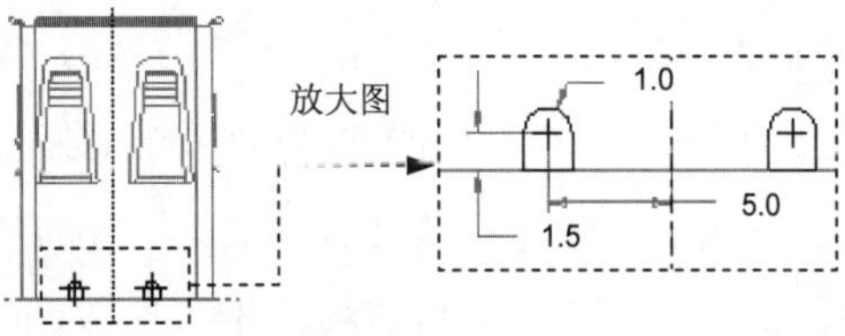

图 7.87　截面草图

Step31. 创建图 7.88 所示的钣金拉伸切削特征 4。在操控板中单击 拉伸 按钮，确认按钮、按钮和按钮被按下；选取 FRONT 基准平面为草绘平面，RIGHT 基准平面为参考平面，方向为 下；单击 草绘 按钮，绘制图 7.89 所示的截面草图，在操控板中定义拉伸类型为，并在其后的文本框中输入数值 3.5；选择材料移除的方向类型为。单击按钮，完成拉伸切削特征 4 的创建。

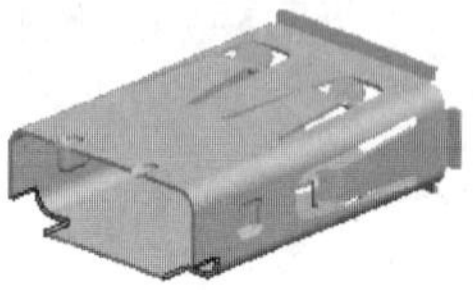

图 7.88　拉伸切削特征 4

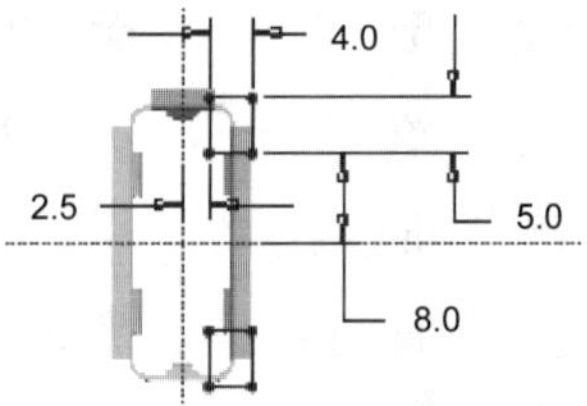

图 7.89　截面草图

Step32. 创建图 7.90 所示的平整特征 5。

（1）单击 模型 功能选项卡 形状 ▾ 区域中的“平整”按钮。

（2）选取附着边。在系统◆选择一个边连到壁上.的提示下，选取图 7.91 所示的模型边线为附着边。

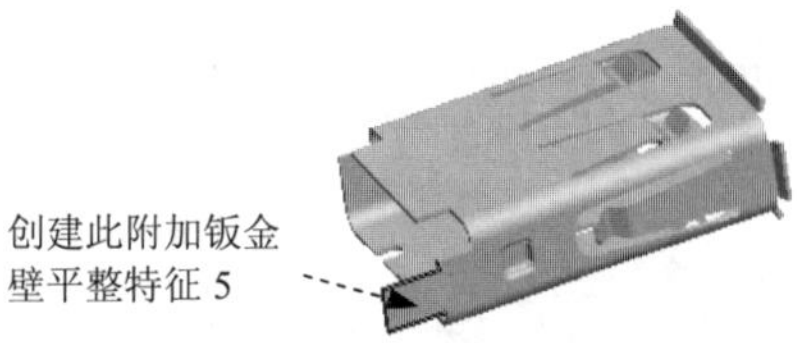

图 7.90　平整特征 5

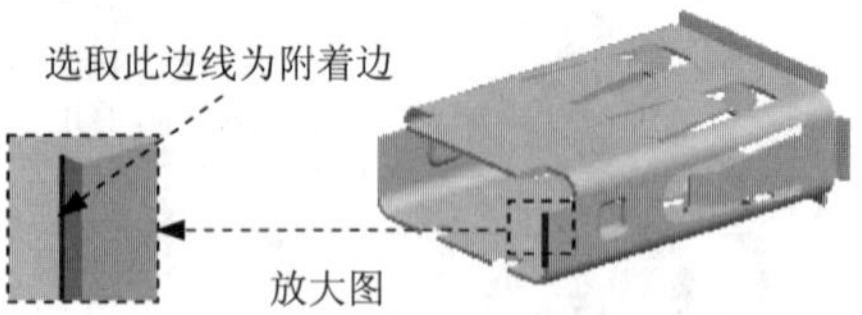

图 7.91　定义附着边

（3）定义钣金壁的形状。

① 在操控板中选择形状类型为 用户定义；在图标后面的下拉列表中选择 平整 选项。

② 在操控板中单击 形状 选项卡，在系统弹出的界面中单击 草绘... 按钮，接受系统默认的草绘参照，方向为 上；选取图 7.92 中的两个顶点和边线为草绘参照；绘制图 7.92 所示的截面草图。

（4）在操控板中单击按钮，完成平整特征 5 的创建。

Step33. 创建图 7.93 所示的钣金拉伸切削特征 5。在操控板中单击 拉伸 按钮，确认按钮、按钮和按钮被按下；选取图 7.93 所示的平面为草绘平面；采用默认平面为参考平面，方向为 下；单击 草绘 按钮，绘制图 7.94 所示的截面草图；在操控板中定义拉伸类型为，并在其后的文本框中输入数值 13.0。单击按钮，完成拉伸切削特征 5 的创建。

Step34. 创建图 7.95 所示的钣金拉伸切削特征 6。在操控板中单击 拉伸 按钮，确认按钮、按钮和按钮被按下；选取图 7.95 所示的平面为草绘平面；采用默认平面为参考平面，方向为 下；单击 草绘 按钮，选取 RIGHT 基准平面和钣金上下边线为草绘参照；

绘制图 7.96 所示的截面草图；在操控板中定义拉伸类型为，并在其后的文本框中输入数值 4.0，单击按钮，并在其后的文本框中输入数值 0.2，单击按钮调整加厚方向为草图两侧；单击按钮，完成拉伸切削特征 6 的创建。

说明：该草图结构复杂，建议读者在绘制该草图时参照随书光盘中的视频录像。

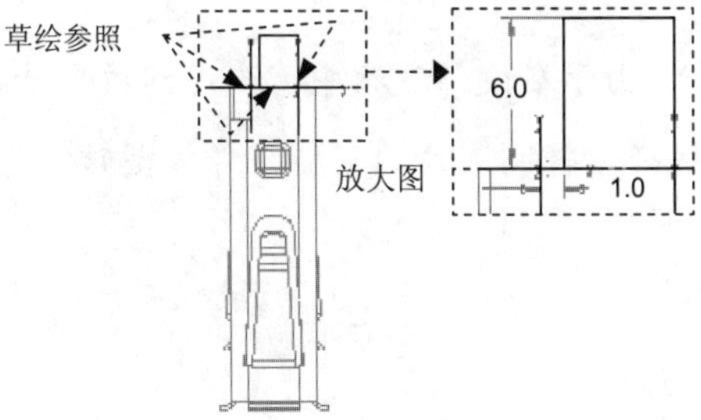

图 7.92　截面草图

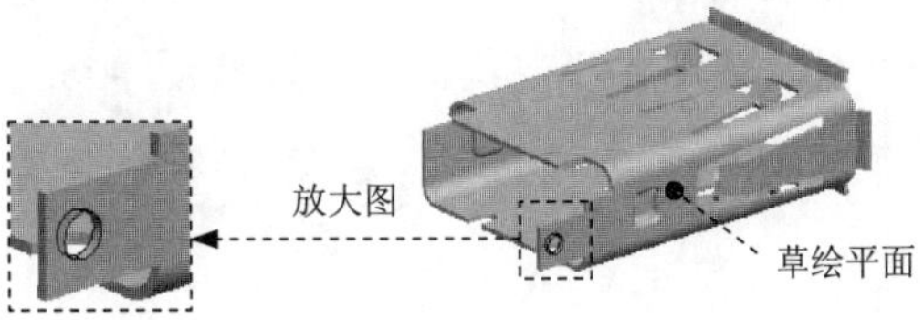

图 7.93　拉伸切削特征 5

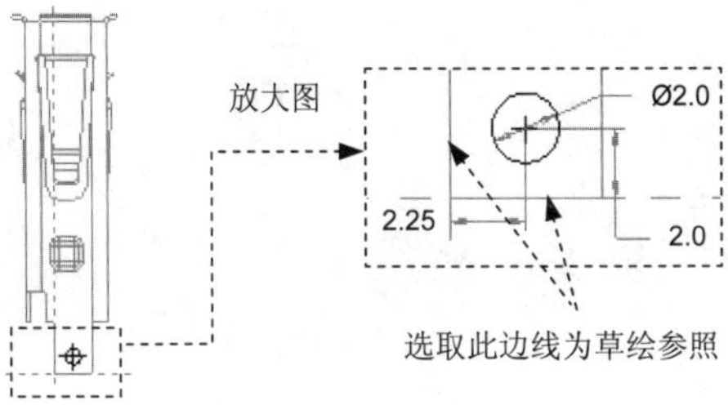

图 7.94　截面草图

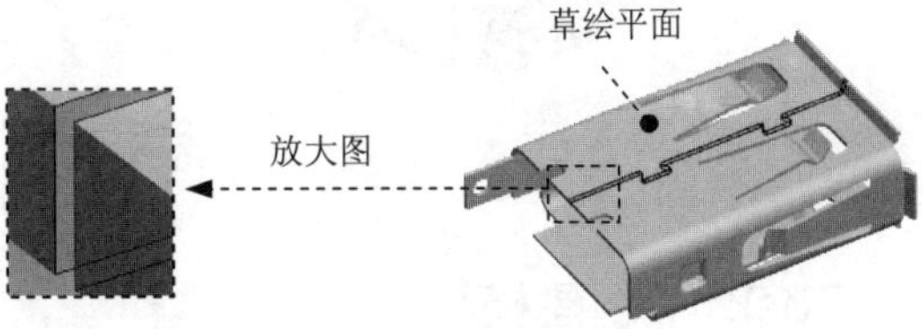

图 7.95　拉伸切削特征 6

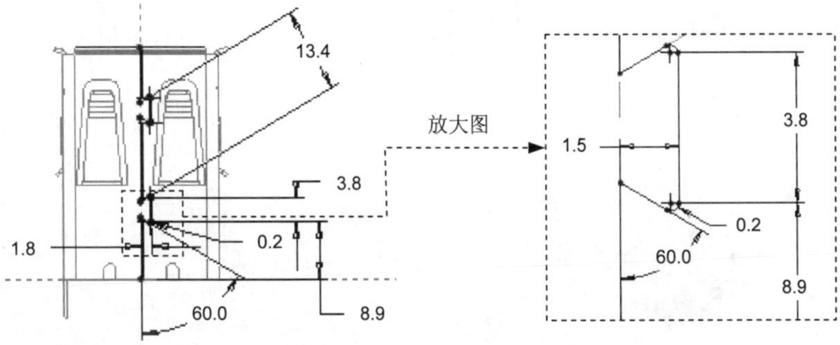

图 7.96　截面草图

Step35. 保存零件模型文件。

实例 8 打火机防风盖

实例概述：

本实例介绍了一个常见的打火机防风盖的设计，由于在设计过程中需要用到成形特征，因而首先创建了一个模具特征，然后再新建钣金特征，将倒圆角的实体零件模型转换为钣金零件。该零件模型及模型树如图 8.1 所示。

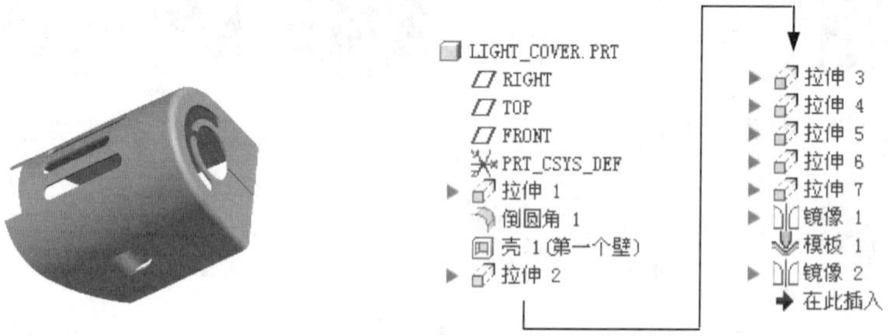

图 8.1 零件模型及模型树

Task1．创建模具

Die 模具用于创建模具成形特征，在该模具零件中，必须有一个基础平面作为边界面，下面介绍创建用于成形特征的模具，如图 8.2 所示。

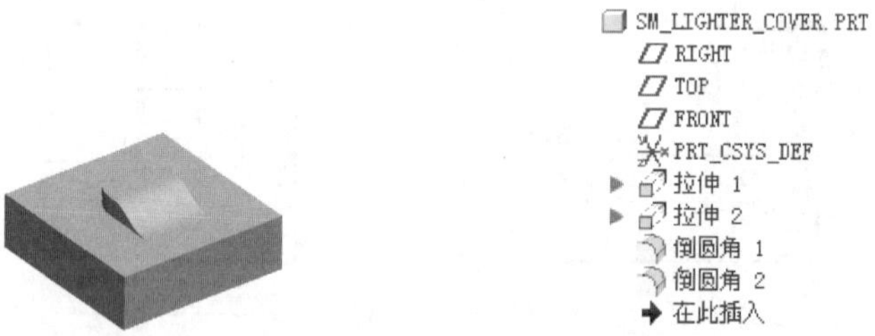

图 8.2 模具模型及模型树

Step1．新建一个实例零件模型，命名为 SM_LIGHTER_COVER。

Step2．创建图 8.3 所示的拉伸特征 1。在操控板中单击“拉伸”按钮。选取 FRONT 基准平面作为草绘平面，RIGHT 基准平面为参考平面，方向为右；单击草绘按钮，绘制图 8.4 所示的截面草图；在操控板中定义拉伸类型为，输入深度值 5.0，单击按钮，完成拉伸特征 1 的创建。

Step3．创建图 8.5 所示的拉伸特征 2。在操控板中单击“拉伸”按钮。选取 FRONT 基准平面作为草绘平面，RIGHT 基准平面为参考平面，方向为右；单击草绘按钮，绘制

图 8.6 所示的截面草图；在操控板中定义拉伸类型为，输入深度值 2.0，单击按钮，完成拉伸特征 2 的创建。

图 8.3 拉伸特征 1

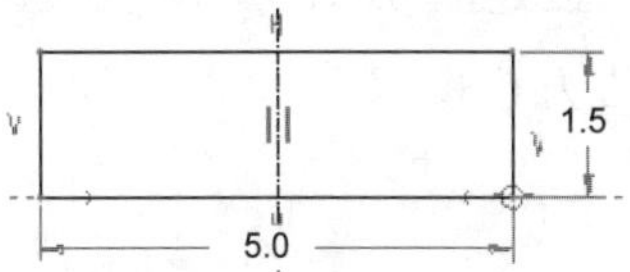

图 8.4 截面草图

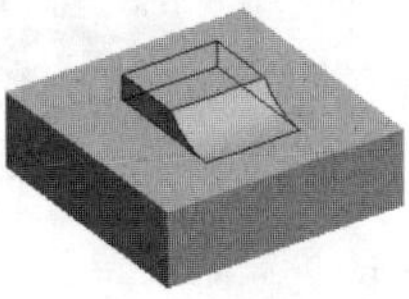

图 8.5 拉伸特征 2

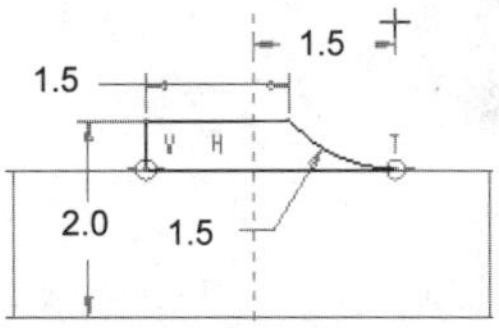

图 8.6 截面草图

Step4. 创建图 8.7b 所示的倒圆角特征 1。单击 模型 功能选项卡 工程 区域中的 倒圆角 按钮，按住 Ctrl 键，依次选取图 8.7a 所示的两条边线为倒圆角的边线；单击 集 按钮，在系统弹出的界面中单击 完全倒圆角 按钮。

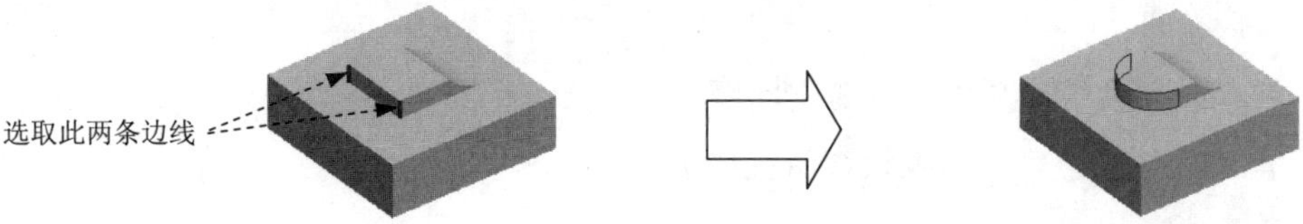

a）倒圆角前　　b）倒圆角后

图 8.7 倒圆角特征 1

Step5. 创建图 8.8b 所示的倒圆角特征 2。单击 模型 功能选项卡 工程 区域中的 倒圆角 按钮，选取图 8.8a 所示的边线为倒圆角的边线，圆角半径值为 1.0。

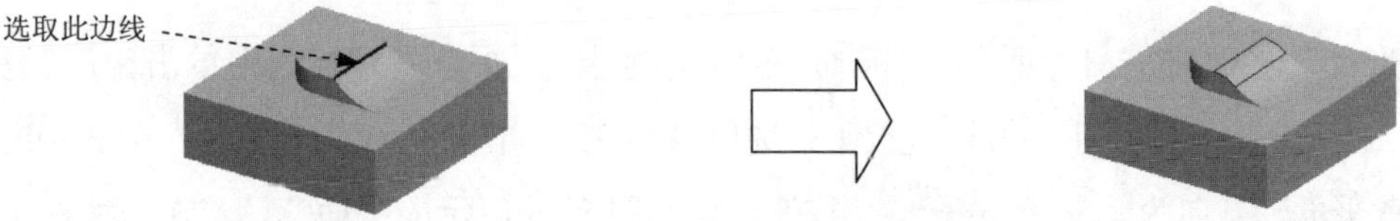

a）倒圆角前　　b）倒圆角后

图 8.8 倒圆角特征 2

Step6. 保存零件模型文件。

Task2. 创建主体零件模型

Step1. 新建一个实例零件模型，命名为 LIGHT_COVER。

Step2. 创建图 8.9 所示的拉伸特征 1。在操控板中单击“拉伸”按钮 拉伸。选取 TOP 基准平面为草绘平面，RIGHT 基准平面为参考平面，方向为 右；单击 草绘 按钮，绘制图

8.10 所示的截面草图；在操控板中定义拉伸类型为，输入深度值 15.0，单击按钮，完成拉伸特征 1 的创建。

Step3. 创建图 8.11b 所示的倒圆角特征 1。选取图 8.11a 所示的边线为倒圆角的边线，圆角半径值为 0.5。

图 8.9 拉伸特征 1

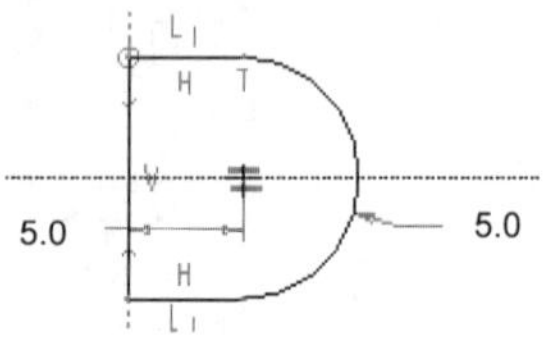

图 8.10 截面草图

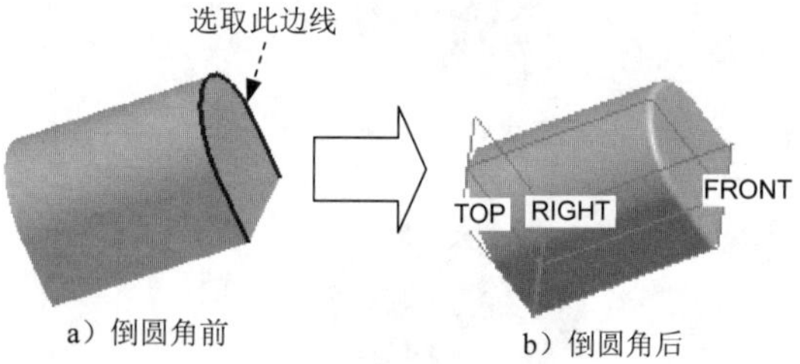

图 8.11 倒圆角特征 1

Step4. 将实体零件转换成第一钣金壁，如图 8.12 所示。

（1）选择下拉菜单 **模型** ➡ 操作 ▾ ➡ 转换为钣金件命令。

（2）在系统弹出的“第一壁”操控板中选择命令。

（3）在系统选择要从零件移除的曲面。的提示下，按住 Ctrl 键，依次选取图 8.13 所示的两个表面为壳体的移除面。

（4）输入钣金壁厚度值 0.2，并按回车键。

（5）单击按钮，完成转换钣金特征的创建。

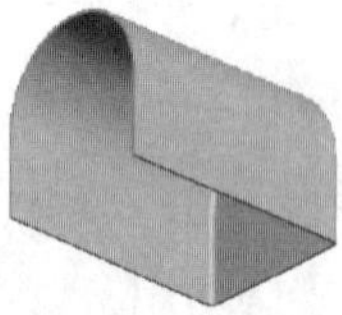

图 8.12 第一钣金壁

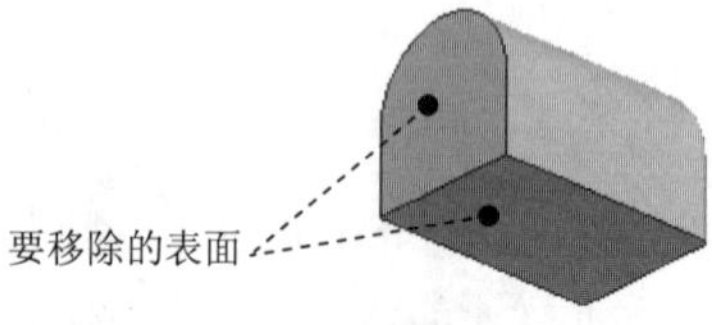

图 8.13 选取移除面

Step5. 创建图 8.14 所示的钣金拉伸切削特征 1。在操控板中单击拉伸按钮，确认按钮、按钮和按钮被按下；选取 RIGHT 基准平面为草绘平面，TOP 基准平面为参考平面，方向为上；单击草绘按钮，绘制图 8.15 所示的截面草图；在操控板中定义拉伸类型为，并单击其后的按钮，选择材料移除的方向类型为；单击按钮，完成拉伸切削特征 1 的创建。

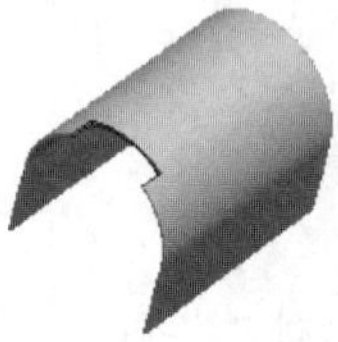

图 8.14 拉伸切削特征 1

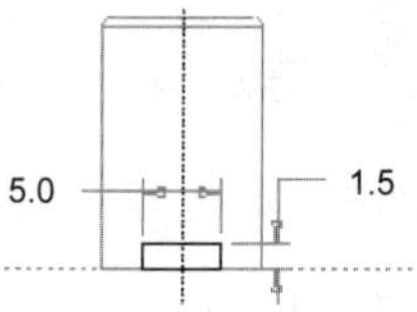

图 8.15 截面草图

Step6. 创建图 8.16 所示的钣金拉伸切削特征 2。在操控板中单击 拉伸 按钮，确认按钮、按钮和按钮被按下；选取图 8.16 所示的钣金面为草绘平面，RIGHT 基准平面为参考平面，方向为左；单击 草绘 按钮，绘制图 8.17 所示的截面草图；在操控板中定义拉伸类型为。单击按钮，完成拉伸切削特征 2 的创建。

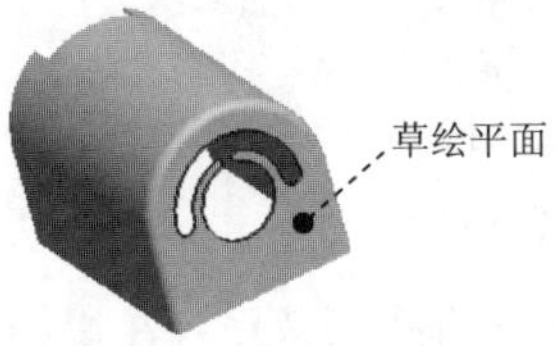

图 8.16 拉伸切削特征 2

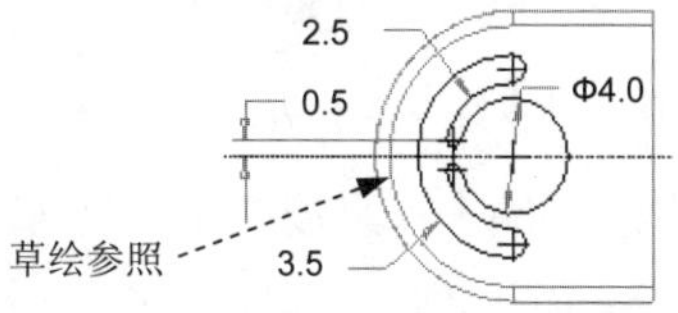

图 8.17 截面草图

Step7. 创建图 8.18 所示的钣金拉伸切削特征 3。在操控板中单击 拉伸 按钮，确认按钮、按钮和按钮被按下；选取图 8.18 所示的钣金面为草绘平面；选取 RIGHT 基准平面为参考平面，方向为左；单击 草绘 按钮，绘制图 8.19 所示的截面草图；在操控板中定义拉伸类型为，单击按钮，并在其后的文本框中输入数值 0.2，单击按钮调整加厚方向为草图两侧；单击按钮，完成拉伸切削特征 3 的创建。

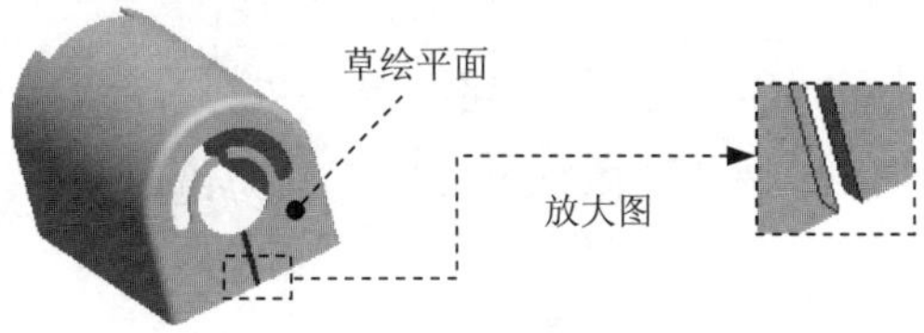

图 8.18 拉伸切削特征 3

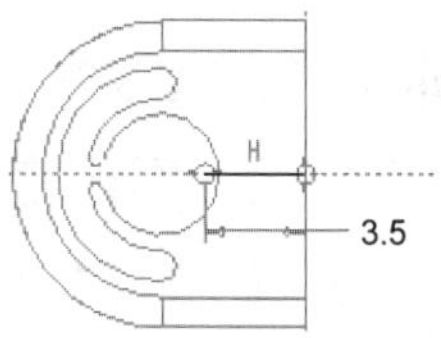

图 8.19 截面草图

Step8. 创建图 8.20 所示的钣金切削特征 4。在操控板中单击 拉伸 按钮，确认按钮、按钮和按钮被按下；选取 FRONT 基准平面为草绘平面，选取 RIGHT 基准平面为参考平面，方向为上；单击 草绘 按钮，绘制图 8.21 所示的截面草图；在操控板中定义拉伸类型为，输入深度值为 12.0；单击按钮，完成拉伸切削特征 4 的创建。

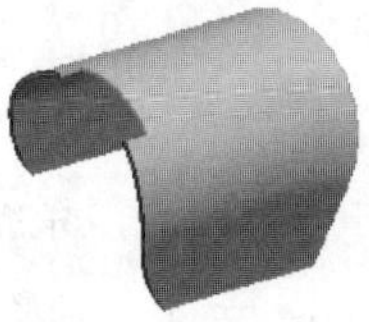

图 8.20 拉伸特征 4

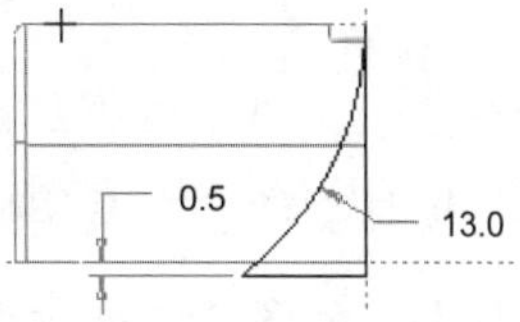

图 8.21 截面草图

Step9. 创建图 8.22 所示的钣金拉伸切削特征 5。在操控板中单击 拉伸 按钮，确认按钮、按钮和按钮被按下；选取 RIGHT 基准平面为草绘平面，TOP 基准平面为参考平面，方向为上；单击 草绘 按钮，绘制图 8.23 所示的截面草图；在操控板中定义拉伸类型为，并单击其后的按钮；单击按钮，完成拉伸切削特征 5 的创建。

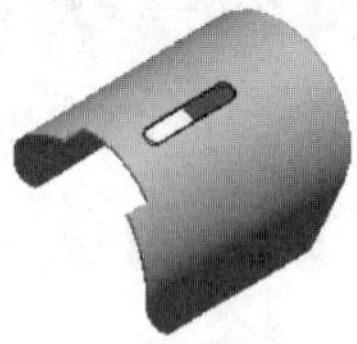

图 8.22　拉伸切削特征 5

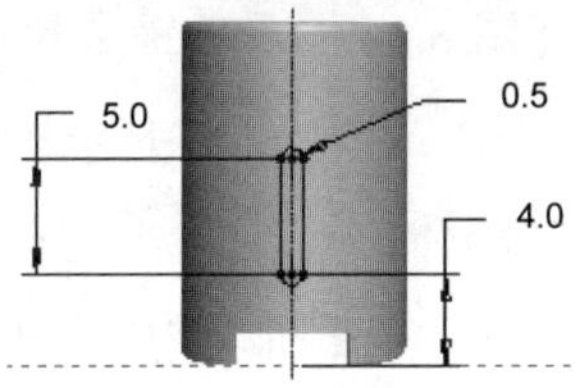

图 8.23　截面草图

Step10. 创建图 8.24 所示的钣金拉伸切削特征 6。在操控板中单击拉伸按钮，确认按钮、按钮和按钮被按下；选取 RIGHT 基准平面为草绘平面，选取 TOP 基准平面为参考平面，方向为上；单击草绘按钮，绘制图 8.21 所示的截面草图；在操控板中定义拉伸类型为，并单击其后的按钮；单击按钮，完成拉伸切削特征 6 的创建。

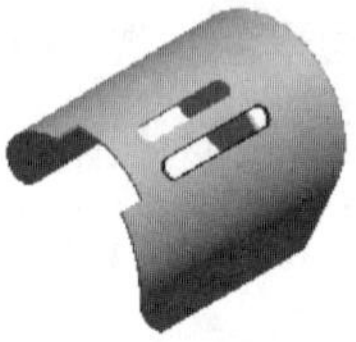

图 8.24　拉伸切削特征 6

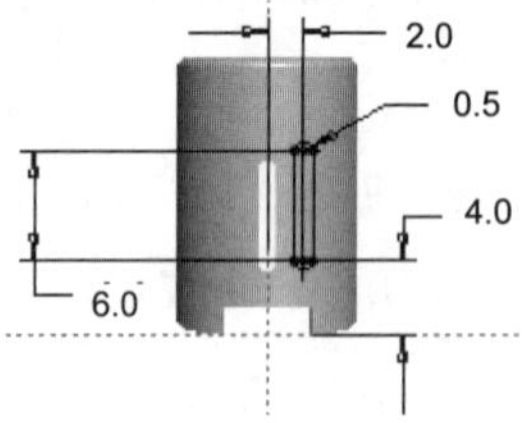

图 8.25　截面草图

Step11. 创建图 8.26 所示的镜像特征 1。选取上一步所创建的钣金切削特征 6 为镜像源，单击模型功能选项卡编辑下的镜像命令，选取 FRONT 基准平面为镜像平面。单击按钮，完成镜像特征 1 的创建。

Step12. 创建图 8.27 所示的凸模成形特征 1。

图 8.26　镜像特征 1

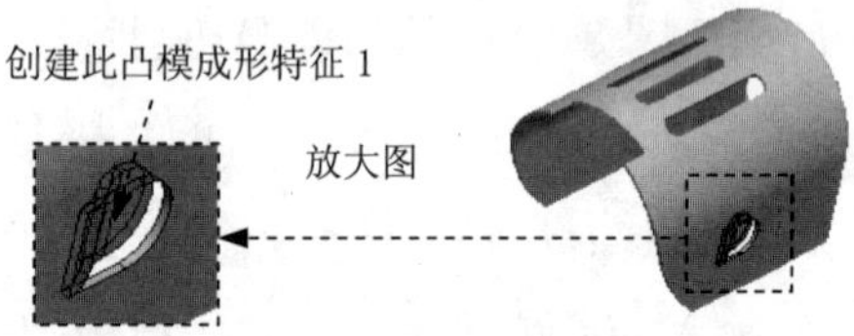

图 8.27　凸模成形特征 1

（1）选择命令。单击模型功能选项卡工程区域下的凸模按钮。

（2）选择模具文件。在系统弹出的“凸模”操控板中单击按钮，系统弹出“打开”对话框，选择 D:\creo3.10\work\ch08 目录下的 sm_ligjter_cover.prt 文件，并将其打开。

（3）定义成形模具的放置。

① 定义重合约束。单击操控板中的放置选项卡，在系统弹出界面中的约束类型下拉列表中选择约束类型为重合，然后分别选取图 8.28 所示的重合面（图 8.28 所示的模具表面与钣金件的面重合）。

② 定义距离约束。在放置选项卡中单击新建约束，在约束类型下拉列表中选择约束类

型为距离，然后分别选取图 8.28 所示的约束面（图 8.28 所示的模具 FRONT 基准平面与钣金件的 RIGHT 基准平面），并在 偏移 下的文本框中输入偏移距离值 3.0。

③ 定义距离约束。在 放置 选项卡中单击➡新建约束，在 约束类型 下拉列表中选择约束类型为距离，然后分别选取图 8.28 所示的约束面（图 8.28 所示的模具 RIGHT 基准平面与钣金件的 TOP 基准平面），并在 偏移 下的文本框中输入偏移距离值 7.0。此时在 放置 选项卡中显示为 完全约束。

（4）定义排除面。单击 选项 选项卡并单击 排除冲孔模型曲面 下的空白区域，然后按住 Ctrl 键，选取图 8.29 所示的三个表面为排除面。

（5）在操控板中单击“完成”按钮✔，完成凸模成形特征 1 的创建。

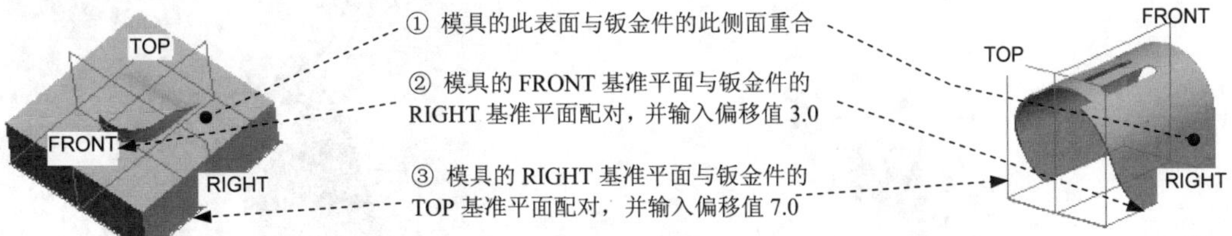

图 8.28 定义成形模具的放置

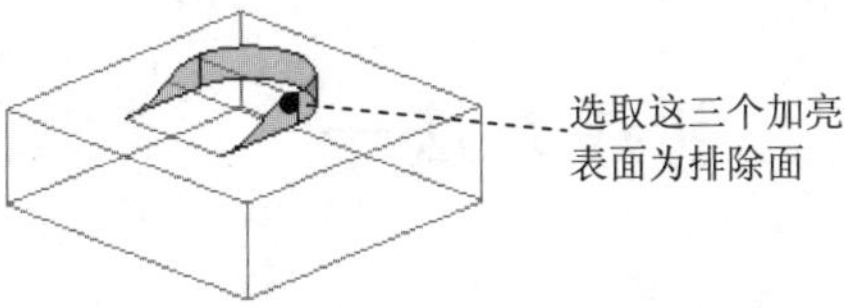

图 8.29 选取排除面

Step13. 创建图 8.30 所示的镜像特征 2。选取上一步所创建的凸模成形特征 1 为镜像源，单击 模型 功能选项卡 编辑▾ 下的镜像命令，选取 FRONT 基准平面为镜像平面。单击✔按钮，完成镜像特征 2 的创建。

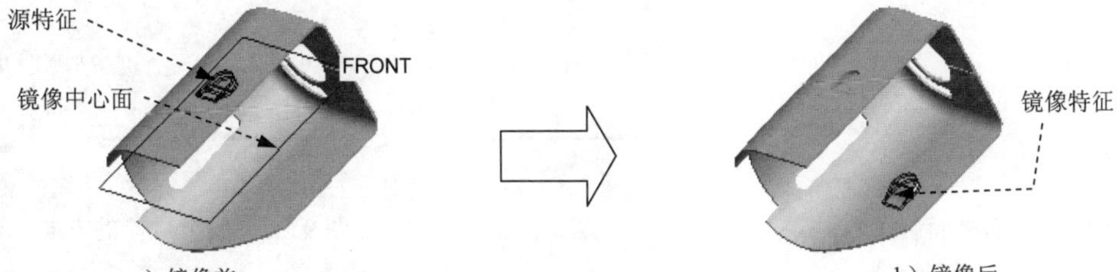

a）镜像前　　b）镜像后

图 8.30 镜像特征 2

Step14. 保存零件模型文件。

实例 9　文　具　夹

实例概述：

本实例介绍的是常用的一种办公用品文具夹的创建过程。这里采用了两种不同的方法：第一种方法是从整体出发，运用拉伸钣金壁、钣金切削、钣金折弯等命令完成模型的创建；第二种方法是将夹子分成三部分分别创建，然后再进行合并，主要运用了平整钣金壁、钣金折弯、创建起连接作用的分离钣金壁、钣金壁合并等命令，零件模型如图 9.0.1 所示。

a）视图 1　　b）视图 2

图 9.0.1　零件模型

9.1　创建方法一

Step1. 新建一个钣金件模型，命名为 SHEETMETAL_CLIP1。

Step2. 创建图 9.1.1 所示的拉伸特征 1。在操控板中单击“拉伸”按钮，选取 FRONT 基准平面作为草绘平面，接受系统默认的参考平面和方向；绘制图 9.1.2 所示的截面草图，接受图 9.1.3 中的箭头方向为钣金加厚的方向。在操控板中定义拉伸类型为，输入深度值 30.0；在后面的文本框中输入厚度值 0.3。单击按钮，完成拉伸特征 1 的创建。

图 9.1.1　拉伸特征 1

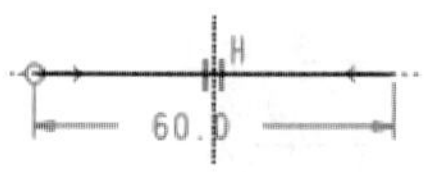

图 9.1.2　截面草图

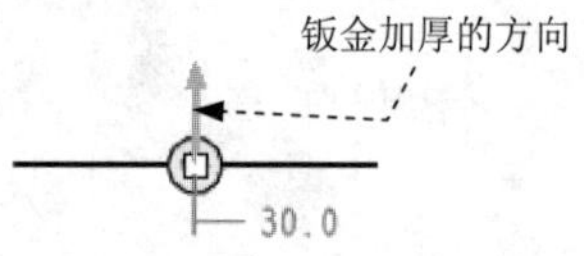

图 9.1.3　钣金加厚的方向

Step3. 创建图 9.1.4 所示的拉伸切削特征 1。在操控板中单击“拉伸”按钮，在操控板中确认按钮、按钮和按钮被按下；选取图 9.1.5 所示的薄板表面为草绘平面，FRONT 基准平面为参考平面，方向为左；单击草绘按钮，绘制图 9.1.6 所示的截面草图，在操控板中定义拉伸类型为，选择材料移除的方向类型为；单击按钮，完成拉伸切削特征 1 的创建。

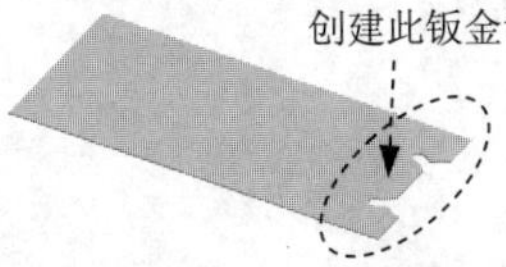

图 9.1.4 拉伸切削特征 1

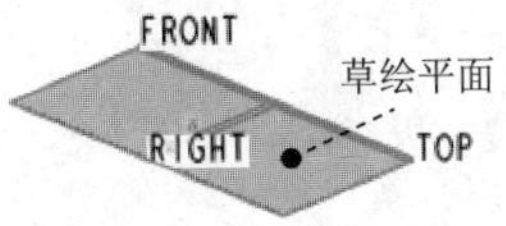

图 9.1.5 草绘平面

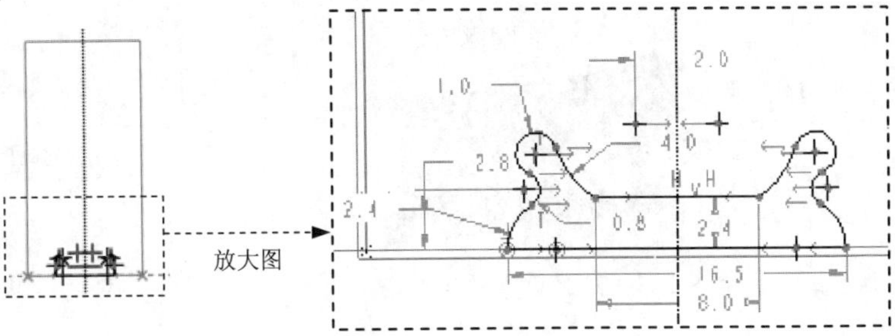

图 9.1.6 截面草图

Step4. 创建图 9.1.7 所示的镜像特征 1。在图形区选取 Step3 所创建的拉伸特征为镜像源，单击 模型 功能选项卡 编辑 ▼ 下的 镜像 命令，再选取 RIGHT 基准平面为镜像平面。单击 ✓ 按钮，完成镜像特征 1 的创建。

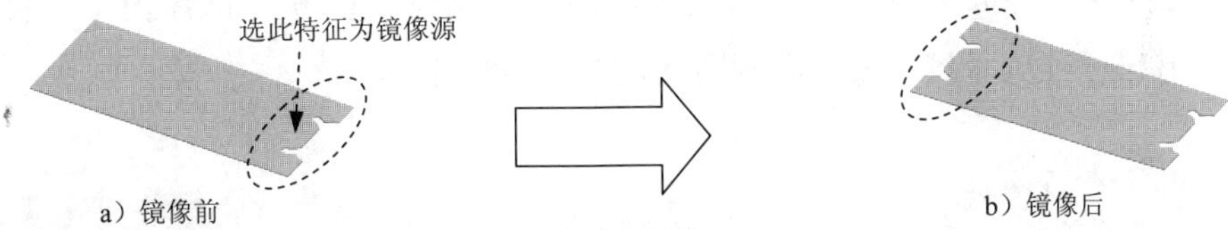

a）镜像前　　b）镜像后

图 9.1.7 镜像特征 1

Step5. 创建图 9.1.8 所示的折弯特征 1。

（1）单击 模型 功能选项卡 折弯 ▼ 区域 折弯 ▼ 下的 折弯 按钮，系统弹出“折弯”操控板。

（2）选取折弯类型。在操控板中单击 按钮和 按钮（使其处于被按下的状态）。

（3）绘制折弯线。单击 折弯线 按钮，选取图 9.1.9 所示的薄板表面为草绘平面；然后单击“折弯线”界面中的 草绘... 按钮，在系统弹出的“参考”对话框中，选取 FRONT 和 RIGHT 基准平面为参考平面，再单击 关闭(C) 按钮，绘制图 9.1.10 所示的折弯线。

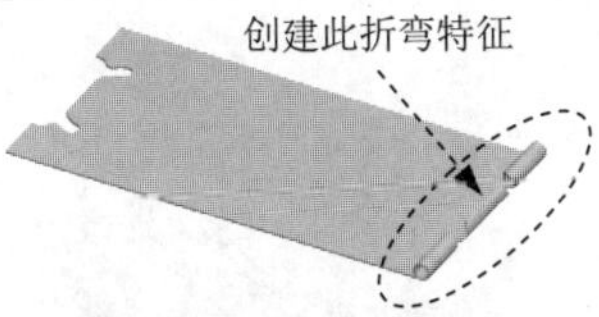

图 9.1.8 折弯特征 1

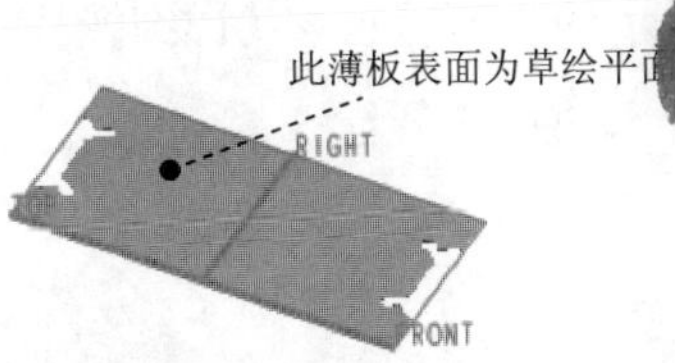

图 9.1.9 草绘平面

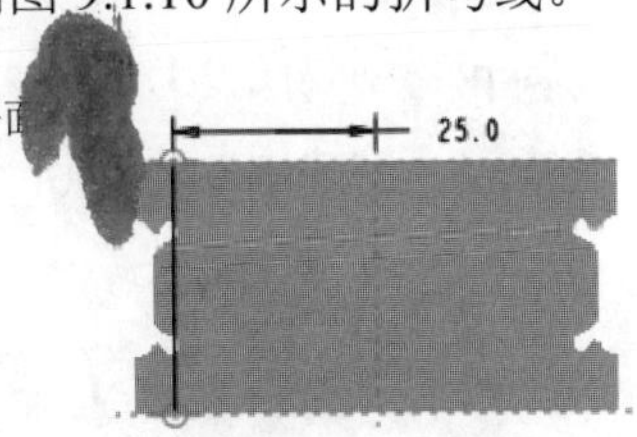

图 9.1.10 折弯线

（4）定义折弯属性。单击 止裂槽 按钮，在系统弹出界面中的 类型 下拉列表框中选择 无止裂槽 选项，在操控板中的 后的文本框中输入折弯半径值 0.8，折弯半径所在侧为 ；固定侧方向与折弯侧方向如图 9.1.11 所示。

（5）单击操控板中的 按钮，预览所创建的折弯特征，然后单击 ✓ 按钮，完成折弯特征 1 的创建。

Step6. 创建图 9.1.12 所示的折弯特征 2（详细操作步骤参见 Step5）。

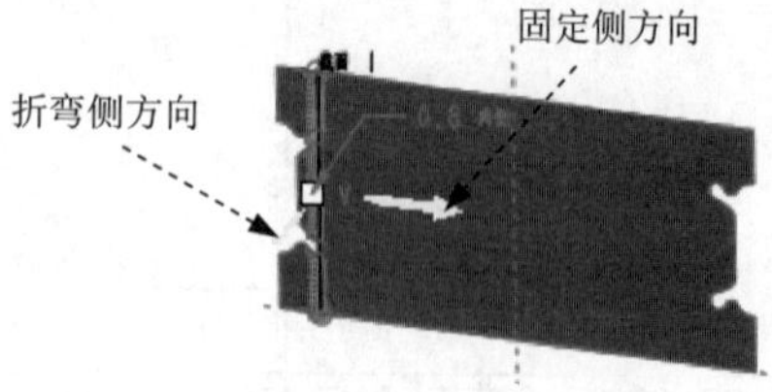

图 9.1.11　定义折弯侧和固定侧

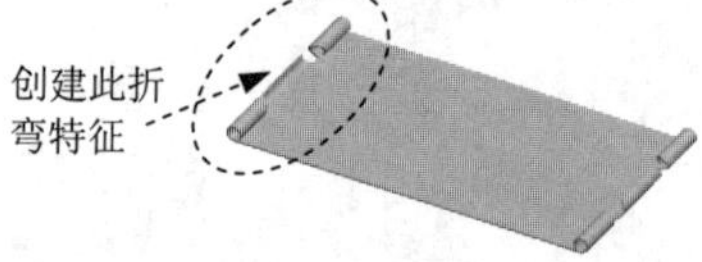

图 9.1.12　折弯特征 2

Step7. 创建图 9.1.13 所示的折弯特征 3。

（1）单击 模型 功能选项卡 折弯▼ 区域 折弯▼ 下的 折弯 按钮。

（2）选取折弯类型。在操控板中单击按钮和按钮（使其处于被按下的状态）。

（3）绘制折弯线。单击 折弯线 选项卡，选取图 9.1.14 所示的薄板表面为草绘平面，然后单击“折弯线”界面中的 草绘... 按钮，在系统弹出的“参考”对话框中，选取 FRONT 和 RIGHT 基准平面为草绘参考；绘制图 9.1.15 所示的折弯线。

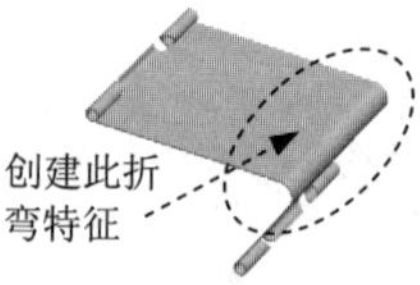

图 9.1.13　折弯特征 3

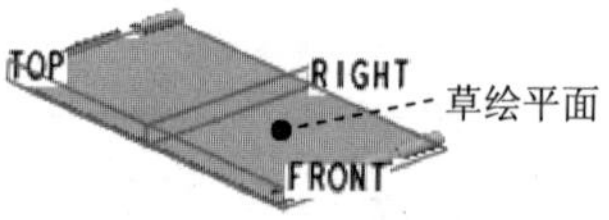

图 9.1.14　草绘平面

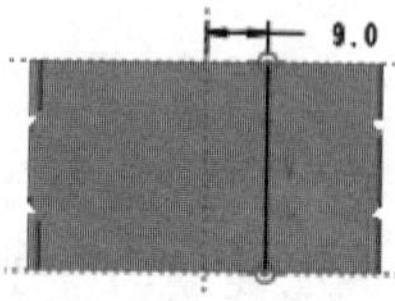

图 9.1.15　折弯线

（4）定义折弯属性。单击 止裂槽 选项卡，在系统弹出界面中的 类型 下拉列表框中选择 无止裂槽 选项，单击按钮更改固定侧，在操控板中的后文本框中输入折弯角度值 125，在后的文本框中输入折弯半径值 2，折弯半径所在侧为；固定侧方向与折弯侧方向如图 9.1.16 所示。

（5）在操控板中单击✓按钮，完成折弯特征 3 的创建。

Step8. 创建图 9.1.17 所示的折弯特征 4（详细操作步骤参见 Step7）。

Step9. 创建图 9.1.18 所示的折弯特征 5。

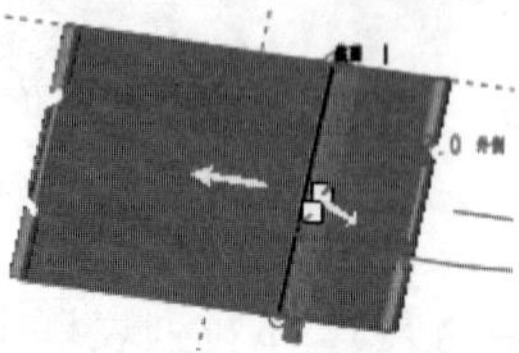

图 9.1.16　定义折弯侧和固定侧

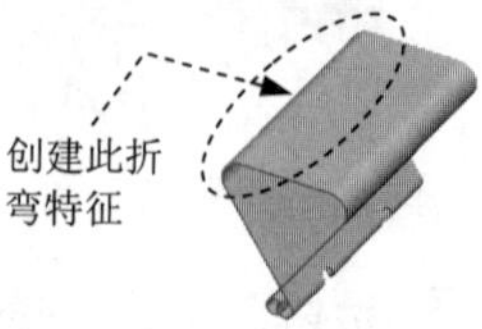

图 9.1.17　折弯特征 4

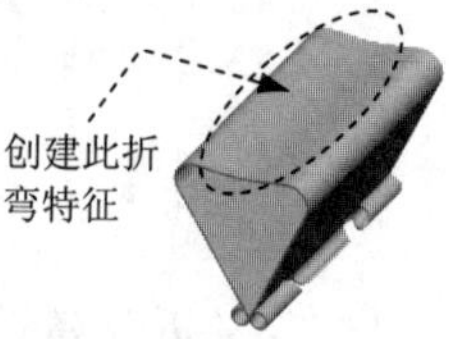

图 9.1.18　折弯特征 5

（1）单击 模型 功能选项卡 折弯▼ 区域 折弯▼ 下的 折弯 按钮。

（2）选取折弯类型。在操控板中单击按钮和按钮（使其处于被按下的状态）。

（3）绘制折弯线。单击 折弯线 选项卡，选取图 9.1.19 所示的薄板表面为草绘平面，单击“折弯线”界面中的 草绘... 按钮，进入草绘环境，选取 FRONT 基准平面为草绘参考；绘制图 9.1.20 所示的折弯线。

（4）定义折弯属性。单击 止裂槽 选项卡，在系统弹出的界面中的 类型 下拉列表框中选择 无止裂槽 选项，在操控板中的后文本框中输入折弯角度值 22.0，单击按钮更改折弯方向，在后的文本框中输入折弯半径值 20.0，折弯半径所在侧为。

（5）单击操控板中的按钮，预览所创建的折弯特征，然后单击按钮，完成折弯特征 5 的创建。

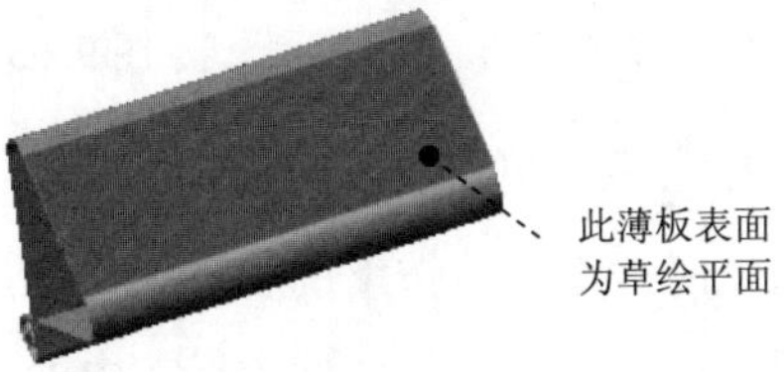

图 9.1.19 草绘平面

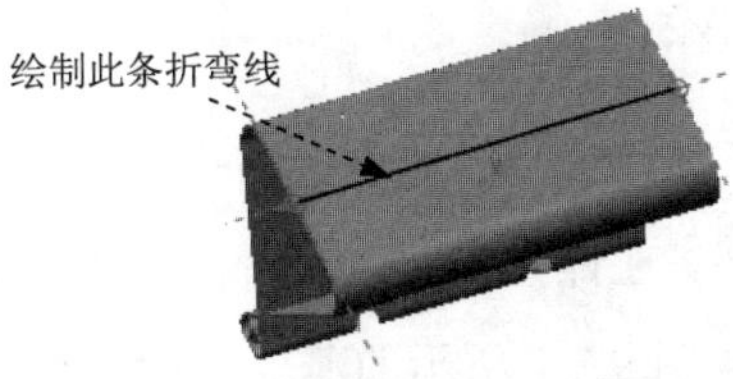

图 9.1.20 折弯线

Step10. 保存零件模型文件。

9.2 创建方法二

Step1. 新建一个钣金件模型，命名为 SHEETMETAL_CLIP2，选用 mmns_part_sheetmetal 模板。

Step2. 创建图 9.2.1 所示的平面特征 1。

（1）单击 模型 功能选项卡 形状 ▾ 区域中的“平面”按钮 平面。

（2）绘制截面草图。在图形区右击，从系统弹出的快捷菜单中选择 定义内部草绘... 命令；选取 FRONT 基准平面为草绘平面，RIGHT 基准平面为参考平面，方向为 右；单击 草绘 按钮，绘制图 9.2.2 所示截面草图。

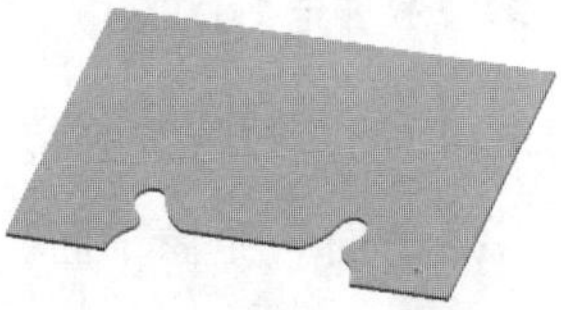
图 9.2.1 平面特征 1

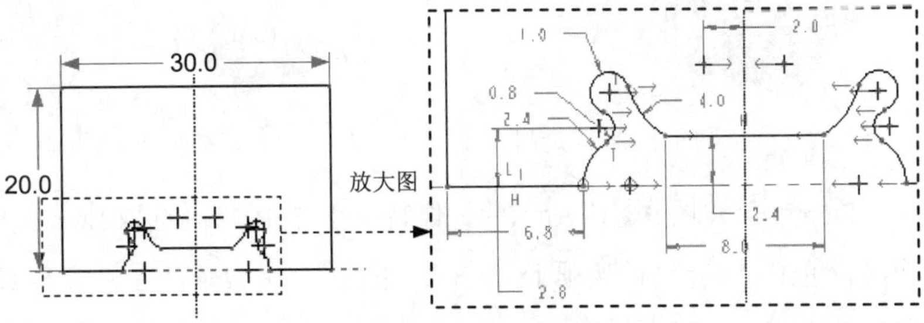

图 9.2.2 截面草图

（3）在操控板的钣金壁厚文本框中，输入钣金壁厚值 0.3，并按回车键。

（4）单击按钮，完成平面特征 1 的创建。

Step3. 创建图 9.2.3 所示的草图 1。在操控板中单击“草绘”按钮；选取图 9.2.4 所示的薄板表面为草绘平面，RIGHT 基准平面为参考平面，方向为上；单击草绘按钮，绘制图 9.2.5 所示的截面草图。

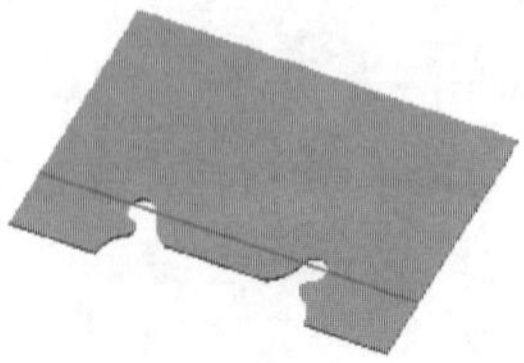
图 9.2.3 草图 1（建模环境中）

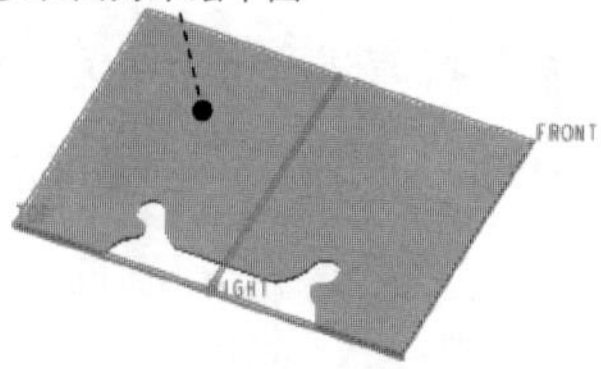

图 9.2.4 定义草绘平面

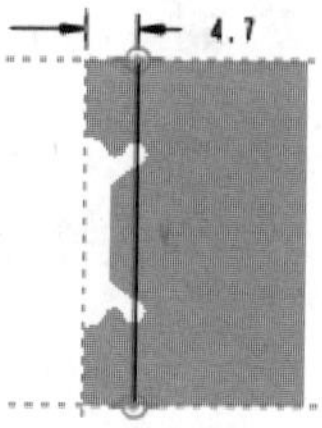

图 9.2.5 截面草图

Step4. 创建图 9.2.6 所示的折弯特征 1。单击模型功能选项卡折弯区域折弯下的折弯按钮，在操控板中单击按钮和按钮（使其处于被按下的状态）；单击折弯线选项卡，选取图 9.2.7 所示的薄板表面为草绘平面；然后单击“折弯线”界面中的草绘...按钮，绘制图 9.2.8 所示的折弯线；折弯侧方向如图 9.2.9 所示；在操控板中的后的文本框中输入折弯半径值 0.8，折弯半径所在侧为。单击按钮，完成折弯特征 1 的创建。

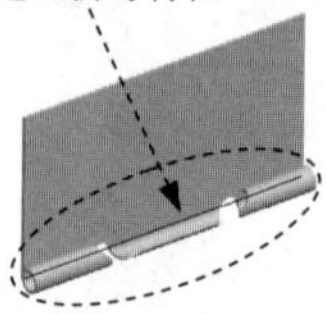

图 9.2.6 折弯 1

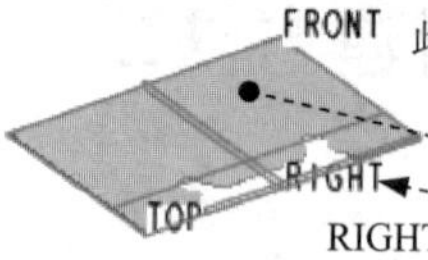

图 9.2.7 草绘平面

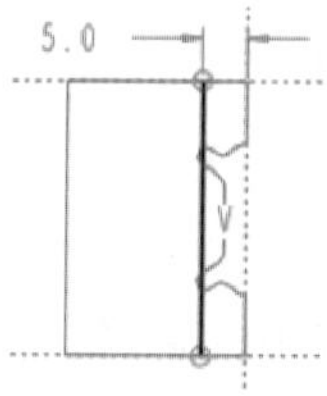

图 9.2.8 绘制折弯线

Step5. 创建图 9.2.10 所示的基准平面 1（DTM1）。单击模型功能选项卡基准区域中的“平面”按钮；选取图 9.2.11 所示的基准曲线 1 和模型表面为参考，再在对话框中输入角度值 30.0，单击确定按钮。

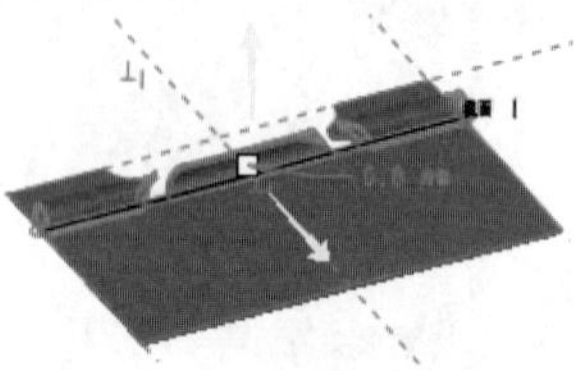
图 9.2.9 定义折弯侧和固定侧

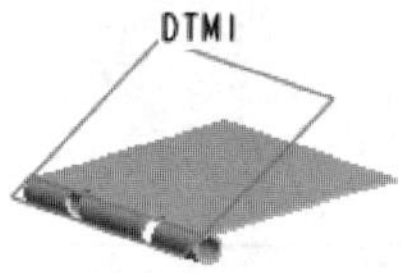

图 9.2.10 基准平面 1

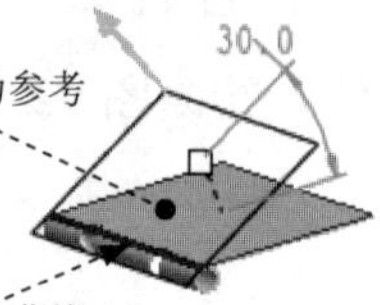

图 9.2.11 定义 DTM1

Step6. 创建图 9.2.12 所示的镜像特征 1。在图形区选取 Step2~ Step4 所创建的特征为镜像源，单击模型功能选项卡编辑下的镜像命令，选取 DTM1 基准平面为镜像平面。单击按钮，完成镜像特征 1 的创建。

Step7. 创建图 9.2.13 所示的分离钣金壁拉伸特征 1。

（1）在操控板中单击拉伸按钮，先确认按钮被按下，选取 RIGHT 基准平面为草绘平面，TOP 基准平面为参考平面，方向为左；单击草绘按钮，绘制图 9.2.14 所示的截面草图。

（2）定义拉伸属性。定义图 9.2.15 所示的方向为加厚方向，在操控板中选择拉伸类型为，输入深度值 30.0，并按回车键。

（3）在操控板中单击“完成”按钮，完成拉伸特征 1 的创建。

注意：该截面图形的绘制非常关键，如果该图形绘制得不合理，则创建后面的合并壁时会生成失败，所以在绘制时一定要注意（具体的操作方法可以参照本节的随书视频）。

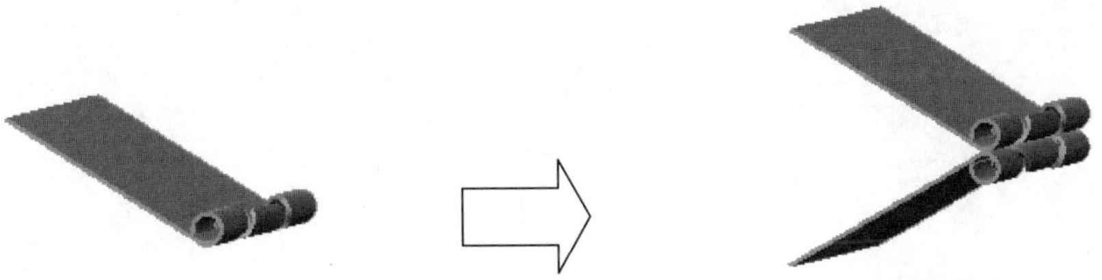
a）镜像前　　b）镜像后

图 9.2.12　镜像特征 1

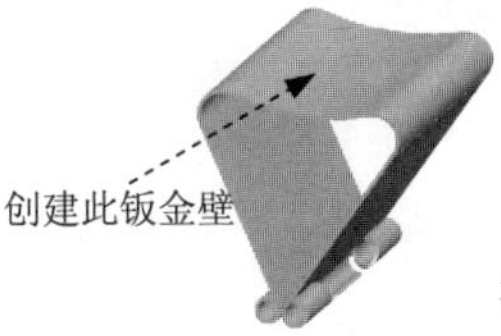

图 9.2.13　拉伸 1

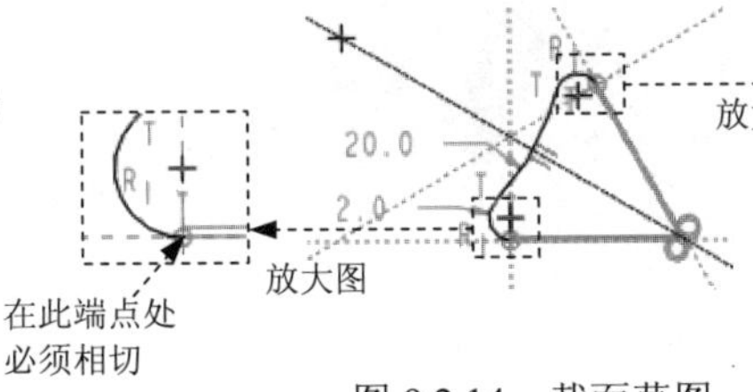

图 9.2.14　截面草图

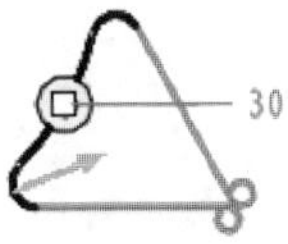

图 9.2.15　定义加厚方向

Step8. 创建图 9.2.16 所示的钣金展平特征 1。

（1）单击模型功能选项卡折弯区域中的“展平”按钮。

（2）定义固定面（边）。在系统选择要在展平时保持固定的曲面或边。的提示下，选取图 9.2.17 所示的表面为固定面。

（3）单击按钮，完成展平特征 1 的创建。

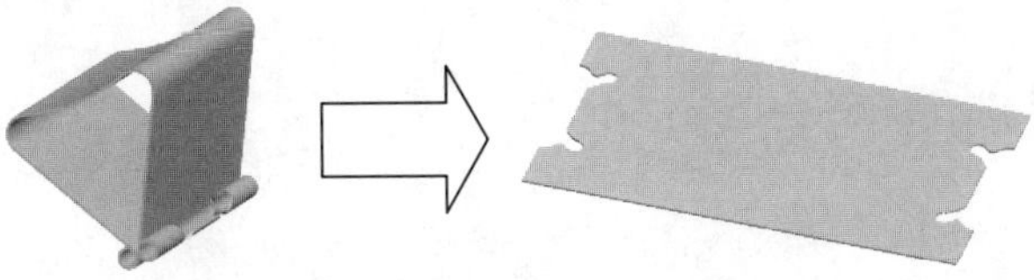
a）展平前　　b）展平后

图 9.2.16　展平特征 1

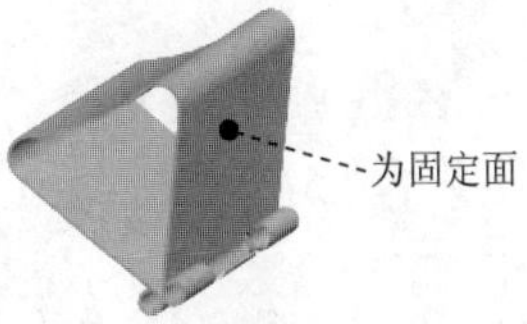

图 9.2.17　固定面

Step9. 创建图 9.2.18 所示的钣金折弯回去特征 1。单击模型功能选项卡折弯区域中的“折弯回去”按钮折弯回去，在“折回”操控板中单击按钮；然后单击按钮，完成折回特征 1 的创建。

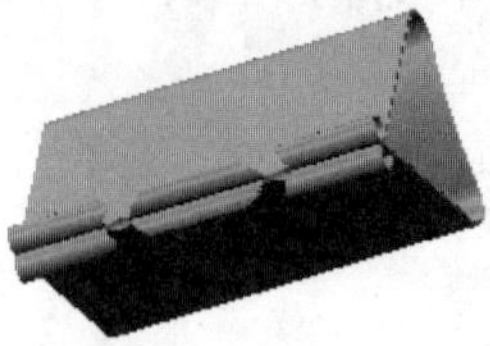

图 9.2.18　折回特征 1

Step10. 保存零件模型文件。

实例 10 手机 SIM 卡固定架

实例概述：

本实例介绍了手机 SIM 卡固定架的设计过程。本设计过程较为复杂，使用了平整、钣金切削和折弯等命令。读者在学习本实例时，需要注意特征的先后顺序，以及折弯命令中折弯线的绘制方法。本实例所使用的命令有一定代表性，尤其是折弯特征的创建思想更值得借鉴。该零件模型及模型树如图 10.1 所示。

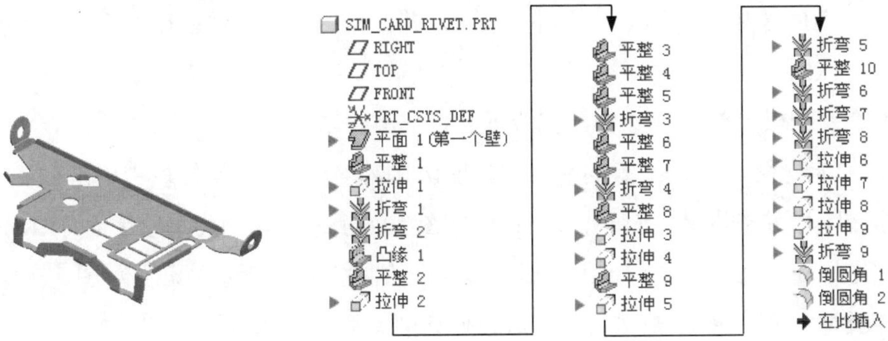

图 10.1 零件模型及模型树

Step1. 新建一个钣金件模型，命名为 SIM_CARD_RIVET。

Step2. 创建图 10.2 所示的钣金壁平面特征 1。

（1）单击 模型 功能选项卡 形状 ▾ 区域中的“平面”按钮 平面。

（2）绘制截面草图。在图形区右击，从系统弹出的快捷菜单中选择 定义内部草绘... 命令；选取 TOP 基准平面为草绘平面，RIGHT 基准平面为参考平面，方向为 右；单击 草绘 按钮，绘制图 10.3 所示的截面草图。

（3）在操控板的钣金壁厚文本框中输入钣金壁厚度值 0.2。

（4）在操控板中单击“完成”按钮 ✓，完成平面特征 1 的创建。

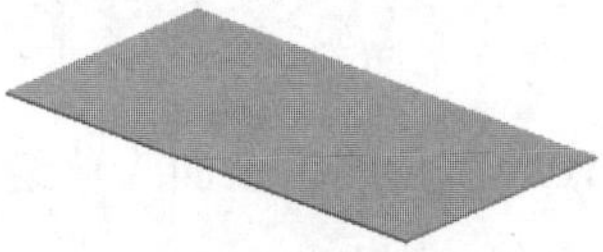

图 10.2 平面特征 1

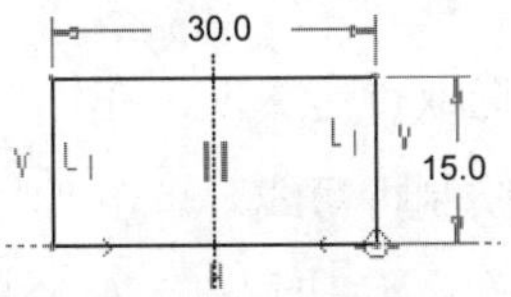

图 10.3 截面草图

Step3. 创建图 10.4 所示的附加钣金壁平整特征 1。

（1）单击 模型 功能选项卡 形状 ▾ 区域中的“平整”按钮。

（2）选取附着边。在系统 ➡选择一个边连到壁上. 的提示下，选取图 10.5 所示的模型边线为附着边。

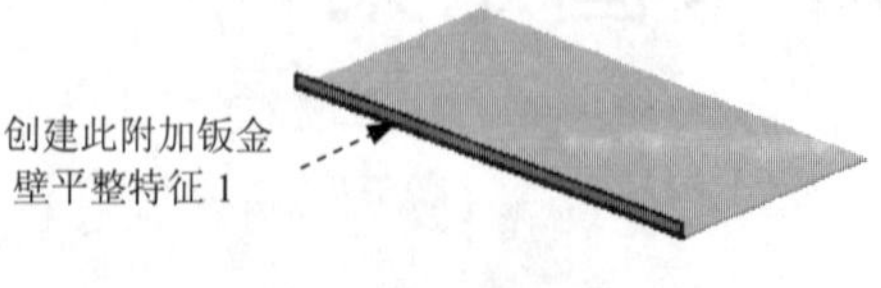

图 10.4　平整特征 1

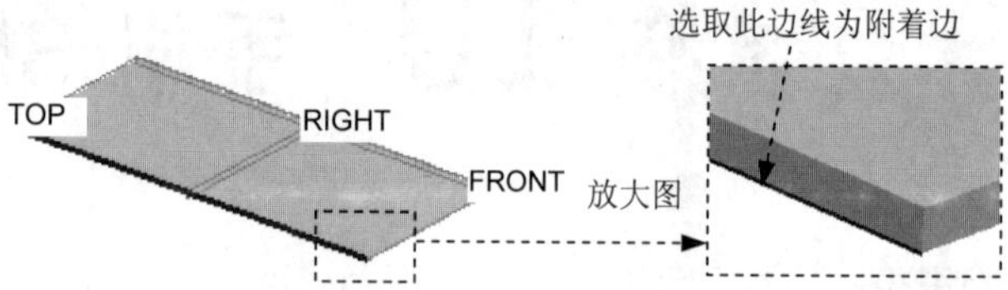

图 10.5　定义附着边

（3）定义钣金壁的形状。

① 在操控板中选择形状类型为矩形；在后的文本框中输入角度值 90.0。

② 单击形状选项卡，在系统弹出的界面中依次设置草图内的尺寸值为 0、1.0、0。

（4）定义折弯半径。确认按钮被按下，并在其后的文本框中输入折弯半径值 0.1，折弯半径所在侧为。

（5）在操控板中单击按钮，完成平整特征 1 的创建。

Step4. 创建图 10.6 所示的钣金拉伸切削特征 1。在操控板中单击拉伸按钮，确认按钮、按钮和按钮被按下；选取图 10.6 所示的平面为草绘平面，RIGHT 基准平面为参考平面，方向为右；单击草绘按钮，绘制图 10.7 所示的截面草图，在操控板中定义拉伸类型为。单击按钮，完成拉伸切削特征 1 的创建。

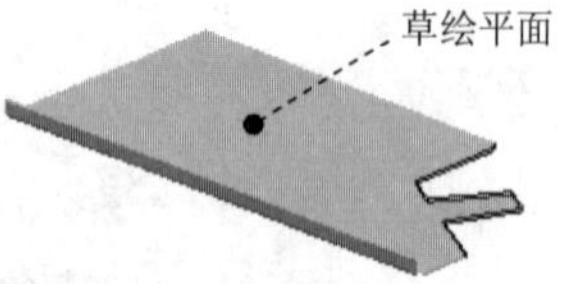

图 10.6　拉伸切削特征 1

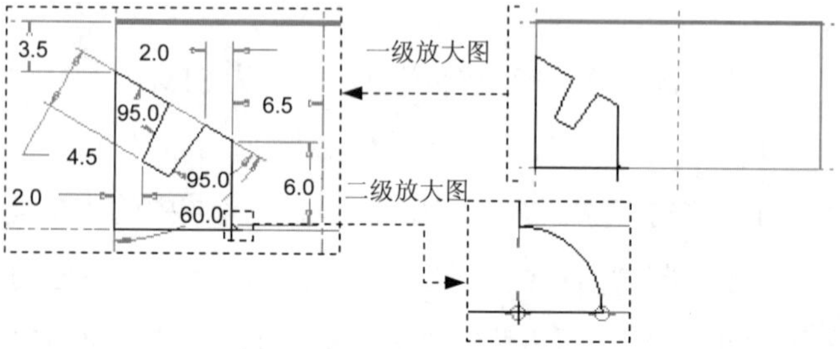

图 10.7　截面草图

Step5. 创建图 10.8 所示的折弯特征 1。

（1）单击模型功能选项卡折弯▾区域折弯▾下的折弯按钮，系统弹出“折弯”操控板。

（2）选取折弯类型。在操控板中单击按钮和按钮（使其处于被按下的状态）。

（3）绘制折弯线。单击折弯线选项卡，选取图 10.8 所示的钣金面为草绘平面，然后单击草绘...按钮，进入草绘环境，绘制图 10.9 所示的折弯线。

（4）定义折弯属性。单击止裂槽选项卡，在系统弹出界面中的类型下拉列表框中选择无止裂槽选项；单击按钮更改固定侧，在后的文本框中输入折弯角度值 5.0，并单击其后的按钮更改折弯方向，在后的文本框中输入折弯半径值 0.2，折弯半径所在侧为；固定侧与折弯侧方向如图 10.10 所示。

（5）单击操控板中按钮，完成折弯特征 1 的创建。

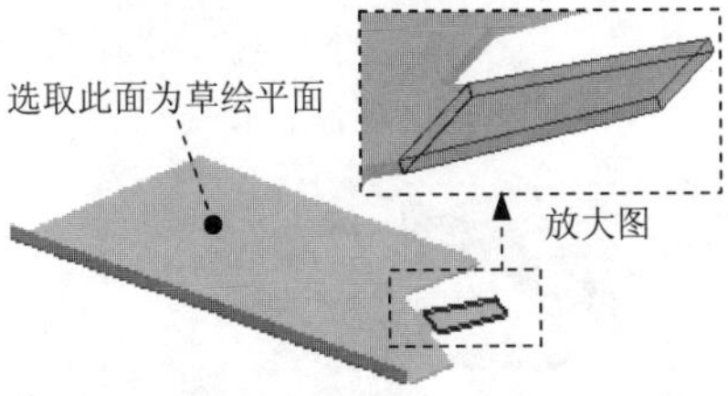

图 10.8 折弯特征 1

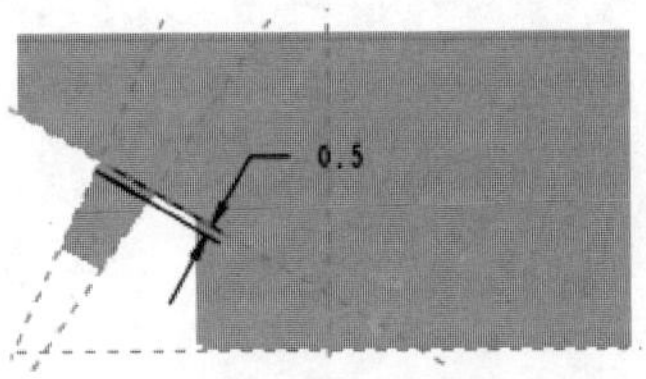

图 10.9 折弯线

Step6. 创建图 10.11 所示的折弯特征 2。

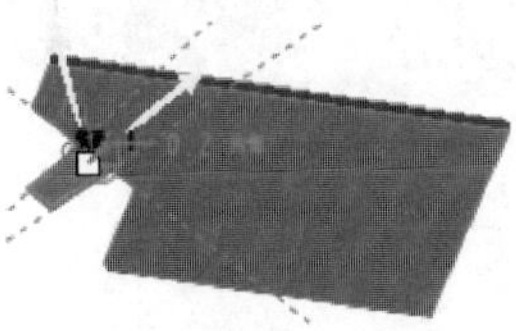

图 10.10 定义折弯侧和固定侧

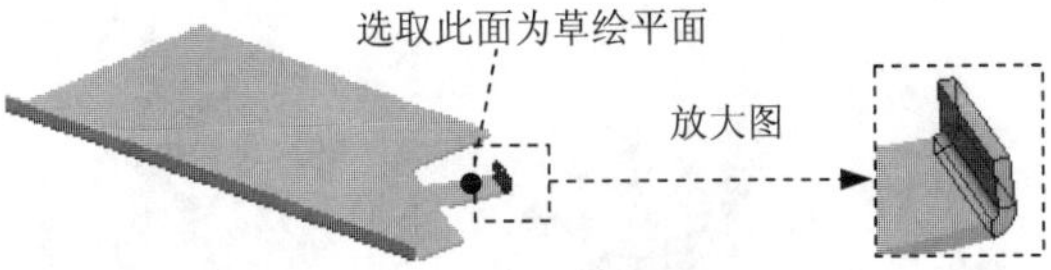

图 10.11 折弯特征 2

（1）单击 模型 功能选项卡 折弯 区域 折弯 下的 折弯 按钮，系统弹出“折弯”操控板。

（2）选取折弯类型。在操控板中单击按钮和按钮（使其处于被按下的状态）。

（3）绘制折弯线。单击 折弯线 选项卡，选取图 10.11 所示的钣金面为草绘平面，然后单击 草绘... 按钮，在系统弹出的“参考”对话框中选取图 10.12 所示的两条边线为参考，在单击 关闭(C) 按钮，进入草绘环境，绘制图 10.12 所示的折弯线。

（4）定义折弯属性。单击 止裂槽 选项卡，在系统弹出界面中的 类型 下拉列表框中选择 无止裂槽 选项；在后的文本框中输入折弯角度值 90，并单击其后的按钮，在后的文本框中输入折弯半径值 0.1，折弯半径所在侧为；固定侧与折弯侧方向如图 10.13 所示。

（5）单击操控板中按钮，完成折弯特征 2 的创建。

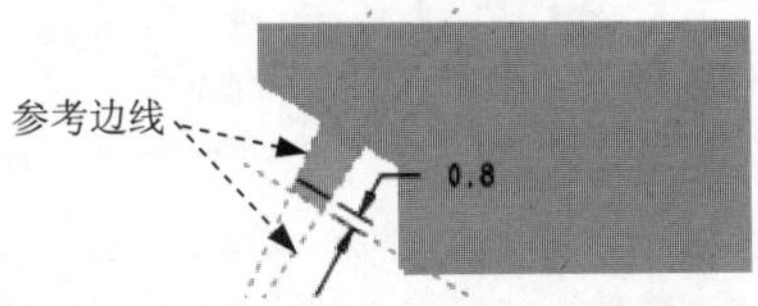

图 10.12 折弯线

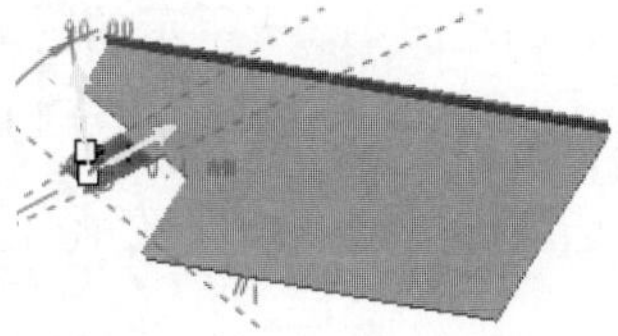

图 10.13 定义折弯侧和固定侧

Step7. 创建图 10.14 所示的附加钣金壁凸缘特征 1。

（1）单击 模型 功能选项卡 形状 区域中的“法兰”按钮，系统弹出“凸缘”操控板。

（2）选取附着边。选取图 10.15 所示的模型边线为附着边线。

（3）选取平整壁的形状类型。在操控板中选择形状类型为I。

（4）定义“法兰”附加钣金壁的轮廓。单击形状选项卡，在系统弹出的界面中设置的形状参数如图 10.16 所示。

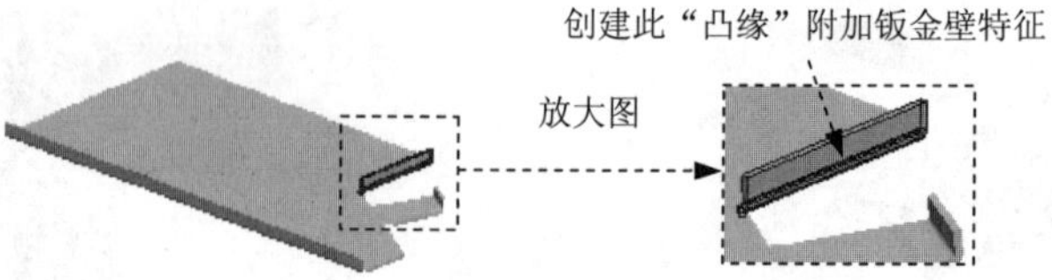

图 10.14　凸缘特征 1

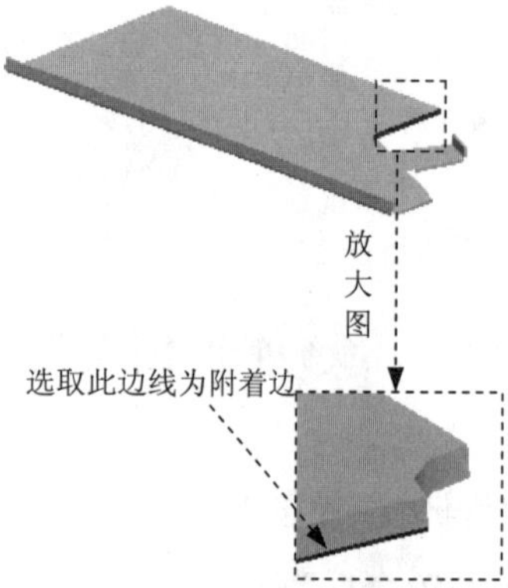

图 10.15　定义附着边

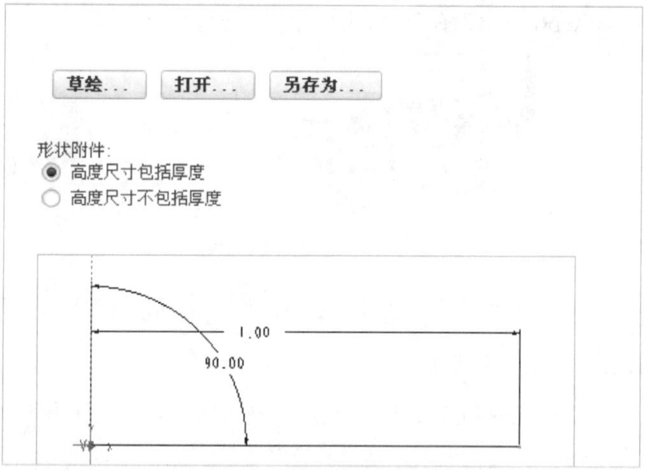

图 10.16　设置形状参数

（5）设置止裂槽。单击止裂槽选项卡，在止裂槽类别区域单击折弯止裂槽选项，在类型下拉列表框中选择扯裂选项，其他参数设置接受系统默认设置值。

（6）定义折弯半径。单击按钮，确认按钮被按下，然后在后面的文本框中输入折弯半径值 0.1，折弯半径所在侧为。

（7）在操控板中单击按钮，完成凸缘特征 1 的创建。

Step8. 创建图 10.17 所示的附加钣金壁平整特征 2。

（1）单击模型功能选项卡形状▾区域中的“平整”按钮。

（2）选取附着边。选取图 10.18 所示的模型边线为附着边。

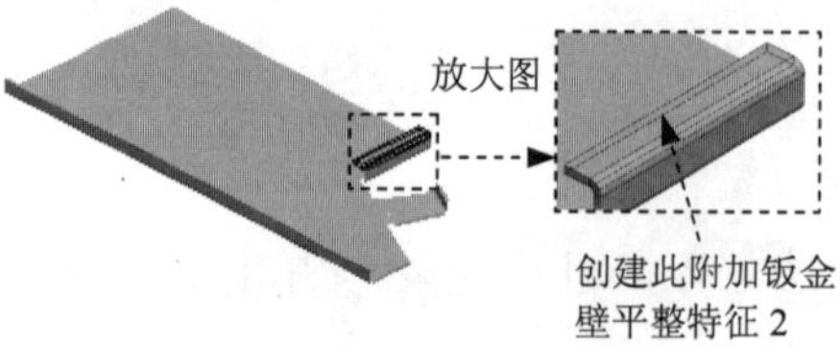

图 10.17　平整特征 2

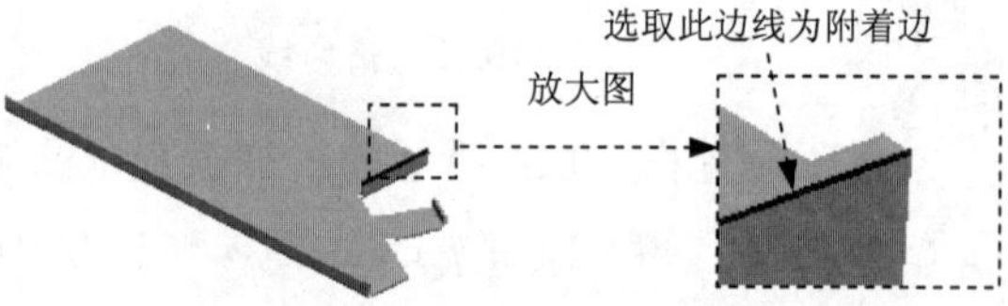

图 10.18　定义附着边

（3）定义钣金壁的形状。

① 在操控板中选择形状类型为矩形；在后的文本框中输入角度值 90.0。

② 在操控板中单击形状选项卡，在系统弹出的界面中设置的形状参数如图 10.19 所示。

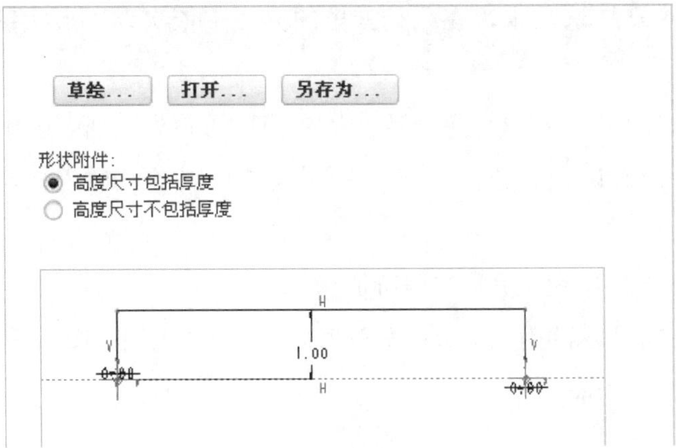

图 10.19　设置形状参数

（4）定义折弯半径。确认按钮被按下，并在其后的文本框中输入折弯半径值 0.1，折弯半径所在侧为。

（5）在操控板中单击按钮，完成平整特征 2 的创建。

Step9. 创建图 10.20 所示的钣金拉伸切削特征 2。在操控板中单击拉伸按钮，确认按钮、按钮和按钮被按下；选取 TOP 基准平面为草绘平面，RIGHT 基准平面为参考平面，方向为左；单击草绘按钮，绘制图 10.21 所示的截面草图；在操控板中定义拉伸类型为，并单击其后的按钮，选择材料移除的方向类型为（移除垂直于驱动曲面的材料）；单击按钮，完成拉伸切削特征 2 的创建。

图 10.20　拉伸切削特征 2

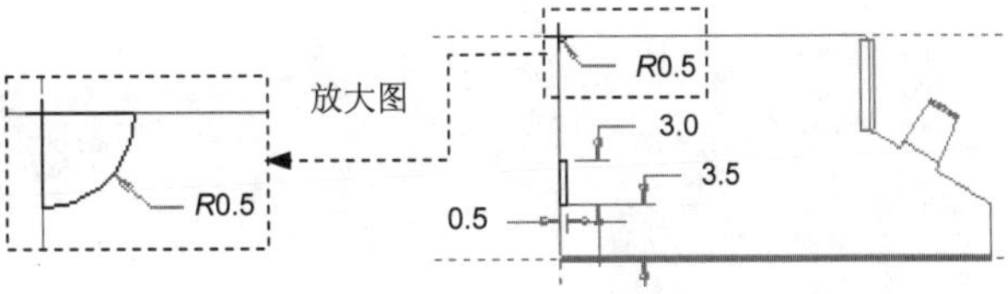

图 10.21　截面草图

Step10. 创建图 10.22 所示的附加钣金壁平整特征 3。

（1）单击模型功能选项卡形状▾区域中的“平整”按钮。

（2）选取附着边。选取图 10.23 所示的模型边线为附着边。

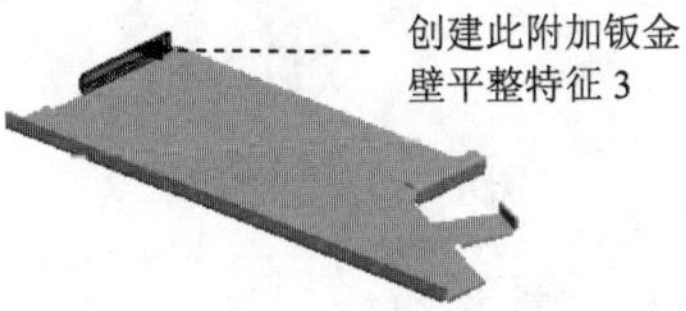

图 10.22　平整特征 3

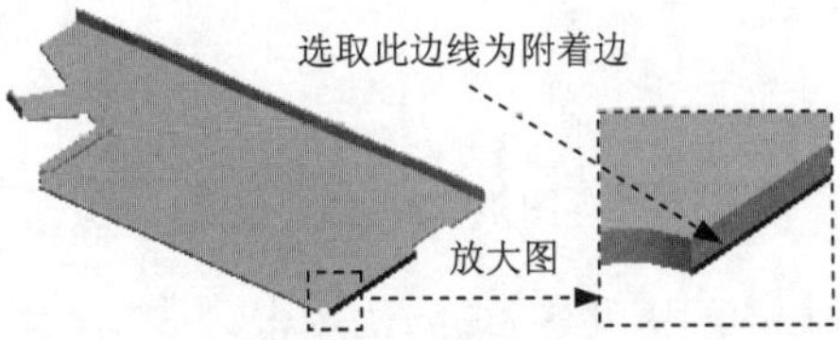

图 10.23　定义附着边

（3）定义钣金壁的形状。

① 在操控板中选择形状类型为矩形；在后的文本框中输入角度值 90.0。

② 在操控板中单击形状选项卡，在系统弹出的界面中依次设置形状参数值为 0.0、1.0、0.0。

（4）单击止裂槽选项卡，在系统弹出界面中的类型下拉列表框中选择无止裂槽选项，

（5）定义折弯半径。确认按钮被按下，并在其后的文本框中输入折弯半径值 0.1，折弯半径所在侧为。

（6）在操控板中单击按钮，完成平整特征 3 的创建。

Step11. 创建图 10.24 所示的附加钣金壁平整特征 4。附着边为图 10.25 所示的边线（具体操作步骤及有关参数参见 Step8）。

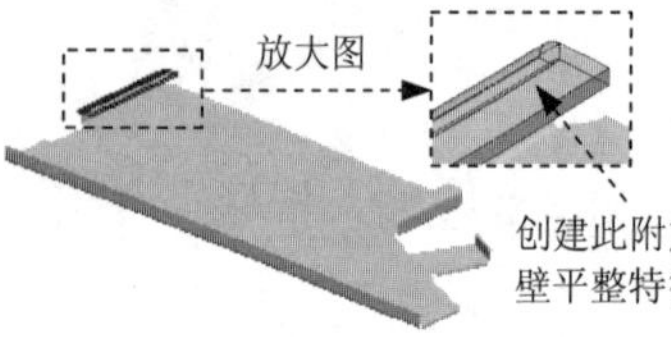

图 10.24　平整特征 4

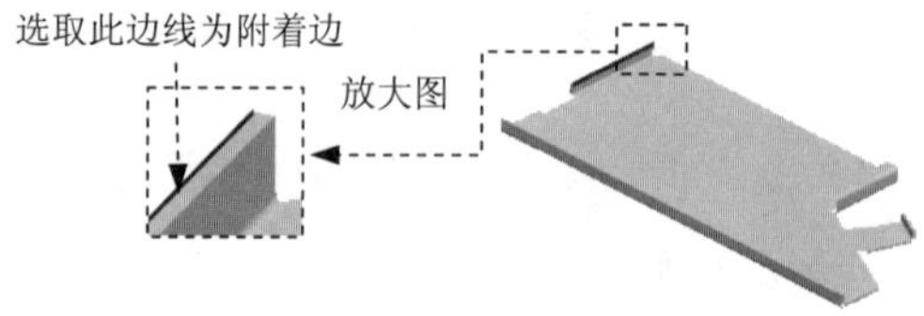

图 10.25　定义附着边

Step12. 创建图 10.26 所示的附加钣金壁平整特征 5。选取图 10.27 所示的模型边线为附着边。平整壁的形状类型为用户定义，角度类型为平整；单击形状选项卡，在系统弹出的界面中单击草绘...按钮，接受系统默认的草绘参考，方向为上；单击草绘按钮，绘制图 10.28 所示的截面草图，单击按钮，完成草图；再单击按钮，完成平整特征 5 的创建。

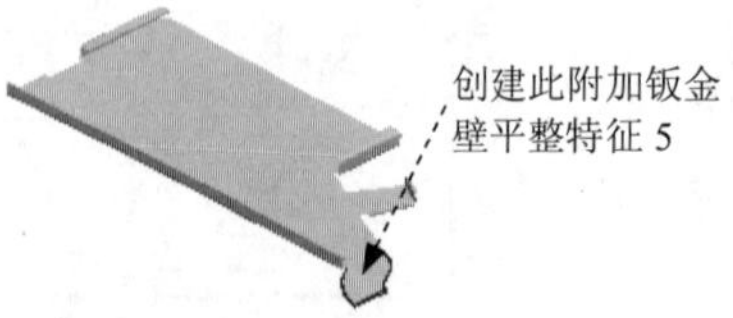

图 10.26　平整特征 5

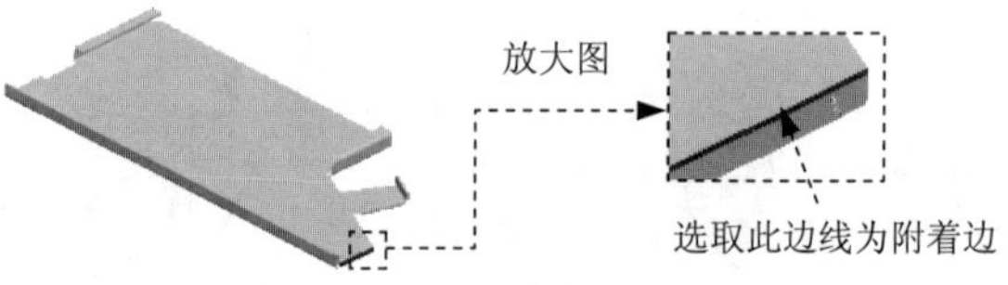

图 10.27　定义附着边

Step13. 创建图 10.29 所示的折弯特征 3。

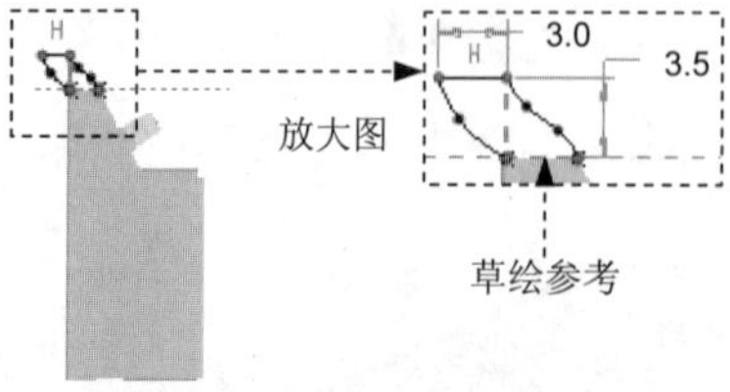

图 10.28　截面草图

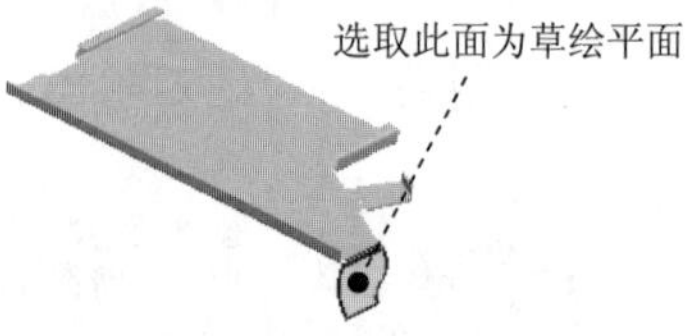

图 10.29　折弯特征 3

（1）单击模型功能选项卡折弯▾区域折弯▾下的折弯按钮。

（2）选取折弯类型。在操控板中单击按钮和按钮（使其处于被按下的状态）。

（3）绘制折弯线。单击 折弯线 选项卡，选取图 10.29 所示的钣金面为草绘平面，单击 草绘... 按钮，在系统弹出的对话框中选取 FRONT 和 RIGHT 基准平面为参考平面，然后单击 关闭(C) 按钮，进入草绘环境，绘制图 10.30 所示的折弯线。

（4）定义折弯属性。单击 止裂槽 选项卡，在系统弹出界面中的 类型 下拉列表框中选择 无止裂槽 选项；在后的文本框中输入折弯角度值 30.0，在后的文本框中输入折弯半径值 0.5，折弯半径所在侧为；固定侧方向与折弯侧方向如图 10.31 所示。

（5）单击操控板中的按钮，完成折弯特征 3 的创建。

图 10.30 折弯线

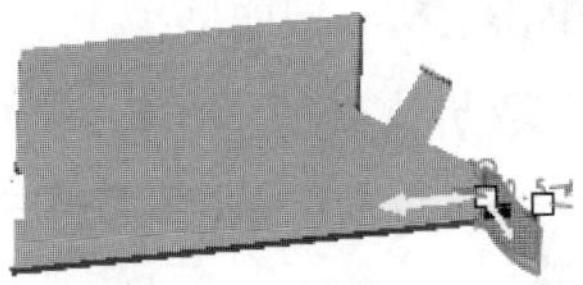

图 10.31 定义折弯侧和固定侧

Step14. 创建图 10.32 所示的附加钣金壁平整特征 6。选取图 10.33 所示的模型边线为附着边。平整壁的形状类型为 用户定义，在后的文本框中输入角度值 110.0, 折弯半径值为 0.1；单击 形状 选项卡，在系统弹出的界面中单击 草绘... 按钮，接受系统默认的草绘参考，方向为 上；单击 草绘 按钮，绘制图 10.34 所示的截面草图；单击 止裂槽 选项卡，在系统弹出界面中的 类型 下拉列表框中选择 无止裂槽 选项；单击按钮，完成平整特征 6 的创建。

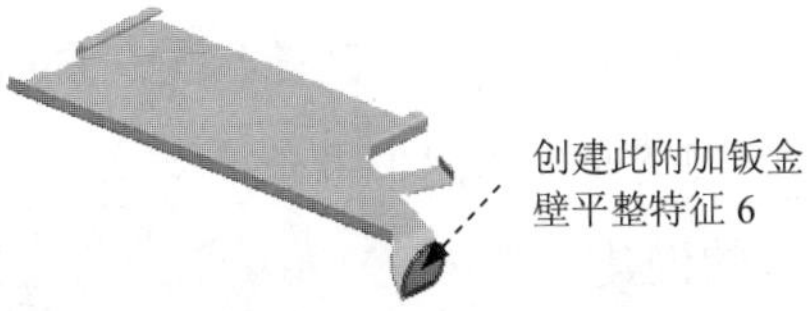

图 10.32 平整特征 6

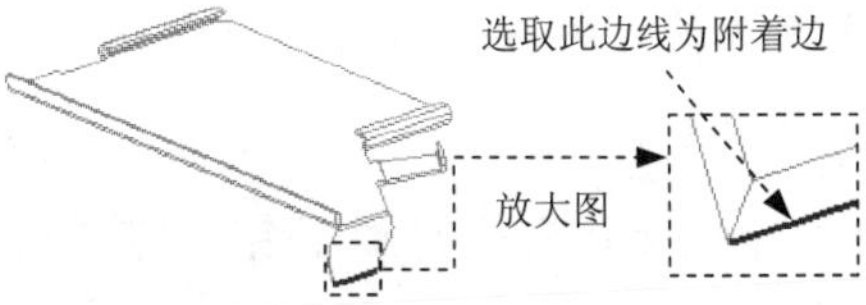

图 10.33 定义附着边

Step15. 创建图 10.35 所示的附加钣金壁平整特征 7。选取图 10.36 所示的模型边线为附着边。平整壁的形状类型为 用户定义，角度类型为 平整；单击 形状 选项卡，在系统弹出的界面中单击 草绘... 按钮，接受系统默认的草绘参考，方向为 上；单击 草绘 按钮，绘制图 10.37 所示的截面草图，单击按钮，完成草图；再单击按钮，完成平整特征 7 的创建。

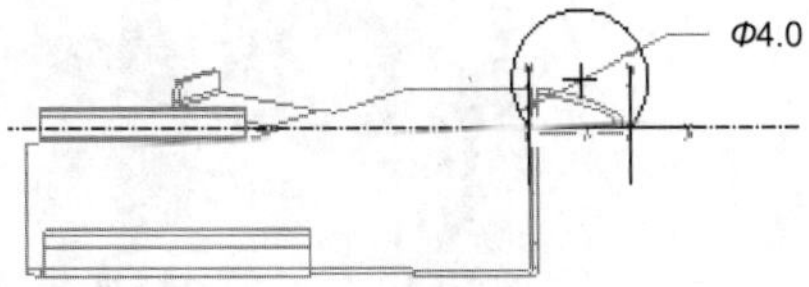

图 10.34 截面草图

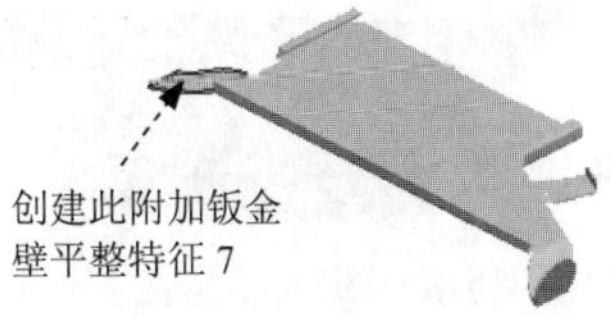

图 10.35 平整特征 7

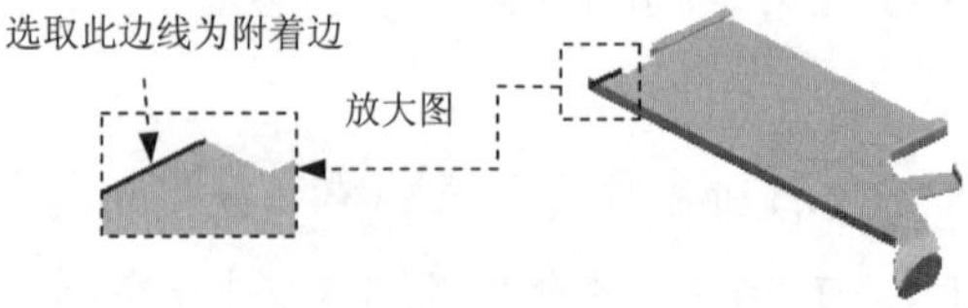

图 10.36　定义附着边

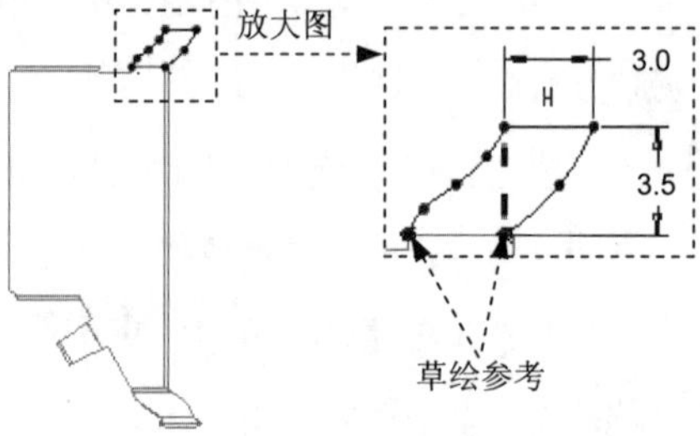

图 10.37　截面草图

Step16. 创建图 10.38 所示的折弯特征 4。

（1）单击 模型 功能选项卡 折弯▾ 区域 折弯▾ 下的 折弯 按钮。

（2）选取折弯类型。在操控板中单击按钮和按钮（使其处于被按下的状态）。

（3）绘制折弯线。单击 折弯线 选项卡，选取图 10.38 所示的模型表面为草绘平面，然后单击 草绘... 按钮，绘制图 10.39 所示的折弯线。

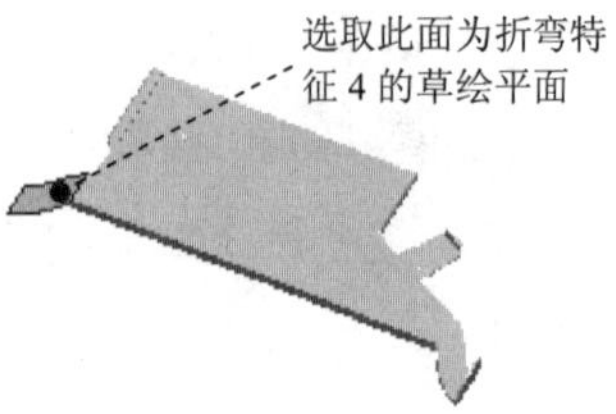

图 10.38　折弯特征 4

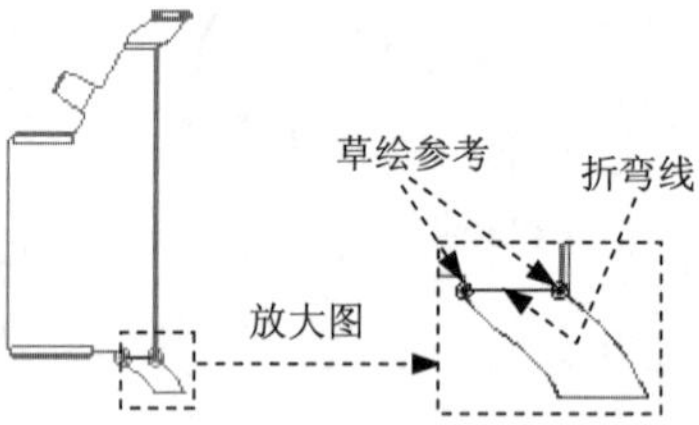

图 10.39　折弯线

（4）定义折弯属性。单击 止裂槽 选项卡，在系统弹出界面中的 类型 下拉列表框中选择 无止裂槽 选项；在后的文本框中输入折弯角度值 30.0，在后的文本框中输入折弯半径值 0.5，折弯半径所在侧为；固定侧方向与折弯侧方向如图 10.40 所示。

（5）单击操控板中的按钮，完成折弯特征 4 的创建。

Step17. 创建图 10.41 所示的附加钣金壁平整特征 8。选取图 10.42 所示的模型边线为附着边。平整壁的形状类型为 用户定义，输入角度值 110，输入折弯半径值 0.1；单击 形状 选项卡，在系统弹出的界面中单击 草绘... 按钮，接受系统默认的草绘参考，方向为 上；单击 草绘 按钮，绘制图 10.43 所示的截面草图；单击 止裂槽 选项卡，在系统弹出界面中的 类型 下拉列表框中选择 无止裂槽 选项；单击按钮，完成平整特征 8 的创建。

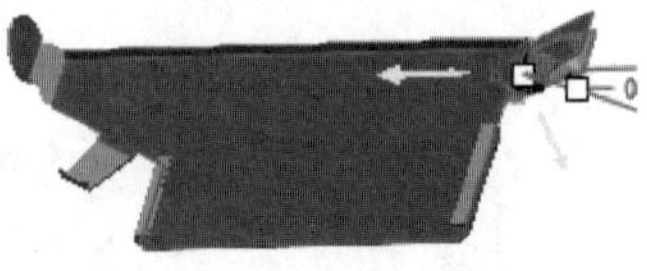

图 10.40　定义折弯侧和固定侧

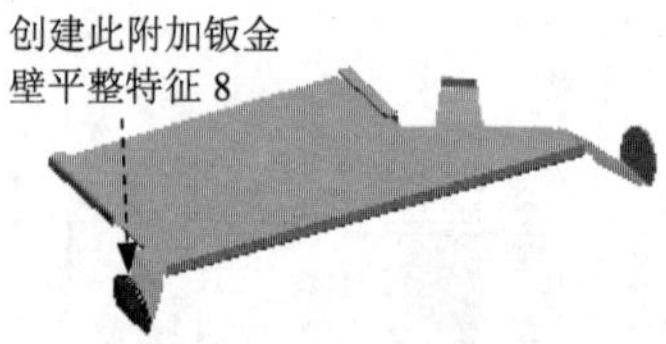

图 10.41　平整特征 8

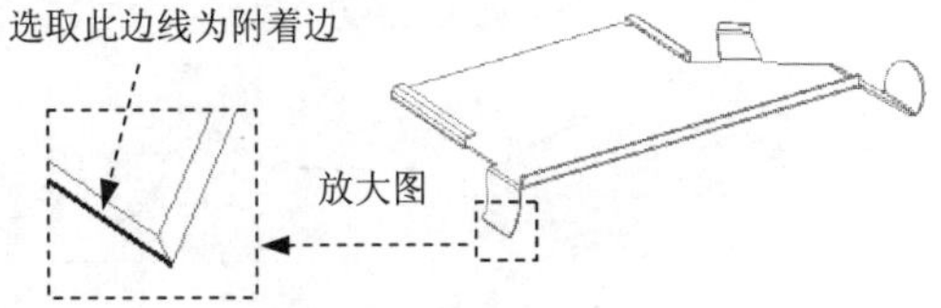

图 10.42　定义附着边

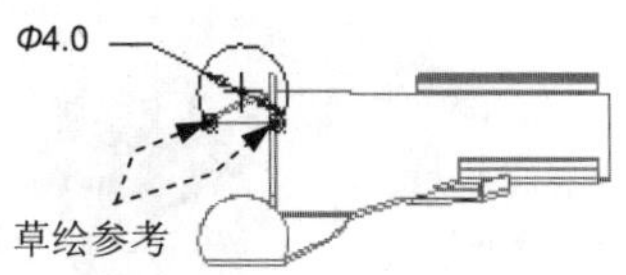

图 10.43　截面草图

Step18. 创建图 10.44 所示的钣金拉伸切削特征 3。在操控板中单击 拉伸 按钮，确认按钮、按钮和按钮被按下；选取图 10.45 所示的钣金面为草绘平面，FRONT 基准平面为参考平面，方向为 上；单击 草绘 按钮，绘制图 10.45 所示的截面草图（绘制此草图时，使用图 10.44 所示的圆弧边线作参考将参考圆弧补齐为一个完整的圆，将其转化为构造线后绘制直径值为 1.5 的同心圆），在操控板中定义拉伸类型为，选择材料移除的方向类型为；单击按钮，完成拉伸切削特征 3 的创建。

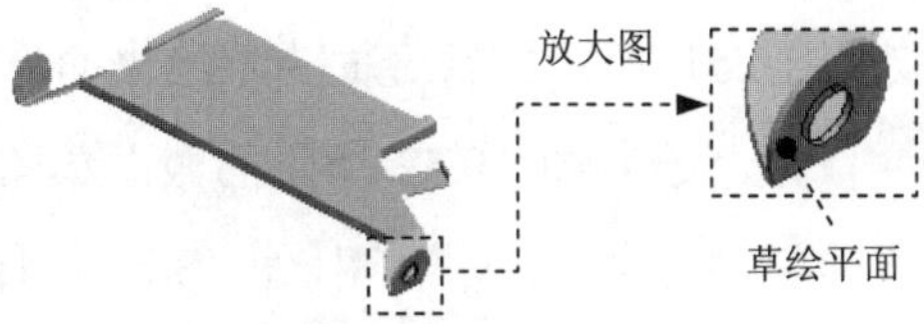

图 10.44　拉伸切削特征 3

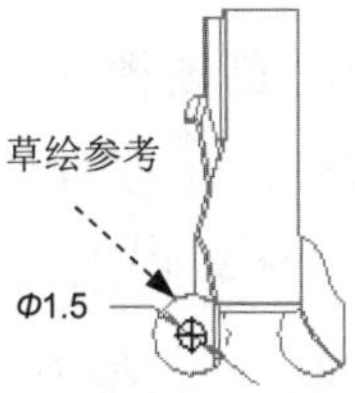

图 10.45　截面草图

Step19. 创建图 10.46 所示的钣金拉伸切削特征 4。在操控板中单击 拉伸 按钮，确认按钮、按钮和按钮被按下；选取图 10.46 所示的钣金面为草绘平面，FRONT 基准平面为参考平面，方向为 上；单击 草绘 按钮，绘制图 10.47 所示的截面草图（绘制方法参考 Step18 中草图的绘制），在操控板中定义拉伸类型为，选择材料移除的方向类型为；单击按钮，完成拉伸切削特征 4 的创建。

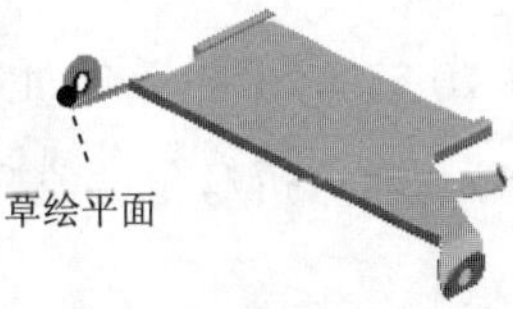

图 10.46　拉伸切削特征 4

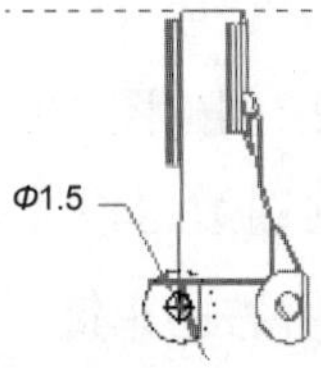

图 10.47　截面草图

Step20. 创建图 10.48 所示的附加钣金壁平整特征 9。单击 模型 功能选项卡 形状 ▼ 区域中的“平整”按钮，选取图 10.49 所示的模型边线为附着边；在操控板中选择形状类型为 用户定义，在后的下拉列表中选择 平整 选项；单击 形状 选项卡，然后单击 草绘... 按钮，接受系统默认的草绘参考，方向为 上；单击 草绘 按钮，绘制图 10.50 所示的截面草图，单击按钮，完成草图的绘制；再单击按钮，完成平整特征 9 的创建。

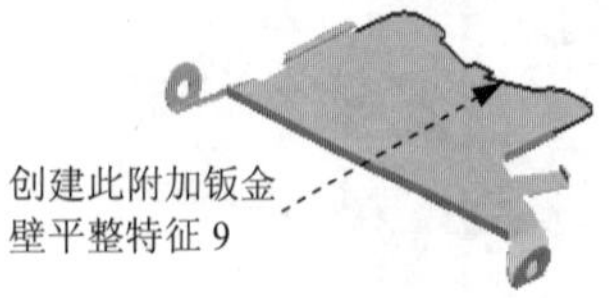

图 10.48　平整特征 9

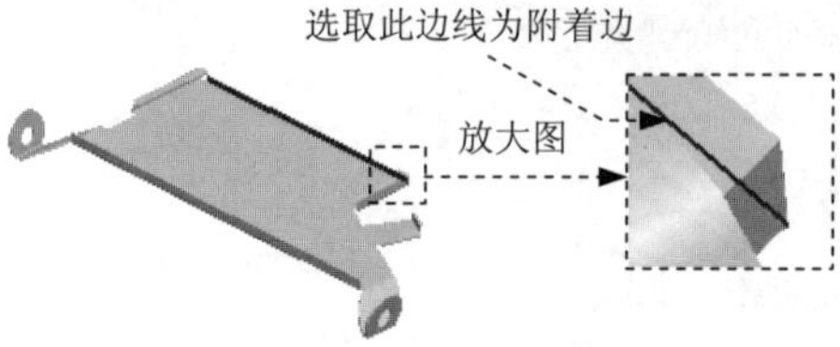

图 10.49　定义附着边

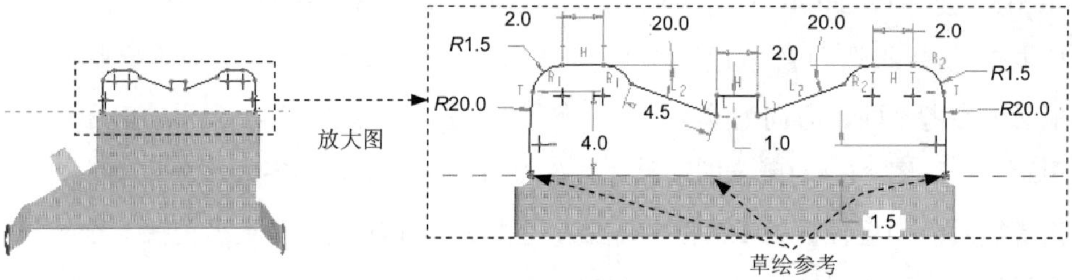

图 10.50　截面草图

Step21. 创建图 10.51 所示的钣金拉伸切削特征 5。在操控板中单击拉伸按钮，确认按钮、按钮和按钮被按下；选取图 10.51 所示的钣金面为草绘平面，RIGHT 基准平面为参考平面，方向为左；单击草绘按钮，绘制图 10.52 所示的截面草图，在操控板中定义拉伸类型为，选择材料移除的方向类型为；单击按钮，完成拉伸特征 5 的创建。

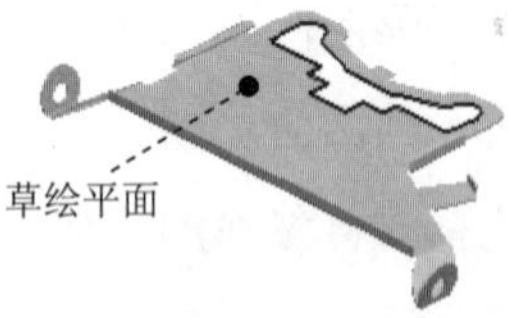

图 10.51　拉伸切削特征 5

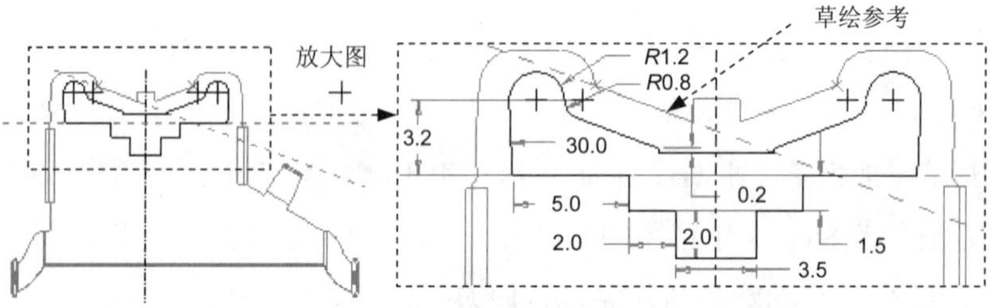

图 10.52　截面草图

Step22. 创建图 10.53 所示的折弯特征 5。选取图 10.53 所示的钣金面为草绘平面，绘制折弯线（图 10.54），定义折弯侧和固定侧（图 10.55）。输入折弯角度值 90，输入折弯半径值 0.4，并按回车键。

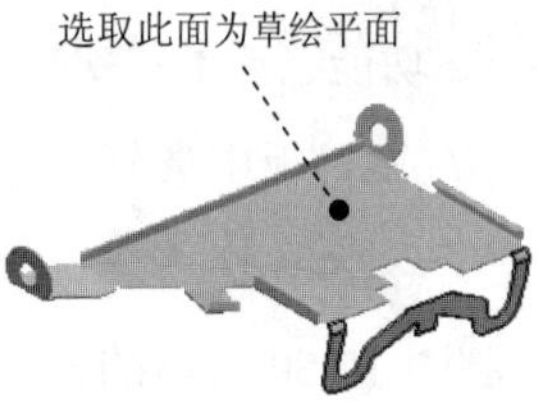

图 10.53　折弯特征 5

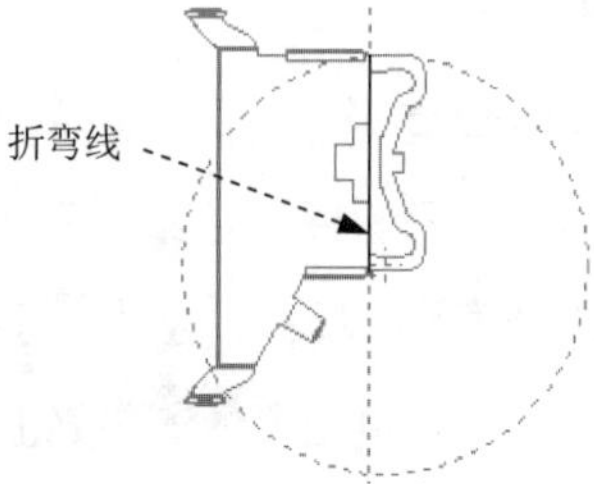

图 10.54　折弯线

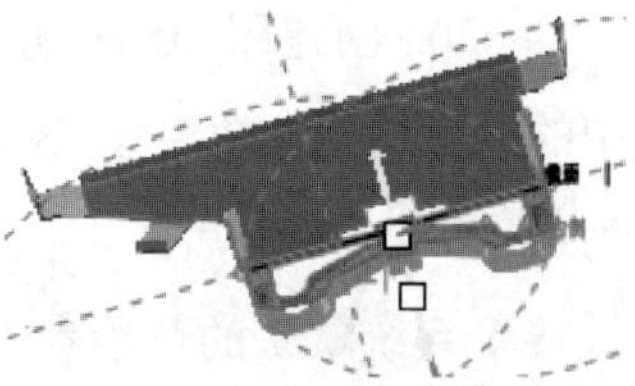

图 10.55　定义折弯侧和固定侧

Step23. 创建图 10.56 所示的附加钣金壁平整特征 10。选取图 10.57 所示的边线为附着边；选择形状类型矩形，输入角度值 90.0；输入折弯半径值 0.1；折弯半径所在侧为；单击形状选项卡，在系统弹出的界面中依次设置草图内的尺寸值为 0.0、1.5、0.0，并分别按回车键。

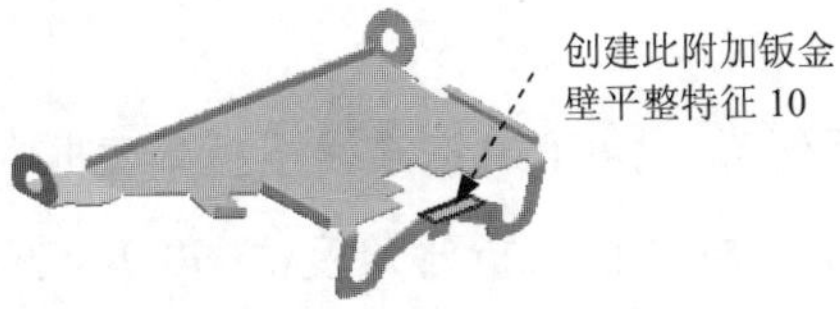

图 10.56　平整特征 10

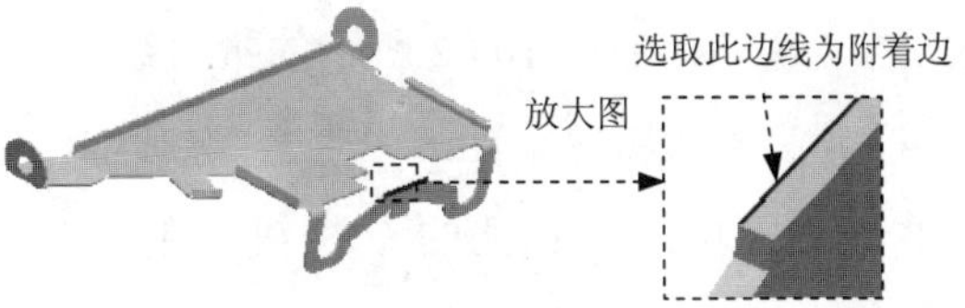

图 10.57　定义附着边

Step24. 创建图 10.58 所示的折弯特征 6。

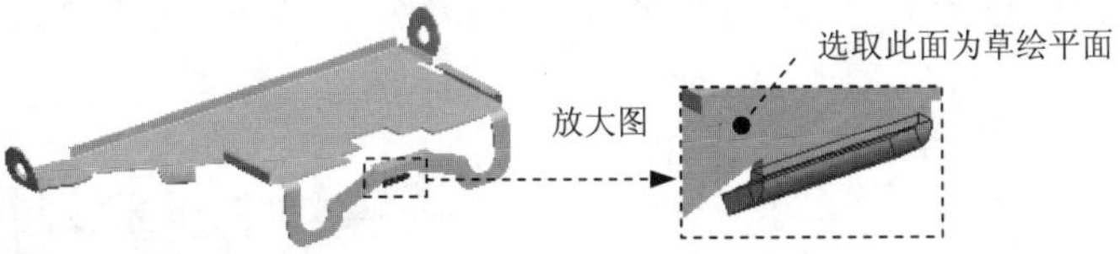

图 10.58　折弯特征 6

（1）单击模型功能选项卡折弯区域折弯下的折弯按钮。

（2）选取折弯类型。在操控板中单击按钮和按钮（使其处于被按下的状态）。

（3）绘制折弯线。单击折弯线选项卡，选取图 10.58 所示的模型表面为草绘平面，然后单击草绘...按钮，选取 RIGHT 和 TOP 基准平面为参考平面，再单击关闭(C)按钮，进入草绘环境，绘制图 10.59 所示的折弯线。

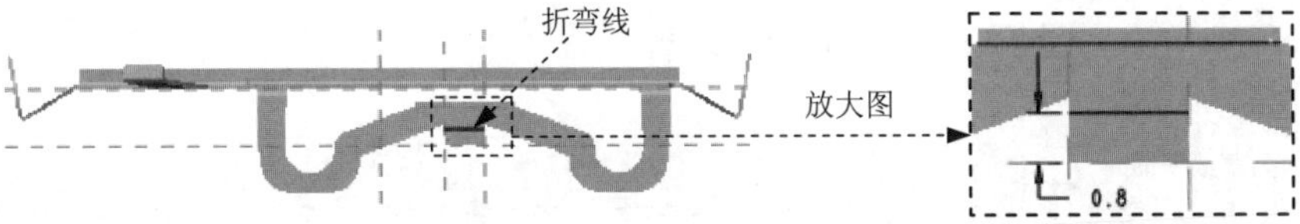

图 10.59　折弯线

（4）定义折弯属性。单击止裂槽选项卡，在系统弹出界面中的类型下拉列表框中选择无止裂槽选项；在后的文本框中输入折弯角度值 60.0，在后的文本框中输入折弯半径值 0.2，折弯半径所在侧为；固定侧方向与折弯侧方向如图 10.60 所示。

（5）单击操控板中按钮，完成折弯特征 6 的创建。

Step25. 创建图 10.61 所示的折弯特征 7。

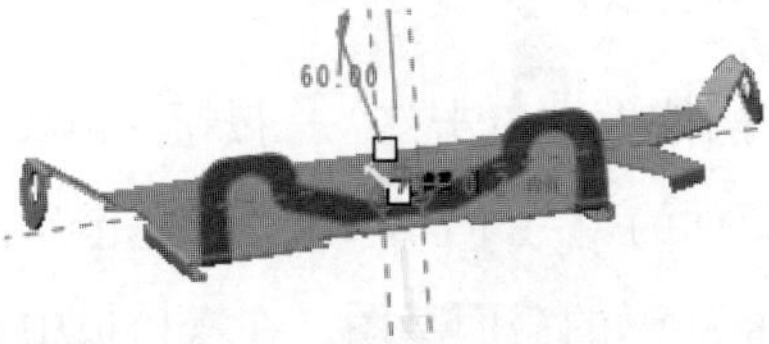

图 10.60　定义折弯侧和固定侧

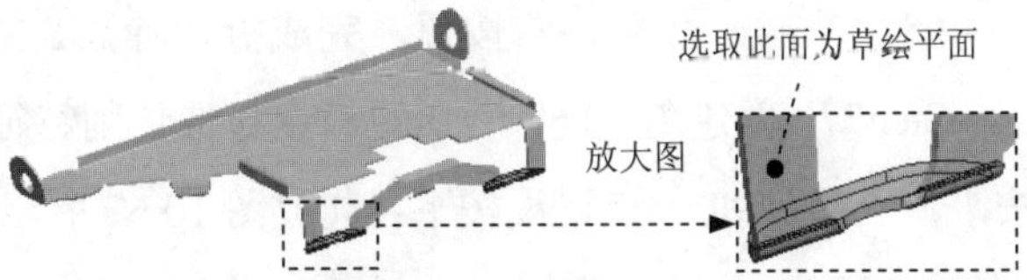

图 10.61　折弯特征 7

（1）单击 模型 功能选项卡 折弯 ▾ 区域 折弯 ▾ 下的 折弯 按钮。

（2）选取折弯类型。在操控板中单击按钮和按钮（使其处于被按下的状态）。

（3）绘制折弯线。单击 折弯线 选项卡，选取图 10.61 所示的模型表面为草绘平面，然后单击 草绘... 按钮，选取 RIGHT 和 TOP 基准平面为参考平面，再单击 关闭(C) 按钮，进入草绘环境，绘制图 10.62 所示的折弯线。

（4）定义折弯属性。单击 止裂槽 选项卡，在系统弹出界面中的 类型 下拉列表框中选择 无止裂槽 选项；单击前面的按钮，在后的文本框中输入折弯角度值 90.0，在后的文本框中输入折弯半径值 0.1，折弯半径所在侧为；固定侧方向与折弯侧方向如图 10.63 所示。

（5）单击操控板中按钮，完成折弯特征 7 的创建。

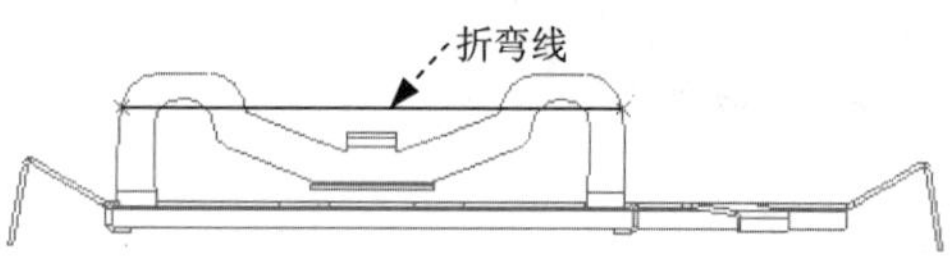

图 10.62 折弯线

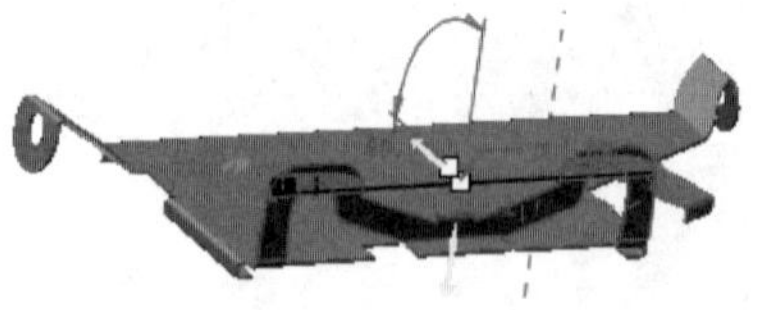

图 10.63 定义折弯侧和固定侧

Step26. 创建图 10.64 所示的折弯特征 8。

（1）单击 模型 功能选项卡 折弯 ▾ 区域 折弯 ▾ 下的 折弯 按钮。

（2）选取折弯类型。在操控板中单击按钮和按钮（使其处于被按下的状态）。

（3）绘制折弯线。单击 折弯线 选项卡，选取图 10.64 所示的模型表面为草绘平面，然后单击 草绘... 按钮，选取 RIGHT 和 TOP 基准平面为参考平面，再单击 关闭(C) 按钮，进入草绘环境，绘制图 10.65 所示的折弯线。

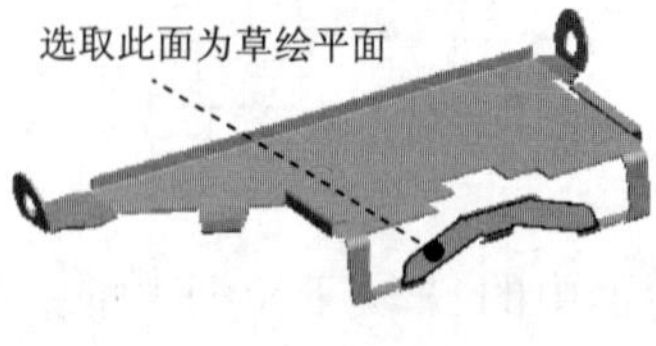

图 10.64 折弯特征 8

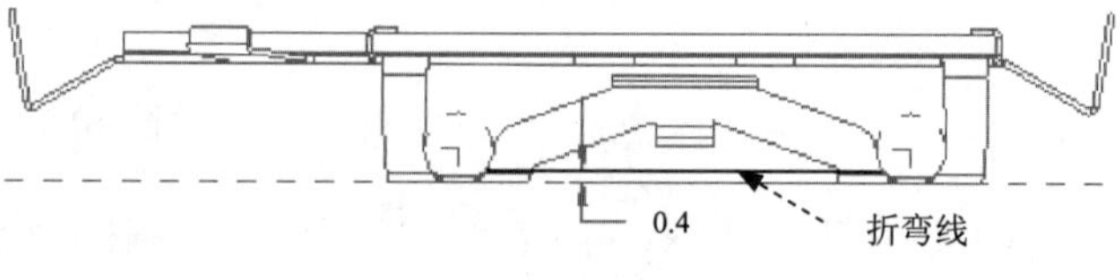

图 10.65 折弯线

（4）定义折弯属性。单击 止裂槽 选项卡，在系统弹出的界面中的 类型 下拉列表框中选择 无止裂槽 选项；在后的文本框中输入折弯角度值 10.0，在后的文本框中输入折弯半径值 0.2，折弯半径所在侧为；固定侧方向与折弯侧方向如图 10.66 所示。

（5）单击操控板中按钮，完成折弯特征 8 的创建。

Step27. 创建图 10.67 所示的钣金拉伸切削特征 6。在操控板中单击 拉伸 按钮，确认按钮、按钮和按钮被按下；选取图 10.67 所示的钣金面为草绘平面，RIGHT 基准平面为参考平面，方向为 左；单击 草绘 按钮，绘制图 10.68 所示的截面草图；在操控板中定义拉伸类型为，选择材料移除的方向类型为；单击按钮，完成拉伸切削特征 6 的创建。

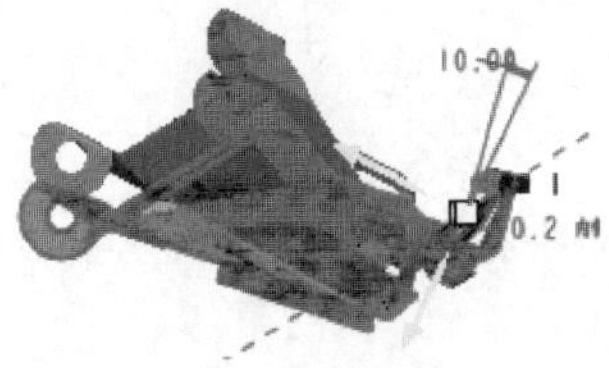

图 10.66 定义折弯侧和固定侧

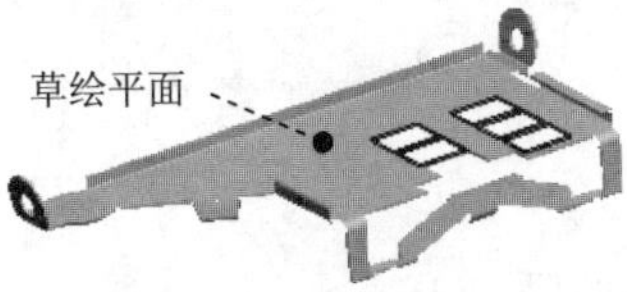

图 10.67 拉伸切削特征 6

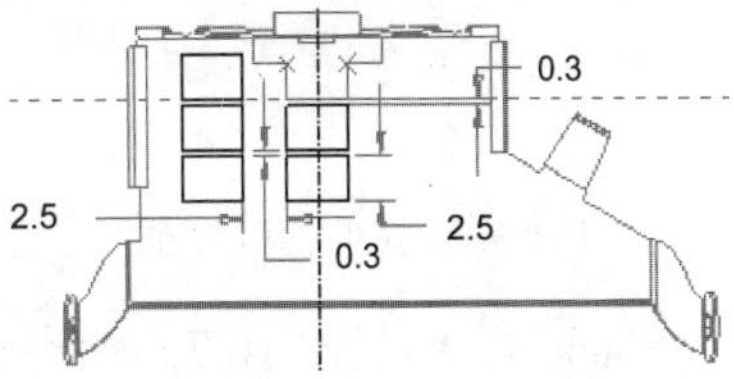

图 10.68 截面草图

Step28. 创建图 10.69 所示的钣金拉伸切削特征 7。在操控板中单击 拉伸 按钮，确认按钮、按钮和按钮被按下；选取图 10.69 所示的钣金面为草绘平面，RIGHT 基准平面为参考平面，方向为 左；单击 草绘 按钮，绘制图 10.70 所示的截面草图，在操控板中定义拉伸类型为，选择材料移除的方向类型为；单击按钮，完成拉伸切削特征 7 的创建。

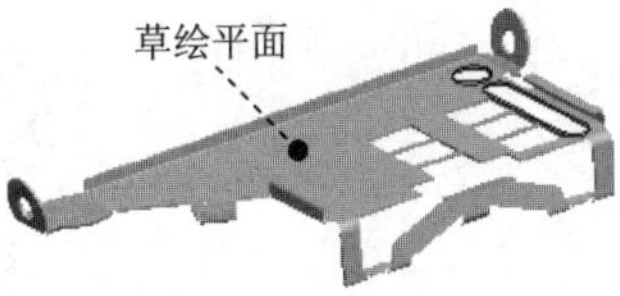

图 10.69 拉伸切削特征 7

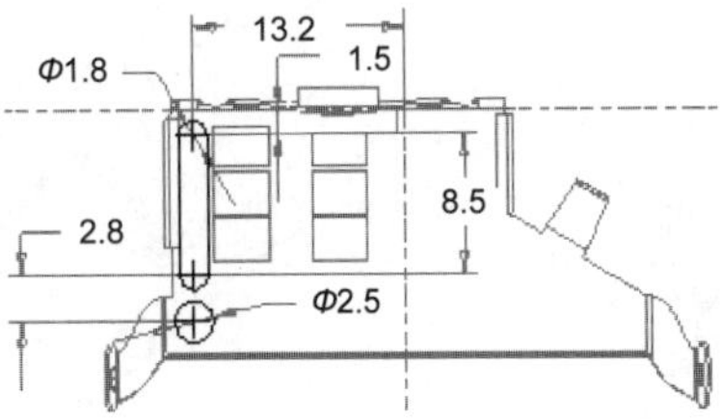

图 10.70 截面草图

Step29. 创建图 10.71 所示的钣金拉伸切削特征 8。在操控板中单击 拉伸 按钮，确认按钮、按钮和按钮被按下；选取图 10.71 所示的钣金面为草绘平面，RIGHT 基准平面为参考平面，方向为 右；单击 草绘 按钮，绘制图 10.72 所示的截面草图；在操控板中定义拉伸类型为，选择材料移除的方向类型为；单击按钮，完成拉伸切削特征 8 的创建。

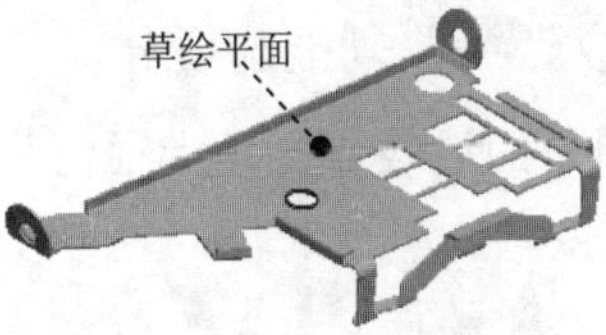

图 10.71 拉伸切削特征 8

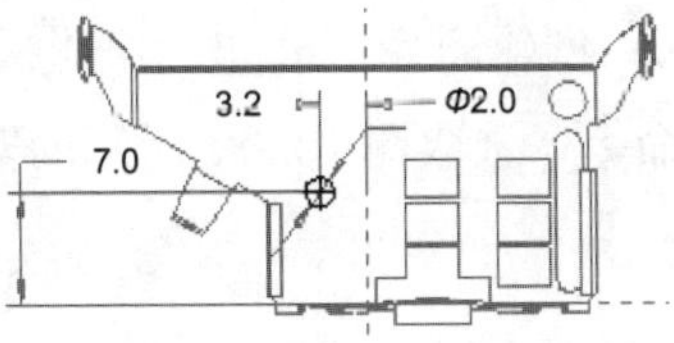

图 10.72 截面草图

Step30. 创建图 10.73 所示的钣金拉伸切削特征 9。在操控板中单击 拉伸 按钮，确认按钮、按钮和按钮被按下；选取图 10.73 所示的钣金面为草绘平面，RIGHT 基准平面为参考平面，方向为 右；单击 草绘 按钮，绘制图 10.74 所示的截面草图；在操控板中定义拉伸类型为，选择材料移除的方向类型为；单击按钮，完成拉伸切削特征 9 的创建。

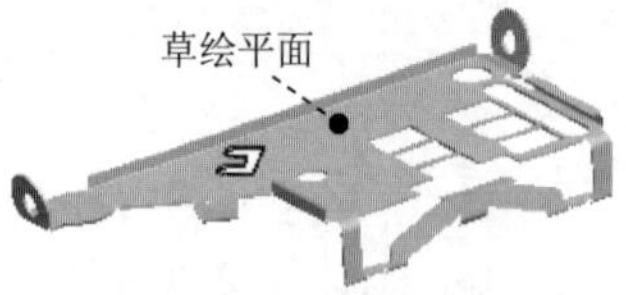

图 10.73 拉伸切削特征 9

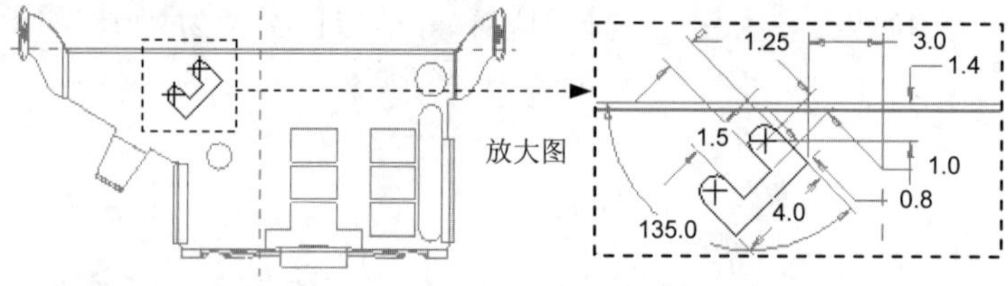

图 10.74 截面草图

Step31. 创建图 10.75 所示的折弯特征 9。

（1）单击 模型 功能选项卡 折弯 ▾ 区域 折弯 ▾ 下的 折弯 按钮。

（2）选取折弯类型。在操控板中单击按钮和按钮（使其处于被按下的状态）。

（3）绘制折弯线。单击 折弯线 选项卡，选取图 10.75 所示的模型表面为草绘平面，然后单击“折弯线”界面中的 草绘... 按钮，在系统弹出的对话框中，选取图 10.76 所示的两条边线为参考线，再单击 关闭(C) 按钮，进入草绘环境，绘制图 10.76 所示的折弯线。

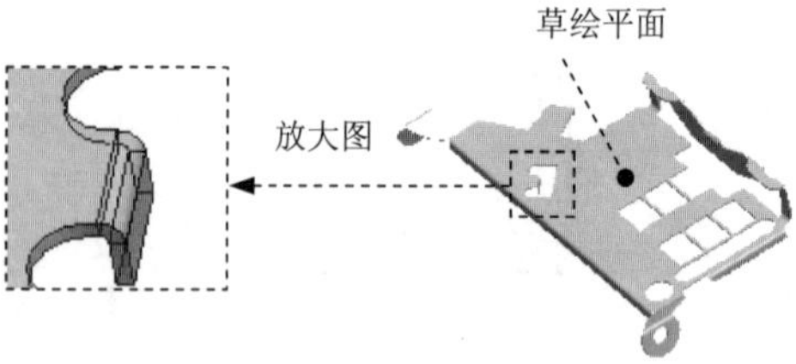

图 10.75 折弯特征 9

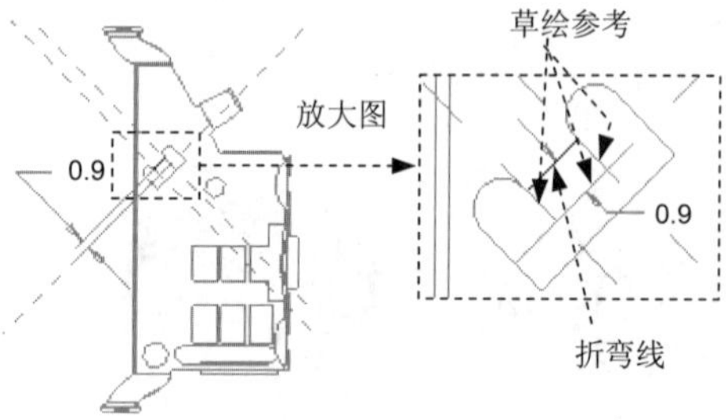

图 10.76 折弯线

（4）定义折弯属性。单击 止裂槽 选项卡，在系统弹出界面中的 类型 下拉列表框中选择 无止裂槽 选项；单击前面的按钮，在后的文本框中输入折弯角度值 90.0，在后的文本框中输入折弯半径值 0.1，折弯半径所在侧为；固定侧方向与折弯侧方向如图 10.77 所示。

（5）单击操控板中按钮，完成折弯特征 9 的创建。

Step32. 创建图 10.78b 所示的倒圆角特征 1。选择 模型 功能选项卡 工程 ▾ 节点下的 倒圆角 命令，选取图 10.78a 所示的四条边线为倒圆角的边线，圆角半径值为 0.2。

图 10.77 定义折弯侧和固定侧

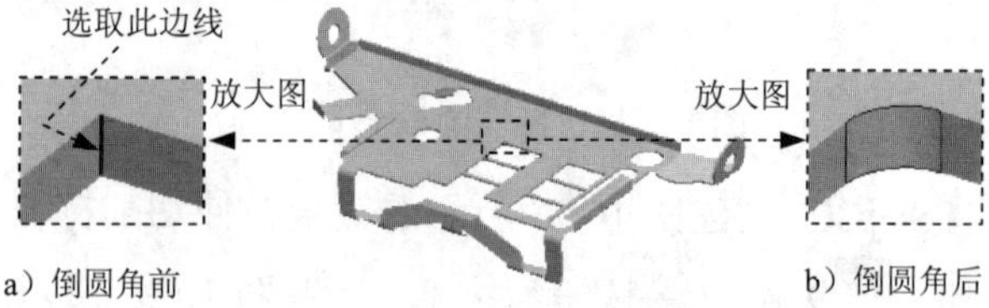

图 10.78 倒圆角特征 1

Step33. 创建其他类似 Step32 中的特征边线圆角，参见随书光盘的视频内容。

Step34. 保存零件模型文件。

实例 11 打印机后盖

实例概述：

本实例讲解了打印机后盖的设计过程，本例设计过程中应用了平板、平整、凸缘和成形特征等命令。读者在学习本实例时，需要注意“模具”的创建过程及应用技巧。本例的模型及模型树如图 11.1 所示。

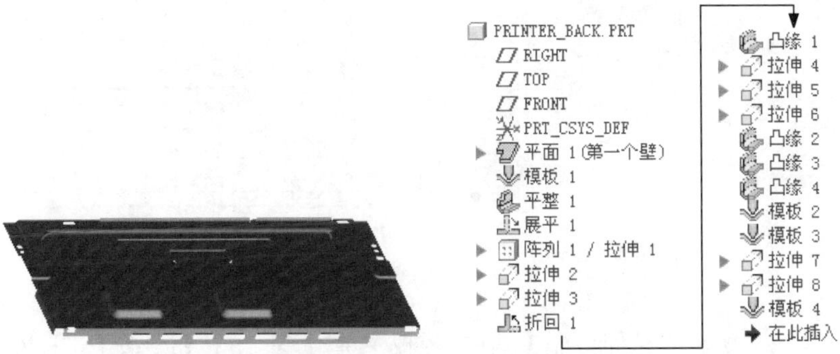

图 11.1 钣金件模型及模型树

Task1．创建模具 1

模具零件模型和模型树如图 11.2 所示。

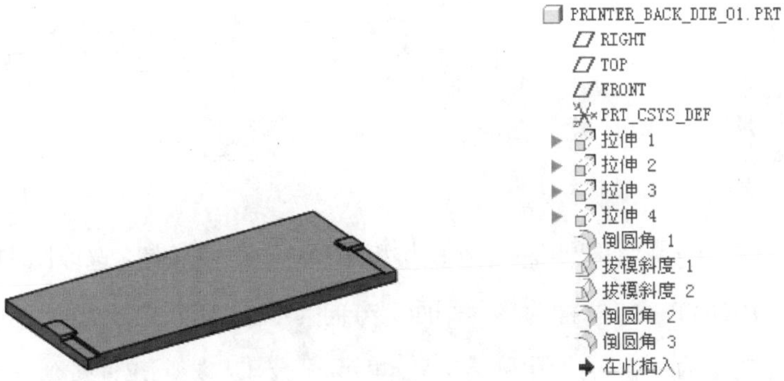

图 11.2 零件模型及模型树

Step1. 新建一个零件模型，命名为 PRINTER_BACK_DIE_01，选用 mmns_part_solid 零件模板。

Step2. 创建图 11.3 所示的拉伸特征 1。在操控板中单击 拉伸 按钮；选取 FRONT 基准平面为草绘平面，RIGHT 基准平面为参考平面，方向为 右；绘制图 11.4 所示的截面草图，在操控板中定义拉伸类型为 ，输入深度值 10.0；单击 ✔ 按钮，完成拉伸特征 1 的创建。

Step3. 创建图 11.5 所示的拉伸特征 2。在操控板中单击 拉伸 按钮，按下“移除材料”按钮 ；选取图 11.5 所示的模型表面为草绘平面，RIGHT 基准平面为参考平面，方向为 右；绘制图 11.6 所示的截面草图，在操控板中定义拉伸类型为，输入深度值 48.5；单击按钮，完成拉伸特征 2 的创建。

图 11.3　拉伸特征 1

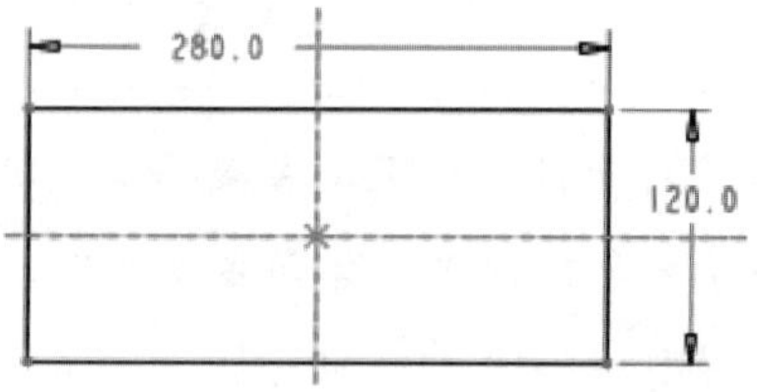

图 11.4　截面草图

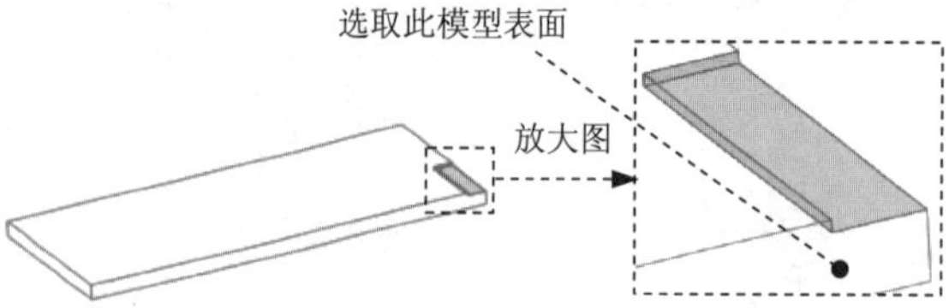

图 11.5　拉伸特征 2

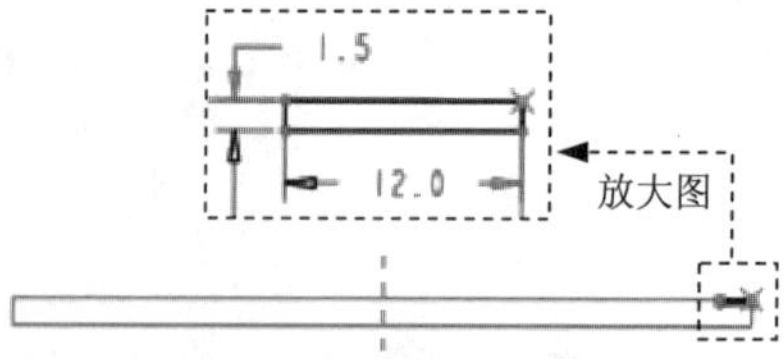

图 11.6　截面草图

Step4. 创建图 11.7 所示的拉伸特征 3。在操控板中单击拉伸按钮，按下“移除材料”按钮；选取图 11.5 所示的模型表面为草绘平面，RIGHT 基准平面为参考平面，方向为右；绘制图 11.8 所示的截面草图，在操控板中定义拉伸类型为，输入深度值 40.0；单击按钮，完成拉伸特征 3 的创建。

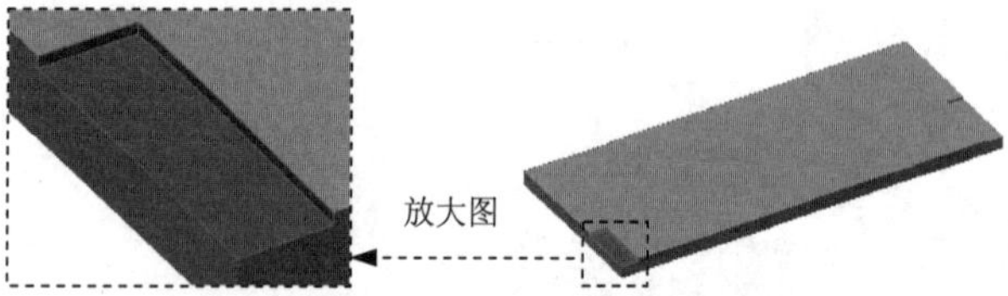

图 11.7　拉伸特征 3

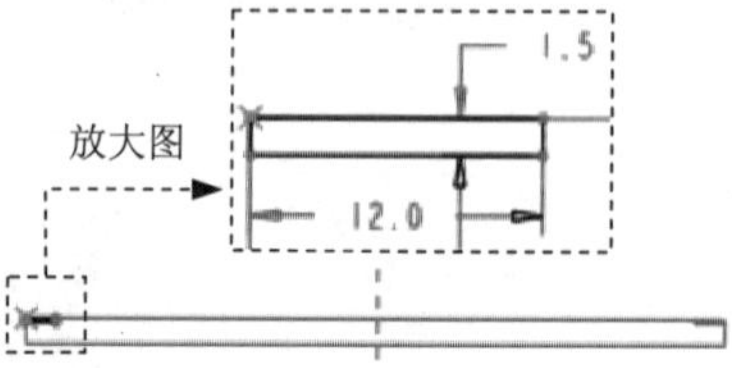

图 11.8　截面草图

Step5. 创建图 11.9 所示的拉伸特征 4。在操控板中单击拉伸按钮；选取图 11.9 所示的模型表面为草绘平面，RIGHT 基准平面为参考平面，方向为右；绘制图 11.10 所示的截面草图，在操控板中定义拉伸类型为，输入深度值 1.5；单击按钮，完成拉伸特征 4 的创建。

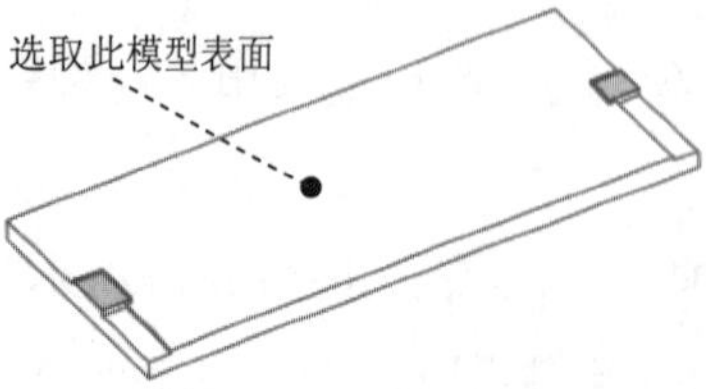

图 11.9　拉伸特征 4

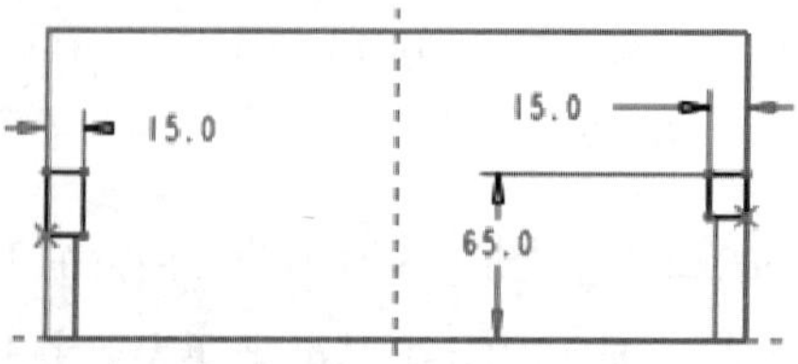

图 11.10　截面草图

Step6. 创建圆角特征 1。单击 模型 功能选项卡 工程 ▾ 区域中的 倒圆角 ▾ 按钮，选取图 11.11 所示的 6 条边线为倒圆角的边线；输入圆角半径值 3.0。

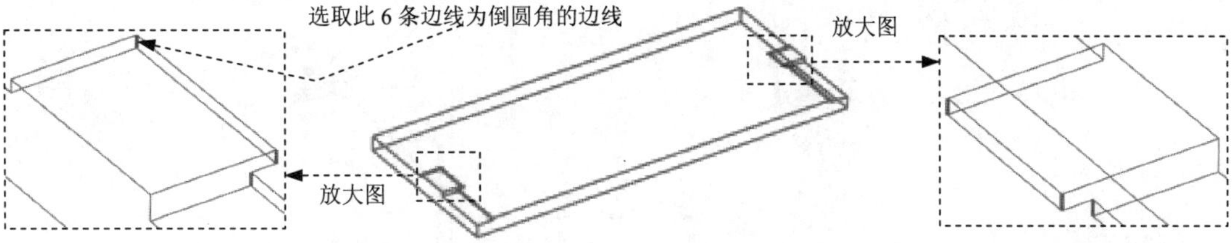

图 11.11　定义倒圆角边线

Step7. 创建图 11.12 所示的拔模特征 1。单击 模型 功能选项卡 工程 ▾ 区域中的 拔模 ▾ 按钮；在操控板中单击 参考 选项卡，激活 拔模曲面 文本框，选取图 11.13 所示的模型表面为要拔模的曲面；激活 拔模枢轴 文本框，选取图 11.13 所示的模型表面为拔模枢轴平面；拔模方向如图 11.13 所示，在 后的文本框中输入拔模角度值-30.0；在操控板中单击 ✔ 按钮，完成拔模特征 1 的创建。

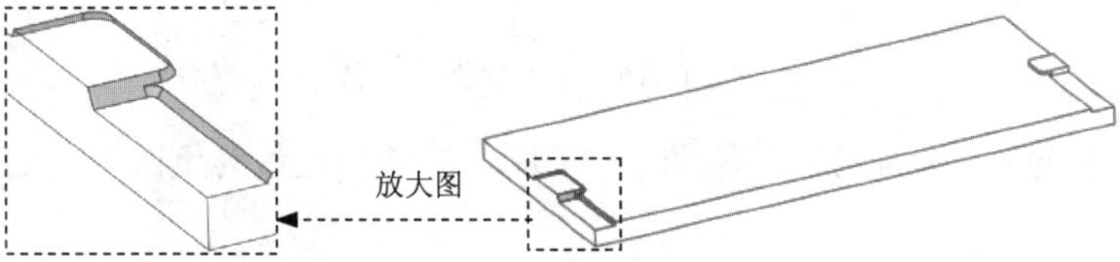

图 11.12　拔模特征 1

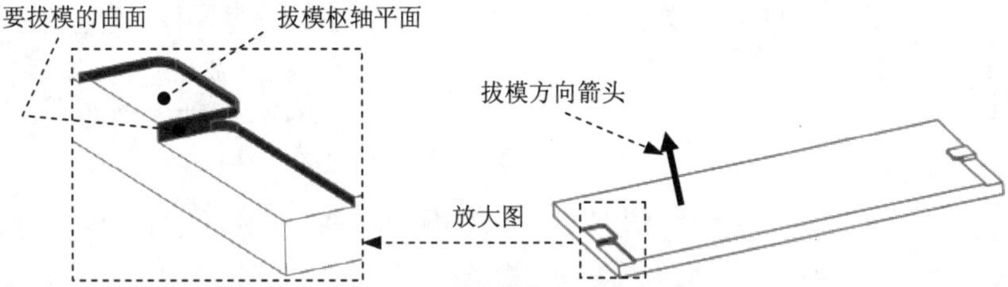

图 11.13　选取要拔模的曲面和拔模枢轴平面

Step8. 创建图 11.14 所示的拔模特征 2。单击 模型 功能选项卡 工程 ▾ 区域中的 拔模 ▾ 按钮；在操控板中单击 参考 选项卡，激活 拔模曲面 文本框，选取图 11.15 所示的模型表面为要拔模的曲面；激活 拔模枢轴 文本框，选取图 11.15 所示的模型表面为拔模枢轴平面；拔模方向如图 11.15 所示，在 后的文本框中输入拔模角度值-30.0；在操控板中单击 ✔ 按钮，完成拔模特征 1 的创建。

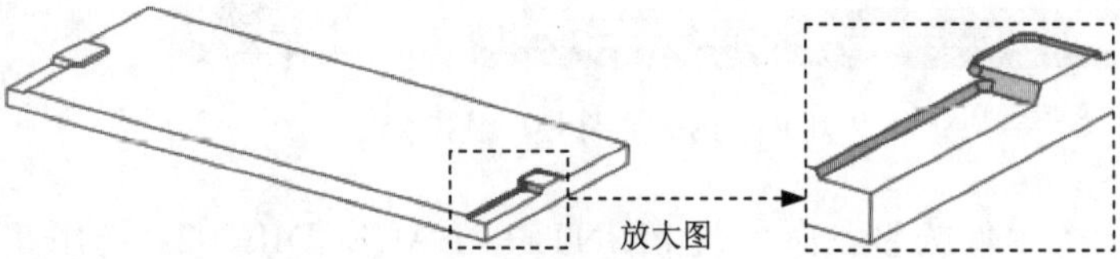

图 11.14　拔模特征 2

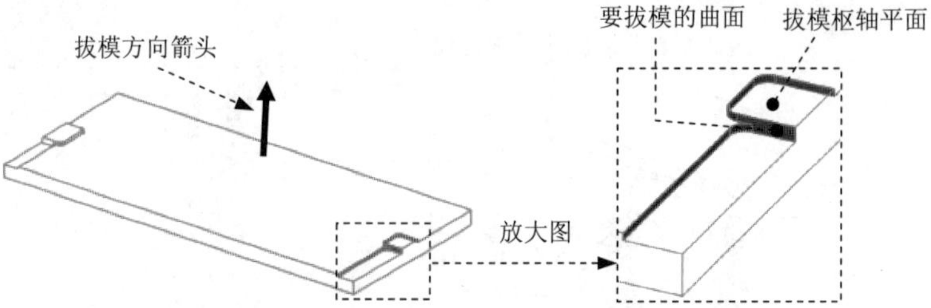

图 11.15　选取要拔模的曲面和拔模枢轴平面

Step9. 创建圆角特征 2。选取图 11.16 所示的 4 条边线为倒圆角的边线；输入圆角半径值 0.6。

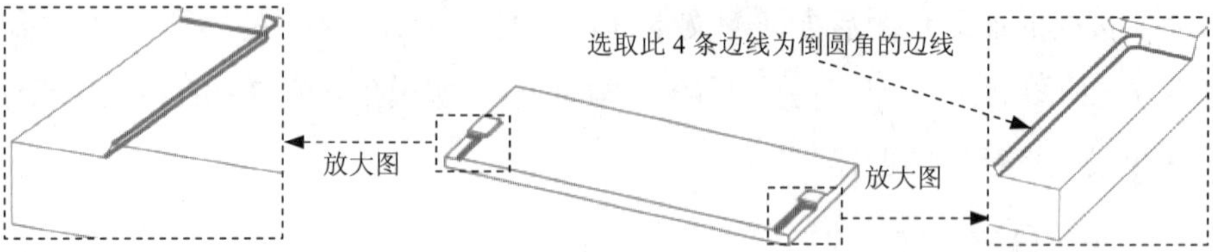

图 11.16　定义倒圆角边线

Step10. 创建圆角特征 3。选取图 11.17 所示的 4 条边线为倒圆角的边线，输入圆角半径值 0.6。

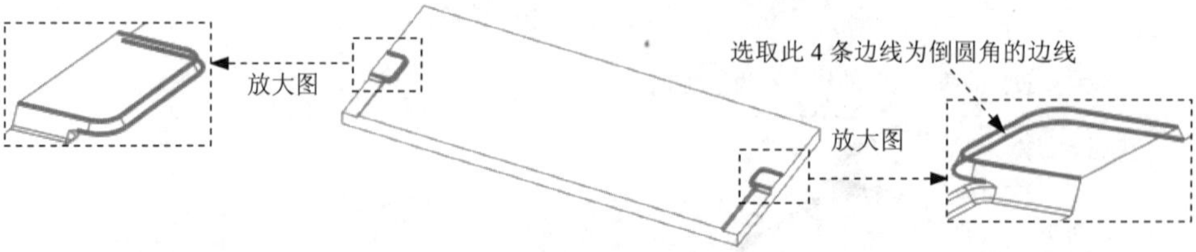

图 11.17　定义倒圆角边线

Step11. 保存零件模型文件。

Task2. 创建模具 2

模具零件模型和模型树如图 11.18 所示。

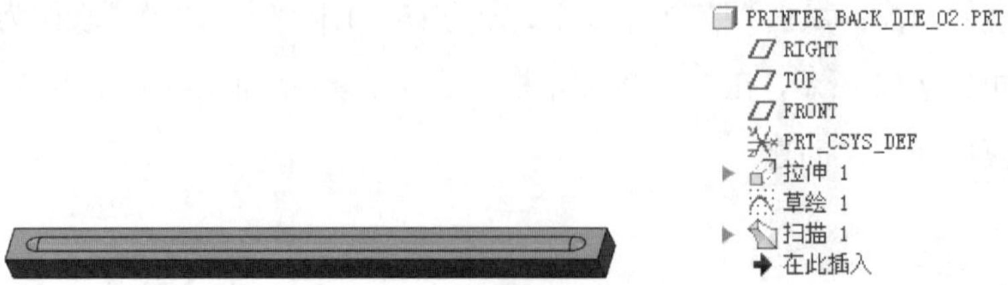

图 11.18　零件模型及模型树

Step1. 新建一个零件模型，命名为 PRINTER_BACK_DIE_02，选用 mmns_part_solid 零件模板。

Step2. 创建图 11.19 所示的拉伸特征 1。在操控板中单击拉伸按钮；选取 FRONT 基准平面作为草绘平面，RIGHT 基准平面作为参考平面，方向为右；绘制图 11.20 所示的截面草图，在操控板中定义拉伸类型为，输入深度值 14.0；单击按钮，完成拉伸特征 1 的创建。

图 11.19 拉伸特征 1

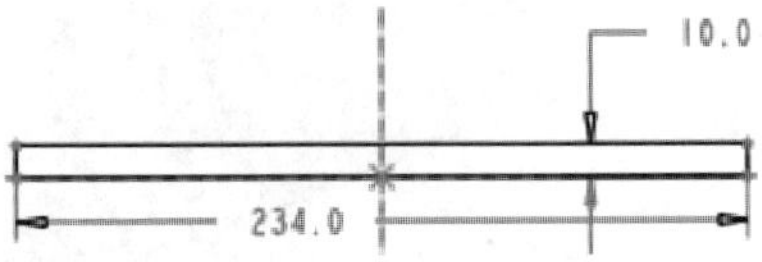

图 11.20 截面草图

Step3. 创建图 11.21 所示的草绘 1。在操控板中单击“草绘”按钮；选取 FRONT 基准平面作为草绘平面，RIGHT 基准平面作为参考平面，方向为右；单击草绘按钮，绘制图 11.21 所示的草图。

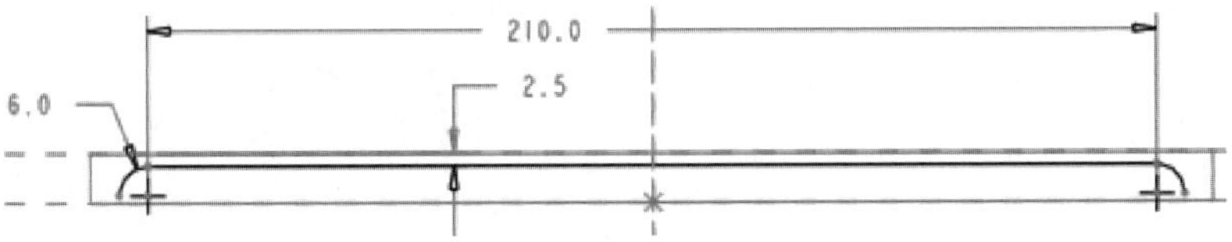

图 11.21 草绘 1

Step4. 创建图 11.22 所示的扫描特征 1。

（1）选择扫描命令。单击模型功能选项卡形状▼区域中的扫描▼按钮。

（2）定义扫描轨迹。

① 在操控板中确认“实体”按钮和“恒定轨迹”按钮被按下。

② 在图形区中选取“草绘 1”为扫描轨迹曲线。

（3）创建扫描特征的截面。

① 在操控板中单击“创建或编辑扫描截面”按钮，系统自动进入草绘环境。

② 绘制并标注扫描截面的草图，如图 11.23 所示。

③ 完成截面的绘制和标注后，单击“确定”按钮。

（4）单击操控板中的按钮，完成扫描特征的创建。

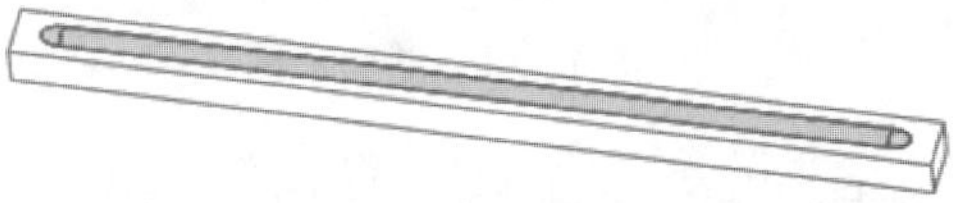

图 11.22 扫描特征 1

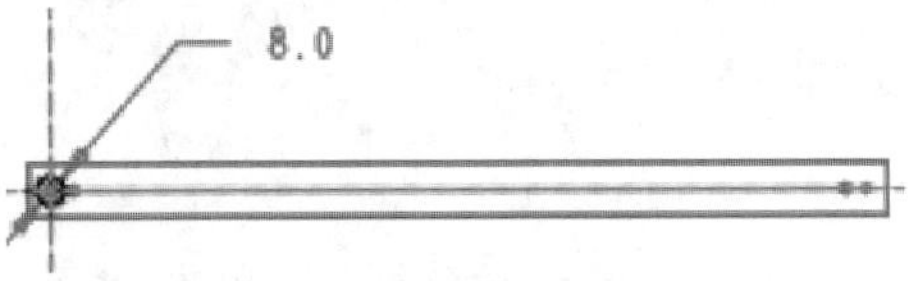

图 11.23 截面草图

Step5. 保存零件模型文件。

Task3. 创建模具 3

模具零件模型和模型树如图 11.24 所示。

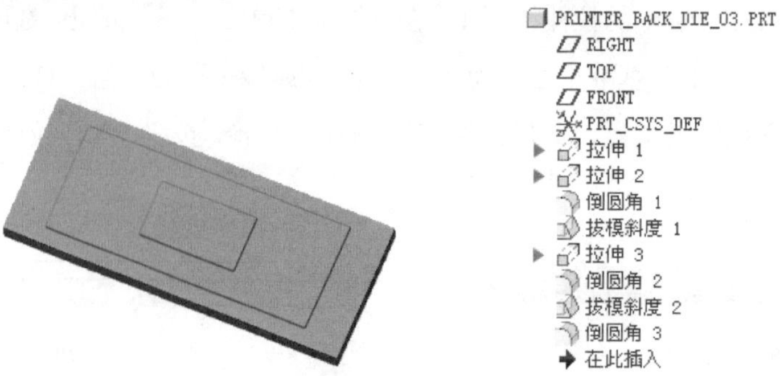

图 11.24　零件模型及模型树

Step1. 新建一个零件模型，命名为 PRINTER_BACK_DIE_03，选用 mmns_part_solid 零件模板。

Step2. 创建图 11.25 所示的拉伸特征 1。在操控板中单击 拉伸 按钮；选取 FRONT 基准平面作为草绘平面，RIGHT 基准平面作为参考平面，方向为 右；绘制图 11.26 所示的截面草图，在操控板中定义拉伸类型为 ，输入深度值 10.0；单击 ✔ 按钮，完成拉伸特征 1 的创建。

图 11.25　拉伸特征 1

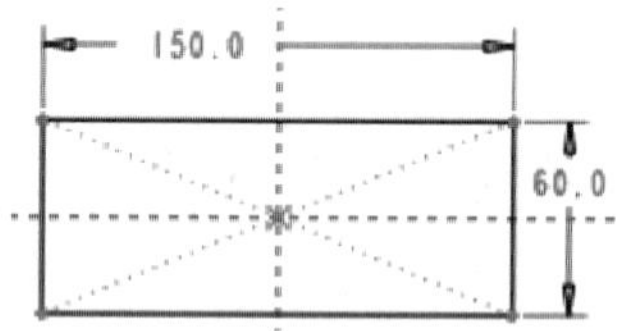

图 11.26　截面草图

Step3. 创建图 11.27 所示的拉伸特征 2。在操控板中单击 拉伸 按钮；选取 FRONT 基准平面作为草绘平面，RIGHT 基准平面作为参考平面，方向为 右；绘制图 11.28 所示的截面草图，在操控板中定义拉伸类型为 ，输入深度值 1.0；单击 按钮，调整拉伸方向；单击 ✔ 按钮，完成拉伸特征 2 的创建。

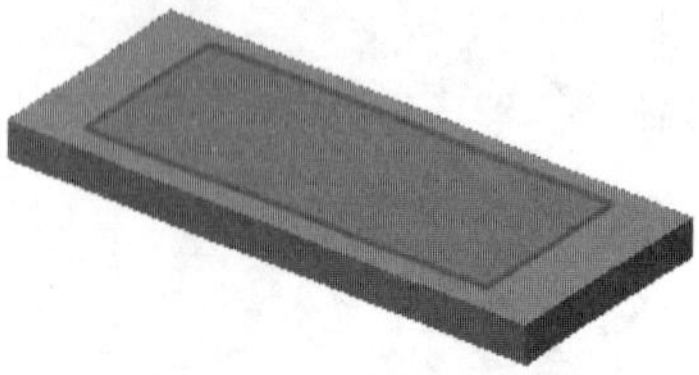

图 11.27　拉伸特征 2

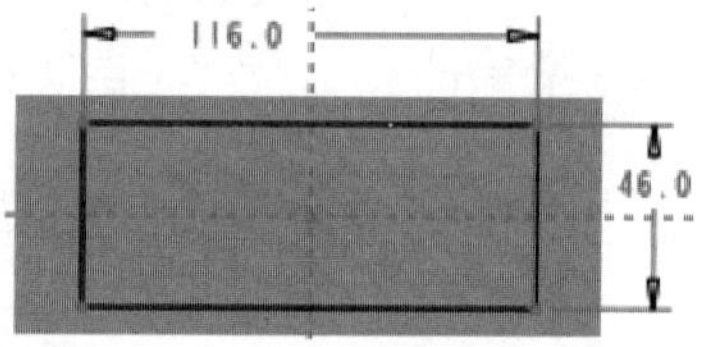

图 11.28　截面草图

Step4. 创建圆角特征 1。单击 模型 功能选项卡 工程 ▾ 区域中的 倒圆角 ▾ 按钮，选取图 11.29 所示的 4 条边线为倒圆角的边线；输入圆角半径值 1.0。

Step5. 创建图 11.30 所示的拔模特征 1。单击 模型 功能选项卡 工程 ▾ 区域中的 拔模 ▾ 按钮；在操控板中单击 参考 选项卡，激活 拔模曲面 文本框，选取图 11.31 所示的模型表面为要拔模的曲面；激活 拔模枢轴 文本框，选取图 11.31 所示的模型表面为拔模枢轴平面；拔模方向如图 11.31 所示，在后的文本框中输入拔模角度值-30.0；在操控板中单击按钮，完成拔模特征 1 的创建。

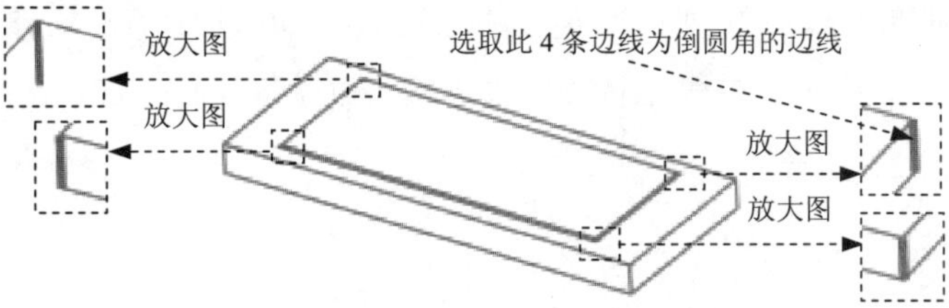

图 11.29　定义倒圆角边线

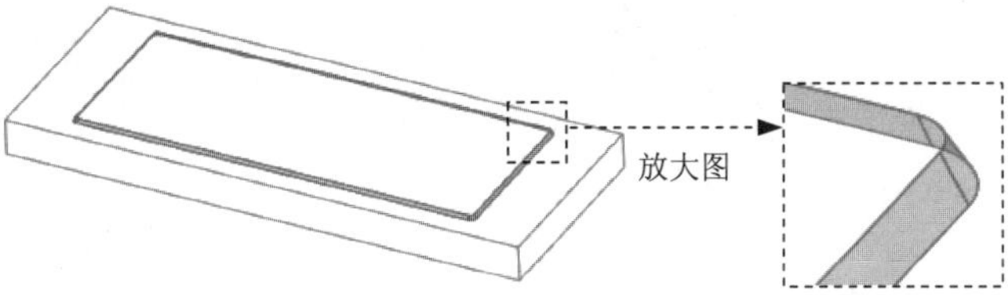

图 11.30　拔模特征 1

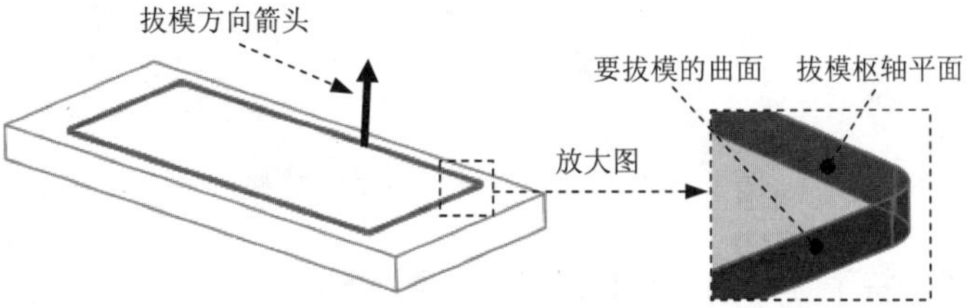

图 11.31　选取要拔模的曲面和拔模枢轴平面

Step6. 创建图 11.32 所示的拉伸特征 3。在操控板中单击 拉伸 按钮；选取图 11.32 所示的模型表面作为草绘平面，RIGHT 基准平面作为参考平面，方向为 右；绘制图 11.33 所示的截面草图，在操控板中定义拉伸类型为，输入深度值 1.0；单击按钮，完成拉伸特征 3 的创建。

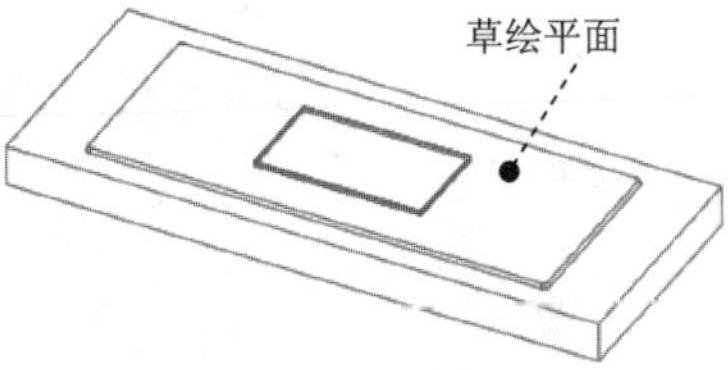

图 11.32　拉伸特征 3

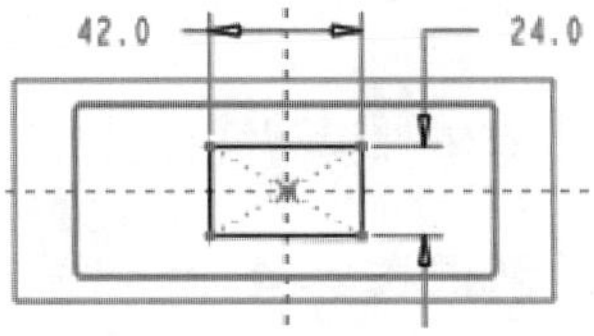

图 11.33　截面草图

Step7. 创建圆角特征 2。选取图 11.34 所示的 4 条边线为倒圆角的边线；输入圆角半径值 1.0。

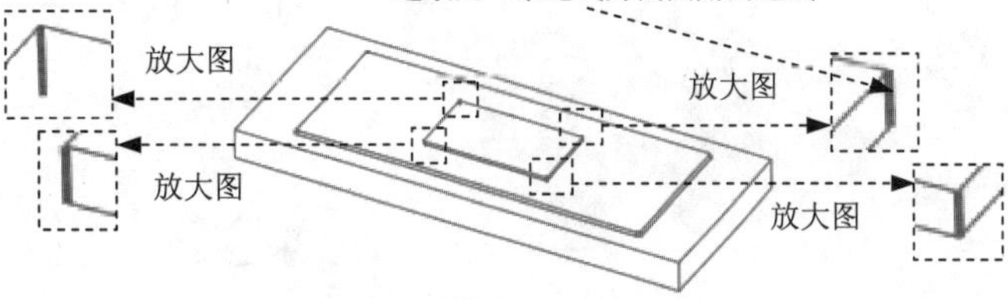

图 11.34　定义倒圆角边线

Step8. 创建图 11.35 所示的拔模特征 2。单击 模型 功能选项卡 工程 ▾ 区域中的 拔模 ▾ 按钮；在操控板中单击 参考 选项卡，激活 拔模曲面 文本框，选取图 11.36 所示的模型表面为要拔模的曲面；激活 拔模枢轴 文本框，选取图 11.36 所示的模型表面为拔模枢轴平面；拔模方向如图 11.36 所示，在 后的文本框中输入拔模角度值-30.0；在操控板中单击 ✓ 按钮，完成拔模特征 2 的创建。

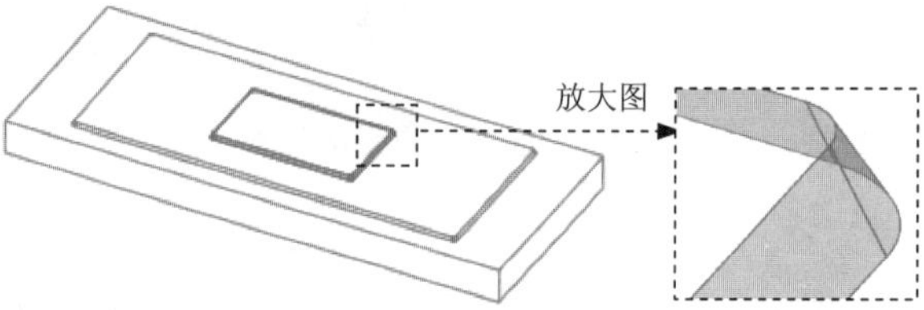

图 11.35 拔模特征 2

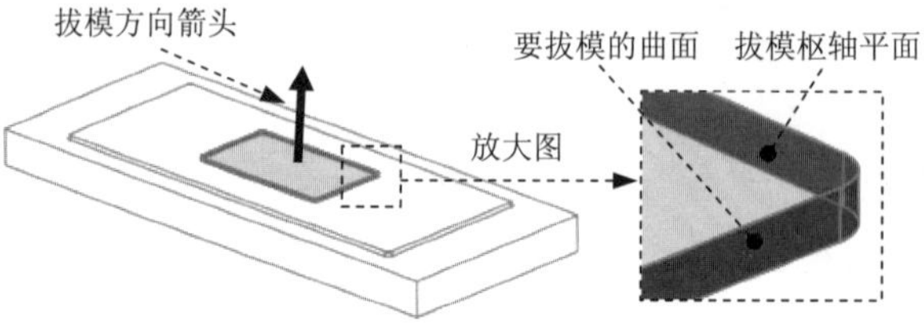

图 11.36 选取要拔模的曲面和拔模枢轴平面

Step9. 创建圆角特征 3。选取图 11.37 所示的 4 条边线为倒圆角的边线；输入圆角半径值 0.6。

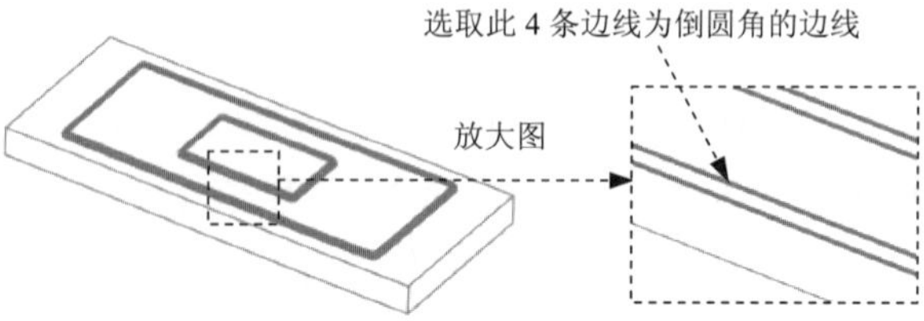

图 11.37 定义倒圆角边线

Step10. 保存零件模型文件。

Task4. 创建模具 4

模具零件模型和模型树如图 11.38 所示。

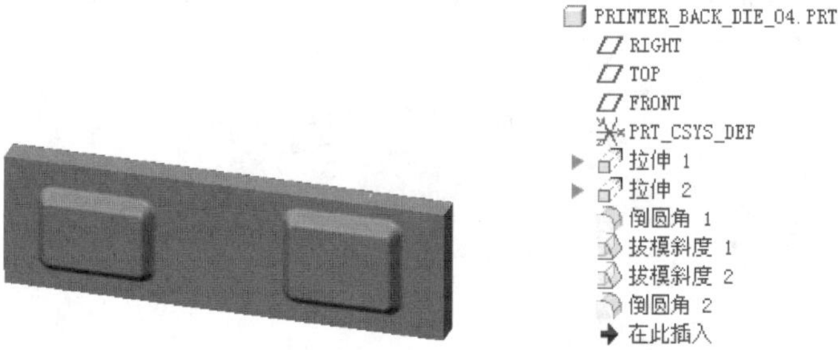

图 11.38 零件模型及模型树

Step1. 新建一个零件模型，命名为 PRINTER_BACK_DIE_04，选用 mmns_part_solid 零件模板。

Step2. 创建图 11.39 所示的拉伸特征 1。在操控板中单击 拉伸 按钮；选取 FRONT 基准平面作为草绘平面，RIGHT 基准平面作为参考平面，方向为 右；绘制图 11.40 所示的截面草图，在操控板中定义拉伸类型为 ⊥⊥，输入深度值 10.0；单击 ✔ 按钮，完成拉伸特征 1 的创建。

图 11.39 拉伸特征 1

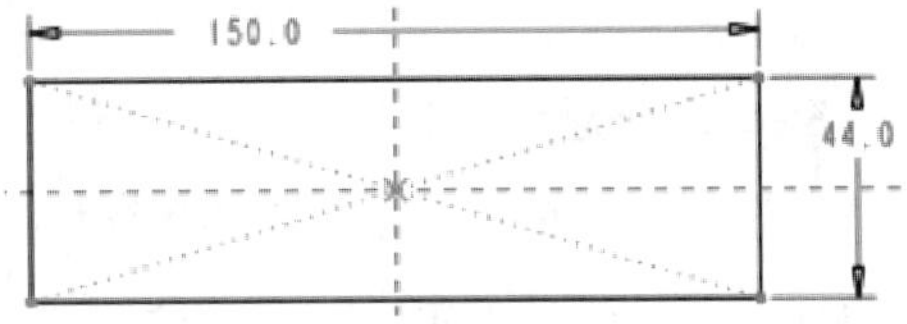

图 11.40 截面草图

Step3. 创建图 11.41 所示的拉伸特征 2。在操控板中单击 拉伸 按钮；选取图 11.41 所示的模型表面作为草绘平面，RIGHT 基准平面作为参考平面，方向为 右；绘制图 11.42 所示的截面草图，在操控板中定义拉伸类型为 ⊥⊥，输入深度值 5.0；单击 ✔ 按钮，完成拉伸特征 2 的创建。

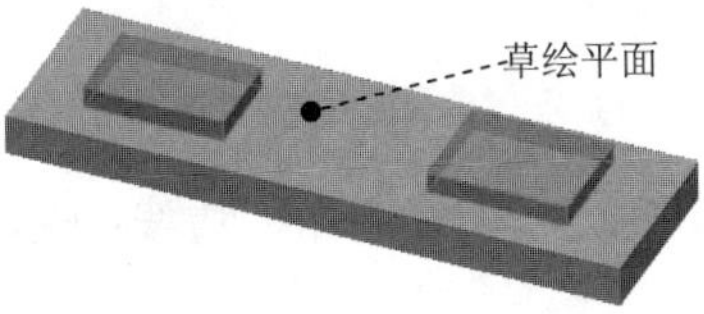

图 11.41 拉伸特征 2

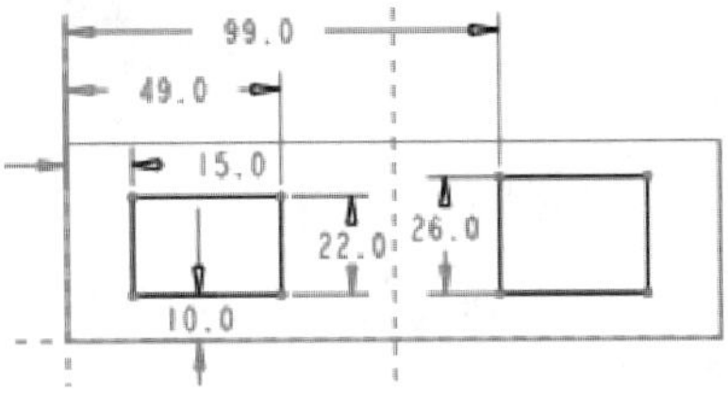

图 11.42 截面草图

Step4. 创建圆角特征 1。单击 模型 功能选项卡 工程 ▾ 区域中的 倒圆角 ▾ 按钮，选取图 11.43 所示的 8 条边线为倒圆角的边线；输入圆角半径值 1.0。

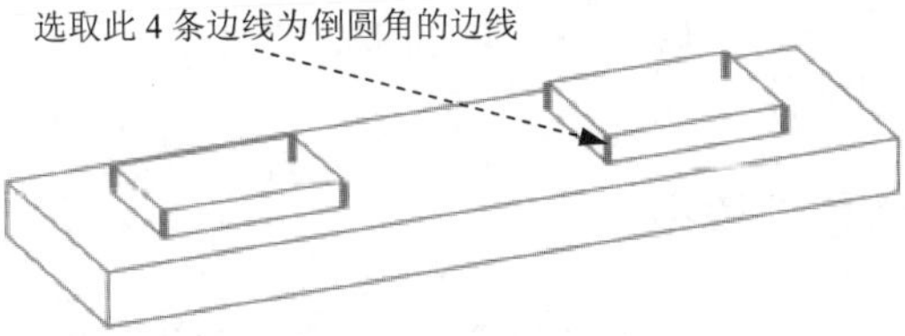

图 11.43 定义倒圆角边线

Step5. 创建图 11.44 所示的拔模特征 1。单击 模型 功能选项卡 工程 ▾ 区域中的 拔模 ▾ 按钮；在操控板中单击 参考 选项卡，激活 拔模曲面 文本框，选取图 11.45 所示的模型表面为要拔模的曲面；激活 拔模枢轴 文本框，选取图 11.45 所示的模型表面为拔模枢轴平面；拔模方向如图 11.45 所示，在 ∠ 后的文本框中输入拔模角度值-30.0；在操控板中单击 ✔ 按钮，完成拔模特征 1 的创建。

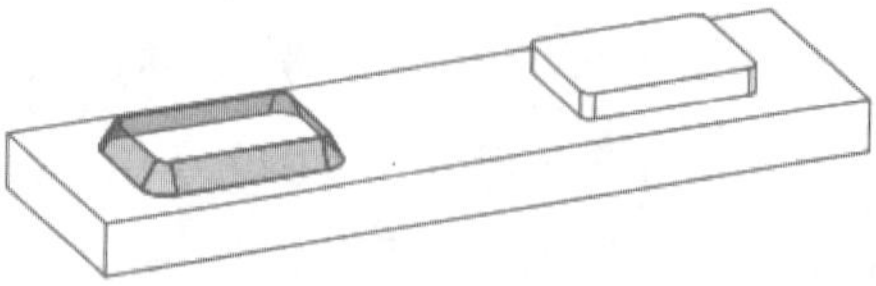

图 11.44 拔模特征 1

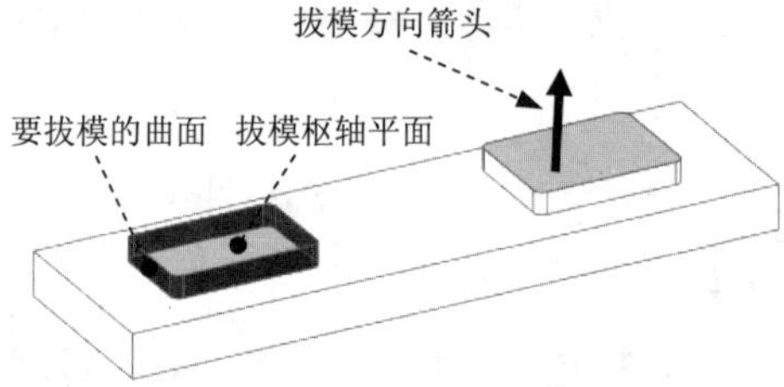

图 11.45 选取要拔模的曲面和拔模枢轴平面

Step6. 创建图 11.46 所示的拔模特征 1。单击 模型 功能选项卡 工程 ▾ 区域中的 拔模 ▾ 按钮；在操控板中单击 参考 选项卡，激活 拔模曲面 文本框，选取图 11.47 所示的模型表面为要拔模的曲面；激活 拔模枢轴 文本框，选取图 11.47 所示的模型表面为拔模枢轴平面；拔模方向如图 11.47 所示，在 后的文本框中输入拔模角度值-30.0；在操控板中单击 ✓ 按钮，完成拔模特征 2 的创建。

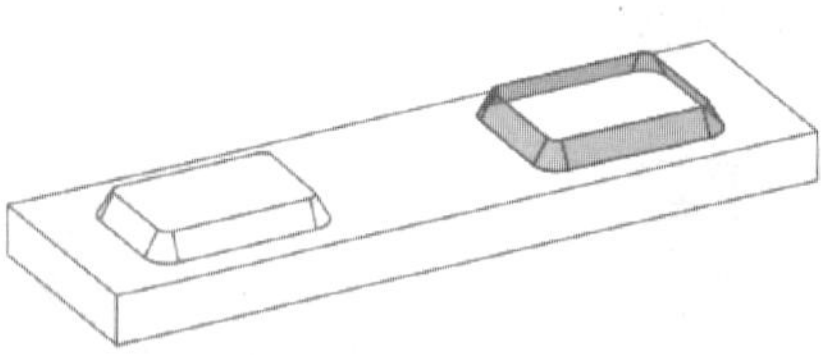

图 11.46 拔模特征 2

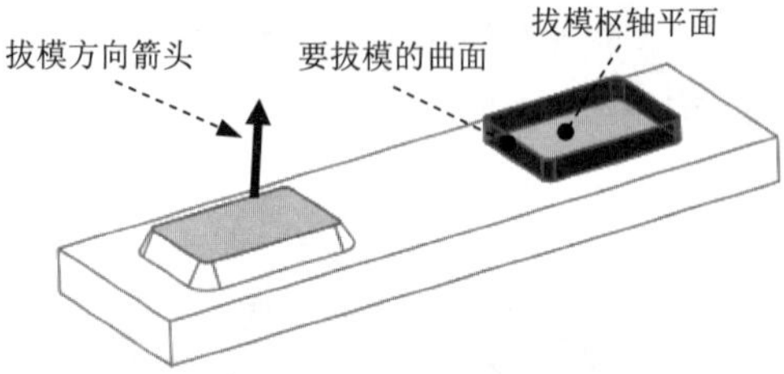

图 11.47 选取要拔模的曲面和拔模枢轴平面

Step7. 创建圆角特征 2。选取图 11.48 所示的 4 条边线为倒圆角的边线；输入圆角半径值 2.0。

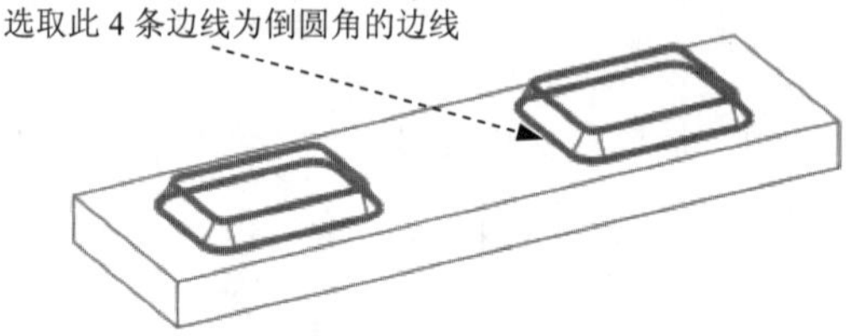

图 11.48 定义倒圆角边线

Step8. 保存零件模型文件。

Task5. 创建主体零件模型

Step1. 新建一个钣金零件模型，命名为 PRINTER_BACK，选用 mmns_part_sheetmetal 模板。

Step2. 创建图 11.49 所示的平面特征 1。

（1）单击 模型 功能选项卡 形状 ▾ 区域中的“平面”按钮 平面 。

（2）绘制截面草图。在图形区右击，从弹出的快捷菜单中选择 定义内部草绘... 命令；选取 FRONT 基准平面作为草绘平面，RIGHT 基准平面作为参考平面，方向为 右；单击 草绘 按钮，绘制图 11.50 所示的截面草图。

（3）在操控板的钣金壁厚文本框中输入钣金壁厚度值 0.5。

（4）在操控板中单击“完成”按钮✔，完成平面特征 1 的创建。

Step3. 创建图 11.51 所示的凸模成形特征 1。

图 11.49　平面特征 1

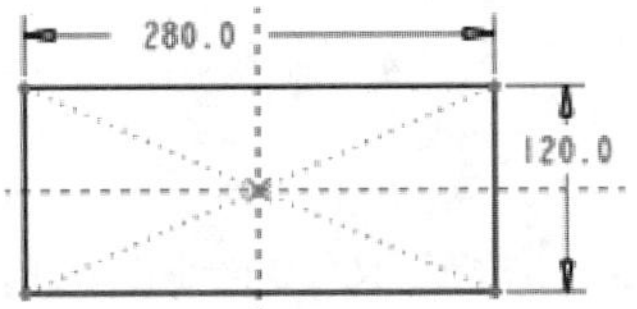

图 11.50　截面草图

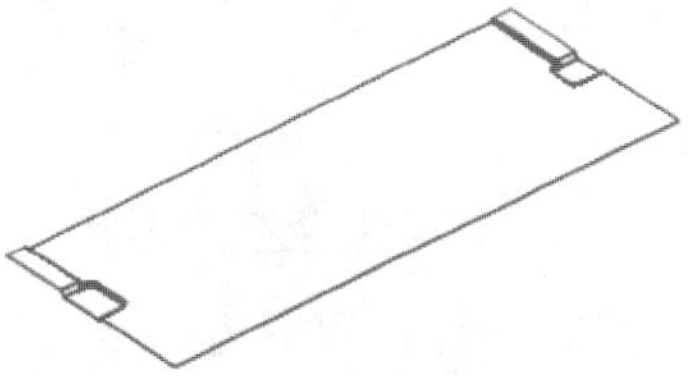

图 11.51　创建凸模成形特征 1

（1）选择命令。单击 模型 功能选项卡 工程 ▼ 区域节点下的 凸模 按钮。

（2）选择模具文件。在系统弹出的“凸模”操控板中单击按钮，系统弹出 “打开”对话框，选择 PRINTER_BACK_DIE_01.prt 为成形模具。

（3）定义成形模具的放置。单击操控板中的 放置 选项卡，在弹出的界面中选中 ☑ 约束已启用 复选框，并添加图 11.52 所示的三组位置约束。

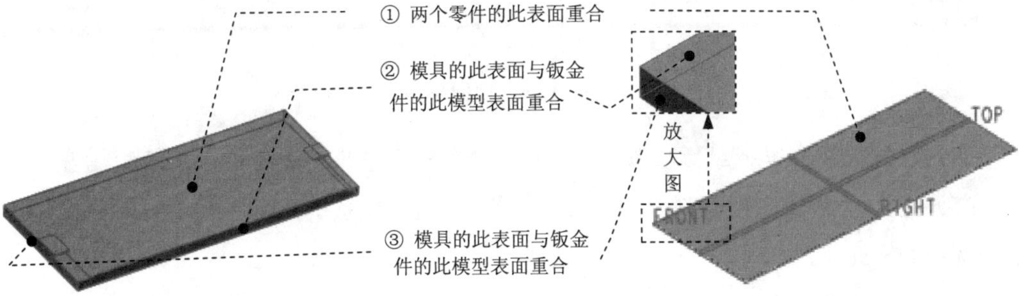

图 11.52　定义成形模具的放置

（4）定义冲孔方向。选取图 11.53 所示的方向为冲孔方向。

（5）在操控板中单击“完成”按钮✔，完成凸模成形特征 1 的创建。

Step4. 创建图 11.54 所示的附加钣金壁平整特征 1。

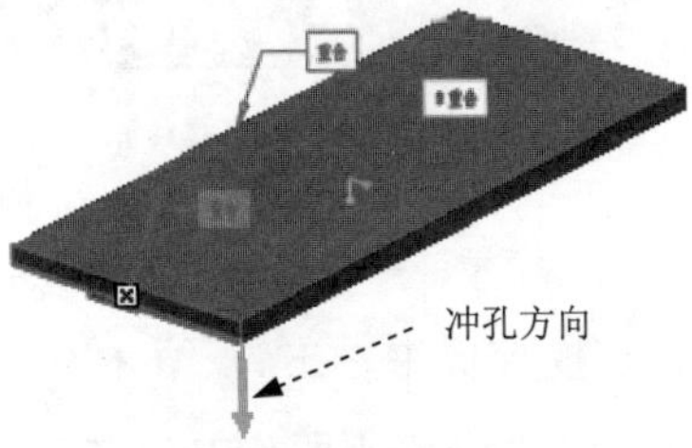

图 11.53　选取冲孔方向

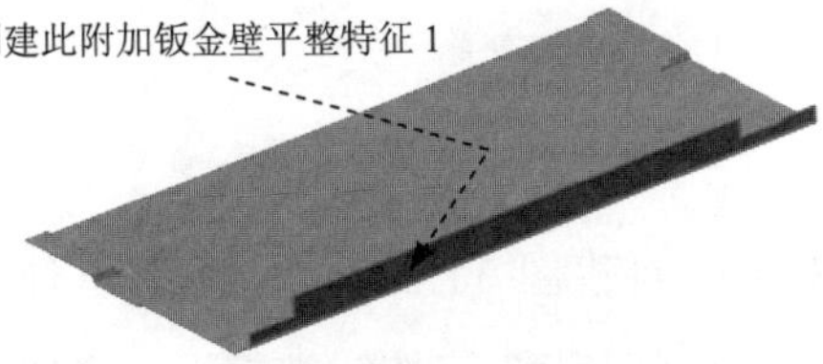

图 11.54　平整特征 1

（1）单击 模型 功能选项卡 形状 ▼ 区域中的“平整”按钮。

（2）在系统 ➡选择一个边连到壁上. 的提示下，选取图 11.55 所示的模型边线为附着边。

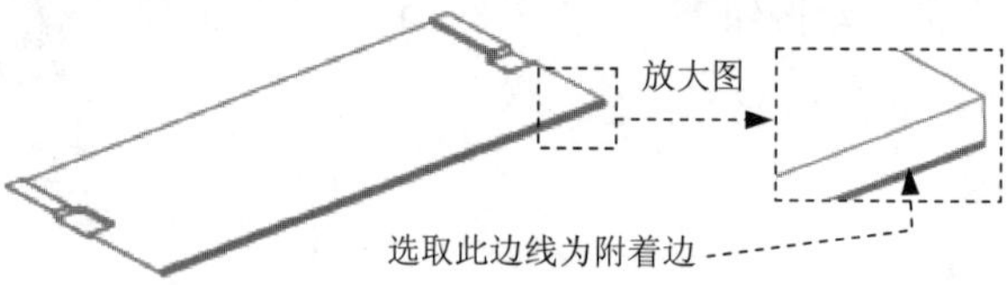

图 11.55　定义附着边

（3）定义钣金壁的形状。

① 在操控板中选择形状类型为用户定义；在图标后面的文本框中输入角度值 90.0；确认按钮被按下，然后在后面的文本框中输入折弯半径值 0.5，折弯半径所在侧为。

② 在操控板中单击形状按钮，在系统弹出的界面中单击草绘...按钮，在弹出的对话框中，接受系统默认的草绘平面和参考，并单击草绘按钮，绘制图 11.56 所示的截面草图。

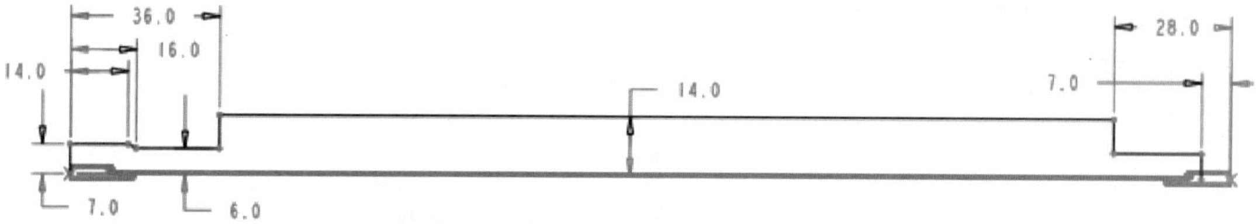

图 11.56　截面草图

（4）设置偏移。单击偏移按钮，选中 相对连接边偏移壁复选框和 添加到零件边单选项。

（5）定义止裂槽。在操控板中单击止裂槽按钮，在系统弹出界面中的类型下拉列表框中选择扯裂选项。

（6）在操控板中单击按钮，预览所创建的特征，确认无误后，单击“完成”按钮。

Step5. 创建图 11.57 所示的钣金展平特征 1。单击模型功能选项卡折弯区域中的“展平”按钮；采用系统自动选择的参考平面为固定面；单击按钮，完成展平特征的创建。

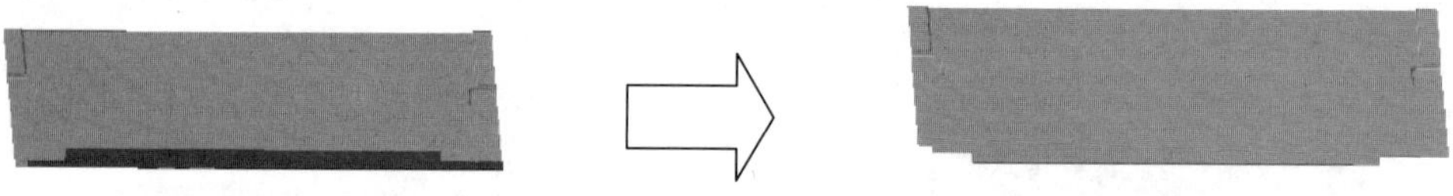

a）展平前　　b）展平后

图 11.57　展平特征 1

Step6. 创建图 11.58 所示钣金拉伸切削特征 1。在操控板中单击拉伸按钮，确认按钮、按钮和按钮被按下；选取 FRONT 基准平面作为草绘平面，RIGHT 基准平面作为参考平面，方向为右；单击草绘按钮，绘制图 11.59 所示的截面草图；在操控板中定义拉伸类型为；选择材料移除的方向类型为（移除垂直于驱动曲面的材料）；单击按钮，完成拉伸特征 1 的创建。

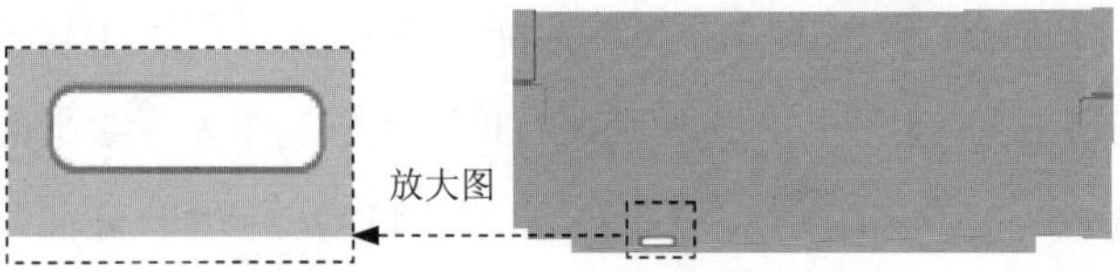

图 11.58　拉伸切削特征 1

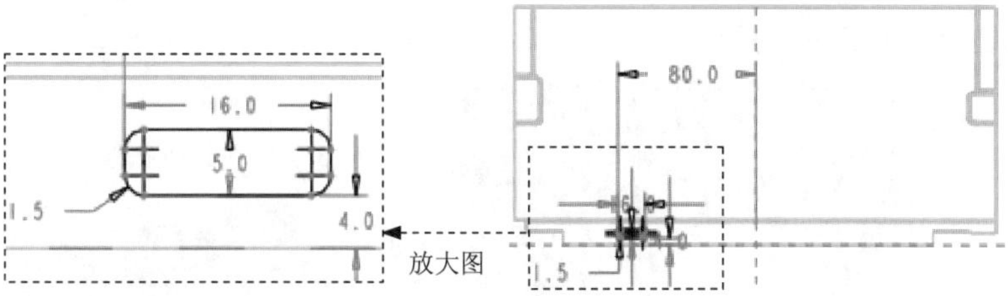

图 11.59　截面草图

Step7. 创建图 11.60 所示的阵列特征 1。在模型树中选择“拉伸 1”特征后右击，选择 阵列... 命令；在操控板中选择以“方向”方式控制阵列；选取 RIGHT 基准平面为第一方向阵列参考；在操控板中的阵列数量栏中输入数量值 7，尺寸增量值为 24.0；在操控板中单击按钮，完成阵列特征 1 的创建。

图 11.60　阵列特征 1

Step8. 创建图 11.61 所示的钣金拉伸切削特征 2。在操控板中单击 拉伸 按钮，确认按钮、按钮和按钮被按下；选取 FRONT 基准平面作为草绘平面，RIGHT 基准平面作为参考平面，方向为 右；单击 草绘 按钮，绘制图 11.62 所示的截面草图；在操控板中定义拉伸类型为；选择材料移除的方向类型为（移除垂直于驱动曲面的材料）；单击按钮，完成拉伸特征 2 的创建。

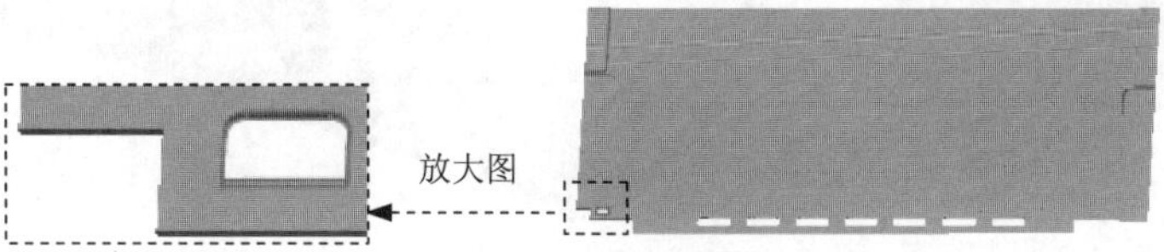

图 11.61　拉伸切削特征 2

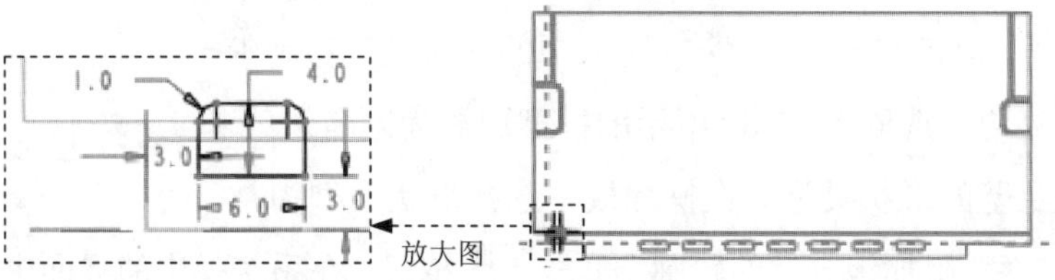

图 11.62　截面草图

Step9. 创建图 11.63 所示钣金拉伸切削特征 3。在操控板中单击拉伸按钮，确认按钮、按钮和按钮被按下；选取 FRONT 基准平面作为草绘平面，RIGHT 基准平面作为参考平面，方向为右；单击草绘按钮，绘制图 11.64 所示的截面草图；在操控板中定义拉伸类型为；选择材料移除的方向类型为（移除垂直于驱动曲面的材料）；单击按钮，完成拉伸特征 3 的创建。

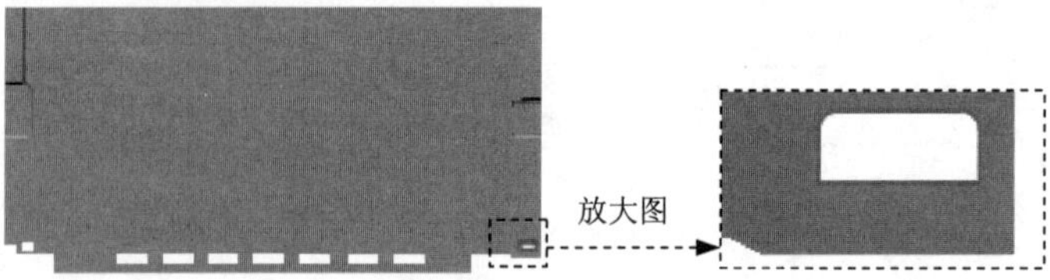

图 11.63　拉伸切削特征 3

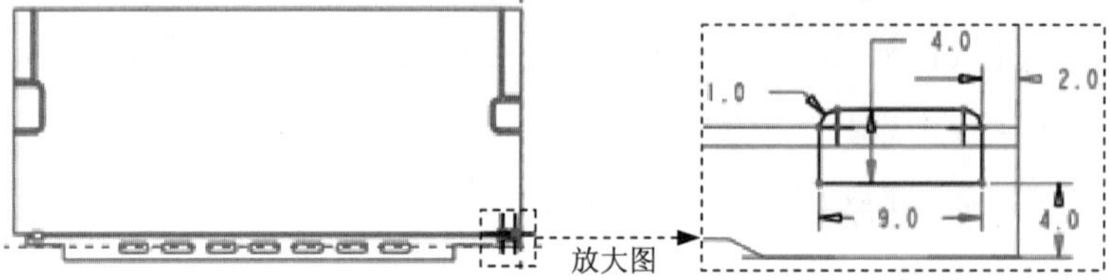

图 11.64　截面草图

Step10. 创建图 11.65 所示的钣金折回特征 1。单击模型功能选项卡折弯▾区域中的折弯回去按钮；采用系统自动选择的参考几何平面为固定面；单击按钮，完成折回特征的创建。

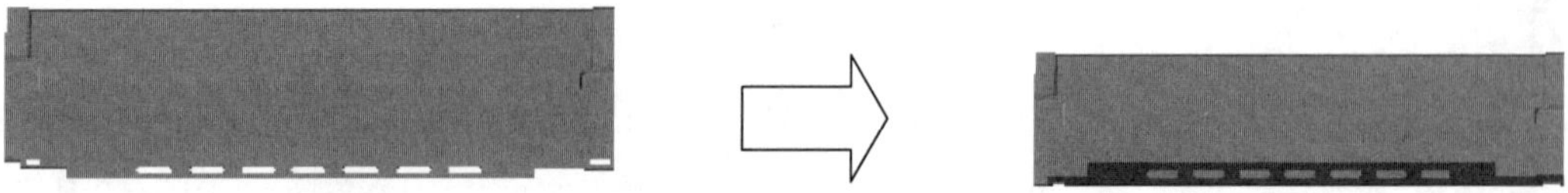

a）折回前　　b）折回后

图 11.65　折回特征 1

Step11. 创建图 11.66 所示的附加钣金壁凸缘特征 1。

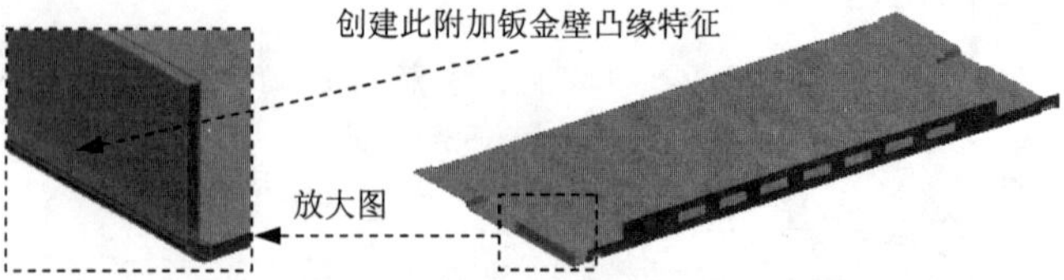

图 11.66　凸缘特征 1

（1）单击模型功能选项卡形状▾区域中的“法兰”按钮。

（2）选取附着边。选取图 11.67 所示的模型边线为附着边线。

（3）选取法兰壁的形状类型。在操控板中选择形状类型为I。

（4）定义“法兰”附加钣金壁的轮廓。单击形状按钮，在系统弹出的界面中输入图 11.68 所示的数值。

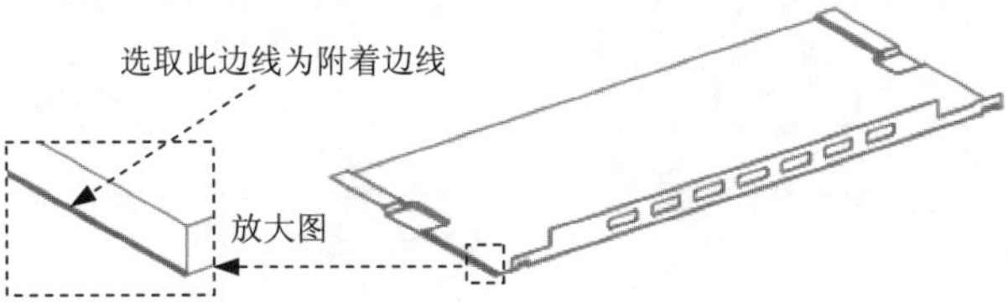

图 11.67 定义附着边

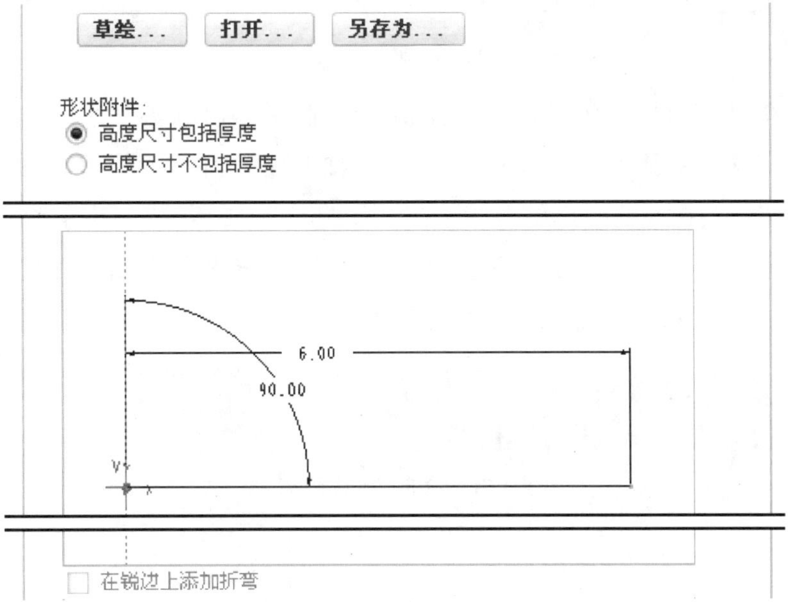

图 11.68 法兰形状

（5）定义长度。在第一方向文本框后输入数值-11，在第二方向文本框后输入数值 0。

（6）定义止裂槽。在操控板中单击 止裂槽 按钮，在系统弹出的“止裂槽”界面 类型 下拉列表框中选择 扯裂 选项。

（7）定义折弯半径。确认按钮被按下，然后在后面的文本框中输入折弯半径值 0.5，折弯半径所在侧为。

（8）在操控板中单击按钮，预览所创建的特征，确认无误后，单击“完成”按钮。

Step12. 创建图 11.69 所示钣金拉伸切削特征 4。在操控板中单击 拉伸 按钮，确认按钮、按钮和按钮被按下；选取 FRONT 基准平面作为草绘平面，RIGHT 基准平面作为参考平面，方向为 右；单击 草绘 按钮，绘制图 11.70 所示的截面草图；在操控板中定义拉伸类型为；单击按钮，调整拉伸切除方向；选择材料移除的方向类型为（移除垂直于驱动曲面的材料）；单击按钮，完成拉伸特征 4 的创建。

图 11.69 拉伸切削特征 4

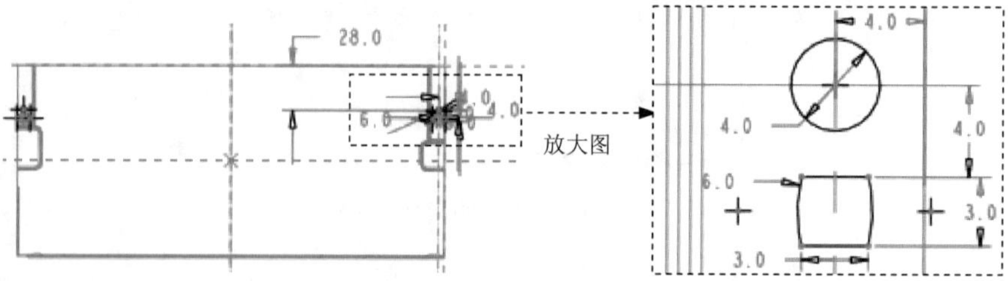

图 11.70　截面草图

Step13. 创建图 11.71 所示钣金拉伸切削特征 5。在操控板中单击拉伸按钮，确认按钮、按钮和按钮被按下；选取 FRONT 基准平面作为草绘平面，RIGHT 基准平面作为参考平面，方向为右；单击草绘按钮，绘制图 11.72 所示的截面草图；在操控板中定义拉伸类型为；单击按钮，调整拉伸切除方向；选择材料移除的方向类型为（移除垂直于驱动曲面的材料）；单击按钮，完成拉伸特征 5 的创建。

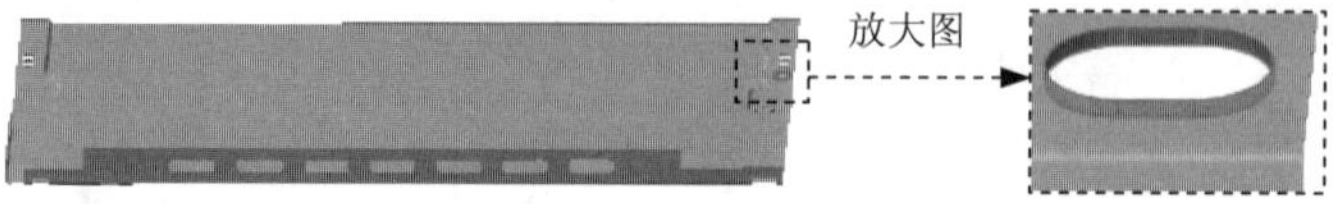

图 11.71　拉伸切削特征 5

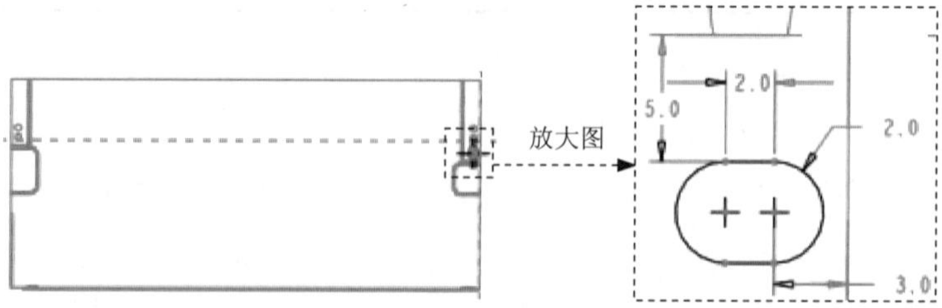

图 11.72　截面草图

Step14. 创建图 11.73 所示钣金拉伸切削特征 6。在操控板中单击拉伸按钮，确认按钮、按钮和按钮被按下；选取 FRONT 基准平面作为草绘平面，RIGHT 基准平面作为参考平面，方向为右；单击草绘按钮，绘制图 11.74 所示的截面草图；在操控板中定义拉伸类型为，输入深度值 10.0；选择材料移除的方向类型为（移除垂直于驱动曲面的材料）；单击按钮，完成拉伸特征 6 的创建。

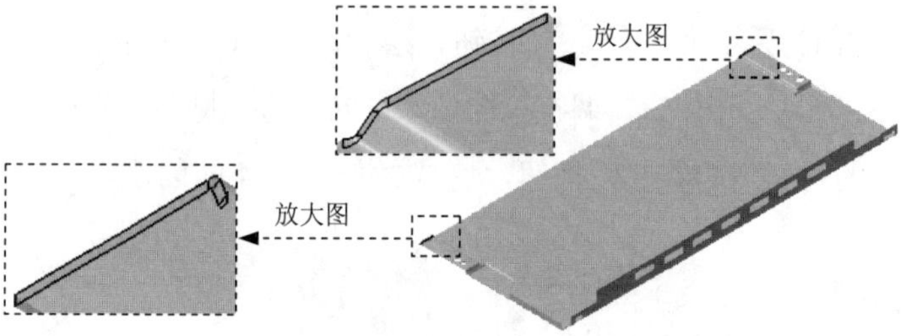

图 11.73　拉伸切削特征 6

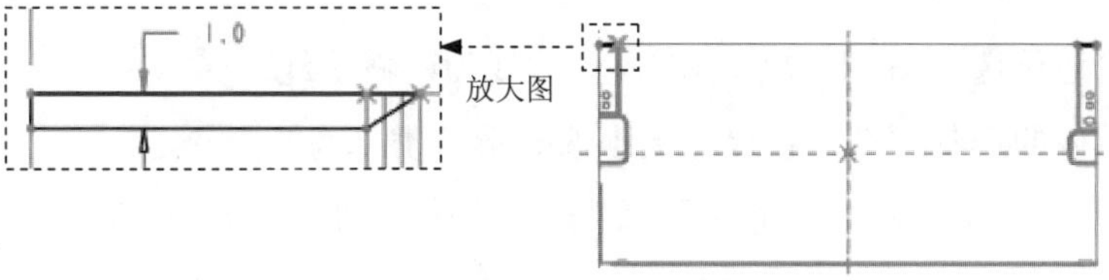

图 11.74 截面草图

Step15. 创建图 11.75 所示的附加钣金壁凸缘特征 2。

（1）单击 模型 功能选项卡 形状 区域中的“法兰”按钮。

（2）选取附着边。选取图 11.76 所示的模型边线为附着边线。

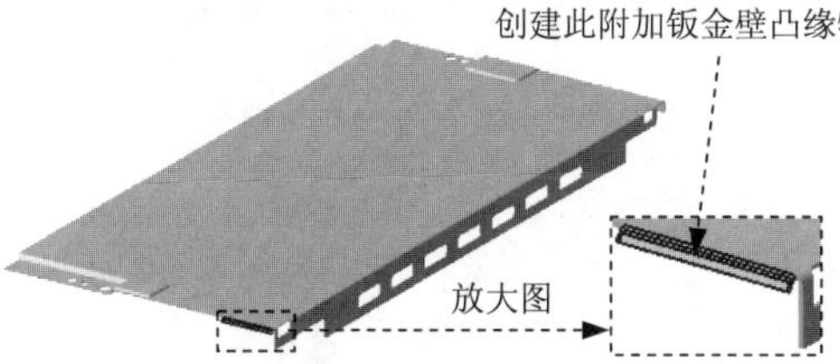

图 11.75 凸缘特征 2

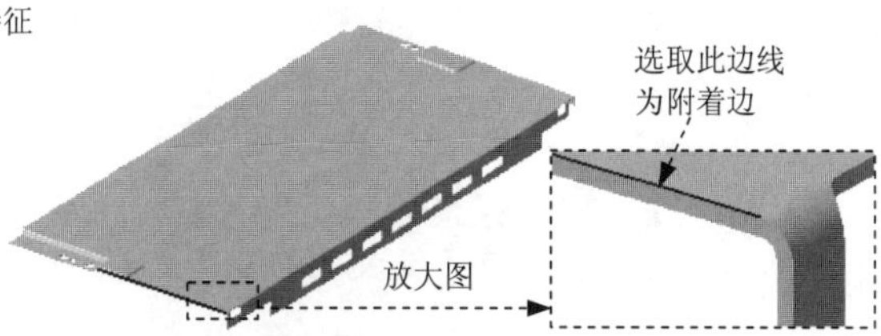

图 11.76 定义附着边

（3）选取法兰壁的形状类型。在操控板中选择形状类型为 I。

（4）定义“法兰”附加钣金壁的轮廓。单击 形状 按钮，在系统弹出的界面中输入图 11.77 所示的值。

（5）设置偏移。单击 偏移 按钮，选中 相对连接边偏移壁 复选框和 添加到零件边 单选项。

（6）定义长度。在第一方向文本框后输入数值 0，在第二方向文本框后输入数值-30。

（7）定义止裂槽。在操控板中单击 止裂槽 按钮，在系统弹出的“止裂槽”界面 类型 下拉列表框中选择 扯裂 选项。

（8）定义折弯半径。确认按钮被按下，然后在后面的文本框中输入折弯半径值 0.5，折弯半径所在侧为。

（9）在操控板中单击按钮，完成凸缘特征 2 的创建。

Step16. 创建图 11.78 所示的附加钣金壁凸缘特征 3。

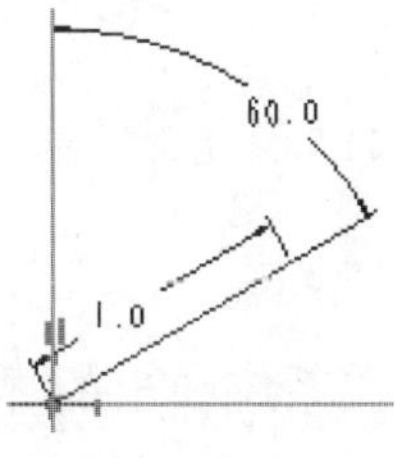

图 11.77 修改后的数值

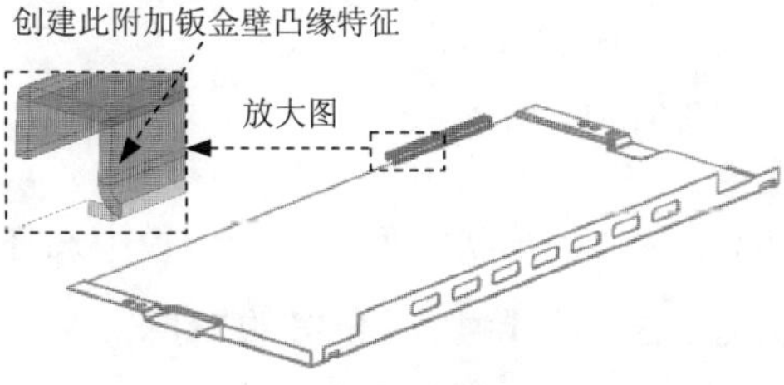

图 11.78 凸缘特征 3

（1）单击 模型 功能选项卡 形状 ▾ 区域中的“法兰”按钮。

（2）选取附着边。选取图 11.79 所示的模型边线为附着边线。

（3）选取法兰壁的形状类型。在操控板中选择形状类型为 用户定义。

（4）定义“法兰”附加钣金壁的轮廓。单击 形状 按钮，在系统弹出的界面中单击 草绘... 按钮，系统弹出“草绘”对话框，选中 ◉ 薄壁端 单选项，单击 草绘 按钮（可单击对话框中的 反向 按钮切换视图箭头方向）；进入草绘环境后，绘制图 11.80 所示的截面草图（图形不能封闭）。

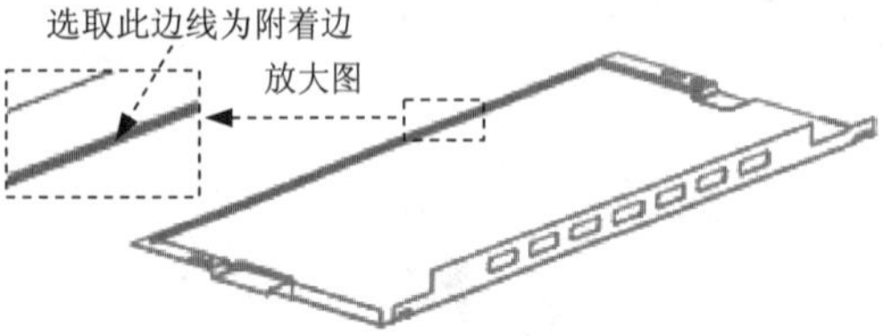

图 11.79　定义附着边

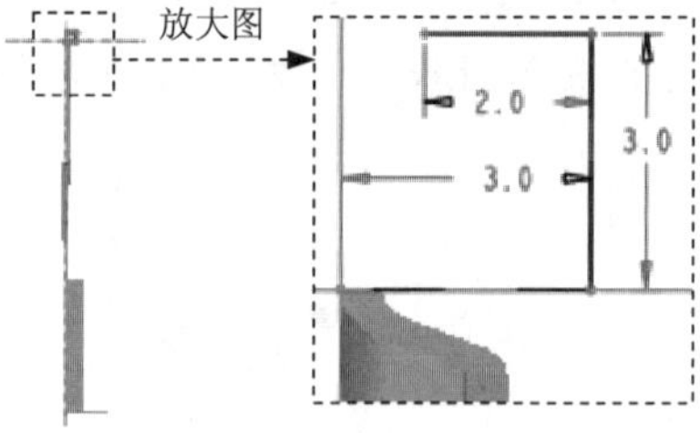

图 11.80　截面草图

（5）定义长度。在第一方向文本框后输入数值-15.0，在第二方向文本框后输入数值-185.0。

（6）设置止裂槽。单击 止裂槽 按钮，在 止裂槽类别 区域单击 折弯止裂槽 选项，在 类型 下拉列表框中选择 矩形 选项，其他设置接受系统默认。

（7）定义折弯半径。确认按钮被按下，然后在后面的文本框中输入折弯半径值 0.5，折弯半径所在侧为。

（8）在操控板中单击✔按钮，完成凸缘特征 3 的创建。

Step17. 创建图 11.81 所示的附加钣金壁凸缘特征 4。

（1）单击 模型 功能选项卡 形状 ▾ 区域中的“法兰”按钮。

（2）选取附着边。选取图 11.82 所示的模型边线为附着边线。

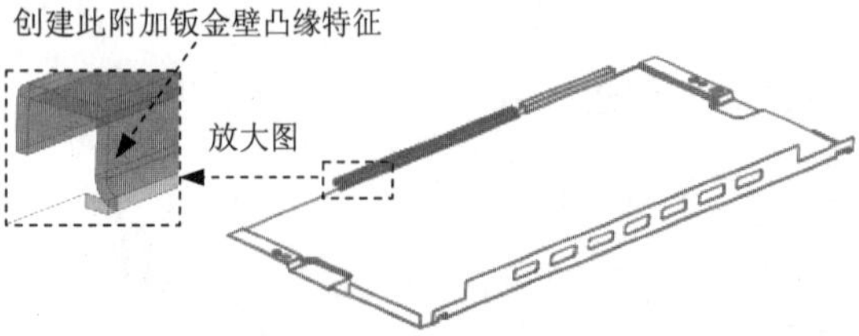

图 11.81　凸缘特征 4

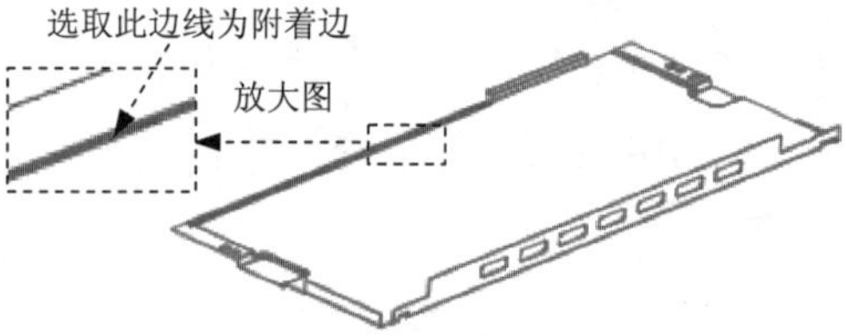

图 11.82　定义附着边

（3）选取法兰壁的形状类型。在操控板中选择形状类型为 用户定义。

（4）定义“法兰”附加钣金壁的轮廓。单击 形状 按钮，在系统弹出的界面中单击 草绘... 按钮，系统弹出“草绘”对话框，选中 ◉ 薄壁端 单选项，单击 草绘 按钮（可单

击对话框中的 反向 按钮切换视图箭头方向）；进入草绘环境后，绘制图 11.83 所示的截面草图（图形不能封闭）。

（5）定义长度。在第一方向文本框后输入数值-5.0，在第二方向文本框后输入数值-65.0。

（6）设置止裂槽。单击 止裂槽 按钮，止裂槽类别 区域单击折弯止裂槽选项，在 类型 下拉列表框中选择矩形选项，其他设置接受系统默认。

（7）定义折弯半径。确认按钮被按下，然后在后面的文本框中输入折弯半径值 0.5，折弯半径所在侧为。

（8）在操控板中单击按钮，完成凸缘特征 4 的创建。

Step18. 创建图 11.84 所示的凸模成形特征 2。

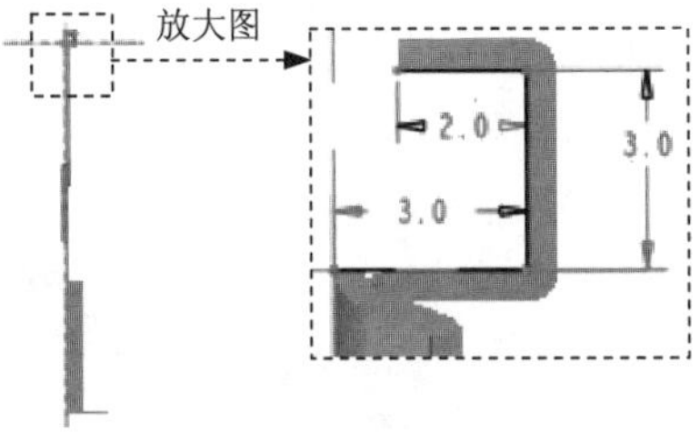

图 11.83　截面草图

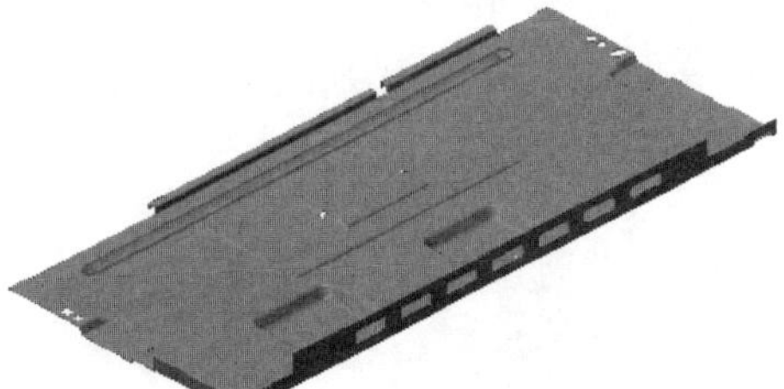

图 11.84　创建凸模成形特征 2

（1）选择命令。单击 模型 功能选项卡 工程 ▾ 区域节点下的 凸模 按钮。

（2）选择模具文件。在系统弹出的“凸模”操控板中单击按钮，系统弹出“打开”对话框，选择 PRINTER_BACK_DIE_02.prt 为成形模具。

（3）定义成形模具的放置。单击操控板中的 放置 选项卡，在弹出的界面中选中 ✔ 约束已启用 复选框，并添加图 11.85 所示的三组位置约束。

（4）定义冲孔方向。选取图 11.86 所示的方向为冲孔方向。

（5）在操控板中单击“完成”按钮，完成凸模成形特征 2 的创建。

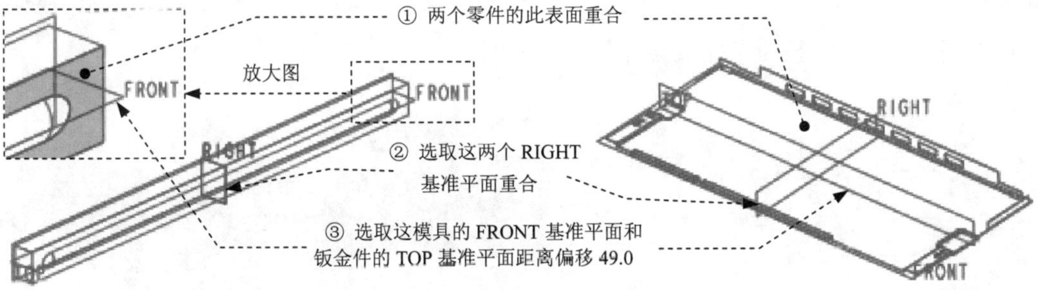

图 11.85　定义成形模具的放置

Step19. 创建图 11.87 所示的凸模成形特征 3。

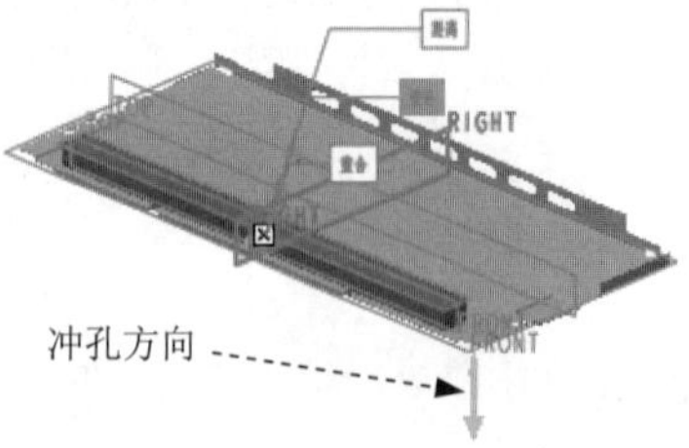

图 11.86　选取冲孔方向

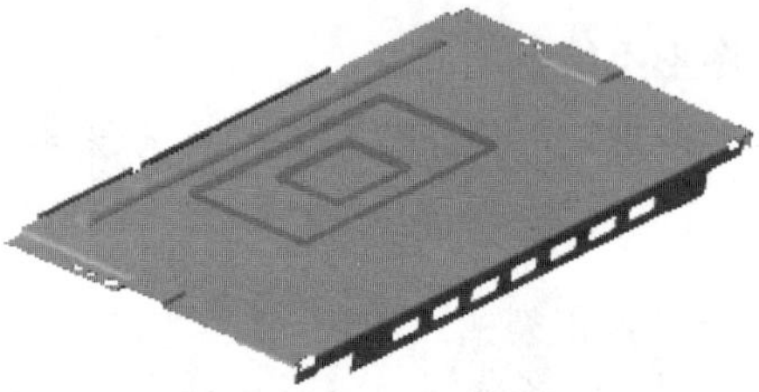

图 11.87　创建凸模成形特征 3

（1）选择命令。单击 模型 功能选项卡 工程 ▾ 区域 节点下的 凸模 按钮。

（2）选择模具文件。在系统弹出的“凸模”操控板中单击 按钮，系统弹出“打开”对话框，选择 PRINTER_BACK_DIE_03.prt 为成形模具。

（3）定义成形模具的放置。单击操控板中的 放置 选项卡，在弹出的界面中选中 ✔ 约束已启用 复选框，并添加图 11.88 所示的三组位置约束。

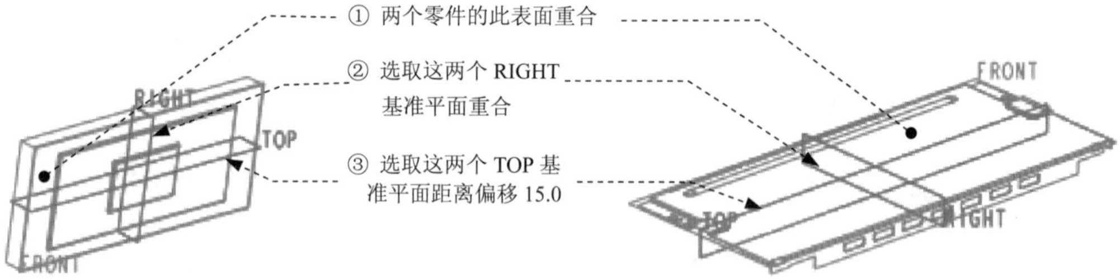

图 11.88　定义成形模具的放置

（4）定义冲孔方向。选取图 11.89 所示的方向为冲孔方向。

（5）在操控板中单击“完成”按钮 ✔，完成凸模成形特征 3 的创建。

Step20. 创建图 11.90 所示钣金拉伸切削特征 7。在操控板中单击 拉伸 按钮，确认 按钮、 按钮和 按钮被按下；选取 FRONT 基准平面作为草绘平面，RIGHT 基准平面作为参考平面，方向为 右；单击 草绘 按钮，绘制图 11.91 所示的截面草图；在操控板中定义拉伸类型为 ，输入深度值 10.0；选择材料移除的方向类型为 （移除垂直于驱动曲面的材料）；单击 ✔ 按钮，完成拉伸特征 7 的创建。

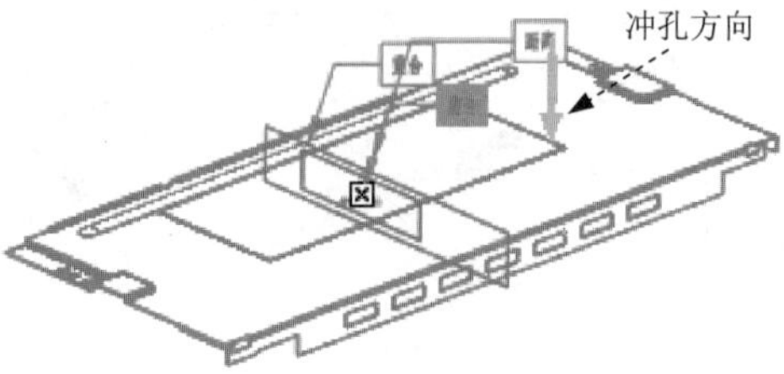

图 11.89　选取冲孔方向

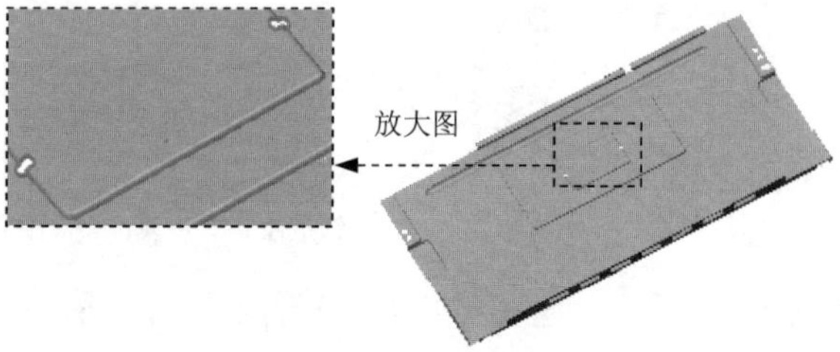

图 11.90　拉伸切削特征 7

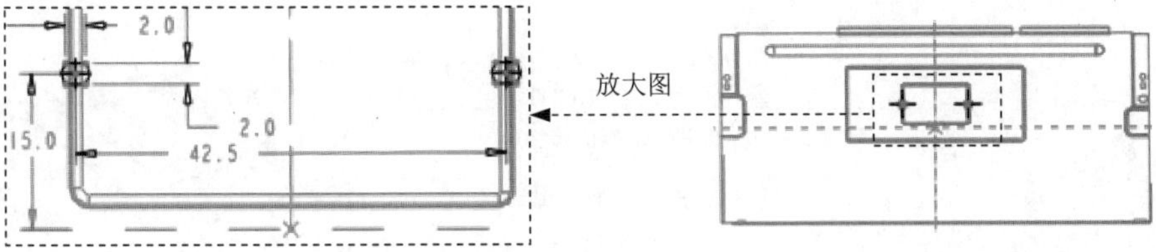

图 11.91　截面草图

Step21. 创建图 11.92 所示钣金拉伸切削特征 8。在操控板中单击拉伸按钮，确认按钮、按钮和按钮被按下；选取 FRONT 基准平面作为草绘平面，RIGHT 基准平面作为参考平面，方向为右；单击草绘按钮，绘制图 11.93 所示的截面草图；在操控板中定义拉伸类型为；选择材料移除的方向类型为（移除垂直于驱动曲面的材料）；单击按钮，完成拉伸特征 8 的创建。

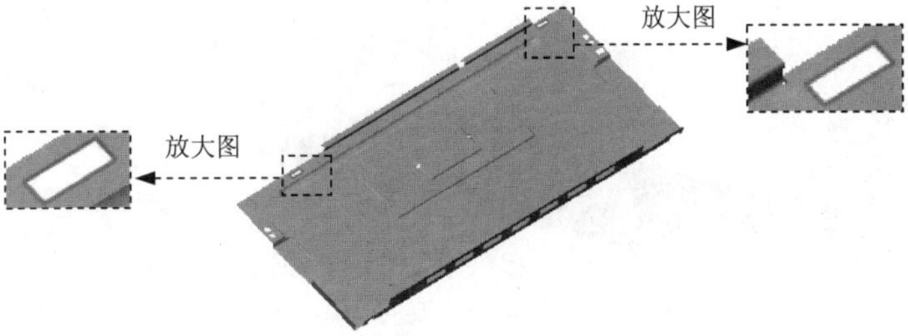

图 11.92　拉伸切削特征 8

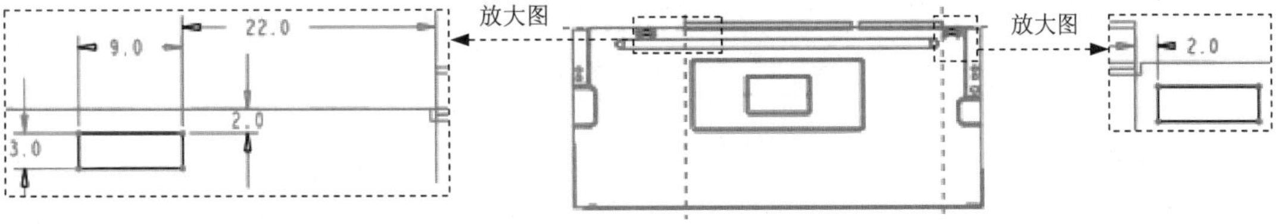

图 11.93　截面草图

Step22. 创建图 11.94 所示的凸模成形特征 4。

（1）选择命令。单击模型功能选项卡工程区域节点下的凸模按钮。

（2）选择模具文件。在系统弹出的“凸模”操控板中单击按钮，系统弹出“打开”对话框，选择 PRINTER_BACK_DIE_04.prt 为成形模具。

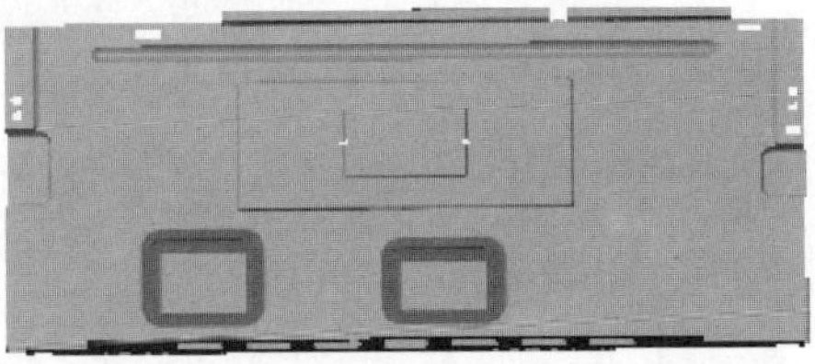

图 11.94　创建凸模成形特征 4

（3）定义成形模具的放置。单击操控板中的放置选项卡，在弹出的界面中选中

☑约束已启用 复选框，并添加图 11.95 所示的三组位置约束。

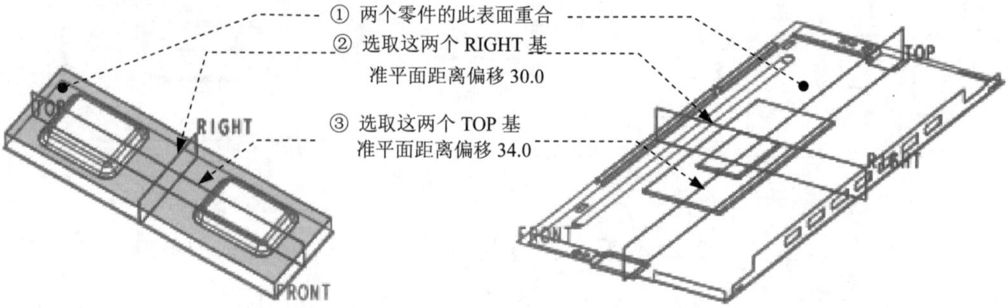

图 11.95　定义成形模具的放置

（4）定义冲孔方向。选取图 11.96 所示的方向为冲孔方向。

（5）在操控板中单击“完成”按钮✔，完成凸模成形特征 4 的创建。

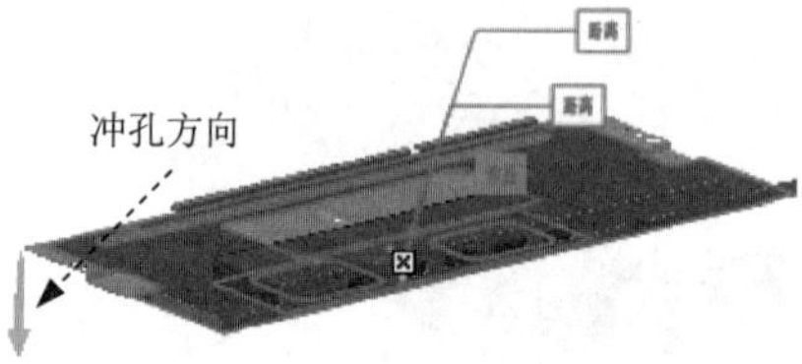

图 11.96　选取冲孔方向

Step23. 保存钣金件模型文件。

实例 12 打孔机组件

12.1 实例概述

本实例详细介绍了图 12.1.1 所示的打孔机的设计过程。钣金件 1、钣金件 2 和钣金件 3 的设计过程比较简单，其中用到了平面、切削拉伸、平整、法兰、镜像、阵列和成形特征等命令。

a）装配图　　b）爆炸图

图 12.1.1　打孔机组件

12.2 钣金件 1

钣金件模型及模型树如图 12.2.1 所示。

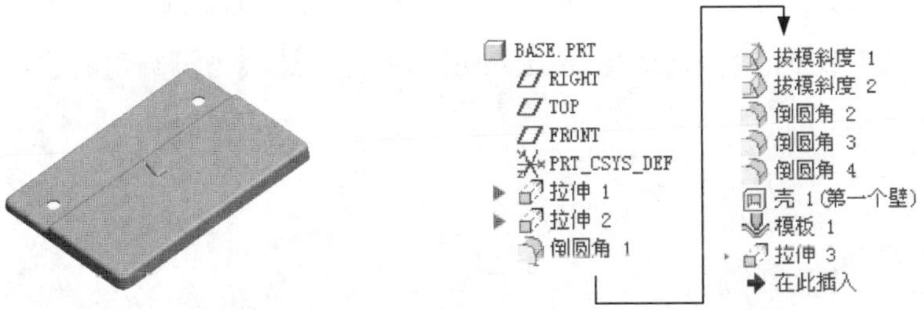

图 12.2.1　钣金件模型及模型树

Task1. 创建模具

零件模型及模型树如图 12.2.2 所示。

Step1. 新建一个实体零件模型，命名为 BASE_DIE。

Step2. 创建图 12.2.3 所示的拉伸特征 1。在操控板中单击“拉伸”按钮 拉伸 。选取 TOP 基准平面为草绘平面，RIGHT 基准平面为参考平面，方向为 右；单击 草绘 按钮，绘制图 12.2.4 所示的截面草图，在操控板中定义拉伸类型为 ，输入深度值 5.0；单击 按钮，完成拉伸特征 1 的创建。

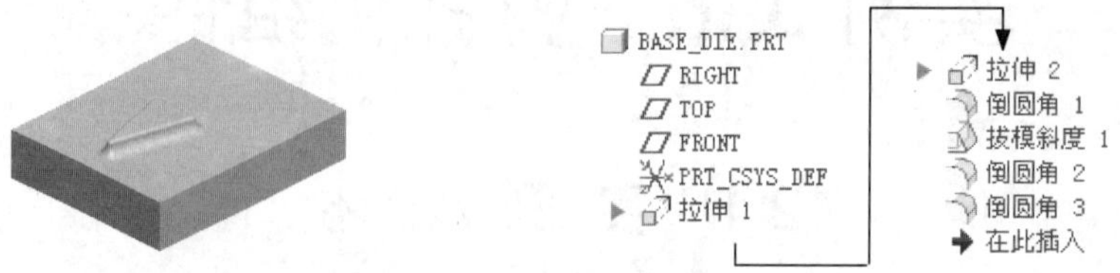

图 12.2.2　零件模型及模型树

图 12.2.3　拉伸特征 1

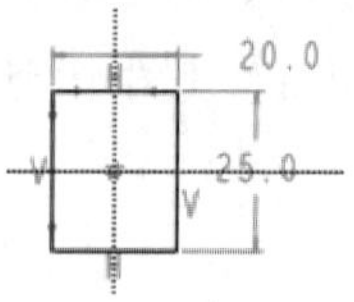

图 12.2.4　截面草图

Step3. 创建图 12.2.5 所示的拉伸特征 2。在操控板中单击“拉伸”按钮 拉伸 。选取图 12.2.5 所示的模型表面为草绘平面，RIGHT 基准平面为参考平面，方向为 右；单击 草绘 按钮，绘制图 12.2.6 所示的截面草图，在操控板中定义拉伸类型为，输入深度值 1.5；单击按钮，完成拉伸特征 2 的创建。

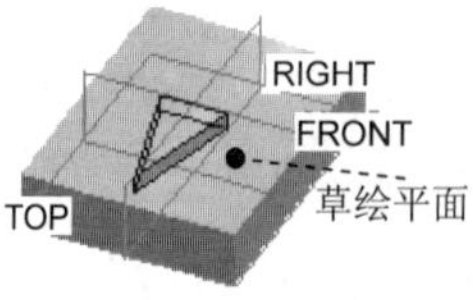

图 12.2.5　拉伸特征 2

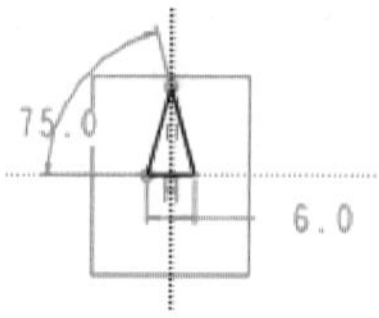

图 12.2.6　截面草图

Step4. 创建图 12.2.7b 所示倒圆角特征 1。单击 模型 功能选项卡 工程 区域中的 倒圆角 按钮，按住 Ctrl 键，选取图 12.2.7a 所示的三条边线为倒圆角的边线，圆角半径值为 0.5。

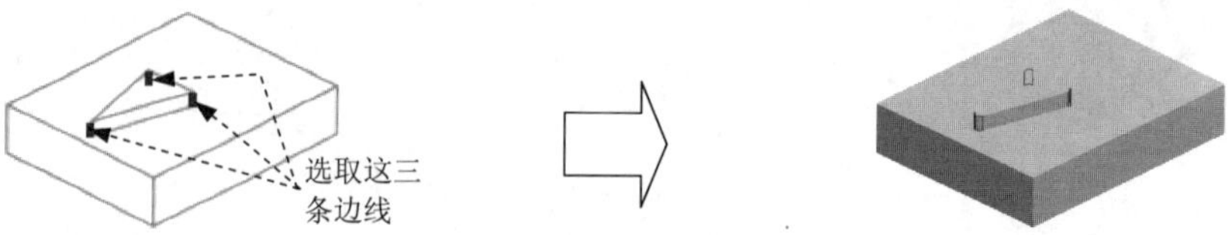

a）倒圆角前　　b）倒圆角后

图 12.2.7　倒圆角特征 1

Step5. 创建拔模特征 1。单击 模型 功能选项卡 工程 区域中的 拔模 按钮。按住 Ctrl 键，选取图 12.2.8 所示的一整圈侧面作为要拔模的表面；选取图 12.2.8 所示的表面作为拔模枢轴平面；拔模方向如图 12.2.9 所示，在拔模角度文本框中输入拔模角度值-5.0。单击按钮，完成拔模特征 1 的创建。

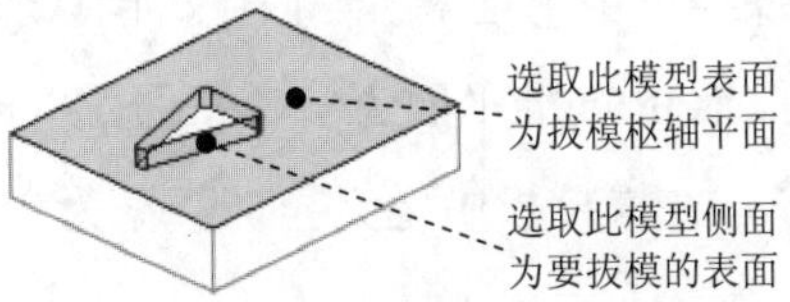

图 12.2.8 选取要拔模的表面和拔模枢轴平面

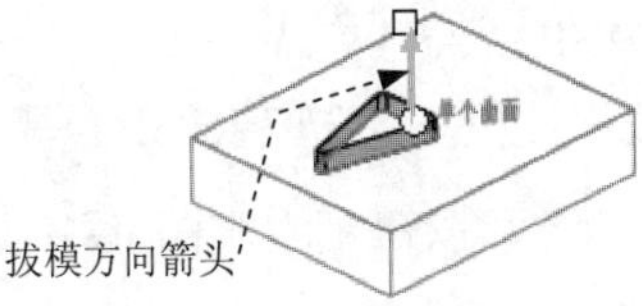

图 12.2.9 拔模方向

Step6. 创建图 12.2.10b 所示的倒圆角特征 2。选取图 12.2.10a 所示的边链为倒圆角的边线，圆角半径值为 0.4。

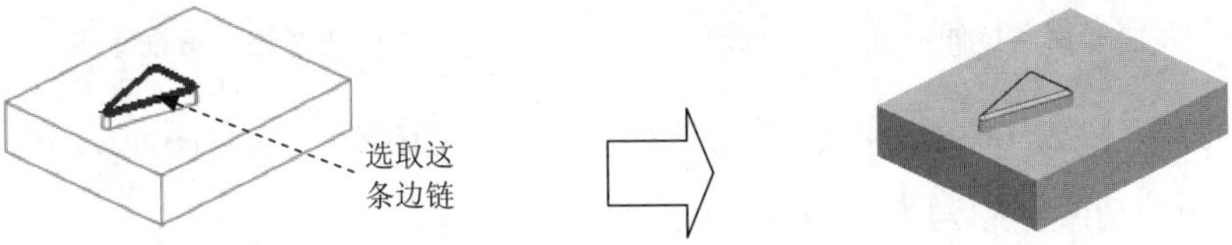

a）倒圆角前　　b）倒圆角后

图 12.2.10 倒圆角特征 2

Step7. 创建图 12.2.11b 所示的倒圆角特征 3。选取图 12.2.11a 所示的边链为倒圆角的边线，圆角半径值为 1.2。

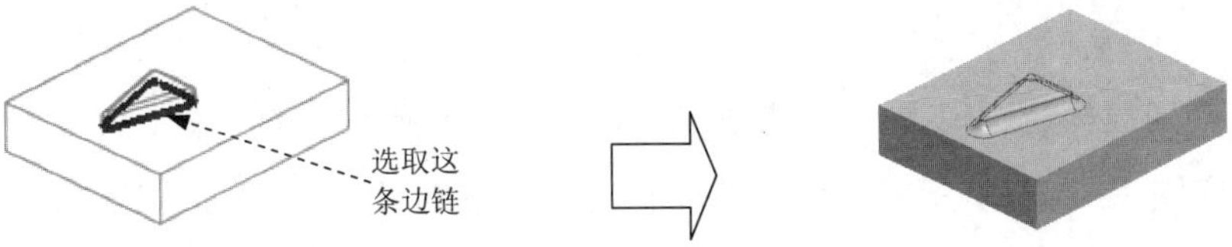

a）倒圆角前　　b）倒圆角后

图 12.2.11 倒圆角特征 3

Step8. 保存零件模型文件。

Task2. 创建主体零件模型

Step1. 新建一个实体零件模型，命名为 BASE。

Step2. 创建图 12.2.12 所示的拉伸特征 1。在操控板中单击“拉伸”按钮 拉伸 。选取 TOP 基准平面为草绘平面，RIGHT 基准平面为参考平面，方向为 右 ；单击 草绘 按钮，绘制图 12.2.13 所示的截面草图，在操控板中定义拉伸类型为 ，输入深度值 8.0。单击 按钮，完成拉伸特征 1 的创建。

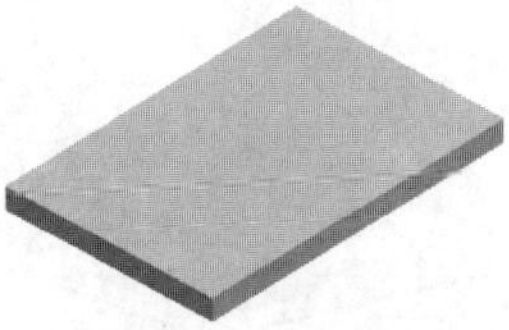

图 12.2.12 拉伸特征 1

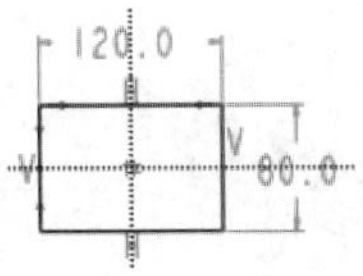

图 12.2.13 截面草图

Step3. 创建图 12.2.14 所示的拉伸特征 2。在操控板中单击 拉伸 按钮，确认按钮、按钮被按下；选取 RIGHT 基准平面为草绘平面，TOP 基准平面为参考平面，方向为 上；单击 草绘 按钮，绘制图 12.2.15 所示的截面草图，在操控板中定义拉伸类型为，输入深度值 120.0。单击按钮，完成拉伸特征 2 的创建。

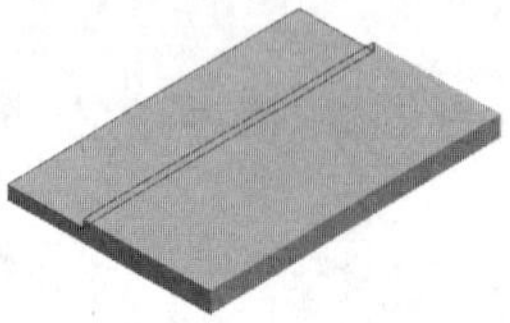

图 12.2.14　拉伸特征 2

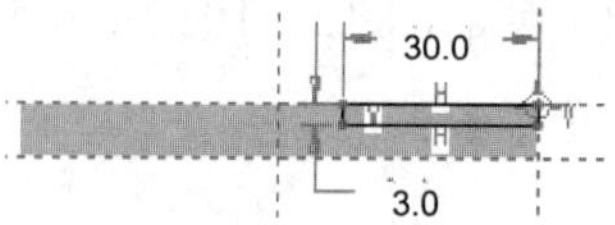

图 12.2.15　截面草图

Step4. 创建图 12.2.16b 所示的倒圆角特征 1。按住 Ctrl 键，选取图 12.2.16a 所示的四条边线为倒圆角的边线，圆角半径值为 4.0。

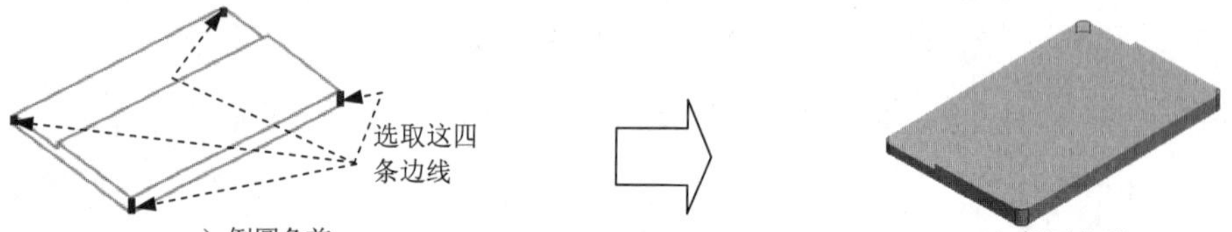

a）倒圆角前　　b）倒圆角后

图 12.2.16　倒圆角特征 1

Step5. 创建拔模特征 1。单击 模型 功能选项卡 工程 区域中的 拔模 按钮，按住 Ctrl 键，选取图 12.2.17 所示的一整圈侧面作为要拔模的表面；选取图 12.2.17 所示的模型表面作为拔模枢轴平面；选取图 12.2.18 所示的拔模方向，在操控板中输入拔模角度值 5.0。单击按钮，完成拔模特征 1 的创建。

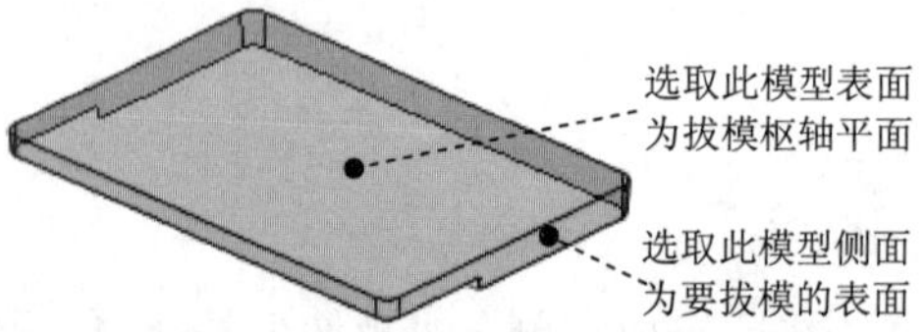

图 12.2.17　选取要拔模的表面和拔模枢轴平面

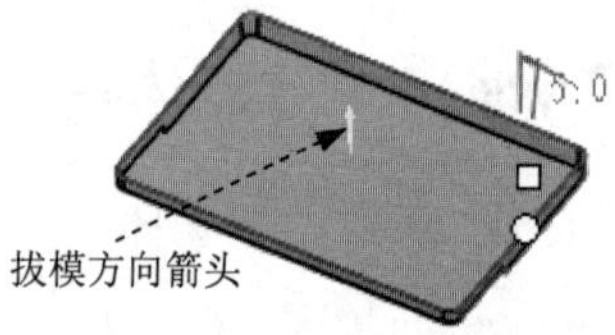

图 12.2.18　拔模方向

Step6. 创建拔模特征 2。单击 模型 功能选项卡 工程 区域中的 拔模 按钮。选取图 12.2.19 所示的模型侧面作为要拔模的表面；选取图 12.2.19 所示的模型表面作为拔模枢轴平面；选取图 12.2.20 所示的拔模方向，在操控板中输入拔模角度值-5.0。

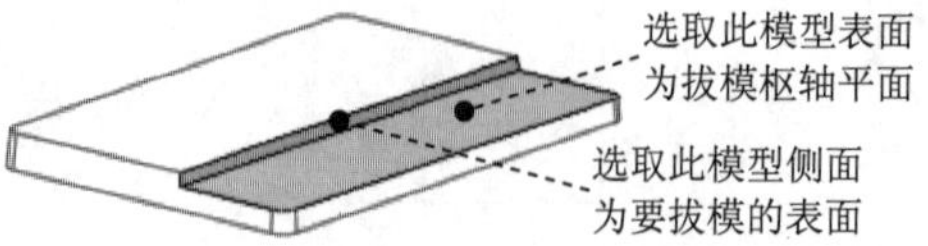

图 12.2.19　选取要拔模的表面和拔模枢轴平面

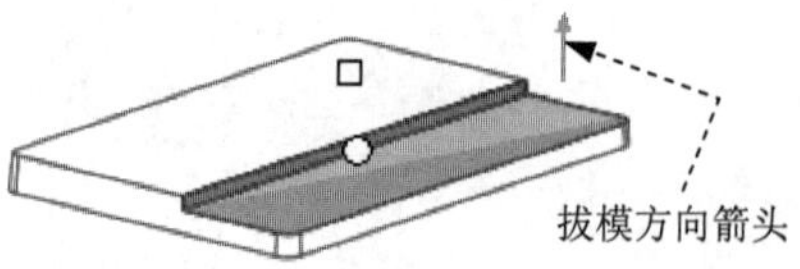

图 12.2.20　拔模方向

Step7. 创建图 12.2.21b 所示的倒圆角特征 2。选取图 12.2.21a 所示的边线为倒圆角的边线，圆角半径值为 2.0。

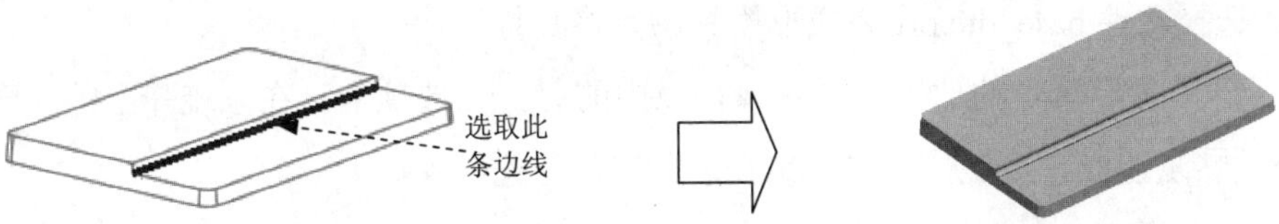

a）倒圆角前　　b）倒圆角后

图 12.2.21　倒圆角特征 2

Step8. 创建图 12.2.22b 所示的倒圆角特征 3。选取图 12.2.22a 所示的边线为倒圆角的边线，圆角半径值为 2.0。

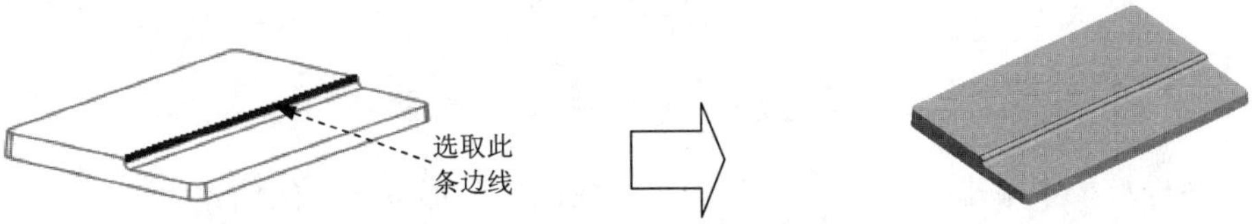

a）倒圆角前　　b）倒圆角后

图 12.2.22　倒圆角特征 3

Step9. 创建图 12.2.23b 所示的倒圆角特征 4。选取图 12.2.23a 所示的加粗的一整圈边链为倒圆角的边线，圆角半径值为 2.0。

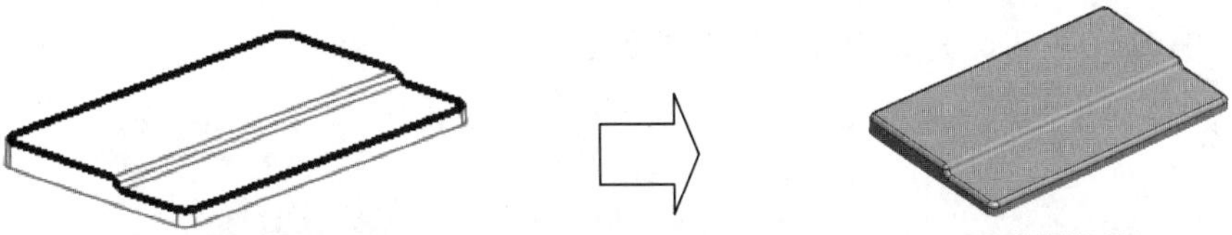

a）倒圆角前　　b）倒圆角后

图 12.2.23　倒圆角特征 4

Step10. 将实体零件转换成第一钣金壁，如图 12.2.24 所示。

（1）选择 **模型** 功能选项卡 操作▼ 节点下的 转换为钣金件 命令。

（2）在系统弹出的“第一壁”操控板中选择 命令。

（3）在系统 ➡选择要从零件移除的曲面。 的提示下，选取图 12.2.24 所示的表面为壳体的移除面。

（4）输入钣金壁厚度值 1.0，并按回车键。

（5）单击 ✔ 按钮，完成转换钣金特征的创建。

Step11. 创建图 12.2.25 所示的凸模成形特征 1。

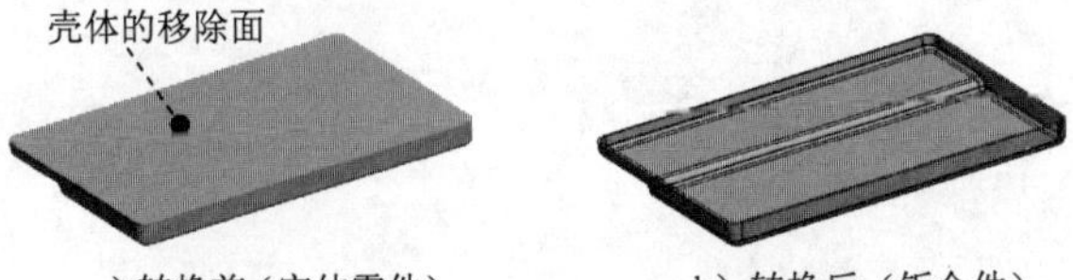

a）转换前（实体零件）　　b）转换后（钣金件）

图 12.2.24　转换成第一钣金壁

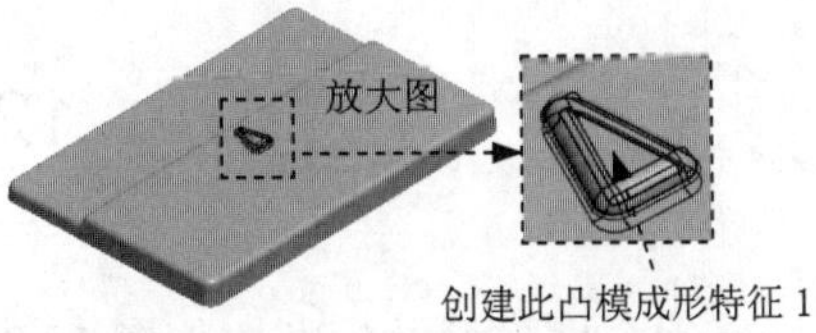

图 12.2.25　凸模成形特征 1

（1）选择命令。单击 模型 功能选项卡 工程 ▾ 区域 节点下的 凸模 按钮。

（2）选择模具文件。在系统弹出的操控板中单击“打开”按钮，系统弹出“打开”对话框，选择文件 base_die.prt 为成形模具，并将其打开。

（3）定义成形模具的放置。单击操控板中的 放置 选项卡，在系统弹出的界面中选中 ☑ 约束已启用 复选框，并添加图 12.2.26 所示的三组位置约束。

（4）选取冲孔方向。单击 按钮，确认冲孔方向如图 12.2.26 所示。

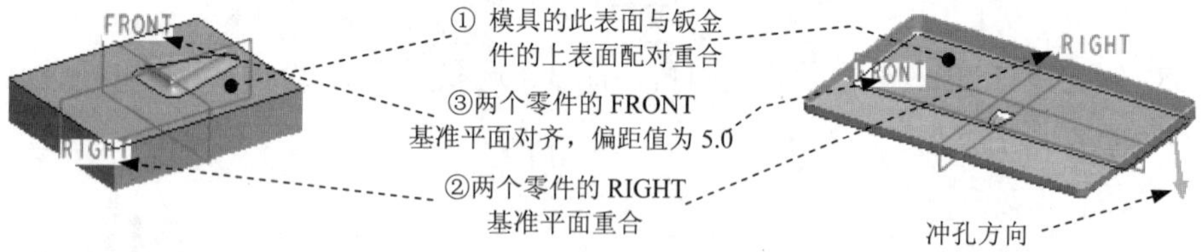

图 12.2.26　定义成形模具的放置

（5）在操控板中单击“完成”按钮 ✔，完成凸模成形特征 1 的创建。

Step12. 创建图 12.2.27 所示的拉伸特征 3。在操控板中单击 拉伸 按钮，确认 按钮、 按钮和 按钮被按下；选取图 12.2.28 所示的模型表面为草绘平面，RIGHT 基准平面为参考平面，方向为 右；单击 草绘 按钮，绘制图 12.2.29 所示的截面草图；选取图 12.2.30 所示的箭头方向为移除材料的方向。在操控板中定义拉伸类型为 ，选择材料移除的方向类型为 ；单击 ✔ 按钮，完成拉伸特征 3 的创建。

图 12.2.27　拉伸特征 3

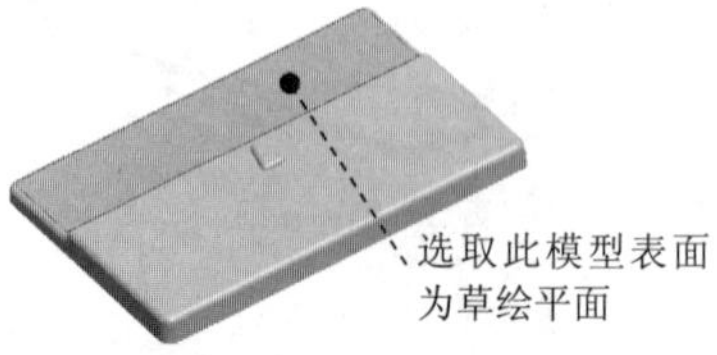

图 12.2.28　草绘平面

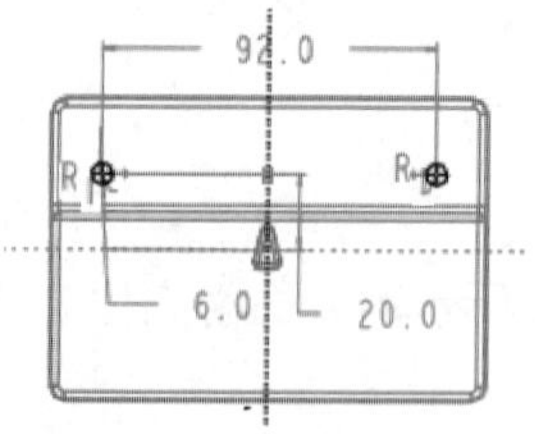

图 12.2.29　截面草图

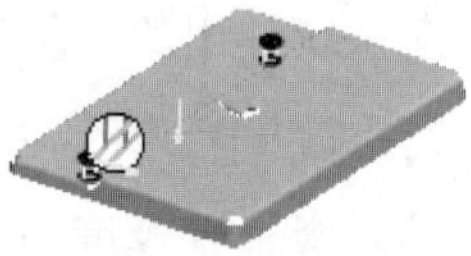

图 12.2.30 选取移除材料方向

Step13. 保存零件模型文件。

12.3　钣 金 件 2

钣金件模型及模型树如图 12.3.1 所示。

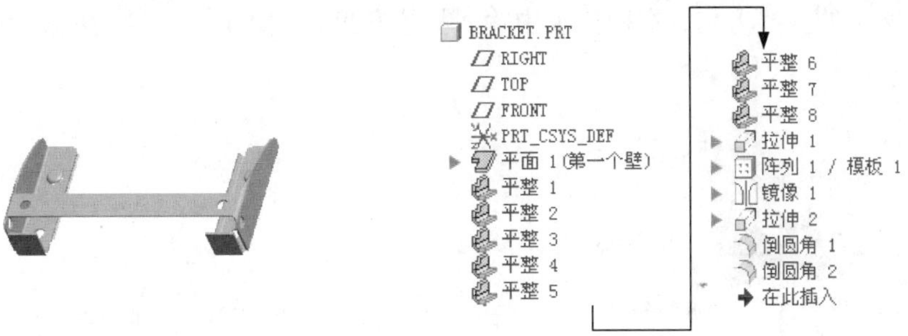

图 12.3.1 钣金件模型及模型树

Task1．创建模具

零件模型及模型树如图 12.3.2 所示。

图 12.3.2 零件模型及模型树

Step1. 新建一个实体零件模型，命名为 BRACKET_DIE。

Step2. 创建图 12.3.3 所示的拉伸特征 1。在操控板中单击“拉伸”按钮拉伸。选取 TOP 基准平面为草绘平面，选取 RIGHT 基准平面为参考平面，方向为右；单击草绘按钮，绘制图 12.3.4 所示的截面草图，在操控板中定义拉伸类型为，输入深度值 3.0；单击按钮，完成拉伸特征 1 的创建。

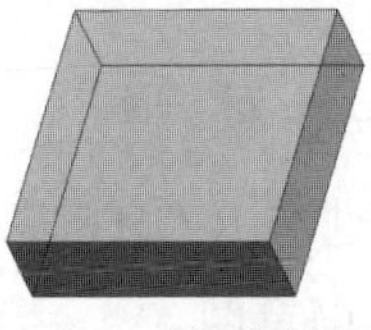

图 12.3.3 拉伸特征 1

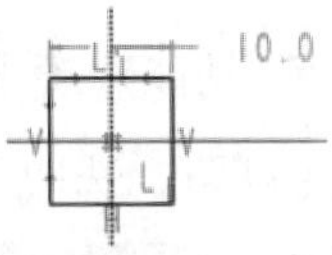

图 12.3.4 截面草图

Step3. 创建图 12.3.5 所示的拉伸特征 2。在操控板中单击“拉伸”按钮拉伸。选取图 12.3.5 所示的模型表面为草绘平面，RIGHT 基准平面为参考平面，方向为右；单击草绘按钮，绘制图 12.3.6 所示的截面草图，在操控板中定义拉伸类型为，输入深度值 1.5；单击按钮，完成拉伸特征 2 的创建。

Step4. 创建拔模特征 1。单击模型功能选项卡工程区域中的拔模按钮。选取图 12.3.7 所示的一整圈侧面作为要拔模的表面；选取图 12.3.7 所示的表面作为拔模枢轴平面；

选取图 12.3.8 所示的拔模方向，在操控板中输入拔模角度值-10.0；单击✓按钮，完成拔模特征 1 的创建。

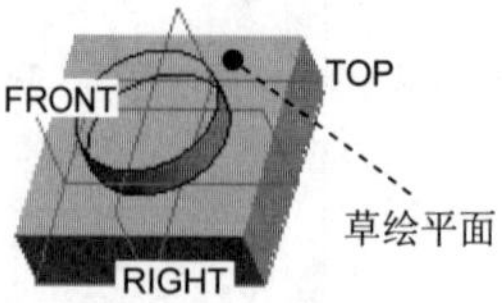

图 12.3.5 拉伸特征 2

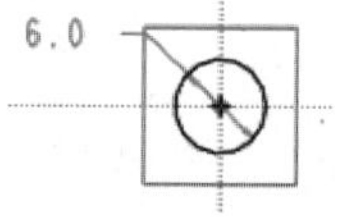

图 12.3.6 截面草图

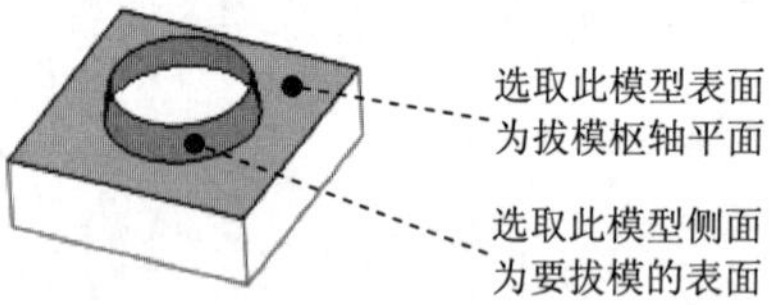

图 12.3.7 选取要拔模的表面和拔模枢轴平面

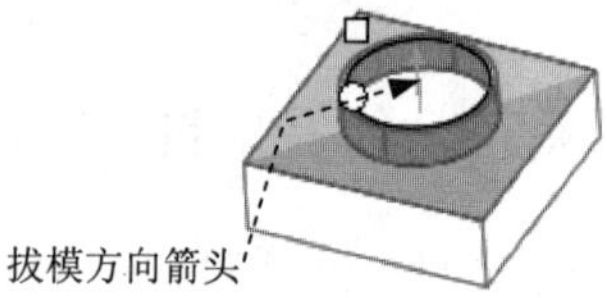

图 12.3.8 拔模方向

Step5. 创建图 12.3.9 所示倒圆角特征 1，圆角半径值为 0.5。

Step6. 创建图 12.3.10 所示倒圆角特征 2，圆角半径值为 1.2。

图 12.3.9 倒圆角特征 1

图 12.3.10 倒圆角特征 2

Step7. 保存零件模型文件。

Task2. 创建主体零件模型

Step1. 新建一个钣金件模型，命名为 BRACKET。

Step2. 创建图 12.3.11 所示的钣金壁平面特征 1。

（1）单击 模型 功能选项卡 形状 ▾ 区域中的“平面”按钮 平面。

（2）绘制截面草图。选取 TOP 基准平面为草绘平面，选取 RIGHT 基准平面为参考平面，方向为 右；单击 草绘 按钮，绘制图 12.3.12 所示的截面草图。

（3）在操控板中的 文本框中输入钣金壁厚度值 1.0。

（4）在操控板中单击“完成”按钮✓，完成平面特征 1 的创建。

图 12.3.11 平面特征 1

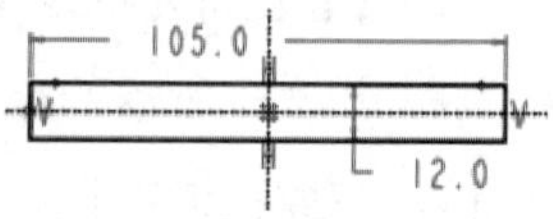

图 12.3.12 截面草图

Step3. 创建图 12.3.13 所示的附加钣金壁平整特征 1。

（1）单击 模型 功能选项卡 形状 ▾ 区域中的“平整”按钮。

（2） 选取附着边。在系统➡选择一个边连到壁上.的提示下，选取图 12.3.14 所示的模型边线(TOP 基准平面侧的边线)为附着边。

（3）定义钣金壁的形状。

① 在操控板中选择形状类型为用户定义；在后的文本框中输入角度值 90.0。

② 在操控板中单击形状选项卡，在系统弹出的界面中单击草绘...按钮，接受系统默认的草绘参考，方向为上；单击草绘按钮，绘制图 12.3.15 所示的截面草图。

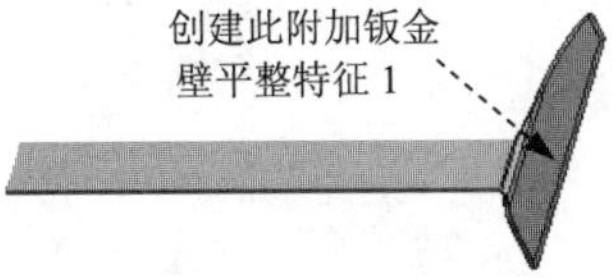

图 12.3.13 平整特征 1

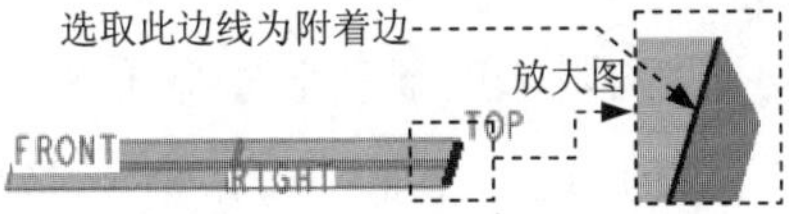

图 12.3.14 定义附着边

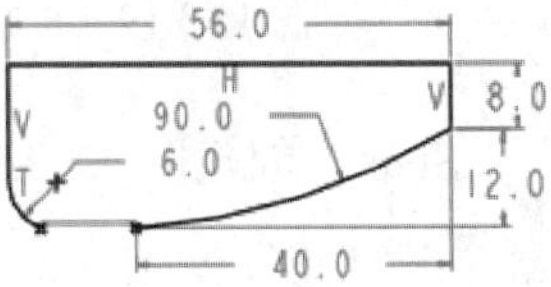

图 12.3.15 截面草图

（4）在操控板中单击止裂槽选项卡，在系统弹出界面中取消选中□ 单独定义每侧复选框，并在类型下拉列表框中选择扯裂选项。

（5）定义折弯半径。确认按钮被按下，并在其后的文本框中输入折弯半径值 1.0，折弯半径所在侧为。

（6）在操控板中单击✔按钮，完成平整特征 1 的创建。

Step4. 创建图 12.3.16 所示的附加钣金壁平整特征 2。单击模型功能选项卡形状▾区域中的“平整”按钮，选取图 12.3.17 所示的模型边线为附着边；平整壁的形状类型为矩形，折弯角度值为 90.0，折弯半径值 1.0，折弯半径所在侧为。单击形状选项卡，在系统弹出的界面中修改草图内的尺寸值至图 12.3.18 所示；单击止裂槽选项卡，在系统弹出的类型下拉列表框中选择扯裂选项。单击✔按钮，完成平整特征 2 的创建。

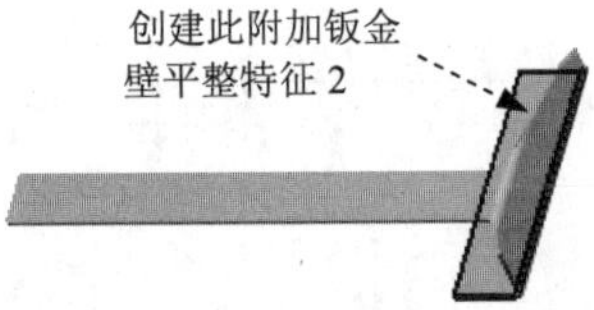

图 12.3.16 平整特征 2

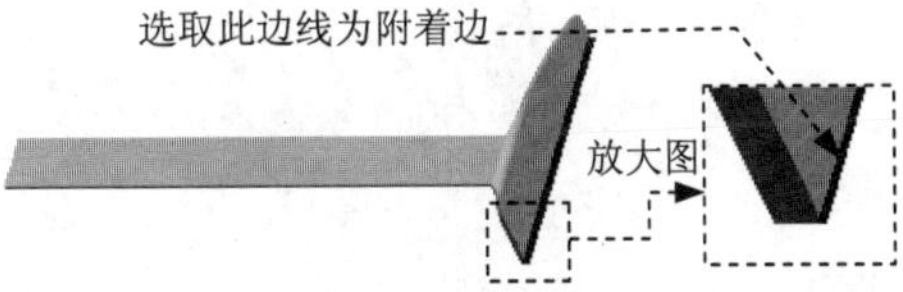

图 12.3.17 定义附着边

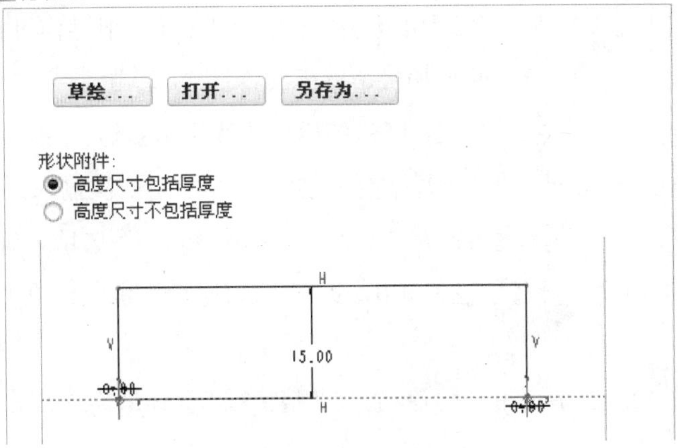

图 12.3.18 形状参数设置

Step5. 创建图 12.3.19 所示的附加钣金壁平整特征 3（详细操作过程参见 Step3）。

Step6. 创建图 12.3.20 所示的附加钣金壁平整特征 4（详细操作过程参见 Step4）。

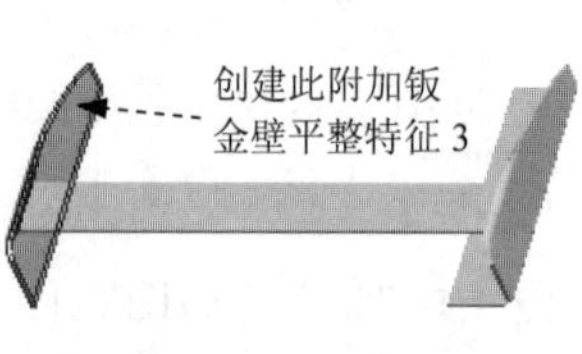

图 12.3.19 平整特征 3

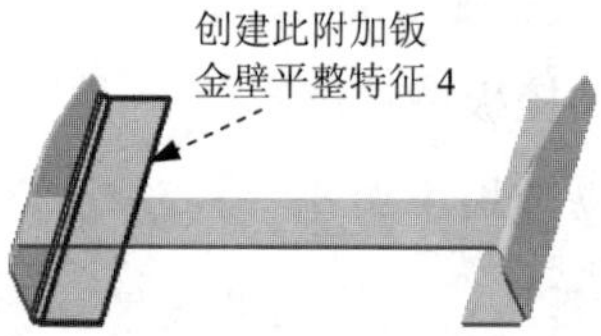

图 12.3.20 平整特征 4

Step7. 创建图 12.3.21 所示的附加钣金壁平整特征 5。单击 模型 功能选项卡 形状 ▾ 区域中的“平整”按钮，选取图 12.3.22 所示的模型边线为附着边；平整壁的形状类型为 矩形，折弯角度值为 60.0。单击 形状 选项卡，在系统弹出的界面中依次设置草图内的尺寸值为-5.0、3.0、-5.0（图 12.3.23）；单击 止裂槽 选项卡，在系统弹出的 类型 下拉列表框中选择 扯裂 选项。单击按钮；确认按钮被按下，并在其后的文本框中输入折弯半径值 1.0，折弯半径所在侧为。单击按钮，完成平整特征 5 的创建。

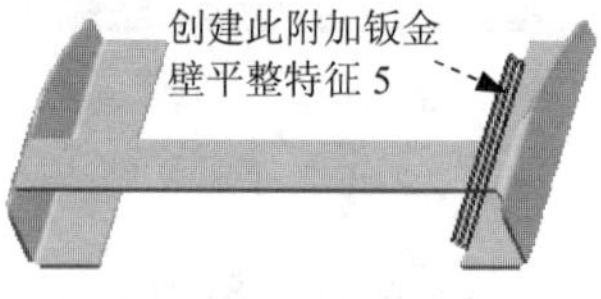

图 12.3.21 平整特征 5

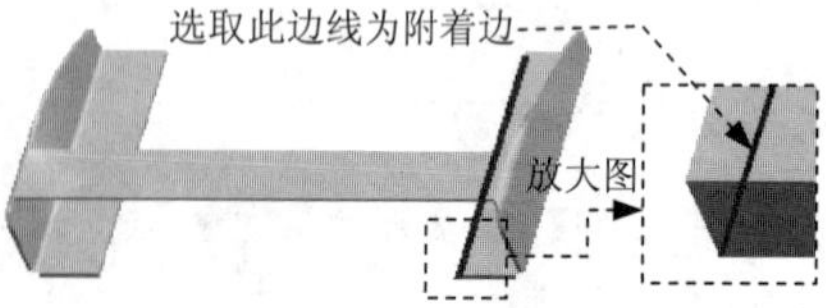

图 12.3.22 定义附着边

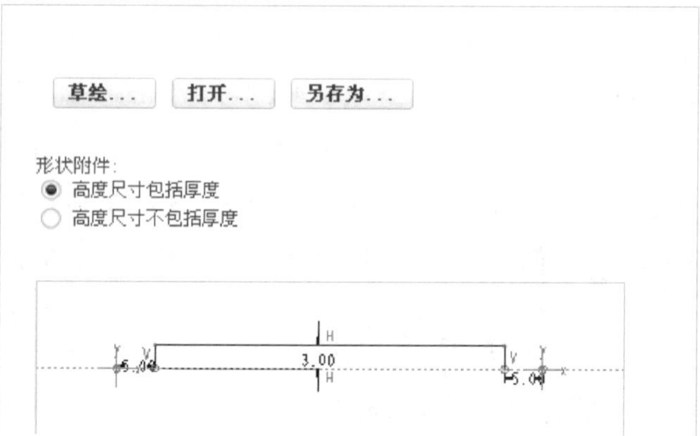

图 12.3.23 设置形状参数

Step8. 创建图 12.3.24 所示的附加钣金壁平整特征 6（详细操作过程参见 Step7）。

Step9. 创建图 12.3.25 所示的附加钣金壁平整特征 7。单击 模型 功能选项卡 形状 ▾ 区域中的“平整”按钮，选取图 12.3.26 所示的模型边线为附着边；平整壁的形状类型为 矩形，折弯角度值为 90.0。单击 形状 选项卡，在系统弹出的界面中依次输入尺寸值 0.0、15.0、0.0；单击 止裂槽 按钮，在系统弹出的 类型 下拉列表框中选择 扯裂 选项。确认按钮被按下，并在其后的文本框中输入折弯半径值 1.0，折弯半径所在侧为。单击按钮，完成平整特征 7 的创建。

Step10. 创建图 12.3.27 所示的附加钣金壁平整特征 8（详细操作过程参见 Step9）。

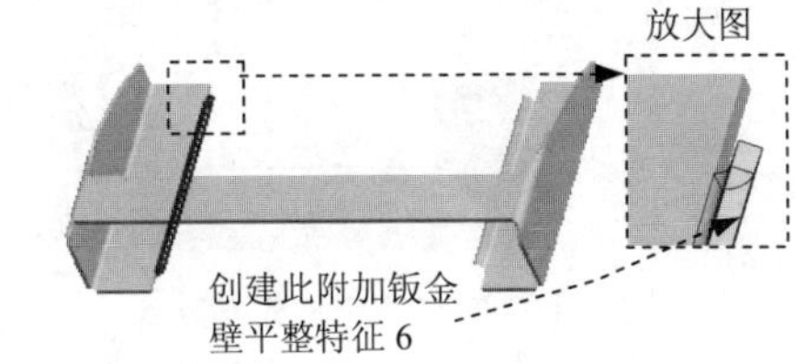

图 12.3.24 平整特征 6

图 12.3.25 平整特征 7

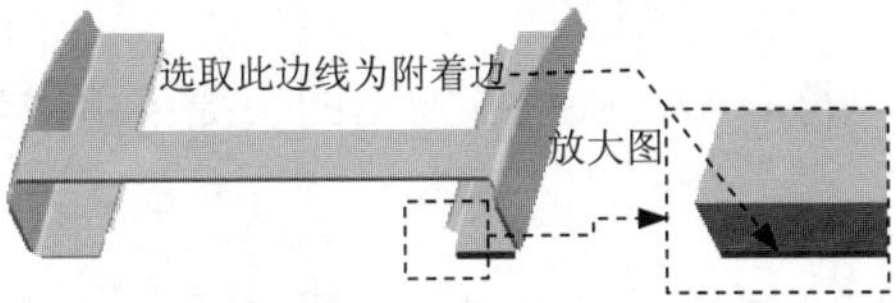

图 12.3.26 定义附着边

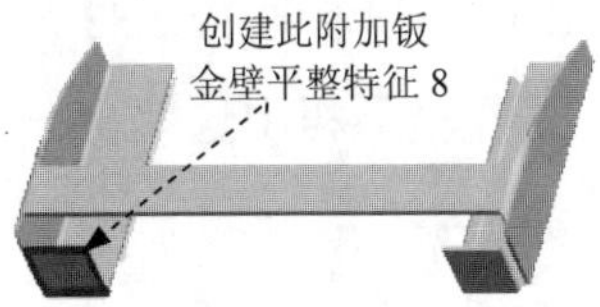

图 12.3.27 平整特征 8

Step11. 创建图 12.3.28 所示的钣金拉伸切削特征 1。在操控板中单击"拉伸"按钮，确认按钮、按钮和按钮被按下；选取图 12.3.29 所示的模型表面为草绘平面，RIGHT 基准平面为参考平面，方向为左；单击 草绘 按钮，绘制图 12.3.30 所示的截面草图；在操控板中定义拉伸类型为，选择材料移除的方向类型为；单击按钮，完成拉伸切削特征 1 的创建。

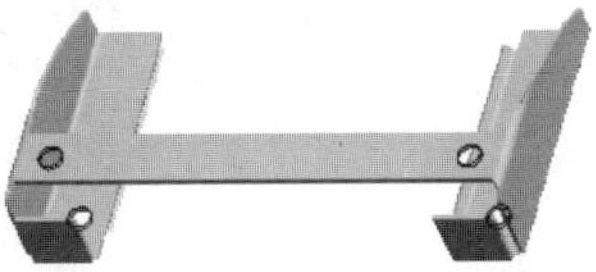
图 12.3.28 拉伸切削特征 1

图 12.3.29 草绘平面

Step12. 创建图 12.3.31 所示的凸模成形特征 1。

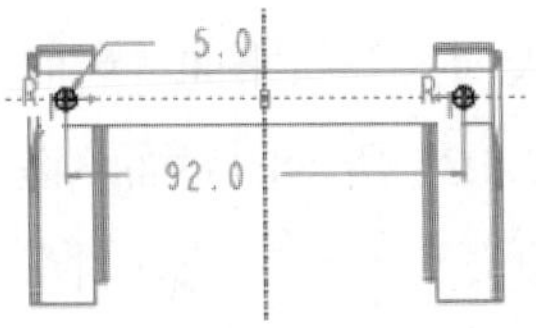

图 12.3.30 截面草图

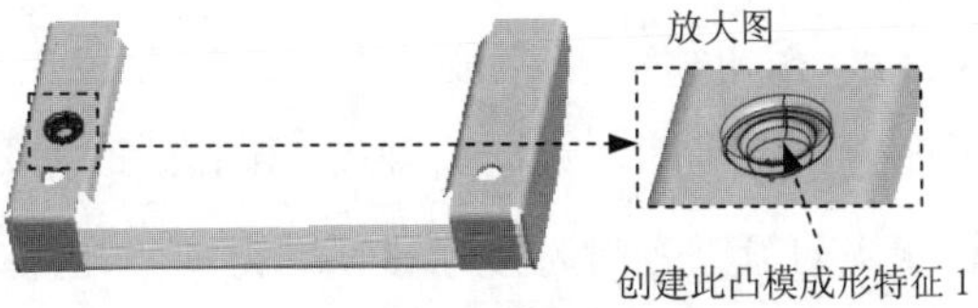

图 12.3.31 凸模成形特征 1

（1）选择命令。单击 模型 功能选项卡 工程▼ 区域节点下的凸模按钮。

（2）选择模具文件。在系统弹出的“凸模”操控板中单击按钮，系统弹出“打开”对话框，选择 bracket_die.prt 为成形模具，并将其打开。

（3）定义成形模具的放置。单击操控板中的 放置 选项卡，在系统弹出的界面中选中 ✔约束已启用 复选框，并添加图 12.3.32 所示的三组位置约束，然后单击按钮。

（4）在操控板中单击“完成”按钮，完成凸模成形特征 1 的创建。

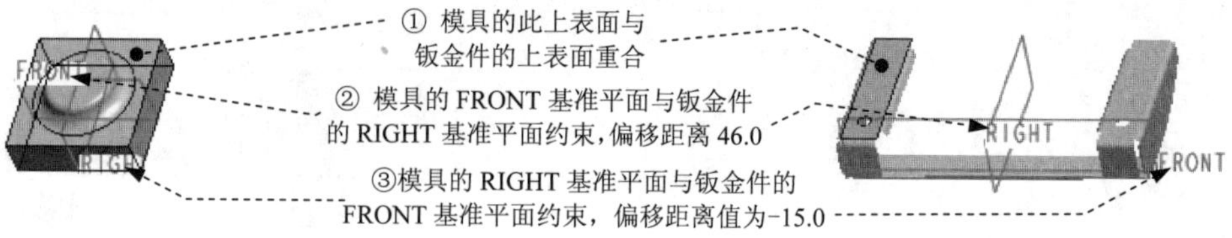

图 12.3.32　定义成形模具的放置

Step13. 创建图 12.3.33 所示的阵列特征 1。

（1）在模型树中选取上一步创建的成形特征，再右击，从系统弹出的快捷菜单中选择 阵列... 命令。

（2）选取阵列类型。此时出现“阵列”操控板，选择以“方向”方式控制阵列。

（3）选取第一方向参考。选取 FRONT 基准平面为第一方向参考，并单击其后的按钮，然后在第一方向的阵列个数栏中输入数值 2，并输入第一方向阵列成员间距值 15.0。

（4）在操控板中单击按钮，完成阵列特征 1 的创建。

Step14. 创建图 12.3.34 所示的镜像特征 1。选取上一步所创建的阵列特征为镜像源，单击 模型 功能选项卡 编辑 ▼ 下的 镜像 命令，选取 RIGHT 基准平面为镜像平面。单击按钮，完成镜像特征 1 的创建。

注意：在镜像时可能需要重新选取成形特征的配合平面，选取零件的另一侧表面即可。

图 12.3.33　阵列特征 1

图 12.3.34　镜像特征 1

Step15. 创建图 12.3.35 所示的钣金拉伸切削特征 2。在操控板中单击 拉伸 按钮，确认按钮、按钮和按钮被按下；选取图 12.3.35 所示的模型表面为草绘平面，选取 TOP 基准平面为参考平面，方向为 下；单击 草绘 按钮，绘制图 12.3.36 所示的截面草图；接受系统默认的箭头方向为移除材料的方向。在操控板中定义拉伸类型为，选择材料移除的方向类型为；单击按钮，完成拉伸切削特征 4 的创建。

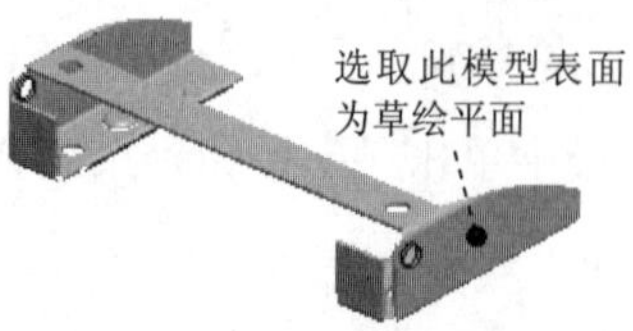

图 12.3.35　拉伸切削特征 2

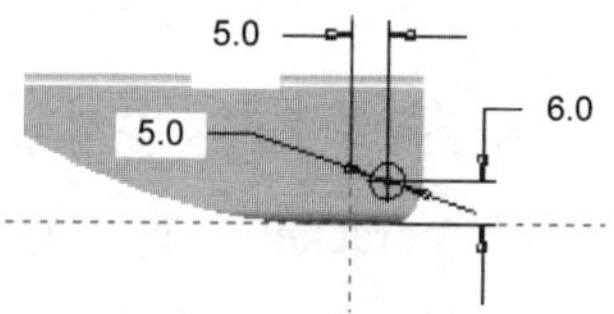

图 12.3.36　截面草图

Step16. 创建图 12.3.37b 所示的倒圆角特征 1。选取图 12.3.37a 所示的边线为倒圆角的边线，圆角半径值为 3.0。

Step17. 创建图 12.3.38b 所示的倒圆角特征 2。选取图 12.3.38a 所示的边线为倒圆角的边线，圆角半径值为 2.0。

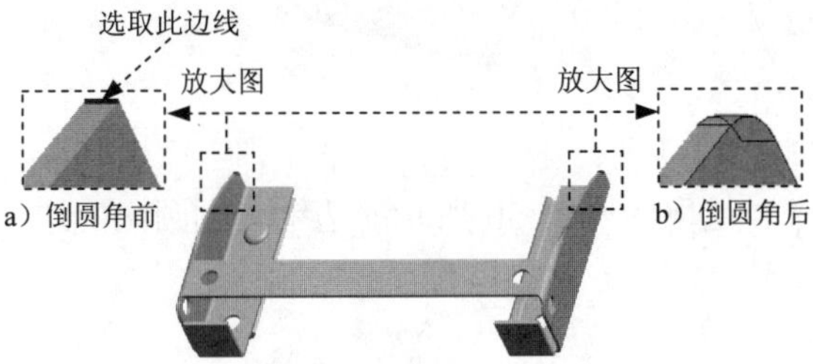

图 12.3.37　倒圆角特征 1

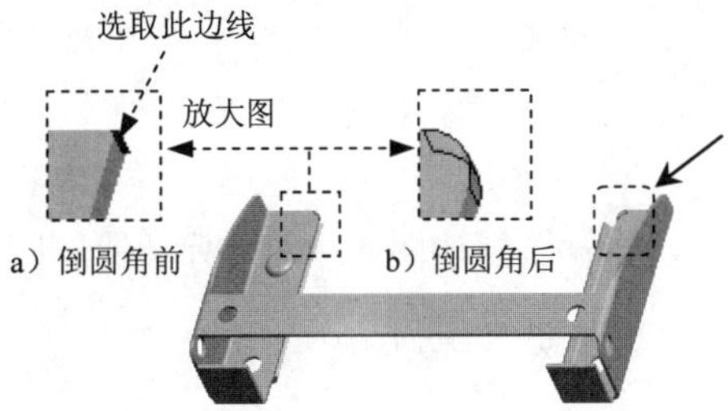

图 12.3.38　倒圆角特征 2

Step18. 保存零件模型文件。

12.4　钣 金 件 3

钣金件模型及模型树如图 12.4.1 所示。

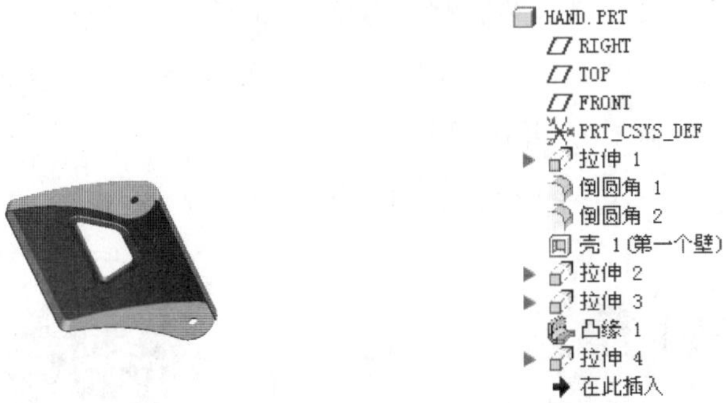

图 12.4.1　钣金件模型及模型树

Step1. 新建一个实体零件模型，命名为 HAND。

Step2. 创建图 12.4.2 所示的拉伸特征 1。在操控板中单击“拉伸”按钮。选取 TOP 基准平面为草绘平面，选取 RIGHT 基准平面为参考平面，方向为右；单击草绘按钮，绘制图 12.4.3 所示的截面草图；在操控板中定义拉伸类型为，输入深度值 110.0，单击按钮，完成拉伸特征 1 的创建。

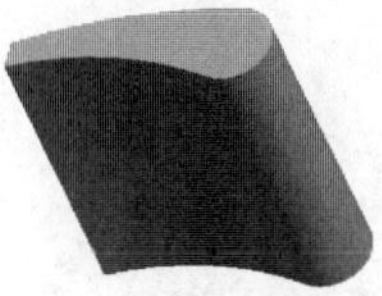

图 12.4.2　拉伸特征 1

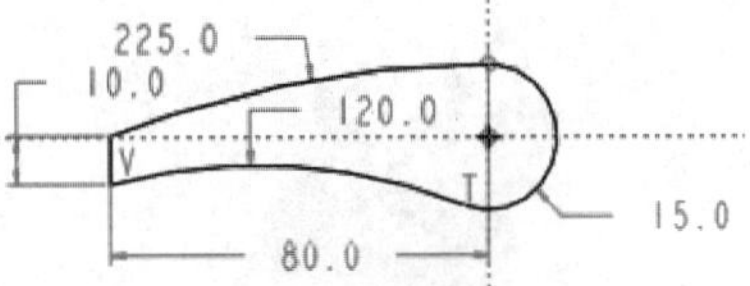

图 12.4.3　截面草图

Step3. 创建图 12.4.4b 所示的倒圆角特征 1。选取图 12.4.4a 所示的两条边线为倒圆角的边线；圆角半径值为 5.0。

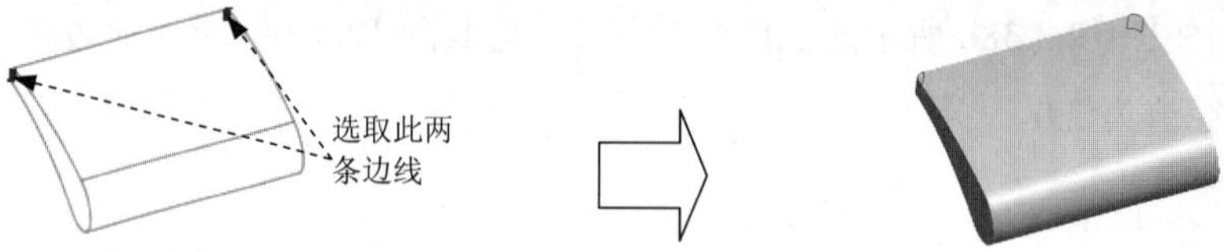

a）倒圆角前　　b）倒圆角后

图 12.4.4　倒圆角特征 1

Step4. 创建图 12.4.5b 所示的倒圆角特征 2。选取图 12.4.5b 所示的边链为倒圆角的边线；圆角半径值为 2.0。

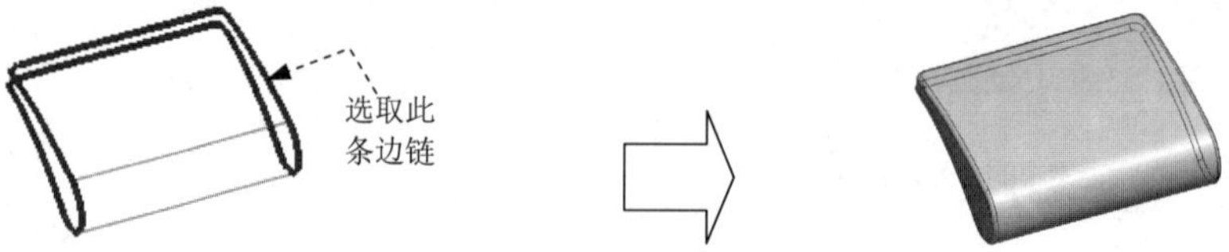

a）倒圆角前　　b）倒圆角后

图 12.4.5　倒圆角特征 2

Step5. 将实体零件转换成第一钣金壁，如图 12.4.6 所示。

（1）选择 **模型** 功能选项卡 操作 ▾ 节点下的 转换为钣金件 命令。

（2）在系统弹出的“第一壁”操控板中选择 命令。

（3）在系统 ◆选择要从零件移除的曲面. 的提示下，选取图 12.4.6a 所示的面为壳体的移除面。

（4）输入钣金壁厚度值 1.0，并按回车键。

（5）单击 ✔ 按钮，完成转换钣金特征的创建。

a）转换前（实体零件）　　b）转换后（钣金件）

图 12.4.6　转换成第一钣金壁

Step6. 创建图 12.4.7 所示的钣金拉伸切削特征 2。在操控板中单击 拉伸 按钮，确认 按钮、 按钮和 按钮被按下；选取 TOP 基准平面为草绘平面，选取 RIGHT 基准平面为参考平面，方向为 右；单击 **草绘** 按钮，绘制图 12.4.8 所示的截面草图；在 **选项** 界面，双侧深度类型均为 ，选择材料移除的方向类型为 ；单击 ✔ 按钮，完成拉伸切削特征 2 的创建。

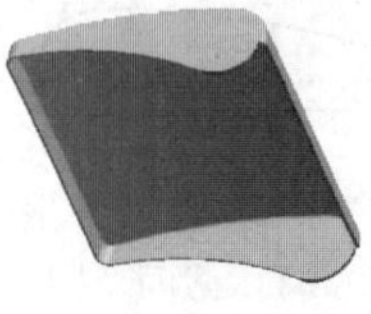

图 12.4.7　拉伸切削特征 2

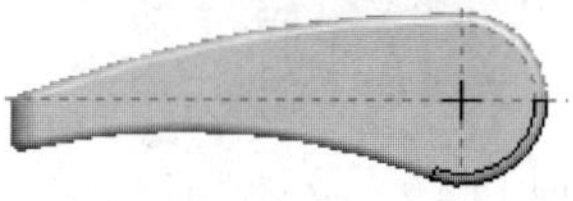

图 12.4.8　截面草图

Step7. 创建图 12.4.9 所示的钣金拉伸切削特征 3。选在操控板中单击 拉伸 按钮，确认按钮、按钮和按钮被按下；选取 FRONT 基准平面为草绘平面，选取 RIGHT 基准平面为参考平面，方向为上；单击草绘按钮，绘制图 12.4.10 所示的截面草图；在操控板中定义拉伸类型为，选择材料移除的方向类型为；单击按钮，完成拉伸切削特征 3 的创建。

图 12.4.9 拉伸切削特征 3

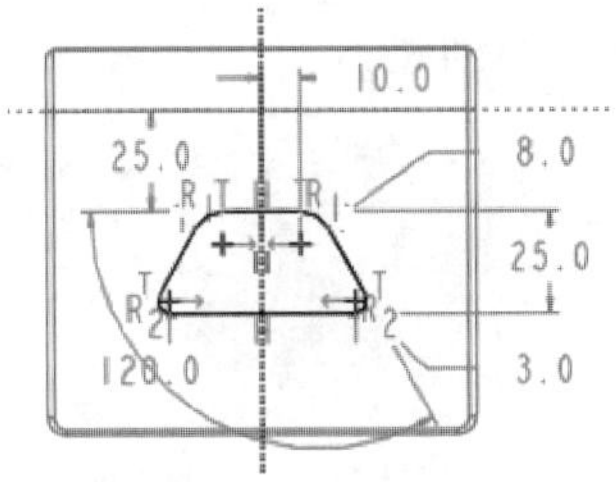

图 12.4.10 截面草图

Step8. 创建图 12.4.11 所示的附加钣金壁凸缘特征 1。

（1）单击模型功能选项卡形状▼区域中的“法兰”按钮。

（2）在系统弹出的“凸缘”操控板中，选取平整壁的形状类型C，然后按住 Shift 键，选取图 12.4.12 所示的模型边链为附着边线。

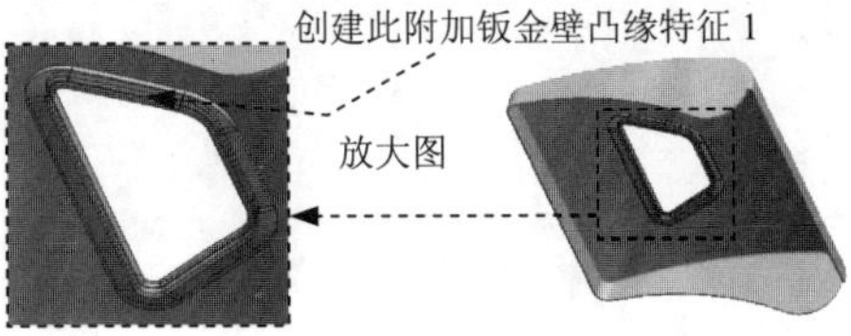

图 12.4.11 凸缘特征 1

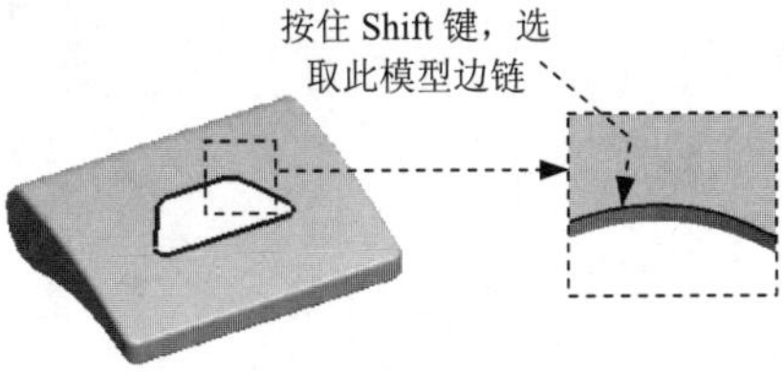

图 12.4.12 定义附着边

（3）单击形状选项卡，在系统弹出的界面中将草图中的尺寸修改至图 12.4.13 所示的值。

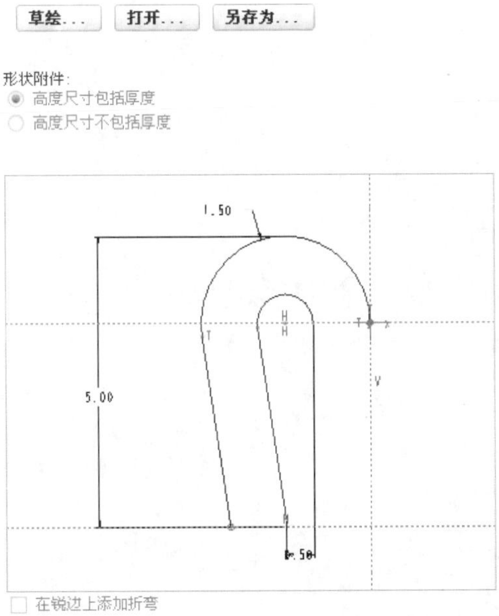

图 12.4.13 设置形状参数

Step9. 创建图 12.4.14 所示的钣金拉伸切削特征 4。在操控板中单击 拉伸 按钮，确认 按钮、 按钮和 按钮被按下；选取图 12.4.14 所示的模型表面为草绘平面，选取 RIGHT 基准平面为参考平面，方向为 右；单击 草绘 按钮，绘制图 12.4.15 所示的截面草图；在操控板中定义拉伸类型为 ，选择材料移除的方向类型为 ；单击 按钮，完成拉伸切削特征 4 的创建。

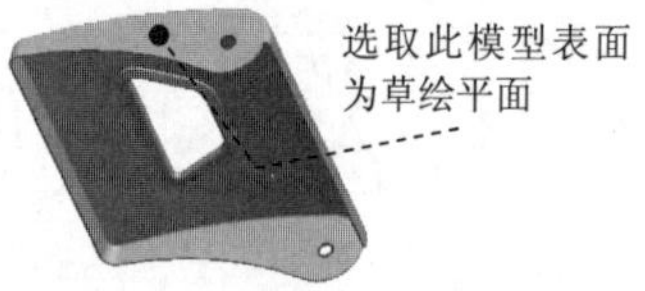

图 12.4.14　拉伸切削特征 4

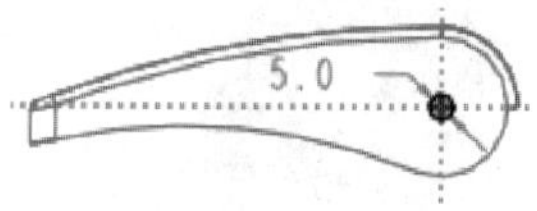

图 12.4.15　截面草图

Step10. 保存零件模型文件。

实例13 灭火器手柄组件

13.1 实 例 概 述

本实例详细介绍了图 13.1.1 所示的灭火器手柄的两个组件的详细设计过程。在创建钣金件 1 时，首先创建了一个实体模型，然后将实体模型转化为钣金件；创建钣金件 2 时，则是通过直接创建“拉伸”类型的钣金壁，然后在上面添加附加特征得到的。该零件模型如图 13.1.1 所示。

a）装配图　　b）爆炸图

图 13.1.1　灭火器手柄模型

13.2 钣 金 件 1

零件模型及模型树如图 13.2.1 所示。

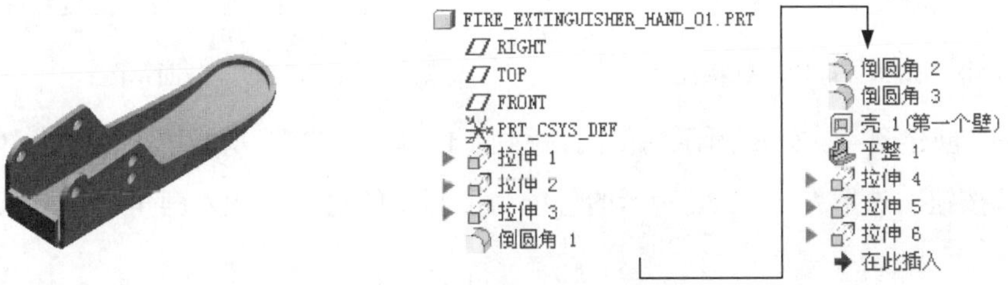

图 13.2.1　零件模型及模型树

Step1. 新建一个实体零件模型，命名为 FIRE_EXTINGUISHER_HAND_01。

Step2. 创建图 13.2.2 所示的拉伸特征 1。在操控板中单击“拉伸”按钮。选取 FRONT 基准平面为草绘平面，RIGHT 基准平面为参考平面，方向为右；单击草绘按钮，绘制图 13.2.3 所示的截面草图；在操控板中定义拉伸类型为，输入深度值 20.0，单击按钮，完成拉伸特征 1 的创建。

图 13.2.2 拉伸特征 1

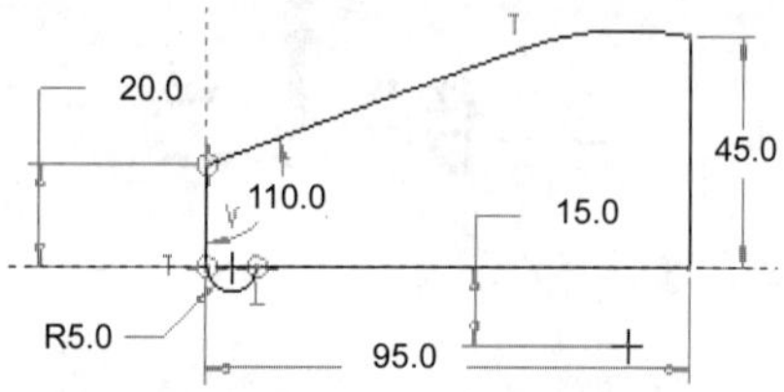

图 13.2.3 截面草图

Step3. 创建图 13.2.4 所示拉伸切削特征 2。在操控板中单击“拉伸”按钮 拉伸。在操控板中将按钮按下，选取 TOP 基准平面为草绘平面；RIGHT 基准平面为参考平面，方向为 右；单击 草绘 按钮，绘制图 13.2.5 所示的截面草图，在操控板中选择拉伸类型为，单击按钮调整拉伸方向。单击按钮，完成拉伸切削特征 2 的创建。

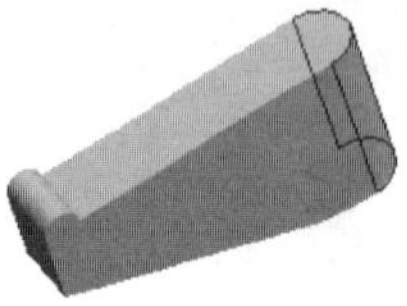

图 13.2.4 拉伸切削特征 2

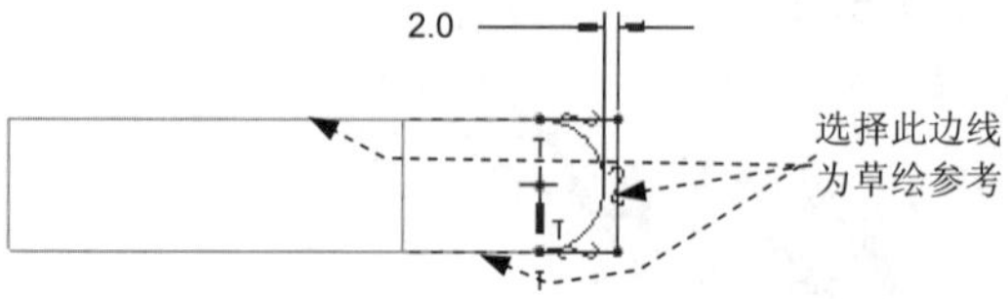

图 13.2.5 截面草图

Step4. 创建图 13.2.6 所示的拉伸切削特征 3。在操控板中单击“拉伸”按钮 拉伸，确认按钮被按下。选取 FRONT 基准平面为草绘平面，RIGHT 基准平面为参考平面，方向为 右；单击 草绘 按钮，绘制图 13.2.7 所示的截面草图；在操控板中定义拉伸类型为，输入深度值 20.0，单击按钮，完成拉伸切削特征 3 的创建。

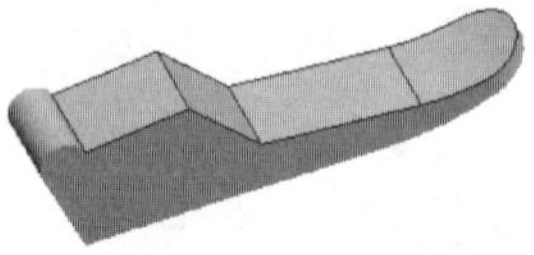

图 13.2.6 拉伸切削特征 3

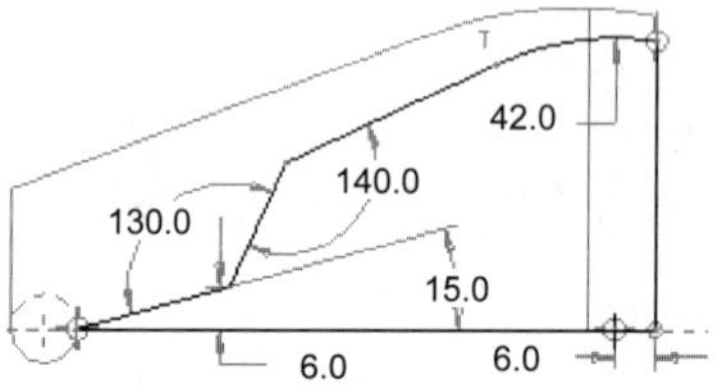

图 13.2.7 截面草图

Step5. 创建图 13.2.8b 所示的倒圆角特征 1。单击 模型 功能选项卡 工程 ▾ 区域中的 倒圆角 ▾ 按钮，选取图 13.2.8a 所示的边线为倒圆角的边线；输入圆角半径值 5.0。

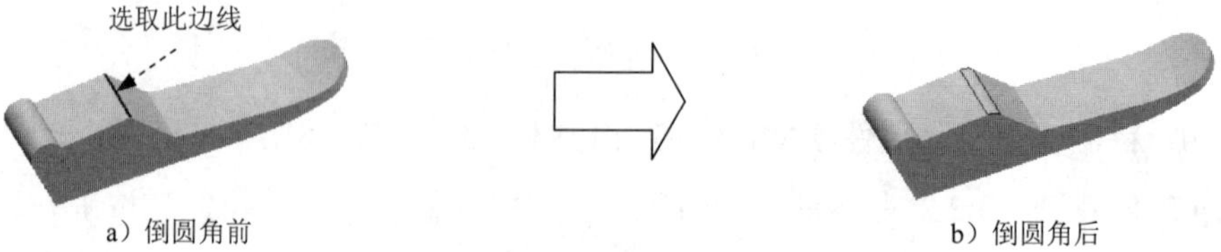

a）倒圆角前　　b）倒圆角后

图 13.2.8 倒圆角特征 1

Step6. 创建倒圆角特征 2。选取图 13.2.9 所示的边线为倒圆角的边线；输入圆角半径值 5.0。

Step7. 创建倒圆角特征 3。选取图 13.2.10 所示的边线为倒圆角的边线；输入圆角半径值 2.0。

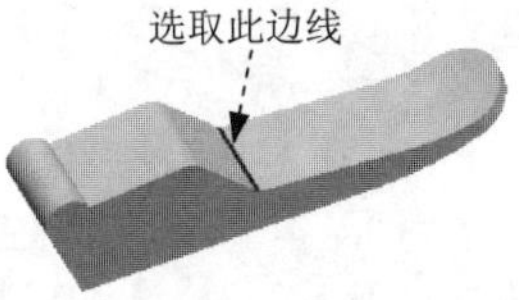

图 13.2.9 选取倒圆角的边线

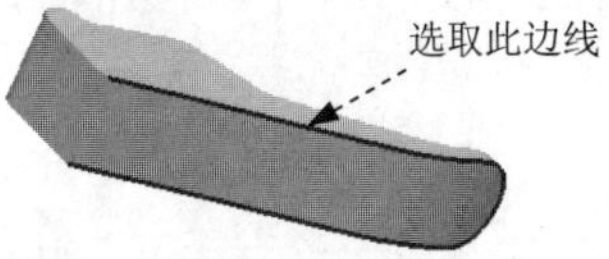

图 13.2.10 选取倒圆角的边线

Step8. 将实体零件转换成第一钣金壁，如图 13.2.11 所示。

（1）选择 模型 功能选项卡 操作▾ 节点下的 转换为钣金件 命令。

（2）在系统弹出的“第一壁”操控板中选择 命令。

（3）在系统 ➡选择要从零件移除的曲面。的提示下，按住 Ctrl 键，依次选取图 13.2.12 所示的八个表面为壳体的移除面。

（4）输入钣金壁厚度值 1.0，并按回车键。

（5）单击 ✔ 按钮，完成转换钣金特征的创建。

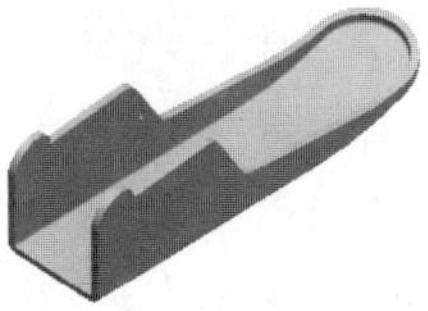
图 13.2.11 第一钣金壁

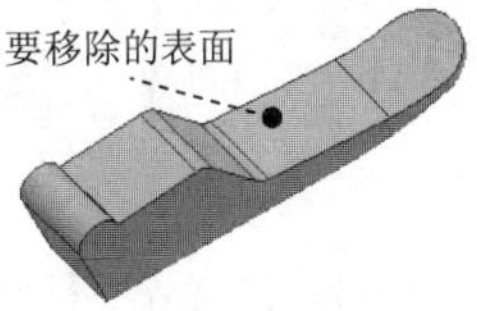

图 13.2.12 选取移除面

Step9. 创建图 13.2.13 所示的附加钣金壁平整特征 1。

（1）单击 模型 功能选项卡 形状▾ 区域中的“平整”按钮。

（2）选取附着边。在系统 ➡选择一个边连到壁上。的提示下，选取图 13.2.14 所示的模型边线为附着边。

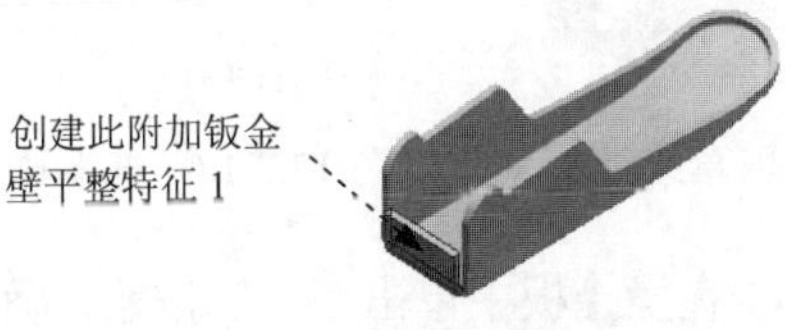

图 13.2.13 平整特征 1

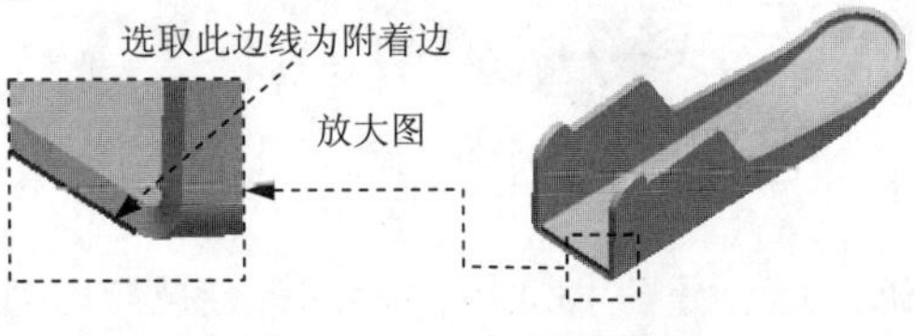

图 13.2.14 定义附着边

（3）定义钣金壁的形状。

① 在操控板中选择形状类型为 矩形；在 后的文本框中输入角度值 70.0。

② 在操控板中单击 形状 选项卡，在系统弹出的界面修改草图内的尺寸值至图 13.2.15 所示。

（4）定义止裂槽。在操控板中单击 止裂槽 选项卡，在系统弹出的界面中取消选中 □ 单独定义每侧 复选框，并在 类型 下拉列表框中选择 扯裂 选项。

（5）定义折弯半径。单击 按钮；确认 按钮被按下，并在其后的文本框中输入折弯半径值 1.0，折弯半径所在侧为 。

（6）在操控板中单击 按钮，完成平整特征 1 的创建。

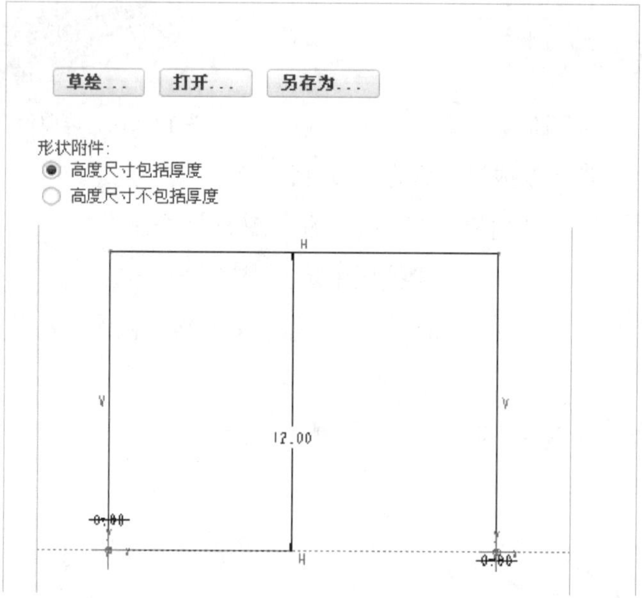

图 13.2.15　设置形状参数

Step10. 创建图 13.2.16 所示的钣金拉伸切削特征 4。在操控板中单击 拉伸 按钮，确认 按钮、 按钮和 按钮被按下；选取图 13.2.17 所示的模型表面为草绘平面，RIGHT 基准平面为参考平面，方向为 右；单击 草绘 按钮，绘制图 13.2.18 所示的截面草图；在操控板中定义拉伸类型为 ，选择材料移除的方向类型为 ；单击 按钮，完成拉伸切削特征 4 的创建。

图 13.2.16　拉伸切削特征 4

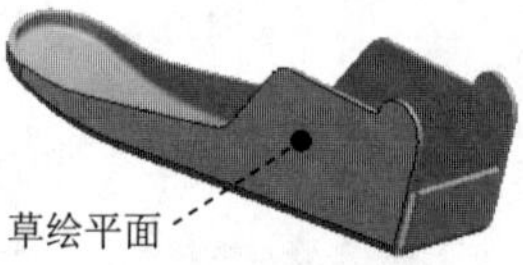

图 13.2.17　选取草绘平面

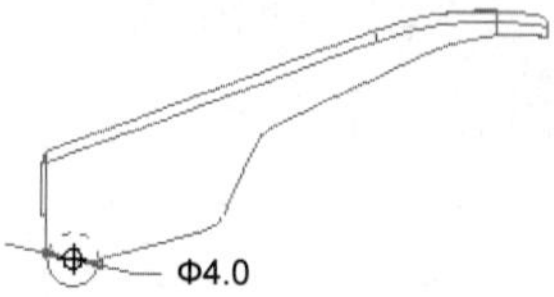

图 13.2.18　截面草图

Step11. 创建图 13.2.19 所示的钣金拉伸切削特征 5。在操控板中单击 拉伸 按钮，确认 按钮、 按钮和 按钮被按下；选取图 13.2.17 所示的模型表面为草绘平面，RIGHT 基准平面为参考平面，方向为 右；单击 草绘 按钮，绘制图 13.2.20 所示的截面草图；在操控板中定义拉伸类型为 ，选择材料移除的方向类型为 ；单击 按钮，完成拉伸切削特征 5 的创建。

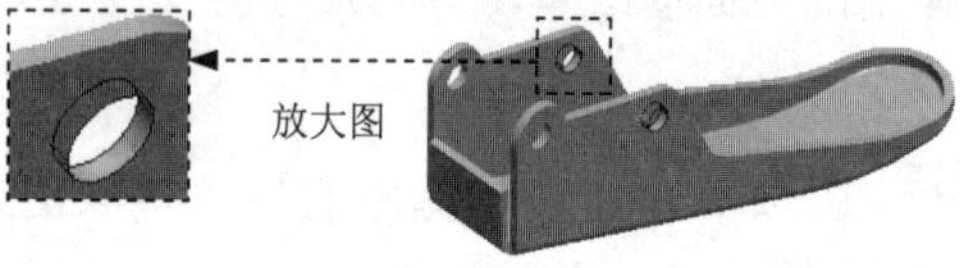

图 13.2.19　拉伸切削特征 5

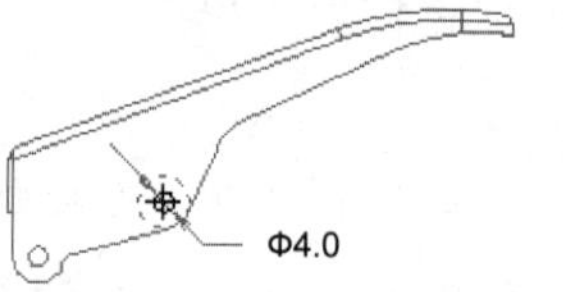

图 13.2.20　截面草图

Step12. 创建图 13.2.21 所示的钣金拉伸切削特征 6。在操控板中单击 按钮，确认 按钮、 按钮和 按钮被按下；选取图 13.2.21 所示的模型表面为草绘平面，RIGHT 基准平面为参考平面，方向为 右；单击 草绘 按钮，绘制图 13.2.22 所示的截面草图；在操控板中定义拉伸类型为 ，选择材料移除的方向类型为 ；单击 按钮，完成拉伸切削特征 6 的创建。

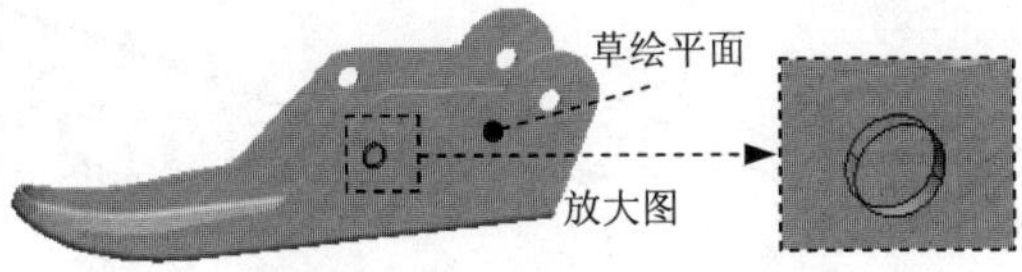

图 13.2.21 拉伸切削特征 6

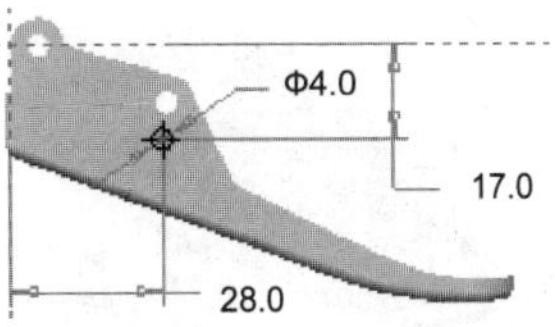

图 13.2.22 截面草图

Step13. 保存零件模型文件。

13.3 钣 金 件 2

零件模型及模型树如图 13.3.1 所示。

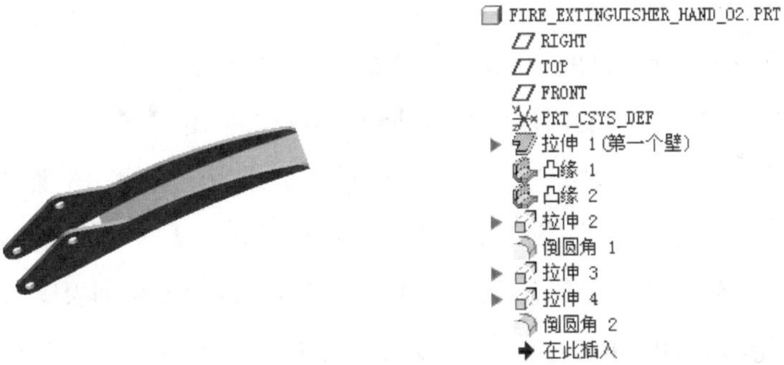

图 13.3.1 零件模型及模型树

Step1. 新建一个钣金零件模型，命名为 FIRE_EXTINGUISHER_HAND_02。

Step2. 创建图 13.3.2 所示的拉伸特征 1。单击 模型 功能选项卡 形状 ▾ 区域中的 拉伸 按钮，选取 FRONT 基准平面为草绘平面，选取 RIGHT 基准平面为参考平面，方向为 右；单击 草绘 按钮，绘制图 13.3.3 所示的截面草图；在操控板中定义拉伸类型为 ，输入深度值 17.0，在 后的文本框中输入厚度值 0.5；单击 按钮，完成拉伸特征 1 的创建。

图 13.3.2 拉伸特征 1

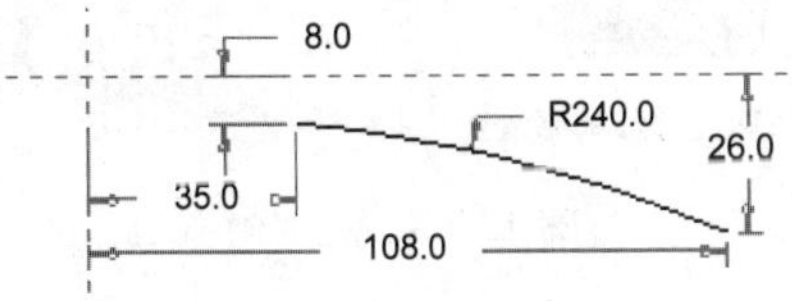

图 13.3.3 截面草图

Step3. 创建图 13.3.4 所示的附加钣金壁凸缘特征 1。

（1）单击 模型 功能选项卡 形状▼ 区域中的“法兰”按钮，系统弹出“凸缘”操控板。

（2）选取附着边。选取图 13.3.5 所示的模型边线为附着边线。

（3）选取凸缘的形状类型。在操控板中选择形状类型为 用户定义。

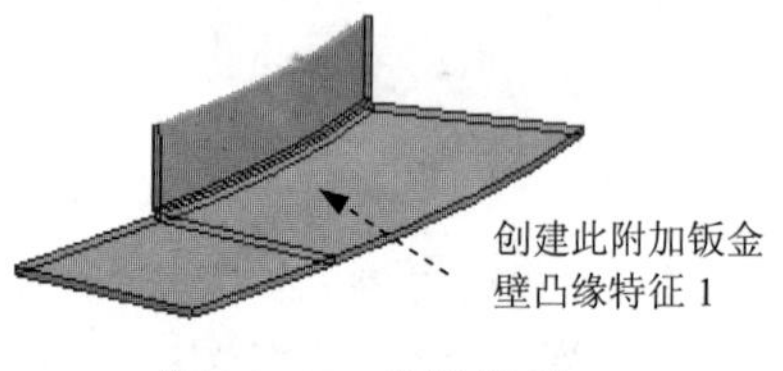

图 13.3.4　凸缘特征 1

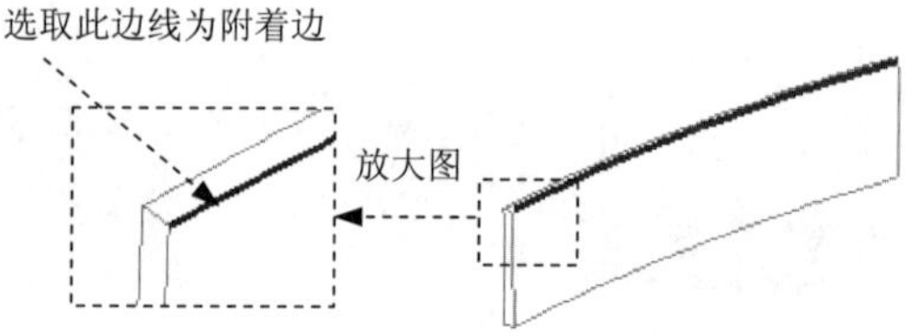

图 13.3.5　定义附着边

（4）单击 形状 选项卡，在系统弹出的界面中单击 草绘... 按钮，系统弹出“草绘”对话框，选中 ◉ 薄壁端 单选项，然后单击 草绘 按钮，进入草绘环境，绘制图 13.3.6 所示的截面草图。

（5）定义长度。在第一方向文本框后输入数值 40.0。

（6）定义折弯半径。单击按钮，确认按钮被按下，然后在后面的文本框中输入折弯半径值 0.5，折弯半径所在侧为。

（7）在操控板中单击按钮，完成凸缘特征 1 的创建。

Step4. 创建图 13.3.7 所示的附加钣金壁凸缘特征 2。单击 模型 功能选项卡 形状▼ 区域中的“凸缘”按钮，选取图 13.3.8 所示的模型边线为附着边，平整壁的形状类型为 用户定义；单击 形状 选项卡，在系统弹出的界面中单击 草绘... 按钮，再单击 草绘 按钮，绘制图 13.3.9 所示的截面草图；在操控板中的第二方向尾链的下拉列表中选择选项，并在后面的文本框中输入数值 40.0；单击按钮，确认按钮被按下，并在其后的文本框中输入折弯半径值 0.5，折弯半径所在侧为。单击按钮，完成凸缘特征 2 的创建。

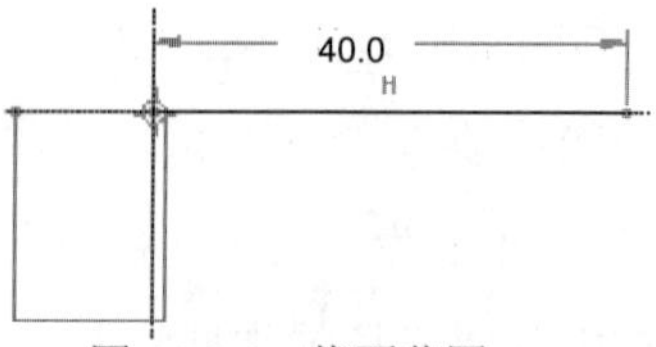

图 13.3.6　截面草图

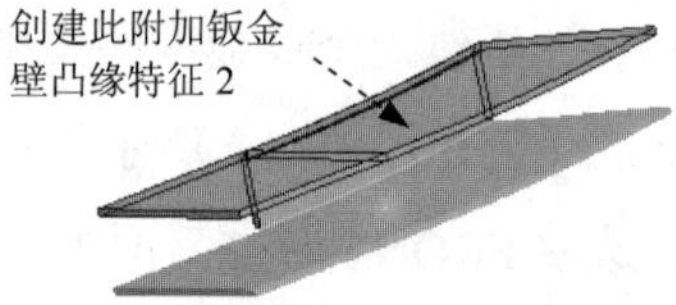

图 13.3.7　凸缘特征 2

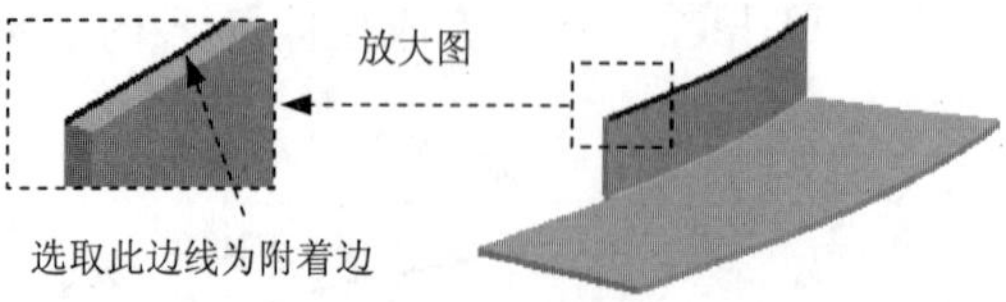

图 13.3.8　选取附着边

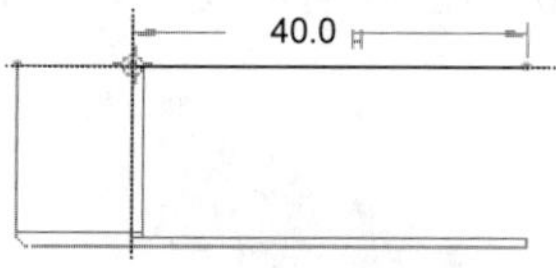

图 13.3.9　截面草图

Step5. 创建图 13.3.10 所示的钣金拉伸切削特征 2。在操控板中单击 拉伸 按钮，确认按钮、按钮和按钮被按下；选取 FRONT 基准平面为草绘平面，RIGHT 基准平面为参考平面，方向为右；单击草绘按钮，绘制图 13.3.11 所示的截面草图；在操控板中定义拉伸类型为，并在其后文本框中输入数值 40.0，选择材料移除的方向类型为；单击按钮，完成拉伸切削特征 2 的创建。

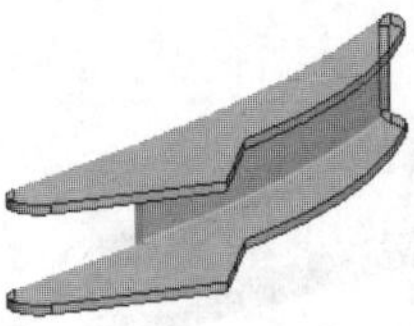

图 13.3.10 拉伸切削特征 2

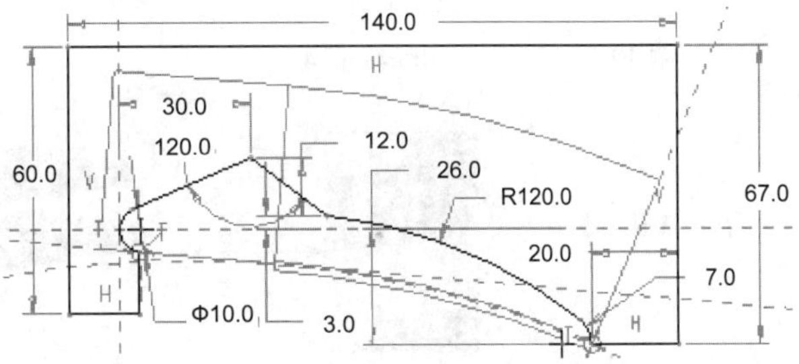

图 13.3.11 截面草图

Step6. 创建图 13.3.12b 所示的倒圆角特征 1。选取图 13.3.12a 所示的边线为倒圆角的边线，输入圆角半径值 5.0。

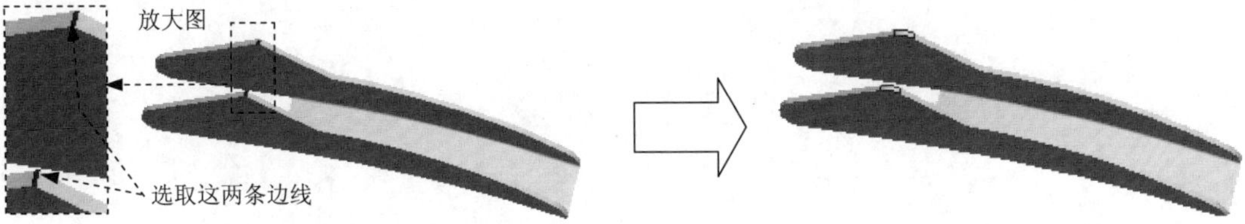

a）倒圆角前

b）倒圆角后

图 13.3.12 倒圆角特征 1

Step7. 创建图 13.3.13 所示的钣金拉伸切削特征 3。在操控板中单击拉伸按钮，确认按钮、按钮和按钮被按下；选取图 13.3.13 所示的钣金面为草绘平面，采用系统默认的参考平面和方向；单击草绘按钮，绘制图 13.3.14 所示的截面草图；在操控板中定义拉伸类型为，选择材料移除的方向类型为；单击按钮，完成拉伸切削特征 3 的创建。

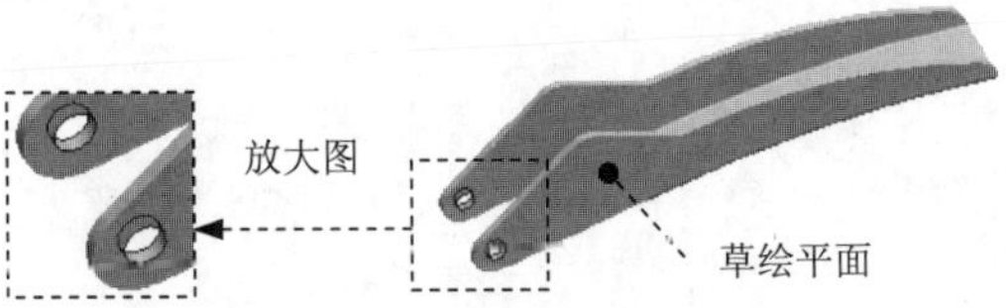

图 13.3.13 拉伸切削特征 3

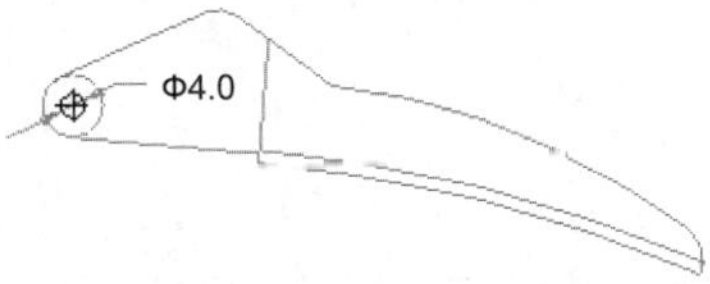

图 13.3.14 截面草图

Step8. 创建图 13.3.15 所示的钣金拉伸切削特征 4。在操控板中单击拉伸按钮，确认按钮、按钮和按钮被按下；选取图 13.3.15 所示的钣金面为草绘平面，采用系统默认的参考平面和方向；单击草绘按钮，绘制图 13.3.16 所示的截面草图；在操控板中定义拉伸类型为，选择材料移除的方向类型为；单击按钮，完成拉伸切削特征 4 的创建。

Step9. 创建倒圆角特征 2。选取图 13.3.17 所示的边线为倒圆角的边线，圆角半径值为 10.0。

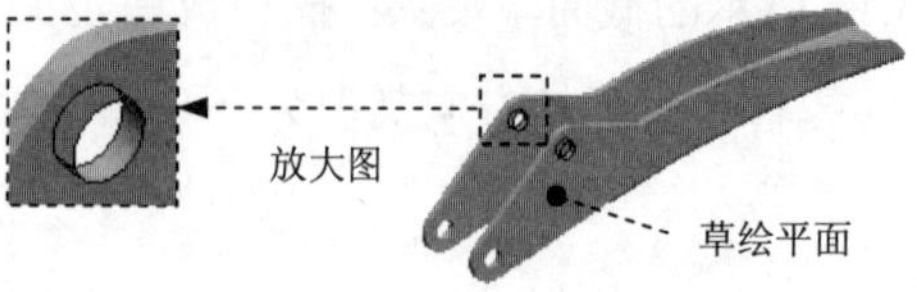

图 13.3.15　拉伸切削特征 4

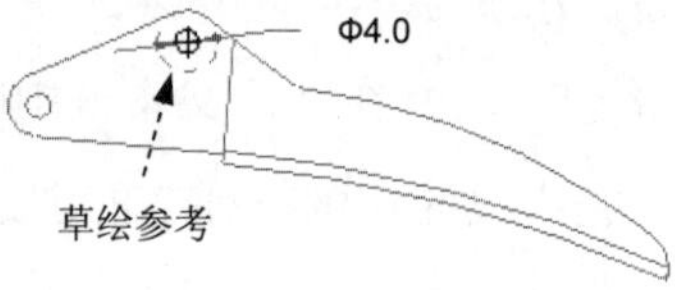

图 13.3.16　截面草图

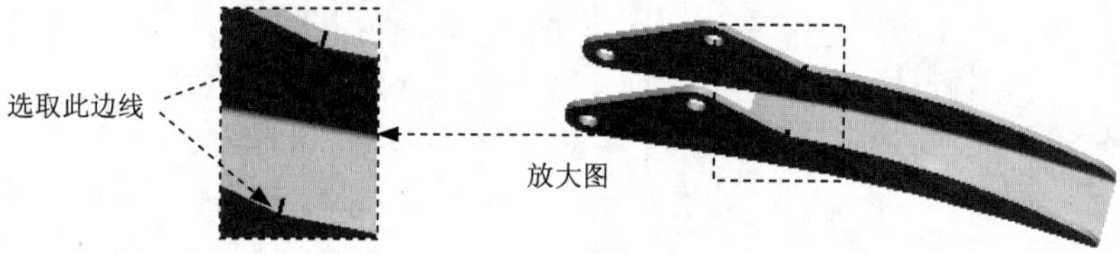

图 13.3.17　选取倒圆角的边线

Step10. 保存零件模型文件。

实例 14 电源外壳组件

14.1 实例概述

本实例详细介绍了图 14.1.1 所示的电源外壳的设计过程。钣金件 1 和钣金件 2 的设计过程中用到了平面、切削拉伸、平整、法兰、折弯、镜像、阵列和成形特征等命令，其中主要的难点在成形特征的创建过程。

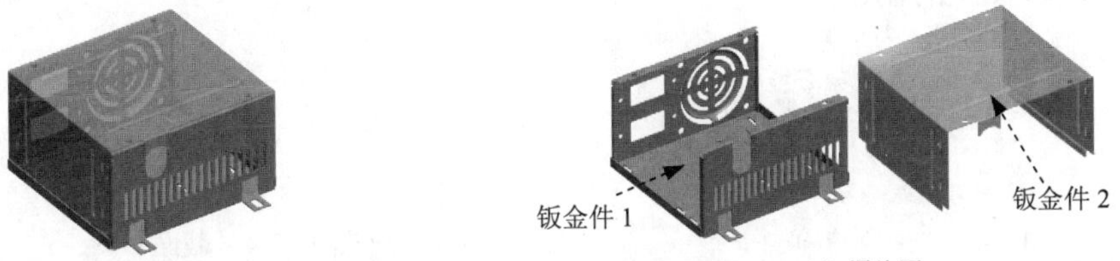

a）装配图　　b）爆炸图

图 14.1.1　电源外壳组件

14.2 钣金件 1

钣金件模型及模型树如图 14.2.1 所示。

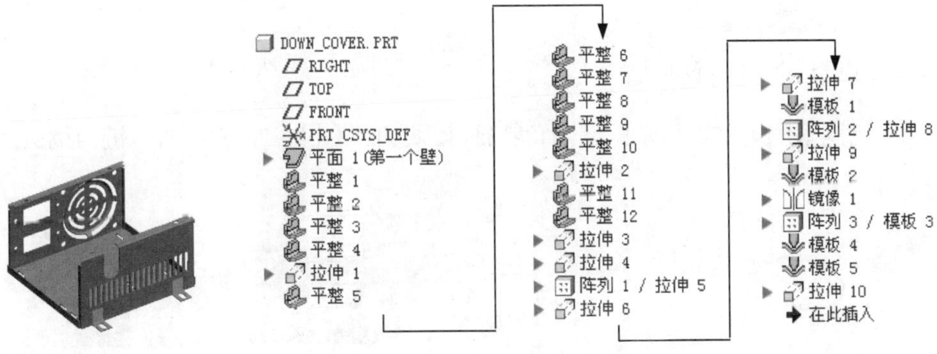

图 14.2.1　钣金件模型及模型树

Task1．创建模具 1

零件模型及模型树如图 14.2.2 所示。

Step1．新建一个实体零件模型，命名为 DOWN_COVER_DIE_01。

图 14.2.2　零件模型及模型树

Step2. 创建图 14.2.3 所示的拉伸特征 1。在操控板中单击“拉伸”按钮。选取 TOP 基准平面为草绘平面，RIGHT 基准平面为参考平面，方向为右；单击草绘按钮，绘制图 14.2.4 所示的截面草图；在操控板中定义拉伸类型为，输入深度值 10.0，单击按钮，完成拉伸特征 1 的创建。

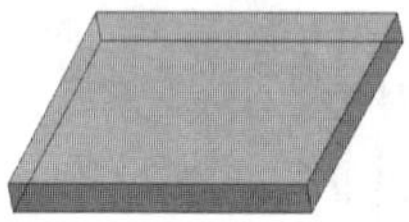

图 14.2.3　拉伸特征 1

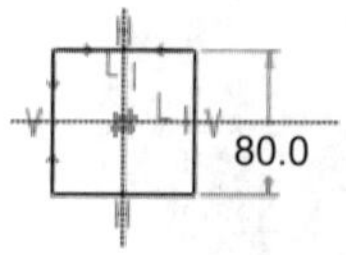

图 14.2.4　截面草图

Step3. 创建图 14.2.5 所示的旋转特征 1。在操控板中单击“旋转”按钮。选取 RIGHT 基准平面为草绘平面，TOP 基准平面为参考平面，方向为下；单击草绘按钮，绘制图 14.2.6 所示的截面草图（包括中心线）；在操控板中选择旋转类型为，在角度文本框中输入角度值 360.0，单击按钮，完成旋转特征 1 的创建。

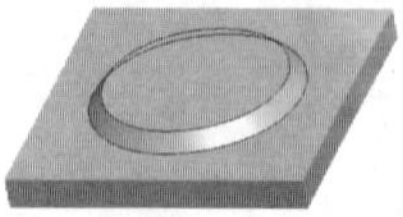

图 14.2.5　旋转特征 1

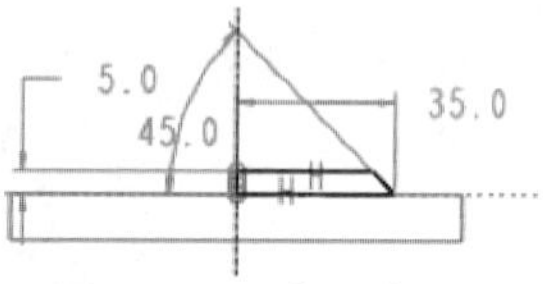

图 14.2.6　截面草图

Step4. 创建图 14.2.7b 所示的倒圆角特征 1。选取图 14.2.7a 所示的边链为倒圆角的边线，圆角半径值为 3.0。

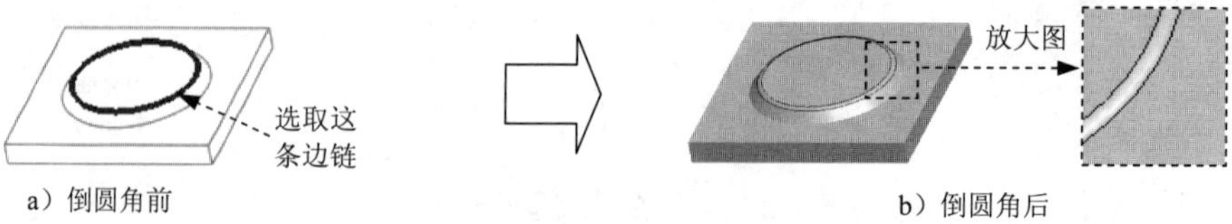

a）倒圆角前　　b）倒圆角后

图 14.2.7　倒圆角特征 1

Step5. 创建图 14.2.8b 所示的倒圆角特征 2。选取图 14.2.8a 所示的边链为倒圆角的边线，圆角半径值为 2.0。

Step6. 保存零件模型文件。

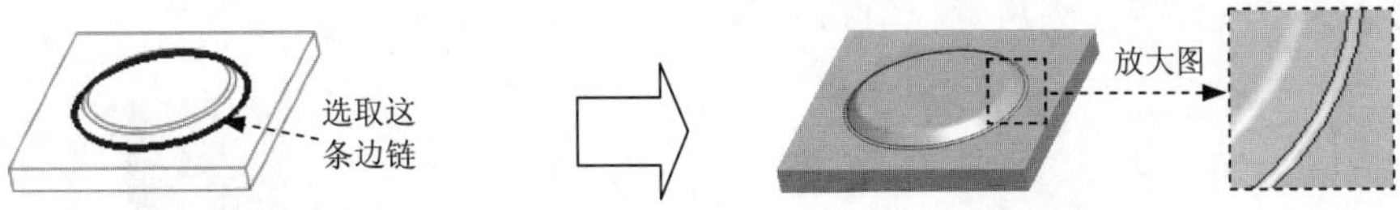

a）倒圆角前　　　　b）倒圆角后

图 14.2.8　倒圆角特征 2

Task2．创建模具 2

零件模型及模型树如图 14.2.9 所示。

图 14.2.9　零件模型及模型树

Step1．新建一个实体零件模型，命名为 DOWN_COVER_DIE_02。

Step2．创建图 14.2.10 所示的拉伸特征 1。在操控板中单击“拉伸”按钮 拉伸。选取 TOP 基准平面为草绘平面，RIGHT 基准平面为参考平面，方向为右；单击草绘按钮，绘制图 14.2.11 所示的截面草图；在操控板中定义拉伸类型为，输入深度值 2.0，单击按钮，完成拉伸特征 1 的创建。

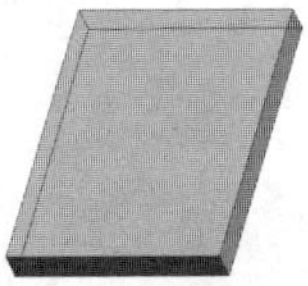

图 14.2.10　拉伸特征 1

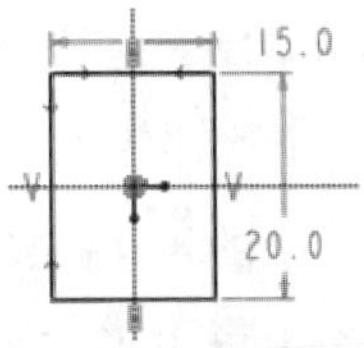

图 14.2.11　截面草图

Step3．创建图 14.2.12 所示的拉伸特征 2。在操控板中单击“拉伸”按钮 拉伸。选取 RIGHT 基准平面为草绘平面，TOP 基准平面为参考平面，方向为上；单击草绘按钮，绘制图 14.2.13 所示的截面草图；在操控板中定义拉伸类型为，输入深度值 6.0，单击按钮，完成拉伸特征 2 的创建。

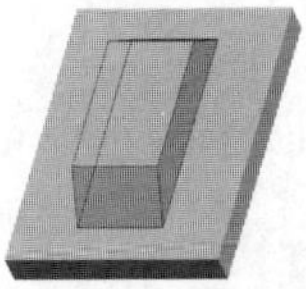

图 14.2.12　拉伸特征 2

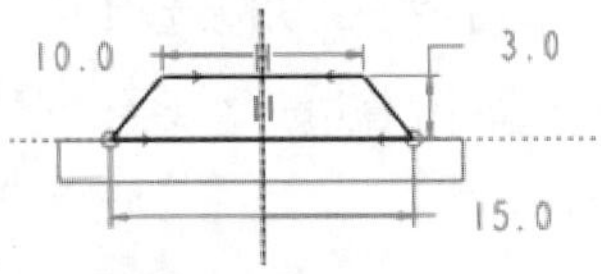

图 14.2.13　截面草图

Step4．创建图 14.2.14b 所示的倒圆角特征 1。按住 Ctrl 键，选取图 14.2.14a 所示的两条边线为倒圆角的边线，圆角半径值为 0.5。

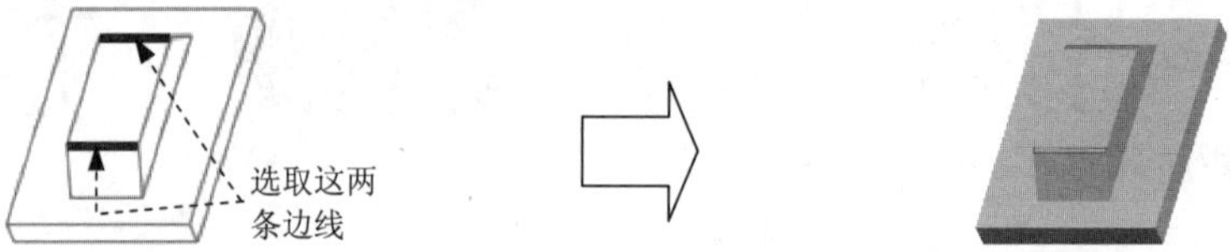

a）倒圆角前　　b）倒圆角后

图 14.2.14　倒圆角特征 1

Step5. 创建图 14.2.15b 所示的倒圆角特征 2。按住 Ctrl 键，选取图 14.2.15a 所示的两条边线为倒圆角的边线，圆角半径值为 2.0。

a）倒圆角前　　b）倒圆角后

图 14.2.15　圆角特征 2

Step6. 保存零件模型文件。

Task3. 创建主体零件模型

Step1. 新建一个钣金件模型，命名为 DOWN_COVER。

Step2. 创建图 14.2.16 所示的钣金壁平面特征 1。

（1）单击 模型 功能选项卡 形状 ▾ 区域中的“平面”按钮 平面。

（2）绘制截面草图。选取 TOP 基准平面为草绘平面，RIGHT 基准平面为参考平面，方向为 右；单击 草绘 按钮，绘制图 14.2.17 所示的截面草图。

（3）在操控板中的 后文本框中输入钣金壁厚度值 1.0。

（4）在操控板中单击“完成”按钮，完成平面特征 1 的创建。

图 14.2.16　平面特征 1

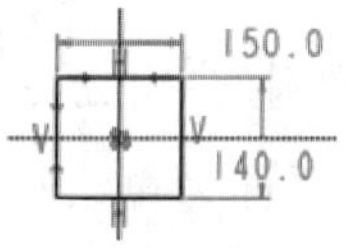

图 14.2.17　截面草图

Step3. 创建图 14.2.18 所示的附加钣金壁平整特征 1。

（1）单击 模型 功能选项卡 形状 ▾ 区域中的“平整”按钮。

（2）选取附着边。在系统 ➡选择一个边连到壁上。 的提示下，选取图 14.2.19 所示的模型边线为附着边。

（3）定义钣金壁的形状。

① 在操控板中选择形状类型为 矩形；在 后的文本框中输入角度值 90.0。

② 在操控板中单击形状选项卡，在系统弹出的界面中修改草图内的尺寸值至图14.2.20所示的值。

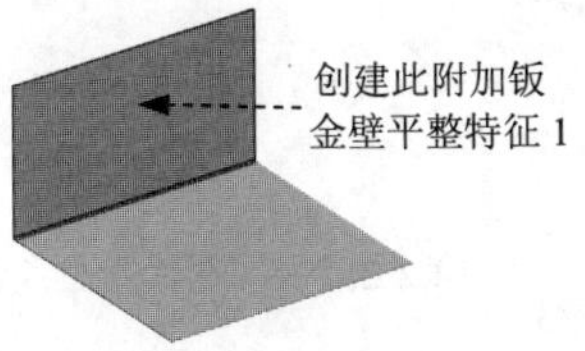

图 14.2.18 平整特征 1

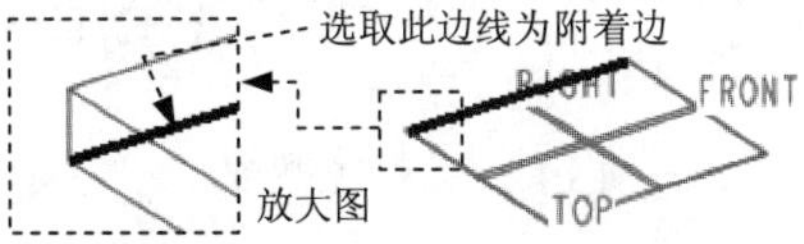

图 14.2.19 定义附着边

（4）在操控板中单击止裂槽选项卡，在系统弹出的界面中取消选中☐单独定义每侧复选框，并在类型下拉列表框中选择扯裂选项。

（5）定义折弯半径。确认按钮被按下，并在其后的文本框中输入折弯半径值 0.5，折弯半径所在侧为。

（6）在操控板中单击✔按钮，完成平整特征 1 的创建。

Step4. 创建图 14.2.21 所示的附加钣金壁平整特征 2（详细操作过程参见上一步）。

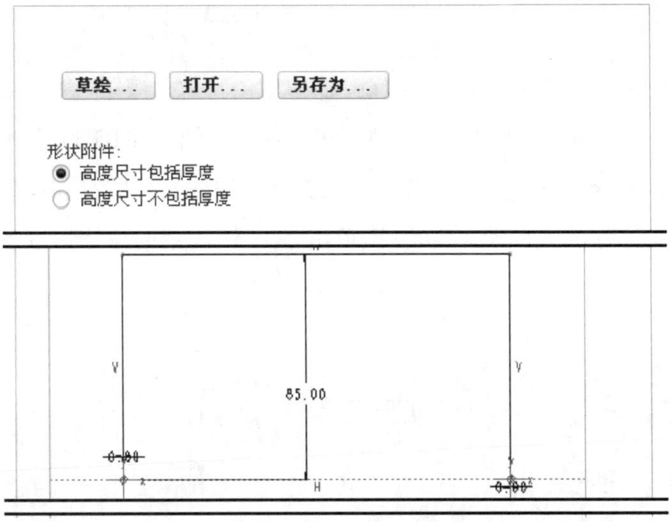

图 14.2.20 设置形状参数

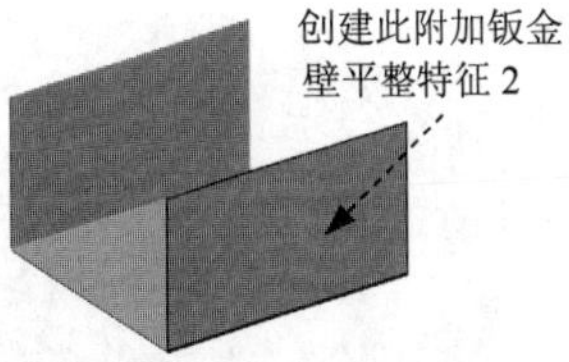

图 14.2.21 平整特征 2

Step5. 创建图 14.2.22 所示的附加钣金壁平整特征 3。单击模型功能选项卡形状▾区域中的“平整”按钮，选取图 14.2.23 所示的模型边线为附着边；平整壁的形状类型为矩形，折弯角度值为 90.0；单击形状选项卡，在系统弹出的界面中修改草图内的尺寸值至图 14.2.24 所示的值；单击止裂槽选项卡，在系统弹出的界面中的类型下拉列表框中选择扯裂选项；确认按钮被按下，并在其后的文本框中输入折弯半径值 0.5，折弯半径所在侧为。单击✔按钮，完成平整特征 3 的创建。

Step6. 创建图 14.2.25 所示的附加钣金壁平整特征 4（详细操作过程参见上一步）。

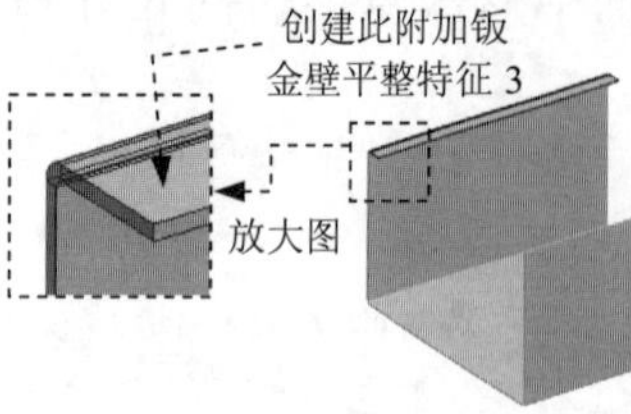

图 14.2.22　平整特征 3

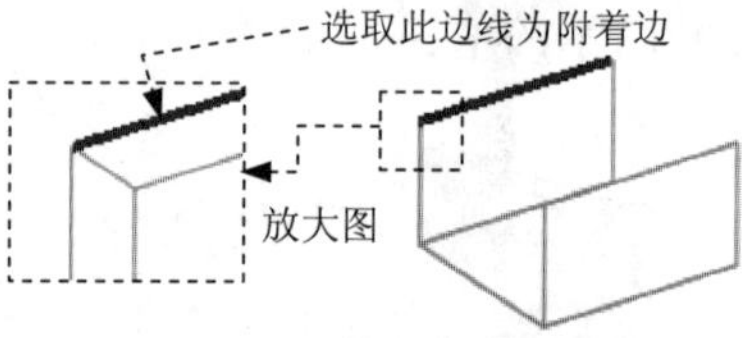

图 14.2.23　定义附着边

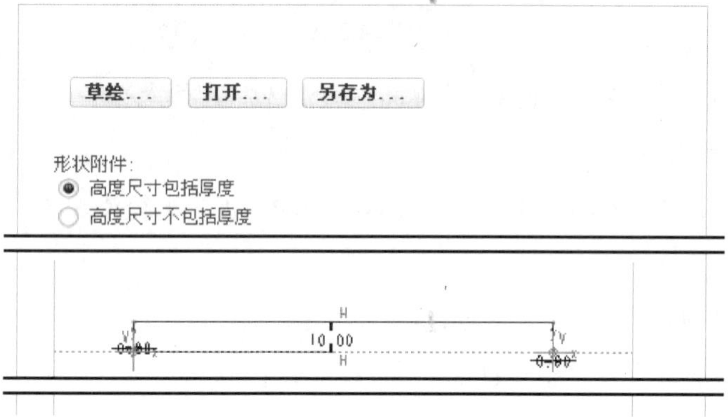

图 14.2.24　设置形状参数

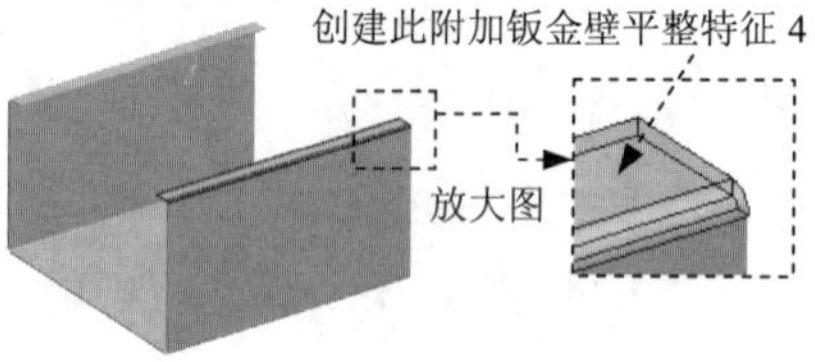

图 14.2.25　平整特征 4

Step7. 创建图 14.2.26 所示的钣金拉伸切削特征 1。在操控板中单击拉伸按钮，确认按钮、按钮和按钮被按下；选取图 14.2.26 所示的模型表面为草绘平面，RIGHT 基准平面为参考平面，方向为下；单击草绘按钮，绘制图 14.2.27 所示的截面草图；在操控板中定义拉伸类型为，选择材料移除的方向类型为；单击按钮，完成拉伸切削特征 1 的创建。

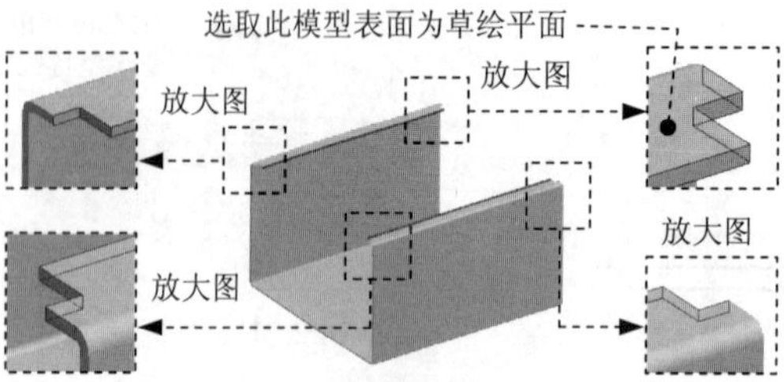

图 14.2.26　拉伸切削特征 1

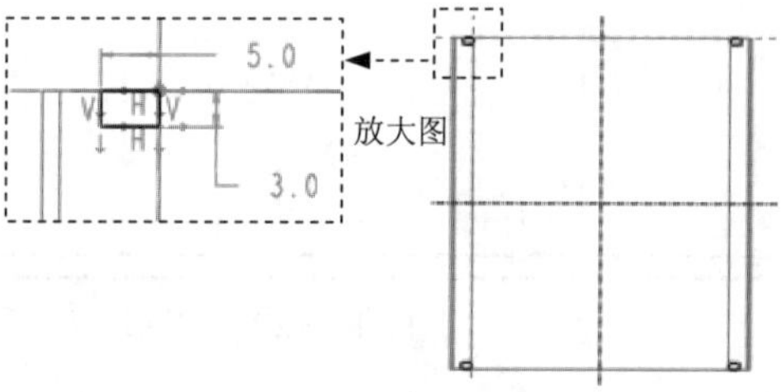

图 14.2.27　截面草图

Step8. 创建图 14.2.28 所示的附加钣金壁平整特征 5。

（1）单击模型功能选项卡形状▼区域中的“平整”按钮。

（2）选取附着边。在系统选择一个边连到壁上.的提示下，选取图 14.2.29 所示的模型边线为附着边。

（3）定义钣金壁的形状。

① 在操控板中选择形状类型为矩形；在后的文本框中输入角度值 90.0。

② 在操控板中单击形状选项卡，在系统弹出的界面中依次设置草图内的尺寸值-5.0、5.0、0（图 14.2.30）。

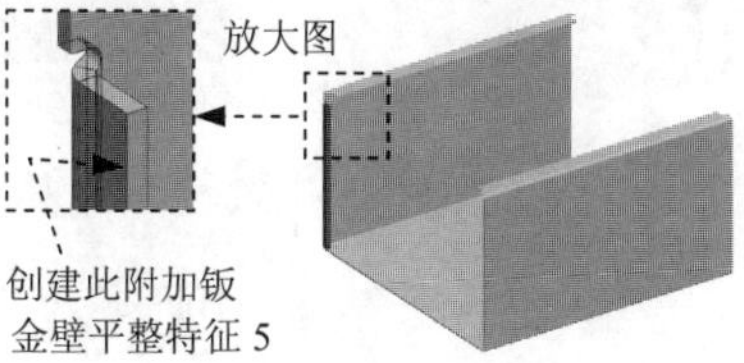

图 14.2.28 平整特征 5

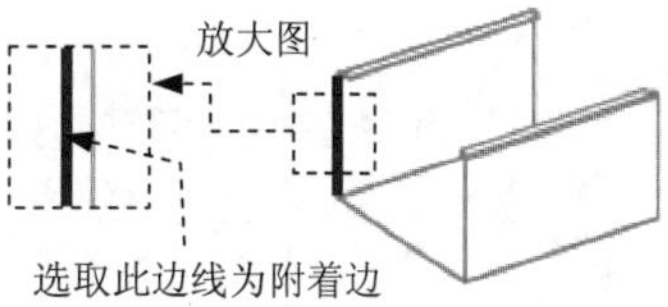

图 14.2.29 定义附着边

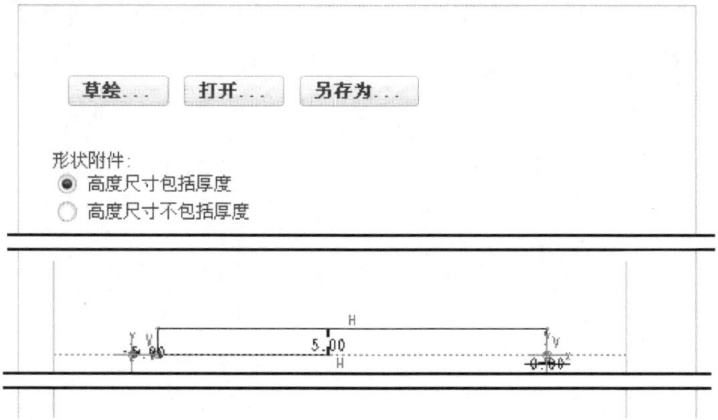

图 14.2.30 设置形状参数

（4）定义止裂槽。在操控板中单击止裂槽选项卡，在系统弹出界面中选中单独定义每侧复选框和侧 1单选项，并在类型下拉列表框中选择长圆形选项，深度类型为至折弯，厚度值为 1.0；然后选中侧 2单选项，并在类型下拉列表框中选择扯裂选项。

（5）定义折弯半径。确认按钮被按下，并在其后的文本框中输入折弯半径值 0.5，折弯半径所在侧为。

（6）在操控板中单击按钮，完成平整特征 5 的创建。

Step9. 创建图 14.2.31 所示的附加钣金壁平整特征 6。单击模型功能选项卡形状▾区域中的“平整”按钮，选取图 14.2.32 所示的模型边线为附着边；平整壁的形状类型为矩形，折弯角度值为 90.0；单击形状选项卡，在系统弹出的界面中依次设置草图内的尺寸值为 0、5.0、-5.0（图 14.2.33）。然后单击止裂槽选项卡，在系统弹出的界面中选中单独定义每侧复选框和侧 1单选项，并在类型下拉列表框中选择扯裂选项；再选中侧 2单选项，并在类型下拉列表框中选择长圆形选项，深度类型为至折弯，厚度值为 1.0。确认按钮被按下，并在其后的文本框中输入折弯半径值 0.5，折弯半径所在侧为。单击按钮，完成平整特征 6 的创建。

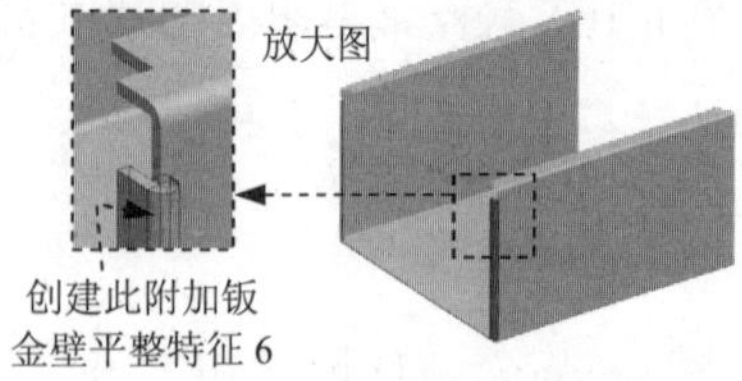

图 14.2.31　平整特征 6

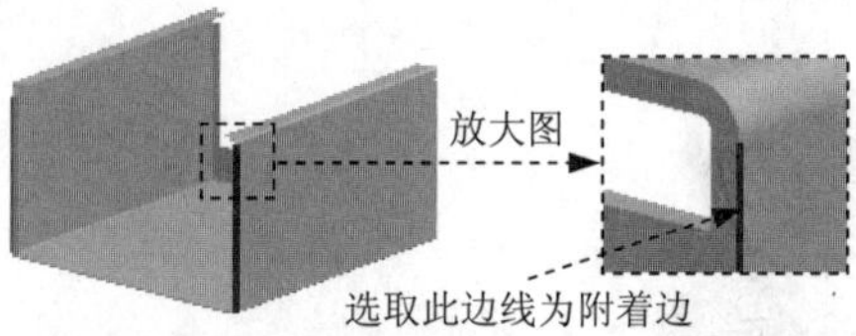

图 14.2.32　定义附着边

Step10. 创建图 14.2.34 所示的附加钣金壁平整特征 7。单击 模型 功能选项卡 形状 ▼ 区域中的“平整”按钮，选取图 14.2.35 所示的模型边线为附着边；平整壁的形状类型为 矩形，折弯角度值为 90.0；单击 形状 选项卡，在系统弹出的界面中依次设置草图内的尺寸值为 0、18.0、0（图 14.2.36）。然后单击 偏移 选项卡，选中 ☑ 相对连接边偏移壁 复选框和 ◉ 添加到零件边 单选项；再单击 止裂槽 按钮，在系统弹出的界面中取消选中 ☐ 单独定义每侧 复选框，并在 类型 下拉列表框中选择 扯裂 选项。确认 按钮被按下，并在其后的文本框中输入折弯半径值 0.5，折弯半径所在侧为 。单击 ✔ 按钮，完成平整特征 7 的创建。

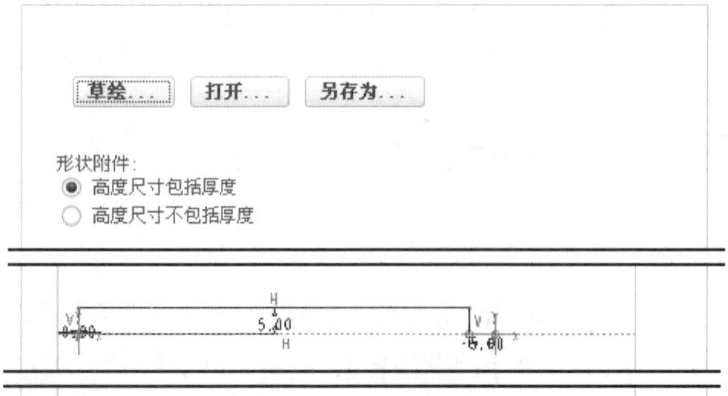

图 14.2.33　设置形状参数

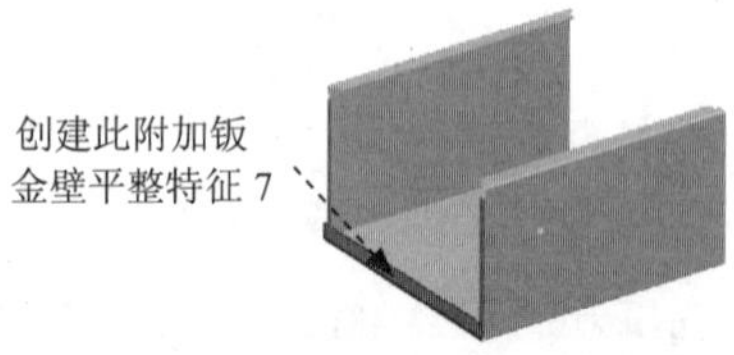

图 14.2.34　平整特征 7

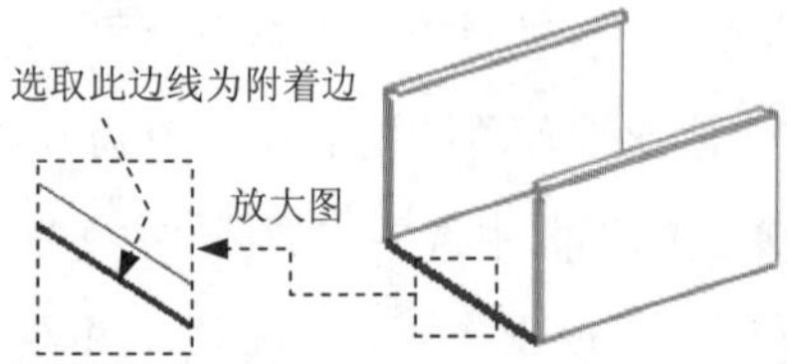

图 14.2.35　定义附着边

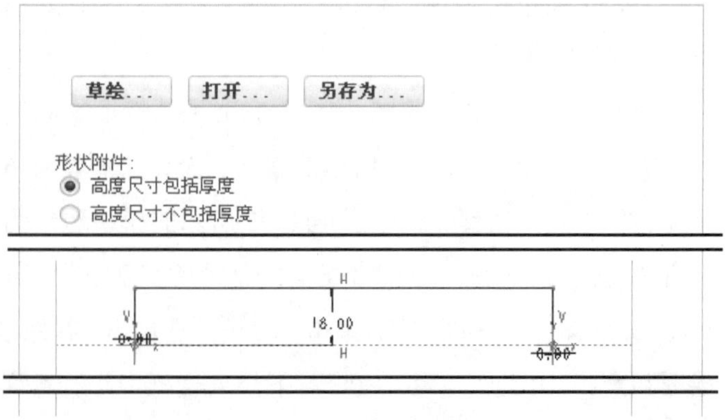

图 14.2.36　设置形状参数

Step11. 创建图 14.2.37 所示的附加钣金壁平整特征 8（详细操作过程参见 Step8）。

Step12. 创建图 14.2.38 所示的附加钣金壁平整特征 9（详细操作过程参见 Step9）。

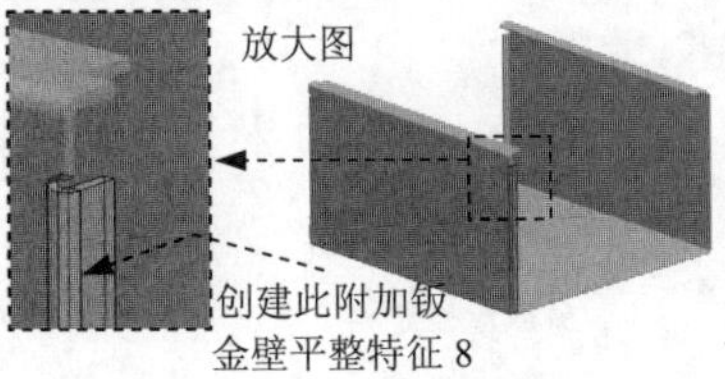

图 14.2.37　平整特征 8

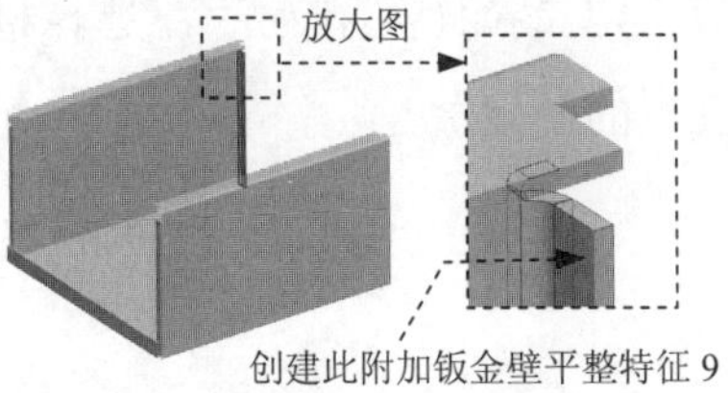

图 14.2.38　平整特征 9

Step13. 创建图 14.2.39 所示的附加钣金壁平整特征 10（详细操作过程参见 Step10）。

Step14. 创建图 14.2.40 所示的钣金拉伸切削特征 2。在操控板中单击 拉伸 按钮，确认按钮、按钮和按钮被按下；选取图 14.2.40 所示的模型表面为草绘平面，选取 RIGHT 基准平面为参考平面，方向为 右；单击 草绘 按钮，绘制图 14.2.41 所示的截面草图；在操控板中定义拉伸类型为，输入深度值 2.0，选择材料移除的方向类型为；单击按钮，完成拉伸切削特征 2 的创建。

说明： 读者在选取草绘平面时，可能选取模型的另一侧面，与后面草图的方位可能不一致，但不影响建模的思路。

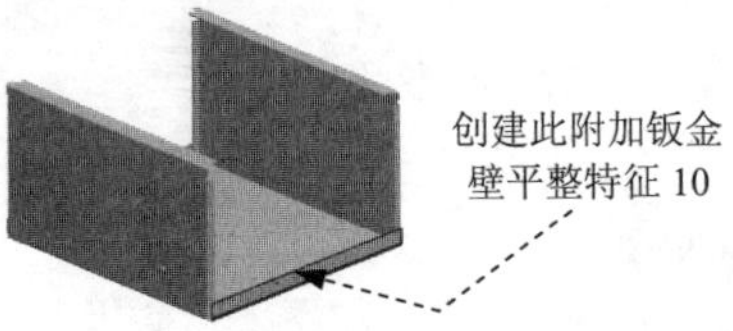

图 14.2.39　平整特征 10

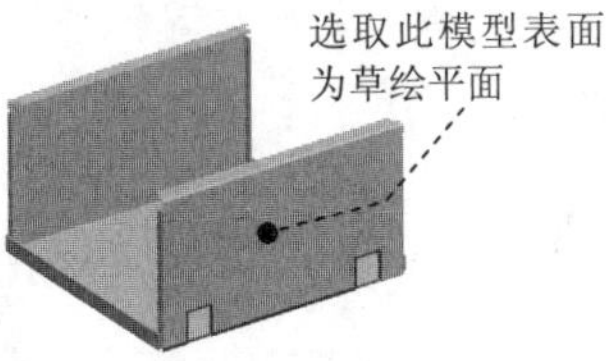

图 14.2.40　拉伸切削特征 2

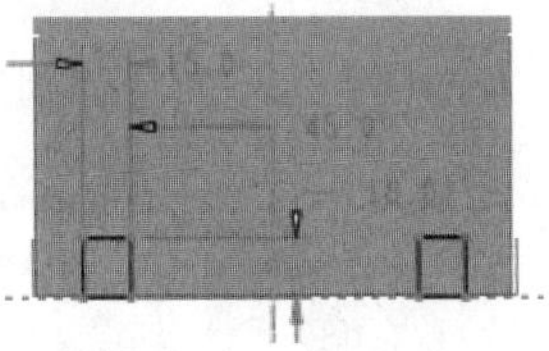

图 14.2.41　截面草图

Step15. 创建图 14.2.42 所示的附加钣金壁平整特征 11。单击 模型 功能选项卡 形状 ▾ 区域中的“平整”按钮，选取图 14.2.43 所示的模型边线为附着边；平整壁的形状类型为 矩形，折弯类型为 平整；单击 形状 选项卡，在系统弹出的界面中依次设置草图内的尺寸值为 0、18.0、0（图 14.2.44）。单击按钮，完成平整特征 11 的创建。

Step16. 创建图 14.2.45 所示的附加钣金壁平整特征 12（详细操作过程参见上一步）。

Step17. 创建图 14.2.46 所示的钣金拉伸切削特征 3。在操控板中单击 拉伸 按钮，确认按钮、按钮和按钮被按下；选取图 14.2.47 所示的模型表面为草绘平面，选取 RIGHT 基准平面为参考平面，方向为 下；单击 草绘 按钮，绘制图 14.2.48 所示的截面草图；在操控板中定义拉伸类型为，选择材料移除的方向类型为；单击按钮，完成拉伸切削特征 3 的创建。

Step18. 创建图 14.2.49 所示的钣金拉伸切削特征 4。在操控板中单击 拉伸 按钮，确认按钮、按钮和按钮被按下；选取图 14.2.49 所示的模型表面为草绘平面，选取 RIGHT 基准平面为参考平面，方向为 右；单击 草绘 按钮，绘制图 14.2.50 所示的截面草图；在操控板中定义拉伸类型为，选择材料移除的方向类型为；单击按钮，完成拉伸切削特征 4 的创建。

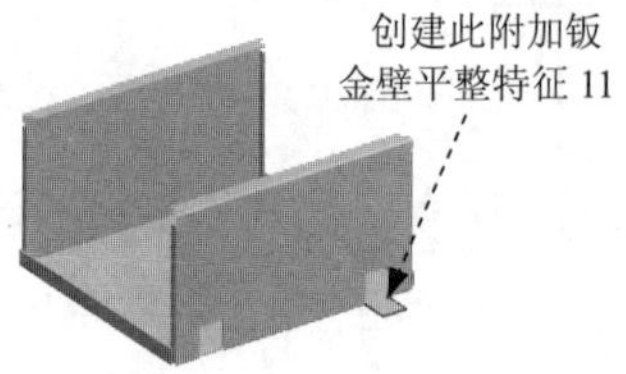

图 14.2.42　平整特征 11

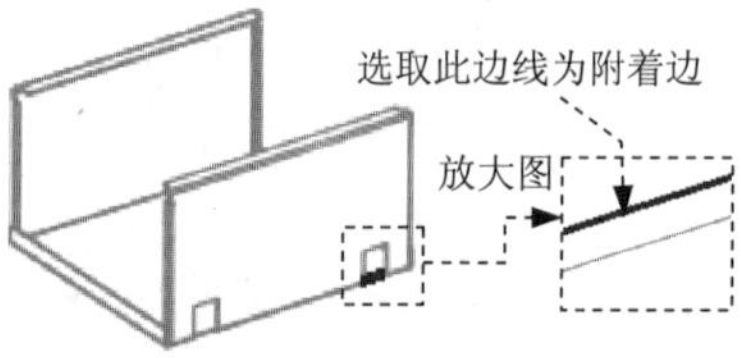

图 14.2.43　定义附着边

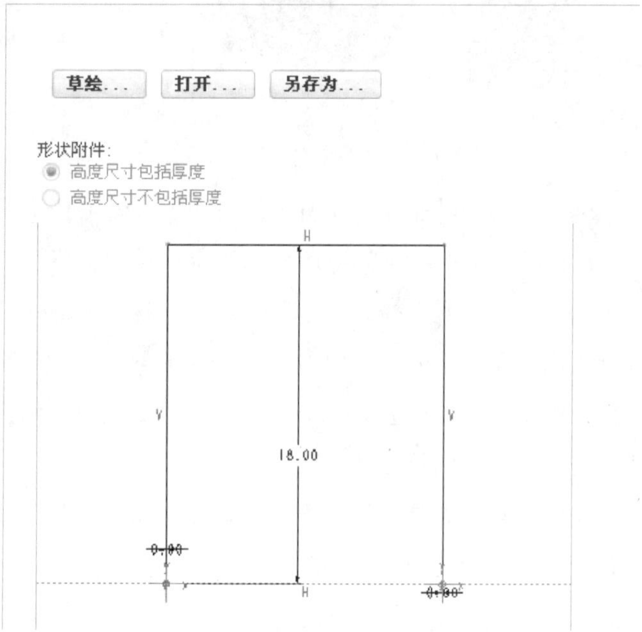

图 14.2.44　设置形状参数

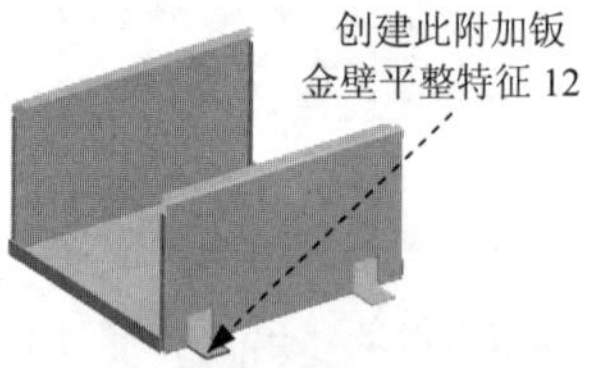

图 14.2.45　平整特征 12

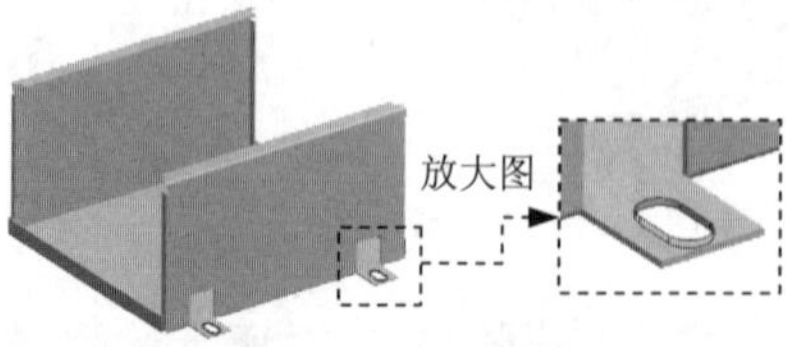

图 14.2.46　拉伸切削特征 3

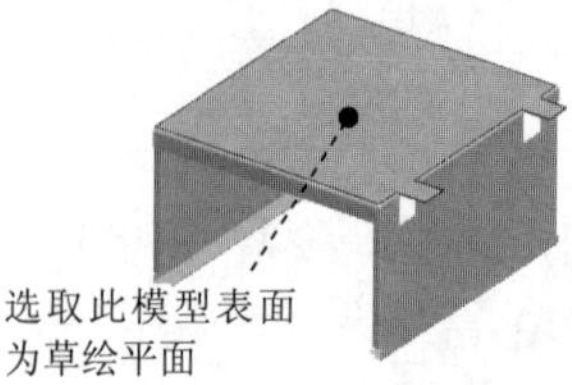

图 14.2.47　草绘平面

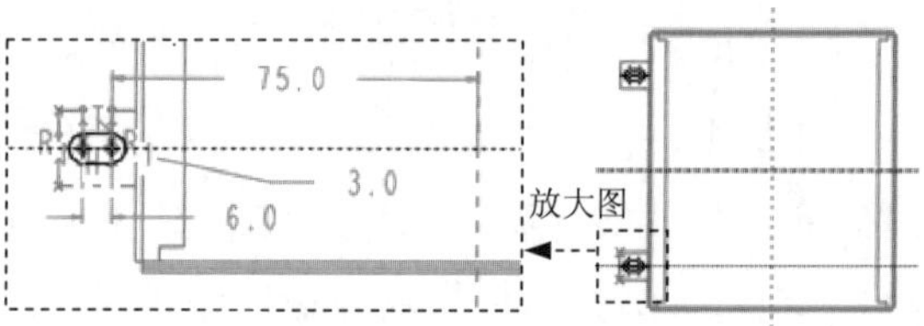

图 14.2.48　截面草图

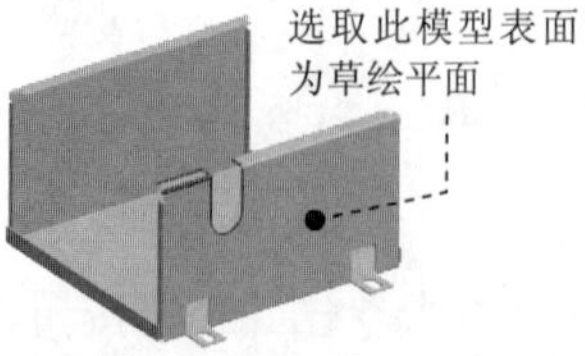

图 14.2.49　拉伸切削特征 4

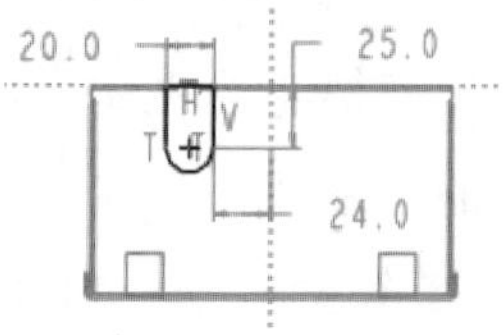

图 14.2.50　截面草图

Step19. 创建图 14.2.51 所示的钣金拉伸切削特征 5。在操控板中单击 拉伸 按钮，确认按钮、按钮和按钮被按下；选取图 14.2.51 所示的模型表面为草绘平面，选取 RIGHT 基准平面为参考平面，方向为右；单击草绘按钮，绘制图 14.2.52 所示的截面草图；在操控板中定义拉伸类型为，选择材料移除的方向类型为；单击按钮，完成拉伸切削特征 5 的创建。

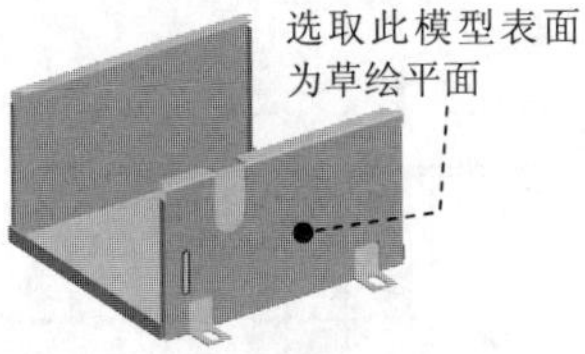

图 14.2.51 拉伸切削特征 5

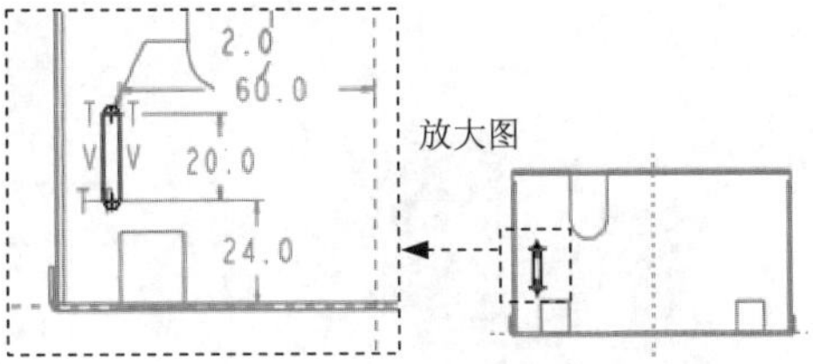

图 14.2.52 截面草图

Step20. 创建图 14.2.53 所示的阵列特征 1。

（1）在模型树中选取上一步创建的拉伸 5，再右击，从系统弹出的快捷菜单中选择阵列...命令。

（2）选取阵列类型。在操控板中选择以方向方式控制阵列。

（3）选取方向 1 的参考并给出增量值。选取图 14.2.54 所示的 RIGHT 基准平面为第一方向参考，然后在第一方向的阵列个数栏中输入数值 20，并输入第一方向阵列成员间距值 6.5。

（4）在操控板中单击按钮，完成阵列特征 1 的创建。

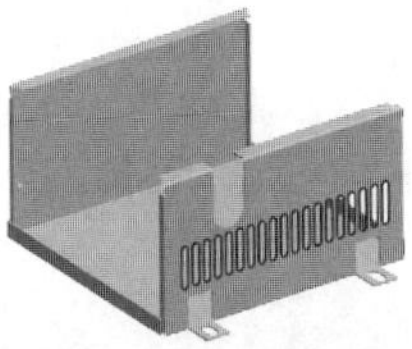

图 14.2.53 阵列特征 1

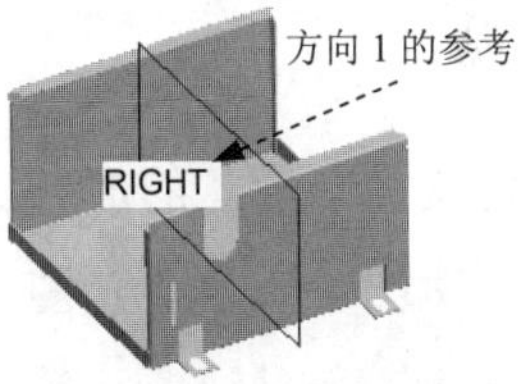

图 14.2.54 阵列参考

Step21. 创建图 14.2.55 所示的钣金拉伸切削特征 6。在操控板中单击拉伸按钮，确认按钮、按钮和按钮被按下；选取图 14.2.56 所示的模型表面为草绘平面，选取 RIGHT 基准平面为参考平面，方向为左；单击草绘按钮，绘制图 14.2.57 所示的截面草图；在操控板中定义拉伸类型为，选择材料移除的方向类型为；单击按钮，完成拉伸切削特征 6 的创建。

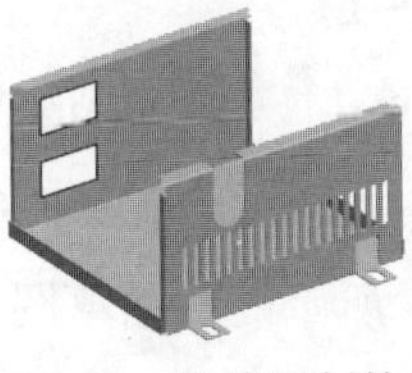

图 14.2.55 拉伸切削特征 6

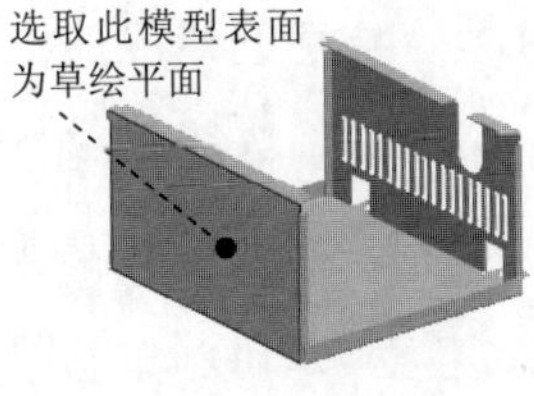

图 14.2.56 草绘平面

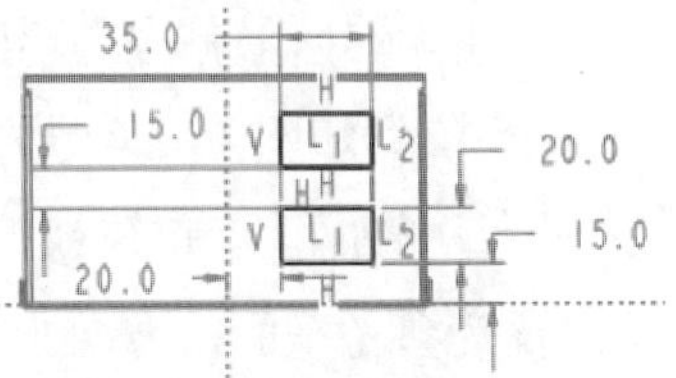

图 14.2.57 截面草图

Step22. 创建图 14.2.58 所示的钣金拉伸切削特征 7。在操控板中单击拉伸按钮，确认按钮、按钮和按钮被按下；选取图 14.2.58 所示的模型表面为草绘平面，选取 RIGHT 基准平面为参考平面，方向为左；单击草绘按钮，绘制图 14.2.59 所示的截面草图；在操控板中定义拉伸类型为，选择材料移除的方向类型为；单击按钮，完成拉伸切削特征 7 的创建。

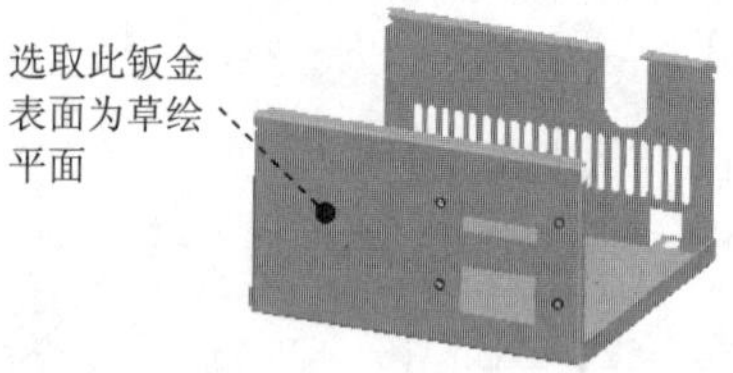

图 14.2.58　拉伸切削特征 7

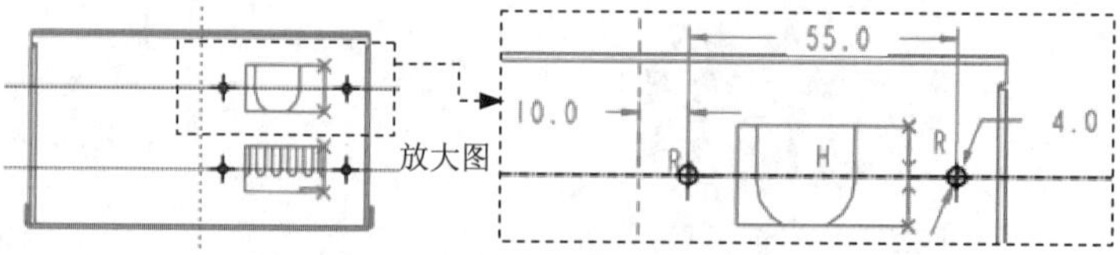

图 14.2.59　截面草图

Step23. 创建图 14.2.60 所示的凸模成形特征 1。

（1）选择命令。单击模型功能选项卡 工程 ▾ 区域节点下的凸模按钮。

（2）选择模具文件。在系统弹出的“凸模”操控板中单击按钮，系统弹出 “打开”对话框，选择 down_cover_die_01.prt 为成形模具，并将其打开。

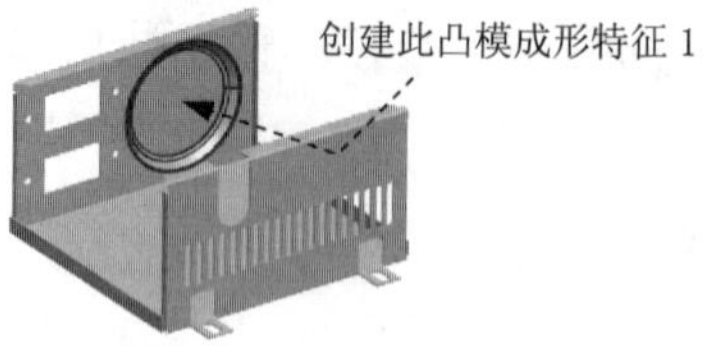

图 14.2.60　凸模成形特征 1

（3）定义成形模具的放置。单击操控板中的放置选项卡，在系统弹出的界面中选中 ✔ 约束已启用 复选框，并添加图 14.2.61 所示的三组位置约束。

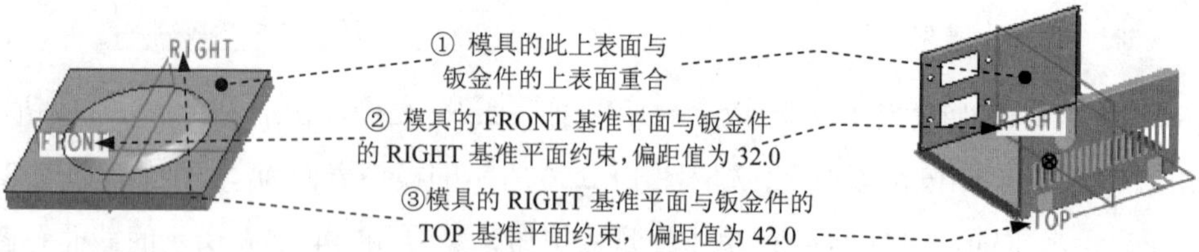

图 14.2.61　定义成形模具的放置

（4）定义冲孔方向。在操控板中单击按钮，使冲孔方向如图 14.2.62 所示。

（5）在操控板中单击“完成”按钮，完成凸模成形特征 1 的创建。

Step24. 创建图 14.2.63 所示的钣金拉伸切削特征 8。在操控板中单击拉伸按钮，确认按钮、按钮和按钮被按下；选取图 14.2.64 所示的模型表面为草绘平面，选取 RIGHT 基准平面为参考平面，方向为左；单击草绘按钮，绘制图 14.2.65 所示的截面草图；在操控板中定义拉伸类型为，选择材料移除的方向类型为；单击按钮，完成拉伸切削特征 8 的创建。

图 14.2.62 定义冲孔方向

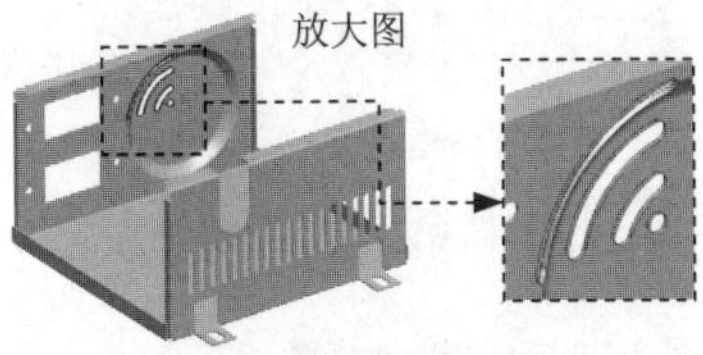

图 14.2.63 拉伸切削特征 8

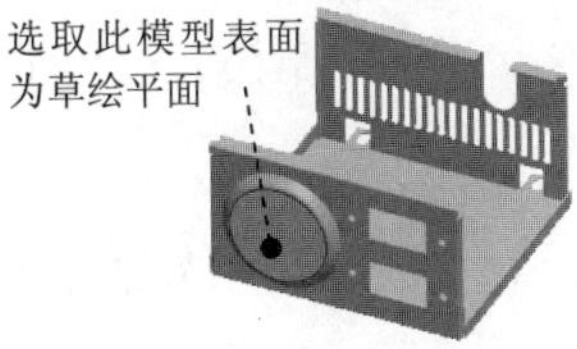

图 14.2.64 草绘平面

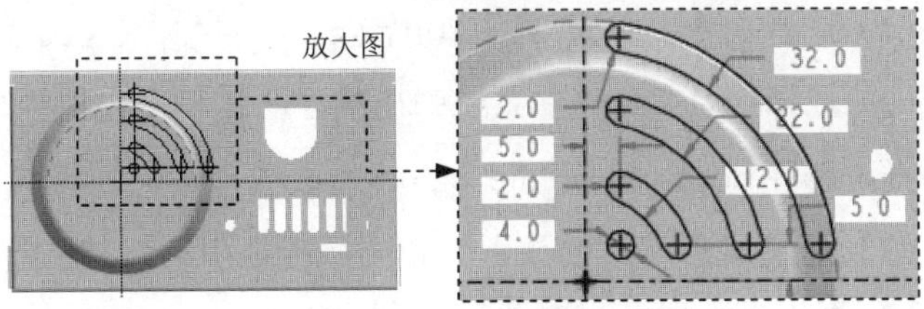

图 14.2.65 截面草图

Step25. 创建图 14.2.66 所示的阵列特征 2。

（1）在模型树中选取上一步创建的 拉伸 8，再右击，从系统弹出的快捷菜单中选择 阵列... 命令。

（2）选择阵列控制方式：在操控板中选择以 轴 方式控制阵列，再选取图 14.2.67 所示的基准轴 A_1_1。

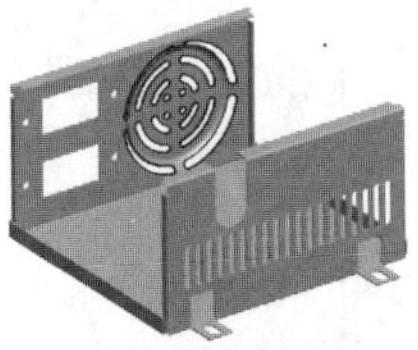
图 14.2.66 阵列特征 2

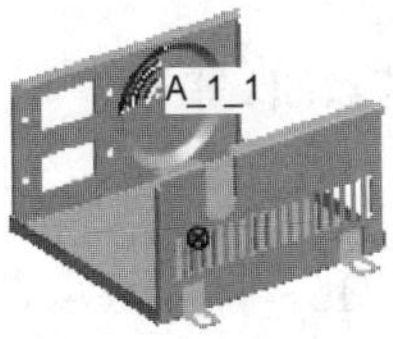

图 14.2.67 选取基准轴 A_1_1

（3）在操控板中的阵列数量栏中输入数值 4，在增量栏中输入角度增量值 90.0。

（4）在操控板中单击按钮，完成阵列特征 2 的创建。

Step26. 创建图 14.2.68 所示的钣金拉伸切削特征 9。在操控板中单击 拉伸 按钮，确认按钮、按钮和按钮被按下；选取图 14.2.69 所示的模型表面为草绘平面，选取 RIGHT 基准平面为参考平面，方向为 左；单击 草绘 按钮，绘制图 14.2.70 所示的截面草图；在操控板中定义拉伸类型为，选择材料移除的方向类型为；单击按钮，完成拉伸切削特征 9 的创建。

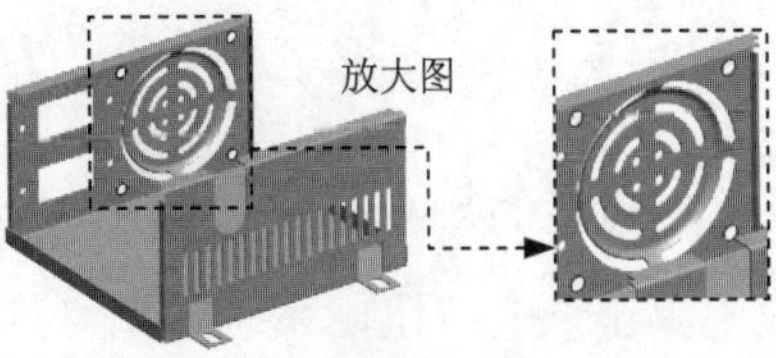

图 14.2.68 拉伸切削特征 9

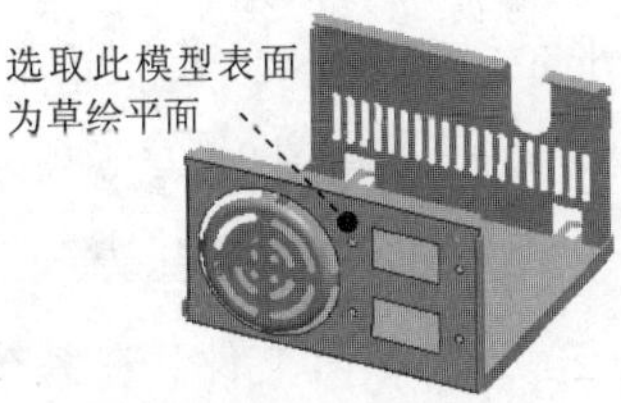

图 14.2.69 草绘平面

Step27. 创建图 14.2.71 所示的凸模成形特征 2。

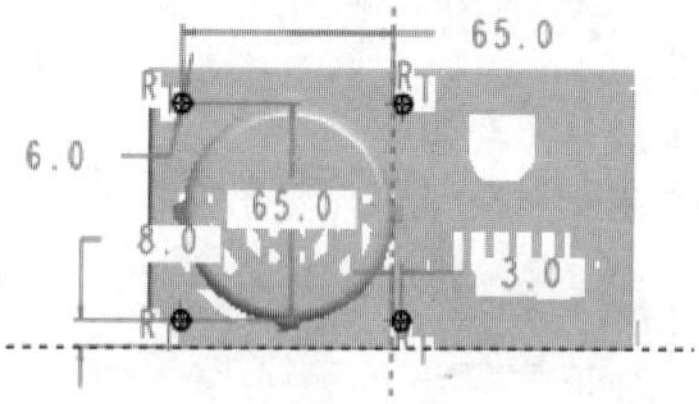

图 14.2.70 截面草图

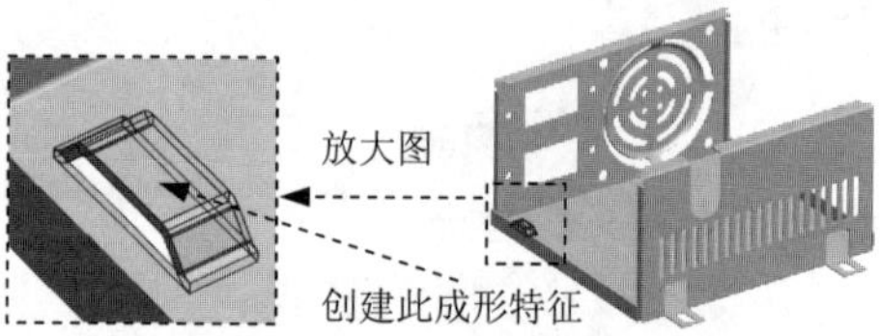

图 14.2.71 凸模成形特征 2

（1）选择命令。单击 模型 功能选项卡 工程 ▾ 区域 节点下的 凸模 按钮。

（2）选择模具文件。在系统弹出的“凸模”操控板中单击 按钮，系统弹出“打开”对话框，选择 down_cover_die_02.prt 为成形模具，并将其打开。

（3）定义成形模具的放置。单击操控板中的 放置 选项卡，在系统弹出的界面中选中 ☑ 约束已启用 复选框，并添加图 14.2.72 所示的三组位置约束。

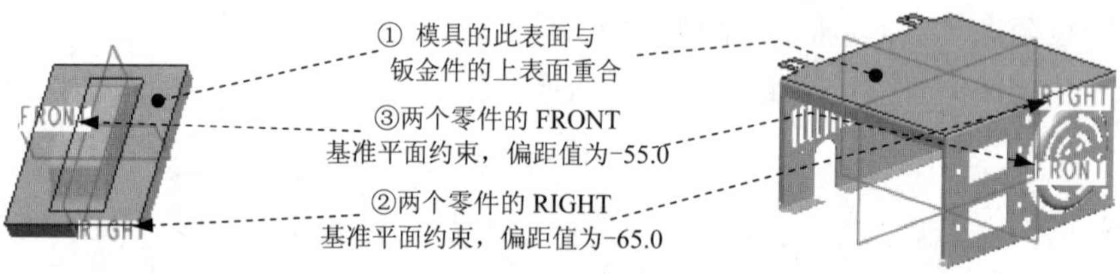

图 14.2.72 定义成形模具的放置

（4）定义排除面。单击 选项 选项卡并单击 排除冲孔模型曲面 下的空白区域，然后按住 Ctrl 键，选取图 14.2.73 所示的两个面为排除面。

（5）定义冲孔方向。选取图 14.2.74 所示的方向为冲孔方向。

（6）在操控板中单击“完成”按钮 ✔，完成凸模成形特征 2 的创建。

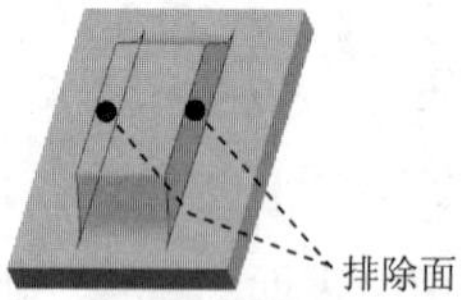

图 14.2.73 定义排除面

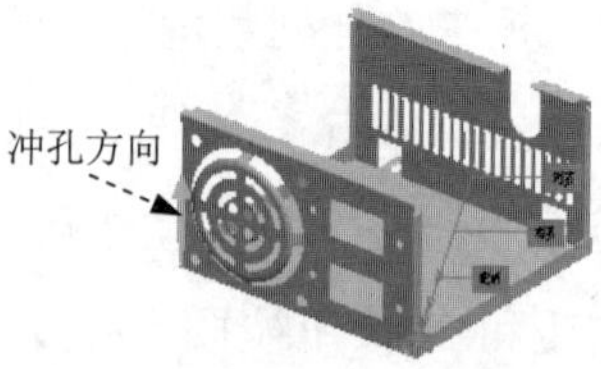

图 14.2.74 定义冲孔方向

Step28. 创建图 14.2.75 所示的镜像特征 1。在图形区选取 Step27 所创建的凸模成形特征 2 为镜像源，单击 模型 功能选项卡 编辑 ▾ 下的 镜像 命令，选取 RIGHT 基准平面为镜像平面。单击 ✔ 按钮，完成镜像特征 1 的创建。

Step29. 创建图 14.2.76 所示的凸模成形特征 3。

（1）选择命令。单击 模型 功能选项卡 工程 ▾ 区域 节点下的 凸模 按钮。

（2）选择模具文件。在系统弹出的“凸模”操控板中单击 按钮，系统弹出“打开”

对话框，选择文件 down_cover_die_02.prt 为成形模具，并将其打开。

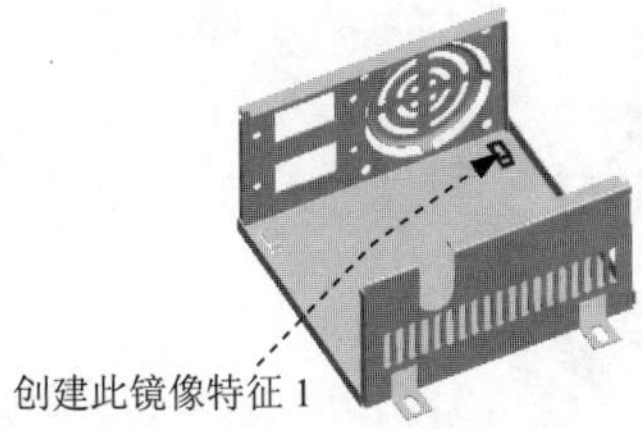

图 14.2.75 镜像特征 1

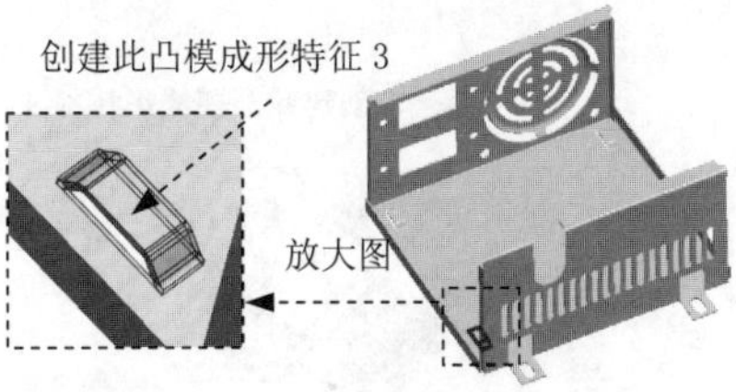

图 14.2.76 凸模成形特征 3

（3）定义成形模具的放置。单击操控板中的 放置 选项卡，在系统弹出的界面中选中 ✔ 约束已启用 复选框，并添加图 14.2.77 所示的三组位置约束。

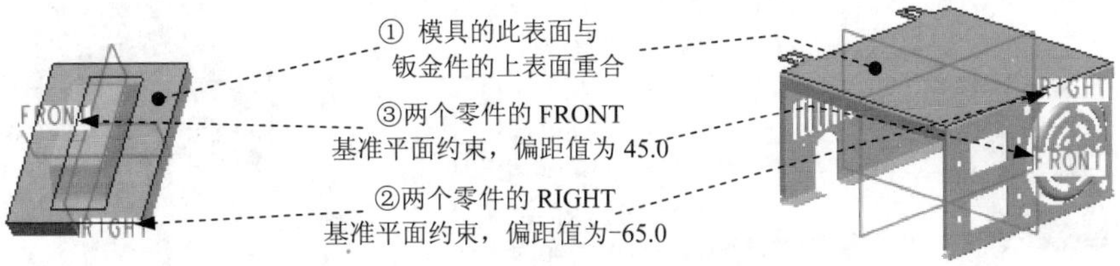

图 14.2.77 定义成形模具的放置

（4）排除面如图 14.2.73 所示；冲孔方向如图 14.2.74 所示。

（5）在操控板中单击“完成”按钮✔，完成凸模成形特征 3 的创建。

Step30. 创建图 14.2.78 所示的阵列特征 3。

（1） 在模型树中选取上一步创建的 模板 3，再右击，从系统弹出的快捷菜单中选择 阵列... 命令。

（2）选取阵列类型。在操控板中选择以 方向 方式控制阵列。

（3）选取方向 1 的参考并给出第一方向成员数及增量值。选取图 14.2.79 所示的 FRONT 基准平面为第一方向参考，输入第一方向成员数 2 和第一方向间距值-20。

（4）在操控板中单击✔按钮，完成阵列特征 3 的创建。

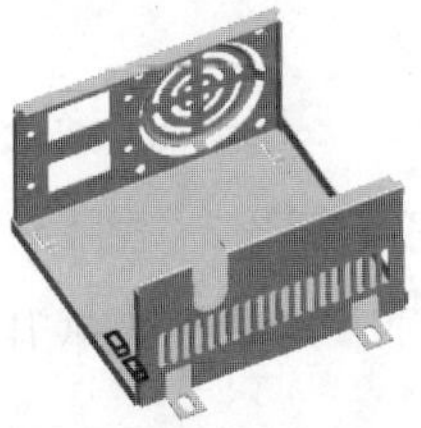

图 14.2.78 阵列特征 3

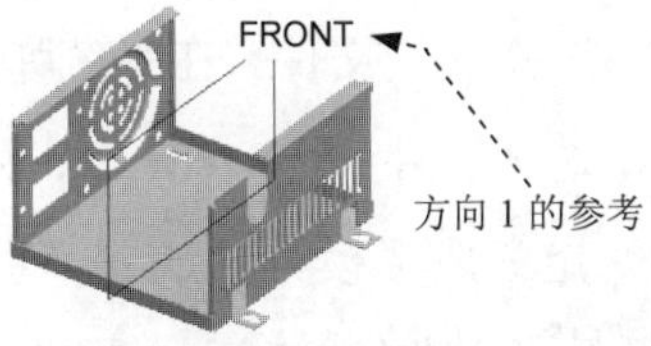

图 14.2.79 第一方向的参考

Step31. 创建图 14.2.80 所示的凸模成形特征 4。

（1）选择命令。单击 模型 功能选项卡 工程 ▾ 区域 节点下的 凸模 按钮。

（2）选择模具文件。在系统弹出的“凸模”操控板中单击 按钮，系统弹出“打开”

对话框，选择 down_cover_die_02.prt 为成形模具，并将其打开。

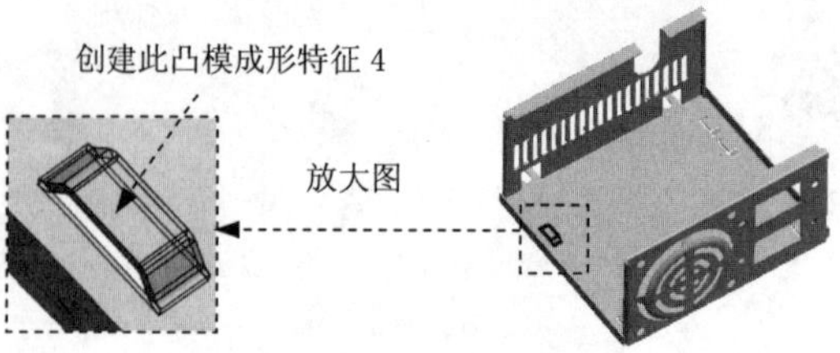

图 14.2.80　凸模成形特征 4

（3）定义成形模具的放置。单击操控板中的 [放置] 选项卡，在系统弹出的界面中选中 ☑约束已启用 复选框，并添加图 14.2.81 所示的三组位置约束。

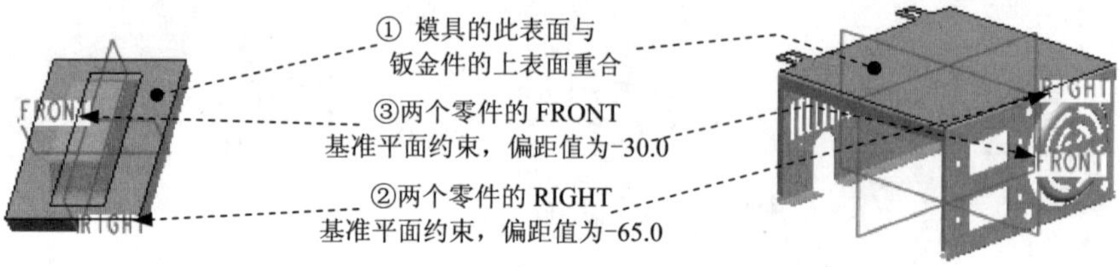

图 14.2.81　定义成形模具的放置

（4）排除面如图 14.2.73 所示；冲孔方向如图 14.2.74 所示。

（5）在操控板中单击“完成”按钮✓，完成凸模成形特征 4 的创建。

Step32. 创建图 14.2.82 示的凸模成形特征 5。

（1）选择命令。单击 [模型] 功能选项卡 [工程▾] 区域 [节点] 节点下的 [凸模] 按钮。

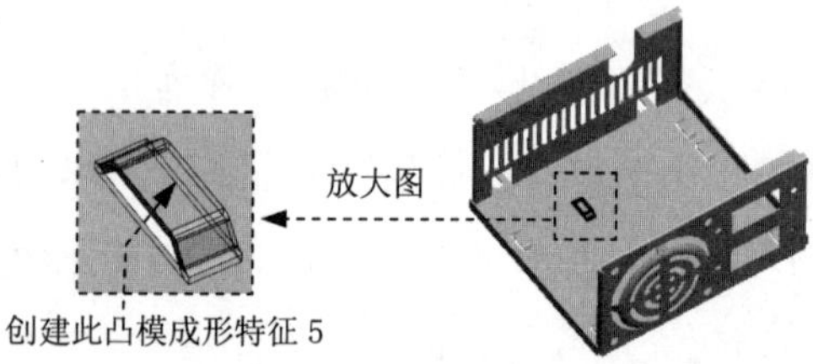

图 14.2.82　凸模成形特征 5

（2）选择模具文件。在系统弹出的“凸模”操控板中单击 [打开] 按钮，系统弹出“打开”对话框，选择文件 down_cover_die_02.prt 为成形模具，并将其打开。

（3）定义成形模具的放置。单击操控板中的 [放置] 选项卡，在系统弹出的界面中选中 ☑约束已启用 复选框，并添加图 14.2.83 示的三组位置约束。

（4）排除面如图 14.2.73 所示；冲孔方向如图 14.2.74 所示。

（5）在操控板中单击“完成”按钮✓，完成凸模成形特征 5 创建。

Step33. 创建图 14.2.84 所示的钣金拉伸切削特征 10。在操控板中单击 [拉伸] 按钮，确认 [ ] 按钮、[ ] 按钮和 [ ] 按钮被按下；选取图 14.2.84 所示的模型表面为草绘平面，选取

RIGHT 基准平面为参考平面，方向为上；单击草绘按钮，绘制图 14.2.85 所示的截面草图；在操控板中定义拉伸类型为，选择材料移除的方向类型为；单击按钮，完成拉伸切削特征 10 的创建。

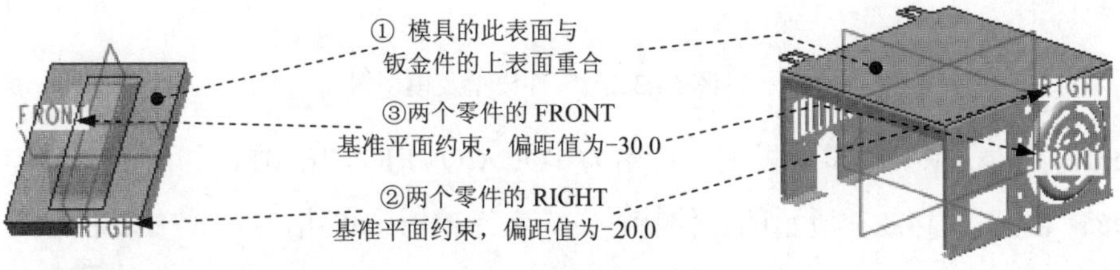

图 14.2.83　定义成形模具的放置

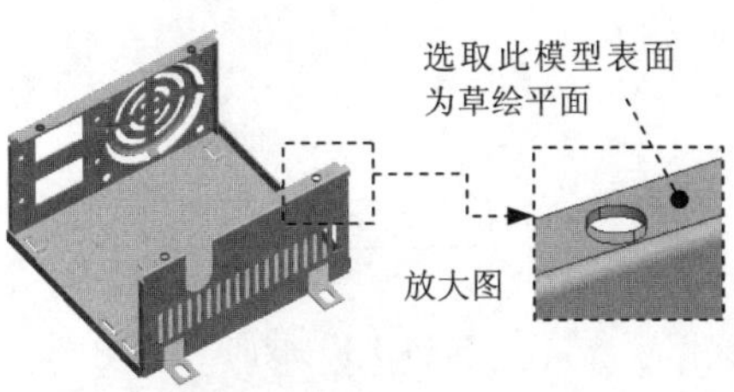

图 14.2.84　拉伸切削特征 10

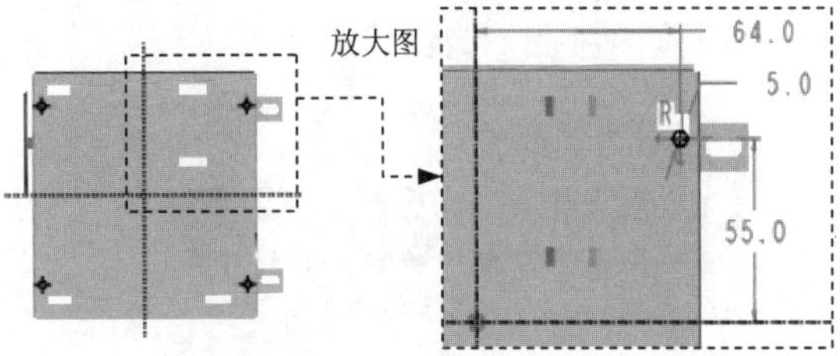

图 14.2.85　截面草图

Step34. 保存零件模型文件。

14.3 钣 金 件 2

钣金件模型及模型树如图 14.3.1 所示。

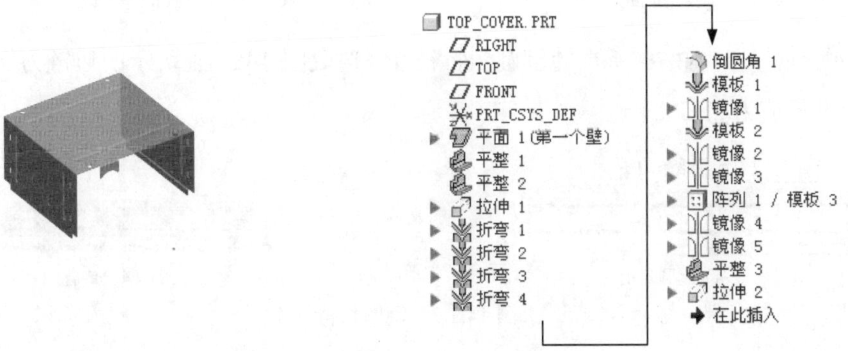

图 14.3.1　钣金件模型及模型树

Task1. 创建模具 1

零件模型及模型树如图 14.3.2 所示。

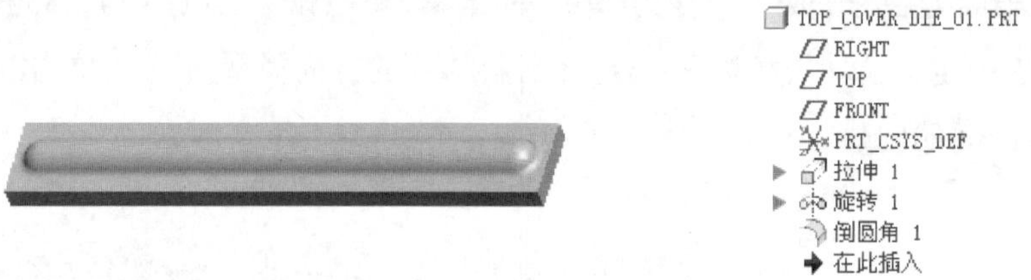

图 14.3.2 零件模型及模型树

Step1. 新建一个实体零件模型，命名为 TOP_COVER_DIE_01。

Step2. 创建图 14.3.3 所示的拉伸特征 1。在操控板中单击“拉伸”按钮。选取 TOP 基准平面为草绘平面，RIGHT 基准平面为参考平面，方向为右；单击草绘按钮，绘制图 14.3.4 所示的截面草图；在操控板中定义拉伸类型为，输入深度值 5.0，单击按钮，完成拉伸特征 1 的创建。

图 14.3.3 拉伸特征 1

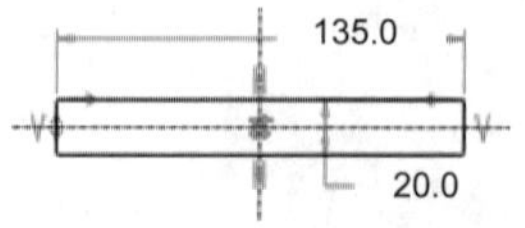

图 14.3.4 截面草图

Step3. 创建图 14.3.5 所示的旋转特征 1。在操控板中单击“旋转”按钮。选取 FRONT 基准平面为草绘平面，RIGHT 基准平面为参考平面，方向为右；单击草绘按钮，绘制图 14.3.6 所示的截面草图（包括中心线）；在操控板中选择旋转类型为，在角度文本框中输入角度值 180.0；单击按钮，完成旋转特征 1 的创建。

图 14.3.5 旋转特征 1

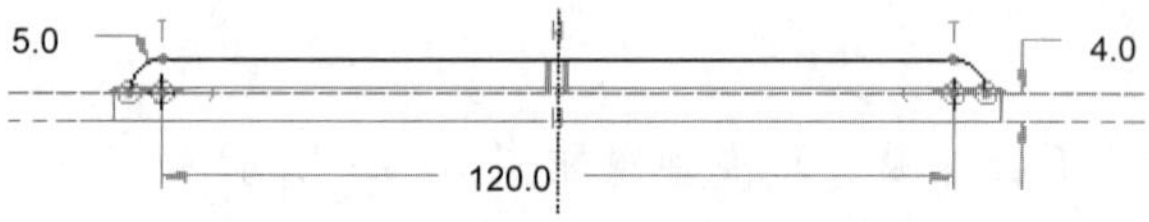

图 14.3.6 截面草图

Step4. 创建图 14.3.7b 所示的倒圆角特征 1。选取图 14.3.7a 所示的边链为倒圆角的边线，圆角半径值为 2.0。

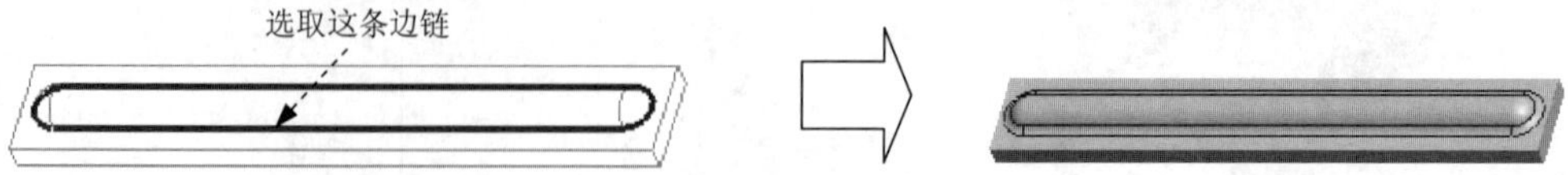

a）倒圆角前　　b）倒圆角后

图 14.3.7 倒圆角特征 1

Step5. 保存零件模型文件。

Task2. 创建模具 2

零件模型及模型树如图 14.3.8 所示。

Step1. 新建一个实体零件模型，命名为 TOP_COVER_DIE_02。

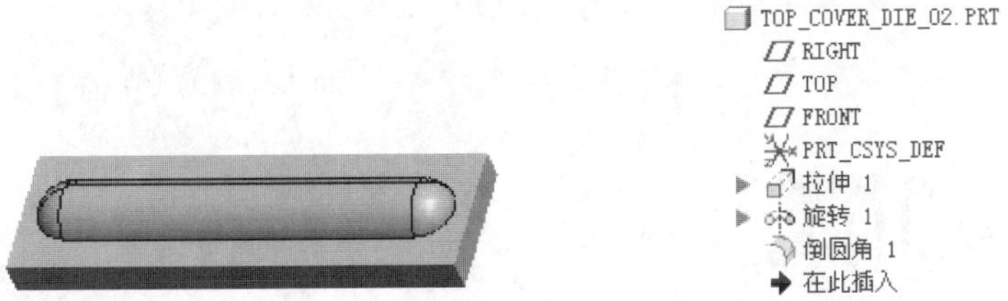

图 14.3.8 零件模型及模型树

Step2. 创建图 14.3.9 所示的拉伸特征 1。在操控板中单击“拉伸”按钮。选取 TOP 基准平面为草绘平面，RIGHT 基准平面为参考平面，方向为右；单击草绘按钮，绘制图 14.3.10 所示的截面草图；在操控板中定义拉伸类型为，输入深度值 5.0，单击按钮，完成拉伸特征 1 的创建。

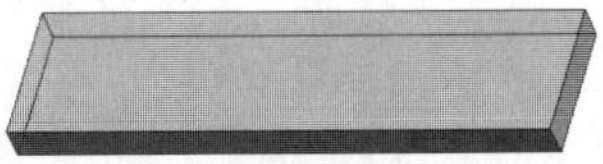

图 14.3.9 拉伸特征 1

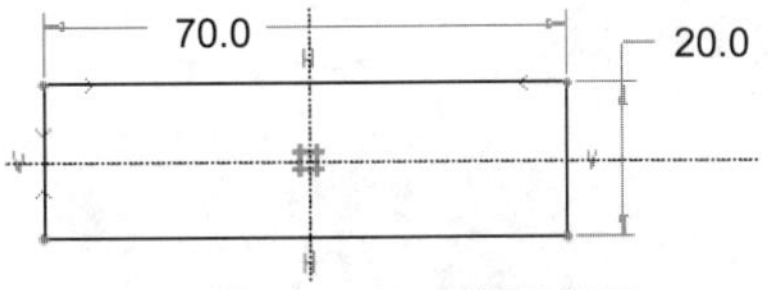

图 14.3.10 截面草图

Step3. 创建图 14.3.11 所示的旋转特征 1。在操控板中单击“旋转”按钮。选取 FRONT 基准平面为草绘平面，RIGHT 基准平面为参考平面，方向为右；单击草绘按钮，绘制图 14.3.12 所示的截面草图（包括中心线）；在操控板中选择旋转类型为，在角度文本框中输入角度值 180.0，单击按钮，完成旋转特征 1 的创建。

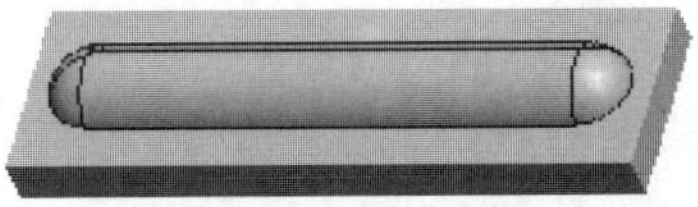

图 14.3.11 旋转特征 1

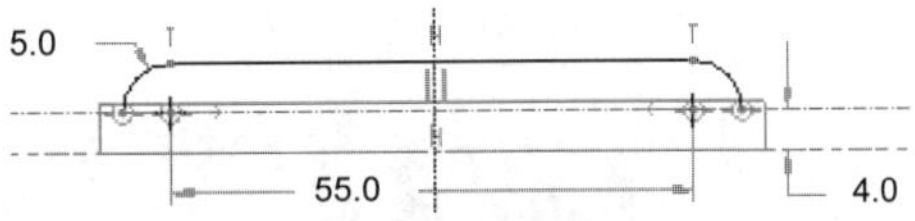

图 14.3.12 截面草图

Step4. 创建图 14.3.13b 所示的倒圆角特征 1。选取图 14.3.13a 所示的边链为倒圆角的边线，圆角半径值为 2.0。

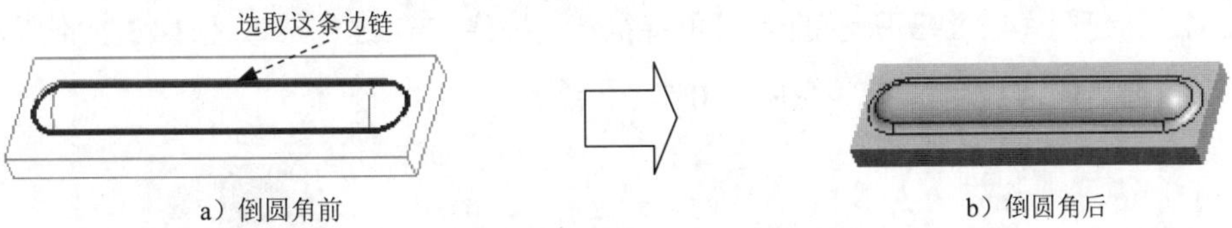

a）倒圆角前　　b）倒圆角后

图 14.3.13 倒圆角特征 1

Step5. 保存零件模型文件。

Task3. 创建模具 3

零件模型及模型树如图 14.3.14 所示。

Step1. 新建一个实体零件模型，命名为 TOP_COVER_DIE_03。

图 14.3.14 零件模型及模型树

Step2. 创建图 14.3.15 所示的拉伸特征 1。在操控板中单击“拉伸”按钮 拉伸。选取 TOP 基准平面为草绘平面，RIGHT 基准平面为参考平面，方向为 右；单击 草绘 按钮，绘制图 14.3.16 所示的截面草图；在操控板中定义拉伸类型为 ，输入深度值 2.0，单击 按钮，完成拉伸特征 1 的创建。

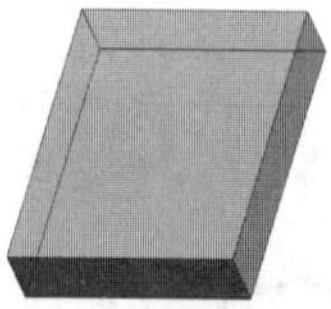

图 14.3.15 拉伸特征 1

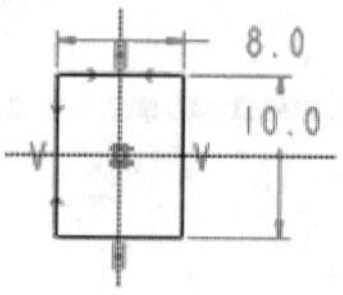

图 14.3.16 截面草图

Step3. 创建图 14.3.17 所示的拉伸特征 2。在操控板中单击“拉伸”按钮 拉伸。选取 RIGHT 基准平面为草绘平面，TOP 基准平面为参考平面，方向为 上；单击 草绘 按钮，绘制图 14.3.18 所示的截面草图；在操控板中定义拉伸类型为 ，输入深度值 2.0，单击 按钮，完成拉伸特征 2 的创建。

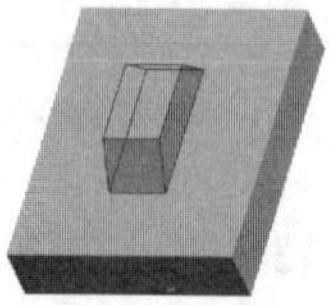

图 14.3.17 拉伸特征 2

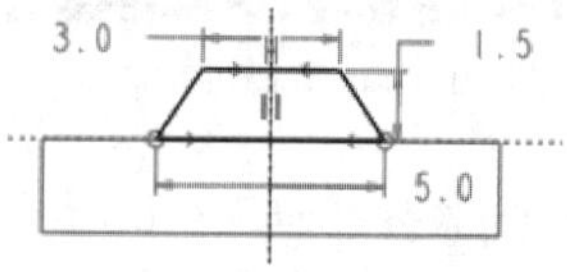

图 14.3.18 截面草图

Step4. 创建图 14.3.19b 所示的倒圆角特征 1。按住 Ctrl 键，选取图 14.3.19a 所示的两条边线为倒圆角的边线，圆角半径值为 0.5。

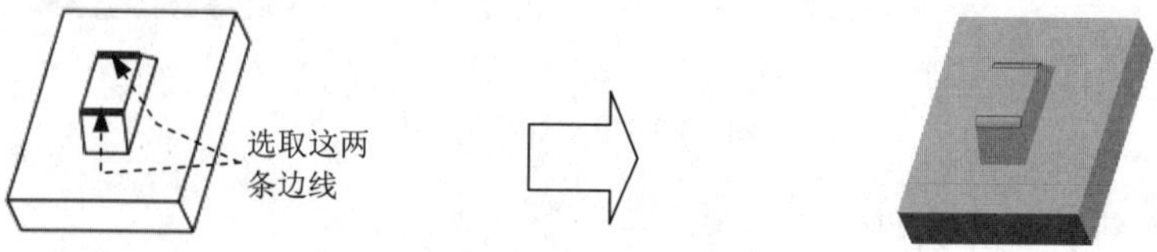

a）倒圆角前　　b）倒圆角后

图 14.3.19 倒圆角特征 1

Step5. 创建图 14.3.20b 所示的倒圆角特征 2。按住 Ctrl 键，选取图 14.3.20a 所示的两条边线为倒圆角的边线，圆角半径值为 2.0。

Step6. 保存零件模型文件。

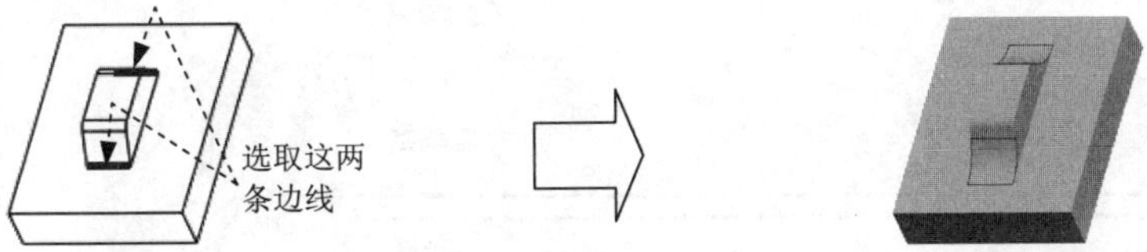

a）倒圆角前　　b）倒圆角后

图 14.3.20　倒圆角特征 2

Task4. 创建主体零件模型

Step1. 新建一个钣金件模型，命名为 TOP_COVER。

Step2. 创建图 14.3.21 所示的钣金壁平面特征 1。

（1）单击 模型 功能选项卡 形状 ▾ 区域中的“平面”按钮 平面。

（2）绘制截面草图。选取 TOP 基准平面为草绘平面，RIGHT 基准平面为参考平面，方向为 右；单击 草绘 按钮，绘制图 14.3.22 所示的截面草图。

（3）在操控板中的 后文本框中输入钣金壁厚度值 1.0。

（4）在操控板中单击“完成”按钮 ，完成平面特征 1 的创建。

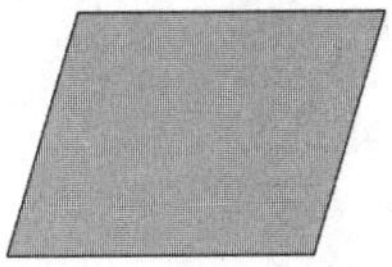

图 14.3.21　平面特征 1

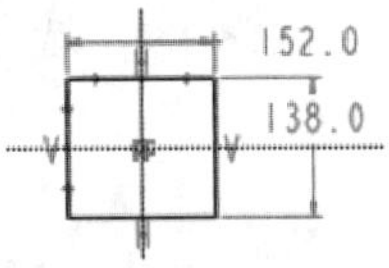

图 14.3.22　截面草图

Step3. 创建图 14.3.23 所示的附加钣金壁平整特征 1。单击 模型 功能选项卡 形状 ▾ 区域中的“平整”按钮 ，选取图 14.3.24 所示的模型边线为附着边。平整壁的形状类型为 矩形，折弯角度值为 90.0；单击 形状 选项卡，在系统弹出的界面中修改草图内的尺寸值至图 14.3.25 所示的值；单击 止裂槽 选项卡，在 类型 下拉列表框中选择 扯裂 选项；确认 按钮被按下，并在其后的文本框中输入折弯半径值 0.5，折弯半径所在侧为 。单击 按钮，完成平整特征 1 的创建。

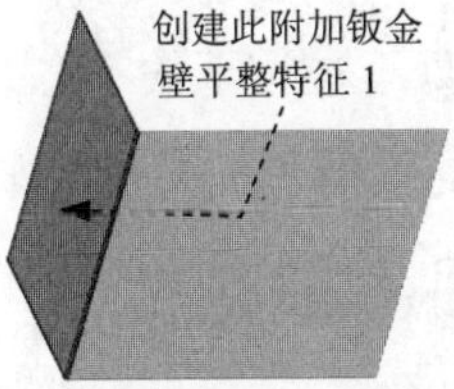

图 14.3.23　平整特征 1

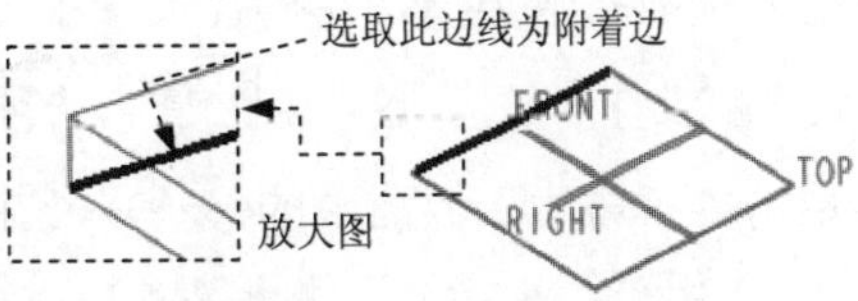

图 14.3.24　定义附着边

Step4. 创建图 14.3.26 所示的附加钣金壁平整特征 2（详细操作步骤参见上一步）。

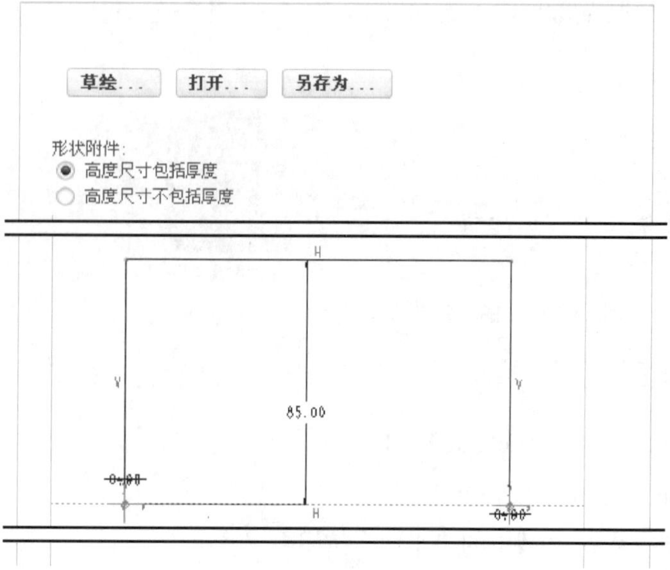

图 14.3.25　设置形状参数

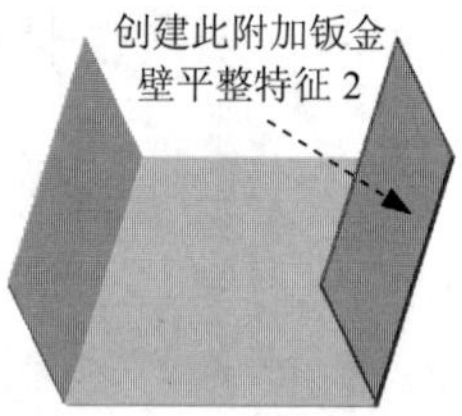

图 14.3.26　平整特征 2

Step5. 创建图 14.3.27 所示的钣金拉伸切削特征 1。在操控板中单击 拉伸 按钮，确认按钮、按钮和按钮被按下；选取图 14.3.27 所示的模型表面为草绘平面，TOP 基准平面为参考平面，方向为 上；单击 草绘 按钮，绘制图 14.3.28 所示的截面草图；在操控板中定义拉伸类型为，选择材料移除的方向类型为；单击按钮，完成拉伸切削特征 1 的创建。

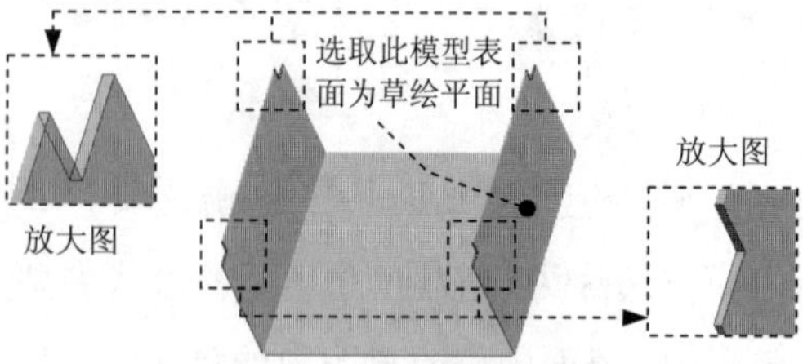

图 14.3.27　拉伸切削特征 1

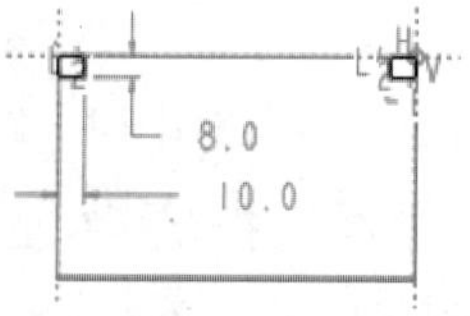

图 14.3.28　截面草图

Step6. 创建图 14.3.29 所示的折弯特征 1。

（1）单击 模型 功能选项卡 折弯 ▾ 区域 折弯 ▾ 下的 折弯 按钮，系统弹出“折弯”操控板。

（2）选取折弯类型。在操控板中单击按钮和按钮（使其处于被按下的状态）。

（3）绘制折弯线。单击 折弯线 选项卡，选取图 14.3.29 所示的模型表面为草绘平面，然后单击“折弯线”界面中的 草绘... 按钮，选取 FRONT 和 TOP 基准平面为参考平面，再单击 关闭(C) 按钮，进入草绘环境，绘制图 14.3.30 所示的折弯线。

（4）定义折弯属性。单击 止裂槽 选项卡，在系统弹出界面中的 类型 下拉列表框中选择无止裂槽选项；在后的文本框中输入折弯角度值 45.0；然后在后的文本框中输入折弯半径值 0.5，折弯半径所在侧为；固定侧方向与折弯侧方向如图 14.3.31 所示。

（5）单击操控板中的按钮，完成折弯特征 1 的创建。

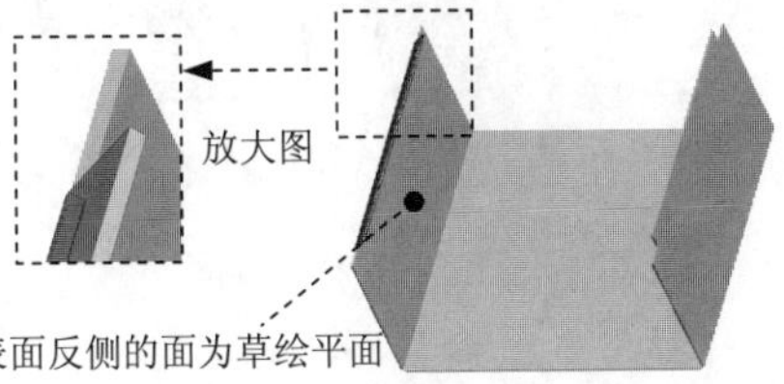

图 14.3.29 折弯特征 1

图 14.3.30 折弯线

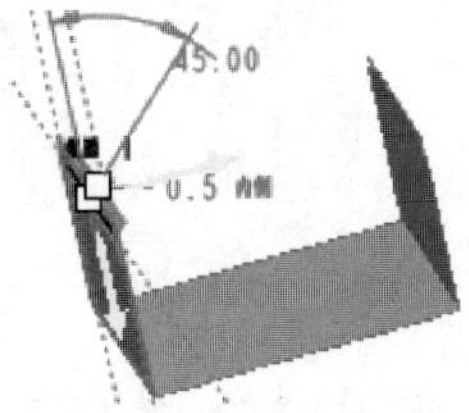

图 14.3.31 定义折弯侧和固定侧

Step7. 创建图 14.3.32 所示的折弯特征 2。

（1）单击 模型 功能选项卡 折弯 区域 折弯 下的 折弯 按钮，系统弹出“折弯”操控板。

（2）选取折弯类型。在操控板中单击按钮和按钮（使其处于被按下的状态）。

（3）绘制折弯线。单击 折弯线 选项卡，选取图 14.3.33 所示的模型表面为草绘平面，然后单击“折弯线”界面中的 草绘... 按钮，选取 FRONT 基准平面为参考平面，再单击 关闭(C) 按钮，进入草绘环境，绘制图 14.3.34 所示的折弯线。

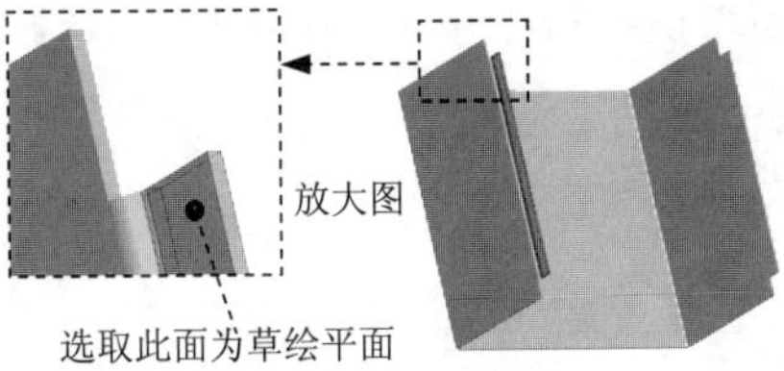

图 14.3.32 折弯特征 2

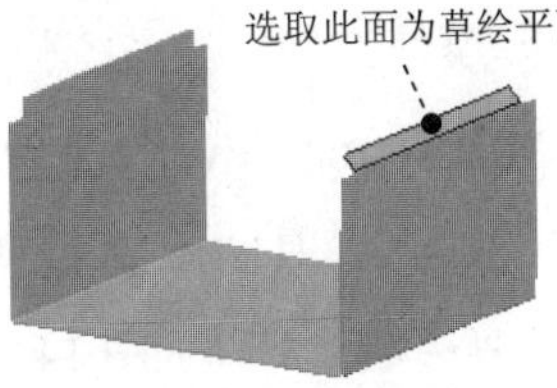

图 14.3.33 草绘平面

（4）定义折弯属性。单击 止裂槽 选项卡，在系统弹出的界面中的 类型 下拉列表框中选择无止裂槽选项；单击按钮更改固定侧，在后的文本框中输入折弯角度值 45.0，并单击其后的按钮更改折弯方向；然后在后的文本框中输入折弯半径值 0.5，折弯半径所在侧为；固定侧方向与折弯侧方向如图 14.3.35 所示。

（5）单击操控板中的按钮，完成折弯特征 2 的创建。

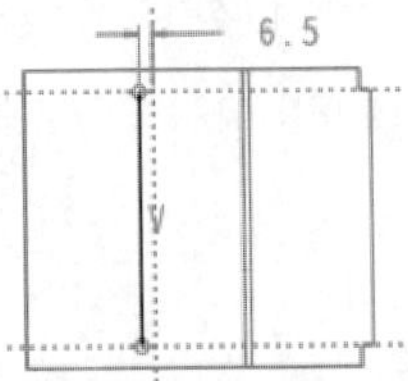

图 14.3.34 折弯线

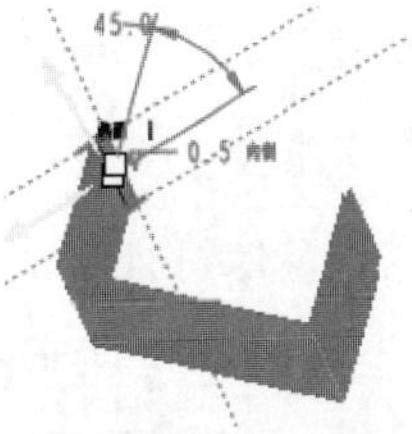

图 14.3.35 定义折弯侧和固定侧

Step8. 创建图 14.3.36 所示的折弯特征 3（详细操作过程参见 Step6）。

Step9. 创建图 14.3.37 所示的折弯特征 4（详细操作过程参见 Step7）。

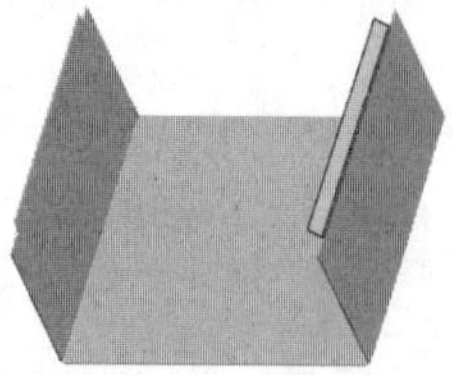

图 14.3.36 折弯特征 3

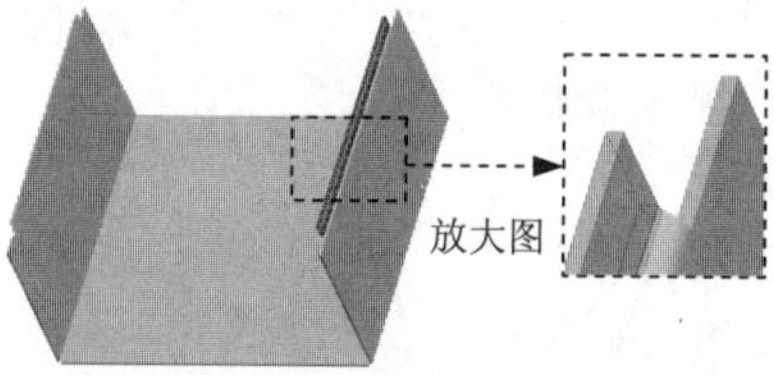

图 14.3.37 折弯特征 4

Step10. 创建图 14.3.38 所示倒圆角特征 1，圆角半径值为 0.5。

Step11. 创建图 14.3.39 所示的凸模成形特征 1。

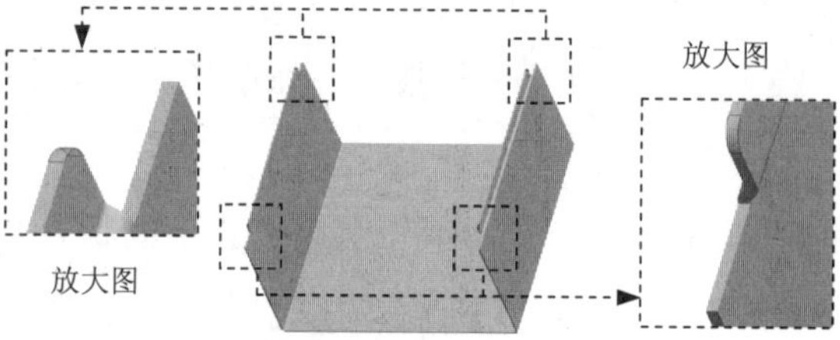

图 14.3.38 倒圆角特征 1

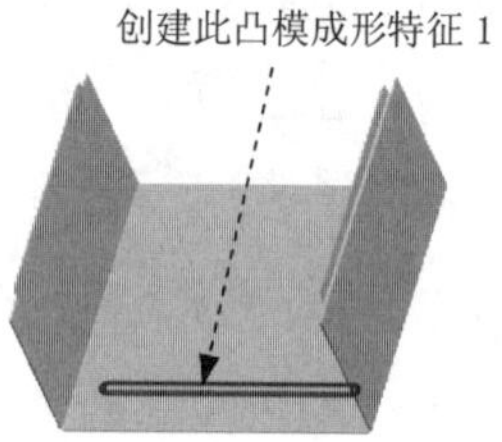

图 14.3.39 凸模成形特征 1

（1）选择命令。单击 模型 功能选项卡 工程 ▾ 区域节点下的 凸模 按钮。

（2）选择模具文件。在系统弹出的“凸模”操控板中单击按钮，系统弹出“打开”对话框，选择文件 top_cover_die_01.prt 为成形模具，并将其打开。

（3）定义成形模具的放置。单击操控板中的 放置 选项卡，在系统弹出的界面中选中 ☑ 约束已启用 复选框，并添加图 14.3.40 所示的三组位置约束。

（4）在操控板中单击“完成”按钮，完成凸模成形特征 1 的创建。

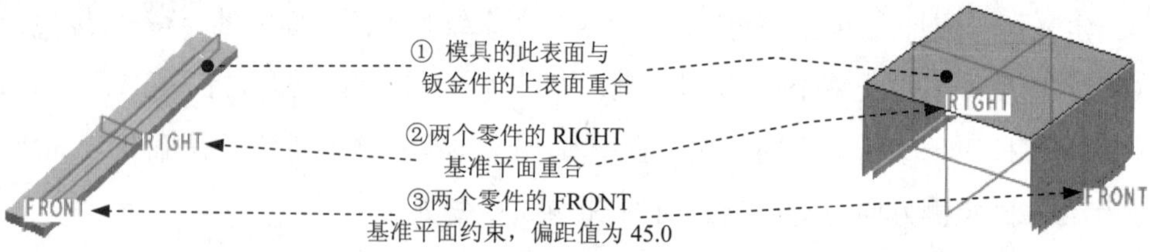

图 14.3.40 定义成形模具的放置

Step12. 创建图 14.3.41 所示的镜像特征 1。选取上一步所创建的凸模成形特征 1 为镜像源，单击 模型 功能选项卡 编辑 ▾ 下的 镜像 命令，选取 FRONT 基准平面为镜像平面。单击按钮，完成镜像特征 1 的创建。

Step13. 创建图 14.3.42 所示的凸模成形特征 2。

（1）选择命令。单击 模型 功能选项卡 工程 ▾ 区域节点下的 凸模 按钮。

（2）选择模具文件。在系统弹出的“凸模”操控板中单击按钮，系统弹出“打开”

对话框，选择文件 top_cover_die_02.prt 为成形模具，并将其打开。

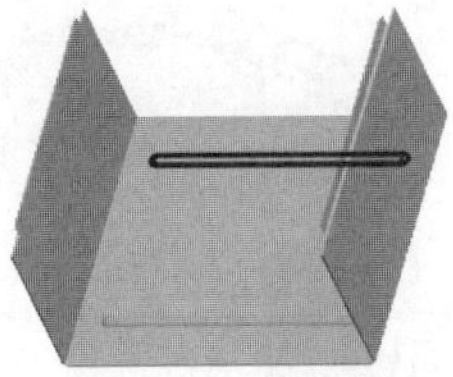

图 14.3.41 镜像特征 1

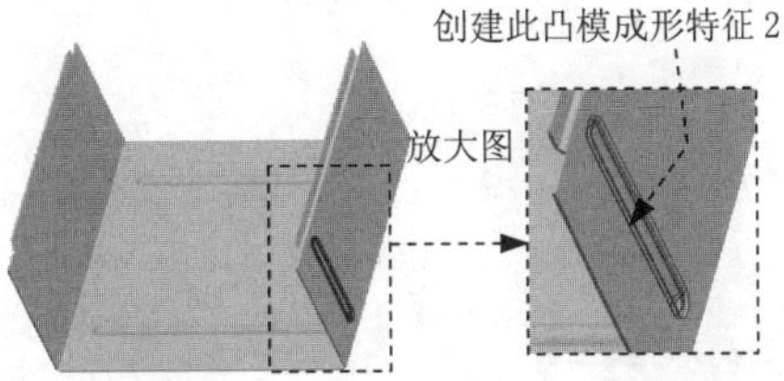

图 14.3.42 凸模成形特征 2

（3）定义成形模具的放置。单击操控板中的 放置 选项卡，在系统弹出的界面中选中 ☑约束已启用 复选框，并添加图 14.3.43 所示的三组位置约束。

（4）在操控板中单击“完成”按钮✔，完成凸模成形特征 2 的创建。

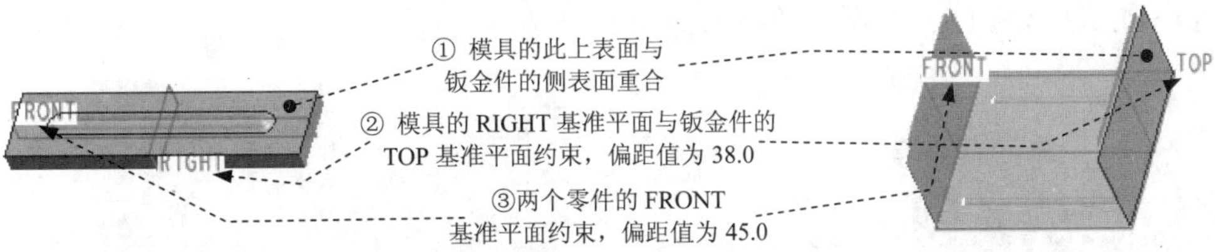

图 14.3.43 定义成形模具的放置

Step14. 创建图 14.3.44 所示的镜像特征 2。选取上一步所创建的凸模成形特征 2 为镜像源，单击 模型 功能选项卡 编辑 ▼ 下的 镜像 命令，选取 FRONT 基准平面为镜像平面。单击✔按钮，完成镜像特征 2 的创建。

Step15. 创建图 14.3.45 所示的镜像特征 3。选取凸模成形特征 2 和镜像特征 2 为镜像源，单击 模型 功能选项卡 编辑 ▼ 下的 镜像 命令，选取 RIGHT 基准平面为镜像平面。单击✔按钮，完成镜像特征 3 的创建。

Step16. 创建图 14.3.46 所示的凸模成形特征 4。

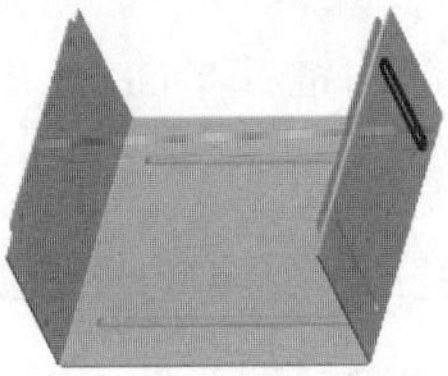

图 14.3.44 镜像特征 2

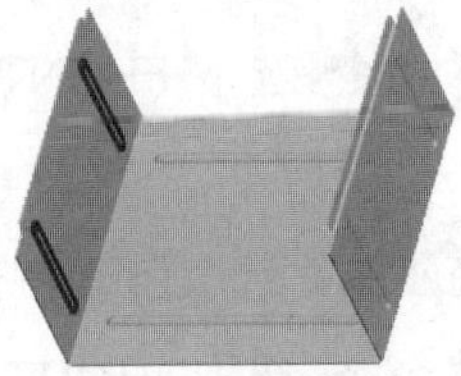

图 14.3.45 镜像特征 3

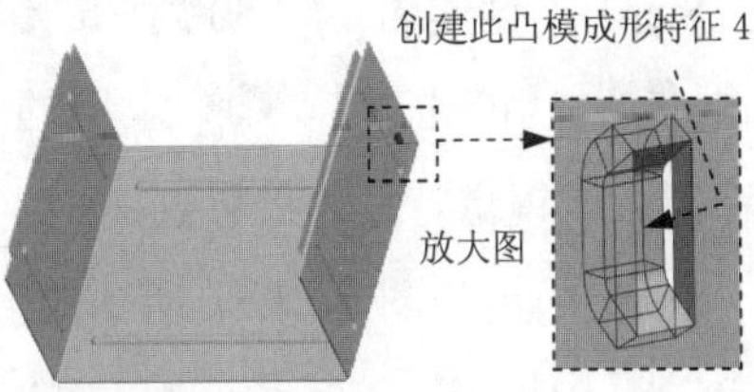

图 14.3.46 凸模成形特征 4

（1）选择命令。单击 模型 功能选项卡 工程 ▼ 区域 节点下的 凸模 按钮。

（2）选择模具文件。在系统弹出的“凸模”操控板中单击 按钮，系统弹出“打开”对话框，选择文件 top_cover_die_03.prt 为成形模具，并将其打开。

（3）定义成形模具的放置。单击操控板中的 放置 选项卡，在系统弹出的界面中选中

☑ 约束已启用 复选框，并添加图 14.3.47 所示的三组位置约束。

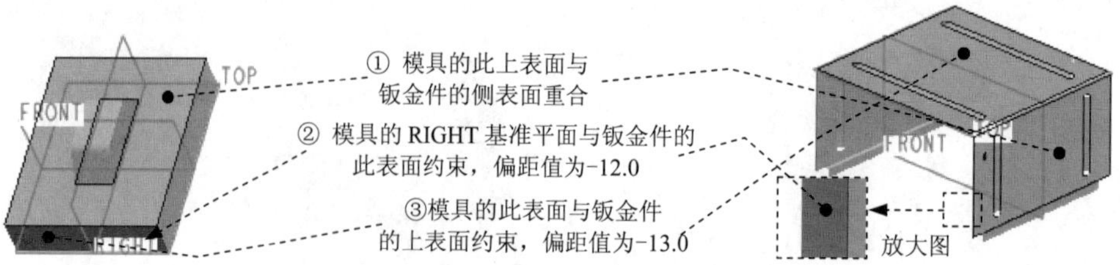

图 14.3.47　定义成形模具的放置

（4）定义排除面。单击 选项 选项卡并单击 排除冲孔模型曲面 下的文本框，然后按住 Ctrl 键，选取图 14.3.48 所示的两个面为排除面。

（5）在操控板中单击“完成”按钮✔，完成凸模成形特征 3 的创建。

Step17. 创建图 14.3.49 所示的阵列特征 1。

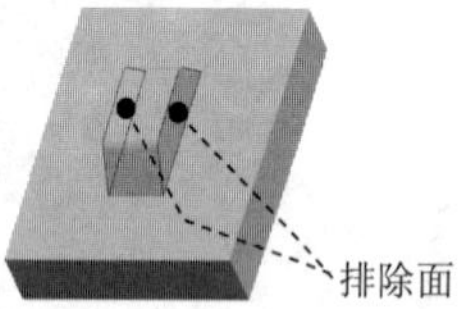

图 14.3.48　定义排除面

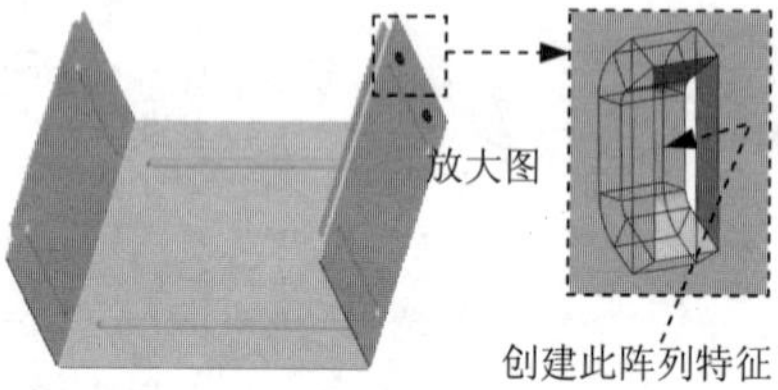

图 14.3.49　阵列特征 1

（1）在模型树中选择 模板 3 特征，右击，从系统弹出的快捷菜单中选择 阵列... 命令，此时系统出现“阵列”操控板。

（2）选择阵列控制方式。在操控板中选择以 方向 方式控制阵列。

（3）选取方向 1 的参考并给出第一方向成员数及增量值。选取 TOP 基准平面为第一方向参考，输入第一方向成员数 2 和第一方向间距值 50.0。

（4）在操控板中单击✔按钮，完成阵列特征 1 的创建。

Step18. 创建图 14.3.50 所示的镜像特征 5。选取上一步所创建的阵列特征 1 为镜像源，单击 模型 功能选项卡 编辑 ▾ 下的 镜像 命令，选取 FRONT 基准平面为镜像平面。单击✔按钮，完成镜像特征 5 的创建。

Step19. 创建图 14.3.51 所示的镜像特征 6。选取阵列特征 1 和镜像特征 4 为镜像源，单击 模型 功能选项卡 编辑 ▾ 下的 镜像 命令，选取 RIGHT 基准平面为镜像平面。单击✔按钮，完成镜像特征 6 的创建。

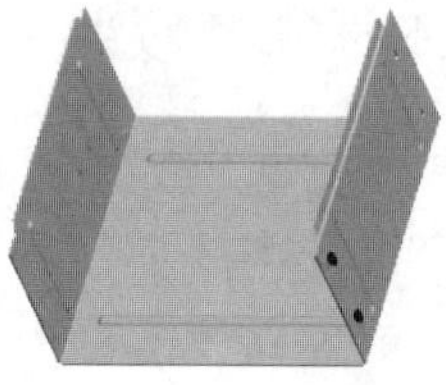

图 14.3.50　镜像特征 5

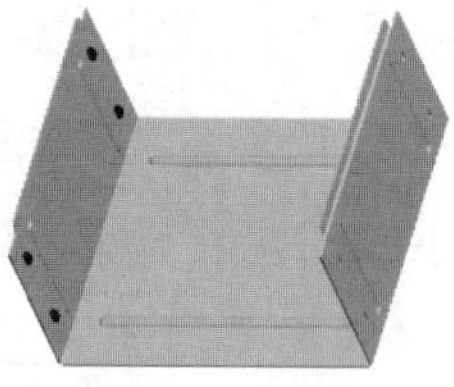

图 14.3.51　镜像特征 6

Step20. 创建图 14.3.52 所示的附加钣金壁平整特征 3。单击 模型 功能选项卡 形状▼ 区域中的“平整”按钮，选取图 14.3.53 所示的模型边线为附着边。平整壁的形状类型为 用户定义，折弯角度值为 90.0；单击 形状 选项卡，在系统弹出的界面中单击 草绘... 按钮，接受系统默认的草绘参考，方向为 上；单击 草绘 按钮，绘制图 14.3.54 所示的截面草图。单击 止裂槽 选项卡，在系统弹出的 类型 下拉列表框中选择 扯裂 选项；确认按钮被按下，并在其后的文本框中输入折弯半径值 1.0，折弯半径所在侧为。单击按钮，完成平整特征 3 的创建。

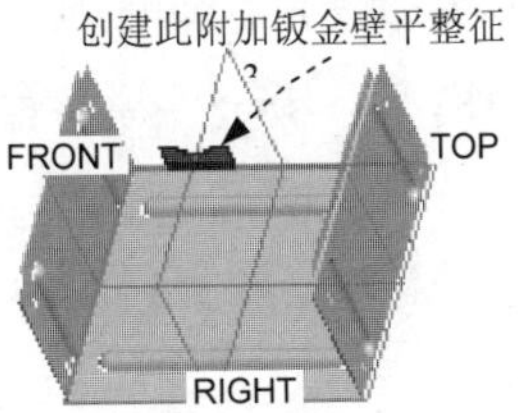

图 14.3.52　平整特征 3

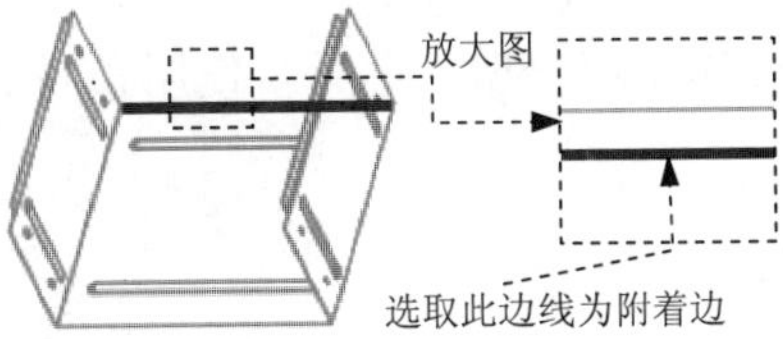

图 14.3.53　定义附着边

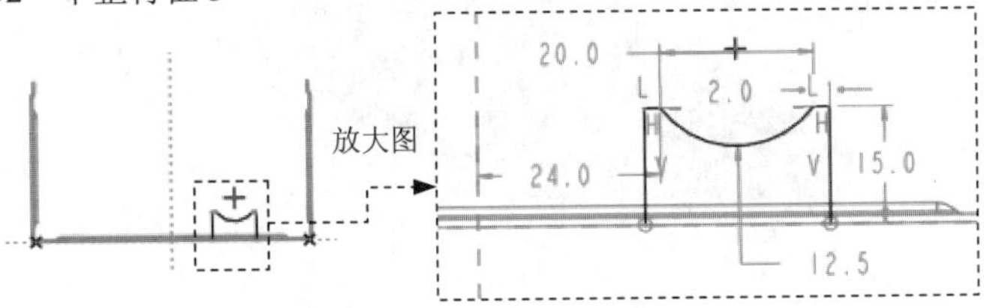

图 14.3.54　截面草图

Step21. 创建图 14.3.55 所示的钣金拉伸切削特征 2。在操控板中单击 拉伸 按钮，确认按钮、按钮和按钮被按下；选取图 14.3.55 所示的模型底面为草绘平面，RIGHT 基准平面为参考平面，方向为 上；单击 草绘 按钮，绘制图 14.3.56 所示的截面草图；在操控板中定义拉伸类型为，选择材料移除的方向类型为；单击按钮，完成拉伸切削特征 2 的创建。

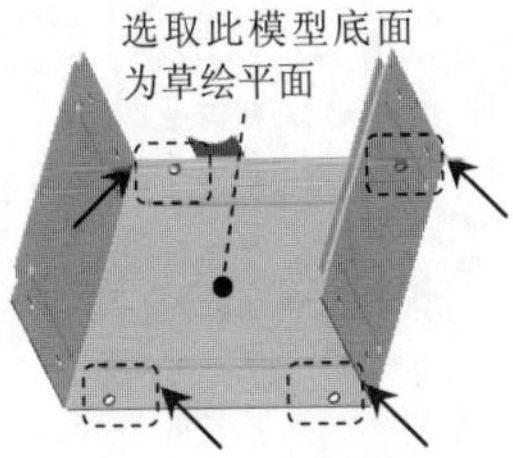

图 14.3.55　拉伸切削特征 2

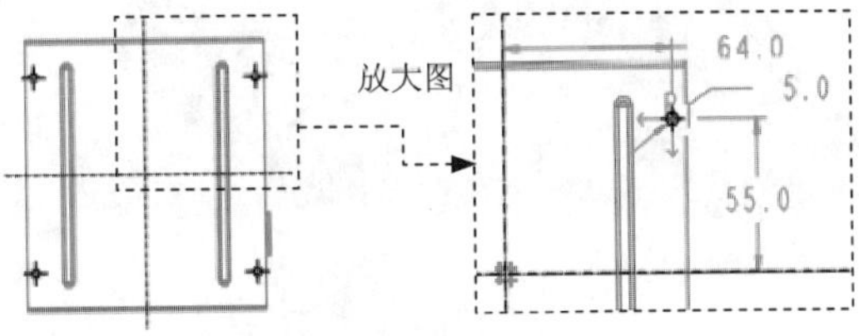

图 14.3.56　截面草图

Step22. 保存零件模型文件。

实例 15 文件夹钣金组件

15.1 实 例 概 述

本实例详细讲解了一款文件夹中钣金部分的设计过程。该文件夹由三个零件组成（图 15.1.1），这三个零件在设计过程中应用了折弯、平整及成形等命令，设计的基本思路是先创建钣金第一壁，之后再使用折弯、平整等命令创建出最终模型。钣金件模型如图 15.1.1 所示。

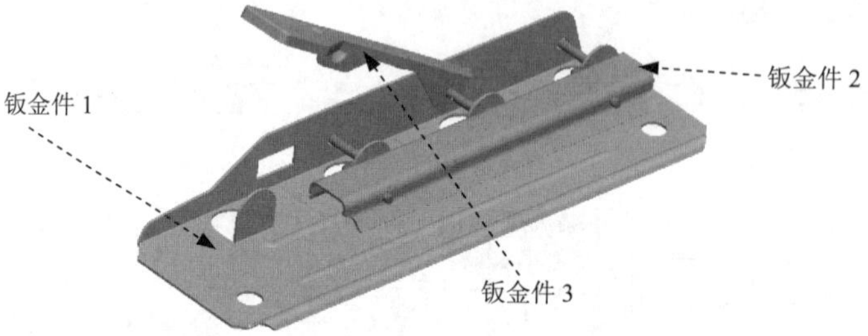

图 15.1.1 文件夹

15.2 钣 金 件 1

钣金件模型及模型树如图 15.2.1 所示。

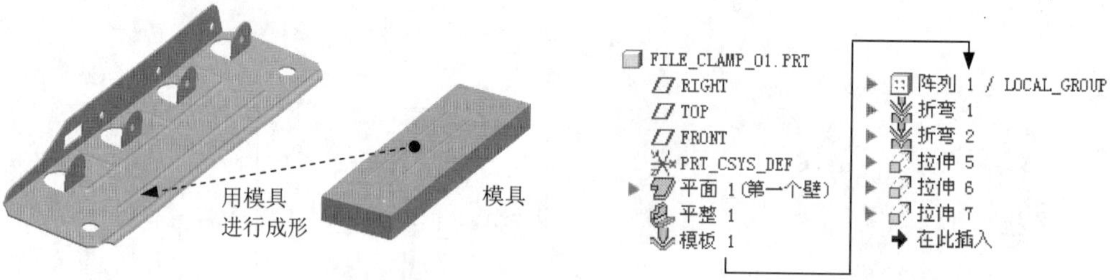

图 15.2.1 钣金件模型及模型树

Task1. 创建模具 1

零件模型及模型树如图 15.2.2 所示。

Step1. 新建零件模型。文件名称为 FILE_CLAMP_01_01。

Step2. 创建图 15.2.3 所示的拉伸特征 1。在操控板中单击“拉伸”按钮 。选取

TOP 基准平面为草绘平面，选取 RIGHT 基准平面为参考平面，方向为上；单击草绘按钮，绘制图 15.2.4 所示的截面草图；在操控板中定义拉伸类型为，输入深度值 10.0；单击按钮，完成拉伸特征 1 的创建。

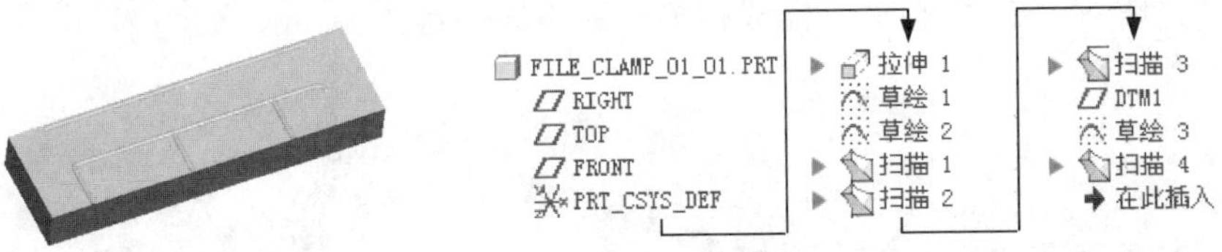

图 15.2.2 零件模型及模型树

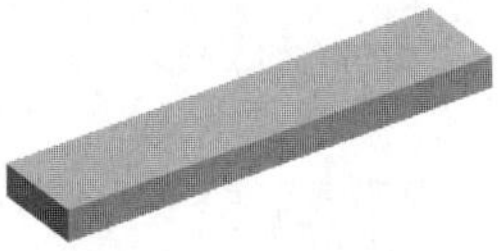
图 15.2.3 拉伸特征 1

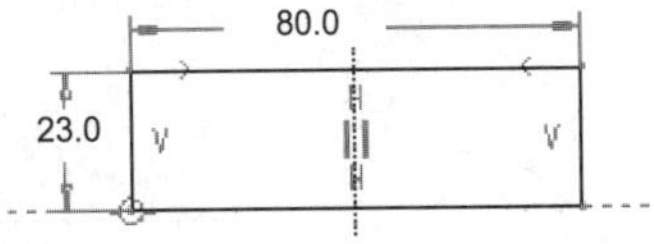

图 15.2.4 截面草图

Step3. 创建图 15.2.5 所示的草绘 1。单击“草绘”按钮；选取图 15.2.6 所示的模型表面为草绘平面，选取 RIGHT 基准平面为参考平面，方向为上；单击草绘按钮，绘制图 15.2.7 所示的截面草图，完成后单击按钮。

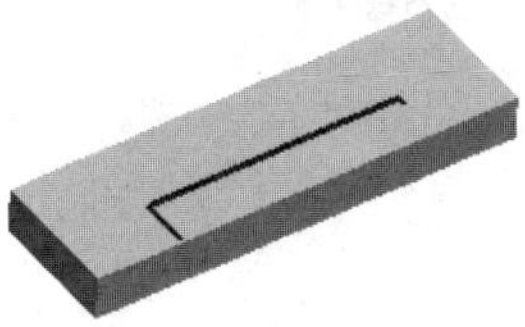
图 15.2.5 草绘 1

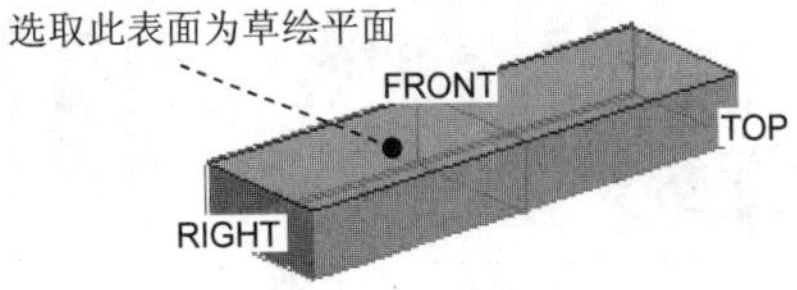

图 15.2.6 草绘平面

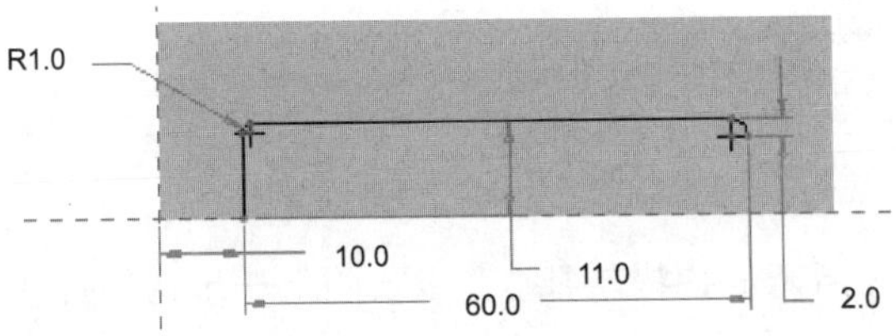

图 15.2.7 截面草图

Step4. 创建图 15.2.8 所示的草绘 2。单击“草绘”按钮；选取图 15.2.6 所示的模型表面为草绘平面，选取 RIGHT 基准平面为参考平面，方向为上；单击草绘按钮，绘制图 15.2.9 所示的截面草图，完成后单击按钮。

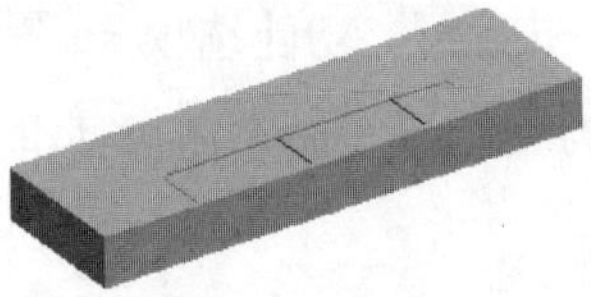
图 15.2.8 草绘 2

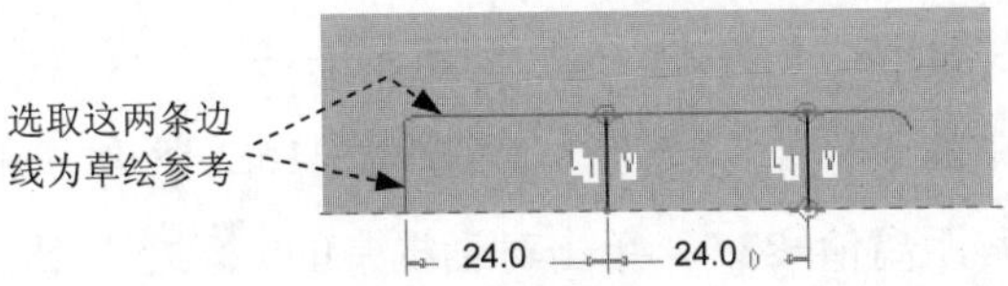

图 15.2.9 截面草图

Step5. 创建图 15.2.10 所示的扫描特征 1。单击 模型 功能选项卡 形状 ▾ 区域中的 扫描 ▾ 按钮。选取图 15.2.11 所示的基准曲线 1 为扫描轨迹，定义图 15.2.11 的箭头方向为扫描方向；在操控板中单击“创建或编辑扫描截面”按钮，绘制图 15.2.12 所示的扫描截面草图，完成后单击✔按钮；完成扫描特征 1 的创建。

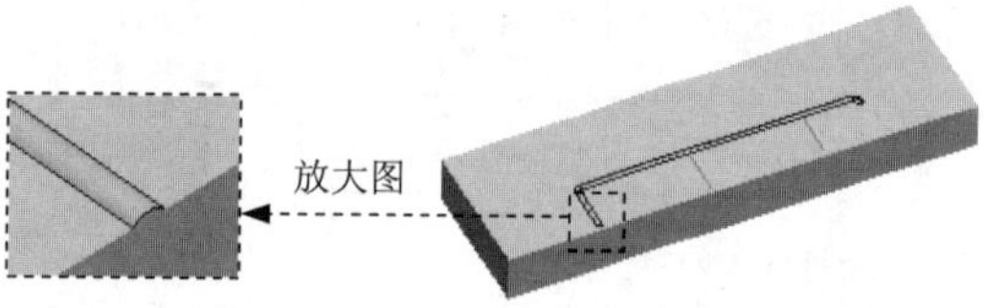

图 15.2.10　扫描特征 1

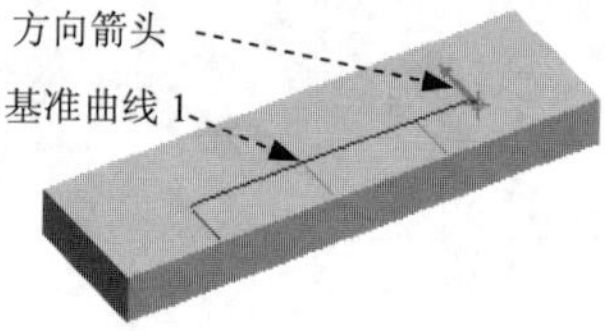

图 15.2.11　定义扫描轨迹

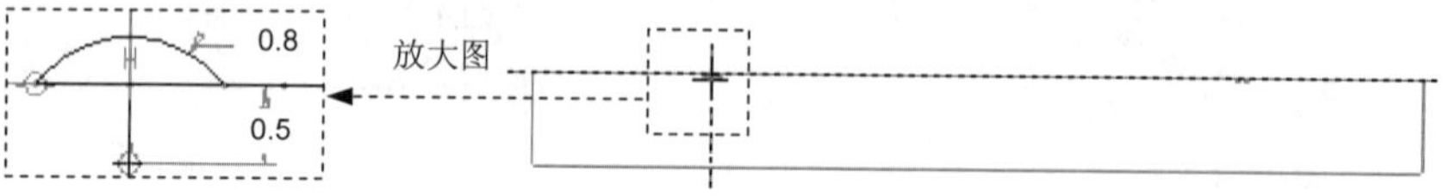

图 15.2.12　截面草图

Step6. 创建图 15.2.13 所示的扫描特征 2。选取图 15.2.14 所示的曲线为扫描轨迹，接受系统默认的扫描方向；绘制图 15.2.15 所示的扫描截面草图（详细操作步骤参见上一步）。

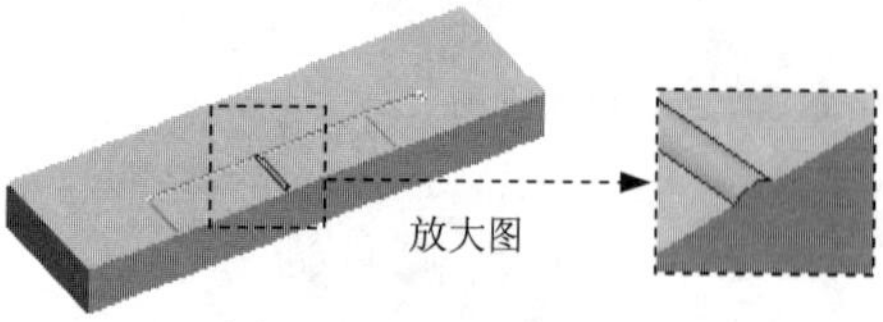

图 15.2.13　扫描特征 2

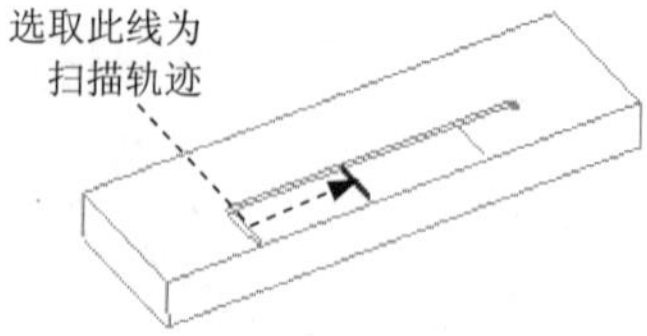

图 15.2.14　定义扫描轨迹

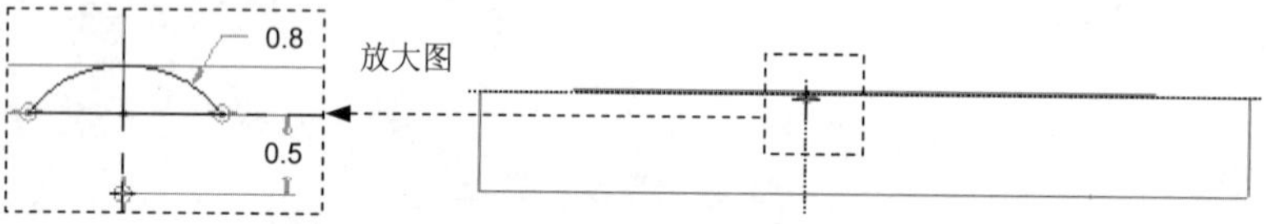

图 15.2.15　截面草图

Step7. 创建图 15.2.16 所示的扫描特征 3。步骤同上一步，扫描轨迹如图 15.2.17 所示。

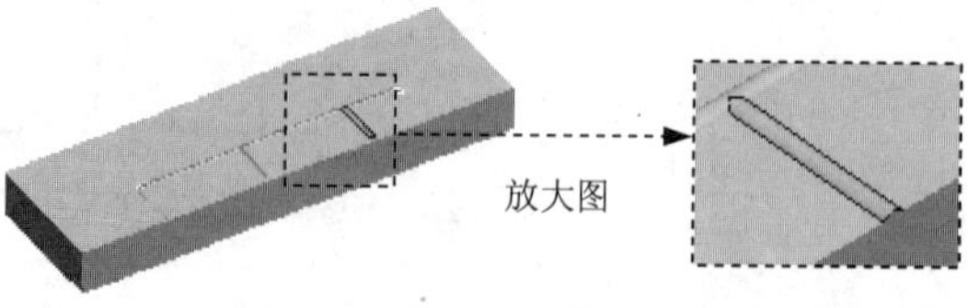

图 15.2.16　扫描特征 3

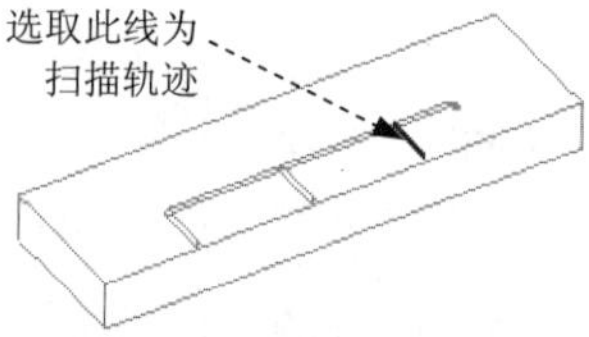

图 15.2.17　定义扫描轨迹

Step8. 创建图 15.2.18 所示的基准平面 1（DTM1）。单击 模型 功能选项卡 基准 ▾ 区域中的“平面”按钮，选取图 15.2.18 所示的模型表面为偏距参考面，在对话框中输入偏移距离值-22.0，单击对话框中的 确定 按钮。

Step9. 创建图 15.2.19 所示的草绘 3。单击“草绘”按钮；选取上一步创建的 DTM1 为草绘平面，选取图 15.2.20 所示的模型表面为参考平面，方向为上；单击草绘按钮，绘制图 15.2.21 所示的截面草图，完成后单击✓按钮。

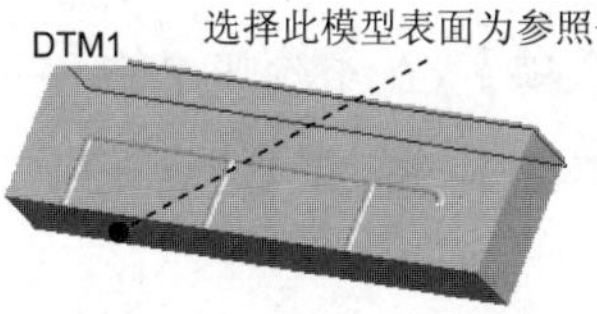

图 15.2.18 基准平面 DTM1

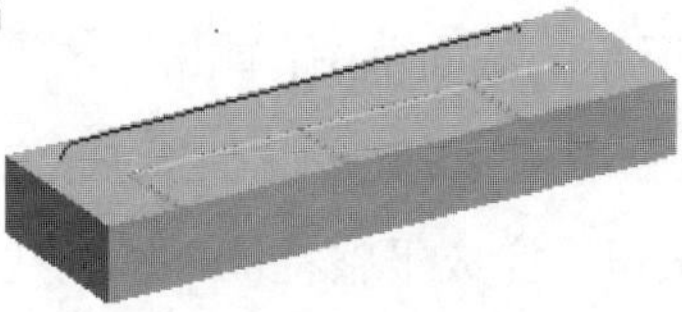
图 15.2.19 草绘 3

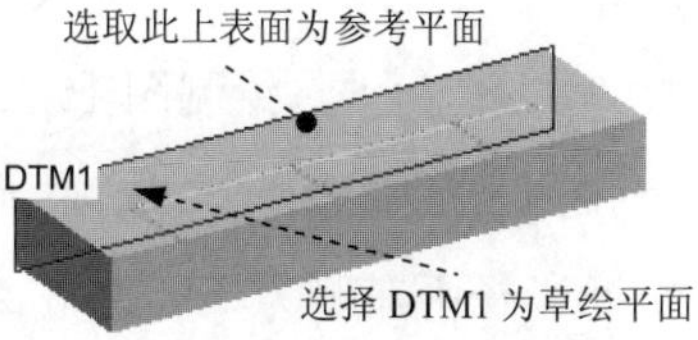

图 15.2.20 定义草绘平面

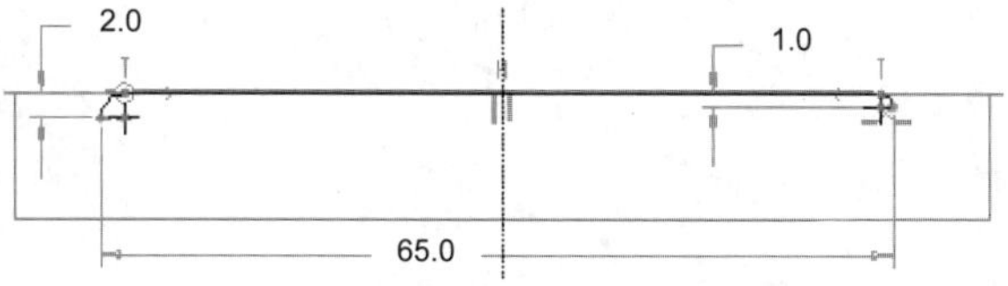

图 15.2.21 截面草图

Step10. 创建图 15.2.22 所示的扫描特征 4。选取上一步所创建的基准曲线 3 为扫描轨迹，接受系统默认的扫描方向；绘制图 15.2.23 所示的扫描截面草图，具体步骤参见 Step5。

Step11. 保存零件模型文件。

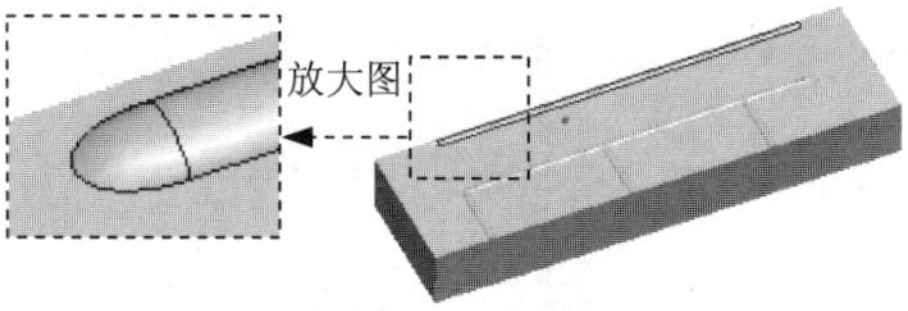

图 15.2.22 扫描特征 4

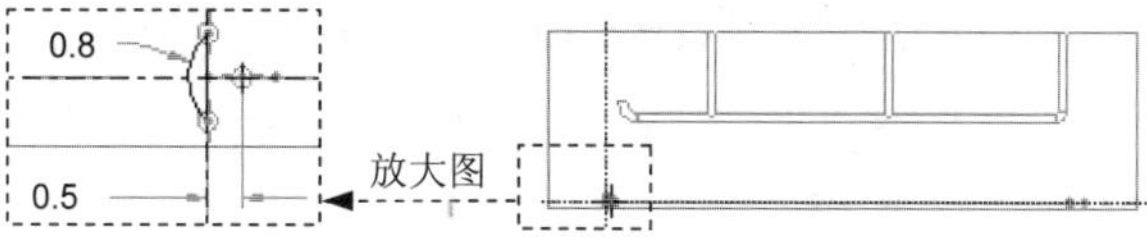

图 15.2.23 截面草图

Task2. 创建主体零件模型

Step1. 新建一个钣金件模型，命名为 FILE_CLAMP_01。

Step2. 创建图 15.2.24 所示的钣金壁平面特征 1。单击模型功能选项卡形状▼区域中的“平面”按钮平面。选取 TOP 基准平面为草绘平面，RIGHT 基准平面为参考平面，方向为上；单击草绘按钮，绘制图 15.2.25 所示的截面草图；在操控板中的后的文本框中输入钣金壁厚度值 0.5；单击✓按钮，完成平面特征 1 的创建。

图 15.2.24 平面特征 1

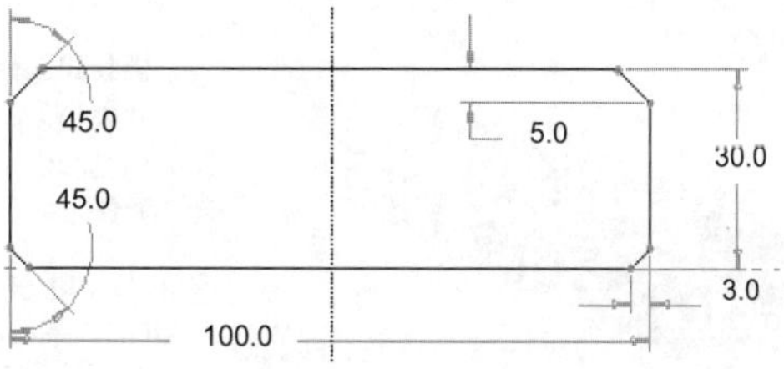

图 15.2.25 截面草图

Step3. 创建图 15.2.26 所示的附加钣金壁平整特征 1。单击 模型 功能选项卡 形状▼ 区域中的“平整”按钮，选取图 15.2.27 所示的模型边线为附着边。在操控板中选择形状类型为 用户定义，在后的文本框中输入角度值 90.0；单击 形状 选项卡，在系统弹出的界面中单击 草绘... 按钮，定义图 15.2.28 所示的箭头方向为草绘方向，接受系统默认的草绘参考，方向为 上，绘制图 15.2.29 所示的截面草图；单击 止裂槽 选项卡，在系统弹出的 类型 下拉列表框中选择 扯裂 选项；确认按钮被按下，并在其后的文本框中输入折弯半径值 0.2，折弯半径所在侧为。单击✔按钮，完成平整特征 1 的创建。

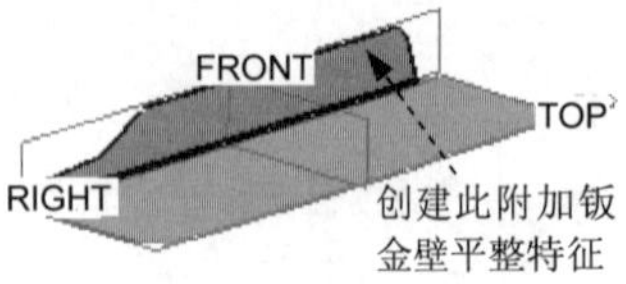

图 15.2.26　平整特征 1

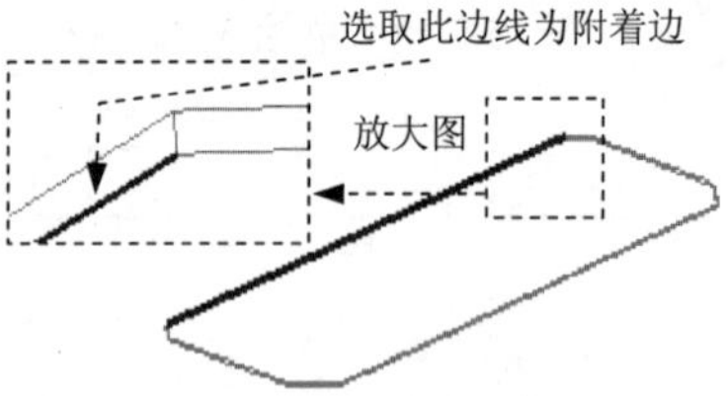

图 15.2.27　定义附着边

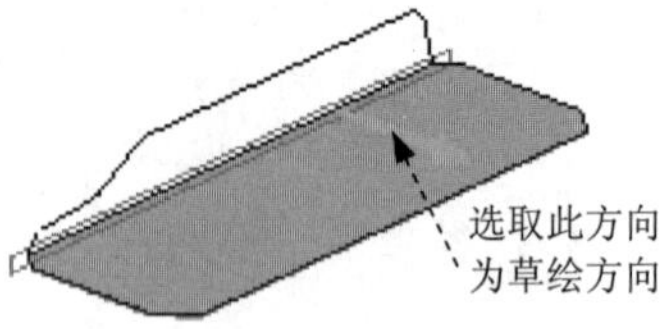

图 15.2.28　草绘方向

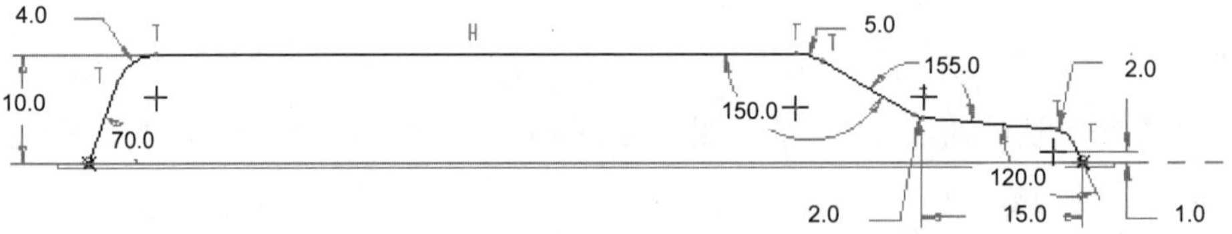

图 15.2.29　截面草图

Step4. 创建图 15.2.30 所示的凸模成形特征 1。

（1）选择命令。单击 模型 功能选项卡 工程▼ 区域节点下的 凸模 按钮。

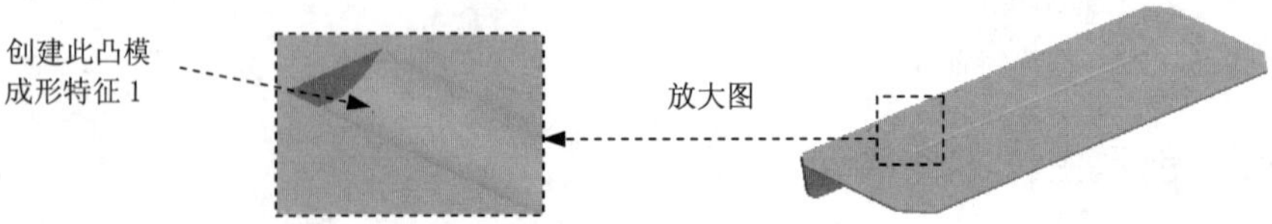

图 15.2.30　凸模成形特征 1

（2）选择模具文件。在系统弹出的“凸模”操控板中单击按钮，系统弹出“打开”对话框，选择 file_clamp_01_01.prt 为成形模具，并将其打开。

（3）定义成形模具的放置。单击操控板中的 放置 选项卡，在系统弹出的界面中选中 ☑ 约束已启用 复选框，并添加图 15.2.31 所示的三组位置约束。

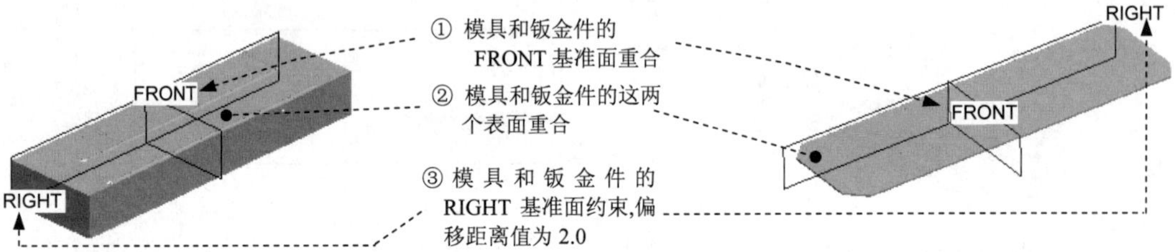

图 15.2.31　定义成形模具的放置

（4）在操控板中单击“完成”按钮，完成凸模成形特征 1 的创建。

Step5. 创建图 15.2.32 所示的钣金拉伸切削特征 1。在操控板中单击拉伸按钮，确认按钮、按钮和按钮被按下；选取图 15.2.33 所示的模型表面（附加钣金壁的表面）为草绘平面，选取 RIGHT 基准平面为参考平面，方向为下；绘制图 15.2.34 所示的截面草图，在操控板中定义拉伸类型为，选择材料移除的方向类型为（移除垂直于驱动曲面的材料）；单击按钮，完成拉伸切削特征 1 的创建。

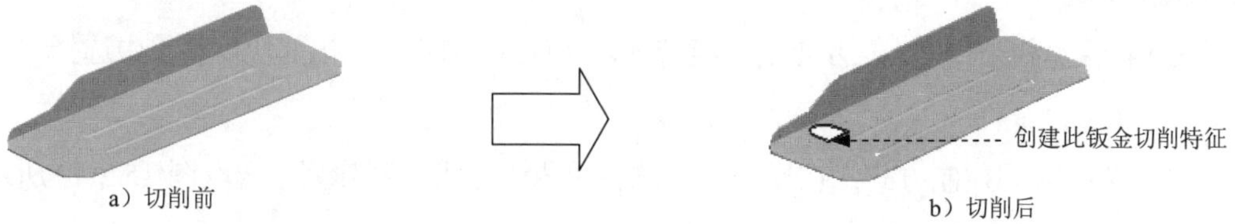

图 15.2.32　拉伸切削特征 1

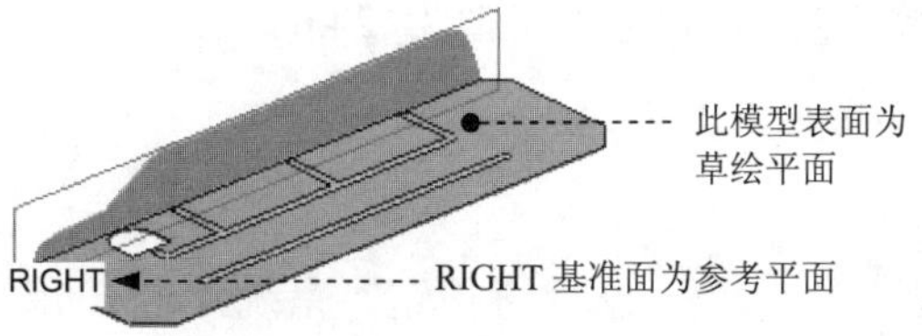

图 15.2.33　草绘平面

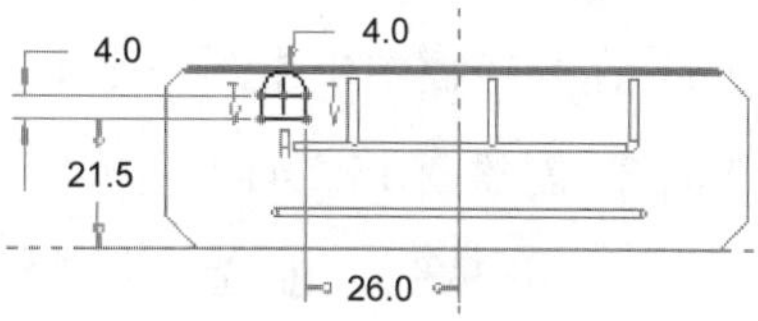

图 15.2.34　截面草图

Step6. 创建图 15.2.35 所示附加钣金壁平整特征 2。单击模型功能选项卡形状区域中的“平整”按钮，选取图 15.2.36 所示的模型边线为附着边。在操控板中选择形状类型为用户定义，在后的文本框中输入角度值 90.0；单击形状选项卡，在系统弹出的界面中单击草绘...按钮，定义图 15.2.37 所示的箭头方向为草绘方向，接受系统默认的草绘参考，方向为上；绘制图 15.2.38 所示的截面草图；单击止裂槽选项卡，在系统弹出的类型下拉列表框中选择扯裂选项；确认按钮被按下，并在其后的文本框中输入折弯半径值 0.2；折弯半径所在侧为。单击按钮，完成平整特征 2 的创建。

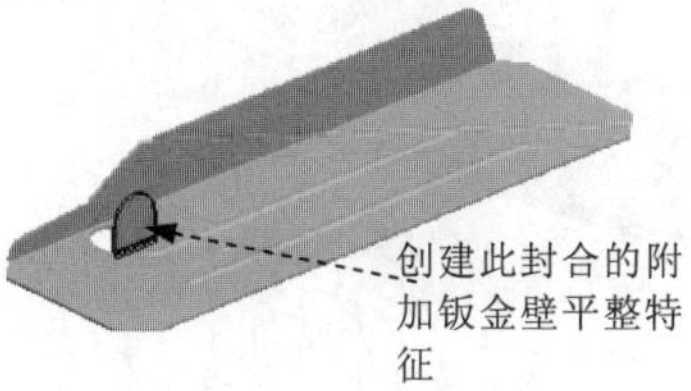

图 15.2.35　平整特征 2

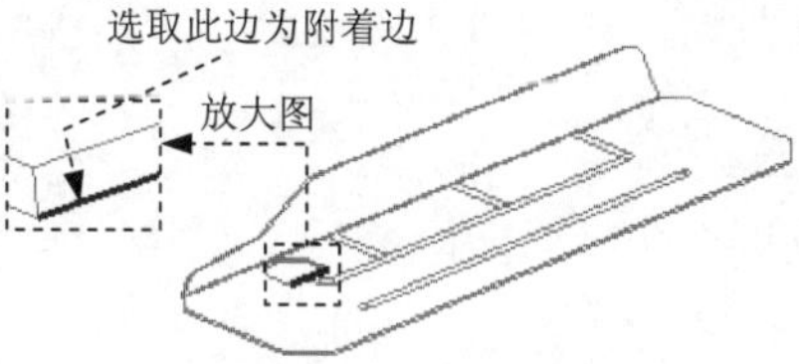

图 15.2.36　定义附着边

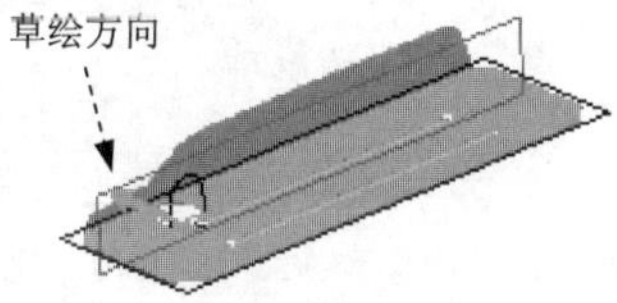

图 15.2.37　草绘方向

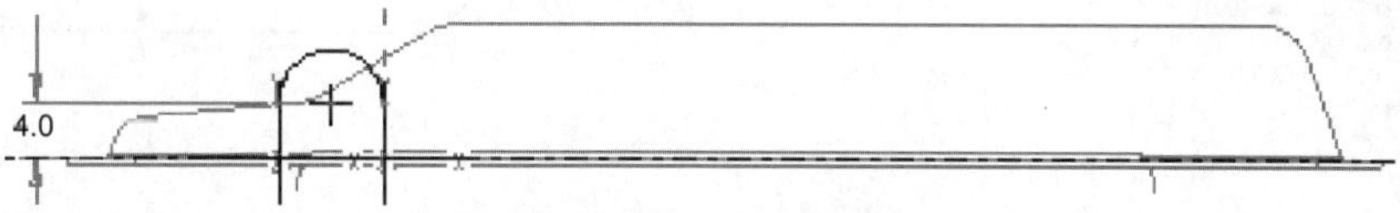

图 15.2.38　截面草图

Step7. 创建图 15.2.39 所示的阵列特征 1。

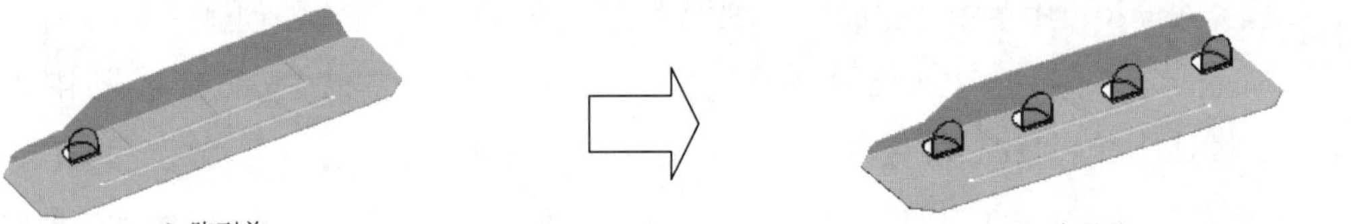

a）阵列前　　　　b）阵列后

图 15.2.39　阵列特征 1

（1）按住 Ctrl 键，在模型树中依次选择拉伸 1和平整 2特征后右击，在系统弹出的快捷菜单中选择组命令。

（2）在模型树中选中上一步创建的组特征，再右击，从系统弹出的快捷菜单中选择阵列...命令。

（3）选择阵列控制方式：在操控板中选择以方向方式控制阵列，选取图 15.2.40 所示的 FRONT 基准平面为第一方向阵列参考。

（4）在操控板中的阵列数量栏中输入数量值 4，尺寸增量值为-24.0。

（5）在操控板中单击✓按钮，完成阵列特征 1 的创建。

Step8. 创建图 15.2.41 所示的折弯特征 1。

（1）单击模型功能选项卡折弯▼区域折弯▼下的折弯按钮，系统弹出“折弯”操控板。

（2）选取折弯类型。在操控板中单击按钮和按钮（使其处于被按下的状态）。

（3）绘制折弯线。单击折弯线选项卡，选取图 15.2.42 所示的薄板表面为草绘平面，然后单击“折弯线”界面中的草绘...按钮，绘制图 15.2.43 所示的折弯线。

（4）定义折弯属性。单击止裂槽选项卡，在系统弹出的界面中的类型下拉列表框中选择无止裂槽选项；在后的文本框中输入折弯角度值 60.0，并单击其后的按钮调整折弯方向；然后在后的文本框中输入折弯半径值 0.2，折弯半径所在侧为；固定侧方向如图 15.2.44 所示。

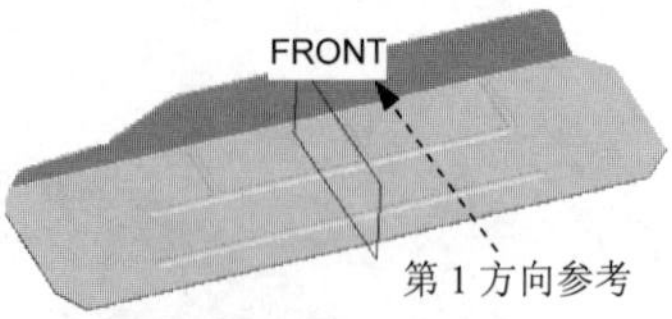

图 15.2.40　定义阵列参考

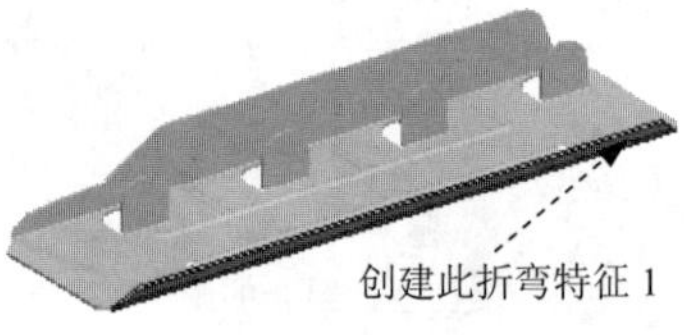

图 15.2.41　折弯特征 1

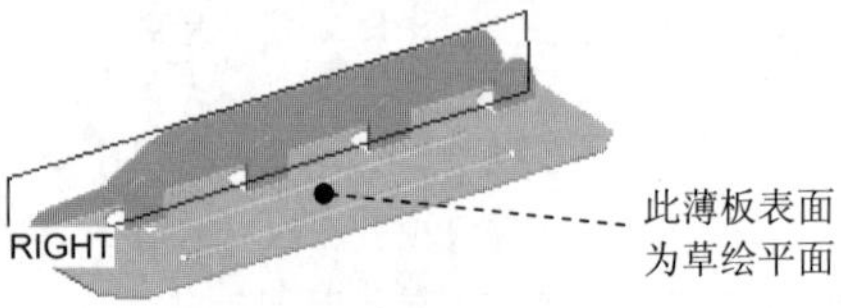

图 15.2.42　草绘平面

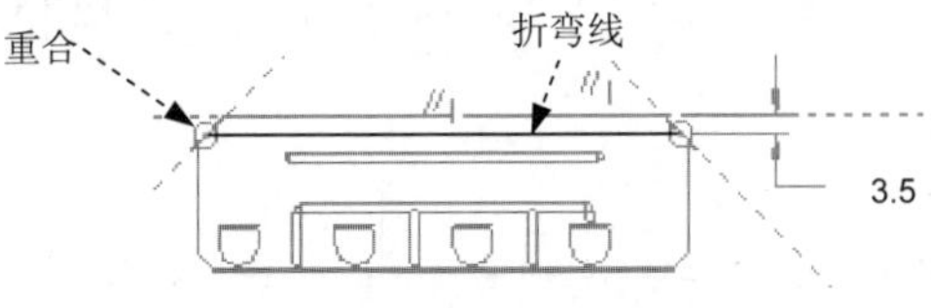

图 15.2.43　折弯线

（5）单击操控板中✓按钮，完成折弯特征 1 的创建。

Step9. 创建图 15.2.45 所示的折弯特征 2。

图 15.2.44 定义折弯侧和固定侧

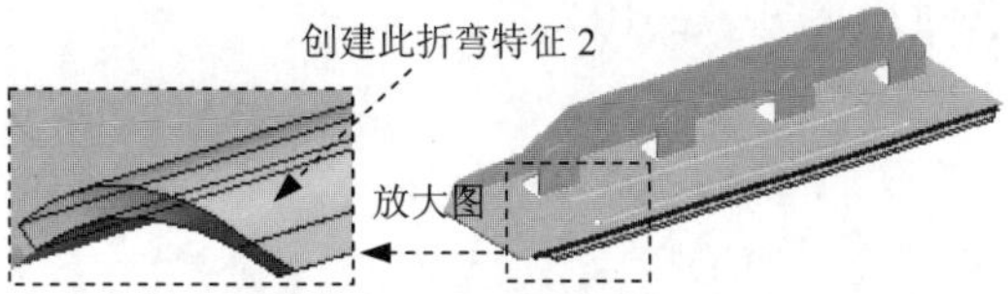

图 15.2.45 折弯特征 2

（1）单击 模型 功能选项卡 折弯 ▾ 区域 折弯 ▾ 下的 折弯 按钮，系统弹出“折弯”操控板。

（2）选取折弯类型。在操控板中单击按钮和按钮（使其处于被按下的状态）。

（3）绘制折弯线。单击 折弯线 选项卡，选取图 15.2.46 所示的薄板表面为草绘平面，然后单击“折弯线”界面中的 草绘... 按钮，绘制图 15.2.47 所示的折弯线。

（4）定义折弯属性。单击 止裂槽 选项卡，在系统弹出的界面中的 类型 下拉列表框中选择 无止裂槽 选项；单击按钮，在后的文本框中输入折弯角度值 120；然后在后的文本框中输入折弯半径值 1.0，折弯半径所在侧为；固定侧方向如图 15.2.48 所示。

（5）单击操控板中按钮，完成折弯特征 2 的创建。

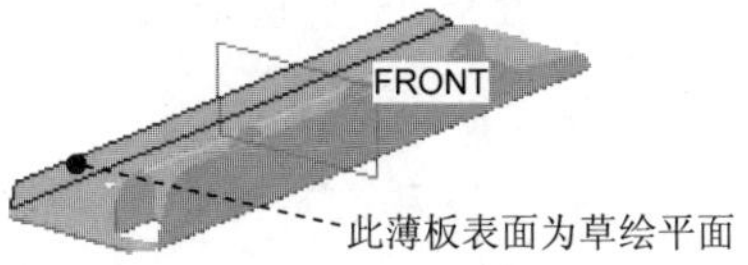

图 15.2.46 草绘平面

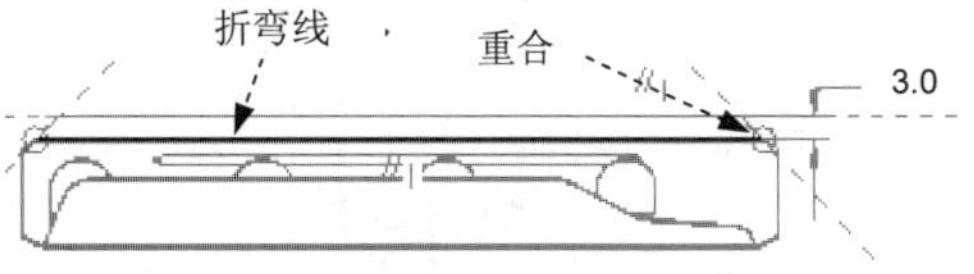

图 15.2.47 折弯线

Step10. 创建图 15.2.49 所示的钣金拉伸切削特征 2。在操控板中单击 拉伸 按钮，确认按钮、按钮和按钮被按下；选取图 15.2.50 所示的模型表面为草绘平面，选取 TOP 基准平面为参考平面，方向为 上；单击 草绘 按钮，绘制图 15.2.51 所示的截面草图；调整移除材料方向如图 15.2.52 所示，在操控板中定义拉伸类型为，选择材料移除的方向类型为（移除垂直于驱动曲面的材料）；单击按钮，完成拉伸切削特征 2 的创建。

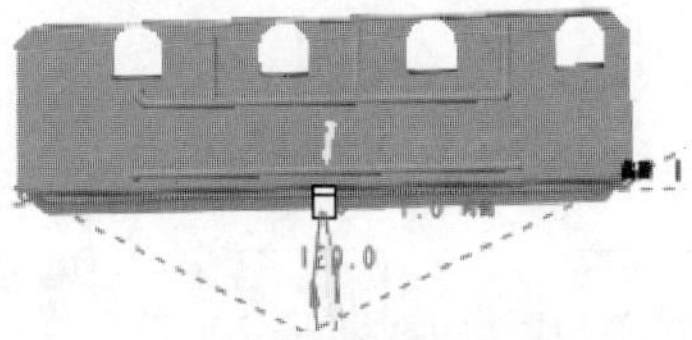

图 15.2.48 定义固定侧和折弯侧

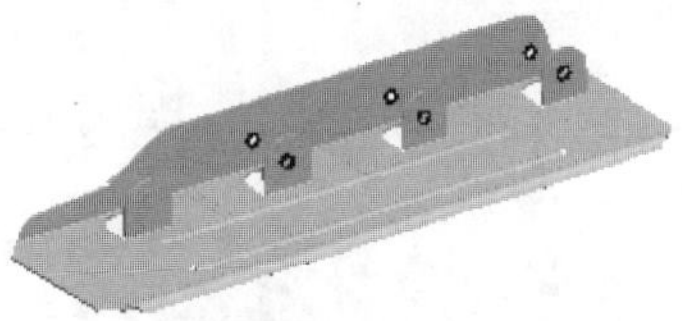

图 15.2.49 拉伸切削特征 2

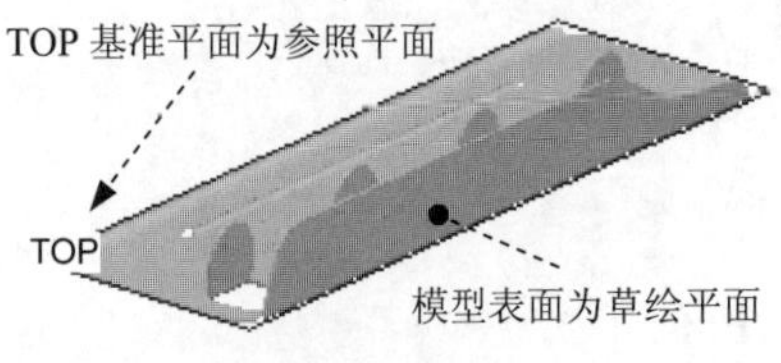

图 15.2.50 草绘平面

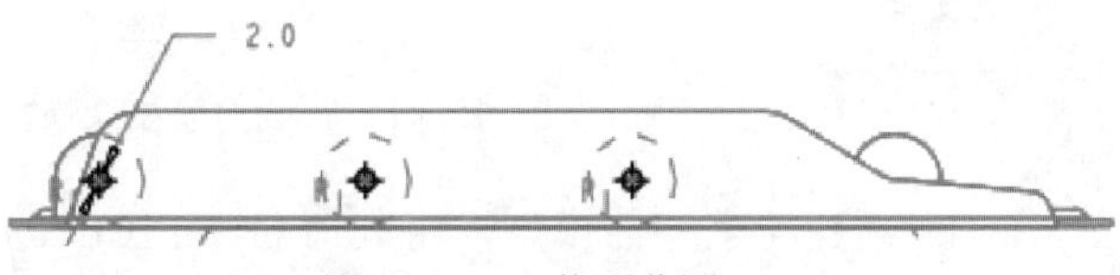

图 15.2.51 截面草图

Step11. 创建图 15.2.53 所示的钣金拉伸切削特征 3。绘制图 15.2.54 所示的截面草图(详细操作过程参见 Step10)。

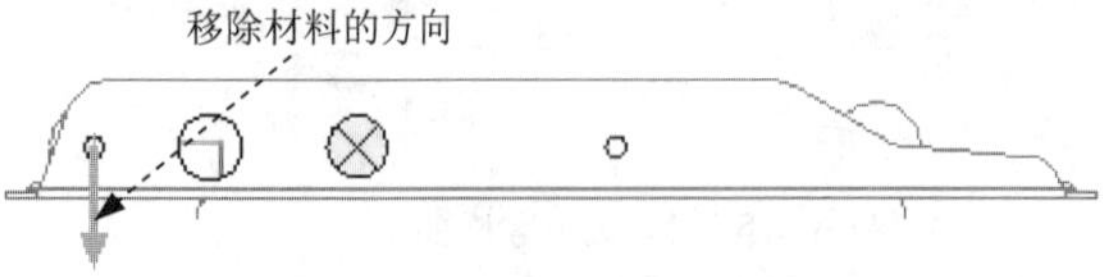

图 15.2.52 定义移除材料的方向

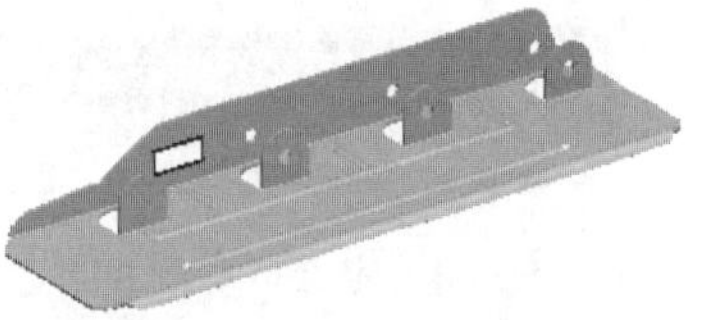

图 15.2.53 拉伸切削特征 3

Step12. 创建图 15.2.55 所示的钣金拉伸切削特征 4。在操控板中单击 拉伸 按钮，确认 按钮、按钮和按钮被按下；选取图 15.2.56 所示的模型表面为草绘平面，选取 RIGHT 基准平面为参考平面，方向为 上；单击 草绘 按钮，绘制图 15.2.57 所示的截面草图，在操控板中定义拉伸类型为，选择材料移除的方向类型为（移除垂直于驱动曲面的材料）；单击按钮，完成拉伸切削特征 2 的创建。

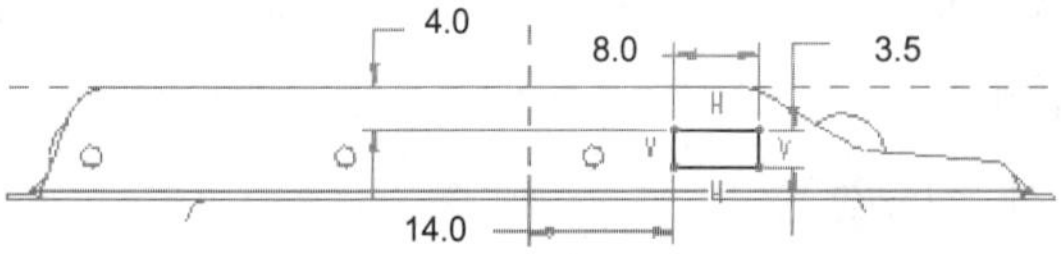

图 15.2.54 截面草图

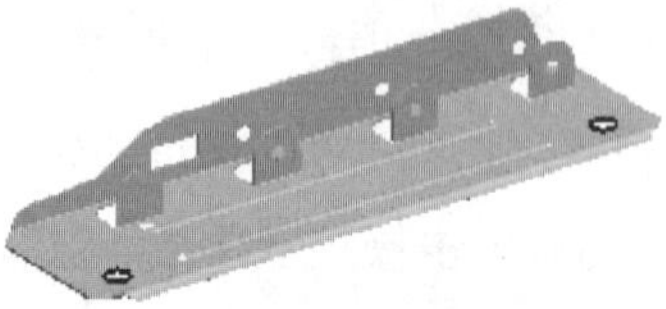

图 15.2.55 拉伸切削特征 4

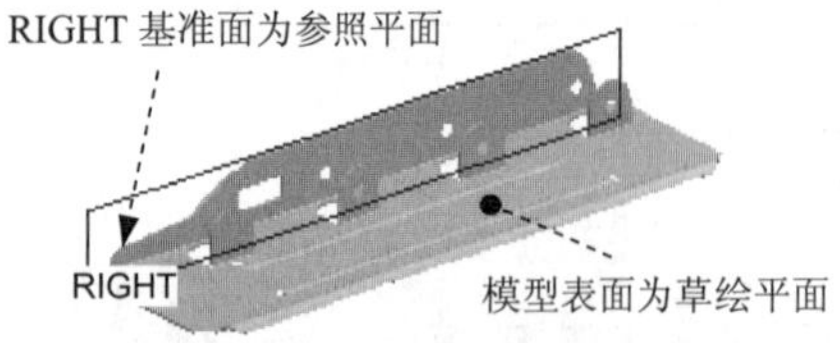

图 15.2.56 草绘平面

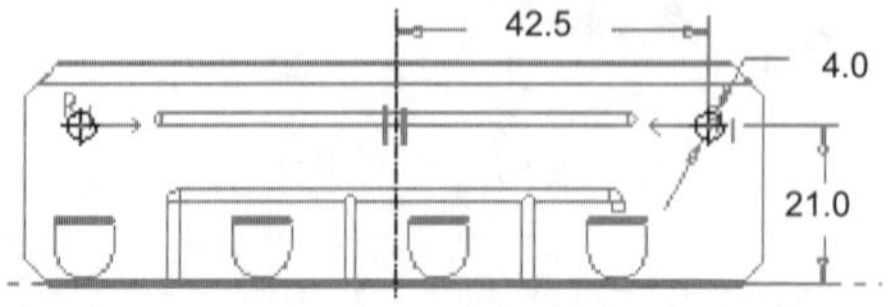

图 15.2.57 截面草图

Step13. 保存零件模型文件。

15.3 钣 金 件 2

钣金件模型及模型树如图 15.3.1 所示。

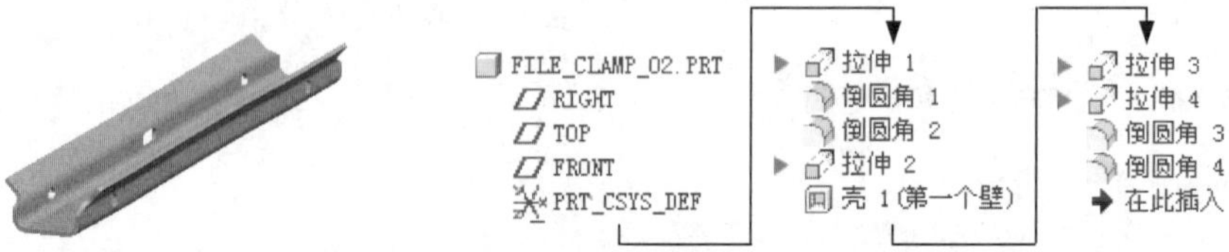

图 15.3.1 钣金件模型及模型树

Step1. 新建一个零件模型，将其命名为 FILE_CLAMP_02。

Step2. 创建图 15.3.2 所示的拉伸特征 1。在操控板中单击“拉伸”按钮 拉伸 。选取 FRONT 基准平面为草绘平面，选取 RIGHT 基准平面为参考平面，方向为 右 ；单击 草绘 按钮，绘制图 15.3.3 所示的截面草图，在操控板中定义拉伸类型为 ，输入深度值 65.0；单击 按钮，完成拉伸特征 1 的创建。

图 15.3.2 拉伸特征 1

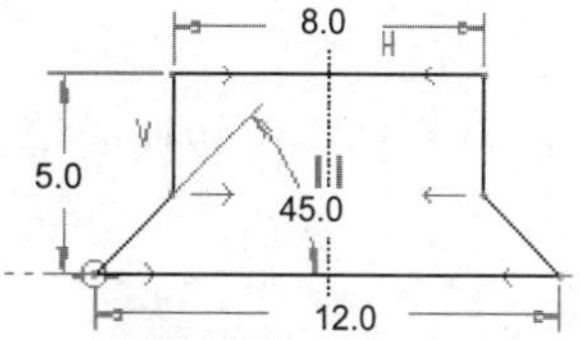

图 15.3.3 截面草图

Step3. 创建图 15.3.4b 所示倒圆角特征 1。单击 模型 功能选项卡 工程 区域中的 倒圆角 按钮，选取图 15.3.4a 所示的两条边线为倒圆角的边线；在圆角半径文本框中输入数值 1.0。

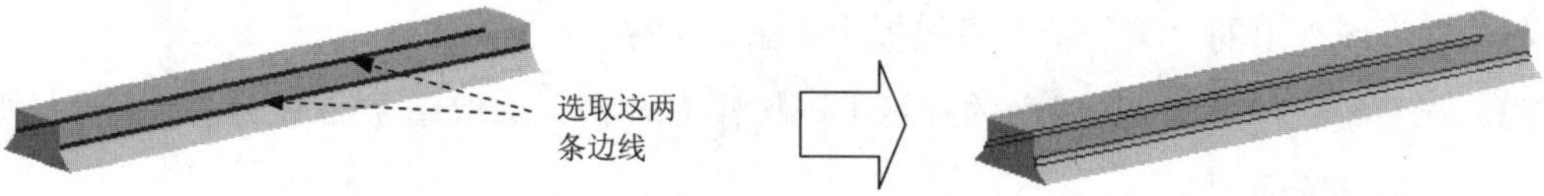

a）倒圆角前

b）倒圆角后

图 15.3.4 倒圆角特征 1

Step4. 创建图 15.3.5b 所示的倒圆角特征 2。选取图 15.3.5a 所示的两条边线为倒圆角的边线，输入圆角半径值 1.5。

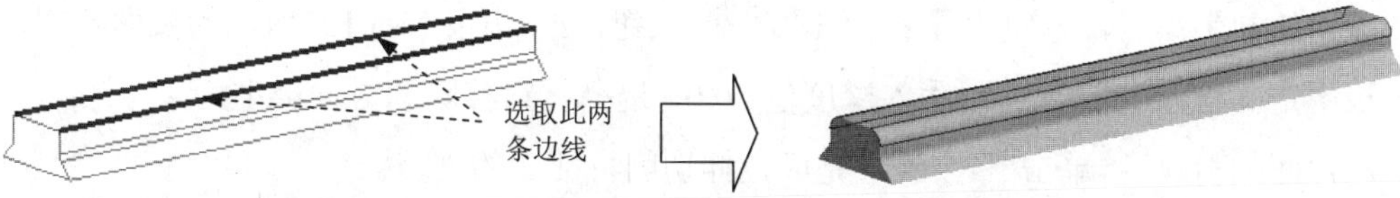

a）倒圆角前

b）倒圆角后

图 15.3.5 倒圆角特征 2

Step5. 创建图 15.3.6 所示拉伸切削特征 2。在操控板中单击“拉伸”按钮 拉伸 ，按下操控板中的 按钮。选取 RIGHT 基准平面为草绘平面，TOP 基准平面为参考平面，方向为 上 ；选取图 15.3.7 所示的顶点和边线为参考，绘制图 15.3.7 所示的截面草图；在操控板中定义拉伸类型为 ，输入深度值 15.0；单击 按钮，完成拉伸切削特征 2 的创建。

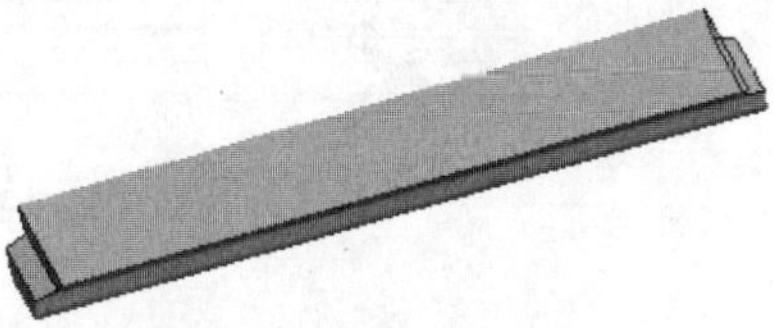

图 15.3.6 拉伸切削特征 2

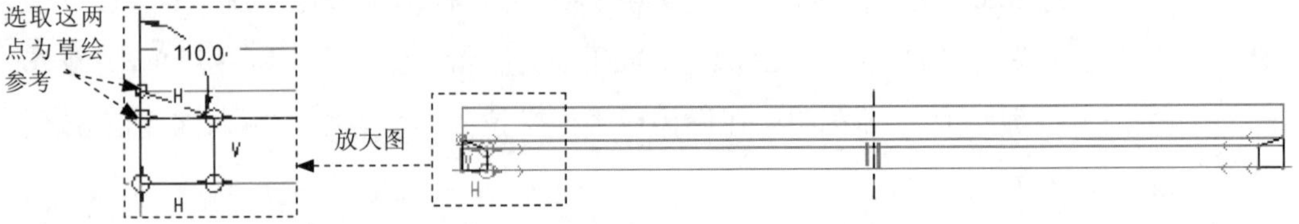

图 15.3.7　截面草图

Step6. 将实体零件转换成第一钣金壁，如图 15.3.8 所示。

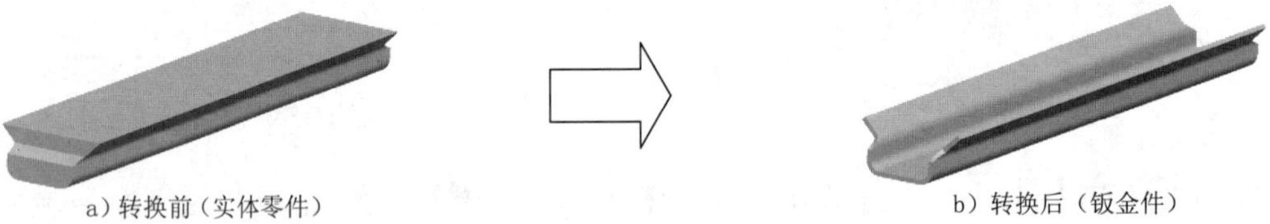

图 15.3.8　转换成第一钣金壁

（1）选择 模型 功能选项卡 操作 ▾ 节点下的 转换为钣金件 命令。

（2）在系统弹出的“第一壁”操控板中单击按钮。

（3）在系统 选择要从零件移除的曲面。的提示下，按住 Ctrl 键，选取图 15.3.9 所示的七个模型表面为壳体的移除面。

（4）输入钣金壁厚度值 0.5，并按回车键。

（5）单击按钮，完成转换钣金特征的创建。

Step7. 创建图 15.3.10 所示的钣金拉伸切削特征 3。在操控板中单击 拉伸 按钮，确认按钮、按钮和按钮被按下；选取图 15.3.11 所示的模型表面为草绘平面，接受系统默认的参考平面，方向为 左；单击 草绘 按钮，绘制图 15.3.12 所示的截面草图，在操控板中定义拉伸类型为，输入深度值 20.0，选择材料移除的方向类型为（移除垂直于驱动曲面的材料）；单击按钮，完成拉伸切削特征 3 的创建。

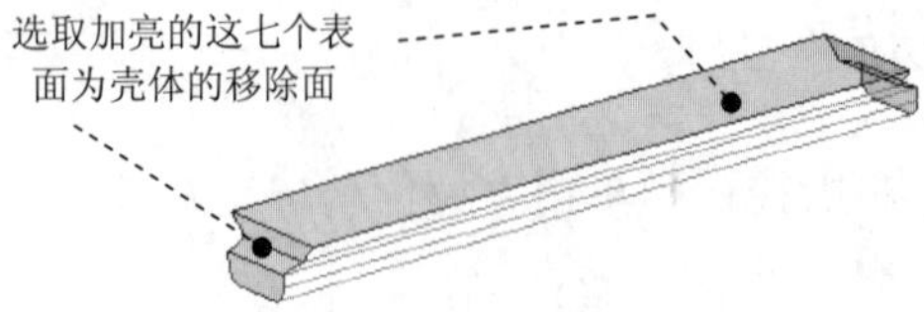

图 15.3.9　定义移除面

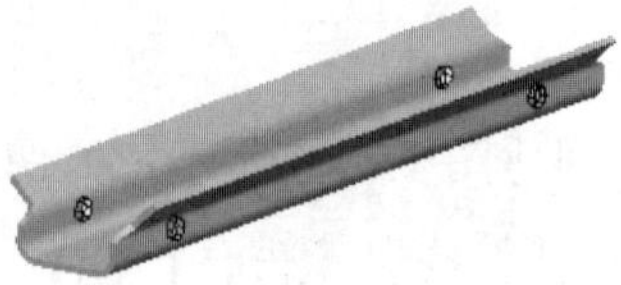

图 15.3.10　拉伸切削特征 3

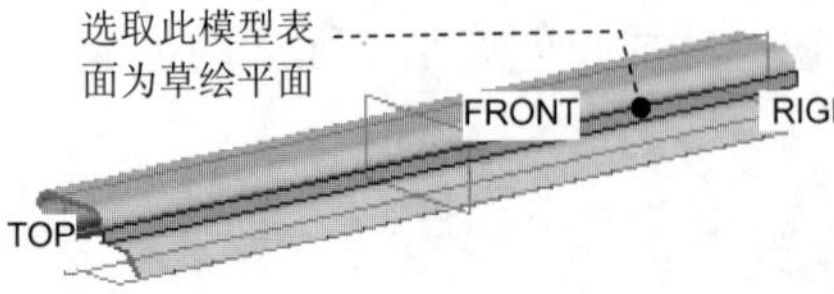

图 15.3.11　草绘平面

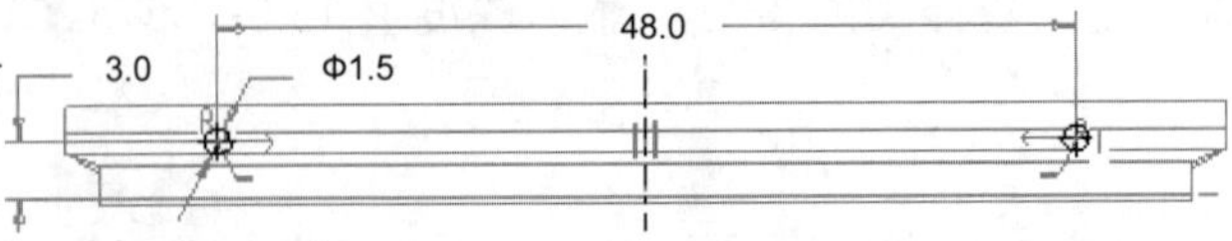

图 15.3.12　截面草图

Step8. 用同样的方法创建图 15.3.13 所示的钣金拉伸切削特征 4，绘制图 15.3.14 所示的截面草图，在操控板中定义拉伸类型为，输入深度值 5.0，具体操作步骤见 Step7。

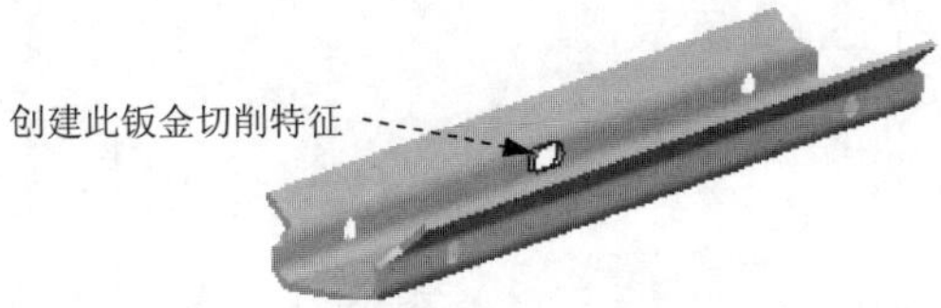

图 15.3.13 拉伸切削特征 4

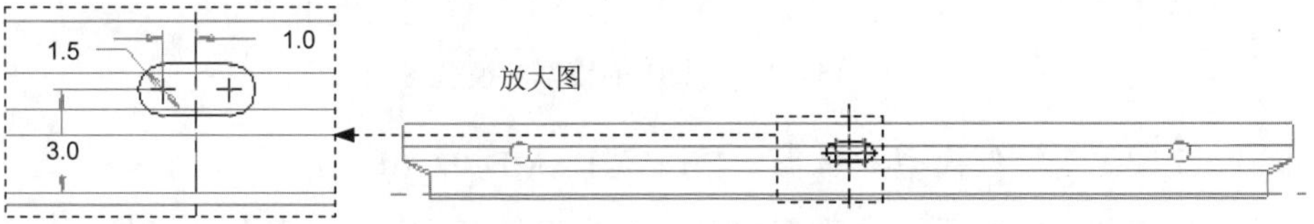

图 15.3.14 截面草图

Step9. 创建倒圆角特征 3。选择 模型 功能选项卡 工程 ▾ 节点下的 倒圆角 命令。选取图 15.3.15 所示的四条边线为倒圆角的边线；输入圆角半径值 1.0。

Step10. 创建倒圆角特征 4。选取图 15.3.16 所示的八条边线为倒圆角的边线；输入圆角半径值 0.5。

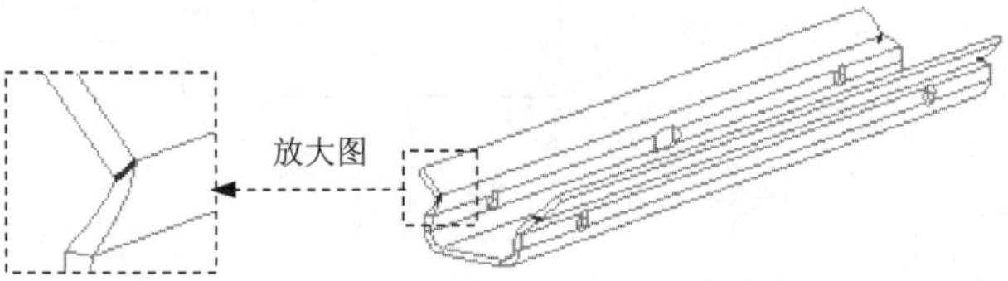

图 15.3.15 选取倒圆角的边线

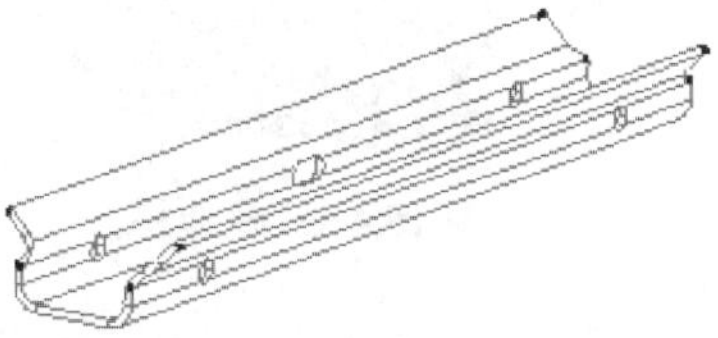

图 15.3.16 选取倒圆角的边线

Step11. 保存零件模型文件。

15.4 钣 金 件 3

钣金件模型及模型树如图 15.4.1 所示。

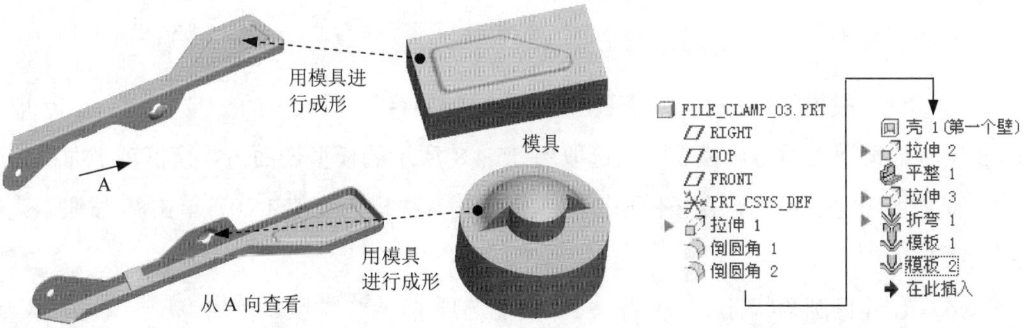

图 15.4.1 钣金件模型及模型树

Task1. 创建模具 1

模具 1 模型及模型树如图 15.4.2 所示。

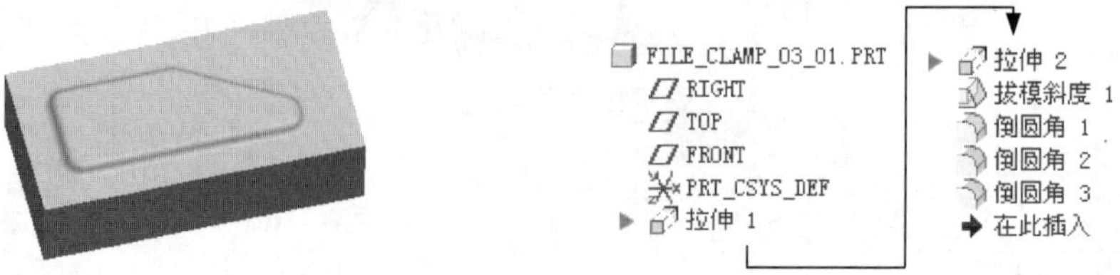

图 15.4.2　模具 1 的模型及模型树

Step1. 新建一个零件模型，命名为 FILE_CLAMP_03_01。

Step2. 创建图 15.4.3 所示的拉伸特征 1。在操控板中单击“拉伸”按钮拉伸。选取 TOP 基准平面为草绘平面，然后选取 RIGHT 基准平面为参考平面，方向为下；绘制图 15.4.4 所示的截面草图，在操控板中定义拉伸类型为，输入深度值 5.0；单击按钮，完成拉伸特征 1 的创建。

图 15.4.3　拉伸特征 1

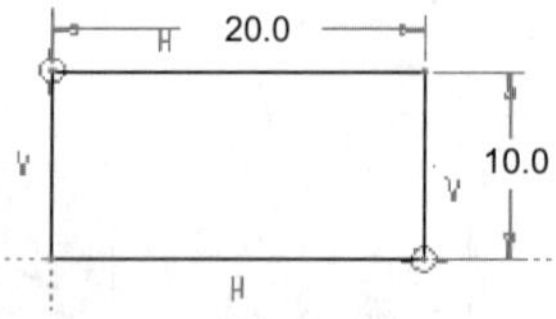

图 15.4.4　截面草图

Step3. 创建图 15.4.5 所示的拉伸特征 2。在操控板中单击“拉伸”按钮拉伸。选取图 15.4.6 所示的模型表面为草绘平面，RIGHT 基准平面为参考平面，方向为上；绘制图 15.4.7 所示的截面草图，在操控板中定义拉伸类型为，输入深度值 0.5；单击按钮，完成拉伸特征 2 的创建。

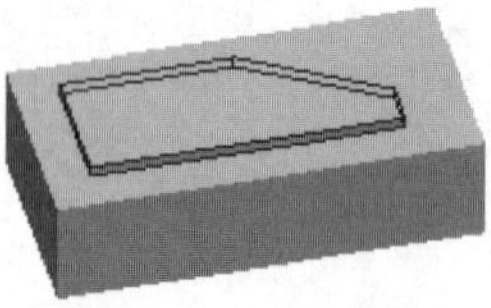

图 15.4.5　拉伸特征 2

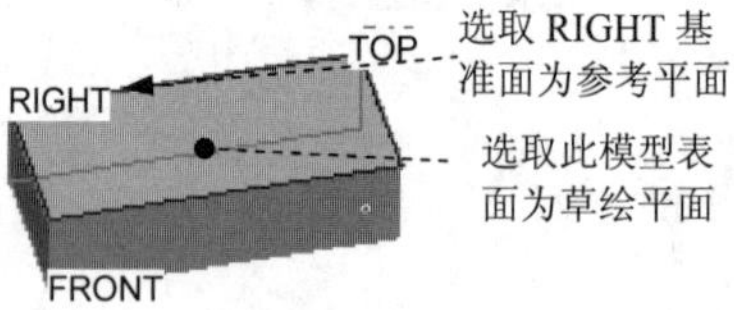

图 15.4.6　草绘平面

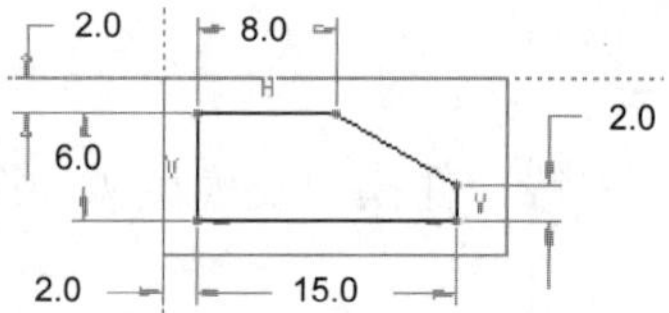

图 15.4.7　截面草图

Step4. 创建拔模特征1。单击 模型 功能选项卡 工程 区域中的 拔模 按钮。选取图 15.4.8 所示的模型表面为拔模表面；选取图 15.4.8 所示的模型表面为拔模枢轴平面；定义拔模方向如图 15.4.9 所示，在拔模角度文本框中输入拔模角度值 15.0；单击按钮，完成拔模特征 1 的创建。

Step5. 创建倒圆角特征 1。单击 模型 功能选项卡 工程 区域中的 倒圆角 按钮，选取图 15.4.10 所示的四条加亮的边线为倒圆角的边线；在圆角半径文本框中输入数值 1.0。

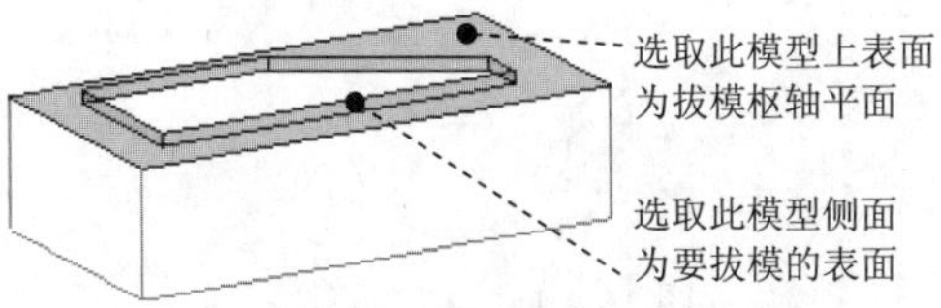

图 15.4.8 定义拔模曲面和拔模枢轴平面

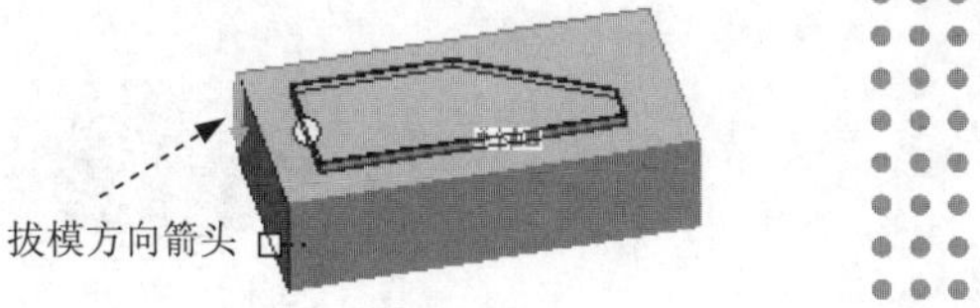

图 15.4.9 定义拔模方向

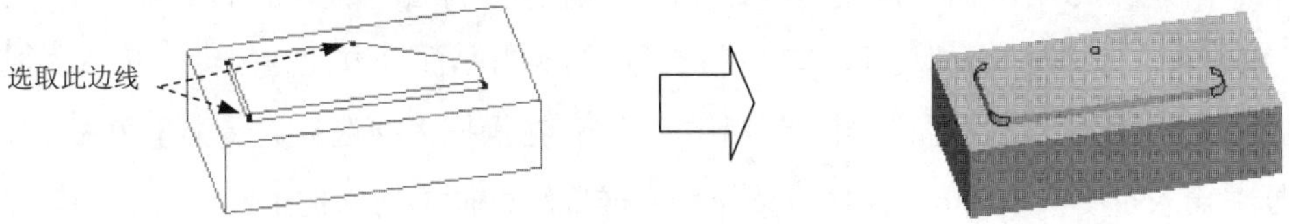

a）倒圆角前

b）倒圆角后

图 15.4.10 倒圆角特征 1

Step6. 创建倒圆角特征 2。选取图 15.4.11 所示的边链为倒圆角的边线；输入圆角半径值 0.5。

Step7. 创建倒圆角特征 3。选取图 15.4.12 所示的边链为倒圆角的边线；输入圆角半径值 0.5。

Step8. 保存零件模型文件。

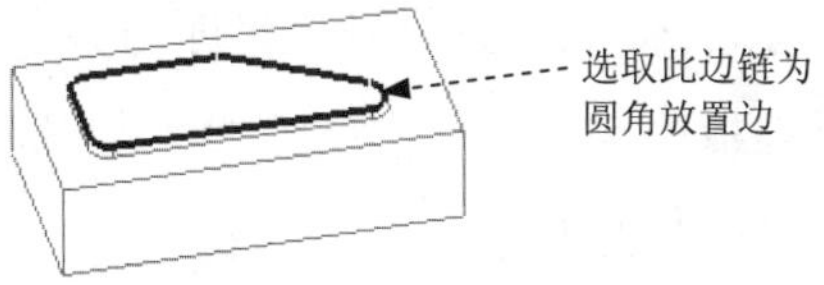

图 15.4.11 选取倒圆角的边线

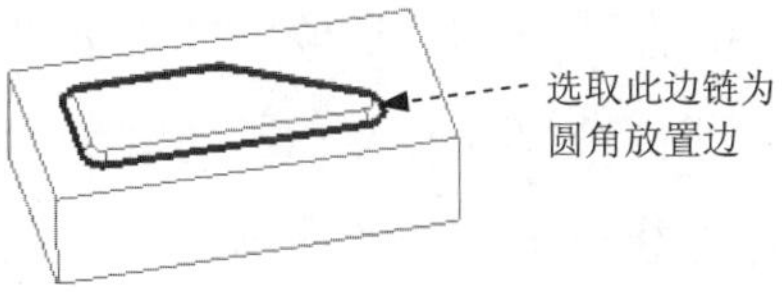

图 15.4.12 选取倒圆角的边线

Task2. 创建模具 2

模具 2 模型及模型树如图 15.2.13 所示。

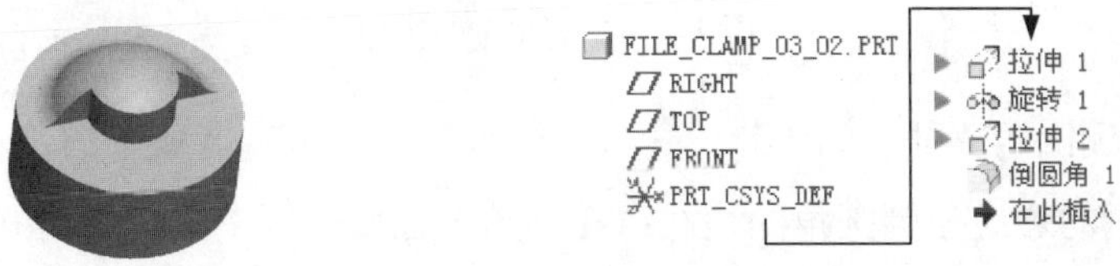

图 15.4.13 模具 2 的模型及模型树

Step1. 新建一个零件模型，命名为 FILE_CLAMP_03_02。

Step2. 创建图 15.4.14 所示的拉伸特征 1。在操控板中单击“拉伸”按钮 拉伸 。选取 TOP 基准平面为草绘平面，RIGHT 基准平面为参考平面，方向为 右 ；绘制图 15.4.15 所示的截面草图，在操控板中定义拉伸类型为 ，输入深度值 2.0；单击 按钮，完成拉伸特征 1 的创建。

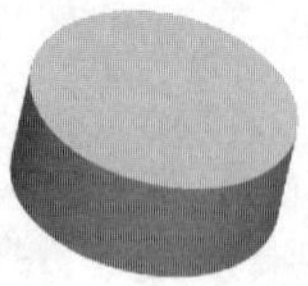

图 15.4.14　拉伸特征 1

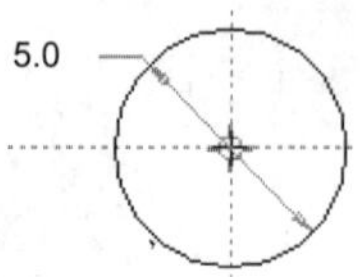

图 15.4.15　截面草图

Step3. 创建图 15.4.16 所示的旋转特征 1。在操控板中单击“旋转”按钮 旋转。选取 RIGHT 基准平面为草绘平面，选取 TOP 基准平面为参考平面，方向为 下；单击 草绘 按钮，绘制图 15.4.16 所示的截面草图（包括中心线）；在操控板中选择旋转类型为 ⊥，在角度文本框中输入角度值 360.0，单击 ✔ 按钮，完成旋转特征 1 的创建。

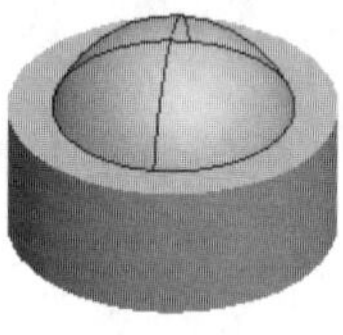

a）旋转特征 1

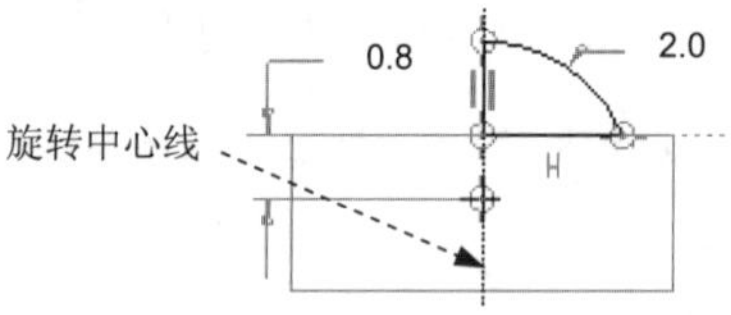

b）截面草图

图 15.4.16　旋转特征 1

Step4. 创建图 15.4.17 所示的拉伸特征 2。在操控板中单击“拉伸”按钮 拉伸，按下操控板中的 ◿ 按钮。选取 TOP 基准平面为草绘平面，选取 RIGHT 基准平面为参考平面，方向为 左；绘制图 15.4.18 所示的截面草图，在操控板中定义拉伸类型为 ⫴，定义移除材料方向如图 15.4.19 所示；单击 ✔ 按钮，完成拉伸特征 2 的创建。

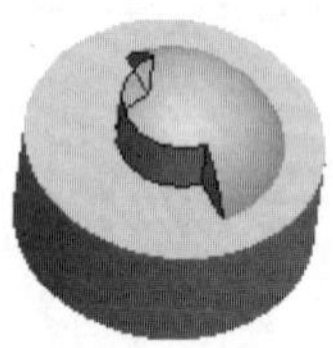

图 15.4.17　拉伸特征 2

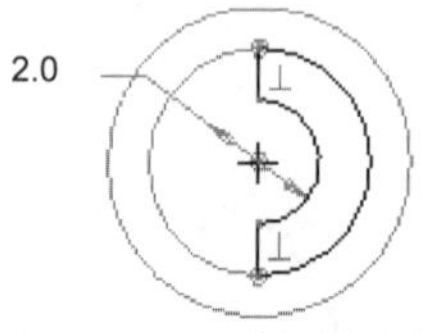

图 15.4.18　截面草图

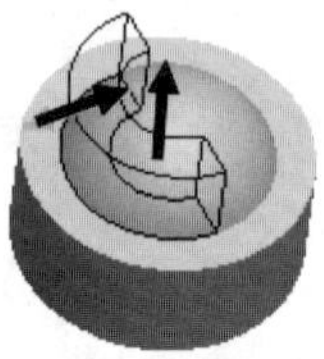

图 15.4.19　定义移除材料方向

Step5. 创建倒圆角特征 1。单击 模型 功能选项卡 工程 ▾ 区域中的 倒圆角 ▾ 按钮，选取图 15.4.20 所示的边线为倒圆角的边线；在圆角半径文本框中输入数值 0.5。

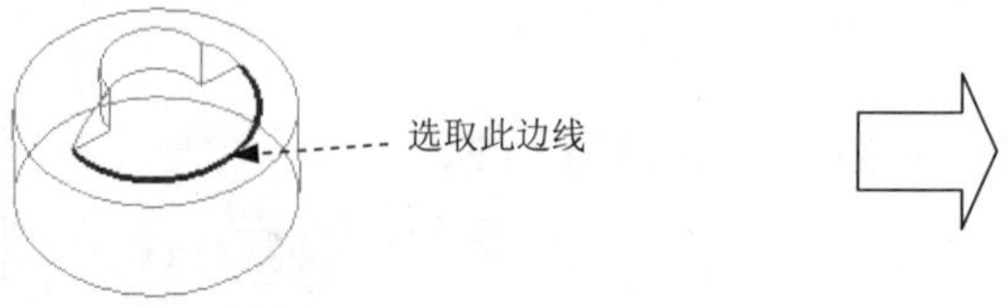

a）倒圆角前

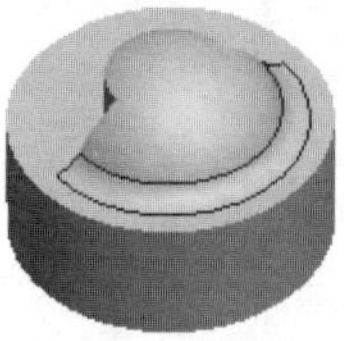

b）倒圆角后

图 15.4.20　倒圆角特征 1

Step6. 保存零件模型文件。

Task3．创建主体零件模型

Step1. 新建一个零件模型，命名为 FILE_CLAMP_03。

Step2. 创建图 15.4.21 所示的拉伸特征 1。在操控板中单击“拉伸”按钮 拉伸 。选取 TOP 基准平面为草绘平面，选取 RIGHT 基准平面为参考平面，方向为 下 ；绘制图 15.4.22 所示的截面草图，在操控板中定义拉伸类型为 ，输入深度值 2.0；单击 ✔ 按钮，完成拉伸特征 1 的创建。

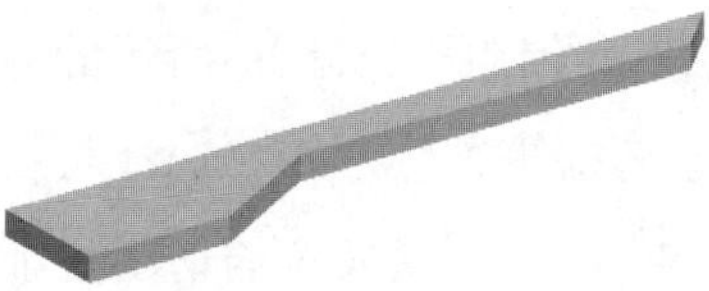

图 15.4.21 拉伸特征 1

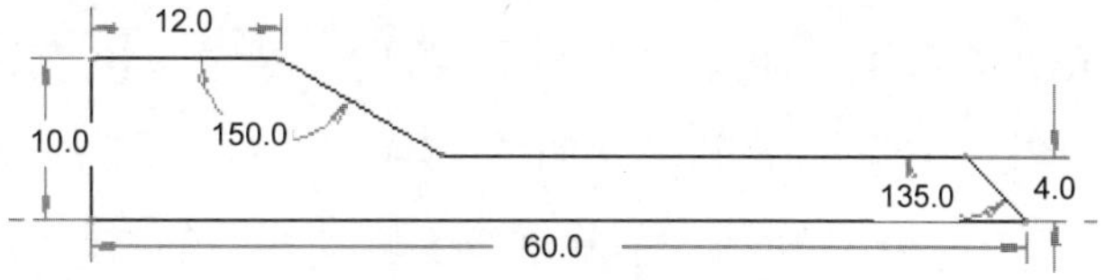

图 15.4.22 截面草图

Step3. 创建倒圆角特征 1。单击 模型 功能选项卡 工程 ▾ 区域中的 倒圆角 ▾ 按钮，选取图 15.4.23 所示的四条加亮的边线为倒圆角的边线；在圆角半径文本框中输入数值 1.5。

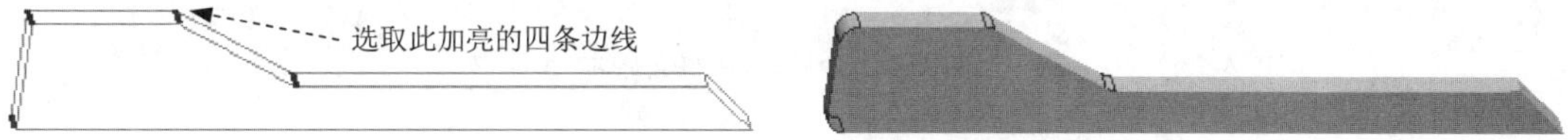

a）倒圆角前　　b）倒圆角后

图 15.4.23 倒圆角特征 1

Step4. 创建倒圆角特征 2。选取图 15.4.24 所示的加亮边线为倒圆角的边线；输入圆角半径值 0.5。

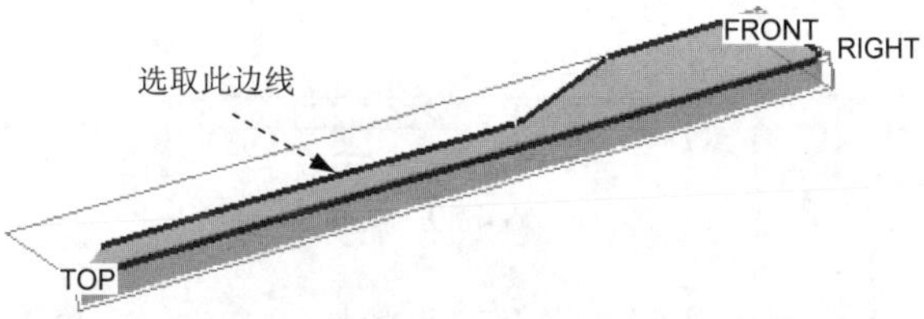

图 15.4.24 定义圆角放置参考

Step5. 将实体零件转换成第一钣金壁，如图 15.4.25 所示。

（1）选择 模型 功能选项卡 操作 ▾ 节点下的 转换为钣金件 命令。

（2）在系统弹出的“第一壁”操控板中单击 按钮。

（3）在系统 ➡选择要从零件移除的曲面。 的提示下，按住 Ctrl 键，选取图 15.4.26 所示的两个模型表面为壳体的移除面。

（4）输入钣金壁厚度值 0.3，并按回车键。

（5）单击 ✔ 按钮，完成转换钣金特征的创建。

a）转换前（实体零件）　　b）转换后（钣金件）

图 15.4.25　转换成第一钣金壁

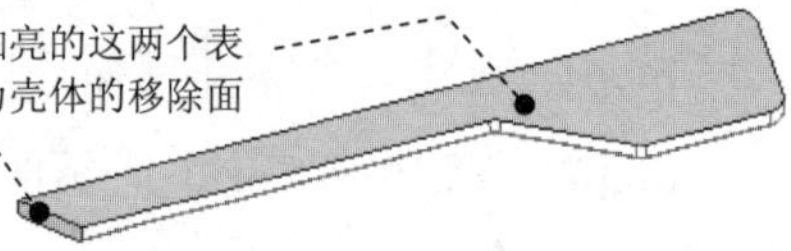

图 15.4.26　定义移除面

Step6. 创建图 15.4.27 所示的钣金拉伸切削特征 1。在操控板中单击拉伸按钮，确认按钮、按钮和按钮被按下；选取图 15.4.28 所示的模型表面为草绘平面，选取 FRONT 基准平面为参考平面，方向为左；单击草绘按钮，绘制图 15.4.29 所示的截面草图；调整移除材料方向如图 15.4.30 所示，在操控板中定义拉伸类型为，选择材料移除的方向类型为（移除垂直于驱动曲面的材料）；单击按钮，完成拉伸切削特征 1 的创建。

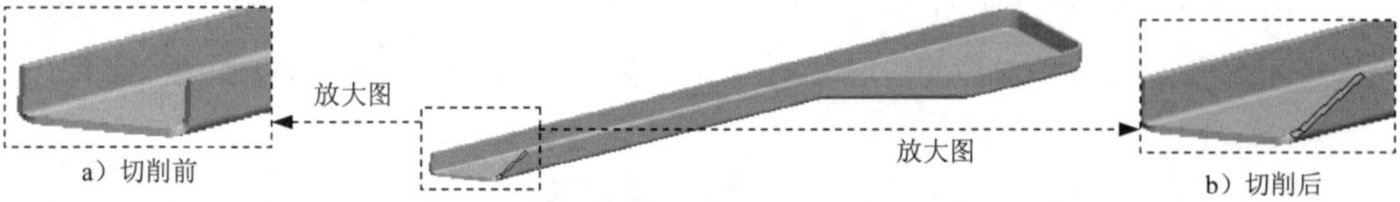

图 15.4.27　拉伸切削特征 1

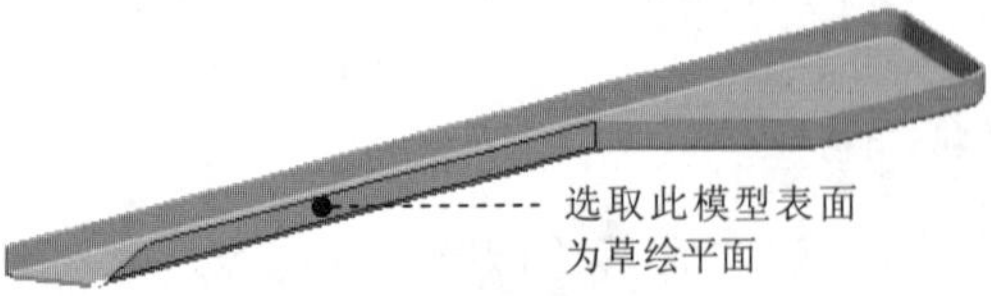

图 15.4.28　草绘平面

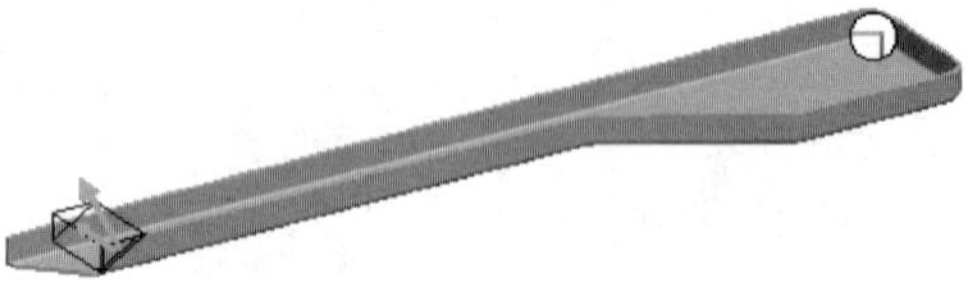

图 15.4.30　定义移除材料方向

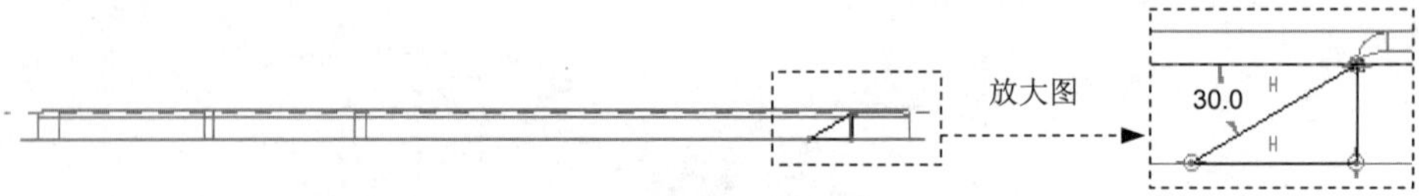

图 15.4.29　截面草图

Step7. 创建图 15.4.31 所示的附加钣金壁平整特征 1。单击模型功能选项卡形状▼区域中的“平整”按钮，选取图 15.4.32 所示的模型边线为附着边。在操控板中选择形状类型为用户定义，折弯角度类型选择平整选项；单击形状选项卡，在系统弹出的界面中单击草绘...按钮，定义图 15.4.33 所示的箭头方向为草绘方向，接受系统默认的草绘参考，方向为上，绘制图 15.4.34 所示的截面草图；单击按钮，完成平整特征 1 的创建。

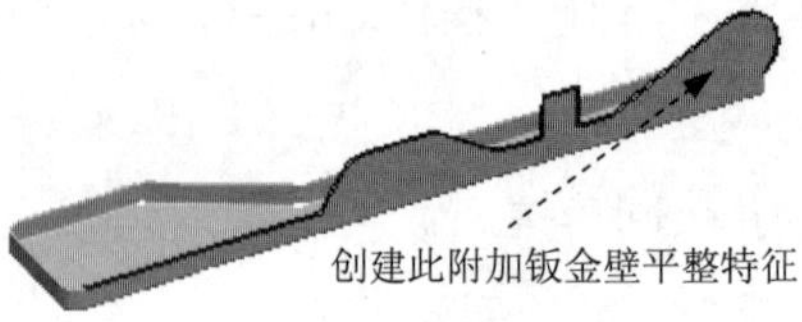

图 15.4.31　平整特征 1

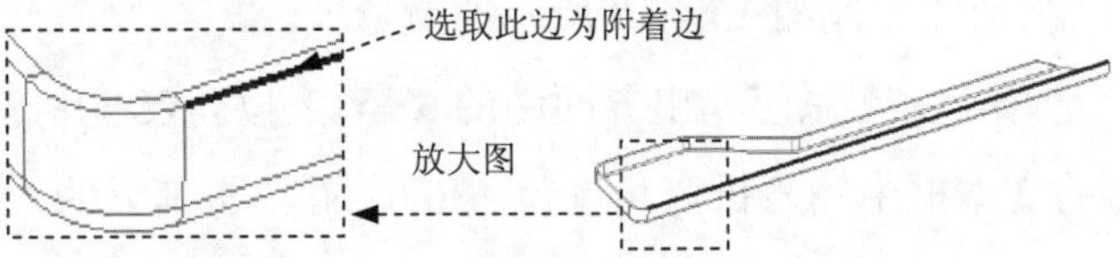

图 15.4.32 定义附着边

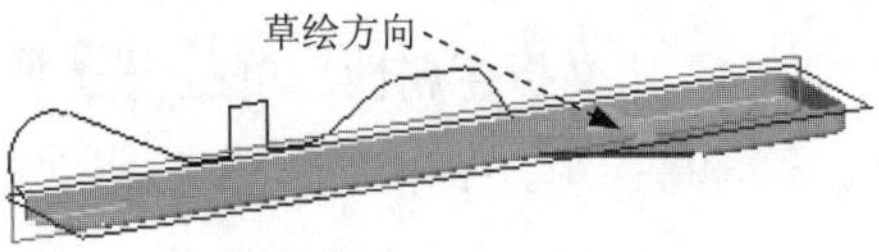

图 15.4.33 设置草绘方向

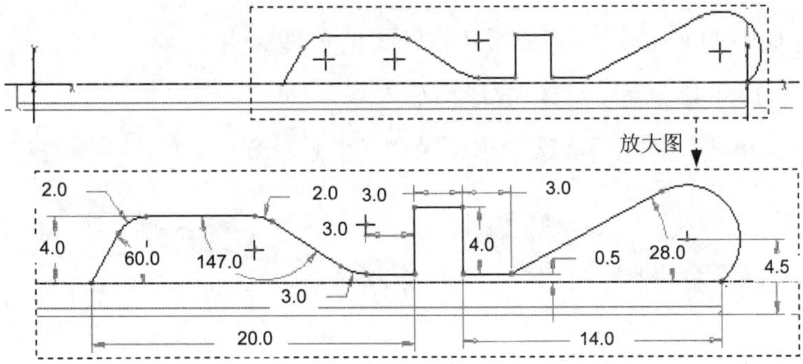

图 15.4.34 截面草图

Step8. 创建图 15.4.35 所示的钣金拉伸切削特征 2。在操控板中单击 拉伸 按钮，确认按钮、按钮和按钮被按下；选取图 15.4.36 所示的模型表面为草绘平面，接受系统默认的参考平面，方向为 下；单击 草绘 按钮，绘制图 15.4.37 所示的截面草图；在操控板中定义拉伸类型为，选择材料移除的方向类型为（移除垂直于驱动曲面的材料）；单击按钮，完成拉伸切削特征 2 的创建。

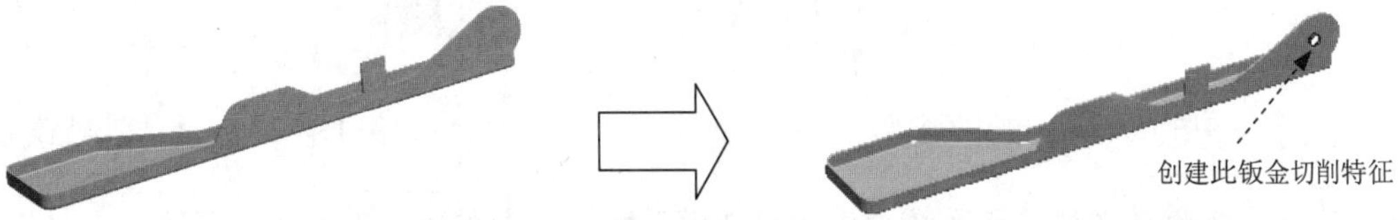

a）切削前 b）切削后

图 15.4.35 拉伸切削特征 2

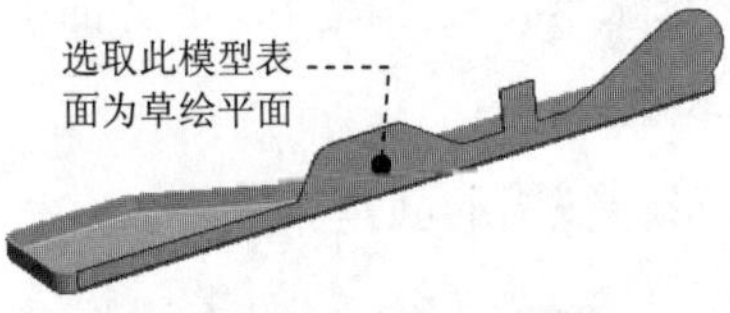

图 15.4.36 草绘平面

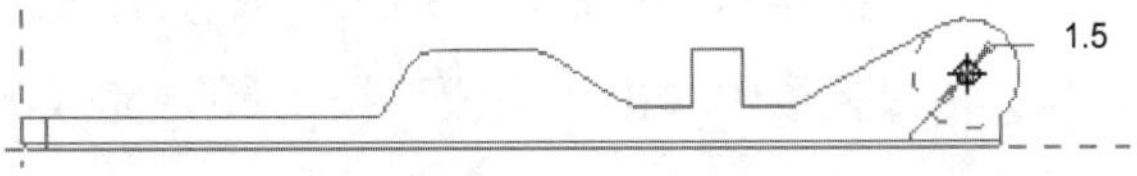

图 15.4.37 截面草图

Step9. 创建图 15.4.38 所示的折弯特征 1。

（1）单击 模型 功能选项卡 折弯 区域 折弯 下的 折弯 按钮，系统弹出“折弯”操控板。

（2）选取折弯类型。在操控板中单击按钮和按钮（使其处于被按下的状态）。

（3）绘制折弯线。单击 折弯线 选项卡，选取图 15.4.39 所示的薄板表面为草绘平面，然后单击“折弯线”界面中的 草绘... 按钮，绘制图 15.4.40 所示的折弯线。

（4）定义折弯属性。单击 止裂槽 选项卡，在系统弹出界面中的 类型 下拉列表框中选择 无止裂槽 选项；单击按钮，在后的文本框中输入折弯角度值 130.0，并单击其后的按钮调整折弯方向；然后在后的文本框中输入折弯半径值 0.2，折弯半径所在侧为；固定侧方向如图 15.4.41 所示。

（5）单击操控板中的按钮，完成折弯特征 1 的创建。

Step10. 创建图 15.4.42 所示的凸模成形特征 1。

（1）选择命令。单击 模型 功能选项卡 工程 ▾ 区域节点下的 凸模 按钮。

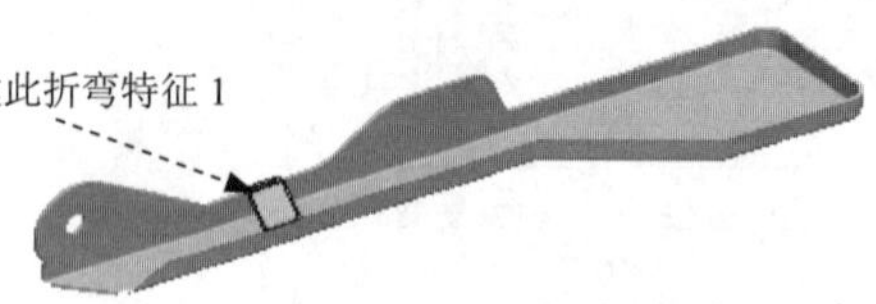

图 15.4.38 折弯特征 1

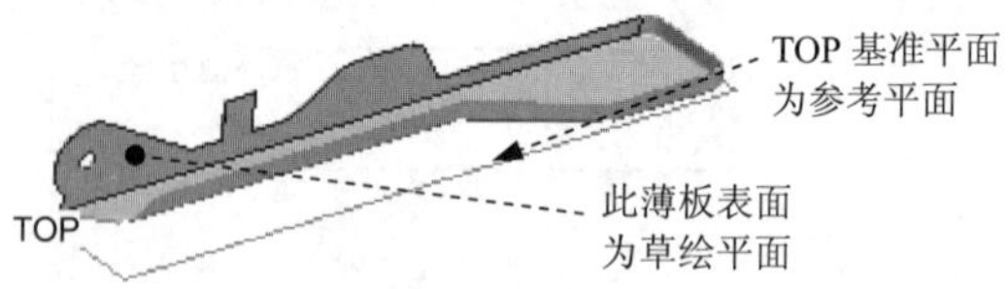

图 15.4.39 草绘平面

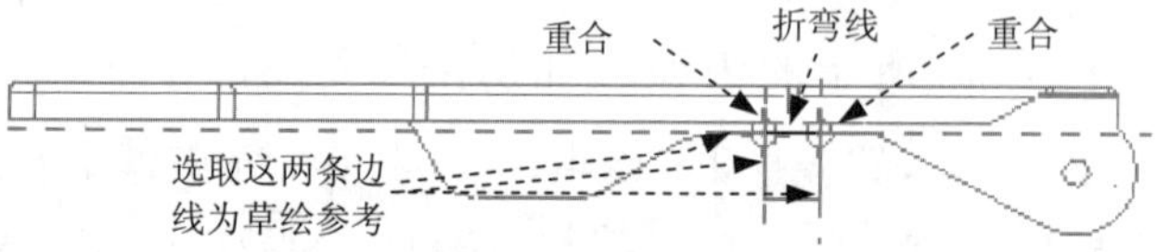

图 15.4.40 折弯线

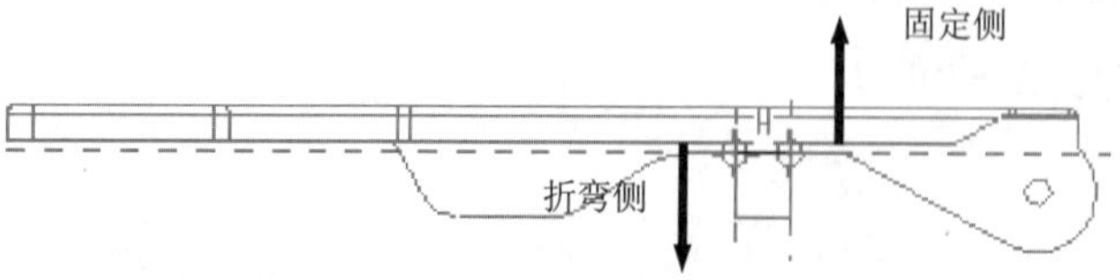

图 15.4.41 定义折弯侧和固定侧

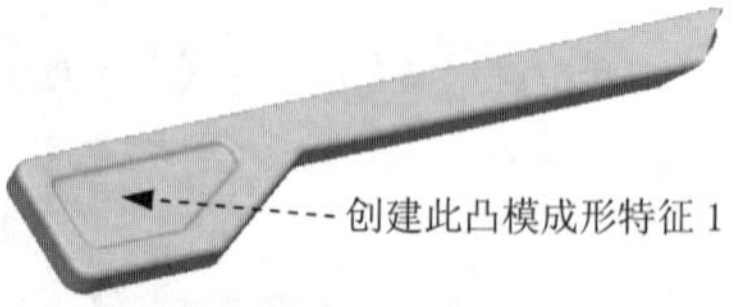

图 15.4.42 凸模成形特征 1

（2）选择模具文件。在系统弹出的“凸模”操控板中单击按钮，系统弹出“打开”对话框，选择 file_clamp_03_01.prt 为成形模具，并将其打开。

（3）定义成形模具的放置。单击操控板中的 放置 选项卡，在系统弹出的界面中选中 ☑ 约束已启用 复选框，并添加图 15.4.43 所示的三组位置约束。

（4）在操控板中单击“完成”按钮，完成凸模成形特征 1 的创建。

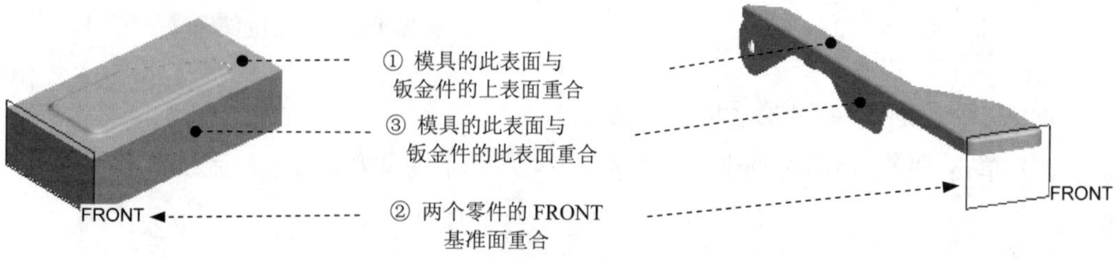

图 15.4.43 定义成形模具的放置

Step11. 创建图 15.4.44 所示的凸模成形特征 2。

（1）选择命令。单击 模型 功能选项卡 工程 ▾ 区域 节点下的 凸模 按钮。

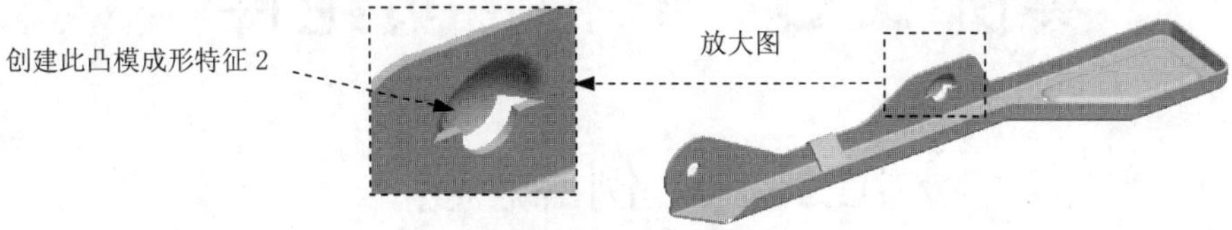

图 15.4.44 凸模成形特征 2

（2）选择模具文件。在系统弹出的“凸模”操控板中单击 按钮，系统弹出“打开”对话框，选择 file_clamp_03_02.prt 为成形模具，并将其打开。

（3）定义成形模具的放置。单击操控板中的 放置 选项卡，在系统弹出的界面中选中 ☑ 约束已启用 复选框，并添加图 15.4.45 所示的三组位置约束。

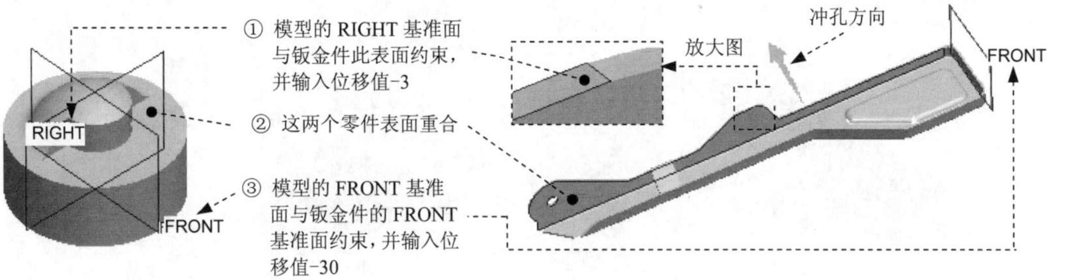

图 15.4.45 定义成形模具的放置

（4）定义排除面。单击 选项 选项卡并单击 排除冲孔模型曲面 下的空白区域，然后按住 Ctrl 键，选取图 15.4.46 所示的三个面为排除面。

（5）定义冲孔方向。定义图 15.4.45 所示的方向为冲孔方向。

（6）在操控板中单击“完成”按钮 ✔，完成凸模成形特征 2 的创建。

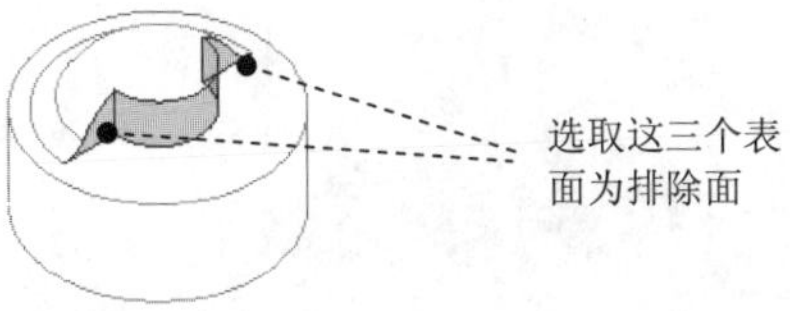

图 15.4.46 选取排除面

Step12. 保存零件模型文件。

实例 16 衣柜合页组件

16.1 实例概述

本实例介绍了图 16.1.1 所示衣柜合页组件的整个设计过程。该模型包括五个零件，本实例对每个零件的设计过程都进行了详细讲解。每个零件的设计思路都是先创建第一钣金壁，然后再使用平整、折弯命令创建出最终模型，钣金件 2 与钣金件 3 主体的弧度较为明显，通过折弯命令中的“滚动”选项完成。合页的最终模型如图 16.1.1a 所示。

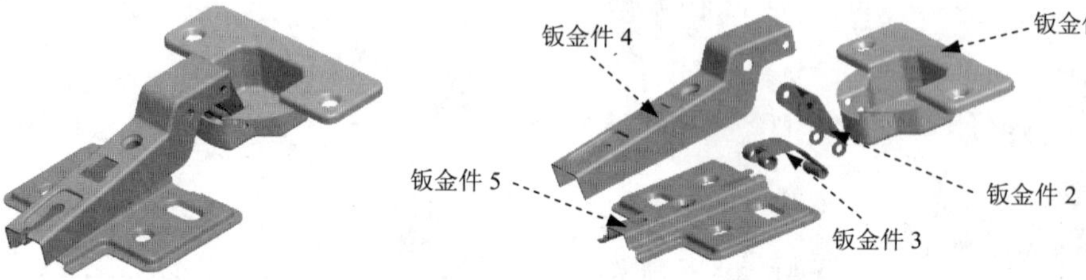

a）装配图　　b）爆炸图

图 16.1.1　衣柜合页组件

16.2 钣 金 件 1

钣金件模型及模型树如图 16.2.1 所示。

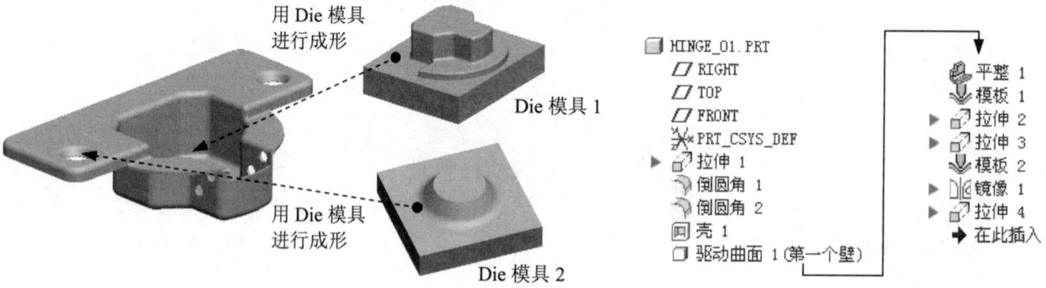

图 16.2.1　钣金件模型及模型树

Task1．创建模具 1

模具 1 的模型及模型树如图 16.2.2 所示。

Step1．新建一个实体零件模型，命名为 SM_HINGE_01。

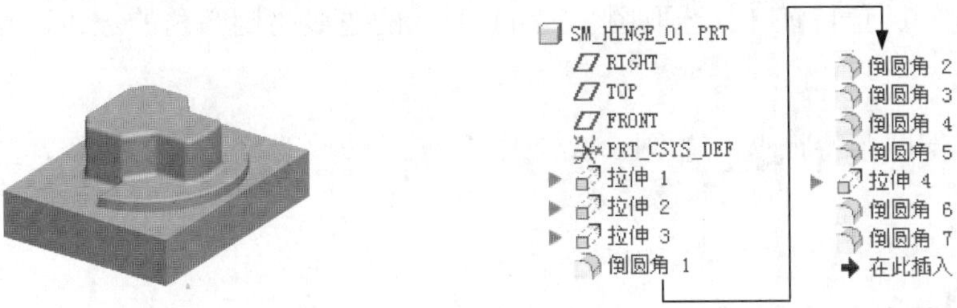

图 16.2.2 模具 1 的模型及模型树

Step2. 创建图 16.2.3 所示的拉伸特征 1。在操控板中单击“拉伸”按钮。选取 TOP 基准平面为草绘平面，RIGHT 基准平面为参考平面，方向为右；单击草绘按钮，绘制图 16.2.4 所示的截面草图；在操控板中定义拉伸类型为，输入深度值 10.0，单击按钮，完成拉伸特征 1 的创建。

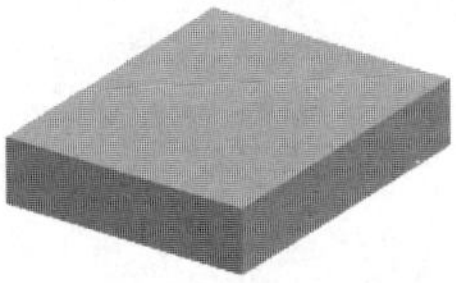

图 16.2.3 拉伸特征 1

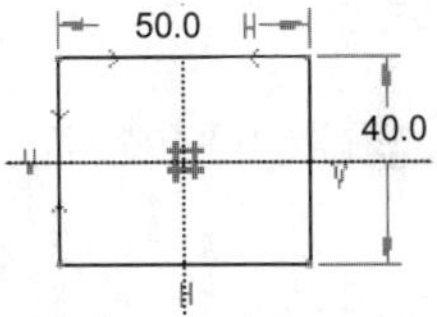

图 16.2.4 截面草图

Step3. 创建图 16.2.5 所示的拉伸特征 2。在操控板中单击“拉伸”按钮。选取图 16.2.6 所示的模型表面为草绘平面，RIGHT 基准平面为草绘参考平面，方向为右；单击草绘按钮，绘制图 16.2.7 所示的截面草图；在操控板中定义拉伸类型为，输入深度值 12.0，单击按钮，完成拉伸特征 2 的创建。

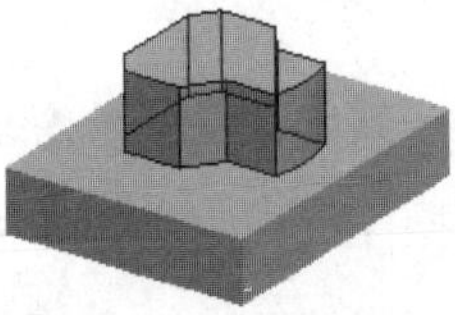

图 16.2.5 拉伸特征 2

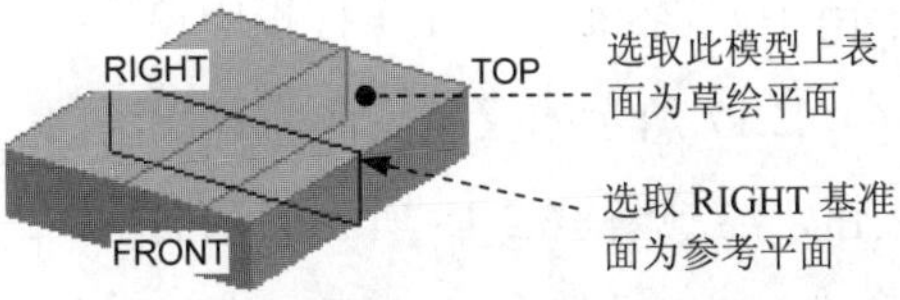

图 16.2.6 草绘平面

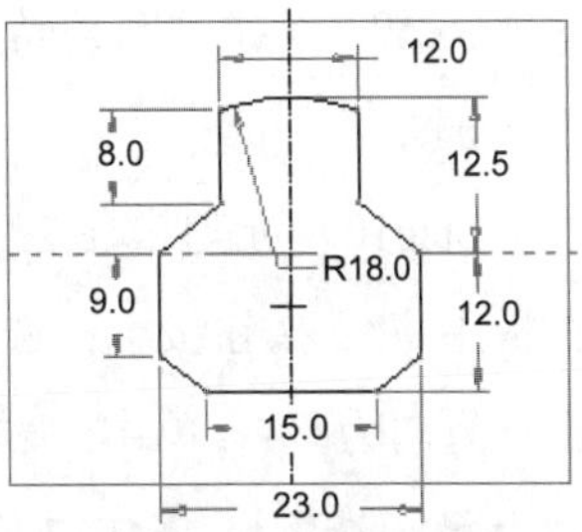

图 16.2.7 截面草图

Step4. 创建图 16.2.8 所示的拉伸特征 3。在操控板中单击“拉伸”按钮。选取草绘平面与参考平面如图 16.2.9 所示，方向为上；单击草绘按钮，绘制图 16.2.10 所示的截面草图；在操控板中定义拉伸类型为，选取草绘平面对面的模型表面为拉伸终止面；单击按钮，完成拉伸特征 3 的创建。

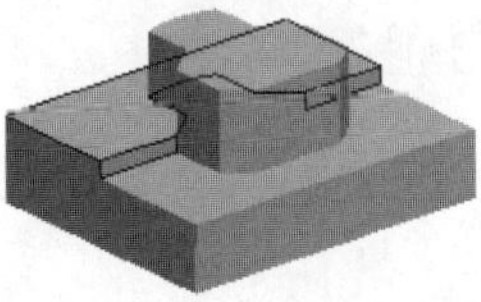

图 16.2.8 拉伸特征 3

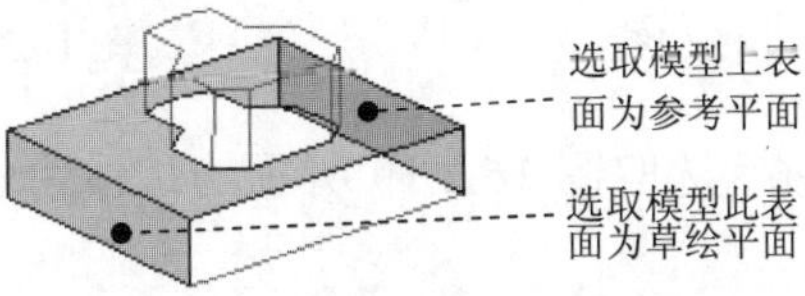

图 16.2.9 选取草绘平面与参考平面

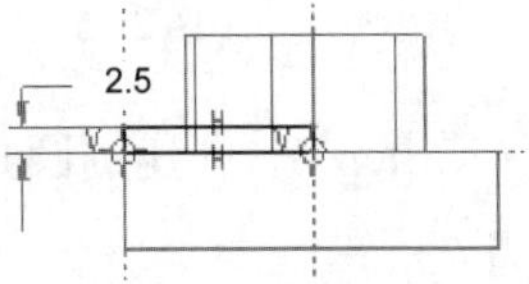

图 16.2.10 截面草图

Step5. 创建倒圆角特征 1。选取图 16.2.11 所示的边线为倒圆角的边线，圆角半径值为 1.5。

Step6. 创建倒圆角特征 2。选取图 16.2.12 所示的边线为倒圆角的边线，圆角半径值为 1.0。

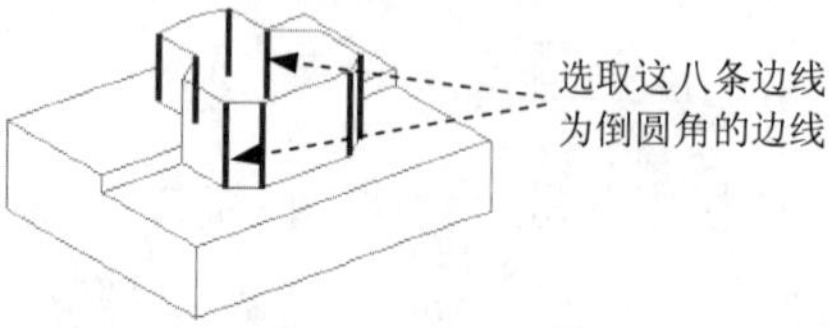

图 16.2.11 选取倒圆角的边线

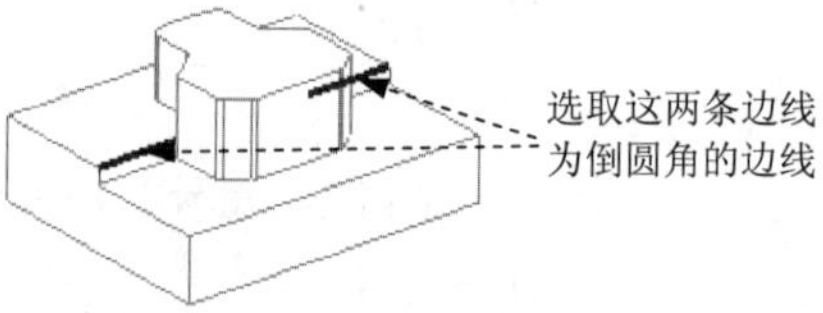

图 16.2.12 选取倒圆角的边线

Step7. 创建倒圆角特征 3。选取图 16.2.13 所示的边线为倒圆角的边线，圆角半径值为 1.5。

Step8. 创建倒圆角特征 4。选取图 16.2.14 所示的边线为倒圆角的边线，圆角半径值为 1.0。

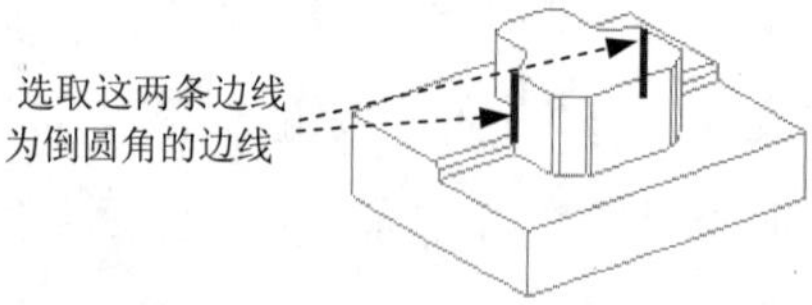

图 16.2.13 选取倒圆角的边线

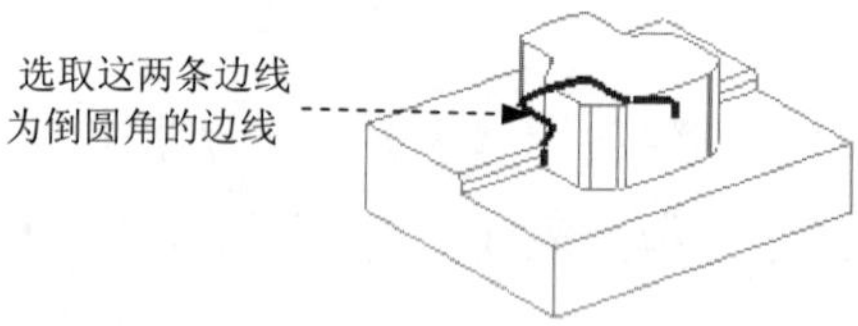

图 16.2.14 选取倒圆角的边线

Step9. 创建倒圆角特征 5。选取图 16.2.15 所示的边链为倒圆角的边线，圆角半径值为 1.0。

Step10. 创建图 16.2.16 所示的拉伸特征 4。在操控板中单击“拉伸”按钮，在操控板中将按钮按下；选取图 16.2.17 所示的模型表面为草绘平面，接受系统默认的参考平面，方向为上；单击 草绘 按钮，绘制图 16.2.18 所示的截面草图；在操控板中定义拉伸类型为，选取图 16.2.17 所示的模型表面为拉伸终止面。单击按钮，完成拉伸特征 3 的创建。

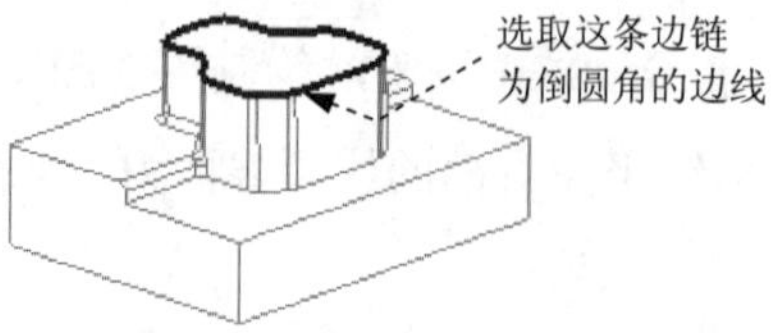

图 16.2.15 选取倒圆角的边线

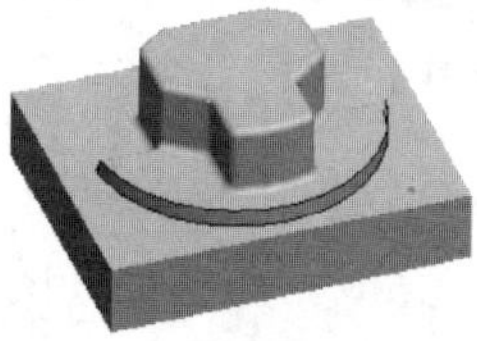

图 16.2.16 拉伸特征 4

Step11. 创建倒圆角特征 6。选取图 16.2.19 所示的边线为倒圆角的边线，圆角半径值为 0.8。

Step12. 创建倒圆角特征 7。选取图 16.2.20 所示的边链为倒圆角的边线，圆角半径值为 1.0。

Step13. 保存零件模型文件。

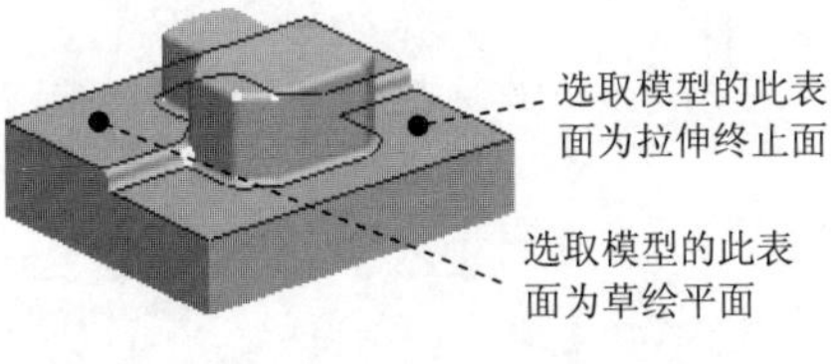

图 16.2.17 选取草绘平面与参考平面

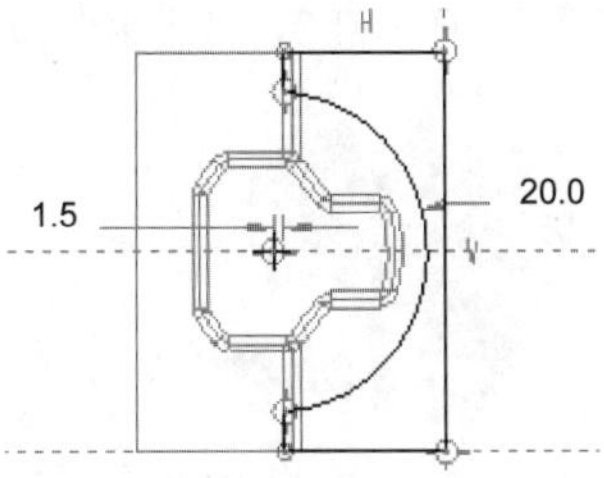

图 16.2.18 截面草图

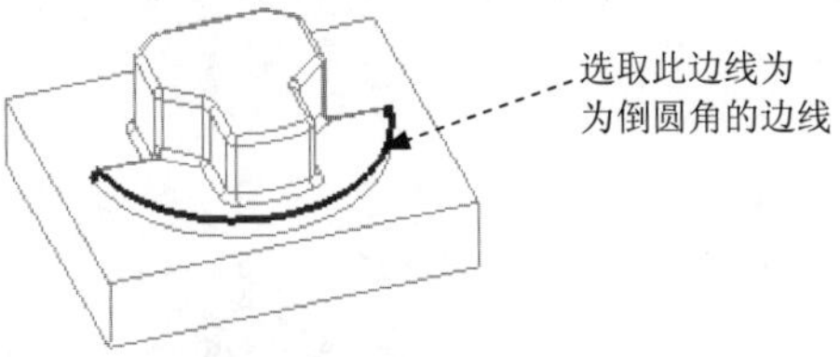

图 16.2.19 选取倒圆角的边线

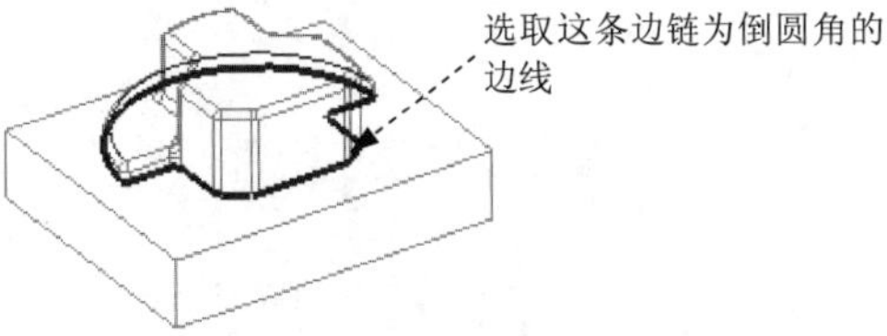

图 16.2.20 选取倒圆角的边线

Task2. 创建模具 2

模具 2 的模型和模型树如图 16.2.21 所示。

图 16.2.21 模具 2 的模型及模型树

Step1. 新建一个零件模型，命名为 SM_HINGE_02。

Step2. 创建图 16.2.22 所示的拉伸特征 1。在操控板中单击“拉伸”按钮 拉伸。选取 TOP 基准平面为草绘平面，RIGHT 基准平面为草绘参考平面，方向为 右；单击 草绘 按钮，绘制图 16.2.23 所示的截面草图；在操控板中定义拉伸类型为 ，输入深度值 2.0，单击 ✔ 按钮，完成拉伸特征 1 的创建。

图 16.2.22 拉伸特征 1

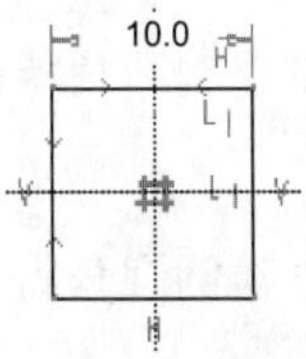

图 16.2.23 截面草图

Step3. 创建图 16.2.24 所示的旋转特征 1。在操控板中单击“旋转”按钮旋转。选取 FRONT 基准平面为草绘平面，RIGHT 基准平面为参考平面，方向为左；单击草绘按钮，绘制图 16.2.25 所示的截面草图（包括中心线）；在操控板中选择旋转类型为，在角度文本框中输入角度值 360.0，单击按钮，完成旋转特征 1 的创建。

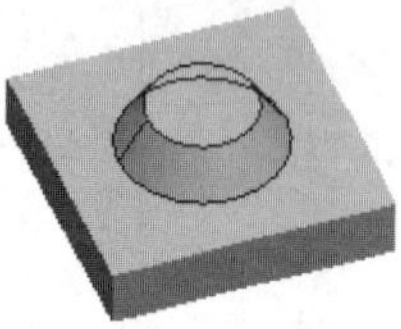

图 16.2.24 旋转特征 1

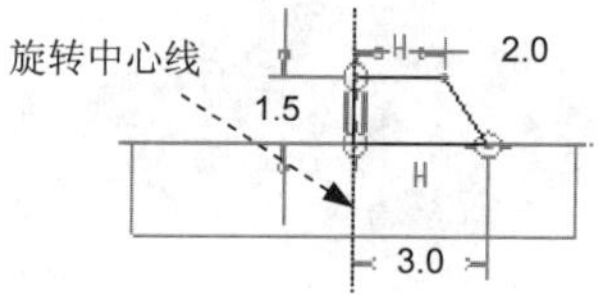

图 16.2.25 截面草图

Step4. 创建倒圆角特征 1。选取图 16.2.26 所示的边链为倒圆角的边线，圆角半径值为 1.0。

Step5. 保存零件模型文件。

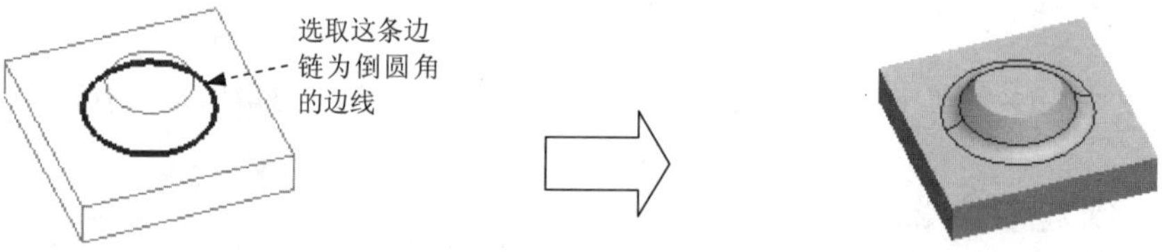

a）倒圆角前 b）倒圆角后

图 16.2.26 倒圆角特征 1

Task3. 创建主体零件模型

Step1. 新建一个零件模型，命名为 HINGE_01。

Step2. 创建图 16.2.27 所示的拉伸特征 1。在操控板中单击“拉伸”按钮拉伸。选取 TOP 基准平面为草绘平面，RIGHT 基准平面为草绘参考平面，方向为右；单击草绘按钮，绘制图 16.2.28 所示的截面草图；在操控板中定义拉伸类型为，输入深度值 2.5；单击按钮，完成拉伸特征 1 的创建。

图 16.2.27 拉伸特征 1

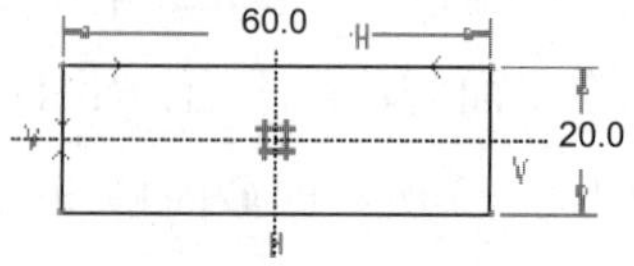

图 16.2.28 截面草图

Step3. 创建倒圆角特征 1。选取图 16.2.29 所示的四条边线为倒圆角的边线，圆角半径值为 3.0。

Step4. 创建倒圆角特征 2。选取图 16.2.30 所示的边线为倒圆角的边线，圆角半径值为 1.0。

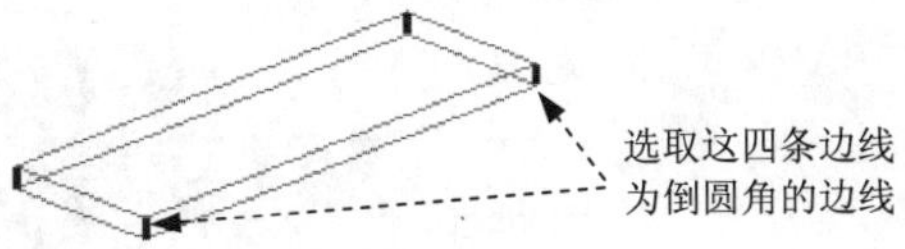

图 16.2.29 选取倒圆角的边线

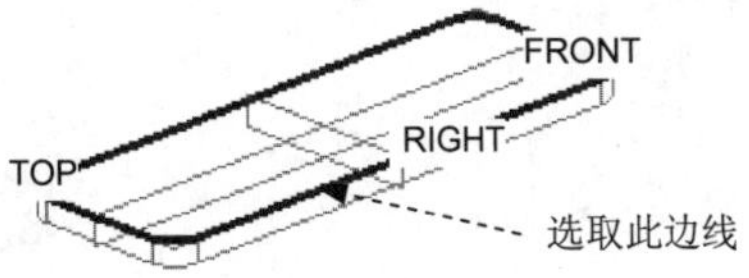

图 16.2.30 选取倒圆角的边线

Step5. 创建图 16.2.31 所示的抽壳特征 1。单击 模型 功能选项卡 工程 ▼ 区域中的“壳”按钮 回壳，选取图 16.2.31a 所示的实体表面为移除面，在 厚度 文本框中输入壁厚值为 0.5，单击 ✔ 按钮，完成抽壳特征 1 的创建。

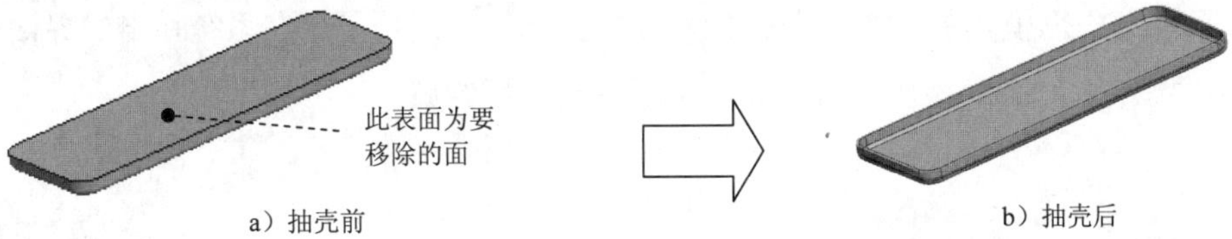

图 16.2.31 抽壳特征 1

Step6. 将实体零件转换成第一钣金壁。选择 模型 功能选项卡 操作 ▼ 节点下的 转换为钣金件 命令，在系统弹出的“第一壁”操控板中单击“驱动曲面”按钮，选取图 16.2.32 所示的模型表面为驱动面，钣金壁厚度值为 0.5。单击 ✔ 按钮，完成转换钣金特征的创建。

Step7. 创建图 16.2.33 所示的附加平整钣金壁 1。单击 模型 功能选项卡 形状 ▼ 区域中的“平整”按钮，选取图 16.2.34 所示的模型边线为附着边；平整壁的形状类型为 用户定义，折弯角度值为 90.0；单击 形状 选项卡，在系统弹出的界面中单击 草绘... 按钮，接受系统默认的参考平面，草绘方向如图 16.2.35 所示，然后单击 草绘 按钮，绘制图 16.2.36 所示的截面草图（图形不能封闭）。单击 止裂槽 选项卡，在 类型 下拉列表框中选择 扯裂 选项；单击 按钮；确认 按钮被按下，接受默认 厚度 选项，折弯半径所在侧为 。

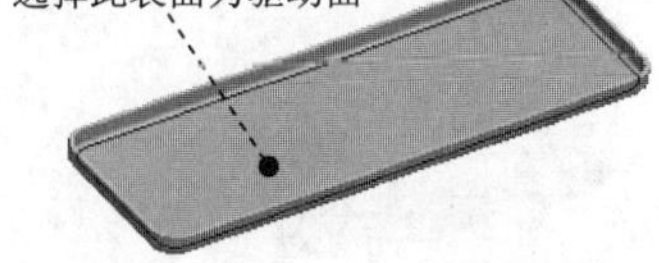

图 16.2.32 选择驱动面

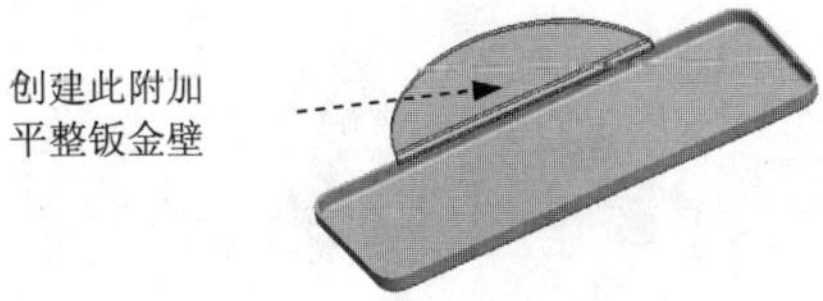

图 16.2.33 平整特征 1

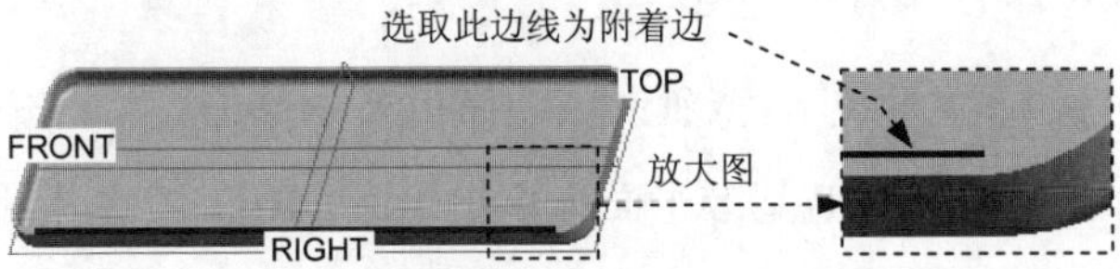

图 16.2.34 定义附着边

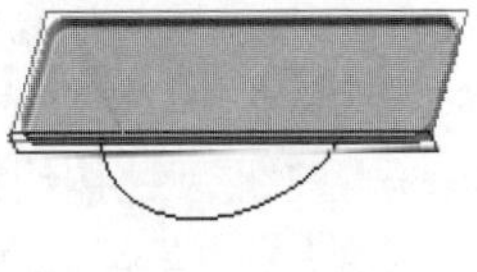

图 16. 2.35 草绘方向

Step8. 创建图 16.2.37 所示的凸模成形特征 1。

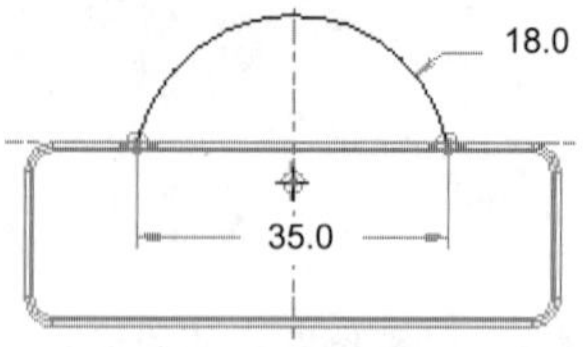

图 16.2.36　截面草图

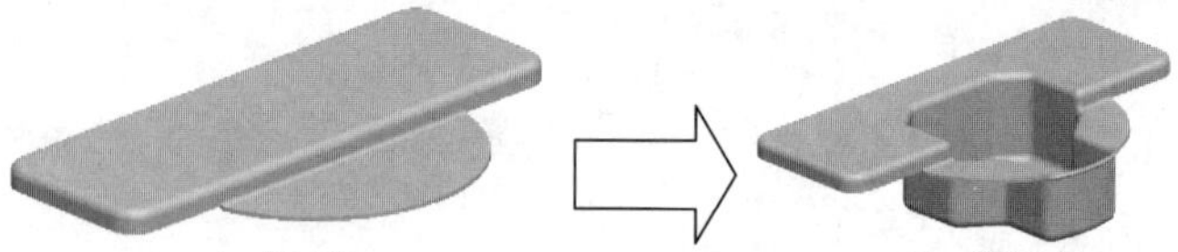

a）成形前　　b）成形后

图 16. 2.37　凸模成形特征 1

（1）选择命令。单击 模型 功能选项卡 工程 ▾ 区域节点下的 凸模 按钮。

（2）选择模具文件。在系统弹出的“凸模”操控板中单击按钮，系统弹出“打开”对话框，选择文件 sm_hinge_01.prt 为成形模具，并将其打开。

（3）定义成形模具的放置。单击操控板中的 放置 选项卡，在系统弹出的界面中选中 ✓约束已启用 复选框，并添加图 16.2.38 所示的三组位置约束。

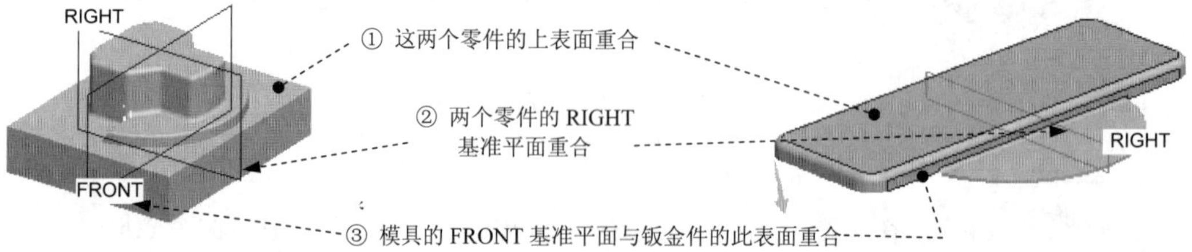

图 16.2.38　定义成形模具的放置

（4）定义冲孔方向。在操控板中单击按钮，使冲孔方向如图 16.2.38 所示。

（5）在操控板中单击“完成”按钮✓，完成凸模成形特征 1 的创建。

Step9. 创建图 16.2.39 所示的钣金拉伸切削特征 2。在操控板中单击 拉伸 按钮，确认按钮、按钮被按下，按钮处于弹起状态；选取 FRONT 基准平面为草绘平面，RIGHT 基准平面为参考平面，方向为 左；单击 草绘 按钮，绘制图 16.2.40 所示的截面草图；在操控板中定义拉伸类型为，并单击其后的按钮。单击✓按钮，完成拉伸切削特征 2 的创建。

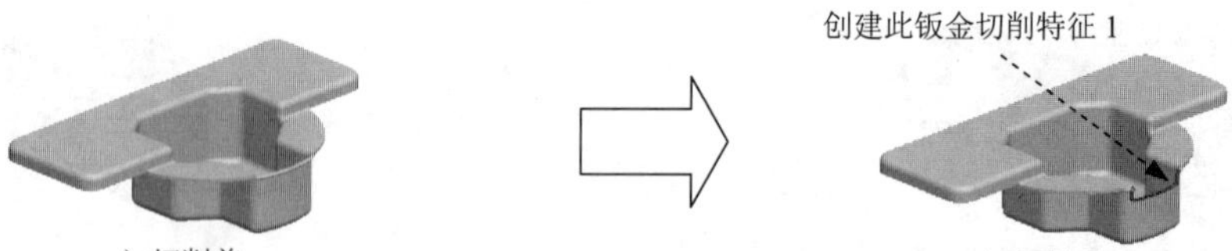

a）切削前　　b）切削后

图 16.2.39　拉伸切削特征 2

Step10. 创建图 16.2.41 所示的钣金拉伸切削特征 3。在操控板中单击 拉伸 按钮，确认按钮、按钮和按钮被按下；选取 TOP 基准平面为草绘平面，RIGHT 基准平面为参考平面，方向为 左；单击 草绘 按钮，绘制图 16.2.42 所示的截面草图；在操控板中定义拉伸类型为，并单击其后的按钮。单击✓按钮，完成拉伸切削特征 3 的创建。

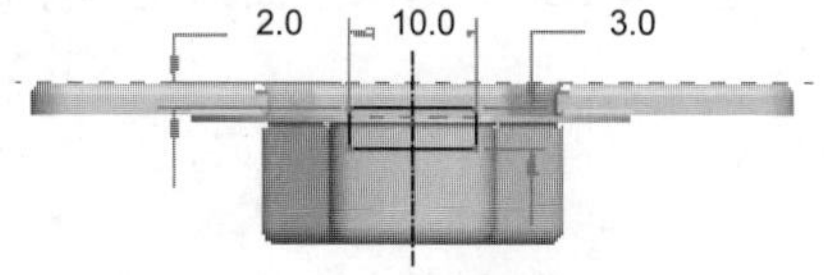

图 16.2.40 截面草图

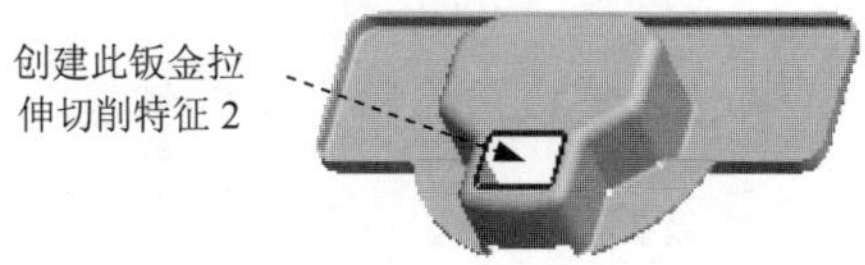

图 16.2.41 拉伸切削特征 3

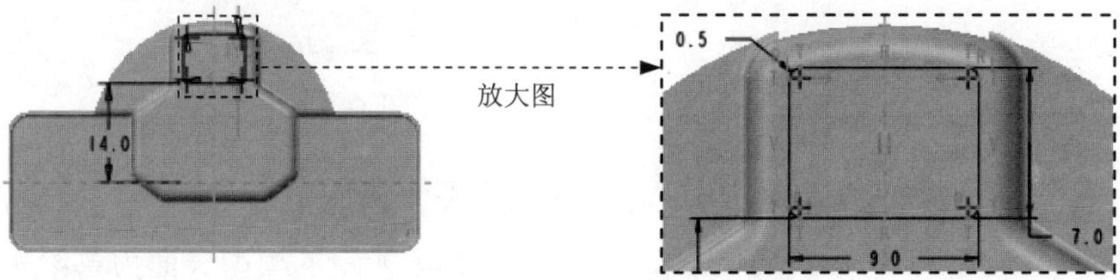

图 16.2.42 截面草图

Step11. 创建图 16.2.43 所示的凸模成形特征 2。

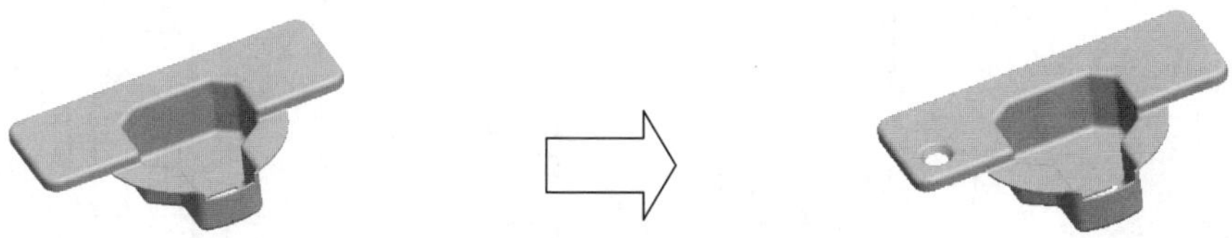

a）成形前

b）成形后

图 16.2.43 凸模成形特征 2

（1）选择命令。单击 模型 功能选项卡 工程 ▾ 区域 节点下的 凸模 按钮。

（2）选择模具文件。在系统弹出的“凸模”操控板中单击 按钮，系统弹出“打开”对话框，选择文件 sm_hinge_02.prt 为成形模具，并将其打开。

（3）定义成形模具的放置。单击操控板中的 放置 选项卡，在系统弹出的界面中选中 ☑ 约束已启用 复选框，并添加图 16.2.44 所示的三组位置约束。

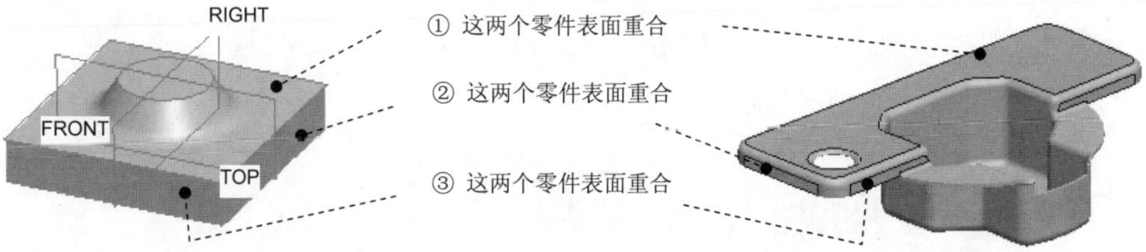

图 16.2.44 定义成形模具的放置

（4）定义排除面。在操控板中单击 选项 选项卡，在系统弹出的选项卡中单击 排除冲孔模型曲面 下的文本框，选取图 16.2.45 所示的面为排除面；然后在操控板中单击 按钮。

（5）在操控板中单击“完成”按钮 ✔，完成凸模成形特征 2 的创建。

Step12. 创建图 16.2.46 所示的镜像特征 1。选取上一步所创建的凸模成形特征 2 为镜像源；单击 模型 功能选项卡 编辑 下的 镜像 命令，选取 RIGHT 基准平面为镜像平面。单击✔按钮，完成镜像特征 1 的创建。

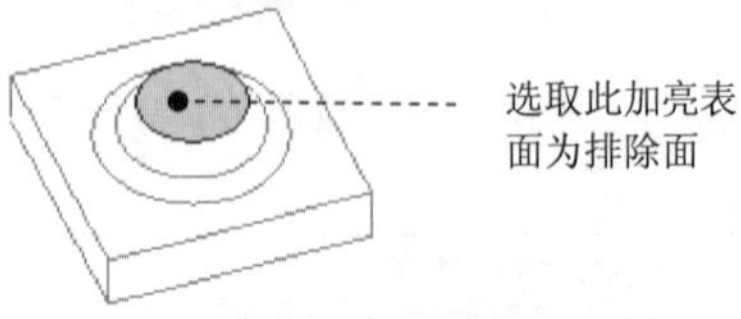

图 16.2.45　选取排除面

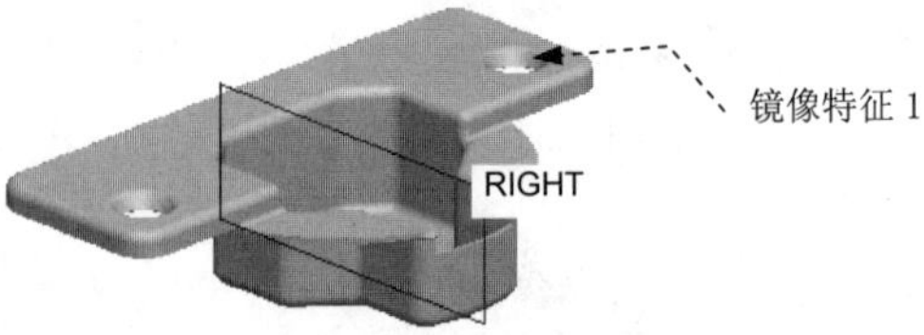

图 16.2.46　镜像特征 1

Step13. 创建图 16.2.47 所示的钣金拉伸切削特征 4。在操控板中单击 拉伸 按钮，确认按钮、按钮和按钮被按下；选取图 16.2.48 所示的模型表面为草绘平面，TOP 基准平面为参考平面，方向为 左；单击 草绘 按钮，绘制图 16.2.49 所示的截面草图；在操控板中定义拉伸类型为。单击✔按钮，完成拉伸切削特征 4 的创建。

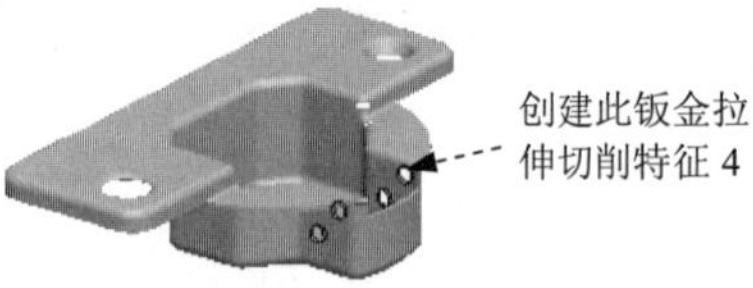

图 16.2.47　拉伸切削特征 4

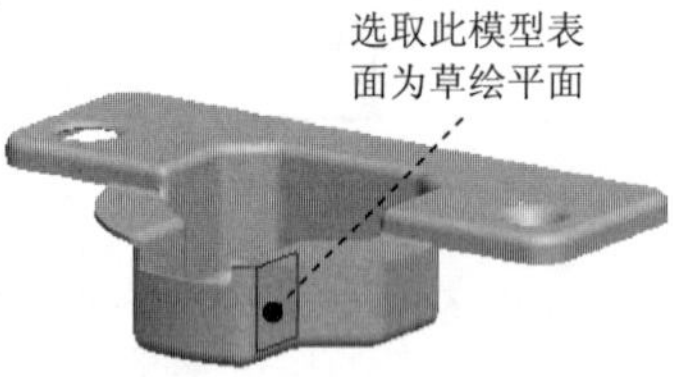

图 16.2.48　草绘平面

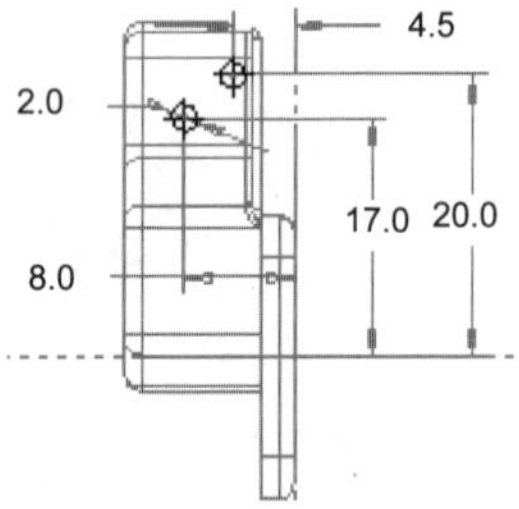

图 16.2.49　截面草图

Step14. 保存零件模型文件。

16.3　钣 金 件 2

钣金件模型及模型树如图 16.3.1 所示。

图 16.3.1　钣金件模型及模型树

Step1. 新建并命名一个钣金模型，将零件的模型命名为 HINGE_02。

Step2. 创建图 16.3.2 所示的钣金壁平面特征 1。单击 模型 功能选项卡 形状 区域中的“平面”按钮 平面。选取 TOP 基准平面为草绘平面，RIGHT 基准平面为参考平面，方向为右；单击草绘按钮，绘制图 16.3.3 所示的截面草图；在操控板中的后文本框中输入钣金壁厚度值 0.5。单击按钮，完成平面特征 1 的创建。

图 16.3.2　平面特征 1

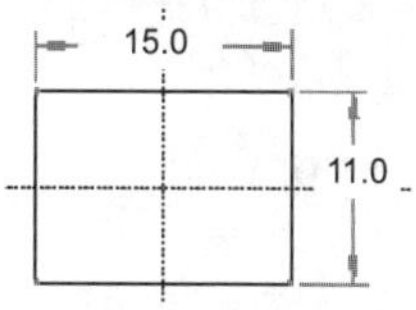

图 16.3.3　截面草图

Step3. 创建图 16.3.4 所示的附加钣金壁平整特征 1。单击模型功能选项卡形状区域中的“平整”按钮，选取图 16.3.5 所示的模型边线为附着边；平整壁的形状类型为用户定义，折弯角度值为 90.0。单击形状选项卡，在系统弹出的界面中单击草绘...按钮，接受系统默认的草绘参考，方向为下；单击草绘按钮，绘制图 16.3.6 所示的截面草图；在操控板中单击止裂槽选项卡，在系统弹出的界面中的类型下拉列表框中选择扯裂选项。确认按钮被按下，并在其后的文本框中输入折弯半径值 0.2，折弯半径所在侧为。单击按钮，完成平整特征 1 的创建。

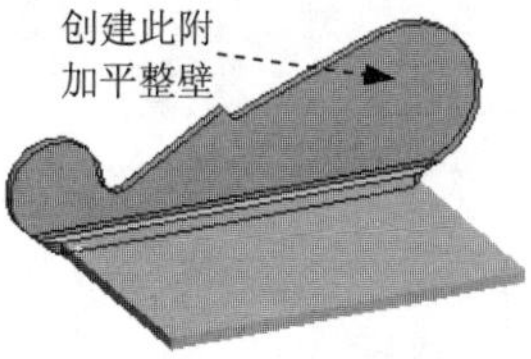

图 16.3.4　平整特征 1

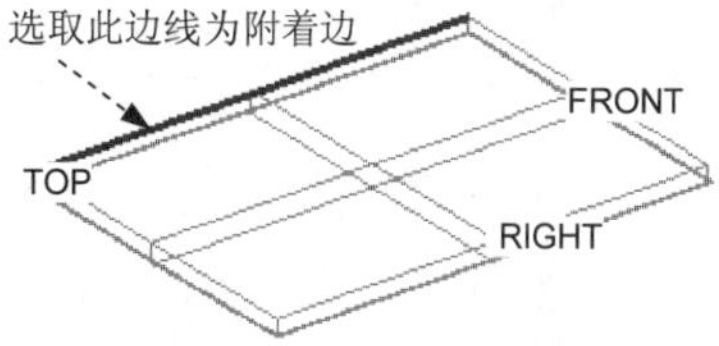

图 16.3.5　定义附着边

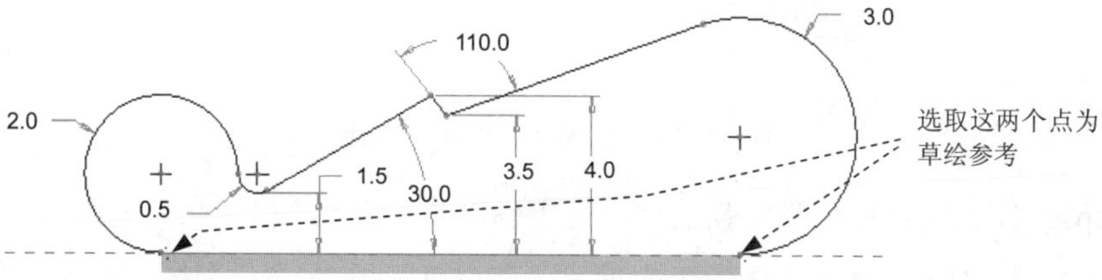

图 16.3.6　截面草图

Step4. 创建图 16.3.7 所示的镜像特征 1。选取上一步所创建的平整特征为镜像源，单击模型功能选项卡编辑下的镜像命令，选取 FRONT 基准平面为镜像平面。单击按钮，完成镜像特征 1 的创建。

Step5. 创建图 16.3.8 所示的拉伸切削特征 1。在操控板中单击拉伸按钮，确认按钮、按钮和按钮被按下；选取图 16.3.9 所示的模型表面为草绘平面，RIGHT 基准平面为参考平面，方向为右；单击草绘按钮，绘制图 16.3.10 所示的截面草图，在操控板中定义拉伸类型为，选择材料移除的方向类型为；单击按钮，完成拉伸切削特征 1 的创建。

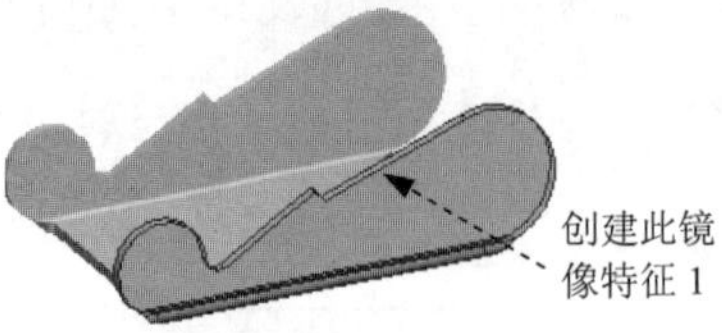

图 16.3.7　镜像特征 1

图 16.3.8　拉伸切削特征 1

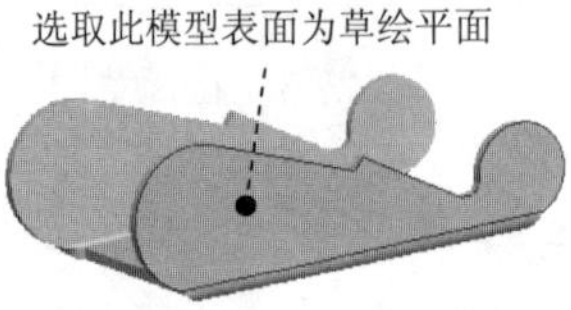

图 16.3.9　草绘平面

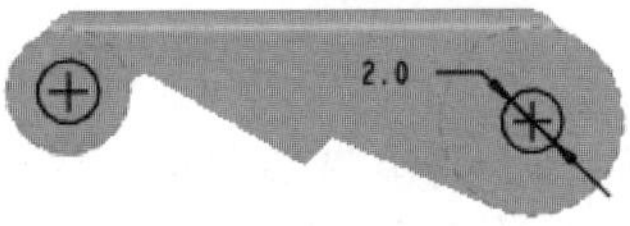

图 16.3.10　截面草图

Step6. 保存零件模型文件。

16.4　钣 金 件 3

钣金件模型及模型树如图 16.4.1 所示。

图 16.4.1　钣金件模型及模型树

Step1. 新建并命名一个钣金模型，将零件的模型命名为 HINGE_03。

Step2. 创建图 16.4.2 所示的钣金壁平面特征 1。单击 模型 功能选项卡 形状 区域中的“平面”按钮 平面。选取 TOP 基准平面为草绘平面，RIGHT 基准平面为参考平面，方向为 右；单击 草绘 按钮，绘制图 16.4.3 所示的截面草图；操控板中的 后文本框中输入钣金壁厚度值 0.5。单击 按钮，完成平面特征 1 的创建。

图 16.4.2　平面特征 1

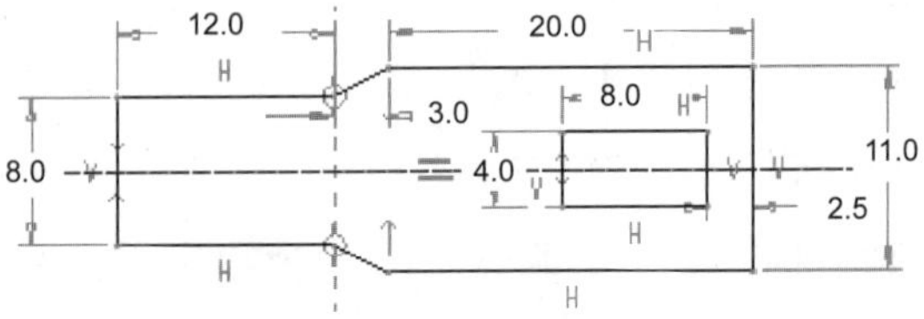

图 16.4.3　截面草图

Step3. 创建图 16.4.4 所示的折弯特征 1。

（1）单击 模型 功能选项卡 折弯 区域 折弯 下的 折弯 按钮，系统弹出“折弯”操控板。

（2）选取折弯类型。在操控板中单击按钮和按钮（使其处于被按下的状态）。

（3）绘制折弯线。单击 折弯线 选项卡，选取图 16.4.5 所示的模型表面为草绘平面，然后单击“折弯线”界面中的 草绘... 按钮，进入草绘环境，绘制图 16.4.6 所示的折弯线。

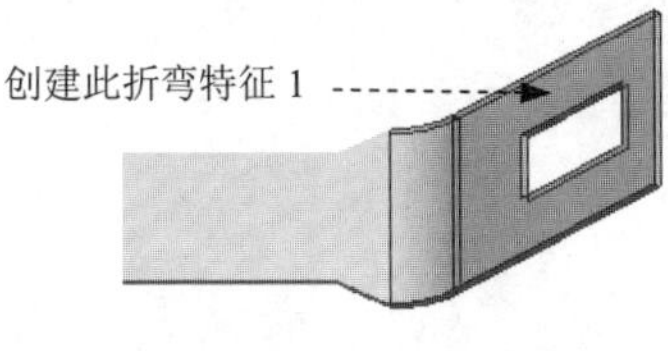

图 16.4.4 折弯特征 1

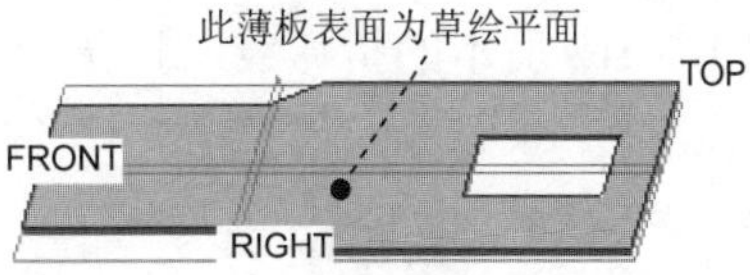

图 16.4.5 草绘平面

（4）定义折弯属性。单击 止裂槽 选项卡，在系统弹出界面中的 类型 下拉列表框中选择 无止裂槽 选项；然后在操控板中单击按钮，在后的文本框中输入折弯角度值 45.0，并单击其后的按钮，再在后的文本框中输入折弯半径值 5.0，折弯半径所在侧为；固定侧方向与折弯方向如图 16.4.7 所示。

（5）单击操控板中的按钮，完成折弯特征 1 的创建。

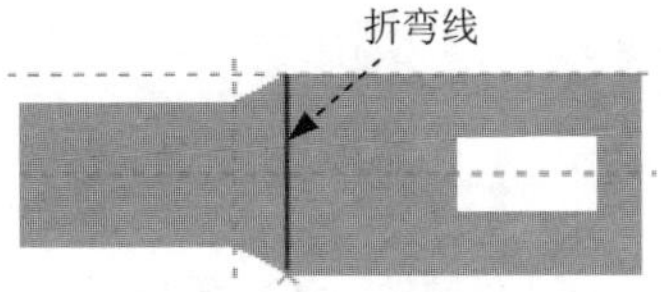

图 16.4.6 折弯线

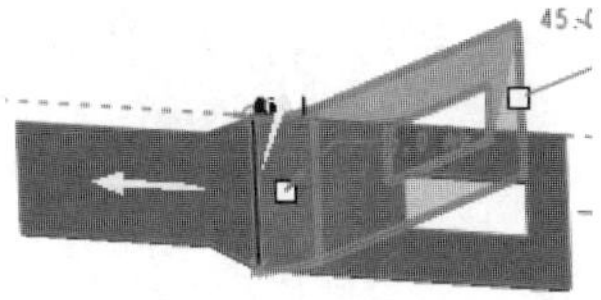

图 16.4.7 定义折弯侧和固定侧

Step4. 创建图 16.4.8 所示的折弯特征 2。

（1）单击 模型 功能选项卡 折弯 区域 折弯 下的 折弯 按钮。

（2）选取折弯类型。在操控板中单击按钮和按钮（使其处于被按下的状态）。

（3）绘制折弯线。单击 折弯线 选项卡，选取图 16.4.9 所示的模型表面为草绘平面，然后单击“折弯线”界面中的 草绘... 按钮，进入草绘环境，绘制图 16.4.10 所示的折弯线。

（4）定义折弯属性。单击 止裂槽 选项卡，在系统弹出界面中的 类型 下拉列表框中选择 无止裂槽 选项；然后在操控板中的后的文本框中输入折弯半径值 1.0，折弯半径所在侧为；固定侧方向与折弯方向如图 16.4.11 所示。

（5）单击操控板中按钮，完成折弯特征 2 的创建。

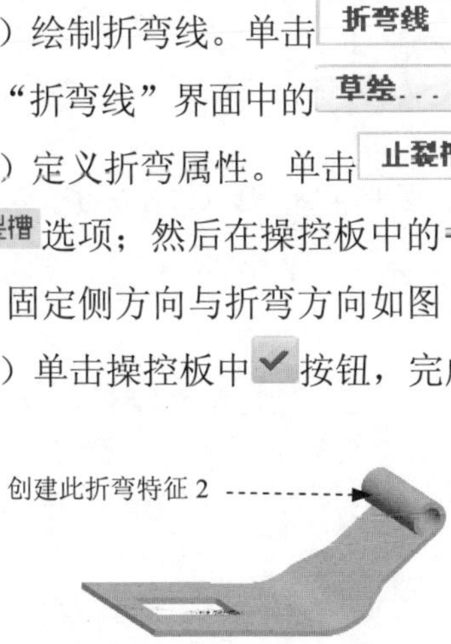

图 16.4.8 折弯特征 2

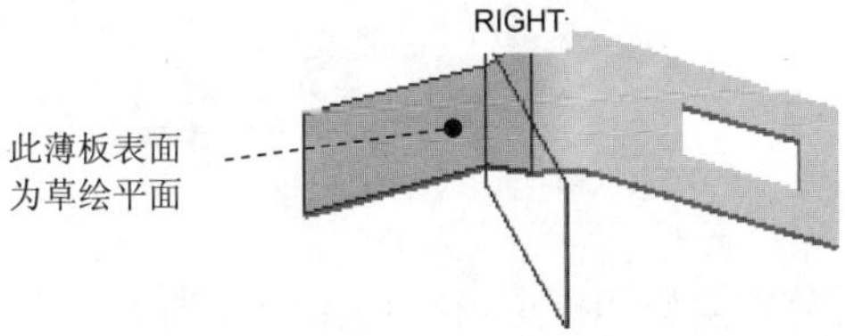

图 16.4.9 草绘平面

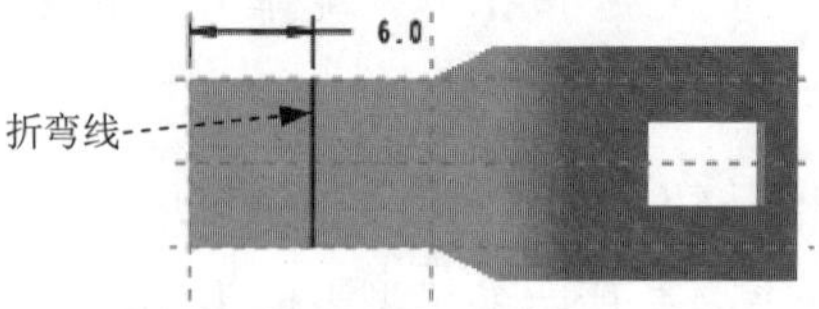

图 16.4.10 折弯线

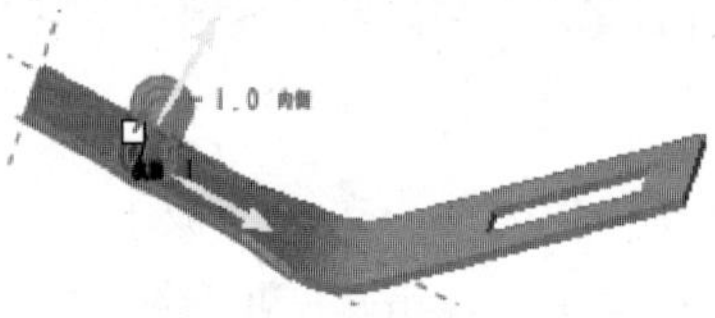

图 16.4.11 定义折弯侧和固定侧

Step5. 创建图 16.4.12 所示的折弯特征 3。选取图 16.4.14 所示的钣金表面为草图平面，绘制图 16.4.13 所示的折弯线，折弯半径值为 1.5，其他步骤参见上一步。

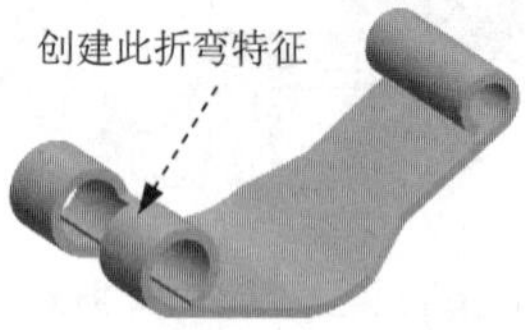

图 16.4.12 折弯特征 3

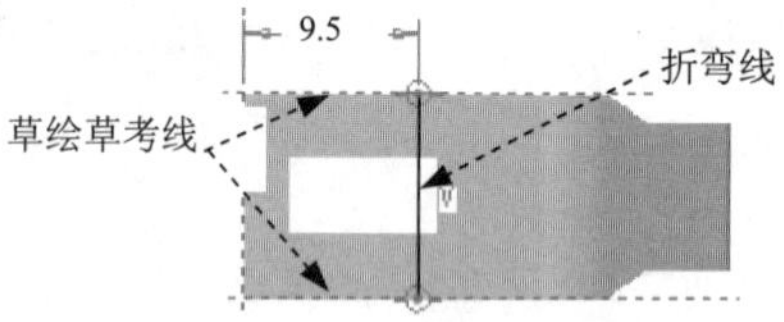

图 16.4.13 折弯线

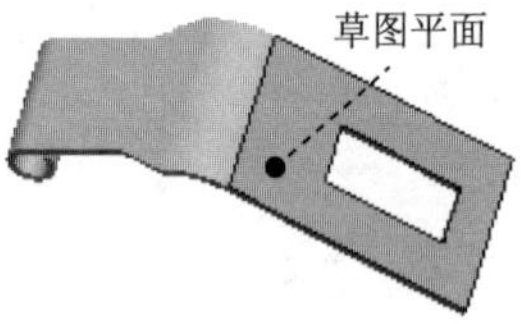

图 16.4.14 草图平面

Step6. 创建图 16.4.15 所示的基准轴 A_1。单击 模型 功能选项卡 基准 ▾ 区域中的 / 轴 按钮，选取图 16.4.16 所示的曲面为放置参考，将其约束类型设置为 穿过。

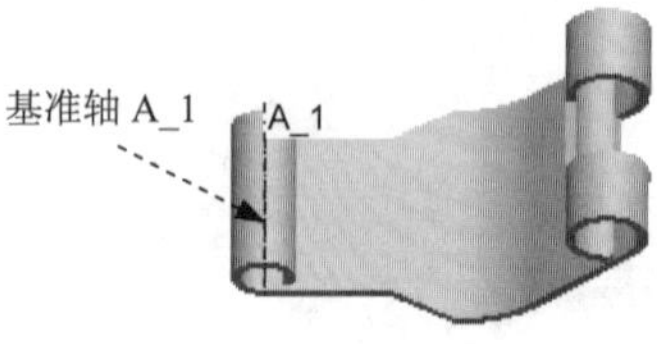

图 16.4.15 基准轴 A_1

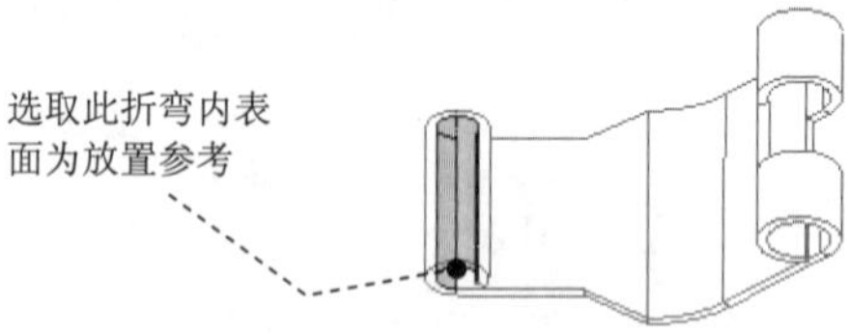

图 16.4.16 选取放置参考

Step7. 创建图 16.4.17 所示的基准轴 A_2。单击 模型 功能选项卡 基准 ▾ 区域中的 / 轴 按钮，选取图 16.4.18 所示的曲面为放置参考，将其约束类型设置为 穿过。

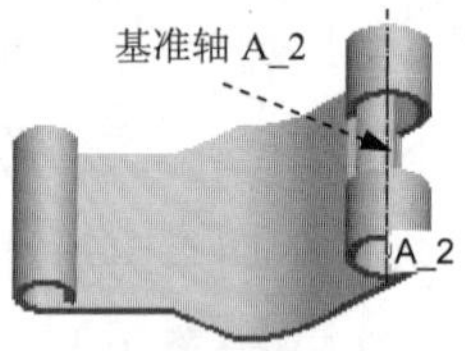

图 16.4.17 基准轴 A_2

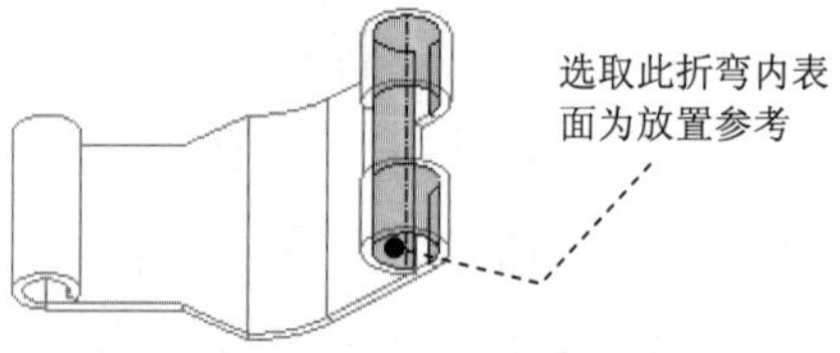

图 16.4.18 选取放置参考

注意：基准轴 A_1 和 A_2 在后面的装配中起定位作用。

Step8. 保存零件模型文件。

16.5 钣 金 件 4

钣金件模型和模型树如图 16.5.1 所示。

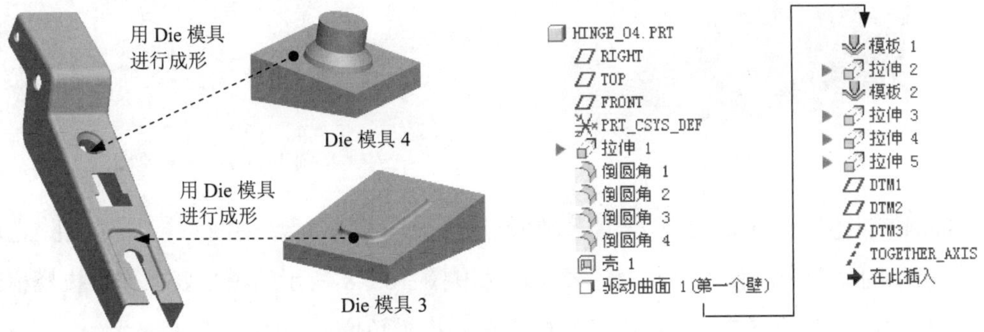

图 16.5.1　钣金件模型及模型树

Task1. 创建模具 3

模具 3 的模型和模型树如图 16.5.2 所示。

图 16.5.2　模具 3 的模型及模型树

Step1. 新建一个零件模型，命名为 SM_HINGE_03。

Step2. 创建图 16.5.3 所示的拉伸特征 1。在操控板中单击“拉伸”按钮 拉伸。选取 FRONT 基准平面为草绘平面，RIGHT 基准平面为草绘参考平面，方向为 右；单击 草绘 按钮，绘制图 16.5.4 所示的截面草图；在操控板中定义拉伸类型为 ，输入深度值 20.0；单击 按钮，完成拉伸特征 1 的创建。

图 16.5.3　拉伸特征 1

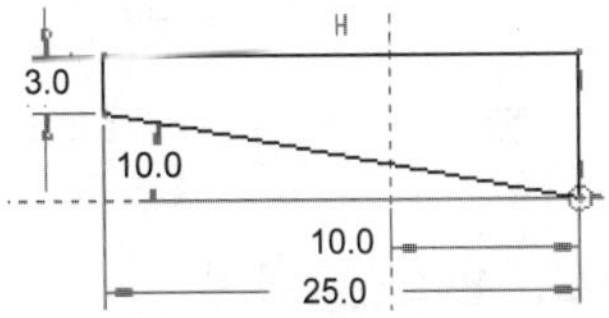

图 16.5.4　截面草图

Step3. 创建图 16.5.5 所示拉伸特征 2。在操控板中单击“拉伸”按钮 拉伸。选择 FRONT 基准平面为草绘平面，RIGHT 基准平面为草绘参考平面，方向为 左；单击 草绘 按钮，绘制图 16.5.6 所示的截面草图；在操控板中定义拉伸类型为 ，输入深度值 8.0；单击 按钮，完成拉伸特征 2 的创建。

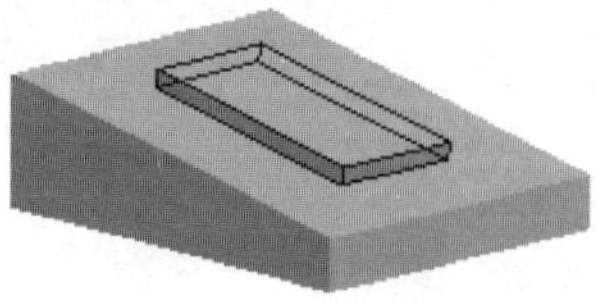

图 16.5.5　拉伸特征 2

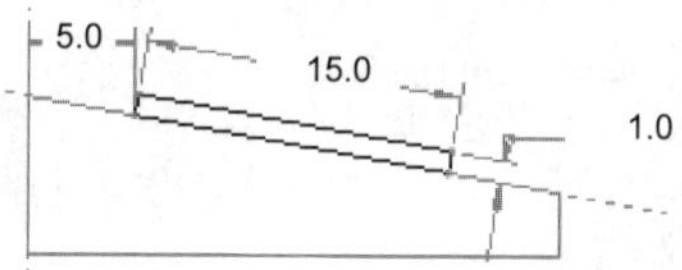

图 16.5.6　截面草图

Step4. 创建拔模特征 1。单击 模型 功能选项卡 工程 ▾ 区域中的 拔模 ▾ 按钮。选取图 16.5.7 所示的模型表面作为要拔模的表面，选取图 16.5.8 所示的模型表面作为拔模枢轴平面；拔模方向如图 16.5.7 所示；在操控板中输入拔模角度值 10.0。

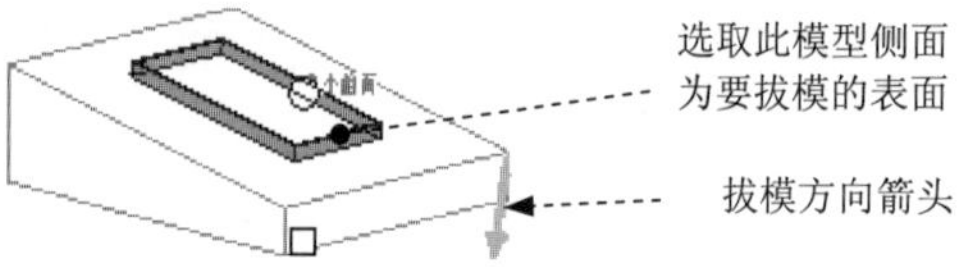

图 16.5.7　选取要拔模的表面

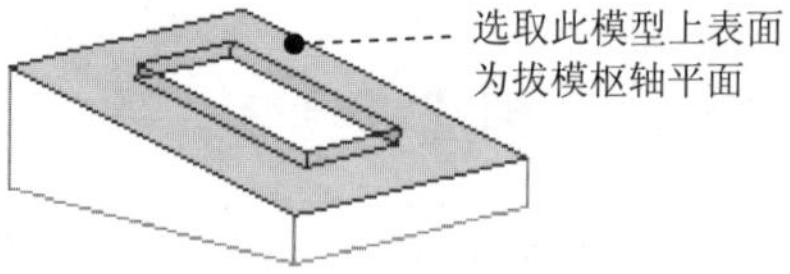

图 16.5.8　选取拔模枢轴平面

Step5. 创建倒圆角特征 1。选取图 16.5.9 所示的四条加亮的边线为倒圆角的边线，圆角半径值为 2.0。

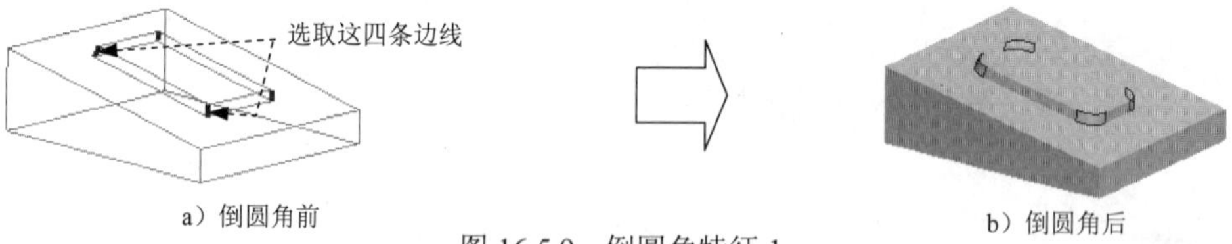

a）倒圆角前　　b）倒圆角后

图 16.5.9　倒圆角特征 1

Step6. 创建倒圆角特征 2。选取图 16.5.10 所示的边链为倒圆角的边线，圆角半径值为 0.6。

Step7. 创建倒圆角特征 3。选取图 16.5.11 所示的边链为倒圆角的边线，圆角半径值为 0.2。

Step8. 保存零件模型文件。

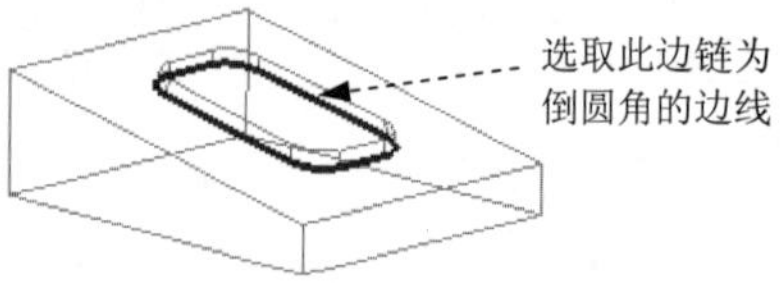

图 16.5.10　选取倒圆角的边线

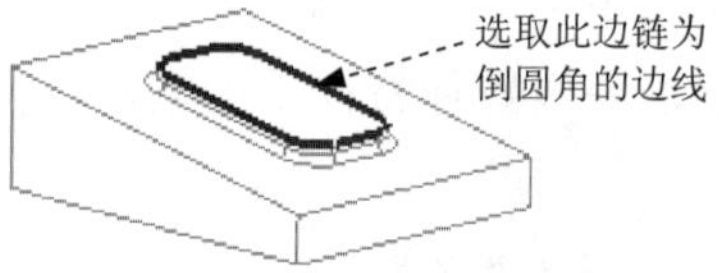

图 16.5.11　选取倒圆角的边线

Task2. 创建模具 4

模具 4 的模型和模型树如图 16.5.12 所示。

图 16.5.12　模具 4 的模型及模型树

Step1. 新建一个零件模型，命名为 SM_HINGE_04。

Step2. 创建图 16.5.13 所示的拉伸特征 1。在操控板中单击“拉伸”按钮拉伸。选取 FRONT 基准平面为草绘平面，RIGHT 基准平面为草绘参考平面，方向为左；单击草绘按钮，绘制图 16.5.14 所示的截面草图；在操控板中定义拉伸类型为，输入深度值 10.0；单击按钮，完成拉伸特征 1 的创建。

图 16.5.13　拉伸特征 1

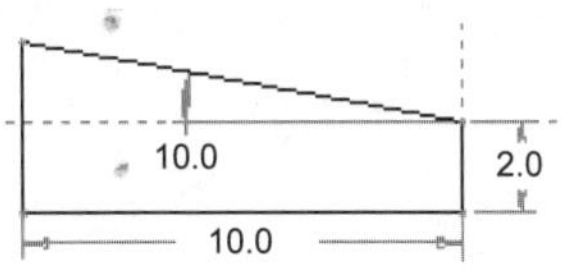

图 16.5.14　截面草图

Step3. 创建图 16.5.15 所示的旋转特征 1。在操控板中单击“旋转”按钮旋转。选取 FRONT 基准平面为草绘平面，RIGHT 基准平面为参考平面，方向为左；单击草绘按钮，绘制图 16.5.16 所示的截面草图（包括中心线）；在操控板中选择旋转类型为，在角度文本框中输入角度值 360.0；单击按钮，完成旋转特征 1 的创建。

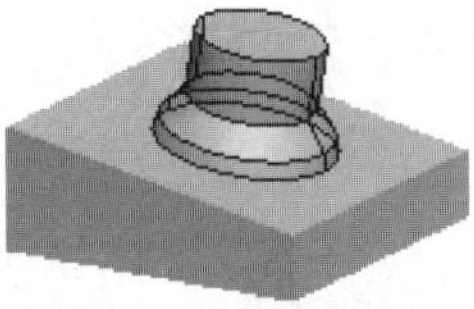
图 16.5.15　旋转特征 1

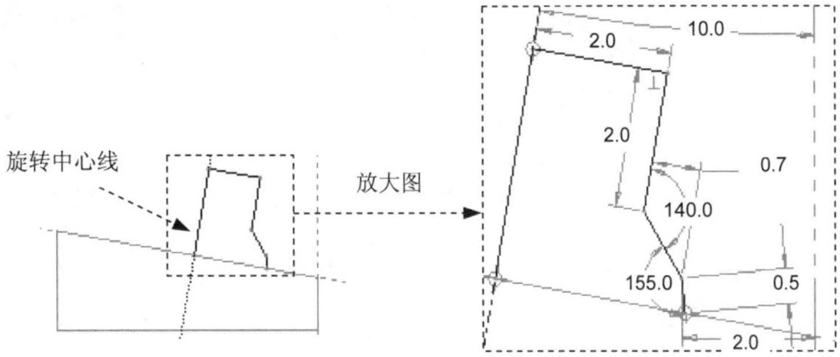

图 16.5.16　截面草图

Step4. 保存零件模型文件。

Task3. 创建主体零件模型

Step1. 新建一个零件模型，命名为 HINGE_04。

Step2. 创建图 16.5.17 所示的拉伸特征 1。在操控板中单击“拉伸”按钮拉伸。选取 FRONT 基准平面为草绘平面，RIGHT 基准平面为参考平面，方向为右；单击草绘按钮，绘制图 16.5.18 所示的截面草图；在操控板中定义拉伸类型为，输入深度值 13.0；单击按钮，完成拉伸特征 1 的创建。

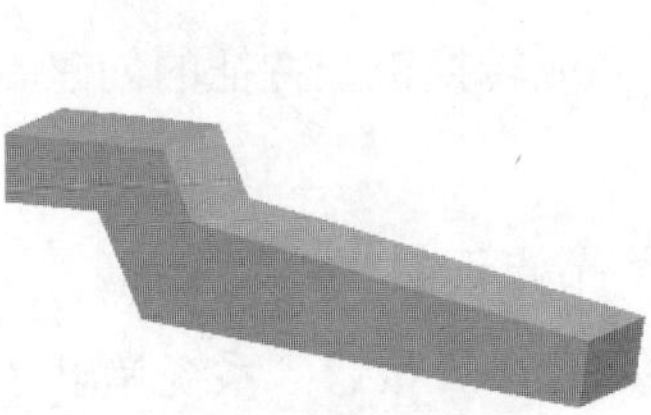
图 16.5.17　拉伸特征 1

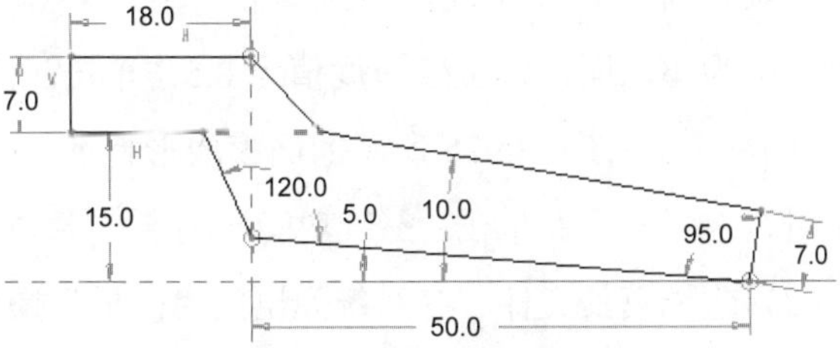

图 16.5.18　截面草图

Step3. 创建倒圆角特征 1。选取图 16.5.19 所示的两条加亮边线为倒圆角的边线，圆角半径值为 3.0。

Step4. 创建倒圆角特征 2。选取图 16.5.20 所示的两条加亮边线为倒圆角的边线，圆角半径值为 1.0。

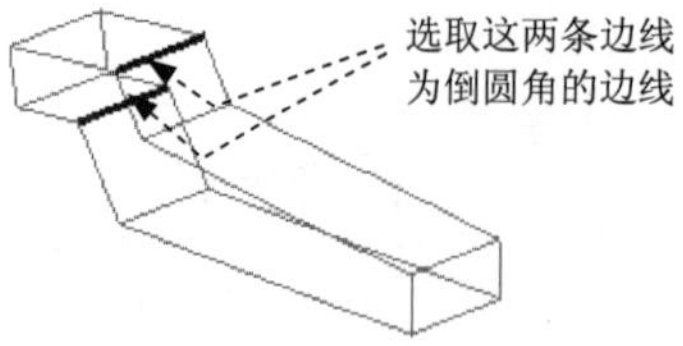

图 16.5.19　选取倒圆角的边线

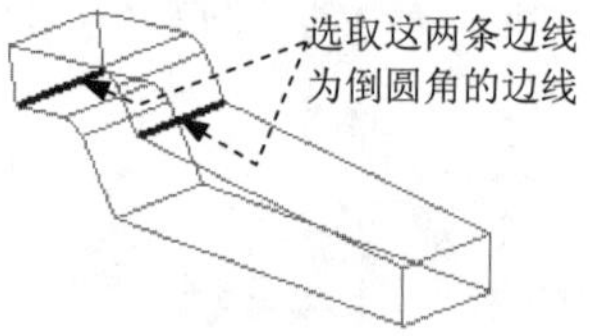

图 16.5.20　选取倒圆角的边线

Step5. 创建倒圆角特征 3。选取图 16.5.21 所示的加亮边线为倒圆角的边线，圆角半径值为 5.0。

Step6. 创建倒圆角特征 4。选取图 16.5.22 所示的两条加亮边线为倒圆角的边线，圆角半径值为 1.0。

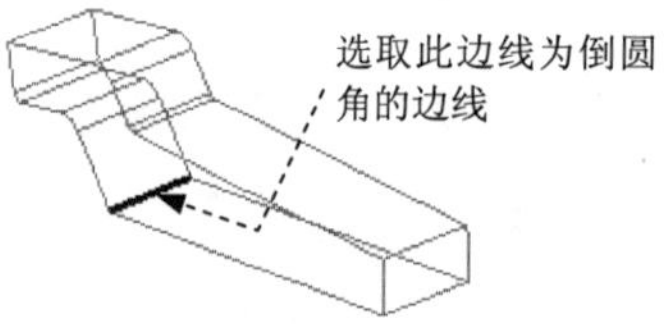

图 16.5.21　选取倒圆角的边线

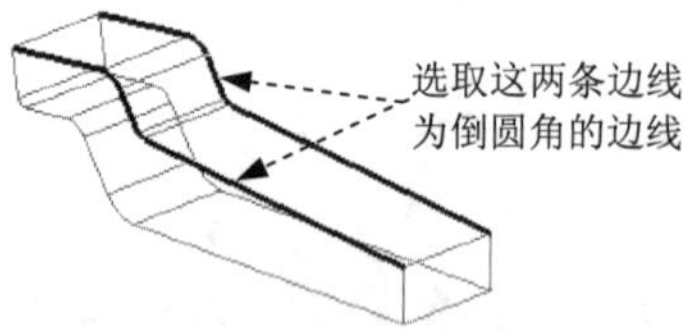

图 16.5.22　选取倒圆角的边线

Step7. 创建图 16.5.23a 所示的抽壳特征 1。单击 模型 功能选项卡 工程 ▾ 区域中的“壳”按钮 回壳，选取图 16.5.23b 所示的面为移除面，在 厚度 文本框中输入壁厚值为 0.5，单击 ✔ 按钮，完成抽壳特征 1 的创建。

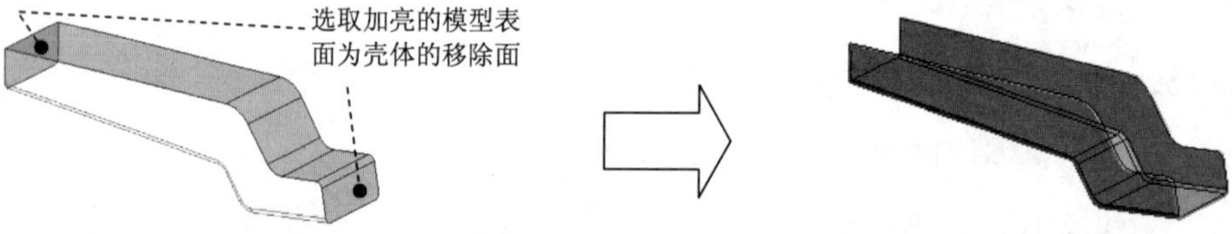

a）抽壳前　　b）抽壳后

图 16.5.23　抽壳特征 1

Step8. 将实体零件转换成第一钣金壁。选择 模型 功能选项卡 操作 ▾ 节点下的 转换为钣金件 命令，在系统弹出的“第一壁”操控板中单击 按钮；选取图 16.5.24 所示的模型表面为驱动面，钣金壁厚度值为 0.5；单击 ✔ 按钮，完成转换钣金特征的创建。

Step9. 创建图 16.5.25 所示的凸模成形特征 1。

（1）选择命令。单击 模型 功能选项卡 工程 ▾ 区域 节点下的 凸模 按钮。

（2）选择模具文件。在系统弹出的“凸模”操控板中单击 按钮，系统弹出“打开”

对话框，选择文件 sm_hinge_03.prt 为成形模具，并将其打开。

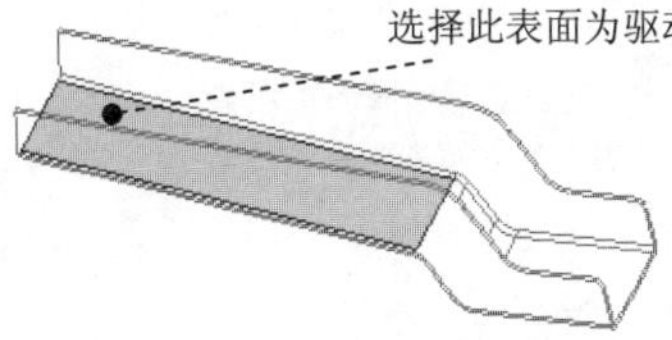

图 16.5.24 选择驱动面

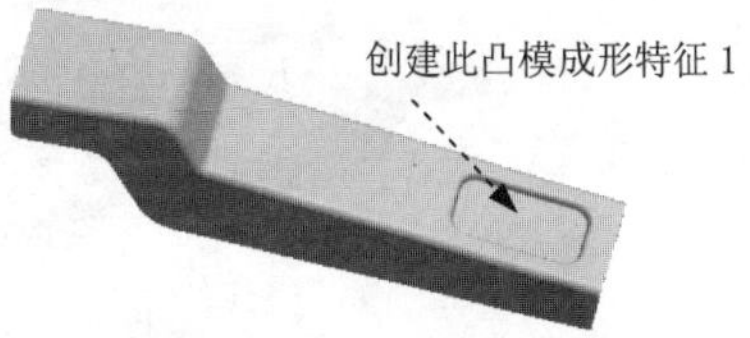

图 16.5.25 凸模成形特征 1

（3）定义成形模具的放置。单击操控板中的 放置 选项卡，在系统弹出的界面中选中 约束已启用 复选框，并添加图 16.5.26 所示的三组位置约束。

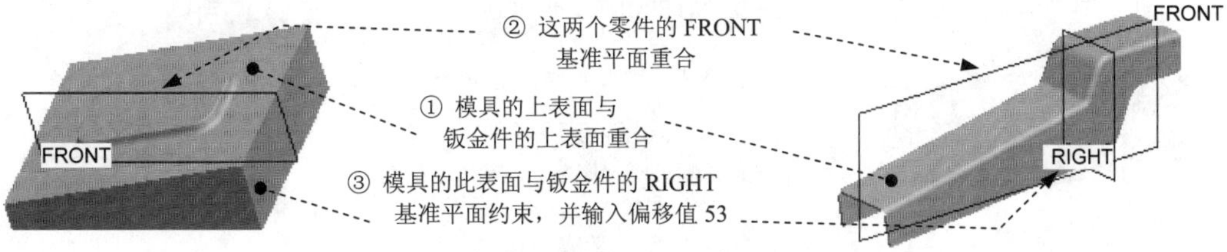

图 16.5.26 定义成形模具的放置

（4）定义冲孔方向。在操控板中单击按钮，使冲孔方向如图 16.5.27 所示。

（5）在操控板中单击“完成”按钮，完成凸模成形特征 1 的创建。

Step10. 创建图 16.5.28 所示的钣金拉伸切削特征 2。在操控板中单击 拉伸 按钮，确认按钮、按钮和按钮被按下；选取 TOP 基准平面为草绘平面，RIGHT 基准平面为参考平面，方向为 右；单击 草绘 按钮，绘制图 16.5.29 所示的截面草图；在操控板中定义拉伸类型为，并单击其后的按钮，确认图 16.5.30 所示的箭头方向为移除材料的方向；然后选择材料移除的方向类型为；单击按钮，完成拉伸切削特征 2 的创建。

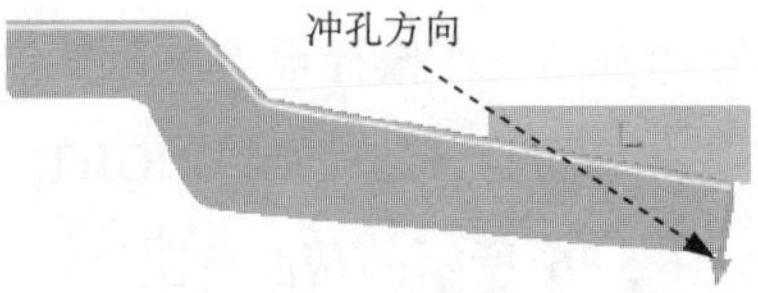

图 16.5.27 选取冲孔方向

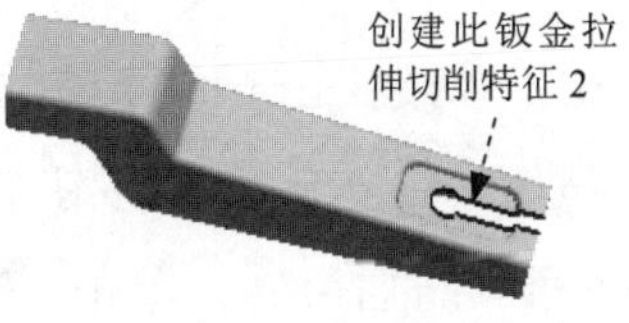

图 16.5.28 拉伸切削特征 2

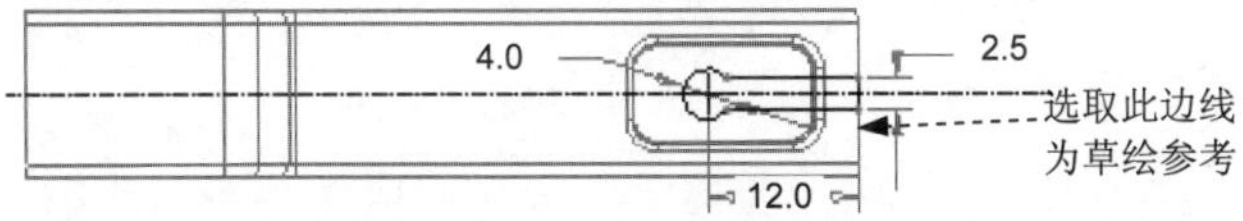

图 16.5.29 截面草图

图 16.5.30 选取移除材料方向

Step11. 创建图 16.5.31 所示的凸模成形特征 2。

（1）选择命令。单击 模型 功能选项卡 工程 ▾ 区域节点下的 凸模 按钮。

（2）选择模具文件。在系统弹出的“凸模”操控板中单击按钮，系统弹出“打开”

对话框，选择文件 sm_hinge_04.prt 为成形模具，并将其打开。

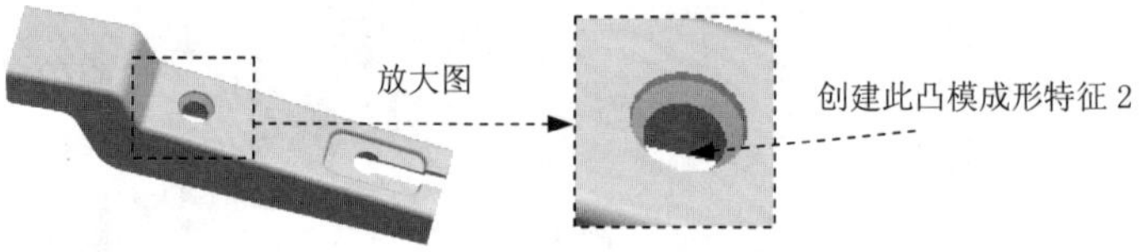

图 16.5.31 凸模成形特征 2

（3）定义成形模具的放置。单击操控板中的 放置 选项卡，在系统弹出的界面中选中 ✓约束已启用 复选框，并添加图 16.5.32 所示的三组位置约束。

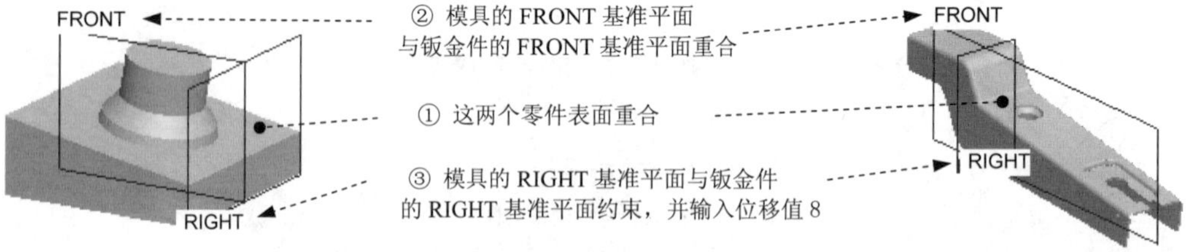

图 16.5.32 定义成形模具的放置

（4）定义排除面。在操控板中单击 选项 选项卡，在系统弹出的选项卡中单击 排除冲孔模型曲面 下的文本框，然后选取图 16.5.33 所示的面为排除面。

（5）定义冲孔方向。在操控板中单击按钮，使冲孔方向如图 16.5.34 所示。

（6）在操控板中单击“完成”按钮✓，完成凸模成形特征 2 的创建。

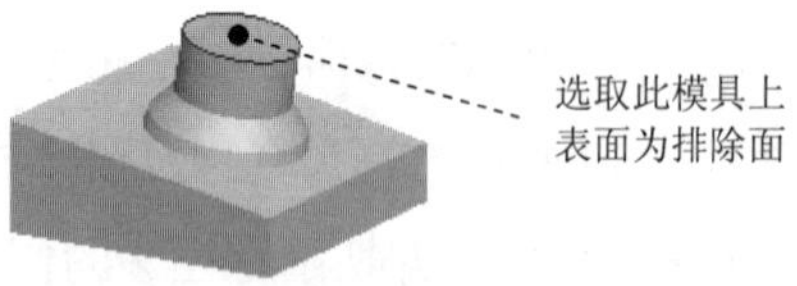

图 16.5.33 选取排除面

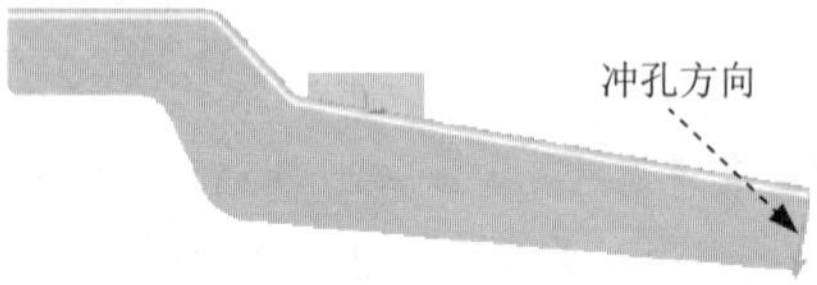

图 16.5.34 选择冲孔方向

Step12. 创建图 16.5.35 所示的钣金拉伸切削特征 3。在操控板中单击 拉伸 按钮，确认按钮、按钮和按钮被按下；选取 TOP 基准平面为草绘平面，RIGHT 基准平面为参考平面，方向为 左；单击 草绘 按钮，绘制图 16.5.36 所示的截面草图；在操控板中定义拉伸类型为，并单击其后的按钮，选择材料移除的方向类型为；单击✓按钮，完成拉伸切削特征 3 的创建。

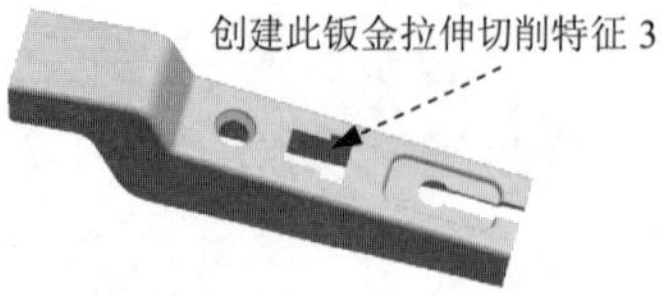

图 16.5.35 拉伸切削特征 3

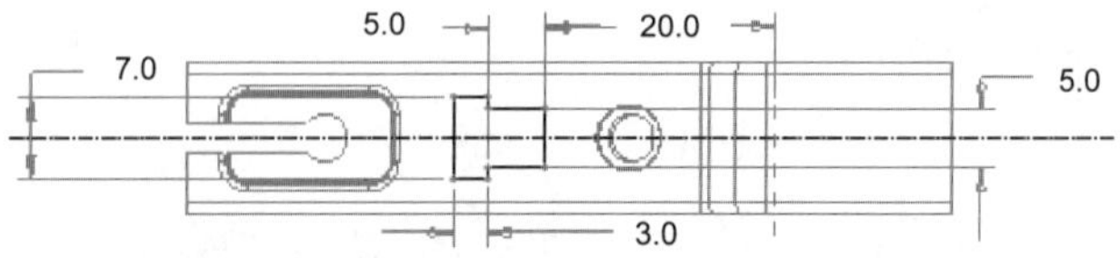

图 16.5.36 截面草图

Step13. 创建图 16.5.37 所示的钣金拉伸切削特征 4。在操控板中单击 拉伸 按钮，确认按钮、按钮和按钮被按下；选取图 16.5.38 所示的模型表面为草绘平面，RIGHT 基准平面为参考平面，方向为右；单击草绘按钮，绘制图 16.5.39 所示的截面草图；在操控板中定义拉伸类型为，选择材料移除的方向类型为；单击按钮，完成拉伸切削特征 4 的创建。

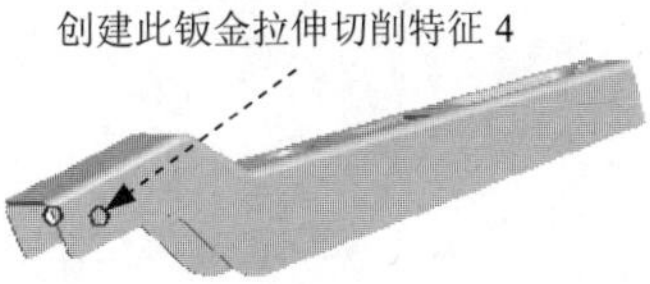

图 16.5.37　拉伸切削特征 4

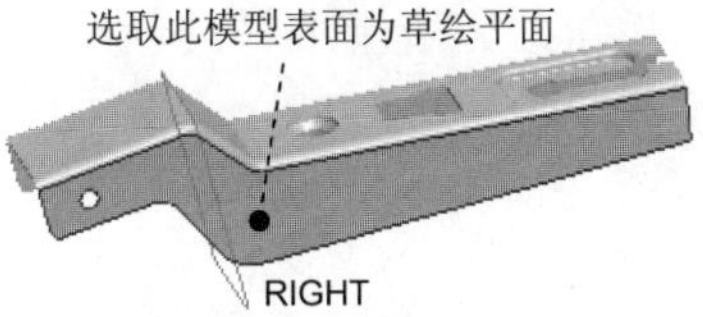

图 16.5.38　草绘平面

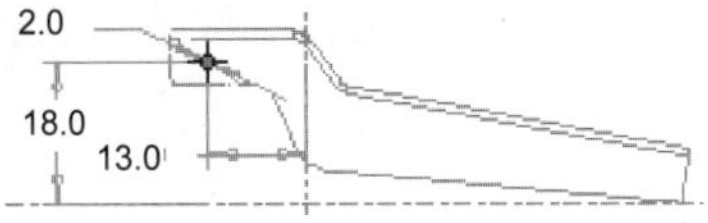

图 16.5.39　截面草图

Step14. 创建图 16.5.40 所示的钣金拉伸切削特征 5。截面草图如图 16.5.41 所示，详细操作过程参见上一步。

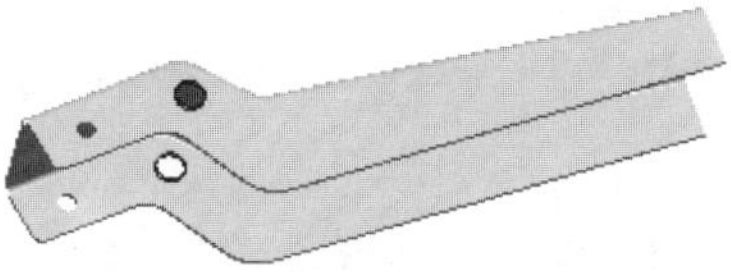

图 16.5.40　拉伸切削特征 5

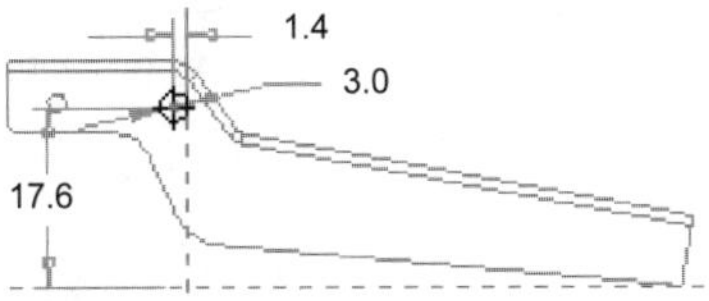

图 16.5.41　截面草图

说明：以下创建的基准平面及基准轴在后面的装配中起定位作用。

Step15. 创建图 16.5.42 所示的基准平面 DTM1。单击“平面”按钮，按住 Ctrl 键，选取图 16.5.43 所示的两条边线为放置参考，约束类型均为穿过；单击确定按钮，完成基准平面 1 的创建。

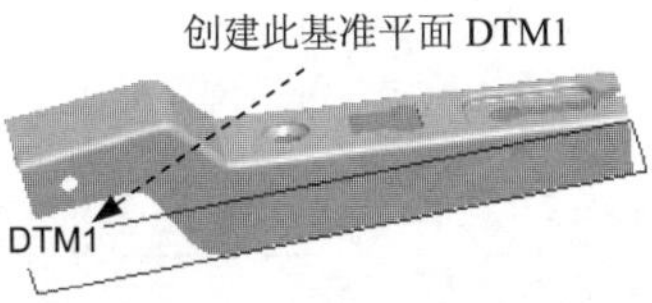

图 16.5.42　基准平面 DTM1

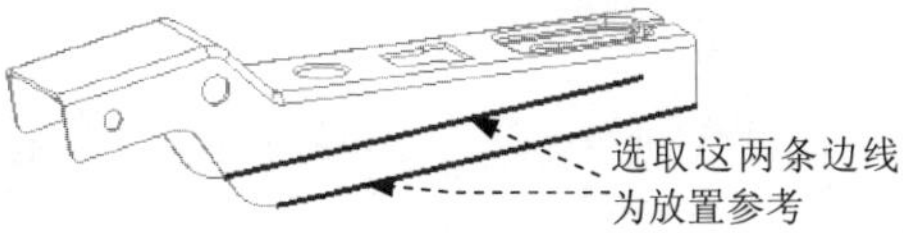

图 16.5.43　设置放置参考

Step16. 创建图 16.5.44 所示的基准平面 DTM2。单击“平面”按钮，选取图 16.5.45 所示的边为参考，选择约束类型为穿过，按住 Ctrl 键，选取图 16.5.45 所示的 RIGHT 基准平面为放置参考，约束类型为平行。

图 16.5.44　基准平面 DTM2

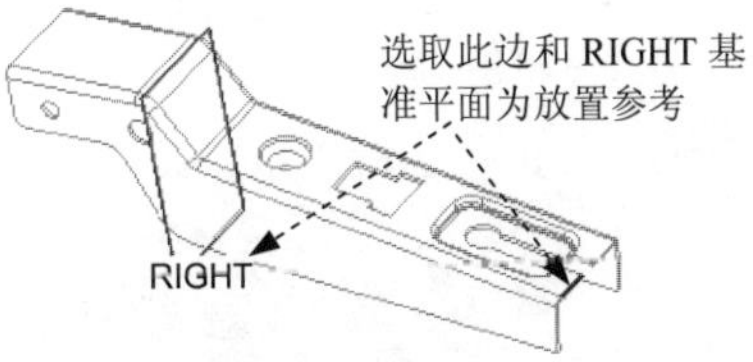

图 16.5.45　设置放置参考

Step17. 创建图 16.5.46 所示的基准平面 DTM3。单击“平面”按钮，选取图 16.5.46

所示的 DTM2 基准平面为偏距参考面，输入偏移距离值 12，单击对话框中的 确定 按钮。

Step18. 创建图 16.5.47 所示的基准轴 TOGETHER_AXIS。单击 模型 功能选项卡 基准 ▾ 区域中的 / 轴 按钮；按住 Ctrl 键，依次选取 DTM3 和 FRONT 基准平面为参考，将其约束类型均设置为 穿过；单击对话框中 属性 按钮，然后在 名称 后的文本框中选中 TOGETHER_AXIS。单击 确定 按钮，完成基准轴的创建。

Step19. 保存零件模型文件。

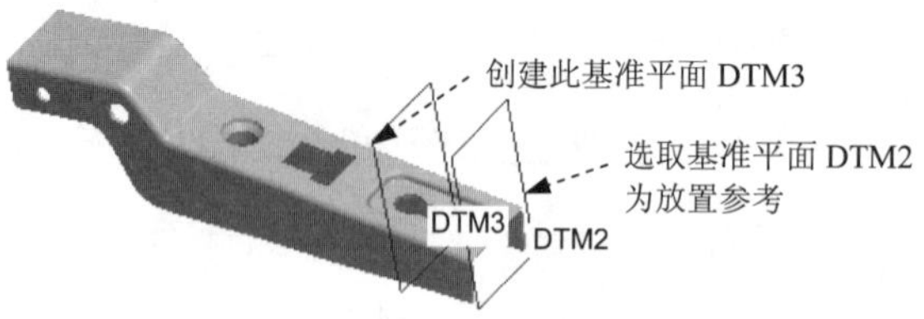

图 16.5.46 基准平面 DTM3

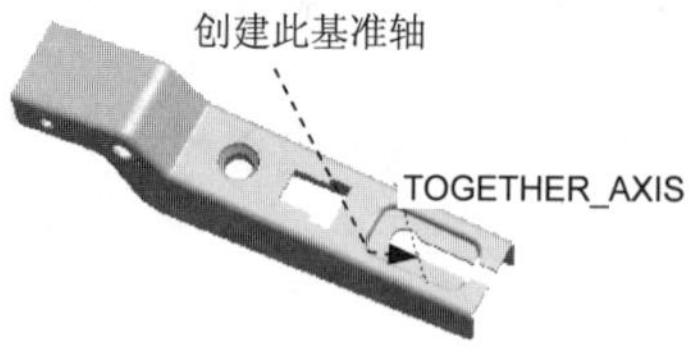

图 16.5.47 基准轴 TOGETHER_AXIS

16.6 钣 金 件 5

钣金件模型和模型树如图 16.6.1 所示。

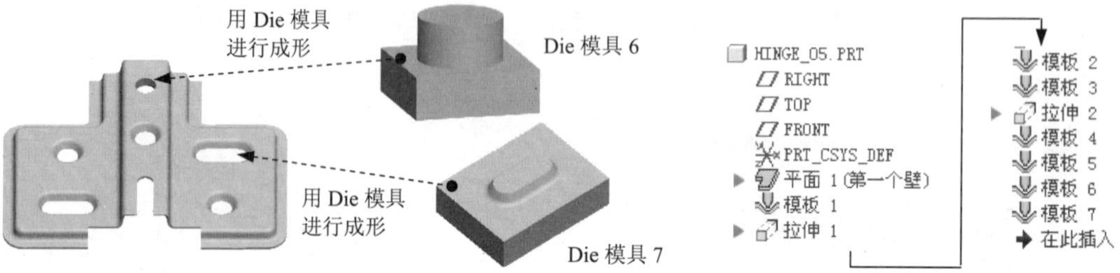

图 16.6.1 钣金件模型及模型树

Task1. 创建模具 5

模具 5 的模型和模型树如图 16.6.2 所示。

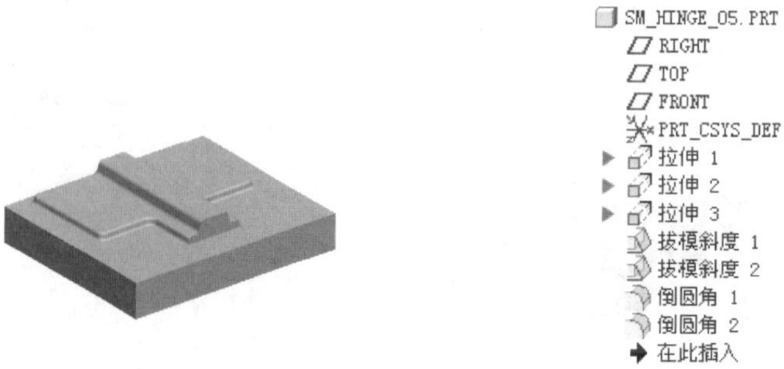

图 16.6.2 模具 5 的模型及模型树

Step1. 新建一个实体零件模型，命名为 SM_HINGE_05。

Step2. 创建图 16.6.3 所示的拉伸特征 1。在操控板中单击“拉伸”按钮拉伸。选取 TOP 基准平面为草绘平面，RIGHT 基准平面为草绘参考平面，方向为右；单击草绘按钮，绘制图 16.6.4 所示的截面草图；在操控板中定义拉伸类型为，输入深度值 10.0；单击按钮，完成拉伸特征 1 的创建。

图 16.6.3 拉伸特征 1

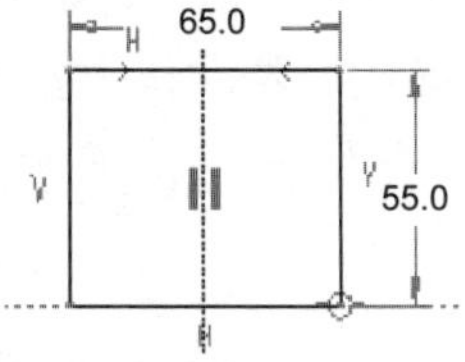

图 16.6.4 截面草图

Step3. 创建图 16.6.5 所示的拉伸特征 2。在操控板中单击“拉伸”按钮拉伸。选取 TOP 基准平面为草绘平面，RIGHT 基准平面为草绘参考平面，方向为右；单击草绘按钮，绘制图 16.6.6 所示的截面草图；在操控板中定义拉伸类型为，输入深度值 2.0；并单击其后的按钮，单击按钮，完成拉伸特征 2 的创建。

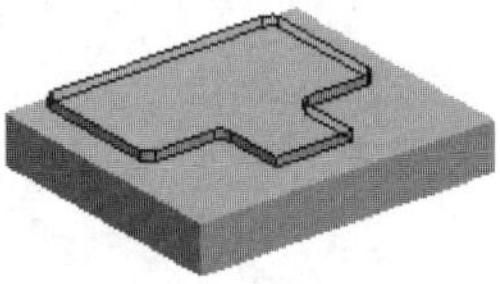

图 16.6.5 拉伸特征 2

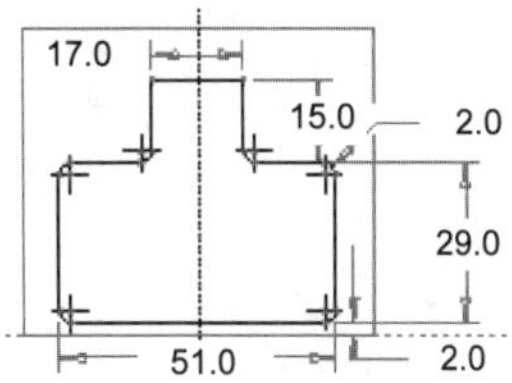

图 16.6.6 截面草图

Step4. 创建图 16.6.7 所示的拉伸特征 3。在操控板中单击“拉伸”按钮拉伸。选取图 16.6.8 所示的草绘平面和参考平面，方向为上；单击草绘按钮，绘制图 16.6.9 所示的截面草图；在操控板中定义拉伸类型为，然后选取草绘平面对面的模型表面为拉伸终止面。单击按钮，完成拉伸特征 3 的创建。

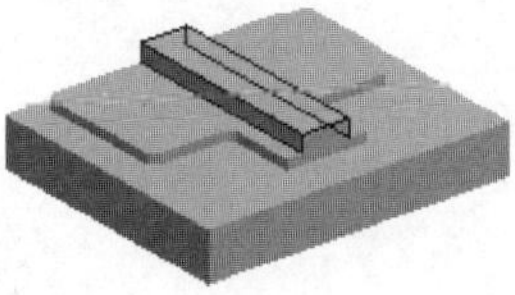

图 16.6.7 拉伸特征 3

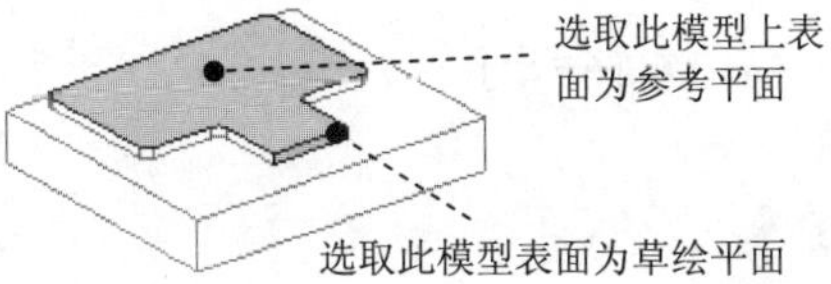

图 16.6.8 草绘平面与参考平面

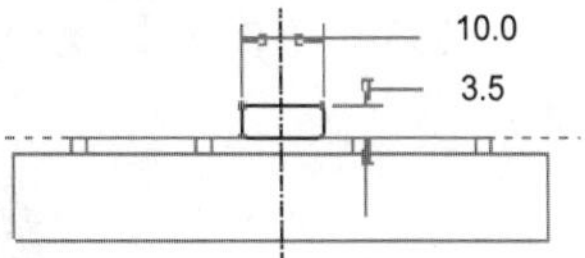

图 16.6.9 截面草图

Step5. 创建拔模特征 1。单击模型功能选项卡工程区域中的拔模按钮。选取图 16.6.10 所示的模型表面作为要拔模的表面，选取图 16.6.11 所示的模型表面作为拔模枢轴平面；拔模方向如图 16.6.10 所示，输入拔模角度值 10.0。单击按钮，完成拔模特征 1 的创建。

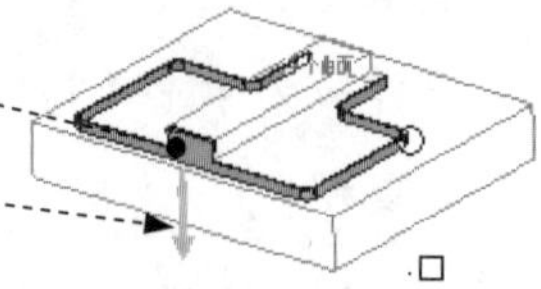

图 16.6.10 选取要拔模的表面

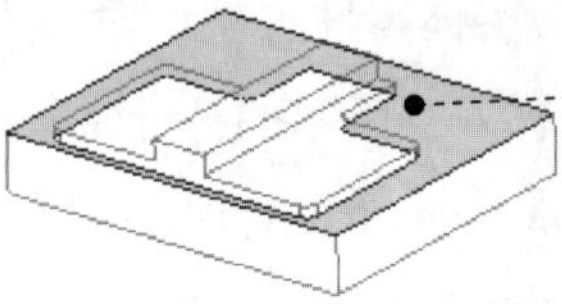

图 16.6.11 选取拔模枢轴平面

Step6. 创建拔模特征 2。单击 模型 功能选项卡 工程 ▾ 区域中的 拔模 ▾ 按钮。选取图 16.6.12 所示的模型表面作为要拔模的表面，选取图 16.6.13 所示的模型表面作为拔模枢轴平面；拔模方向如图 16.6.12 所示，输入拔模角度值 10.0。

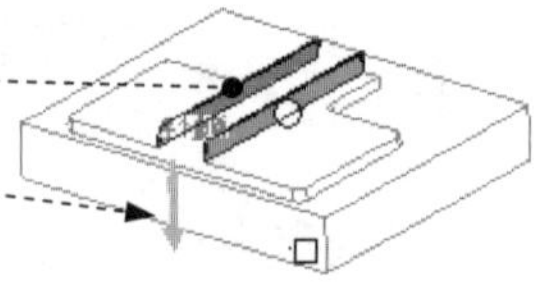

图 16.6.12 选取要拔模的表面

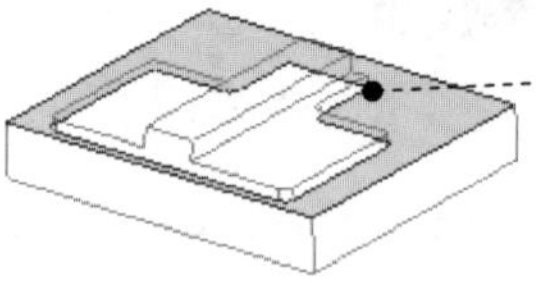

图 16.6.13 选取拔模枢轴平面

Step7. 创建倒圆角特征 1。选择图 16.6.14 所示的四条加亮的边线为倒圆角的边线，圆角半径值为 1.0。

Step8. 创建倒圆角特征 2。选择图 16.6.15 所示的两条边线为倒圆角的边线，圆角半径值为 0.5。

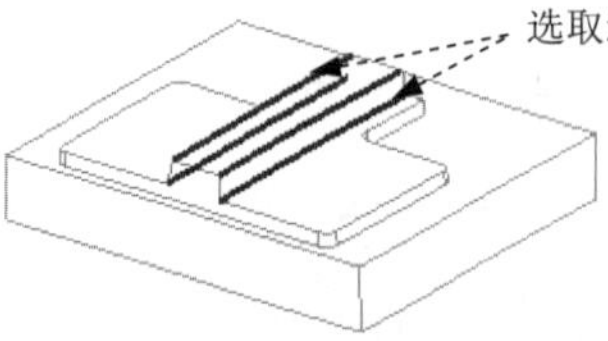

图 16.6.14 选取倒圆角的边线

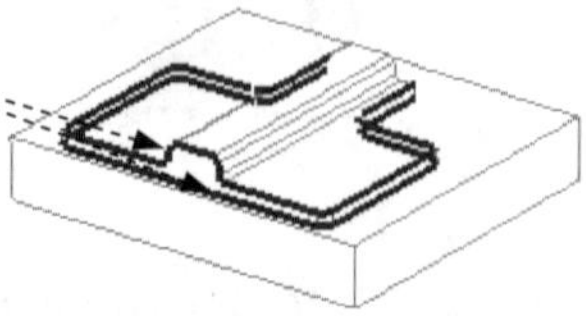

图 16.6.15 选取倒圆角的边线

Step9. 保存零件模型文件。

Task2. 创建模具 6

模具 6 的模型和模型树如图 16.6.16 所示。

图 16.6.16 模具 6 的模型及模型树

Step1. 新建一个零件模型，命名为 SM_HINGE_06。

Step2. 创建图 16.6.17 所示的拉伸特征 1。在操控板中单击“拉伸”按钮 拉伸 。选取

TOP 基准平面为草绘平面，RIGHT 基准平面为草绘参考平面，方向为右；单击草绘按钮，绘制图 16.6.18 所示的截面草图；在操控板中定义拉伸类型为，输入深度值 2.0；单击按钮，完成拉伸特征 1 的创建。

图 16.6.17　拉伸特征 1

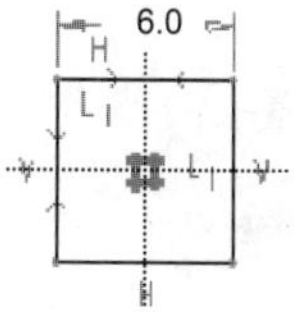

图 16.6.18　截面草图

Step3. 创建图 16.6.19 所示的拉伸特征 2。在操控板中单击“拉伸”按钮拉伸。选取图 16.6.20 所示的草绘平面和参考平面，方向为上；单击草绘按钮，绘制图 16.6.21 所示的截面草图；在操控板中定义拉伸类型为，输入深度值 2.0；单击按钮，完成拉伸特征 2 的创建。

Step4. 保存零件模型文件。

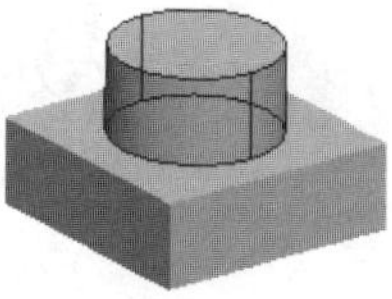
图 16.6.19　拉伸特征 2

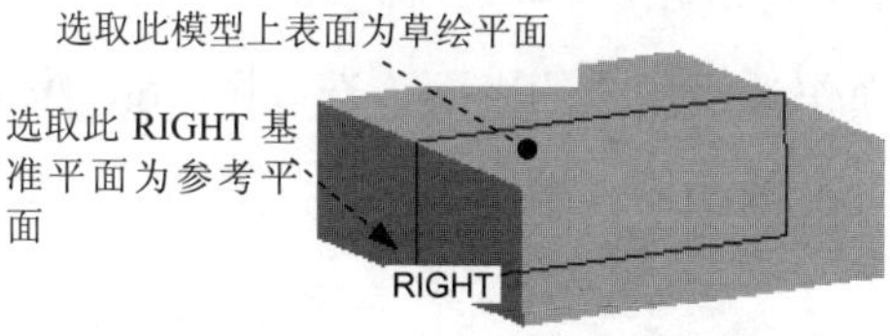

图 16.6.20　草绘平面与参考平面

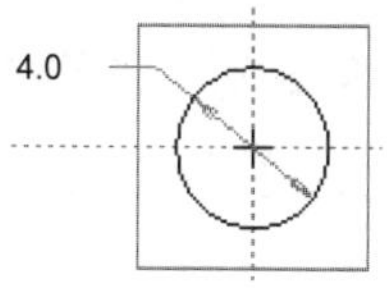

图 16.6.21　截面草图

Task3. 创建模具 7

模具 7 的模型和模型树如图 16.6.22 所示。

图 16.6.22　模具 7 的模型及模型树

Step1. 新建一个实体零件模型，命名为 SM_HINGE_07。

Step2. 创建图 16.6.23 所示的拉伸特征 1。在操控板中单击“拉伸”按钮拉伸。选取 TOP 基准平面为草绘平面，RIGHT 基准平面为参考平面，方向为右；单击草绘按钮，绘制图 16.6.24 所示的截面草图；在操控板中定义拉伸类型为，输入深度值 5.0；单击按钮，完成拉伸特征 1 的创建。

Step3. 创建图 16.6.25 所示的拉伸特征 2。在操控板中单击“拉伸”按钮拉伸。选取

图 16.6.26 所示的草绘平面和参考平面，方向为右；单击草绘按钮，绘制图 16.6.27 所示的截面草图；在操控板中定义拉伸类型为⊥⊥，输入深度值 1.5；单击✓按钮，完成拉伸特征 2 的创建。

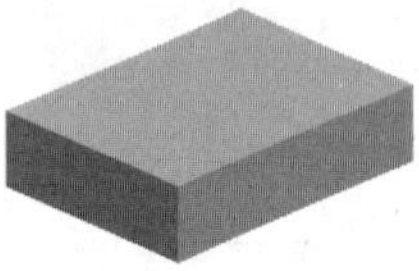

图 16.6.23 拉伸特征 1

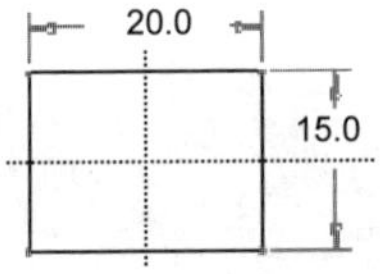

图 16.6.24 截面草图

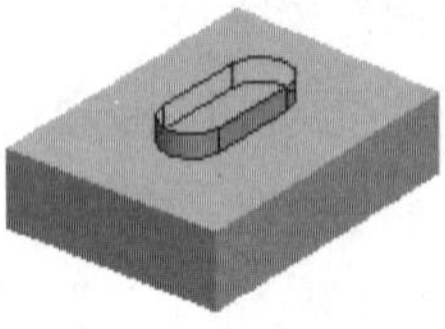

图 16.6.25 拉伸特征 2

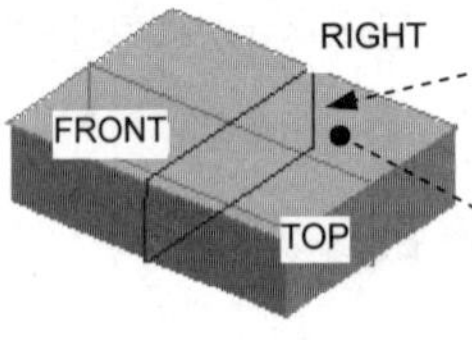

图 16.6.26 草绘平面与参考平面

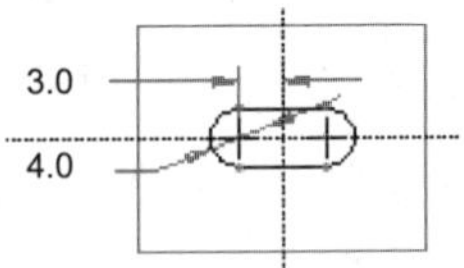

图 16.6.27 截面草图

Step4. 创建拔模特征 1。单击模型功能选项卡工程▾区域中的拔模▾按钮。选取图 16.6.28 所示的模型表面作为要拔模的表面，选取图 16.6.29 所示的模型表面作为拔模枢轴平面；拔模方向如图 16.6.28 所示，输入拔模角度值 30.0。

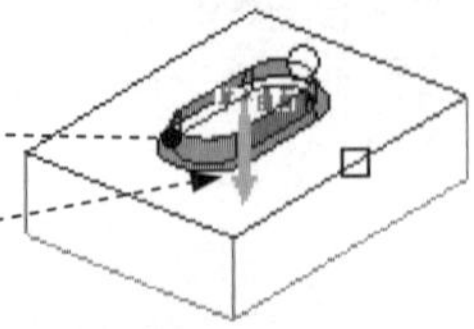

图 16.6.28 选取要拔模的表面

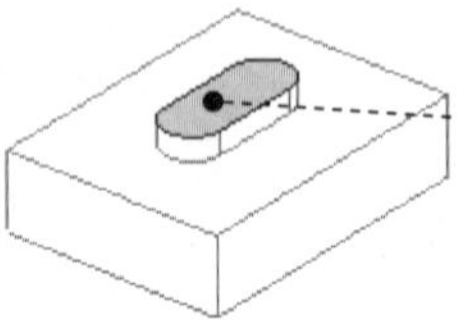

图 16.6.29 选取拔模枢轴平面

Step5. 创建倒圆角特征 1。选取图 16.6.30 所示的边链为倒圆角的边线，圆角半径值为 1.0。

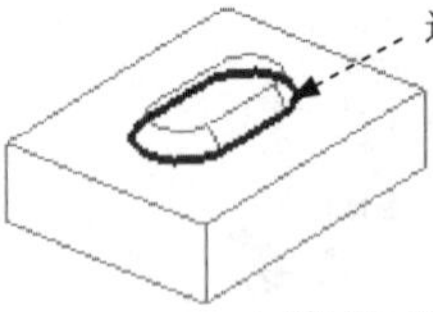

a）倒圆角前

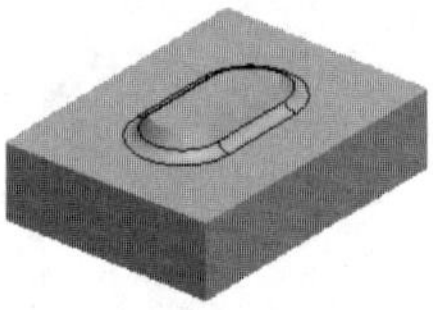

b）倒圆角后

图 16.6.30 倒圆角特征 1

Step6. 保存零件模型文件。

Task4. 创建主体零件模型

Step1. 新建一个钣金零件模型，将零件的模型命名为 HINGE_05。

Step2. 创建图 16.6.31 所示的平面特征 1。单击模型功能选项卡形状▾区域中的“平面”按钮平面。选取 TOP 基准平面为草绘平面，RIGHT 基准平面为参考平面，方向为右；

单击草绘按钮，绘制图 16.6.32 所示的截面草图；钣金壁厚度值为 0.5。单击✔按钮，完成平面特征 1 的创建。

图 16.6.31 平面特征 1

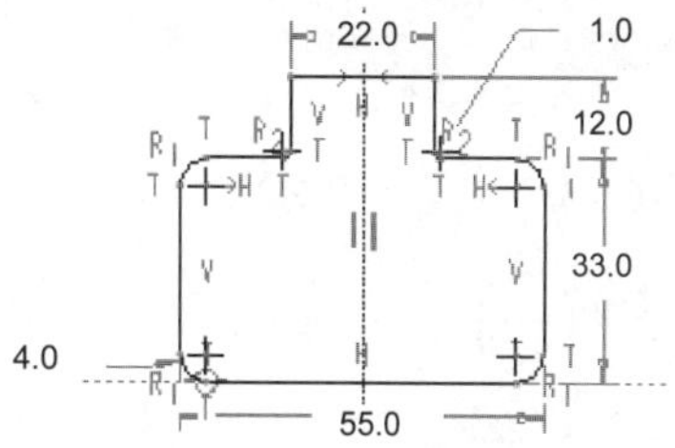

图 16.6.32 截面草图

Step3. 创建图 16.6.33 所示的凸模成形特征 1。

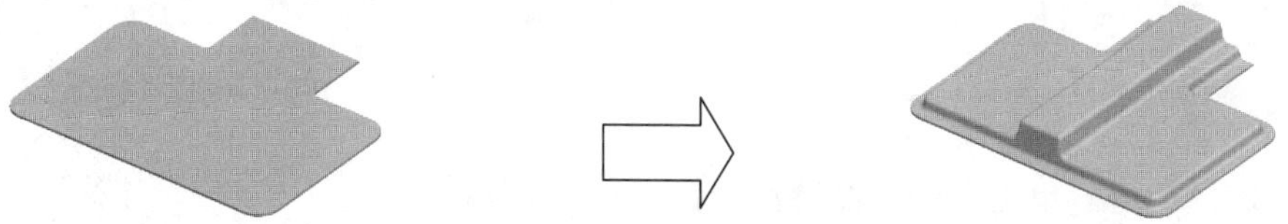

a）成形前　　b）成形后

图 16.6.33 凸模成形特征 1

（1）选择命令。单击模型功能选项卡工程▾区域节点下的凸模按钮。

（2）选择模具文件。在系统弹出的“凸模”操控板中单击按钮，系统弹出“打开”对话框，选择文件 sm_hinge_05.prt 为成形模具，并将其打开。

（3）定义成形模具的放置。单击操控板中的放置选项卡，在系统弹出的界面中选中☑约束已启用复选框，并添加图 16.6.34 所示的三组位置约束。

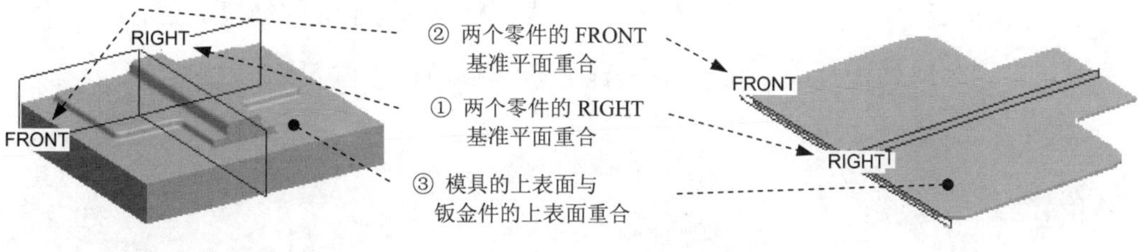

图 16.6.34 定义成形模具的放置

（4）定义冲孔方向。确认图 16.6.35 所示的方向为冲孔方向。

（5）在操控板中单击“完成”按钮✔，完成凸模成形特征 1 的创建。

Step4. 创建图 16.6.36 所示的钣金拉伸切削特征 1。在操控板中单击拉伸按钮，确认按钮、按钮被按下，按钮处于弹起状态；选取 TOP 基准平面为草绘平面，RIGHT 基准平面为参考平面，方向为左；单击草绘按钮，绘制图 16.6.37 所示的截面草图；在操控板中定义拉伸类型为，深度值为 15.0；单击✔按钮，完成拉伸切削特征 1 的创建。

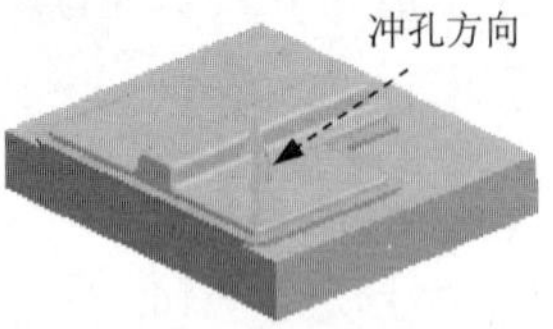

图 16.6.35　选取冲孔方向

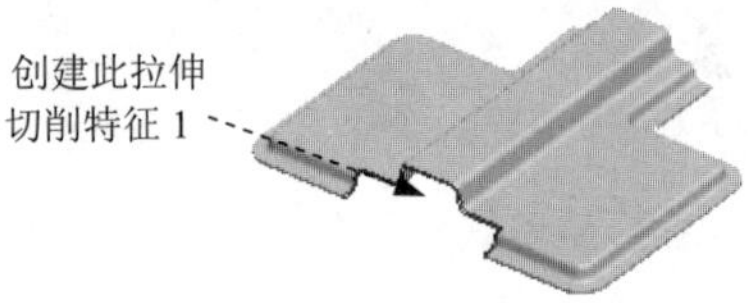

图 16.6.36　拉伸切削特征 1

Step5. 创建图 16.6.38 所示的凸模成形特征 2。

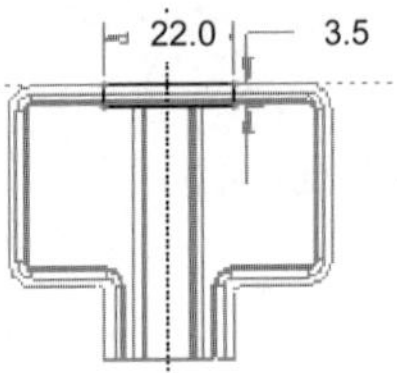

图 16.6.37　截面草图

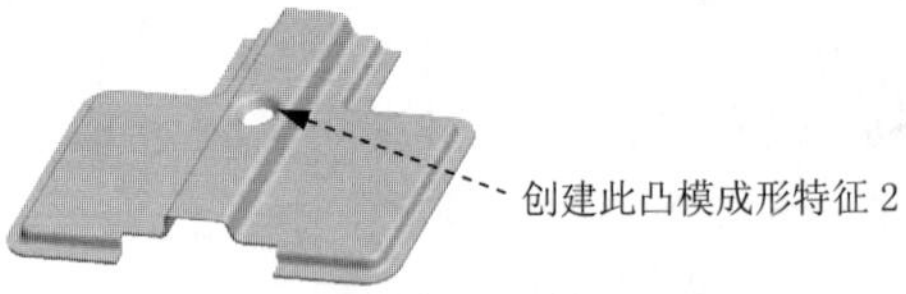

图 16.6.38　凸模成形特征 2

（1）选择命令。单击 模型 功能选项卡 工程 ▾ 区域 节点下的 凸模 按钮。

（2）选择模具文件。在系统弹出的“凸模”操控板中单击 按钮，系统弹出“打开”对话框，选择文件 sm_hinge_02.prt 为成形模具，并将其打开。

（3）定义成形模具的放置。单击操控板中的 放置 选项卡，在系统弹出的界面中选中 ✔ 约束已启用 复选框，并添加图 16.6.39 所示的三组位置约束。

（4）定义排除面。在操控板中单击 选项 选项卡，在系统弹出的选项卡中单击 排除冲孔模型曲面 下的文本框，然后选取图 16.6.40 所示的面为排除面。

（5）定义冲孔方向。确认图 16.6.41 所示的方向为冲孔方向。

（6）在操控板中单击“完成”按钮 ✔，完成凸模成形特征 2 的创建。

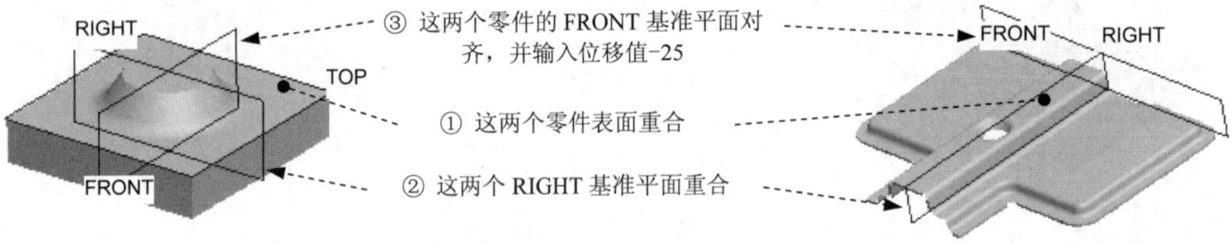

图 16.6.39　定义成形模具的放置

Step6. 创建图 16.6.42 所示的凸模成形特征 3。

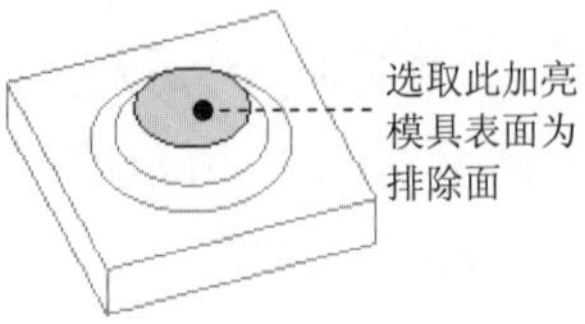

图 16.6.40　选取排除面

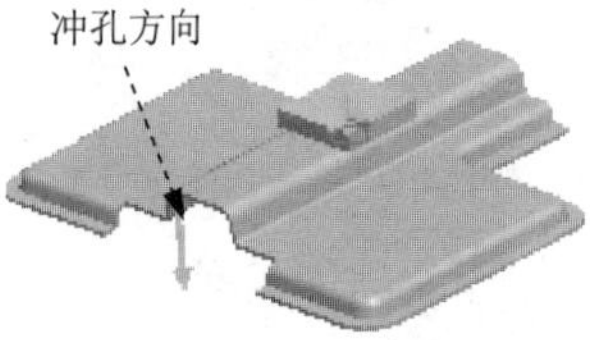

图 16.6.41　选取冲孔方向

图 16.6.42　凸模成形特征 3

（1）选择命令。单击 模型 功能选项卡 工程 ▾ 区域 节点下的 凸模 按钮。

（2）选择模具文件。在系统弹出的“凸模”操控板中单击 按钮，系统弹出“打开”对话框，选择文件 sm_hinge_06.prt 为成形模具，并将其打开。

（3）定义成形模具的放置。单击操控板中的 放置 选项卡，在系统弹出的界面中选中 ☑ 约束已启用 复选框，并添加图 16.6.43 所示的三组位置约束。

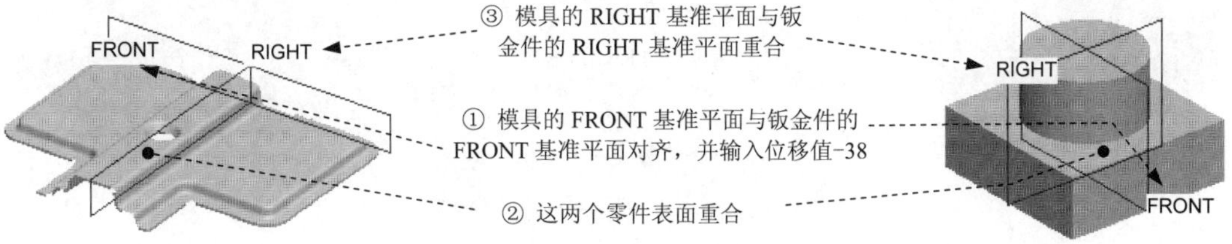

图 16.6.43 定义成形模具的放置

（4）定义排除面。在操控板中单击 选项 选项卡，在系统弹出的选项卡中单击 排除冲孔模型曲面 下的文本框，然后选取图 16.6.44 所示的面为排除面。

（5）定义冲孔方向。确认图 16.6.45 所示的方向为冲孔方向。

（6）在操控板中单击“完成”按钮 ✓，完成凸模成形特征 3 的创建。

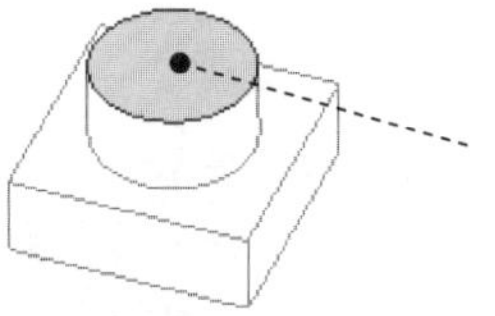

图 16.6.44 选取排除面

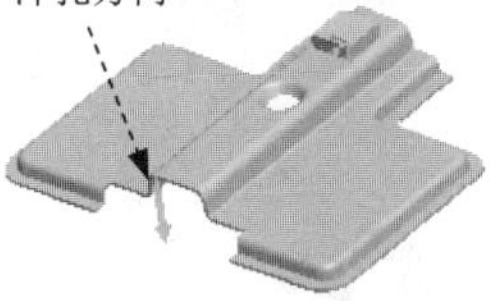

图 16.6.45 选取冲孔方向

Step7. 创建图 16.6.46 所示的钣金拉伸切削特征 2。在操控板中单击 拉伸 按钮，确认 按钮、 按钮和 按钮被按下；选取 TOP 基准平面为草绘平面，RIGHT 基准平面为参考平面，方向为 上；单击 草绘 按钮，绘制图 16.6.47 所示的截面草图；在操控板中定义拉伸类型为 ，选择材料移除的方向类型为 （移除垂直于驱动曲面的材料）；单击 ✓ 按钮，完成拉伸切削特征 4 的创建。

Step8. 创建图 16.6.48 所示的凸模成形特征 4。

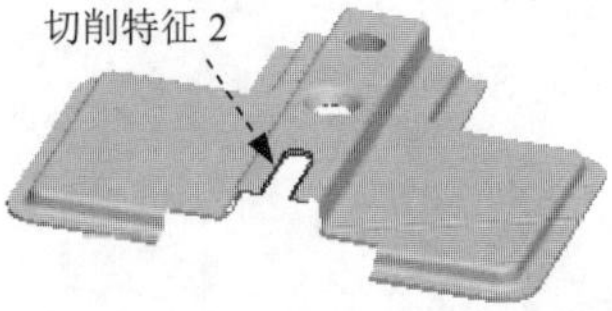

图 16.6.46 拉伸切削特征 2

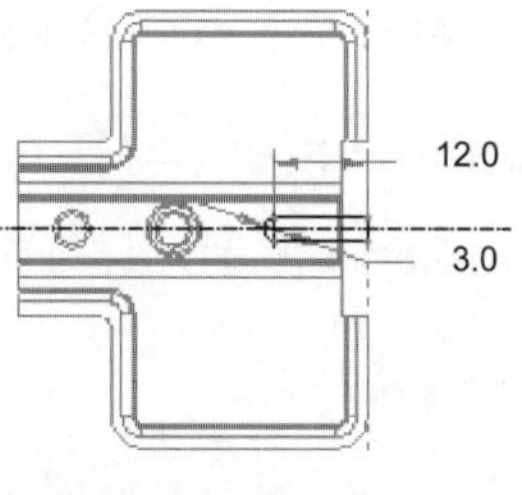

图 16.6.47 截面草图

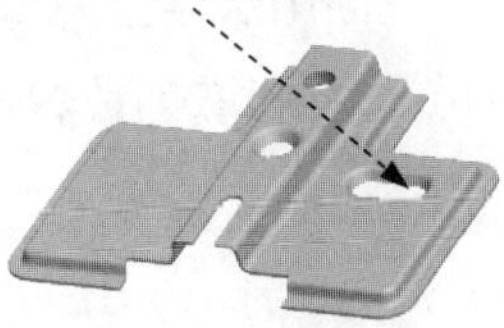

图 16.6.48 凸模成形特征 4

（1）选择命令。单击 模型 功能选项卡 工程 ▾ 区域 节点下的 凸模 按钮。

（2）选择模具文件。在系统弹出的“凸模”操控板中单击 按钮，系统弹出“打开”对话框，选择文件 sm_hinge_07.prt 为成形模具，并将其打开。

（3）定义成形模具的放置。单击操控板中的 放置 选项卡，在系统弹出的界面中选中 约束已启用 复选框，并添加图 16.6.49 所示的三组位置约束。

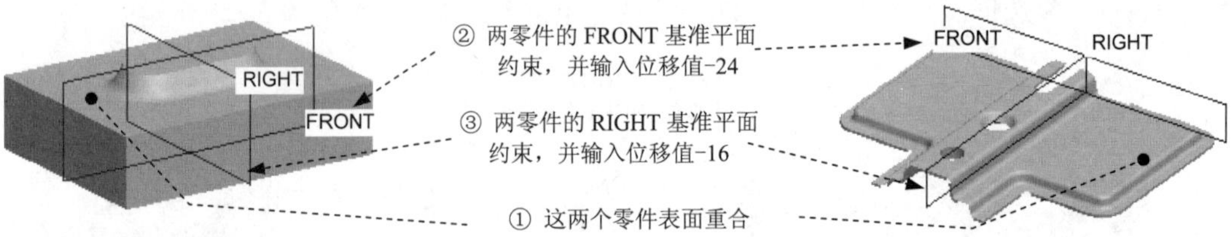

图 16.6.49　定义成形模具的放置

（4）定义排除面。在操控板中单击 选项 选项卡，在系统弹出的选项卡中单击 排除冲孔模型曲面 下的文本框，然后选取图 16.6.50 所示的面为排除面。

（5）定义冲孔方向。确认图 16.6.51 所示的方向为冲孔方向。

（6）在操控板中单击“完成”按钮 ，完成凸模成形特征 4 的创建。

Step9. 创建图 16.6.52 所示的凸模成形特征 5。选取 sm_hinge_02. prt 作为成形模具，成形模具的放置过程如图 16.6.53 所示，详细过程参见 Step8。

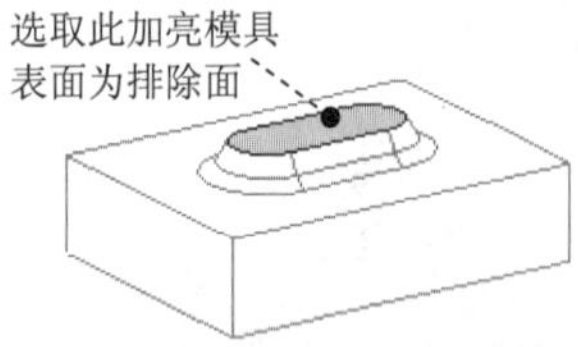

图 16.6.50　选取排除面

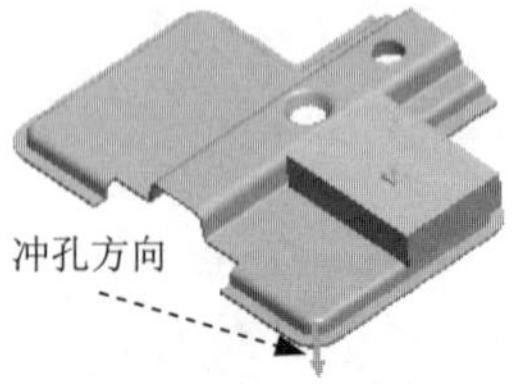

图 16.6.51　选取冲孔方向

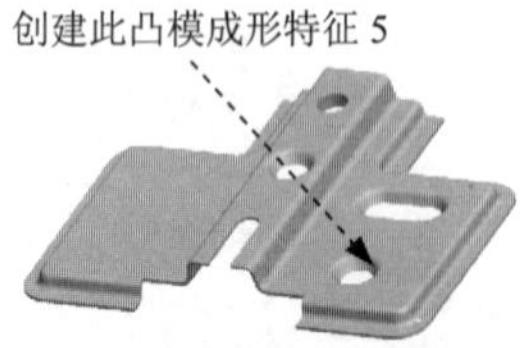

图 16.6.52　凸模成形特征 5

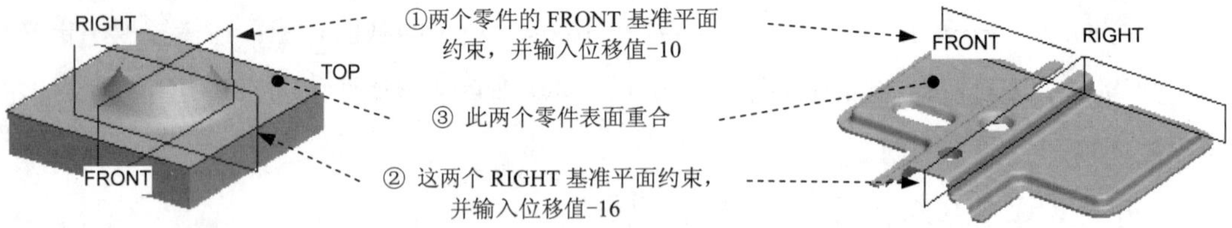

图 16.6.53　定义成形模具的放置

Step10. 创建图 16.6.54 所示的凸模成形特征 6。选取 sm_hinge_07. prt.PRT 作为成形模具，成形模具的放置过程如图 16.6.55 所示，详细过程参见 Step8。

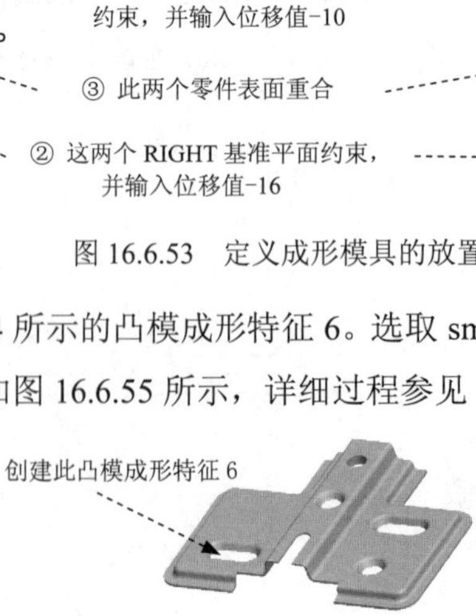

图 16.6.54　凸模成形特征 6

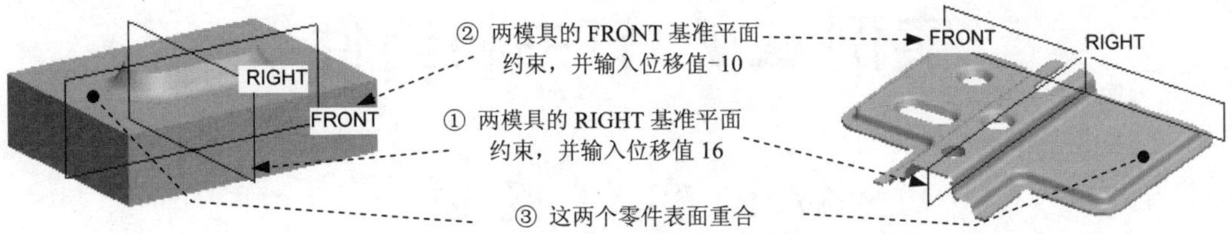

图 16.6.55　定义成形模具的放置

Step11. 创建图 16.6.56 所示的凸模成形特征 7。选取 sm_hinge_02. prt 作为成形模具，操作过程如图 16.6.57 所示，详细过程参见 Step8。

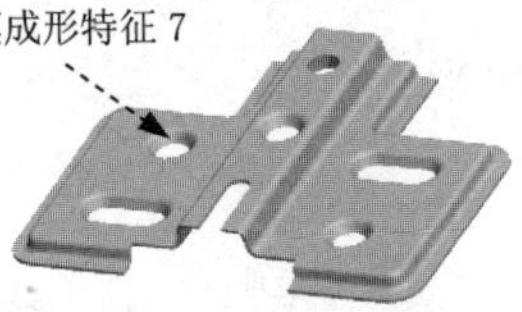

图 16.6.56　凸模成形特征 7

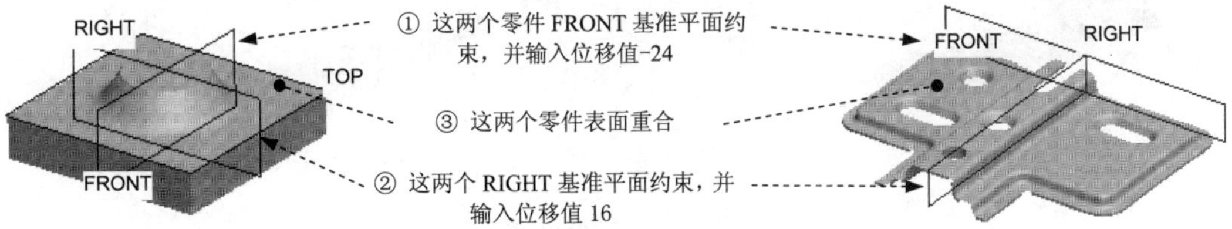

图 16.6.57　定义成形模具的放置

Step12. 保存零件模型文件。

实例 17 订书机组件

17.1 实例概述

本实例介绍了图 17.1.1 所示订书机组件的整个设计过程。该模型包括六个零件，本实例对每个零件的设计过程都进行了详细讲解。每个零件的设计思路都是先创建第一钣金壁，然后再使用平整、折弯的命令创建出最终模型，其中钣金件 3 的创建方法值得借鉴，其大致形状是通过一个成形特征创建出来的。

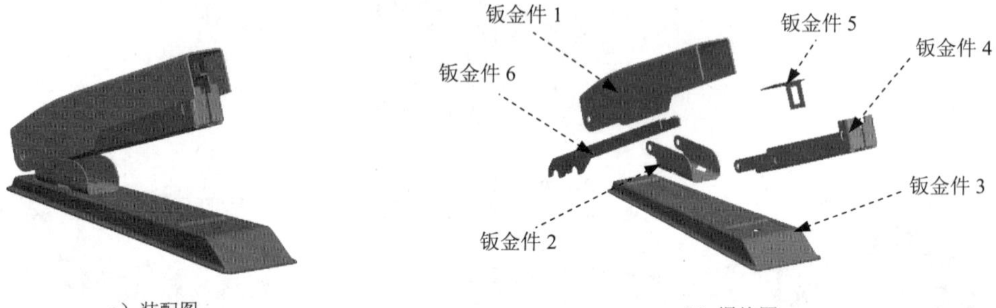

a）装配图　　b）爆炸图

图 17.1.1　订书机组件

17.2 钣金件 1

钣金件模型及模型树如图 17.2.1 所示。

Step1. 新建一个零件模型，命名为 STAPLE_01。

Step2. 创建图 17.2.2 所示的拉伸特征 1，在操控板中单击“拉伸”按钮 拉伸。选取 TOP 基准平面作为草绘平面，选取 RIGHT 基准平面为参考平面，方向为 右；绘制图 17.2.3 所示的截面草图，在操控板中定义拉伸类型为，输入深度值 19.0；单击✓按钮，完成拉伸特征 1 的创建。

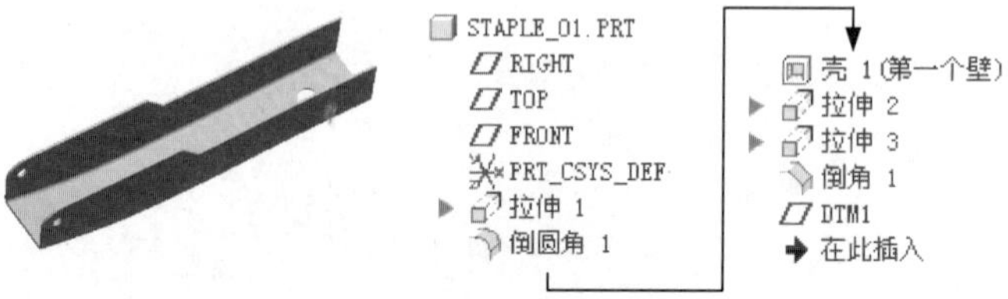

图 17.2.1　钣金件模型及模型树

图 17.2.2　拉伸特征 1

Step3. 创建图 17.2.4 所示的倒圆角特征 1。单击 模型 功能选项卡 工程 ▼ 区域中的

倒圆角 按钮，选取图 17.2.5 所示的边线为倒圆角的边线；在圆角半径文本框中输入数值 2.0。

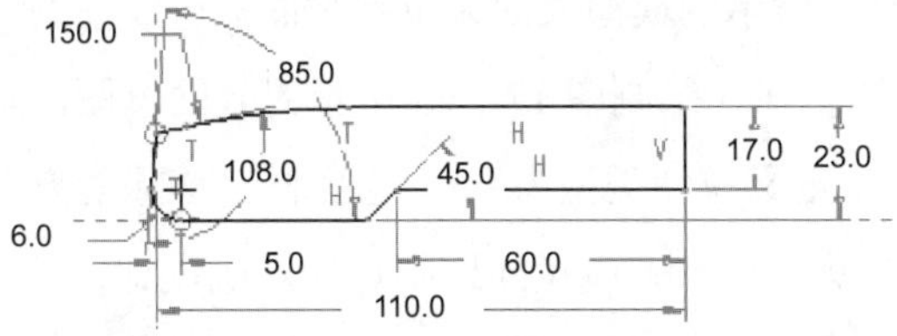

图 17.2.3 截面草图

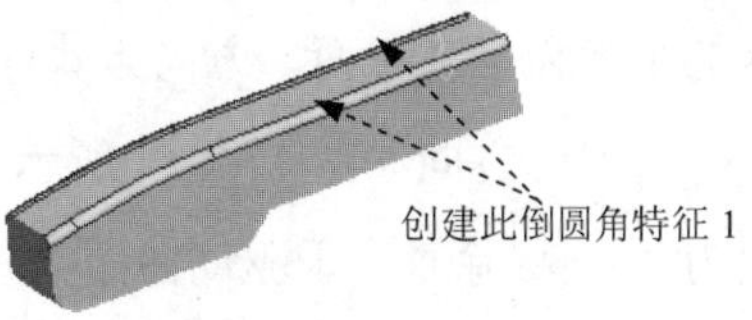

图 17.2.4 倒圆角特征 1

Step4. 将实体零件转换成第一钣金壁。

（1）选择 模型 功能选项卡 操作 节点下的 转换为钣金件 命令。

（2）在系统弹出的“第一壁”操控板中单击按钮。

（3）在系统 选择要从零件移除的曲面。 的提示下，按住 Ctrl 键，选取图 17.2.6 所示的模型六个表面为壳体的移除面。

（4）输入钣金壁厚度值 0.8，并按回车键。

（5）单击按钮，完成转换钣金特征的创建。

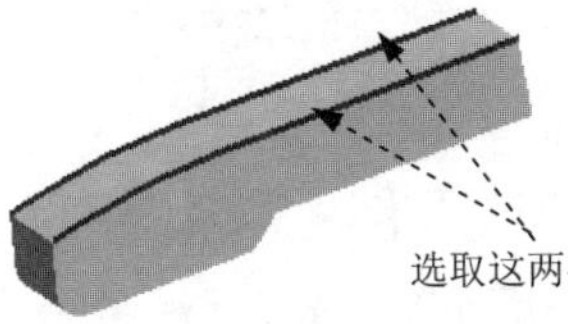

图 17.2.5 选取倒圆角的边线

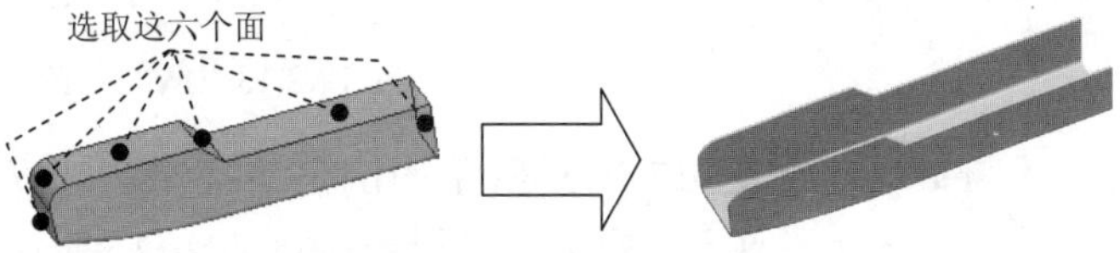

图 17.2.6 转换成第一钣金壁

Step5. 创建图 17.2.7 所示的钣金拉伸切削特征 1。在操控板中单击 拉伸 按钮，确认按钮、按钮和按钮被按下；选取图 17.2.8 所示的平面为草绘平面，接受图 17.2.8 所示的草绘方向；选取 RIGHT 基准平面为参考平面，方向为 右；单击 草绘 按钮，绘制图 17.2.9 所示的截面草图，定义移除材料的方向如图 17.2.10 所示；在操控板中定义拉伸类型为，选择材料移除的方向类型为（移除垂直于驱动曲面的材料）；单击按钮，完成拉伸切削特征 1 的创建。

图 17.2.7 拉伸切削特征 1

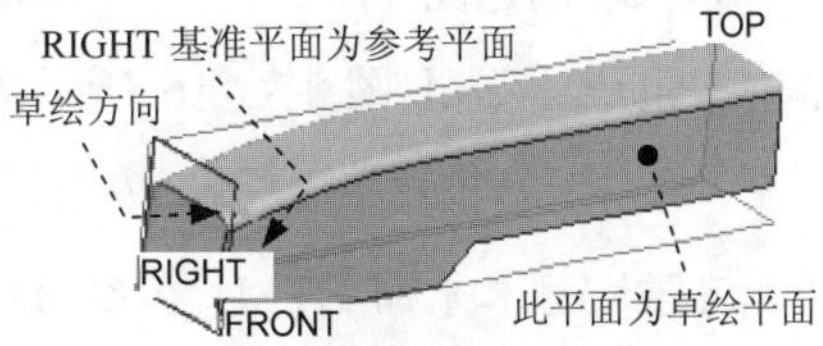

图 17.2.8 草绘平面

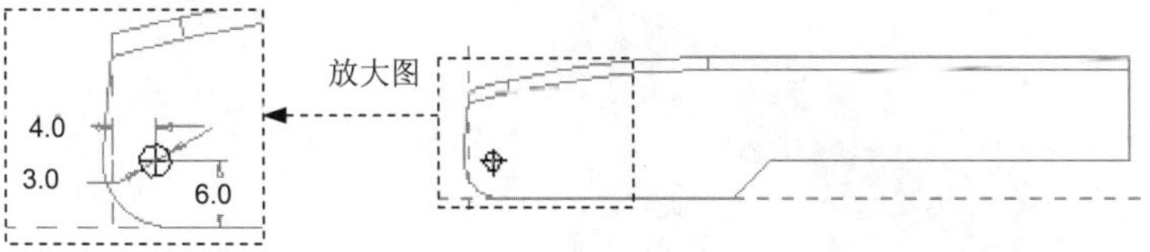

图 17.2.9 截面草图

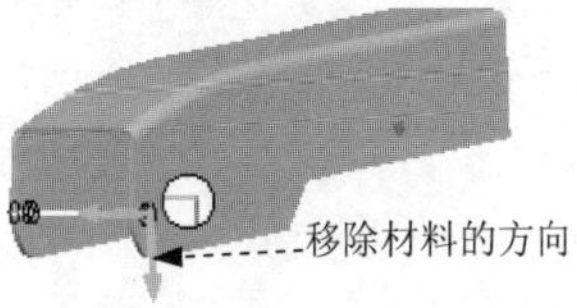

图 17.2.10 定义移除材料的方向

Step6. 创建图 17.2.11 所示的钣金拉伸切削特征 2。在操控板中单击 拉伸 按钮，确认按钮、按钮和按钮被按下；选取图 17.2.12 所示的模型表面为草绘平面，选取模型中所示的平面为参考平面，方向为上；单击 草绘 按钮，绘制图 17.2.13 所示的截面草图，定义移除材料的方向如图 17.2.14 所示；在操控板中定义拉伸类型为，选择材料移除的方向类型为（移除垂直于驱动曲面的材料）；单击按钮，完成拉伸切削特征 2 的创建。

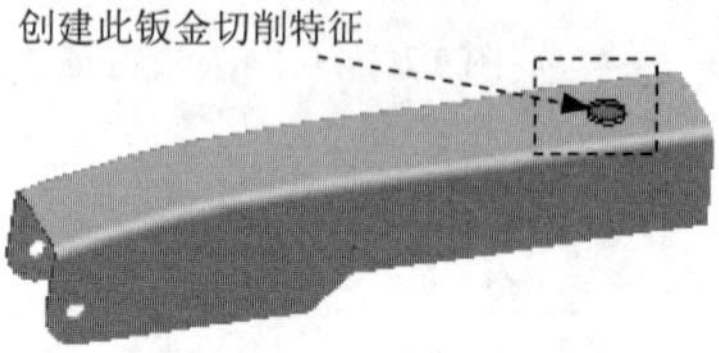

图 17.2.11　拉伸切削特征 2

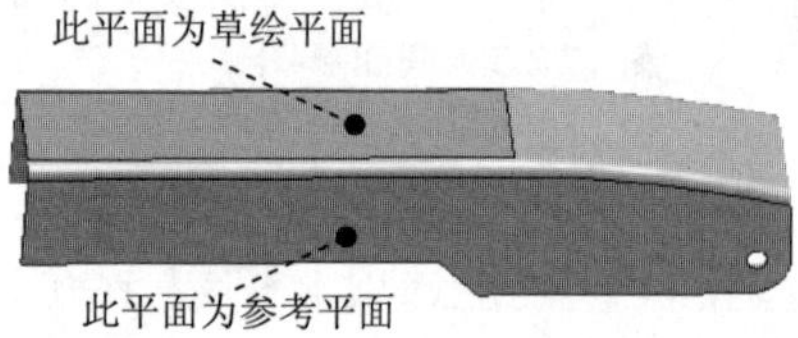

图 17.2.12　草绘平面

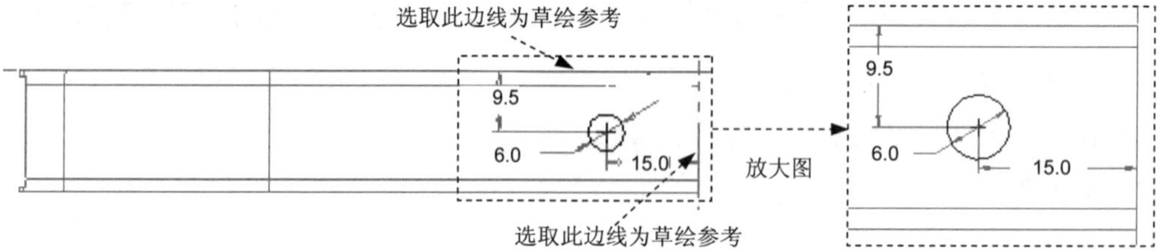

图 17.2.13　截面草图

Step7. 创建图 17.2.15 所示的倒角特征 1。选择 模型 功能选项卡 工程 节点下的 倒角 命令；选取图 17.2.15 所示的模型边链为倒角的边线，边倒角方案为 角度 x D，角度值为 30.0，倒角距离值为 0.5。

图 17.2.14　定义移除材料的方向

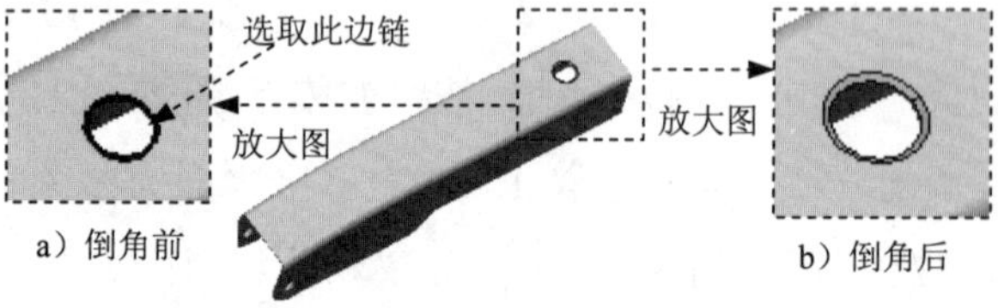

图 17.2.15　倒角特征 1

Step8. 创建图 17.2.16 所示的基准平面 1。单击 模型 功能选项卡 基准 区域中的“平面”按钮，选取图 17.2.16 所示的模型表面为偏距参考面，在对话框中输入偏移距离值 -9.5，单击对话框中的 确定 按钮。

注意：基准平面 DTM1 在后面的装配中起定位作用。

Step9. 保存零件模型文件。

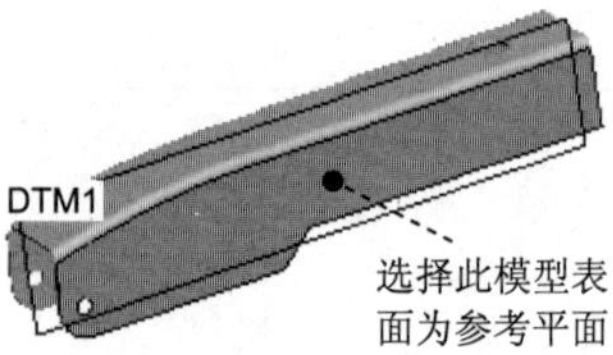

图 17.2.16　基准平面 1

17.3 钣金件 2

Task1. 创建模具

本例所要创建的是图 17.3.1 所示的订书机支撑座，订书机支撑座的钣金模型如图 17.3.2 所示。该模型表面上有一凹形，可以通过成形特征来构建此凹形，因此首先需要创建一个模具。其操作步骤如下。

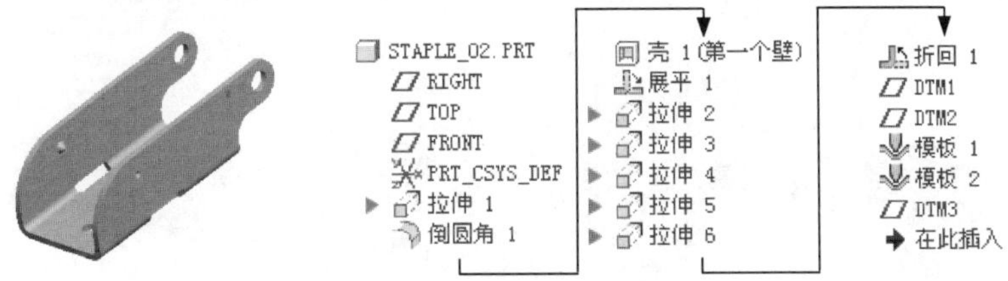

图 17.3.1 零件模型及模型树

Step1. 新建一个零件模型，命名为 SM_PUNCH_01。

图 17.3.2 订书机支撑座模型

Step2. 创建图 17.3.3 所示的旋转特征 1。在操控板中单击“旋转”按钮旋转。选取 RIGHT 基准平面作为草绘平面，选取 TOP 基准平面为参考平面，方向为左；单击草绘按钮，绘制图 17.3.4 所示的截面草图（包括中心线）；在操控板中选择旋转类型为，在角度文本框中输入角度值 360.0，单击按钮，完成旋转特征 1 的创建。

图 17.3.3 旋转特征 1

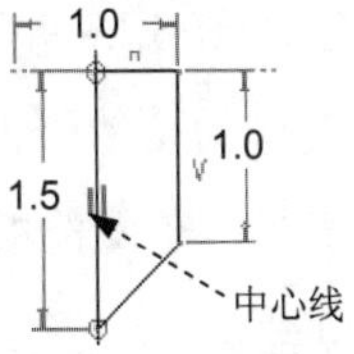

图 17.3.4 截面草图

Step3. 创建图 17.3.5 所示的拉伸特征 1。在操控板中单击“拉伸”按钮拉伸。选取图 17.3.5b 所示的模型表面作为草绘平面，接受图 17.3.5b 所示的草绘方向，采用默认的参考平面，方向为上；绘制图 17.3.6 所示的截面草图，在操控板中定义拉伸类型为，输入深度值 4.0；单击按钮，完成拉伸特征 1 的创建。

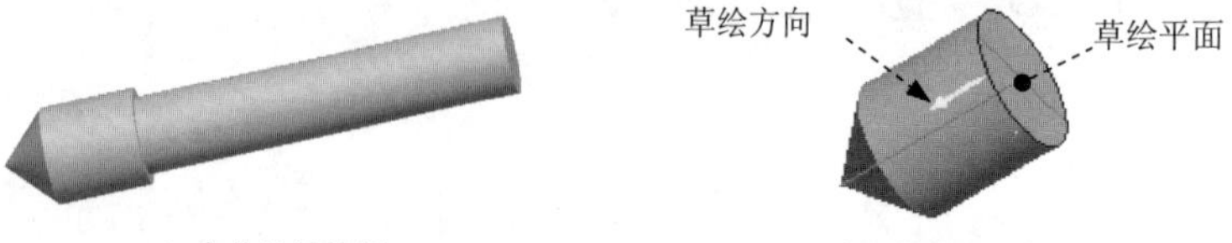

a）实体拉伸特征　　b）选取草绘平面与参考方向

图 17.3.5　拉伸特征 1

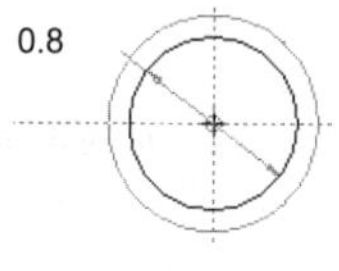

图 17.3.6　截面草图

Step4. 创建图 17.3.7 所示的倒角特征 1。单击 模型 功能选项卡 工程 区域中的 倒角 按钮，选取图 17.3.7a 中的模型边链为倒角的边线，边倒角方案为 D x D，倒角尺寸距离值为 0.1。

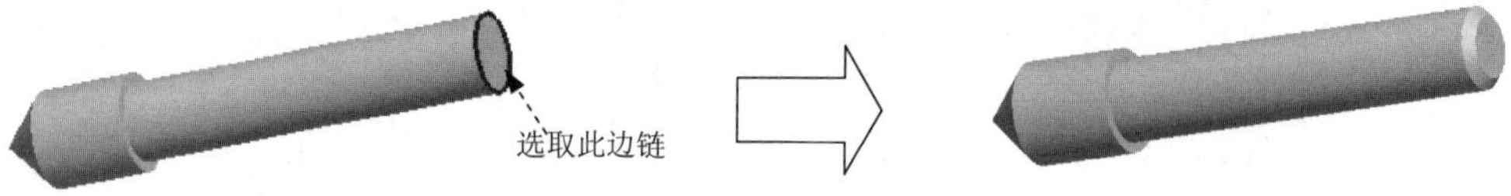

a）倒角前　　b）倒角后

图 17.3.7　倒角特征 1

Step5. 创建图 17.3.8 所示的倒圆角特征 1。单击 模型 功能选项卡 工程 区域中的 倒圆角 按钮，选取图 17.3.8a 所示的边链为倒圆角的边线；在圆角半径文本框中输入数值 0.1。

Step6. 保存零件模型文件。

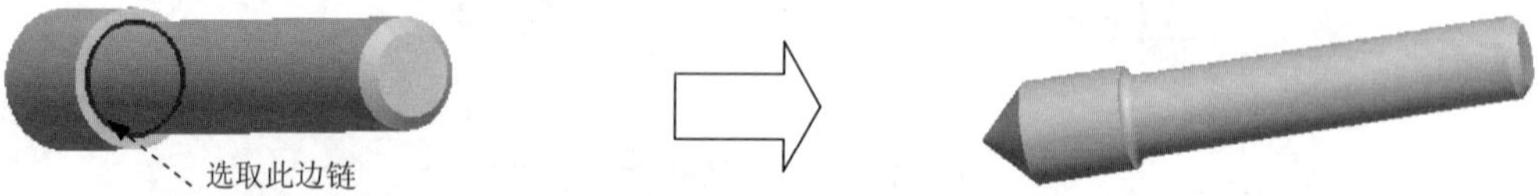

a）倒圆角前　　b）倒圆角后

图 17.3.8　倒圆角特征 1

Task2. 创建主体零件模型

Step1. 新建一个零件模型，命名为 STAPLE_02。

Step2. 创建图 17.3.9 所示的拉伸特征 1。在操控板中单击“拉伸”按钮 拉伸。选取 TOP 基准平面作为草绘平面，选取 RIGHT 基准平面为参考平面，方向为 右；绘制图 17.3.10 所示的截面草图，在操控板中定义拉伸类型为，输入深度值 16.0；单击按钮，完成拉伸特征 1 的创建。

图 17.3.9　拉伸特征 1

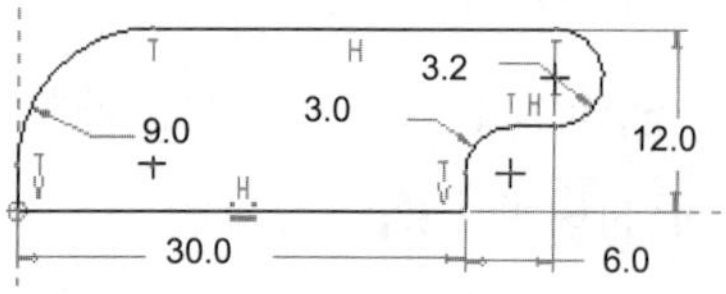

图 17.3.10　截面草图

Step3. 创建图 17.3.11 所示的倒圆角特征 1。单击 模型 功能选项卡 工程 ▾ 区域中的 倒圆角 ▾ 按钮，选取图 17.3.11a 所示的两条边线为倒圆角的边线；在圆角半径文本框中输入数值 3.0。

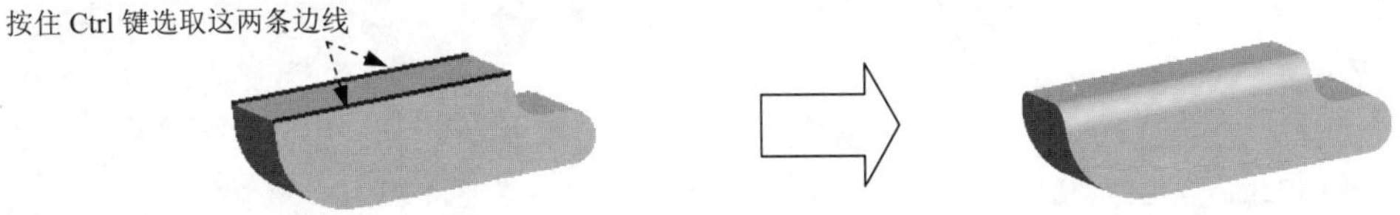

a）倒圆角前　　b）倒圆角后

图 17.3.11　倒圆角特征 1

Step4. 将实体零件转换成第一钣金壁（图 17.3.12）。选择 模型 功能选项卡 操作 ▾ 节点下的 转换为钣金件 命令，在系统弹出的操控板中单击 按钮；按住 Ctrl 键，选取图 17.3.13 所示的七个模型表面为壳体的移除面；输入钣金壁厚度值为 0.6，单击 ✓ 按钮，完成转换钣金特征的创建。

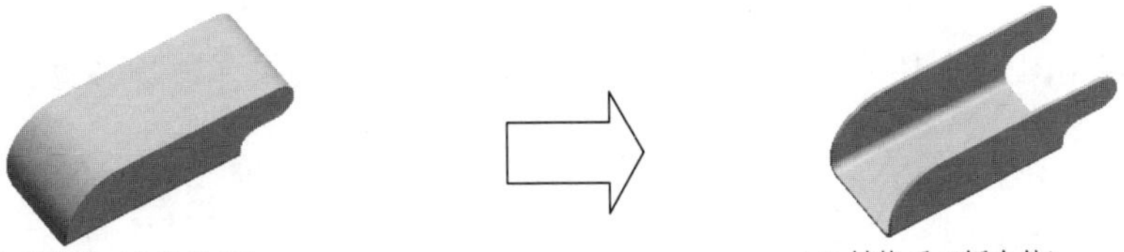

a）转换前（实体零件）　　b）转换后（钣金件）

图 17.3.12　转换成第一钣金壁

Step5. 创建图 17.3.14 所示的钣金展平特征 1。单击 模型 功能选项卡 折弯 ▾ 区域中的“展平”按钮 ；在“展平”操控板中单击 按钮，选取图 17.3.14 所示的平面为固定平面；单击 ✓ 按钮，完成展平特征 1 的创建。

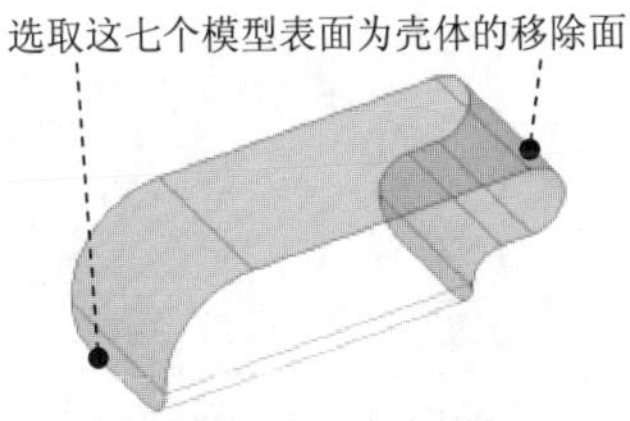

图 17.3.13　定义移除面

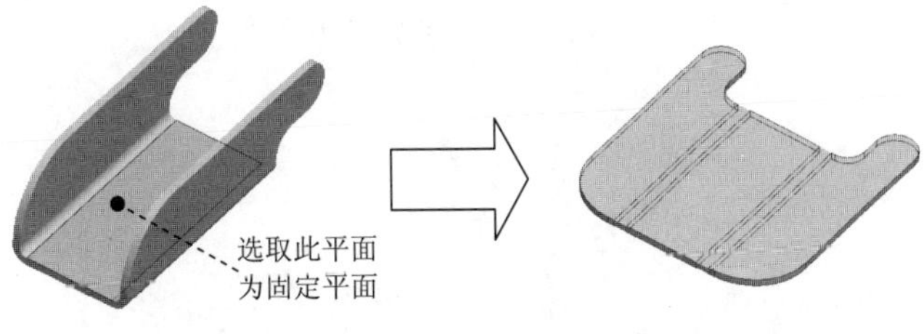

图 17.3.14　展平特征 1

Step6. 创建图 17.3.15 所示的钣金拉伸切削特征 1。在操控板中单击 拉伸 按钮，确认 按钮、 按钮和 按钮被按下；选取图 17.3.16 所示的模型表面为草绘平面，接受图 17.3.16 所示的草绘方向，选取 RIGHT 基准平面为参考平面，方向为 右；单击 草绘 按钮，绘制图 17.3.17 所示的截面草图；在操控板中定义拉伸类型为 ，选择材料移除的方向类型为 （移除垂直于驱动曲面的材料）；单击 ✓ 按钮，完成拉伸切削特征 1 的创建。

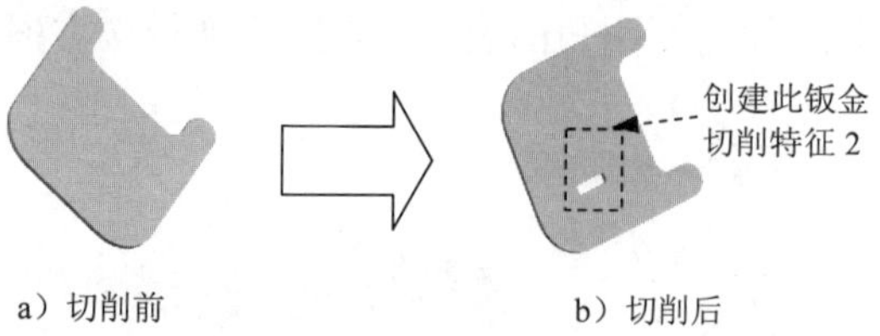

图 17.3.15　拉伸切削特征 1

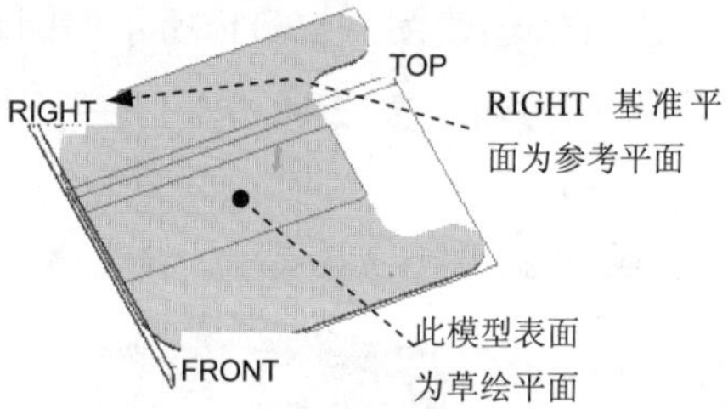

图 17.3.16　草绘平面

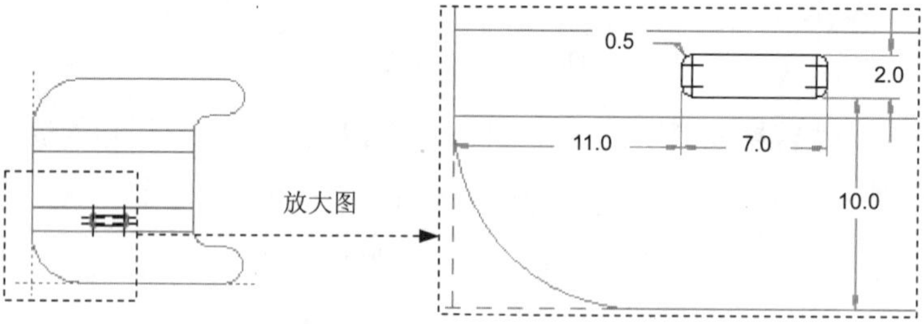

图 17.3.17　截面草图

Step7. 创建图 17.3.18 所示的钣金拉伸切削特征 2（详细操作过程参见 Step6）。

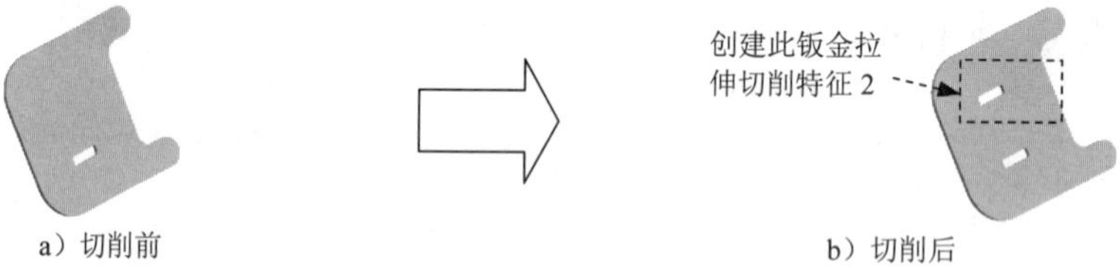

图 17.3.18　拉伸切削特征 2

Step8. 创建图 17.3.19 所示的钣金拉伸切削特征 3，绘制图 17.3.20 所示的截面草图（详细操作过程参见 Step6）。

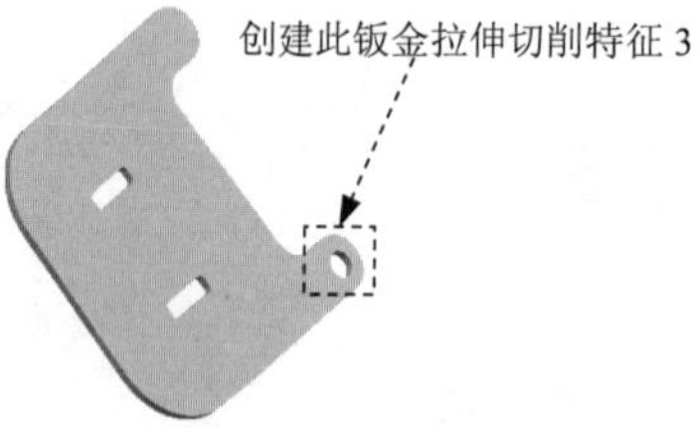

图 17.3.19　拉伸切削特征 3

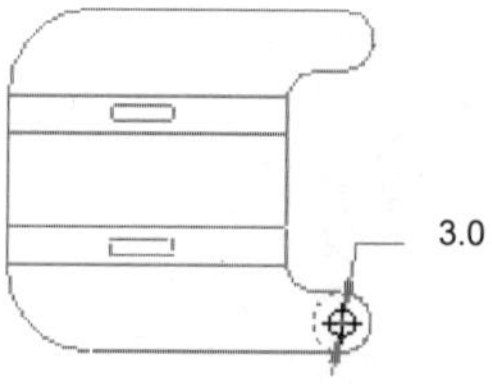

图 17.3.20　截面草图

Step9. 创建图 17.3.21 所示的钣金拉伸切削特征 4，截面草图如图 17.3.22 所示（详细操作过程参见 Step6）。

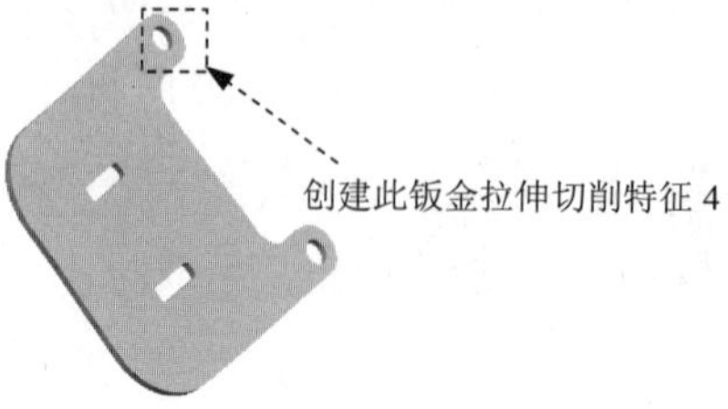

图 17.3.21　拉伸切削特征 4

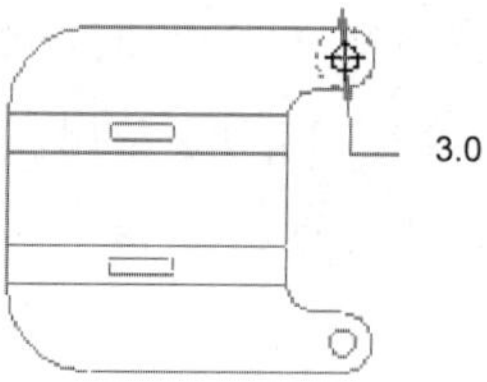

图 17.3.22　截面草图

Step10. 创建图 17.3.23 所示的钣金拉伸切削特征 5，截面草图如图 17.3.24 所示（详细操作过程参见 Step6）。

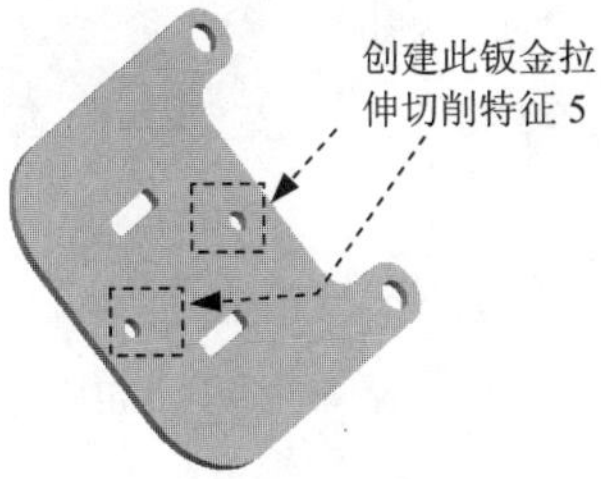

图 17.3.23 拉伸切削特征 5

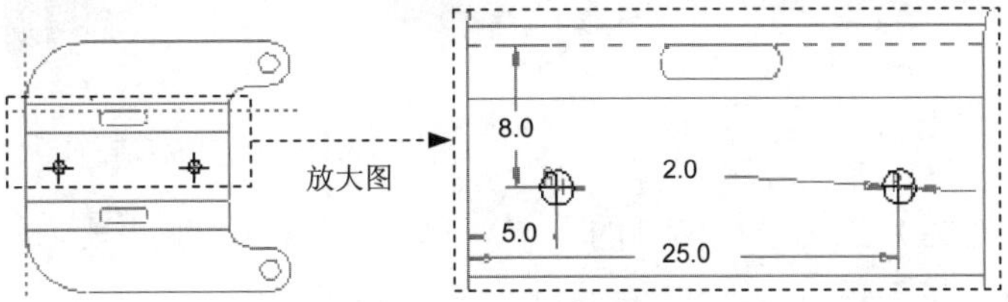

图 17.3.24 截面草图

Step11. 创建图 17.3.25 所示的钣金折弯回去特征 1。单击 模型 功能选项卡 折弯 ▾ 区域中的“折弯回去”按钮 折弯回去，在“折回”操控板中单击按钮；然后单击✔按钮，完成折回特征 1 的创建。

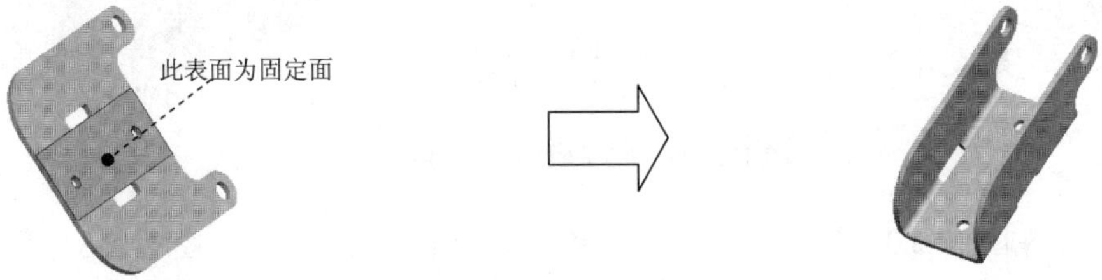

a）折弯回去前　　b）折弯回去后

图 17.3.25 折弯回去特征 1

Step12. 创建图 17.3.26 所示的基准平面 1（DTM1）。单击 模型 功能选项卡 基准 ▾ 区域中的“平面”按钮，选取基准平面 RIGHT 为偏距参考面，在对话框中输入偏移距离值 10.0（可以通过设置偏距值的正负号来调整方向），单击对话框中的 确定 按钮。

Step13. 创建图 17.3.27 所示的基准平面 2（DTM2）。单击 模型 功能选项卡 基准 ▾ 区域中的“平面”按钮，选取基准平面 FRONT 为偏距参考面，在对话框中输入偏移距离值 7.0，单击对话框中的 确定 按钮。

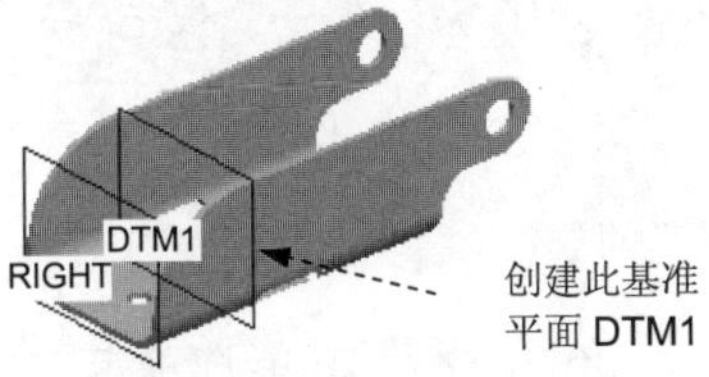

图 17.3.26 基准平面 1

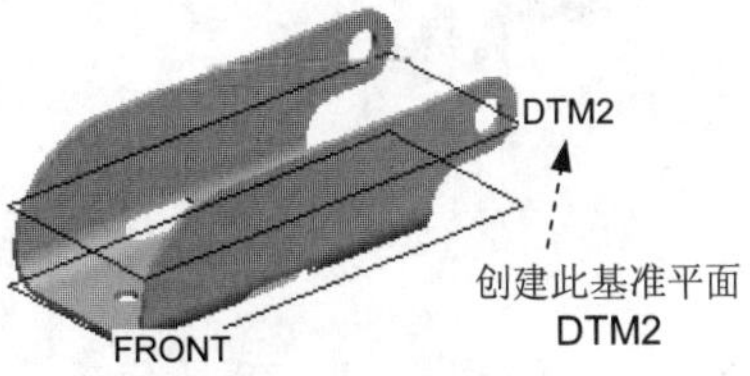

图 17.3.27 基准平面 2

Step14. 创建图 17.3.28 所示的凸模成形特征 1。

（1）选择命令。单击 模型 功能选项卡 工程 ▾ 区域节点下的 凸模 按钮。

（2）选择模具文件。在系统弹出的“凸模”操控板中单击按钮，系统弹出“打开”对话框，选择 sm_punch_01.prt 为成形模具，并将其打开。

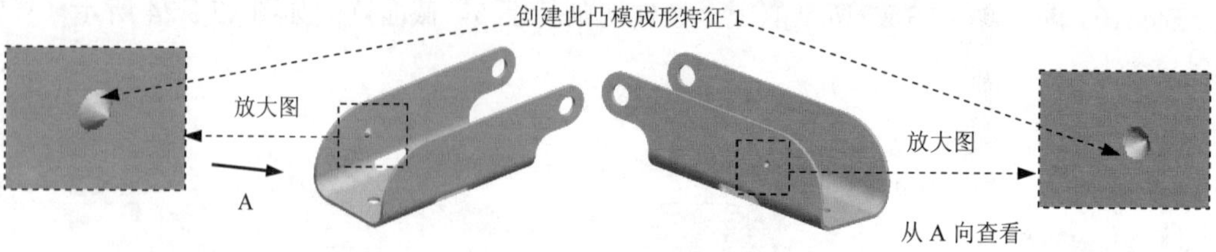

图 17.3.28　凸模成形特征 1

（3）定义成形模具的放置。单击操控板中的 放置 选项卡，在系统弹出的界面中选中 ✓ 约束已启用 复选框，并添加图 17.3.29 所示的三组位置约束。

（4）在操控板中单击“完成”按钮✓，完成凸模成形特征 1 的创建。

图 17.3.29　定义成形模具的放置

Step15. 创建图 17.3.30 所示的凸模成形特征 2，成形模具的放置如图 17.3.31 所示，详细操作过程参见 Step14。

图 17.3.30　凸模成形特征 2

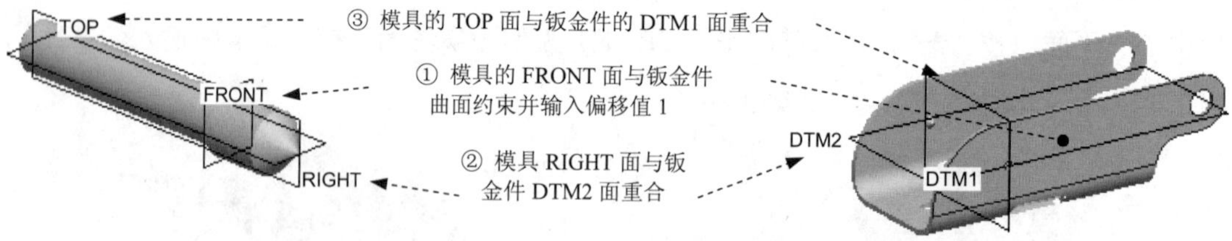

图 17.3.31　定义成形模具的放置

Step16. 创建图 17.3.32 所示的基准平面 3（DTM3）。单击 模型 功能选项卡 基准 ▾ 区域中的“平面”按钮▱，按住 Ctrl 键选取钣金切削特征 5 时系统自动生成的两条轴为参考，单击对话框中的 确定 按钮。

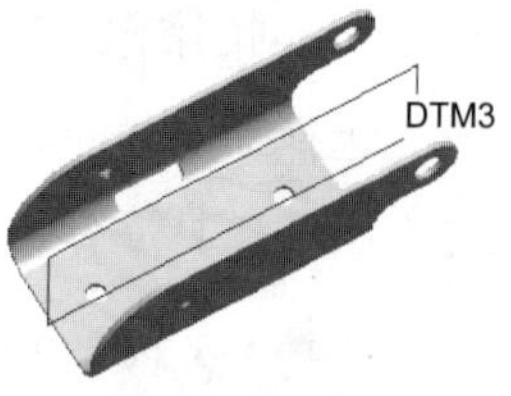

图 17.3.32　基准平面 3

注意：基准平面 DTM3 在后面的装配中起定位作用。

Step17. 保存零件模型文件。

17.4 钣金件 3

零件模型及模型树如图 17.4.1 所示。

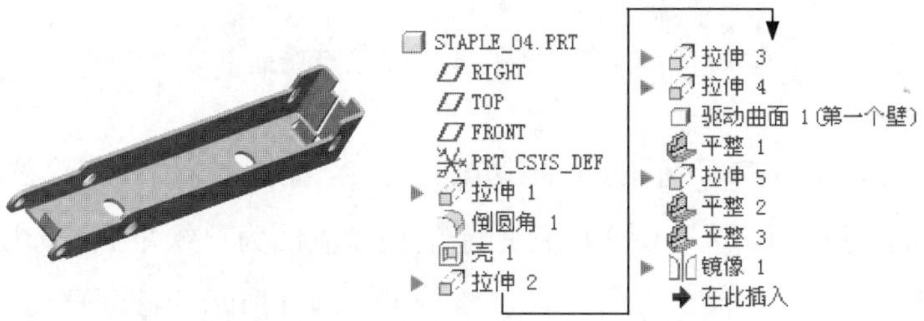

图 17.4.1 零件模型及模型树

Step1. 新建一个零件模型，命名为 STAPLE_04。

Step2. 创建图 17.4.2 所示的拉伸特征 1。在操控板中单击“拉伸”按钮。选取 FRONT 基准平面为草绘平面，选取 RIGHT 基准平面为参考平面，方向为右；绘制图 17.4.3 所示的截面草图，在操控板中定义拉伸类型为，输入深度值 15.0；单击按钮，完成拉伸特征 1 的创建。

图 17.4.2 拉伸特征 1

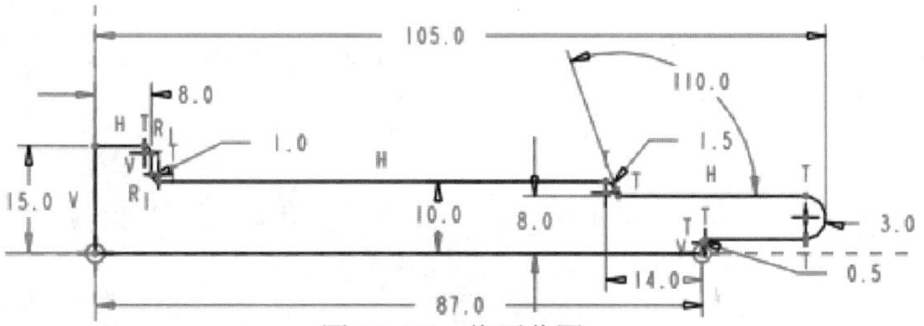

图 17.4.3 截面草图

Step3. 创建图 17.4.4b 所示的倒圆角特征 1。单击 模型 功能选项卡 工程 区域中的 倒圆角 按钮，选取图 17.4.4a 所示的边线为倒圆角的边线；在圆角半径文本框中输入数值 1.2。

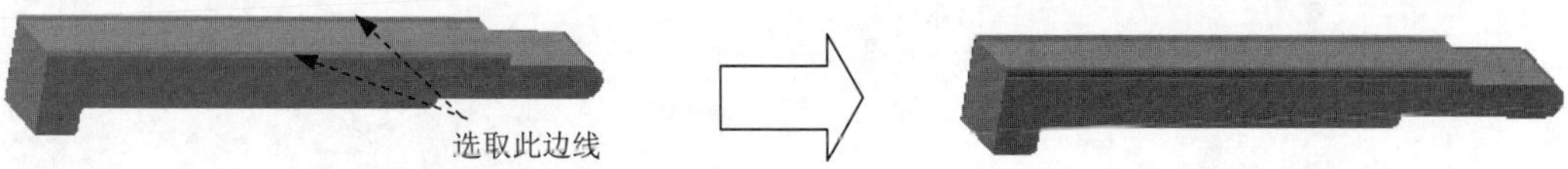

a）倒圆角前 b）倒圆角后

图 17.4.4 倒圆角特征 1

Step4. 创建图 17.4.5 所示的抽壳特征 1。单击 模型 功能选项卡 工程 区域中的“壳”按钮，选取图 17.4.6 所示的面为移除面，在 厚度 文本框中输入壁厚值为 1.0，单击按钮，完成抽壳特征 1 的创建。

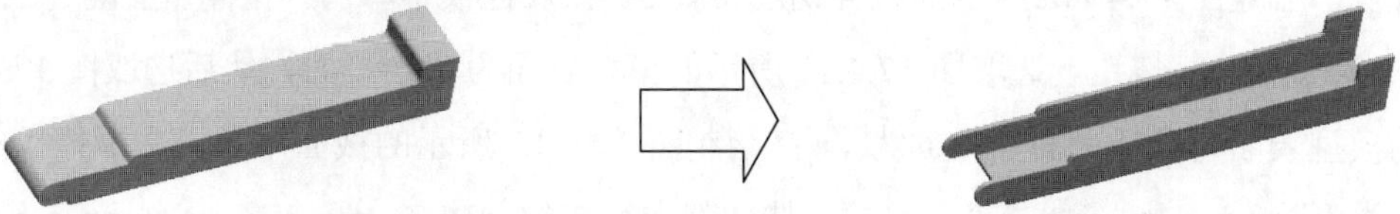

a）抽壳前 b）抽壳后

图 17.4.5 抽壳特征 1

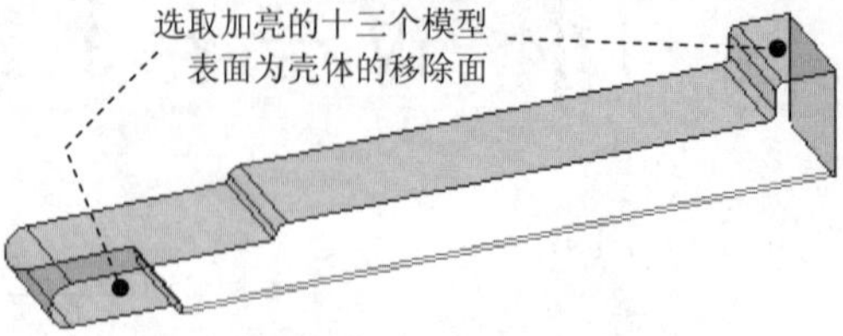

图 17.4.6　定义移除面

Step5. 创建图 17.4.7 所示的拉伸切削特征 2。在操控板中单击“拉伸”按钮 拉伸 ，按下操控板中的按钮。选取图 17.4.8 所示的模型表面为草绘平面，选取图 17.4.8 所示的 RIGHT 基准平面为参考平面，方向为左；绘制图 17.4.9 所示的截面草图，定义移除材料的方向如图 17.4.10 所示，在操控板中定义拉伸类型为；单击按钮，完成拉伸切削特征 2 的创建。

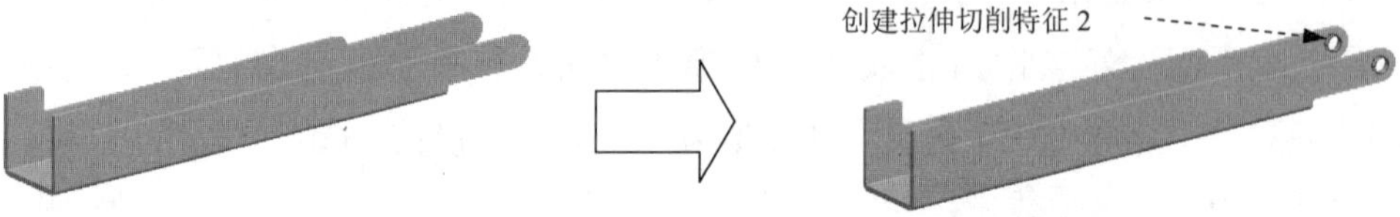

a）切削前　　　　b）切削后

图 17.4.7　拉伸切削特征 2

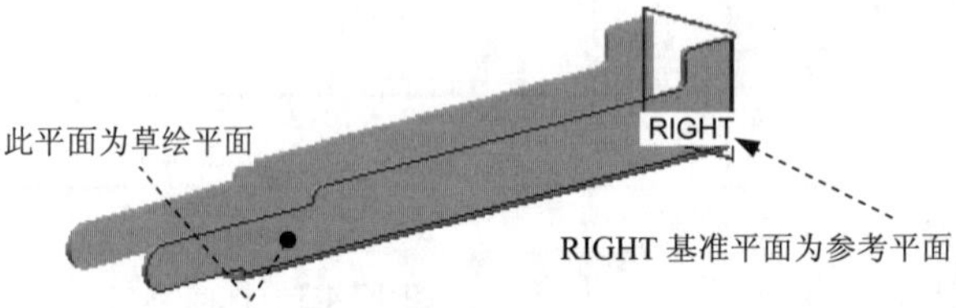

图 17.4.8　草绘平面

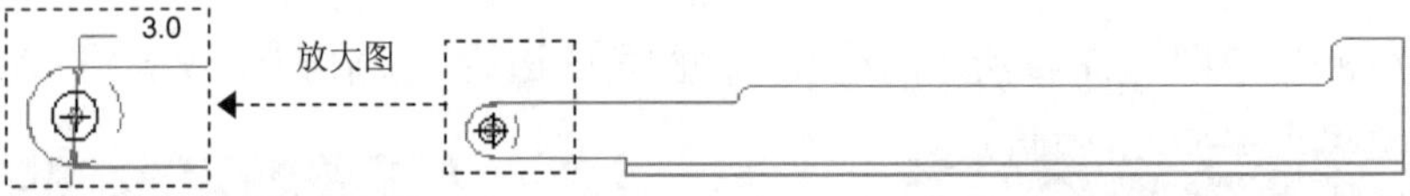

图 17.4.9　截面草图

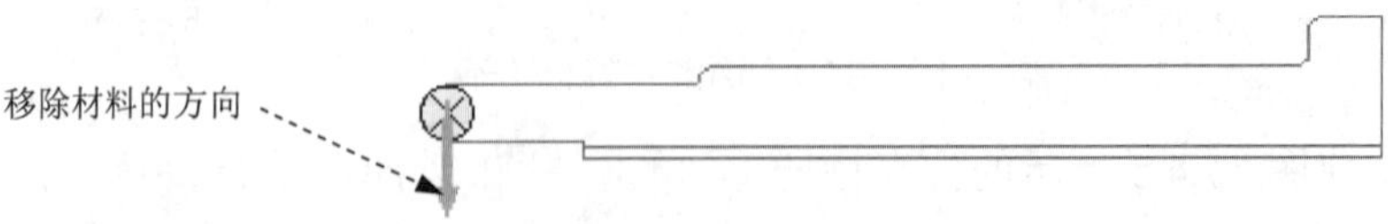

图 17.4.10　定义移除材料的方向

Step6. 创建图 17.4.11a 所示的拉伸切削特征 3。在操控板中单击“拉伸”按钮 拉伸 ，按下操控板中的按钮。选取图 17.4.12 所示的模型表面为草绘平面，然后选取图 17.4.12 所示的模型表面为参考平面，方向为上；绘制图 17.4.13 所示的截面草图，在操控板中定义拉伸类型为；单击按钮，完成拉伸切削特征 3 的创建。

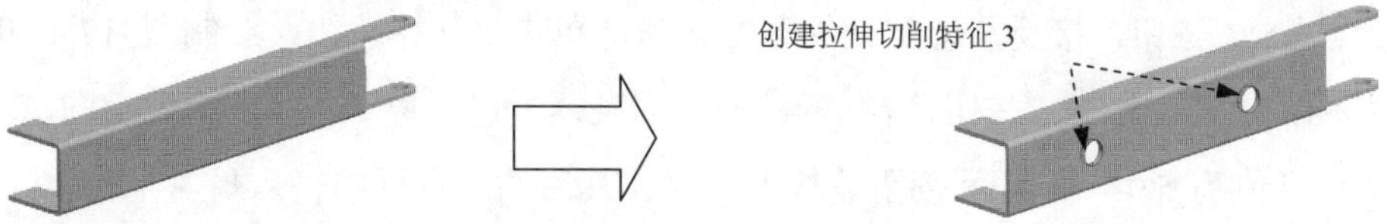

a）切削前　　b）切削后

图 17.4.11　拉伸切削特征 3

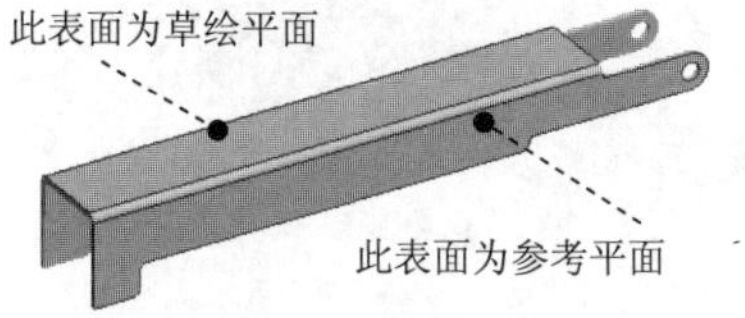

图 17.4.12　草绘平面

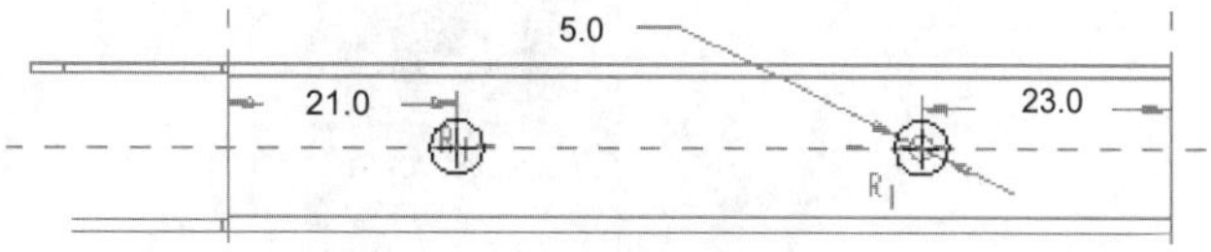

图 17.4.13　截面草图

Step7. 创建图 17.4.14 所示的拉伸切削特征 4。在操控板中单击“拉伸”按钮拉伸，按下操控板中的按钮。选取图 17.4.15 所示的模型表面为草绘平面，选取 RIGHT 基准平面为参考平面，方向为左；绘制图 17.4.16 所示的截面草图，在操控板中定义拉伸类型为；单击按钮，完成拉伸切削特征 4 的创建。

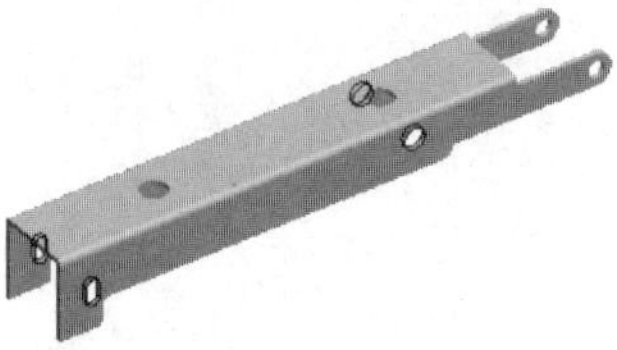

图 17.4.14　拉伸切削特征 4

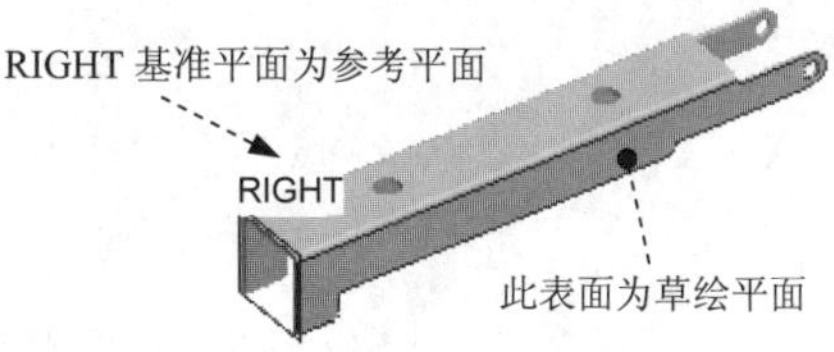

图 17.4.15　草绘平面

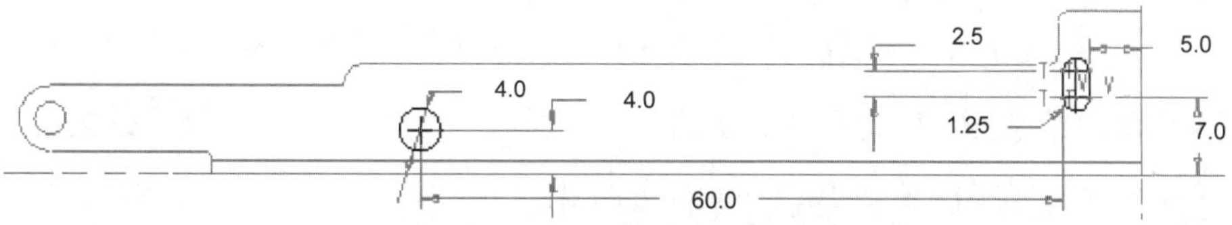

图 17.4.16　截面草图

Step8. 将实体零件转换成第一钣金壁。选择模型功能选项卡操作节点下的转换为钣金件命令，在操控板中单击按钮；选取图 17.4.17 所示的模型表面为驱动面，输入钣金壁厚度值 1.0，单击按钮，完成转换钣金特征的创建。

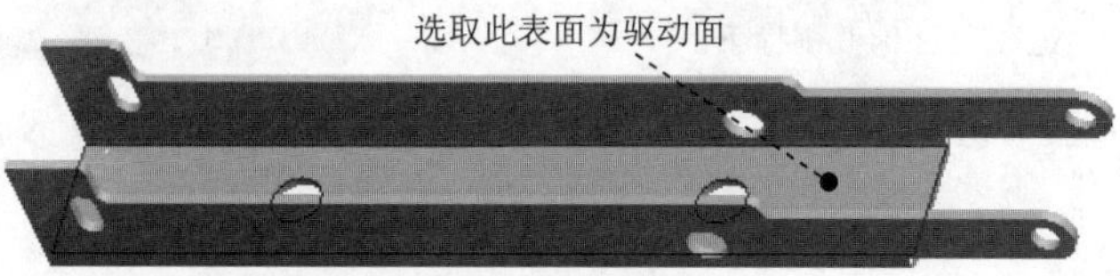

图 17.4.17　定义驱动面

Step9. 创建图 17.4.18 所示的附加钣金壁平整特征 1。单击模型功能选项卡形状区域中的“平整”按钮，选取图 17.4.19 所示的模型边线为附着边。在操控板中选择形状类型为用户定义，在后的文本框中输入角度值 90.0；单击形状按钮，在系统弹出的界面中

单击 草绘... 按钮，接受系统默认的草绘参考，单击 反向 按钮；绘制图 17.4.20 所示的截面草图；单击 止裂槽 按钮，在 类型 下拉列表框中选择 拉伸 选项，止裂槽的宽度类型为 厚度，角度值为 5.0；确认按钮被按下，并在其后的文本框中输入折弯半径值 1.0，折弯半径所在侧为；单击✔按钮，完成平整特征 1 的创建。

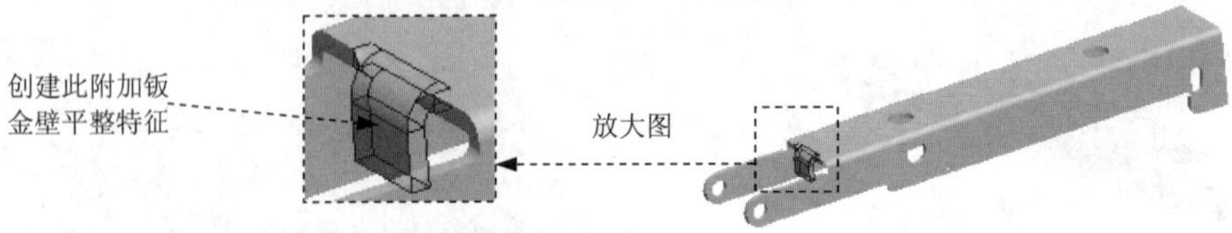

图 17.4.18 平整特征 1

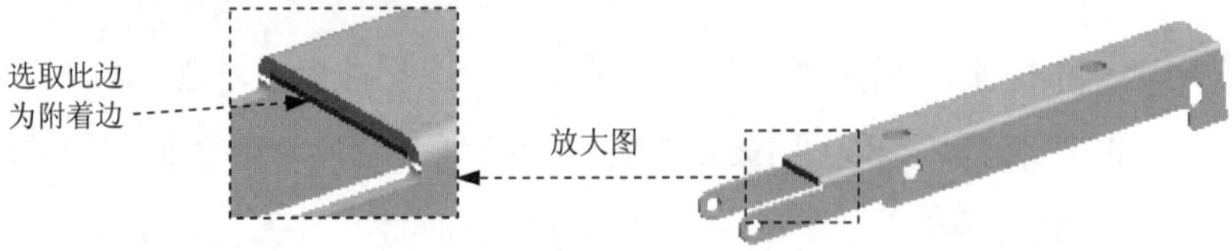

图 17.4.19 定义附着边

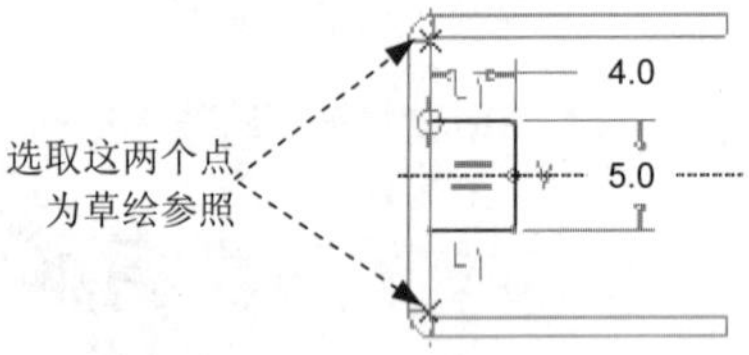

图 17.4.20 截面草图

Step10. 创建图 17.4.21 所示的钣金拉伸切削特征 1。在操控板中单击 拉伸 按钮，确认按钮、按钮被按下，然后确认操控板中的按钮处于弹起状态；选取图 17.4.22 所示的模型表面为草绘平面，接受系统默认的参考平面，方向为 上；单击 草绘 按钮，绘制图 17.4.23 所示的截面草图；在操控板中定义拉伸类型为，单击 选项 按钮，在系统弹出的界面中 侧 1 下拉列表中选择 穿透 选项，在 侧 2 下拉列表中选择 盲孔 选项，输入深度值 0.2；单击✔按钮，完成拉伸切削特征 1 的创建。

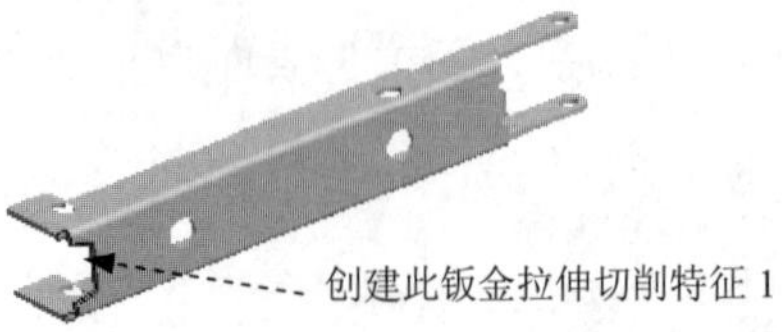

图 17.4.21 拉伸切削特征 1

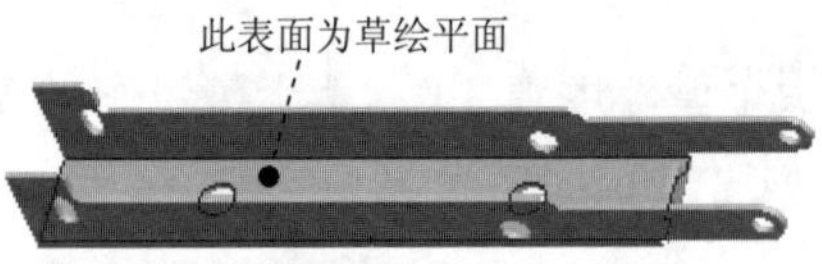

图 17.4.22 设置草绘平面

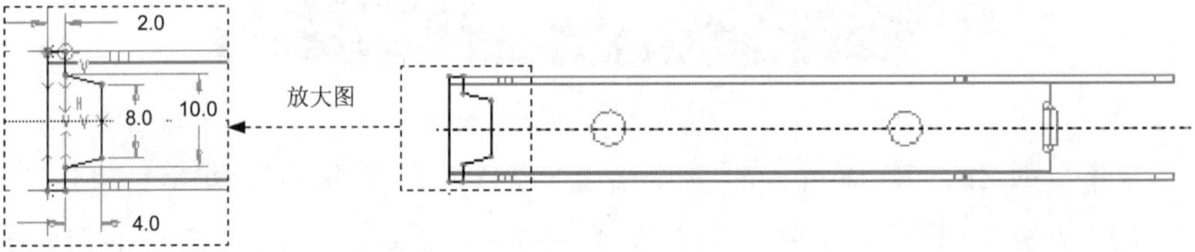

图 17.4.23 截面草图

Step11. 创建图 17.4.24 所示的附加钣金壁平整特征 2。单击 模型 功能选项卡 形状 ▾ 区域中的“平整”按钮，选取图 17.4.25 所示的模型边线为附着边。在操控板中选择形状类型为 用户定义，在 后的文本框中输入角度值 90.0；单击 形状 按钮，在系统弹出的界面中单击 草绘... 按钮，接受系统默认的参考平面（图 17.2.26 所示），方向为 右；选取图 17.4.27 中的顶点为参考，绘制图 17.4.27 所示的截面草图；单击 止裂槽 按钮，在 类型 下拉列表框中选择 拉伸 选项，止裂槽的宽度类型为 厚度，角度值为 5.0；确认 按钮被按下，并在其后的文本框中输入折弯半径值 1.0，折弯半径所在侧为 。单击 ✔ 按钮，完成平整特征 2 的创建。

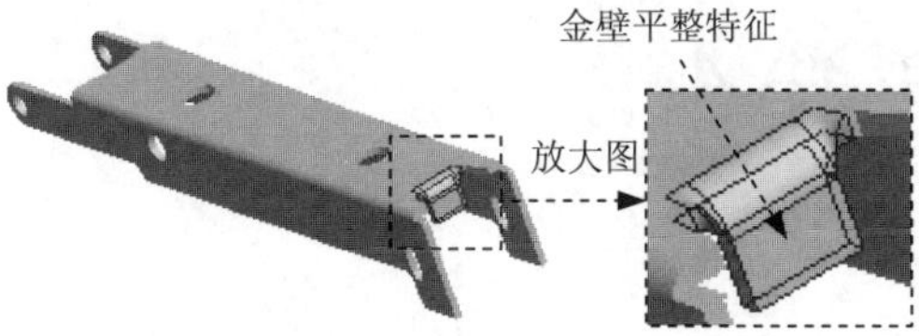

图 17.4.24 平整特征 2

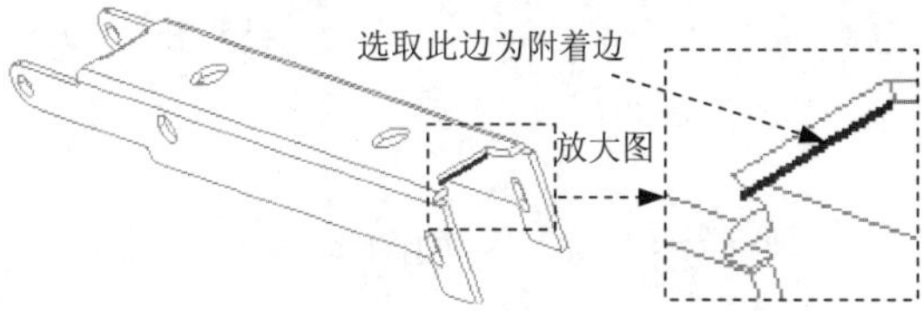

图 17.4.25 定义附着边

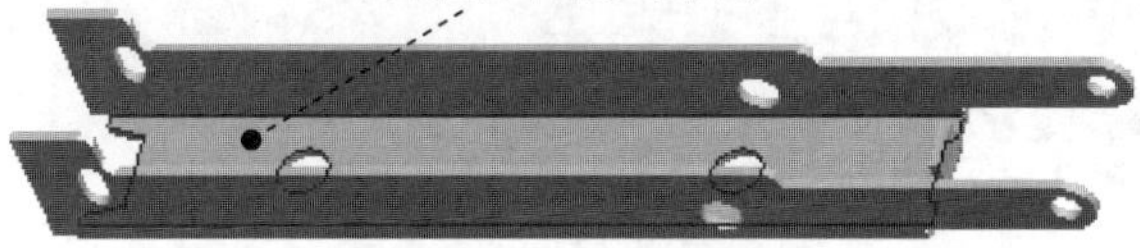

图 17.4.26 草绘平面

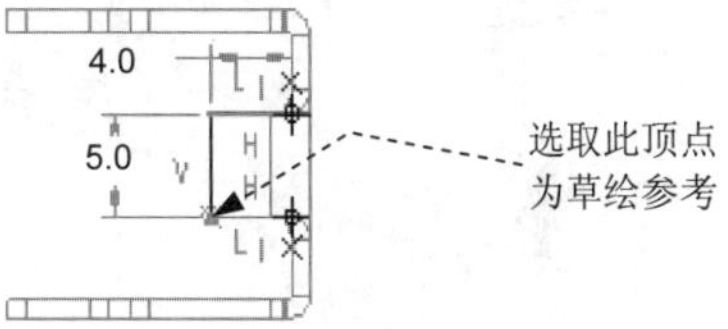

图 17.4.27 截面草图

Step12. 创建图 17.4.28 所示的附加钣金壁平整特征 3。单击 模型 功能选项卡 形状 ▾ 区域中的“平整”按钮，选取图 17.4.29 所示的模型边线（外侧边）。在操控板中选择形状类型为 用户定义，在 后的文本框中输入角度值 90.0；单击 形状 按钮，在系统弹出的界面中单击 草绘... 按钮，接受系统默认的草绘参考和方向，然后单击 草绘 按钮，绘制图 17.4.30 所示的截面草图；单击 止裂槽 按钮，在 类型 下拉列表框中选择 扯裂 选项；确认 按钮被按下，并在其后的文本框中输入折弯半径值 1.0；折弯半径所在侧为 。单击 ✔ 按钮，完成平整特征 3 的创建。

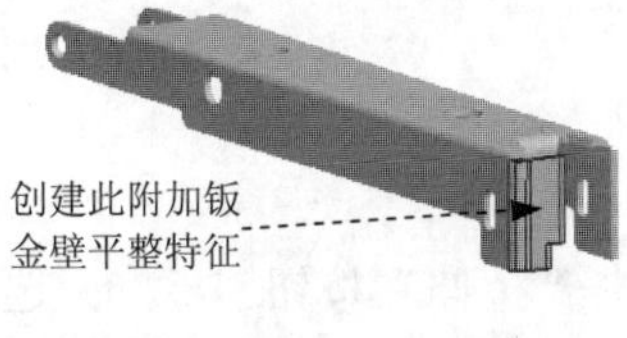

图 17.4.28 平整特征 3

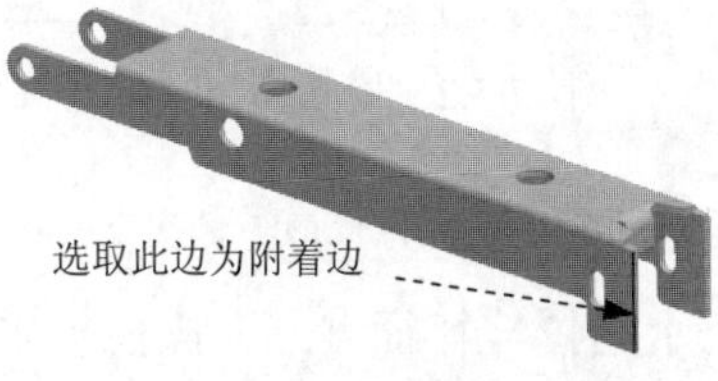

图 17.4.29 定义附着边

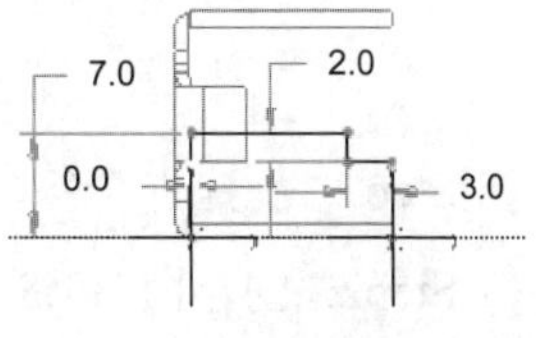

图 17.4.30 截面草图

Step13. 创建图 17.4.31 所示的镜像特征 1。在模型树中选择上一步所创建的 平整 3 特征为镜像源特征；单击 模型 功能选项卡 编辑 ▾ 下的 镜像 命令，选取 FRONT 基准平面为镜像平面；单击按钮，完成镜像特征 1 的创建。

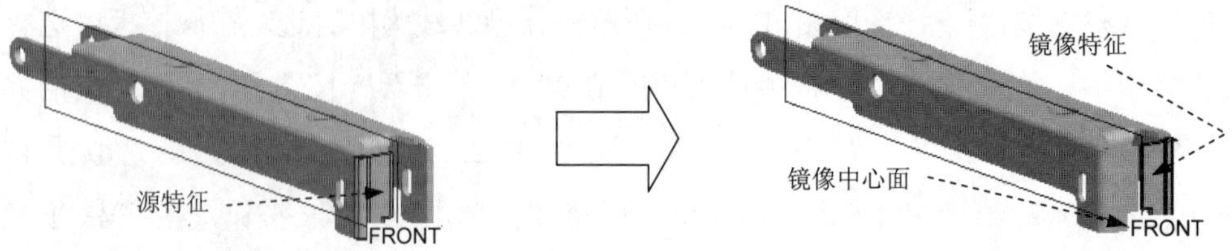

a）镜像复制前　　b）镜像复制后

图 17.4.31　镜像特征 1

Step14. 保存零件模型文件。

17.5 钣 金 件 4

零件模型及模型树如图 17.5.1 所示。

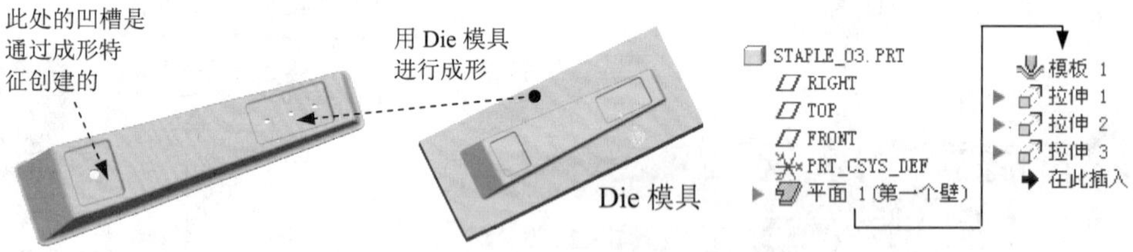

图 17.5.1　零件模型及模型树

Task1. 创建模具

Die 模具用于创建模具成形特征，在该模具零件中，必须有一个基础平面作为边界面，下面先来创建用于成形特征的模具（图 17.5.2）。此模具所创建的成形特征可形成凹槽。

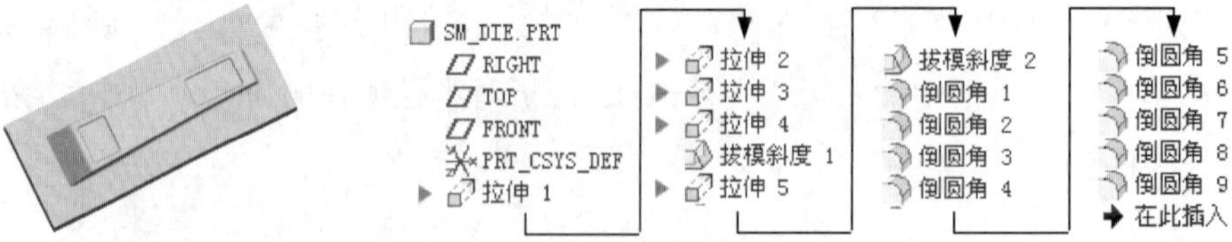

图 17.5.2　模具模型及模型树

Step1. 新建一个零件模型，命名为 SM_DIE。

Step2. 创建图 17.5.3 所示的拉伸特征 1。在操控板中单击“拉伸”按钮拉伸。选取 FRONT 基准平面为草绘平面，选取 RIGHT 基准平面为参考平面，方向为右；绘制图 17.5.4 所示的截面草图，在操控板中定义拉伸类型为，输入深度值 34.0；单击按钮，完成拉伸特征 1 的创建。

图 17.5.3　拉伸特征 1

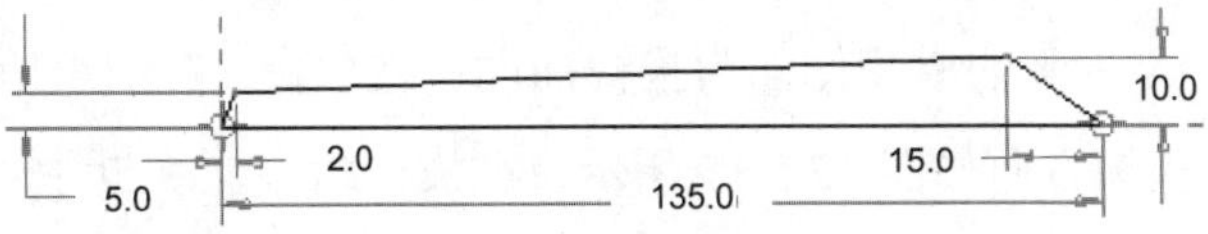

图 17.5.4　截面草图

Step3. 创建图 17.5.5 所示的拉伸特征 2。在操控板中单击“拉伸”按钮，按下操控板中的按钮。选取草绘平面与草绘参考如图 17.5.6 所示，方向为右；绘制图 17.5.7 所示的截面草图；在操控板中定义拉伸类型为，单击按钮后的按钮；单击按钮，完成拉伸特征 2 的创建。

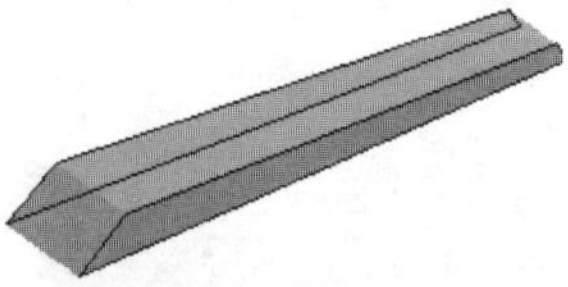

图 17.5.5　拉伸特征 2

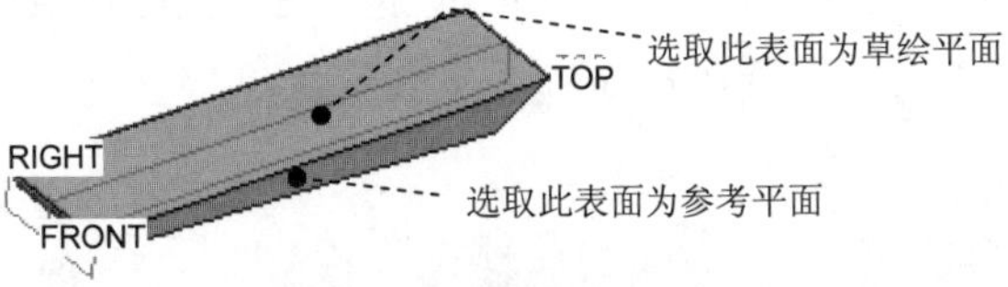

图 17.5.6　定义草绘平面与参考平面

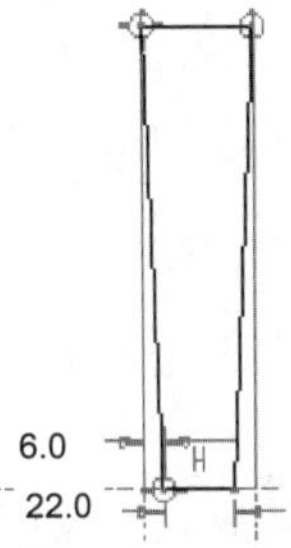

图 17.5.7　截面草图

Step4. 创建图 17.5.8 所示的拉伸特征 3。在操控板中单击“拉伸”按钮。选取图 17.5.9 所示的模型的底面为草绘平面，接受系统默认的参考平面，方向为上；绘制图 17.5.10 所示的截面草图；在操控板中定义拉伸类型为，输入深度值 15.0；单击按钮，完成拉伸特征 3 的创建。

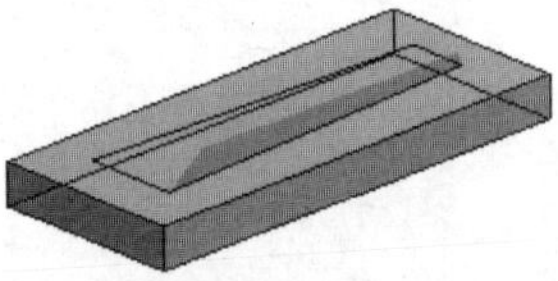

图 17.5.8　拉伸特征 3

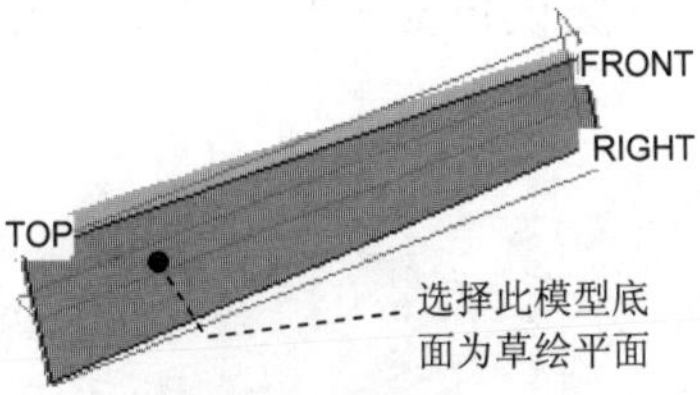

图 17.5.9　草绘平面

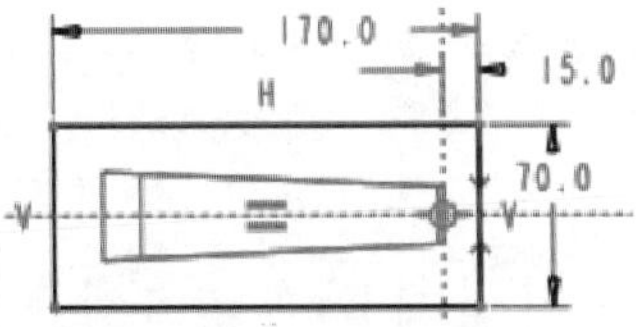

图 17.5.10　截面草图

Step5. 创建图 17.5.11 所示的拉伸特征 4。在操控板中单击“拉伸”按钮，按下操控板中的按钮。选取图 17.5.12 所示的模型的上表面为草绘平面，接受系统默认的参考平面，方向为下；绘制图 17.5.13 所示的截面草图；在操控板中定义拉伸类型为，输入深度值 1.0，单击按钮，完成拉伸特征 4 的创建。

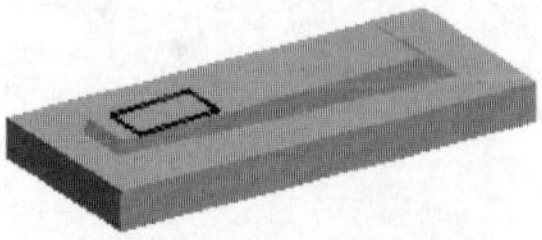

图 17.5.11　拉伸特征 4

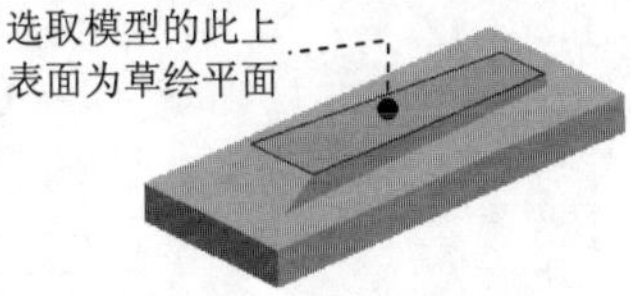

图 17.5.12　草绘平面与参考平面

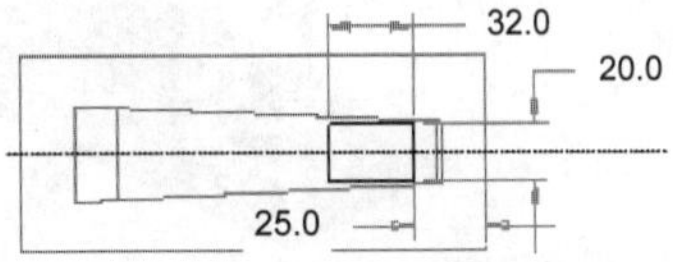

图 17.5.13　截面草图

Step6. 创建拔模特征 1。单击 模型 功能选项卡 工程 ▼ 区域中的 拔模 ▼ 按钮。选取图 17.5.14 所示的模型侧面为拔模曲面；选取图 17.5.14 所示的模型底面作为拔模枢轴平面；定义拔模方向如图 17.5.15 所示，在拔模角度文本框中输入拔模角度值 10.0；单击按钮，完成拔模特征 1 的创建。

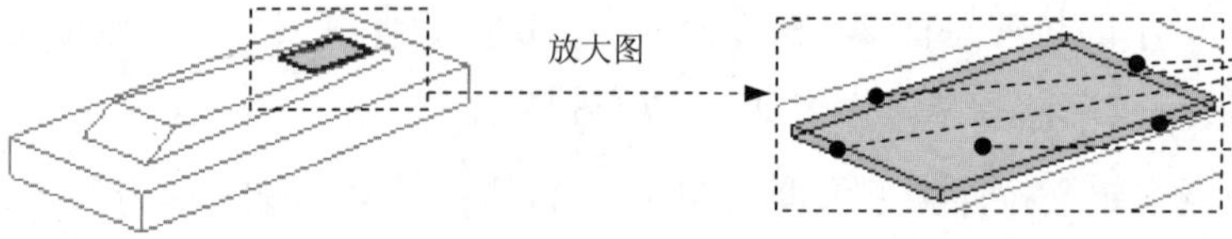

图 17.5.14　定义拔模曲面和拔模枢轴平面

Step7. 创建图 17.5.16 所示的拉伸特征 5。在操控板中单击“拉伸”按钮 拉伸 ，按下操控板中的按钮。选取图 17.5.17 所示的模型的上表面为草绘平面，接受系统默认的参考平面，方向为 下 ；绘制图 17.5.18 所示的截面草图；在操控板中定义拉伸类型为，输入深度值 1.0，单击按钮，完成拉伸特征 5 的创建。

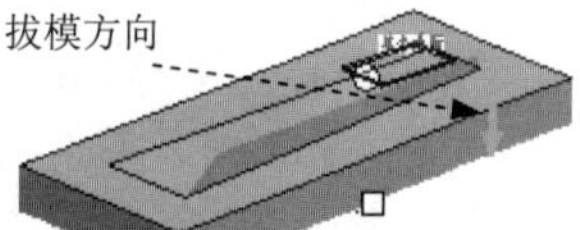

图 17.5.15　拔模方向

图 17.5.16　拉伸特征 5

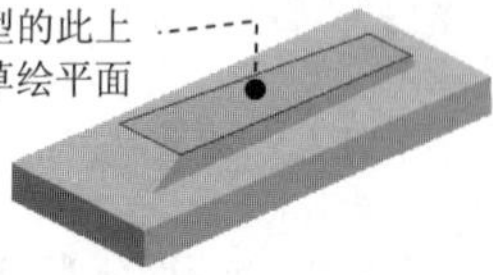

图 17.5.17　草绘平面与参考平面

Step8. 创建拔模特征 2。单击 模型 功能选项卡 工程 ▼ 区域中的 拔模 ▼ 按钮。选取图 17.5.19 所示的模型侧面为拔模曲面；选取图 17.5.19 所示的模型底面作为拔模枢轴平面；定义拔模方向如图 17.5.20 所示，在拔模角度文本框中输入拔模角度值 10.0；单击按钮，完成拔模特征 2 的创建。

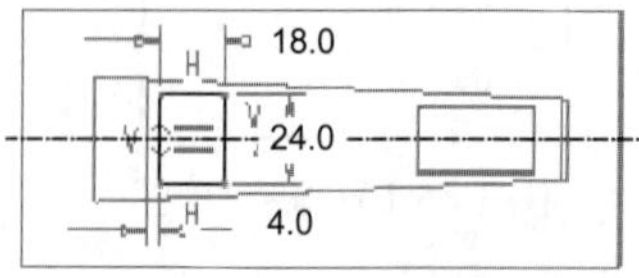

图 17.5.18　截面草图

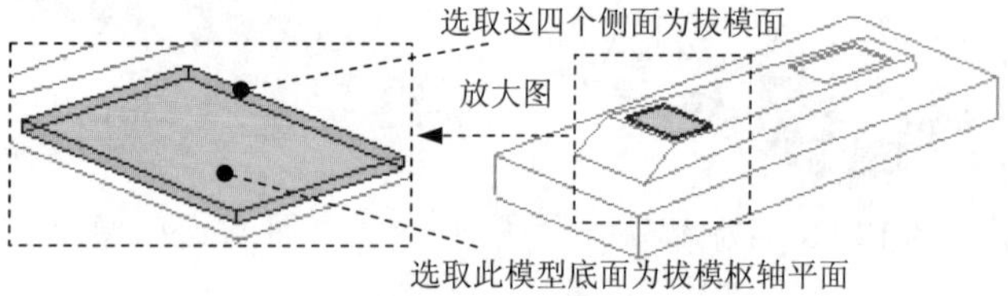

图 17.5.19　定义拔模曲面和拔模枢轴平面

Step9. 创建倒圆角特征 1。单击 模型 功能选项卡 工程 ▼ 区域中的 倒圆角 ▼ 按钮，选取图 17.5.21 所示的边线为倒圆角的边线；在圆角半径文本框中输入数值 4.0。

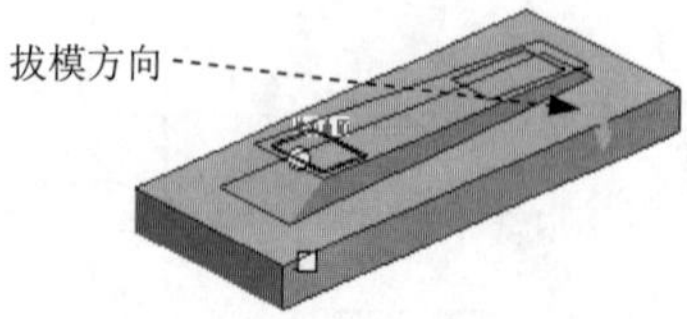

图 17.5.20　拔模方向

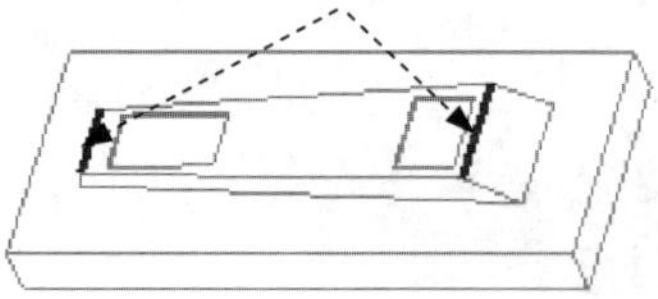

图 17.5.21　倒圆角特征 1

Step10. 创建倒圆角特征 2。选取图 17.5.22 所示的边线为倒圆角的边线，输入圆角半径值 1.5。

Step11. 创建倒圆角特征 3。选取图 17.5.23 所示的边线为倒圆角的边线，输入圆角半径值 0.8。

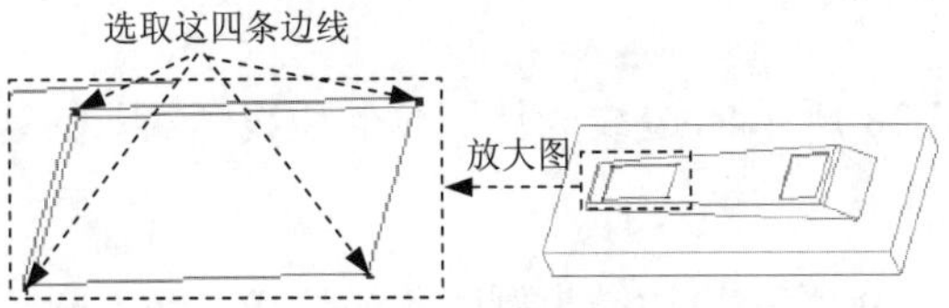

图 17.5.22 倒圆角特征 2

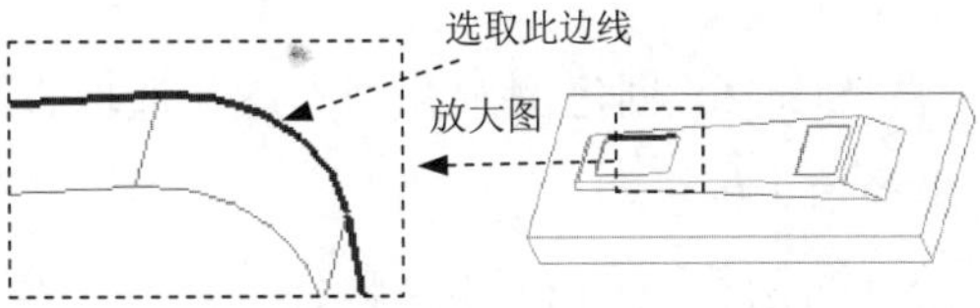

图 17.5.23 倒圆角特征 3

Step12. 创建倒圆角特征 4。选取图 17.5.24 所示的边线为倒圆角的边线，输入圆角半径值 1.0。

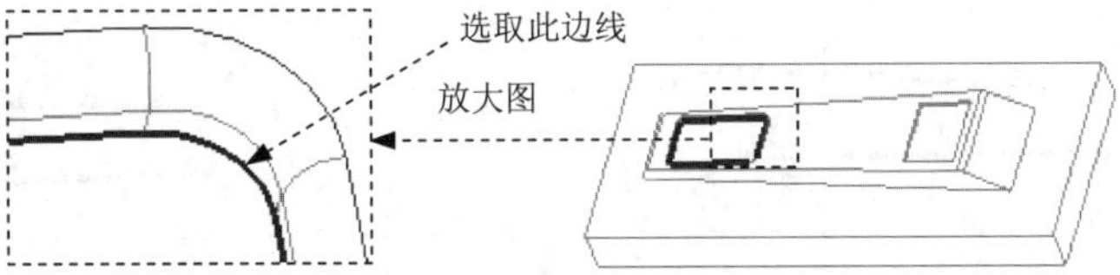

图 17.5.24 倒圆角特征 4

Step13. 创建倒圆角特征 5。选取图 17.5.25 所示的边线为倒圆角的边线，输入圆角半径值 1.5。

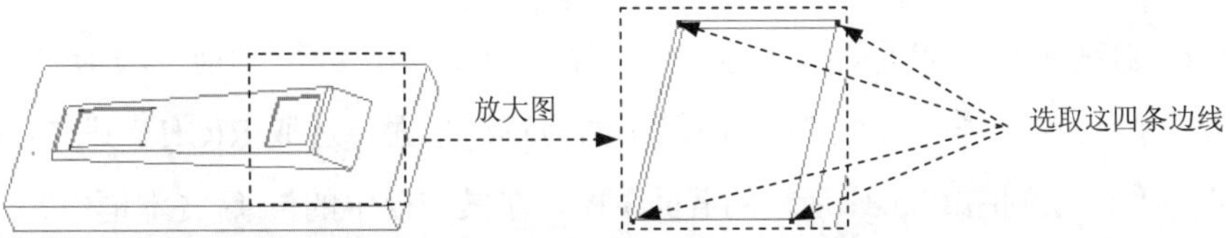

图 17.5.25 倒圆角特征 5

Step14. 创建倒圆角特征 6。选取图 17.5.26 所示的边链为倒圆角的边线，输入圆角半径值 0.8。

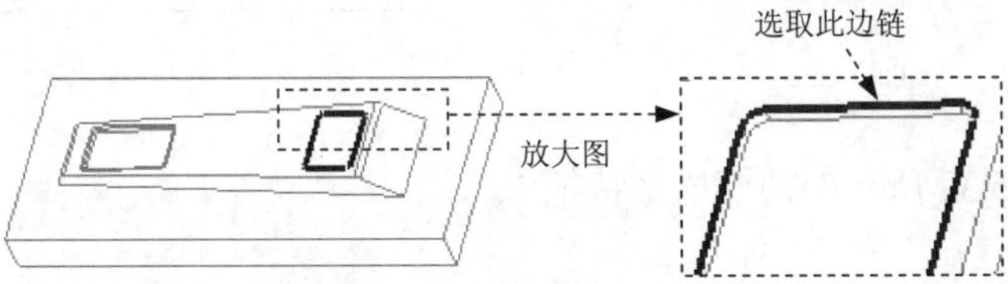

图 17.5.26 倒圆角特征 6

Step15. 创建倒圆角特征 7。选取图 17.5.27 所示的边链为倒圆角的边线，输入圆角半径值 1.0。

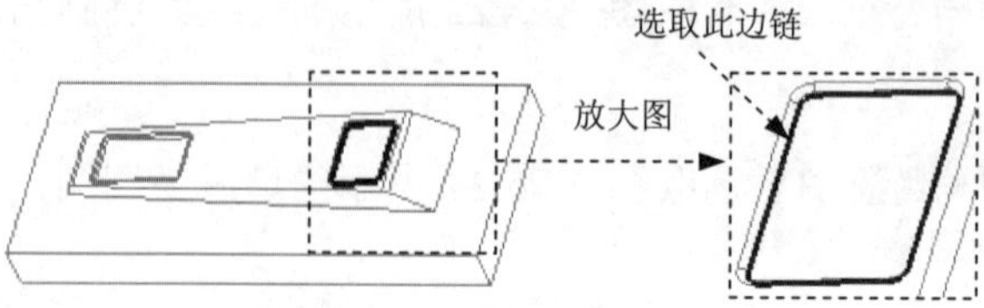

图 17.5.27　倒圆角特征 7

Step16. 创建倒圆角特征 8。选取图 17.5.28 所示的边线为倒圆角的边线，输入圆角半径值 1.0。

Step17. 创建倒圆角特征 9。选取图 17.5.29 所示的边链为倒圆角的边线，输入圆角半径值 1.5。

Step18. 保存零件模型文件。

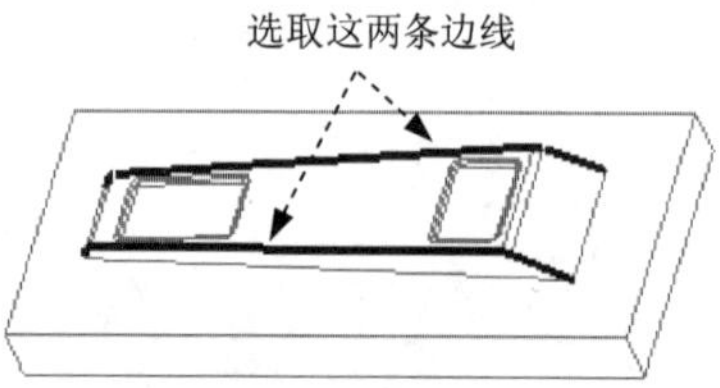

图 17.5.28　倒圆角特征 8

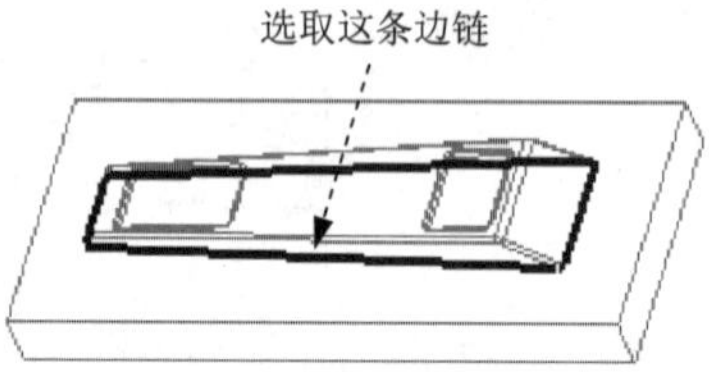

图 17.5.29　倒圆角特征 9

Task2. 创建主体零件模型

Step1. 新建一个钣金件模型，命名为 STAPLE_03。

Step2. 创建图 17.5.30 所示的钣金壁平面特征 1。单击 模型 功能选项卡 形状 ▾ 区域中的“平面”按钮 平面。选取 TOP 基准平面为草绘平面，选取 RIGHT 基准平面为参考平面，方向为 右；绘制图 17.5.31 所示的截面草图，在操控板中的 后文本框中输入钣金壁厚度值 0.6；单击 ✓ 按钮，完成平面特征 1 的创建。

图 17.5.30　平面特征 1

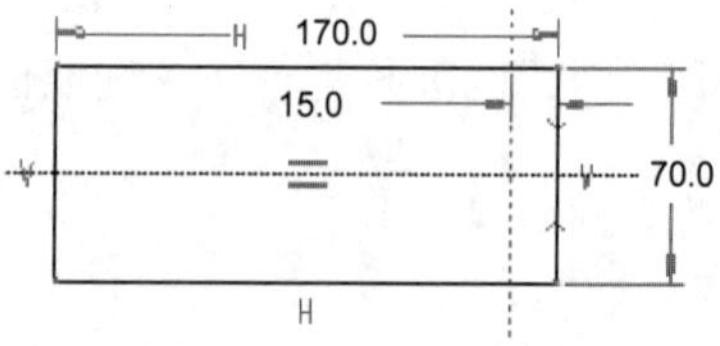

图 17.5.31　截面草图

Step3. 创建图 17.5.32 所示的凸模成形特征 1。

图 17.5.32　凸模成形特征 1

（1）选择命令。单击 模型 功能选项卡 工程 ▾ 区域 节点下的 凸模 按钮。

（2）选择模具文件。在系统弹出的“凸模”操控板中单击按钮，系统弹出“打开”对话框，选择 sm_die.prt，并将其打开。

（3）定义成形模具的放置。单击操控板中的 放置 选项卡，在系统弹出的界面中选中 ☑ 约束已启用 复选框，并添加图 17.5.33 所示的三组位置约束。

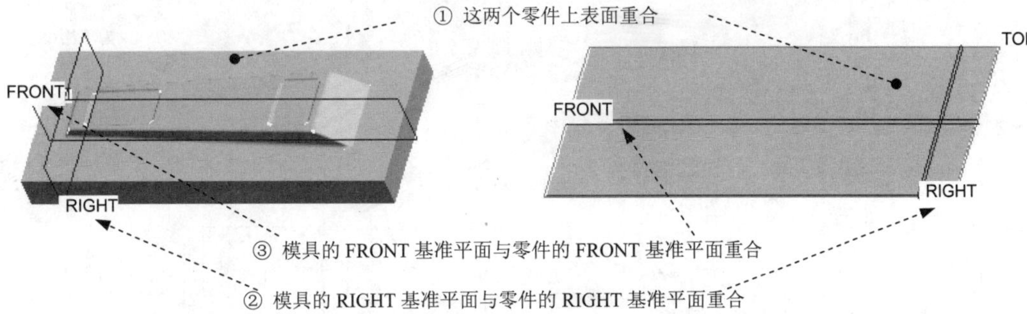

图 17.5.33　定义成形模具的放置

（4）定义冲孔方向。单击按钮，使冲孔方向如图 18.5.34 所示。

（5）在操控板中单击“完成”按钮，完成凸模成形特征 1 的创建。

Step4. 创建图 17.5.35 所示的钣金拉伸切削特征 1。在操控板中单击 拉伸 按钮，确认按钮、按钮和按钮被按下；选取图 17.5.36 所示的模型表面为草绘平面，选择 RIGHT 基准平面为参考平面，方向为 左；单击 草绘 按钮，绘制图 17.5.37 所示的截面草图，在操控板中定义拉伸类型为，选择材料移除的方向类型为（移除垂直于驱动曲面的材料）；单击按钮，完成拉伸切削特征 1 的创建。

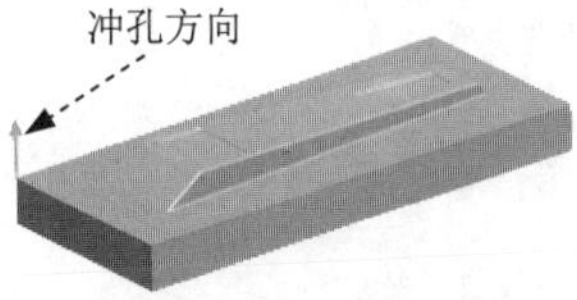

图 17.5.34　选取冲孔方向

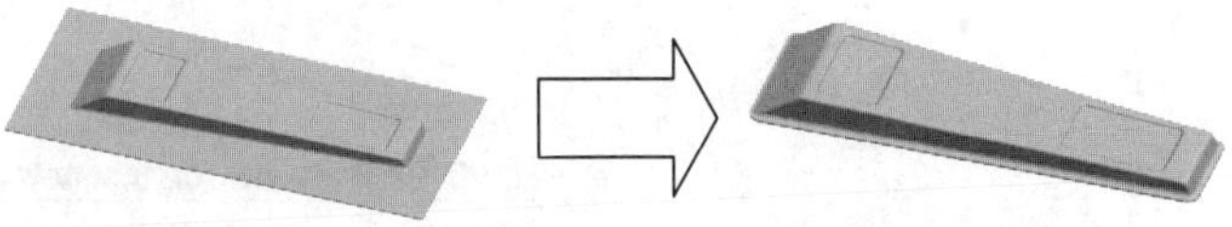

a）切削前　　b）切削后

图 17.5.35　拉伸切削特征 1

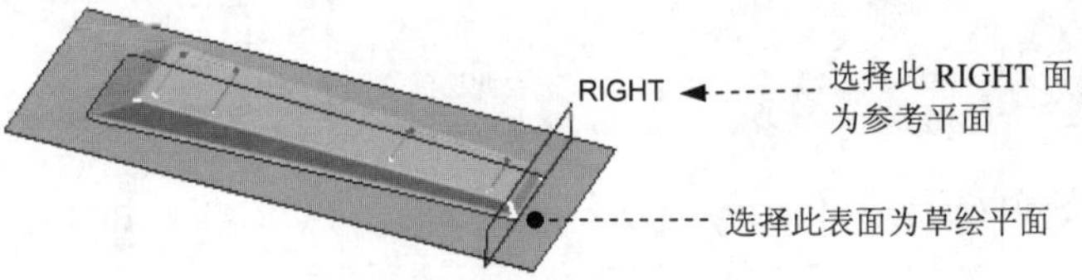

图 17.5.36　定义草绘平面与参考平面

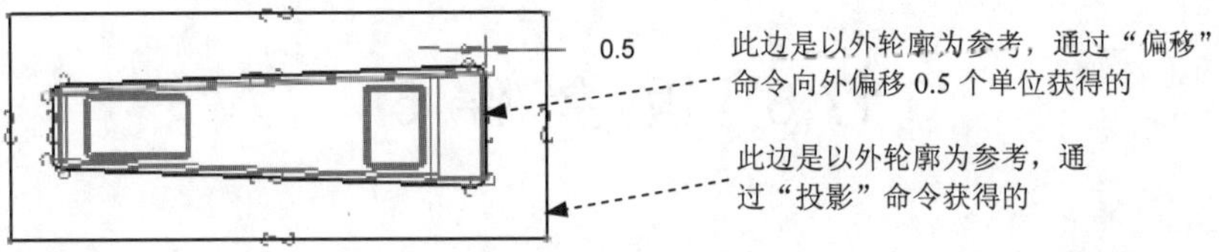

图 17.5.37　截面草图

Step5. 创建图 17.5.38 所示的钣金拉伸切削特征 2。在操控板中单击 拉伸 按钮，确认 按钮、 按钮和 按钮被按下；选取图 17.5.39 所示的模型表面为草绘平面，选取 FRONT 基准平面为参考平面，方向为 上；单击 草绘 按钮，选取图 17.5.40 所示的边线为参考；绘制图 17.5.40 所示的截面草图，在操控板中定义拉伸类型为 ，选择材料移除的方向类型为 （移除垂直于驱动曲面的材料）；单击 ✓ 按钮，完成拉伸切削特征 2 的创建。

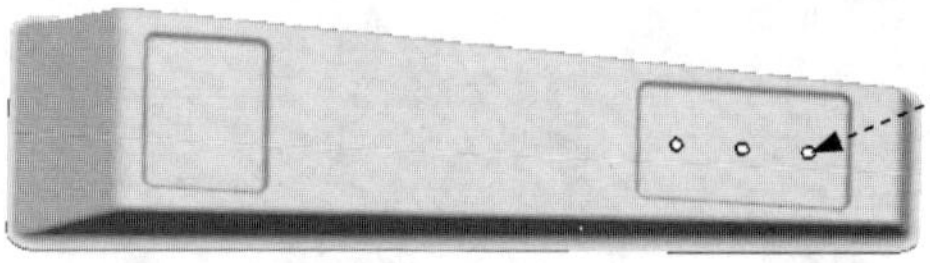

图 17.5.38 拉伸切削特征 2

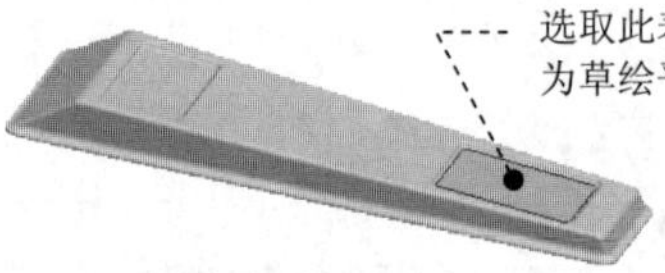

图 17.5.39 定义草绘平面与参考平面

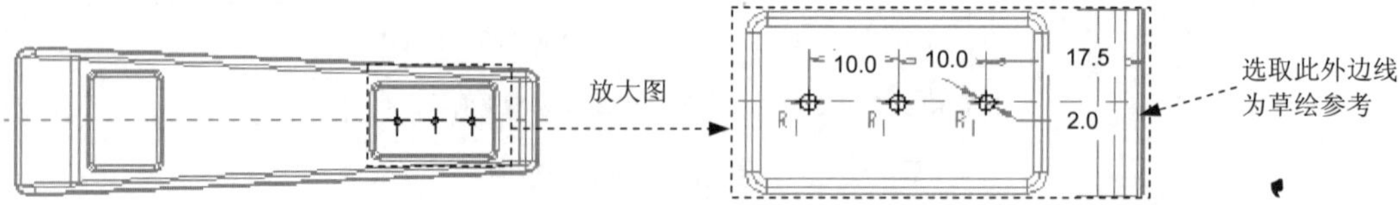

图 17.5.40 截面草图

Step6. 创建图 17.5.41 所示的钣金拉伸切削特征 3。在操控板中单击 拉伸 按钮，确认 按钮、 按钮和 按钮被按下；选取图 17.5.42 所示的模型表面为草绘平面，选取 FRONT 基准平面为参考平面，方向为 上；单击 草绘 按钮，选取图 17.5.43 所示的边线为参考；创建图 17.5.43 所示的截面草图，在操控板中定义拉伸类型为 ，选择材料移除的方向类型为 （移除垂直于驱动曲面的材料）；单击 ✓ 按钮，完成拉伸切削特征 3 的创建。

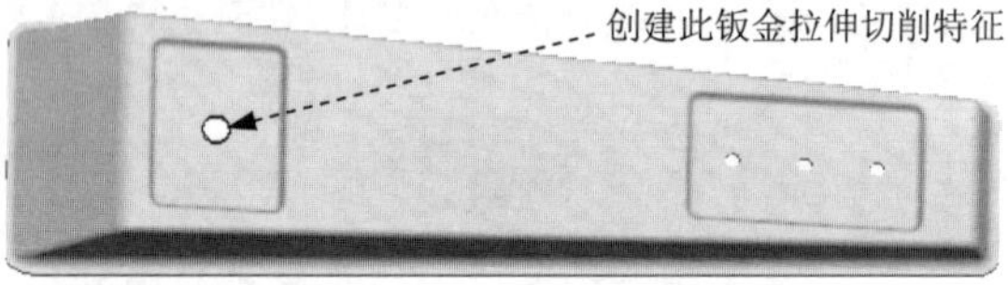

图 17.5.41 拉伸切削特征 3

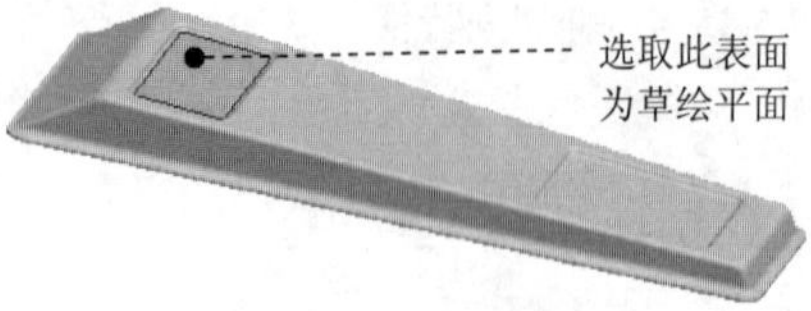

图 17.5.42 定义草绘平面与参考平面

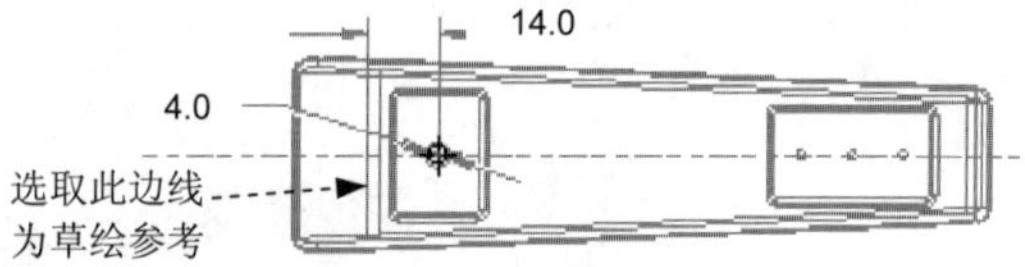

图 17.5.43 截面草图

Step7. 保存零件模型文件。

17.6 钣 金 件 5

钣金件模型及模型树如图 17.6.1 所示。

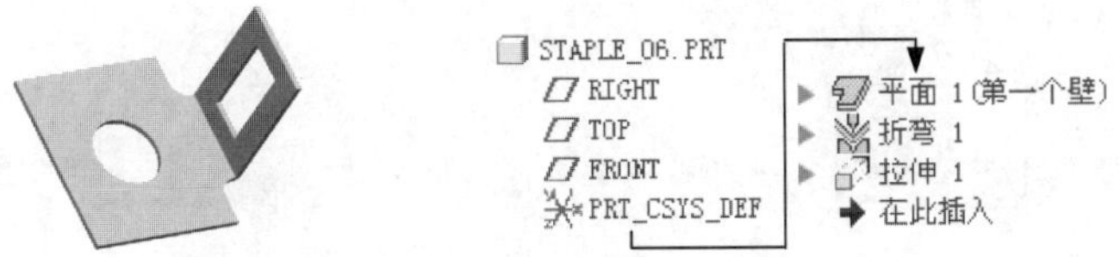

图 17.6.1 钣金件模型及模型树

Step1. 新建一个钣金件模型，命名为 STAPLE_06。

Step2. 创建图 17.6.2 所示的钣金壁平面特征 1。单击 模型 功能选项卡 形状 ▾ 区域中的“平面”按钮 平面 。选取 TOP 基准平面为草绘平面，选取 RIGHT 基准平面为参考平面，方向为 右 ；绘制图 17.6.3 所示的截面草图，在操控板中的 后文本框中输入钣金壁厚度值 0.5；单击 按钮，完成平面特征 1 的创建。

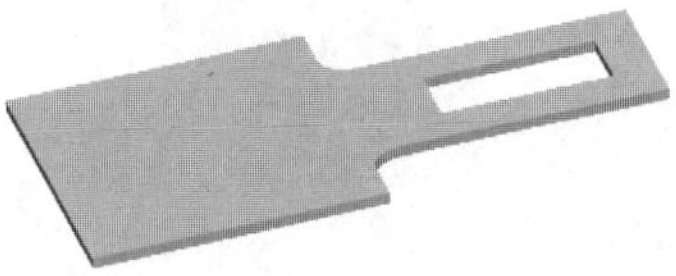

图 17.6.2 平面特征 1

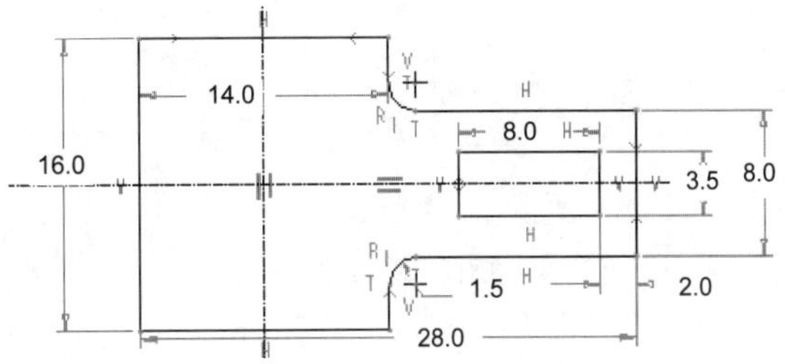

图 17.6.3 截面草图

Step3. 创建图 17.6.4 所示的折弯特征 1。

（1）单击 模型 功能选项卡 折弯 ▾ 区域 折弯 ▾ 下的 折弯 按钮，系统弹出“折弯”操控板。

（2）选取折弯类型。在操控板中单击 按钮和 按钮（使其处于被按下的状态）。

（3）绘制折弯线。单击 折弯线 按钮，选取图 17.6.5 所示的薄板表面为草绘平面，然后单击“折弯线”界面中的 草绘... 按钮，绘制图 17.6.6 所示的折弯线。

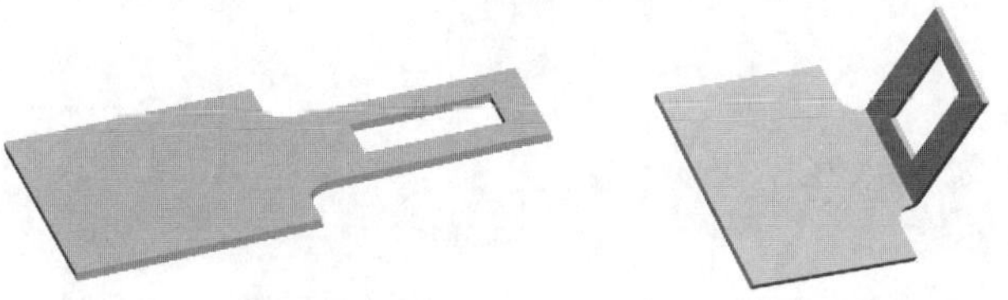

a）折弯操作前　　b）折弯操作后

图 17.6.4 折弯特征 1

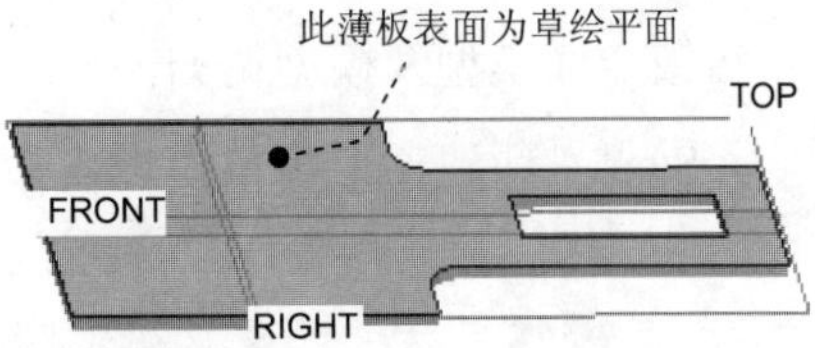

图 17.6.5 设置草绘平面

（4）定义折弯属性。单击 止裂槽 按钮，在系统弹出界面中的 类型 下拉列表框中选择 无止裂槽 选项，在 后的文本框中输入折弯角度值 90.0，然后在 后的文本框中输入折弯半径值 0.2，折弯半径所在侧为 ；固定侧方向如图 17.6.7 所示。

（5）单击操控板中 按钮，完成折弯特征 1 的创建。

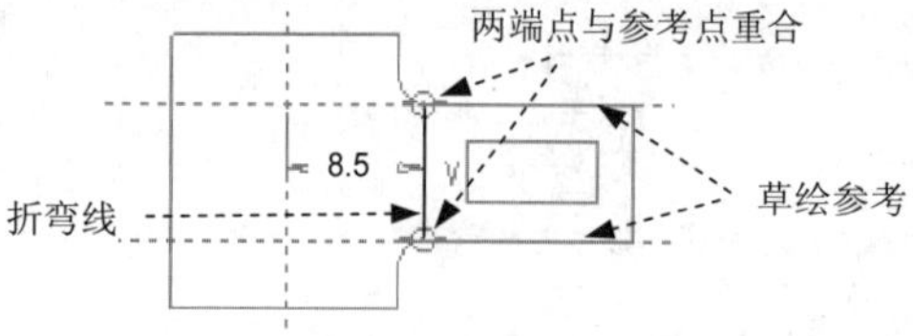

图 17.6.6 绘制折弯线

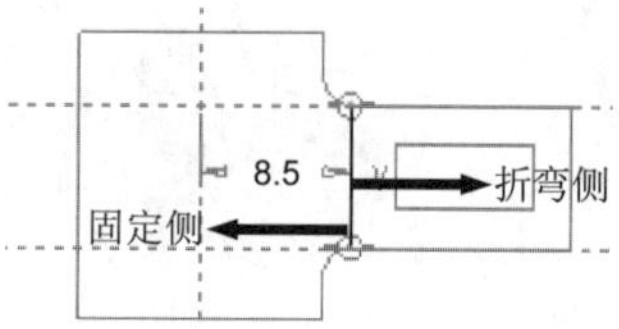

图 17.6.7 定义折弯侧和固定侧

Step4. 创建图 17.6.8 所示的钣金拉伸切削特征 1。在操控板中单击 拉伸 按钮，确认 按钮、 按钮和 按钮被按下；选取图 17.6.8a 所示的模型表面为草绘平面，选取 RIGHT 基准平面为参考平面，方向为 右；单击 草绘 按钮，绘制图 17.6.9 所示的截面草图，调整移除材料方向如图 17.6.10 所示，在操控板中定义拉伸类型为 ，选择材料移除的方向类型为 （移除垂直于驱动曲面的材料）；单击 按钮，完成拉伸切削特征 1 的创建。

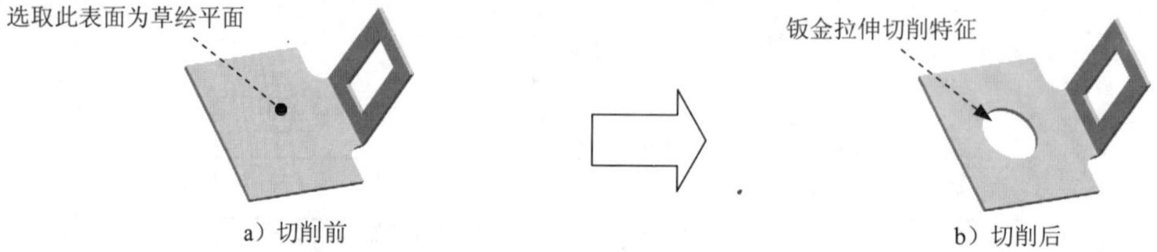

图 17.6.8 拉伸切削特征 1

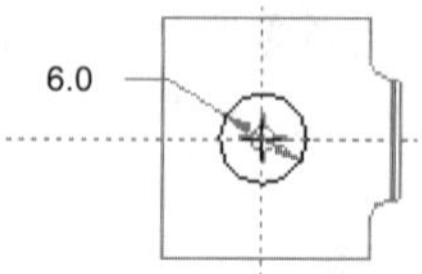

图 17.6.9 截面草图

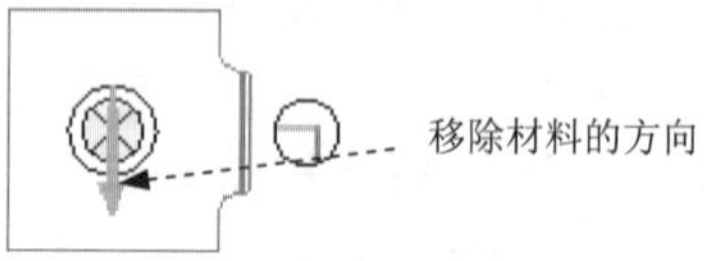

图 17.6.10 定义移除材料的方向

Step5. 保存零件模型文件。

17.7 钣 金 件 6

钣金件模型及模型树如图 17.7.1 所示。

Step1. 新建一个零件模型，命名为 STAPLE_05。

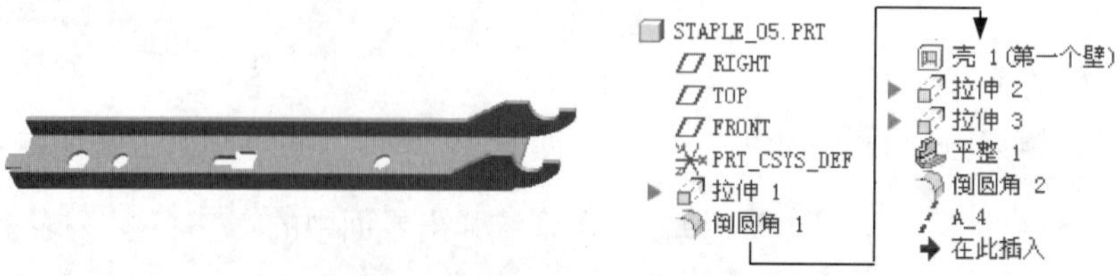

图 17.7.1 钣金件模型及模型树

Step2. 创建图 17.7.2 所示的拉伸特征 1。在操控板中单击“拉伸”按钮 拉伸，选择 FRONT 基准平面作为草绘平面，RIGHT 基准平面为参考平面，方向为 右；绘制图 17.7.3

所示的截面草图，在操控板中定义拉伸类型为⊟，输入深度值 12.0；单击✔按钮，完成拉伸特征 1 的创建。

图 17.7.2 拉伸特征 1

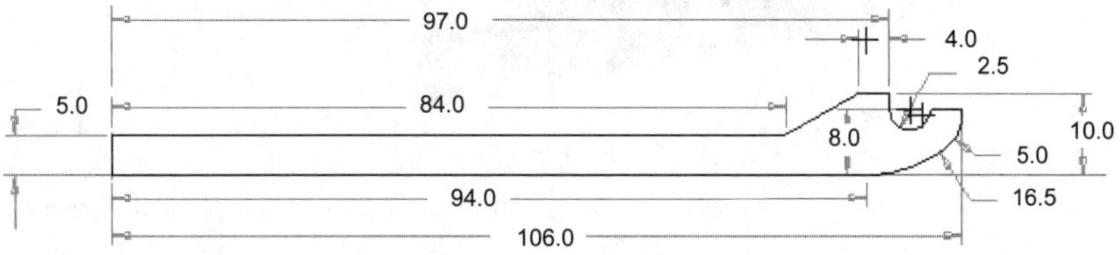

图 17.7.3 截面草图

Step3. 创建倒圆角特征 1。单击 模型 功能选项卡 工程▼ 区域中的 倒圆角▼ 按钮，选取图 17.7.4 所示的两条边线为倒圆角的边线；在圆角半径文本框中输入数值 1.0。

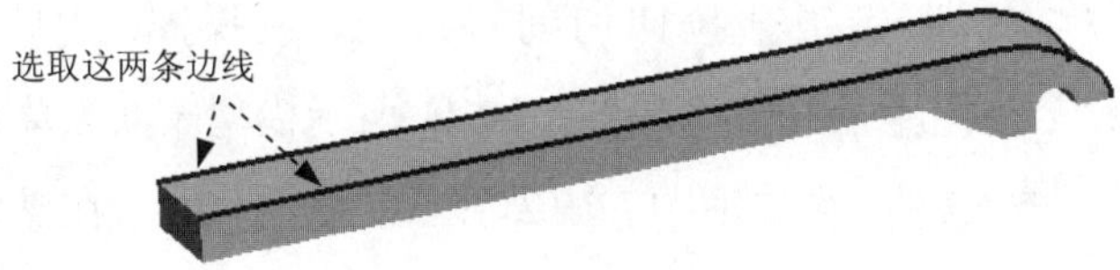

图 17.7.4 倒圆角特征 1

Step4. 将实体零件转换成第一钣金壁，如图 17.7.5 所示。选择 模型 功能选项卡 操作▼ 节点下的 转换为钣金件 命令，在操控板中单击 按钮；在系统 ➡选择要从零件移除的曲面。的提示下，按住 Ctrl 键，选取图 17.7.6 所示的十三个模型表面为壳体的移除面；输入钣金壁厚度值为 0.8，单击✔按钮，完成转换钣金特征的创建。

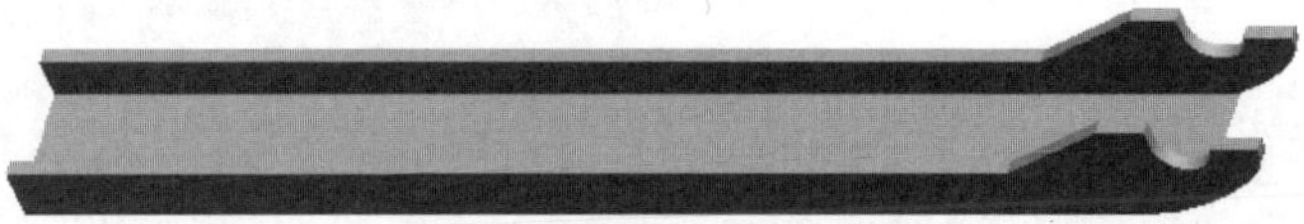

图 17.7.5 转换成第一钣金壁

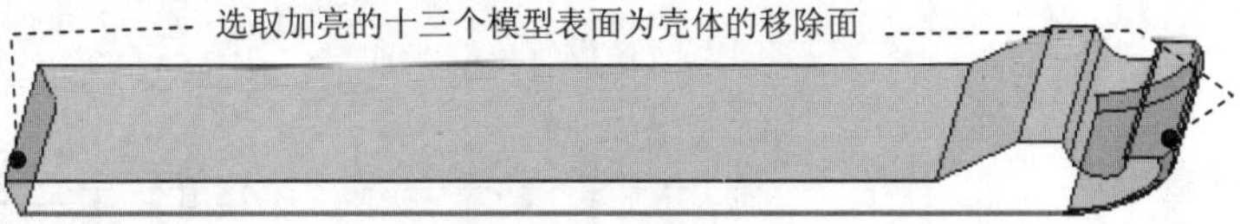

图 17.7.6 定义移除面

Step5. 创建图 17.7.7 所示钣金拉伸切削特征 1。在操控板中单击 拉伸 按钮，确认 按钮、 按钮和 按钮被按下；选取图 17.7.8 所示的模型表面为草绘平面与参考平面，方向为 下；单击 草绘 按钮，绘制图 17.7.9 所示的截面草图，在操控板中定义拉伸类型为 ，选择材料移除的方向类型为 （移除垂直于驱动曲面的材料）；单击✔按钮，完成拉伸切削特征 1 的创建。

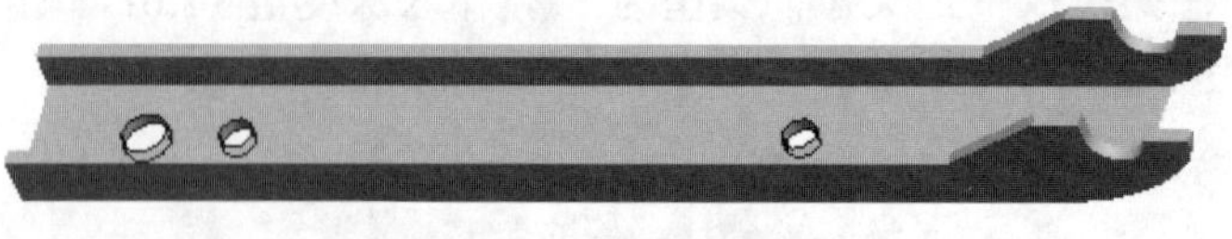

图 17.7.7　拉伸切削特征 1

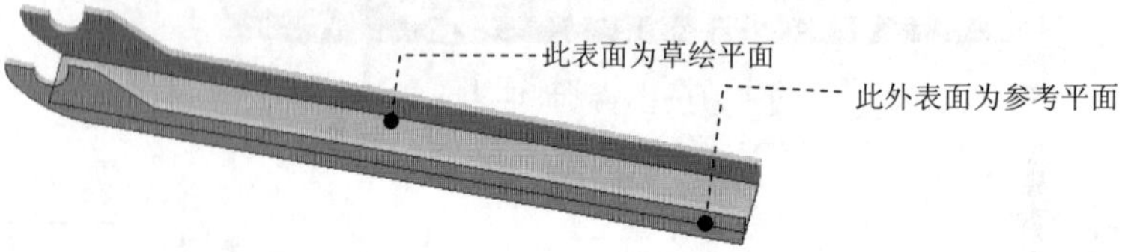

图 17.7.8 设置草绘平面

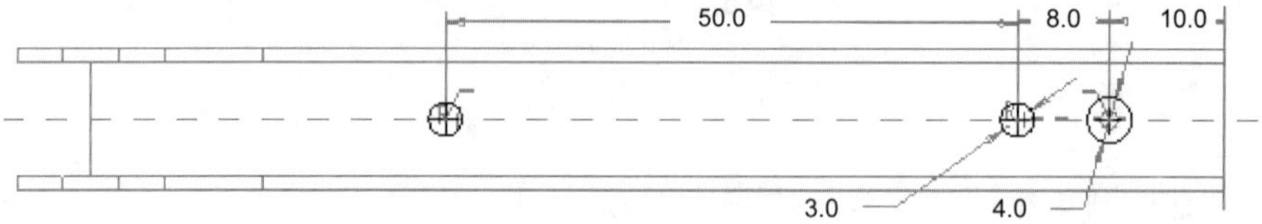

图 17.7.9　截面草图

Step6. 创建图 17.7.10 所示钣金拉伸切削特征 2。在操控板中单击 拉伸 按钮，确认按钮、按钮和按钮被按下；选取图 17.7.11 所示模型表面为草绘平面与参考平面，方向为 下；单击 草绘 按钮，绘制图 17.7.12 所示的截面草图，在操控板中定义拉伸类型为，选择材料移除的方向类型为（移除垂直于驱动曲面的材料）；单击按钮，完成拉伸切削特征 2 的创建。

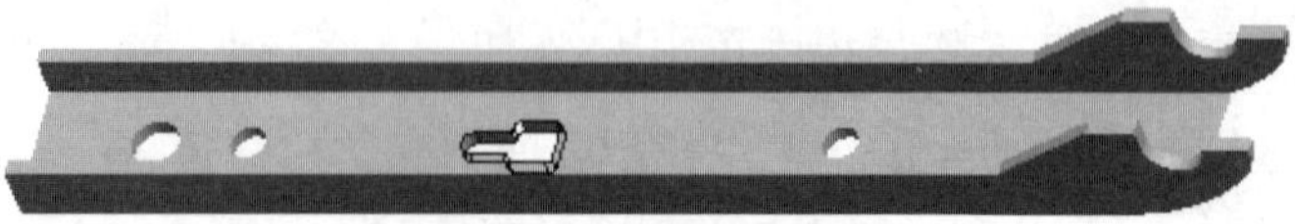

图 17.7.10　拉伸切削特征 2

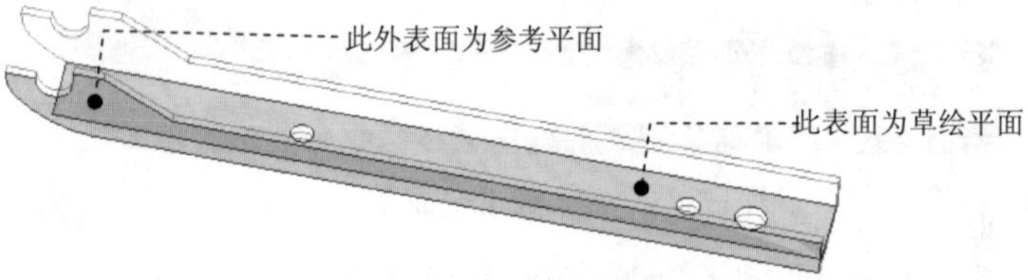

图 17.7.11 设置草绘平面

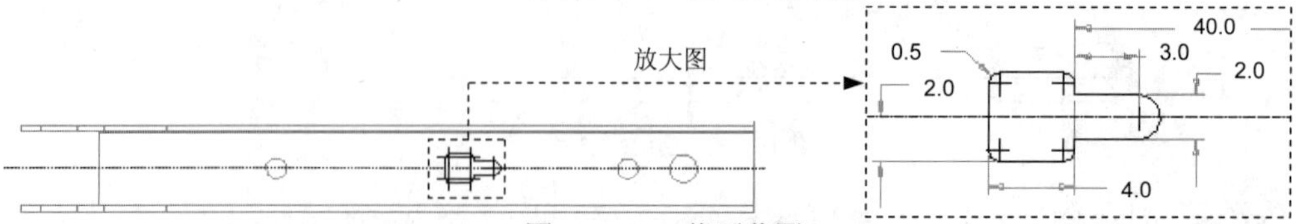

图 17.7.12　截面草图

Step7. 创建图 17.7.13 所示的附加钣金壁平整特征 1。单击 模型 功能选项卡 形状 ▾ 区域中的“平整”按钮，选取图 17.7.14 所示的模型边线为附着边。在操控板中选择形状类型为 用户定义，折弯角度类型为 平整；单击 形状 按钮，在系统弹出的界面中单击 草绘... 按钮，接受系统默认的草绘参考，方向为 左；绘制图 17.7.15 所示的截面草图；单击按钮，完成平整特征 1 的创建。

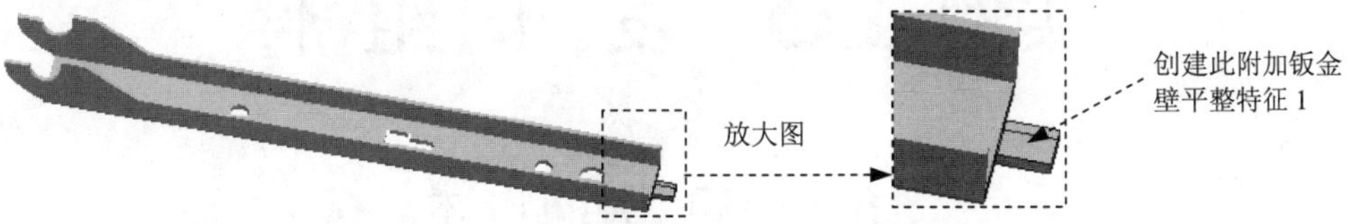

图 17.7.13　平整特征 1

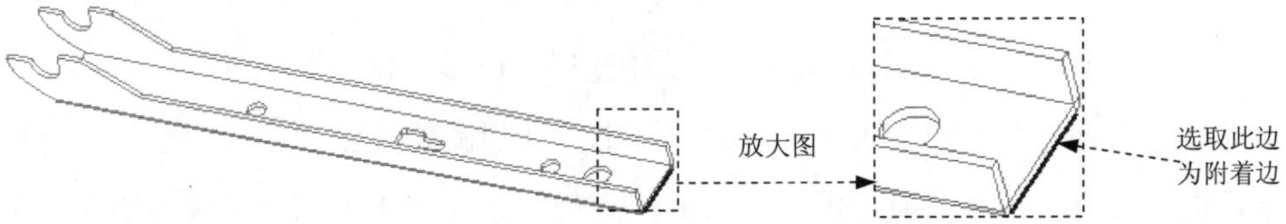

图 17.7.14　定义附着边

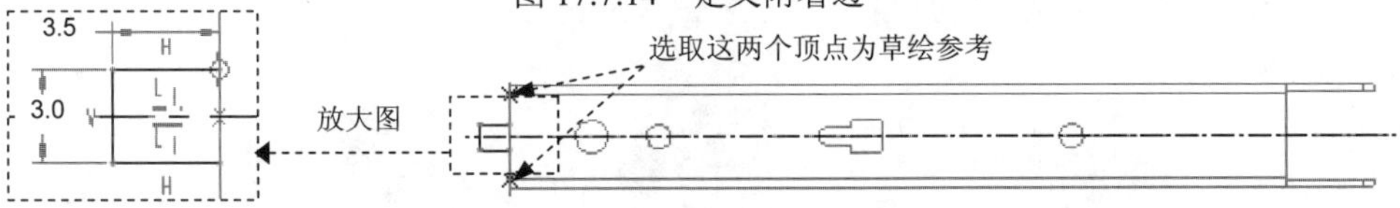

图 17.7.15　截面草图

Step8. 创建倒圆角特征 2。选取图 17.7.16 所示的两条边线为倒圆角的边线；输入圆角半径值 0.5。

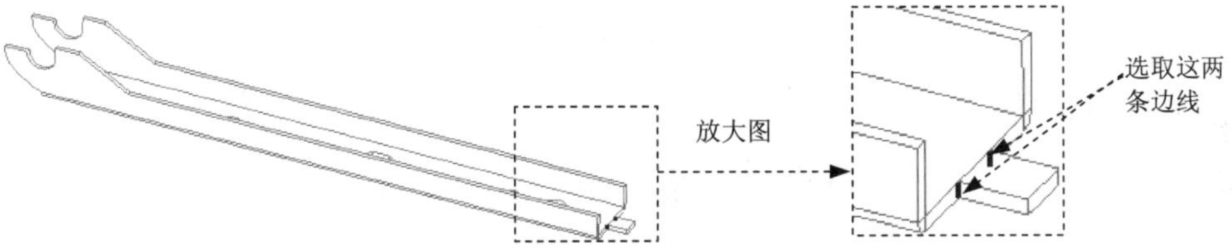

图 17.7.16　倒圆角特征 2

Step9. 创建图 17.7.17 所示的基准轴 A_4。单击 模型 功能选项卡 基准 ▾ 区域中的“基准轴”按钮 / 轴。选取图 17.7.18 所示的拉伸特征 1 的曲面为参考，将其约束类型设置为 穿过；单击对话框中的 确定 按钮。

注意：基准轴 A_4 在后面的装配中起定位作用。

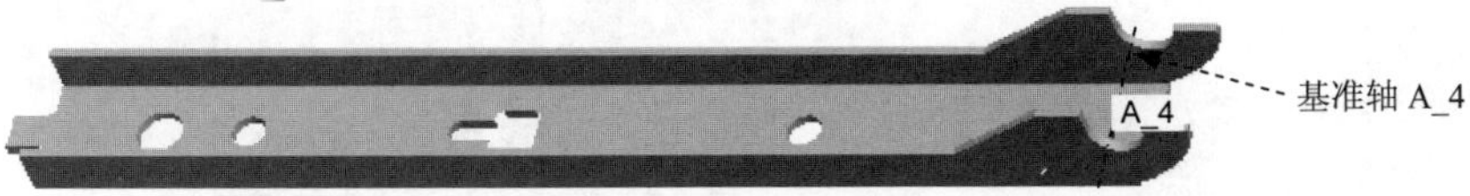

图 17.7.17　基准轴 A_4

图 17.7.18　定义放置参考

Step10. 保存零件模型文件。

实例18 发卡组件

18.1 实例概述

本实例介绍了图 18.1.1 所示发卡的整个设计过程。该模型包括三个零件，本实例对每个零件的设计过程都进行了详细讲解。每个零件的设计思路是先创建第一钣金壁，然后再使用平整、折弯的命令创建出最终模型，钣金件 2 与钣金件 3 主体的弧度较为明显，是通过折弯命令中“轧”选项所完成的。

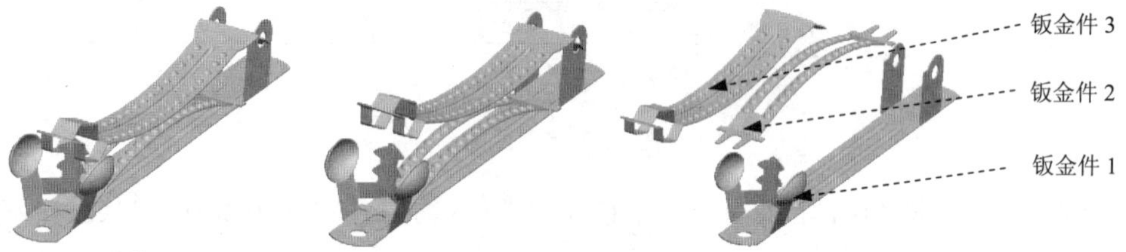

a）装配图 1　　b）装配图 2　　c）爆炸图

图 18.1.1　发卡组件

18.2 钣金件 1

钣金件模型和模型树如图 18.2.1 所示。

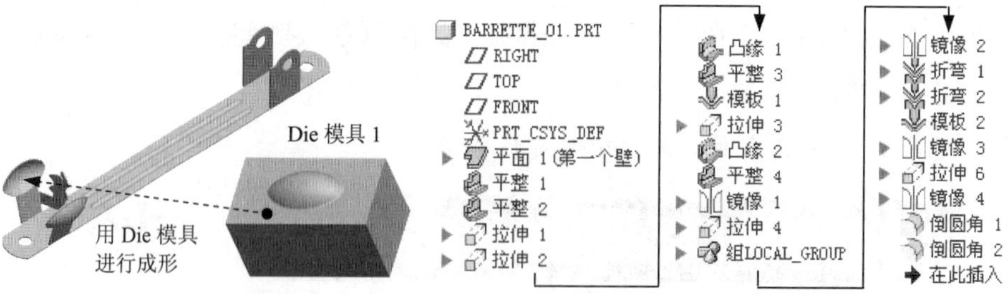

图 18.2.1　钣金件模型及模型树

Task1．创建模具 1

模具 1 模型和模型树如图 18.2.2 所示。

Step1. 新建一个零件模型，命名为 SM_BARRETTE_01。

Step2. 创建图 18.2.3 所示的拉伸特征 1。在操控板中单击“拉伸”按钮 拉伸 。选取

TOP 基准平面为草绘平面，选取 RIGHT 基准平面为参考平面，方向为 右；绘制图图 18.2.4 所示的截面草图，在操控板中定义拉伸类型为，输入深度值 8.0；单击按钮，完成拉伸特征 1 的创建。

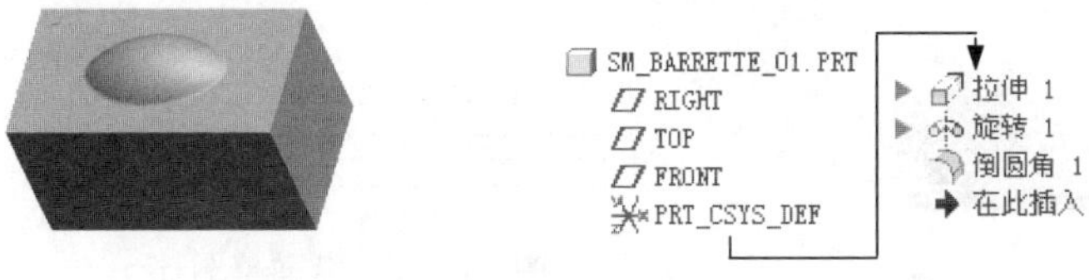

图 18.2.2　模具 1 模型及模型树

图 18.2.3　拉伸特征 1

Step3. 创建图 18.2.5 所示的旋转特征 1。在操控板中单击“旋转”按钮 旋转。选取 FRONT 基准平面为草绘平面，选取 RIGHT 基准平面为参考平面，方向为 右；单击 草绘 按钮，绘制图 18.2.6 所示的截面草图（包括中心线）；在操控板中选择旋转类型为，在角度文本框中输入角度值 360.0，单击按钮，完成旋转特征 1 的创建。

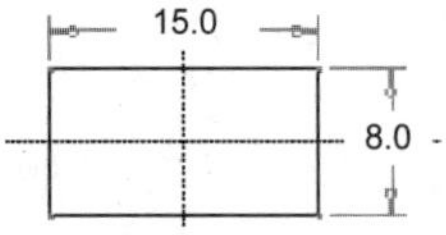

图 18.2.4　截面草图

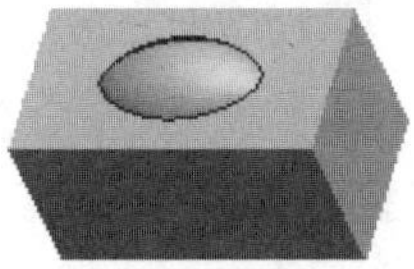

图 18.2.5　创建旋转特征 1

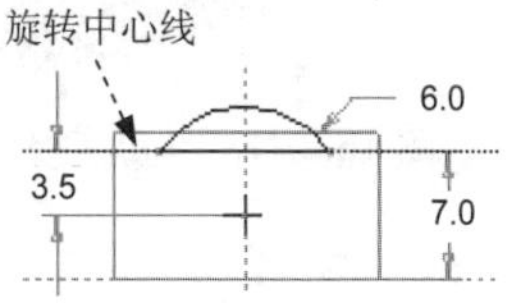

图 18.2.6　截面草图

Step4. 创建倒圆角特征 1。单击 模型 功能选项卡 工程 ▾ 区域中的 倒圆角 ▾ 按钮，选取图 18.2.7 所示的边链为倒圆角的边线；在圆角半径文本框中输入数值 0.3。

Step5. 保存零件模型文件。

a）倒圆角前　　b）倒圆角后

图 18.2.7　倒圆角特征 1

Task2. 创建模具 2

模具 2 模型和模型树如图 18.2.8 所示。

Step1. 新建一个零件模型，命名为 SM_BARRETTE_02。

图 18.2.8　模具 2 模型及模型树

Step2. 创建图 18.2.9 所示的拉伸特征 1。在操控板中单击“拉伸”按钮 拉伸。选择 TOP 基准平面为草绘平面，选取 RIGHT 基准平面为参考平面，方向为 右；绘制图 18.2.10 所示的截面草图，在操控板中定义拉伸类型为 ，输入深度值 5.0；单击 按钮，完成拉伸特征 1 的创建。

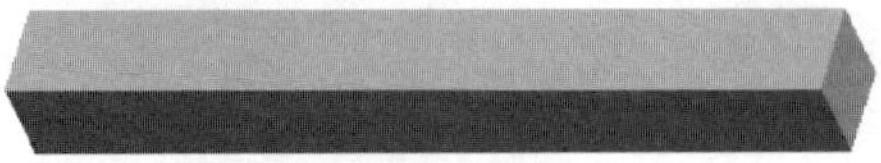

图 18.2.9　拉伸特征 1

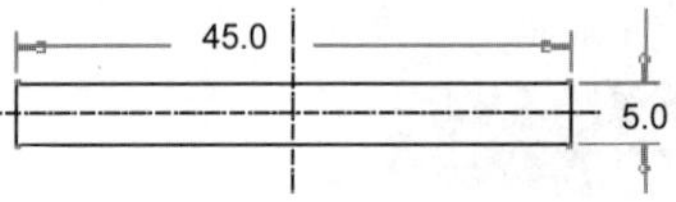

图 18.2.10　截面草图

Step3. 创建图 18.2.11 所示的基准曲线 1。单击“草绘”按钮 ；选取 FRONT 基准平面为草绘平面，选取 RIGHT 基准平面为参考平面，方向为 左；绘制图 18.2.12 所示的截面草图，完成后单击 按钮。

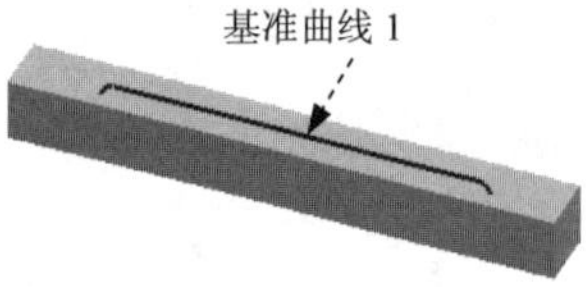

图 18.2.11　基准曲线 1

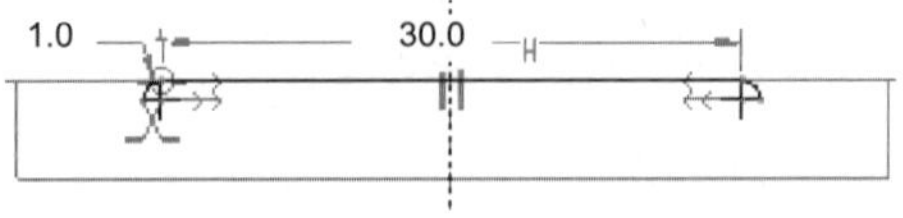

图 18.2.12　截面草图

Step4. 创建图 18.2.13 所示的扫描特征 1。单击 模型 功能选项卡 形状 区域中的 扫描 按钮。选取图 18.2.11 所示的基准曲线 1 为扫描轨迹，定义图 18.2.14 所示的箭头方向为扫描方向；在操控板中单击“创建或编辑扫描截面”按钮 ，绘制图 18.2.15 所示的扫描截面草图；单击 按钮，完成扫描特征 1 的创建。

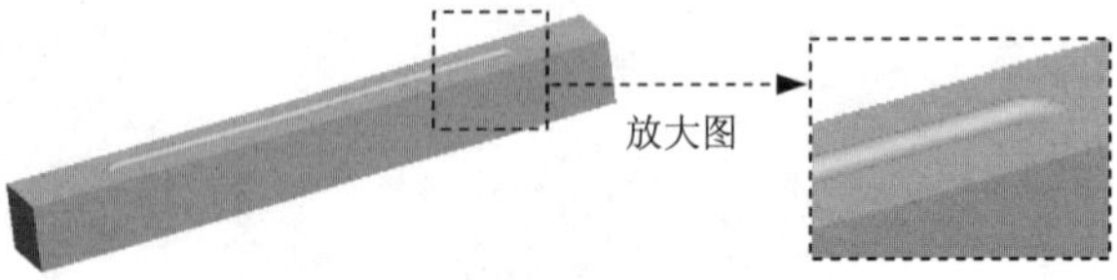

图 18.2.13　扫描特征 1

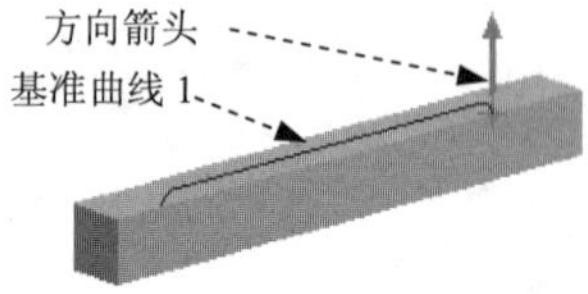

图 18.2.14　定义扫描轨迹

Step5. 创建倒圆角特征 1。单击 模型 功能选项卡 工程 区域中的 倒圆角 按钮，选取图 18.2.16 所示的边链为倒圆角的边线；在圆角半径文本框中输入数值 0.2。

Step6. 保存零件模型文件。

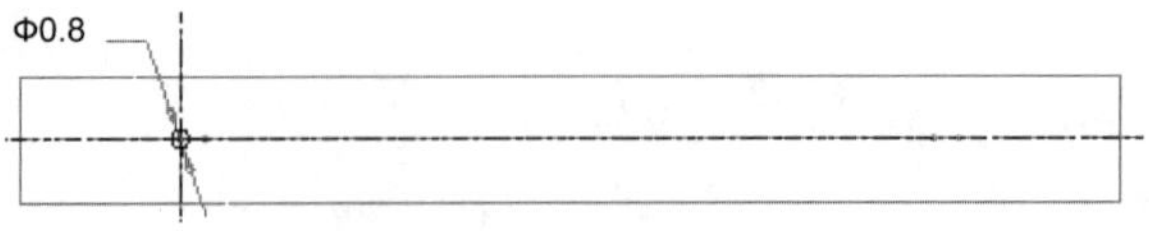

图 18.2.15　截面草图

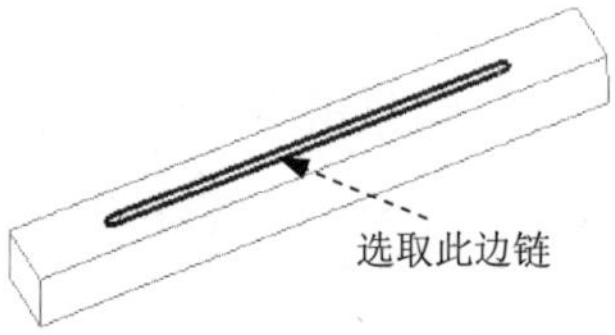

图 18.2.16　选取倒圆角的边线

Task3. 创建主体零件模型

Step1. 新建一个钣金件模型，命名为 BARRETTE_01。

Step2. 创建图 18.2.17 所示的钣金壁平面特征 1。单击 模型 功能选项卡 形状▼ 区域中的“平面”按钮 平面。选取 TOP 基准平面为草绘平面，选取 RIGHT 基准平面为参考平面，方向为 右；绘制图 18.2.18 所示的截面草图，在操控板中的 后文本框中输入钣金壁厚度值 0.2；单击 ✓ 按钮，完成平面特征 1 的创建。

图 18.2.17 平面特征 1

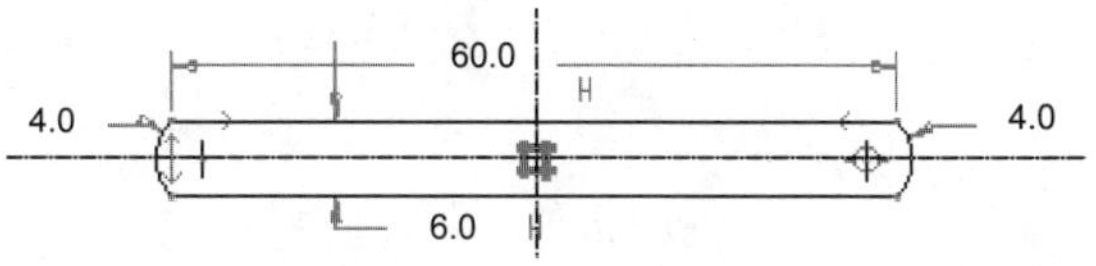

图 18.2.18 截面草图

Step3. 创建图 18.2.19 所示的附加钣金壁平整特征 1。单击 模型 功能选项卡 形状▼ 区域中的“平整”按钮，选取图 18.2.20 所示的模型边线为附着边。在操控板中选择形状类型为 矩形，在 后的文本框中输入角度值 90.0；单击 形状 选项卡，在系统弹出的界面中修改草图内的尺寸至图 18.2.21 所示的值；单击 止裂槽 选项卡，在 类型 下拉列表框中选择 扯裂 选项；单击 偏移 按钮，选中 ☑ 相对连接边偏移壁 复选框和 ◉ 添加到零件边 单选项；确认 按钮被按下，并在其后的文本框中输入折弯半径值 0.3；折弯半径所在侧为 。单击 ✓ 按钮，完成平整特征 1 的创建。

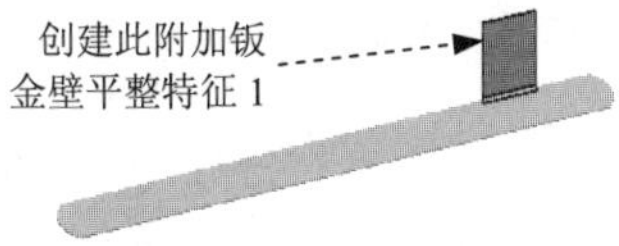

图 18.2.19 平整特征 1

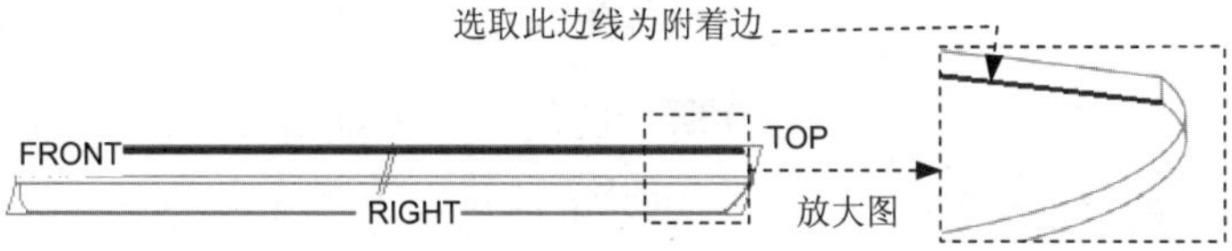

图 18.2.20 定义附着边

Step4. 创建图 18.2.22 所示的附加钣金壁平整特征 2。选取图 18.2.23 所示的边为附着边，在 形状 选项卡内单击 草绘... 按钮进入草绘环境，修改草图内的尺寸至图 18.2.24 所示的值；其他操作过程参见上一步。

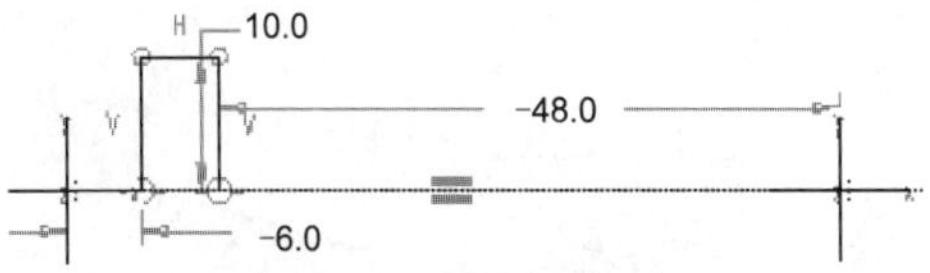

图 18.2.21 修改草图尺寸

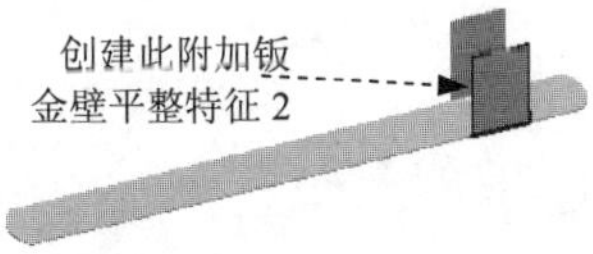

图 18.2.22 平整特征 2

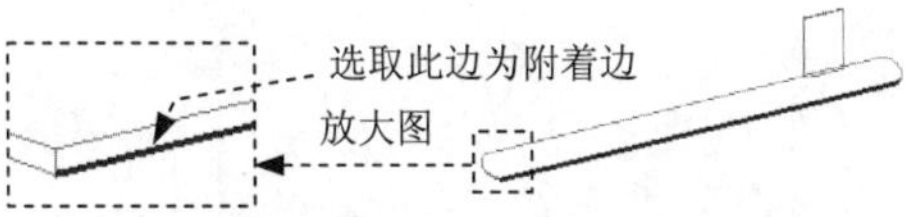

图 18.2.23 定义附着边

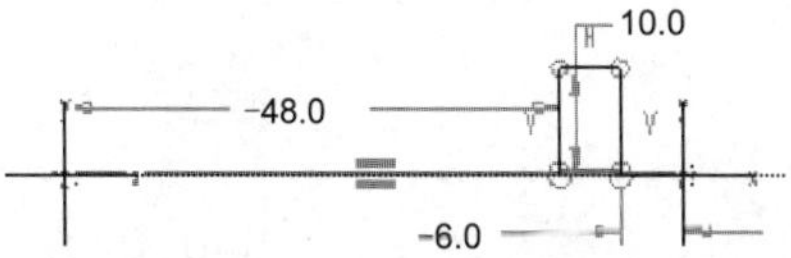

图 18.2.24 修改草图尺寸

Step5. 创建图 18.2.25 所示钣金拉伸切削特征 1。在操控板中单击 拉伸 按钮，确认 按钮、 按钮和 按钮被按下；选取图 18.2.25 所示的模型表面为草绘平面，采用系统默认的参考平面与参考方向，单击 草绘 按钮，绘制图 18.2.26 所示的截面草图，在操控板中定义拉伸类型为，选择材料移除的方向类型为（移除垂直于驱动曲面的材料）；单击按钮，完成拉伸切削特征 1 的创建。

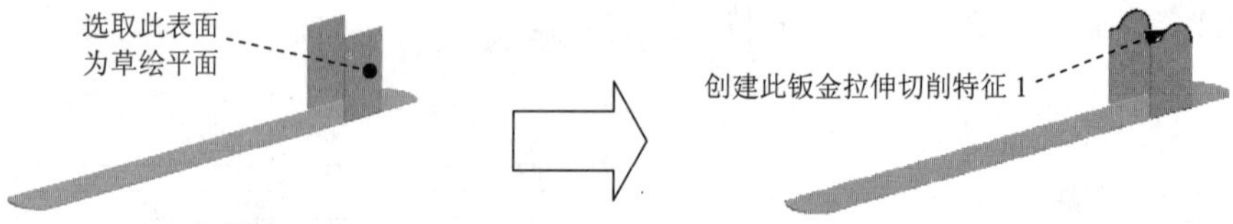

a）切削前　　b）切削后

图 18.2.25　拉伸切削特征 1

Step6. 创建图 18.2.27 所示的钣金拉伸切削特征 2。在操控板中单击 拉伸 按钮；选取图 18.2.27 所示的模型表面为草绘平面，采用系统默认的参考平面与参考方向，单击 草绘 按钮，绘制图 18.2.28 所示的截面草图；在操控板中定义拉伸类型为，选择材料移除的方向类型为（移除垂直于驱动曲面的材料）；单击按钮，完成拉伸切削特征 2 的创建。

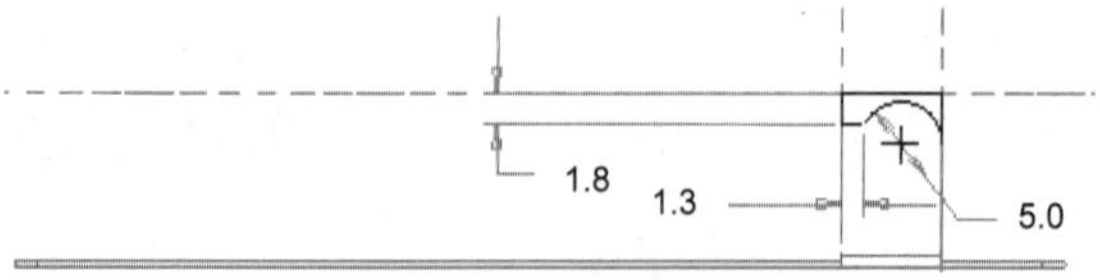

图 18.2.26　截面草图

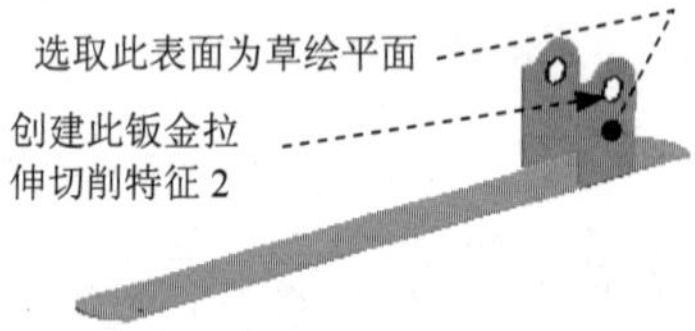

图 18.2.27　拉伸切削特征 2

Step7. 创建图 18.2.29 所示的附加钣金壁凸缘特征 1。单击 模型 功能选项卡 形状 ▾ 区域中的“法兰”按钮，选取图 18.2.30 所示的模型边线为附着边。在操控板中选择形状类型为，定义第一方向的长度类型为，在其后的文本框中输入数值-40.0；定义第二方向的长度类型为，在其后的文本框中输入值-4.0；单击 形状 选项卡，在系统弹出的界面中修改草图内的尺寸至图 18.2.31 所示的值；单击 偏移 按钮，选中 ☑ 相对连接边偏移壁 复选框和 ◉ 添加到零件边 单选项；确认按钮被按下，并在其后的文本框中输入折弯半径值 0.1；折弯半径所在侧为。单击按钮，完成凸缘特征 1 的创建。

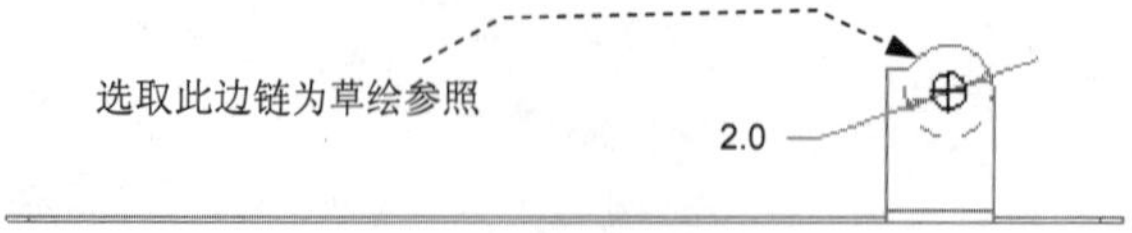

图 18.2.28　截面草图

图 18.2.29　凸缘特征 1

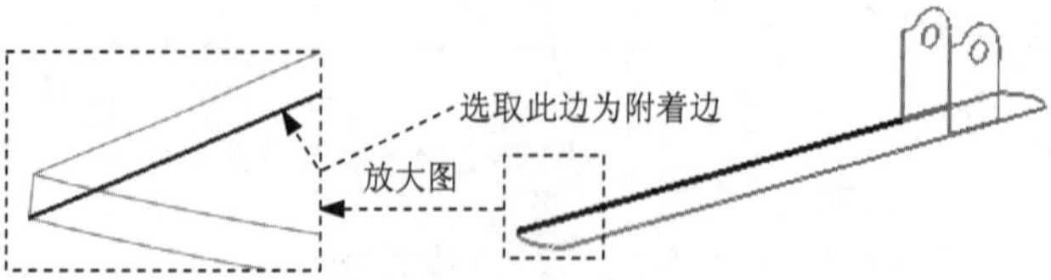

图 18.2.30　定义附着边

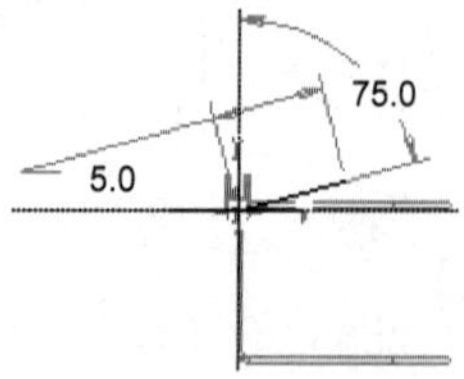

图 18.2.31　修改草图尺寸

Step8. 创建图 18.2.32 所示的附加钣金壁平整特征 3。单击 模型 功能选项卡 形状▼ 区域中的“平整”按钮，选取图 18.2.33 所示的模型边线为附着边。在操控板中选择形状类型为 矩形，折弯角度类型选择 平整 选项；单击 形状 选项卡，在系统弹出的界面中修改草图内的尺寸至图 18.2.34 所示的值；单击 ✔ 按钮，完成平整特征 3 的创建。

图 18.2.32 平整特征 3

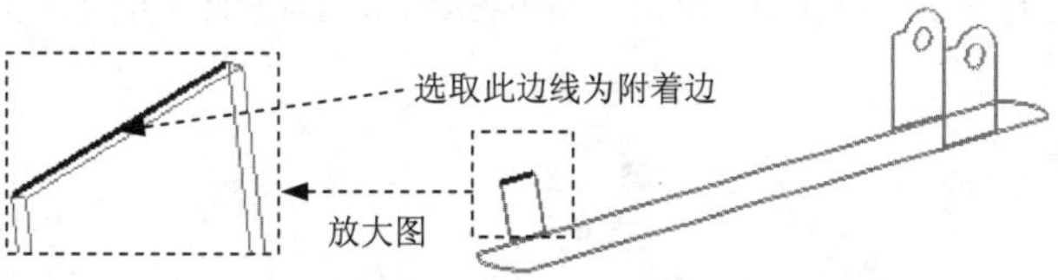

图 18.2.33 定义附着边

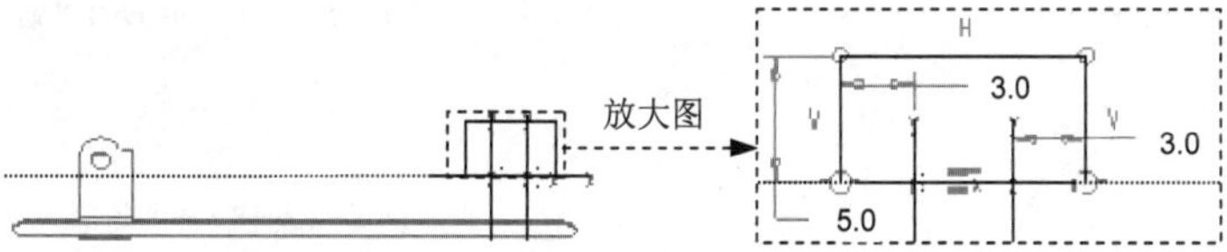

图 18.2.34 修改草图尺寸

Step9. 创建图 18.2.35 所示的凸模成形特征 1。

图 18.2.35 凸模成形特征 1

（1）选择命令。单击 模型 功能选项卡 工程▼ 区域节点下的 凸模 按钮。

（2）选择模具文件。在系统弹出的“凸模”操控板中单击按钮，系统弹出“打开”对话框，选择 sm_barrette_01.prt 为成形模具。

（3）定义成形模具的放置。单击操控板中的 放置 选项卡，在系统弹出的界面中选中 ✔ 约束已启用 复选框，并添加图 18.2.36 所示的三组位置约束。

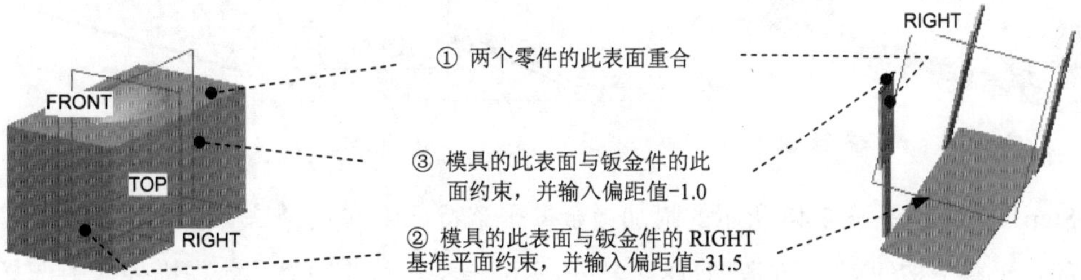

图 18.2.36 定义成形模具的放置

（4）定义冲孔方向。选取图 18.2.37 所示的方向为冲孔方向。

（5）在操控板中单击“完成”按钮 ✔，完成凸模成形特征 1 的创建。

Step10. 创建图 18.2.38 所示的钣金拉伸切削特征 3。在操控板中单击拉伸按钮，确认按钮、按钮和按钮被按下；选取图 18.2.39 所示的模型表面为草绘平面，选取 RIGHT 基准平面为参考平面，方向为左；单击草绘按钮，绘制图 18.2.40 所示的截面草图，在操控板中定义拉伸类型为，选择材料移除的方向类型为（移除垂直于驱动曲面的材料）；单击按钮，完成拉伸切削特征 3 的创建。

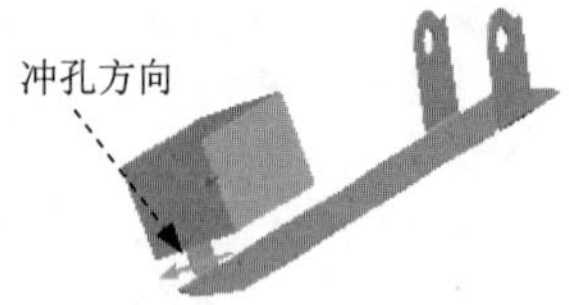

图 18.2.37　选取冲孔方向

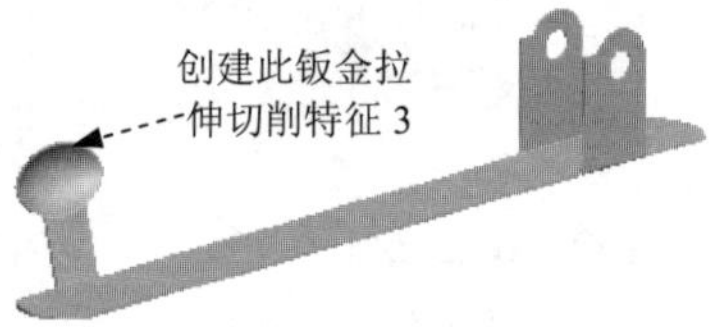

图 18.2.38　拉伸切削特征 3

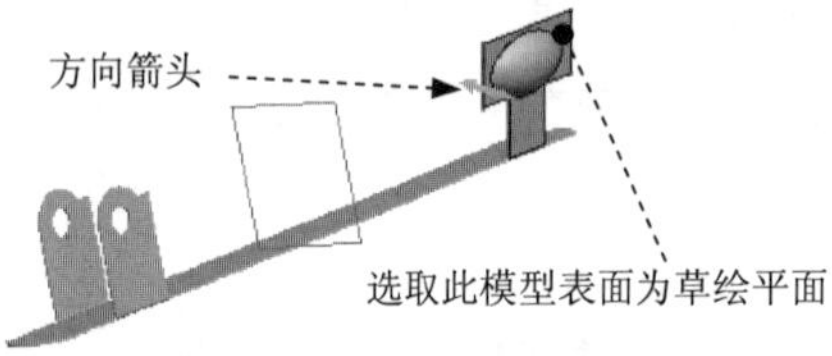

图 18.2.39　定义草绘平面

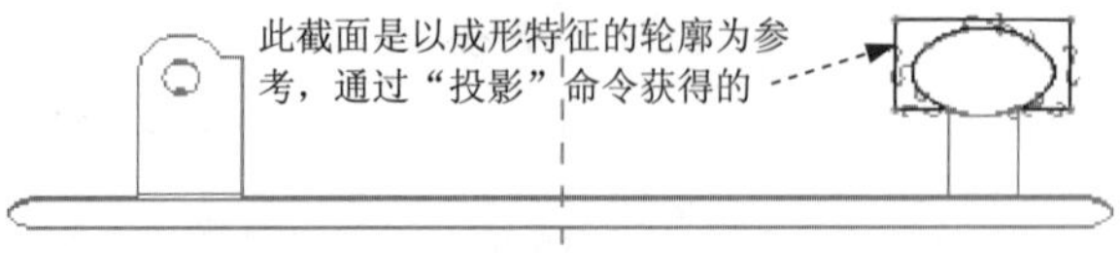

图 18.2.40　截面草图

Step11. 创建图 18.2.41 所示的附加钣金壁凸缘特征 2。单击模型功能选项卡形状▾区域中的“法兰”按钮，选取图 18.2.42 所示的模型边线为附着边。在操控板中选择形状类型为I，定义第一方向的长度类型为，在其后的文本框中输入数值-4.0；定义第二方向的长度类型为，在其后的文本框中输入数值-40.0；单击形状选项卡，在系统弹出的界面中修改草图内的尺寸至图 18.2.43 所示的值；单击偏移选项卡，选中☑相对连接边偏移壁复选框和◉添加到零件边单选项；确认按钮被按下，并在其后的文本框中输入折弯半径值 0.1；折弯半径所在侧为。单击按钮，完成凸缘特征 2 的创建。

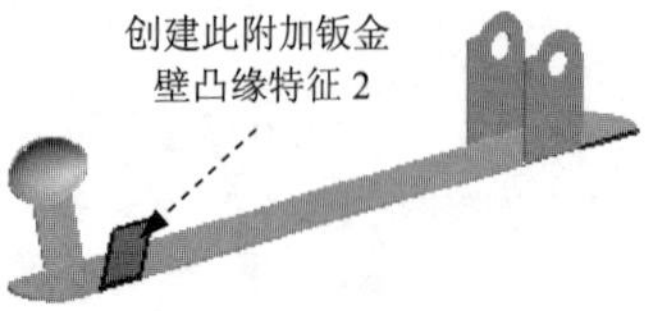

图 18.2.41　凸缘特征 2

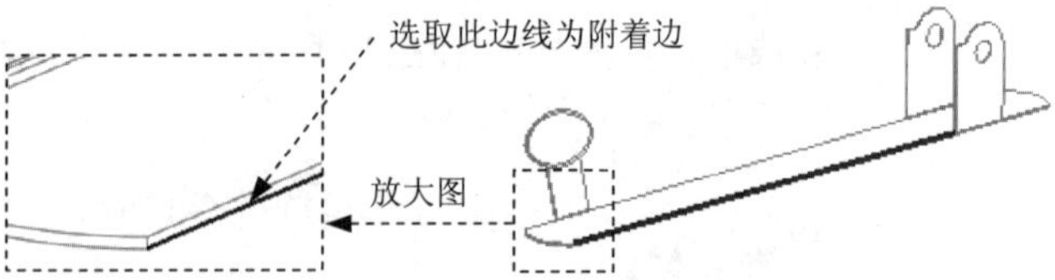

图 18.2.42　定义附着边

Step12. 创建图 18.2.44 所示的附加钣金壁平整特征 4。单击模型功能选项卡形状▾区域中的“平整”按钮，选取图 18.2.45 所示的模型边线为附着边。在操控板中选择形状类型为矩形，折弯角度类型选择平整选项；单击形状选项卡，在系统弹出的界面中单击草绘...按钮，修改草图内的尺寸至图 18.2.46 所示的值；单击按钮，完成平整特征 4 的创建。

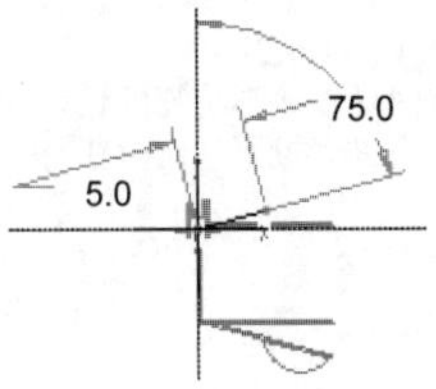

图 18.2.43 修改草图尺寸

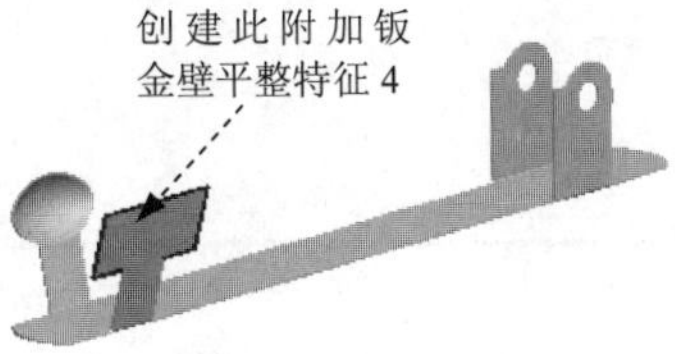

图 18.2.44 平整特征 4

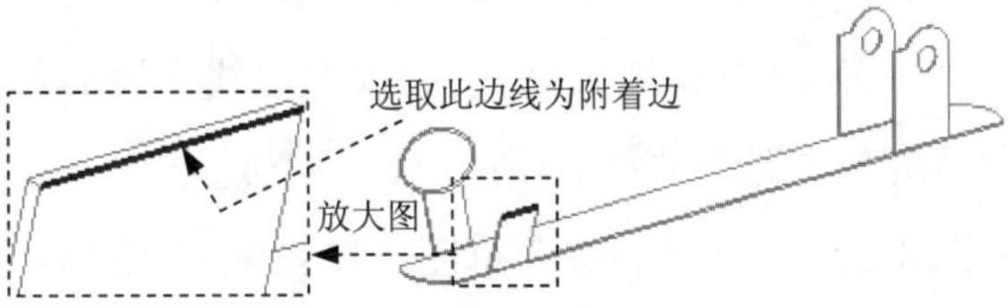

图 18.2.45 定义附着边

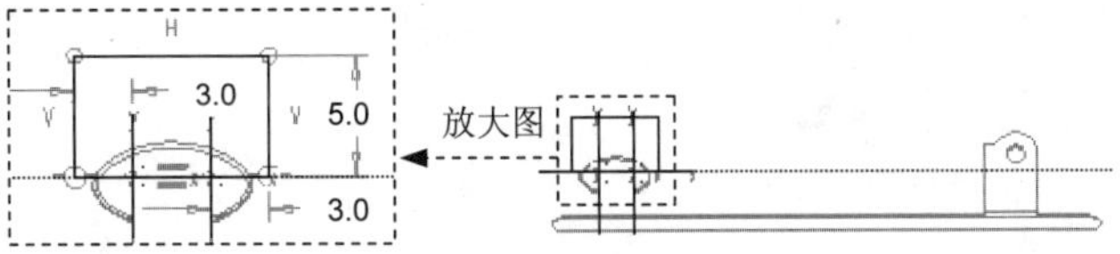

图 18.2.46 修改草图尺寸

Step13. 创建图 18.2.47 所示的镜像特征 1。选取 Step9 所创建的凸模成形特征 1 为镜像源特征；单击 模型 功能选项卡 编辑 ▼ 下的 镜像 命令，选取 FRONT 基准平面为镜像平面；单击✓按钮，完成镜像特征 1 的创建。

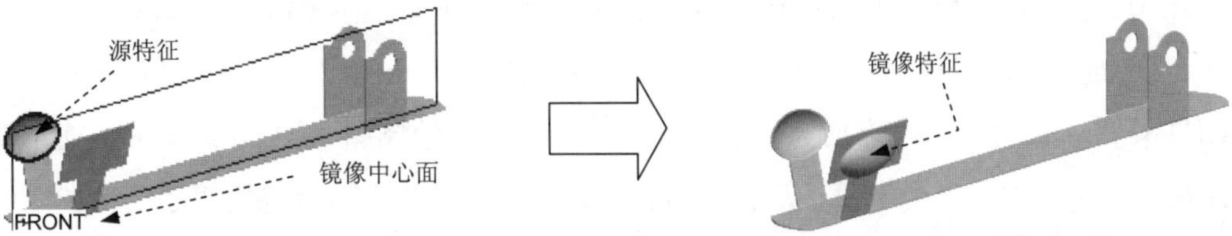

a）镜像前　　b）镜像后

图 18.2.47 镜像特征 1

Step14. 创建图 18.2.48 所示的钣金拉伸切削特征 4。在操控板中单击 拉伸 按钮，确认按钮、按钮和按钮被按下；选取图 18.2.49 所示的模型表面为草绘平面，选取 RIGHT 基准平面为参考平面，方向为 左；单击 草绘 按钮，绘制图 18.2.50 所示的截面草图；在操控板中定义拉伸类型为，选择材料移除的方向类型为（移除垂直于驱动曲面的材料）；单击✓按钮，完成拉伸切削特征 4 的创建。

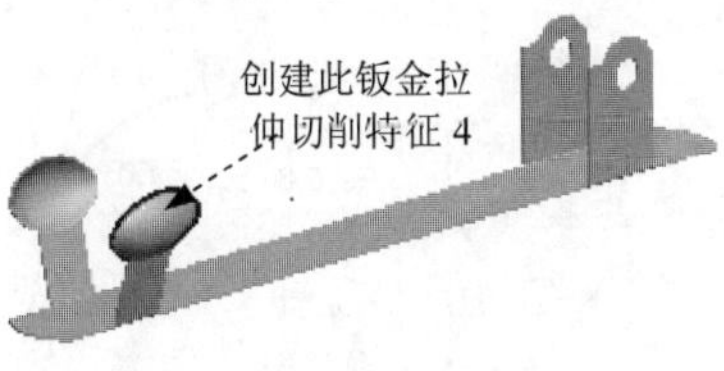

图 18.2.48 拉伸切削特征 4

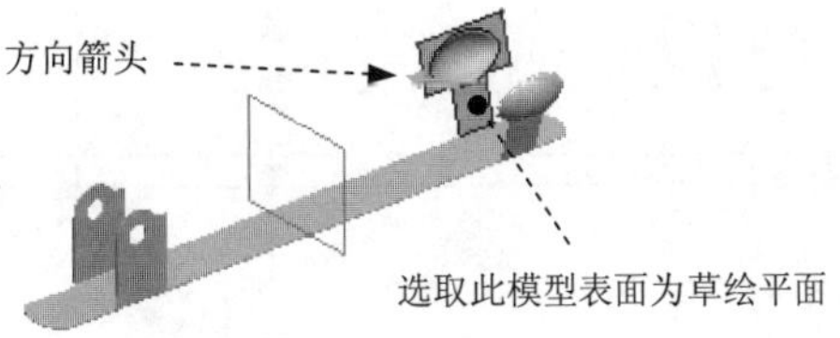

图 18.2.49 定义草绘平面

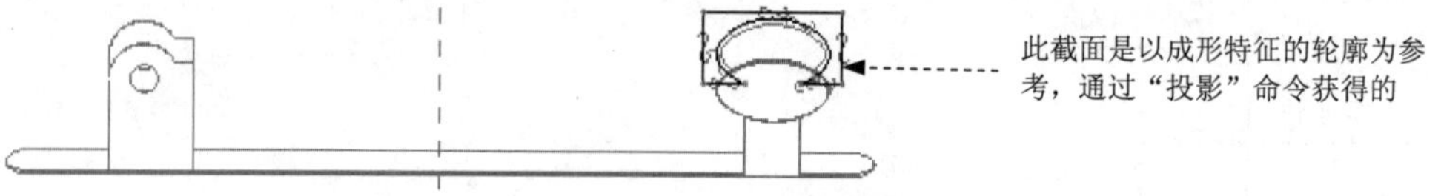

图 18.2.50　截面草图

Step15. 创建图 18.2.51 所示的附加钣金壁平整特征 5。单击 模型 功能选项卡 形状 ▾ 区域中的“平整”按钮，选取图 18.2.52 所示的模型边线为附着边。在操控板中选择形状类型为 用户定义，折弯角度类型选择 平整 选项；单击 形状 选项卡，在系统弹出的界面中单击 草绘... 按钮，绘制图 18.2.53 所示的截面草图；单击 ✓ 按钮，完成平整特征 5 的创建。

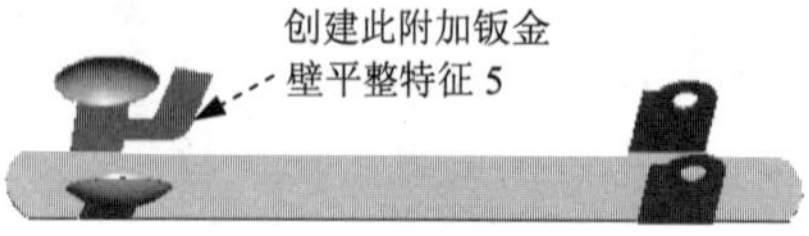

图 18.2.51　平整特征 5

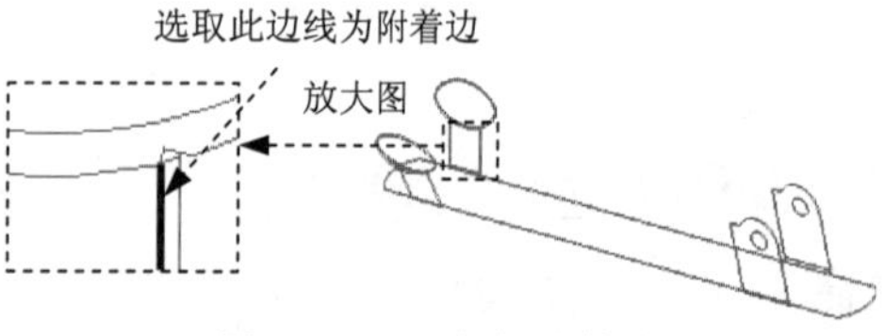

图 18.2.52　定义附着边

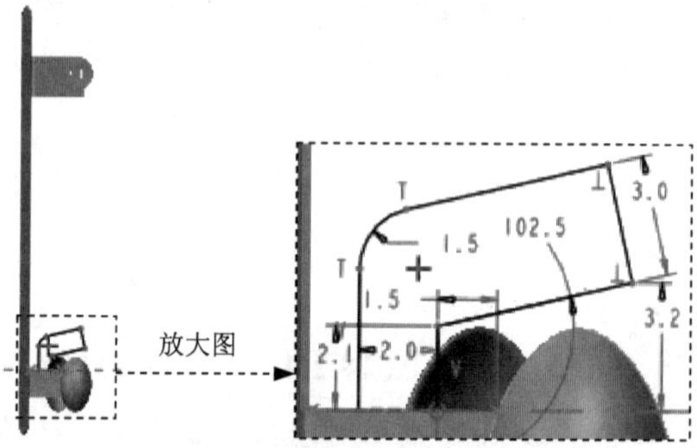

图 18.2.53　截面草图

Step16. 创建图 18.2.54 所示的钣金拉伸切削特征 5。在操控板中单击 拉伸 按钮，确认按钮、按钮和按钮被按下；选取图 18.2.55 所示的模型表面为草绘平面，选择 RIGHT 基准平面为参照，方向为 左；单击 草绘 按钮，绘制图 18.2.56 所示的截面草图，在操控板中定义拉伸类型为，选择材料移除的方向类型为（移除垂直于驱动曲面的材料）；单击 ✓ 按钮，完成拉伸切削特征 5 的创建。

图 18.2.54　拉伸切削特征 5

图 18.2.55　定义草绘平面

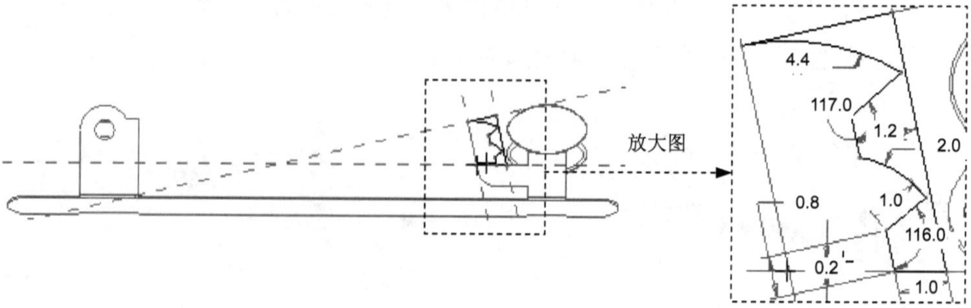

图 18.2.56　截面草图

Step17. 创建图 18.2.57 所示的镜像特征 2。按住 Ctrl 键，在模型树中依次选择 平整 5 和 拉伸 5 特征后右击，在系统弹出的快捷菜单中选择 组 命令；选取上一步所创建的组特征为镜像源特征；单击 模型 功能选项卡 编辑 ▼ 下的 镜像 命令，选取 FRONT 基准平面为镜像平面；单击 ✓ 按钮，完成镜像特征 2 的创建。

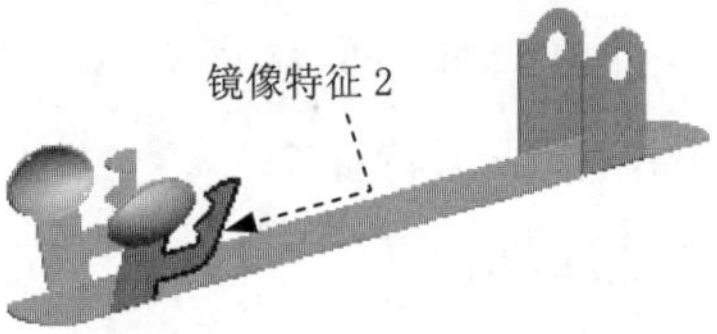

图 18.2.57 镜像特征 2

Step18. 创建图 18.2.58 所示的折弯特征 1。

（1）单击 模型 功能选项卡 折弯 ▼ 区域 折弯 ▼ 下的 折弯 按钮，系统弹出“折弯”操控板。

（2）选取折弯类型。在操控板中单击 按钮和 按钮（使其处于被按下的状态）。

（3）绘制折弯线。单击 折弯线 选项卡，选取图 18.2.59 所示的薄板表面为草绘平面；然后单击“折弯线”界面中的 草绘... 按钮，绘制图 18.2.60 所示的折弯线。

（4）定义折弯属性。在 后的文本框中输入折弯角度值 85.0，然后在 后的文本框中输入折弯半径值 0.2，折弯半径所在侧为 ；单击 止裂槽 选项卡，在系统弹出的界面中的 类型 下拉列表框中选择 无止裂槽 选项，固定侧方向如图 18.2.61 所示。

（5）单击操控板中 ✓ 按钮，完成折弯特征 1 的创建。

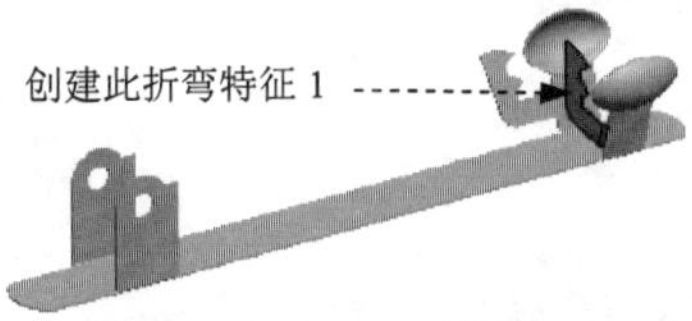

图 18.2.58 折弯特征 1

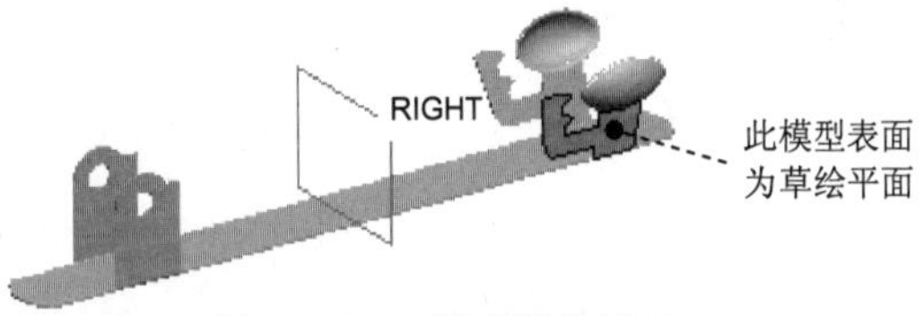

图 18.2.59 设置草绘平面

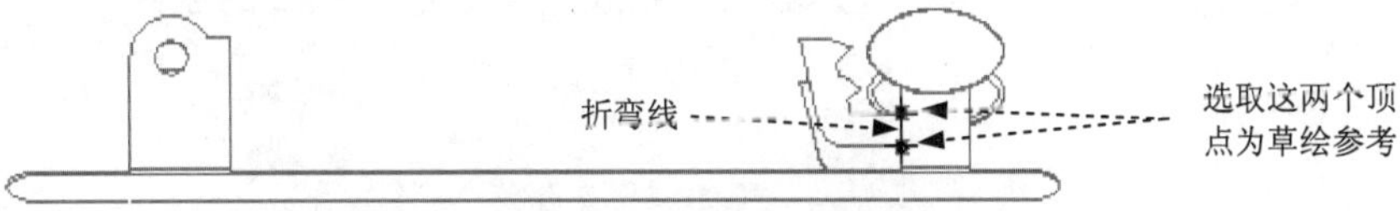

图 18.2.60 绘制折弯线

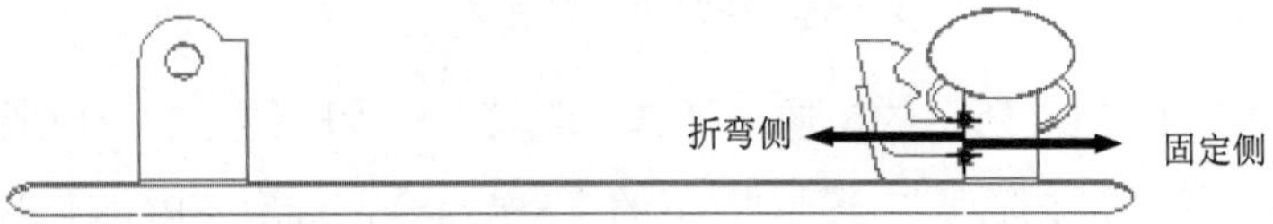

图 18.2.61 定义折弯侧和固定侧

Step19. 创建图 18.2.62 所示的折弯特征 2，定义其折弯角度值为 75.0；其他操作过程参见 Step18。

a）折弯前　　b）折弯后

图 18.2.62　折弯特征 2

Step20. 创建图 18.2.63 所示的凸模成形特征 2。

（1）选择命令。单击 模型 功能选项卡 工程 ▾ 区域 节点下的 凸模 按钮。

（2）选择模具文件。在系统弹出的“凸模”操控板中单击 按钮，系统弹出“打开”对话框，选择 sm_barrette_02.prt 为成形模具。

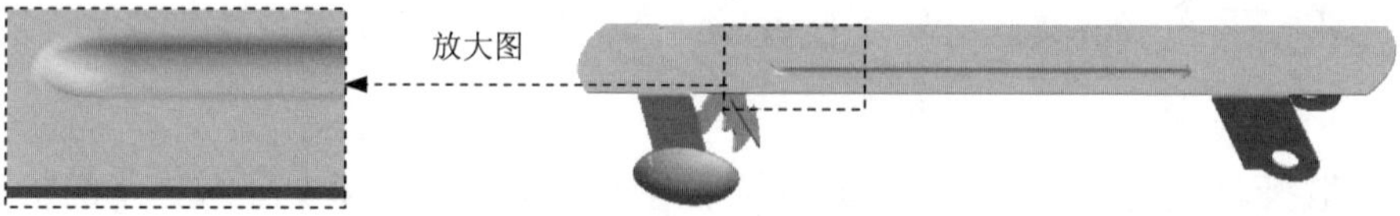

图 18.2.63　凸模成形特征 2

（3）定义成形模具的放置。单击操控板中的 放置 选项卡，在系统弹出的界面中选中 ☑约束已启用 复选框，并添加图 18.2.64 所示的三组位置约束。

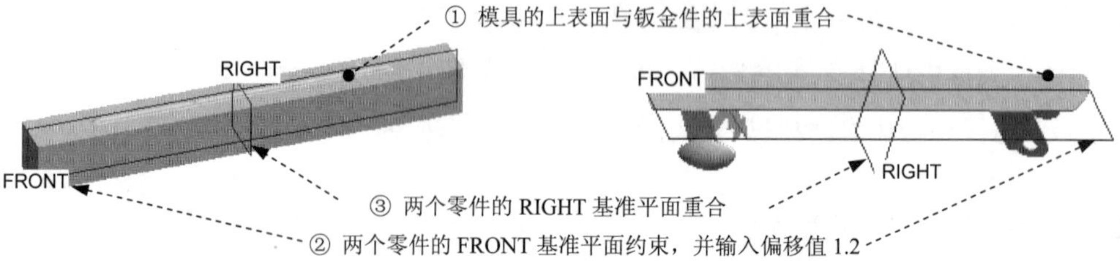

图 18.2.64　定义成形模具的放置

（4）定义冲孔方向。选取图 18.2.65 所示的方向为冲孔方向。

（5）在操控板中单击“完成”按钮 ✔，完成凸模成形特征 2 的创建。

图 18.2.65　选取冲孔方向

Step21. 创建图 18.2.66 所示的镜像特征 3。选取上一步所创建的凸模成形特征 2 为镜像源特征；单击 模型 功能选项卡 编辑 ▾ 下的 镜像 命令，选取 FRONT 基准平面为镜像平面，单击 ✔ 按钮，完成镜像特征 3 的创建。

Step22. 创建图 18.2.67 所示的钣金拉伸切削特征 6。在操控板中单击 拉伸 按钮，确认 按钮、 按钮和 按钮被按下；选取图 18.2.68 所示的模型表面为草绘平面，选取

RIGHT 基准平面为参考平面，方向为左；单击 草绘 按钮，绘制图 18.2.69 所示的截面草图，在操控板中定义拉伸类型为，选择材料移除的方向类型为（移除垂直于驱动曲面的材料）；单击按钮，完成拉伸切削特征 6 的创建。

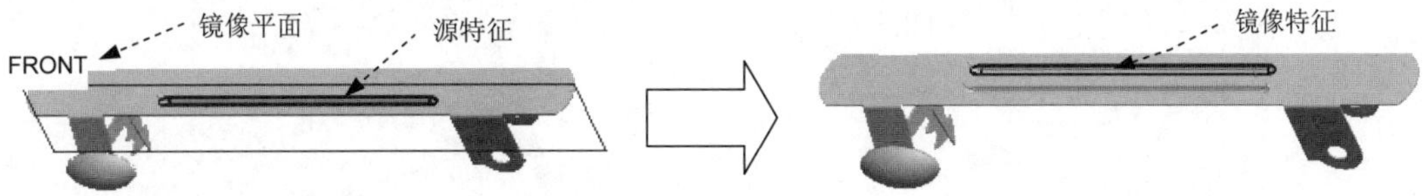

a）镜像复制前　　b）镜像复制后

图 18.2.66　镜像特征 3

图 18.2.67　拉伸切削特征 6

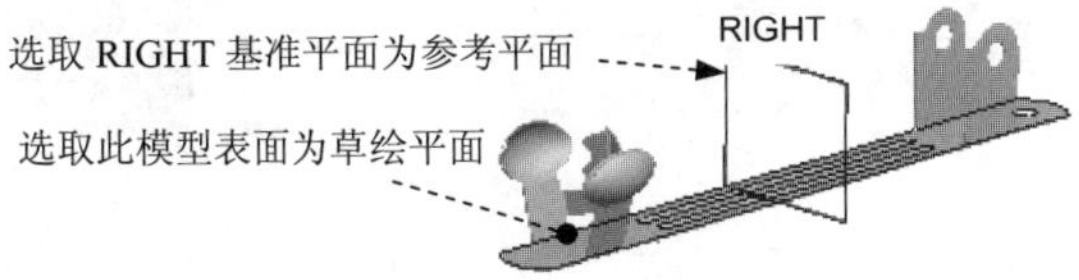

图 18.2.68　定义草绘平面

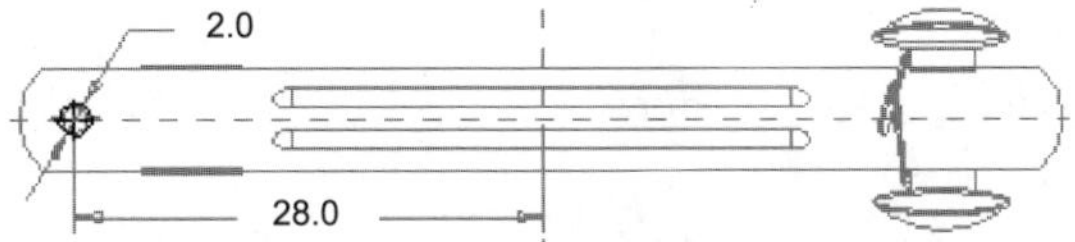

图 18.2.69　截面草图

Step23. 创建图 18.2.70 所示的镜像特征 4。选择上一步所创建的拉伸 6特征为镜像源特征；单击 模型 功能选项卡 编辑 ▾ 下的镜像命令，选取 RIGHT 基准平面为镜像平面；单击按钮，完成镜像特征 4 的创建。

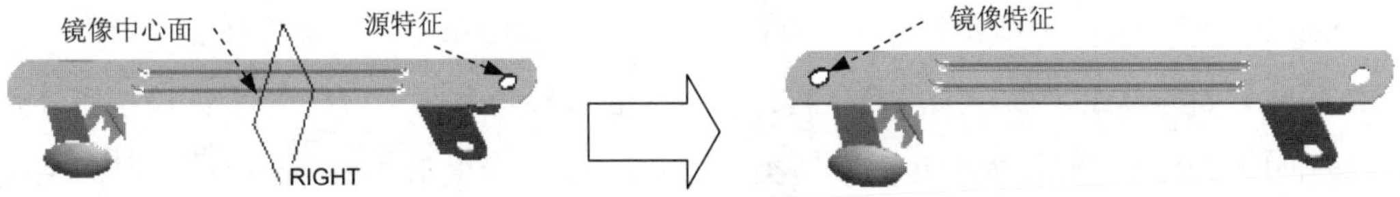

a）镜像前　　b）镜像后

图 18.2.70　镜像特征 4

Step24. 创建图 18.2.71 所示的倒圆角特征 1。圆角半径值为 0.5。

Step25. 创建图 18.2.72 所示的倒圆角特征 2，圆角半径值为 0.2。

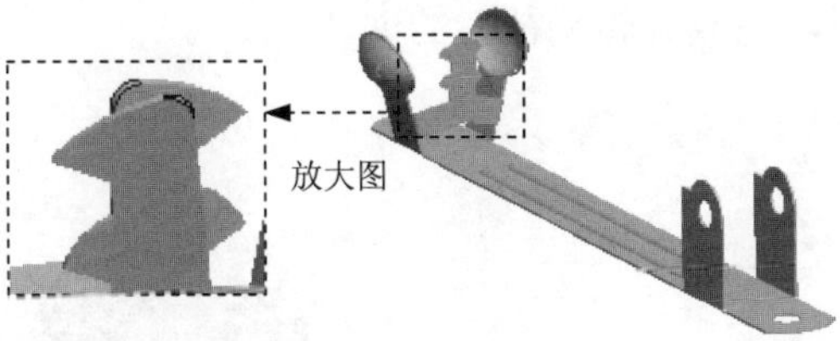

图 18.2.71　倒圆角特征 1

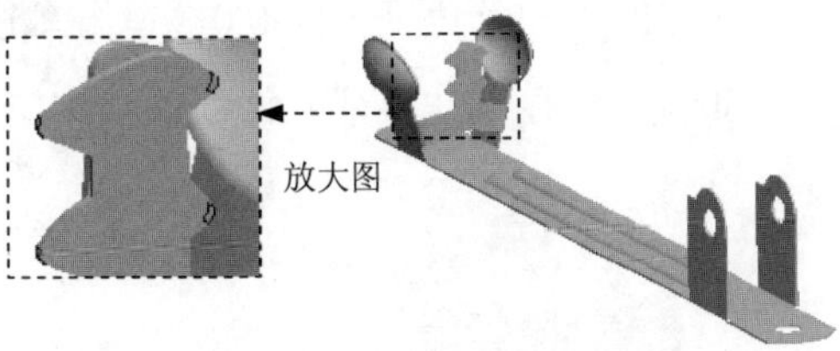

图 18.2.72　倒圆角特征 2

Step26. 保存零件模型文件。

18.3 钣 金 件 2

钣金件模型及模型树如图 18.3.1 所示。

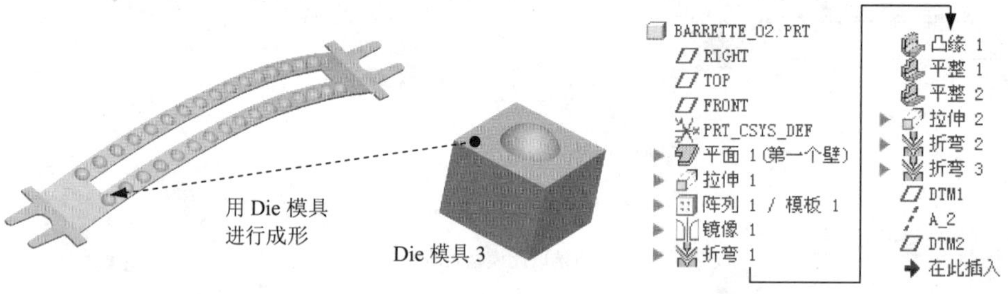

图 18.3.1　钣金件模型及模型树

Task1. 创建模具 3

模具 3 模型及模型树如图 18.3.2 所示。

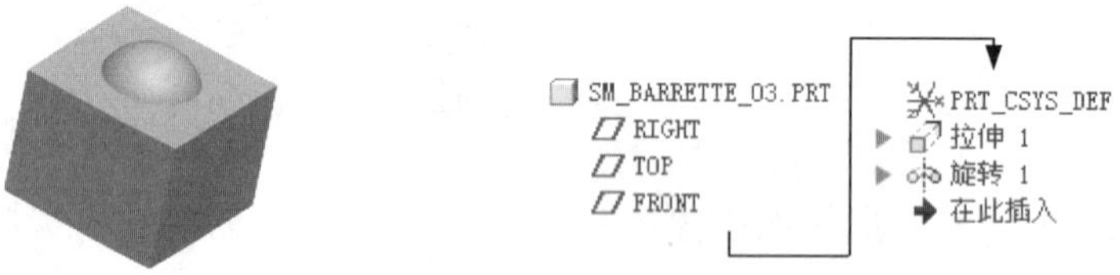

图 18.3.2　模具 3 模型及模型树

Step1. 新建一个零件模型，命名为 SM_BARRETTE_03。

Step2. 创建图 18.3.3 所示的拉伸特征 1。在操控板中单击“拉伸”按钮 拉伸。选取 TOP 基准平面为草绘平面，选取 RIGHT 基准平面为参考平面，方向为右；绘制图 18.3.4 所示的截面草图，在操控板中定义拉伸类型为，输入深度值 1.5；单击按钮，完成拉伸特征 1 的创建。

Step3. 创建图 18.3.5 所示的旋转特征 1。在操控板中单击“旋转”按钮 旋转。选取 FRONT 基准平面为草绘平面，选取 RIGHT 基准平面为参考平面，方向为左；单击 草绘 按钮，绘制图 18.3.6 所示的截面草图（包括中心线）；在操控板中选择旋转类型为，在角度文本框中输入角度值 360.0，单击按钮，完成旋转特征 1 的创建。

Step4. 保存零件模型文件。

图 18.3.3　拉伸特征 1

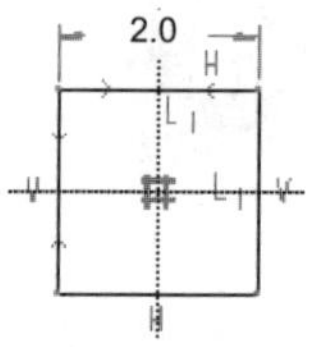

图 18.3.4　截面草图

图 18.3.5　旋转特征 1

Task2. 创建主体零件模型

Step1. 新建一个钣金件模型，命名为 BARRETTE_02。

Step2. 创建图 18.3.7 所示的钣金壁平面特征 1。单击 模型 功能选项卡 形状 ▾ 区域中的“平面”按钮 平面。选取 TOP 基准平面为草绘平面，选取 RIGHT 基准平面为参考平面，方向为 右；绘制图 18.3.8 所示的截面草图，在操控板中的 后文本框中输入钣金壁厚度值 0.2；单击 ✓ 按钮，完成平面特征 1 的创建。

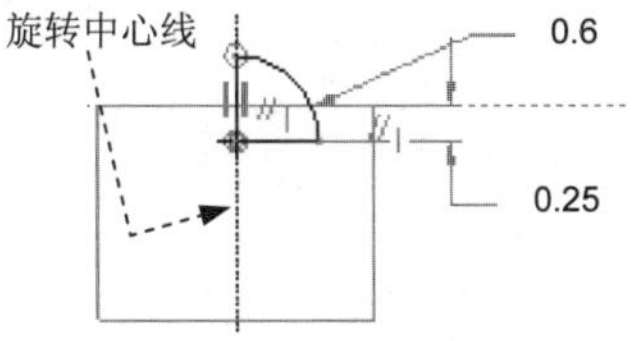

图 18.3.6 截面草图

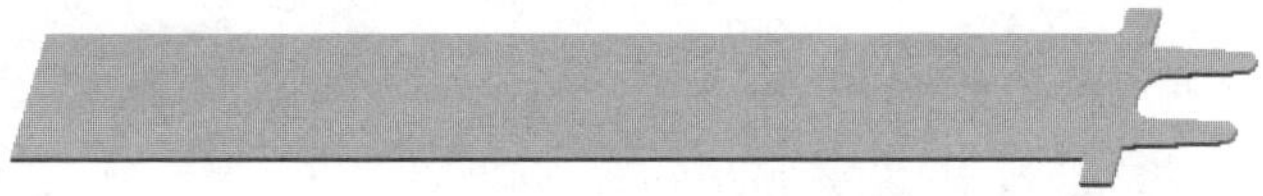
图 18.3.7 平面特征 1

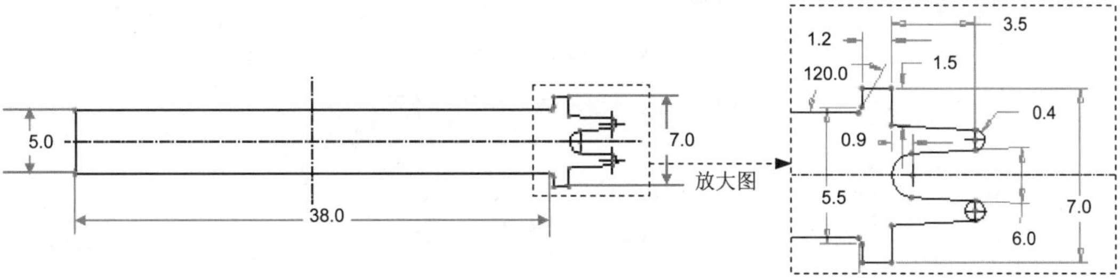

图 18.3.8 截面草图

Step3. 创建图 18.3.9 所示的钣金拉伸切削特征 1。在操控板中单击 拉伸 按钮，确认 按钮、 按钮和 按钮被按下；选取图 18.3.10 所示的模型表面为草绘平面，选取 RIGHT 基准平面为参考平面，方向为 右；单击 草绘 按钮，绘制图 18.3.11 所示的截面草图，在操控板中定义拉伸类型为 ，选择材料移除的方向类型为 （移除垂直于驱动曲面的材料）；单击 ✓ 按钮，完成拉伸切削特征 1 的创建。

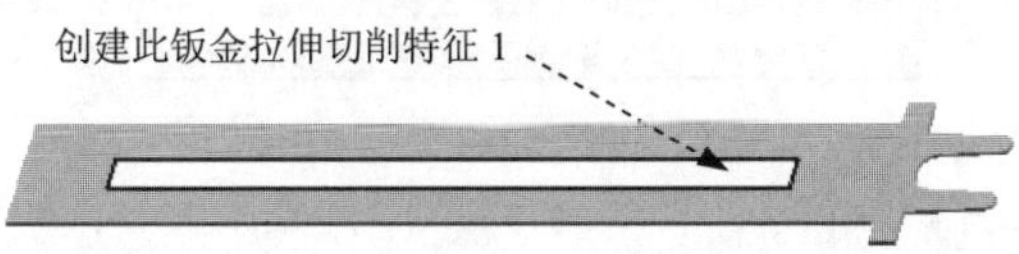

图 18.3.9 拉伸切削特征 1

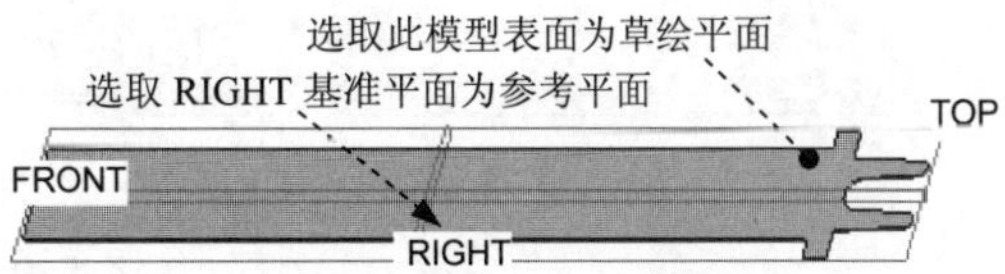

图 18.3.10 定义草绘平面

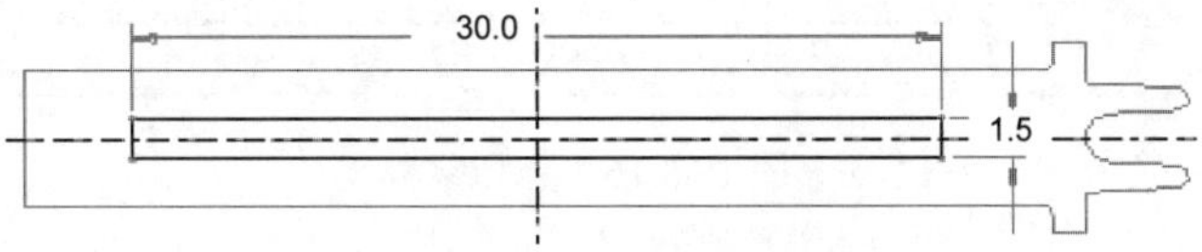

图 18.3.11 截面草图

Step4. 创建图 18.3.12 所示的凸模成形特征 1。单击 模型 功能选项卡 工程 ▾ 区域 节点下的 凸模 按钮。在系统弹出的“凸模”操控板中单击 按钮，系统弹出“打开”对话框，选择 sm_barrette_03.prt 作为成形模具；单击操控板中的 放置 选项卡，在系统弹出的界面中选中 ☑ 约束已启用 复选框，并添加图 18.3.13 所示的三组位置约束；选取图 18.3.14 所示的方向为冲孔方向。单击 ✔ 按钮，完成凸模成形特征 1 的创建。

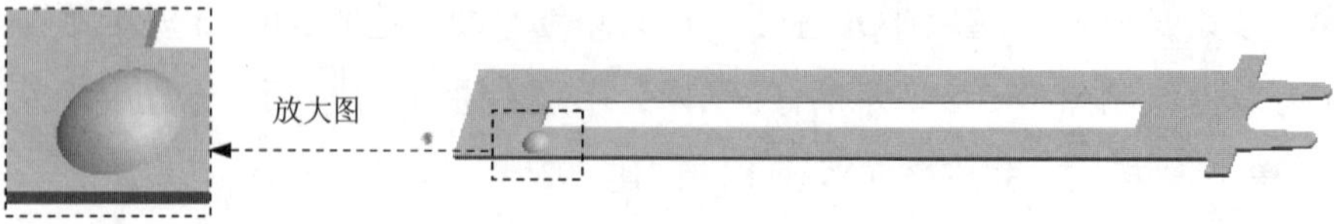

图 18.3.12　凸模成形特征 1

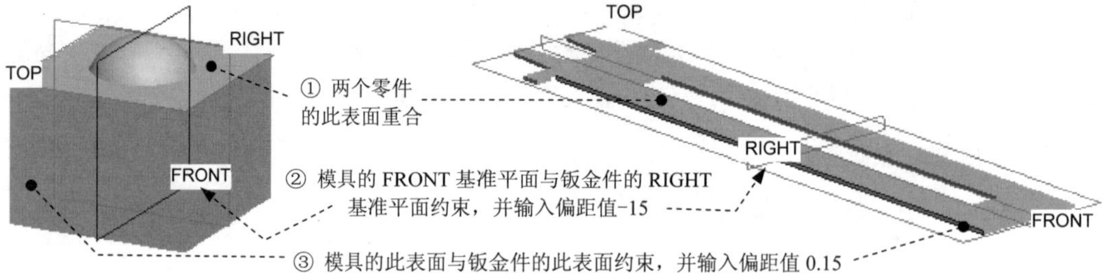

图 18.3.13　定义成形模具的放置

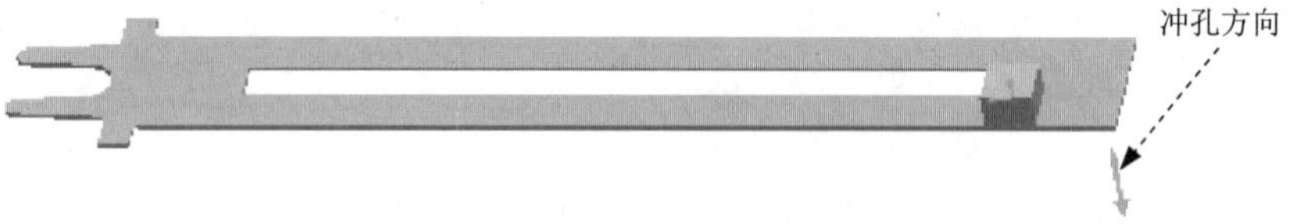

图 18.3.14　选取冲孔方向

Step5. 创建图 18.3.15 所示的阵列特征 1。在模型树中选取上一步创建的凸模成形特征 1，再右击，从系统弹出的快捷菜单中选择 阵列... 命令。在操控板中选择以“方向”方式控制阵列，选取图 18.3.16 所示的 RIGHT 基准平面为第一方向阵列参考；在操控板中的阵列数量栏中输入数量值 16，尺寸增量值为 2.0；单击 ✔ 按钮，完成阵列特征 1 的创建。

a）阵列前　　　　b）阵列后

图 18.3.15　阵列特征 1

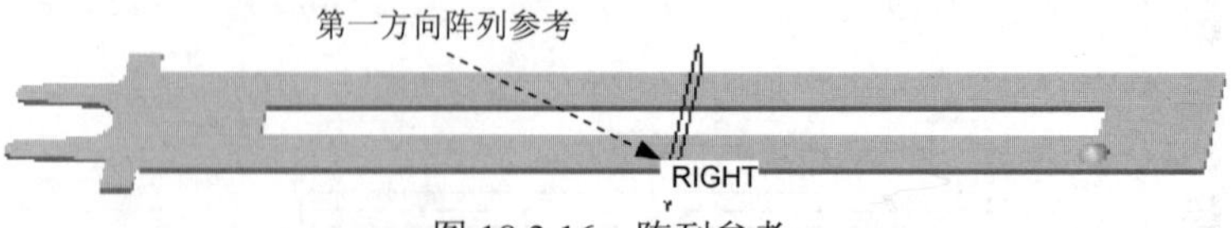

图 18.3.16　阵列参考

Step6. 创建图 18.3.17 所示的镜像特征 1。选取上一步所创建的 阵列 1 / 模板 1 特征为镜像特征；单击 模型 功能选项卡 编辑 ▾ 下的 镜像 命令；选取 FRONT 基准平面为镜像平面；单击 ✔ 按钮，完成镜像特征 1 的创建。

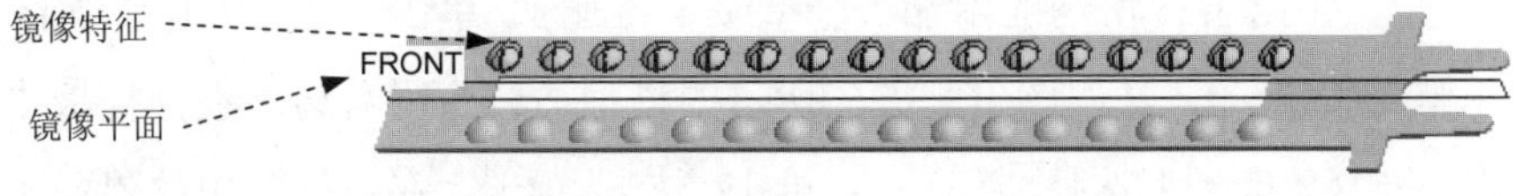

图 18.3.17　镜像特征 1

Step7. 创建图 18.3.18 所示的折弯特征 1。单击 模型 功能选项卡 折弯 ▾ 区域 折弯 ▾ 下的 折弯 按钮，确认 按钮和 按钮被按下；单击 折弯线 选项卡，选取图 18.3.19 所示的薄板表面为草绘平面，然后单击“折弯线”界面中的 草绘... 按钮，绘制图 18.3.20 所示的折弯线；单击 止裂槽 选项卡，在系统弹出的界面中的 类型 下拉列表框中选择 无止裂槽 选项；然后在 后的文本框中输入折弯半径值 50.0；折弯半径所在侧为 ；固定侧方向如图 18.3.21 所示；单击 ✓ 按钮，完成折弯特征 1 的创建。

a）折弯前　　　　b）折弯后

图 18.3.18　折弯特征 1

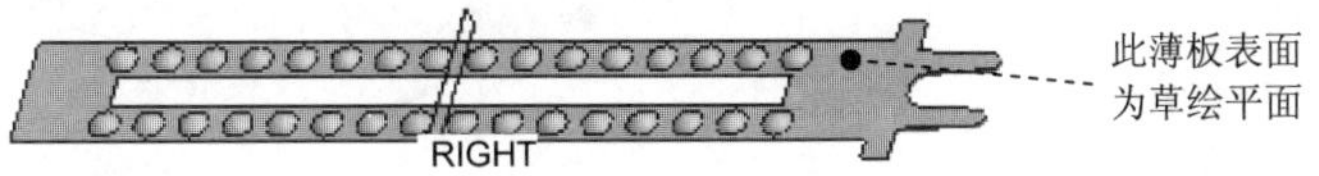

图 18.3.19　设置草绘平面

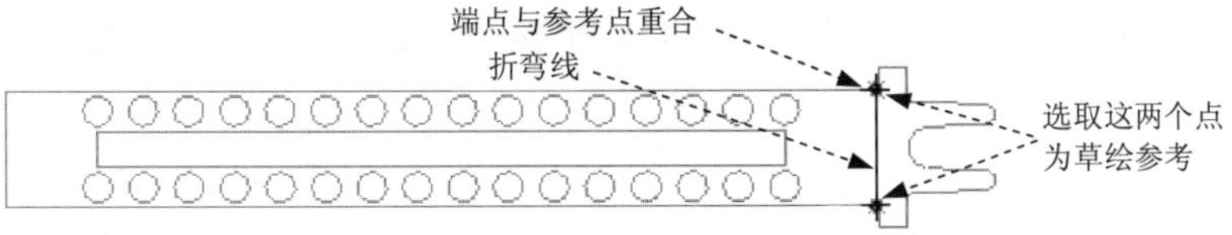

图 18.3.20　绘制折弯线

Step8. 创建图 18.3.22 所示的附加钣金壁凸缘特征 1。单击 模型 功能选项卡 形状 ▾ 区域中的“法兰”按钮 ，选取图 18.3.23 所示的模型边线为附着边。在操控板中选择形状类型为 I，定义第一方向的长度类型为 ，定义第二方向的长度类型为 ；单击 形状 选项卡，在系统弹出的界面中单击 草绘... 按钮，修改草图内的尺寸至图 18.3.24 所示的值；单击 ✓ 按钮，完成凸缘特征 1 的创建。

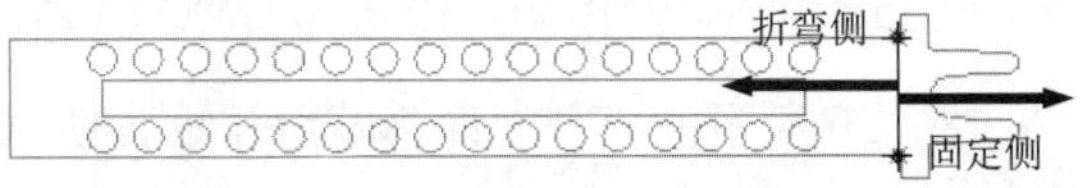

图 18.3.21　定义折弯侧和固定侧

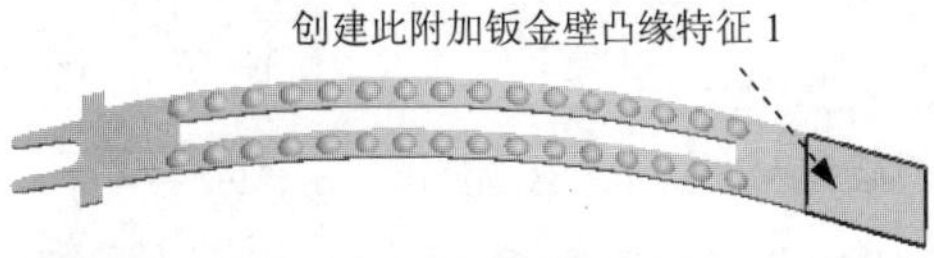

图 18.3.22　凸缘特征 1

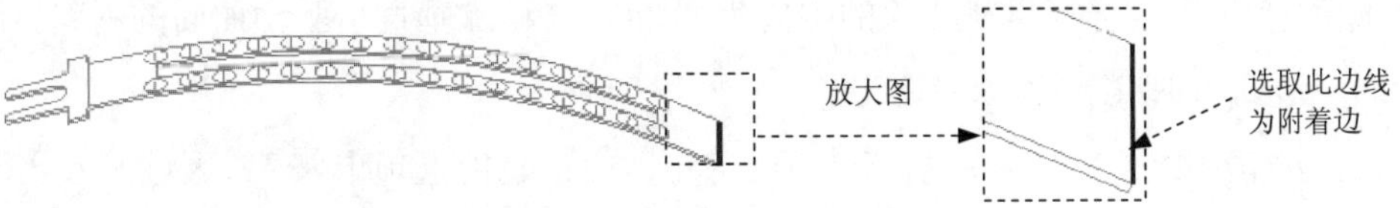

图 18.3.23　定义附着边

Step9. 创建图 18.3.25 所示的附加钣金壁平整特征 1。单击 模型 功能选项卡 形状 ▾ 区域中的“平整”按钮，选取图 18.3.26 所示的模型边线为附着边。在操控板中选择形状类型为 矩形，折弯角度类型选择 平整 选项；单击 形状 选项卡，在系统弹出的界面中修改草图内的尺寸值至图 18.3.27 所示的值；单击 ✔ 按钮，完成平整特征 1 的创建。

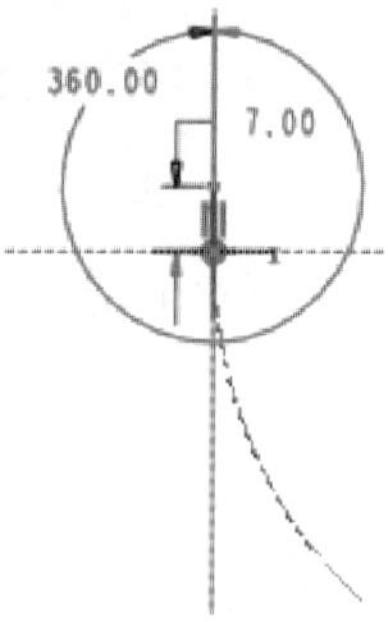

图 18.3.24 修改尺寸

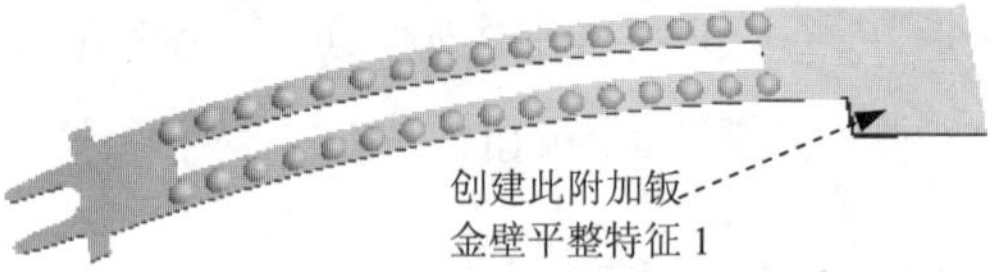

图 18.3.25 平整特征 1

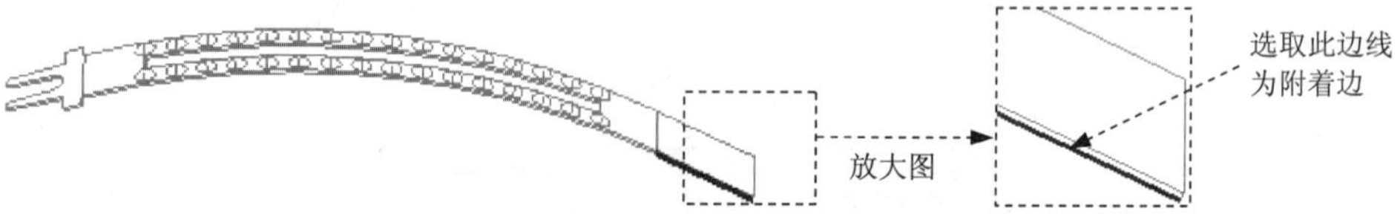

图 18.3.26 定义附着边

Step10. 创建图 18.3.28 所示的附加钣金壁平整特征 2，详细步骤参见上一步。

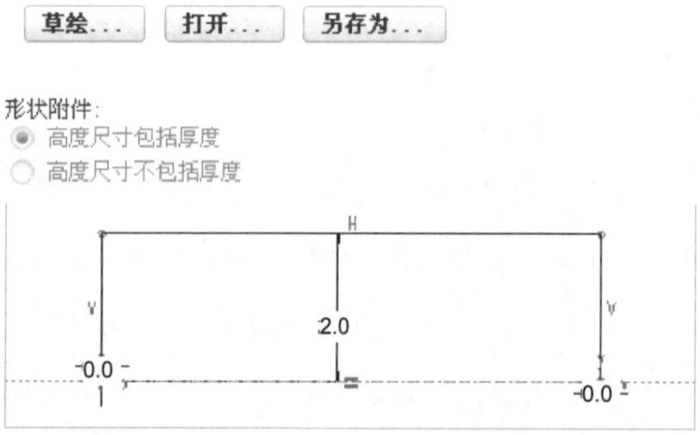

图 18.3.27 设置形状参数

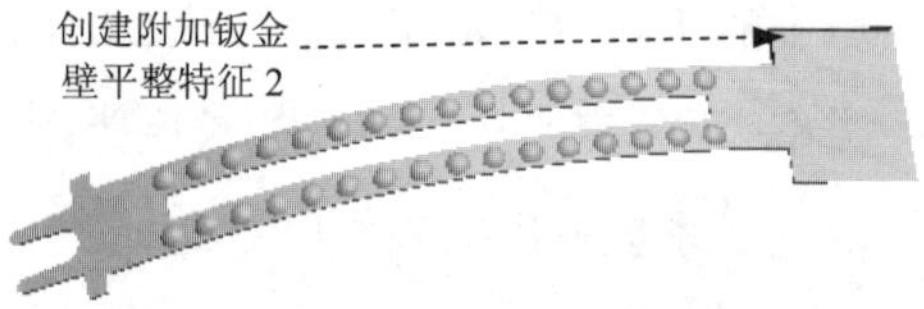

图 18.3.28 平整特征 2

Step11. 创建图 18.3.29 所示的钣金拉伸切削特征 2。在操控板中单击 拉伸 按钮，确认按钮、按钮和按钮被按下；选取图 18.3.30 所示的模型表面为草绘平面，使用默认的参考平面和参考方向，单击 草绘 按钮，绘制图 18.3.31 所示的截面草图，在操控板中定义拉伸类型为，选择材料移除的方向类型为（移除垂直于驱动曲面的材料）；单击 ✔ 按钮，完成拉伸切削特征 2 的创建。

Step12. 创建图 18.3.32 所示的折弯特征 2。单击 模型 功能选项卡 折弯 ▾ 区域 折弯 ▾ 下的 折弯 按钮，确认按钮和按钮被按下；单击 折弯线 选项卡，选取图 18.3.33 所示的薄板表面为草绘平面，然后单击“折弯线”界面中的 草绘... 按钮，绘制图 18.3.34 所示的折弯线；单击 止裂槽 选项卡，在系统弹出的界面中的 类型 下拉列表框中选择 无止裂槽 选项，在 后文本框中输入折弯角度值 20.0，然后在 后的文本框中输入折弯半径值 0.2，折弯半径所在侧为 ；固定侧方向如图 18.3.35 所示；单击 ✓ 按钮，完成折弯特征 2 的创建。

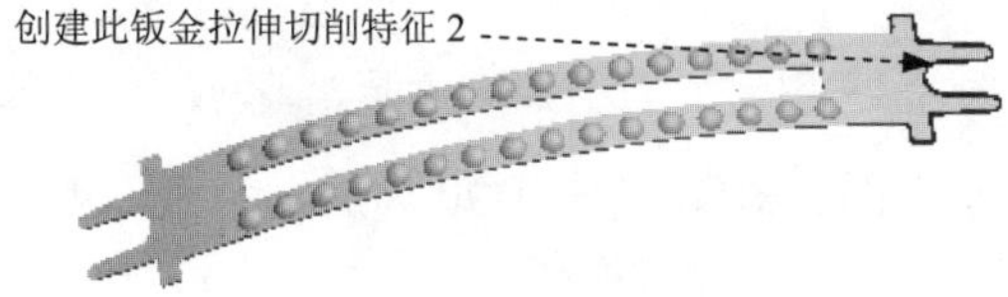

图 18.3.29　拉伸切削特征 2

图 18.3.30　草绘平面

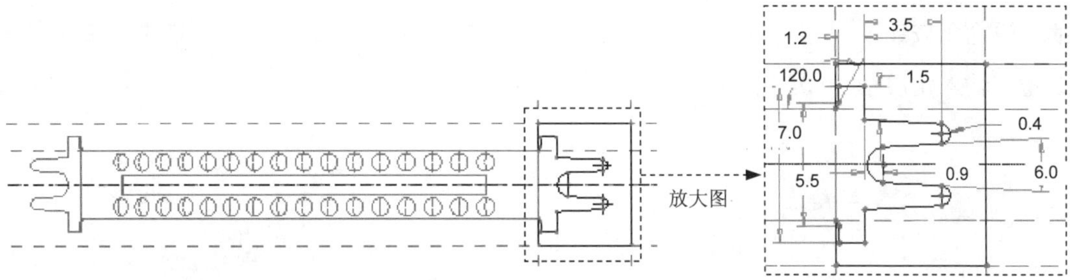

图 18.3.31　截面草图

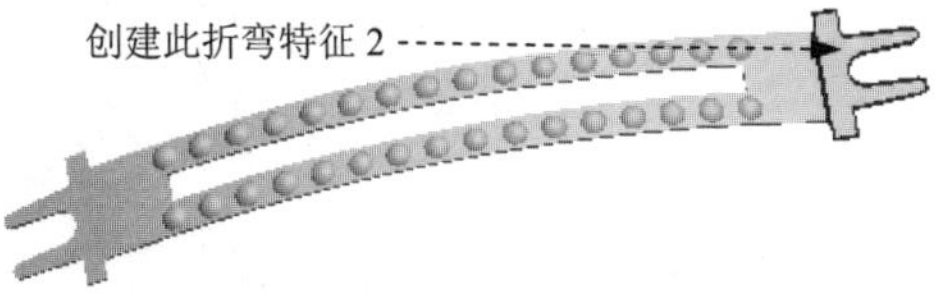

图 18.3.32　折弯特征 2

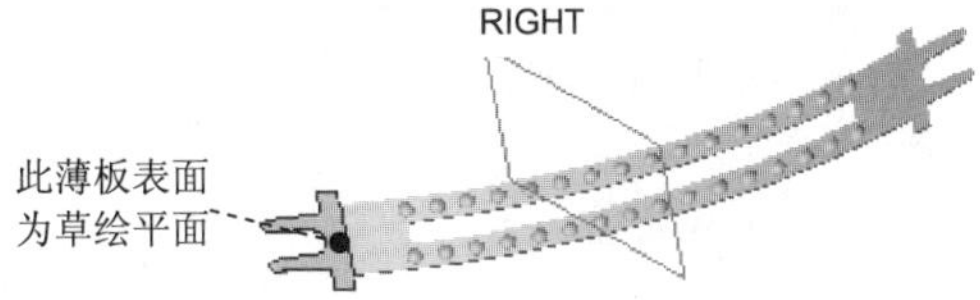

图 18.3.33　草绘平面

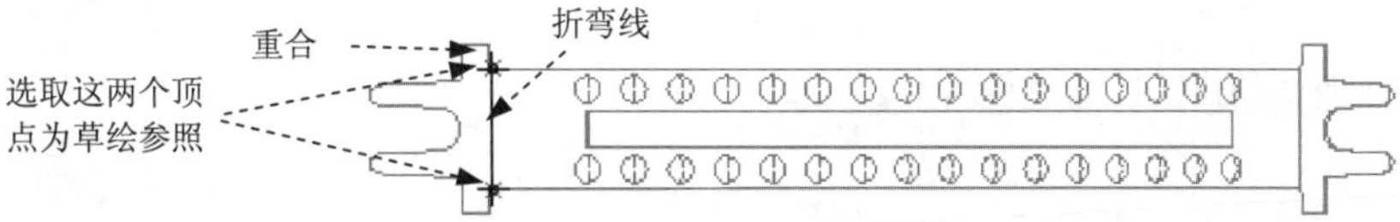

图 18.3.34　绘制折弯线

Step13. 创建图 18.3.36 所示的折弯特征 3，详细步骤参见上一步。

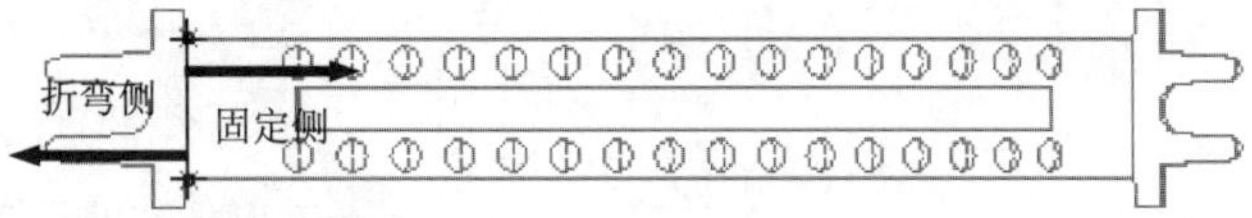

图 18.3.35　定义折弯侧和固定侧

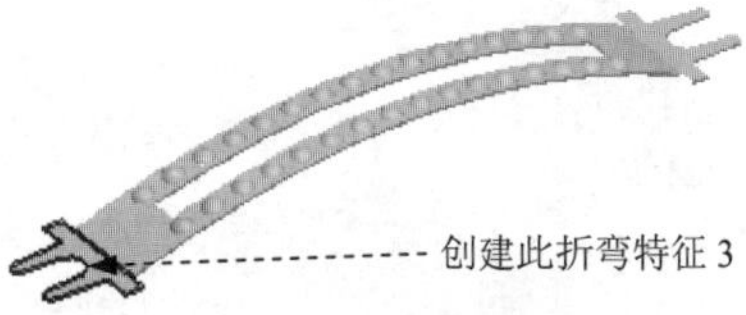

图 18.3.36　折弯特征 3

Step14. 创建图 18.3.37 所示的基准平面 DTM1。单击 模型 功能选项卡 基准 ▾ 区域中的“平面”按钮，按住 Ctrl 键，选取图 18.3.38 所示的两条边线为放置参考，单击对话框中的 确定 按钮。

注意：基准平面 DTM1 在后面的装配中起定位作用。

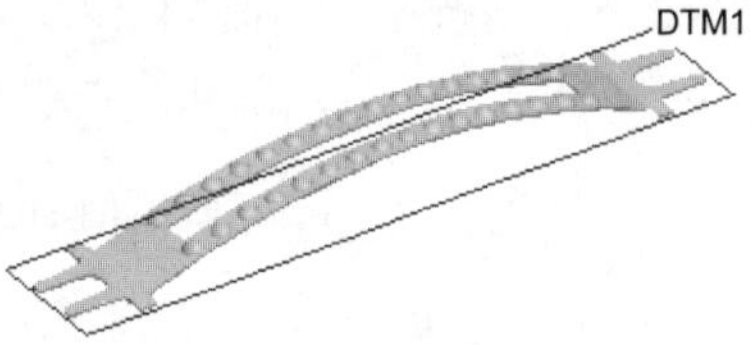

图 18.3.37　基准平面 DTM1

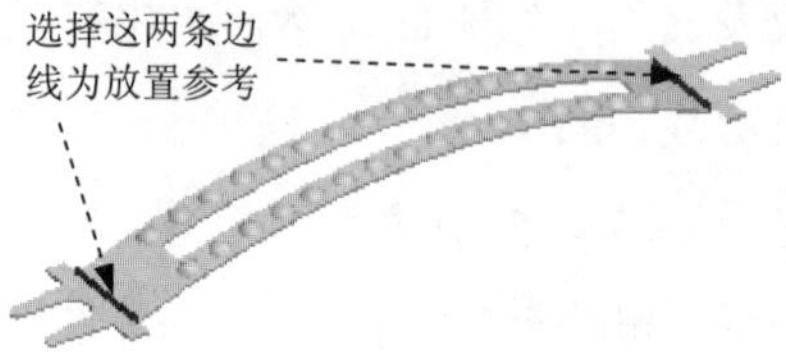

图 18.3.38　定义放置参考

Step15. 创建图 18.3.39 所示的基准轴 A_2。单击 模型 功能选项卡 基准 ▾ 区域中的“基准轴”按钮，按住 Ctrl 键，在模型树中选取基准平面 RIGHT 和 TOP 为放置参考，单击对话框中的 确定 按钮。

Step16. 创建图 18.3.40 所示的基准平面 DTM2。单击 模型 功能选项卡 基准 ▾ 区域中的“平面”按钮，按住 Ctrl 键，在模型树中选择基准平面 DTM1 和基准轴 A_2 为放置参考，输入角度值 90.0，单击对话框中的 确定 按钮。

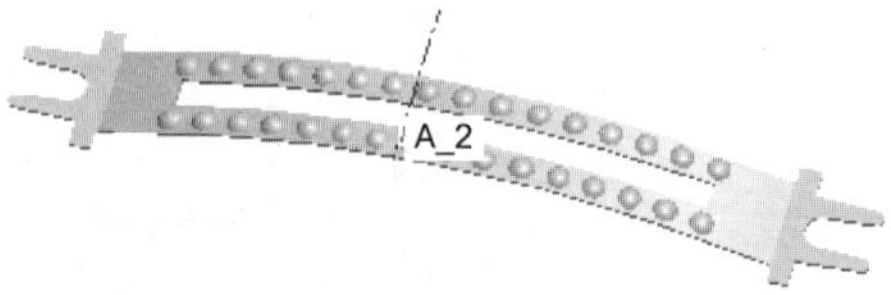

图 18.3.39　基准轴 A_2

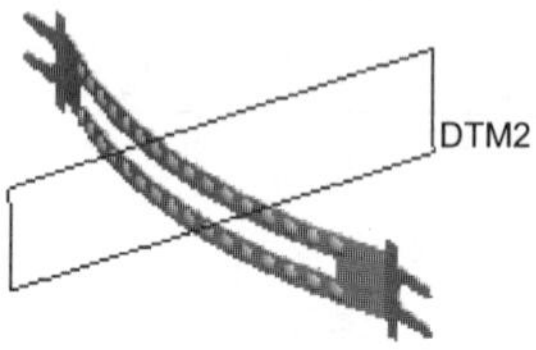

图 18.3.40　基准平面 DTM2

Step17. 保存零件模型文件。

18.4　钣金件 3

钣金件模型及模型树如图 18.4.1 所示。

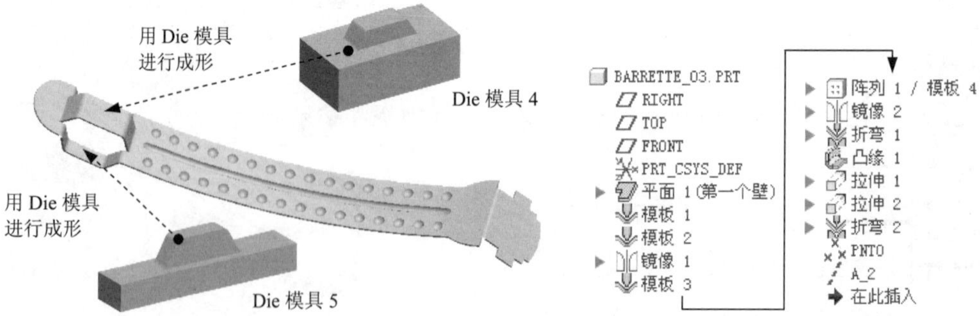

图 18.4.1　钣金件模型及模型树

Task1. 创建模具 4

模具 4 模型及模型树如图 18.4.2 所示。

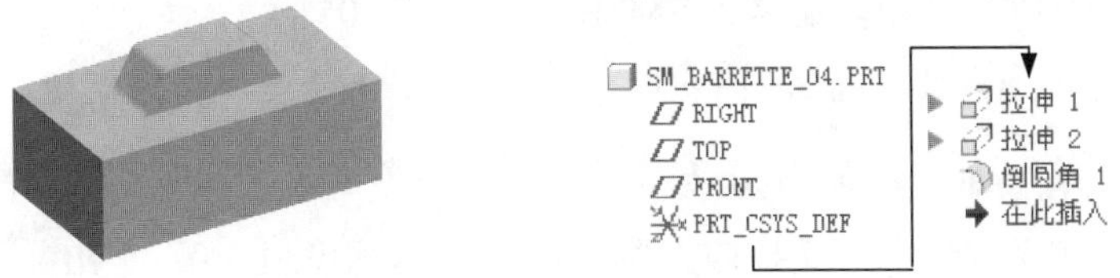

图 18.4.2　模具 4 模型及模型树

Step1. 新建一个零件模型，命名为 SM_BARRETTE_04。

Step2. 创建图 18.4.3 所示拉伸特征 1。在操控板中单击“拉伸”按钮 拉伸。选取 TOP 基准平面为草绘平面，选取 RIGHT 基准平面为参考平面，方向为 右；绘制图 18.4.4 所示的截面草图，在操控板中定义拉伸类型为，输入深度值 5.0；单击按钮，完成拉伸特征 1 的创建。

Step3. 创建图 18.4.5 所示的拉伸特征 2。在操控板中单击“拉伸”按钮 拉伸。选取 FRONT 基准平面为草绘平面，选取 RIGHT 基准平面为参考平面，方向为 左；绘制图 18.4.6 所示的截面草图，在操控板中定义拉伸类型为，输入深度值 3.0；单击按钮，完成拉伸特征 2 的创建。

图 18.4.3　拉伸特征 1

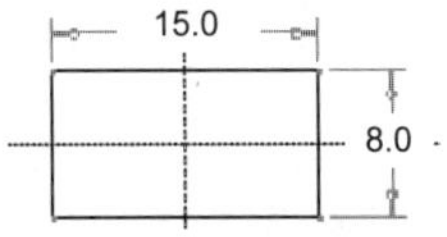

图 18.4.4　截面草图

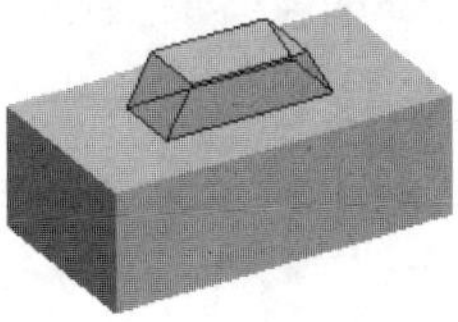

图 18.4.5　拉伸特征 2

Step4. 创建倒圆角特征 1。单击 模型 功能选项卡 工程 ▾ 区域中的 倒圆角 ▾ 按钮，选取图 18.4.7 所示的四条边线为倒圆角的边线；在圆角半径文本框中输入数值 0.5。

Step5. 保存零件模型文件。

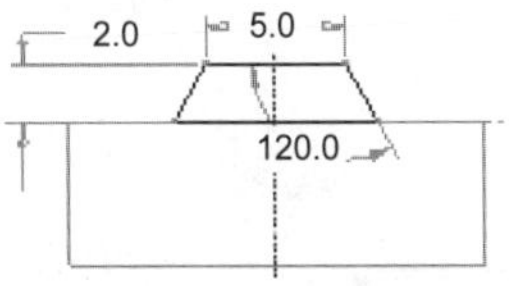

图 18.4.6　截面草图

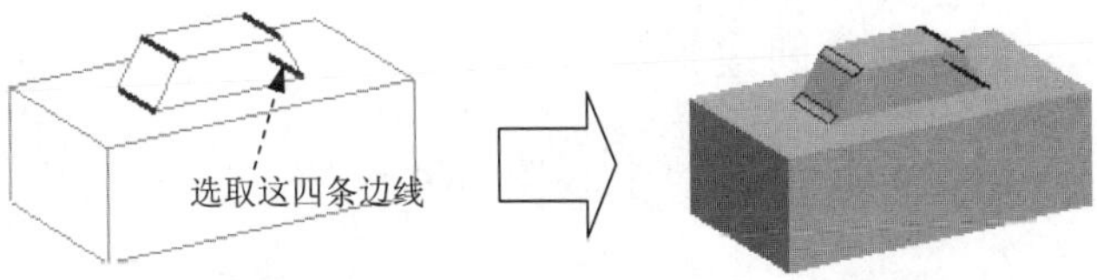

a）倒圆角前　　b）倒圆角后

图 18.4.7　倒圆角特征 1

Task2. 创建模具 5

模具 5 模型及模型树如图 18.4.8 所示。

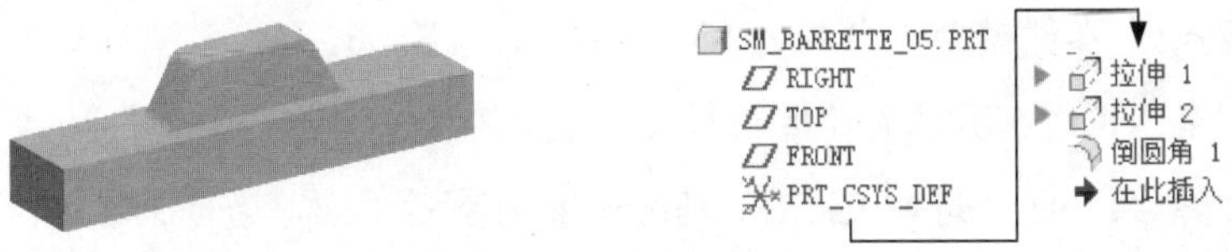

图 18.4.8　模具 5 模型及模型树

Step1. 新建一个零件模型，命名为 SM_BARRETTE_05。

Step2. 创建图 18.4.9 所示的拉伸特征 1。在操控板中单击“拉伸”按钮。选取 TOP 基准平面为草绘平面，选取 RIGHT 基准平面为参考平面，方向为右；绘制图 18.4.10 所示的截面草图，在操控板中定义拉伸类型为，输入深度值 2.0；单击按钮，完成拉伸特征 1 的创建。

Step3. 创建图 18.4.11 所示的拉伸特征 2。在操控板中单击“拉伸”按钮。选取 FRONT 基准平面为草绘平面，选取 RIGHT 基准平面为参考平面，方向为左；绘制图 18.4.12 所示的截面草图，在操控板中定义拉伸类型为，输入深度值 1.5；单击按钮，完成拉伸特征 2 的创建。

图 18.4.9 拉伸特征 1

图 18.4.10 截面草图

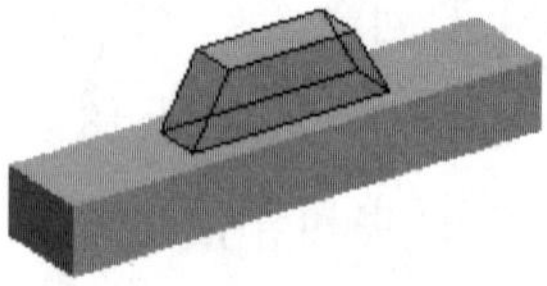

图 18.4.11 拉伸特征 2

Step4. 创建倒圆角特征 1。单击 模型 功能选项卡 工程 区域中的 倒圆角 按钮，选取图 18.4.13 所示的四条边线为倒圆角的边线；在圆角半径文本框中输入数值 0.5。

Step5. 保存零件模型文件。

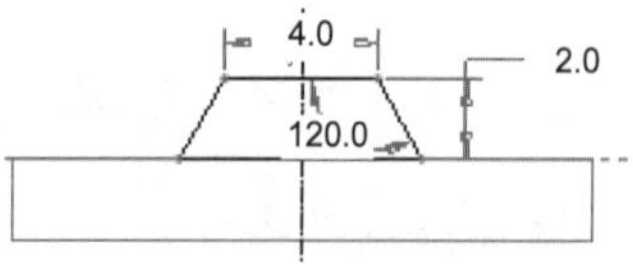

图 18.4.12 截面草图

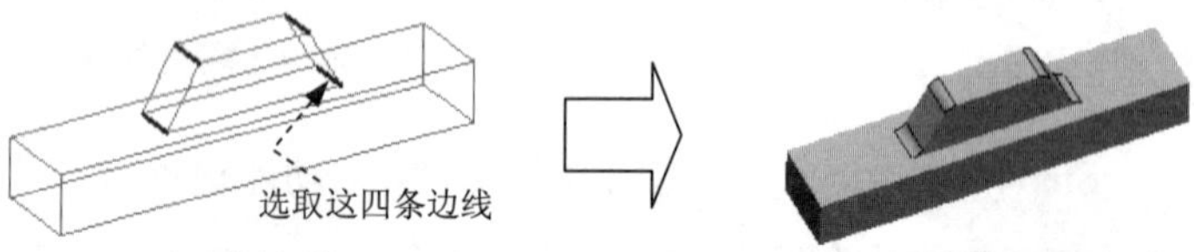

a）倒圆角前　　b）倒圆角后

图 18.4.13 倒圆角特征 1

Task3. 创建模具 6

模具 6 模型及模型树如图 18.4.14 所示。

图 18.4.14 模具 6 模型及模型树

Step1. 新建一个零件模型，命名为 SM_BARRETTE_06。

Step2. 创建图 18.4.15 所示的拉伸特征 1。在操控板中单击“拉伸”按钮。选取 TOP 基准平面为草绘平面，选取 RIGHT 基准平面为参考平面，方向为右；绘制图 18.4.16

所示的截面草图，在操控板中定义拉伸类型为，输入深度值 3.0；单击按钮，完成拉伸特征 1 的创建。

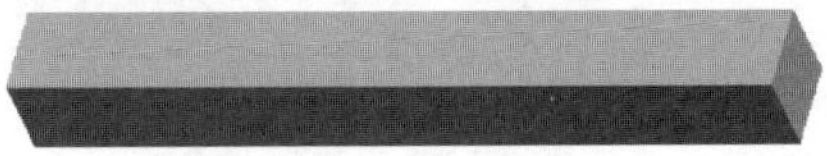

图 18.4.15　拉伸特征 1

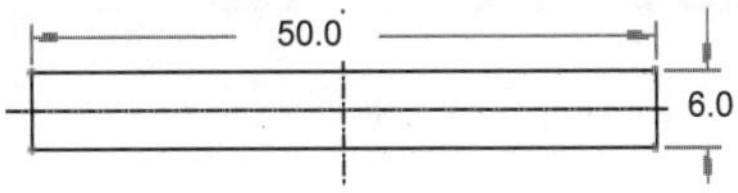

图 18.4.16　截面草图

Step3. 创建图 18.4.17 所示的基准曲线 1。单击“草绘”按钮；选取 FRONT 基准平面为草绘平面，选取 RIGHT 基准平面为参考平面，方向为左；绘制图 18.4.18 所示的截面草图，完成后单击按钮。

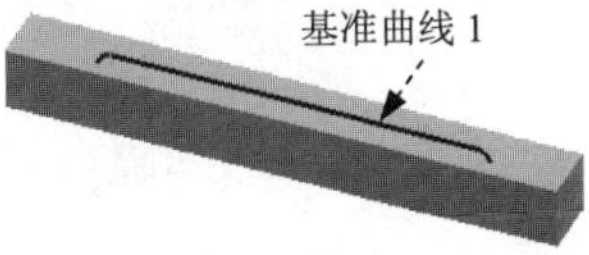

图 18.4.17　基准曲线 1

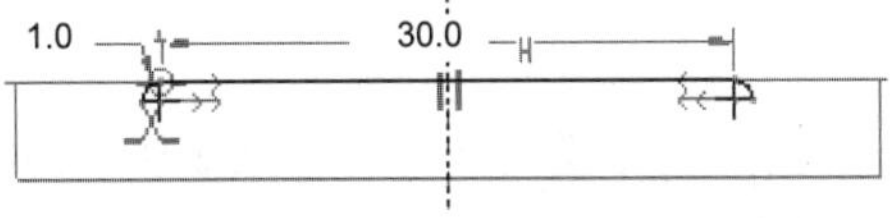

图 18.4.18　截面草图

Step4. 创建图 18.4.19 所示的扫描特征 1。单击模型功能选项卡形状▾区域中的扫描▾按钮。选取图 18.4.17 所示的基准曲线 1 为扫描轨迹，定义图 18.4.20 所示的箭头方向为扫描方向；在操控板中单击“创建或编辑扫描截面”按钮，绘制图 18.4.21 所示的扫描截面草图；单击按钮，完成扫描特征 1 的创建。

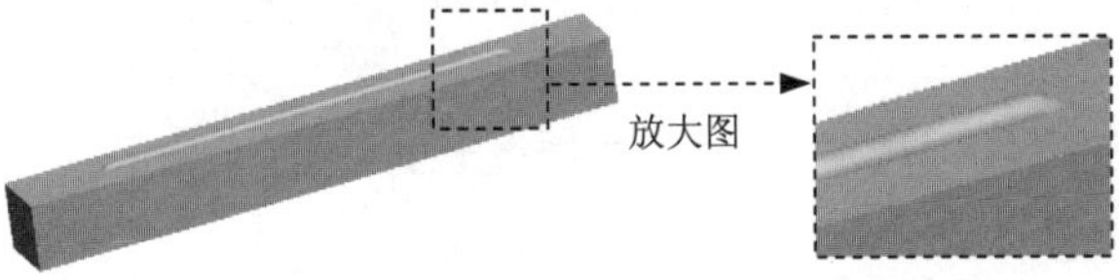

图 18.4.19　扫描特征 1

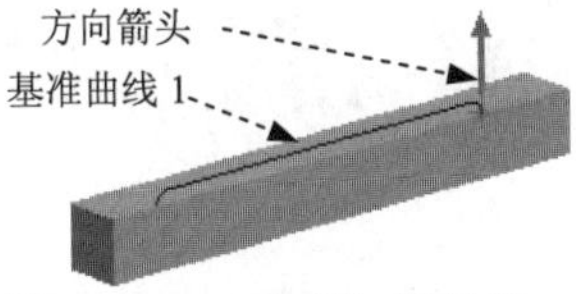

图 18.4.20　定义扫描轨迹

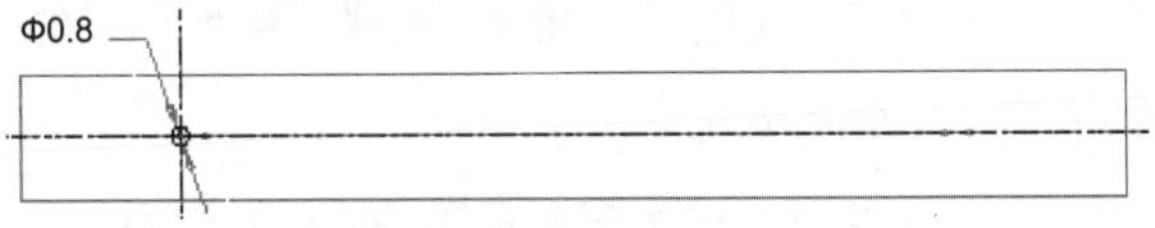

图 18.4.21　截面草图

Step5. 保存零件模型文件。

Task4. 创建主体零件模型

Step1. 新建一个钣金模型，命名为 BARRETTE_03。

Step2. 创建图 18.4.22 所示的钣金壁平面特征 1。单击模型功能选项卡形状▾区域中的“平面”按钮平面。选取 TOP 基准平面为草绘平面，选取 RIGHT 基准平面为参考平面，方向为右；绘制图 18.4.23 所示的截面草图，在操控板中的后文本框中输入钣金壁厚度值 0.2；单击按钮，完成平面特征 1 的创建。

图 18.4.22 平面特征 1

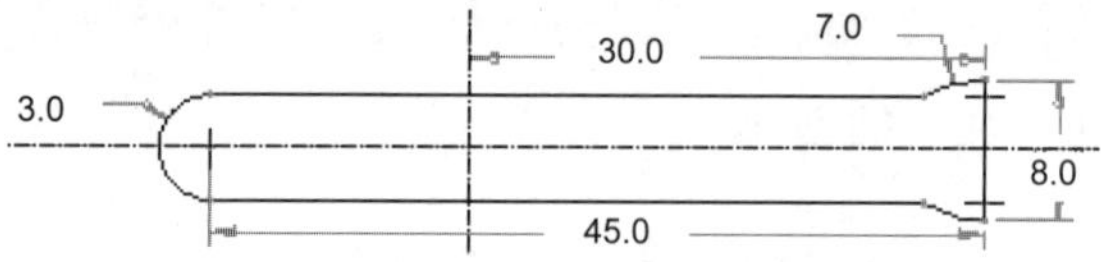

图 18.4.23 截面草图

Step3. 创建图 18.4.24 所示的凸模成形特征 1。

（1）选择命令。单击 模型 功能选项卡 工程 ▾ 区域 节点下的 凸模 按钮。

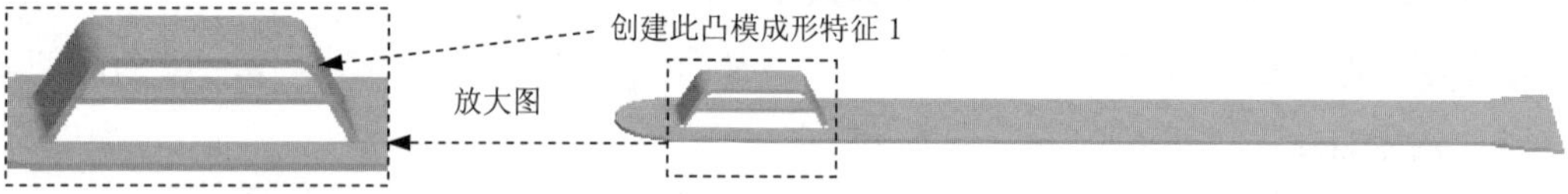

图 18.4.24 凸模成形特征 1

（2）选择模具文件。在系统弹出的“凸模”操控板中单击 按钮，系统弹出“打开”对话框，选择 sm_barrette_04.prt 为成形模具，并将其打开。

（3）定义成形模具的放置。单击操控板中的 放置 选项卡，在系统弹出的界面中选中 ✔ 约束已启用 复选框，并添加图 18.4.25 所示的三组位置约束。

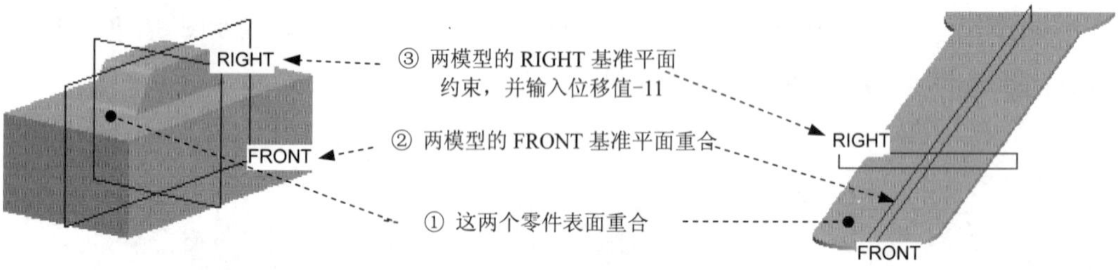

图 18.4.25 定义成形模具的放置

（4）定义排除面。单击 选项 选项卡并单击 排除冲孔模型曲面 下的空白区域，然后按住 Ctrl 键，选取图 18.4.26 所示的两个面为排除面。

（5）定义冲孔方向。选取图 18.4.27 所示的方向为冲孔方向。

（6）在操控板中单击“完成”按钮 ✔，完成凸模成形特征 1 的创建。

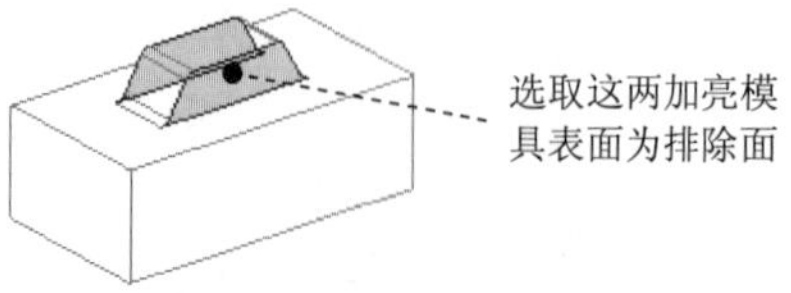

图 18.4.26 选取排除面

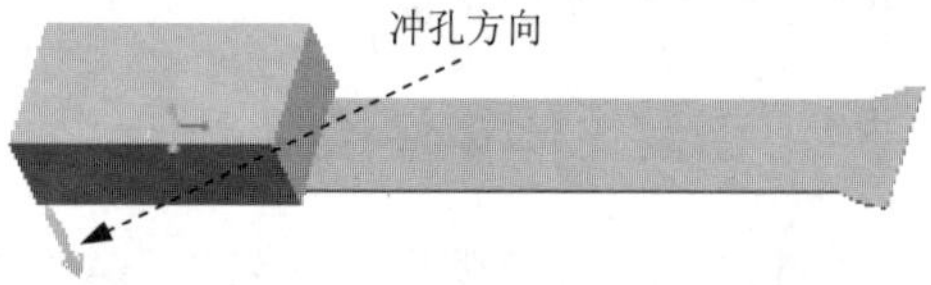

图 18.4.27 选取冲孔方向

Step4. 创建图 18.4.28 所示的凸模成形特征 2。单击 模型 功能选项卡 工程 ▾ 区域 节点下的 凸模 按钮。在系统弹出的“凸模”操控板中单击 按钮，统弹出“打开”对话框，选择 sm_barrette_05.prt 为成形模具；单击操控板中的 放置 选项卡，在系统弹出的界面中选中☑约束已启用复选框，并添加图 18.4.29 所示的三组位置约束；选取图 18.4.30 所示的方向为冲孔方向；单击✔按钮，完成凸模成形特征 2 的创建。

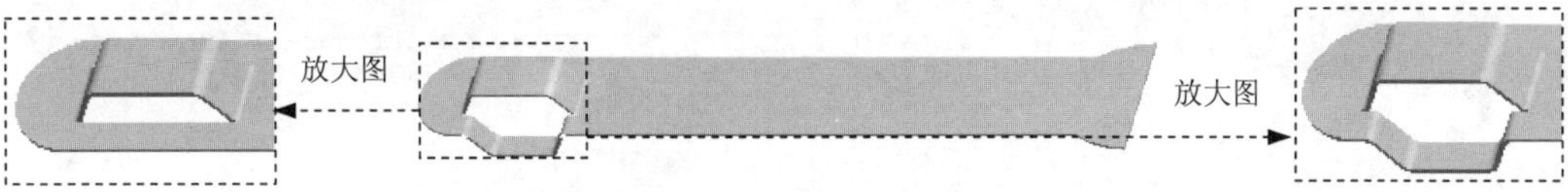

图 18.4.28 凸模成形特征 2

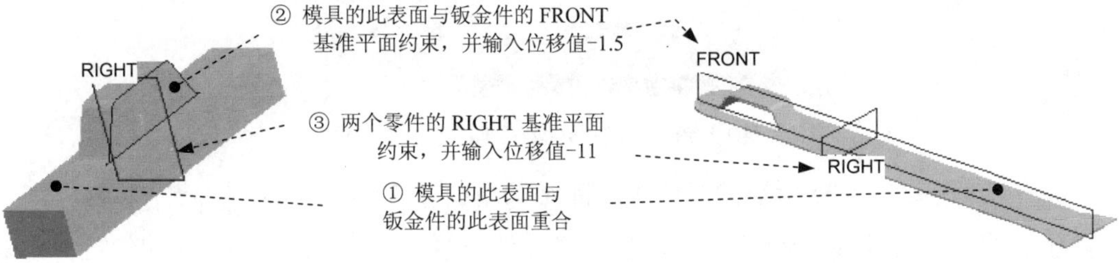

图 18.4.29 定义成形模具的放置

图 18.4.30 选取冲孔方向

Step5. 创建图 18.4.31 所示的镜像特征 1。选取上一步所创建的凸模成形特征 2 为镜像特征；单击 模型 功能选项卡 编辑 ▾ 下的 镜像 命令，选取 FRONT 基准平面为镜像平面；单击✔按钮，完成镜像特征 1 的创建。

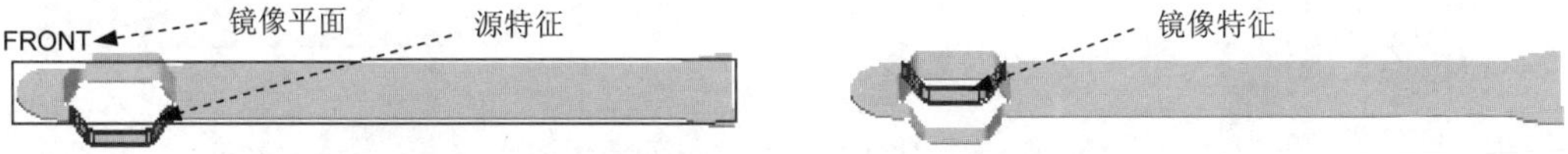

a）镜像前　　　　b）镜像后

图 18.4.31 镜像特征 1

Step6. 创建图 18.2.32 所示的凸模成形特征 3。单击 模型 功能选项卡 工程 ▾ 区域 节点下的 凸模 按钮；在系统弹出的“凸模”操控板中单击 按钮，系统弹出“打开”对话框，选择 sm_barrette_06.prt 作为成形模具；单击操控板中的 放置 选项卡，在系统弹出的界面中选中☑约束已启用复选框，并添加图 18.4.33 所示的三组位置约束；选取图 18.4.34 所示的方向为冲孔方向；单击✔按钮，完成凸模成形特征 3 的创建。

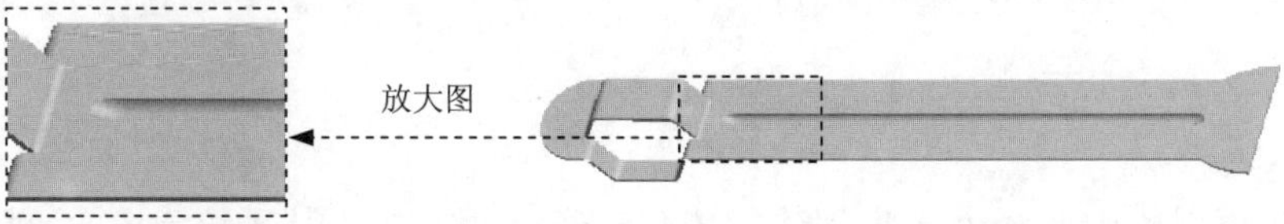

图 18.4.32 凸模成形特征 3

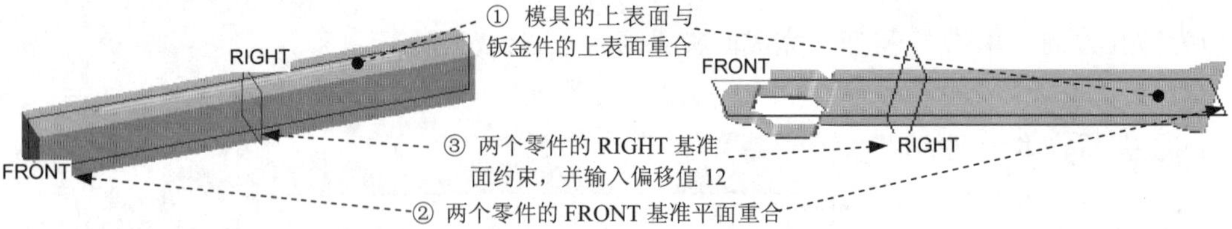

图 18.4.33 定义成形模具的放置

图 18.4.34 选取冲孔方向

Step7. 创建图 18.4.35 所示的凸模成形特征 4。单击 模型 功能选项卡 工程 ▾ 区域节点下的凸模按钮；在系统弹出的“凸模”操控板中单击按钮，系统弹出“打开”对话框，选择 sm_barrette_03.prt 作为成形模具；单击操控板中的 放置 选项卡，在系统弹出的界面中选中 ☑ 约束已启用 复选框，并添加图 18.4.36 所示的三组位置约束；选取图 18.4.37 所示的方向为冲孔方向；单击“完成”按钮，完成凸模成形特征 4 的创建。

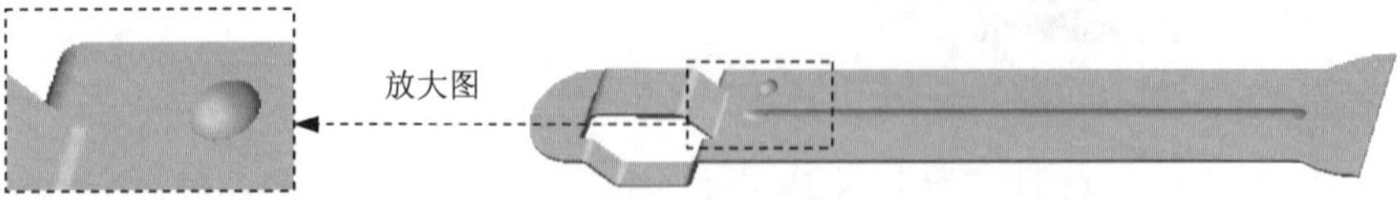

图 18.4.35 凸模成形特征 4

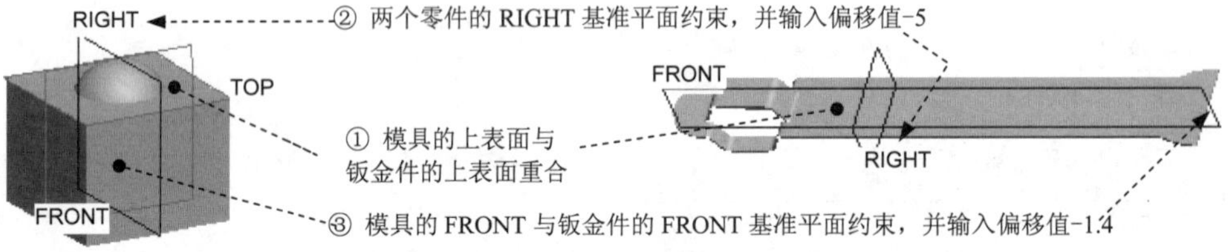

图 18.4.36 定义成形模具的放置

图 18.4.37 选取冲孔方向

Step8. 创建图 18.4.38 所示的阵列特征 1。

a）阵列前　　b）阵列后

图 18.4.38 阵列特征 1

（1）在模型树中选择上一步创建的成形特征，再右击，从系统弹出的快捷菜单中选择阵列...命令。

（2）选择阵列控制方式：在操控板中选择以“方向”方式控制阵列。选取图 18.4.39 所示的 RIGHT 基准平面为第一方向参考。

（3）在操控板中的阵列数量栏中输入数量值 16，尺寸增量值为 2.0。

（4）在操控板中单击按钮，完成阵列特征 1 的创建。

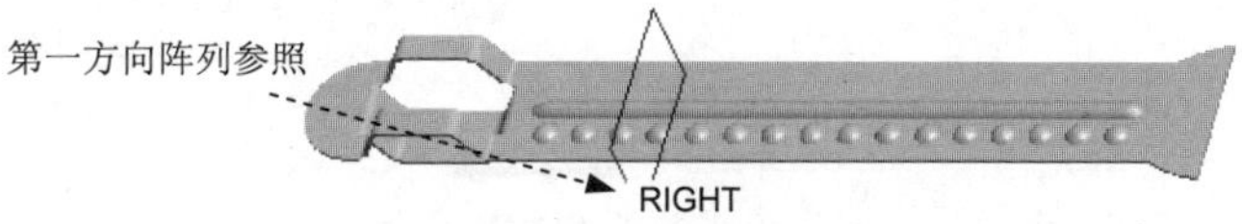

图 18.4.39　阵列参考

Step9. 创建图 18.4.40 所示的镜像特征 2。选择上一步所创建的阵列 1 / 模板 4特征为镜像特征；单击模型功能选项卡编辑▼下的镜像命令，选取 FRONT 基准平面为镜像平面；单击按钮，完成镜像特征 2 的创建。

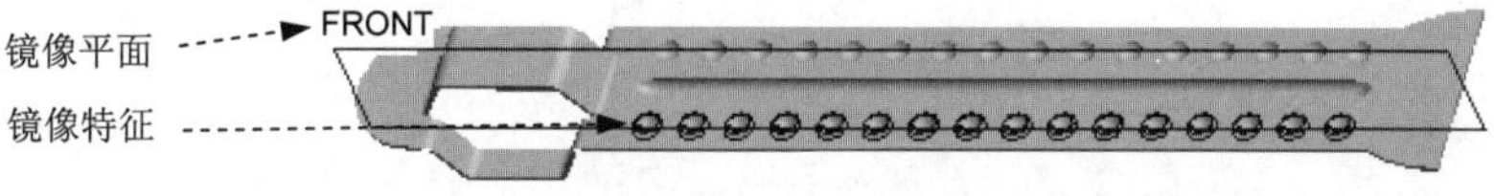

图 18.4.40　镜像特征 2

Step10. 创建图 18.4.41 所示的折弯特征 1。单击模型功能选项卡折弯▼区域折弯▼下的折弯按钮，确认按钮和按钮被按下；单击折弯线选项卡，选取图 18.4.42 所示的薄板表面为草绘平面，然后单击“折弯线”界面中的草绘...按钮，绘制图 18.4.43 所示的折弯线；单击止裂槽选项卡，在系统弹出的界面中的类型下拉列表框中选择无止裂槽选项；然后在后的文本框中输入折弯半径值 60.0；折弯半径所在侧为；固定侧方向如图 18.4.44 所示；单击按钮，完成折弯特征 1 的创建。

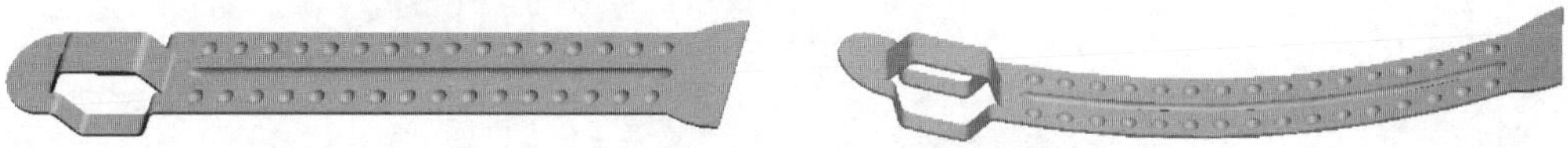

a）折弯前　　b）折弯后

图 18.4.41　折弯特征 1

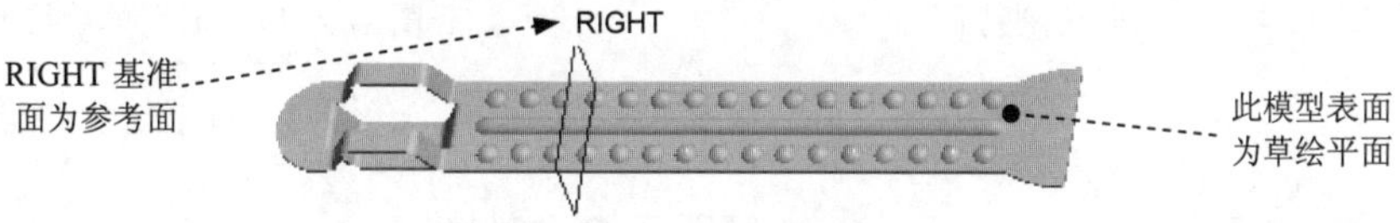

图 18.4.42　设置草绘平面

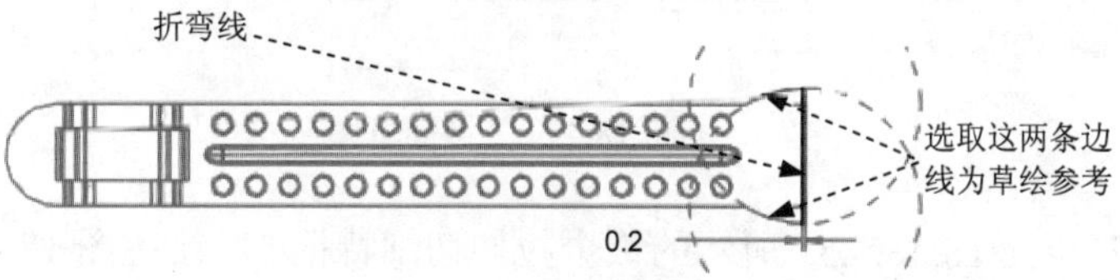

图 18.4.43　绘制折弯线

Step11. 创建图 18.4.45 所示的附加钣金壁凸缘特征 1。单击 模型 功能选项卡 形状▼ 区域中的“法兰”按钮，选取图 18.2.46 所示的模型边线为附着边。在操控板中选择形状类型为，定义第一方向的长度类型为，定义第二方向的长度类型为；单击 形状 选项卡，在系统弹出的界面中单击 草绘... 按钮，修改草图内的尺寸至图 18.4.47 所示的值；单击按钮，完成凸缘特征 1 的创建。

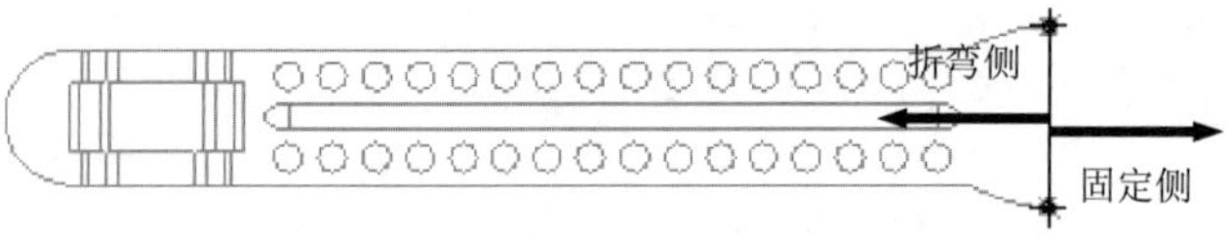

图 18.4.44　定义折弯侧和固定侧

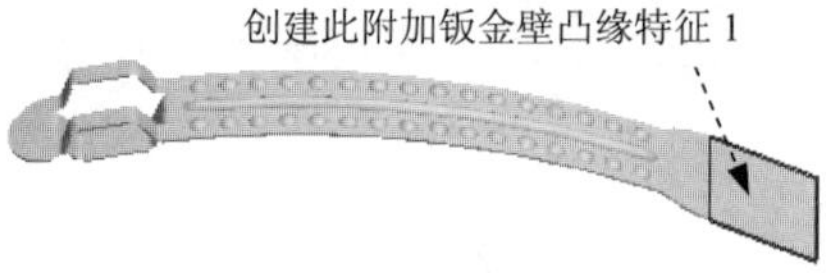

图 18.4.45　凸缘特征 1

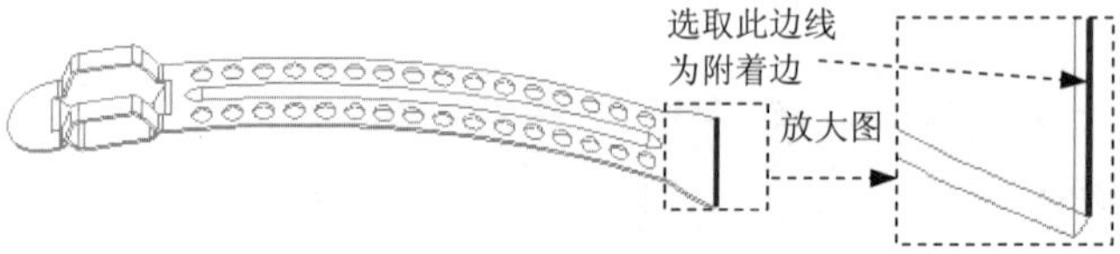

图 18.4.46　定义附着边

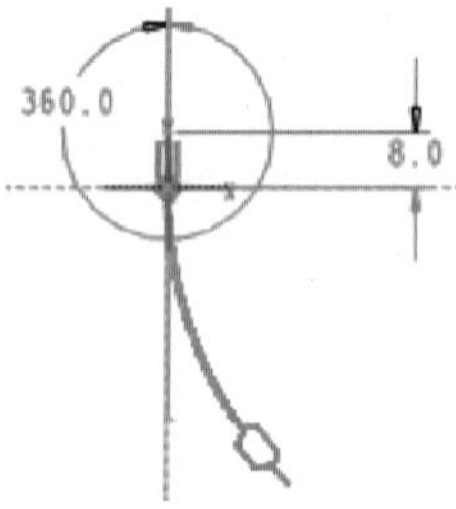

图 18.4.47　修改尺寸值

Step12. 创建图 18.4.48 所示的钣金拉伸切削特征 1。在操控板中单击 拉伸 按钮，确认按钮、按钮和按钮被按下；选取图 18.4.49 所示的模型表面为草绘平面，选取 RIGHT 基准平面为参考平面，方向为 右；单击 草绘 按钮，绘制图 18.4.50 所示的截面草图，在操控板中定义拉伸类型为，选择材料移除的方向类型为（移除垂直于驱动曲面的材料）；单击按钮，完成拉伸切削特征 1 的创建。

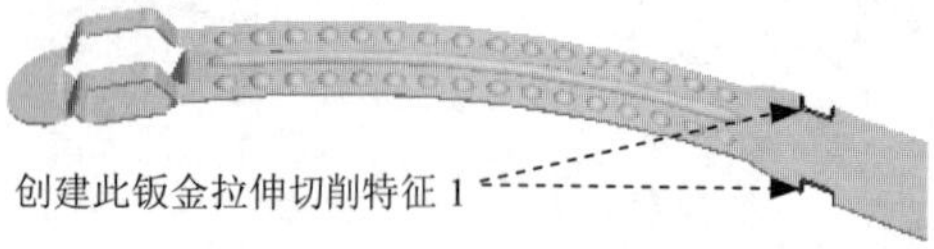

图 18.4.48　拉伸切削特征 1

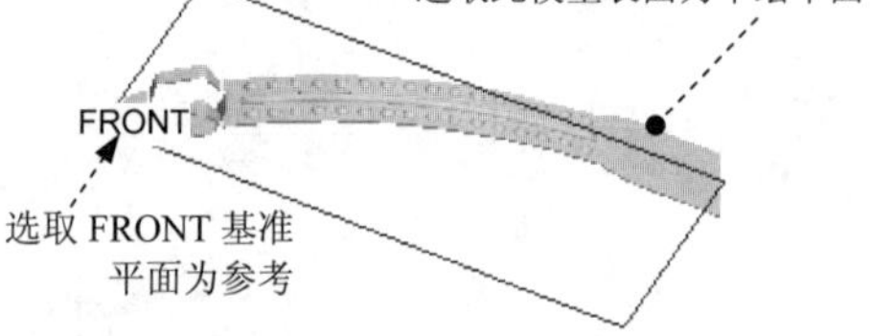

图 18.4.49　定义草绘平面

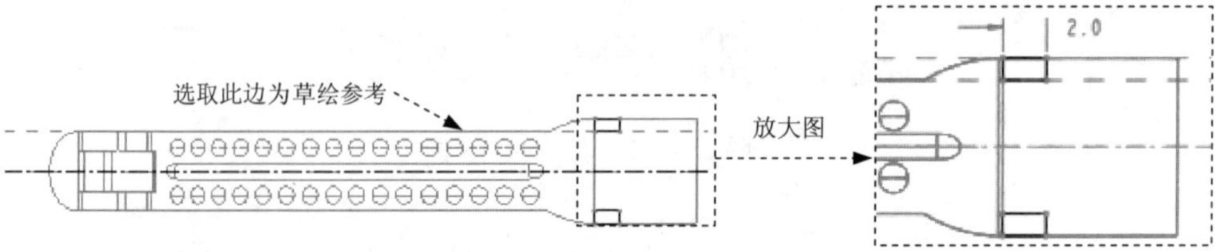

图 18.4.50　截面草图

Step13. 创建图 18.4.51 所示的钣金拉伸切削特征 2，绘制图 18.4.52 所示的截面草图，详细操作过程参见上一步。

a）切削前　　b）切削后

图 18.4.51　拉伸切削特征 2

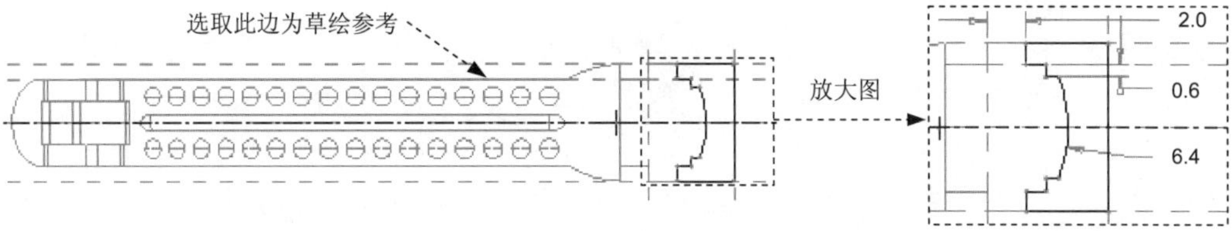

图 18.4.52　截面草图

Step14. 创建图 18.4.53 所示的折弯特征 2。

（1）单击 模型 功能选项卡 折弯 ▾ 区域 折弯 ▾ 下的 折弯 按钮，系统弹出“折弯”操控板。

（2）选取折弯类型。在操控板中单击按钮和按钮（使其处于被按下的状态）。

（3）绘制折弯线。单击 折弯线 选项卡，选取图 18.4.54 所示的模型表面为草绘平面，然后单击“折弯线”界面中的 草绘... 按钮，绘制图 18.4.55 所示的折弯线。

（4）定义折弯属性。单击 止裂槽 选项卡，在系统弹出的界面中的 类型 下拉列表框中选择 无止裂槽 选项，在后的文本框中输入折弯角度值 55.0，然后在后的文本框中输入折弯半径值 0.2，折弯半径所在侧为；固定侧方向如图 18.4.56 所示。

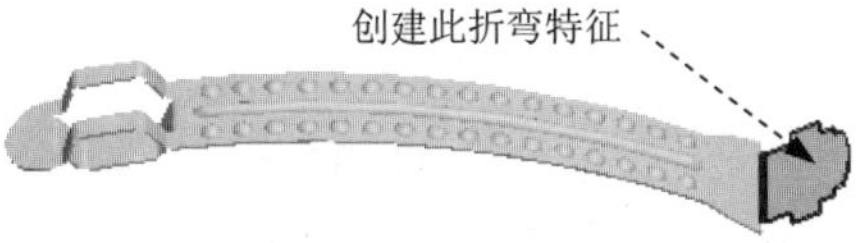

图 18.4.53　折弯特征 2

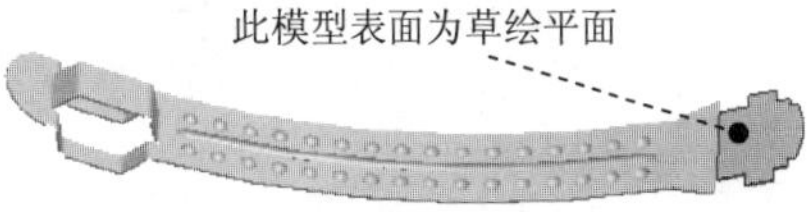

图 18.4.54　草绘平面

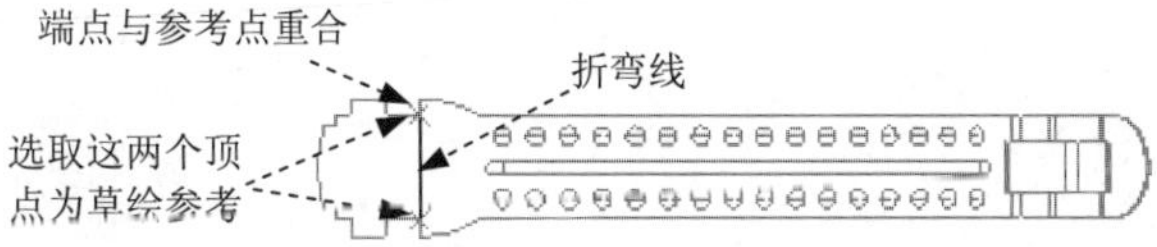

图 18.4.55　绘制折弯线

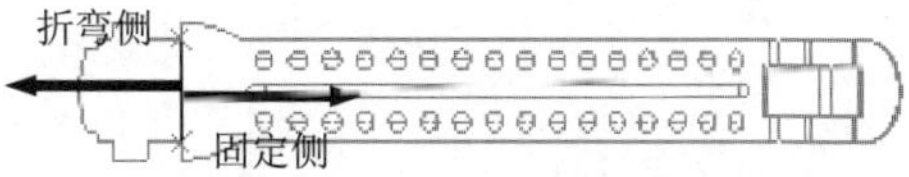

图 18.4.56　定义折弯侧和固定侧

Step15. 创建图 18.4.57 所示的基准点 PNT0。选择 模型 功能选项卡 基准 ▾ 节点下的 点 命令。选取图 18.4.57 所示的曲面为放置参考；在 偏移参考 下面的空白区单击，以激活此区域，然后按住 Ctrl 键，选取图 18.4.57 所示的两个表面为定位参考平面，并设置图 18.4.57 所示的定位尺寸；单击对话框中的 确定 按钮。

Step16. 创建图 18.4.58 所示的基准轴 A_2。单击 模型 功能选项卡 基准 ▾ 区域中的“基准轴”按钮。按住 Ctrl 键，选取上一步创建的 PNT0 和 FRONT 基准平面为放置参考；

单击对话框中的 确定 按钮。

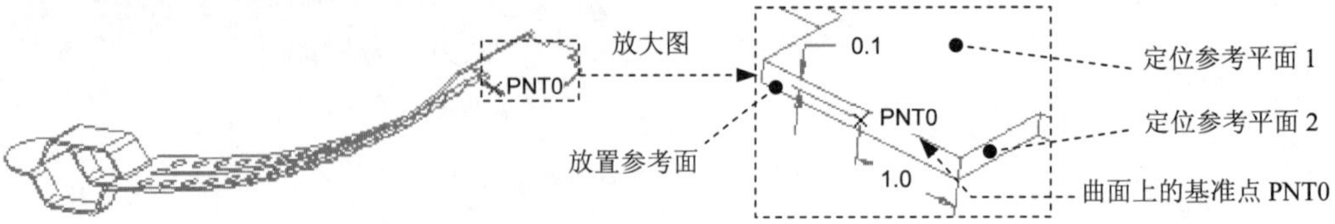

图 18.4.57　基准点 PNT0

图 18.4.58　基准轴 A_2

注意： 基准点 PNT0 和基准轴 A_2 在后面的装配中起定位作用。

Step17. 保存零件模型文件。

实例 19 电脑机箱的自顶向下设计

19.1 实例概述

本实例详细讲解了采用自顶向下（Top_Down Design）设计方法创建图 19.1.1 所示电脑机箱的整个设计过程，其设计过程是先确定机箱内部主板、电源等各组件的尺寸，再将其组装成装配体，然后根据该装配体建立一个骨架模型，通过该骨架模型将设计意图传递给机箱的各个零件后，再对零件进行细节设计。

骨架模型是根据装配体内各元件之间的关系而创建的一种特殊的零件模型，或者说它是一个装配体的 3D 布局，是自顶向下设计方法（Top_Down Design）的一个强有力的工具。

当机箱完成后，机箱内部的主板、电源等组件的尺寸发生了变化，则机箱的尺寸也自动随之更改。这种自顶向下的设计方法可以加快产品更新换代的速度，极大提高新产品的上市时间。当然，自顶向下的设计方法也非常适用于系列化的产品设计。

a）方位 1　　b）方位 2　　c）方位 3

图 19.1.1 电脑机箱

19.2 准备机箱的原始文件

机箱设计的原始数据文件是指机箱内部的组件，主要包括主板、电源和光驱三个组件，这三个组件基本上可以用来控制机箱的总体尺寸，通常是由上游设计部门提供的。本书将主板、电源和光驱三个组件简化为三个简单的零件模型并进行装配（图 19.2.1）。读者可按本节的操作步骤完成机箱的原始文件的创建，也可跳过本节的学习，在设计机箱时直接调用机箱的原始文件，主板模型如图 19.2.2 所示。

19.2.1 创建机箱内部零件

Task1. 设置工作目录

将工作目录设置至 D:\creo3.10\work\ch19\computer_case\orign。

Task2. 创建图 19.2.2 所示的主板模型

Step1. 新建一个实体零件模型，命名为 MOTHERBOARD。

Step2. 创建图 19.2.3a 所示的零件实体拉伸特征 1。在操控板中单击“拉伸”按钮 拉伸 。选取 TOP 基准平面为草绘平面，RIGHT 基准平面为参考平面，方向为 右；单击 草绘 按钮，绘制图 19.2.3b 所示的截面草图；在操控板中定义拉伸类型为 ⊥，输入深度值 3.0；单击 ✓ 按钮，完成拉伸特征 1 的创建。

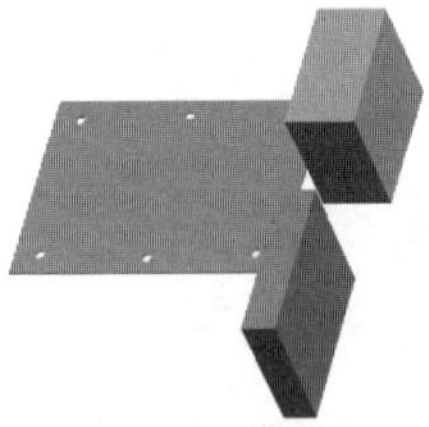

图 19.2.1 机箱的原始文件

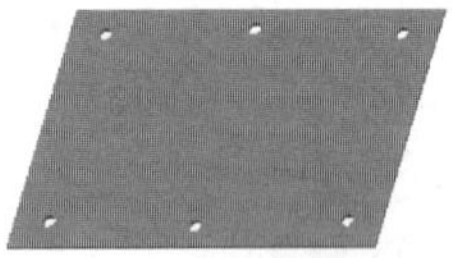

图 19.2.2 主板模型

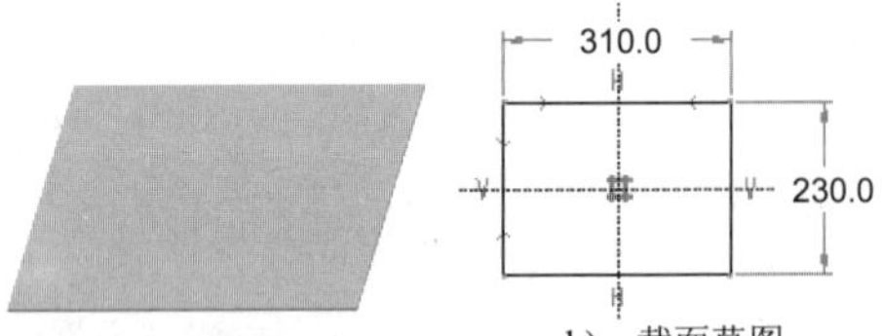

a) 拉伸特征 1　　b) 截面草图

图 19.2.3 拉伸特征 1

Step3. 创建图 19.2.4 所示的孔特征 1。单击 模型 功能选项卡 工程 ▼ 区域中的 孔 按钮。选取图 19.2.5 的模型表面为主参考，放置类型为 线性；选取图 19.2.5 所示的边线 1 为第一线性参考，将距离设置为 偏移，偏移值为 25.0，按住 Ctrl 键，选取图 19.2.5 所示的边线 2 为第二线性参考，将距离设置为 偏移，偏移值为 30.0；孔的直径值为 10.0，深度类型为 ⫼。

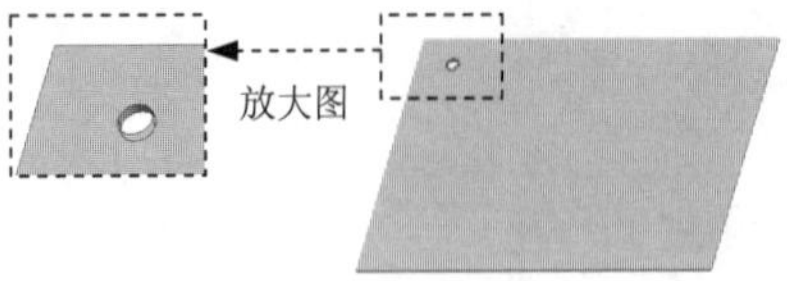

图 19.2.4 孔特征 1

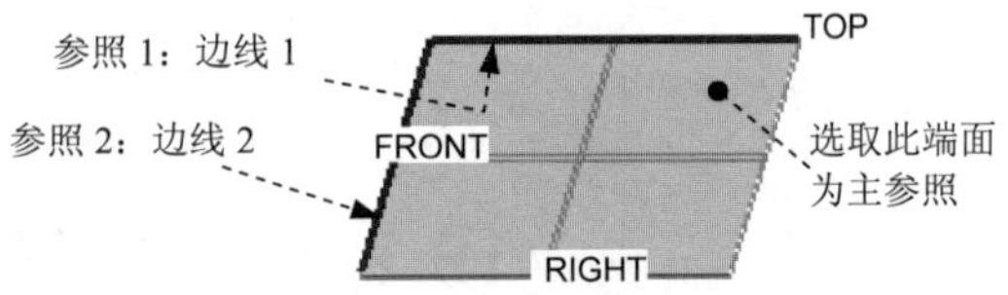

图 19.2.5 选取参照

Step4. 创建图 19.2.6 所示的孔特征 2。单击 模型 功能选项卡 工程 ▼ 区域中的 孔 按钮。选取图 19.2.7 的模型表面为主参考，放置类型为 线性；选取图 19.2.7 所示的边线 1 为第一线性参考，将距离设置为 偏移，偏移值为 30.0，按住 Ctrl 键，选取图 19.2.7 所示的边线 2 为第二线性参考，将距离设置为 偏移，偏移值为 25.0；孔的直径值为 10.0，深度类型为 ⫼。

图 19.2.6 孔特征 2

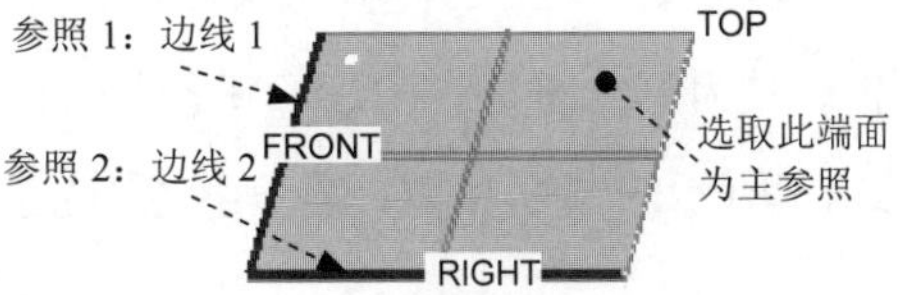

图 19.2.7 选取参照

Step5. 创建图 19.2.8 所示的镜像特征 1。在模型树中选择 孔 1 和 孔 2 特征为镜像源，单击 模型 功能选项卡 编辑▼ 区域中的“镜像”按钮，选取 RIGHT 基准平面为镜像平面，单击✓按钮，完成镜像特征 1 的创建。

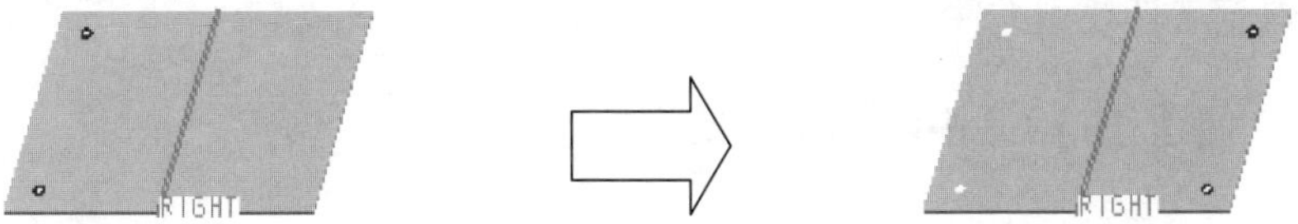

a）镜像复制前　　b）镜像复制后

图 19.2.8 镜像特征 1

Step6. 创建图 19.2.9 所示的孔特征 3。单击 模型 功能选项卡 工程▼ 区域中的 孔 按钮。选取图 19.2.10 的模型表面为主参考，放置类型为 线性；选取 RIGHT 基准平面为第一线性参考，将距离设置为 对齐，按住 Ctrl 键，选取图 19.2.10 所示的边线 1 为第二线性参考，将距离设置为 偏移，偏移值为 25.0；孔的直径值为 10.0，深度类型为 ⫼。

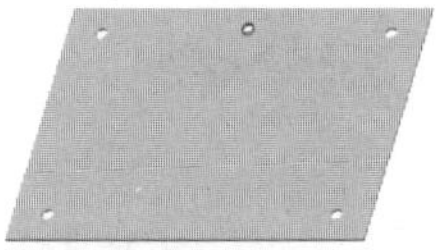

图 19.2.9 孔特征 3

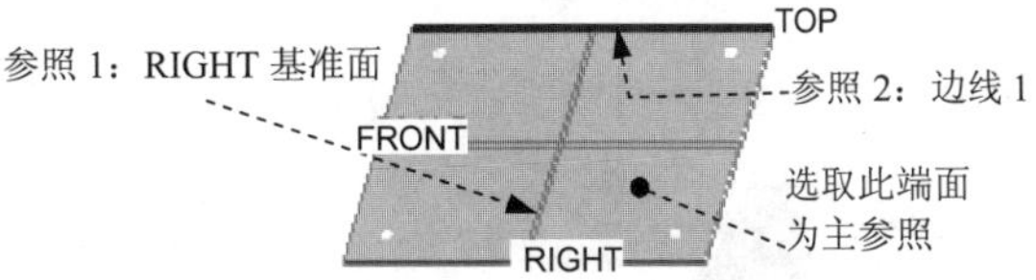

图 19.2.10 选取参照

Step7. 创建图 19.2.11 所示的镜像特征 2。在模型树中选择 孔 3 特征为镜像源，单击 模型 功能选项卡 编辑▼ 区域中的“镜像”按钮，选取 FRONT 基准平面为镜像平面，单击✓按钮，完成镜像特征 2 的创建。

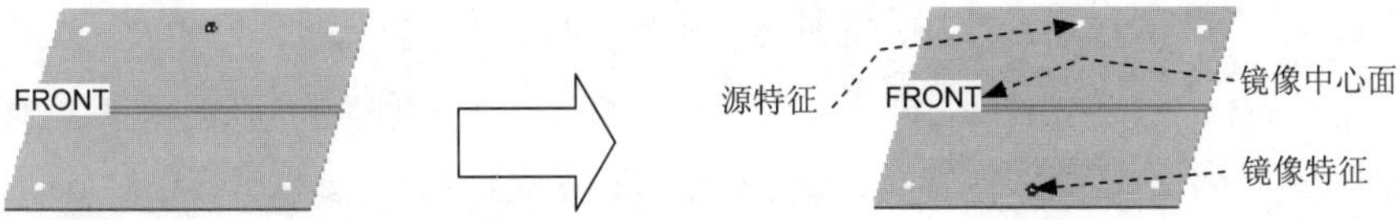

a）镜像复制前　　b）镜像复制后

图 19.2.11 镜像特征 2

Step8. 保存零件模型文件。

Task3. 创建图 19.2.12 所示的电源模型

Step1. 新建一个实体零件模型，命名为 POWER_SUPPLY。

Step2. 创建图 19.2.12 所示的拉伸特征 1。在操控板中单击“拉伸”按钮拉伸。选取 TOP 基准平面为草绘平面，RIGHT 基准平面为参考平面，方向为右；单击草绘按钮，绘制图 19.2.13 所示的截面草图；在操控板中定义拉伸类型为，输入深度值 85.0。

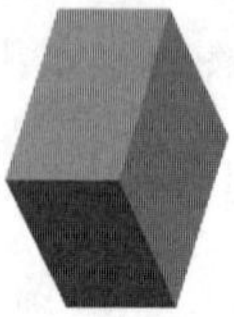

图 19.2.12 电源模型（拉伸特征 1）

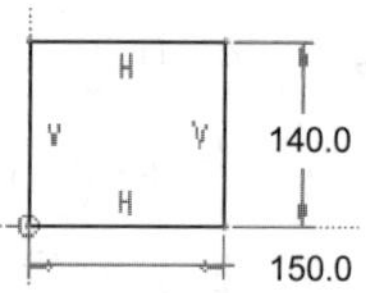

图 19.2.13 截面草图

Step3. 保存零件模型文件。

Task4．创建图 19.2.14 所示的光驱模型

Step1. 新建一个零件模型，命名为 CD_DRIVER。

Step2. 创建拉伸特征 1。在操控板中单击“拉伸”按钮拉伸。选取 TOP 基准平面为草绘平面，RIGHT 基准平面为参考平面，方向为右；单击草绘按钮，绘制图 19.2.15 所示的截面草图；在操控板中定义拉伸类型为，输入深度值 40.0。

Step3. 保存零件模型文件。

19.2.2 组装机箱内部零件

Task1．新建一个装配文件，组装图 19.2.16 所示的主板模型

图 19.2.14 光驱模型（拉伸特征）

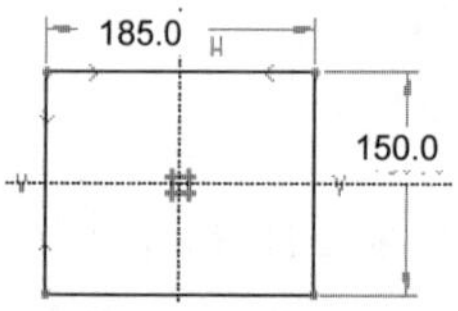

图 19.2.15 截面草图

图 19.2.16 组装主板模型

Step1. 单击“新建”按钮，在系统弹出的文件“新建”对话框中，选中类型选项组下的装配单选项，选中子类型选项组下的设计单选项，在名称文本框中输入文件名 orign_asm，取消选中使用默认模板复选框，单击确定按钮；在系统弹出的“新文件选项”对话框中的模板选项组中选择mmns_asm_design模板，单击确定按钮。

Step2. 单击模型功能选项卡元件▼区域中的“组装”按钮，此时系统弹出“打开”对话框，选择主板模型文件 motherboard.prt，然后单击打开按钮。

Step3. 系统弹出元件放置操控板，在操控板中单击自动字符，在系统弹出的下拉列表中选择默认选项；单击操控板中的✔按钮。

Step4. 在模型树中查看三个装配基准平面。在模型树界面中，选择节点下的

树过滤器(F)...；在系统弹出的“模型树项”对话框中，选中☑特征复选框，并单击确定按钮，此时模型树中便会显示出 orign_asm.asm 的三个装配基准平面标识。

Step5. 隐藏三个装配基准平面。按住 Ctrl 键，在模型树中选取 ASM_RIGHT、ASM_TOP 和 ASM_FRONT 三个基准平面，然后右击，从系统弹出的快捷菜单中选择隐藏命令。

Task2. 组装图 19.2.17 所示的电源模型

Step1. 单击模型功能选项卡元件▾区域中的“组装”按钮，选择电源模型 power_supply.prt。

Step2. 定义第一个装配约束距离（图 19.2.18），定义第二个装配约束距离（图 19.2.19），定义第三个装配约束距离（图 19.2.20）。

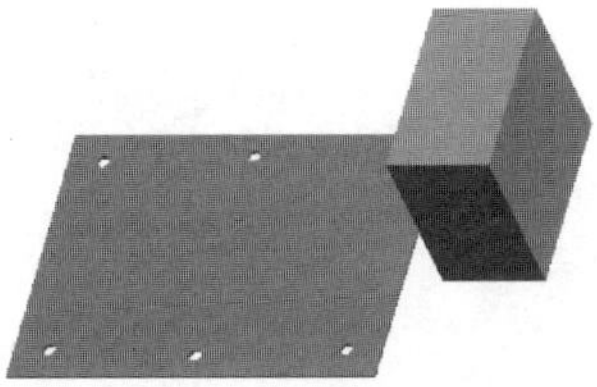

图 19.2.17　组装电源模型

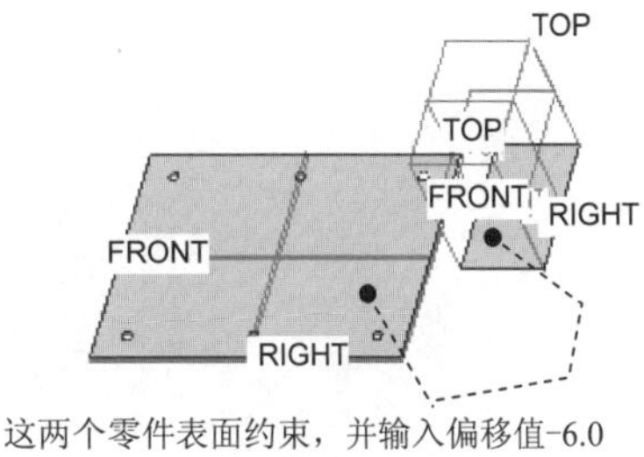

图 19.2.18　元件装配的第一个约束

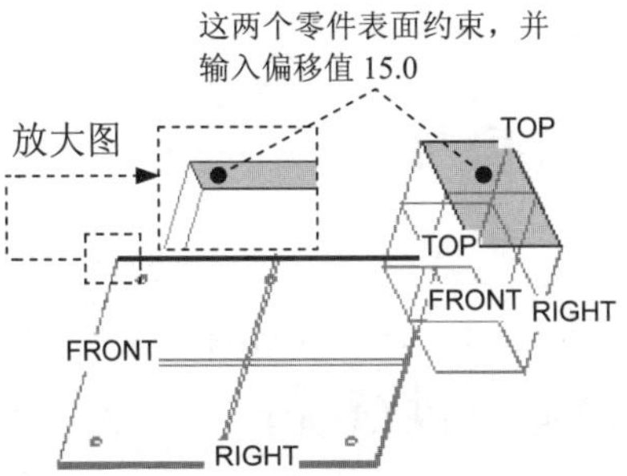

图 19.2.19　元件装配的第二个约束

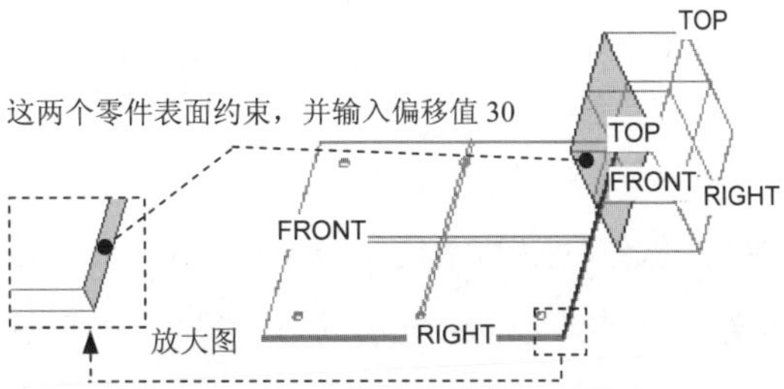

图 19.2.20　元件装配的第三个约束

说明：读者在添加约束时，可能和上述的方位不太一致，可参照光盘中对应视频操作。

Task3. 组装图 19.2.21 所示的光驱模型

Step1. 单击模型功能选项卡元件▾区域中的“组装”按钮，选择光驱模型文件 cd_driver.prt。

Step2. 定义第一个装配约束距离（图 19.2.21），定义第二个装配约束距离（图 19.2.22），定义第三个装配约束重合（图 19.2.23）。

Step3. 保存装配模型文件。

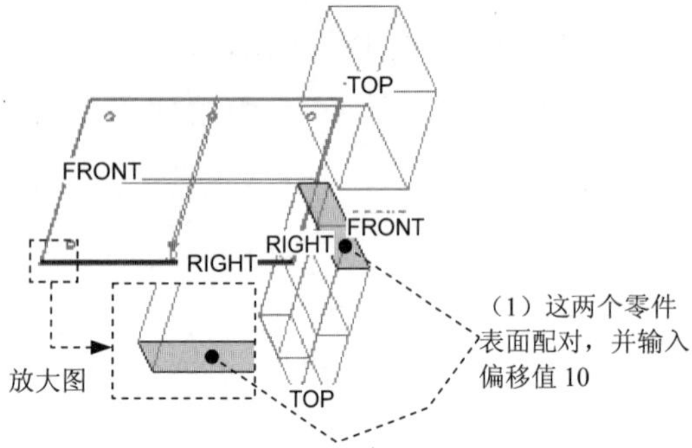

图 19.2.21　元件装配的第一个约束

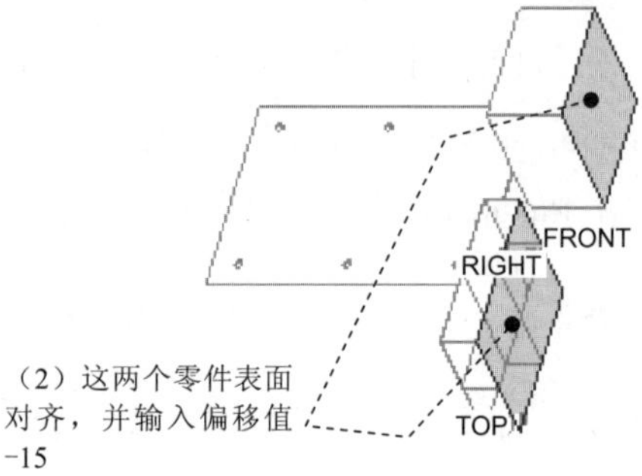

图 19.2.22　元件装配的第二个约束

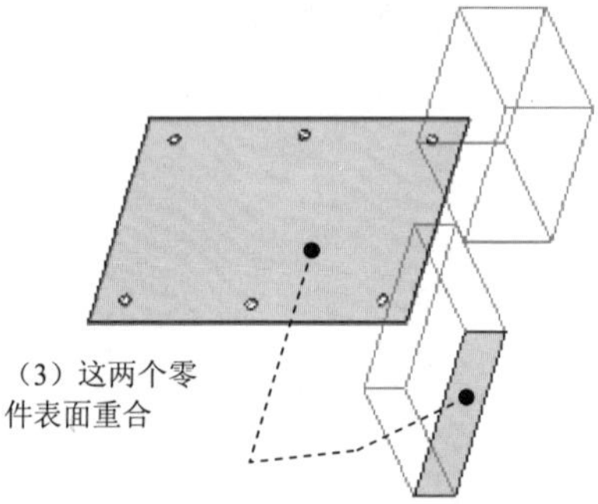

图 19.2.23　元件装配的第三个约束

19.3　构建机箱的总体骨架

机箱总体骨架的创建在整个机箱设计过程中是非常重要的，只有通过骨架文件才能把原始文件的数据传递给机箱的每个零件。机箱的总体骨架如图 19.3.1 所示。

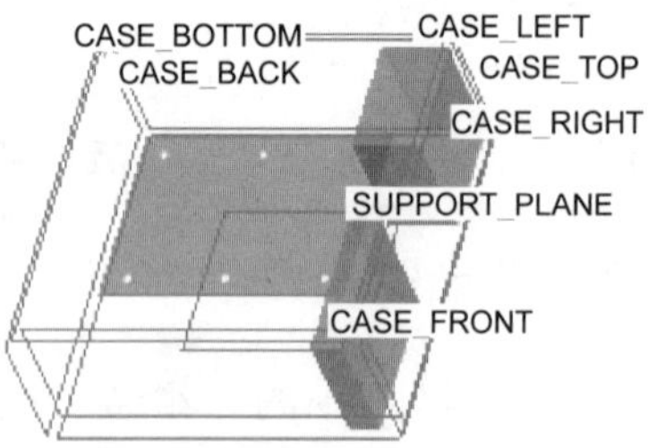

图 19.3.1　构建机箱的总体骨架

骨架中各基准面的作用如下：

- CASE_TOP：用于确定机箱顶盖的位置。
- CASE_BOTTOM：用于确定机箱底盖的位置。

- CASE_LEFT：用于确定机箱左盖的位置。
- CASE_RIGHT：用于确定机箱右盖的位置。
- CASE_BACK：用于确定机箱后盖的位置。
- CASE_FRONT：用于确定机箱前盖的位置。
- SUPPORT_PLANET：用于确定主板支撑架的位置。

19.3.1 新建机箱总体装配文件

Step1. 将工作目录设置至 D:\creo3.10\work\ch19\computer_case。

Step2. 单击“新建”按钮，在系统弹出的文件“新建”对话框中，选中类型选项组下的 装配单选项，选中子类型选项组下的 设计单选项，在名称文本框中输入文件名 computer_case，取消选中 使用默认模板复选框，单击确定按钮；在系统弹出的“新文件选项”对话框中的模板选项组中选择mmns_asm_design模板，单击确定按钮。

19.3.2 导入原始文件

Step1. 单击模型功能选项卡元件▼区域中的“组装”按钮，此时系统弹出“打开”对话框，选择主板模型文件 D:\creo3.10\work\ch19\computer_case\orign\orign_ asm.asm，然后单击打开▼按钮。

Step2. 系统弹出元件放置操控板，在操控板中单击自动▼字符，在系统弹出的下拉列表中选择默认选项；将元件按默认放置，此时状态区域显示的信息为完全约束；单击操控板中的✔按钮。

19.3.3 创建骨架模型

Task1. 在装配体中创建骨架模型

Step1. 单击模型功能选项卡元件▼区域中的“创建”按钮；在系统弹出的“元件创建”对话框中，选中 骨架模型单选项，接受系统默认的名称 COMPUTER_CASE_SKEL，然后然后单击确定按钮。

Step2. 在系统弹出的“创建选项”对话框中选中 空单选项，单击确定按钮。

Task2. 复制原始文件

Step1. 激活骨架模型。在模型树中选择 COMPUTER_CASE_SKEL.PRT，然后右击，在系统弹出的快捷菜单中选择激活命令。

Step2. 单击 模型 功能选项卡 获取数据 ▾ 区域中的“收缩包络”按钮，系统弹出“收缩包络”操控板，在该操控板中进行下列操作：

（1）在“收缩包络”操控板中，先确认“将参考类型设置为装配上下文”按钮被激活。

（2）选取曲面和基准参考。将模型旋转到图 19.3.2 所示的方位，选取图 19.3.2 所示的模型表面，在“收缩包络”操控板中单击 参考 选项卡，系统弹出“参考”界面，单击 包括基准 文本框中的 单击此处添加项 字符，在“智能选取栏”中选择“轴”，按住 Ctrl 键，选取主板零件模型中的 6 个基准轴 A_1、A_2、A_3、A_4、A_5 和 A_6。

（3）在“收缩包络”操控板中单击 选项 选项卡，选中 ☑ 包括面组 复选框。

（4）在“收缩包络”操控板中单击“完成”按钮✔。

（5）完成操作后，所选的平面和基准轴便复制到骨架模型（computer_case_skel.prt）中，这样就把原始装配文件 orign_asm.asm 中的设计意图传递到骨架模型（computer_case_skel.prt）中。

Task3．建立各基础平面

Step1. 打开骨架模型。在模型树中选择 COMPUTER_CASE_SKEL.PRT，然后右击，在系统弹出的快捷菜单中选择 打开 命令。

Step2. 创建图 19.3.3 所示的支撑平面。单击“平面”按钮，选取图 19.3.4 所示的背面为参考，平移 值为 5.0；单击 显示 选项卡，选中 ☑ 调整轮廓 复选框，宽度 值为 200.0，高度 值为 200.0；单击 属性 选项卡，在 名称 文本框中输入名称 SUPPORT_PLANE。

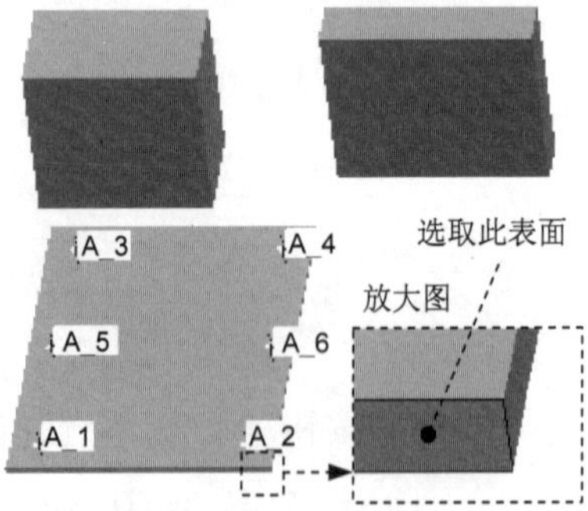

图 19.3.2 选取曲面和基准参照

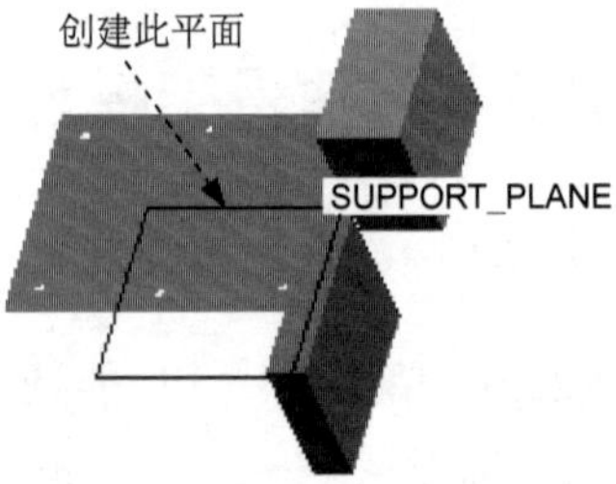

图 19.3.3 创建支撑平面

Step3. 创建图 19.3.5 所示的机箱的右平面。单击“平面”按钮，选取 SUPPORT_PLANE 基准平面为参考，偏移值为 8.0，名称为 CASE_RIGHT。

Step4. 创建图 19.3.6 所示的机箱的背平面。单击“平面”按钮，选取图 19.3.7 所示的电源模型的表面为参考，偏移值为 5.0，名称为 CASE_BACK。

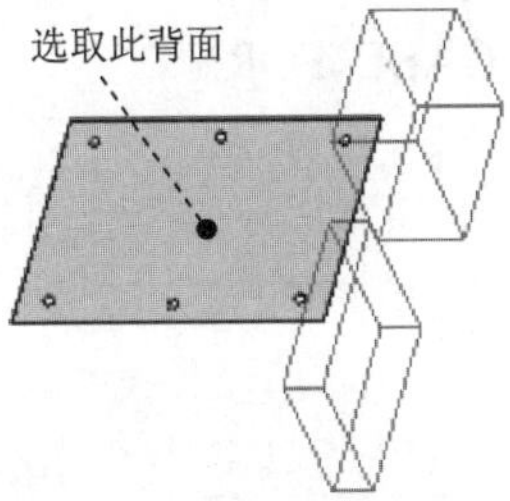

图 19.3.4 选取参照面

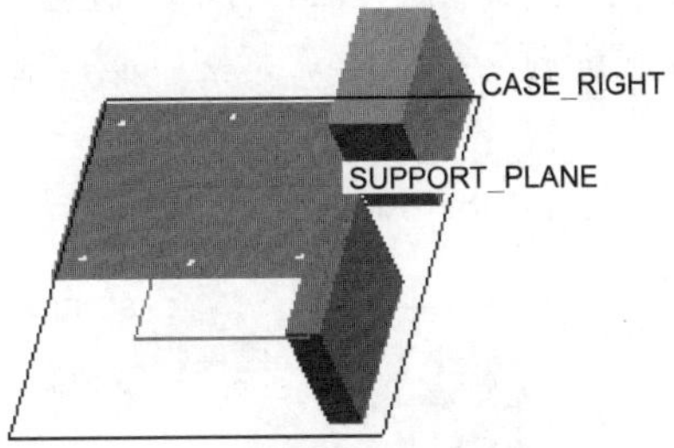

图 19.3.5 创建机箱的右平面

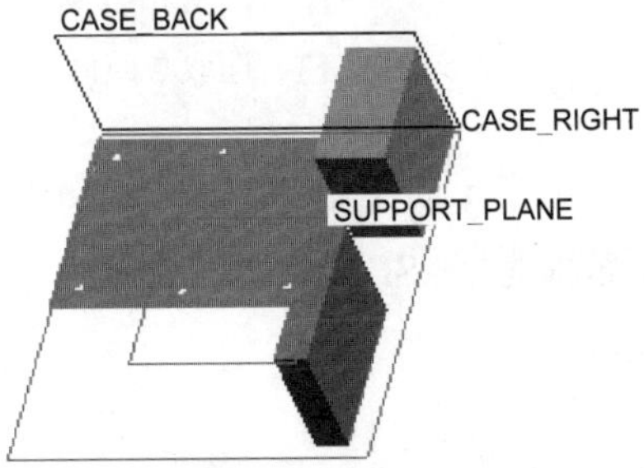

图 19.3.6 创建机箱的背平面

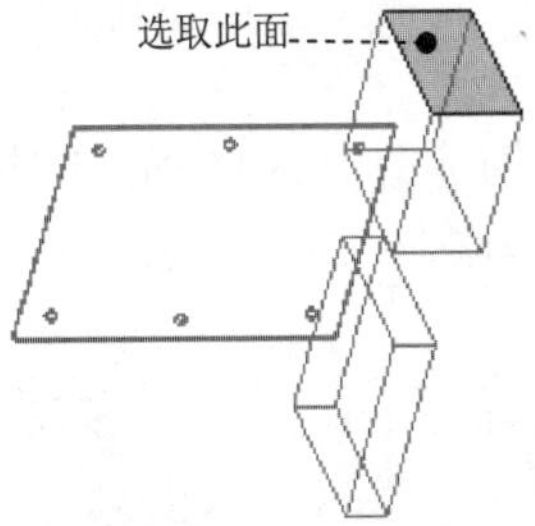

图 19.3.7 选取参照面

Step5. 创建图 19.3.8 所示的机箱的顶平面。单击“平面”按钮，选取图 19.3.9 所示的电源模型的侧面为参考，偏移值为 10.0，名称为 CASE_TOP。

Step6. 创建图 19.3.10 所示的机箱的底平面。单击“平面”按钮，选取图 19.3.11 所示的主板模型的侧面为参考，偏移值为 15.0，名称为 CASE_BOTTOM。

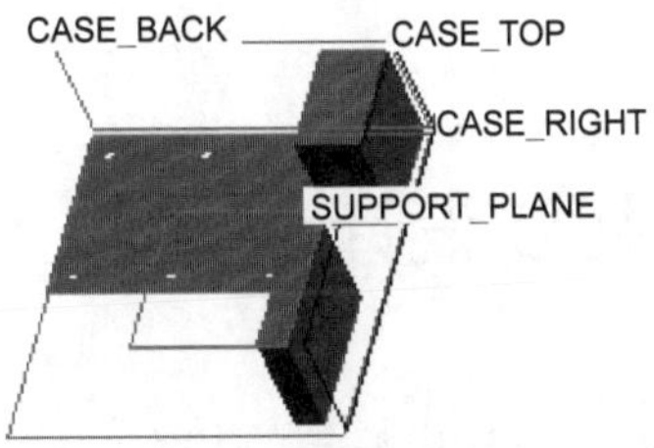

图 19.3.8 创建机箱的顶平面

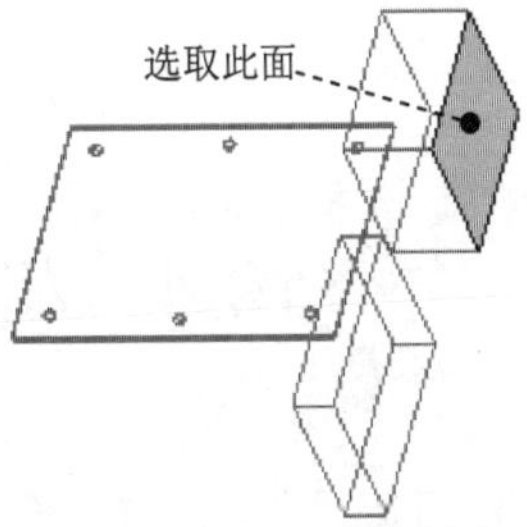

图 19.3.9 选取参照面

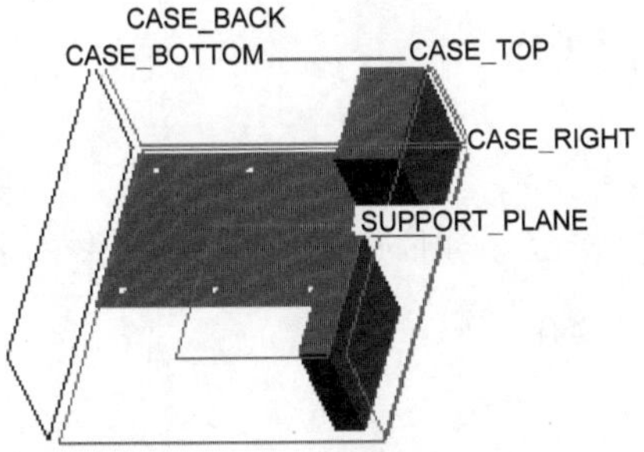

图 19.3.10 创建机箱的底平面

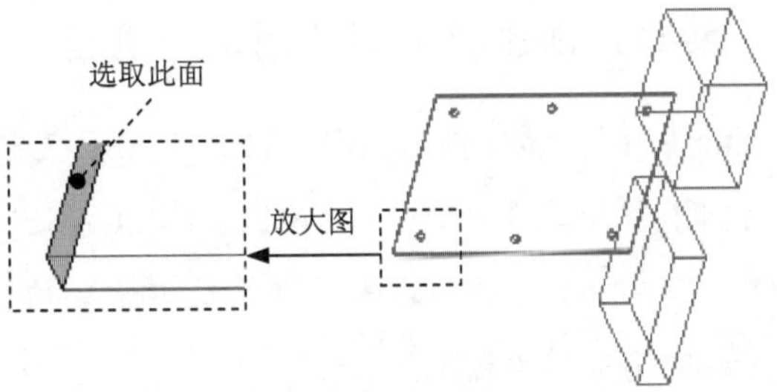

图 19.3.11 选取参照面

Step7. 创建图 19.3.12 所示的机箱的前平面。单击“平面”按钮，选取图 19.3.13 所示的光驱模型的前表面为参考，偏移值为-25.0，名称为 CASE_FORNT。

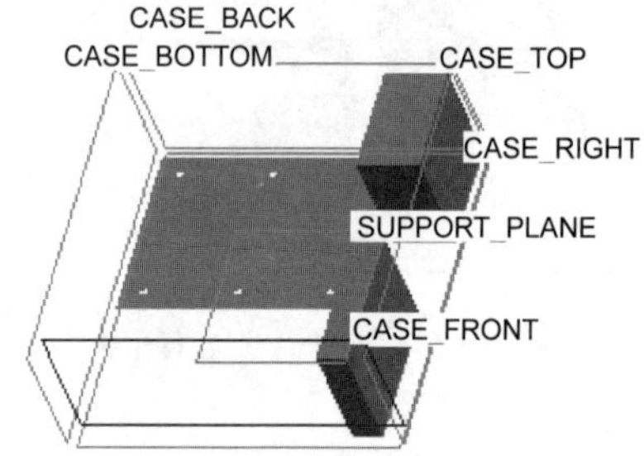

图 19.3.12　创建机箱的前平面

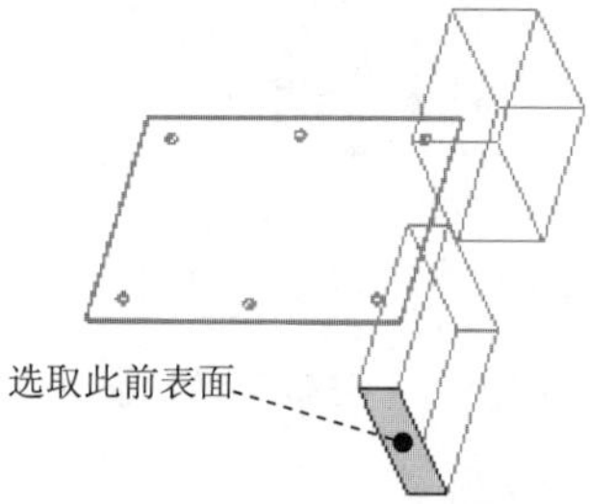

图 19.3.13　选取参照面

Step8. 创建图 19.3.14 所示的机箱的左平面。单击“平面”按钮，选取图 19.3.15 所示的光驱模型的上表面为参考，偏移值为-15.0，名称为 CASE_LEFT。

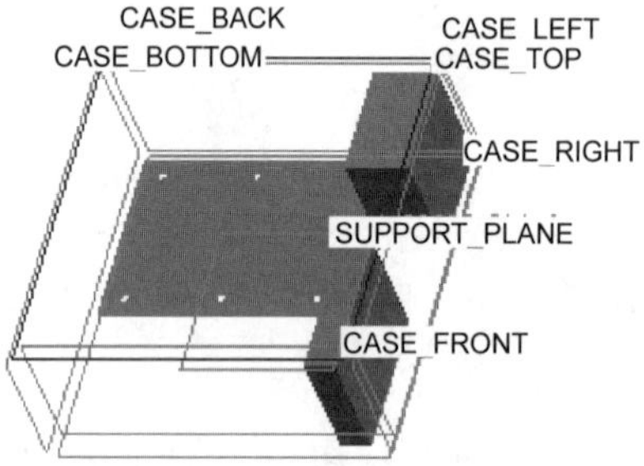

图 19.3.14　创建机箱的左平面

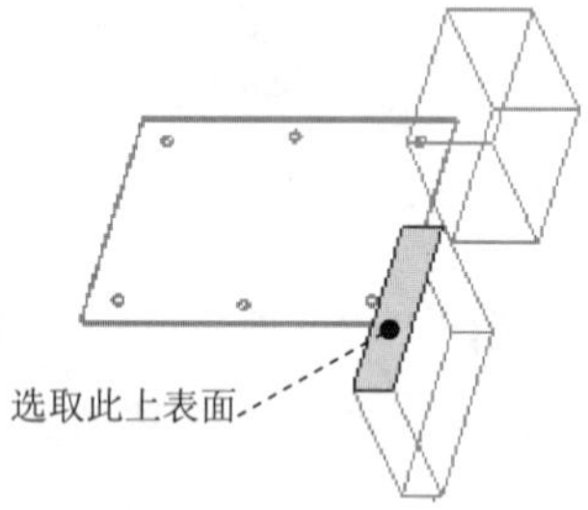

图 19.3.15　选取参照面

Step9. 返回到 COMPUTER_CASE.ASM。选择下拉菜单 → 1 COMPUTER_CASE.ASM 命令。

19.4　机箱各零件的初步设计

初步设计是通过骨架文件创建出每个零件的第一壁，设计出机箱的基本结构，经过验证数据传递无误后，再对每个零件进行具体细节设计。

Task1．创建图 19.4.1 所示的机箱的顶盖初步模型

Step1. 确认装配件 COMPUTER_CASE 为激活状态。

说明：如果装配件 COMPUTER_CASE 没有被激活，则可以在模型树中选择 COMPUTER_CASE.ASM，然后右击，在系统弹出的快捷菜单中选择 激活 命令。

Step2. 新建零件模型。

（1）单击 模型 功能选项卡 元件 ▾ 区域中的“创建”按钮；在系统弹出的“元

件创建”对话框中，选中类型选项组中的◉零件单选项，选中子类型选项组中的◉钣金件单选项，然后在名称文本框中输入文件名TOP_COVER；单击确定按钮。

（2）在系统弹出的“创建选项”对话框中，选中◉空单选项，单击确定按钮。

Step3. 将骨架中的设计意图传递给刚创建的机箱的顶盖零件（TOP_COVER）。

（1）激活机箱的顶盖零件。在模型树中选择TOP_COVER.PRT，然后右击，在系统弹出的快捷菜单中选择激活命令。

（2）单击模型功能选项卡获取数据▼区域中的“复制几何”按钮。在系统弹出的“复制几何”操控板中进行下列操作：

① 在“复制几何”操控板中，先确认“将参考类型设置为装配上下文”按钮被按下，然后单击“仅限发布几何”按钮（使此按钮为弹起状态）。

② 复制几何。

a）在“复制几何”操控板中单击参考选项卡，系统弹出“参考”界面。

b）单击参考文本框中的单击此处添加项字符。

c）在“智能选取栏”中选择“基准平面”。按住Ctrl键，然后选取骨架模型中的基准平面CASE_RIGHT、CASE_BACK、CASE_TOP、CASE_FORNT和CASE_LEFT。

③ 在“复制几何”操控板中单击选项选项卡，在系统弹出的界面中选中◉按原样复制所有曲面单选项。

④ 在“复制几何”操控板中单击“完成”按钮✔。

⑤ 完成操作后，所选的基准平面便复制到top_cover.prt中，这样就把骨架模型中的设计意图传递到零件top_cover.prt中。

Step4. 打开机箱的顶盖零件。在模型树中选择TOP_COVER.PRT，然后右击，在系统弹出的快捷菜单中选择打开命令。

Step5. 创建平面钣金壁（图19.4.1）。单击模型功能选项卡形状▼区域中的“平面”按钮平面。选取CASE_TOP基准平面作为草绘面，选取CASE_BACK基准平面作为参考平面，方向为上；单击草绘按钮，在系统弹出的“参考”对话框中，选取CASE_BACK基准平面、CASE_LEFT基准平面、CASE_FORNT基准平面和CASE_RIGHT基准平面为草绘截面的参照平面；绘制图19.4.2所示的截面草图，钣金壁厚度值为0.5。

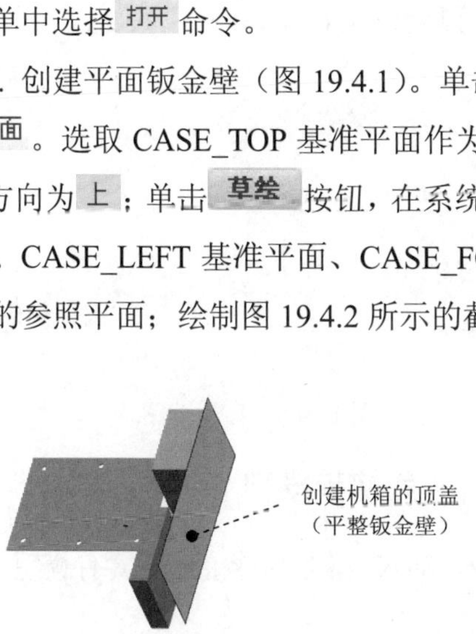

图19.4.1　创建机箱的顶盖

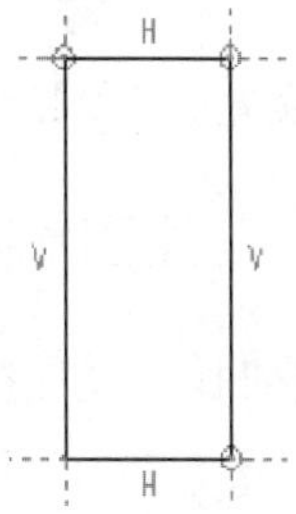

图19.4.2　截面草图

Step6. 返回到 COMPUTER_CASE.ASM。

Task2. 创建图 19.4.3 所示的机箱的后盖初步模型

Step1. 详细操作过程参见 Task1 中的 Step1 和 Step2，创建机箱的后盖零件模型，文件名为 BACK_COVER。

Step2. 将骨架中的设计意图传递给刚创建的机箱的后盖零件（BACK_COVER）。

（1）激活机箱的后盖零件。在模型树中选择 BACK_COVER.PRT，然后右击，在系统弹出的快捷菜单中选择 激活 命令。

注意：*为了方便选取参考面，可在模型树中将 TOP_COVER.PRT 暂时隐藏。*

（2）单击 模型 功能选项卡 获取数据 ▾ 区域中的“复制几何”按钮。在“复制几何”操控板中，先确认“将参考类型设置为装配上下文”按钮被激活，然后单击“仅限发布几何”按钮（使此按钮为弹起状态）；单击操控板中的 参考 选项卡，在系统弹出的界面中单击 参考 文本框中的 单击此处添加项 字符，然后选取骨架模型中的基准平面 CASE_RIGHT、CASE_BACK、CASE_TOP、CASE_BOTTOM 和 CASE_LEFT。在“复制几何”操控板中单击 选项 选项卡，在系统弹出的界面中选中 ⊙ 按原样复制所有曲面 单选项；单击 ✔ 按钮。

Step3. 打开机箱的后盖零件。在模型树中选择 BACK_COVER.PRT，然后右击，在系统弹出的快捷菜单中选择 打开 命令。

Step4. 创建平面钣金壁。单击 模型 功能选项卡 形状 ▾ 区域中的“平面”按钮 平面。选择 CASE_BACK 基准平面作为草绘面，选取 CASE_LEFT 基准平面作为参考平面，方向为 上；单击 草绘 按钮，在系统弹出的“参考”对话框中选择 CASE_BOTTOM 基准平面、CASE_LEFT 基准平面、CASE_TOP 基准平面和 CASE_RIGHT 基准平面为草绘截面的参考平面，绘制图 19.4.4 所示的截面草图；钣金壁厚度值为 0.5，单击 按钮。

Step5. 返回到 COMPUTER_CASE.ASM。

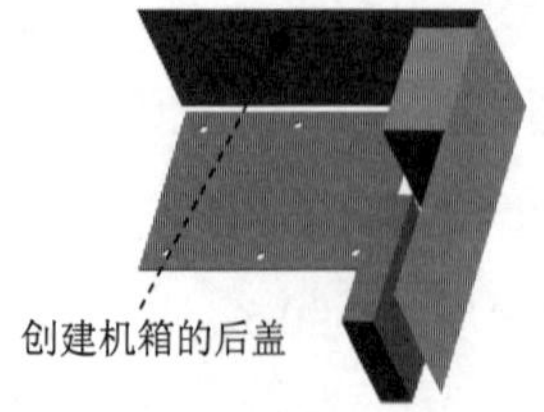

图 19.4.3 创建机箱的后盖

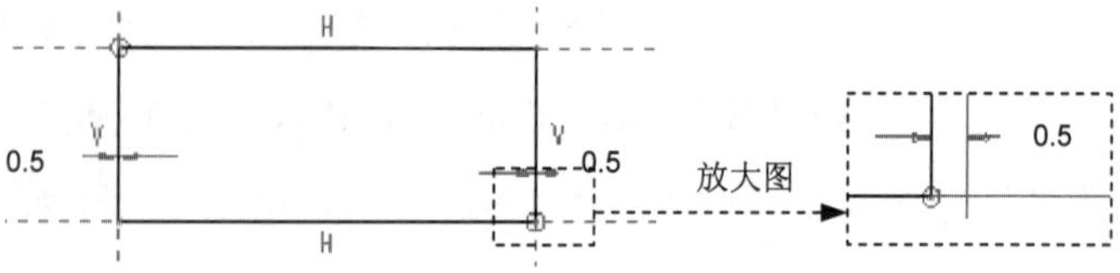

图 19.4.4 截面草图

Task3. 创建图 19.4.5 所示的机箱的前盖初步模型

Step1. 详细操作过程参见 Task1 的 Step1 和 Step2，创建机箱的前盖零件模型，文件名为 FRONT_COVER。

注意：为了方便选取参考面，可在模型树中将 BACK_COVER.PRT 暂时隐藏。

Step2. 将骨架中的设计意图传递给刚创建的机箱的前盖零件（FRONT_COVER）。激活机箱的前盖零件 FRONT_COVER.PRT，然后右击，在系统弹出的快捷菜单中选择 激活 命令。单击 模型 功能选项卡 获取数据 ▼ 区域中的“复制几何”按钮。在“复制几何”操控板中，先确认“将参考类型设置为装配上下文”按钮被激活，然后单击“仅限发布几何”按钮（使此按钮为弹起状态）；单击操控板中的 参考 选项卡，在系统弹出的界面中单击 参考 文本框中的 单击此处添加项 字符，然后选取骨架模型中的基准平面 CASE_RIGHT、CASE_TOP、CASE_BOTTOM、CASE_FORNT 和 CASE_LEFT。在“复制几何”操控板中单击 选项 选项卡，在系统弹出的界面中选中 ⊙ 按原样复制所有曲面 单选项；单击 ✔ 按钮。

Step3. 打开机箱的后盖零件。在模型树中选择 FRONT_COVER.PRT，然后右击，在系统弹出的快捷菜单中选择 打开 命令。

Step4. 创建图 19.4.5 所示的平面钣金壁 1。单击 模型 功能选项卡 形状 ▼ 区域中的“平面”按钮 平面。选择 CASE_FORNT 基准平面作为草绘面，选取 CASE_ TOP 基准平面作为参考平面，方向为 右；单击 草绘 按钮，然后在弹出的“参考”对话框中选择 CASE_BOTTOM 基准平面、CASE_LEFT 基准平面、CASE_TOP 基准平面和 CASE_RIGHT 基准平面为草绘截面的参考平面，绘制图 19.4.6 所示的截面草图；钣金壁厚度值为 0.5，单击 ✔ 按钮。

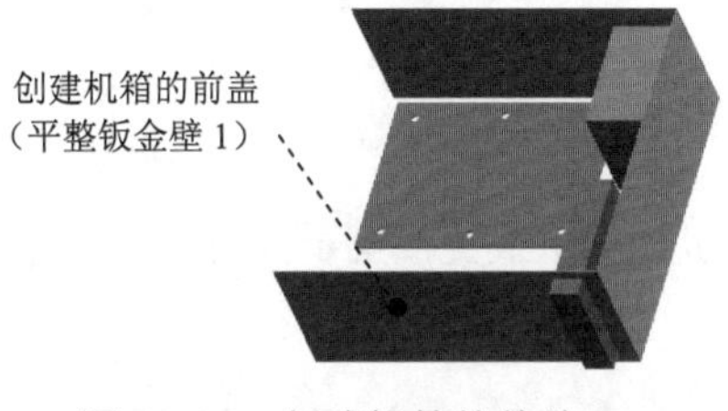

图 19.4.5　创建机箱的前盖

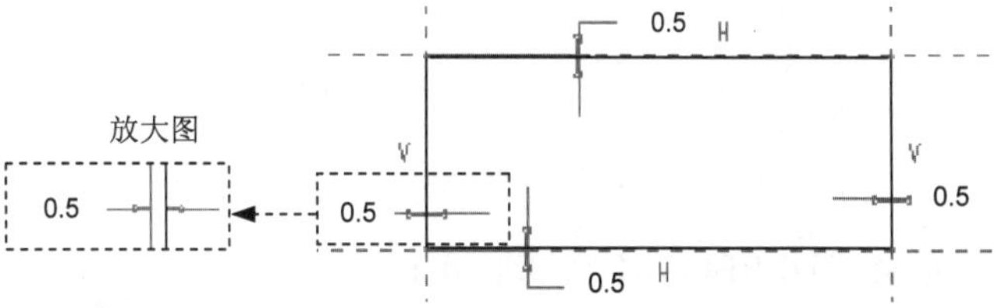

图 19.4.6　截面草图

Step5. 返回到 COMPUTER_CASE.ASM。

Task4. 创建图 19.4.7 所示的机箱的底盖零件模型

Step1. 详细操作过程参见 Task1 的 Step1 和 Step2，创建机箱的底盖零件模型，文件名为 BOTTOM_COVER。

注意：为了方便选取参考面，可在模型树中将 FRONT_COVER.PRT 暂时隐藏。

Step2. 将骨架中的设计意图传递给刚创建的机箱的底盖零件（BOTTOM_COVER）。激活机箱的底盖零件 BOTTOM_COVER.PRT，然后右击，在系统弹出的快捷菜单中选择 激活 命令。单击 模型 功能选项卡 获取数据 ▼ 区域中的“复制几何”按钮。在“复制几何”操控板中，先确认“将参考类型设置为装配上下文”按钮被激活，然后单击“仅限发布几何”按钮（使此按钮为弹起状态)；单击操控板中的参考选项卡，在系统弹出的界面中单击 参考 文本框中的 单击此处添加项 字符，然后选取骨架模型中的基准平面 CASE_RIGHT、CASE_BACK、CASE_BOTTOM、CASE_FORNT 和 CASE_LEFT。在“复制几何”操控板中单击 选项 选项卡，在系统弹出的界面中选中 按原样复制所有曲面 单选项；单击✔按钮。

Step3. 打开机箱的底盖零件。在模型树中选择 BOTTOM_COVER.PRT，然后右击，在系统弹出的快捷菜单中选择 打开 命令。

Step4. 创建平面钣金壁 1。单击 模型 功能选项卡 形状 ▾ 区域中的“平面”按钮 平面。选取 CASE_BOTTOM 基准平面作为草绘面，选取 CASE_BACK 基准平面作为参考平面，方向为 上；单击 草绘 按钮，然后在系统弹出的“参考”对话框中选取 CASE_BACK 基准平面、CASE_LEFT 基准平面、CASE_FORNT 基准平面和 CASE_RIGHT 基准平面为草绘截面的参考平面，绘制图 19.4.8 所示的截面草图；钣金壁厚度值为 0.5。

Step5. 返回到 COMPUTER_CASE.ASM。

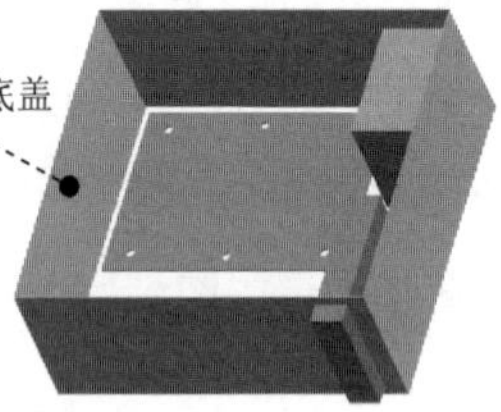

图 19.4.7 创建机箱的底盖

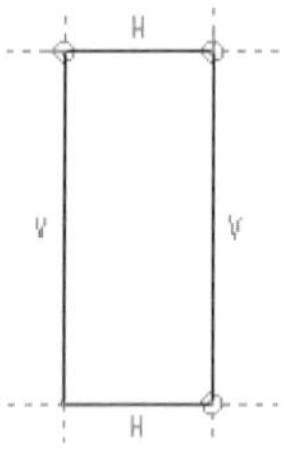

图 19.4.8 截面草图

Task5. 创建图 19.4.9 所示的机箱的主板支撑架初步模型

Step1. 详细操作过程参见 Task1 的 Step1 和 Step2，创建机箱的主板支撑架零件模型，文件名为 MOTHERBOARD_SUPPORT。

注意： *为了方便选取参考面，可在模型树中将 BOTTOM_COVER.PRT 暂时隐藏。*

Step2. 将骨架中的设计意图传递给刚创建的机箱的主板支撑架零件(MOTHERBOARD_SUPPORT)。激活机箱的主板支撑架零件 MOTHERBOARD_SUPPORT.PRT，然后右击，在系统弹出的快捷菜单中选择 激活 命令。单击 模型 功能选项卡 获取数据 ▾ 区域中的“复制几何”按钮，在“复制几何”操控板中，先确认“将参考类型设置为装配上下文”按钮被激活，然后单击“仅限发布几何”按钮(使此按钮为弹起状态)；单击操控板中的参考选项卡，在系统弹出的界面中单击 参考 文本框中的 单击此处添加项 字符，选取骨架模型中的 CASE_TOP 基准平面、CASE_BACK 基准平面、CASE_BOTTOM 基准平面、CASE_FORNT 基准平面和 SUPPORT_PLANE 基准平面。选取骨架模型中的 A_1 基准轴、A_2 基准轴、A_3 基准轴、A_4 基准轴、A_5 基准轴和 A_6 基准轴。在“复制几何”操控板中单击 选项 选项卡，在系统弹出的界面中选中 按原样复制所有曲面 单选项；单击✔按钮。

Step3. 打开机箱的主板支撑架零件。在模型树中选择 MOTHERBOARD_SUPPORT.PRT，然后右击，在系统弹出的快捷菜单中选择 打开 命令。

Step4. 创建平面钣金壁 1。单击 模型 功能选项卡 形状 区域中的“平面”按钮 平面。选取 SUPPORT_PLANE 基准平面作为草绘面，选取 CASE_BACK 基准平面作为参考平面，方向为 上；单击 草绘 按钮，然后在弹出的“参考”对话框中选取 CASE_BACK 基准平面、CASE_BOTTOM 基准平面、CASE_FORNT 基准平面和 CASE_TOP 基准平面为草绘截面的参考平面，绘制图 19.4.10 所示的截面草图；钣金壁厚度值为 0.5。

Step5. 返回到 COMPUTER_CASE.ASM。

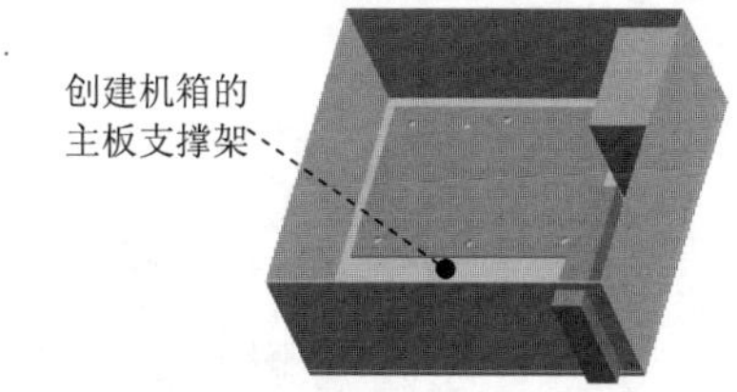

图 19.4.9 创建机箱的主板支撑架

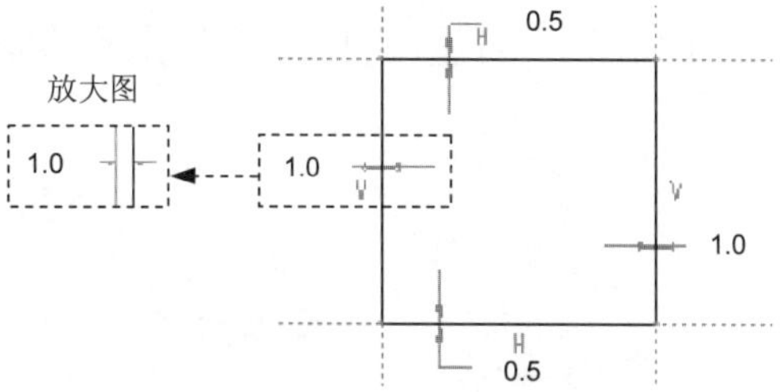

图 19.4.10 截面草图

Task6. 创建图 19.4.11 所示的机箱的左盖零件模型

Step1. 详细操作过程参见 Task1 的 Step1 和 Step2，创建机箱的左盖零件模型，文件名为 LEFT_COVER。

注意： 为了方便选取参考面，可在模型树中将 MOTHERBOARD_SUPPORT.PRT 暂时隐藏。

Step2. 将骨架中的设计意图传递给刚创建的机箱的左盖零件（LEFT_COVER）。激活机箱的左盖零件 LEFT_COVER.PRT，然后右击，在系统弹出的快捷菜单中选择 激活 命令。单击 模型 功能选项卡 获取数据 区域中的“复制几何”按钮。在“复制几何”操控板中，先确认“将参考类型设置为装配上下文”按钮被激活，然后单击“仅限发布几何”按钮（使此按钮为弹起状态）；单击操控板中的 参考 选项卡，在系统弹出的界面中单击 参考 文本框中的 单击此处添加项 字符，然后选取骨架模型中的基准平面 CASE_BACK、CASE_TOP、CASE_BOTTOM、CASE_FORNT 和 CASE_LEFT。在“复制几何”操控板中单击 选项 选项卡，在系统弹出的界面中选中 ⊙ 按原样复制所有曲面 单选项；单击 ✔ 按钮。

Step3. 打开机箱的左盖零件。在模型树中选择 LEFT_COVER.PRT，然后右击，在系统弹出的快捷菜单中选择 打开 命令。

Step4. 创建平面钣金壁 1。单击 模型 功能选项卡 形状 区域中的“平面”按钮 平面。选取 CASE_LEFT 基准平面作为草绘面，选取 CASE_BACK 基准平面作为参考平面，方向为 上；单击 草绘 按钮，然后在弹出的“参考”对话框中选取 CASE_BACK 基准平面、

CASE_TOP 基准平面、CASE_FORNT 基准平面和 CASE_BOTTOM 基准平面为草绘截面的参考平面，绘制图 19.4.12 所示的截面草图；钣金壁厚度值为 0.5。

Step5. 返回到 COMPUTER_CASE.ASM。

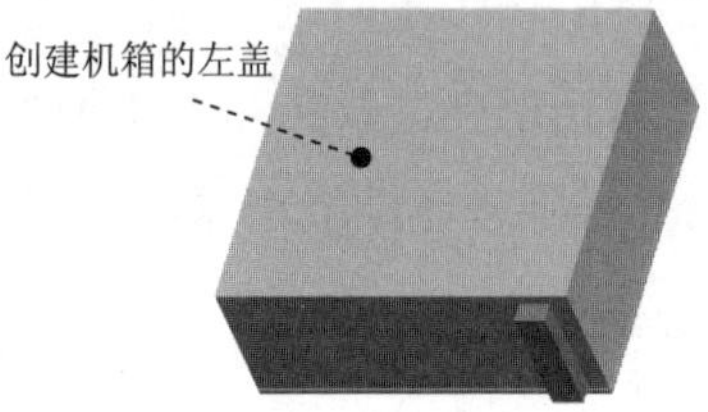

图 19.4.11　创建机箱的左盖

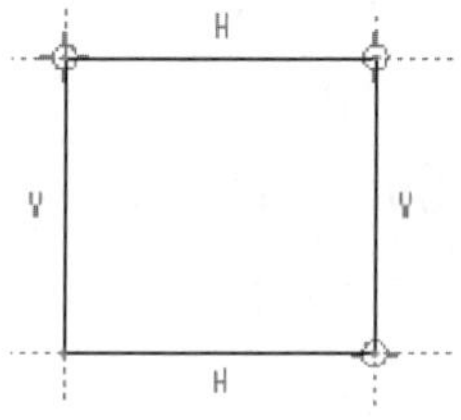

图 19.4.12　截面草图

Task7. 创建图 19.4.13 所示的机箱的右盖初步模型

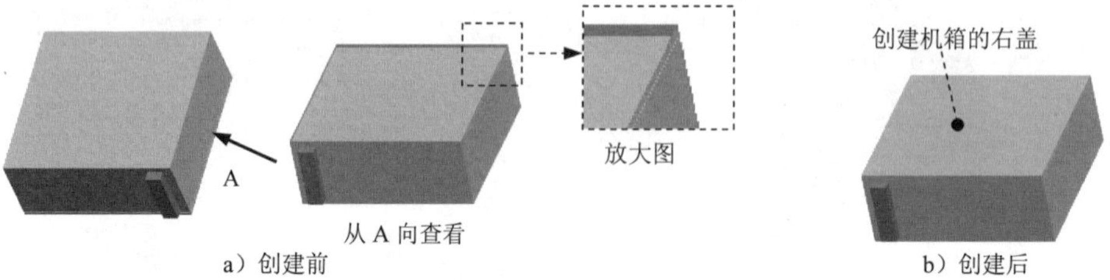

a）创建前　　b）创建后

图 19.4.13　创建机箱的右盖

Step1. 详细操作过程参见 Task1 的 Step1 和 Step2，创建机箱的右盖零件模型，文件名为 RIGHT_COVER。

注意：为了方便选取参考面，可在模型树中将 LEFT_COVER.PRT 暂时隐藏。

Step2. 将骨架中的设计意图传递给刚创建的机箱的右盖零件（RIGHT_COVER）。激活机箱的右盖零件 RIGHT_COVER.PRT，然后右击，在系统弹出的快捷菜单中选择 激活 命令。单击 模型 功能选项卡 获取数据 ▾ 区域中的“复制几何”按钮。在“复制几何”操控板中，先确认“将参考类型设置为装配上下文”按钮被激活，然后单击“仅限发布几何”按钮（使此按钮为弹起状态）；单击操控板中的 参考 选项卡，在系统弹出的界面中单击 参考 文本框中的 单击此处添加项 字符，然后选取骨架模型中的基准平面 CASE_BACK、CASE_TOP、CASE_BOTTOM、CASE_FORNT 和 CASE_RIGHT。在“复制几何”操控板中单击 选项 选项卡，在系统弹出的界面中选中 ⊙ 按原样复制所有曲面 单选项；单击 ✔ 按钮。

Step3. 打开机箱的右盖零件。在模型树中选择 RIGHT_COVER.PRT，然后右击，在系统弹出的快捷菜单中选择 打开 命令。

Step4. 创建平面钣金壁 1。单击 模型 功能选项卡 形状 ▾ 区域中的“平面”按钮 平面。选取 CASE_RIGHT 基准平面作为草绘面，选择 CASE_BACK 基准平面作为参考平面，方向为 上；单击 草绘 按钮，然后在弹出的“参考”对话框中选取 CASE_BACK 基准平面、CASE_TOP 基准平面、CASE_FORNT 基准平面和 CASE_BOTTOM 基准平面为草绘截面的参考平面，绘制图 19.4.14 所示的截面草图；钣金壁厚度值为 0.5。

Step5. 返回到 COMPUTER_CASE.ASM。

Step6. 保存装配体 COMPUTER_CASE.ASM。

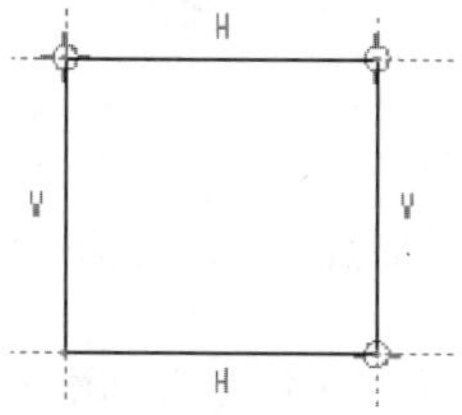

图 19.4.14 截面草图

19.5 初步验证

完成以上设计后，机箱的基本结构已经确定，下面将检验机箱与原始数据文件之间的数据传递是否通畅，分别改变原始文件的三个数据，来验证机箱的长、宽、高是否随之变化。

Task1. 验证机箱长度的变化

在装配体中修改主板的长度值，以验证机箱的长度是否会改变（图 19.5.1）。

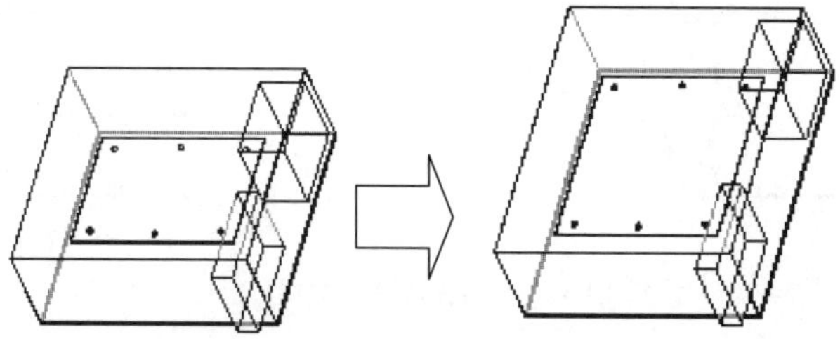

a）修改前　　b）修改后

图 19.5.1 修改机箱的长度

Step1. 在装配模型树界面中选择 节点下的 树过滤器(F)...；在系统弹出的“模型树项”对话框中，选中 ☑ 特征 复选框，并单击 确定 按钮，这样每个零件中的特征都将在模型树中显示。

Step2. 在模型树中，先单击 ▸ ORIGN_ASM.ASM 前面的 ▸ 号，然后单击 ▸ MOTHERBOARD.PRT 前面的 ▸ 号。

Step3. 在模型树中，右击要修改的特征 ▸ 拉伸 1，在系统弹出的快捷菜单中选择 编辑 命令，系统即显示图 19.5.2a 所示的尺寸。

Step4. 双击要修改的尺寸 230，输入新尺寸 350（图 19.5.2b），然后按回车键。

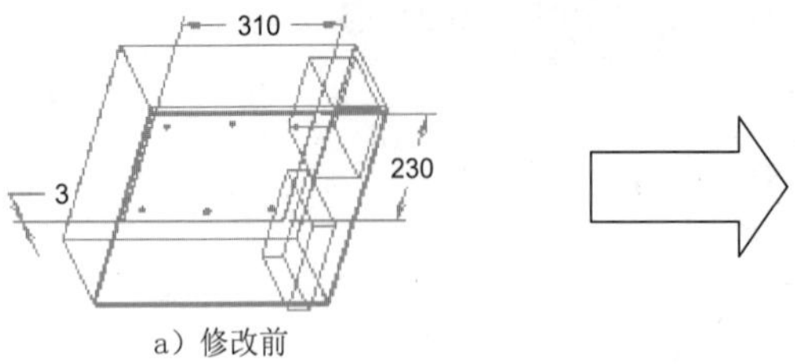

图 19.5.2　修改主板的长度尺寸

Step5. 单击菜单栏中的“重新生成”按钮，此时在装配体中可以观察到主板的长度值被修改了，机箱的长度也会随之改变（图 19.5.2b）。

注意： 修改装配模型后，必须进行“重新生成”操作，否则模型不能按修改的要求更新。

Step6. 单击菜单栏中的（撤销：编辑值）按钮，以恢复修改前的尺寸。

Step7. 单击菜单栏中的“重新生成”按钮，恢复到原始模型。

Task2. 验证机箱宽度的变化

在装配体中修改光驱中的宽度值，以验证机箱的宽度是否会改变（图 19.5.3）。

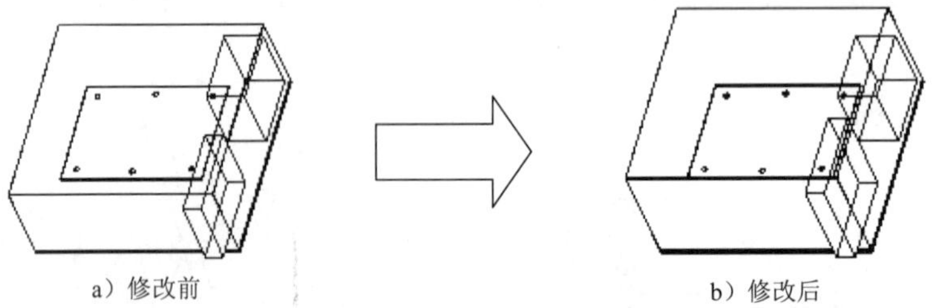

图 19.5.3　修改机箱的宽度

Step1. 单击 ▶ CD_DRIVER.PRT 前面的 ▶ 号。

Step2. 在模型树中，右击要修改的特征 ▶ 拉伸 1，在系统弹出的快捷菜单中选择 编辑 命令，系统即显示光驱中拉伸特征 1 的尺寸。

Step3. 双击要修改的宽度值尺寸 150，输入新尺寸 200（图 19.5.4）。

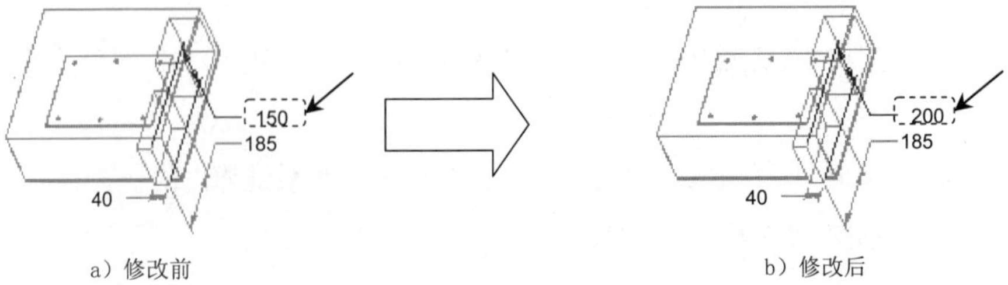

图 19.5.4　修改光驱的宽度尺寸

Step4. 单击菜单栏中的“重新生成”按钮，此时在装配体中可以观察到光驱的宽度值被修改了，机箱的宽度也会随之改变（图 19.5.3b）。

Step5. 单击菜单栏中的（撤销：编辑值）按钮，以恢复修改前的尺寸。

Step6. 单击菜单栏中的“重新生成”按钮，恢复到原始模型。

Task3. 验证机箱高度的变化（图 19.5.5）

在装配体中修改电源中的高度值，以验证机箱的高度是否会改变。

Step1. 单击 POWER_SUPPLY.PRT 前面的号。

Step2. 在模型树中，右击要修改的特征 拉伸 1，在系统弹出的快捷菜单中选择 编辑 命令，系统即显示电源中拉伸特征 1 的尺寸。

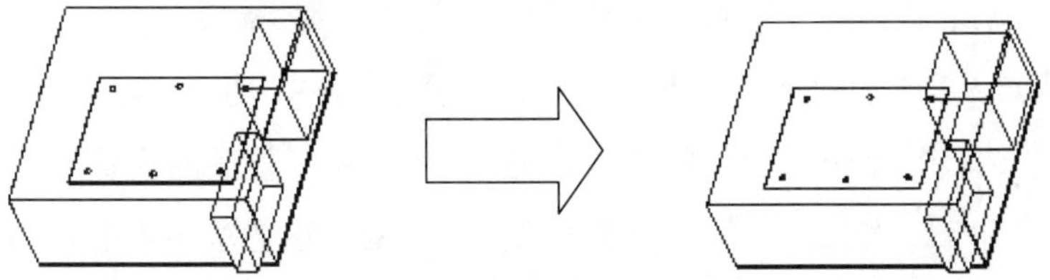

a）修改前　　b）修改后

图 19.5.5　修改机箱的高度

Step3. 双击要修改的高度值尺寸 85，输入新尺寸 135（图 19.5.6b）。

Step4. 单击菜单栏中的“重新生成”按钮，此时在装配体中可以观察到电源的高度值被修改了，机箱的高度也会随之改变（图 19.5.5b）。

Step5. 单击菜单栏中的（撤销：编辑值）按钮，以恢复修改前的尺寸。

Step6. 单击菜单栏中的“重新生成”按钮，恢复到原始模型。

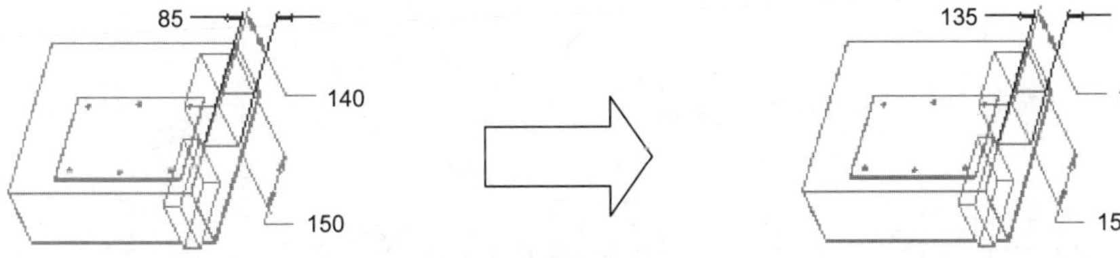

a）修改前　　b）修改后

图 19.5.6　修改电源的高度尺寸

19.6　机箱顶盖的细节设计

下面创建图 19.6.1 所示的机箱顶盖。

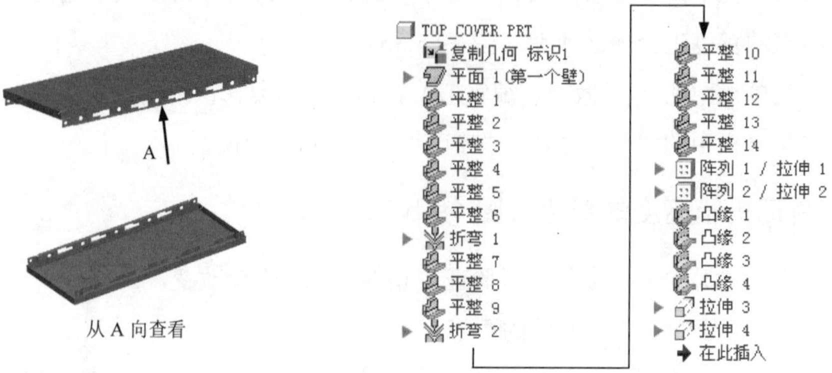

图 19.6.1 机箱顶盖和模型树

Step1. 在装配件中打开机箱顶盖零件（TOP_COVER.PRT）。在模型树中选择 TOP_COVER.PRT，然后右击，在系统弹出的快捷菜单中选择 打开 命令。

Step2. 创建图 19.6.2 所示的平整特征 1（左侧）。单击 模型 功能选项卡 形状 ▾ 区域中的“平整”按钮，选取图 19.6.3 所示的模型边线为附着边；平整壁的形状类型为 矩形，折弯角度值为 90.0；单击 形状 选项卡，在系统弹出的界面中依次设置草图内的尺寸值为 0、15.0、0（图 19.6.4）；单击按钮，确认按钮被按下，并在其后的文本框中输入折弯半径值 0.2，折弯半径所在侧为。

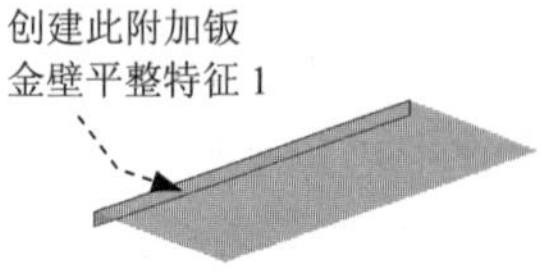

图 19.6.2 平整特征 1（左侧）

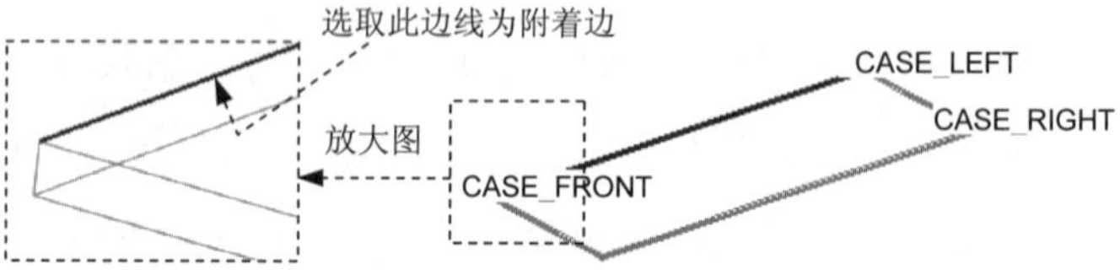

图 19.6.3 定义附着边

Step3. 创建图 19.6.5 所示的平整特征 2（右侧），详细操作过程参见 Step2。

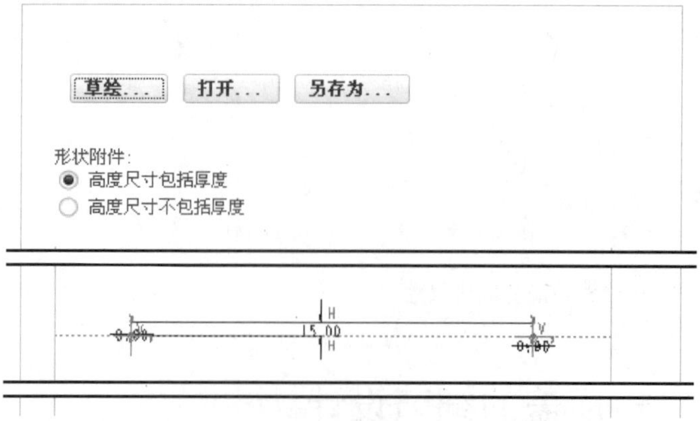

图 19.6.4 设置形状参数

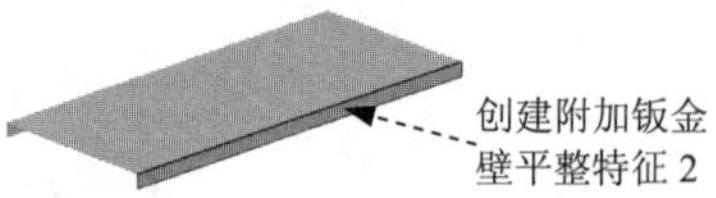

图 19.6.5 平整特征 2（右侧）

Step4. 创建图 19.6.6 所示的平整特征 3（后侧）。单击 模型 功能选项卡 形状 ▾ 区域中的“平整”按钮，选取图 19.6.7 所示的模型边线为附着边；平整壁的形状类型为用户定义，折弯角度值为 90.0；单击形状选项卡，在系统弹出的界面中单击草绘...按钮，接受系统默认的参考平面，方向为上；单击草绘按钮，绘制图 19.6.8 所示的截面草图（图形不能封闭）；单击止裂槽选项卡，在系统弹出的界面类型下拉列表中选择矩形选项，止裂槽的深度及宽度尺寸采用默认值；确认按钮被按下，并在其后的文本框中输入折弯半径值 0.2，折弯半径所在侧为。

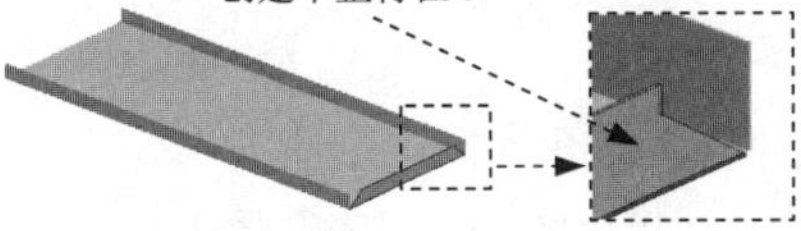

图 19.6.6 平整特征 3（后侧）

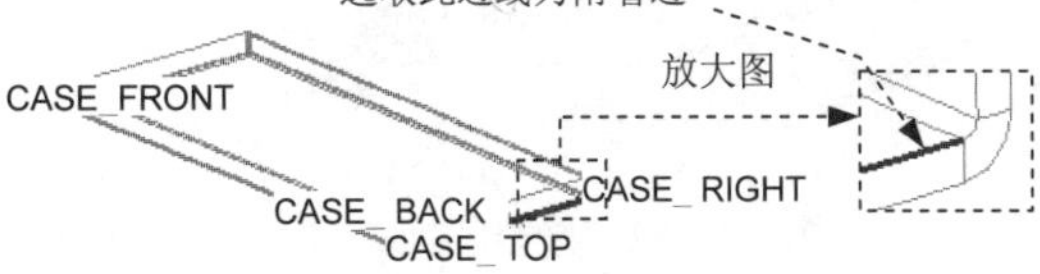

图 19.6.7 定义附着边

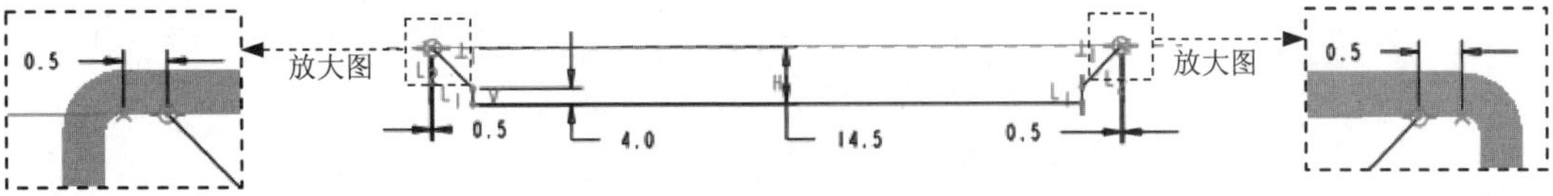

图 19.6.8 截面草图

Step5. 创建图 19.6.9 所示的平整特征 4。单击模型功能选项卡形状▾区域中的“平整”按钮，选取图 19.6.10 所示的模型边线为附着边；平整壁的形状类型为矩形，折弯角度值为 90.0；单击形状选项卡，在系统弹出的界面中依次设置草图内的尺寸值为-25.0、9.0、-25.0（图 19.6.11）；然后单击止裂槽选项卡，在系统弹出的选项卡类型下拉列表中选择拉伸选项，止裂槽的角度及宽度尺寸采用默认值；确认按钮被按下，并在其后的文本框中输入折弯半径值 0.2，折弯半径所在侧为。

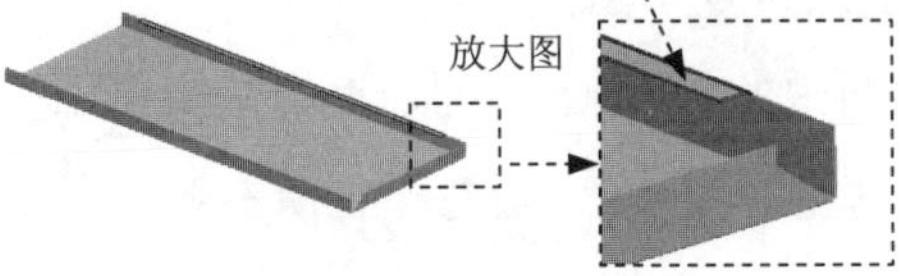

图 19.6.9 平整特征 4

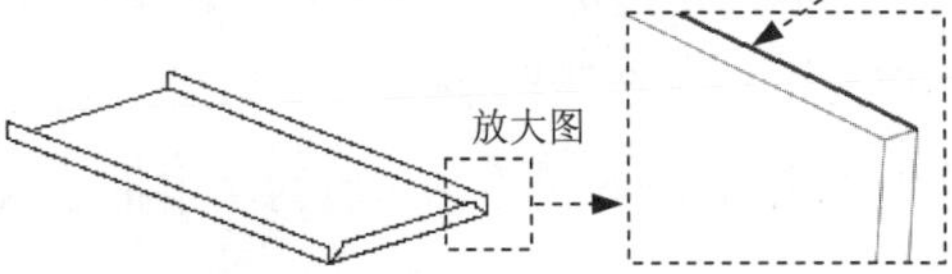

图 19.6.10 定义附着边

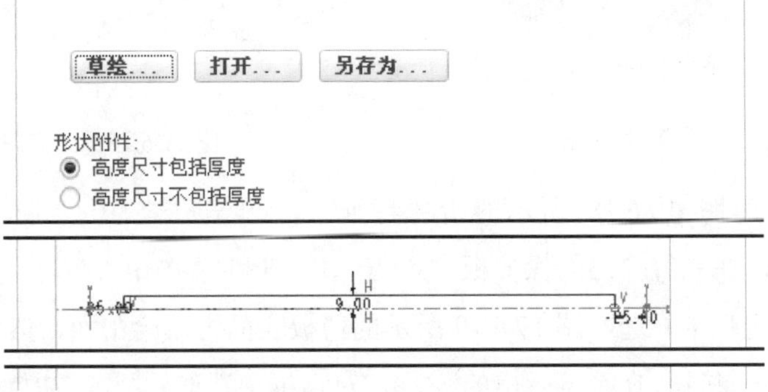

图 19.6.11 设置形状参数

Step6. 创建图 19.6.12 所示的平整特征 5。单击 模型 功能选项卡 形状 区域中的“平整”按钮，选取图 19.6.13 所示的模型边线为附着边；平整壁的形状类型为 矩形，折弯角度值为 90.0；单击 形状 选项卡，在弹出的界面中依次设置草图内的尺寸值为 0、15.0、0（图 19.6.14）；单击 止裂槽 选项卡，在系统弹出的界面中的 类型 下拉列表框中选择 扯裂 选项；确认按钮被按下，并在其后的文本框中输入折弯半径值 0.2，折弯半径所在侧为。

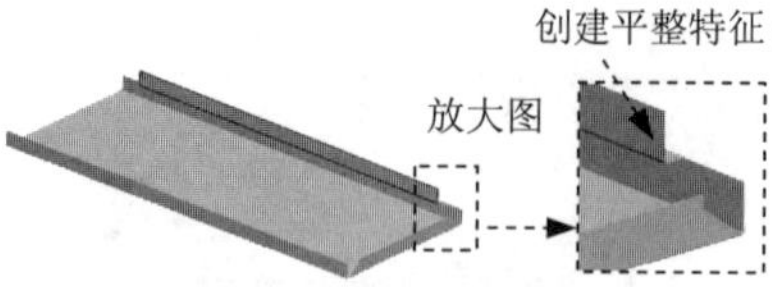

图 19.6.12　平整特征 5

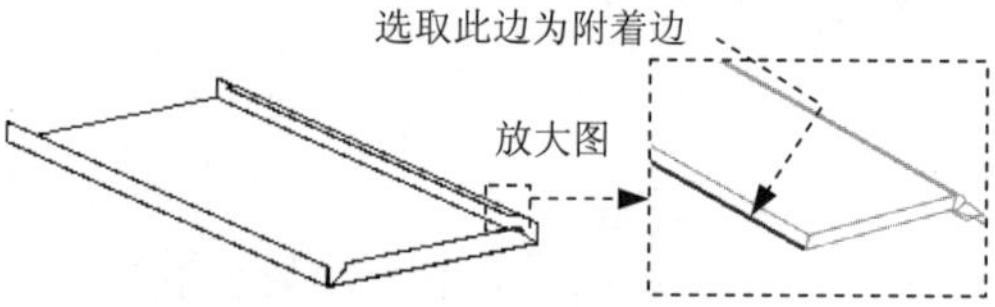

图 19.6.13　定义附着边

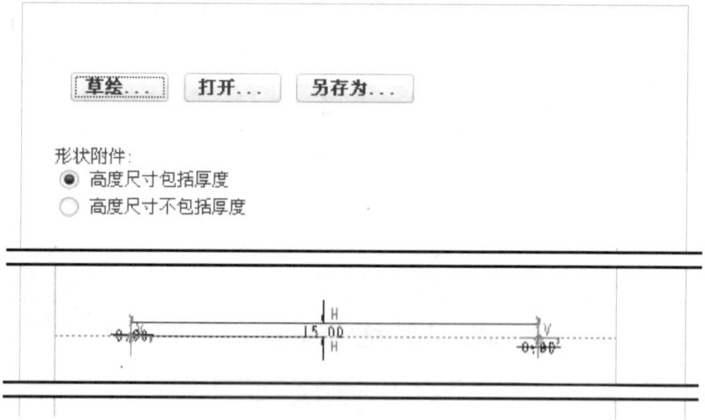

图 19.6.14　设置形状参数

Step7. 创建图 19.6.15 所示的平整特征 6。单击 模型 功能选项卡 形状 区域中的“平整”按钮，选取图 19.6.16 所示的模型边线为附着边；平整壁的形状类型为 矩形，折弯角度值为 90.0；单击 形状 选项卡，在弹出的界面中依次设置草图内的尺寸值为 0、9.0、0（图 19.6.17）；单击 止裂槽 选项卡，在系统弹出的界面中的 类型 下拉列表框中选择 扯裂 选项；确认按钮被按下，并在其后的文本框中输入折弯半径值 0.2，折弯半径所在侧为。

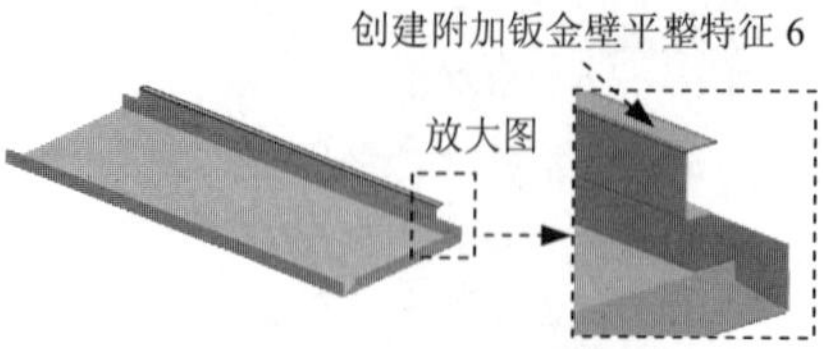

图 19.6.15　平整特征 6

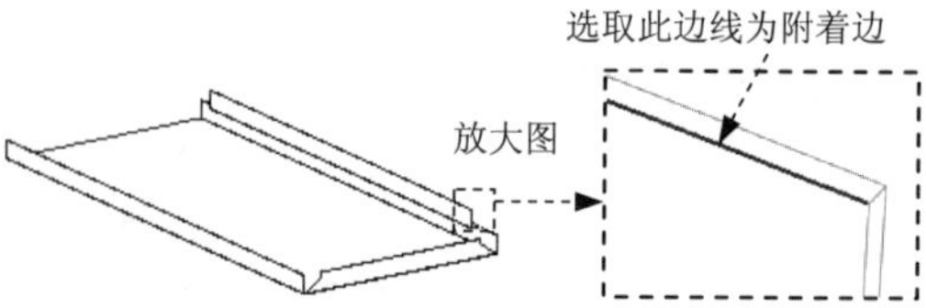

图 19.6.16　定义附着边

Step8. 创建图 19.6.18 所示的折弯特征 1。单击 模型 功能选项卡 折弯 区域中的 折弯 按钮，在系统弹出的操控板中单击按钮和按钮（使其处于被按下的状态）。单击 折弯线 选项卡，选取图 19.6.19 所示的薄板表面为草绘平面，然后单击“折弯线”界面中的 草绘... 按钮，在系统弹出的“参考”对话框中选取 CASE_FRONT 和 CASE_RIGHT

基准平面为参考平面；绘制图 19.6.20 所示的折弯线。单击 止裂槽 选项卡，在系统弹出界面中的 类型 下拉列表框中选择 无止裂槽 选项；在 后的文本框中输入折弯角度值 195.0，在 后的文本框中输入折弯半径值 0.1，折弯半径所在侧为 ；固定侧方向与折弯侧方向如图 19.6.21 所示。

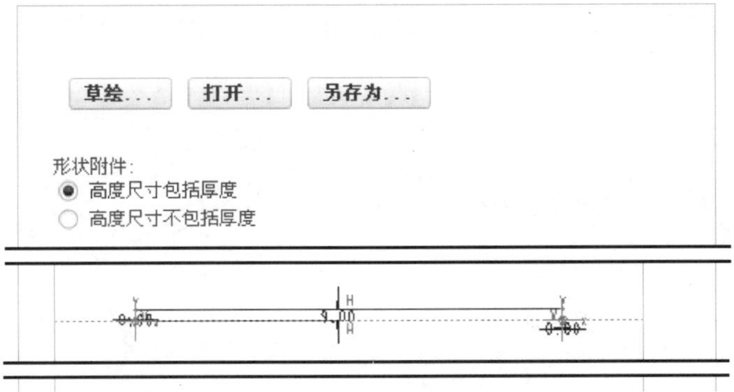

图 19.6.17　设置形状参数

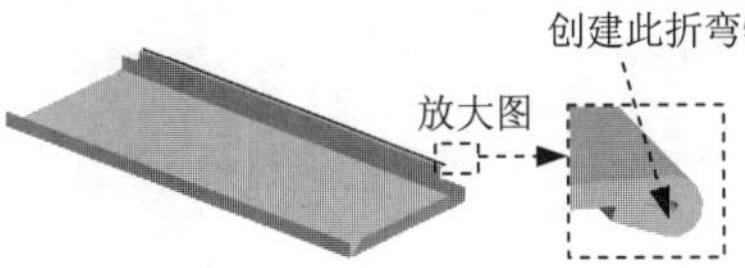

图 19.6.18　折弯特征 1

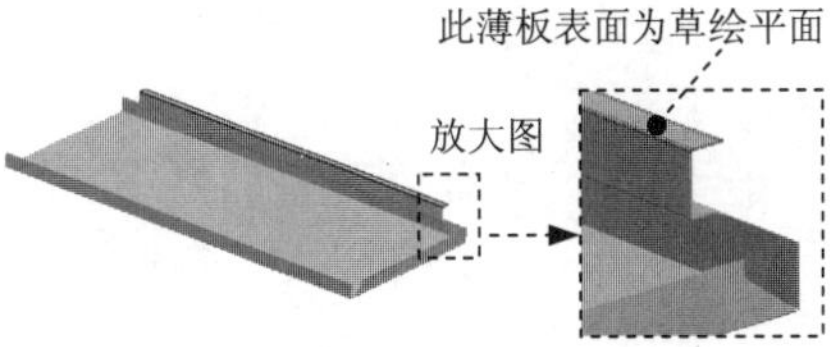

图 19.6.19　草绘平面

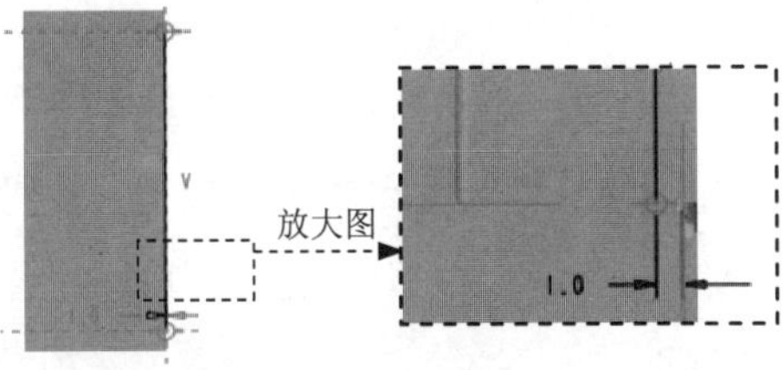

图 19.6.20　折弯线

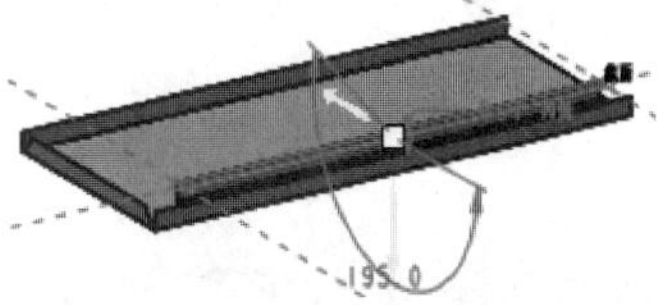

图 19.6.21　折弯侧和固定侧

Step9. 用同样的方法创建另一侧的平整特征 7、平整特征 8、平整特征 9 和折弯特征 2（图 19.6.22），详细操作步骤参见 Step5 ~Step8。

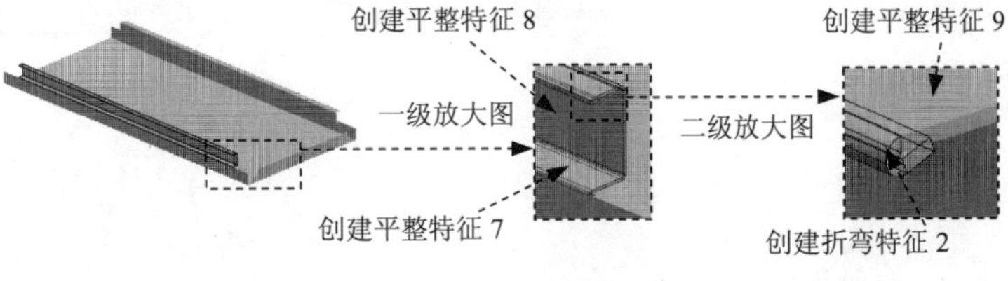

图 19.6.22　创建另一侧的附加平整特征和折弯特征

Step10. 创建图 19.6.23 所示的平整特征 10。单击 模型 功能选项卡 形状 ▾ 区域中的“平整”按钮，选取图 19.6.24 所示的模型边线为附着边；平整壁的形状类型为 用户定义，折弯角度值为 90.0；单击 形状 选项卡，在系统弹出的界面中单击 草绘... 按钮，接受系统默认的参考平面，方向为 下；单击 草绘 按钮，绘制图 19.6.25 所示的截面草图（图形不能封闭）；确认按钮被按下，并在其后的文本框中输入折弯半径值 0.2，折弯半径所在侧为。

Step11. 用相同的方法创建另一侧的平整特征 11（图 19.6.26），详细操作步骤参见上一步。

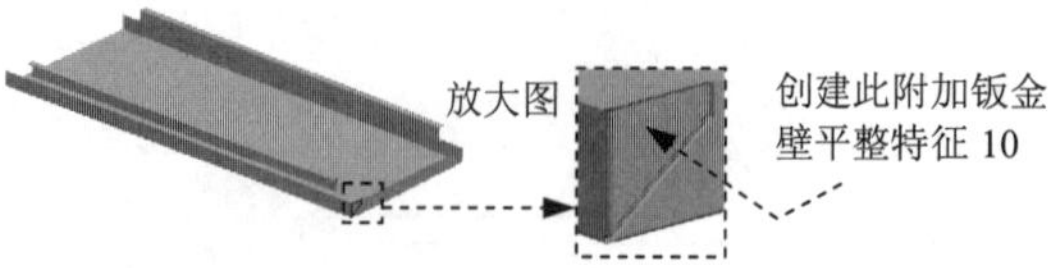

图 19.6.23　平整特征 10

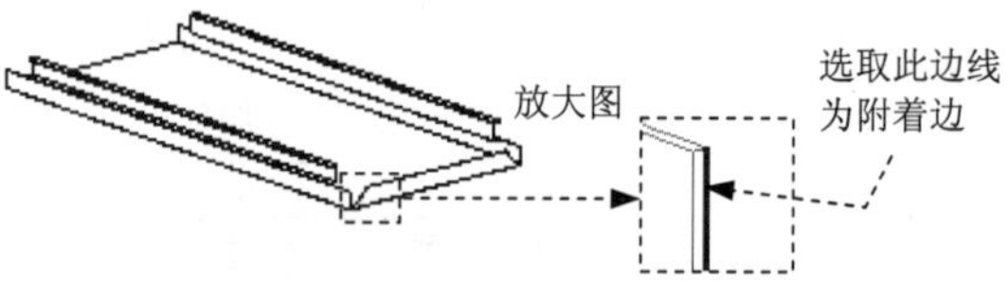

图 19.6.24　定义附着边

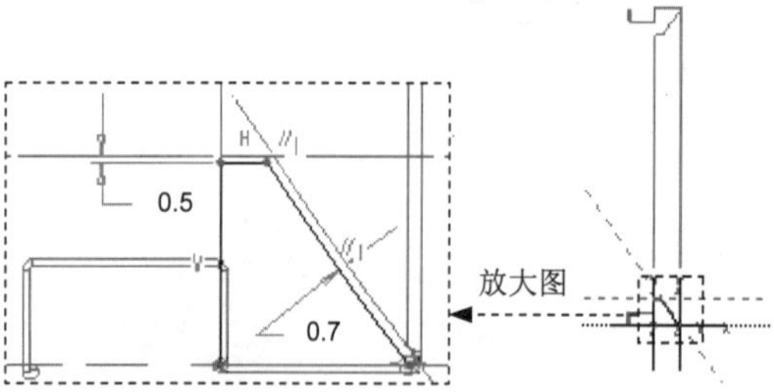

图 19.6.25　截面草图

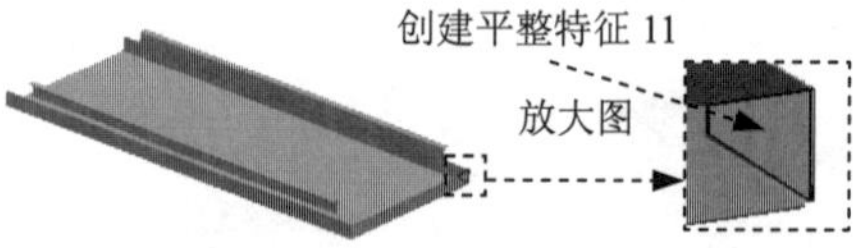

图 19.6.26　平整特征 11

Step12. 创建图 19.6.27 所示的平整特征 12。单击 模型 功能选项卡 形状 ▾ 区域中的“平整”按钮，选取图 19.6.28 所示的模型边线为附着边；平整壁的形状类型为 用户定义，折弯角度值为 90.0；单击 形状 选项卡，在系统弹出的界面中单击 草绘... 按钮，接受系统默认的参考平面，方向为 下；单击 草绘 按钮，绘制图 19.6.29 所示的截面草图（图形不能封闭）；然后单击 止裂槽 选项卡，在系统弹出的界面 类型 下拉列表中选择 矩形 选项；确认按钮被按下，并在其后的文本框中输入折弯半径值 0.2，折弯半径所在侧为。

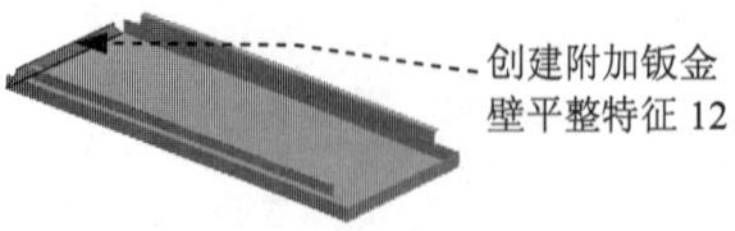

图 19.6.27　平整特征 12

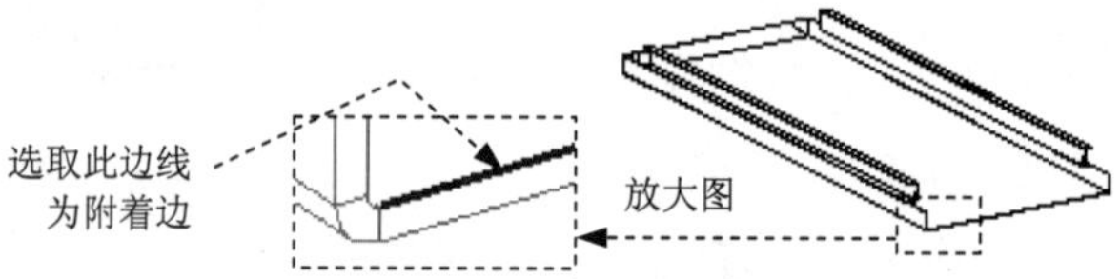

图 19.6.28　定义附着边

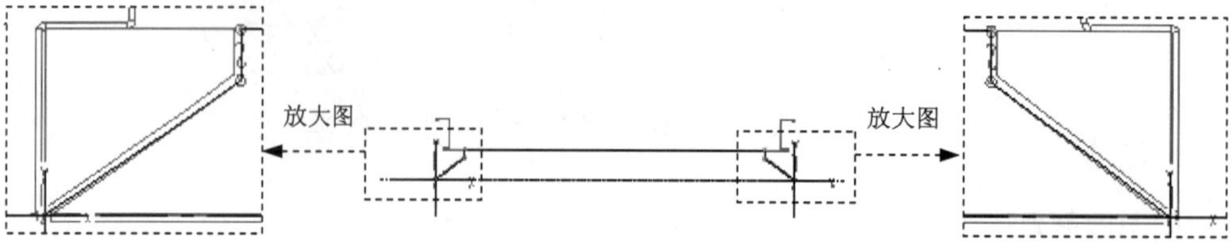

图 19.6.29　截面草图

Step13. 创建图 19.6.30 所示的平整特征 13。单击 模型 功能选项卡 形状 ▾ 区域中的“平整”按钮，选取图 19.6.31 所示的模型边线为附着边；平整壁的形状类型为 用户定义，折弯角度值为 90.0；单击 形状 选项卡，在系统弹出的界面中单击 草绘... 按钮，接受系统默认的参考平面，方向为 下；单击 草绘 按钮，绘制图 19.6.32 所示的截面草图（图形不能封闭）；然后单击 止裂槽 选项卡，在系统弹出的界面 类型 下拉列表中选择 矩形 选项；确认按钮被按下，并在其后的文本框中输入折弯半径值 0.2，折弯半径所在侧为。

Step14. 参考创建平整特征 3 的步骤，创建图 19.6.33 所示的平整特征 14。

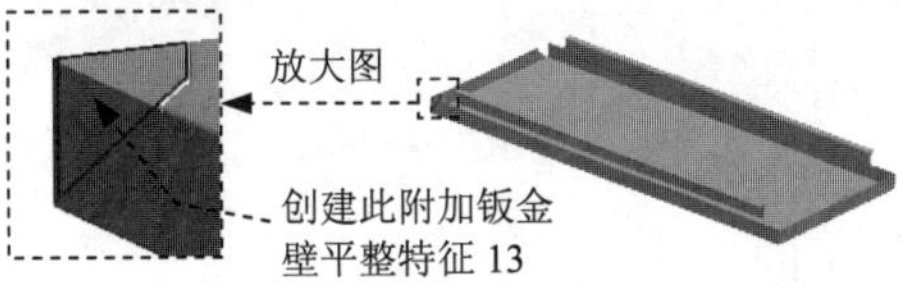

图 19.6.30 平整特征 13

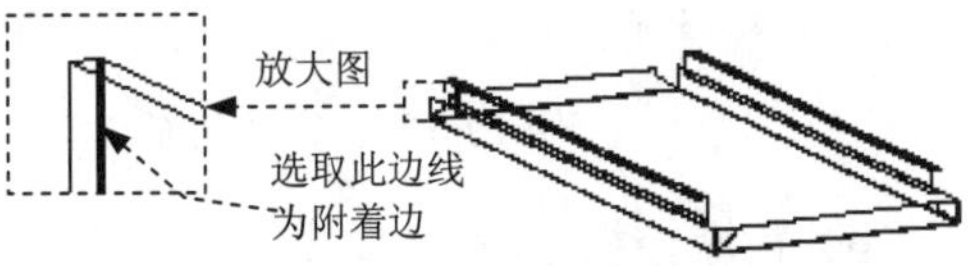

图 19.6.31 定义附着边

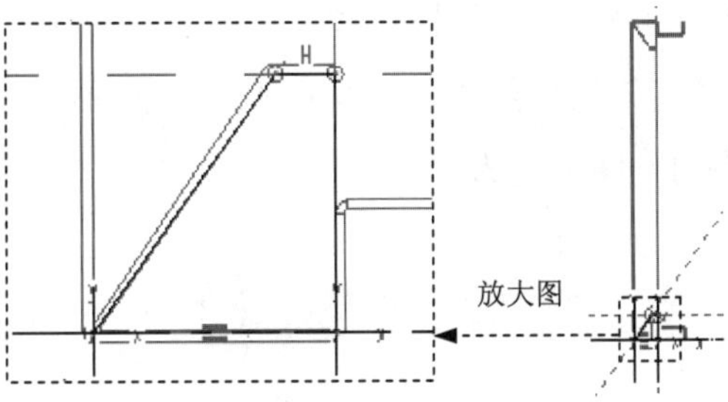

图 19.6.32 截面草图

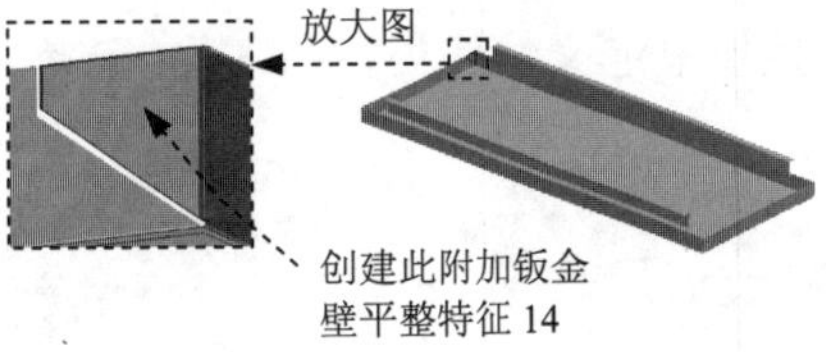

图 19.6.33 平整特征 14

Step15. 创建图 19.6.34 所示的钣金拉伸切削特征 1。在操控板中单击 拉伸 按钮，确认按钮、按钮和按钮被按下；选取图 19.6.35 所示的模型表面为草绘平面，基准平面 CASE_TOP 为参考平面，方向为 上；单击 草绘 按钮，绘制图 19.6.36 所示的截面草图；在操控板中定义拉伸类型为，选择材料移除的方向类型为（移除垂直于驱动曲面的材料）。

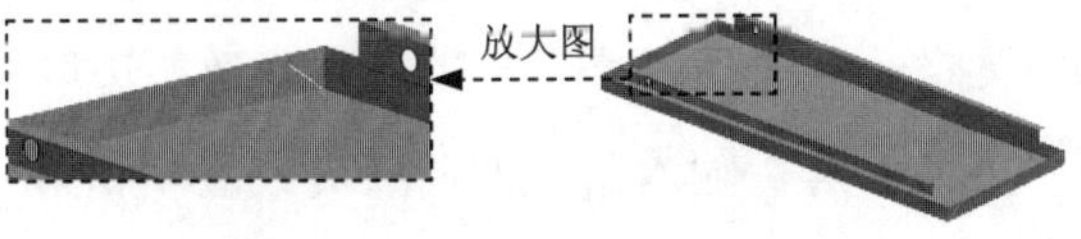

图 19.6.34 拉伸切削特征 1

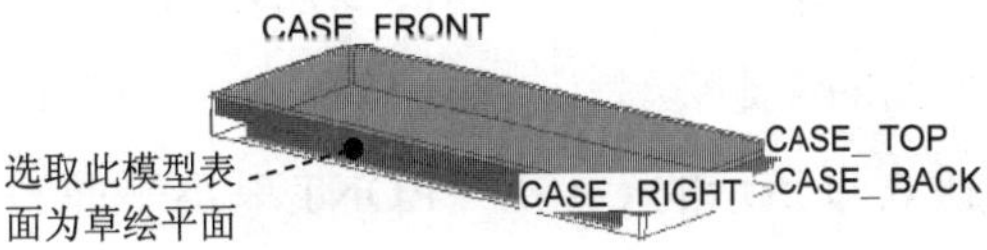

图 19.6.35 草绘平面

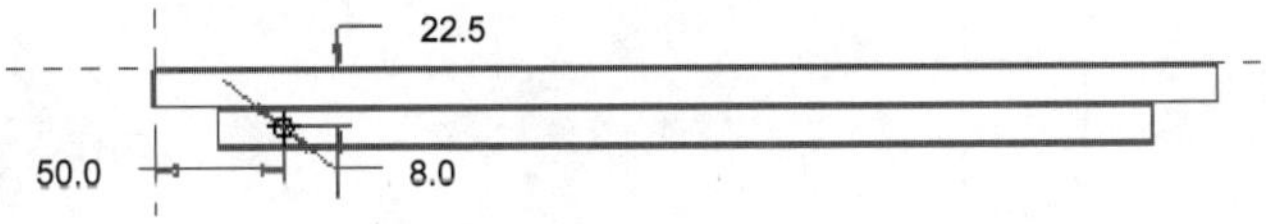

图 19.6.36 截面草图

Step16. 创建图 19.6.37 所示的阵列特征 1。

（1）在模型树中选取上一步创建的 拉伸 1 并右击，从系统弹出的快捷菜单中选择 阵列... 命令。

（2）选取阵列类型。在操控板中选择以 方向 方式控制阵列。

（3）选取方向 1 的参考并给出第一方向成员数及增量值。选取图 19.6.38 所示的 CASE_FRONT 基准平面为第一方向参考，输入第一方向成员数值 5 和第一方向间距值-80.0。

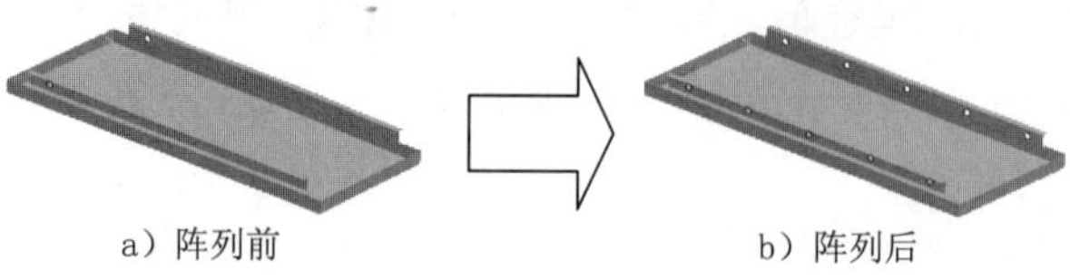

图 19.6.37　阵列特征 1

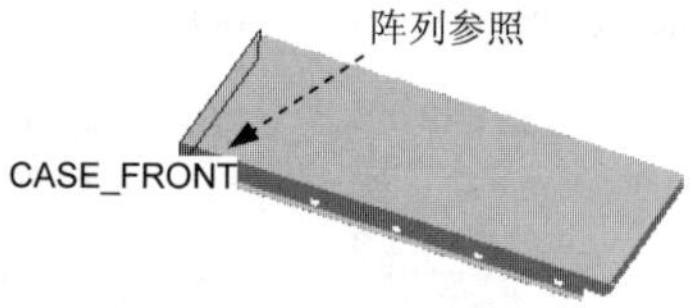

图 19.6.38　选取阵列参照

（4）在操控板中单击 ✔ 按钮，完成阵列特征 1 的创建。

Step17. 创建图 19.6.39 所示的钣金拉伸切削特征 2。在操控板中单击 拉伸 按钮，确认 按钮、 按钮和 按钮被按下；选取图 19.6.40 所示的模型表面为草绘平面，基准平面 CASE_TOP 为参考平面，方向为 上；单击 草绘 按钮，绘制图 19.6.41 所示的截面草图；在操控板中定义拉伸类型为 ，选择材料移除的方向类型为 。

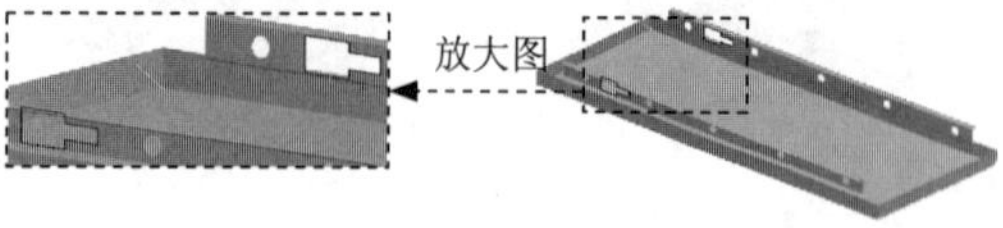

图 19.6.39　拉伸切削特征 2

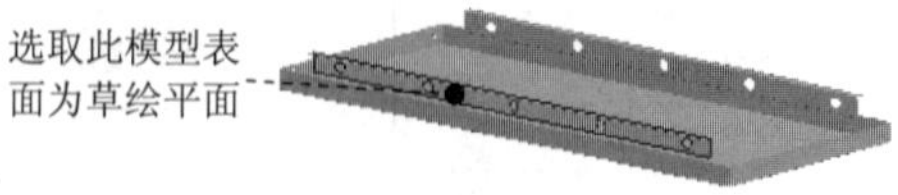

图 19.6.40　草绘平面

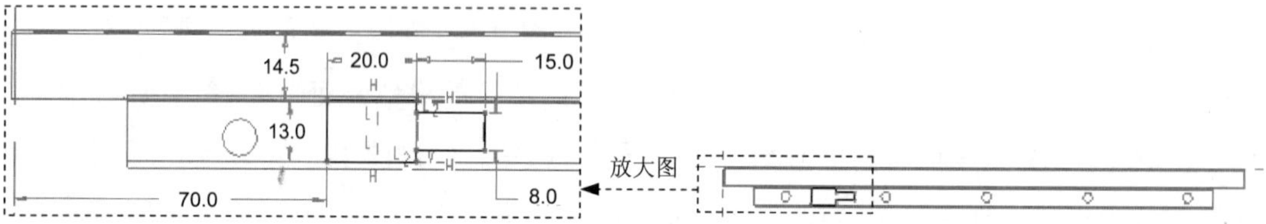

图 19.6.41　截面草图

Step18. 创建图 19.6.42 所示的阵列特征 2。在模型树中选择 拉伸 2 并右击，从系统弹出的快捷菜单中选择 阵列... 命令，在弹出的操控板中选择以 方向 方式控制阵列；选取图 19.6.43 所示的 CASE_FRONT 基准平面为第一方向参考，输入第一方向成员数值 4 和第一方向间距值-80.0。

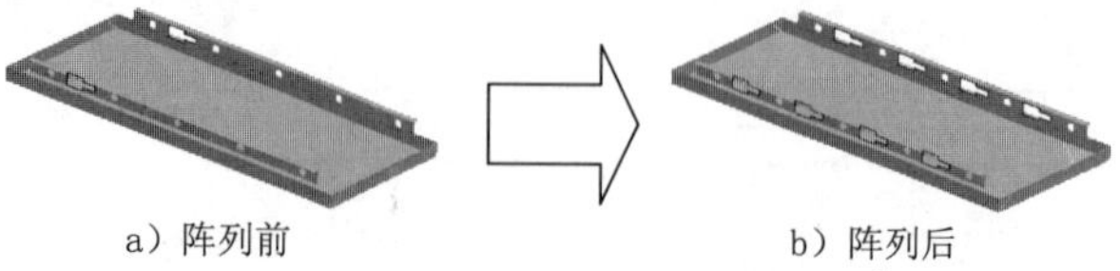

图 19.6.42　阵列特征 2

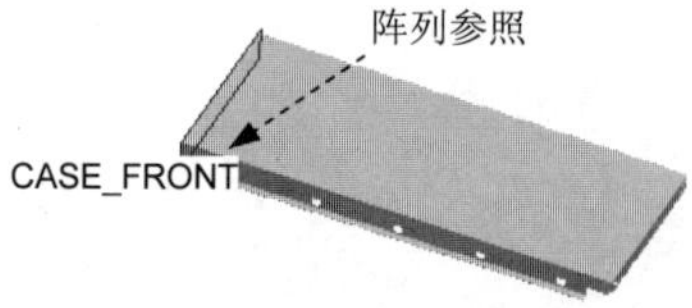

图 19.6.43　选取阵列参照

Step19. 创建图 19.6.44 所示的凸缘特征 1。单击 模型 功能选项卡 形状 ▾ 区域中的“法兰”按钮，选取图 19.6.45 所示的模型边线为附着边；平整壁的形状类型为用户定义；单击形状选项卡，在系统弹出的界面中单击草绘...按钮，系统弹出“草绘”对话框，选中 ◉ 薄壁端单选项，接受系统默认的草绘平面和参考，单击草绘按钮，绘制图 19.6.46 所示的截面草图；确认按钮被按下，然后在后面的文本框中输入折弯半径值 0.2，折弯半径所在侧为。

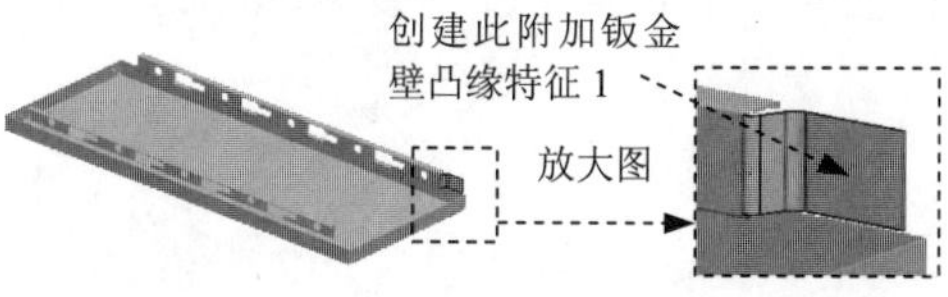

图 19.6.44　凸缘特征 1

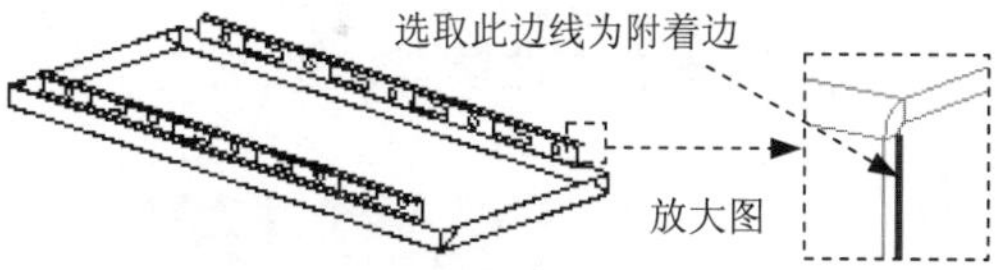

图 19.6.45　定义附着边

Step20. 用相同的方法创建另一侧的凸缘特征 2（图 19.6.47），详细操作过程参见 Step19。

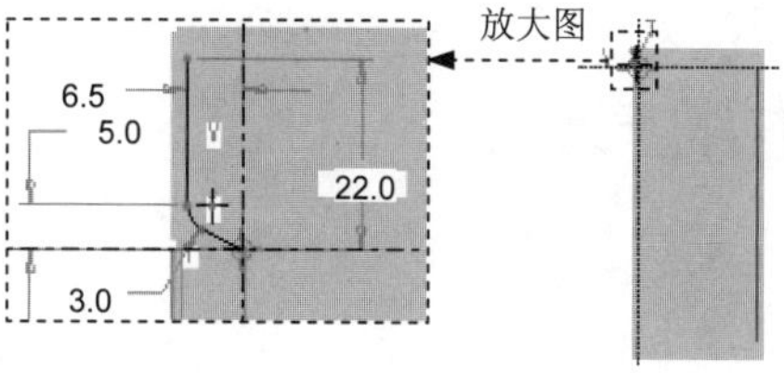

图 19.6.46　截面草图

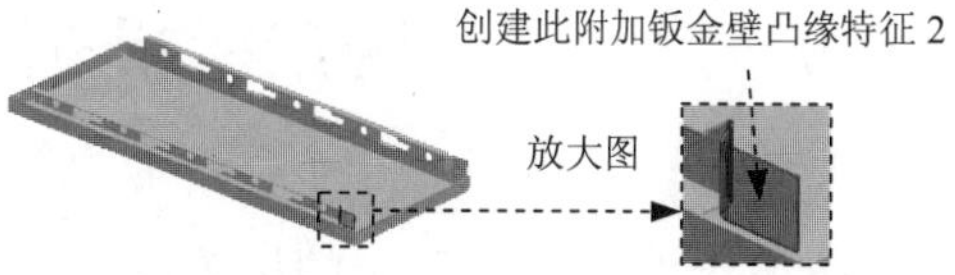

图 19.6.47　凸缘特征 2

Step21. 创建图 19.6.48 所示的凸缘特征 3，截面草图如图 19.6.49 所示。

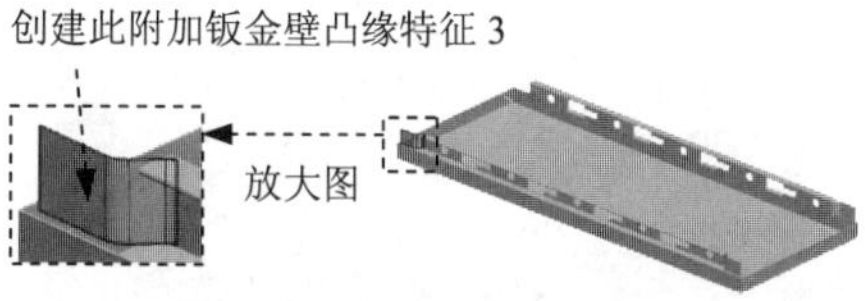

图 19.6.48　凸缘特征 3

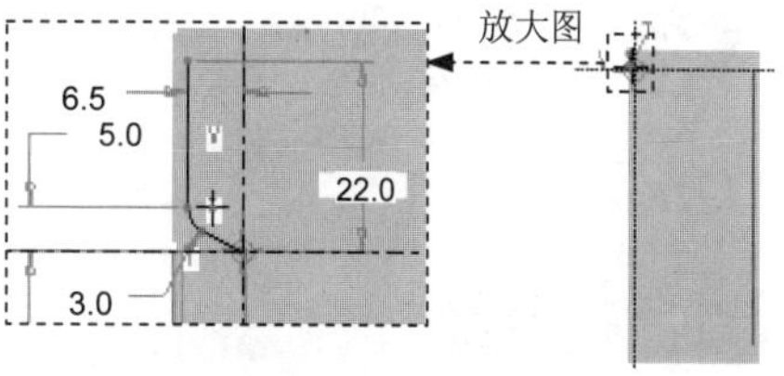

图 19.6.49　截面草图

Step22. 创建另一侧的凸缘特征 4（图 19.6.50）。

Step23. 创建图 19.6.51 所示的钣金拉伸切削特征 3。在操控板中单击拉伸按钮，确认按钮、按钮和按钮被按下；选取图 19.6.52 所示的模型表面为草绘平面，基准平面 CASE_TOP 为参考平面，方向为上；单击草绘按钮，绘制图 19.6.53 所示的截面草图；在操控板中定义拉伸类型为，选择材料移除的方向类型为。

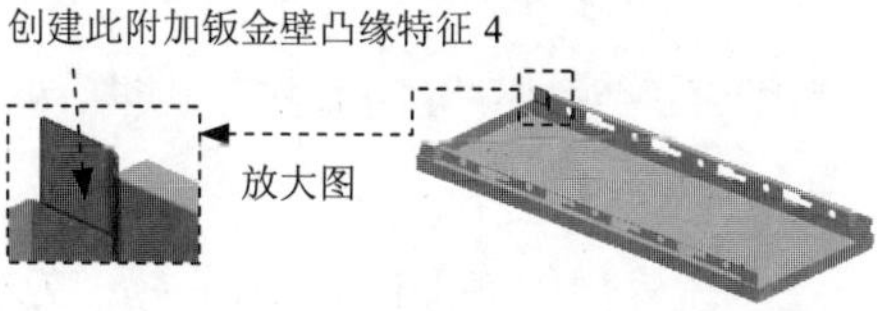

图 19.6.50　凸缘特征 4

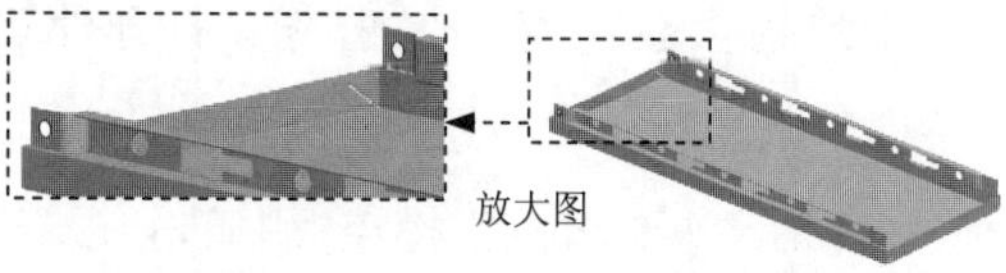

图 19.6.51　拉伸切削特征 3

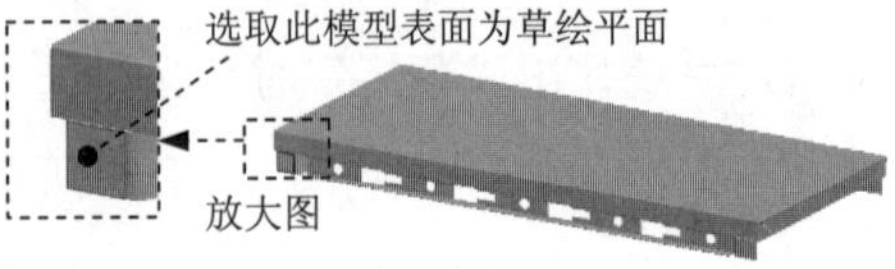

图 19.6.52　草绘平面

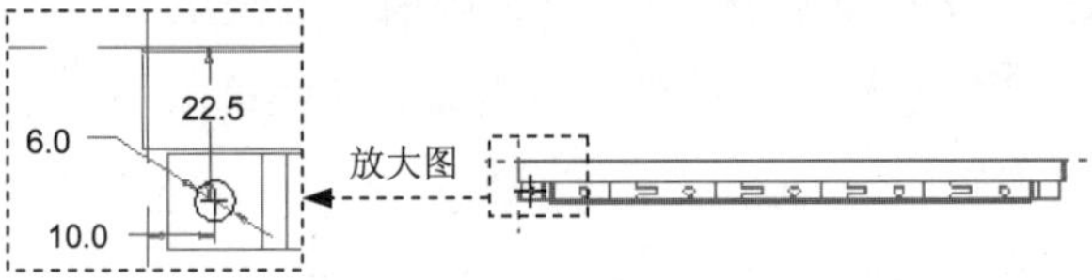

图 19.6.53　截面草图

Step24. 创建图 19.6.54 所示的钣金拉伸切削特征 4，详细操作过程参见 Step23。

Step25. 保存零件模型文件。

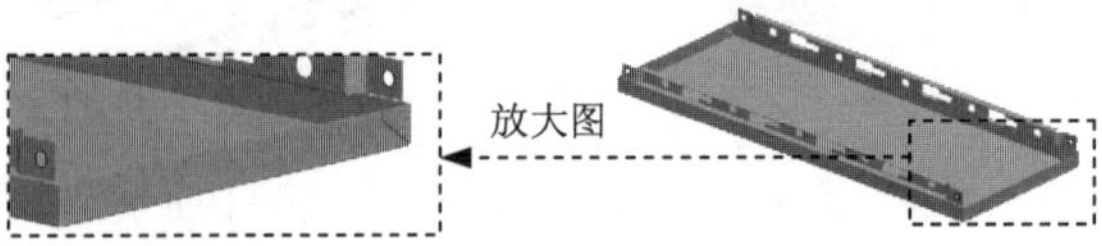

图 19.6.54　拉伸切削特征 4

19.7　机箱后盖的细节设计

下面创建图 19.7.1 所示的机箱后盖。

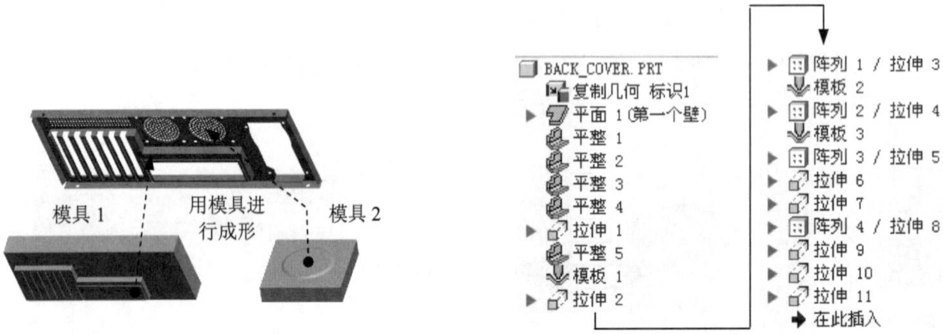

图 19.7.1　机箱后盖和模型树

Task1. 创建模具 1

Step1. 新建一个零件模型，命名为 SM_COMPUTER_CASE_01。

Step2. 将骨架中的设计意图传递给模具 1。

（1）单击 模型 功能选项卡 获取数据 ▼ 区域中的“复制几何”按钮 复制几何。

（2）在系统弹出的“复制几何”操控板中，单击“仅限发布几何”按钮（使此按钮处于弹起状态），单击按钮，打开骨架文件 computer_case_skel.prt，在弹出的“放置”对话框中单击 确定 按钮。

（3）在“复制几何”操控板中单击 参考 选项卡，在系统弹出的界面中，单击 参考 文本框中的 单击此处添加项 字符，然后选取骨架模型中的基准平面 CASE_BACK、CASE_TOP、

CASE_BOTTOM、CASE_RIGHT 和 CASE_LEFT。再在操控板中单击 选项 选项卡，在系统弹出的界面中选中 按原样复制所有曲面 单选项；单击操控板中 ✓ 按钮。

Step3. 创建图 19.7.2a 所示的实体拉伸特征 1。在操控板中单击“拉伸”按钮 拉伸。选取 CASE_BACK 基准平面为草绘平面，RIGHT 基准平面为参考，方向为 右；单击 草绘 按钮，选取 CASE_LEFT 基准平面、CASE_BOTTOM 基准平面、CASE_RIGHT 基准平面和 CASE_TOP 基准平面为草绘参考，绘制图 19.7.2b 所示的截面草图；在操控板中定义拉伸类型为 ⊥⊥，输入深度值 50.0。

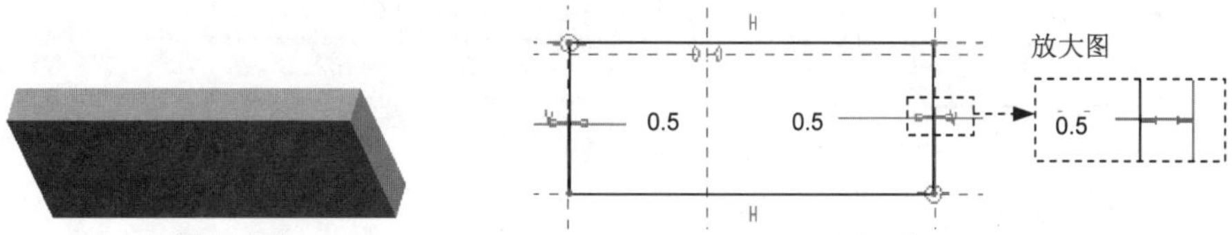

a）实体拉伸特征 1　　b）截面草图

图 19.7.2　拉伸特征 1

Step4. 创建图 19.7.3a 所示的拉伸特征 2。在操控板中单击“拉伸”按钮 拉伸。选取 CASE_BACK 基准平面为草绘平面，CASE_TOP 基准平面为参考平面，方向为 左；单击 草绘 按钮，选取 CASE_LEFT 基准平面、CASE_BOTTOM 基准平面、CASE_RIGHT 基准平面和 CASE_TOP 基准平面为草绘参考，绘制图 19.7.3b 所示的截面草图；在操控板中定义拉伸类型为 ⊥⊥，输入深度值 14.0，单击 ％ 按钮调整拉伸方向。

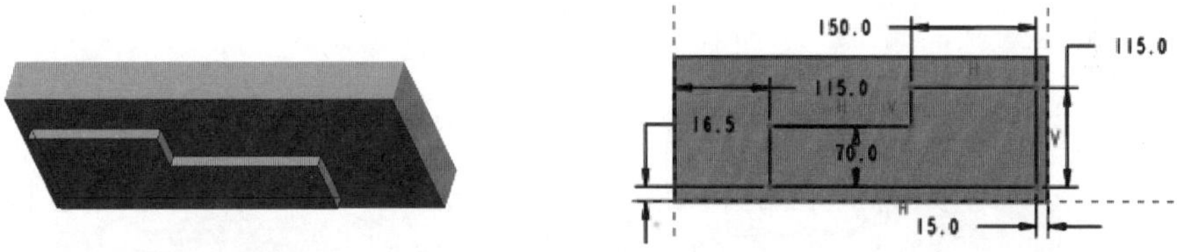

a）拉伸特征 2　　b）截面草图

图 19.7.3　拉伸特征 2

Step5. 创建图 19.7.4a 所示的基准平面 DTM1。单击 模型 功能选项卡 基准 ▾ 区域中的“平面”按钮 ▱；选取图 19.7.4b 所示的表面为参考平面，输入偏移距离值 −35.0，单击对话框中的 确定 按钮。

a）　创建基准平面 DTM1　　b）选取参照平面

图 19.7.4　基准平面 DTM1

Step6. 创建图 19.7.5a 所示的旋转切削特征 1。在操控板中单击“旋转”按钮 旋转，在操控板中将 ◿ 按钮激活；选取 DTM1 基准平面为草绘平面，图 19.7.5b 所示的零件表面为参考平面，方向为上；单击草绘按钮，绘制图 19.7.6 所示的截面草图（包括中心线）；在操控板中选择旋转类型为，在角度文本框中输入角度值 360.0。

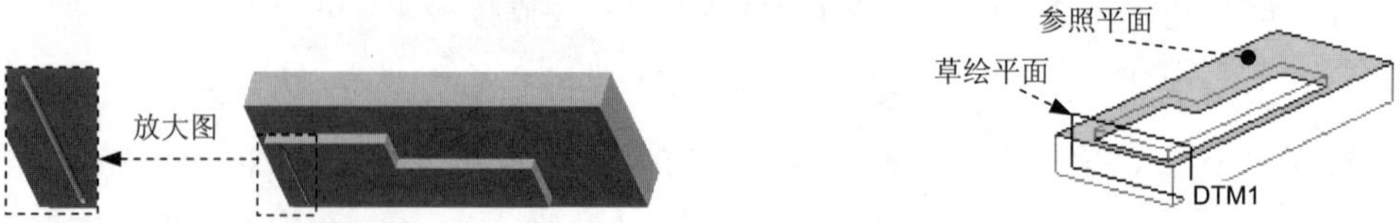

a）旋转切削特征 1　　b）选取草绘平面与参照平面

图 19.7.5　旋转切削特征 1

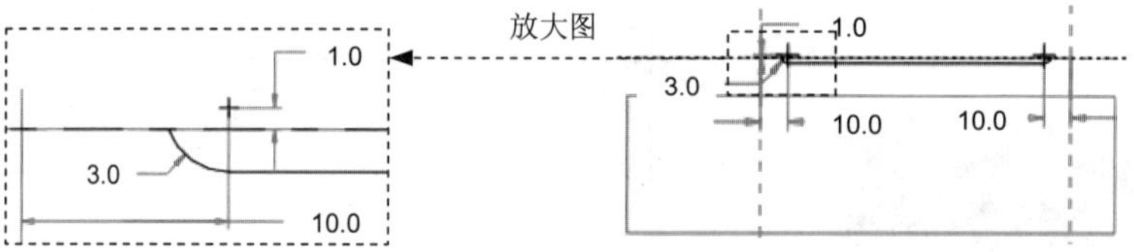

图 19.7.6　截面草图

Step7. 创建图 19.7.7b 所示的倒圆角特征 1。单击 模型 功能选项卡 工程 区域中的 倒圆角 按钮，选取图 19.7.7a 所示的边链为倒圆角的边线，输入圆角半径值 1.0。

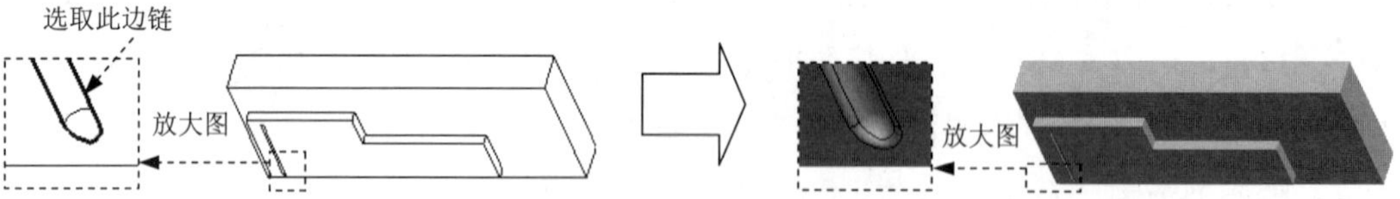

a）倒圆角前　　b）倒圆角后

图 19.7.7　倒圆角特征 1

Step8. 创建组特征 1。按住 Ctrl 键，在模型树中选择 DTM1 、旋转 1 和 倒圆角 1 特征，然后右击，在系统弹出的快捷菜单中选择 组 命令，此时所选特征合并为 组LOCAL_GROUP 。

Step9. 创建图 19.7.8 所示的阵列特征 1。

（1）在模型树中选取 组LOCAL_GROUP 并右击，从系统弹出的快捷菜单中选择 阵列... 命令。

（2）选取阵列类型。在操控板中选择以 方向 方式控制阵列。

（3）选取方向 1 的参考并给出第一方向成员数及增量值。选取图 19.7.9 所示的模型表面为第一方向参考，输入第一方向成员数值 6 和第一方向间距值 20，单击按钮。

（4）在操控板中单击按钮，完成阵列特征 1 的创建。

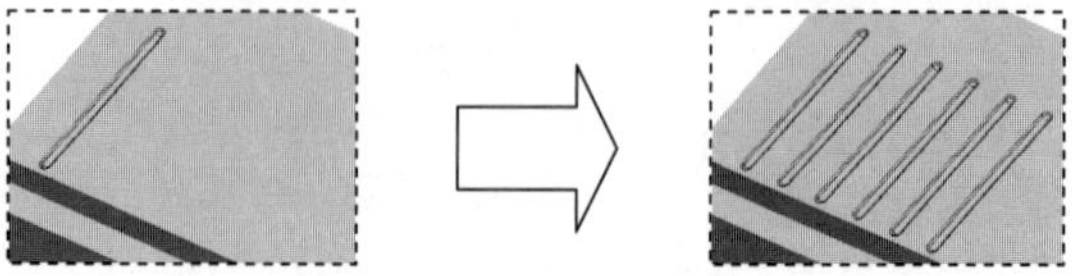

a）阵列前　　b）阵列后

图 19.7.8　阵列特征 1

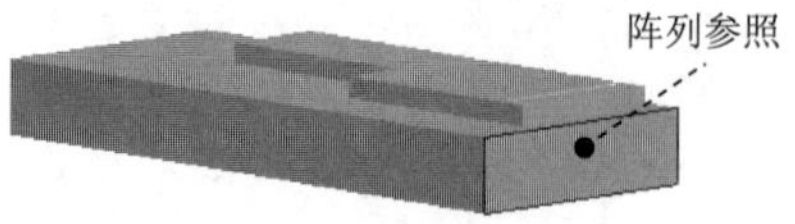

图 19.7.9　选取阵列参照

Step10. 创建图 19.7.10 所示的基准平面 DTM7。选取基准平面 DTM6 为参考，偏距平移值为 25.0。

Step11. 创建图 19.7.11a 所示的旋转切削特征 7。在操控板中单击“旋转”按钮，在操控板中将按钮激活；选取 DTM7 基准平面为草绘平面，选取图 19.7.11b 所示的零件表面为参考平面，方向为上；单击草绘按钮，绘制图 19.7.12 所示的所示的截面草图（包括中心线）；在操控板中选择旋转类型为，在角度文本框中输入角度值 360.0。

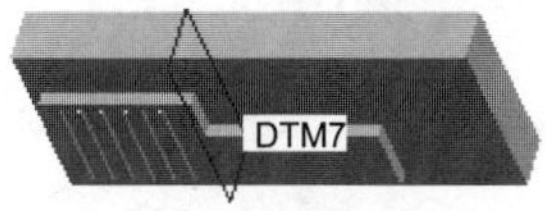

图 19.7.10　基准平面 DTM7

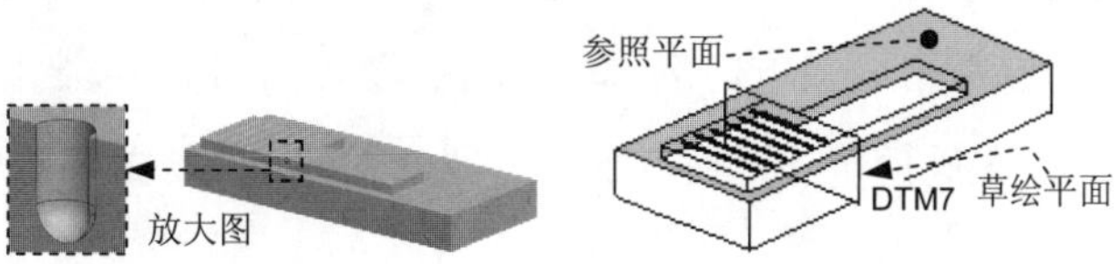

a）旋转切削特征 7　　b）选取草绘平面与参照平面

图 19.7.11　旋转切削特征 7

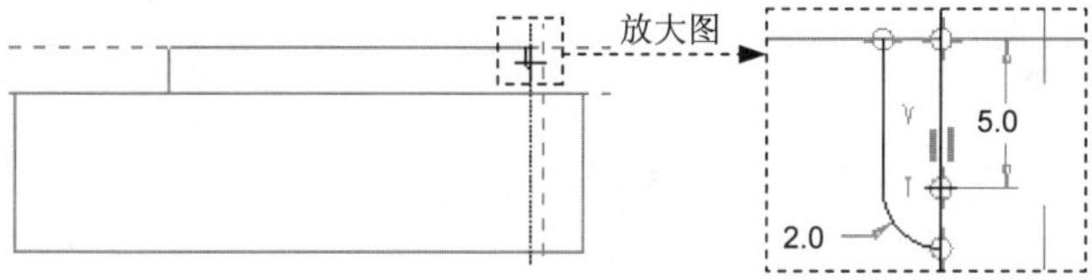

图 19.7.12　截面草图

Step12. 创建图 19.7.13a 所示的旋转切削特征 8。在操控板中单击“旋转”按钮，在操控板中将按钮激活；选取 DTM7 基准平面为草绘平面，图 19.7.13b 所示的零件表面为参考平面，方向为上；单击草绘按钮，绘制图 19.7.14 所示的截面草图（包括中心线）；在操控板中选择旋转类型为，在角度文本框中输入角度值 360。

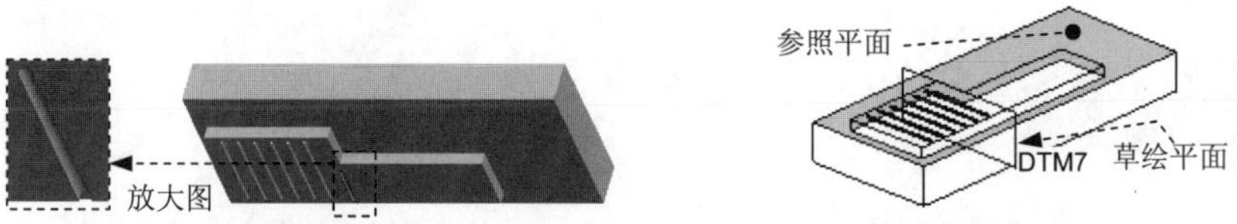

a）旋转切削特征 8　　b）选取草绘平面与参照平面

图 19.7.13　旋转切削特征 8

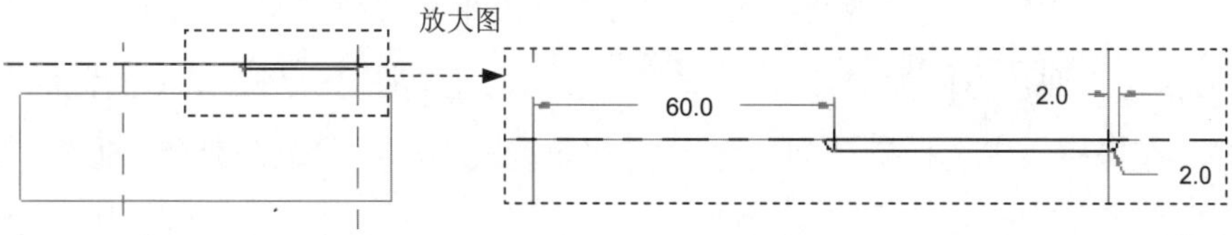

图 19.7.14　截面草图

Step13. 创建图 19.7.15 所示的基准平面 DTM8。选取图 19.7.16 所示的模型表面为参考，偏距平移值为-60.0。

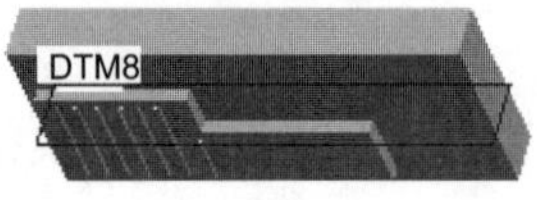

图 19.7.15　基准平面 DTM8

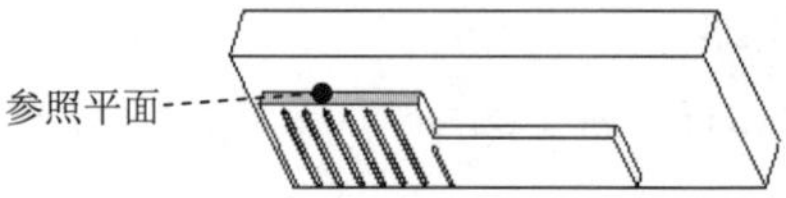

图 19.7.16　选择参照平面

Step14. 创建图 19.7.17a 所示的旋转切削特征 9。在操控板中单击“旋转”按钮旋转，在操控板中将按钮激活；选取 DTM8 基准平面为草绘平面，选取图 19.7.17b 所示的零件表面为参考平面，方向为上；单击草绘按钮，绘制图 19.7.18 所示的截面草图（包括中心线）；在操控板中选择旋转类型为，在角度文本框中输入角度值 360.0。

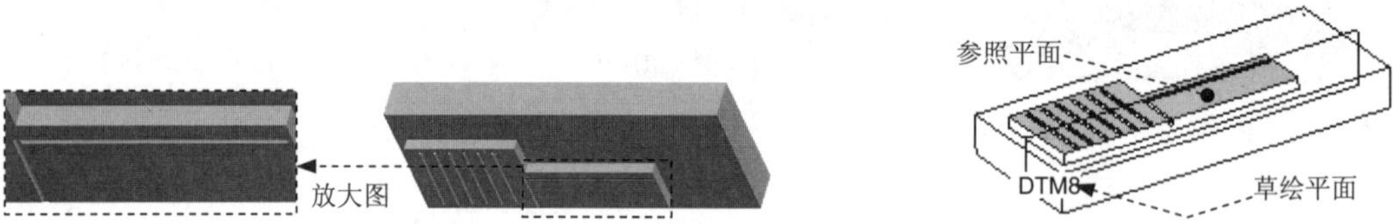

a）旋转切削特征 9　　b）选取草绘平面与参照平面

图 19.7.17　旋转切削特征 9

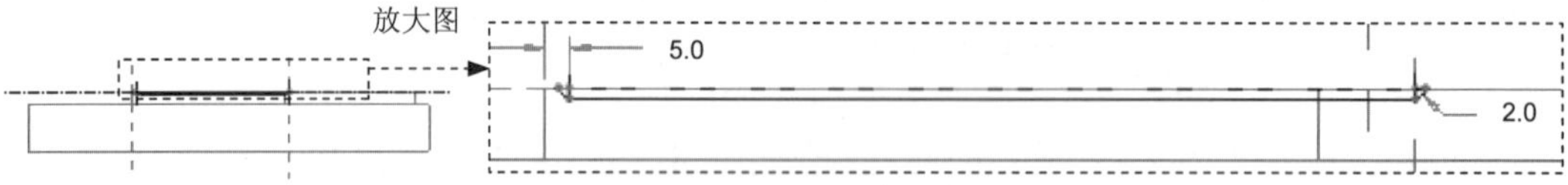

图 19.7.18　截面草图

Step15. 创建图 19.7.19 所示的基准平面 DTM9。选取图 19.7.20 所示的模型表面为参考平面，偏距平移值为 5.0。

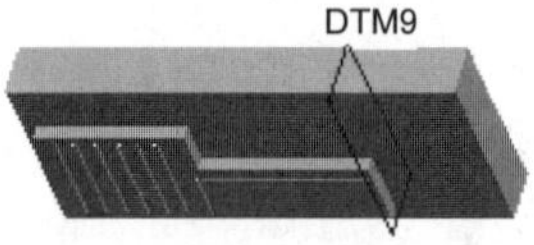

图 19.7.19　基准平面 DTM9

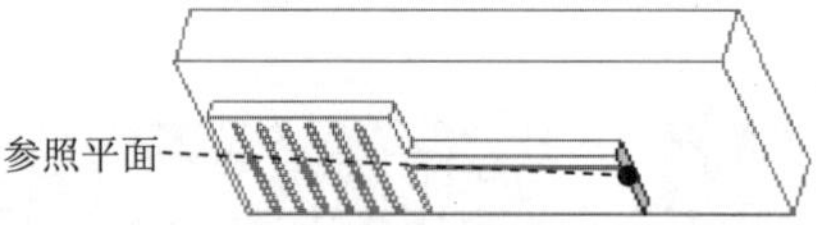

图 19.7.20　选择参照平面

Step16. 创建图 19.7.21a 所示的实体旋转切削特征 10。在操控板中单击“旋转”按钮旋转，在操控板中将按钮激活；选取 DTM9 基准平面为草绘平面，图 19.7.21b 所示的零件表面为参考平面，方向为上；单击草绘按钮，绘制图 19.7.22 所示的截面草图（包括中心线）；在操控板中选择旋转类型为，在角度文本框中输入角度值 360.0。

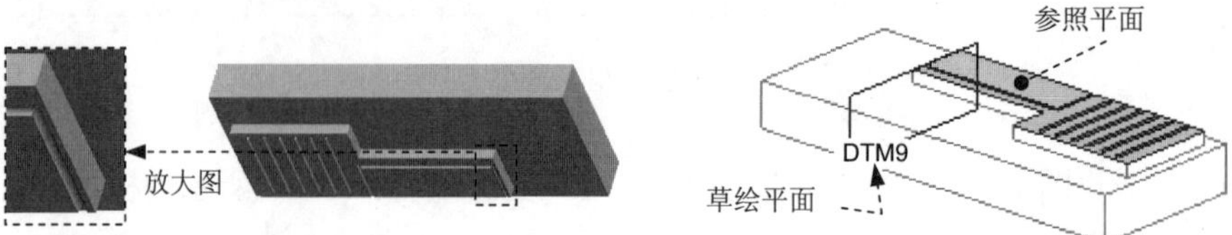

a）实体旋转切削特征 10　　b）选取草绘平面与参照平面

图 19.7.21　旋转切削特征 10

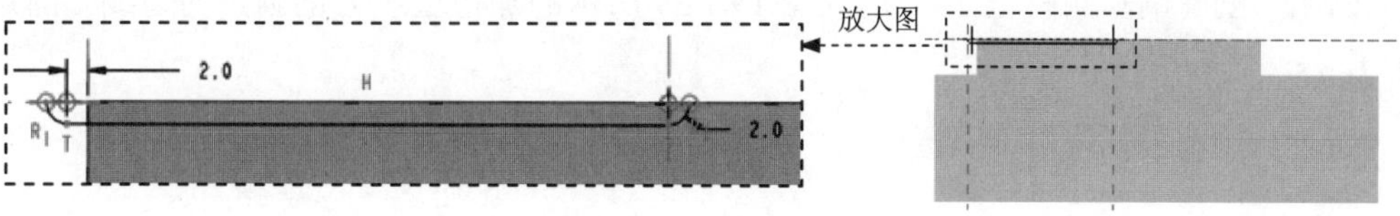

图 19.7.22 截面草图

Step17. 创建图 19.7.23a 所示的旋转切削特征 11。在操控板中单击“旋转”按钮 旋转，在操控板中将 按钮激活；选取 DTM9 基准平面为草绘平面，图 19.7.23b 所示的零件表面为参考平面，方向为 上；单击 草绘 按钮，绘制图 19.7.24 所示的截面草图（包括中心线）；在操控板中选择旋转类型为 ，在角度文本框中输入角度值 360.0。

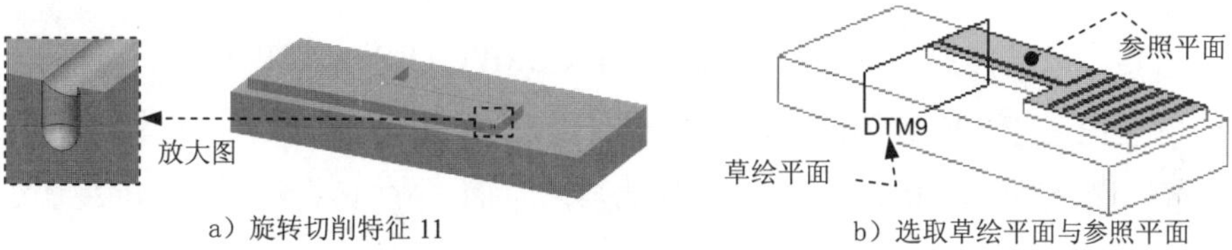

图 19.7.23 旋转特征 11

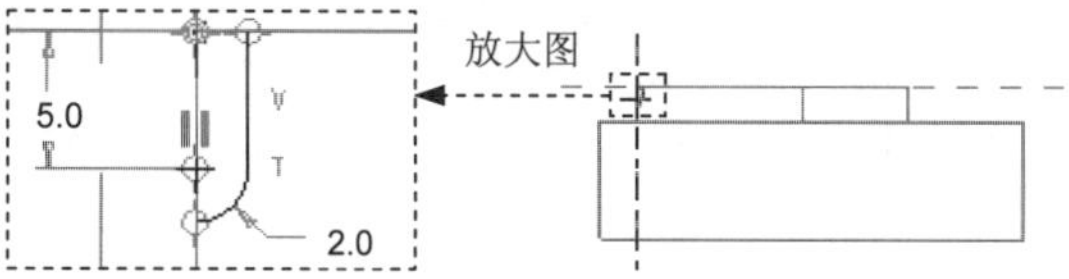

图 19.7.24 截面草图

Step18. 创建图 19.7.25 所示的倒圆角特征 7。选取倒圆角的边线，输入圆角半径值 1.0。

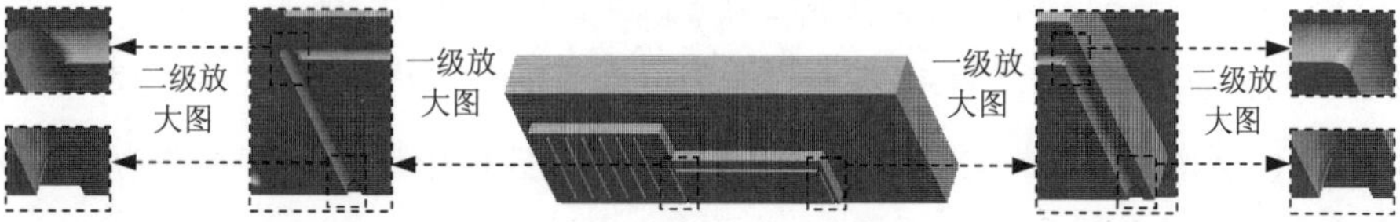

图 19.7.25 倒圆角特征 7

Step19. 创建倒圆角特征 8。选取图 19.7.26 所示的 6 条加粗的边线为倒圆角的边线，圆角半径值为 1.0。

Step20. 创建倒圆角特征 9。选取图 19.7.27 所示的加粗边线为倒圆角的边线，圆角半径值为 0.5。

Step21. 创建倒圆角特征 10。选取图 19.7.28 所示的加粗边线为倒圆角的边线，圆角半径值为 0.5。

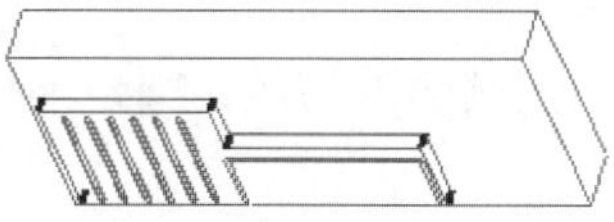

图 19.7.26 选取倒圆角的边线

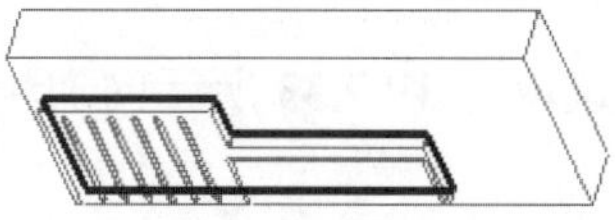

图 19.7.27 选取倒圆角的边线

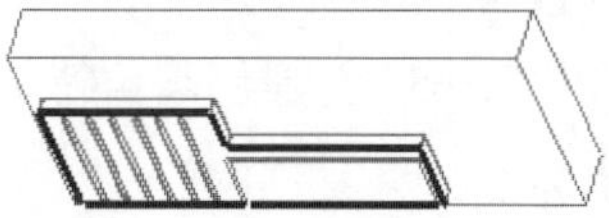

图 19.7.28 选取倒圆角的边线

Step22. 创建倒圆角特征 11。选取图 19.7.29 所示的加粗边线为倒圆角的边线，圆角半径值为 0.5。

Step23. 保存零件模型文件。

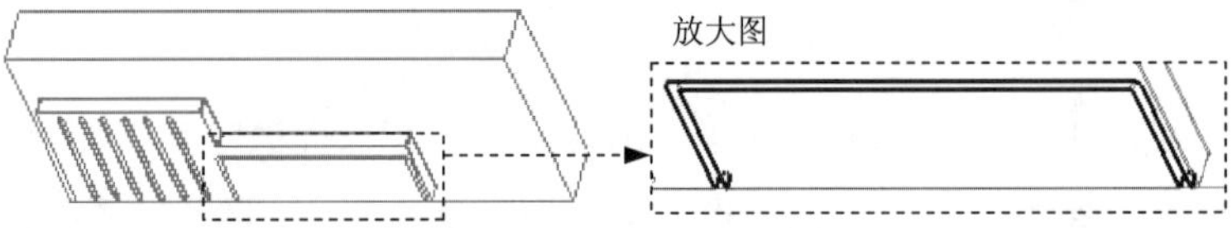

图 19.7.29　选取倒圆角的边线

Task2. 创建模具 2

Step1. 新建一个实体零件模型，命名为 SM_COMPUTER_CASE_02。

Step2. 创建图 19.7.30a 所示的拉伸特征 1。在操控板中单击“拉伸”按钮 拉伸。选取 TOP 基准平面为草绘平面，RIGHT 基准平面为参考平面，方向为 右；单击 草绘 按钮，绘制图 19.7.30b 所示的截面草图；在操控板中定义拉伸类型为，输入深度值 20.0。

a）拉伸特征 1　　b）截面草图

图 19.7.30　拉伸特征 1

Step3. 创建图 19.7.31a 所示的旋转特征 1。在操控板中单击“旋转”按钮 旋转。选取 RIGHT 基准平面为草绘平面，TOP 基准平面为参考平面，方向为 下；单击 草绘 按钮，绘制图 19.7.31b 所示的截面草图（包括中心线）；在操控板中选择旋转类型为，在角度文本框中输入角度值 360.0。

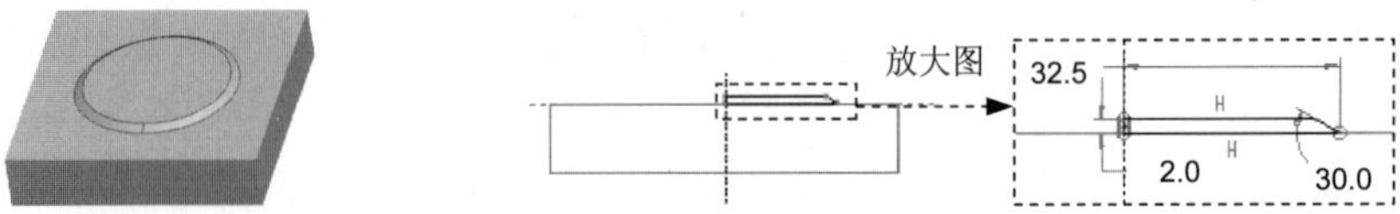

a）旋转特征 1　　b）截面草图

图 19.7.31　旋转特征 1

Step4. 创建倒圆角特征 1。选取图 19.7.32 所示的加粗边链为倒圆角的边线，圆角半径值为 2.0。

Step5. 创建倒圆角特征 2。选取图 19.7.33 所示的加粗边链为倒圆角的边线，圆角半径值为 2.0。

Step6. 保存零件模型文件。

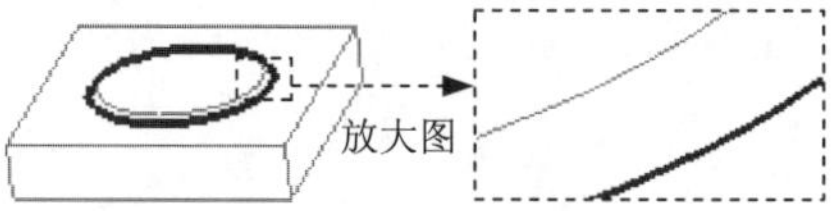

图 19.7.32　选取倒圆角的边线

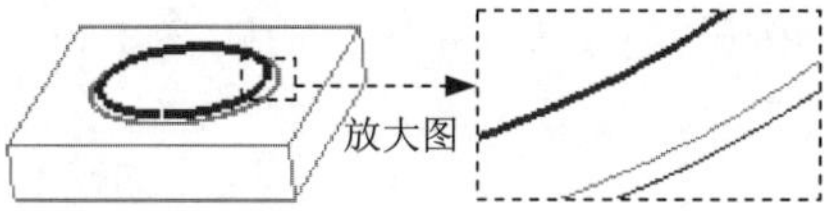

图 19.7.33　选取倒圆角的边线

Task3．创建机箱后盖

Step1. 在装配件中打开刚创建的机箱后盖零件（BACK_COVER.PRT）。在模型树中选择 BACK_COVER.PRT，然后右击，在系统弹出的快捷菜单中选择 打开 命令。

Step2. 创建图 19.7.34 所示的平整特征 1。单击 模型 功能选项卡 形状 ▾ 区域中的“平整”按钮，选取图 19.7.35 所示的模型边线为附着边；平整壁的形状类型为 矩形，折弯角度值为 90.0；单击 形状 选项卡，在弹出的界面中依次设置草图内的尺寸值为 0、15.0、0（图 19.7.36）；确认按钮被按下，并在其后的文本框中输入折弯半径值 0.2，折弯半径所在侧为。

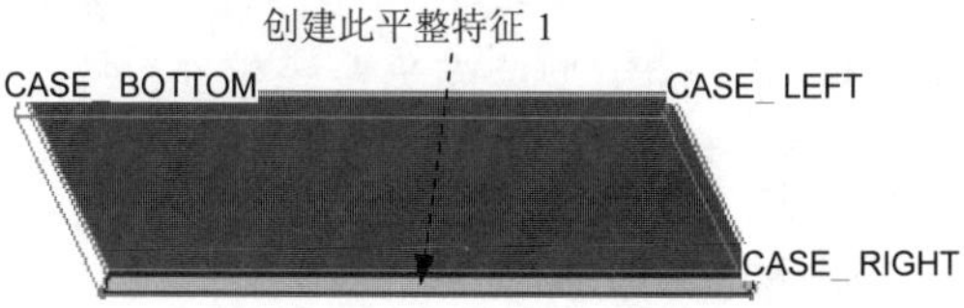

图 19.7.34　平整特征 1

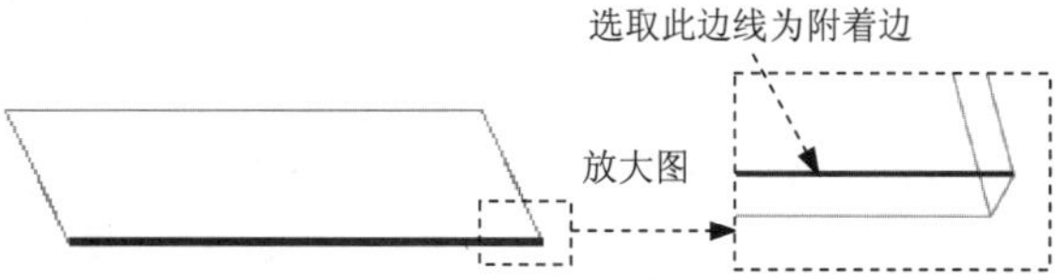

图 19.7.35　定义附着边

Step3. 用相同的方法创建图 19.7.37 所示的另一侧平整特征 2。

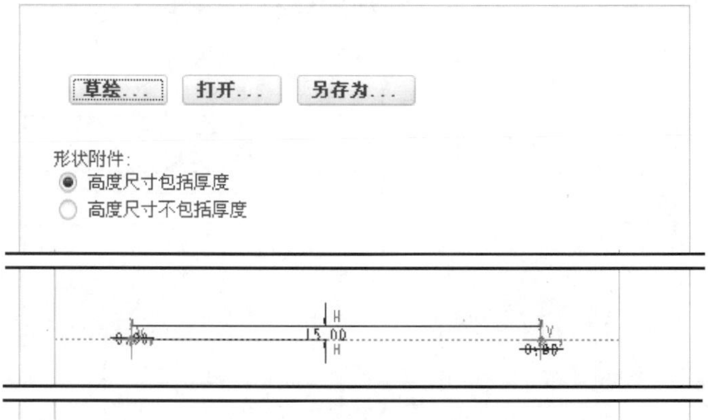

图 19.7.36　设置形状参数

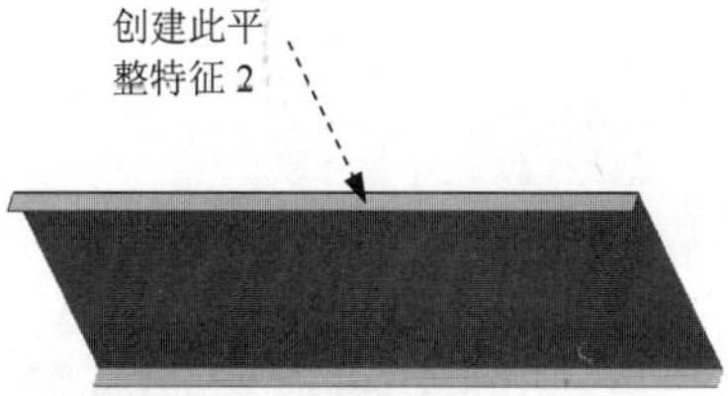

图 19.7.37　平整特征 2

Step4. 创建图 19.7.38 所示的平整特征 3。单击 模型 功能选项卡 形状 ▾ 区域中的“平整”按钮，选取图 19.7.39 所示的模型边线为附着边；平整壁的形状类型为 用户定义，折弯角度值为 90.0；单击 形状 选项卡，在系统弹出的界面中单击 草绘... 按钮，接受系统默认的参考平面，方向为 下；单击 草绘 按钮，绘制图 19.7.40 所示的截面草图（图形不能封闭）；单击 止裂槽 选项卡，在系统弹出的界面中的 类型 下拉列表框中选择 扯裂 选项；确认按钮被按下，并在其后的文本框中输入折弯半径值 0.2，折弯半径所在侧为。

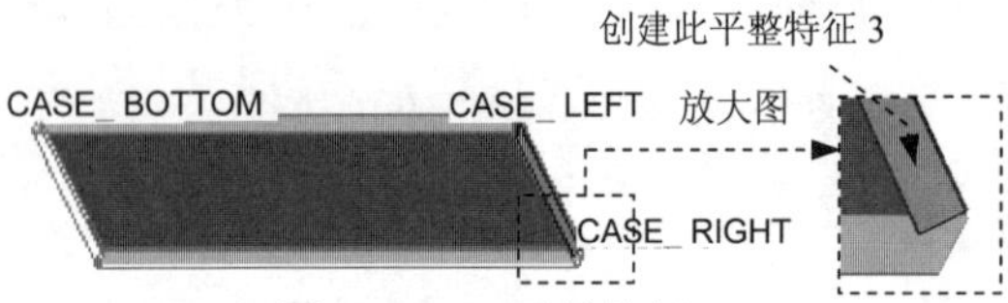

图 19.7.38　平整特征 3

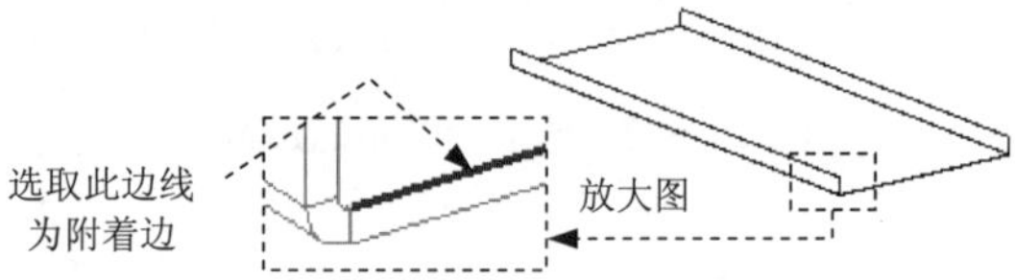

图 19.7.39　定义附着边

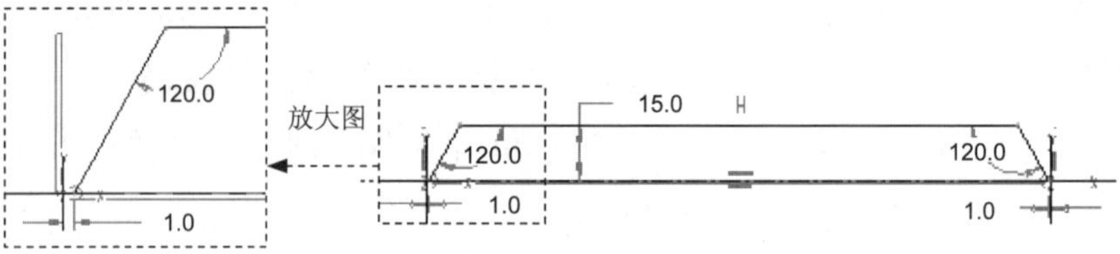

图 19.7.40　截面草图

Step5. 参考上一步的方法创建图 19.7.41 所示的另一侧平整特征 4。

Step6. 创建图 19.7.42 所示的钣金拉伸切削特征 1。在操控板中单击 拉伸 按钮，确认按钮、按钮和按钮被按下；选取图 19.7.43 所示的模型表面为草绘平面，选取基准平面 CASE_BOTTOM 为参考平面，方向为 左；单击 草绘 按钮，绘制图 19.7.44 所示的截面草图；在操控板中定义拉伸类型为，选择材料移除的方向类型为。

图 19.7.41　平整特征 4

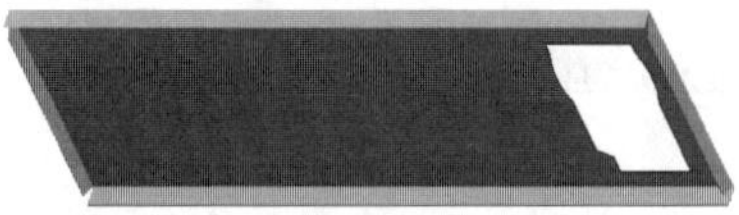

图 19.7.42　拉伸切削特征 1

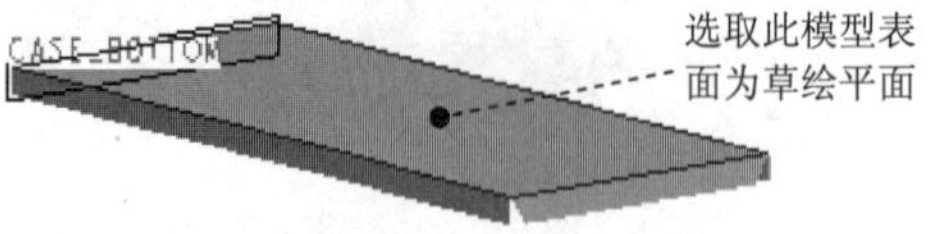

图 19.7.43　草绘平面

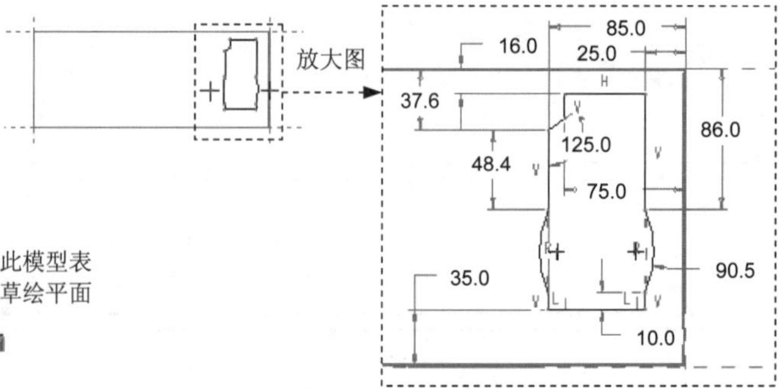

图 19.7.44　截面草图

Step7. 创建图 19.7.45 所示的平整特征 5。单击 模型 功能选项卡 形状 ▼ 区域中的“平整”按钮，选取图 19.7.46 所示的模型边线为附着边；平整壁的形状类型为 矩形，折弯角度值为 90.0；单击 形状 选项卡，在弹出的界面中依次设置草图内的尺寸值为 0、15.0、0（图

19.7.47)；单击 止裂槽 选项卡，在系统弹出的界面中 类型 下拉列表框中选择 扯裂 选项；确认按钮被按下，并在其后的文本框中输入折弯半径值 0.2，折弯半径所在侧为。

图 19.7.45 平整特征 5

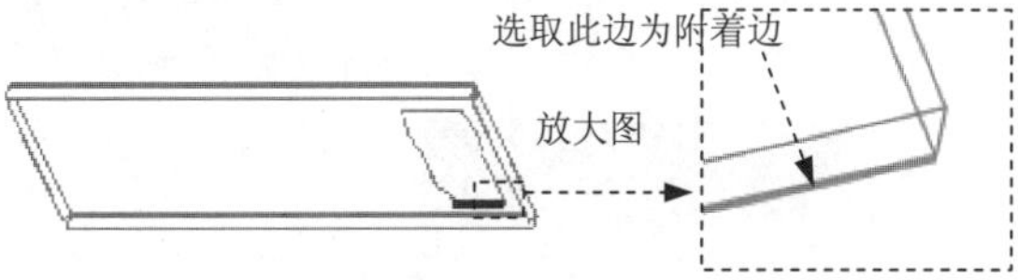

图 19.7.46 定义附着边

Step8. 创建图 19.7.48 所示的凸模成形特征 1。

（1）选择命令。单击 模型 功能选项卡 工程 ▾ 区域节点下的 凸模 按钮。

（2）选择模具文件。在系统弹出的“凸模”操控板中单击按钮，系统弹出“打开”对话框，选择文件 sm_computer_case_01.prt 为成形模具，并将其打开。

（3）定义成形模具的放置。单击操控板中的 放置 选项卡，在弹出的界面中选中 ☑ 约束已启用 复选框，并添加图 19.7.49 所示的三组位置约束。

（4）定义冲孔方向。使冲孔方向如图 17.5.50 所示。

（5）在操控板中单击“完成”按钮，完成凸模成形特征 1 的创建。

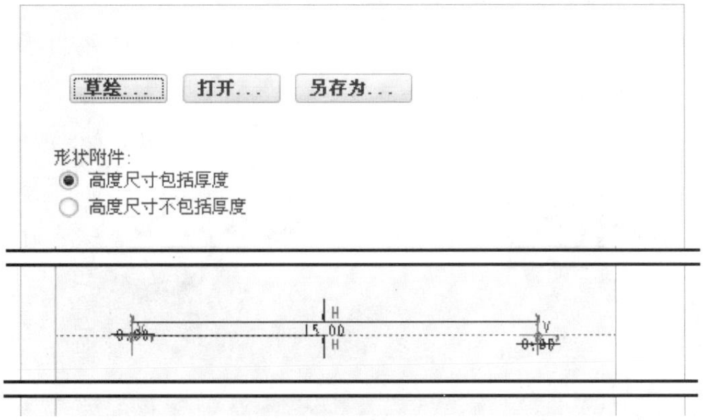

图 19.7.47 设置形状参数

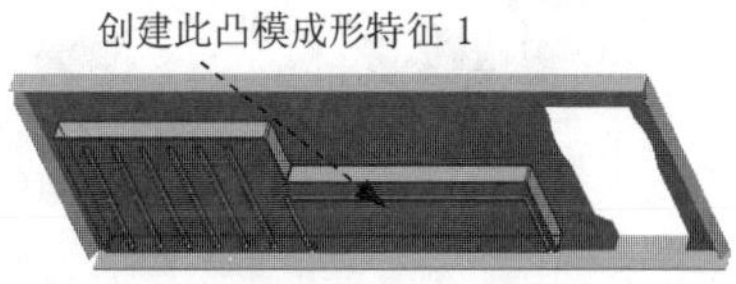

图 19.7.48 凸模成形特征 1

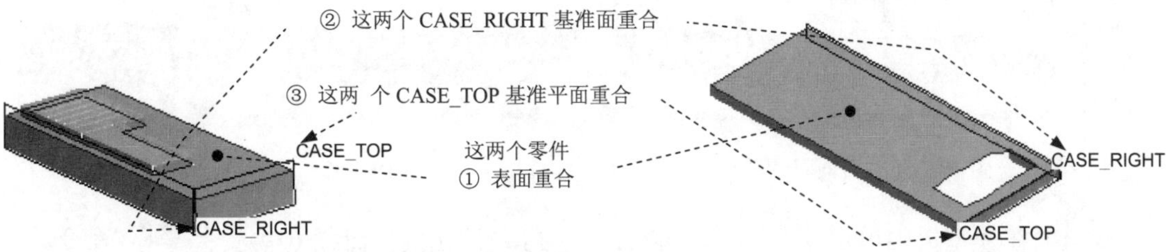

图 19.7.49 定义成形模具的放置

Step9. 创建图 19.7.51 所示的钣金拉伸切削特征 2。在操控板中单击 拉伸 按钮，确认按钮、按钮和按钮被按下；选取图 19.7.52 所示的模型表面为草绘平面，选取基准平面 CASE_TOP 为参考平面，方向为右；单击草绘按钮，绘制图 19.7.53 所示的截面草图；在操控板中定义拉伸类型为，选择材料移除的方向类型为（移除垂直于驱动曲面的材料）。

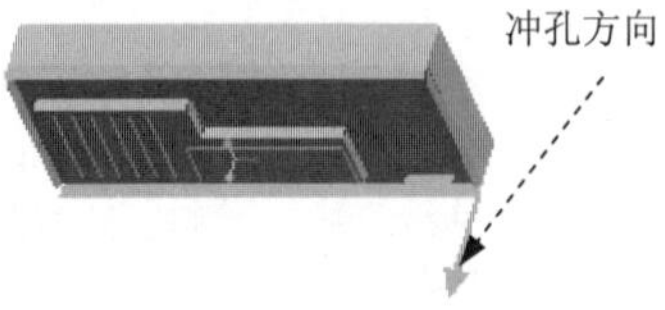

图 19.7.50　选取取冲孔方向

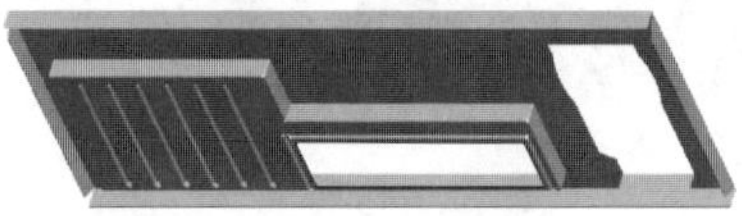

图 19.7.51　拉伸切削特征 2

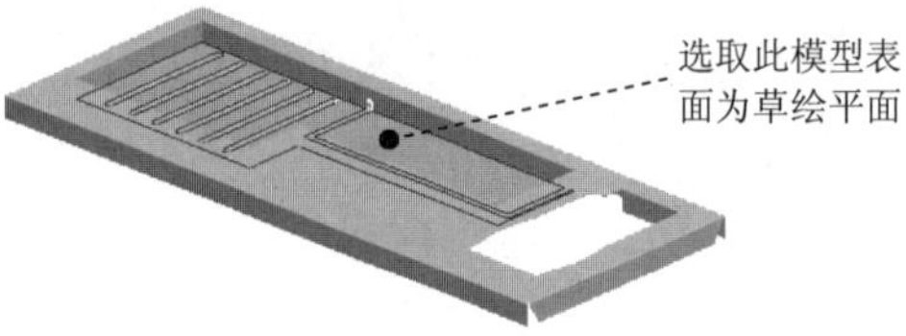

图 19.7.52　草绘平面

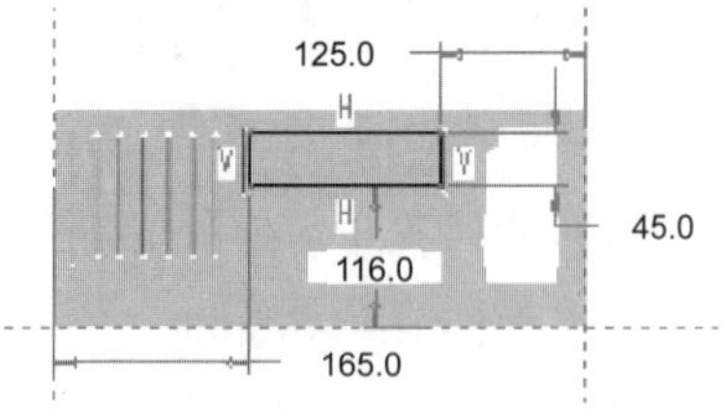

图 19.7.53　截面草图

Step10. 创建图 19.7.54 所示的钣金拉伸切削特征 3。在操控板中单击拉伸按钮，确认按钮、按钮和按钮被按下；选取图 19.7.55 所示的模型表面为草绘平面，选取 CASE_TOP 基准平面为参考平面，方向为右；单击草绘按钮，绘制图 19.7.56 所示的截面草图；在操控板中定义拉伸类型为，选择材料移除的方向类型为（移除垂直于驱动曲面的材料）。

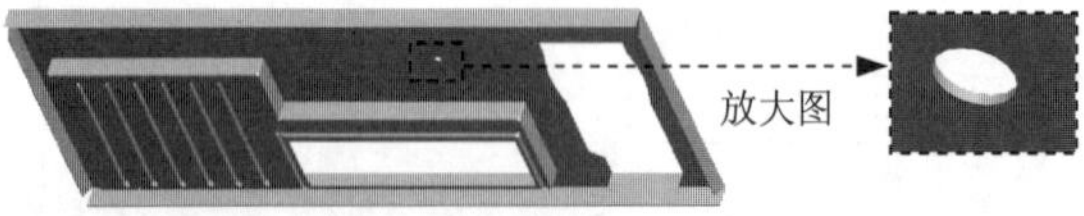

图 19.7.54　拉伸切削特征 3

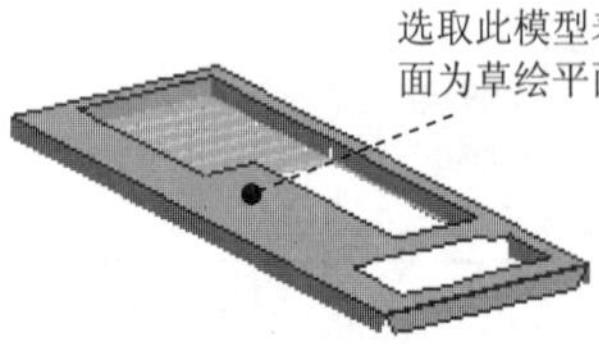

图 19.7.55　草绘平面

Step11. 创建图 19.7.57 所示的阵列特征 1。

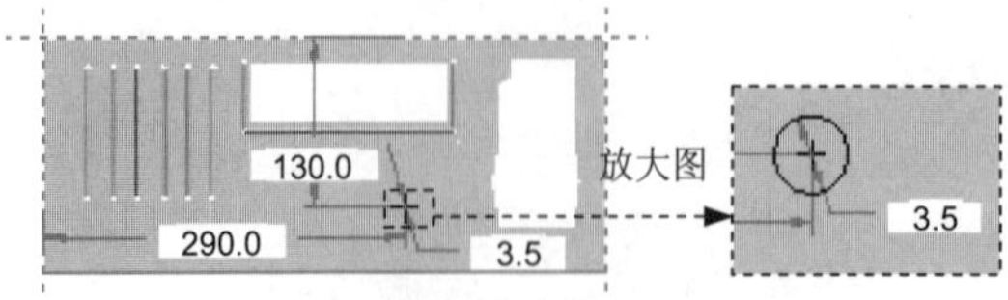

图 19.7.56　截面草图

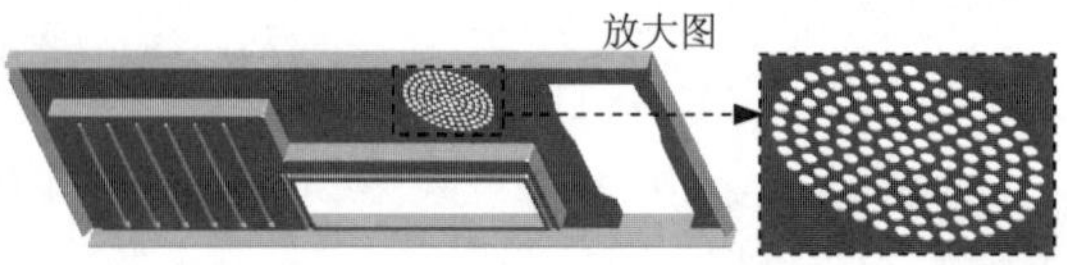

图 19.7.57　阵列特征 1

（1）在模型树中单击拉伸 3，再右击，从系统弹出的快捷菜单中选择阵列...命令。

（2）选取控制阵列方式。在“阵列”操控板中选取以填充方式来控制阵列。

（3）绘制填充区域。

① 在绘图区中右击，从系统弹出的快捷菜单中选择定义内部草绘...命令，选取图 19.7.58

所示的模型表面为草绘平面，CASE_TOP 基准平面为参考平面，方向为右。

② 进入草绘环境后，绘制图 19.7.59 所示的圆作为填充区域。

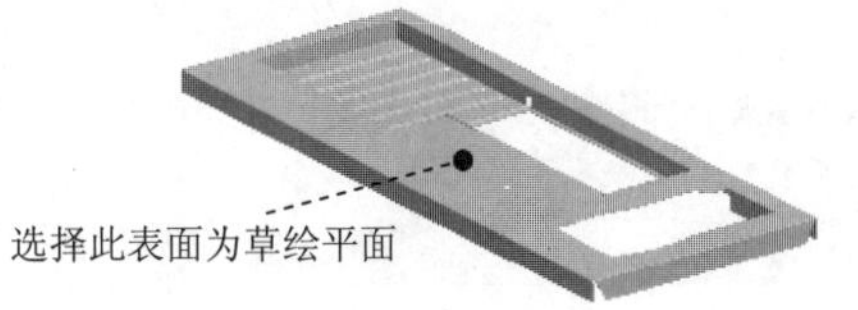

图 19.7.58 草绘平面

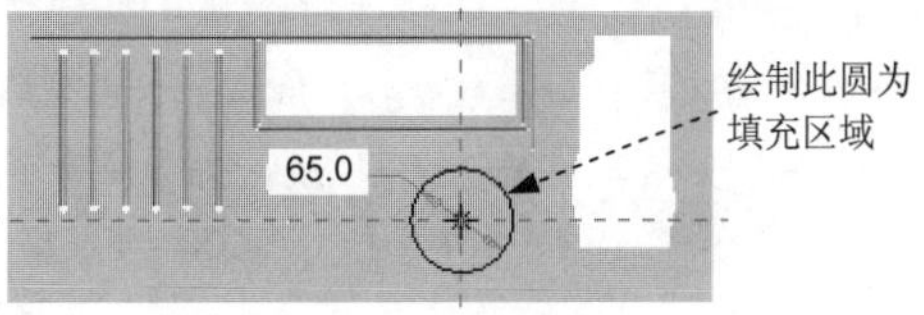

图 19.7.59 绘制填充区域

（4）设置填充阵列形式并输入控制参数值。在操控板的下拉列表中单击按钮（以同心圆阵列分隔各成员）；在后的文本框中输入阵列成员中心之间的距离值 5.0；在后的文本框中输入阵列成员中心和草绘边界之间的最小距离值 0.0；在中输入栅格绕原点的旋转角度值 0.0；在后的文本框中输入栅格的径向间隔值 5.0。

（5）在操控板中单击按钮，完成阵列特征 1 的创建。

Step12. 创建图 19.7.60 所示的凸模成形特征 2。单击 模型 功能选项卡 工程 ▾ 区域节点下的 凸模 按钮；在系统弹出的操控板中单击按钮，然后在系统弹出“打开”对话框，选择文件 sm_computer_case_02.prt 为成形模具；定义成形模具的放置（操作过程如图 19.7.61 所示）；选取图 19.7.62 所示的方向为冲孔方向。

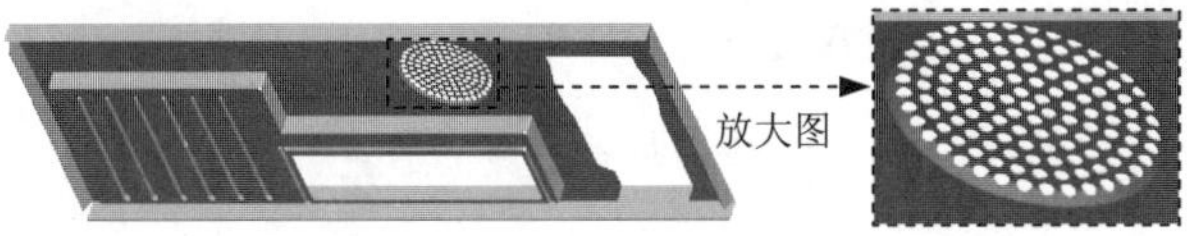

图 19.7.60 凸模成形特征 2

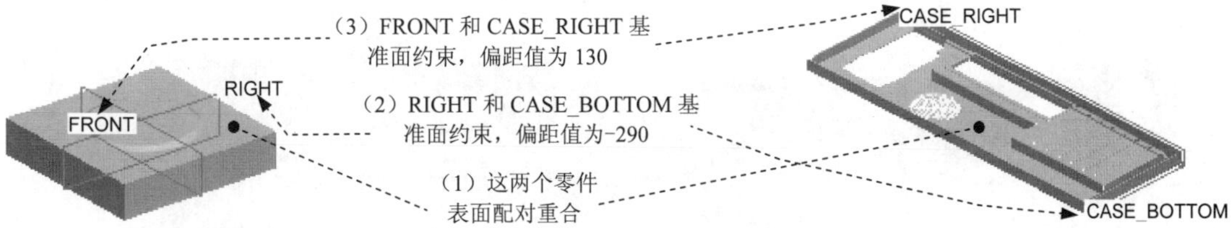

图 19.7.61 定义成形模具的放置

说明：在凸模成形后，若有移除孔没有显示，可调整成形工具尺寸，将旋转 1 特征中的尺寸 32.5 改为 32，然后单击“重新生成”按钮即可。

Step13. 创建图 19.7.63 所示的钣金拉伸切削特征 4，截面草图如图 19.7.64 所示，详细操作过程参见 Step10。

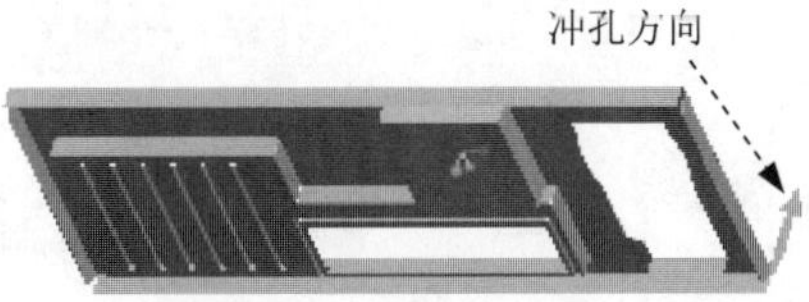

图 19.7.62 选取冲孔方向

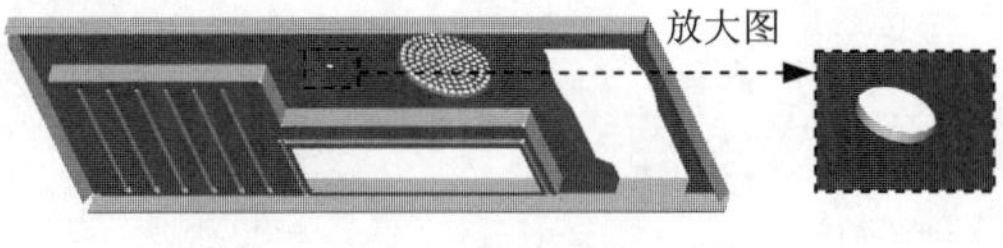

图 19.7.63 拉伸切削特征 4

Step14. 创建图 19.7.65 所示的阵列特征 2，截面草图如图 19.7.66 所示，详细操作过程参见 Step11。

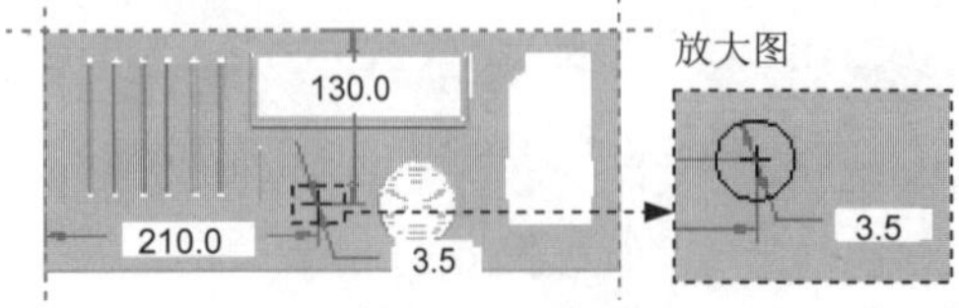

图 19.7.64　截面草图

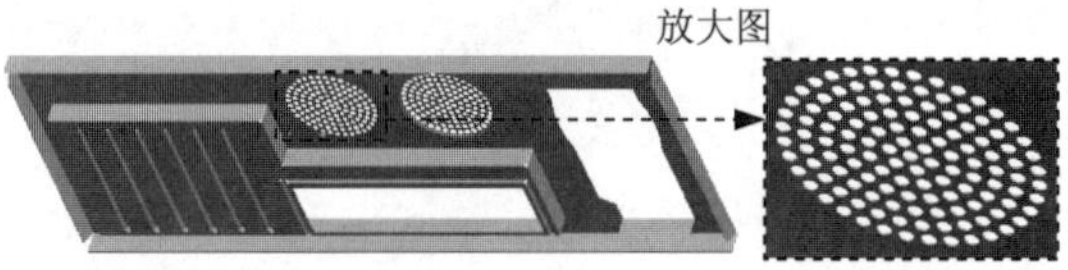

图 19.7.65　阵列特征 2

Step15. 创建图 19.7.67 所示的凸模成形特征 3，定义成形模具的放置（操作过程如图 19.7.68 所示），详细操作过程参见 Step12。

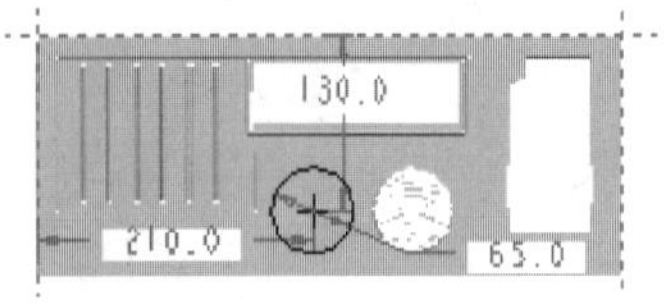

图 19.7.66　截面草图

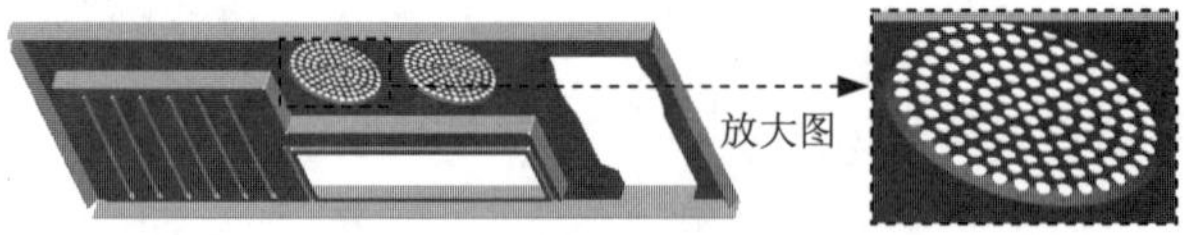

图 19.7.67　凸模成形特征 3

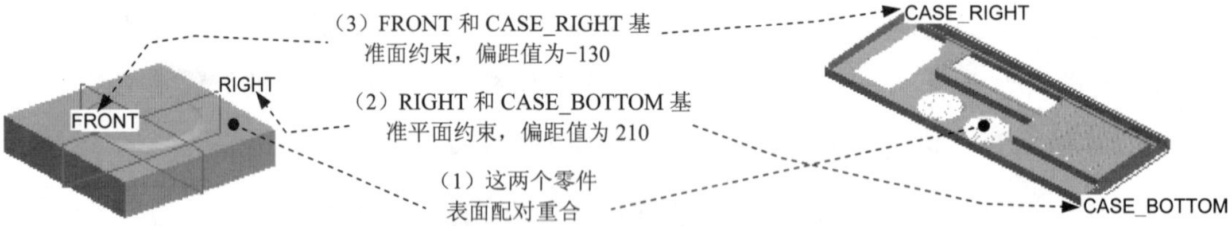

图 19.7.68　定义成形模具的放置

Step16. 创建图 19.7.69 所示的钣金拉伸切削特征 5，截面草图如图 19.7.70 所示，详细操作过程参见 Step10。

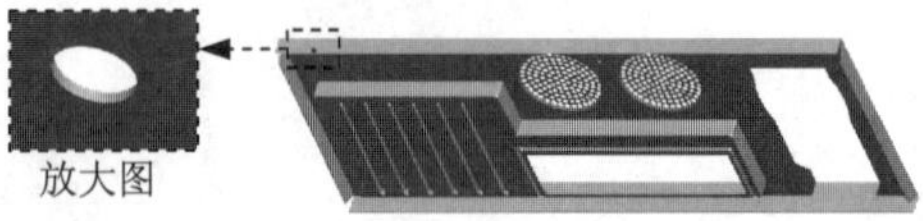

图 19.7.69　拉伸切削特征 5

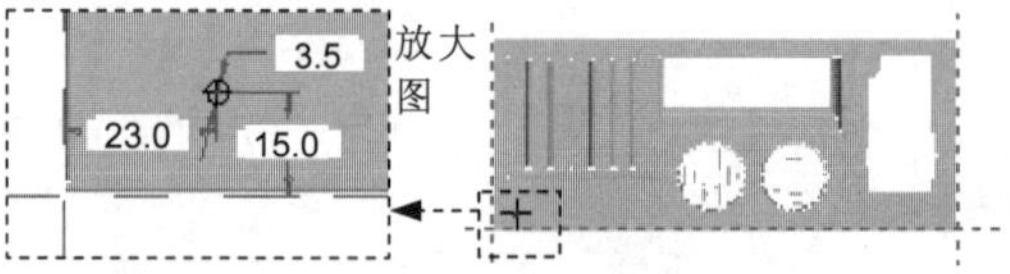

图 19.7.70　截面草图

Step17. 创建图 19.7.71 所示的阵列特征 3。在模型树中选取 拉伸 5，再右击，从系统弹出的快捷菜单中选择 阵列... 命令，阵列类型为 尺寸；选取图 19.7.72 中的阵列引导尺寸值 15 为第一方向的引导尺寸，增量值为 5.0；选取图 19.7.72 中的阵列引导尺寸值 23 为第二方向的引导尺寸，增量值为 5.0；第一方向的阵列个数为 6，在第二方向的阵列个数栏为 28。

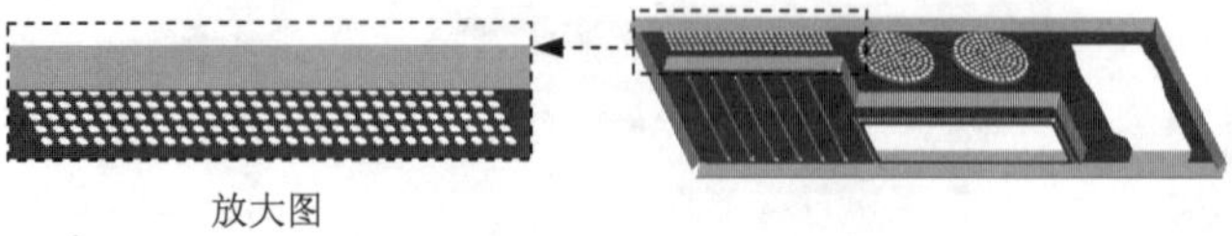

图 19.7.71　阵列特征 3

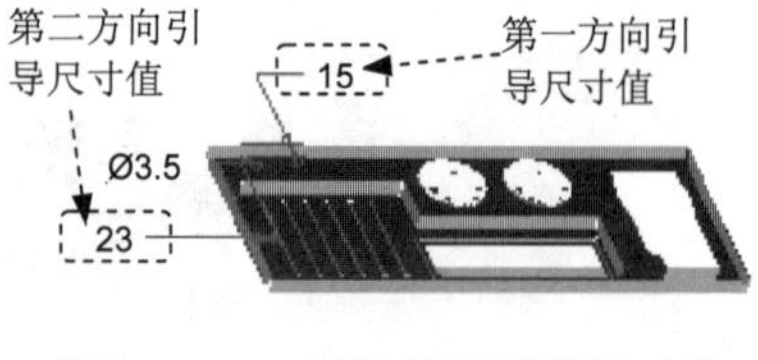

图 19.7.72　选取阵列引导尺寸值

Step18. 创建图 19.7.73 所示的钣金拉伸切削特征 6，截面草图如图 19.7.74 所示，详细操作过程参见 Step10。

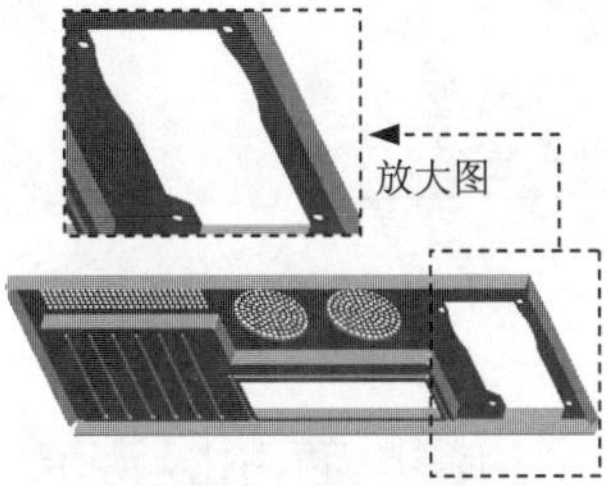

图 19.7.73 拉伸切削特征 6

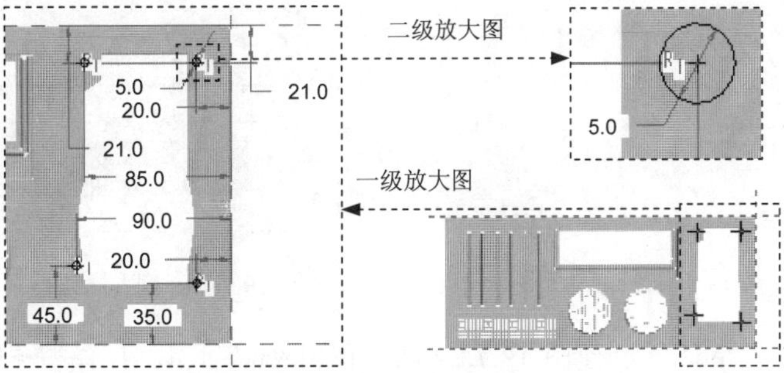

图 19.7.74 截面草图

Step19. 创建图 19.7.75 所示的钣金拉伸切削特征 7，截面草图如图 19.7.76 所示，详细操作过程参见 Step10。

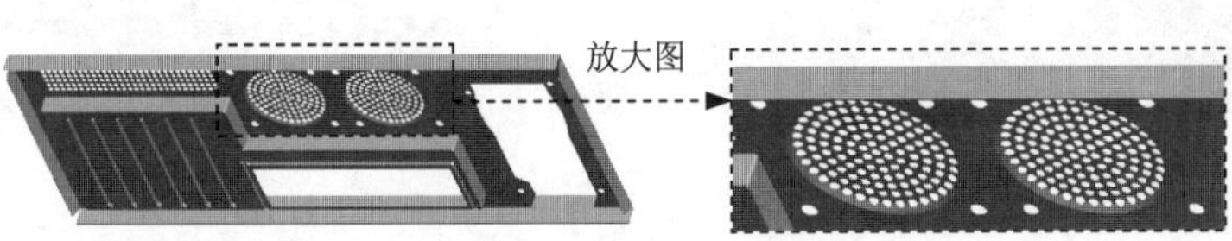

图 19.7.75 拉伸切削特征 7

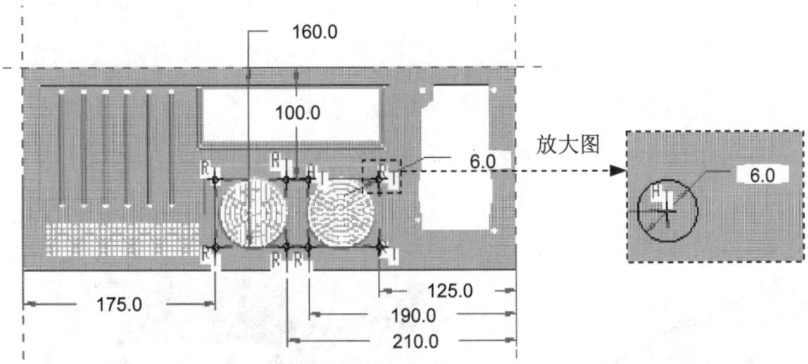

图 19.7.76 截面草图

Step20. 创建图 19.7.77 所示的钣金拉伸切削特征 8。在操控板中单击 拉伸 按钮，确认按钮、按钮被按下，按钮处于弹起状态；选取图 19.7.78 所示的模型表面为草绘平面，选取 CASE_TOP 基准平面为参考平面，方向为 上；单击 草绘 按钮，绘制图 19.7.79 所示的截面草图；深度类型为。

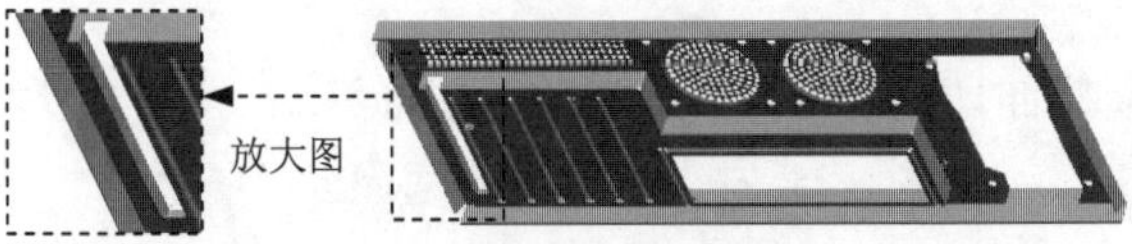

图 19.7.77 拉伸切削特征 8

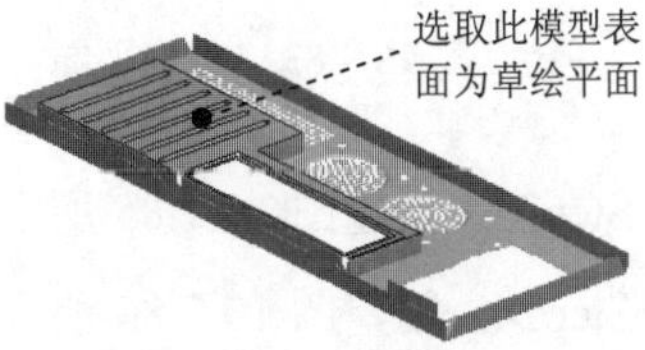

图 19.7.78 草绘平面

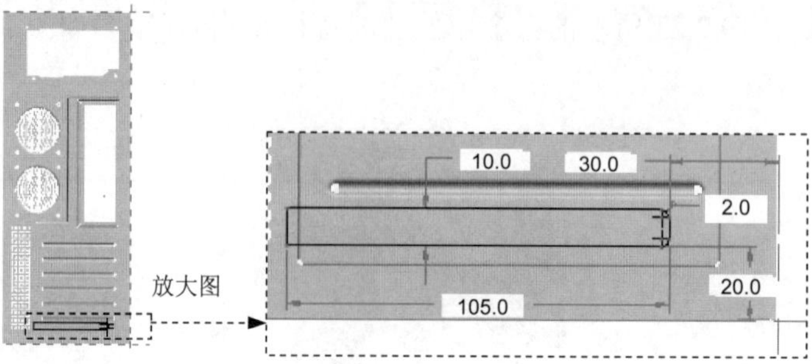

图 19.7.79 截面草图

Step21. 创建图 19.7.80 所示的阵列特征 4。在模型树中选取拉伸 8，再右击，从系统弹出的快捷菜单中选择阵列...命令，阵列类型为尺寸；选取图 19.7.81 中的阵列引导尺寸值 20，在“方向 1”的“增量”文本栏中输入增量值 20.0，第一方向的阵列个数为 7。

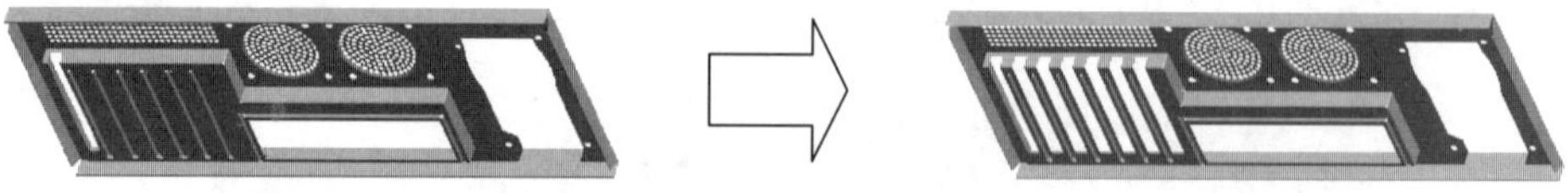

a）阵列前　　b）阵列后

图 19.7.80 阵列特征 4

Step22. 创建图 19.7.82 所示的钣金拉伸切削特征 9。在操控板中单击拉伸按钮，确认按钮、按钮和按钮被按下；选取图 19.7.83 所示的模型表面为草绘平面，选取 CASE_TOP 基准平面为参考平面，方向为右；单击草绘按钮，绘制图 19.7.84 所示的截面草图；在操控板中定义拉伸类型为，选择材料移除的方向类型为。

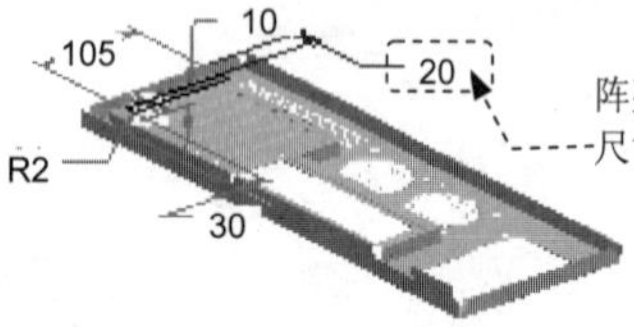

图 19.7.81 选取阵列引导尺寸值

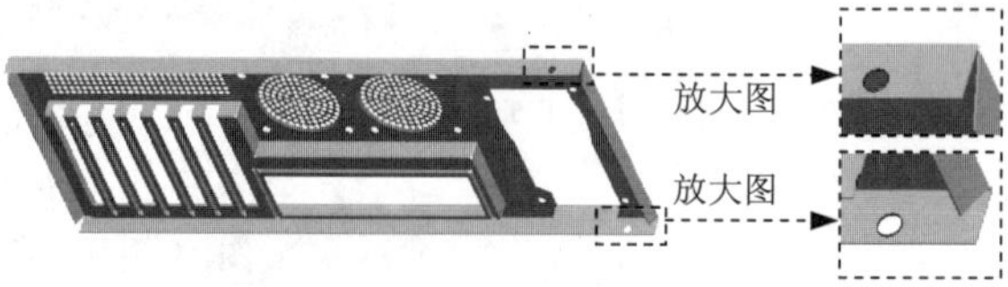

图 19.7.82 拉伸切削特征 9

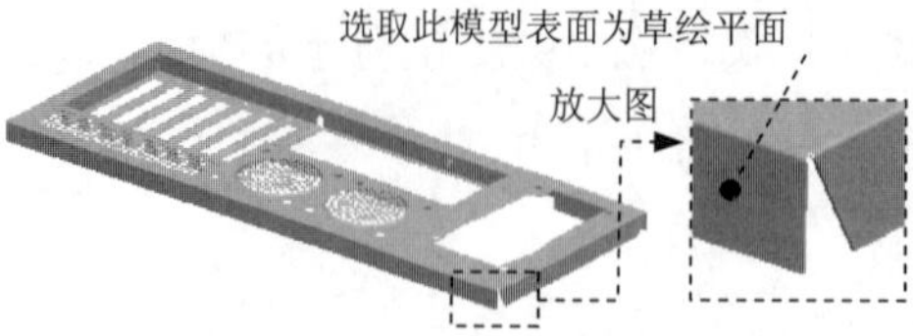

图 19.7.83 草绘平面

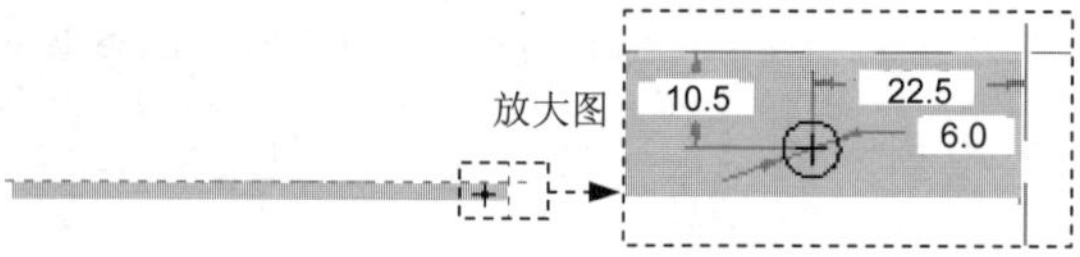

图 19.7.84 截面草图

Step23. 创建图 19.7.85 所示的钣金拉伸切削特征 10，深度类型为。

Step24. 创建图 19.7.86 所示的钣金拉伸切削特征 11，深度类型为。

说明：以上两步拉伸切削的草图参数与图 19.7.84 相同。

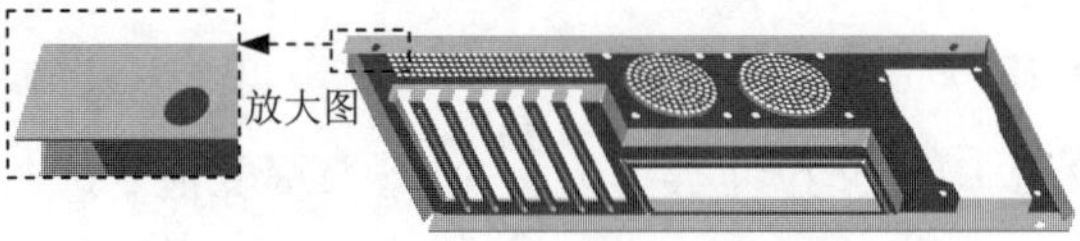

图 19.7.85　拉伸切削特征 10

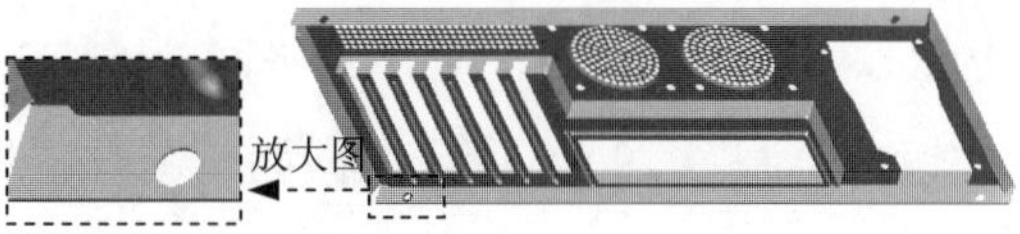

图 19.7.86　拉伸切削特征 11

Step25. 保存零件模型。

19.8　机箱前盖的细节设计

机箱前盖零件模型和模型树如图 19.8.1 所示。

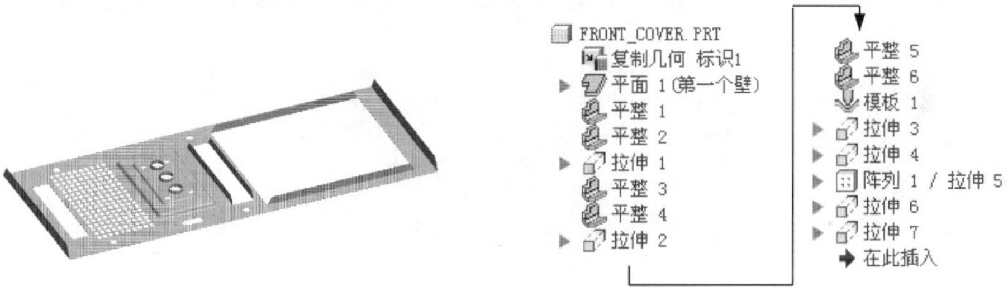

图 19.8.1　机箱前盖零件模型及模型树

Task1. 创建模具 3

模具模型和模型树如图 19.8.2 所示。

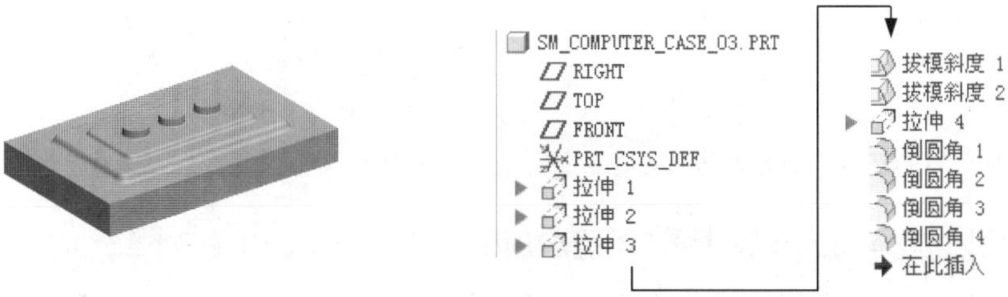

图 19.8.2　模具 3 的模型及模型树

Step1. 新建一个零件模型，命名为 SM_COMPUTER_CASE_03。

Step2. 创建图 19.8.3 所示的拉伸特征 1。在操控板中单击“拉伸”按钮 拉伸。选取 TOP 基准平面为草绘平面，RIGHT 基准平面为参考平面，方向为 右；单击 草绘 按钮，绘制图 19.8.4 所示的截面草图；在操控板中定义拉伸类型为 ，输入深度值 20.0。

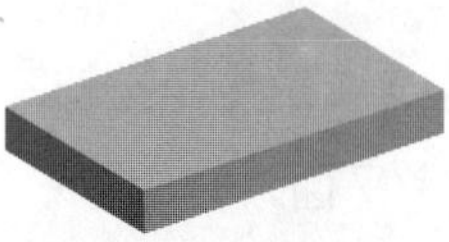

图 19.8.3　拉伸特征 1

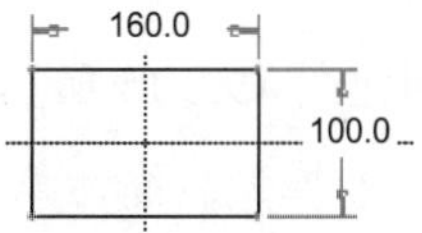

图 19.8.4　截面草图

Step3. 创建图 19.8.5 所示的拉伸特征 2。在操控板中单击“拉伸”按钮 拉伸。选取图 19.8.6 所示的模型表面为草绘平面，RIGHT 基准平面为参考平面，方向为左；单击草绘按钮，绘制图 19.8.7 所示的截面草图；在操控板中定义拉伸类型为，输入深度值 5.0。

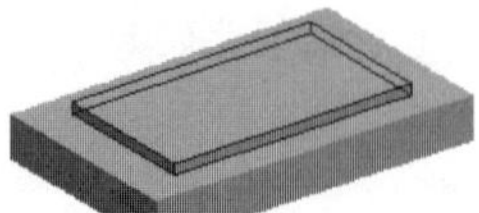

图 19.8.5　拉伸特征 2

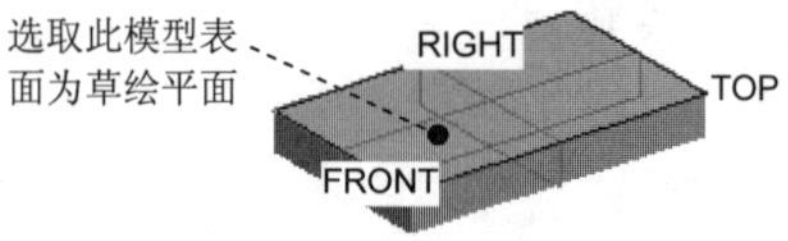

图 19.8.6　草绘平面

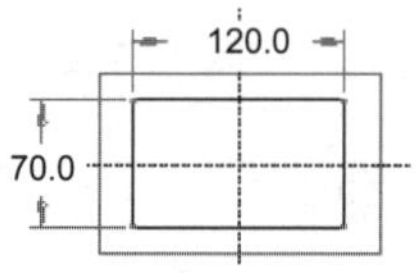

图 19.8.7　截面草图

Step4. 创建图 19.8.8 所示的拉伸特征 3。在操控板中单击“拉伸”按钮 拉伸。选取图 19.8.9 所示的模型表面为草绘平面，RIGHT 基准平面为参考平面，方向为左；单击草绘按钮，绘制图 19.8.10 所示的截面草图；在操控板中定义拉伸类型为，输入深度值 3.0。

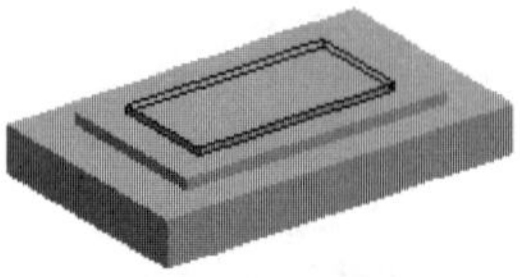

图 19.8.8　拉伸特征 3

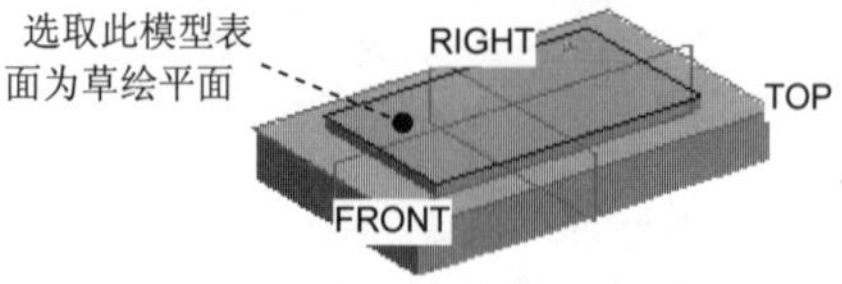

图 19.8.9　草绘平面

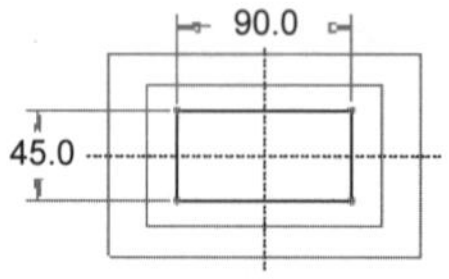

图 19.8.10　截面草图

Step5. 创建拔模特征 1。单击模型功能选项卡工程▾区域中的拔模▾按钮。选取图 19.8.11 所示的模型表面作为要拔模的表面，选取图 19.8.12 所示的模型表面作为拔模枢轴平面；拔模方向如图 19.8.11 所示，在拔模角度文本框中输入拔模角度值 20.0。

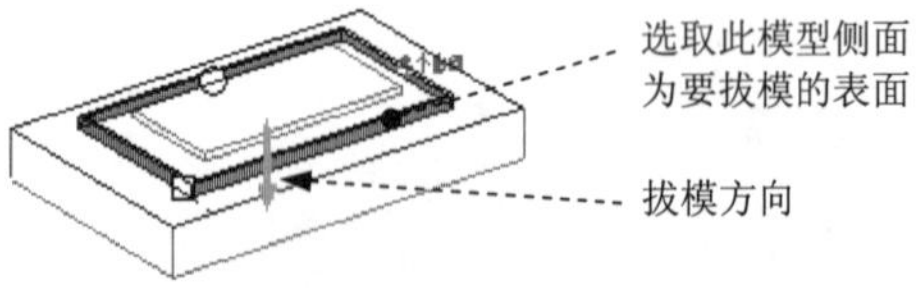

图 19.8.11　选取要拔模的表面

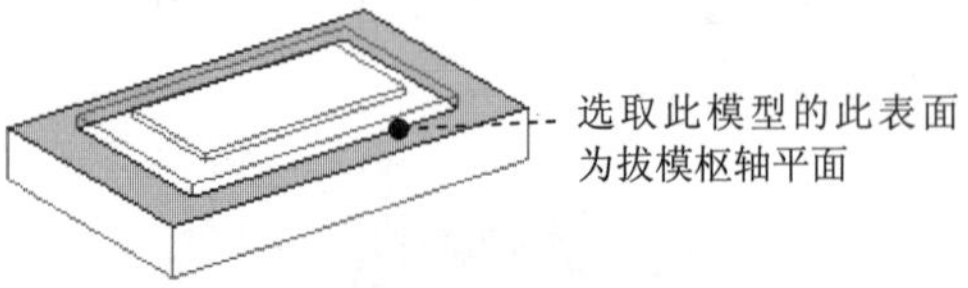

图 19.8.12　选取拔模枢轴平面

Step6. 创建拔模特征 2。单击模型功能选项卡工程▾区域中的拔模▾按钮。选取图 19.8.13 所示的模型表面作为要拔模的表面，选取图 19.8.14 所示的模型表面作为拔模枢轴平面；拔模方向如图 19.8.13 所示，在拔模角度文本框中输入拔模角度值 20.0。

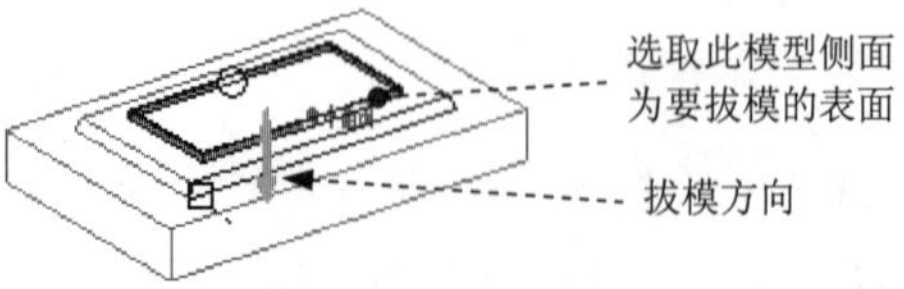

图 19.8.13　选取要拔模的表面

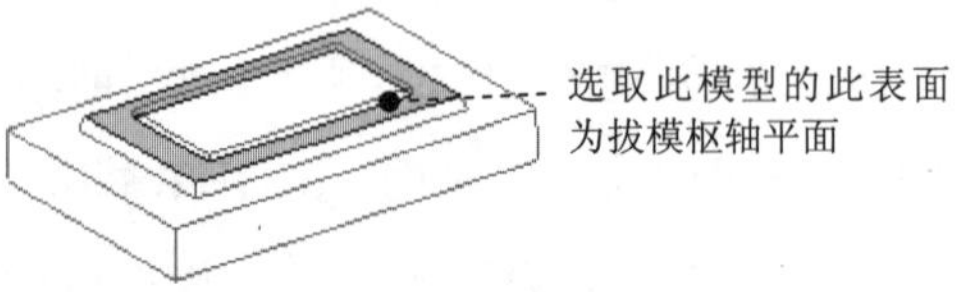

图 19.8.14　选取拔模枢轴平面

Step7. 创建图 19.8.15 所示的拉伸特征 4。在操控板中单击“拉伸”按钮 拉伸。选取图 19.8.16 所示的模型表面为草绘平面，RIGHT 基准平面为参考平面，方向为右；单击草绘按钮，绘制图 19.8.17 所示的截面草图；在操控板中定义拉伸类型为，输入深度值 5.0。

图 19.8.15 拉伸特征 4

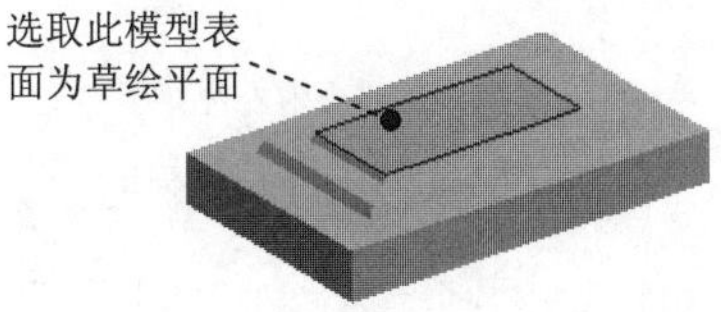

图 19.8.16 草绘平面

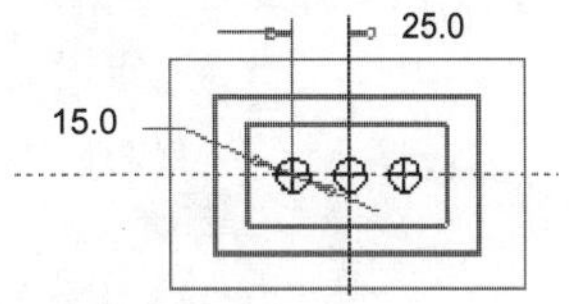

图 19.8.17 截面草图

Step8. 创建倒圆角特征 1。 选取图 19.8.18 所示的八条边线为倒圆角的边线，圆角半径值为 5.0。

Step9. 创建倒圆角特征 2。 选取图 19.8.19 所示的两条边线为倒圆角的边线，圆角半径值为 3.0。

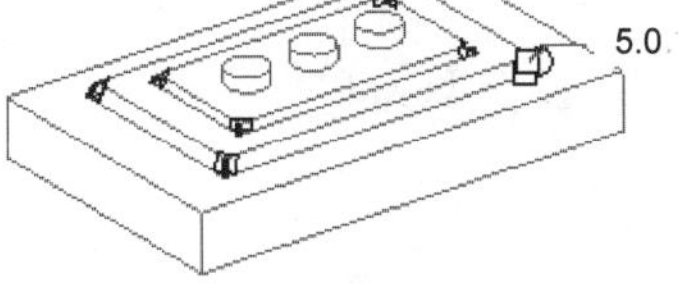

图 19.8.18 选取倒圆角的边线

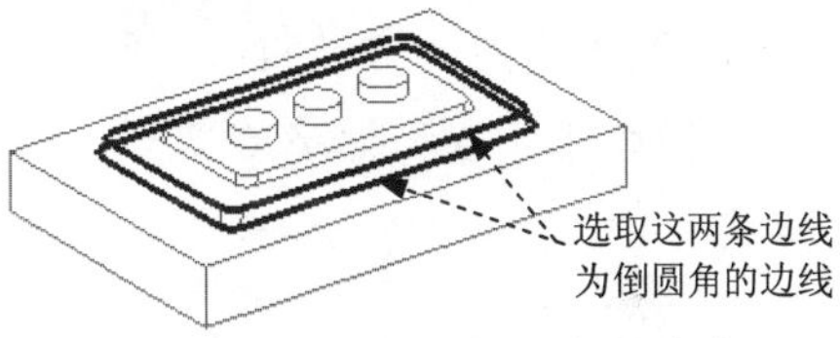

图 19.8.19 选取倒圆角的边线

Step10. 创建倒圆角特征 3。 选取图 19.8.20 所示的两条边链为倒圆角的边线，圆角半径值为 2.0。

Step11. 创建倒圆角特征 4。 选取图 19.8.21 所示的三条边链为倒圆角的边线，圆角半径值为 1.0。

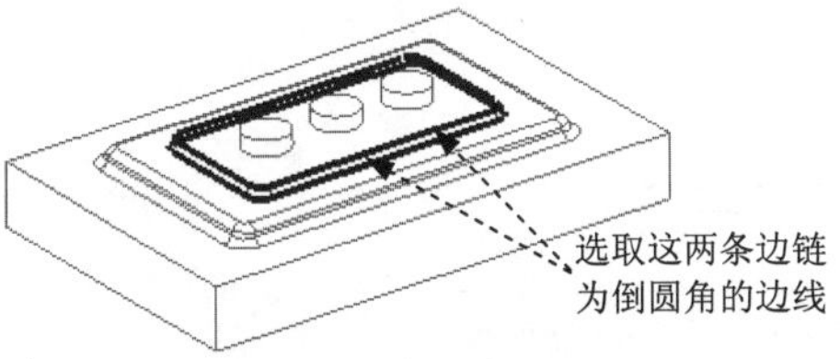

图 19.8.20 选取倒圆角的边线

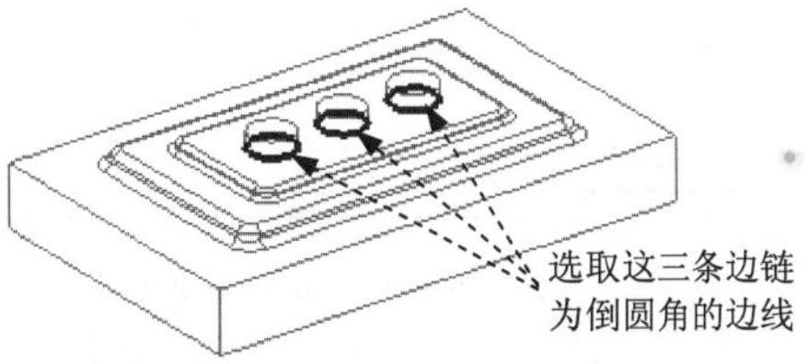

图 19.8.21 选取倒圆角的边线

Step12. 保存零件模型文件。

Task2. 创建机箱前盖

Step1. 在装配件中打开刚创建的机箱前盖零件（FORNT_COVER.PRT）。在模型树中选择 FRONT_COVER.PRT，然后右击，在系统弹出的快捷菜单中选择 打开 命令。

Step2. 创建图 19.8.22 所示的平整特征 1。单击 模型 功能选项卡 形状▼ 区域中的“平整”按钮，选取图 19.8.23 所示的模型边线为附着边；平整壁的形状类型为 梯形，折弯角度值为 90.0。单击 形状 选项卡，在系统弹出的界面中依次设置草图内的尺寸值为 0、30.0、15.0、30.0、0（图 19.8.24）；然后单击 止裂槽 选项卡，在系统弹出的界面中 类型 下拉列表框中选择 扯裂 选项；确认按钮被按下，并在其后的文本框中输入折弯半径值 0.2，折弯

半径所在侧为 。

图 19.8.22 平整特征 1

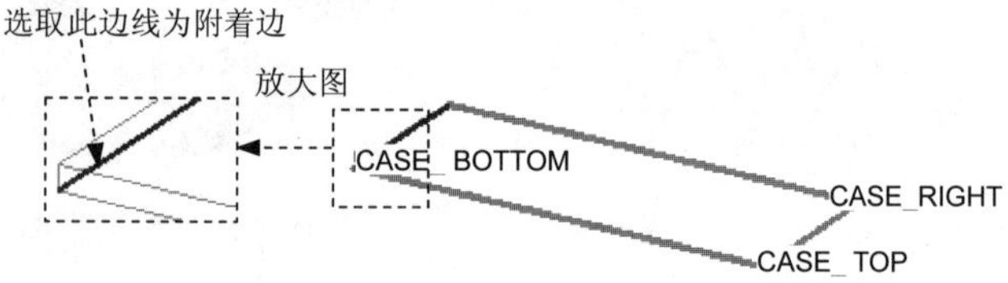

图 19.8.23 定义附着边

Step3. 创建图 19.8.25 所示的平整特征 2，详细操作过程参见上一步。

Step4. 创建图 19.8.26 所示的钣金拉伸切削特征 1。在操控板中单击 拉伸 按钮，确认 按钮、 按钮和 按钮被按下；选取图 19.8.27 所示的模型表面为草绘平面，基准平面 CASE_TOP 为参考平面，方向为 左 ；单击 草绘 按钮，绘制图 19.8.28 所示的截面草图；在操控板中定义拉伸类型为 ，选择材料移除的方向类型为 。

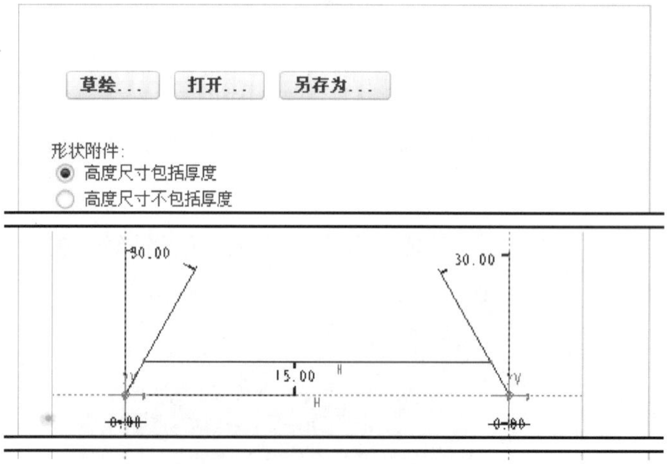

图 19.8.24 设置形状参数

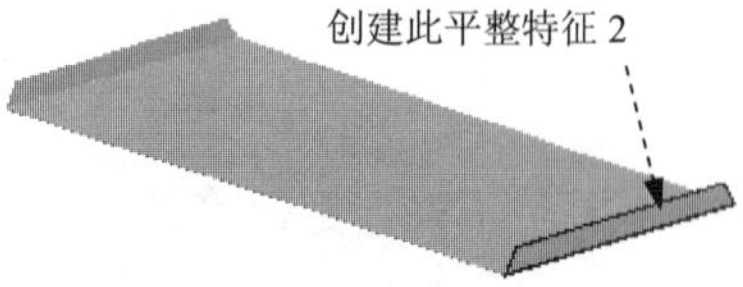

图 19.8.25 平整特征 2

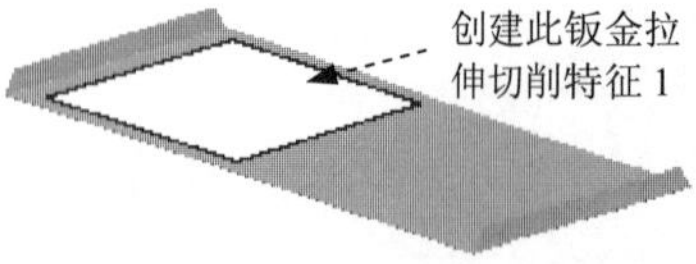

图 19.8.26 拉伸切削特征 1

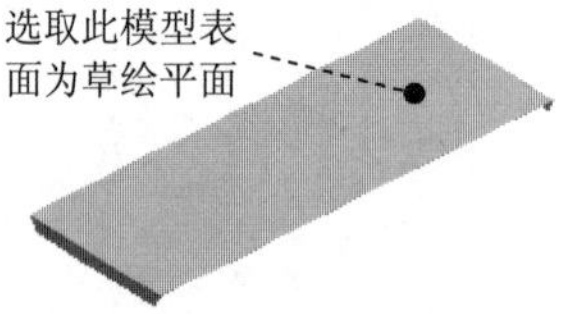

图 19.8.27 草绘平面

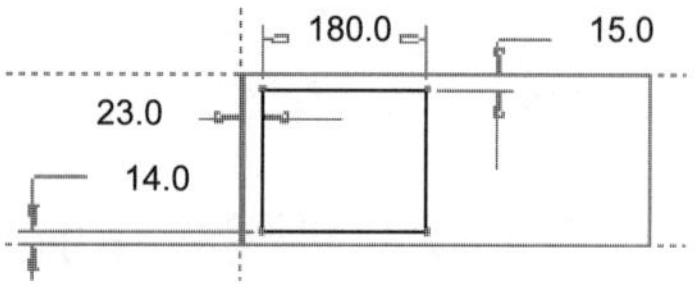

图 19.8.28 截面草图

Step5. 创建图 19.8.29 所示的平整特征 3。单击 模型 功能选项卡 形状▼ 区域中的“平整”按钮 ，选取图 19.8.30 所示的模型边线为附着边；平整壁的形状类型为 梯形 ，折弯角度值为 90.0；单击 形状 选项卡，在系统弹出的界面中依次设置草图内的尺寸值为 0、30.0、10.0、30.0、0（图 19.8.31）；然后单击 止裂槽 选项卡，在系统弹出的界面中 类型 下拉列表框中选择 扯裂 选项；确认 按钮被按下，并在其后的文本框中输入折弯半径值 0.2，折弯半径所在侧为 。

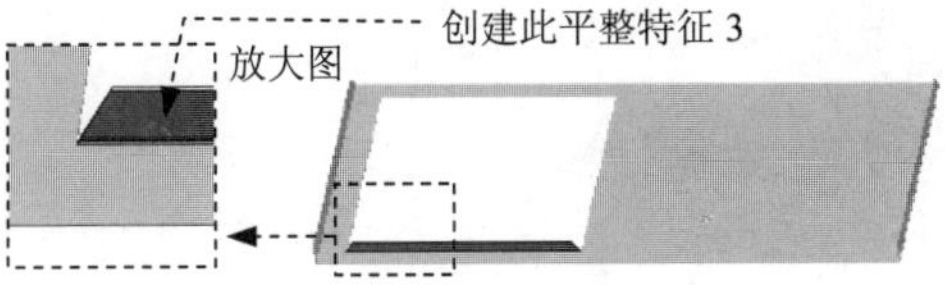

图 19.8.29 平整特征 3

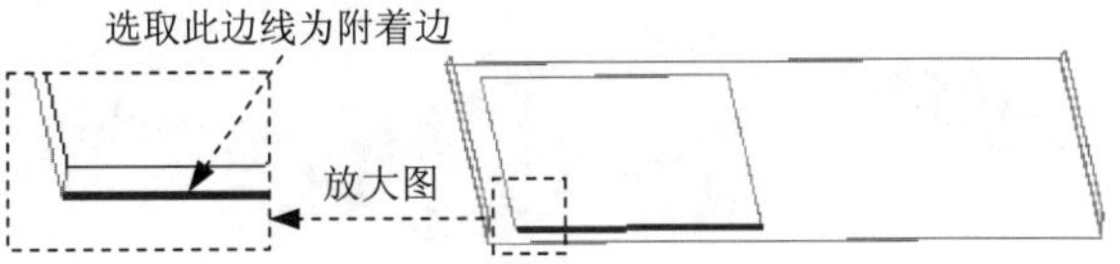

图 19.8.30 定义附着边

Step6. 创建图 19.8.32 所示的平整特征 4，详细操作过程参见 Step5。

Step7. 创建图 19.8.33 所示的钣金拉伸切削特征 2。在操控板中单击 拉伸 按钮，确认 按钮、 按钮和 按钮被按下；选取图 19.8.34 所示的模型表面为草绘平面，基准平面 CASE_TOP 为参考平面，方向为 左 ；单击 草绘 按钮，绘制图 19.8.35 所示的截面草图；在操控板中定义拉伸类型为 ，选择材料移除的方向类型为 。

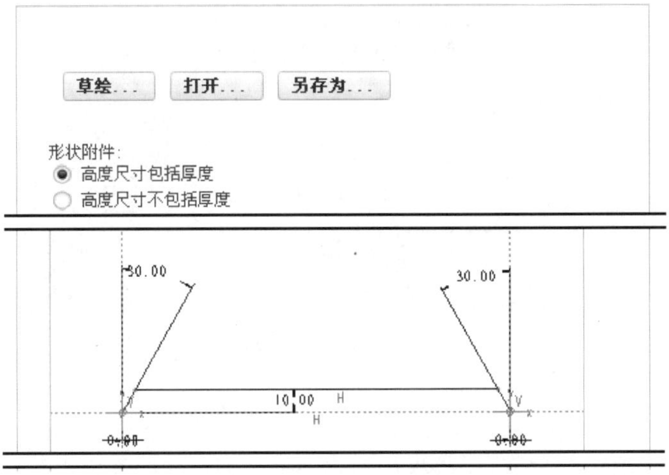

图 19.8.31 设置形状参数

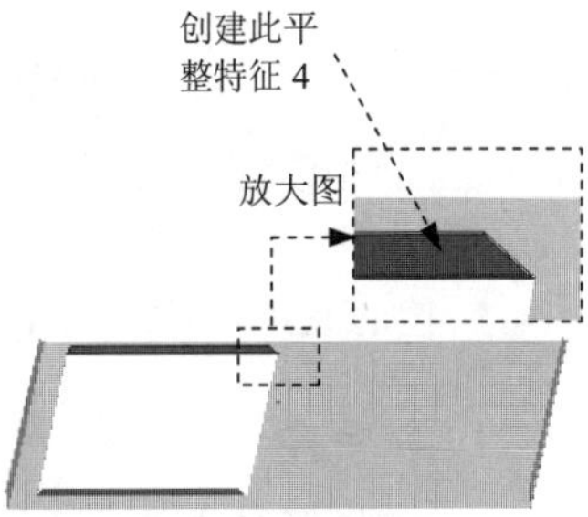

图 19.8.32 平整特征 4

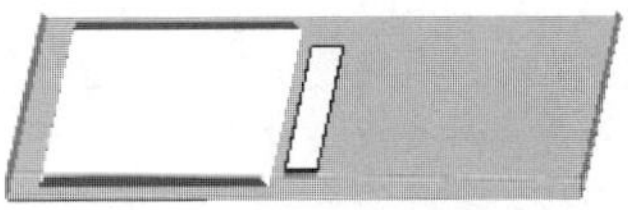

图 19.8.33 拉伸切削特征 2

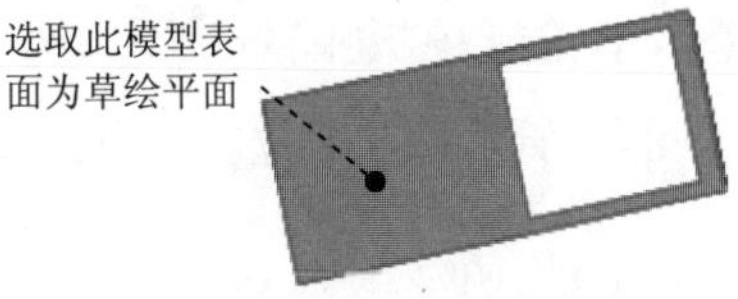

图 19.8.34 草绘平面

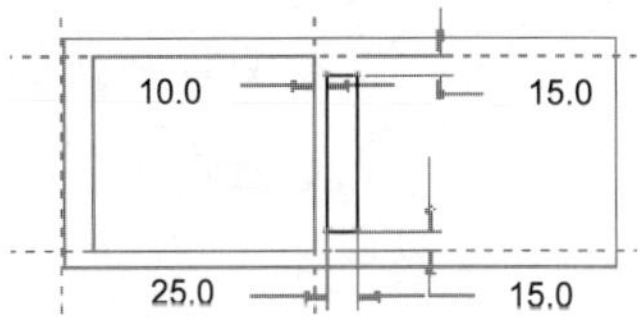

图 19.8.35 截面草图

Step8. 创建图 19.8.36 所示的平整特征 5。单击 模型 功能选项卡 形状 区域中的“平整”按钮 ，选取图 19.8.37 所示的模型边线为附着边；平整壁的形状类型为 梯形 ，折弯角度值为 90.0；单击 形状 选项卡，在系统弹出的界面中依次设置草图内的尺寸值为 0、30.0、10.0、30.0、0（图 19.8.38）；然后单击 止裂槽 选项卡，在系统弹出的界面中 类型 下拉列表框中选择 扯裂 选项；确认 按钮被按下，并在其后的文本框中输入折弯半径值 0.2，折弯半径所在侧为 。

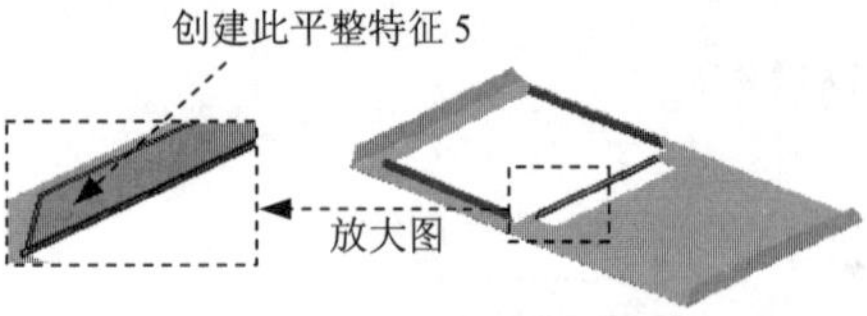

图 19.8.36 平整特征 5

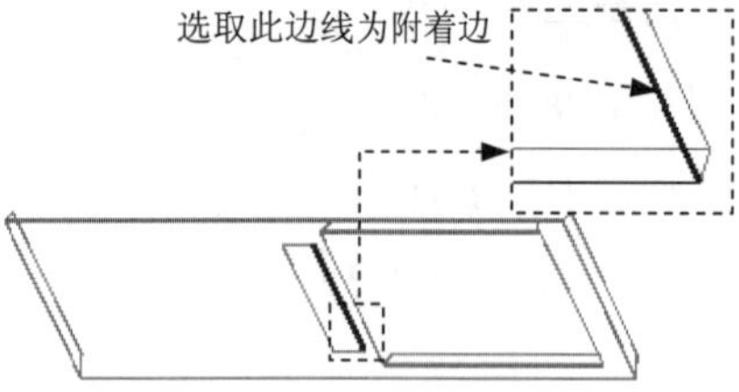

图 19.8.37 定义附着边

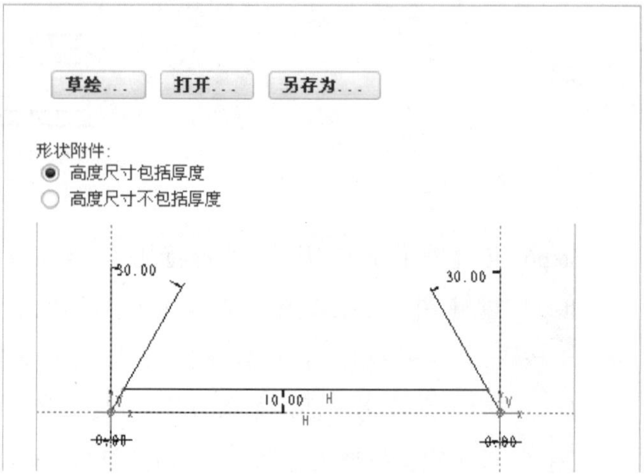

图 19.8.38 设置形状参数

Step9. 创建图 19.8.39 所示的平整特征 6，详细操作过程参见 Step8。

Step10. 创建图 19.8.40 所示的凸模成形特征 1。

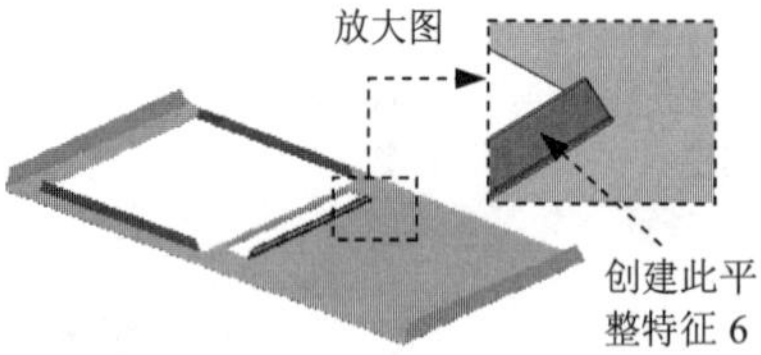

图 19.8.39 平整特征 6

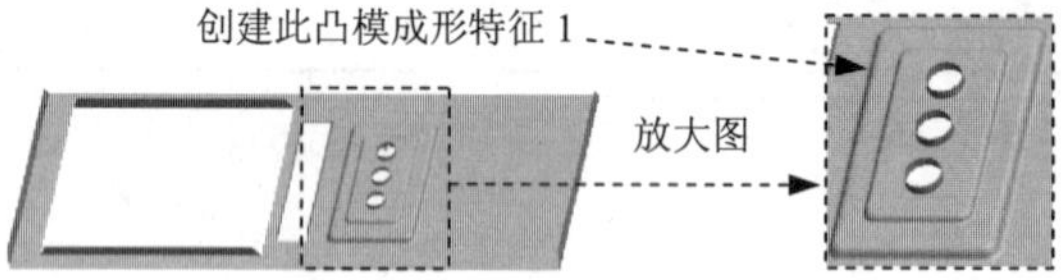

图 19.8.40 凸模成形特征 1

（1）选择命令。单击 模型 功能选项卡 工程 ▾ 区域 节点下的 凸模 按钮。

（2）选择模具文件。在系统弹出的“凸模”操控板中单击 按钮，系统弹出“打开”对话框，选择文件 sm_computer_case_03.prt，并将其打开。

（3）定义成形模具的放置。单击操控板中的 放置 选项卡，在弹出的界面中选中 ☑ 约束已启用 复选框，并添加图 19.8.41 所示的三组位置约束。

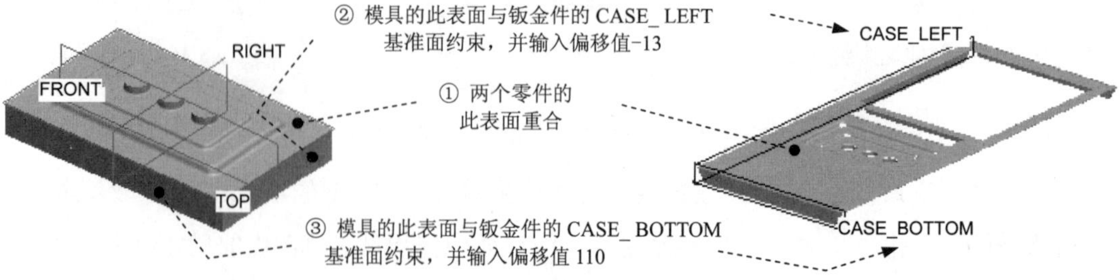

图 19.8.41 定义成形模具的放置

（4）定义排除面。在操控板中单击 选项 选项卡，在系统弹出的选项卡中单击 排除冲孔模型曲面 下的文本框，然后选取图 19.8.42 所示的三个面为排除面。

（5）定义冲孔方向。确认冲孔方向如图 19.8.43 所示。

（6）在操控板中单击“完成”按钮，完成凸模成形特征 1 的创建。

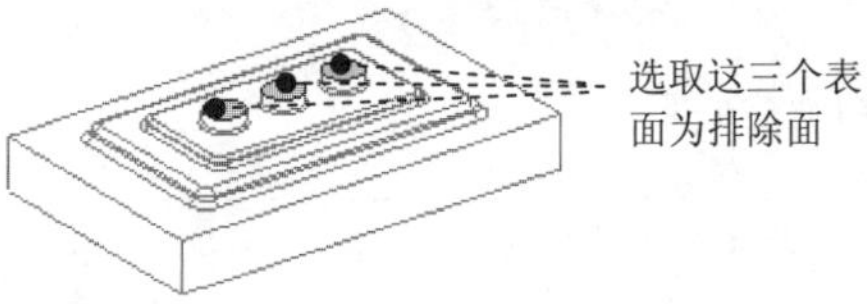

图 19.8.42 选取排除面

图 19.8.43 选取冲孔方向

Step11. 创建图 19.8.44 所示的钣金拉伸切削特征 3。在操控板中单击拉伸按钮，确认按钮、按钮和按钮被按下；选取图 19.8.45 所示的模型表面为草绘平面，基准平面 CASE_BOTTOM 为参考平面，方向为下；单击草绘按钮，绘制图 19.8.46 所示的截面草图；在操控板中定义拉伸类型为，选择材料移除的方向类型为。

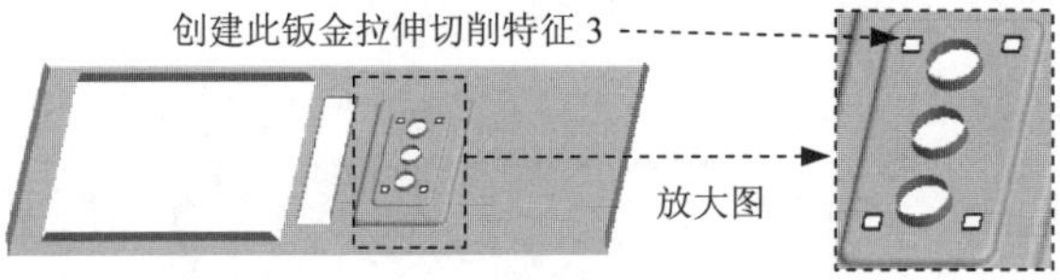

图 19.8.44 拉伸切削特征 3

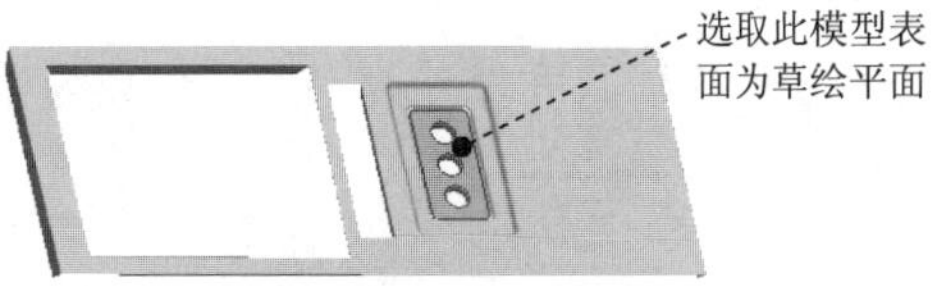

图 19.8.45 草绘平面

Step12. 创建图 19.8.47 所示的钣金拉伸切削特征 4。在操控板中单击拉伸按钮，确认按钮、按钮和按钮被按下；选取图 19.8.48 所示的模型表面为草绘平面，基准平面 CASE_BOTTOM 为参考平面，方向为左；单击草绘按钮，绘制图 19.8.49 所示的截面草图；在操控板中定义拉伸类型为，选择材料移除的方向类型为。

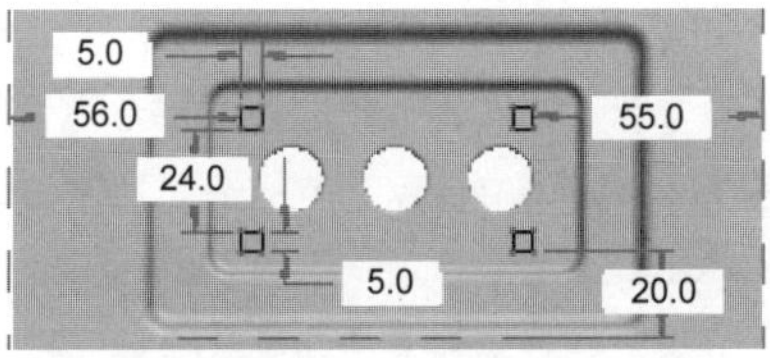

图 19.8.46 截面草图

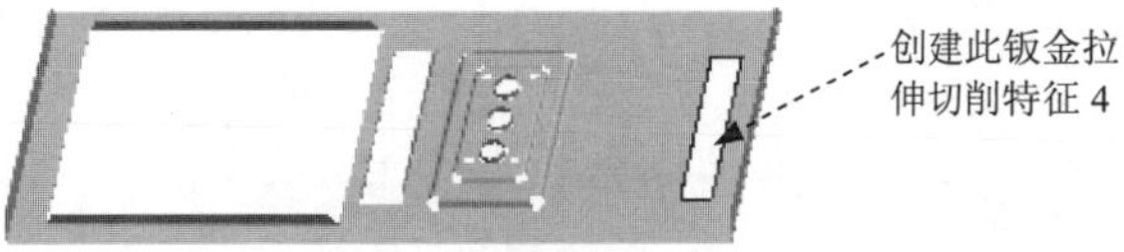

图 19.8.47 拉伸切削特征 4

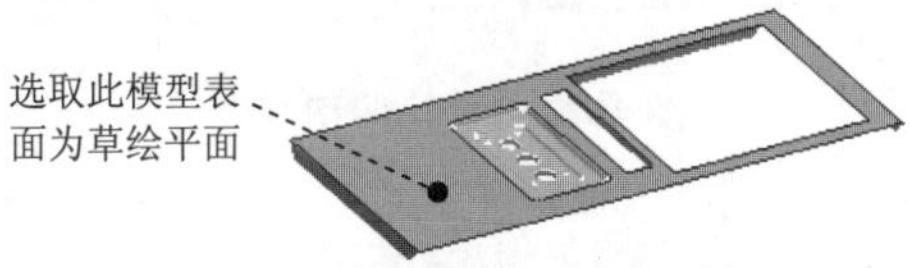

图 19.8.48 草绘平面

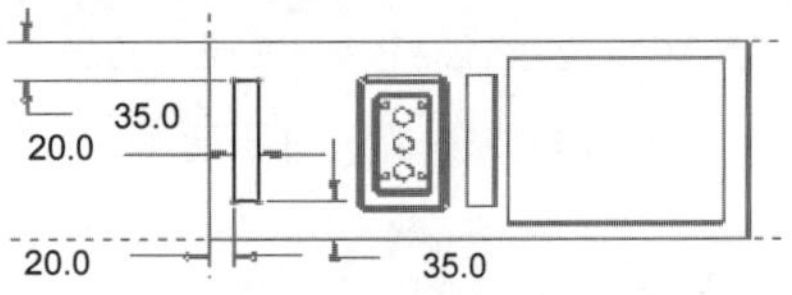

图 19.8.49 截面草图

Step13. 创建图 19.8.50 所示的钣金拉伸切削特征 5。在操控板中单击拉伸按钮，确认按钮、按钮和按钮被按下；选取图 19.8.48 所示的模型表面为草绘平面，基准平面 CASE_BOTTOM 为参考平面，方向为右；单击草绘按钮，绘制图 19.8.51 所示的截面草图；在操控板中定义拉伸类型为，选择材料移除的方向类型为。

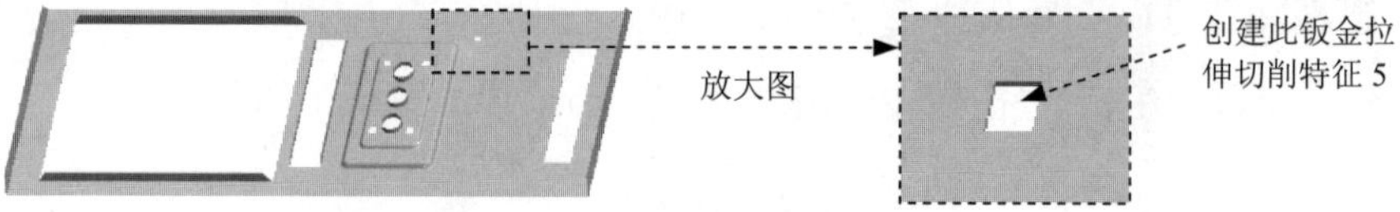

图 19.8.50　拉伸切削特征 5

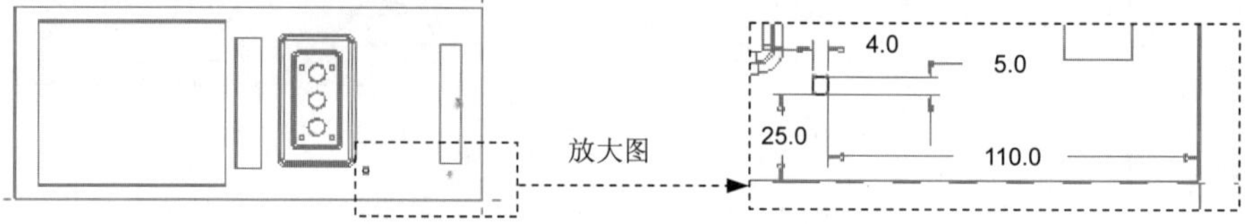

图 19.8.51　截面草图

Step14. 创建图 19.8.52b 所示的阵列特征 1。在模型树中选择 拉伸 5 特征，再右击，从系统弹出的快捷菜单中选择 阵列... 命令，阵列方式为 尺寸；单击 尺寸 选项卡，选取图 19.8.53 中的尺寸 25 为第一方向引导尺寸，尺寸增量为 8.0，个数为 17；尺寸 110 为第二方向引导尺寸，尺寸增量为-7.0，个数为 10。

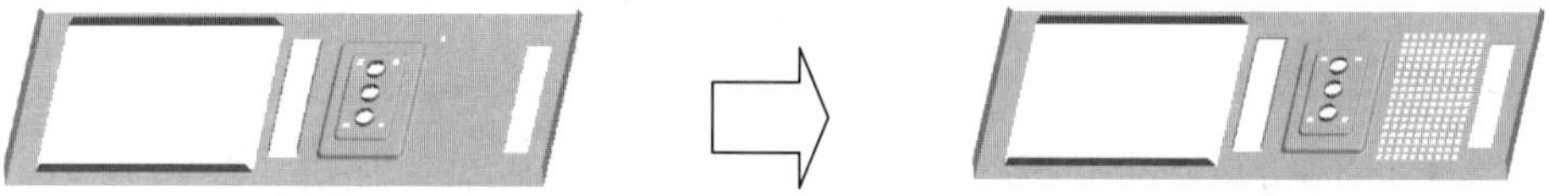

a）阵列前　　b）阵列后

图 19.8.52　阵列特征 1

Step15. 创建图 19.8.54 所示的钣金拉伸切削特征 6。在操控板中单击 拉伸 按钮，确认按钮、按钮和按钮被按下；选取图 19.8.55 所示的模型表面为草绘平面，基准平面 CASE_TOP 为参考平面，方向为 左；单击 草绘 按钮，绘制图 19.8.56 所示的截面草图；在操控板中定义拉伸类型为，选择材料移除的方向类型为。

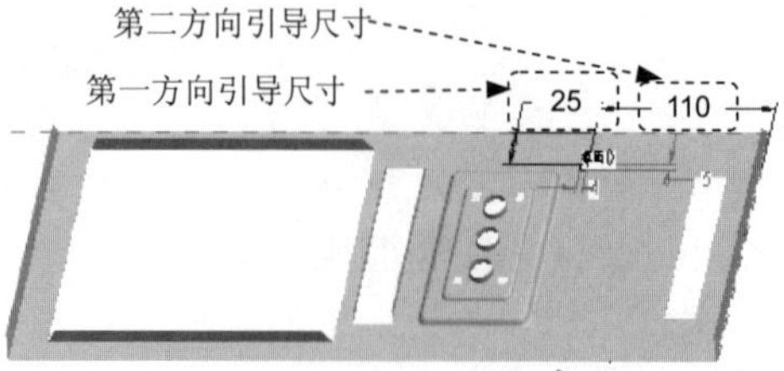

图 19.8.53　阵列引导尺寸

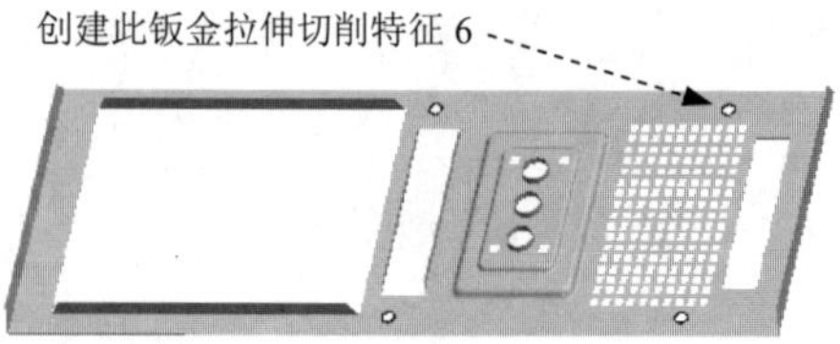

图 19.8.54　拉伸切削特征 6

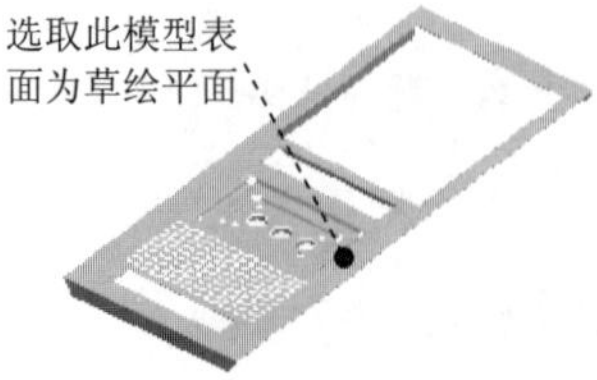

图 19.8.55　草绘平面

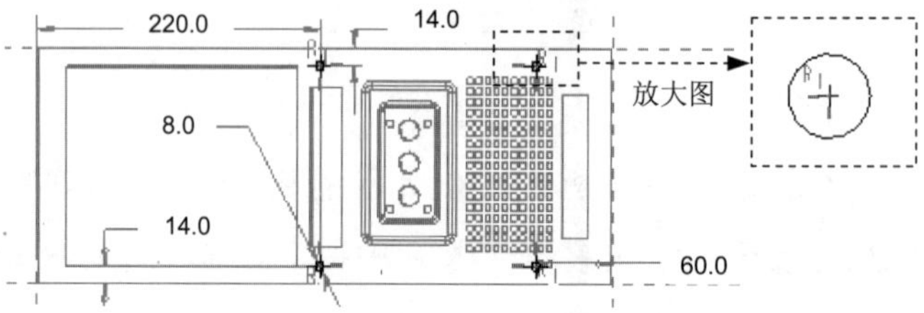

图 19.8.56　截面草图

Step16. 创建图 19.8.57 所示的钣金拉伸切削特征 7，截面草图如图 19.8.58 所示，具体操作过程参见 Step15。

Step17. 保存零件模型文件。

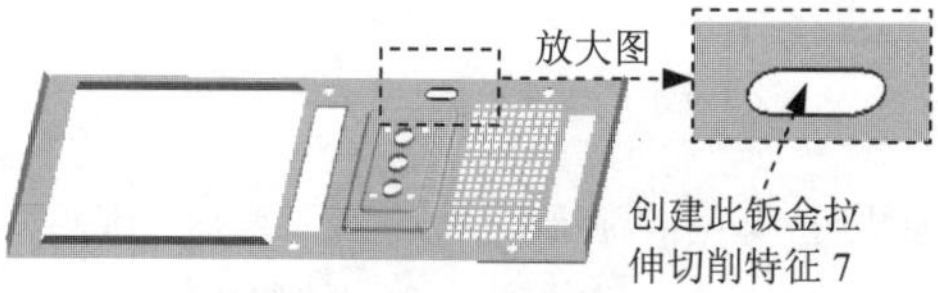

图 19.8.57 拉伸切削特征 7

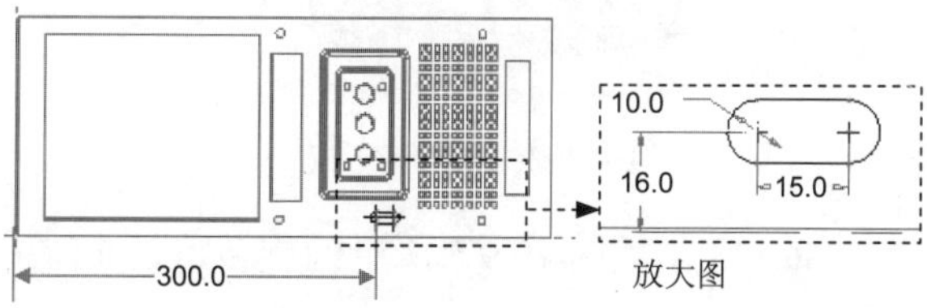

图 19.8.58 截面草图

19.9 机箱底盖的细节设计

零件模型和模型树如图 19.9.1 所示。

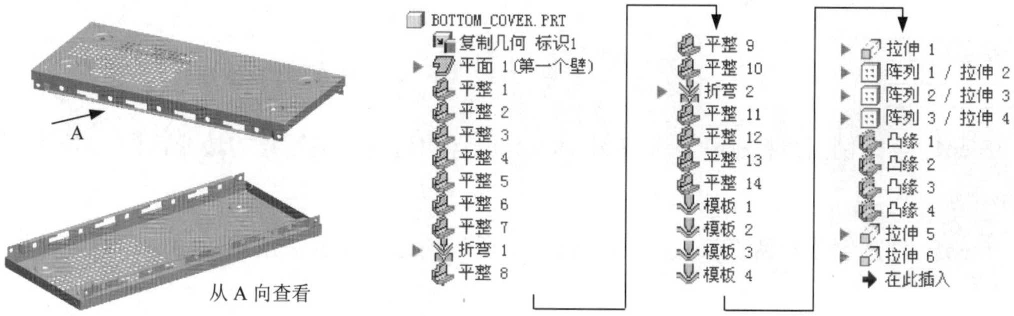

图 19.9.1 零件模型及模型树

Task1. 创建模具 4

模具模型和模型树如图 19.9.2 所示。

图 19.9.2 模具 4 的模型及模型树

Step1. 新建一个零件模型，命名为 SM_COMPUTER_CASE_04。

Step2. 创建图 19.9.3 所示的拉伸特征 1。在操控板中单击“拉伸”按钮 拉伸 。选取 TOP 基准平面为草绘平面，RIGHT 基准平面为参考平面，方向为 右 ；单击 草绘 按钮，绘制图 19.9.4 所示的截面草图；在操控板中定义拉伸类型为 ，输入深度值 10.0。

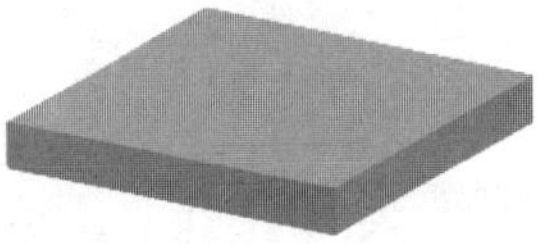

图 19.9.3　拉伸特征 1

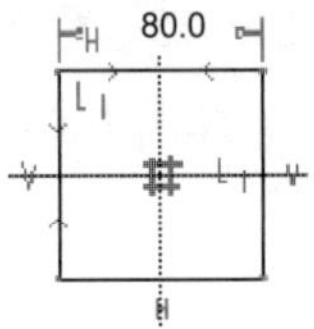

图 19.9.4　截面草图

Step3. 创建图 19.9.5 所示的旋转特征 1。在操控板中单击“旋转”按钮旋转。选取 RIGHT 基准平面为草绘平面，TOP 基准平面为参考平面，方向为下；单击草绘按钮，绘制图 19.9.6 所示的截面草图（包括中心线）；在操控板中选择旋转类型为，在角度文本框中输入角度值 360.0。

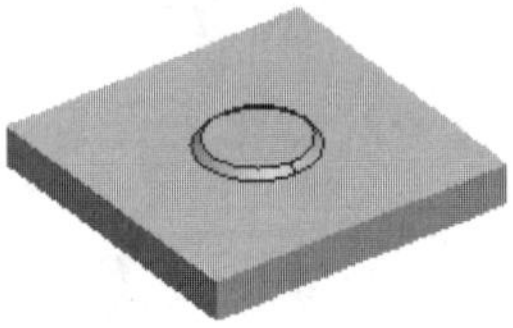

图 19.9.5　旋转特征 1

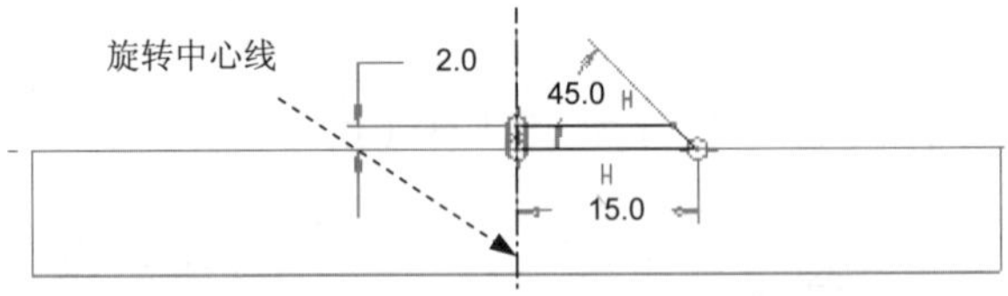

图 19.9.6　截面草图

Step4. 创建倒圆角特征 1。选取图 19.9.7 所示的边链为倒圆角的边线，圆角半径值为 1.0。

Step5. 创建倒圆角特征 2。选取图 19.9.8 所示的边链为倒圆角的边线，圆角半径值为 2.0。

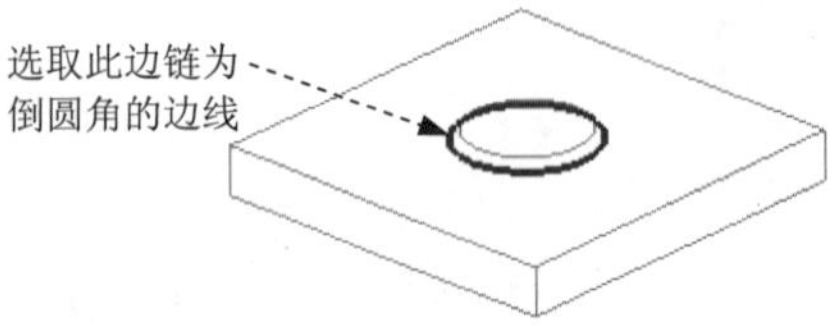

图 19.9.7　选取倒圆角的边线

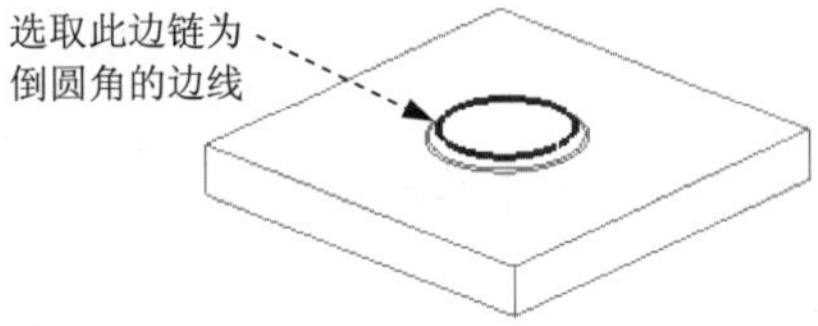

图 19.9.8　选取倒圆角的边线

Step6. 保存零件模型文件。

Task2. 创建机箱底盖

Step1. 在装配件中打开刚创建的机箱底盖零件（BOTTOM_COVER.PRT）。在模型树中选择 BOTTOM_COVER.PRT，然后右击，在系统弹出的快捷菜单中选择打开命令。

Step2. 创建图 19.9.9 所示的平整特征 1。单击模型功能选项卡形状▾区域中的“平整”按钮，选取图 19.9.10 所示的模型边线为附着边。平整壁的形状类型为矩形，折弯角度值为 90.0；单击形状选项卡，在系统弹出的界面中依次设置草图内的尺寸值为 0、15.0、0（图 19.9.11）；单击按钮；确认按钮被按下，并在其后的文本框中输入折弯半径值 0.2，折弯半径所在侧为。

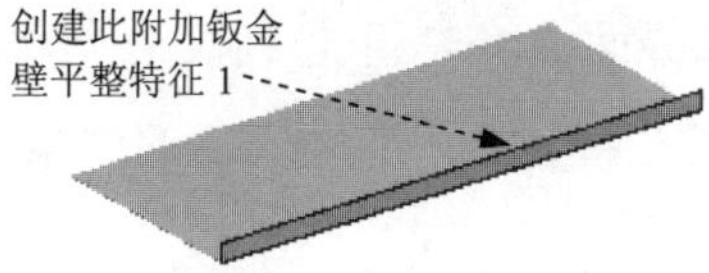

图 19.9.9　平整特征 1

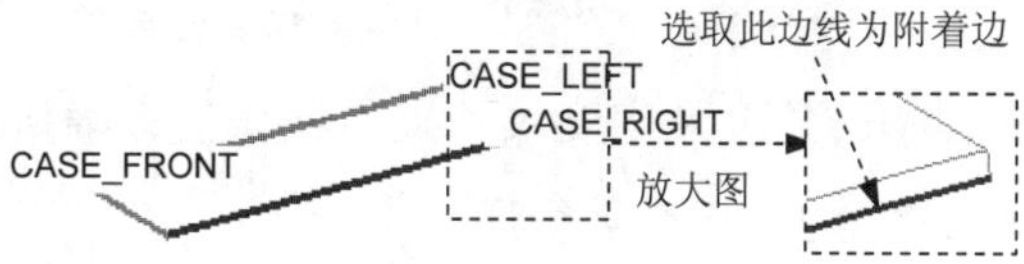

图 19.9.10　定义附着边

Step3. 创建图 19.9.12 所示的平整特征 2，详细操作过程参见 Step2。

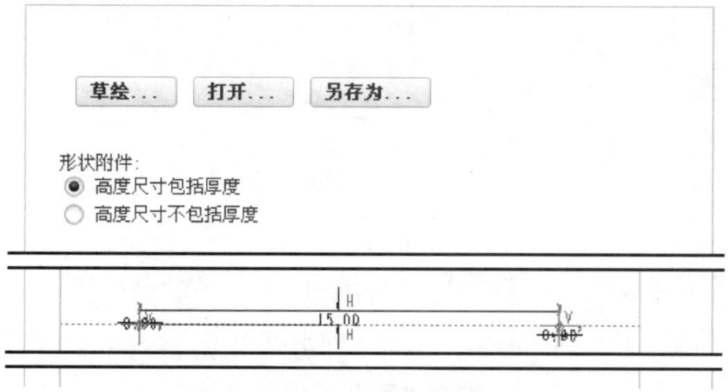

图 19.9.11　设置形状参数

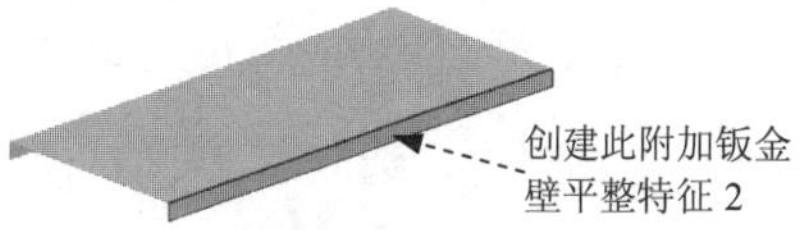

图 19.9.12　平整特征 2

Step4. 创建图 19.9.13 所示的平整特征 3。单击 模型 功能选项卡 形状▼ 区域中的“平整”按钮，选取图 19.9.14 所示的模型边线为附着边。平整壁的形状类型为 用户定义，折弯角度值为 90.0；单击 形状 选项卡，在系统弹出的界面中单击 草绘... 按钮，接受系统默认的草绘参考，方向为 上，再单击 草绘 按钮，绘制图 19.9.15 所示的截面草图；单击 止裂槽 选项卡，在系统弹出的界面中 类型 下拉列表框中选择 扯裂 选项；单击 按钮；确认 按钮被按下，并在其后的文本框中输入折弯半径值 0.2，折弯半径所在侧为 。

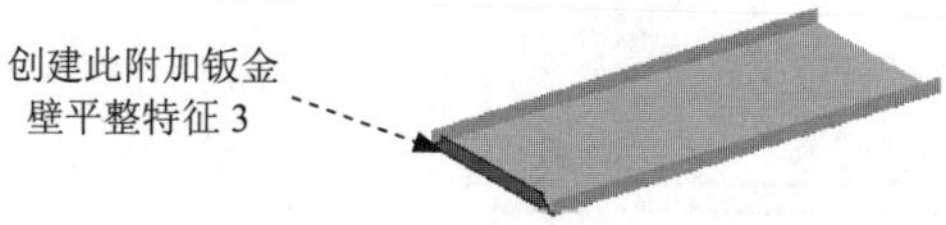

图 19.9.13　平整特征 3

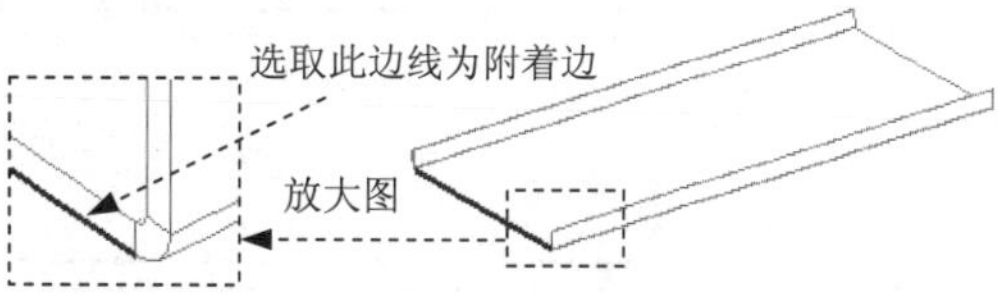

图 19.9.14　定义附着边

Step5. 创建图 19.9.16 所示的平整特征 4，详细操作过程参见 Step4。

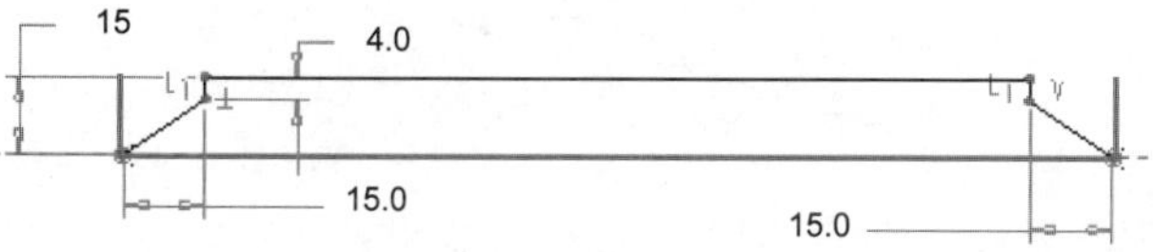

图 19.9.15　截面草图

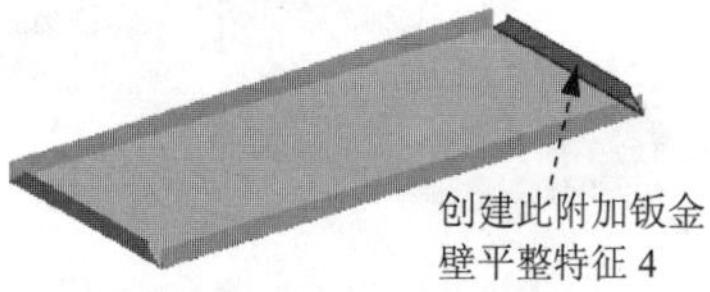

图 19.9.16　平整特征 4

Step6. 创建图 19.9.17 所示的平整特征 5。单击 模型 功能选项卡 形状▼ 区域中的“平整”按钮，选取图 19.9.18 所示的模型边线为附着边。平整壁的形状类型为 矩形，折弯角度值为 90.0；单击形状选项卡，在系统弹出的界面中依次设置草图内的尺寸值为−25.0、9.0、−25.0（图 19.9.19）；单击止裂槽选项卡，在系统弹出的界面中类型下拉列表框中选择拉伸选项，止裂槽的角度及宽度尺寸采用默认值；确认按钮被按下，并在其后的文本框中输入折弯半径值 0.2，折弯半径所在侧为。

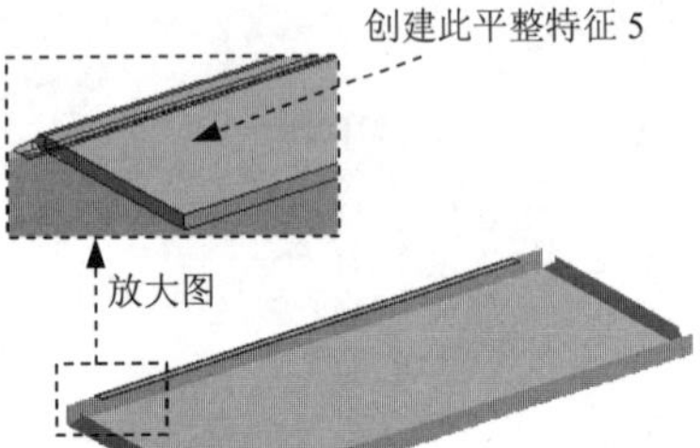

图 19.9.17　平整特征 5

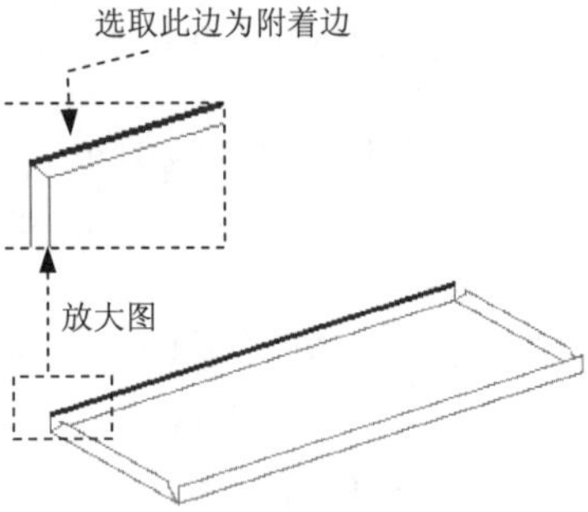

图 19.9.18　定义附着边

Step7. 创建图 19.9.20 所示的平整特征 6。单击模型功能选项卡形状▼区域中的“平整”按钮，选取图 19.9.21 所示的模型边线为附着边。平整壁的形状类型为矩形，折弯角度值为 90.0；单击形状选项卡，在系统弹出的界面中依次设置草图内的尺寸值为 0.0、15.0、0.0；然后单击止裂槽选项卡，在系统弹出的界面中类型下拉列表框中选择扯裂选项；确认按钮被按下，并在其后的文本框中输入折弯半径值 0.2，折弯半径所在侧为。

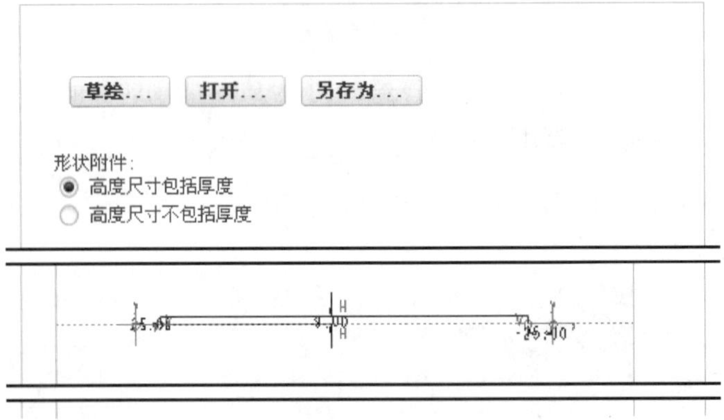

图 19.9.19　设置形状参数

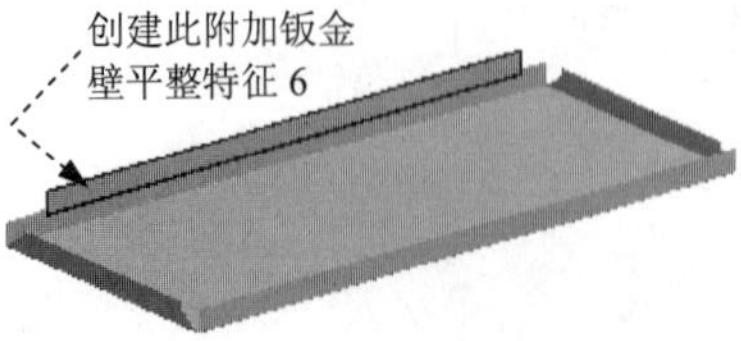

图 19.9.20　平整特征 6

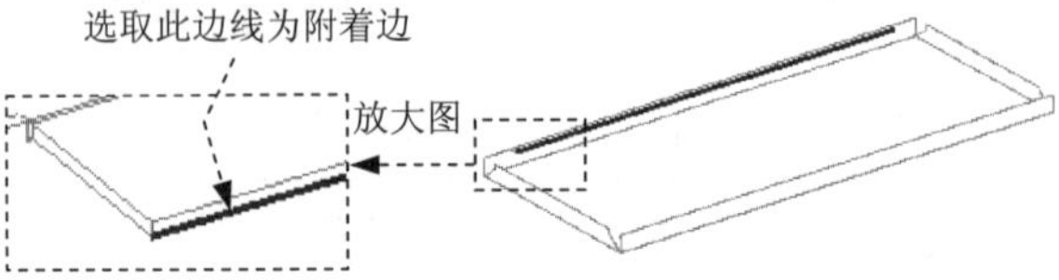

图 19.9.21　定义附着边

Step8. 创建图 19.9.22 所示的平整特征 7。单击模型功能选项卡形状▼区域中的“平整”按钮，选取图 19.9.23 所示的模型边线为附着边。平整壁的形状类型为矩形，折弯角度值为 90.0；单击 形状 选项卡，在系统弹出的界面中依次设置草图内的尺寸值为 0、9.0、0（图 19.9.24）；然后单击 止裂槽 选项卡，在系统弹出的界面中 类型 下拉列表框中选择 扯裂 选项；确认按钮被按下，并在其后的文本框中输入折弯半径值 0.2，折弯半径所在侧为。

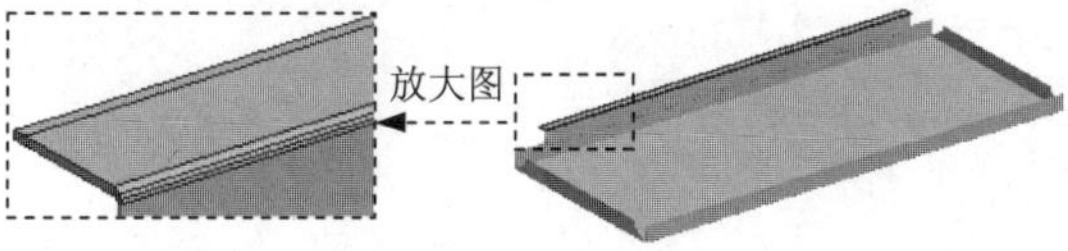

图 19.9.22　平整特征 7

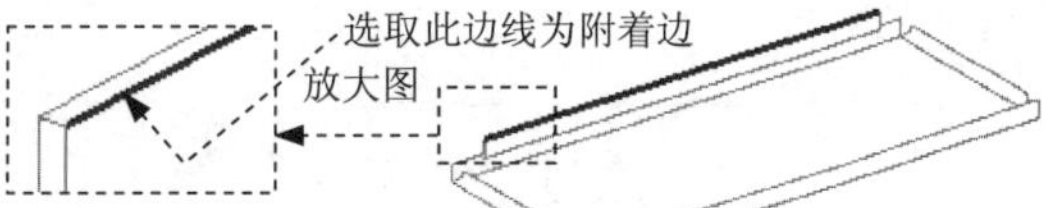

图 19.9.23　定义附着边

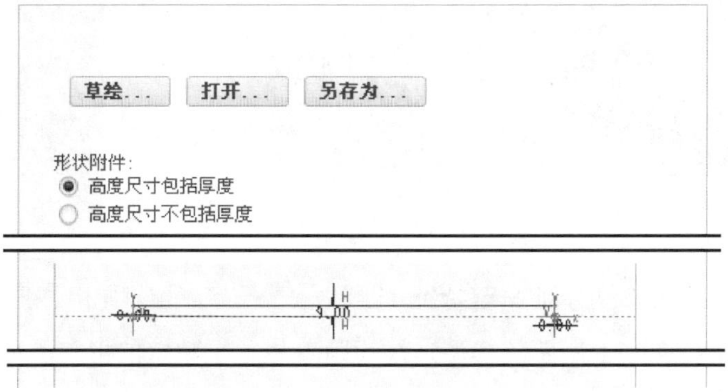

图 19.9.24　设置形状参数

Step9. 创建图 19.9.25 所示的折弯特征 1。

（1）单击 模型 功能选项卡 折弯 区域中的 折弯 按钮。

（2）选取折弯类型。在操控板中单击按钮和按钮（使其处于被按下的状态）。

（3）绘制折弯线。单击 折弯线 选项卡，选取图 19.9.26 所示的薄板表面为草绘平面，再单击系统弹出的界面中的 草绘... 按钮，再在系统弹出的参考界面中选取 CASE_BACK 和 CASE_LIFE 基准平面为参考平面；单击 关闭(C) 按钮，进入草绘环境，绘制图 19.9.27 所示的折弯线。

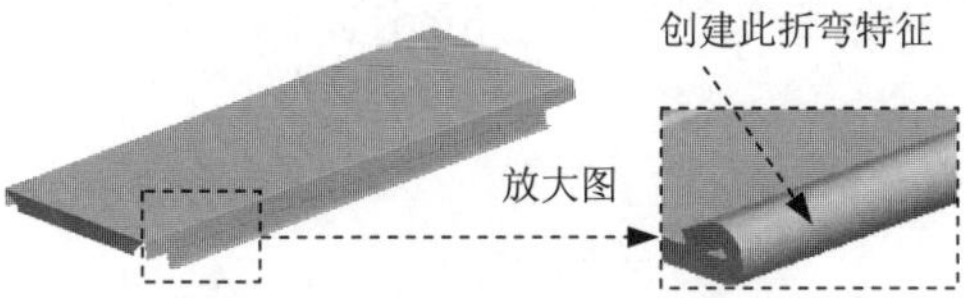

图 19.9.25　折弯特征 1

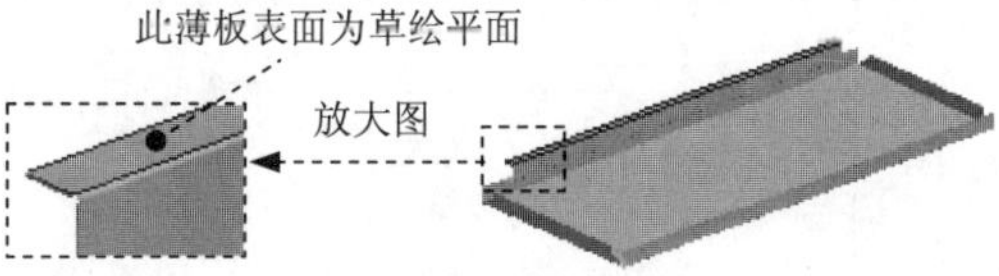

图 19.9.26　草绘平面

（4）定义折弯属性。单击 止裂槽 选项卡，在系统弹出的界面中的 类型 下拉列表框中选择 无止裂槽 选项，在后文本框中输入折弯角度值 195.0，在后的文本框中输入折弯半径值 0.1，折弯半径所在侧为；固定侧方向与折弯侧方向如图 19.9.28 所示。

（5）单击操控板中的按钮，完成折弯特征 1 的创建。

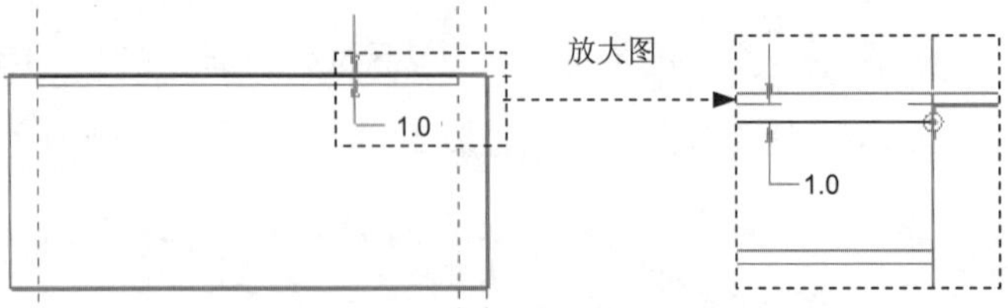

图 19.9.27　折弯线

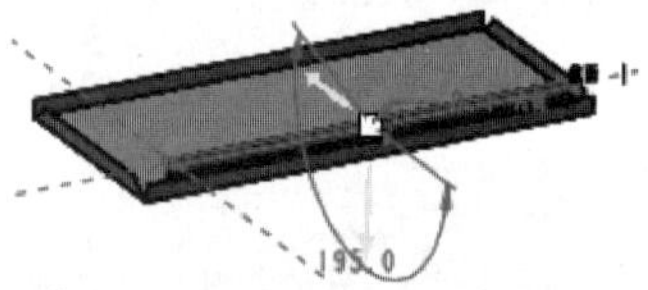

图 19.9.28　定义折弯侧和固定侧

Step10. 用同样的方法创建另一侧的平整特征和折弯特征 2（图 19.9.29），详细操作步骤参见 Step6 ~Step9。

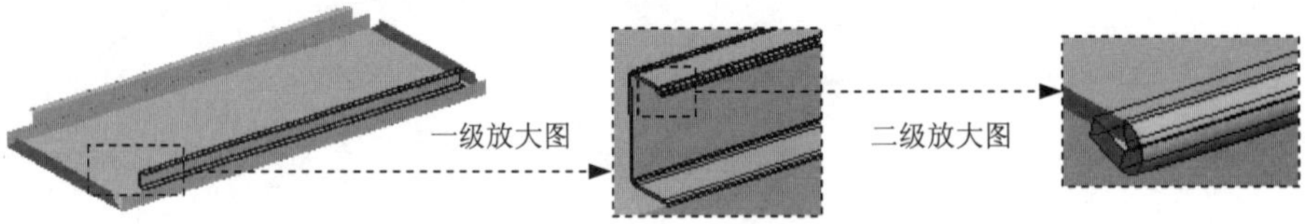

图 19.9.29　折弯特征 2

Step11. 创建图 19.9.30 所示的平整特征 11。单击 模型 功能选项卡 形状 ▾ 区域中的“平整”按钮，选取图 19.9.31 所示的模型边线为附着边。平整壁的形状类型为 用户定义，折弯角度值为 90.0；单击 形状 选项卡，在弹出的界面中单击 草绘... 按钮，在系统弹出的界面中接受系统默认的参考平面，方向为 上；单击 草绘 按钮，绘制图 19.9.32 所示的截面草图（图形不能封闭）；确认按钮被按下，并在其后的文本框中输入折弯半径值 0.2，折弯半径所在侧为。

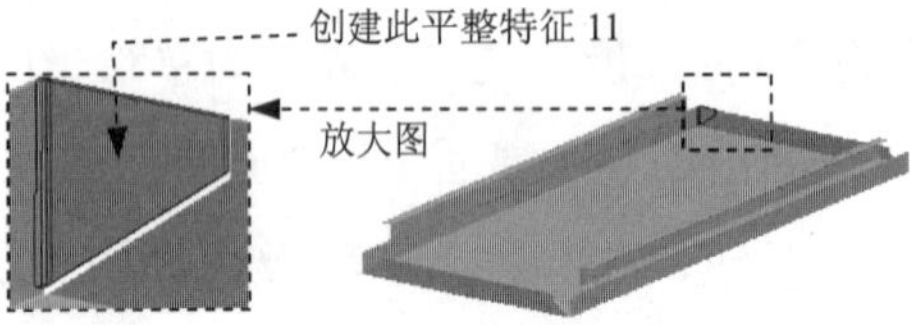

图 19.9.30　平整特征 11

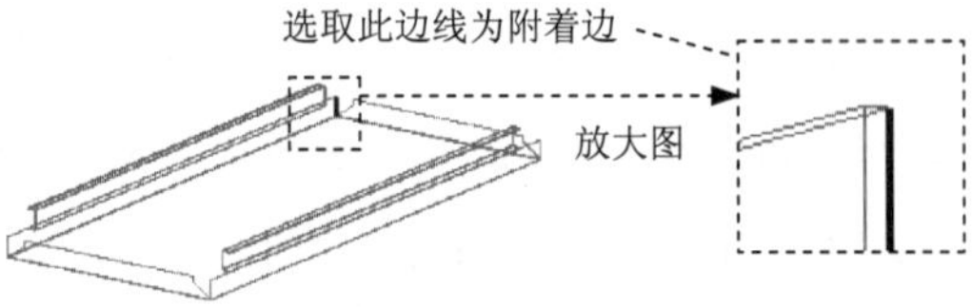

图 19.9.31　定义附着边

Step12. 创建图 19.9.33 所示的平整特征 12，详细操作过程参见 Step11。

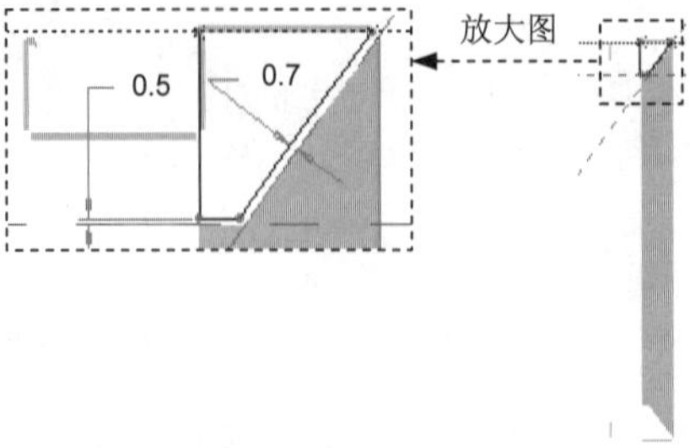

图 19.9.32　截面草图

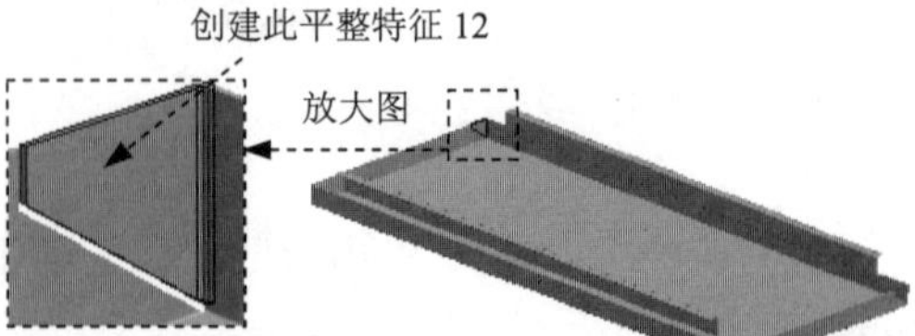

图 19.9.33　平整特征 12

Step13. 创建图 19.9.34 所示的平整特征 13，详细操作过程参见 Step11。

Step14. 创建图 19.9.35 所示的平整特征 14，详细操作过程参见 Step11。

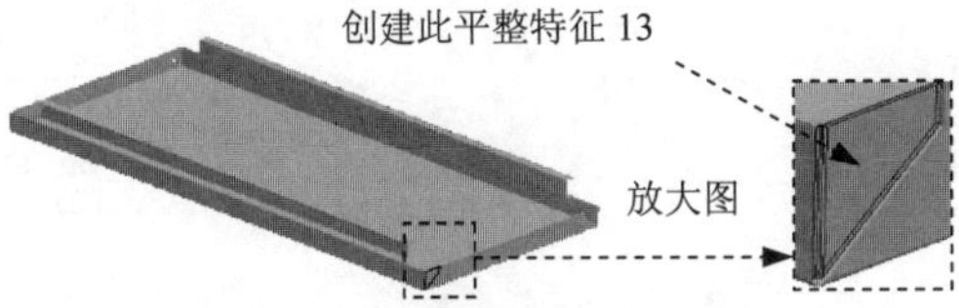

图 19.9.34 平整特征 13

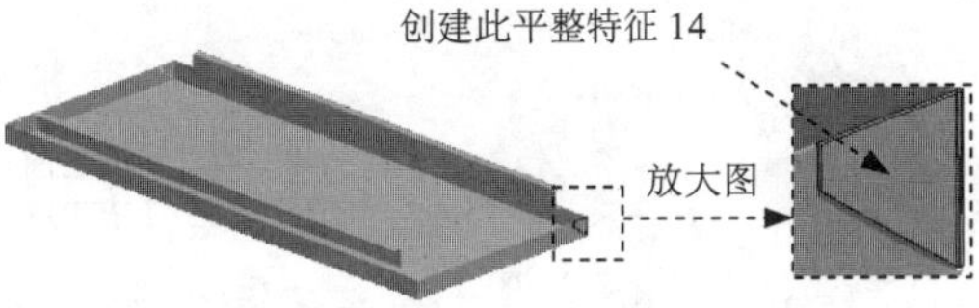

图 19.9.35 平整特征 14

Step15. 创建图 19.9.36 所示的凸模成形特征 1。

（1）选择命令。单击 模型 功能选项卡 工程 ▾ 区域 节点下的 凸模 按钮。

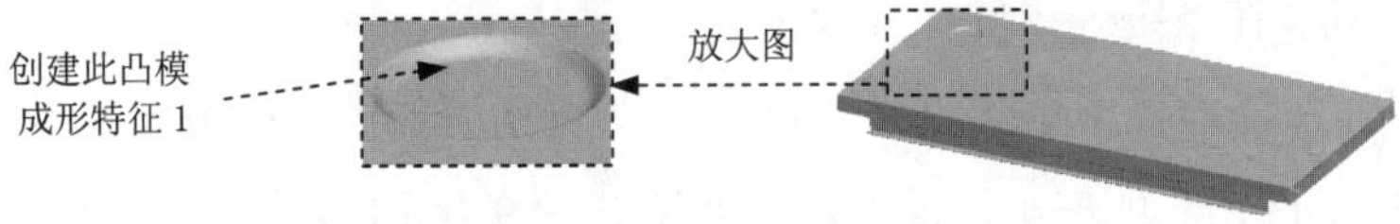

图 19.9.36 凸模成形特征 1

（2）选择模具文件。在系统弹出的“凸模”操控板中单击 按钮，系统弹出“打开”对话框，选择文件 sm_computer_case_04.prt 作为成形模具。

（3）定义成形模具的放置。单击操控板中的 放置 选项卡，在弹出的界面中选中 ☑ 约束已启用 复选框，并添加图 19.9.37 所示的三组位置约束。

（4）确认图 19.9.38 所示的方向为冲孔方向。

（5）在操控板中单击“完成”按钮，完成凸模成形特征 1 的创建。

Step16. 创建图 19.9.39 所示的凸模成形特征 2。单击 模型 功能选项卡 工程 ▾ 区域 节点下的 凸模 按钮；在系统弹出的操控板中单击 按钮，系统弹出“打开”对话框，选择 sm_computer_case_04.prt 文件作为成形模具；在操控板中单击 放置 选项卡，在系统弹出的界面中选中 ☑ 约束已启用 复选框，并添加图 19.9.40 所示的三组位置约束；选取图 19.6.41 所示的方向为冲孔方向。

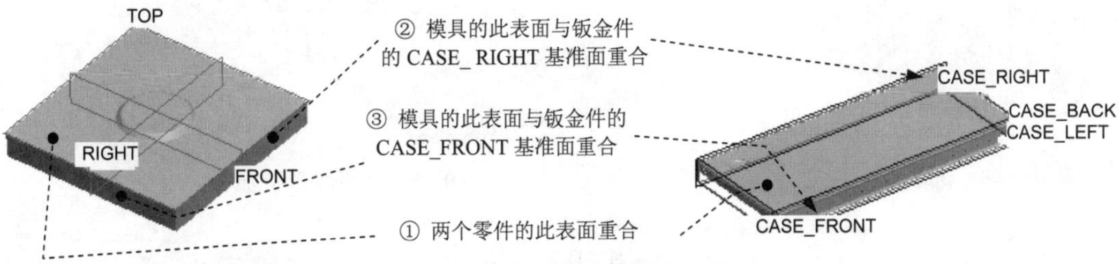

图 19.9.37 定义成形模具的放置

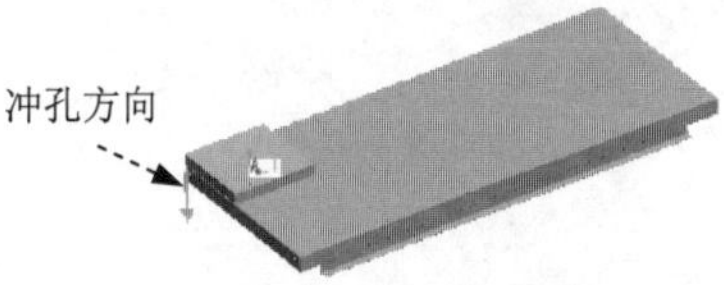

图 19.9.38 选取冲孔方向

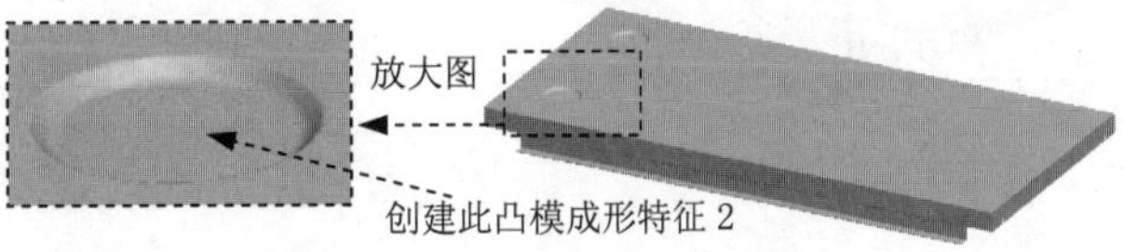

图 19.9.39 凸模成形特征 2

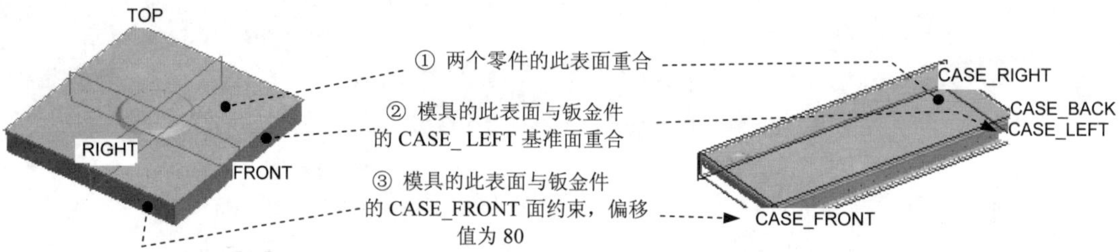

图 19.9.40 定义成形模具的放置

Step17. 创建图 19.9.42 所示的凸模成形特征 3。单击 模型 功能选项卡 工程▾ 区域节点下的 凸模 按钮；在系统弹出的操控板中单击按钮，选择 sm_computer_case_04.prt 文件作为成形模具；在操控板中单击 放置 选项卡，在系统弹出的界面中选中 ☑约束已启用 复选框，并添加图 19.9.43 所示的三组位置约束；选取图 19.9.44 所示的方向为冲孔方向。

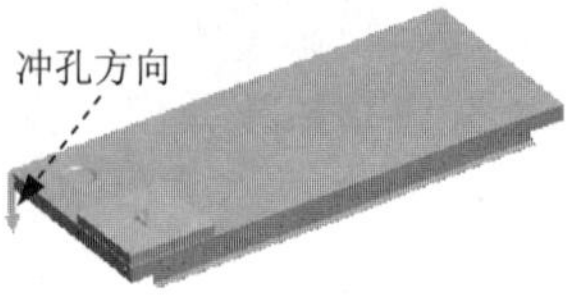

图 19.9.41 选取冲孔方向

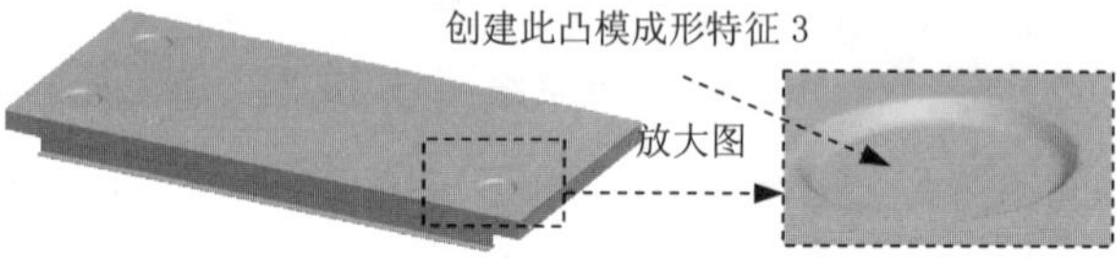

图 19.9.42 凸模成形特征 3

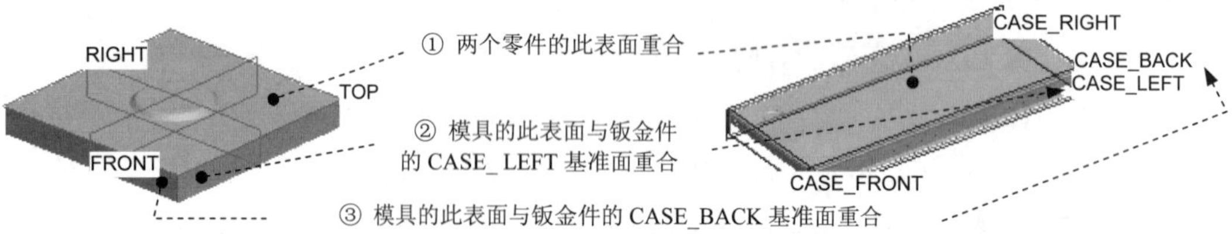

图 19.9.43 定义成形模具的放置

Step18. 创建图 19.9.45 所示的凸模成形特征 4，成形模具放置的操作过程如图 19.9.46 所示，详细操作过程参见 Step17。

图 19.9.44 选取冲孔方向

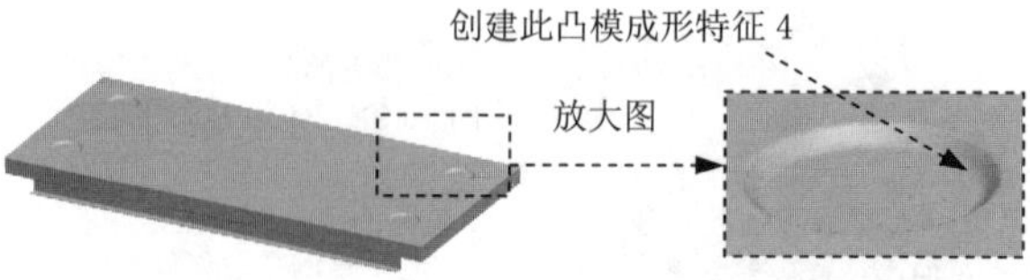

图 19.9.45 凸模成形特征 4

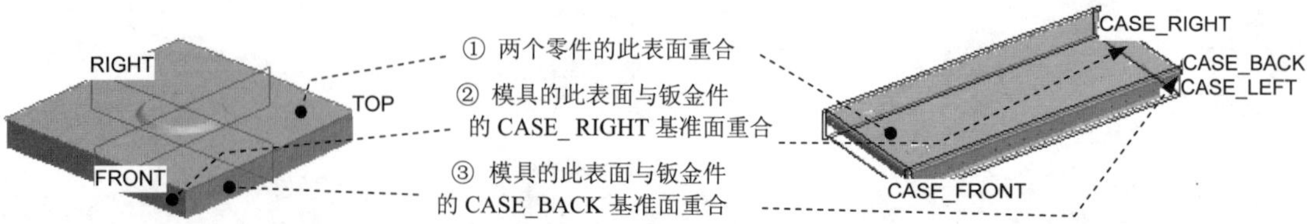

图 19.9.46 定义成形模具的放置

Step19. 创建图 19.9.47 所示的钣金拉伸切削特征 1。在操控板中单击 拉伸 按钮，确认按钮、按钮和按钮被按下；选取图 19.9.48 所示的模型表面为草绘平面，基准平面 CASE_BACK 为参考平面，方向为左；单击草绘按钮，绘制图 19.9.49 所示的截面草图；在操控板中定义拉伸类型为，选择材料移除的方向类型为。

图 19.9.47　拉伸切削特征 1

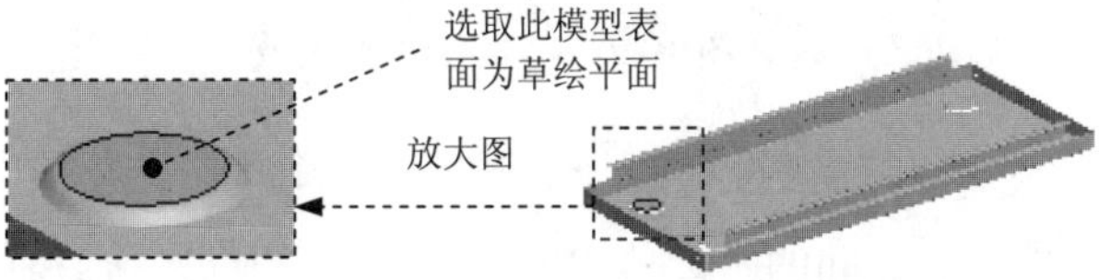

图 19.9.48　草绘平面

图 19.9.49　截面草图

Step20. 创建图 19.9.50 所示的钣金拉伸切削特征 2。在操控板中单击拉伸按钮，确认按钮、按钮和按钮被按下；选取图 19.9.51 所示的模型表面为草绘平面，基准平面 CASE_BACK 为参考平面，方向为右；单击草绘按钮，绘制图 19.9.52 所示的截面草图，接受系统默认的方向为移除材料的方向，在操控板中定义拉伸类型为，选择材料移除的方向类型为。

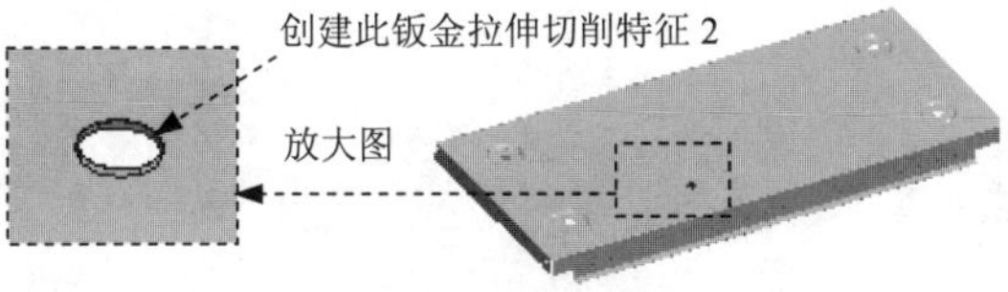

图 19.9.50　拉伸切削特征 2

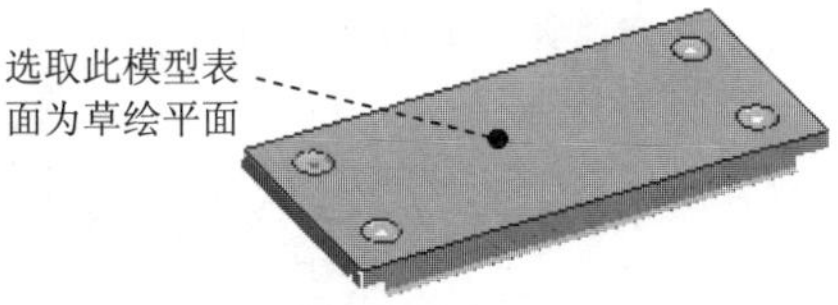

图 19.9.51　草绘平面

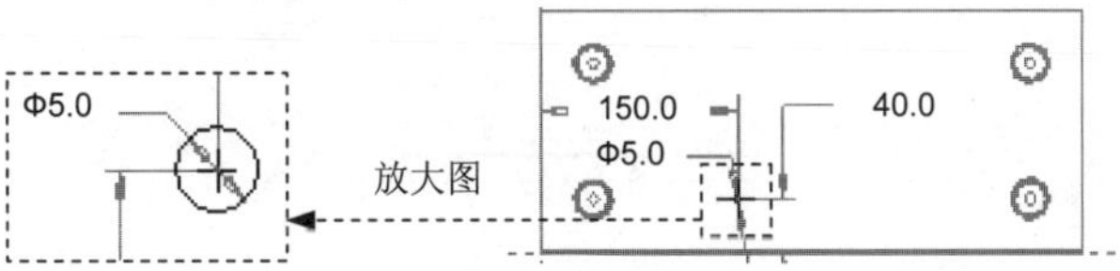

图 19.9.52　截面草图

Step21. 创建图 19.9.53 所示的阵列特征 1。

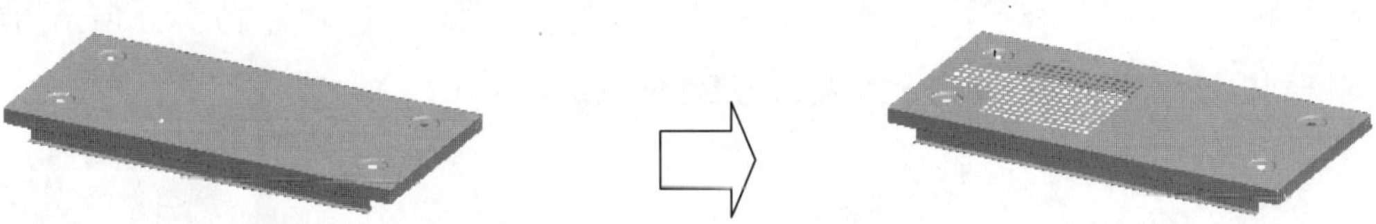

a）阵列前　　b）阵列后

图 19.9.53　阵列特征 1

（1）在模型树中选择拉伸 2 特征，再右击，从系统弹出的快捷菜单中选择阵列...命令。

（2）选取阵列类型。在操控板中选择以填充方式控制阵列。

（3）绘制填充区域。在绘图区中右击，从系统弹出的快捷菜单中选择定义内部草绘...命令，选取图 19.9.54 所示的表面为草绘平面，基准平面 CASE_BACK 为参考平面，方向为右；单击草绘按钮，绘制图 19.9.55 所示的草绘图作为填充区域。

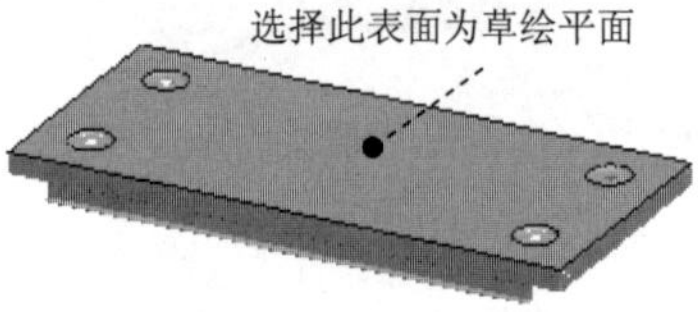

图 19.9.54　草绘平面

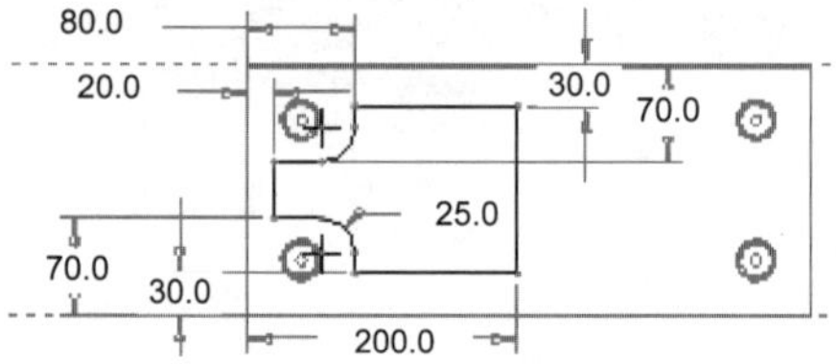

图 19.9.55　绘制填充区域

（4）设置填充阵列形式并输入控制参数值。在操控板的下拉列表中单击按钮（以长方形阵列分隔各成员）；输入阵列成员中心之间的距离值 8.5，输入阵列成员中心和草绘边界之间的最小距离值 1.0，输入栅格绕原点的旋转角度值 0.0。

（5）在操控板中单击按钮，完成阵列特征 1 的创建。

Step22. 创建图 19.9.56 所示的钣金拉伸切削特征 3。在操控板中单击拉伸按钮，确认按钮、按钮和按钮被按下；选取图 19.9.57 所示的模型表面为草绘平面，基准平面 CASE_BOTTOM 为参考平面，方向为底部；单击草绘按钮，绘制图 19.9.58 所示的截面草图；在操控板中定义拉伸类型为，选择材料移除的方向类型为。

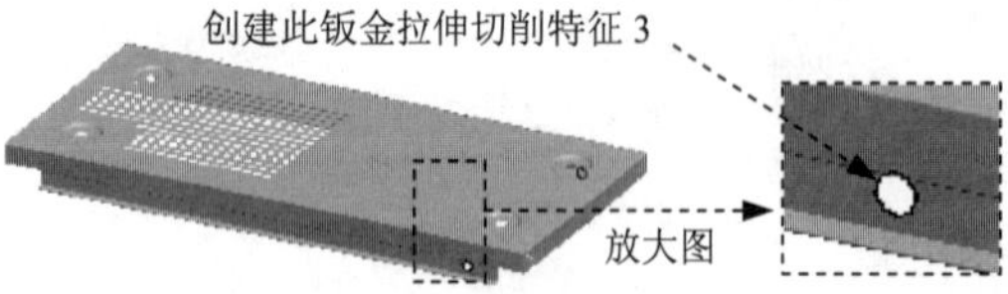

图 19.9.56　拉伸切削特征 3

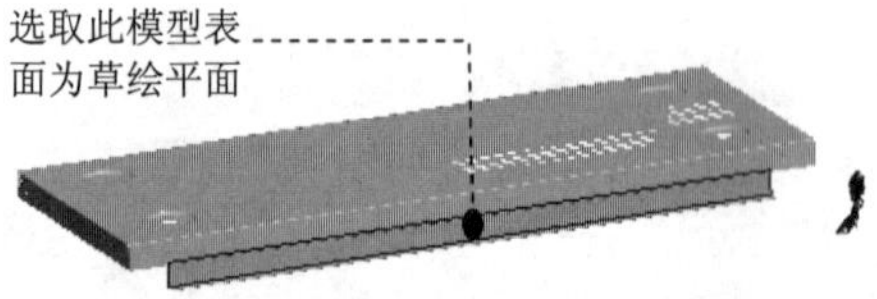

图 19.9.57　草绘平面

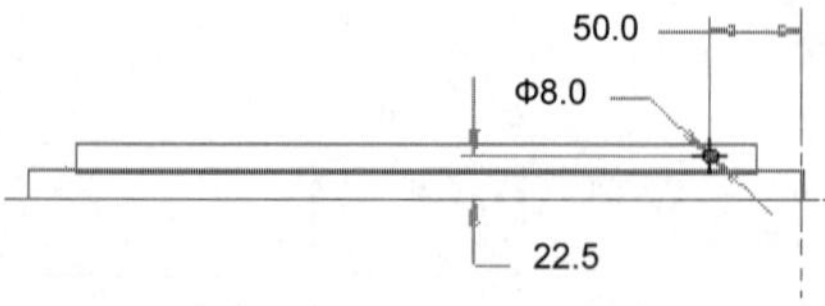

图 19.9.58　截面草图

Step23. 创建图 19.9.59 所示的阵列特征 2。在模型树中选择拉伸 3 特征，右击，从系统弹出的快捷菜单中选择阵列...命令，阵列方式的类型为尺寸；选取图 19.9.60 所示的第一方向阵列引导尺寸 50.0；阵列个数为 5，尺寸增量值为 80.0。

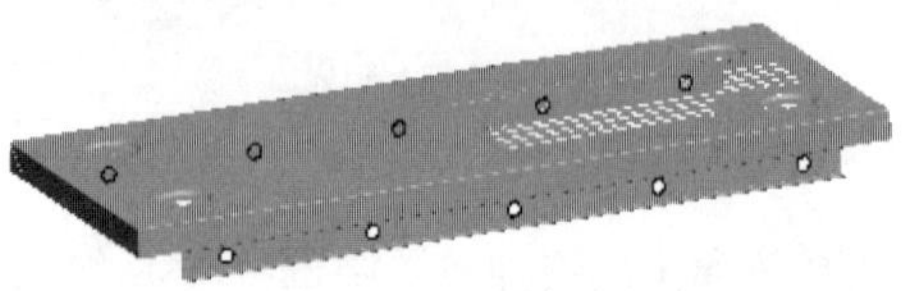

图 19.9.59　阵列特征 2

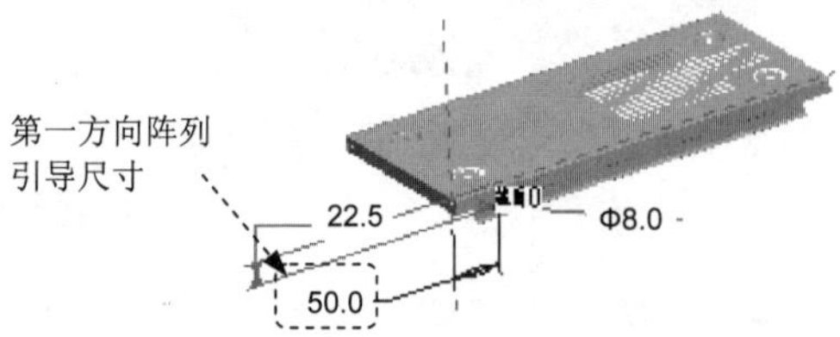

图 19.9.60　阵列引导尺寸

Step24. 创建图 19.9.61 所示的钣金拉伸切削特征 4。在操控板中单击 拉伸 按钮，确认按钮、按钮和按钮被按下；选取图 19.9.62 所示的模型表面为草绘平面，基准平面 CASE_BOTTOM 为参考平面，方向为 下；单击 草绘 按钮，绘制图 19.9.63 所示的截面草图；在操控板中定义拉伸类型为，选择材料移除的方向类型为。

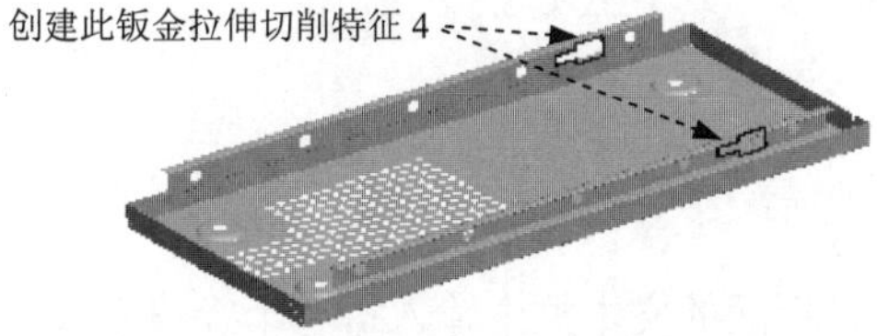

图 19.9.61　拉伸切削特征 4

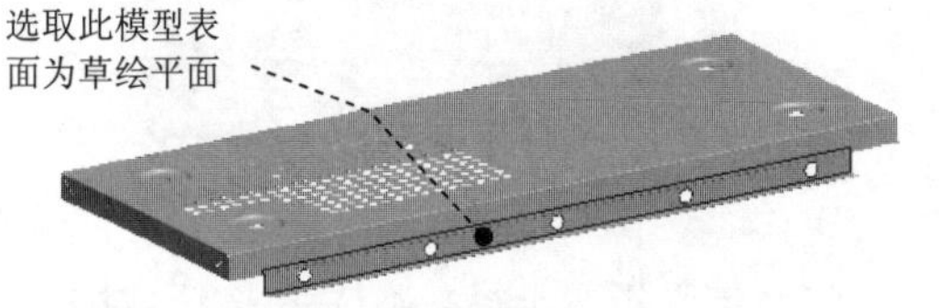

图 19.9.62　草绘平面

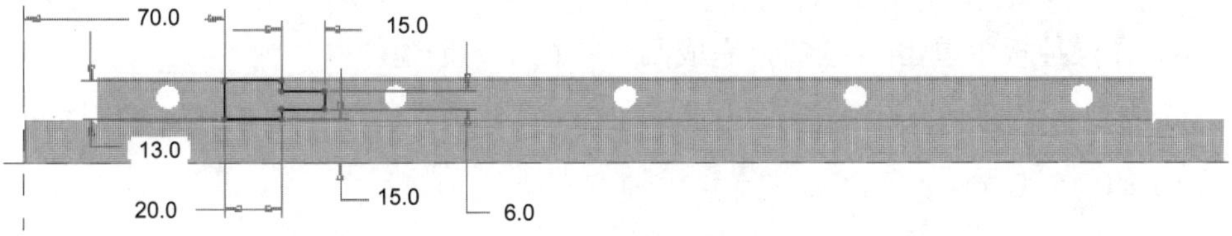

图 19.9.63　截面草图

Step25. 创建图 19.9.64 所示的阵列特征 3。在模型树中选择 拉伸 4 特征，右击，在系统弹出的快捷菜单中选择 阵列... 命令，阵列方式的类型为 尺寸；选取图 19.9.65 所示的第一方向阵列引导尺寸 70.0；阵列个数为 4，尺寸增量值为 80.0。

Step26. 创建图 19.9.66 所示的凸缘特征 1。

（1）单击 模型 功能选项卡 形状 ▾ 区域中的“法兰”按钮，系统弹出“凸缘”操控板。

（2）选取附着边。选取图 19.9.67 所示的模型边线为附着边。

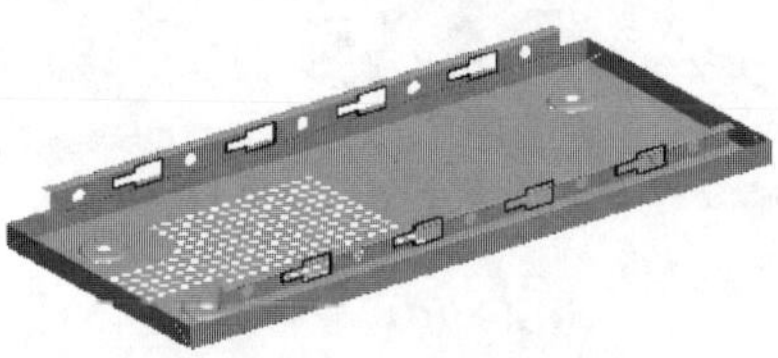

图 19.9.64　阵列特征 3

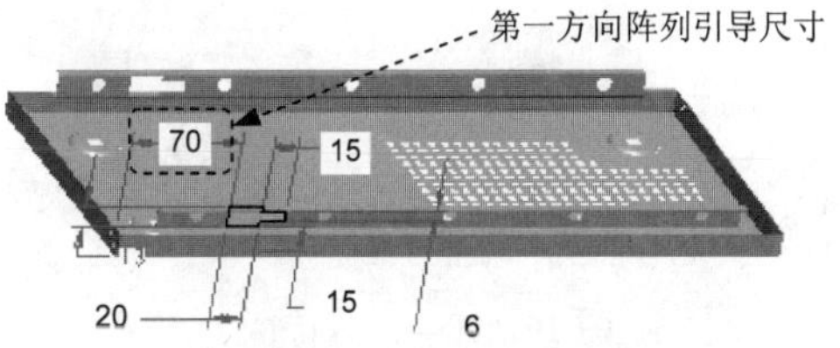

图 19.9.65　阵列引导尺寸

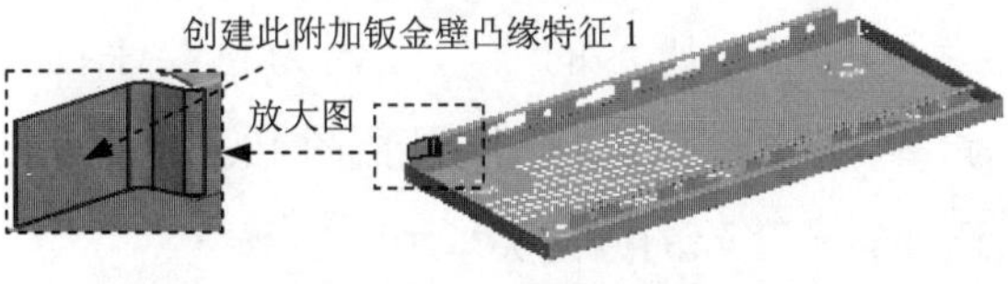

图 19.9.66　凸缘特征 1

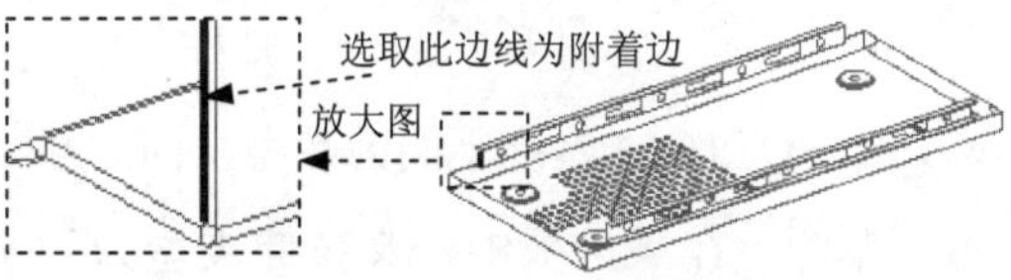

图 19.9.67　定义附着边

（3）选取平整壁的形状类型。在操控板中选择形状类型为 用户定义。

（4）定义“法兰”附加钣金壁的轮廓。单击 形状 选项卡，在系统弹出的界面中单击 草绘... 按钮，系统弹出“草绘”对话框，选中 ◉ 薄壁端 单选项，单击 草绘 按钮，绘制图 19.9.68 所示的截面草图。

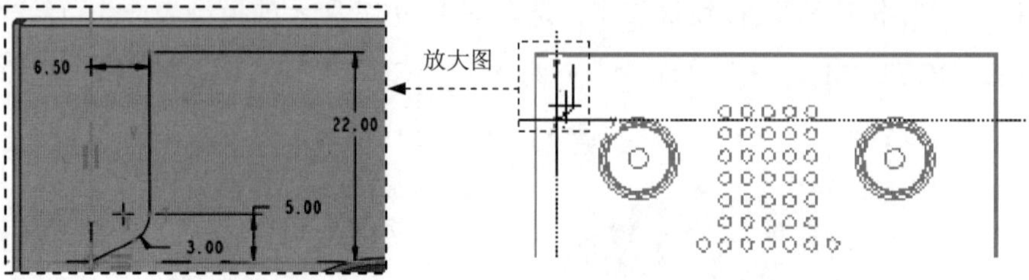

图 19.9.68　截面草图

（5）定义折弯半径。确认按钮被按下，然后在后面的文本框中输入折弯半径值 0.2，折弯半径所在侧为。

（6）在操控板中单击按钮，完成凸缘特征 1 的创建。

Step27. 创建图 19.9.69 所示的凸缘特征 2，具体操作过程参见 Step26 中附加钣金壁凸缘特征 1 的创建过程。

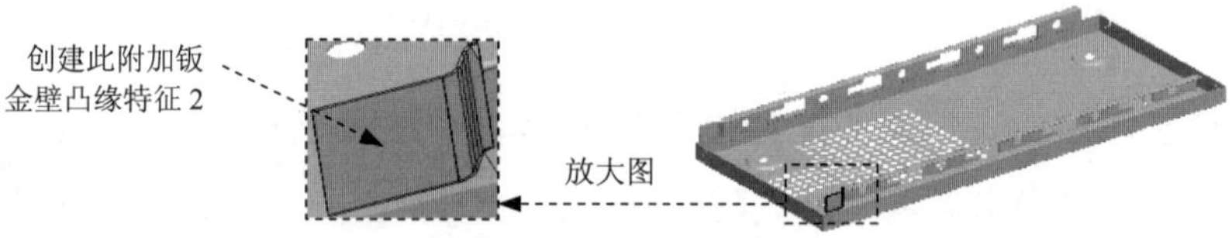

图 19.9.69　凸缘特征 2

Step28. 创建图 19.9.70 所示的凸缘特征 3，具体操作过程参见 Step26 中凸缘特征 1 的创建过程。

Step29. 创建图 19.9.71 所示的凸缘特征 4，具体操作过程参见 Step26 中凸缘特征 1 的创建过程。

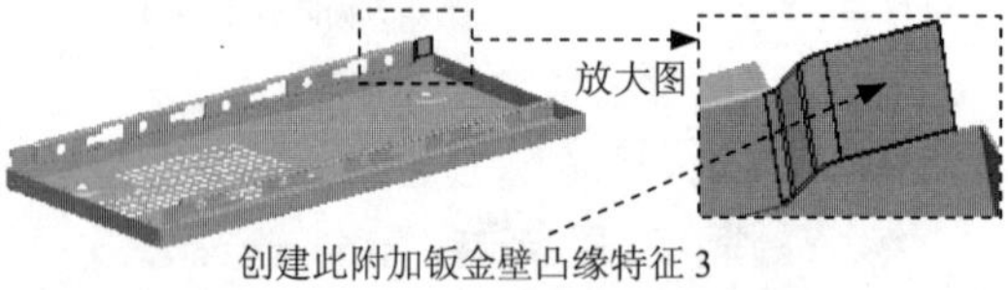

图 19.9.70　凸缘特征 3

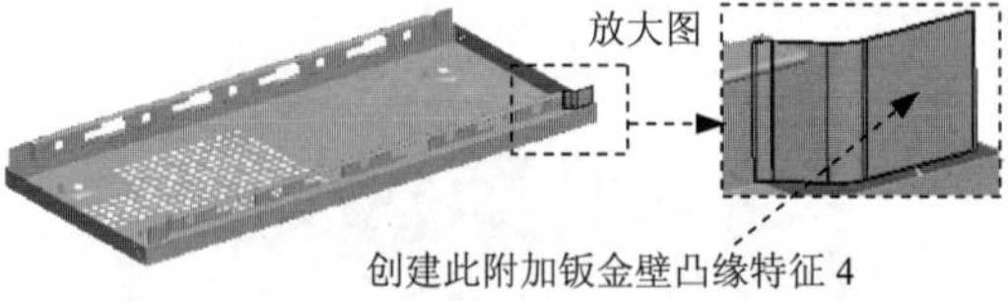

图 19.9.71　凸缘特征 4

Step30. 创建图 19.9.72 所示的钣金拉伸切削特征 5。在操控板中单击 拉伸 按钮，确认按钮、按钮和按钮被按下；选取图 19.9.73 所示的模型表面为草绘平面，CASE_BOTTOM 基准平面为参考平面，方向为 下；单击 草绘 按钮，绘制图 19.9.74 所示的截面草图；在操控板中定义拉伸类型为，选择材料移除的方向类型为。

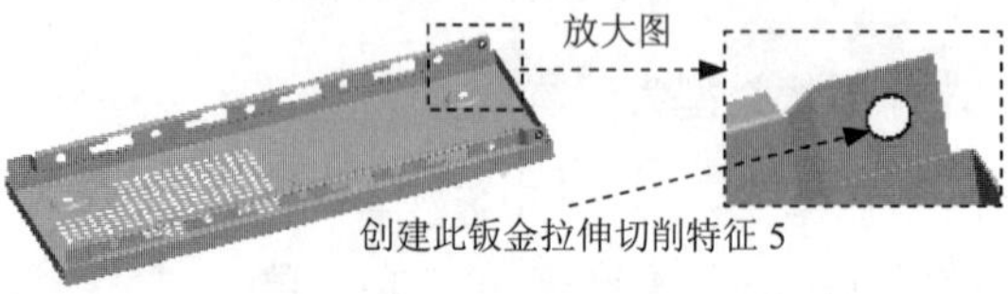

图 19.9.72　拉伸切削特征 5

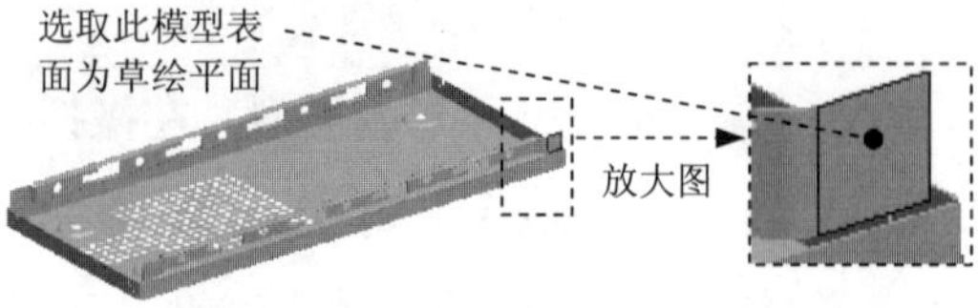

图 19.9.73　草绘平面

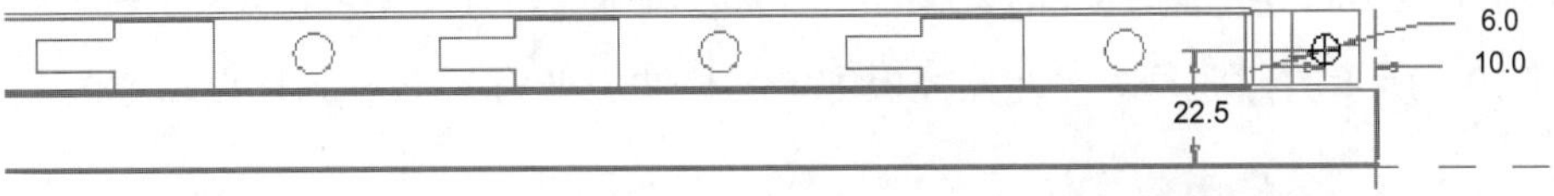

图 19.9.74 截面草图

Step31. 创建图 19.9.75 所示的钣金拉伸切削特征 6，具体操作过程参见 Step30 中钣金拉伸切削特征 5 的创建过程。

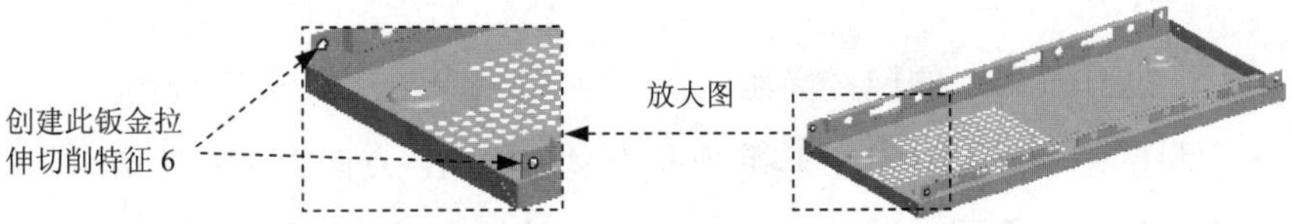

图 19.9.75 拉伸切削特征 6

Step32. 保存零件模型文件。

19.10 机箱主板支撑架的细节设计

零件模型和模型树如图 19.10.1 所示。

Task1. 创建模具 5

模具模型和模型树如图 19.10.2 所示。

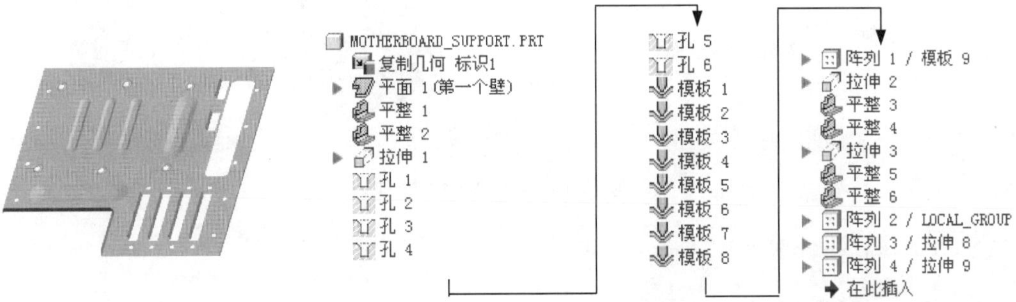

图 19.10.1 零件模型及模型树

图 19.10.2 模具 5 的模型及模型树

Step1. 新建一个零件模型，命名为 SM_COMPUTER_CASE_05。

Step2. 创建图 19.10.3 所示的拉伸特征 1。在操控板中单击“拉伸”按钮 拉伸。选取

TOP 基准平面为草绘平面，RIGHT 基准平面为参考平面，方向为右；单击草绘按钮，绘制图 19.10.4 所示的截面草图；在操控板中定义拉伸类型为⊔⊔，输入深度值 8.0。

图 19.10.3　拉伸特征 1

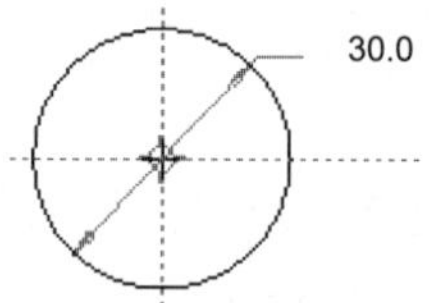

图 19.10.4　截面草图

Step3. 创建图 19.10.5 所示的旋转特征 1。在操控板中单击“旋转”按钮旋转。选取 FRONT 基准平面为草绘平面，RIGHT 基准平面为参考平面，方向为左；单击草绘按钮，绘制图 19.10.6 所示的截面草图（包括中心线）；在操控板中选择旋转类型为⊔⊔，在角度文本框中输入角度值 360.0。

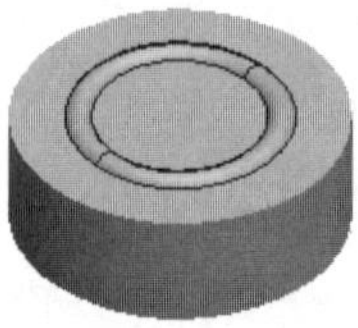

图 19.10.5　旋转特征 1

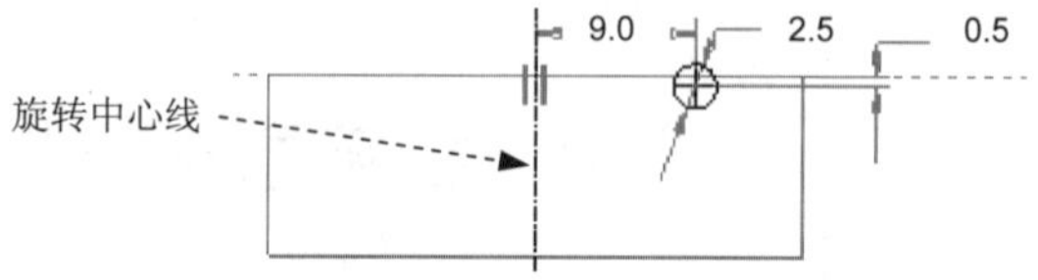

图 19.10.6　截面草图

Step4. 创建倒圆角特征 1。 选取图 19.10.7 所示的两条边线为倒圆角的边线，圆角半径值为 1.0。

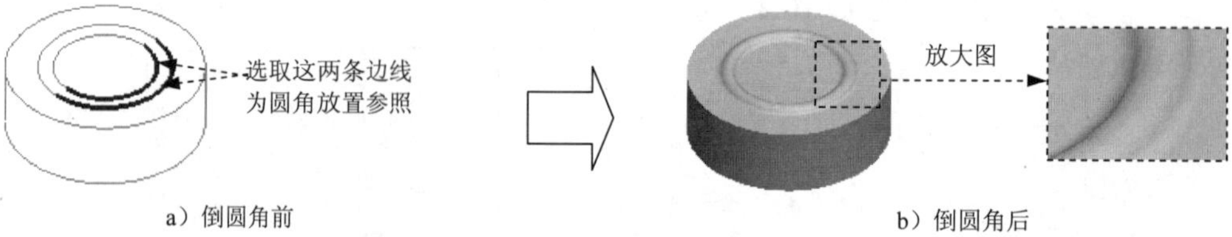

图 19.10.7　倒圆角特征 1

Step5. 保存零件模型文件。

Task2. 创建模具 6

模具模型和模型树如图 19.10.8 所示。

图 19.10.8　模具 6 的模型及模型树

Step1. 新建一个零件模型，命名为 SM_COMPUTER_CASE_06。

Step2. 创建图 19.10.9 所示的拉伸特征 1。在操控板中单击“拉伸”按钮[拉伸]。选取 TOP 基准平面为草绘平面，RIGHT 基准平面为参考平面，方向为[右]；单击[草绘]按钮，绘制图 19.10.10 所示的截面草图；在操控板中定义拉伸类型为[⊥]，输入深度值 20.0。

图 19.10.9 拉伸特征 1

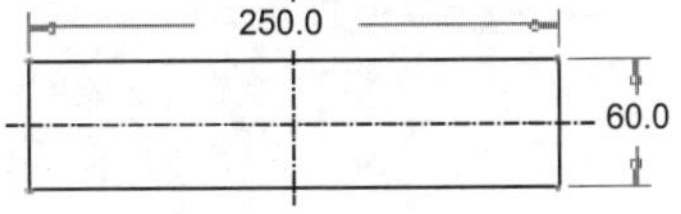

图 19.10.10 截面草图

Step3. 创建图 19.10.11 所示的混合特征 1。

（1）选择命令。在[模型]功能选项卡的[形状 ▾]下拉菜单中选择[混合]命令。

（2）定义混合类型。在操控板中确认“混合为实体”按钮[□]和“与草绘截面混合”按钮[☑]被按下。

（3）创建混合实体特征的第一个截面。单击“混合”选项卡中的[截面]按钮，在系统弹出的界面中选中 ◉ 草绘截面 单选项，单击[定义...]按钮；然后在绘图区选取图 19.10.12 所示的平面为草绘平面，选取 RIGHT 基准平面为参考平面，方向为[右]，单击[草绘]按钮，绘制图 19.10.13 所示的第一个截面草图。

说明：定义第一个截面草图中起点及方向位置如图 19.10.13 所示（具体操作：选中起点并右击，在系统弹出的快捷菜单中选择[起点(S)]命令）。

（4） 创建混合实体特征的第二个截面。单击“混合”选项卡中的[截面]按钮，选中[● 截面 2]选项，定义“草绘平面位置定义方式” 类型为 ◉ 偏移尺寸，偏移自“截面 1”的偏移距离为 4.0，单击[草绘...]按钮；绘制图 19.10.14 所示的第二个截面草图，单击工具栏中的[✔]按钮，退出草绘环境。

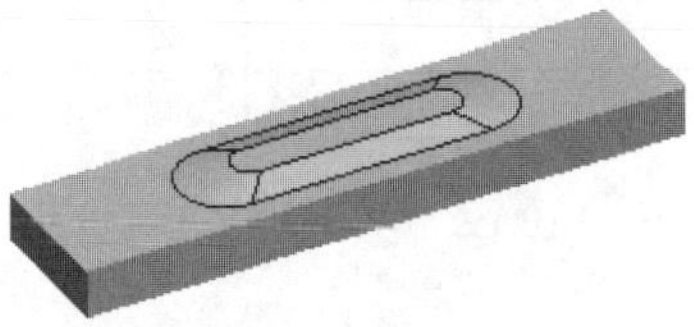

图 19.10.11 混合特征 1

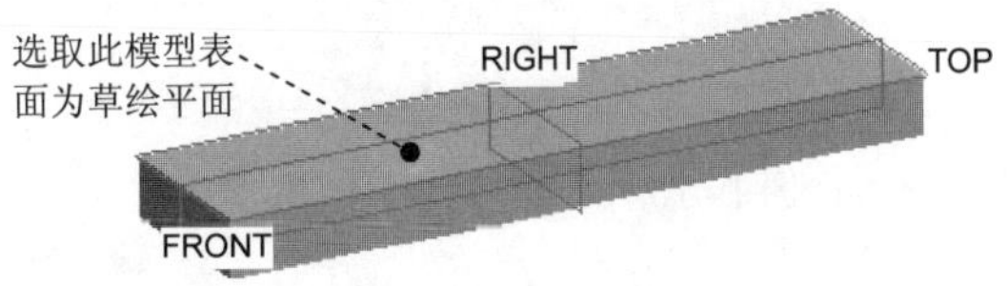

图 19.10.12 草绘平面

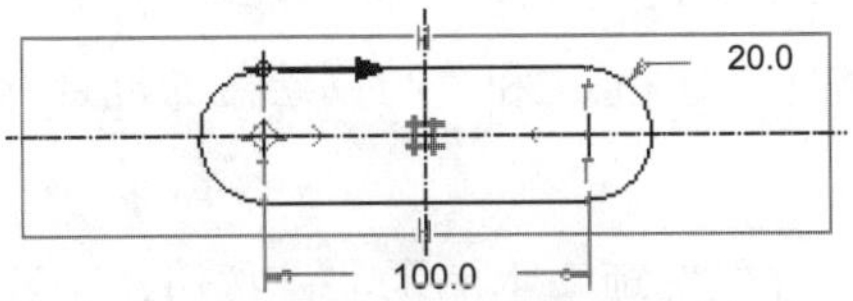

图 19.10.13 第一个截面草图

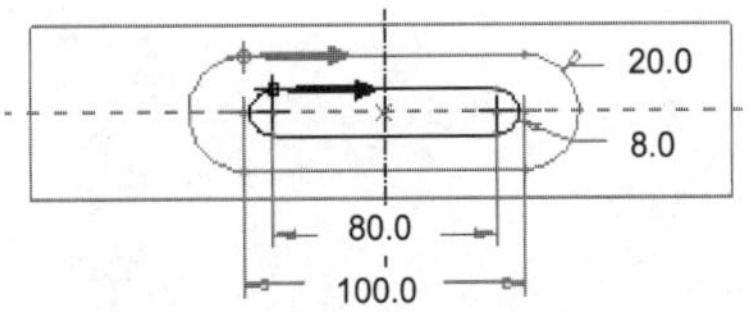

图 19.10.14 第二个截面草图

（5）单击[✔]按钮，完成混合特征 1 的创建。

Step4. 创建倒圆角特征 1。选取图 19.10.15 所示的边链为倒圆角的边线，圆角半径值为

10.0。

Step5. 创建倒圆角特征 2。 选取图 19.10.16 所示的边链为倒圆角的边线，圆角半径值为 5.0。

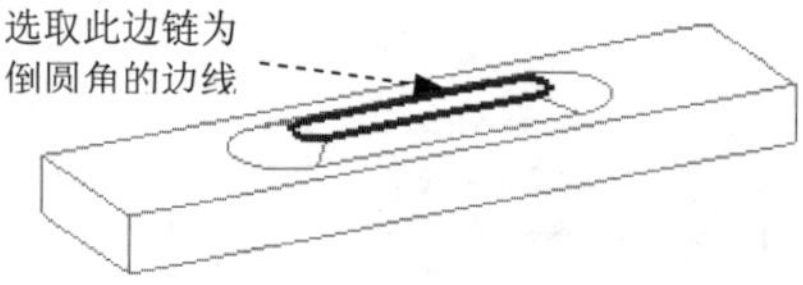

图 19.10.15 选取倒圆角的边线

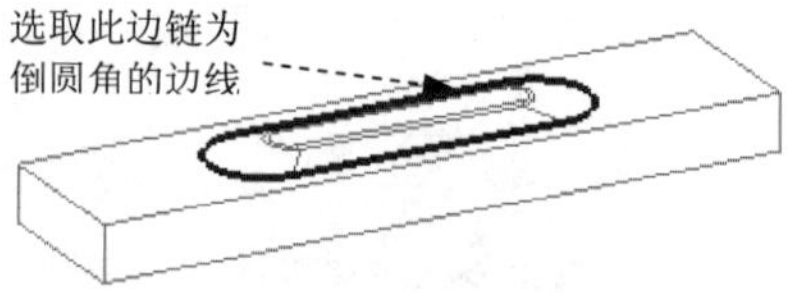

图 19.10.16 选取倒圆角的边线

Step6. 保存零件模型文件。

Task3. 创建模具 7

模具模型和模型树如图 19.10.17 所示。

Step1. 新建一个零件模型，命名为 SM_COMPUTER_CASE_07。

Step2. 创建图 19.10.18 所示的拉伸特征 1。在操控板中单击“拉伸”按钮 拉伸 。选择 TOP 基准平面为草绘平面，RIGHT 基准平面为草绘参考平面，方向为 右 ；单击 草绘 按钮，绘制图 19.10.19 所示的截面草图；在操控板中定义拉伸类型为 ，输入深度值 20.0。

图 19.10.17 模具 7 的模型及模型树

图 19.10.18 拉伸特征 1

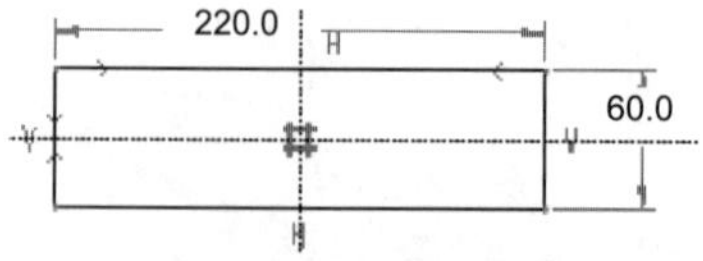

图 19.10.19 截面草图

Step3. 创建图 19.10.20 所示的混合特征 1。

（1）选择命令。在 模型 功能选项卡的 形状 ▾ 下拉菜单中选择 混合 命令。

（2）定义混合类型。在操控板中确认“混合为实体”按钮 和“与草绘截面混合”按钮 被按下。

（3）创建混合实体特征的第一个截面。单击“混合”选项卡中的 截面 按钮，在系统弹出的界面中选中 ◉ 草绘截面 单选项，单击 定义... 按钮；然后在绘图区选取图 19.10.21 所示的平面为草绘平面，选取 RIGHT 基准平面为参考平面，方向为 右 ，单击 草绘 按钮，绘制图 19.10.22 所示的第一个截面草图。

说明：定义第一个截面草图中起点及方向位置如图 19.10.22 所示（具体操作：选中起点并右击，在系统弹出的快捷菜单中选择 起点(S) 命令）。

（4） 创建混合实体特征的第二个截面。单击“混合”选项卡中的 截面 按钮，选中 截面 2 选项，定义“草绘平面位置定义方式” 类型为 ◉ 偏移尺寸，偏移自“截面 1”的偏移距离为 4.5，单击 草绘... 按钮；绘制图 19.10.23 所示的第二个截面草图，单击工具栏中的 ✓ 按钮，退出草绘环境。

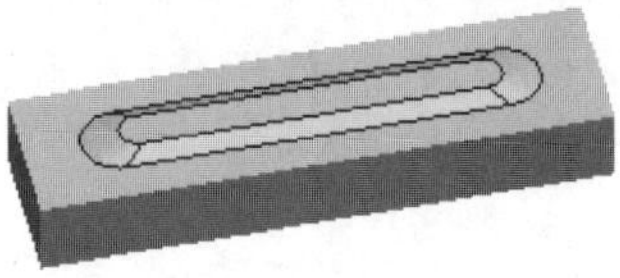

图 19.10.20 混合特征 1

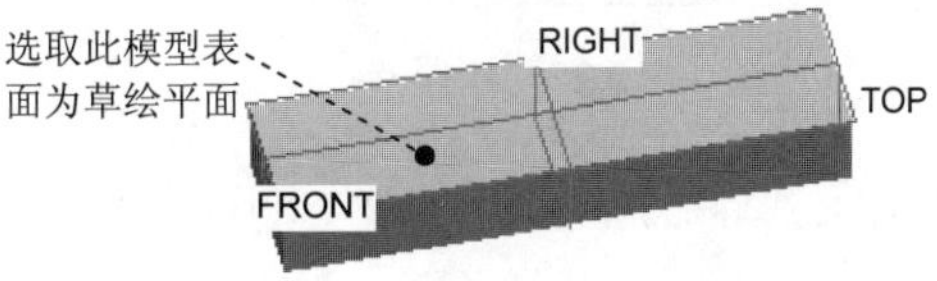

图 19.10.21 草绘平面

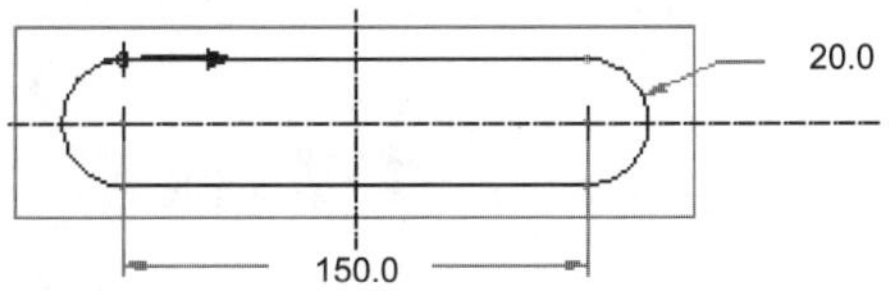

图 19.10.22 第一个截面草图

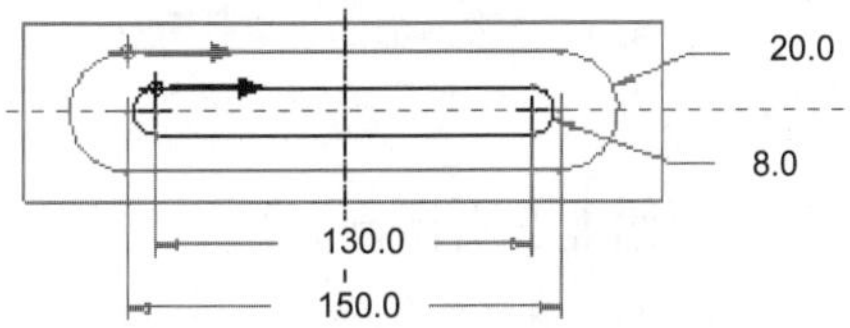

图 19.10.23 第二个截面草图

（5）单击 ✓ 按钮，完成混合特征 1 的创建。

Step4. 创建倒圆角特征 1。选取图 19.10.24 所示的边链为倒圆角的边线，圆角半径值为 10.0。

Step5. 创建倒圆角特征 2。 选取图 19.10.25 所示的边链为倒圆角的边线，圆角半径值为 5.0。

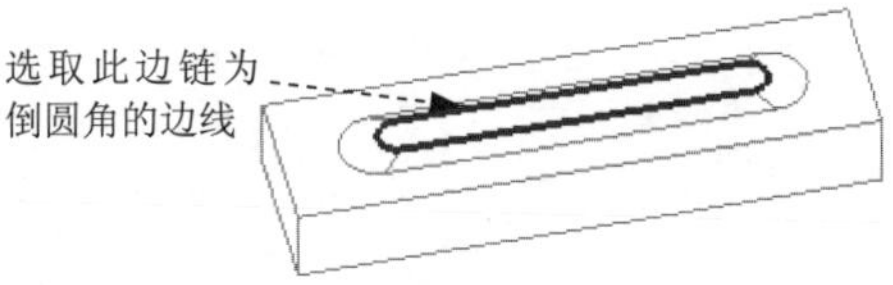

图 19.10.24 选取倒圆角的边线

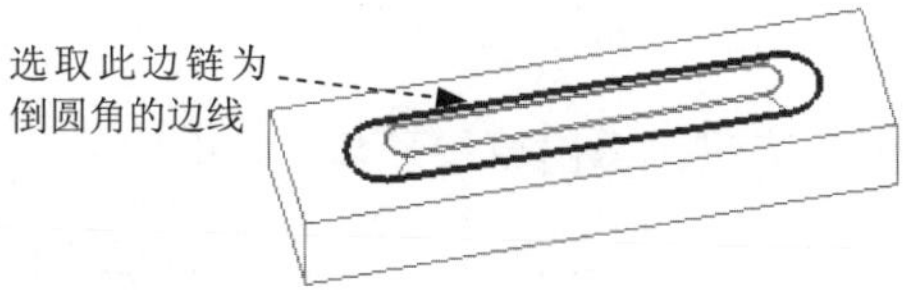

图 19.10.25 选取倒圆角的边线

Step6. 保存零件模型文件。

Task4. 创建模具 8

模具模型和模型树如图 19.10.26 所示。

图 19.10.26 模具 8 的模型及模型树

Step1. 新建一个零件模型，命名为 SM_COMPUTER_CASE_08。

Step2. 创建图 19.10.27 所示的拉伸特征 1。在操控板中单击“拉伸”按钮 拉伸。选择 TOP 基准平面为草绘平面，RIGHT 基准平面为参考平面，方向为右；单击 草绘 按钮，绘制图 19.10.28 所示的截面草图；在操控板中定义拉伸类型为，输入深度值 20.0。

图 19.10.27 拉伸特征 1

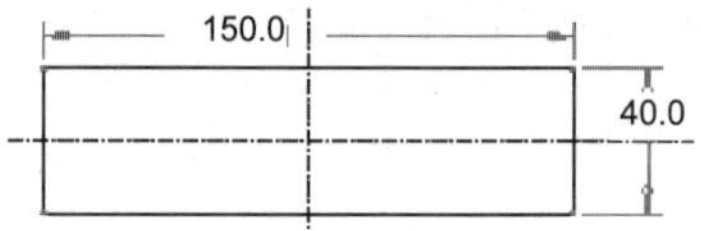

图 19.10.28 截面草图

Step3. 创建图 19.10.29 所示的混合特征 1。

（1）选择命令。在 模型 功能选项卡的 形状 ▾ 下拉菜单中选择 混合 命令。

（2）定义混合类型。在操控板中确认“混合为实体”按钮和“与草绘截面混合”按钮被按下。

（3）创建混合实体特征的第一个截面。单击“混合”选项卡中的 截面 按钮，在系统弹出的界面中选中 ◉ 草绘截面 单选项，单击 定义... 按钮；然后在绘图区选取图 19.10.30 所示的平面为草绘平面，选取 RIGHT 基准平面为参考平面，方向为右，单击 草绘 按钮，绘制图 19.10.31 所示的第一个截面草图。

说明：定义第一个截面草图中起点及方向位置如图 19.10.31 所示（具体操作：选中起点并右击，在系统弹出的快捷菜单中选择 起点(S) 命令）。

（4） 创建混合实体特征的第二个截面。单击“混合”选项卡中的 截面 按钮，选中 ● 截面 2 选项，定义“草绘平面位置定义方式” 类型为 ◉ 偏移尺寸，偏移自“截面 1”的偏移距离为 2.5，单击 草绘... 按钮；绘制图 19.10.32 所示的第二个截面草图，单击工具栏中的按钮，退出草绘环境。

（5）单击按钮，完成混合特征 1 的创建。

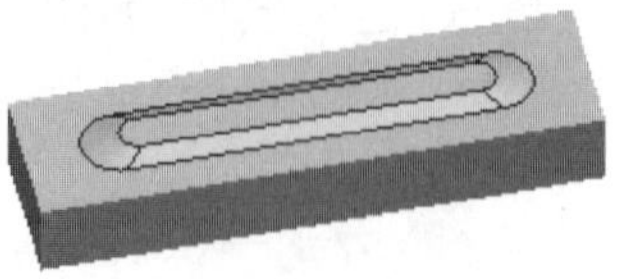

图 19.10.29 混合特征 1

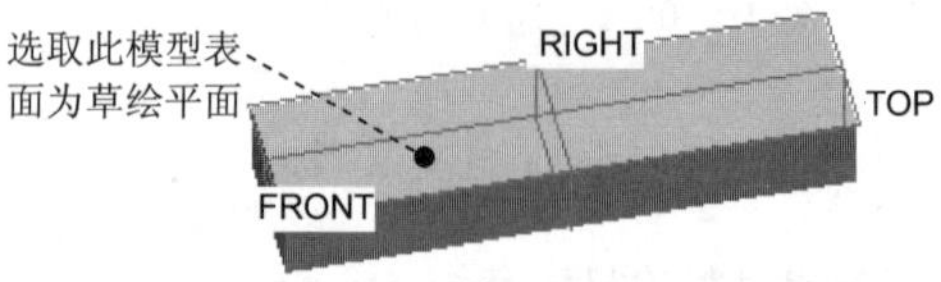

图 19.10.30 草绘平面

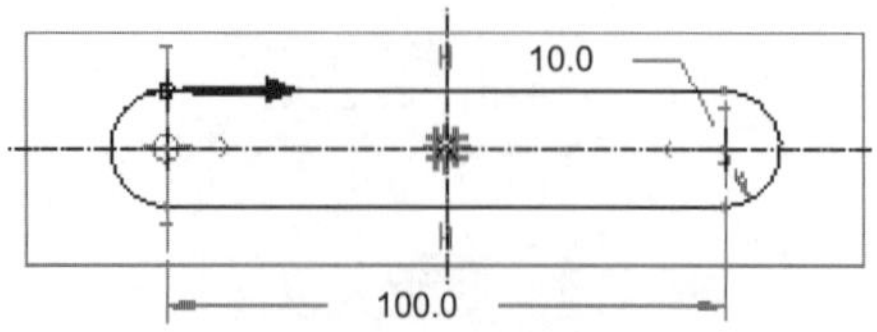

图 19.10.31 第一个截面草图

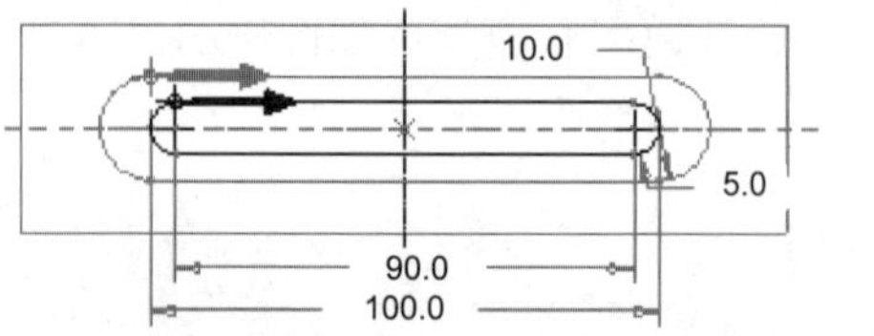

图 19.10.32 第二个截面草图

Step4. 创建倒圆角特征 1。选取图 19.10.33 所示的边链为倒圆角的边线，圆角半径值为

1.0。

Step5. 创建倒圆角特征 2。选取图 19.10.34 所示的边链为倒圆角的边线，圆角半径值为 2.0。

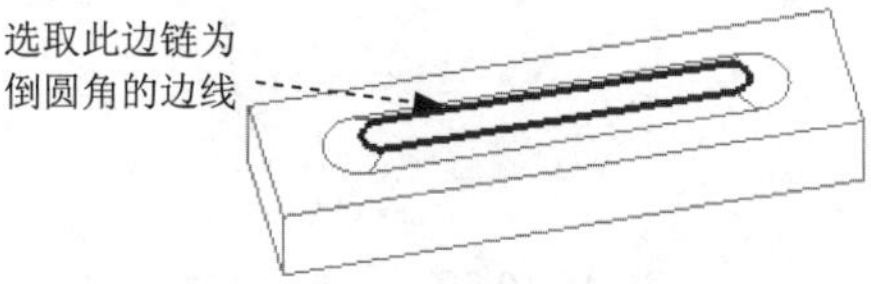

图 19.10.33　选取倒圆角的边线

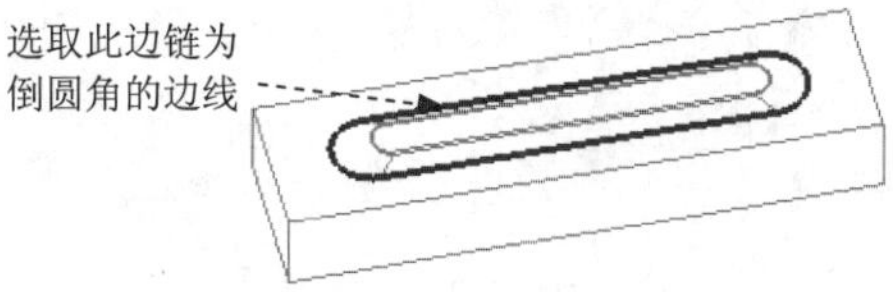

图 19.10.34　选取倒圆角的边线

Step6. 保存零件模型文件。

Task5. 创建机箱主板支撑架

Step1. 在装配件中打开刚创建的机箱主板支撑架零件（MAINBOARD_SUPPORT.PRT）。在模型树中选择 MOTHERBOARD_SUPPORT.PRT ，然后右击，在系统弹出的快捷菜单中选择 打开 命令。

Step2. 创建图 19.10.35 所示的平整特征 1。单击 模型 功能选项卡 形状 ▾ 区域中的“平整”按钮，选取图 19.10.36 所示的模型边线为附着边；平整壁的形状类型为 梯形，折弯角度值为 90.0。单击 形状 选项卡，在系统弹出的界面中依次设置草图内的尺寸值为 0、30.0、5.0、30.0、0（图 19.10.37）；然后单击 止裂槽 选项卡，在系统弹出的界面中 类型 下拉列表框中选择 扯裂 选项；确认按钮被按下，并在其后的文本框中输入折弯半径值 0.2，折弯半径所在侧为。

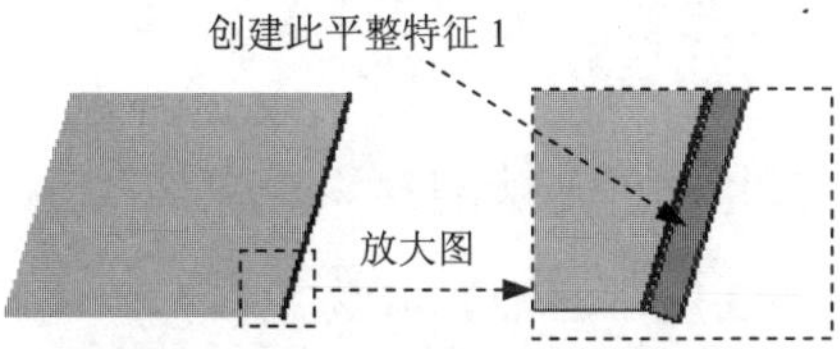

图 19.10.35　平整特征 1

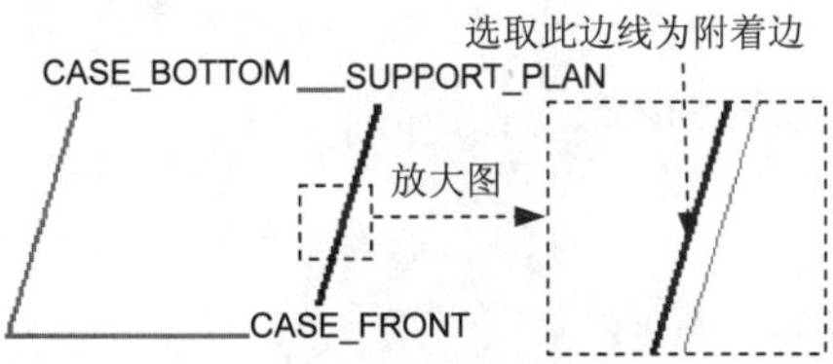

图 19.10.36　定义附着边

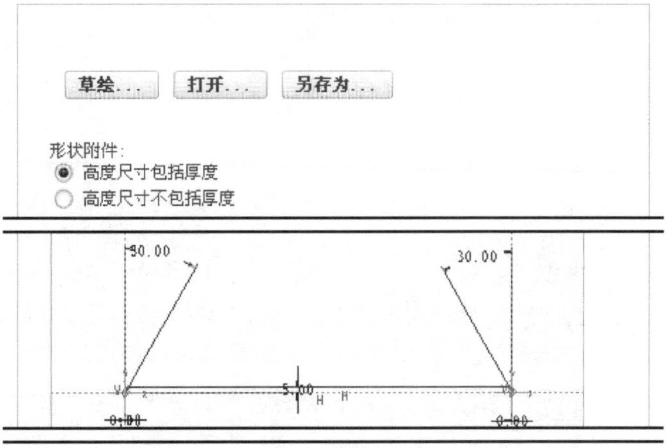

图 19.10.37　设置形状参数

Step3. 创建图 19.10.38 所示的平整特征 2，详细操作过程参见上一步。

Step4. 创建图 19.10.39 所示的钣金拉伸切削特征 1。在操控板中单击 拉伸 按钮，确认按钮、按钮和按钮被按下；选取图 19.10.40 所示的模型表面为草绘平面，基准平面 CASE_TOP 为参考平面，方向为 上；单击 草绘 按钮，绘制图 19.10.41 所示的截面草图；在操控板中定义拉伸类型为，选择材料移除的方向类型为（移除垂直于驱动曲面的材料）。

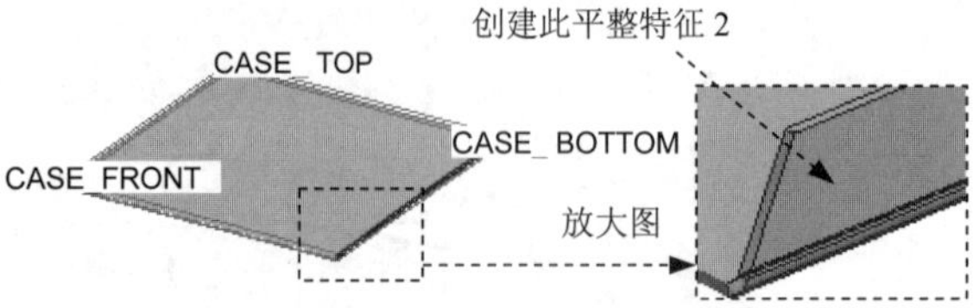

图 19.10.38 平整特征 2

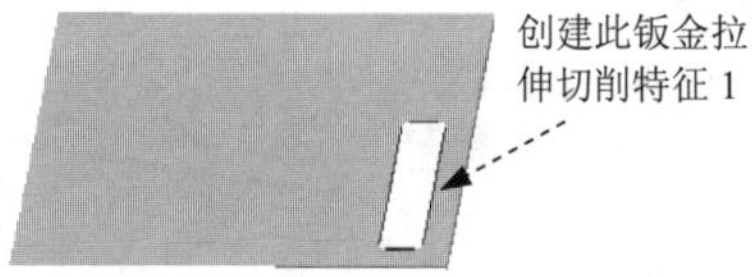

图 19.10.39 拉伸切削特征 1

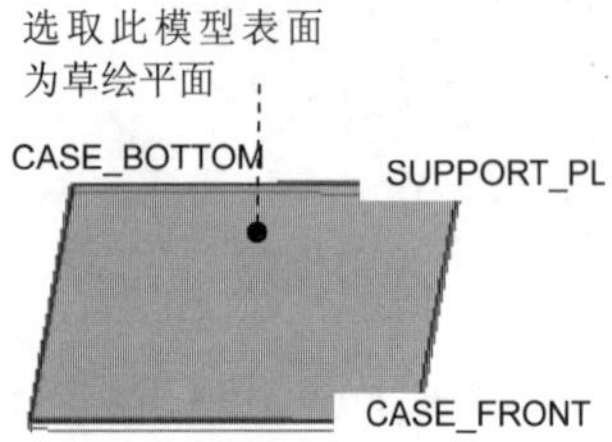

图 19.10.40 草绘平面

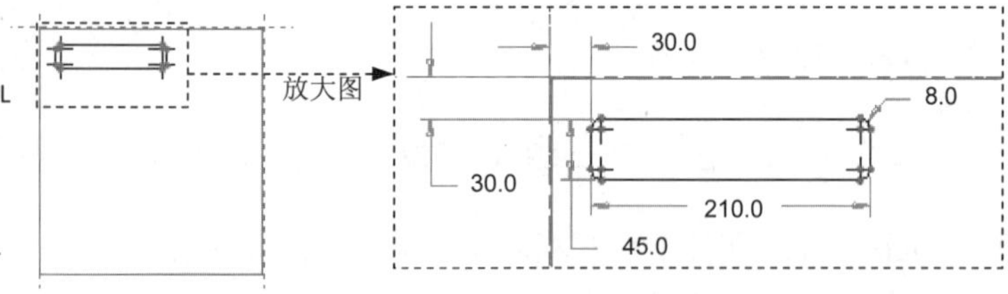

图 19.10.41 截面草图

Step5. 创建图 19.10.42 所示的孔特征 1。选择 模型 功能选项卡 工程 节点下的 孔 命令，孔的类型为（简单孔）；选取图 19.10.43 所示的轴 A_3 为主参考，系统自动将放置类型添加为“同轴”；按住 Ctrl 键，选取图 19.10.43 所示的模型表面为次参考；孔的直径为 10.0，深度类型为（穿透）。

注意：若无法生成孔特征，可在选取次参考后在“放置”界面中单击 反向 按钮。

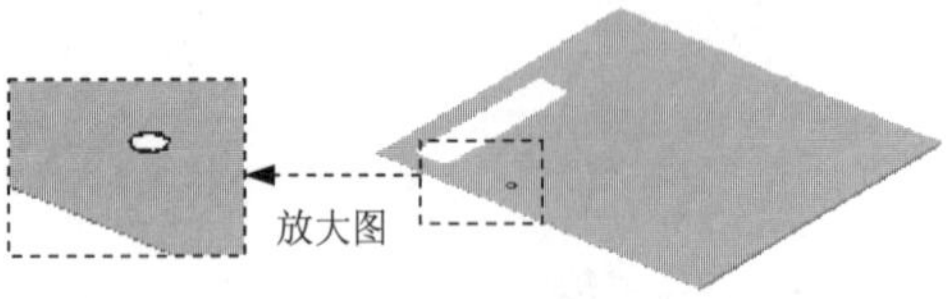

图 19.10.42 孔特征 1

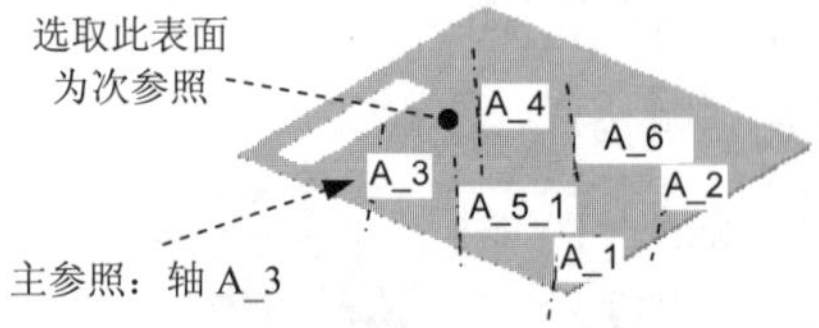

图 19.10.43 选取参照

Step6. 创建图 19.10.44 所示的孔特征 2。选取图 19.10.43 所示的轴 A_4 为主参考，选取图 19.10.43 所示的模型表面为次参考；详细操作过程参见 Step5。

Step7. 创建图 19.10.45 所示的孔特征 3。选取图 19.10.43 所示的轴 A_1 为主参考，选取图 19.10.43 所示的模型表面为次参考；详细操作过程参见 Step5。

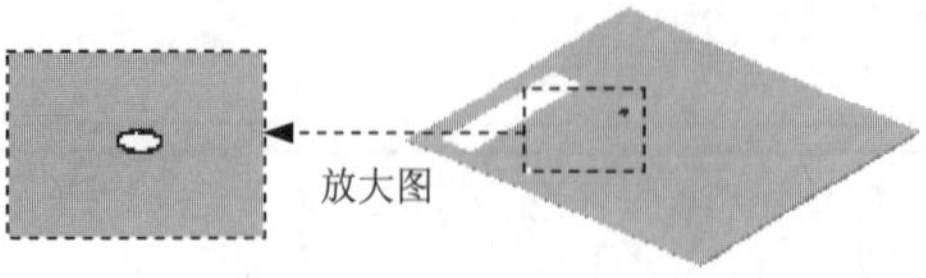

图 19.10.44 孔特征 2

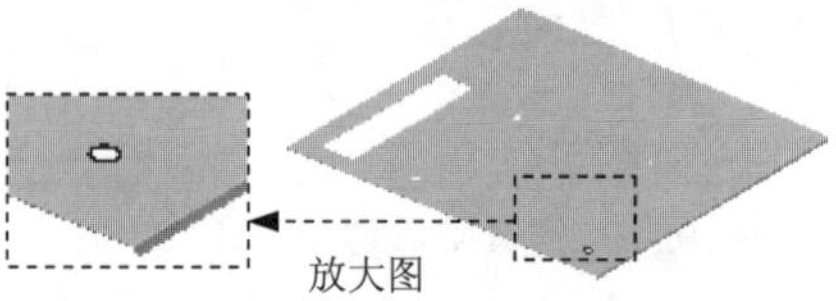

图 19.10.45 孔特征 3

Step8. 创建图 19.10.46 所示的孔特征 4。选取图 19.10.43 所示的轴 A_2 为主参考，选取图 19.10.43 所示的模型表面为次参考；详细操作过程参见 Step5。

Step9. 创建图 19.10.47 所示的孔特征 5。选取图 19.10.43 所示的轴 A_5 为主参考，选取图 19.10.43 所示的模型表面为次参考；详细操作过程参见 Step5。

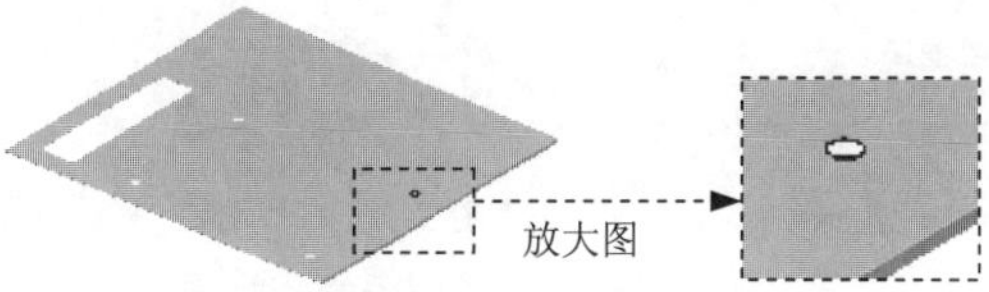

图 19.10.46 孔特征 4

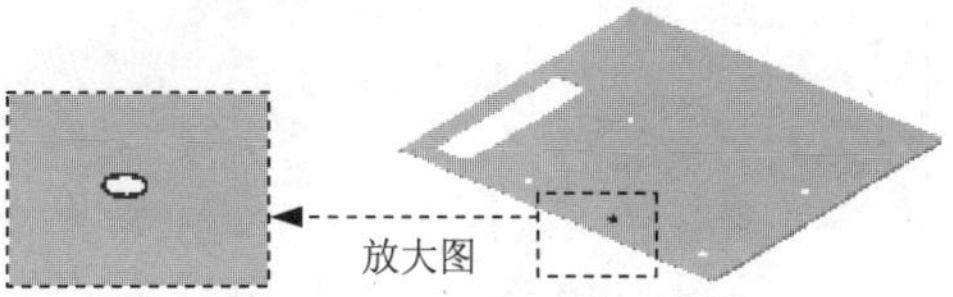

图 19.10.47 孔特征 5

Step10. 创建图 19.10.48 所示的孔特征 6。选取图 19.10.43 所示的轴 A_6 为主参考，选取图 19.10.43 所示的模型表面为次参考；详细操作过程参见 Step5。

Step11. 创建图 19.10.49 所示的凸模成形特征 1。单击 模型 功能选项卡 工程 ▾ 区域 节点下的 凸模 按钮；在系统弹出的操控板中单击 按钮，系统弹出“打开”对话框，选择 sm_computer_case_05.prt 文件作为成形模具；在操控板中单击 放置 选项卡，在系统弹出的界面中选中 ☑ 约束已启用 复选框，并添加图 19.10.50 所示的两组位置约束；选取图 19.10.51 所示的方向为冲孔方向。

说明：此处可能不显示孔特征，当读者在做到后面拉伸特征时，孔特征会自动显示出来。

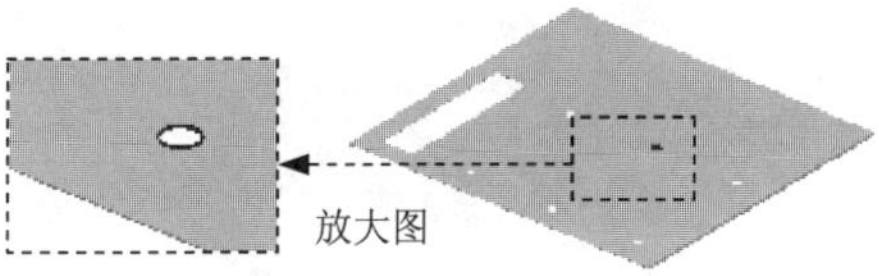

图 19.10.48 孔特征 6

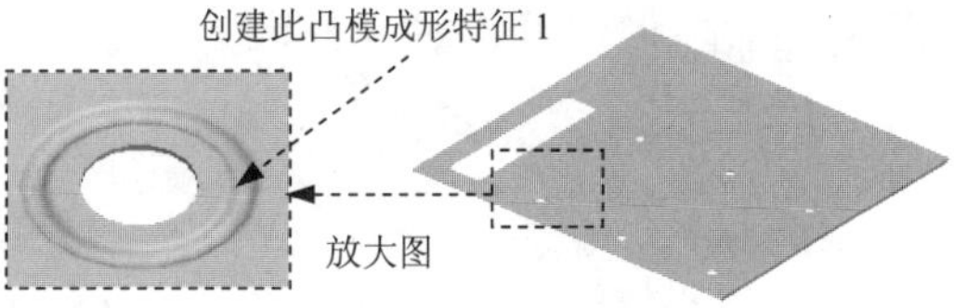

图 19.10.49 凸模成形特征 1

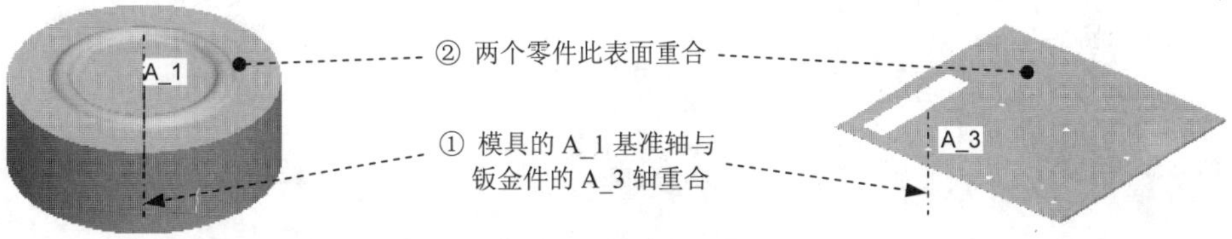

图 19.10.50 定义成形模具的放置

Step12. 创建图 19.10.52 所示的凸模成形特征 2，详细操作过程参见 Step11。

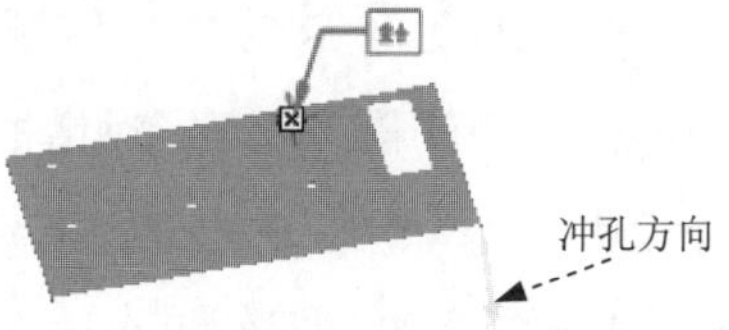

图 19.10.51 定义冲孔方向

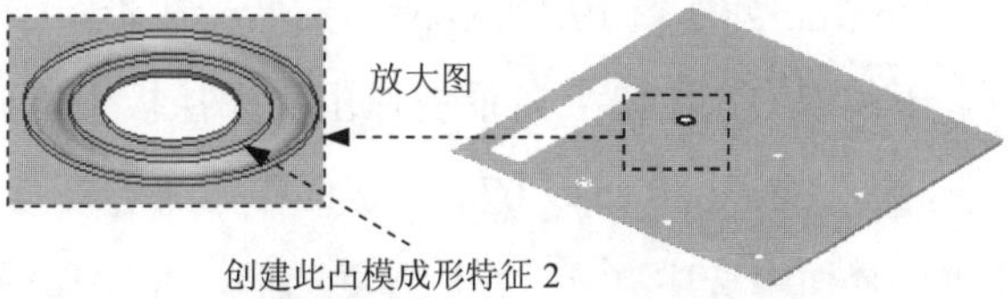

图 19.10.52 凸模成形特征 2

Step13. 创建图 19.10.53 所示的凸模成形特征 3，详细操作过程参见 Step11。

Step14. 创建图 19.10.54 所示的凸模成形特征 4，详细操作过程参见 Step11。

Step15. 创建图 19.10.55 所示的凸模成形特征 5，详细操作过程参见 Step11。

Step16. 创建图 19.10.56 所示的凸模成形特征 6，详细操作过程参见 Step11。

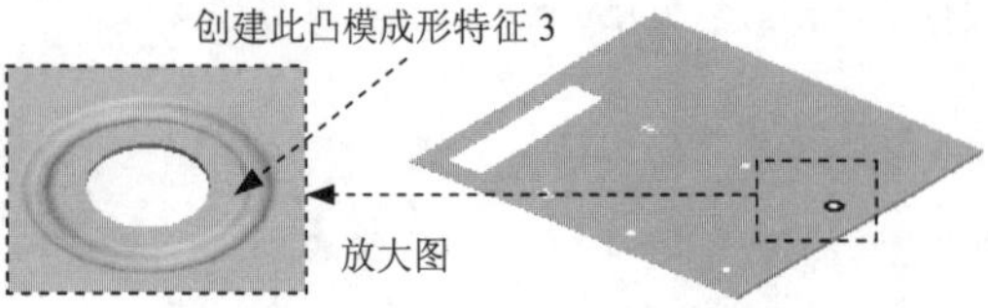

图 19.10.53　凸模成形特征 3

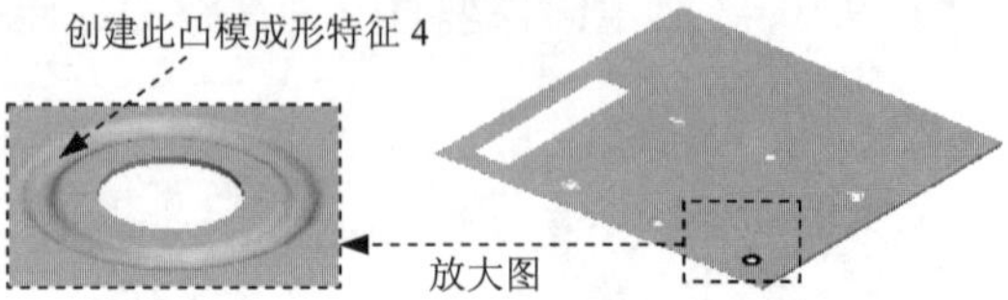

图 19.10.54　凸模成形特征 4

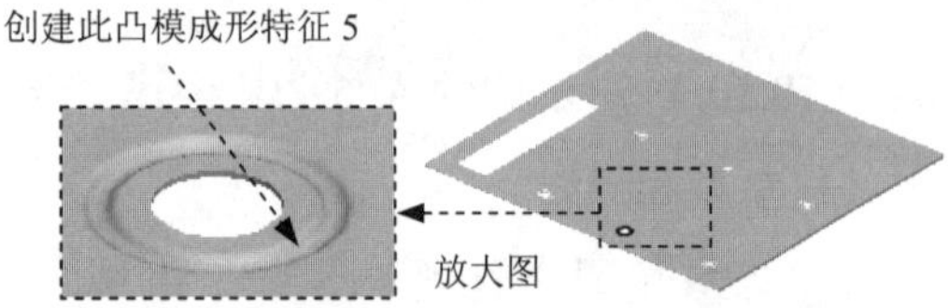

图 19.10.55　凸模成形特征 5

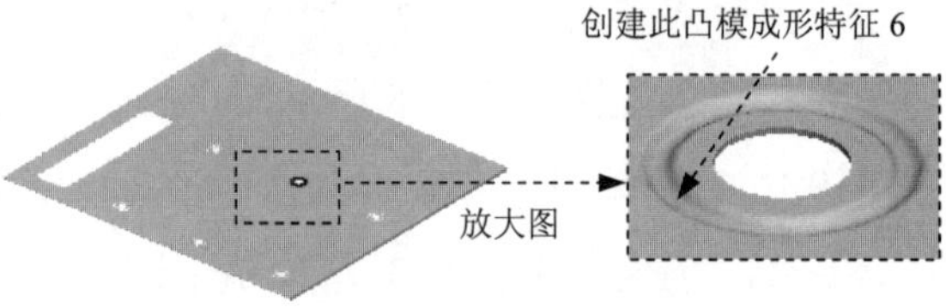

图 19.10.56　凸模成形特征 6

Step17. 创建图 19.10.57 所示的凸模成形特征 7。单击 模型 功能选项卡 工程▼ 区域 节点下的 凸模 按钮；在系统弹出的操控板中单击 按钮，系统弹出“打开”对话框，选择 sm_computer_case_06.prt 文件作为成形模具；在操控板中单击 放置 选项卡，在系统弹出的界面中选中 ☑约束已启用 复选框，并添加图 19.10.58 所示的三组位置约束；选取图 19.10.59 所示的方向为冲孔方向。

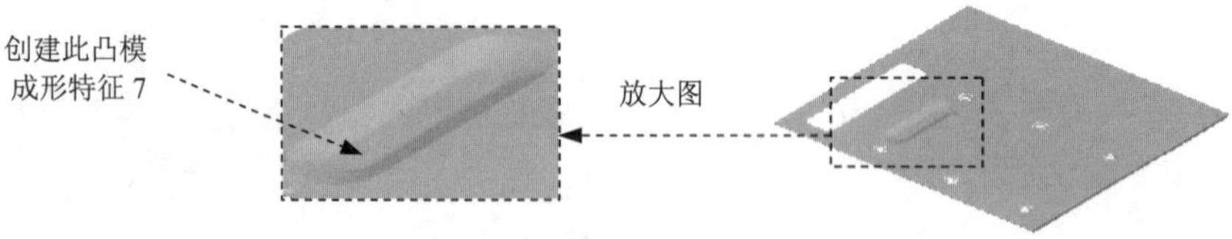

图 19.10.57　凸模成形特征 7

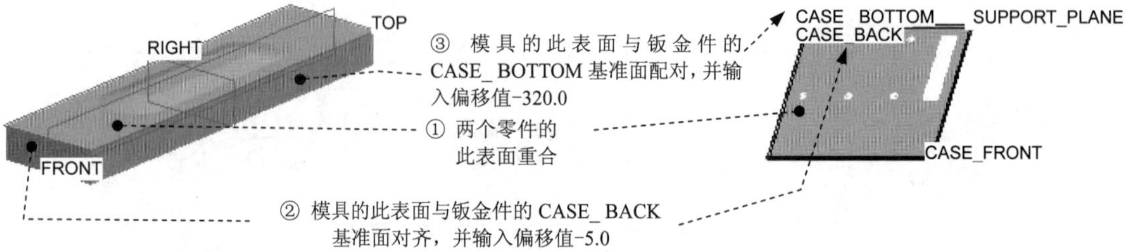

图 19.10.58　定义成形模具的放置

Step18. 创建图 19.10.60 所示的凸模成形特征 8。单击 模型 功能选项卡 工程▼ 区域 节点下的 凸模 按钮；在系统弹出的操控板中单击 按钮，系统弹出“打开”对话框，选择 sm_computer_case_07.prt 文件作为成形模具；在操控板中单击 放置 选项卡，在系统弹出的界面中选中 ☑约束已启用 复选框，并添加图 19.10.61 所示的三组位置约束；选取图 19.10.62 所示的方向为冲孔方向。

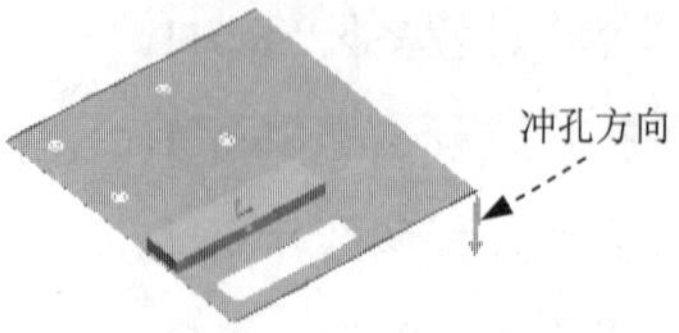

图 19.10.59　选取冲孔方向

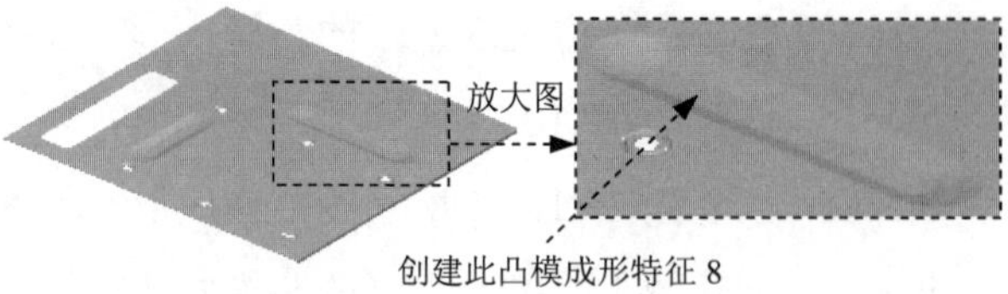

图 19.10.60　凸模成形特征 8

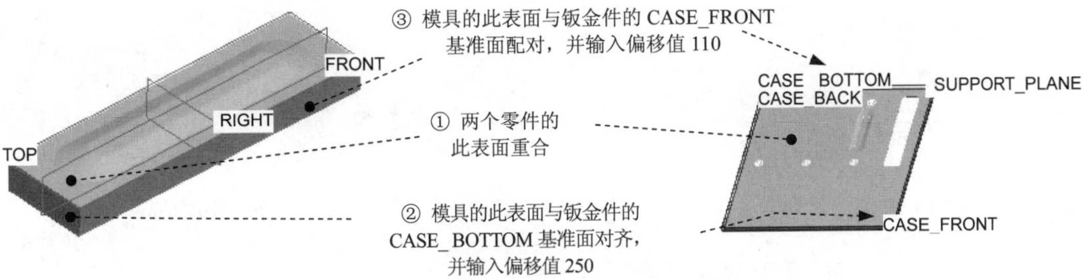

图 19.10.61 定义成形模具的放置

Step19. 创建图 19.10.63 所示的凸模成形特征 9。单击 模型 功能选项卡 工程 ▾ 区域节点下的 凸模 按钮；在系统弹出的操控板中单击 按钮，系统弹出"打开"对话框，选择 sm_computer_case_08.prt 文件作为成形模具；在操控板中单击 放置 选项卡，在系统弹出的界面中选中 ☑ 约束已启用 复选框，并添加图 19.10.64 所示的三组位置约束；选取图 19.10.65 所示的方向为冲孔方向。

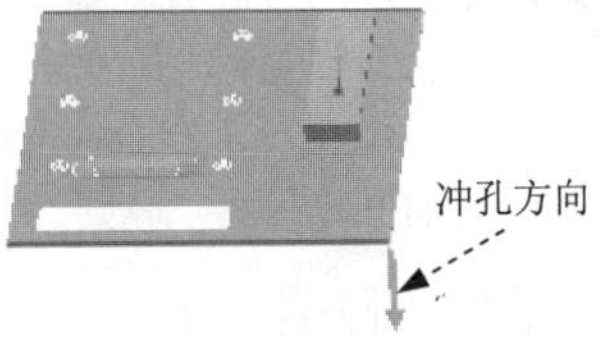

图 19.10.62 选取冲孔方向

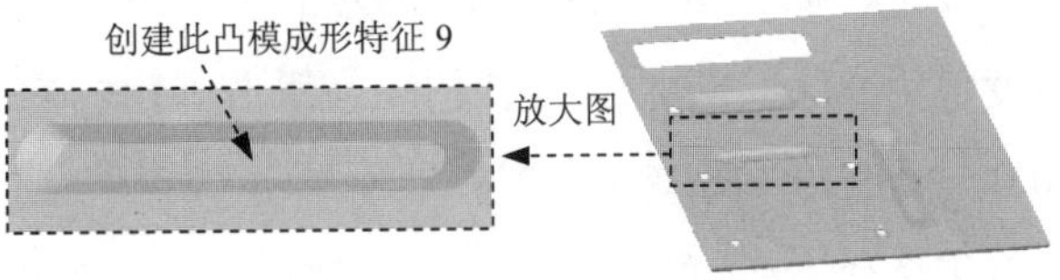

图 19.10.63 凸模成形特征 9

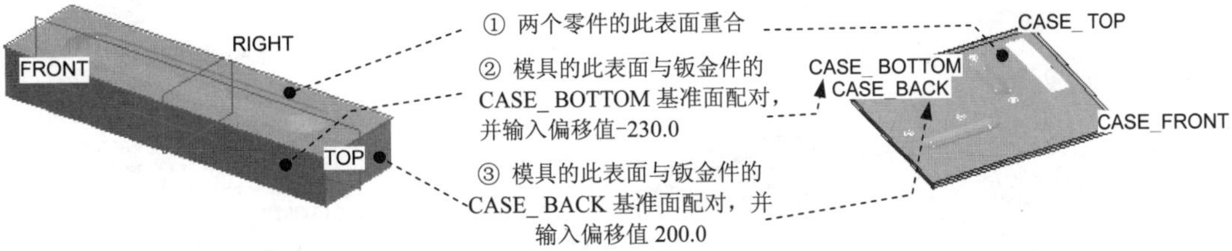

图 19.10.64 定义成形模具的放置

Step20. 创建图 19.10.66 所示的阵列特征 1。在模型树中选择上一步创建的凸模成形特征，右击，从系统弹出的快捷菜单中选择 阵列... 命令，阵列方式的类型为 尺寸；第一方向阵列引导尺寸为 230.0（图 19.10.67）；阵列个数为 3，尺寸增量值为-50.0。

Step21. 创建图 19.10.68 所示的钣金拉伸切削特征 2。在操控板中单击 拉伸 按钮，确认 按钮、 按钮和 按钮被按下；选取图 19.10.69 所示的模型表面为草绘平面，基准平面 CASE_TOP 为参考平面，方向为 上；单击 草绘 按钮，绘制图 19.10.70 所示的截面草图；在操控板中定义拉伸类型为 ，选择材料移除的方向类型为 。

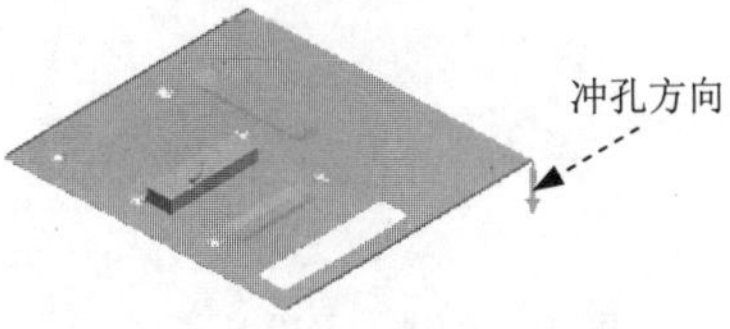

图 19.10.65 选取冲孔方向

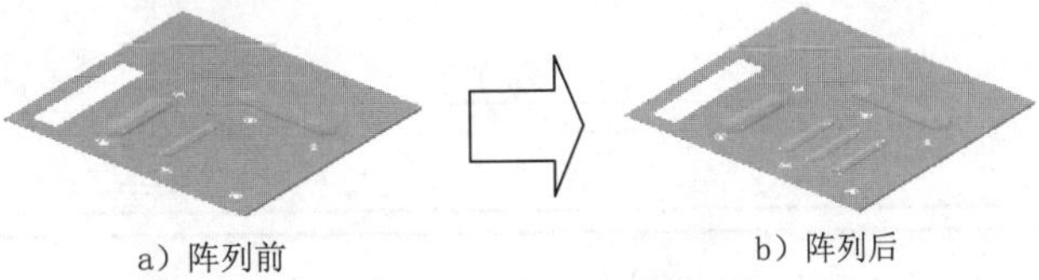

a）阵列前 b）阵列后

图 19.10.66 阵列特征 1

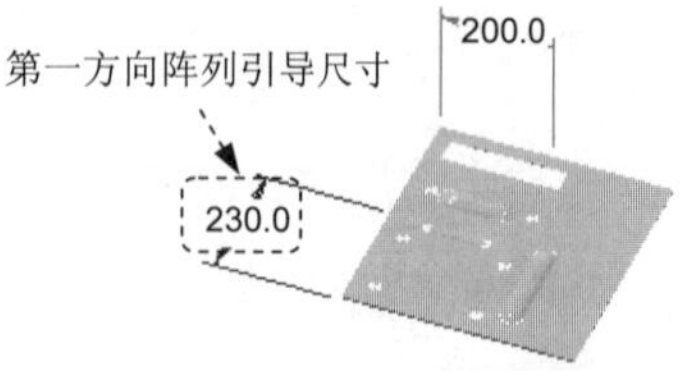

图 19.10.67 阵列引导尺寸

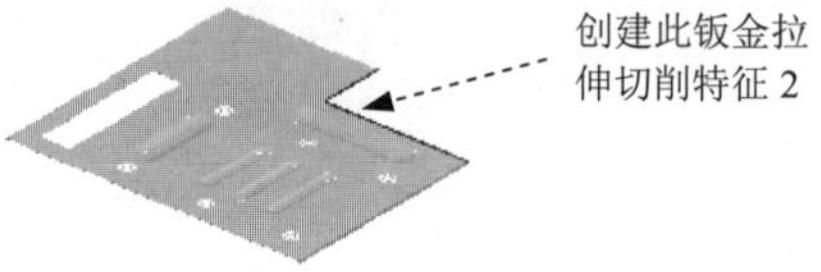

图 19.10.68 拉伸切削特征 2

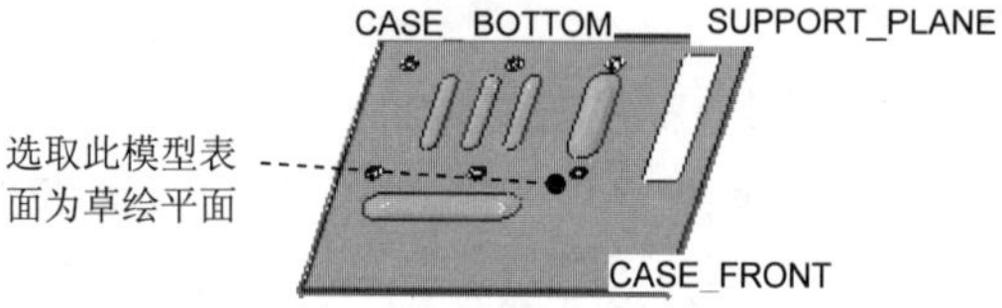

图 19.10.69 草绘平面

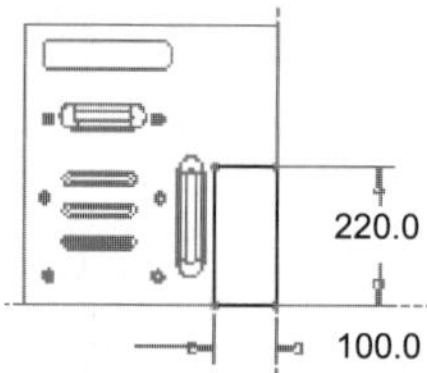

图 19.10.70 截面草图

说明：若通过一次拉伸不能完全切除，可再次通过拉伸命令来进行切削。

Step22. 创建图 19.10.71 所示的平整特征 3。单击 模型 功能选项卡 形状▼ 区域中的“平整”按钮，选取图 19.10.72 所示的模型边线为附着边。平整壁的形状类型为梯形，折弯角度值为 90.0；单击形状选项卡，在系统弹出的界面中依次设置草图内的尺寸值为 0、30.0、10.0、30.0、0（图 19.10.73）；然后单击 止裂槽 选项卡，在系统弹出的界面中 类型 下拉列表框中选择扯裂选项；确认按钮被按下，并在其后的文本框中输入折弯半径值 0.2，折弯半径所在侧为。

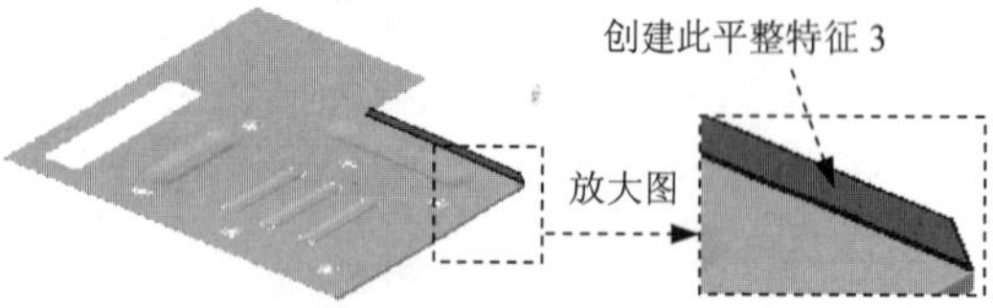

图 19.10.71 平整特征 3

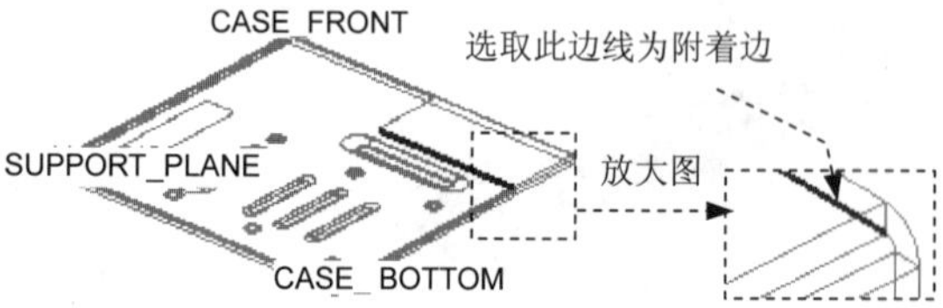

图 19.10.72 定义附着边

Step23. 创建图 19.10.74 所示的平整特征 4，详细操作过程参见 Step22。

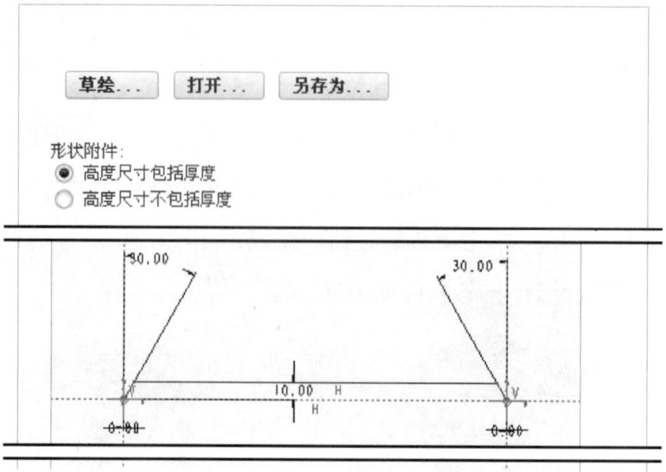

图 19.10.73 设置形状参数

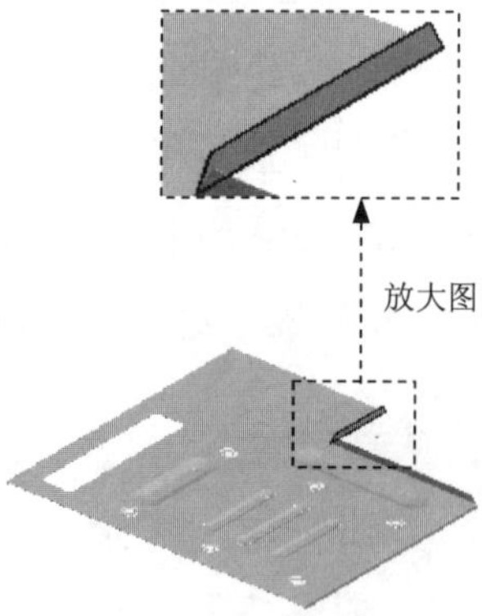

图 19.10.74 平整特征 4

Step24. 创建图 19.10.75 所示的钣金拉伸切削特征 3。在操控板中单击 拉伸 按钮，确认 按钮、 按钮和 按钮被按下；选取图 19.10.76 所示的模型表面为草绘平面，基准平面 CASE_BOTTOM 为参考平面，方向为 下；单击 草绘 按钮，绘制图 19.10.77 所示的截面草图；在操控板中定义拉伸类型为 ，选择材料移除的方向类型为 。

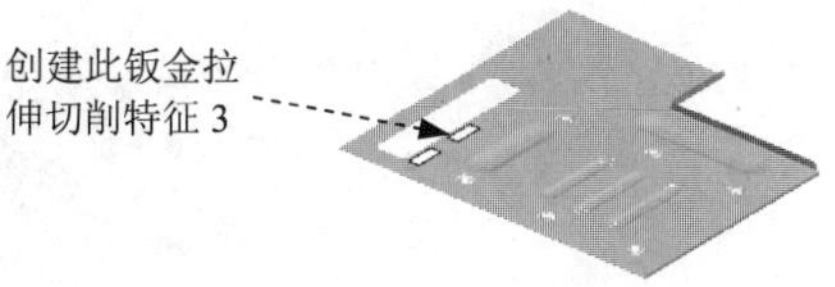

图 19.10.75 拉伸切削特征 3

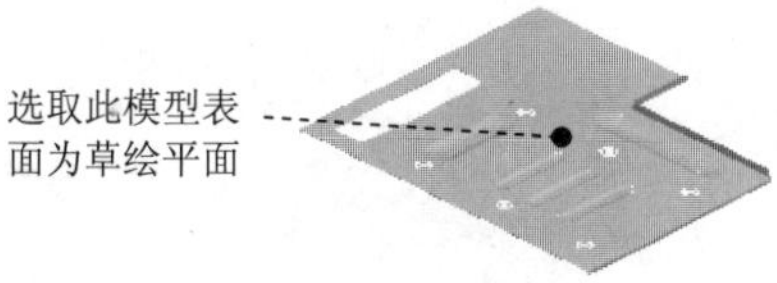

图 19.10.76 草绘平面

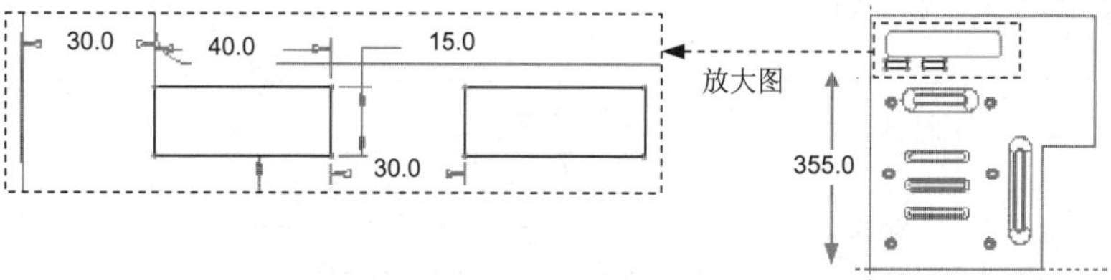

图 19.10.77 截面草图

Step25. 创建图 19.10.78 所示的平整特征 5。单击 模型 功能选项卡 形状 ▾ 区域中的“平整”按钮 ，选取图 19.10.79 所示的模型边线为附着边。平整壁的形状类型为 矩形，折弯角度值为 90.0；单击 形状 选项卡，在系统弹出的界面中依次设置草图内的尺寸值为-1.0、12.0、-1.0（图 19.10.80）；然后单击 止裂槽 选项卡，在系统弹出界面中的 类型 下拉列表框中选择 长圆形 选项，深度值为 2.0，宽度值为 1.0；确认 按钮被按下，并在其后的文本框中输入折弯半径值 0.2，折弯半径所在侧为 。

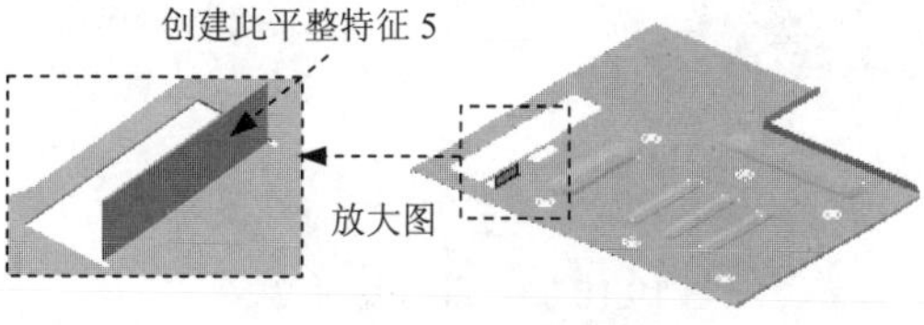

图 19.10.78 平整特征 5

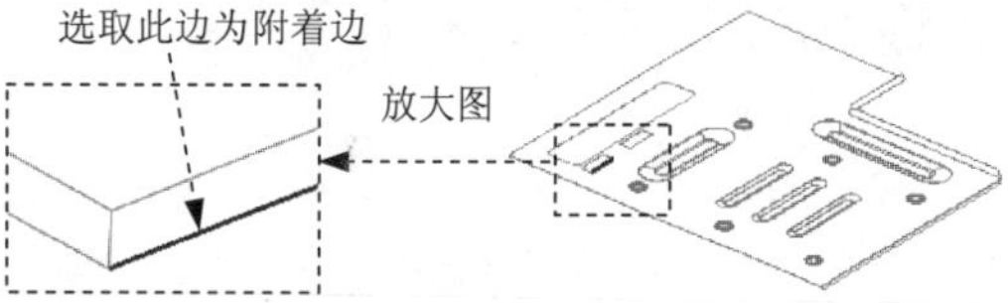

图 19.10.79 定义附着边

Step26. 创建图 19.10.81 所示的平整特征 6，详细操作过程参见 Step25。

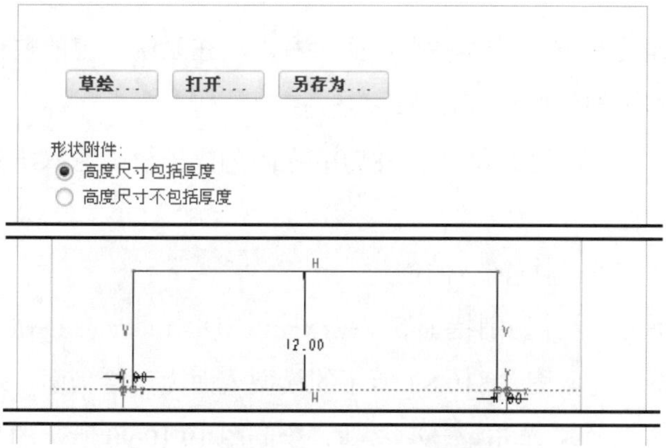

图 19.10.80 设置形状参数

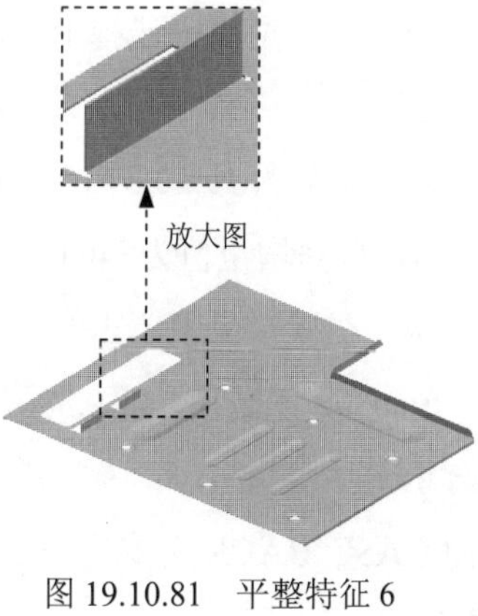

图 19.10.81 平整特征 6

Step27. 创建图 19.10.82 所示的钣金拉伸切削特征 4。在操控板中单击 拉伸 按钮，确认按钮、按钮和按钮被按下；选取图 19.10.83 所示的模型表面为草绘平面，基准平面 CASE_BOTTOM 为参考平面，方向为 下；单击 草绘 按钮，绘制图 19.10.84 所示的截面草图；在操控板中定义拉伸类型为，选择材料移除的方向类型为。

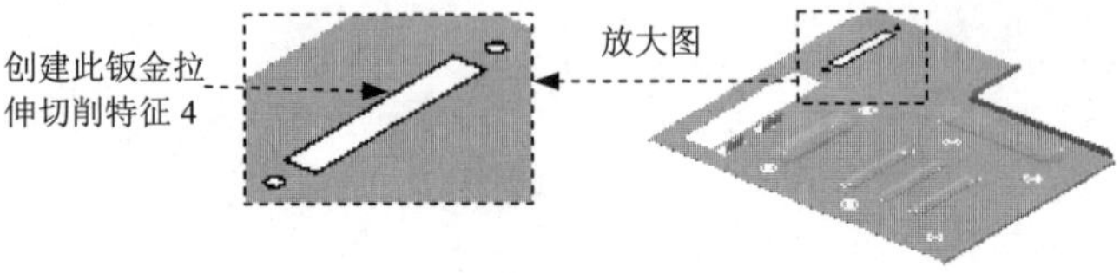

图 19.10.82 拉伸切削特征 4

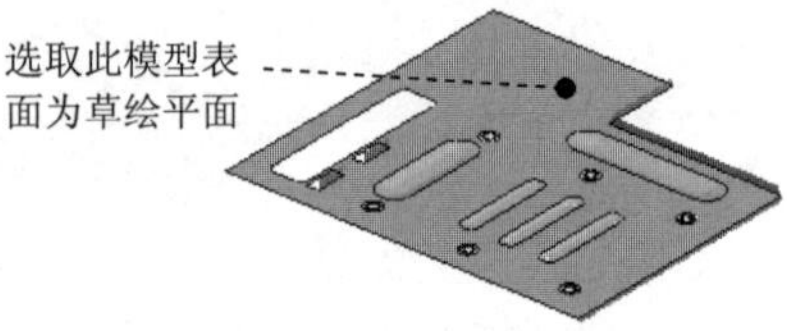

图 19.10.83 草绘平面

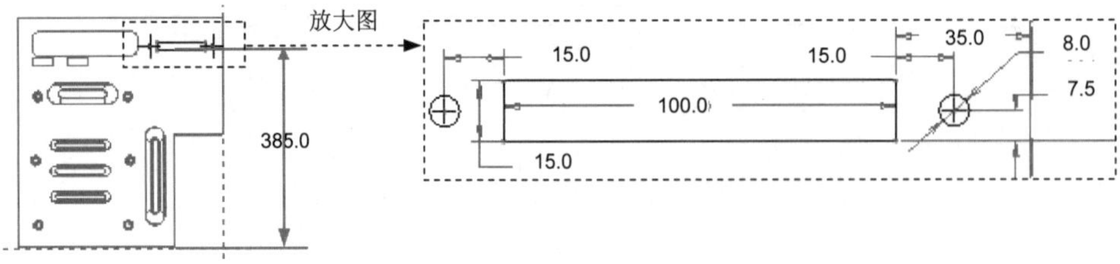

图 19.10.84 截面草图

Step28. 创建图 19.10.85 所示的平整特征 7，详细操作过程参见 Step25 中平整特征 5 的创建过程。

Step29. 创建图 19.10.86 所示的阵列特征 2。

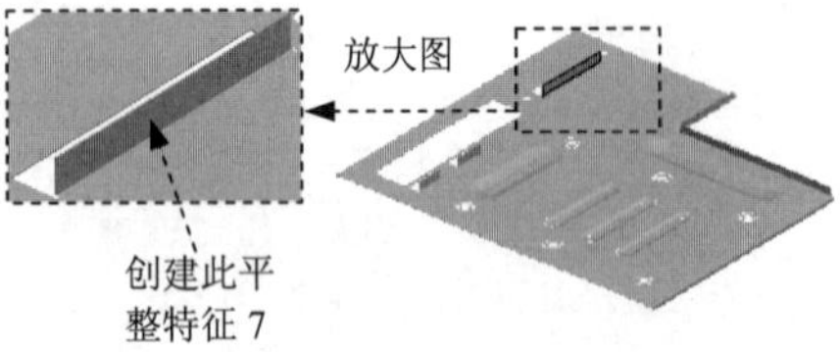

图 19.10.85 平整特征 7

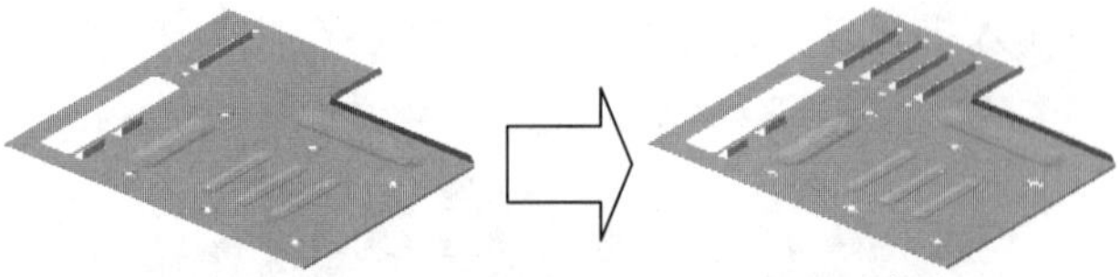

a）阵列前 b）阵列后

图 19.10.86 阵列特征 2

（1）按住 Ctrl 键，在模型树中依次选择 拉伸 4 和 平整 7 特征，右击，在系统弹出的快捷菜单中选择 组 命令。

（2）在模型树中选择上一步创建的 组LOCAL_GROUP 特征，右击，在系统弹出的快捷菜单中选择 阵列... 命令，在系统弹出的操控板中选择以 尺寸 方式控制阵列。

（3）选取图 19.10.87 所示的第一方向阵列引导尺寸 385.0；在阵列操控板中输入阵列个数为 4，尺寸增量值为-40.0。

（4）在操控板中单击按钮，完成阵列特征 2 的创建。

Step30. 创建图 19.10.88 所示的钣金拉伸切削特征 5。在操控板中单击 拉伸 按钮，确认按钮、按钮和按钮被按下；选取图 19.10.89 所示的模型表面为草绘平面，基准平面 CASE_BACK 为参考平面，方向为 左；单击 草绘 按钮，绘制图 19.10.90 所示的截面草图；在操控板中定义拉伸类型为，选择材料移除的方向类型为。

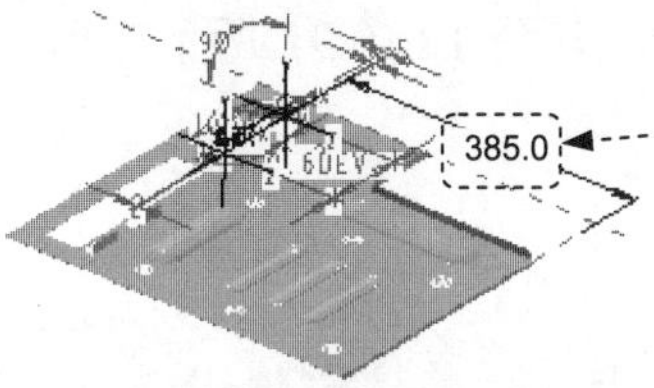

图 19.10.87 阵列引导尺寸

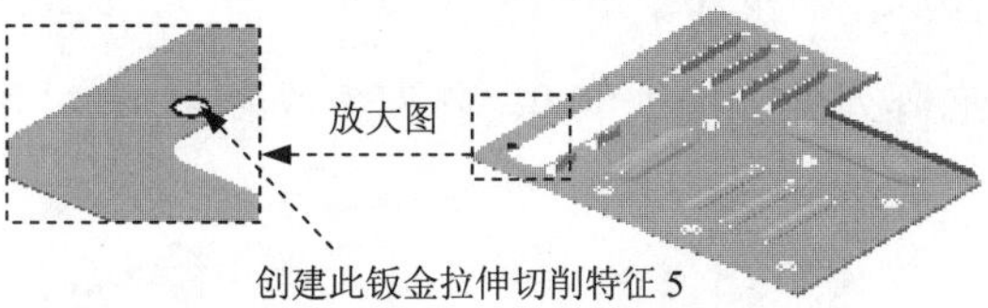

图 19.10.88 拉伸切削特征 5

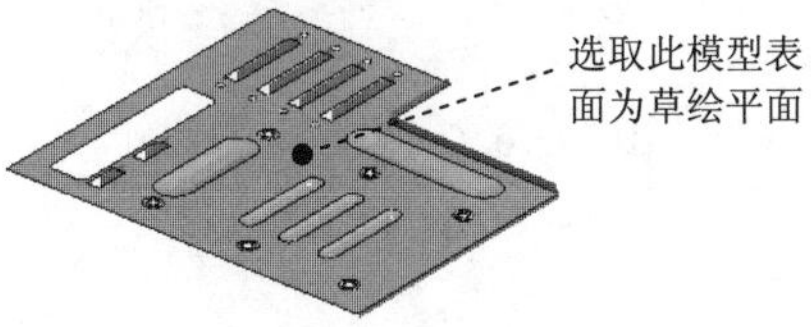

图 19.10.89 草绘平面

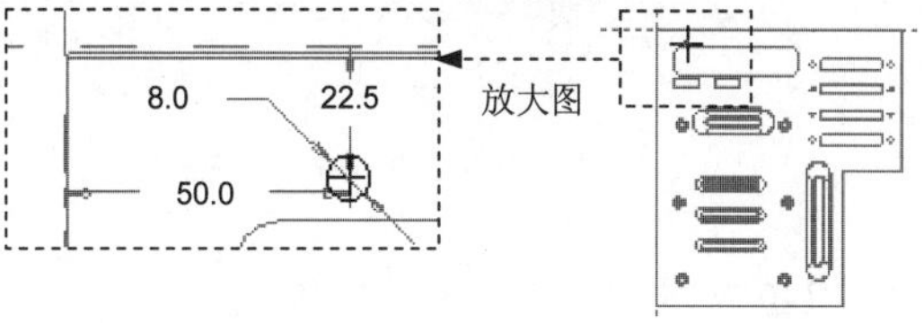

图 19.10.90 截面草图

Step31. 创建图 19.10.91 所示的阵列特征 3。在模型树中选择拉伸 8特征，右击，在系统弹出的快捷菜单中选择阵列...命令，阵列的类型为尺寸。选取图 19.10.92 所示的第一方向阵列引导尺寸 50.0；在阵列操控板中输入阵列个数为 5，尺寸增量值为 80.0。

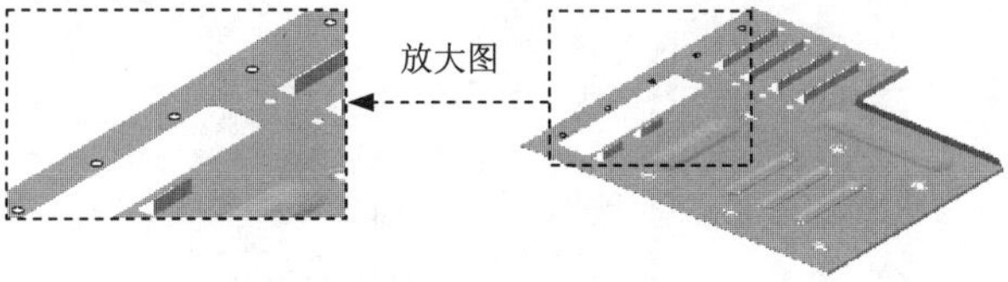

图 19.10.91 阵列特征 3

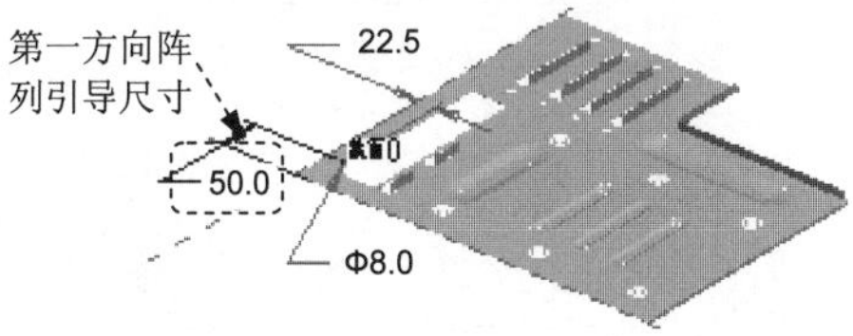

图 19.10.92 阵列引导尺寸

Step32. 创建图 19.10.93 所示的钣金拉伸切削特征 6。在操控板中单击拉伸按钮，确认按钮、按钮和按钮被按下；选取图 19.10.94 所示的模型表面为草绘平面，CASE_BOTTOM 基准平面为参考平面，方向为下；单击草绘按钮，绘制图 19.10.95 所示的截面草图；在操控板中定义拉伸类型为，选择材料移除的方向类型为。

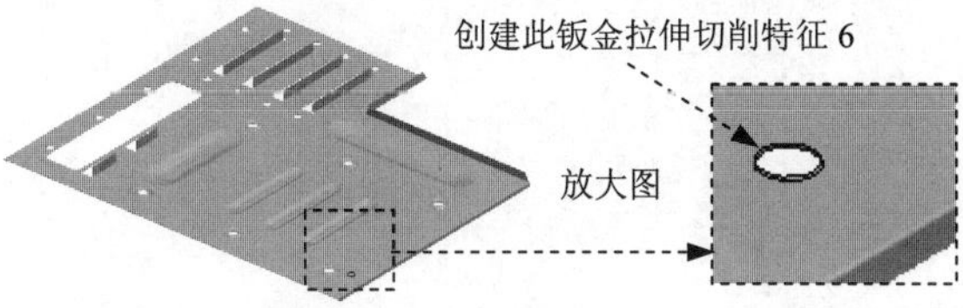

图 19.10.93 拉伸切削特征 6

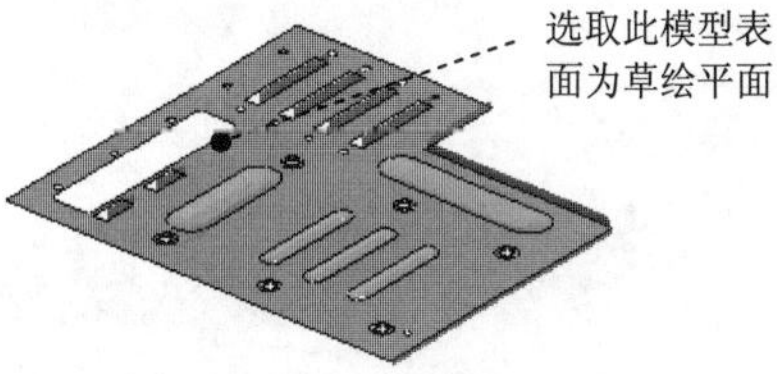

图 19.10.94 草绘平面

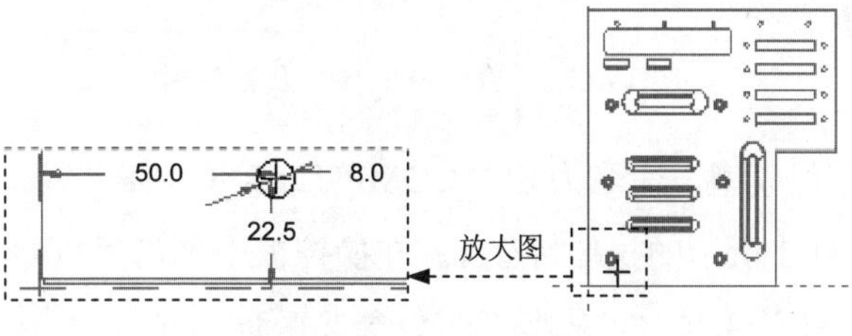

图 19.10.95 截面草图

Step33. 创建图 19.10.96 所示的阵列特征 4。在模型树中选择 拉伸 9 特征，右击，在系统弹出的快捷菜单中选择 阵列... 命令，阵列的类型为 尺寸 。选取图 19.10.97 所示的第一方向阵列引导尺寸 50.0；阵列个数为 4，尺寸增量为 80.0。

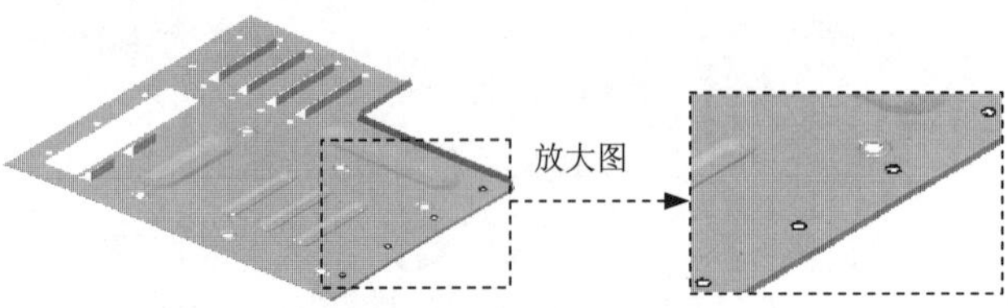

图 19.10.96　阵列特征 4

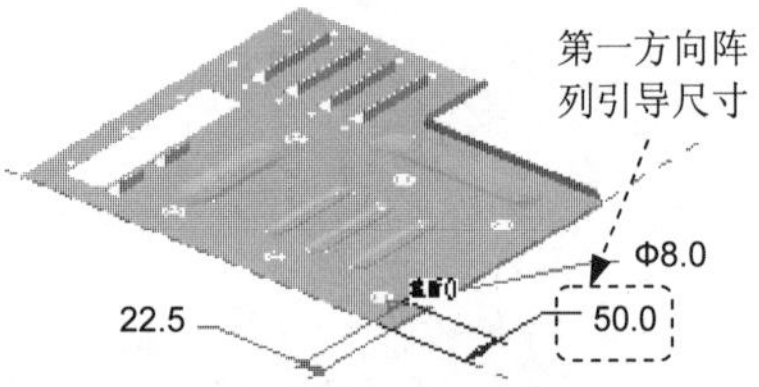

图 19.10.97　阵列引导尺寸

Step34. 保存零件模型文件。

19.11　机箱左盖的细节设计

零件模型和模型树如图 19.11.1 所示。

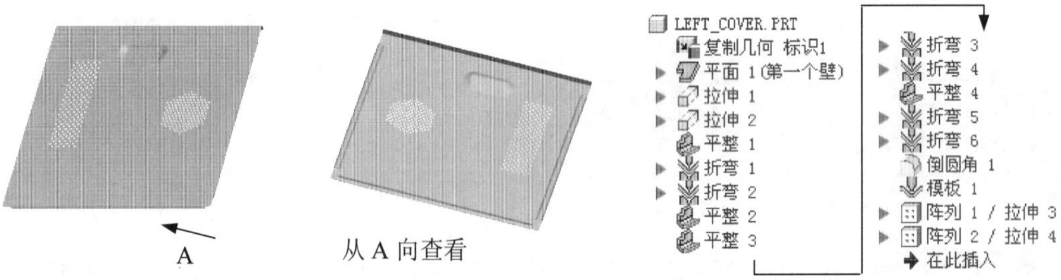

图 19.11.1　零件模型及模型树

Task1. 创建模具 9

模具模型和模型树如图 19.11.2 所示。

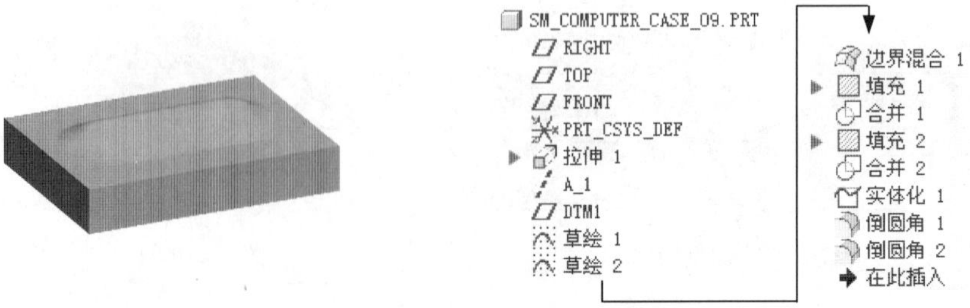

图 19.11.2　模具 9 的模型及模型树

Step1. 新建一个零件模型，命名为 SM_COMPUTER_CASE_09。

Step2. 创建图 19.11.3 所示的拉伸特征 1。在操控板中单击“拉伸”按钮 拉伸 。选取 TOP 基准平面为草绘平面，RIGHT 基准平面为参考平面，方向为 上 ；单击 草绘 按钮，绘制图 19.11.4 所示的截面草图；在操控板中定义拉伸类型为⊥⊥，输入深度值 20.0。

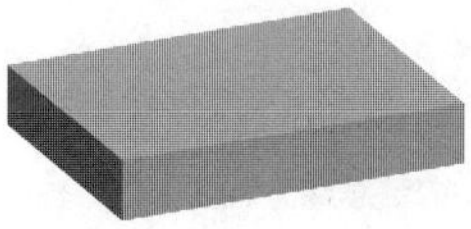

图 19.11.3 拉伸特征 1

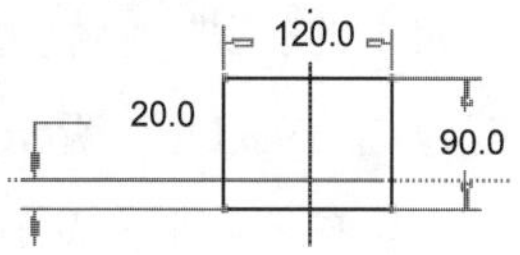

图 19.11.4 截面草图

Step3. 创建图 19.11.5 所示的基准轴 A_1。单击 模型 功能选项卡 基准▾ 区域中的 /轴 按钮，按住 Ctrl 键，依次选取 RIGHT 基准平面和 TOP 基准平面为放置参考，其约束类型均设置为 穿过，然后单击 确定 按钮。

Step4. 创建图 19.11.6 所示的基准平面 DTM1。单击 模型 功能选项卡 基准▾ 区域中的"平面"按钮▱，选取上步创建的基准轴 A_1 为放置参考，约束类型为 穿过；按住 Ctrl 键，选取图 19.11.6 所示的 TOP 基准平面为放置参考，约束类型为 偏移，旋转值为-10.0。

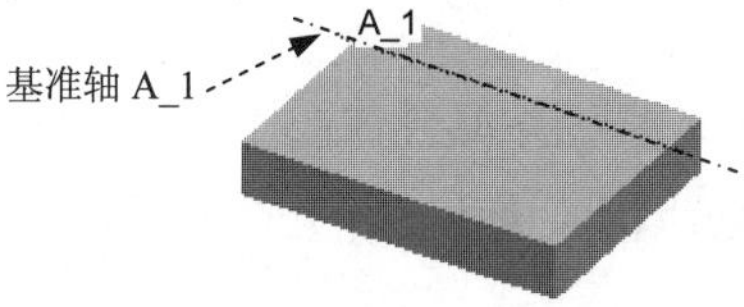

图 19.11.5 基准轴 A_1

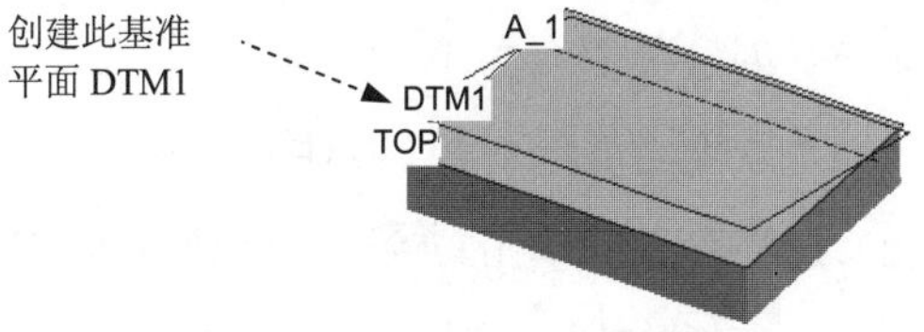

图 19.11.6 基准平面 DTM1

Step5. 创建图 19.11.7 所示的草绘 1。在操控板中单击"草绘"按钮；选取图 19.11.8 所示的模型表面为草绘平面，选取 RIGHT 基准平面为参考平面，方向为 上，单击 草绘 按钮，绘制图 19.11.9 所示的截面草图。

Step6. 创建图 19.11.10 所示的草绘 2。在操控板中单击"草绘"按钮；选取 Step4 中创建的基准平面 DTM1 为草绘平面，选取 FRONT 基准平面为参考平面，方向为 右；单击 草绘 按钮，绘制图 19.11.11 所示的截面草图。

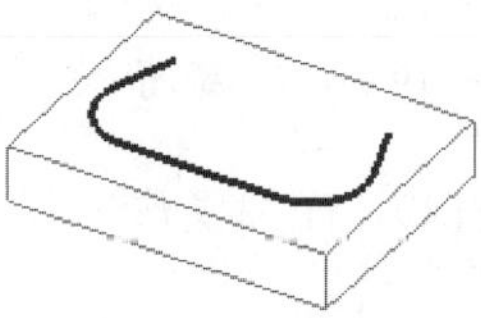

图 19.11.7 草绘 1

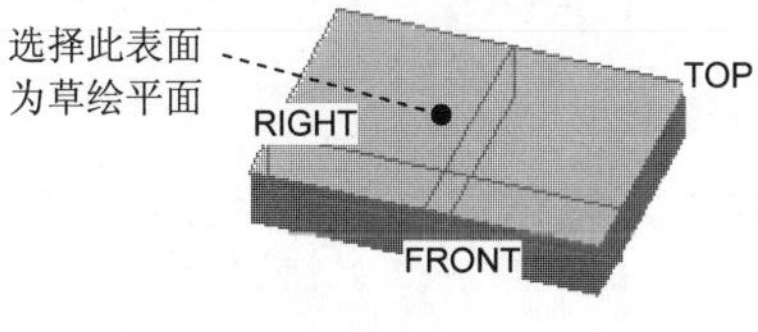

图 19.11.8 草绘平面

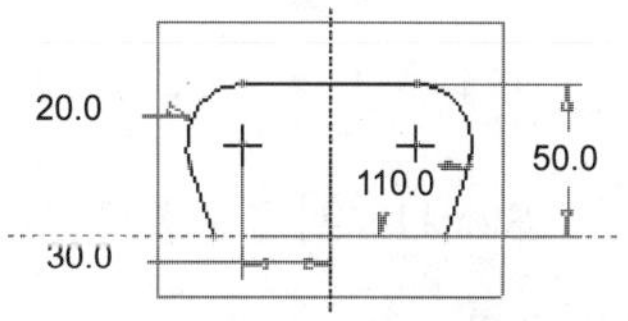

图 19.11.9 截面草图

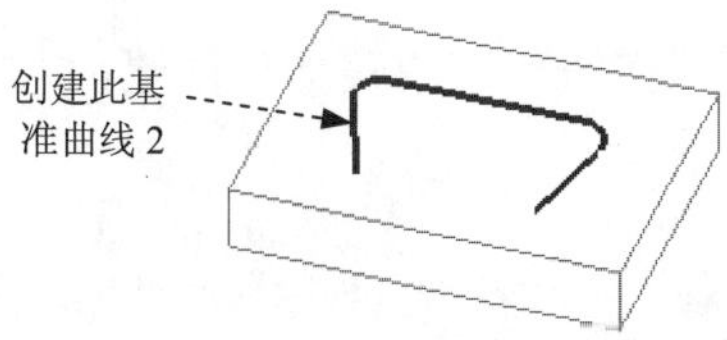

图 19.11.10 草绘 2

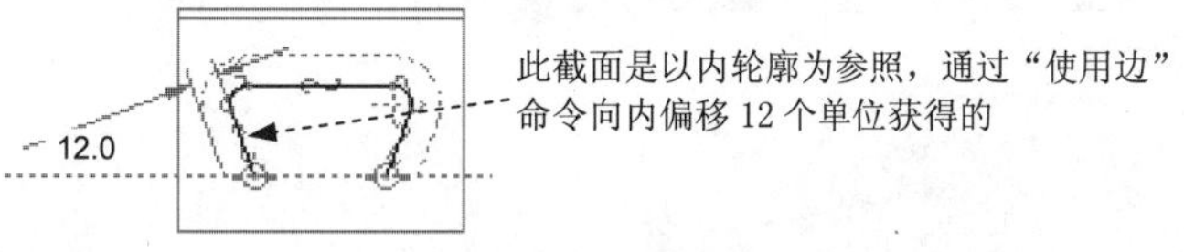

图 19.11.11 截面草图

Step7. 创建图 19.11.12 所示的边界混合曲面 1。单击 模型 功能选项卡 曲面▾ 区域中的"边界混合"按钮，在操控板中单击 曲线 按钮，系统弹出"曲线"界面，按住 Ctrl

键，依次选取 Step5 和 Step6 中创建的草绘 1 和草绘 2 作为第一方向链，单击✓按钮，完成边界混合曲面 1 的创建。

Step8. 创建图 19.11.13 所示的填充曲面 1。单击 模型 功能选项卡 曲面 ▾ 区域中的 填充 按钮；在图形区右击，从弹出的快捷菜单中选择 定义内部草绘... 命令；选取 TOP 基准平面为草绘平面，RIGHT 基准平面为参考平面，方向为 右；单击 草绘 按钮，绘制图 19.11.14 所示的截面草图。

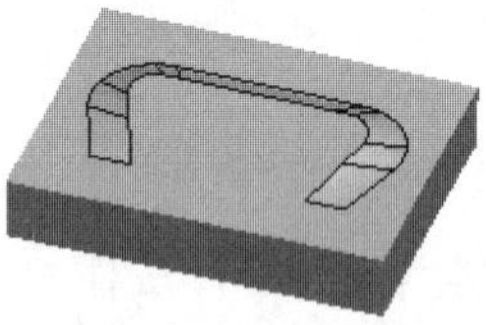

图 19.11.12　边界混合曲面 1

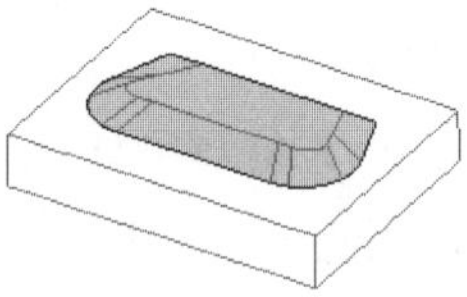

图 19.11.13　填充曲面 1

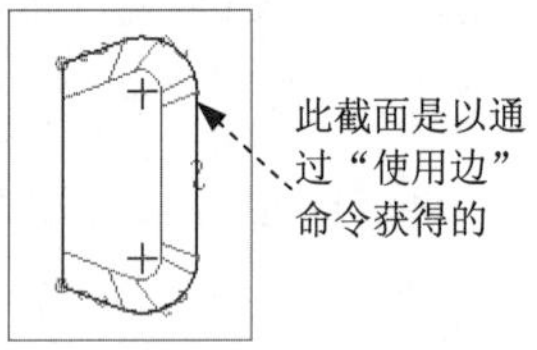

图 19.11.14　截面草图

Step9. 创建曲面合并 1。

（1）选取要合并的对象。按住 Ctrl 键，选取填充曲面 1 和边界混合曲面 1（图 19.11.15）。

（2）选择命令。单击 模型 功能选项卡 编辑 ▾ 区域中的 合并 按钮。

（3）单击✓按钮，完成曲面合并 1 的创建。

Step10. 创建图 19.11.16 所示的填充曲面 2。单击 模型 功能选项卡 曲面 ▾ 区域中的 填充 按钮；选取 DTM1 基准平面为草绘平面，FRONT 基准平面为草绘参考平面，方向为 下；单击 草绘 按钮，绘制图 19.11.17 所示的截面草图。

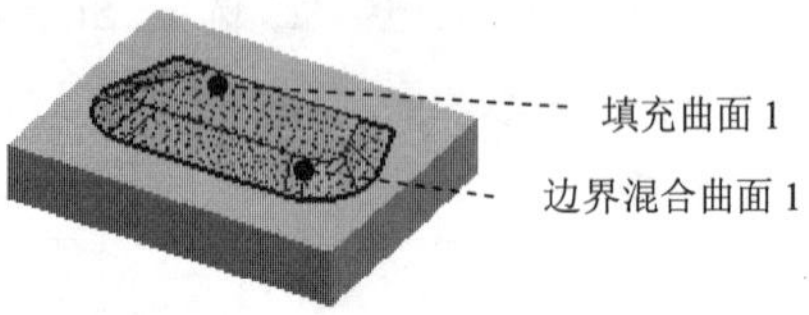

图 19.11.15　选取合并曲面

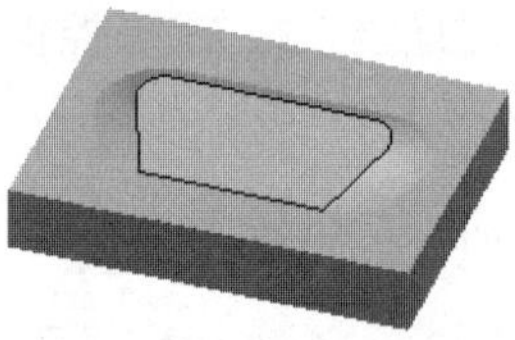

图 19.11.16　填充曲面 2

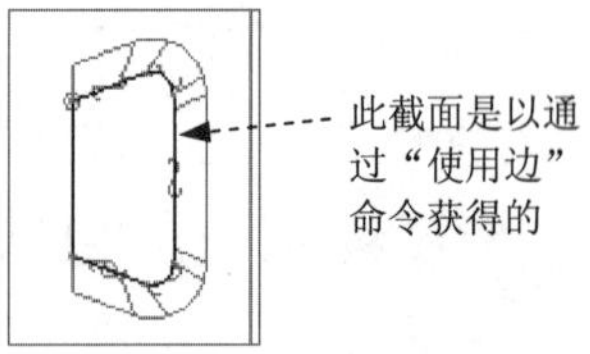

图 19.11.17　截面草图

Step11. 创建合并 2。将合并 1 与填充曲面 2 进行合并（图 19.11.18），详细操作过程参见 Step9。

Step12. 创建实体化特征 1。选取图 19.11.19 所示的合并 2 作为要变成实体的面组，单击 模型 功能选项卡 编辑 ▾ 区域中的 实体化 按钮；单击✓按钮，完成实体化创建。

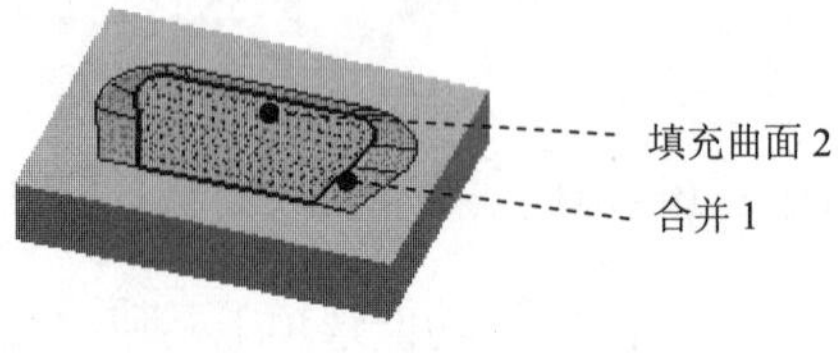

图 19.11.18　选取合并曲面

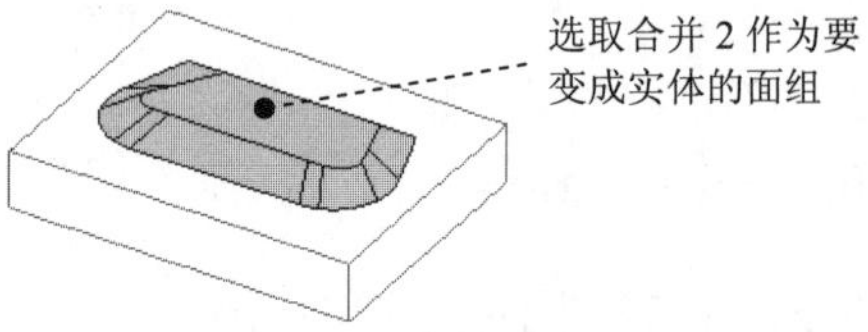

图 19.11.19　用封闭的面组创建实体

Step13. 创建倒圆角特征 1。选取图 19.11.20 所示的两条边线为倒圆角的边线，圆角半径值为 10.0。

Step14. 创建倒圆角特征 2。选取图 19.11.21 所示的边线为倒圆角的边线，圆角半径值为 10.0。

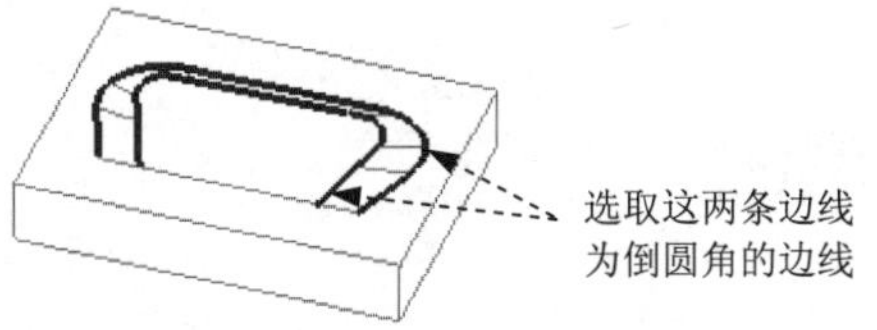

图 19.11.20 选取倒圆角的边线

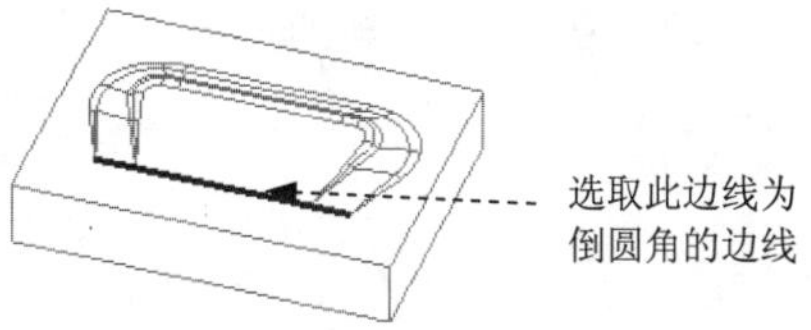

图 19.11.21 选取倒圆角的边线

Step15. 保存零件模型文件。

Task2. 创建主体零件

Step1. 在装配件中打开刚创建的机箱前盖零件（LEFT_COVER.PRT）。在模型树中选择 LEFT_COVER.PRT，然后右击，在系统弹出的快捷菜单中选择 打开 命令。

Step2. 创建图 19.11.22 所示的钣金拉伸切削特征 1。在操控板中单击 拉伸 按钮，确认按钮、按钮和按钮被按下；选取图 19.11.23 所示的模型表面为草绘平面，基准平面 CASE_TOP 为参考平面，方向为 上；单击 草绘 按钮，绘制图 19.11.24 所示的截面草图；在操控板中定义拉伸类型为，选择材料移除的方向类型为（移除垂直于驱动曲面的材料）。

a）切削前　　b）切削后

图 19.11.22 拉伸切削特征 1

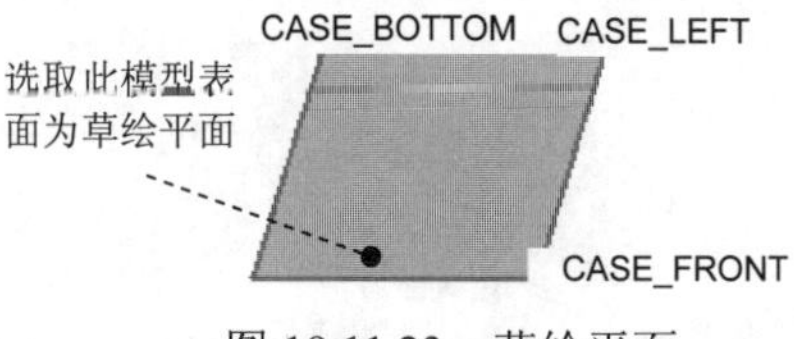

图 19.11.23 草绘平面

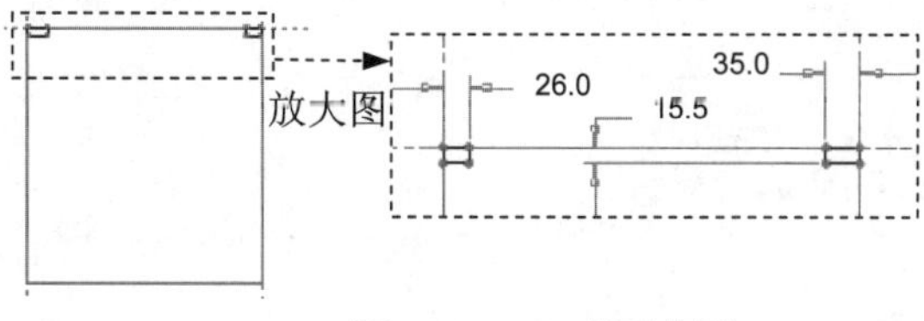

图 19.11.24 截面草图

Step3. 创建图 19.11.25 所示的钣金拉伸切削特征 2，具体操作过程参见上一步。

Step4. 创建图 19.11.26 所示的平整特征 1。单击 模型 功能选项卡 形状 ▾ 区域中的“平整”按钮，选取图 19.11.27 所示的模型边线为附着边；平整壁的形状类型为 矩形，折弯角度类型为 平整 类型；单击 形状 选项卡，在系统弹出的界面中依次设置草图内的尺寸值为 0、5.0、0（图 19.11.28）。

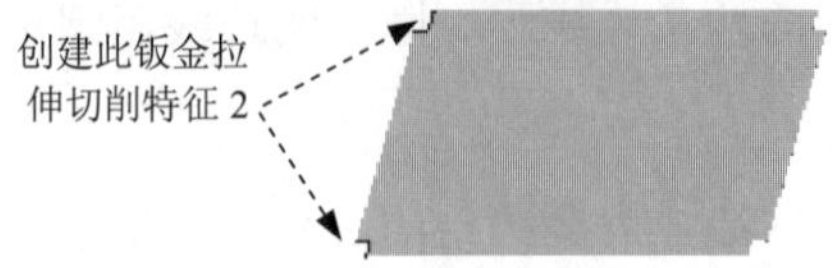

图 19.11.25　拉伸切削特征 2

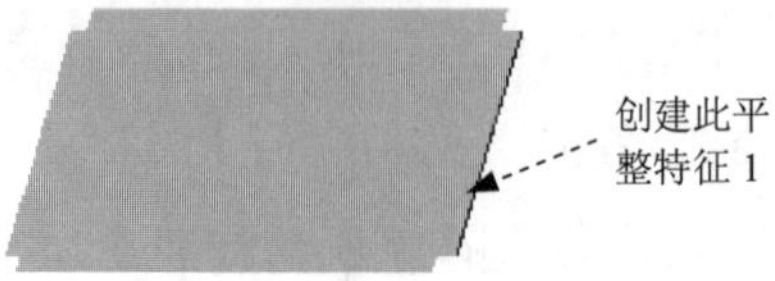

图 19.11.26　平整特征 1

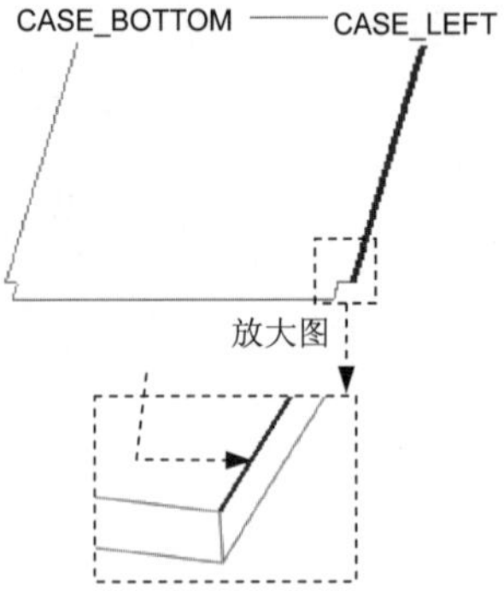

图 19.11.27　定义附着边

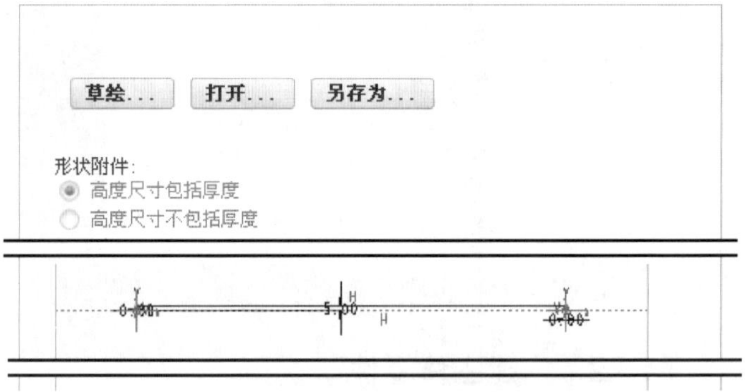

图 19.11.28　设置形状参数

Step5. 创建图 19.11.29 所示的折弯特征 1。单击 模型 功能选项卡 折弯 ▾ 区域中的 折弯 ▾ 按钮，在操控板中单击按钮和按钮（使其处于被按下的状态）。单击 折弯线 选项卡，选取图 19.11.30 所示的薄板表面为草绘平面，在系统弹出的界面中单击 草绘... 按钮，选取所示的 CASE_BACK 和 CASE_BOTTOM 基准平面为参考平面；再单击 关闭(C) 按钮，进入草绘环境，绘制图 19.11.31 所示的折弯线。定义折弯侧和固定侧，如图 19.11.32 所示；单击 止裂槽 选项卡，在系统弹出界面中的 类型 下拉列表框中选择 无止裂槽 选项；单击按钮前的按钮，折弯半径值为 6.0。

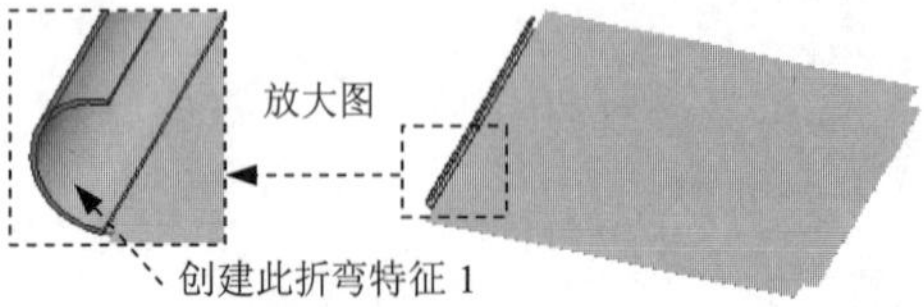

图 19.11.29　折弯特征 1

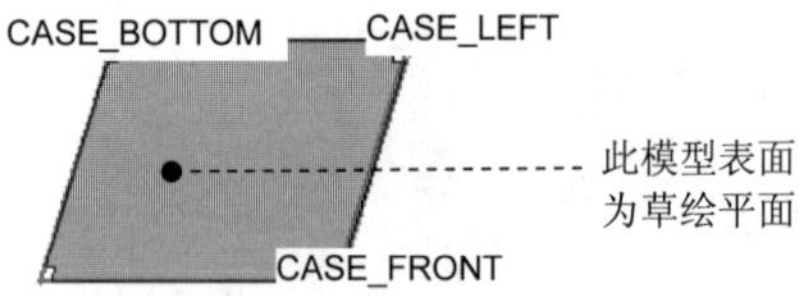

图 19.11.30　草绘平面

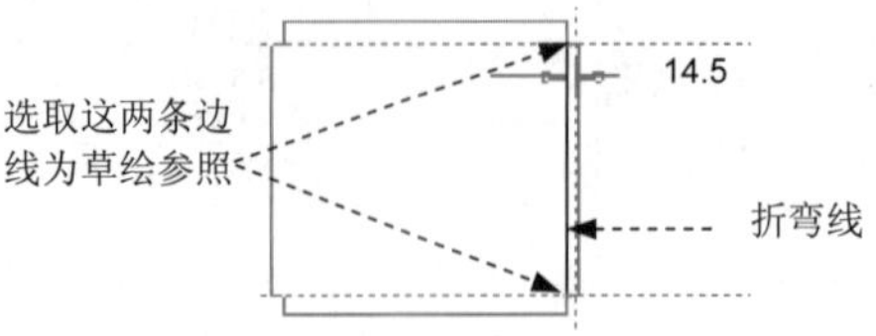

图 19.11.31　折弯线

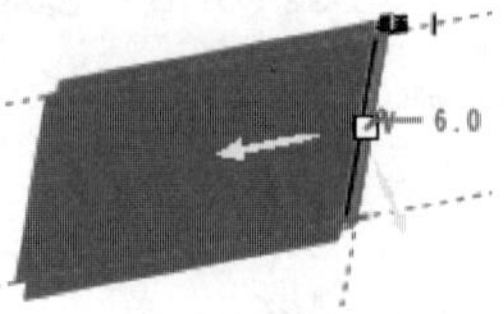

图 19.11.32　定义折弯侧和固定侧

Step6. 创建图 19.11.33 所示的折弯特征 2。单击 模型 功能选项卡 折弯 ▾ 区域中的 折弯 ▾ 按钮，在操控板中单击按钮和按钮（使其处于被按下的状态）。单击 折弯线 选项卡，选取图 19.11.34 所示的薄板表面为草绘平面，在系统弹出的界面中单击 草绘... 按钮，选取所示的 CASE_BACK 和 CASE_BOTTOM 基准平面为参考平面；再单击 关闭(C) 按钮，进入草绘环境，绘制图 19.11.35 所示的折弯线；定义折弯侧和固定侧，如

图 19.11.36 所示；单击 止裂槽 选项卡，在系统弹出界面中的 类型 下拉列表框中选择 无止裂槽 选项。单击 按钮，折弯角度值为 90.0，折弯半径值为 0.1。

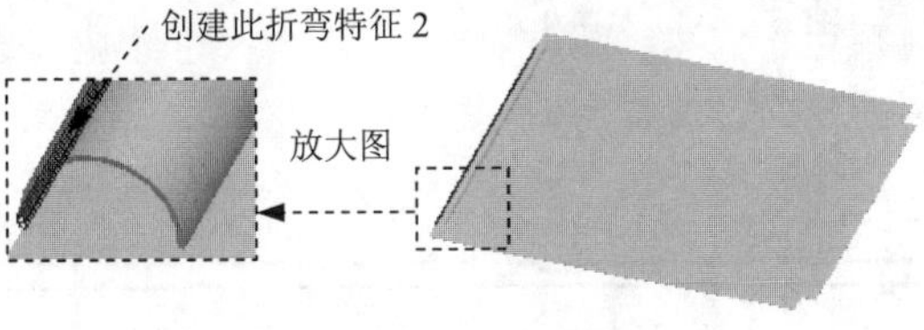

图 19.11.33 折弯特征 2

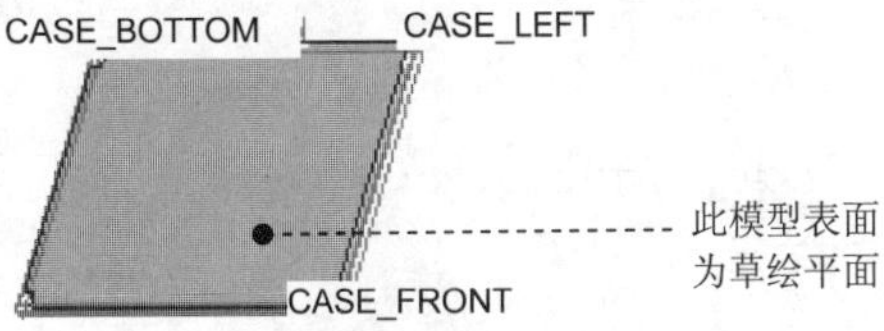

图 19.11.34 草绘平面

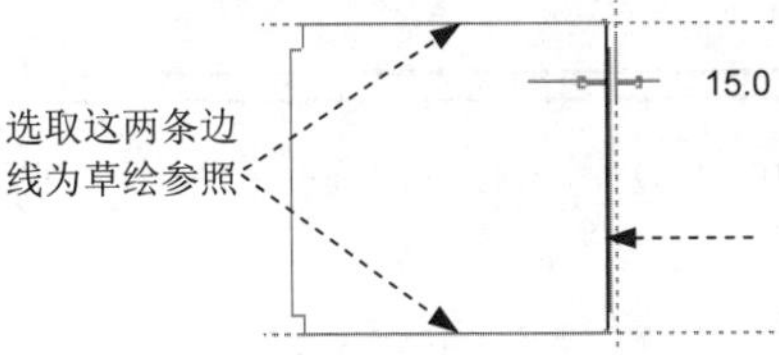

图 19.11.35 折弯线

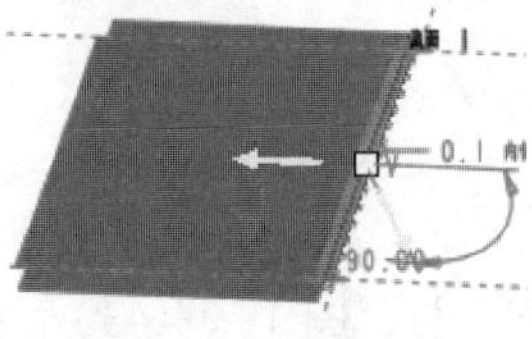

图 19.11.36 定义折弯侧和固定侧

Step7. 创建图 19.11.37 所示的平整特征 2。单击 模型 功能选项卡 形状 ▾ 区域中的“平整”按钮，选取图 19.11.38 所示的模型边线为附着边。平整壁的形状类型为 矩形，折弯角度值为 90.0；单击 形状 选项卡，在系统弹出的界面中依次设置草图内的尺寸值为 0、12.0、0（图 19.11.39）；然后单击 止裂槽 选项卡，在系统弹出界面中的 类型 下拉列表框中选择 扯裂 选项。单击 按钮；确认 按钮被按下，并在其后的文本框中输入折弯半径值 0.2，折弯半径所在侧为 。

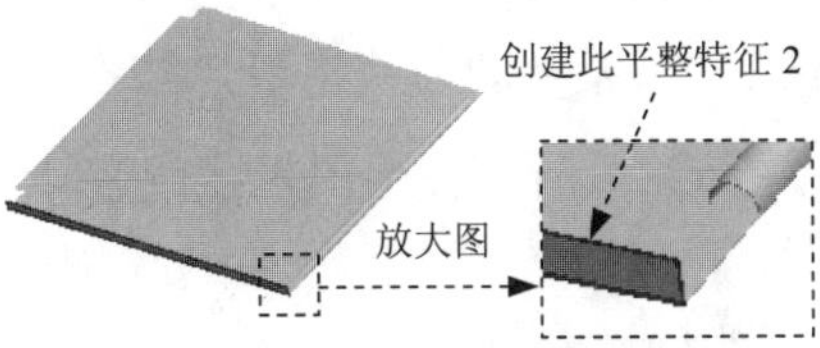

图 19.11.37 平整特征 2

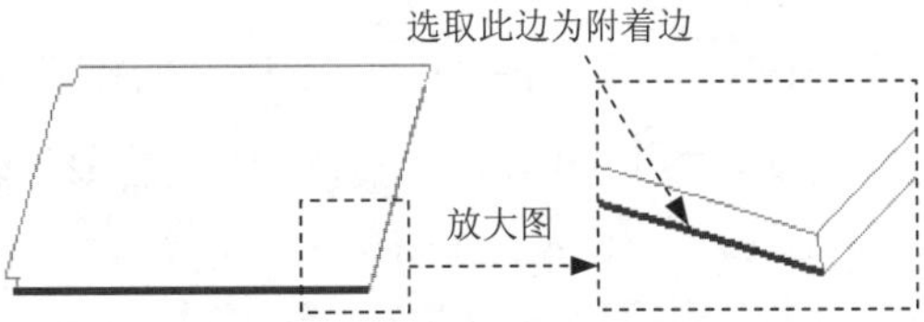

图 19.11.38 定义附着边

Step8. 创建图 19.11.40 所示的平整特征 3。单击 模型 功能选项卡 形状 ▾ 区域中的“平整”按钮，选取图 19.11.41 所示的模型边线为附着边；平整壁的形状类型为 矩形，折弯角度类型为 平整；单击 形状 选项卡，在系统弹出的界面中依次设置草图内的尺寸值为 0、5.0、0（图 19.11.42）。

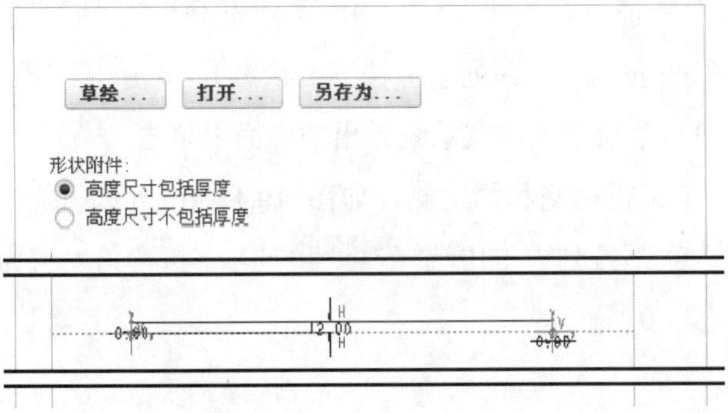

图 19.11.39 设置形状参数

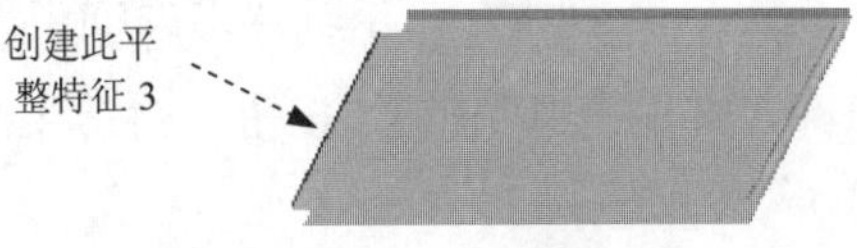

图 19.11.40 平整特征 3

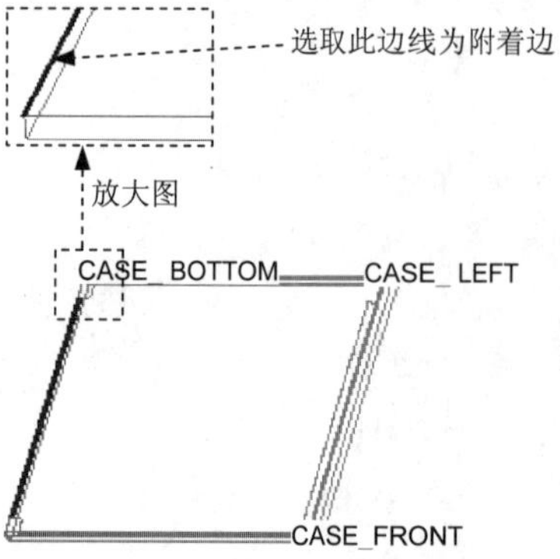

图 19.11.41　定义附着边

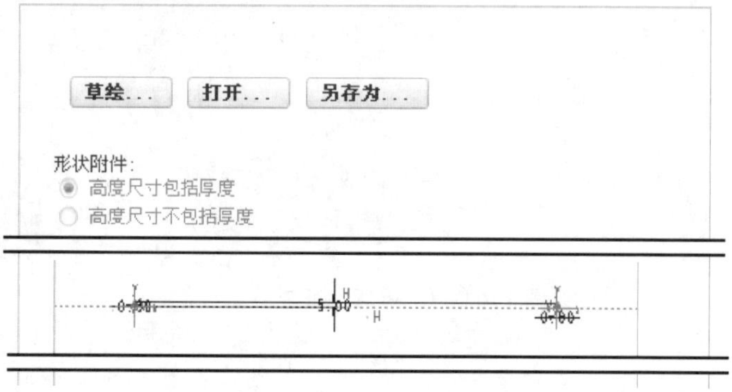

图 19.11.42　设置形状参数

Step9. 创建图 19.11.43 所示的折弯特征 3，详细操作过程参见 Step5。

Step10. 创建图 19.11.44 所示的折弯特征 4，详细操作过程参见 Step6。

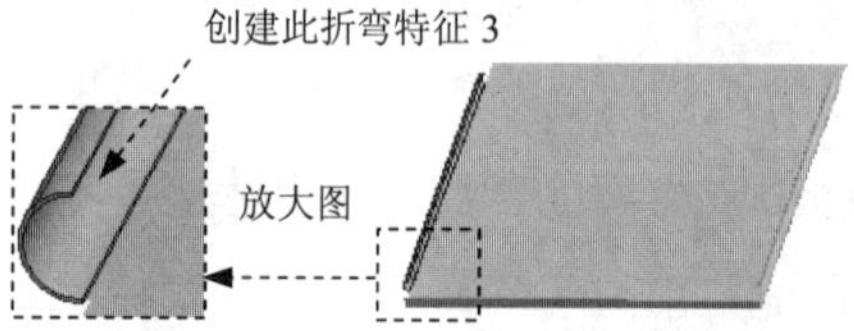

图 19.11.43　创建折弯特征 3

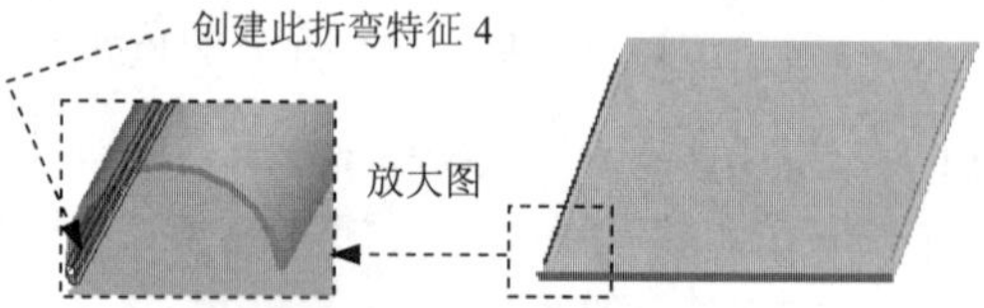

图 19.11.44　创建折弯特征 4

Step11. 创建图 19.11.45 所示的平整特征 4。单击 模型 功能选项卡 形状 ▾ 区域中的“平整”按钮，选取图 19.11.46 所示的模型边线为附着边。平整壁的形状类型为 矩形，折弯角度类型为 平整；单击 形状 选项卡，在系统弹出的界面中依次设置草图内的尺寸值为-15.0、17.0、-15.0（图 19.11.47）。

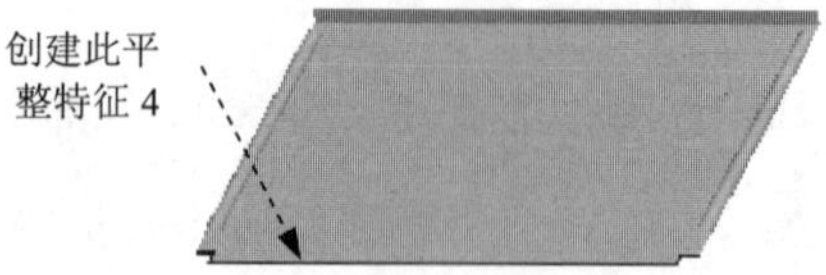

图 19.11.45　平整特征 4

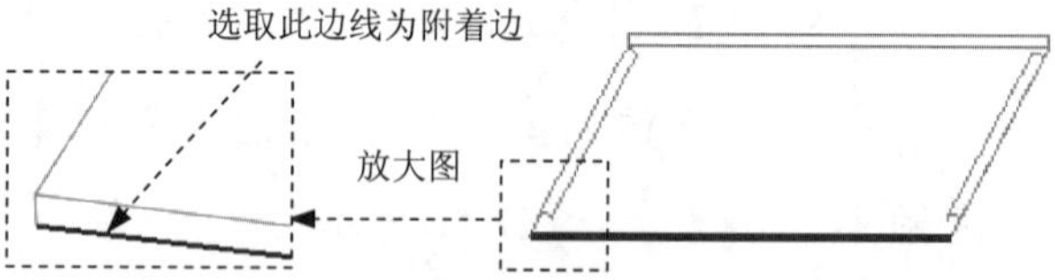

图 19.11.46　定义附着边

Step12. 创建图 19.11.48 所示的折弯特征 5。单击 模型 功能选项卡 折弯 ▾ 区域中的 折弯 ▾ 按钮，在操控板中单击按钮和按钮（使其处于被按下的状态）。单击 折弯线 选项卡，选取图 19.11.49 所示的薄板表面为草绘平面，在系统弹出的界面中单击 草绘... 按钮，绘制图 19.11.50 所示的折弯线；定义折弯侧和固定侧，如图 19.11.51 所示；单击 止裂槽 选项卡，在系统弹出界面中的 类型 下拉列表框中选择 无止裂槽 选项。折弯角度值为 180，并单击其后的按钮，折弯半径值为 0.1。

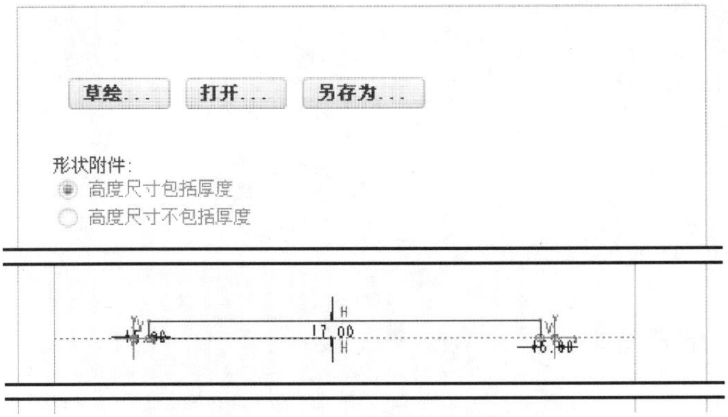

图 19.11.47　设置形状参数

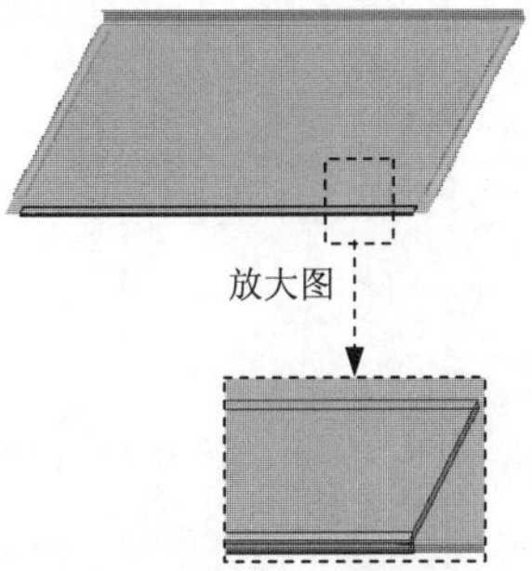

图 19.11.48　折弯特征 5

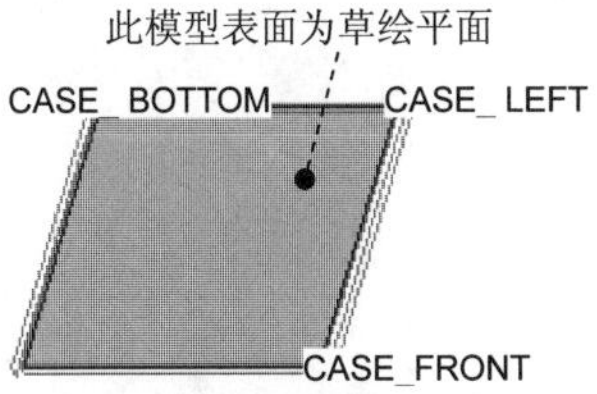

图 19.11.49　草绘平面

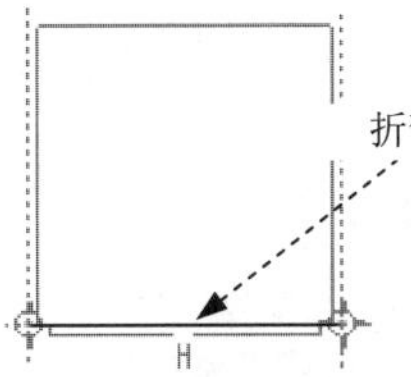

图 19.11.50　折弯线

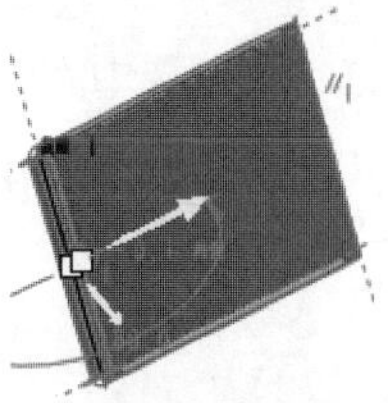

图 19.11.51　定义折弯侧和固定侧

Step13. 创建图 19.11.52 所示的折弯特征 6。单击 模型 功能选项卡 折弯 区域中的 折弯 按钮，在操控板中单击按钮和按钮（使其处于被按下的状态）。单击 折弯线 选项卡，选取图 19.11.53 所示的薄板表面为草绘平面，然后单击“折弯线”界面中的 草绘... 按钮，绘制图 19.11.54 所示的折弯线；定义折弯侧和固定侧，如图 19.11.55 所示；单击 止裂槽 选项卡，在系统弹出界面中的 类型 下拉列表框中选择 无止裂槽 选项。单击前面的按钮，然后单击前面的按钮，折弯半径值为 4.0。

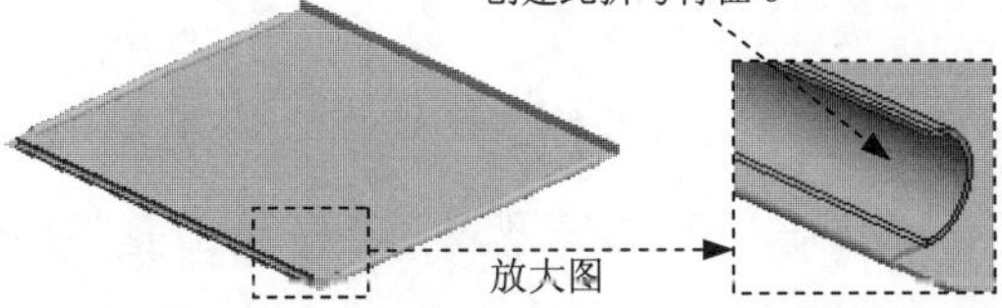

图 19.11.52　折弯特征 6

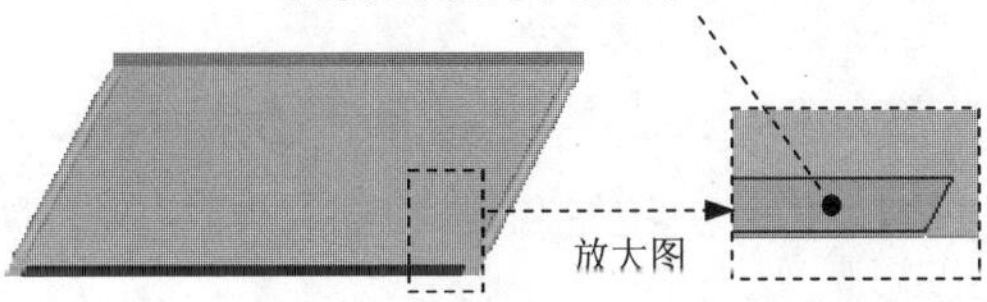

图 19.11.53　草绘平面

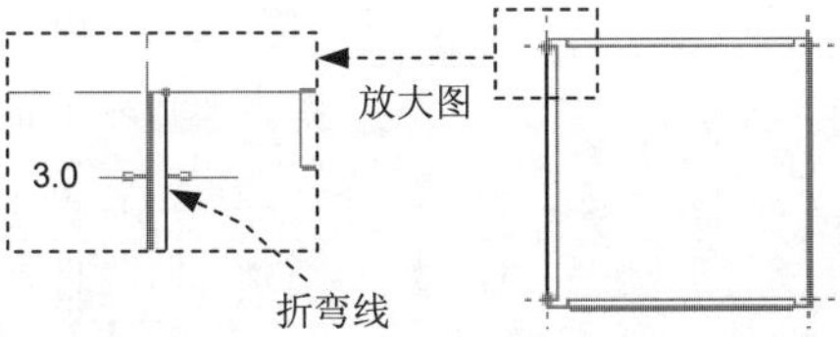

图 19.11.54　折弯线

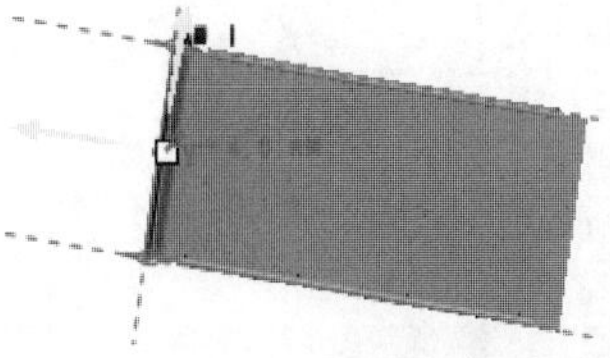

图 19.11.55　定义折弯侧和固定侧

Step14. 创建倒圆角特征 1。选取图 19.11.56 所示的四条边线为倒圆角的边线，圆角半径值为 2.0。

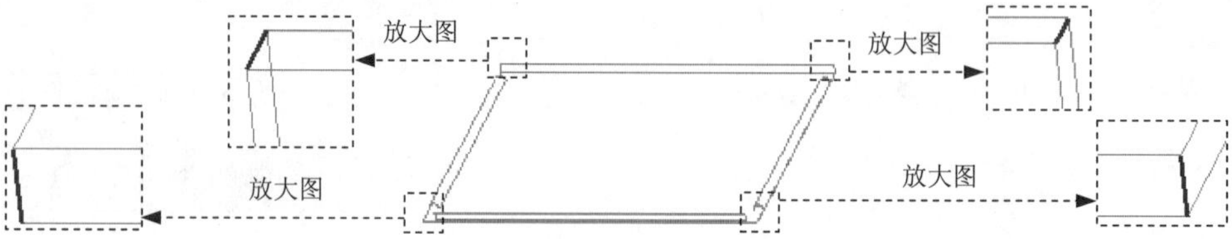

图 19.11.56 选取圆角放置参照

Step15. 创建图 19.11.57 所示的凸模成形特征 1。单击 模型 功能选项卡 工程 ▾ 区域节点下的 凸模 按钮；在系统弹出的“凸模”操控板中单击按钮，系统弹出“打开”对话框，选择 sm_computer_case_09.prt 文件作为成形模具；单击操控板中的 放置 选项卡，在弹出的界面中选中 ☑ 约束已启用 复选框，并添加图 19.11.58 所示的三组位置约束；单击按钮，使冲孔方向如图 19.11.59 所示。

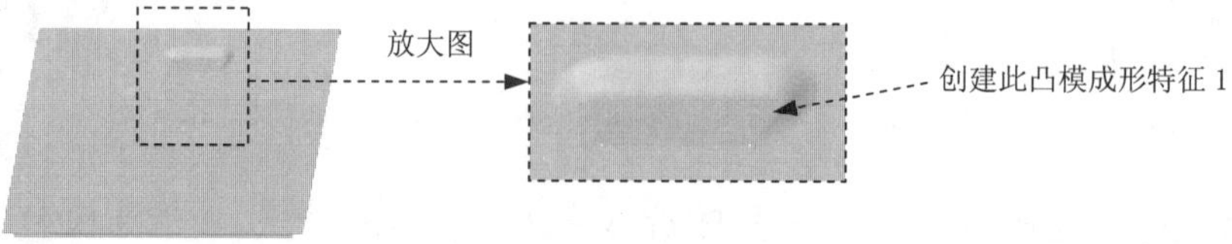

图 19.11.57 凸模成形特征 1

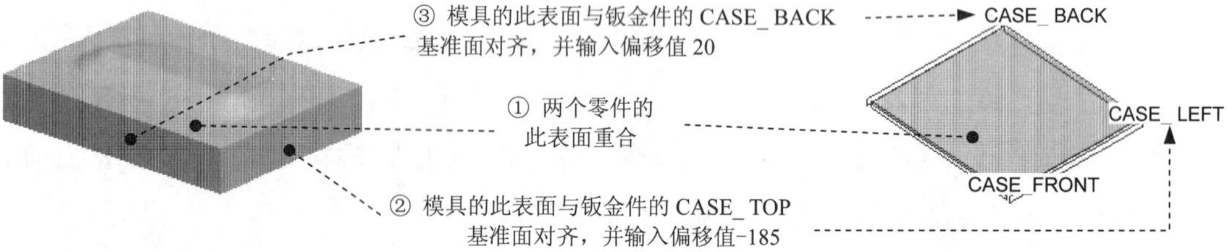

图 19.11.58 定义成形模具的放置

Step16. 创建图 19.11.60 所示的钣金拉伸切削特征 3。在操控板中单击 拉伸 按钮，确认按钮、按钮和按钮被按下；选取图 19.11.61 所示的模型表面为草绘平面，基准平面 CASE_TOP 为参考平面，方向为 上；单击 草绘 按钮，绘制图 19.11.62 所示的截面草图；在操控板中定义拉伸类型为，选择材料移除的方向类型为。

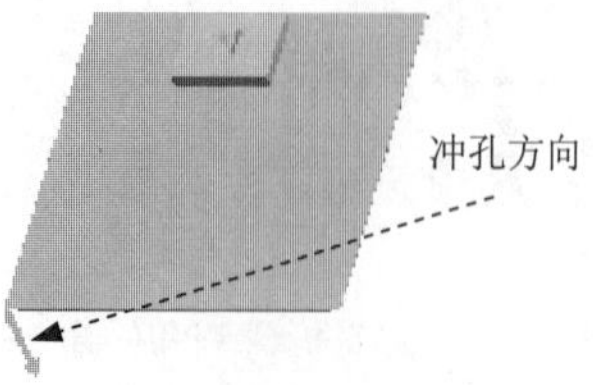

图 19.11.59 选取冲孔方向

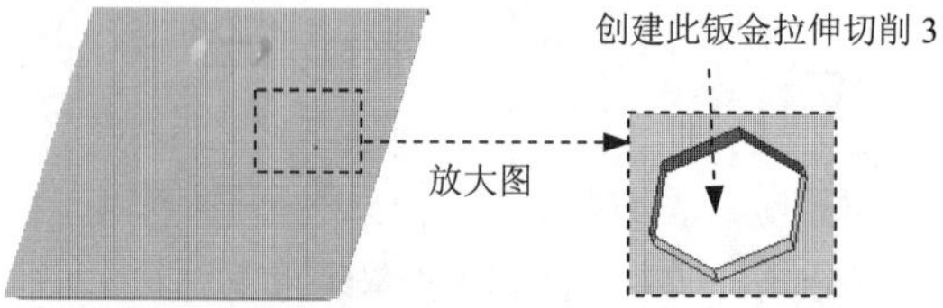

图 19.11.60 拉伸切削特征 3

Step17. 创建图 19.11.63 所示的阵列特征 1。

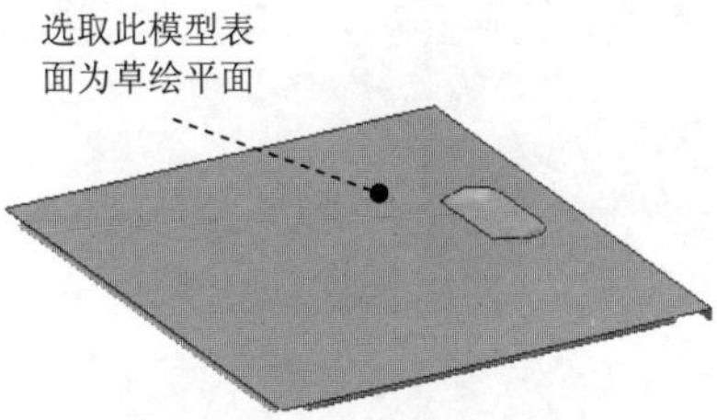

图 19.11.61　草绘平面

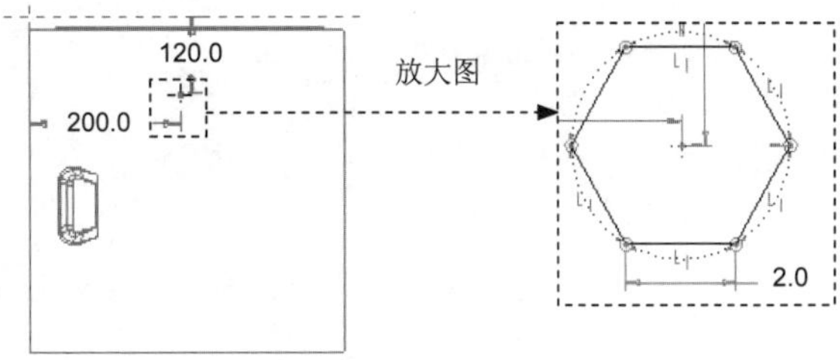

图 19.11.62　截面草图

a）阵列前　　　　b）阵列后

图 19.11.63　阵列特征 1

（1）在模型树中选择拉伸 3特征，再右击，从系统弹出的快捷菜单中选择阵列...命令。

（2）选取阵列类型。在操控板中选择以填充方式控制阵列。

（3）绘制填充区域。

① 在绘图区中右击，从系统弹出的快捷菜单中选择定义内部草绘...命令，选取图 19.11.64 所示的表面为草绘平面，基准平面 CASE_TOP 为参考平面，方向为上。

② 进入草绘环境后，绘制图 19.11.65 所示的草绘图作为填充区域。

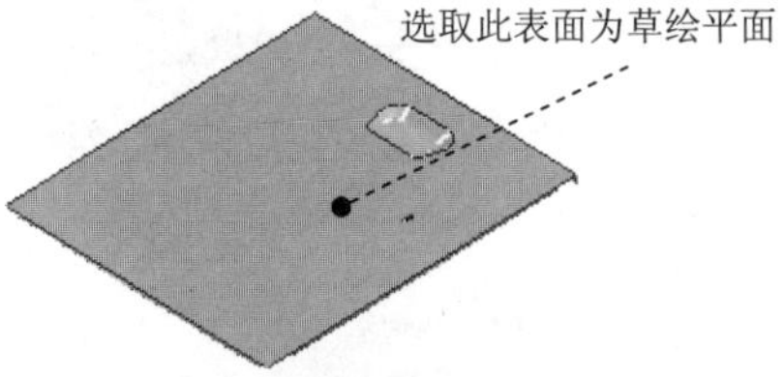

图 19.11.64　选择草绘平面

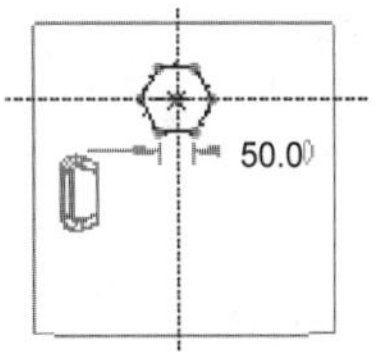

图 19.11.65　绘制填充区域

（4）设置填充阵列形式并输入控制参数值。在操控板的下拉列表中单击按钮（以六边形阵列分隔各成员）；在后的文本框中输入阵列成员中心之间的距离值 7.0；在后的文本框中输入阵列成员中心和草绘边界之间的最小距离值 0.0；在中输入栅格绕原点的旋转角度值 30.0。

（5）在操控板中单击按钮，完成阵列特征 1 的创建。

Step18. 创建图 19.11.66 所示的钣金拉伸切削特征 4。在操控板中单击拉伸按钮，确认按钮、按钮和按钮被按下；选取图 19.11.67 所示的模型表面为草绘平面，基准平面 CASE_TOP 为参考平面，方向为上；单击草绘按钮，绘制图 19.11.68 所示的截面草图；在操控板中定义拉伸类型为，选择材料移除的方向类型为。

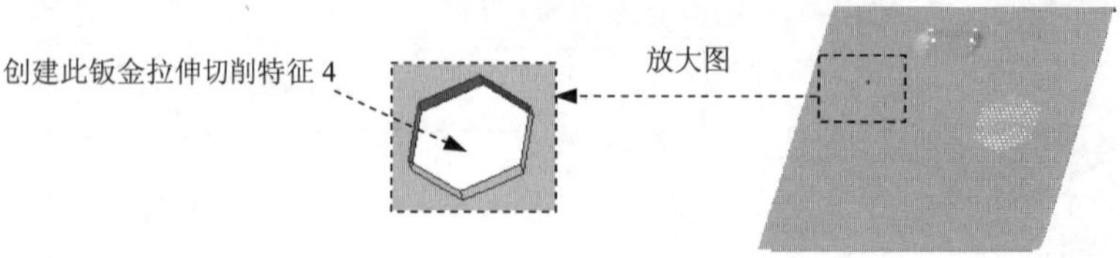

图 19.11.66　拉伸切削特征 4

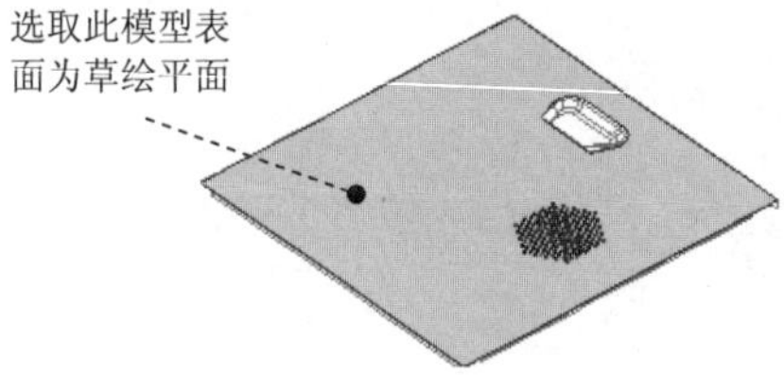

图 19.11.67　草绘平面

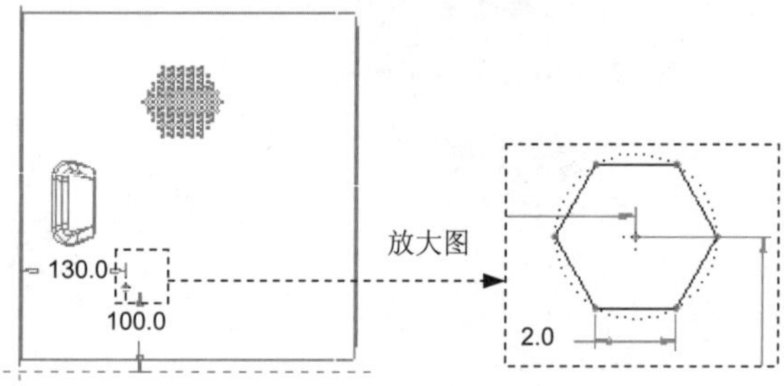

图 19.11.68　截面草图

Step19. 创建图 19.11.69 所示的阵列特征 2。在模型树中选择 拉伸 4 特征，右击，从系统弹出的快捷菜单中选择 阵列... 命令。阵列方式的类型为 填充，选取图 19.11.70 所示的表面为草绘平面，基准平面 CASE_TOP 为参考平面，方向为 上；绘制图 19.11.71 所示的草绘图作为填充区域，在操控板的下拉列表中单击按钮（以菱形阵列分隔各成员）；在后的文本框中输入阵列成员中心之间的距离值 8.0；在后的文本框中输入阵列成员中心和草绘边界之间的最小距离值 0.0；在中输入栅格绕原点的旋转角度值 0.0。

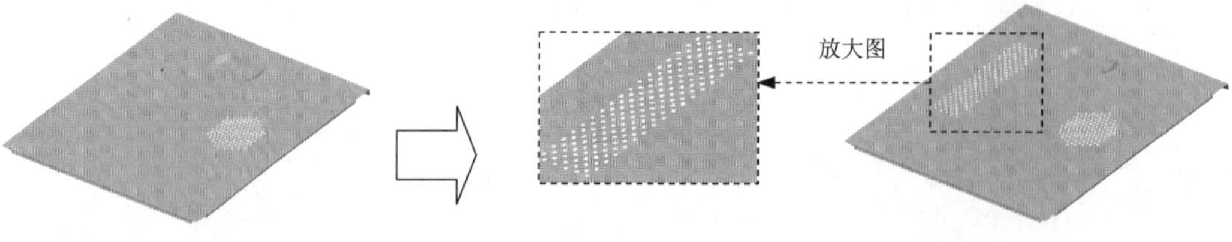

a）阵列前　　b）阵列后

图 19.11.69　阵列特征 2

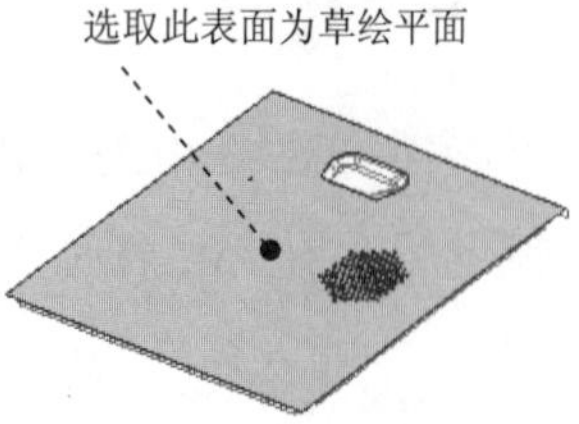

图 19.11.70　草绘平面

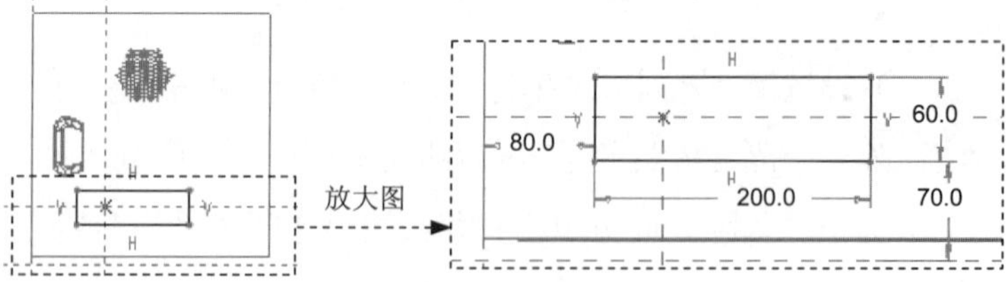

图 19.11.71　绘制填充区域

Step20. 保存零件模型文件。

19.12　机箱右盖的细节设计

零件模型和模型树如图 19.12.1 所示。

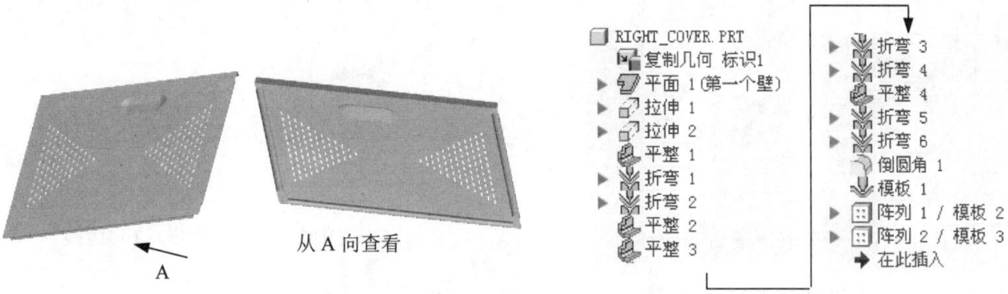

图 19.12.1　零件模型及模型树

Task1. 创建模具 10

模具模型和模型树如图 19.12.2 所示。

图 19.12.2　模具 10 的模型及模型树

Step1. 新建一个实体零件模型，命名为 SM_COMPUTER_CASE_10。

Step2. 创建图 19.12.3 所示的拉伸特征 1。在操控板中单击“拉伸”按钮 拉伸。选取 TOP 基准平面为草绘平面，RIGHT 基准平面为参考平面，方向为 右；单击 草绘 按钮，绘制图 19.12.4 所示的截面草图；在操控板中定义拉伸类型为，输入深度值 5.0。

图 19.12.3　拉伸特征 1

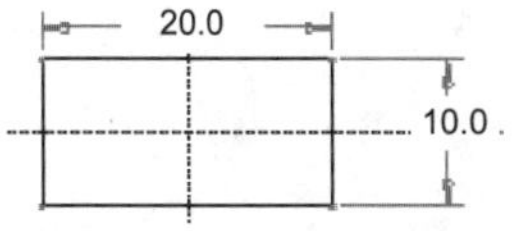

图 19.12.4　截面草图

Step3. 创建图 19.12.5 所示的拉伸特征 2。在操控板中单击“拉伸”按钮 拉伸。选取 FRONT 基准平面为草绘平面，RIGHT 基准平面为参考平面，方向为 左；单击 草绘 按钮，绘制图 19.12.4 所示的截面草图；在操控板中定义拉伸类型为，输入深度值 3.0。

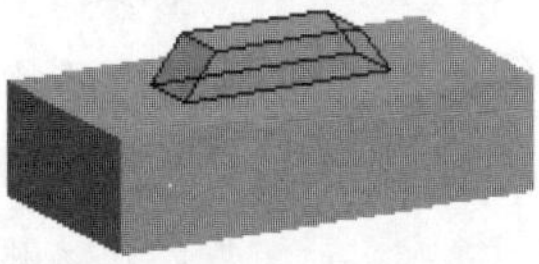

图 19.12.5　拉伸特征 2

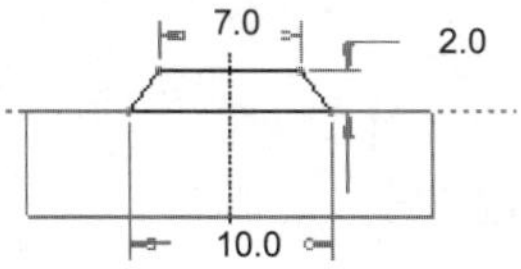

图 19.12.6　截面草图

Step4. 创建倒圆角特征 1。选取图 19.12.7 所示的两条边线为倒圆角的边线，圆角半径值为 1.5。

Step5. 创建倒圆角特征 2。选取图 19.12.8 所示的两条边线为倒圆角的边线，圆角半径值为 1.0。

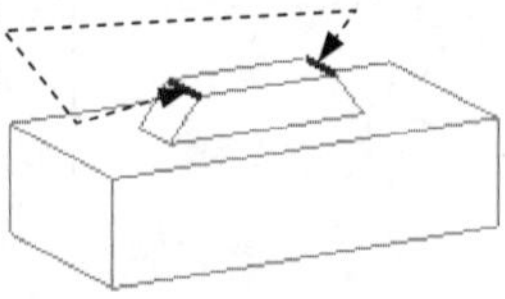

图 19.12.7 选取倒圆角的边线

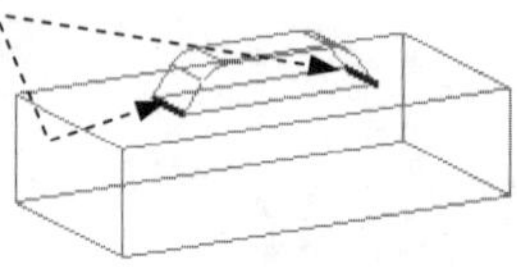

图 19.12.8 选取倒圆角的边线

Step6. 保存零件模型文件。

Task2. 创建机箱右盖

Step1. 在装配件中打开刚创建的机箱右盖零件（RIGHT_COVER.PRT）。在模型树中选择 RIGHT_COVER.PRT，然后右击，在系统弹出的快捷菜单中选择 打开 命令。

Step2. 创建图 19.12.9 所示的钣金拉伸切削特征 1。在操控板中单击 拉伸 按钮，确认按钮、按钮和按钮被按下；选取图 19.12.10 所示的模型表面为草绘平面，基准平面 CASE_TOP 为参考平面，方向为 上；单击 草绘 按钮，绘制图 19.12.11 所示的截面草图；在操控板中定义拉伸类型为，选择材料移除的方向类型为。

图 19.12.9 拉伸切削特征 1

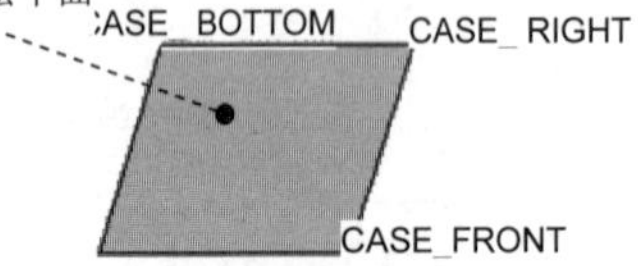

图 19.12.10 草绘平面

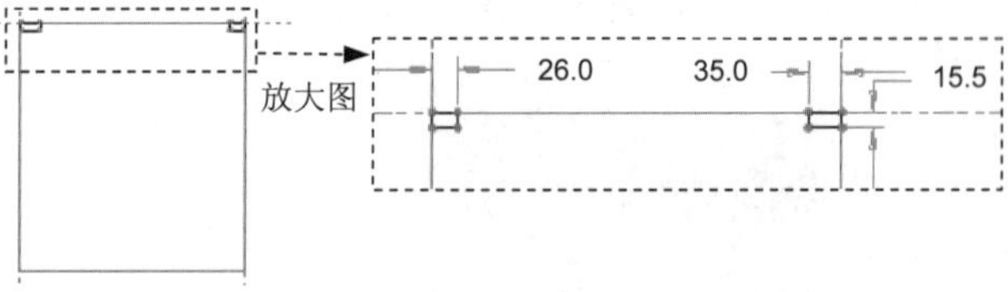

图 19.12.11 截面草图

Step3. 创建图 19.12.12 所示的钣金拉伸切削特征 2，具体操作过程参见 Step2。

Step4. 创建图 19.12.13 所示的平整特征 1。单击 模型 功能选项卡 形状 ▾ 区域中的“平整”按钮，选取图 19.12.14 所示的模型边线为附着边。平整壁的形状类型为 矩形，折弯角度类型为 平整；单击 形状 选项卡，在系统弹出的界面中依次设置草图内的尺寸值为 0、5.0、0（图 19.12.15）。

图 19.12.12 拉伸特征 2

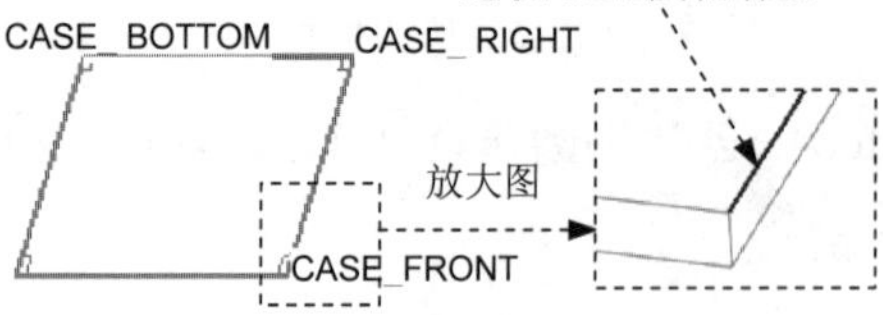

图 19.12.14 定义附着边

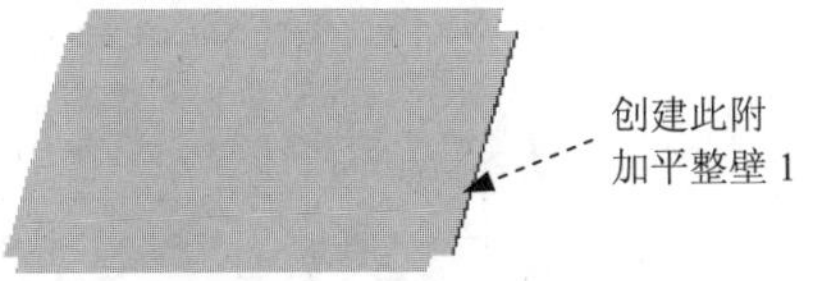

图 19.12.13　平整特征 1

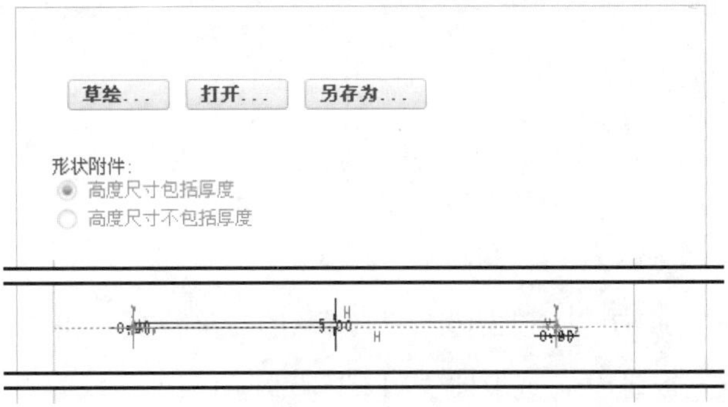

图 19.12.15　设置形状参数

Step5. 创建图 19.12.16 所示的折弯特征 1。单击 模型 功能选项卡 折弯 区域中的 折弯 按钮，在操控板中单击按钮和按钮（使其处于被按下的状态）。单击 折弯线 选项卡，选取图 19.12.17 所示的薄板表面为草绘平面，然后单击“折弯线”界面中的 草绘... 按钮，绘制图 19.12.18 所示的折弯线，定义折弯侧和固定侧，如图 19.12.19 所示；单击 止裂槽 选项卡，在系统弹出界面中的 类型 下拉列表框中选择 无止裂槽 选项；折弯半径值为 6.0。

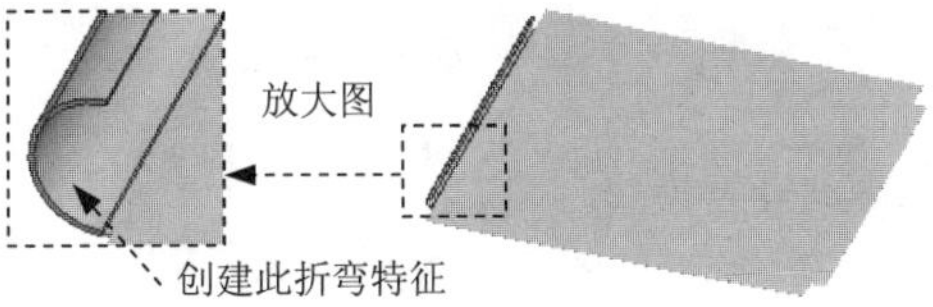

图 19.12.16　折弯特征 1

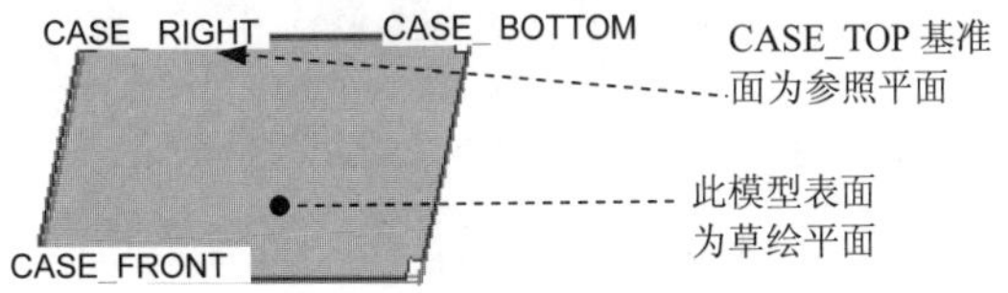

图 19.12.17　草绘平面

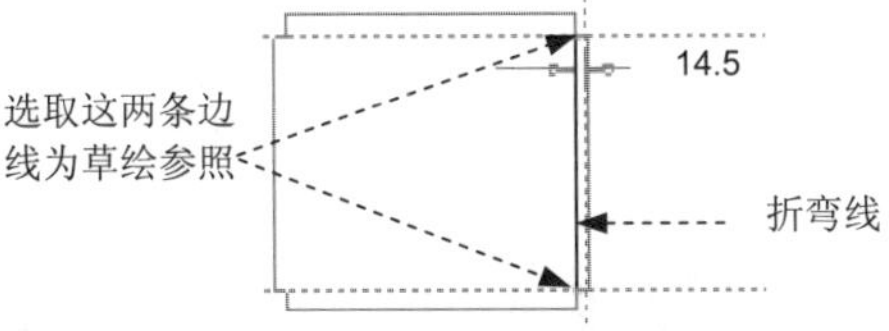

图 19.12.18　折弯线

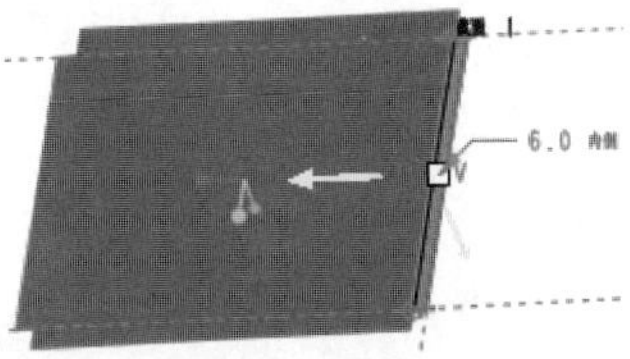

图 19.12.19　定义折弯侧和固定侧

Step6. 创建图 19.12.20 所示的折弯特征 2。单击 模型 功能选项卡 折弯 区域中的 折弯 按钮，在操控板中单击按钮和按钮（使其处于被按下的状态）。单击 折弯线 选项卡，选取图 19.12.21 所示的薄板表面为草绘平面，然后单击“折弯线”界面中的 草绘... 按钮，选取图 19.12.21 所示的 CASE_TOP 基准平面为参考平面；绘制图 19.12.22 所示的折弯线，定义折弯侧和固定侧，如图 19.12.23 所示；单击 止裂槽 选项卡，在系统弹出界面中的 类型 下拉列表框中选择 无止裂槽 选项。折弯角度值为 90.0，折弯半径值为 0.1。

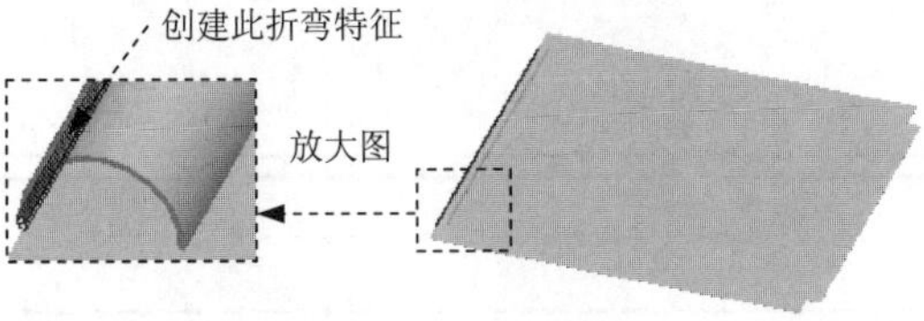

图 19.12.20　折弯特征 2

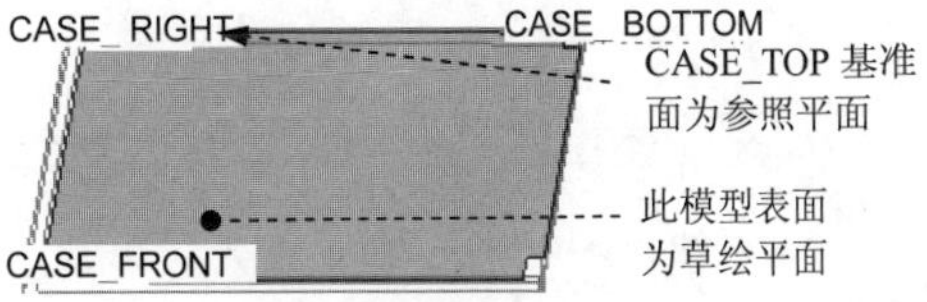

图 19.12.21　草绘平面

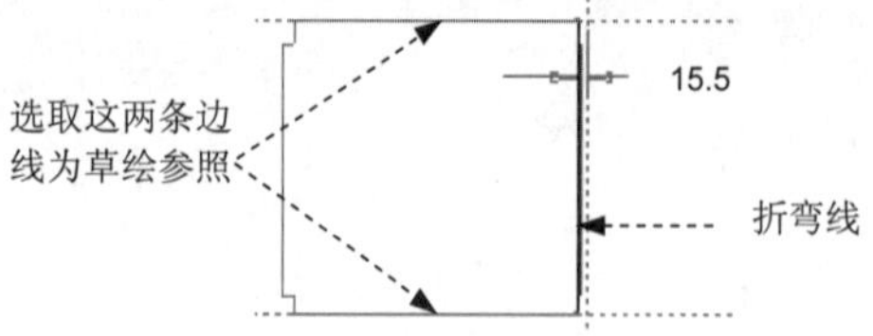

图 19.12.22　折弯线

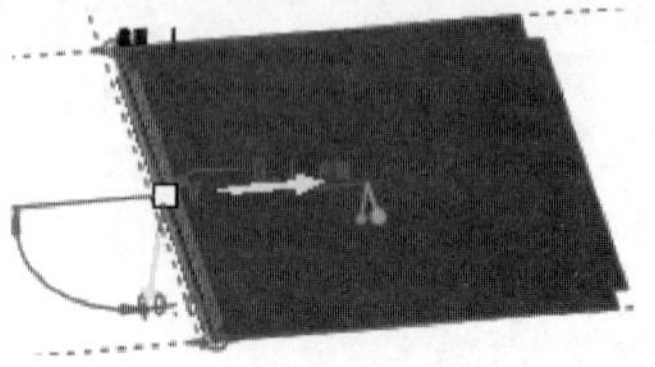
图 19.12.23　定义折弯侧和固定侧

Step7. 创建图 19.12.24 所示的平整特征 2。单击 模型 功能选项卡 形状▼ 区域中的“平整”按钮，选取图 19.12.25 所示的模型边线为附着边。平整壁的形状类型为矩形，折弯角度值为 90.0；单击 形状 选项卡，在系统弹出的界面中依次设置草图内的尺寸值为 0、12.0、0(图 19.12.26)；然后单击 止裂槽 选项卡，在系统弹出的界面中 类型 下拉列表框中选择扯裂选项；确认按钮被按下，并在其后的文本框中输入折弯半径值 0.2，折弯半径所在侧为。

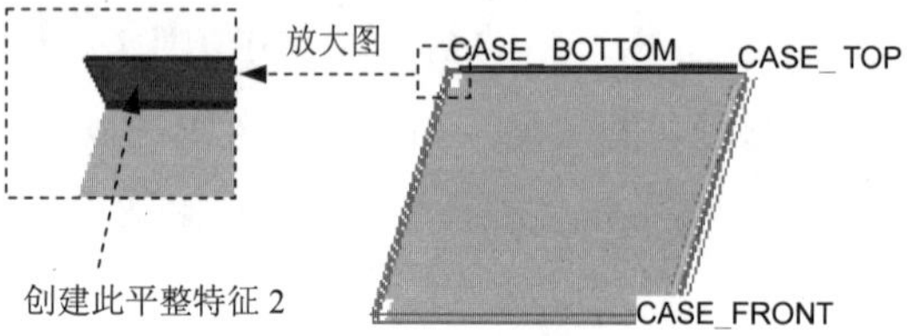

图 19.12.24　平整特征 2

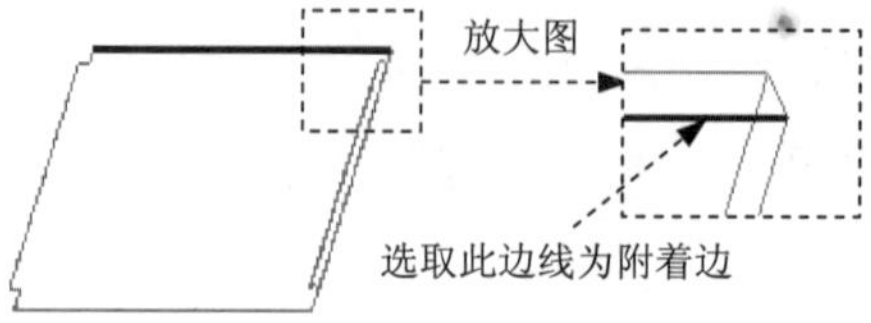

图 19.12.25　定义附着边

Step8. 创建图 19.12.27 所示的平整特征 3。单击 模型 功能选项卡 形状▼ 区域中的“平整”按钮，选取图 19.12.28 所示的模型边线为附着边。平整壁的形状类型为矩形，折弯角度类型为平整；单击 形状 选项卡，在系统弹出的界面中依次设置草图内的尺寸值为 0、5.0、0（图 19.12.29）。

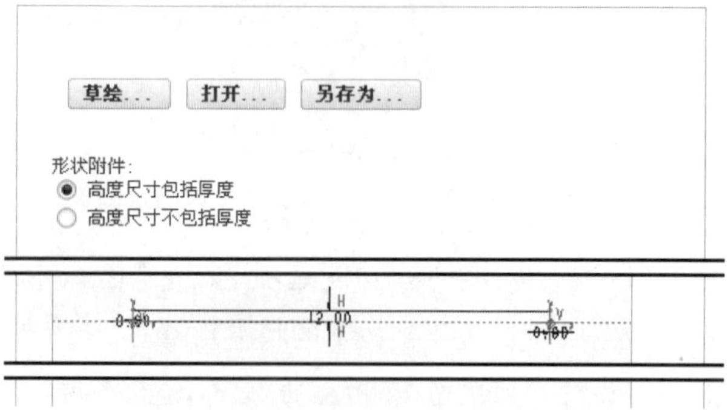

图 19.12.26　设置形状参数

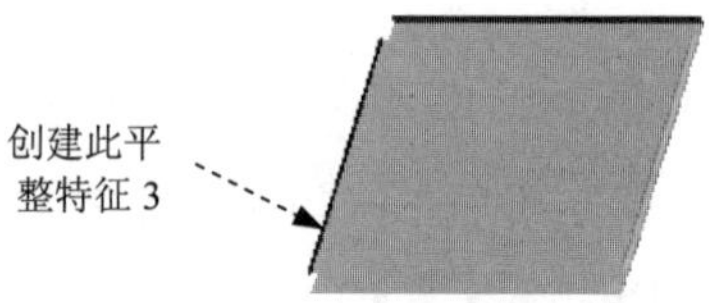

图 19.12.27　平整特征 3

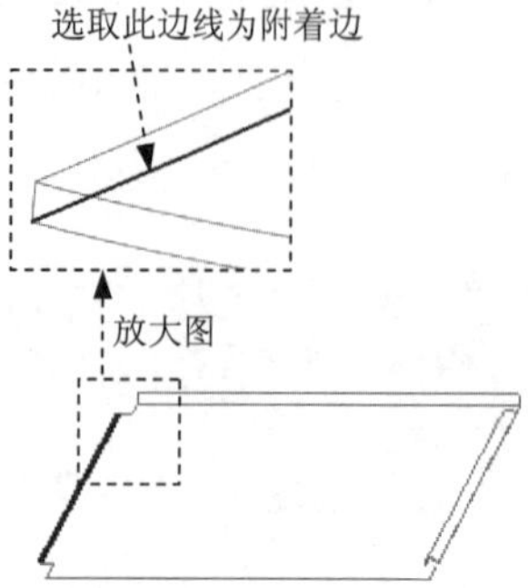

图 19.12.28　定义附着边

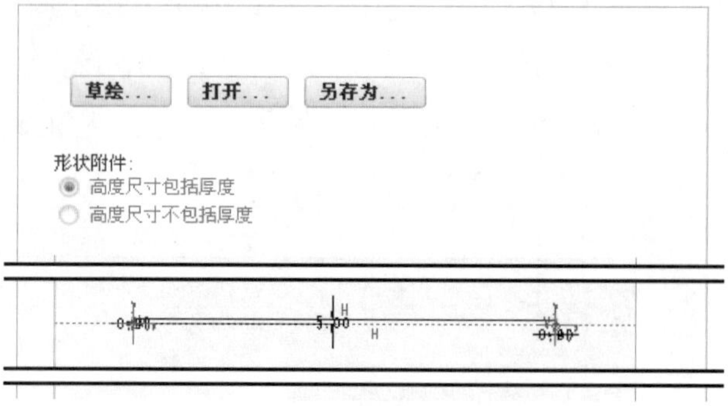

图 19.12.29　设置形状参数

Step9. 创建图 19.12.30 所示的折弯特征 3，详细操作过程参见 Step5。

Step10. 创建图 19.12.31 所示的折弯特征 4，详细操作过程参见 Step6。

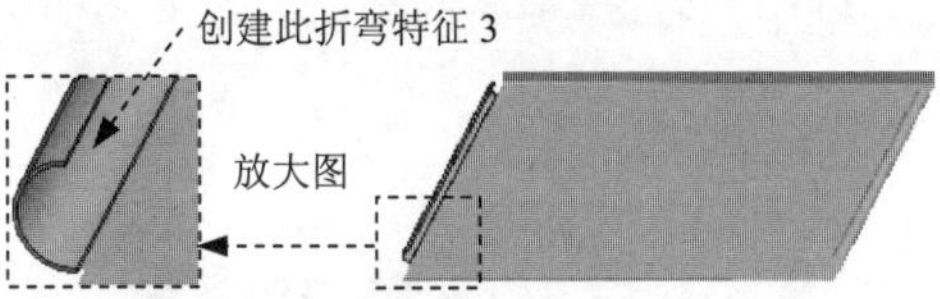

图 19.12.30 折弯特征 3

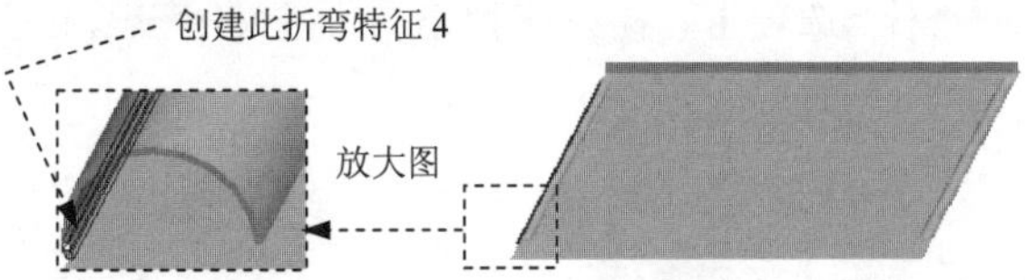

图 19.12.31 折弯特征 4

Step11. 创建图 19.12.32 所示的平整特征 4。单击 模型 功能选项卡 形状 ▼ 区域中的“平整”按钮，选取图 19.12.33 所示的模型边线为附着边。平整壁的形状类型为 矩形，折弯角度类型为 平整；单击 形状 选项卡，在系统弹出的界面中依次设置草图内的尺寸值为-15.0、17.0、-15.0（图 19.12.34）。

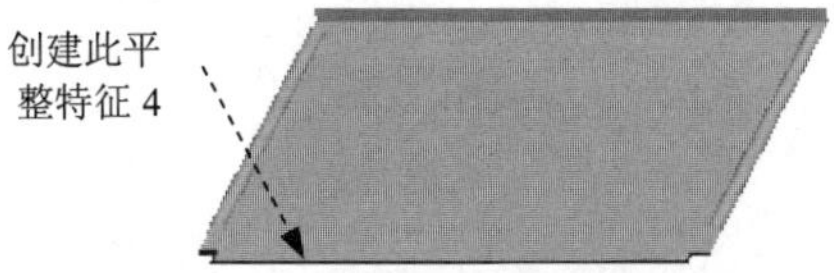

图 19.12.32 平整特征 4

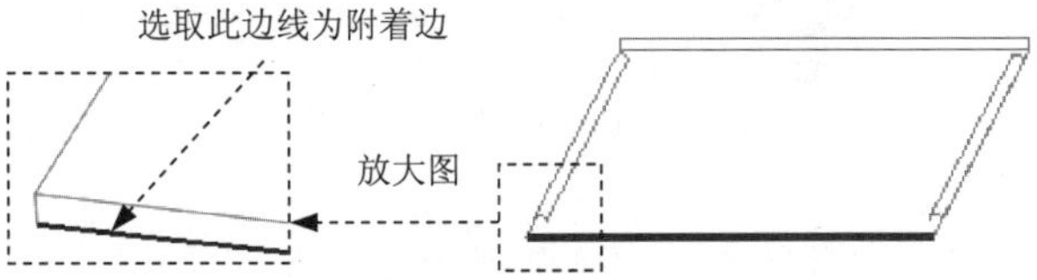

图 19.12.33 定义附着边

Step12. 创建图 19.12.35 所示的折弯特征 5。单击 模型 功能选项卡 折弯 ▼ 区域中的 折弯 ▼ 按钮，在操控板中单击按钮和按钮（使其处于被按下的状态）。单击 折弯线 选项卡，选取图 19.12.36 所示的薄板表面为草绘平面，然后单击“折弯线”界面中的 草绘... 按钮，绘制图 19.12.37 所示的折弯线，定义折弯侧和固定侧，如图 19.12.38 所示；单击 止裂槽 选项卡，在系统弹出界面中的 类型 下拉列表框中选择 无止裂槽 选项，折弯角度值为 180，折弯半径值为 0.1。

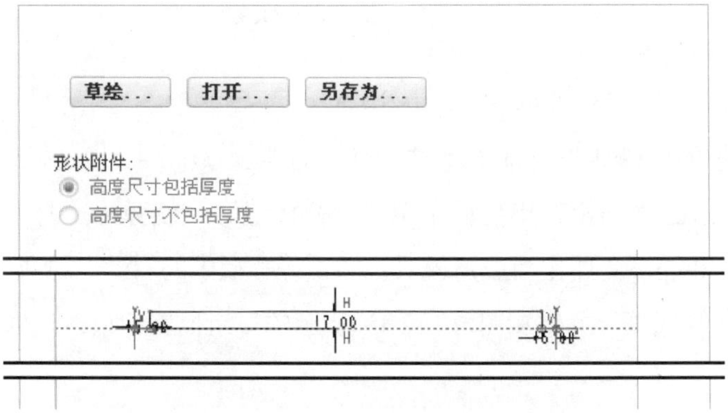

图 19.12.34 设置形状参数

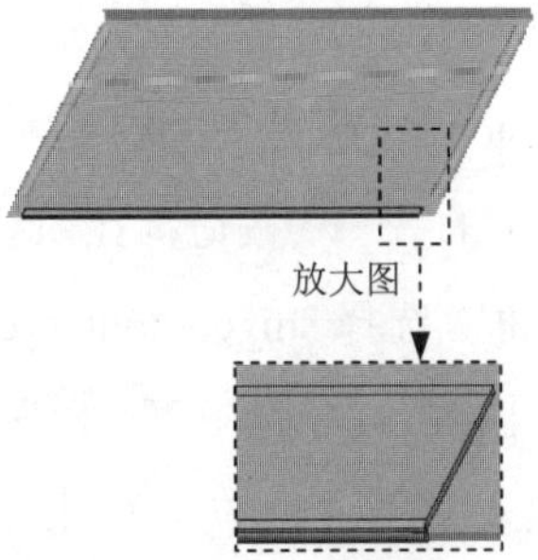

图 19.12.35 折弯特征 5

Step13. 创建图 19.12.39 所示的折弯特征 6。单击 模型 功能选项卡 折弯 ▼ 区域中的 折弯 ▼ 按钮，在操控板中单击按钮和按钮（使其处于被按下的状态）。单击 折弯线选项卡，选取图 19.12.40 所示的薄板表面为草绘平面，然后单击“折弯线”界面中的 草绘... 按钮，绘制图 19.12.41 所示的折弯线，定义折弯侧和固定侧，如图 19.12.42 所示；单击 止裂槽 选项卡，在系统弹出界面中的 类型 下拉列表框中选择 无止裂槽 选项，折弯半径值为 4.0。

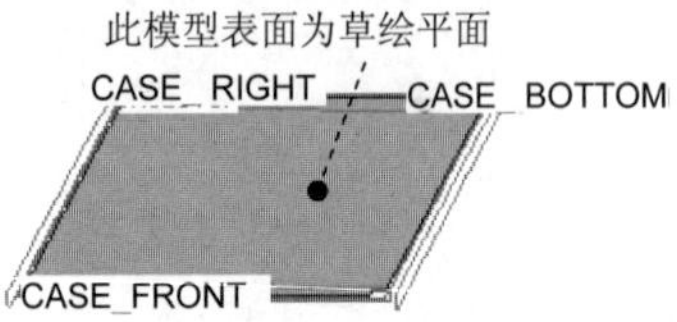

图 19.12.36 草绘平面

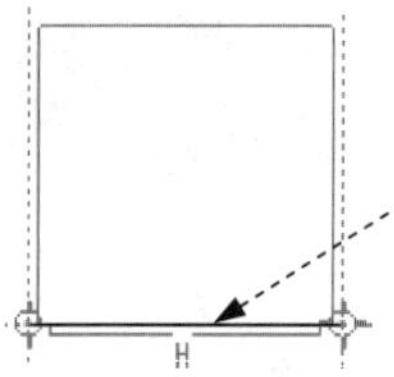

图 19.12.37 折弯线

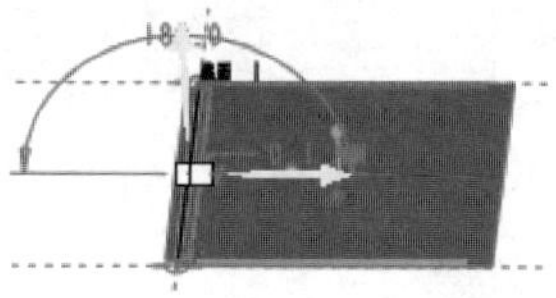

图 19.12.38 定义折弯侧和固定侧

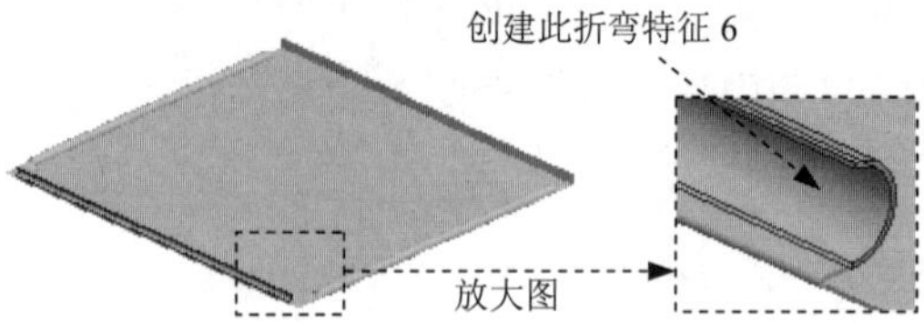

图 19.12.39 折弯特征 6

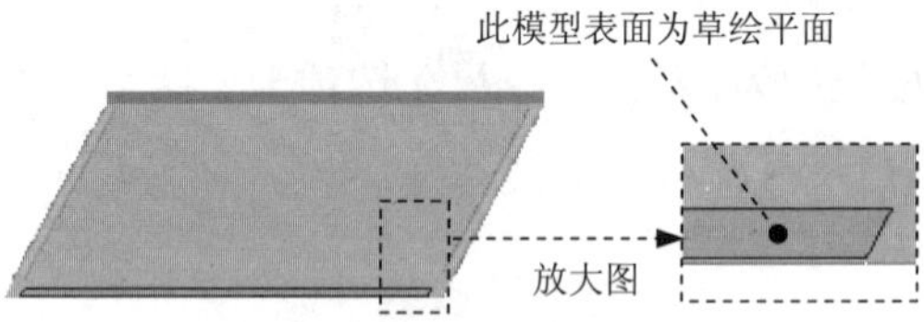

图 19.12.40 草绘平面

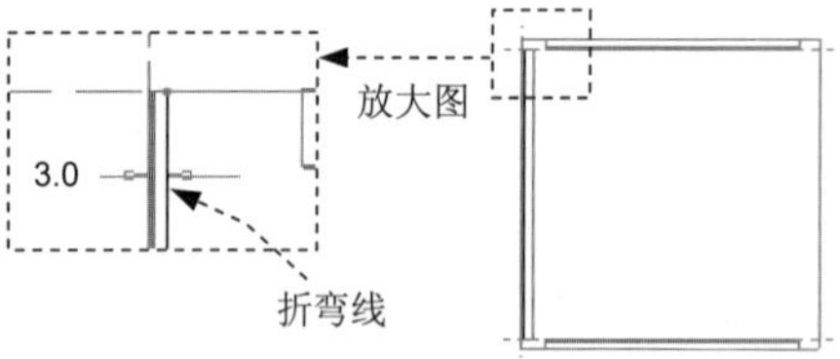

图 19.12.41 折弯线

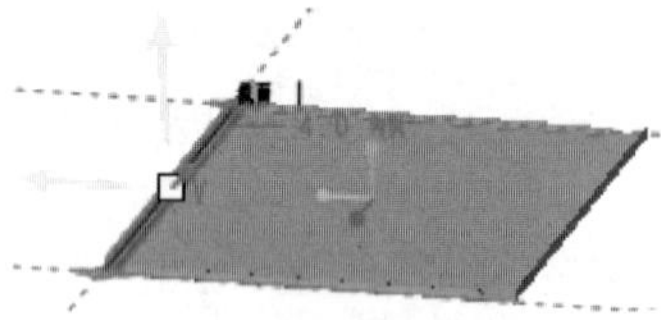

图 19.12.42 定义折弯侧和固定侧

Step14. 创建倒圆角特征 1。选取图 19.12.43 所示的四条边线为倒圆角的边线，圆角半径值为 2.0。

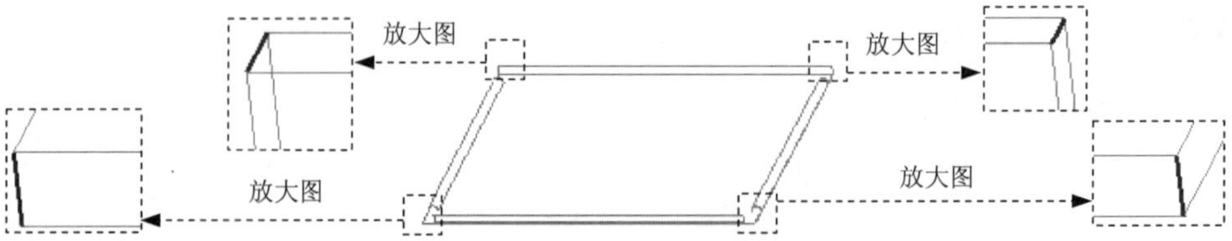

图 19.12.43 选取倒圆角的边线

Step15. 创建图 19.12.44 所示的凸模成形特征 1。单击 模型 功能选项卡 工程 ▾ 区域 节点下的 凸模 按钮；在系统弹出的“凸模”操控板中单击 按钮，系统弹出“打开”对话框，选择 sm_computer_case_09.prt 文件作为成形模具；单击操控板中的 放置 选项卡，在弹出的界面中选中 ☑ 约束已启用 复选框，并添加图 19.12.45 所示的三组位置约束；选取图 19.12.46 所示的方向为冲孔方向。

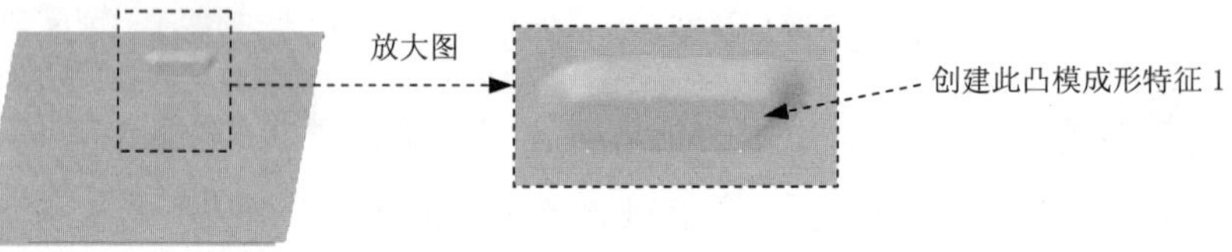

图 19.12.44 凸模成形特征 1

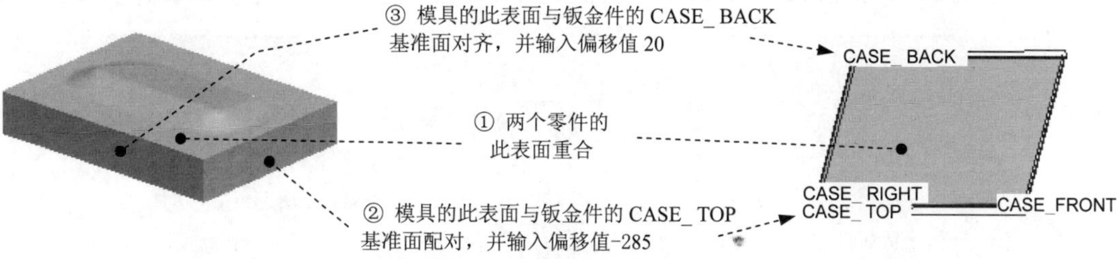

图 19.12.45　定义成形模具的放置

Step16. 创建图 19.12.47 所示的凸模成形特征 2。单击 模型 功能选项卡 工程 ▾ 区域节点下的 凸模 按钮；在系统弹出的“凸模”操控板中单击按钮，系统弹出“打开”对话框，选择 sm_computer_case_10.prt 文件作为成形模具；单击操控板中的 放置 选项卡，在弹出的界面中选中 ☑ 约束已启用 复选框，并添加图 19.12.48 所示的三组位置约束；选取图 19.12.49 所示的方向为冲孔方向；选取图 19.12.50 所示的两个面为排除面。

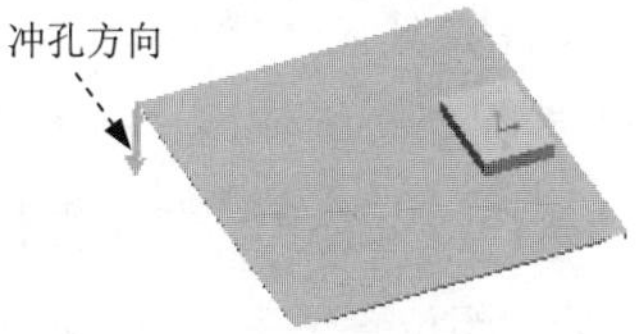

图 19.12.46　选取冲孔方向

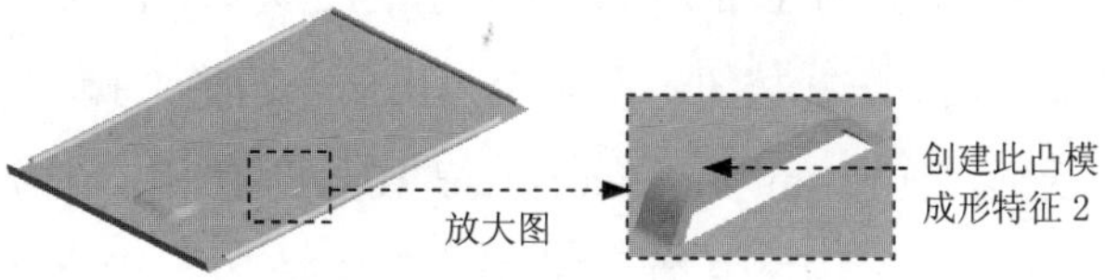

图 19.12.47　凸模成形特征 2

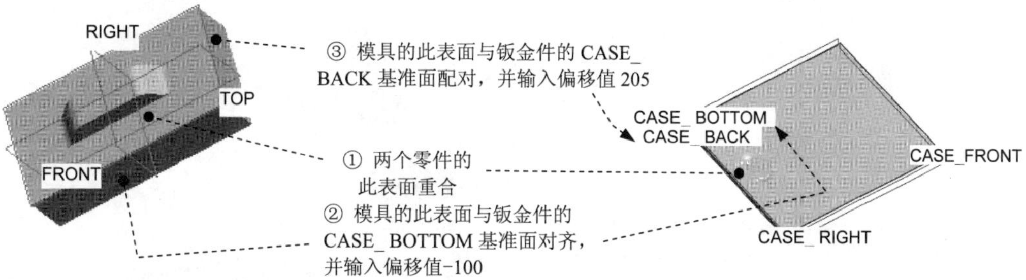

图 19.12.48　定义成形模具的放置

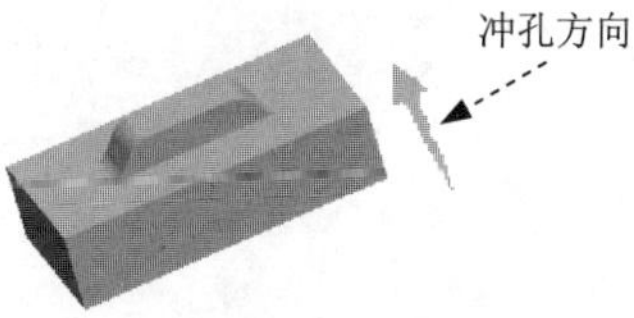

图 19.12.49　选取冲孔方向

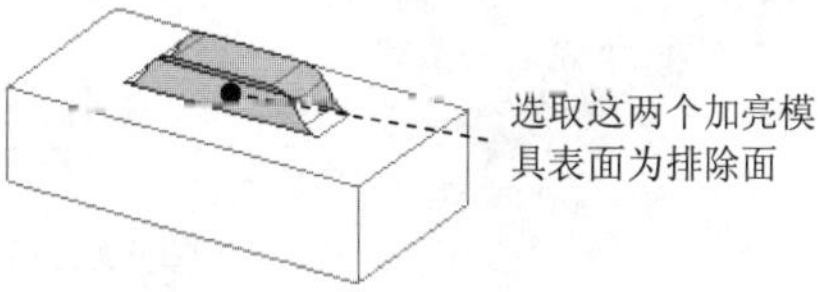

图 19.12.50　选取排除面

Step17. 创建图 19.12.51 所示的阵列特征 1。在模型树中选择 模板 2，右击，从系统弹出的快捷菜单中选择 阵列... 命令，阵列方式的类型为 填充；选取图 19.12.52 所示的表面为草绘平面，基准平面 CASE_TOP 为参考平面，方向为 上，单击 草绘 按钮，绘制图 19.12.53 所示的草绘图作为填充区域；在操控板的下拉列表中单击按钮（以菱形阵列分隔各成员）；在后的文本框中输入阵列成员中心之间的距离值 15.0；在后的文本框中输入阵列成员中心和草绘边界之间的最小距离值 2.0；在△中输入栅格绕原点的旋转角度值 0.0。

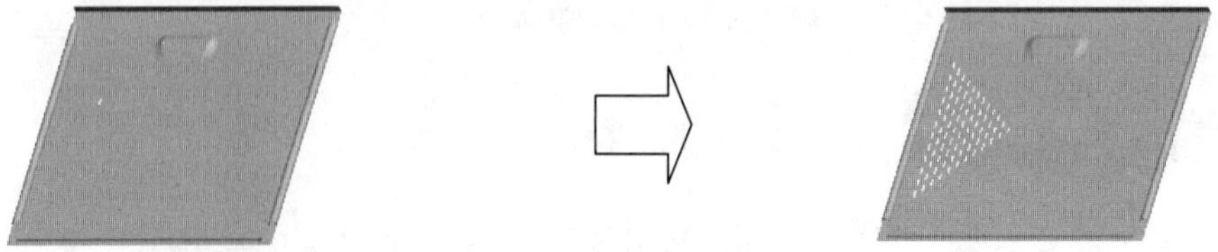

a）阵列前　　b）阵列后

图 19.12.51　阵列特征 1

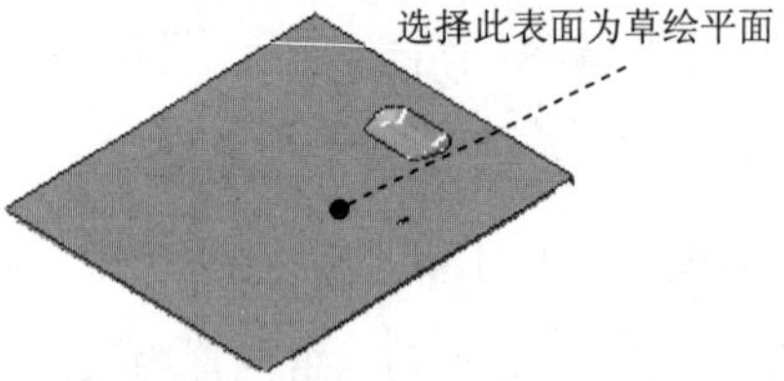

图 19.12.52　草绘平面

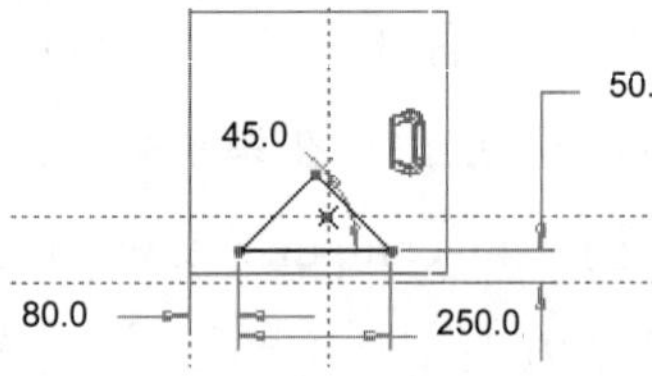

图 19.12.53　绘制填充区域

Step18. 创建图 19.12.54 所示的凸模成形特征 3。单击 模型 功能选项卡 工程 ▾ 区域 节点下的 凸模 按钮；在系统弹出的“凸模”操控板中单击 按钮，系统弹出“打开”对话框，选择 sm_computer_case_10.prt 文件作为成形模具；单击操控板中的 放置 选项卡，在弹出的界面中选中 ☑ 约束已启用 复选框，并添加图 19.12.55 所示的三组位置约束；选取冲孔方向和排除面参考 Step16。

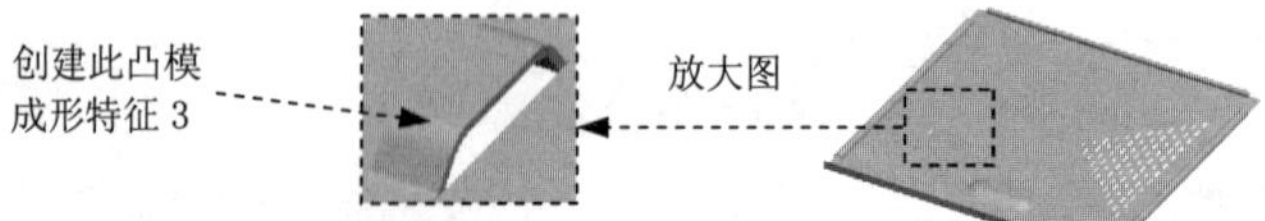

图 19.12.54　凸模成形特征 3

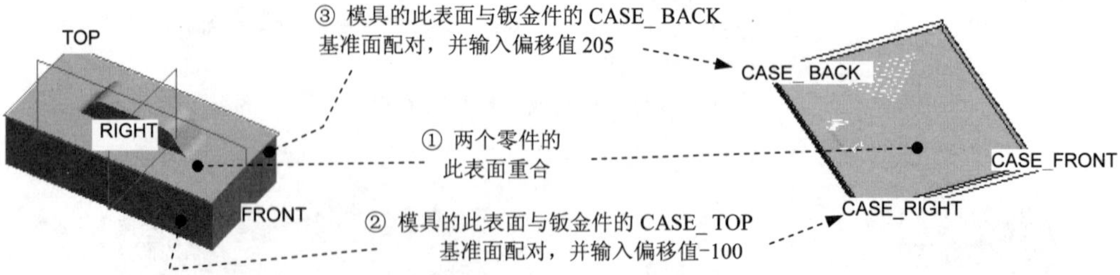

图 19.12.55　定义成形模具的放置

Step19. 创建图 19.12.56 所示的阵列特征 2，详细操作过程参见 Step17。

Step20. 保存零件模型文件。

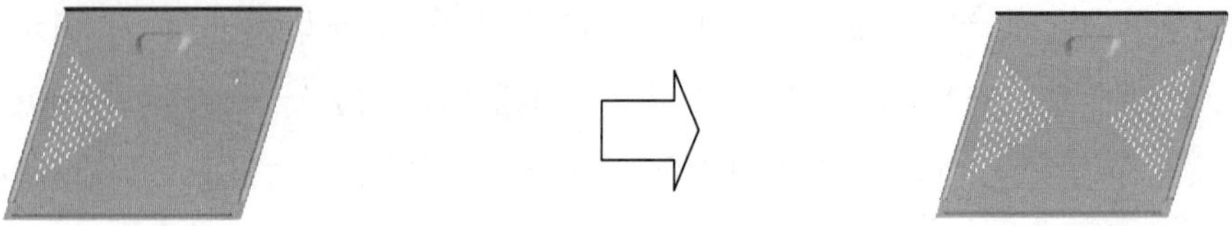

a）阵列前　　b）阵列后

图 19.12.56　阵列特征 2

19.13 最 终 验 证

Task1. 设置各元件的外观

为了便于区别各个元件，建议将各元件设置为不同的外观颜色，并具有一定的透明度。每个元件的设置方法基本相同，下面仅以设置机箱的左盖零件模型 left_cover.prt、右盖零件模型 right_cover.prt 和后盖零件模型 back_cover.prt 的外观为例，说明其一般操作过程。

Step1. 设置机箱的左盖零件模型 left_cover.prt、右盖零件模型 right_cover.prt 和后盖零件模型 back_cover.prt 的外观。

（1）在模型树中选择 RIGHT_COVER.PRT 、 LEFT_COVER.PRT 和 BACK_COVER.PRT ，然后在工具栏中单击“外观库”的命令按钮中的，此时系统弹出图 19.13.1 所示的“外观颜色” 对话框。

（2）在“外观颜色”对话框的 模型 区域上右击，在系统弹出的快捷菜单中选择 新建 命令，此时系统弹出图 19.13.2 所示的“外观编辑器”对话框。

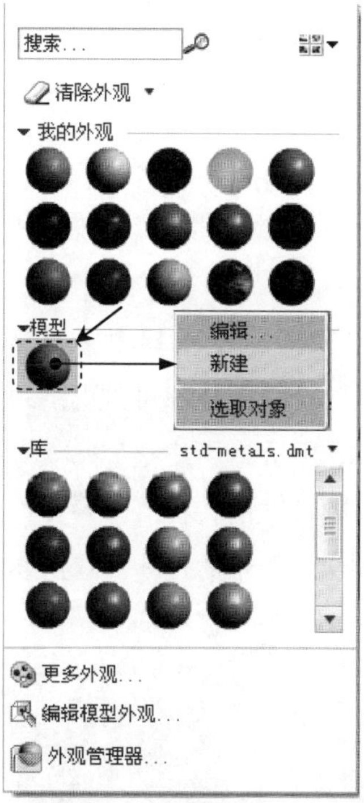

图 19.13.1 “外观颜色”对话框

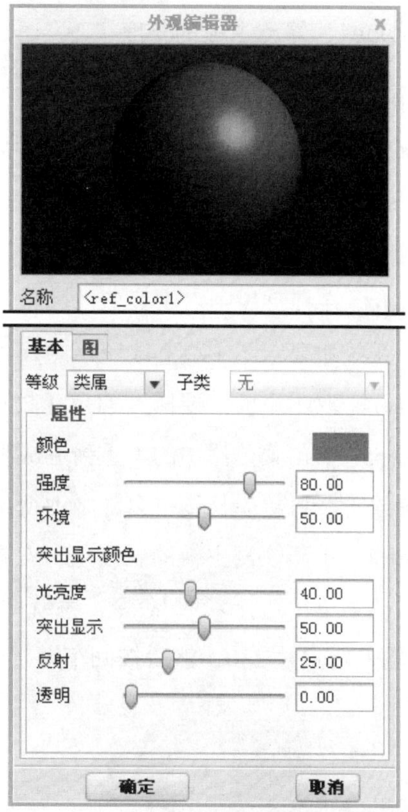

图 19.13.2 “外观编辑器”对话框

（3）单击“颜色”后的按钮，在系统弹出的“颜色编辑器”对话框中设置图 19.13.3

所示的颜色参数。

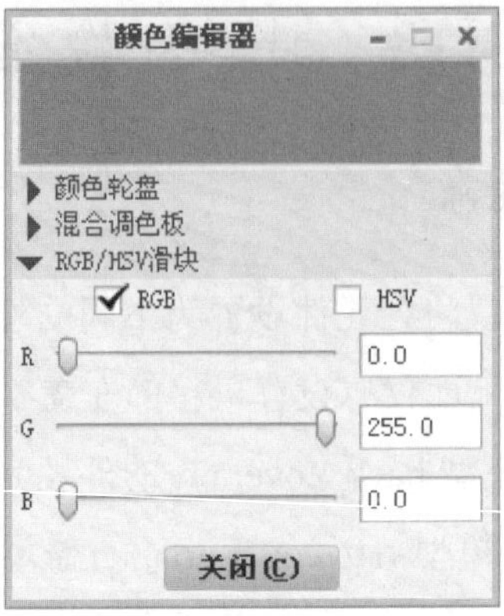

图 19.13.3 “颜色编辑器”对话框

（4）参考图 19.13.2 设置其他参数。

（5）单击 关闭(C) 按钮，完成外观颜色的设置。

Step2. 参考 Step1 的操作步骤，设置其他各元件的外观。

Task2. 进行验证

Stage1. 修改主板的长度

Step1. 在装配模型树界面中选择 节点下的 树过滤器(F)... 命令，然后选中 显示 选项组下的 特征 复选框，这样每个零件中的特征都将在模型树中显示。

Step2. 在模型树中，先单击 ORIGN_ASM.ASM 前面的 ▶ 号，然后单击 MOTHERBOARD.PRT 前面的 ▶ 号。

Step3. 在模型树中右击要修改的特征 拉伸 1，在系统弹出的快捷菜单中选择 编辑 命令，系统即显示图 19.13.4a 所示的尺寸。

Step4. 双击主板中要修改的尺寸 230，输入新尺寸 280（图 19.13.4b），然后按回车键。

Step5. 单击菜单栏中的“重新生成”按钮 ，此时在装配体中可以观察到主板的长度值被修改了，机箱的长度也会随之改变，如图 19.13.4b 所示。

Step6. 重新恢复主板的长度值。在模型树中右击要修改的特征 拉伸 1，在系统弹出的快捷菜单中选择 编辑 命令，系统即显示图 19.13.4b 所示的尺寸。双击要修改的尺寸 280，输入新尺寸 230，然后按回车键。

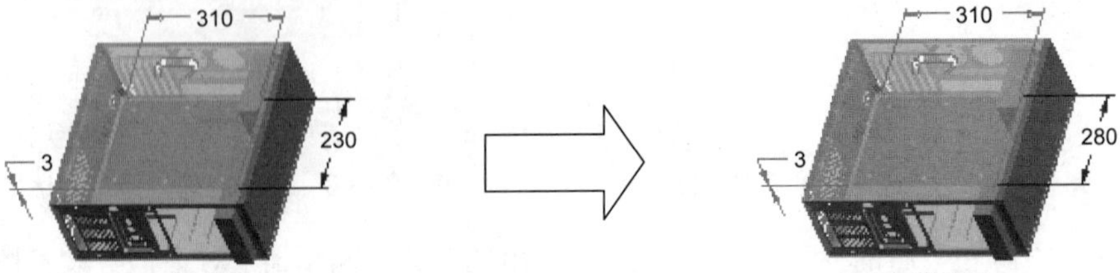

a）修改前 b）修改后

图 19.13.4 修改主板的长度尺寸

Stage2．修改电源的高度

Step1．单击 ⊞ POWER_SUPPLY.PRT 前面的 ▸ 号。

Step2．在模型树中右击要修改的特征 ▸ 拉伸 1，在系统弹出的快捷菜单中选择 编辑 命令，系统即显示图 19.13.5a 所示的尺寸。

Step3．双击要修改的尺寸 85，输入新尺寸 135，然后按回车键。

Step4．单击菜单栏中的“重新生成”按钮，此时在装配体中可以观察到电源的高度值被修改了，机箱的高度也会随之改变，如图 19.13.5b 所示。

Step5．重新恢复电源的高度值。在模型树中右击要修改的特征 ▸ 拉伸 1，在系统弹出的快捷菜单中选择 编辑 命令，系统即显示图 19.13.5b 所示的尺寸。双击要修改的尺寸 135，输入新尺寸 85，然后按回车键。

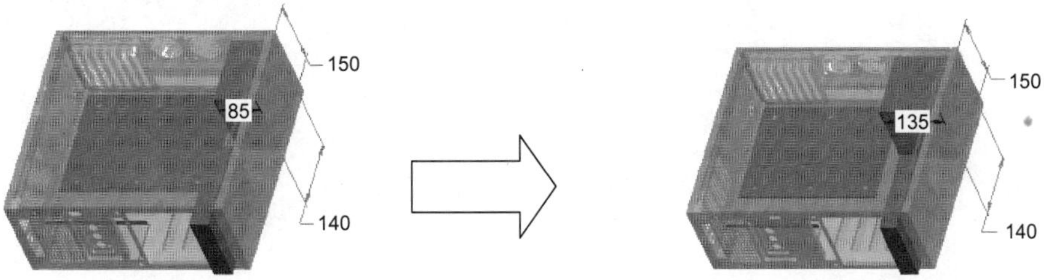

a）修改前　　b）修改后

图 19.13.5　修改电源的高度尺寸

Stage3．修改光驱的宽度

Step1．单击 ▸ CD_DRIVER.PRT 前面的 ▸ 号。

Step2．在模型树中右击要修改的特征 ▸ 拉伸 1，在系统弹出的快捷菜单中选择 编辑 命令，系统即显示图 19.13.6a 所示的尺寸。

Step3．双击要修改的尺寸 150，输入新尺寸 200，然后按回车键。

Step4．单击菜单栏中的“重新生成”按钮，此时在装配体中可以观察到光驱的宽度值被修改了，机箱的宽度也会随之改变，如图 19.13.6b 所示。

Step5．重新恢复光驱的宽度值。在模型树中右击要修改的特征 ▸ 拉伸 1，在系统弹出的快捷菜单中选择 编辑 命令，系统即显示图 19.13.6b 所示的尺寸。双击要修改的尺寸 200，输入新尺寸 150，然后按回车键。

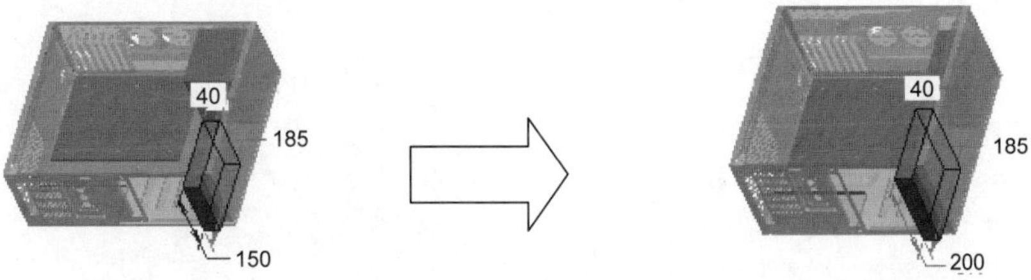

a）修改前　　b）修改后

图 19.13.6　修改光驱的宽度尺寸

Task3．验证后的修改

若由于修改尺寸并再生之后机箱后盖（BACK_COVER）和机箱前盖（FRONT_COVER）的某些特征会发生变化，可对其重新约束。按照 Task2 中的操作方法再次修改原始尺寸，验证整个机箱的数据传递，通过以上对模型的修改，再次验证的整个过程将不会出现严重变化。

读者意见反馈卡

尊敬的读者：

感谢您购买机械工业出版社出版的图书！

我们一直致力于CAD、CAPP、PDM、CAM和CAE等相关技术的跟踪，希望能将更多优秀作者的宝贵经验与技巧介绍给您。当然，我们的工作离不开您的支持。如果您在看完本书之后，有什么好的意见和建议，或是有一些感兴趣的技术话题，都可以直接与我联系。

策划编辑：丁锋

注：本书的随书光盘中含有该“读者意见反馈卡”的电子文档，您可将填写后的文件采用电子邮件的方式发给本书的策划编辑或主编。

E-mail：詹友刚 zhanygjames@163.com；丁锋 fengfener@qq.com。

请认真填写本卡，并通过邮寄或E-mail传给我们，我们将奉送精美礼品或购书优惠卡。

书名：《Creo 3.0 钣金设计实例精解》

1．读者个人资料：

姓名：_________性别：___年龄：____职业：________职务：________学历：______

专业：_______单位名称：___________________电话：__________手机：_________

邮寄地址：__________________________邮编：___________E-mail：___________

2．影响您购买本书的因素（可以选择多项）：

□内容　□作者　□价格

□朋友推荐　□出版社品牌　□书评广告

□工作单位（就读学校）指定　□内容提要、前言或目录　□封面封底

□购买了本书所属丛书中的其他图书　□其他___________

3．您对本书的总体感觉：

□很好　□一般　□不好

4．您认为本书的语言文字水平：

□很好　□一般　□不好

5．您认为本书的版式编排：

□很好　□一般　□不好

6．您认为Creo（Pro/E）其他哪些方面的内容是您所迫切需要的？

____

7．其他哪些CAD/CAM/CAE方面的图书是您所需要的？

____

8．您认为我们的图书在叙述方式、内容选择等方面还有哪些需要改进？

____

如若邮寄，请填好本卡后寄至：

北京市百万庄大街22号机械工业出版社汽车分社　丁锋（收）

邮编：100037　联系电话：（010）88379439　传真：（010）68329090

如需本书或其他图书，可与机械工业出版社网站联系邮购：

http://www.golden-book.com　**咨询电话：**（010）88379639，88379641，88379643。